J. Hoinkis, E. Lindner

Chemie für Ingenieure

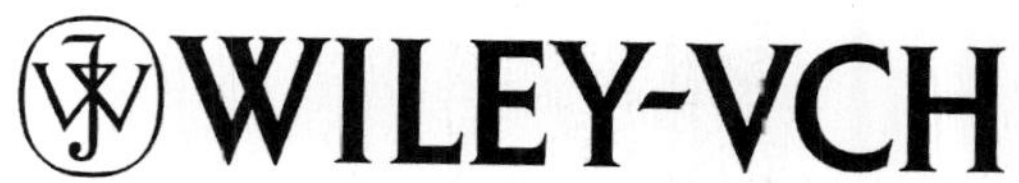

Jan Hoinkis,
Eberhard Lindner

Chemie für Ingenieure

Zwölfte Auflage

Weinheim · New York · Chichester
Brisbane · Singapore · Toronto

Prof. Dr.-Ing. Jan Hoinkis
FB Naturwissenschaften
PH Karlsruhe
Postfach 24
76012 Karlsruhe

Prof. Dr. Eberhard Lindner
Jahnstraße 22
76133 Karlsruhe

Die Umschlagabbildung zeigt einen Elektrodenraum eines Blei-Säure-Akkumulators – einer Autobatterie – während des Ladevorganges.

Die Deutsche Bibliothek - CIP-Einheitsaufnahme
Ein Titeldatensatz für diese Publikation ist bei Die Deutsche Bibliothek erhältlich

ISBN 3-527-30279-4

© WILEY-VCH Verlag GmbH, D-69469 Weinheim (Federal Republic of Germany). 2001
Gedruckt auf säurefreiem Papier.

Druck: Strauss Offsetdruck GmbH, 69503 Mörlenbach.
Bindung: Wilhelm Osswald & Co., 67433 Neustadt.
Printed in the Federal Republic of Germany.

Inhaltsverzeichnis

Vorwort

Dieses Buch, welches nun bereits in der 12. Auflage erscheint, bietet eine umfassende, praxisorientierte Einführung in die für den Ingenieur relevante Chemie, erarbeitet die erforderlichen theoretischen Grundlagen und ist als studienbegleitendes Lehrbuch gedacht, aber auch geeignet zum Selbststudium; es soll ferner dem in der Praxis tätigen Ingenieur eine Hilfe sein, d.h., es soll ihm als erstes Nachschlagewerk dienen.

Zum Nachschlagewerk wird das Buch durch die zahlreichen Tabellen und Zahlenangaben. Auch aus vielen Abbildungen können erste grobe Anhaltspunkte zur Lösung eines Problems im Berufsalltag gewonnen werden. Ein umfangreiches Sachregister ermöglicht ein schnelles Auffinden des Gesuchten.

Als Hilfe für die Prüfungsvorbereitung wurden in dieser 12. Auflage zahlreiche Übungsbeispiele in die jeweiligen Kapitel eingefügt. Außerdem wurden die Kontroll- und Übungsfragen im Anschluß an jedes Kapitel erweitert. Es handelt sich dabei insbesondere um den Lernstoff, der für das Verständnis des jeweils nachfolgenden Textes von Wichtigkeit ist.

Der Text wurde so verfaßt, daß er ohne naturwissenschaftliche Vorkenntnisse verständlich wird. Insbesondere wurden alle Fachausdrücke, die über den Rahmen der Alltagssprache hinausgehen, bei ihrem ersten Auftauchen erklärt. Es erwies sich als besonders nützlich, dabei von der ursprünglichen Bedeutung der betreffenden Wörter auszugehen. Diese Worterklärung kann man später an Hand des Sachregisters rasch wiederfinden.

Diese 12. Auflage wurde vollständig überarbeitet und aktualisiert. So wurde sie um ein eigenes Kapitel über die Grundlagen der chemischen Reaktionen ergänzt. Vor allem in den für die Zukunft wichtigen Bereichen der Bio- und Umwelttechnik gab es in den letzten Jahren eine stürmische Entwicklung. Um der wachsenden Bedeutung auch für den Ingenieur Rechnung zu tragen, wurde die 12. Auflage um zwei neue, aktualisierte Kapitel zur Bio- bzw. Umweltschutztechnik ergänzt. Auch hier wurden insbesondere die anwendungsbezogenen Themen berücksichtigt. Das Kapitel über Kunststoffe wurde mit den Themen Kunststoffrecycling und biologisch abbaubare Kunststoffe ergänzt. Auch das Kapitel "Chemische Literatur" wurde komplett überarbeitet und auf den neuesten Stand gebracht. Ein Abschnitt über Recherchen im Internet berücksichtigt hierbei auch den Einsatz der neuen Medien.

Das vorliegende Lehrbuch ist wohl die aktuellste und umfassendste Einführung in die Chemie für Ingenieure. Da in ihm besonders die anwendungsbezogenen Themen ausführlich behandelt werden, hat es sich an vielen Universitäten, Fachhochschulen und Berufsakademien bewährt. Es ist vornehmlich für folgende Fachrichtungen geeignet: Verfahrenstechnik, Umwelttechnik, Maschinenbau, Feinwerktechnik, Mechatronik, Sensortechnik, Fahrzeugtechnologie, Energietechnik, Nachrichtentechnik, Informatik, Wirtschaftsingenieurwesen.

Eine Beschäftigung mit der Chemie ist und bleibt für den Ingenieur für die Bewältigung zukünftiger technischer Probleme von großer Bedeutung. So soll dieses Lehrbuch einen kleinen Beitrag dazu leisten, daß die menschlichen Existenzgrundlagen mit Hilfe der Technik weiter ausgebaut werden, damit auch in Zukunft ein gesundes und menschenwürdiges Leben auf der Erde gesichert bleibt.

Karlsruhe, Juli 2001 *Jan Hoinkis, Eberhard Lindner*

Haupt –

I **II**

Neben –

IIIa

Lanthanoide und Aktinoide

Period 1

1.00794 / H / 1
1

Period 2

6.941 / Li / 3	9.0122 / Be / 4
2	2
1	2

Period 3

22.9898 / Na / 11	24.305 / Mg / 12
2	2
2 6	2 6
1	2

Period 4

39.0983 / K / 19	40.078 / Ca / 20	44.9559 / Sc / 21
2	2	2
2 6	2 6	2 6
2 6	2 6	2 6 1
1	2	2

Period 5

85.4678 / Rb / 37	87.62 / Sr / 38	88.9058 / Y / 39
2	2	2
2 6	2 6	2 6
2 6 10	2 6 10	2 6 10
2 6	2 6	2 6 1
1	2	2

Period 6 — Cs … Yb / Lu

132.905 Cs 55	137.327 Ba 56	138.905 La 57	140.115 Ce 58	140.9076 Pr 59	144.24 Nd 60	* Pm 61	150.36 Sm 62	151.965 Eu 63	157.25 Gd 64	158.925 Tb 65	162.50 Dy 66	164.9303 Ho 67	167.26 Er 68	168.93 Tm 69	173.04 Yb 70	174… Lu 71
2	2	2	2	2	2	2	2	2	2	2	2	2	2	2	2	2
2 6	2 6	2 6	2 6	2 6	2 6	2 6	2 6	2 6	2 6	2 6	2 6	2 6	2 6	2 6	2 6	2 6
2 6 10	2 6 10	2 6 10	2 6 10	2 6 10	2 6 10	2 6 10	2 6 10	2 6 10	2 6 10	2 6 10	2 6 10	2 6 10	2 6 10	2 6 10	2 6 10	2 6 10
2 6 10	2 6 10	2 6 10	2 6 10 2	2 6 10 3	2 6 10 4	2 6 10 5	2 6 10 6	2 6 10 7	2 6 10 7	2 6 10 9	2 6 10 10	2 6 10 11	2 6 10 12	2 6 10 13	2 6 10 14	2 6 10 14
2 6	2 6	2 6 1	2 6	2 6	2 6	2 6	2 6	2 6	2 6 1	2 6	2 6	2 6	2 6	2 6	2 6	2 6
1	2	2	2	2	2	2	2	2	2	2	2	2	2	2	2	

Period 7 — Fr … No / Lr

* Fr 87	* Ra 88	227.03 * Ac 89	232.04 * Th 90	* Pa 91	238.03 * U 92	* Np 93	* Pu 94	* Am 95	* Cm 96	* Bk 97	* Cf 98	* Es 99	* Fm 100	* Md 101	* No 102	* Lr 103
2	2	2	2	2	2	2	2	2	2	2	2	2	2	2	2	2
2 6	2 6	2 6	2 6	2 6	2 6	2 6	2 6	2 6	2 6	2 6	2 6	2 6	2 6	2 6	2 6	2 6
2 6 10	2 6 10	2 6 10	2 6 10	2 6 10	2 6 10	2 6 10	2 6 10	2 6 10	2 6 10	2 6 10	2 6 10	2 6 10	2 6 10	2 6 10	2 6 10	2 6 10
2 6 10 14	2 6 10 14	2 6 10 14	2 6 10 14	2 6 10 14	2 6 10 14	2 6 10 14	2 6 10 14	2 6 10 14	2 6 10 14	2 6 10 14	2 6 10 14	2 6 10 14	2 6 10 14	2 6 10 14	2 6 10 14	2 6 10 14
2 6 10	2 6 10	2 6 10	2 6 10	2 6 10 2	2 6 10 3	2 6 10 4	2 6 10 5	2 6 10 7	2 6 10 7	2 6 10 8	2 6 10 9	2 6 10 10	2 6 10 11	2 6 10 12	2 6 10 13	2 6 10
2 6	2 6	2 6 1	2 6 2	2 6 1	2 6 1	2 6 1	2 6 1	2 6	2 6 1	2 6 1	2 6 1	2 6 1	2 6 1	2 6 1	2 6 1	2 6
1	2	2	2	2	2	2	2	2	2	2	2	2	2	2	2	

Orbital / quantum-number legend

s p d f	s p d f	s p d f	s p d f	s p d f	s p d f	s p d f	s p d f	s p d f	s p d f	s p d f	s p d f	s p d f	s p d f	s p d f	s p d f	s p d f

s (l=0)		d (l=2)	f (l=3)													
+ 1/2	− 1/2	+ 1/2	+ 1/2							− 1/2						
0	0	− 2	− 3	− 2	− 1	0	+ 1	+ 2	+ 3	− 3	− 2	− 1	0	+ 1	+ 2	

...DER ELEMENTE

Hauptgruppen / Nebengruppen

–gruppen: III IV V VI VII VIII/0   **Perioden**

–gruppen: ... a Va VIa VIIa VIIIa Ia IIa

Periode 1

	VIII/0
Atommasse	4.00260
Symbol	He
Ordnungszahl	2
K -Schale (n=1)	2

Periode 2

	III	IV	V	VI	VII	VIII/0
Atommasse	10.811	12.011	14.0067	15.9994	18.9984	20.1797
Symbol	B	C	N	O	F	Ne
Ordnungszahl	5	6	7	8	9	10
K -Schale (n=1)	2	2	2	2	2	2
L -Schale (n=2)	2 1	2 2	2 3	2 4	2 5	2 6

Periode 3

	III	IV	V	VI	VII	VIII/0
Atommasse	26.9815	28.0855	30.97376	32.066	35.4527	39.948
Symbol	Al	Si	P	S	Cl	Ar
Ordnungszahl	13	14	15	16	17	18
K -Schale (n=1)	2	2	2	2	2	2
L -Schale (n=2)	2 6	2 6	2 6	2 6	2 6	2 6
M -Schale (n=3)	2 1	2 2	2 3	2 4	2 5	2 6

Periode 4

	Va	VIa	VIIa	VIIIa	VIIIa	VIIIa	Ia	IIa	III	IV	V	VI	VII	VIII/0
Atommasse	50.9415	51.9961	54.93805	55.847	58.933	58.69	63.546	65.39	69.723	72.61	74.9216	78.96	79.904	83.80
Symbol	V	Cr	Mn	Fe	Co	Ni	Cu	Zn	Ga	Ge	As	Se	Br	Kr
Ordnungszahl	23	24	25	26	27	28	29	30	31	32	33	34	35	36
K -Schale (n=1)	2	2	2	2	2	2	2	2	2	2	2	2	2	2
L -Schale (n=2)	2 6	2 6	2 6	2 6	2 6	2 6	2 6	2 6	2 6	2 6	2 6	2 6	2 6	2 6
M -Schale (n=3)	2 6 3	2 6 5	2 6 5	2 6 6	2 6 7	2 6 8	2 6 10	2 6 10	2 6 10	2 6 10	2 6 10	2 6 10	2 6 10	2 6 10
N -Schale (n=4)	2	1	2	2	2	2	1	2	2 1	2 2	2 3	2 4	2 5	2 6

Periode 5

	Va	VIa	VIIa	VIIIa	VIIIa	VIIIa	Ia	IIa	III	IV	V	VI	VII	VIII/0
Atommasse	92.90638	95.94		101.07	102.9055	106.42	107.8682	112.411	114.82	118.710	121.75	127.60	126.9045	131.29
Symbol	Nb	Mo	Tc*	Ru	Rh	Pd	Ag	Cd	In	Sn	Sb	Te	I	Xe
Ordnungszahl	41	42	43	44	45	46	47	48	49	50	51	52	53	54
K -Schale (n=1)	2	2	2	2	2	2	2	2	2	2	2	2	2	2
L -Schale (n=2)	2 6	2 6	2 6	2 6	2 6	2 6	2 6	2 6	2 6	2 6	2 6	2 6	2 6	2 6
M -Schale (n=3)	2 6 10	2 6 10	2 6 10	2 6 10	2 6 10	2 6 10	2 6 10	2 6 10	2 6 10	2 6 10	2 6 10	2 6 10	2 6 10	2 6 10
N -Schale (n=4)	2 6 4	2 6 5	2 6 5	2 6 7	2 6 8	2 6 10	2 6 10	2 6 10	2 6 10	2 6 10	2 6 10	2 6 10	2 6 10	2 6 10
O -Schale (n=5)	1	1	2	1	1		1	2	2 1	2 2	2 3	2 4	2 5	2 6

Periode 6

	Va	VIa	VIIa	VIIIa	VIIIa	VIIIa	Ia	IIa	III	IV	V	VI	VII	VIII/0
Atommasse	180.9479	183.85	186.207	190.2	192.22	195.08	196.9665	200.59	204.3833	207.2	208.98			
Symbol	Ta	W	Re	Os	Ir	Pt	Au	Hg	Tl	Pb	Bi	Po*	At*	Rn*
Ordnungszahl	73	74	75	76	77	78	79	80	81	82	83	84	85	86
K -Schale (n=1)	2	2	2	2	2	2	2	2	2	2	2	2	2	2
L -Schale (n=2)	2 6	2 6	2 6	2 6	2 6	2 6	2 6	2 6	2 6	2 6	2 6	2 6	2 6	2 6
M -Schale (n=3)	2 6 10	2 6 10	2 6 10	2 6 10	2 6 10	2 6 10	2 6 10	2 6 10	2 6 10	2 6 10	2 6 10	2 6 10	2 6 10	2 6 10
N -Schale (n=4)	2 6 10 14	2 6 10 14	2 6 10 14	2 6 10 14	2 6 10 14	2 6 10 14	2 6 10 14	2 6 10 14	2 6 10 14	2 6 10 14	2 6 10 14	2 6 10 14	2 6 10 14	2 6 10 14
O -Schale (n=5)	2 6 3	2 6 4	2 6 5	2 6 6	2 6 7	2 6 9	2 6 10	2 6 10	2 6 10	2 6 10	2 6 10	2 6 10	2 6 10	2 6 10
P -Schale (n=6)	2	2	2	2	2	1	1	2	2 1	2 2	2 3	2 4	2 5	2 6

Periode 7

	Va	VIa	VIIa	VIIIa	VIIIa	VIIIa	Ia	IIa	III	IV	V	VI	VII	VIII/0
Ordnungszahl	105	106	107	108	109	110	111	112	113	114	115	116	117	118

Schalen (n=1 … n=7): K -Schale (n=1), L -Schale (n=2), M -Schale (n=3), N -Schale (n=4), O -Schale (n=5), P -Schale (n=6), Q -Schale (n=7)

Unterschalen / Quantenzahlen

f	s p d f	s p d f	s p d f	s p d f	s p d f	s p d f	s p d f	s p d f	s p d f	s p d f	s p d f	s p d f	s p d f	s p d f	
	d(l=2)								p(l=1)						l
	+1/2			-1/2					+1/2			-1/2			Spin
	0	+1	+2	-2	-1	0	+1	+2	-1	0	+1	-1	0	+1	m

1   Atombau und Periodensystem

Übersicht über die Thematik des 1. Kapitels

Das erste Kapitel führt uns zu den kleinsten Bestandteilen der stofflichen Welt, da Grundkenntnisse über deren Aufbau wichtig zum Verständnis vieler stofflicher Eigenschaften und Veränderungen sind. Besonders das wellenmechanische oder quantenmechanische Atommodell trägt dazu bei, später viele chemische Gesetzmäßigkeiten mühelos verstehen zu können; dieses Atommodell wird deshalb mit der erforderlichen Ausführlichkeit besprochen. Dabei werden u.a. auch einige erkenntniskritische Überlegungen angestellt, denn die Erkenntnisse der Quantenmechanik haben seit Beginn dieses Jahrhunderts unser Weltbild vollkommen umgestaltet. Ein vertieftes Verständnis dieser Sachverhalte ermöglicht es dann, die uns umgebende Wirklichkeit besser begreifen zu können.

1.1   Bestandteile des Atoms

Ein Atom besteht aus einem **Atomkern** und einer **Elektronenhülle**. Bei chemischen Reaktionen treten Veränderungen in der Elektronenhülle auf.

Atomdurchmesser   : Größenordnung 10^{-10} m
Atomkerndurchmesser   : Größenordnung 10^{-14} m

Ein anschaulicher Vergleich, zitiert aus Hollemann-Wiberg, „Lehrbuch der anorganischen Chemie": „Von der Kleinheit derartiger Masseteilchen kann man sich anhand folgenden Zahlenbeispiels einen anschaulichen Begriff machen. Die in einem Stecknadelkopf (1 mm^3) enthaltene ungeheure Zahl von rund 10^{20} (100 Trillionen) Eisenatomen (Durchmesser des Eisenatoms: ca. $2 \cdot 10^{-10}$ m) ergäbe, zu einer Perlenkette aneinandergereiht, eine Strecke von $2 \cdot 10^7$ km, entsprechend der mehr als 50fachen Entfernung zwischen Erde und Mond[1] wobei auf jedes einzelne Millimeter dieser riesigen Strecke allein schon fünf Millionen Atome entfielen."

Der Kern enthält die elektrisch positiv geladenen **Protonen** und die elektrisch neutralen **Neutronen**. Beide haben etwa die gleiche Masse und werden als **Nukleonen** bezeichnet (nucleus, lat. = Kern; Nukleonen = Kernbestandteile). Die Atomhülle wird aus den elektrisch negativ geladenen Elektronen gebildet. Nukleonen und Elektronen sind Elementarteilchen und besitzen die in Tab. 1.1 angegebenen Massen bzw. elektrische Ladungen.

Die Eigenschaften der Atome werden entscheidend durch die Außenelektronen be-

---

[1] Der mittlere Abstand Erde - Mond beträgt $3{,}844 \times 10^5$ km = 60,27 Erdradien.

Name	Symbol	Ruhemasse	elektrische Ladung	
Proton	p^+	$1{,}67261 \cdot 10^{-24}$ g	$+1{,}6 \cdot 10^{-19}$	As, Ampèresekunden oder C, Coulomb
Neutron	n	$1{,}67492 \cdot 10^{-24}$ g	—	
Elektron	e^-	$0{,}91096 \cdot 10^{-27}$ g	$-1{,}6 \cdot 10^{-19}$	As, Ampèresekunden oder C, Coulomb

stimmt. Die Anzahl der Elektronen in der Hülle hängt aber ihrerseits von der Anzahl der Protonen im Kern ab, so daß letztlich die Protonenzahl das maßgebende Unterscheidungsmerkmal für die verschiedenen Atomarten darstellt. Hinsichtlich der Protonenzahl gibt es 103 verschiedene Atomarten[2].

Stoffe, die nur aus einer dieser Atomarten mit jeweils der gleichen Protonenzahl bestehen, nennt man **chemische Elemente**. Man kennzeichnet die chemischen Elemente durch Symbole; diese sind Abkürzungen des lateinischen Namens, bestehend aus einem oder zwei Buchstaben, z.B. H für Hydrogenium (Wasserstoff); O für Oxygenium (Sauerstoff); N für Nitrogenium (Stickstoff); C für Carbo (Kohlenstoff); S für Sulphur (Schwefel); Na für Natrium (deutsch ebenfalls Natrium); Fe für Ferrum (Eisen); Cu für Cuprum (Kupfer); Zn für Zincum (Zink); Sn für Stannum (Zinn); Hg für Hydrargyrum[3] (Quecksilber) usw. Die im deutschen Sprachgebrauch üblichen Elementennamen sind mit den Elementensymbolen und der jeweiligen Protonenzahl im Kern (= Ordnungszahl) im Anhang A4 zu finden.

1.2   Atomkerne

Fast die gesamte Masse eines Atoms ist im Kern vereinigt. Der Kern erfüllt aber nur ca. ein Billionstel des gesamten Atomvolumens. Ein anschaulicher Vergleich: Die Atomkerne eines Eisenwürfels von 10 m Kantenlänge ergäben, ohne die Elektronenhüllen dicht zusammengepackt, einen Würfel von weniger als 1 mm³ Rauminhalt, aber mit einer Masse von 7 900 Tonnen!

Die **Massenzahl** gibt an, wieviel Nukleonen (Protonen + Neutronen) ein Atomkern enthält. Sie wird links oben vor das Elementensymbol oder hinter das Elementensymbol

---

[2] Diese Atomarten enthalten 1 bis 103 Protonen im Kern. Kernphysikalische Experimente lassen den Schluß zu, daß sich auch Atomarten mit mehr als 103 Protonen vorübergehend (für extrem kurze Zeiten) bilden können. Für die Atomart mit 104 Protonen hat man den Namen Kurtschatovium (von Igor Vassilevitsch Kurtschatov, 1903–1960) oder Rutherfordium (Sir Ernest Rutherford, 1871–1937) vorgeschlagen, jedoch wird dieses sowie auch noch höhere „Elemente" (weil sie nur winzige Bruchteile einer Sekunde existenzfähig sind) nur noch mit der Atomnummer (Protonenzahl) angegeben.

[3] Das lateinische Wort Hydrargyrum hat seine Wurzeln in den griechischen Wörtern hydor =Wasser und argyros = Silber und bedeutet soviel wie Wassersilber oder flüssiges Silber.

geschrieben, also z.B.: ^{235}U; ^{238}U; bzw. U 235; U 238.

Die **Kernladungszahl** oder **Ordnungszahl** zeigt die Anzahl der Protonen im Kern und damit das chemische Element an. Sie steht unten links vor dem Elementensymbol. Man schreibt sie jedoch meistens nicht, weil das Elementensymbol indirekt die Protonenanzahl angibt, z.B. $_{92}$ U bzw. U mit Massenzahl:

$$^{235}_{92} U \quad \text{bzw.} \quad ^{235} U$$

Werden aber Reaktionen beschrieben, bei denen sich die Kernladungszahl und damit auch das chemische Element ändert, ist es zweckmäßig, die Ordnungszahl zu schreiben.

Die **Neutronenzahl** errechnet sich aus der Differenz zwischen Massenzahl und Ordnungszahl. Durch die Neutronen werden die positiv geladenen Protonen im Kern zusammengehalten. Die Elemente bis zur Ordnungszahl 20 haben etwa gleich viel Neutronen wie Protonen, bei den höheren Elementen überwiegen die Neutronen mit steigender Ordnungszahl immer stärker.

Nuklide sind Atomarten (Atome einschließlich Elektronenhülle), die durch die Protonenzahl und Neutronenzahl charakterisiert sind; man kennzeichnet sie in üblicher Weise durch das chemische Symbol und die Massenzahl, manchmal zusätzlich auch durch die Kernladungszahl. Beispiel: in der Medizin diente zur Schilddrüsendiagnostik das Nuklid Iod 131 (I 131). Dieses Nuklid ist durch den Reaktorunfall von Tschernobyl allgemein bekannt geworden.

Isotope sind Atome des gleichen chemischen Elements (gleiche Protonenzahl; sie stehen an der gleichen Stelle der Elemententabelle „Periodensystem"; von isos, gr.= gleich; topos, gr. = Ort), jedoch mit verschiedenen Massenzahlen und damit unterschiedlichen Neutronenzahlen .

Im Schrifttum werden oft Nuklide und Isotope einander gleichgesetzt. Korrekterweise sollte man jedoch den Ausdruck Isotope nur dann verwenden, wenn er im Zusammenhang mit verschiedenen Atomarten ein und desselben Elements gebraucht wird. Handelt es sich jedoch nur um eine bestimmte Atomart mit genau definierter Protonen und Neutronenzahl, sollte man besser den Ausdruck Nuklid wählen.

20 von den in der Natur vorkommenden Elementen bestehen jeweils nur aus einer einzigen Nuklidart. Es sind die **Reinelemente** (und zwar: Be; F; Na; Al; P; Sc; Mn; Co; As; Y; Nb; Rh; I; Cs; Pr; Tb; Ho; Tm; Au; Bi). Von diesen Reinelementen gibt es aber auch noch künstlich herstellbare, radioaktive Isotope, die jedoch nach bestimmten Gesetzmäßigkeiten unter Aussendung von radioaktiven Strahlen und Elementarteilchen bzw. Kernbestandteilen (Heliumkernen) in andere chemische Elemente zerfallen und wegen ihrer Instabilität in der Natur nicht vorkommen.

Mischelemente jedoch kommen in der Natur als Isotopengemische vor (bis zu zehn stabile Isotope pro Element). Das Mischungsverhältnis dieser Isotope ist (von wenigen Ausnahmen abgesehen) überall auf der Erde nahezu konstant. Alle Elemente, die nur radioaktiven Isotope haben, sind im Periodensystem (siehe Anhang) durch einen Stern rechts über dem Elementensymbol gekennzeichnet. Von ihnen sind die Elemente mit der Ordnungszahl 43, das Technecium (Tc),und mit der Ordnungszahl 61, das Promethium (Pm), sowie die Transurane (= Elemente mit Ordnungszahlen höher als 92) in der Natur nicht zu finden, da sie keine langlebigen radioaktiven Isotope haben. Die Elemente Uran

(U, Ordnungszahl 92) und Thorium (Th, Ordnungszahl 90) haben jedoch so langlebige radioaktive Isotope, daß einige Mineralien diese Elemente noch enthalten. Diese Mineralien enthalten als Verfallsprodukte vom Uran und Thorium auch noch radioaktive Isotope der Elemente 82 bis 91.

Die Elemente mit Ordnungszahlen über 92, die **Transurane**, können dadurch hergestellt werden, daß man Atomkerne mit Elementarteilchen beschießt, wobei durch Einfangen der Elementarteilchen im Kern schwerere Atome aufgebaut werden. So kann man, ausgehend vom Uran, stufenweise zu Elementen mit immer höheren Ordnungszahlen gelangen.

Isotope besitzen aufgrund der jeweils gleichen Protonenzahl im Kern und einer entsprechenden Elektronenzahl in der Hülle **gleiche chemische Eigenschaften**. Sie unterscheiden sich durch die Neutronenzahl und damit durch die Masse. Sie können dann voneinander getrennt werden, wenn man bei einem Trennungsverfahren in geringfügig andersartiges Verhalten der Isotope infolge ihrer Massenunterschiede ausnutzen kann, z.B. unterschiedliche Diffusionsgeschwindigkeit oder unterschiedliche Trägheitsmomente; letztere nutzt man aus in der „Gaszentrifuge" oder im, „Massenspektrometer" (siehe Abschnitt 11.6). Bei den meisten Isotopen ist eine Trennung schwierig und apparativ sehr aufwendig, weil der relative Massenunterschied nur geringfügig ist; dieser beträgt zwischen U 235 und U 238 nur ca. 1,3 %. Am größten ist der relative Massenunterschied bei den Wasserstoffisotopen. Wegen der damit verbundenen zwar geringfügigen, aber doch deutlich feststellbaren unterschiedlichen Eigenschaften haben die drei Wasserstoffisotope besondere Namen und Elementensymbole erhalten.

$^{1}_{1}H = normales\ Wasserstoffnuklid$

$^{2}_{1}H = D = Deuterium$

$^{3}_{1}H = T = Tritium$

1.3   Aufbau der Elektronenhülle

Die Atome sind im normalen Zustand nach außen hin elektrisch neutral, d.h., die Elektronenhülle besitzt ebensoviel Elektronen, wie der Kern Protonen enthält. Zur Charakterisierung des Aufbaus der Elektronenhülle dienen zwei Modelle:
- das **Bohrsche Atommodell** (Niels Bohr, 1885–1962, Nobelpreis 1922) und
- das **wellenmechanische Atommodell**.

1.3.1   Das Bohrsche Atommodell

Nach diesem Modell umkreisen die Elektronen den Kern unter dem Einfluß der elektrischen Anziehungskraft (Kern = positiv, Elektronen = negativ elektrisch geladen) auf Elektronenschalen in verschiedenen Abständen, wie Planeten die Sonne. Die Zählung der

Elektronenschalen erfolgt von innen nach außen. Gebräuchlich sind auch die Bezeichnungen:

K-,   L-,   M-,   N-,   O-,   P-,   Q- Schale für die
1.,   2.,   3.,   4.,   5.,   6.,   7. Elektronenschale.

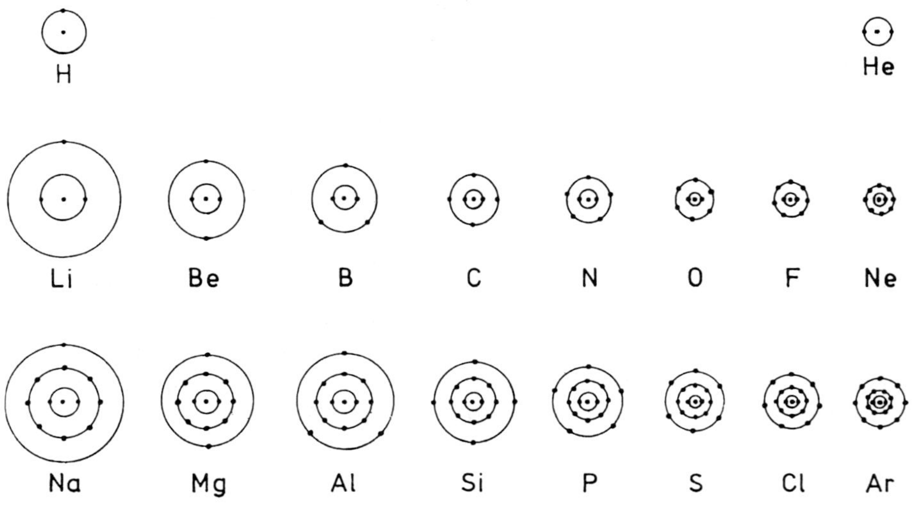

Abb. 1.1. Das Bohrsche Atommodell für die ersten 18 Elemente

Die jeweils **äußerste Elektronenschale** eines Atoms kann bei der K-Schale (= 1. Schale) zwei Elektronen, bei allen übrigen Schalen maximal acht Elektronen enthalten. Eine voll besetzte Außenelektronenschale mit acht Außenelektronen (bzw. beim Element He mit zwei Elektronen) stellt eine besonders stabile Elektronenanordnung dar.

Das Bohrsche Atommodell, ein sehr einfaches und anschauliches Modell, ist eine wertvolle Hilfe, um viele Gesetzmäßigkeiten in der Chemie erklären zu können. Andere Phänomene können mit ihm nicht verständlich gemacht werden; sie werden besser mit dem wellenmechanischen Atommodell beschrieben.

1.3.2 Das wellenmechanische Atommodell

a)   Vom Dualismus Welle – Korpuskel

Ein bewegtes Elektron zeigt, je nachdem wie die Versuchsbedingungen sind, entweder Wellennatur, oder es verhält sich wie ein Korpuskel (Verkleinerungsform von corpus, lat. = Körper).

Den Dualismus Welle-Korpuskel hat man zuerst beim Licht beobachten können: Es gibt Phänomene, die sich nur erklären lassen, wenn man annimmt, daß das Licht Wellennatur habe; hierzu gehören die Interferenz, ferner die **Beugung des Lichtes** am Gitter. Wiederum andere Erscheinungen weisen darauf hin, daß das Licht aus kleinen Körperchen (den Photonen) bestehen muß: so schlagen beim **photoelektrischen Effekt** „Lichtquanten" bestimmter Energie aus der Oberfläche eines Metalls einzelne Elektronen heraus. Eine ausführliche Beschreibung dieser Phänomene wird als Lehrgegenstand des Unterrichtsfaches Physik dort ausführlicher behandelt[4]. Anwendungen dieser Gesetzmäßigkeiten, soweit sie im Rahmen des Faches Chemie von Interesse sind, werden an anderer Stelle dieses Buches besprochen: photoelektrischer Effekt (siehe Abschnitte 6.4.2f und 6.5.1d) und Reflexion und Beugung von Röntgenstrahlen am Kristallgitter (= Indiz auch für die Wellennatur der Röntgenstrahlen, siehe Abschnitt 11.4.2).

1924 postulierte de Broglie (Louis Victor de Broglie, 1892–1987) eine Wellennatur auch für die bis dahin nur als Korpuskel angenommenen Elementarteilchen. De Broglies Hypothese konnte 1927 von Clinton Joseph Davisson (1881–1958, Nobelpreis 1937) und 1928 von Sir George Paget Thomson (1892–1975, Nobelpreis 1937) durch eindeutige Experimente bestätigt werden. Thomson konnte zeigen, daß Elektronenstrahlen beim Durchgang durch verschiedene Metalle, z.B. durch eine Goldfolie, in einem bestimmten Winkel abgebeugt werden (in ähnlicher Weise wie bei der Lichtbeugung am Gitter). Es ergaben sich hierbei eine Anzahl von konzentrisch angeordneten Beugungsringen, von denen einer in der Abb. 1.2 schematisch eingezeichnet wurde.

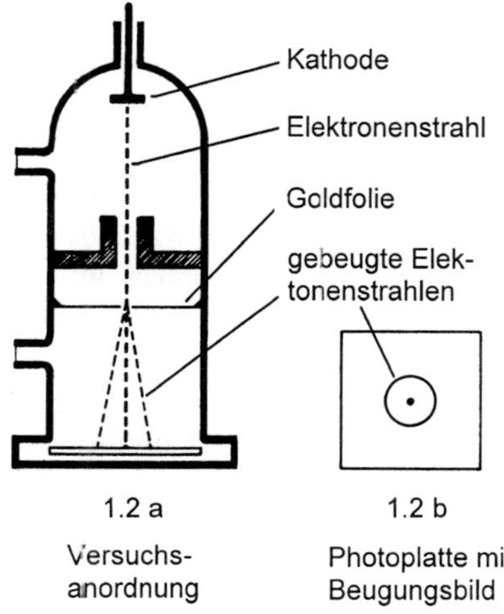

Abb. 1.2. Beugung von Elektronenstrahlen an einer Goldfolie

---

[4] siehe Lehrbücher der Physik

Diese Ringe kommen dadurch zustande, daß solche Folien meist auch in dünnster Schicht kleinste Kriställchen in allen denkbaren Lagen enthalten (eine Goldfolie von z.B. 1 mm Dicke wird immerhin durch eine Anzahl von knapp vier Millionen Goldatomen gebildet!). Die kleinsten Goldkriställchen in einer solchen Folie erzeugen zwar jeweils immer nur einzelne Flecken auf der photographischen Platte, die Addition vieler solcher kleinster Flecken ergeben dann immer konzentrische Ringe. Diese Versuchsanordnung ist, wenn man die Abstände der Atome voneinander (Gitterpunkte) in einer Goldfolie kennt, geeignet, die Wellenlänge von Elektronen zu berechnen (siehe Abb. 1.2). Beispiel: Bei Elektronen mit einer Energie von 50 000 eV = $8,01095 \cdot 10^{-15}$ J beträgt die Wellenlänge $6 \cdot 10^{-12}$ m.

Es gibt aber andererseits Experimente, die mit der Wellennatur der Elektronen nicht zu erklären sind. Sie sind nur zu verstehen, wenn man die Elektronen als kleine Masseteilchen auffaßt. Eigenschaften, die auf einen korpuskularen Charakter der Elektronen hinweisen, sind Masse und Trägheit; man kann von Elektronen den Impuls bestimmen.

Die Realität eines korpuskularen Elektrons ist ebenso unzweifelhaft, wie die Welle eines Elektrons und mit ihr die Wellenlänge real ist, wenn sie am Beugungsgitter gemessen wird. Bei der Messung der Wellenlänge muß das Elektron als Welle wirklich in einem Raumbereich entsprechender Größe ausgebreitet sein, es muß in dem für die Messung der Wellenlänge erforderlichen Raumbereich seine reale physikalische Wirkung ausüben.

Diese „**Zweigesichtigkeit**" der Elektronen, dieser sogenannte „**Dualismus Welle - Korpuskel**" bedingt die merkwürdige Tatsache, daß es physikalisch nicht möglich ist, beide Erscheinungsformen eines Elektrons gleichzeitig zu erfassen und durch Messung genau zu bestimmen: Je genauer man die Wellenlänge des Elektrons bestimmt, um so ungenauer ist ihm ein bestimmter Ort zuzuschreiben; ein mit scharf bestimmter Wellenlänge auftretendes Elektron hat keinen genau bestimmten Ort, ist über einen weiten Gitterbereich ausgebreitet. Führt man umgekehrt eine genaue Ortsbestimmung durch, dann kann man dem Elektron keine exakt definierte, keine durch noch so genaue Methoden bestimmbare Wellenlänge zuschreiben.

Andere Aspekte des gleichen Sachverhalts sind die berühmte **Heisenbergsche Unschärferelation** (Werner Heisenberg, 1901–1976, Nobelpreis 1932) und das **Komplementaritätsprinzip von Bohr**:

Das Komplementaritätsprinzip besagt, daß es grundsätzlich unmöglich ist, mehr als die Hälfte der Zustandsgrößen (z.B. Ort und Impuls) eines Elektrons *gleichzeitig* vollkommen scharf zu bestimmen. Je zwei Zustandsgrößen sind so miteinander gekoppelt, daß, je genauer man die eine mißt, um so ungenauer die andere wird. Die Formulierung der Heisenbergschen Unschärferelation lautet: Ein Elektron läßt sich nach Ort und Impuls bestimmen. Beide Größen sind nur mit einer gewissen **Unschärfe** erfaßbar. Das Produkt der Unschärfen ist von der Größenordnung des **Planckschen Wirkungsquantums** h:

$$\Delta x \cdot \Delta p \approx h; \qquad h = 6,630 \cdot 10^{-34} \text{ J·s}$$

Δx Unschärfe bei der Ortsbestimmung des Elektrons
Δp Unschärfe bei der Impulsbestimmung des Elektrons

Man kann zwar grundsätzlich entweder den Ort oder den Impuls mit großer Genauigkeit messen, dann wird aber jeweils die andere Größe um so ungenauer. Bei vollkommen genauer Ortsbestimmung wird der Impuls vollkommen unbestimmt und umgekehrt.

Man darf diesen Sachverhalt nicht dahingehend mißverstehen, als handele es sich bei der Unschärferelation nur um eine Grenze der praktischen Meßmöglichkeiten, sondern es ist vielmehr so, daß einem unbeobachteten Teilchen überhaupt kein Zustand im klassischen Sinne zugeschrieben werden kann. Erst durch den Beobachtungsakt wird ein Elementarteilchen veranlaßt, einen Zustand (Welle-Korpuskel oder Impuls-Ort) überhaupt anzunehmen. Der Dualismus Welle – Korpuskel, das Bohrsche Komplementaritätsprinzip bzw. die Heisenbergsche Unschärferelation haben zur Folge, daß im atomaren Bereich, beiden Elementarteilchen eine gewisse **Unbestimmtheit**, eine gewisse Indeterminiertheit vorliegt.

b) Die Bahnformen der Elektronen

Im Bohrschen Atommodell wird das Elektron als ein um den Kern kreisendes Korpuskel angenommen. In der wellenmechanischen Deutung wird das Elektron als stehende Materiewelle aufgefaßt, die den Kern in bestimmter, berechenbarer Weise umgibt.

Ein uns bekanntes Beispiel einer stehenden Welle findet man bei einer schwingenden Geigensaite oder einem schwingenden Seil. Bei einer solchen stehenden Welle zeigen gewisse Bezirke des Seils maximale Schwingungsanschläge, Schwingungsamplituden oder Wellenbäuche. In Abb. 1.3 sind es ein, zwei oder drei Schwingungsbäuche, die an den Stellen der größten Schwingungsenergie durch Schwärzungen markiert sind, während an anderen Stellen, den Wellenknoten, die Schwingungen kaum oder nicht wahrnehmbar sind.

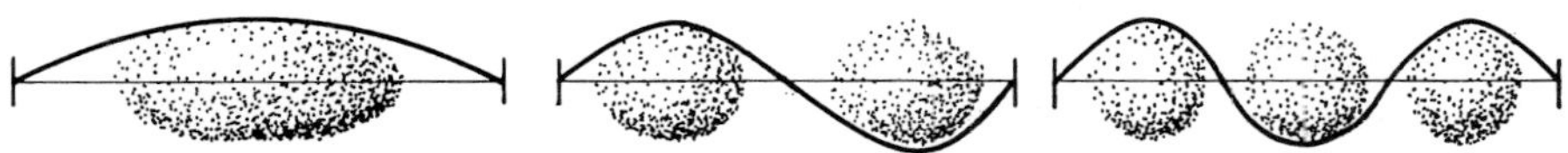

Abb. 1.3. Stehende Wellen mit ein, zwei und drei Wellenbäuchen

Es lag nun nahe, die Materiewellen des Elektrons im Atom durch die diejenigen mathematischen Gleichungen zu beschreiben, die auch zur Darstellung anderer Arten stehender Wellen Verwendung finden können. Eine solche Gleichung wurde von **Schrödinger** im Jahre 1926 aufgestellt (Erwin Schrödinger, 1887–1961, Nobelpreis 1933). Diese Gleichung (eine Differentialgleichung zweiter Ordnung) bringt die **Wellenfunktion** ψ des Elektrons in Verbindung mit der Energie des Elektrons und den Raumkoordinaten, mit denen das System beschrieben wird. Die Wellenfunktion ist keine physikalisch anschaulich deutbare Größe, während das Quadrat dieser Wellenfunktion mit seiner Änderung in den Raumkoordinaten ($\psi^2 \cdot dx\,dy\,dz$) ein Maß für die Wahrscheinlichkeit darstellt, das betreffende Elektron in einem Volumenelement (gegeben durch $dv = dx\,dy\,dz$) anzutreffen.

Eine relativ einfache, leicht faßbare, anschauliche Darstellung dieses schwierigen Sachverhaltes bekommt man dadurch, daß man die unserer Vorstellung schwer zugängliche Materiewelle des Elektrons umzudeuten versucht, indem man sich das Elektron als kleines Materieteilchen (Korpuskel) denkt. Nach dieser Auffassung betrachtet man die Intensität der Materiewelle nicht mehr unmittelbar als Energie des schwingenden Elektrons, sondern als Wahrscheinlichkeit, das Elektron an einer bestimmten Stelle anzutreffen. So kann man dem korpuskelartig angenommenen Elektron eine bestimmte, berechenbare **Aufenthaltswahrscheinlichkeit** um den Kern zuordnen. Dort, wo die Intensität der Materiewelle am größten ist, ist auch die Wahrscheinlichkeit am größten, das Elektron anzutreffen, d.h. dort ist auch die Materiedichte am größten. Da das Elektron eine negative elektrische Ladung besitzt, bestimmt das Quadrat der Wellenfunktion auch die Ladungsdichte einer solchen elektrisch negativ geladenen Ladungswolke pro Raumelement dv, d. h., es ergeben sich unterschiedliche Ladungsdichten aus der Bewegung oder Schwingung des Elektrons in der Atomhülle.

Vergleichen wir zum Verständnis der Materiewelle zunächst einmal ein zwischen zwei Wänden, nur in einer Dimension der drei Raumkoordinaten schwingendes Elektron mit der stehenden Welle einer schwingenden Geigensaite, so wie sie Abb. 1.3 gezeichnet wurde, so müßten wir an den Wellenbäuchen, den geschwärzt gezeichneten Stellen, die größte Aufenthaltswahrscheinlichkeit für das Elektron annehmen, während in den Wellenknoten die Wahrscheinlichkeit, das Elektron anzutreffen, praktisch Null ist. Eine mit zwei, drei oder mit mehr Schwingungsbäuchen schwingende Saite hätte eine größere Schwingungsenergie, entsprechend besäße ein solches Elektron auch eine höhere Energiestufe. Bildete ein Elektron eine stehende Materiewelle nicht nur zwischen zwei Wänden, sondern nach allen Richtungen, also beschreibbar in den drei Raumkoordinaten, so erhielte man aus dem Quadrat der Wellenfunktion der Schrödingergleichung für verschiedene Energiezustände die in Abb. 1.4 wiedergegebenen, geschwärzt gezeichneten Gebiete mit maximaler Aufenthaltswahrscheinlichkeit.

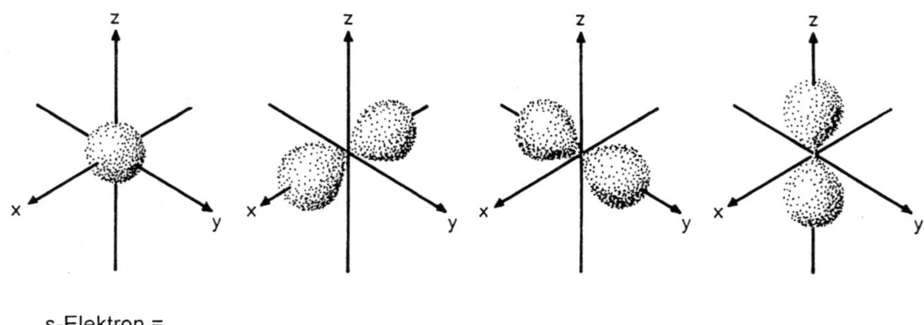

Abb. 1.4. Bildliche Darstellung vom Quadrat der Wellenfunktion

Die Ausrechnung der Schrödingergleichung ist nur möglich, wenn man für die Energie des Elektrons bestimmte Zahlenwerte, die sich von ganzzahligen Vielfachen bestimmter Beträge ableiten, einführt. Das entspricht auch den Beobachtungen bei der Spektralanalyse (siehe elftes Kapitel) und den Aussagen der von Max Planck Anfang dieses Jahrhunderts begründeten **Quantenphysik** (Max Planck, 1858–1947, Nobelpreis 1918). Nach den Prinzipien der Quantenphysik wird die Energie im atomaren Bereich nicht in kontinuierlich veränderbaren Beträgen, sondern nur in bestimmten, genau definierten Portionen oder Quanten übertragen.

Für die anschauliche Darstellung der chemischen Bindung (hiervon handelt das zweite Kapitel dieses Buches) wird allgemein nicht das Quadrat der Wellenfunktion, sondern die Wellenfunktion ψ selbst verwendet. Für verschiedene Energiezustände bekommt man aus der Wellenfunktion der Elektronen die in Abb. 1.5 wiedergegebenen, als **Orbitale** (orbit, engl. = Planetenbahn, Wirkungsbereich) bezeichneten Formen. Für den Grundzustand der Elektronen ergibt sich aus der Gleichung von Schrödinger ein kugelförmiges, konzentrisch um den Kern angeordnetes Orbital, das als **s–Orbital** bezeichnet wird. Höhere Anregungs- (Energie-) Formen liefern hantelförmige Orbitale, die als **p–Orbitale** bezeichnet werden. Die hantelförmigen p-Orbitale können sich nach den drei Raumkoordinaten ausrichten, so wie es in Abb. 1.5 angedeutet ist. Noch höhere Anregungsformen ergeben die in Abb. 1.5 ebenfalls dargestellten rosettenartigen **d–Orbitale** mit fünf Möglichkeiten der räumlichen Anordnung.

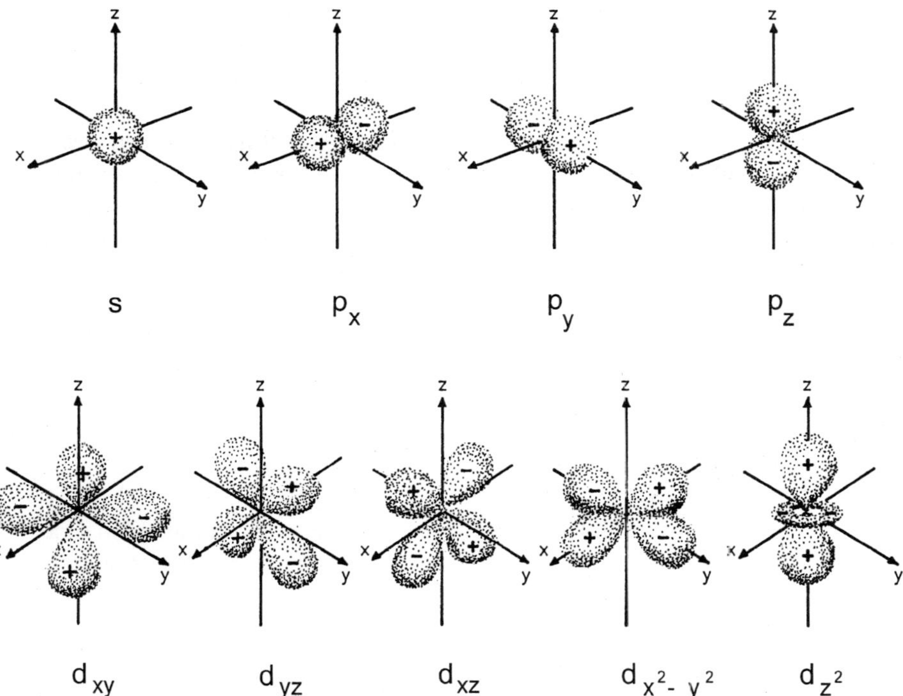

Abb. 1.5. Die Orbitale von s–, p– und d–Elektronen

Die mathematische Ausrechnung der Wellenfunktion ψ liefert teilweise positive, teilweise negative Werte; dementsprechend sind einigen Bereichen der Orbitale positive, anderen Bereichen negative Vorzeichen zuzuordnen, wie es in der Abb. 1.5 gekennzeichnet wurde. Das Quadrat der Wellenfunktion ergibt jedoch nur positive Werte, die man, wie oben beschrieben, mit der Aufenthaltswahrscheinlichkeit der Elektronen oder mit der Ladungsdichte der Elektronenwolke physikalisch sinnvoll deuten kann.

c) Prinzipielle erkenntniskritische Überlegungen

Da Elektronen kleiner als die Wellenlänge des Lichtes sind, können sie durch das Licht nicht abgebildet werden und eben deswegen nicht gesehen werden. Elektronen lassen sich nur nachweisen durch ihre Beeinflußbarkeit in elektrischen oder magnetischen Feldern oder durch die Wirkung, die sie beim Auftreffen auf Materie erzeugen.

Die Kenntnisse über die verschiedenen energetischen Zustände der Elektronen gewinnt man aus spektralanalytischen Daten. Das Gebiet der Spektralanalyse wird im elften Kapitel ausführlich behandelt. Hier soll nur kurz das Prinzip erläutert werden:

Durch Energiezufuhr (z.B. in Form von Licht oder anderen elektromagnetischen Strahlen) können Elektronen aus dem Grundzustand, in dem sie sich im Atom befinden, in ein höheres Energieniveau gehoben werden. Auf den im tieferen Energieniveau frei gewordenen Platz fällt dann sofort wieder ein Elektron unter Energieabgabe zurück. Die abgegebene Energie wird in Form von elektromagnetischer Strahlung ausgesendet und die betreffenden Energiebeträge können durch die Wellenlängen der ausgesendeten elektromagnetischen Wellen (z.B. Licht) erkannt werden. Diese Energiebeträge entsprechen den Energiedifferenzen zwischen jeweils zwei möglichen Energiestufen des Elektrons in der Atomhülle.

Die Schrödinger Gleichung bringt die mathematische Formulierung der Energiezustände von Elektronen im Atom. Die mathematische Ausrechnung der Schrödinger Gleichung führt schließlich zu den in Abb. 1.5 wiedergegebenen Elektronenorbitalen. Solche Elektronenorbitale sind sehr anschauliche Modelle von schwierigen mathematisch-physikalischen Zusammenhängen, die sich nur in unanschaulichen, mathematischen Gleichungen beschreiben lassen. Die Brauchbarkeit solcher Modellvorstellungen für die Elektronenorbitale wird sich vor allem bei der Behandlung der chemischen Bindung an verschiedenen Stellen dieses Buches zeigen.

Die Elektronen zeigen sowohl Korpuskel- als auch Wellennatur. In der mit unseren Sinnen erfahrbaren Umgebung gibt es keine vergleichbaren Gebilde, die ähnlich aufgebaut wären. Wir können somit im letzten nicht die wahre Natur der Elektronen „begreifen".

Wenn man jedoch wissenschaftliches Erkennen so versteht, daß man Unbekanntes auf bekannte Erscheinungen zurückführt, so ist es dennoch möglich, die Natur der Elektronen zu charakterisieren, nämlich als Wellen und Korpuskel. Nur darf man dabei nicht in den Fehler verfallen, die so gewonnenen Modelle für die Wirklichkeit selbst zu halten.

d) Die Quantenzahlen und das Pauli-Prinzip

Die Elektronen können in einem Atom nur ganz bestimmte Energiezustände einnehmen. Wird ein Elektron durch Energieaufnahme vom Grundzustand in einen energetisch höheren, angeregten Zustand überführt, so muß der dazu notwendige, volle Energiebetrag aufgewendet werden. Reicht die Energie hierfür nicht aus, so nimmt das Elektron überhaupt keine Energie auf. Man stellt also fest, daß die Energie nicht in beliebig kleinen Beträgen, sondern nur in bestimmten Mindestquantitäten, in **Quanten** übertragen werden kann. Fällt ein Elektron in den ursprünglichen Grundzustand wieder zurück, so wird der hierbei freiwerdende Energiebetrag (in Form von elektromagnetischen Wellen) ausgesendet.

Ein Elektron kann im Atom durch vier verschiedene Kriterien beschrieben werden. Sie wir als die **vier Quantenzahlen** bezeichnen. Solche Merkmale, die ein Elektron charakterisieren, können sich bei Energieänderung nur als einzelne unteilbare Quanten ändern. Die vier Quantenzahlen sind:

1.) Hauptquantenzahl n

Sie entspricht der laufenden Nummer der Elektronenschalen im Bohrschen Atommodell (die Schalen werden von innen nach außen gezählt, siehe auch Abschnitt 1.3.1). Gebräuchliche Bezeichnung der Elektronenschalen:

$n = 1$: K-Schale $n = 2$: L-Schale $n = 3$: M-Schale
$n = 4$: N-Schale $n = 5$: O-Schale $n = 6$: P-Schale
$n = 7$: Q-Schale

2.) Nebenquantenzahl l

Sie wird als Unterschale bezeichnet, kann jeden ganzzahligen Wert von 0 bis $n-1$ einnehmen (n = Hauptquantenzahl) und entspricht dem Orbital bzw. der Bahnform der Elektronen (siehe Abschnitt 1.3.2b und Abb. 1.5). Gebräuchliche Bezeichnung der Orbitale:

$l = 0$: s–Elektronen   (kugelförmige Orbitale)
$l = 1$: p–Elektronen   (hantelförmige Orbitale)
$l = 2$: d–Elektronen   (rosettenartige Orbitale)
$l = 3$: f–Elektronen   (rosettenartige Orbitale)

3.) Richtungsquantenzahl oder magnetische Quantenzahl m

Sie wird durch das Verhalten der Elektronen im Magnetfeld bestimmt. Sie gibt die Ausrichtung der p–,d– bzw. f–Elektronen im Raum an und kann jeden ganzzahligen Wert von +1 (= Nebenquantenzahl) über 0 nach −1 (negativer Wert der Nebenquantenzahl) einnehmen. In Tabelle 1.2 ist ersichtlich, wieviel Orbitale bei den einzelnen Elektronenarten möglich sind:

- Bei **p–Elektronen** (hantelförmige Orbitale) bestehen **drei** Möglichkeiten der Ausrichtung im Raum (siehe auch Abb. 1.5) nämlich +1, 0 und –1
- bei **d–Elektronen** gibt es **fünf** Möglichkeiten (+2, +1, 0, –1, –2) und
- bei **f–Elektronen** schließlich **sieben** Möglichkeiten (+3, +2, +1, 0, –1, –2, –3).

4.) Spinquantenzahl s

Jedes Orbital, gekennzeichnet durch die Quantenzahlen n, l und m, kann immer mit zwei Elektronen besetzt werden, die somit jeweils ein „Elektronenpaar" bilden. Die beiden Elektronen eines Elektronenpaares unterscheiden sich voneinander durch Eigenschaften, die man (aufgrund des Verhaltens im magnetischen Feld, siehe Abschnitt 6.2.3c) als Eigenrotation, Drehimpuls oder Spin[5] des Elektrons deuten kann oder durch ein + oder - kennzeichnet. Die symbolische Darstellung zweier Elektronen mit unterschiedlichem Spin erfolgt in Abb. 1.6 oder im elften Kapitel, Abb. 11.6 (siehe Abschnitt 11.2.1b), durch nach oben oder nach unten weisende Pfeile.

Das **Pauli-Prinzip** (Wolfgang Pauli, 1900–1958, Nobelpreis 1945) besagt:
In einem Atom können zwei Elektronen in ihren Quantenzahlen n, l, m, s nie völlig übereinstimmen, sie müssen sich mindestens durch eine Quantenzahl voneinander unterscheiden.

Es kann also jede Kombinationsmöglichkeit aus den vier Quantenzahlen (Haupt-,Neben-, Richtungs-, Spinquantenzahl) im Atom nur ein einziges Mal vorkommen. Nach den oben beschriebenen Gesetzmäßigkeiten für die Quantenzahlen ergibt sich bei Gültigkeit des Pauli–Prinzips die in der folgenden Tab. 1.2 aufgeführte maximale Besetzung der einzelnen Elektronenschalen mit Elektronen. Die maximale Elektronenzahl für die einzelnen Schalen läßt sich durch die Formel $2n^2$ berechnen (n = Hauptquantenzahl).

e) Das Energieniveauschema und die Hundsche Regel

Die Elektronen nehmen im energetischen Grundzustand des Atoms das jeweils tiefstmögliche Energieniveau ein. Jedes neu hinzukommende Elektron besetzt dann das tiefste, noch freie Energieniveau.

Im neutralen Zustand weisen die Atome genau soviel Elektronen in der Hülle auf, wie Protonen im Kern vorhanden sind; mit steigender Ordnungszahl (= Protonenzahl) wird dann ein chemisches Element immer jeweils ein Elektron mehr als das vorhergehende Element aufweisen, das dann in das jeweils noch freie, tiefste Energieniveau eingebaut wird. Beachtet man daher den Elektronenaufbau der chemischen Elemente mit steigender Ordnungszahl, so erhält man mit der Einbau-Reihenfolge ansteigende Elektronen-Energieniveaus (siehe Abb. 1.6).

---

[5] to spin, engl. = sich drehen. Bei dieser Deutungsweise der vierten Quantenzahl muß man das Elektron als korpuskulares Teilchen lokalisieren, was jedoch den wellenmechanischen Aussagen widerspricht. In korrekter, aber unanschaulicher Deutung kann man deswegen nur feststellen, daß Elektronen neben den drei Freiheitsgraden der Bewegung im Raum noch einen vierten, als Spin bezeichneten Freiheitsgrad besitzen.

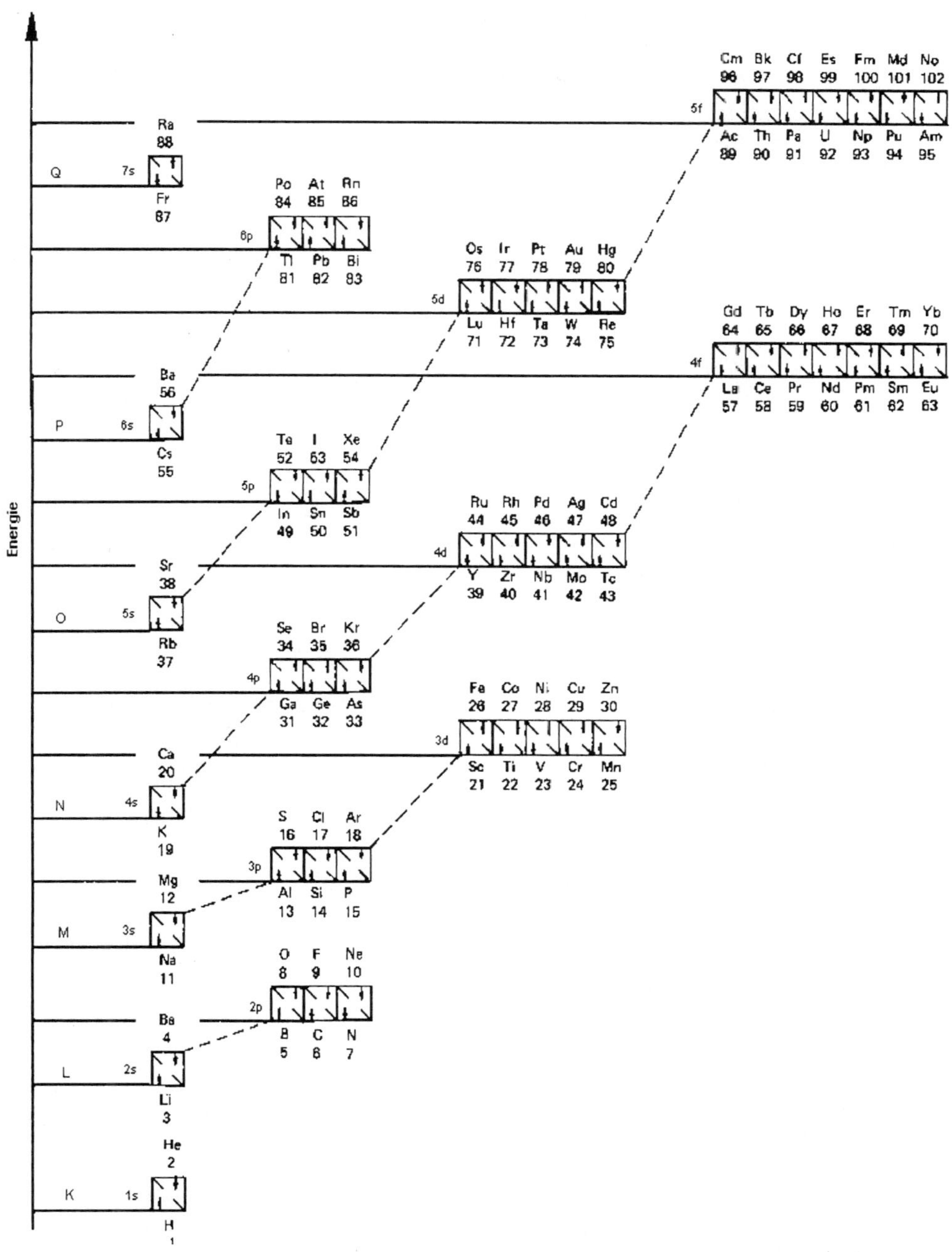

Abb. 1.6. Energieniveauschema

Tab. 1.2. Quantenzahlen und mögliche Elektronenzustände

Schale	n	l	Orbital	m		s	Anzahl der Kombinationen		$2n^2$
K	1	0	1s		0	+1/2; −1/2	2		2
L	2	0	2s		0	+1/2; −1/2	2		
	2	1	2p	+1	0; −1	+1/2; −1/2	6	$\Sigma = 8$	8
M	3	0	3s		0	+1/2; −1/2	2		
	3	1	3p	+1;	0; −1	+1/2; −1/2	6		
	3	2	3d	+2; +1;	0; −1; −2	+1/2; −1/2	10	$\Sigma = 18$	18
N	4	0	4s		0	+1/2; −1/2	2		
	4	1	4p		0; −1	+1/2; −1/2	6		
	4	2	4d	+2; +1;	0; −1; −2	+1/2; −1/2	10		
	4	3	4f	+3; +2; +1;	0; −1; −2; −3	+1/2; −1/2	14	$\Sigma = 32$	32

Die hierbei festgestellte Reihenfolge lautet 1s (d.h. s−Orbital in der ersten Schale) 2s, 2p, 3s, 3p, 4s, 3d, 4p, 5s, 4d, 5p, 6s, 4f, 5d, 6p, 7s, 5f. Man ersieht daraus, daß in vielen Fällen bereits höhere Elektronenschalen angefangen werden, bevor die tieferen mit der maximal möglichen Anzahl von Elektronen besetzt sind.

Bei den p−Elektronen sind jeweils drei Orbitale möglich, die sich durch die Richtungsquantenzahl unterscheiden; sie weisen im Atom den gleichen Energieinhalt auf. Ebenso sind die fünf möglichen d−Orbitale oder die sieben f−Orbitale energetisch gleichwertig. Bei der Besetzung dieser Orbitale gilt die sogenannte **Hundsche Regel** (Friedrich Hund, 1896−1997):

Die in einer Elektronenschale möglichen drei p−Orbitale, bzw. fünf d−Orbitale oder sieben f−Orbitale nehmen zuerst jeweils immer nur ein Elektron auf (geringste Wechselwirkung der Elektronen miteinander); erst wenn alle Orbitale des gleichen Energieinhalts einfach besetzt sind, werden diese Orbitale mit einem zweiten Elektron (das sich dann durch den Spin vom ersten Elektron unterscheidet) aufgefüllt.

Aus diesen Gesetzmäßigkeiten folgt ein Aufbau der Elektronenhüllen bei den chemischen Elementen, wie er in Abb. 1.6 angegeben ist. Die Kästchen in Abb. 1.6 stellen jeweils die Orbitale dar (ein s−Orbitale, drei p−Orbitale, fünf d−Orbitale, sieben f−Orbitale). Diese können mit jeweils zwei Elektronen entgegengesetzten Spins (gekennzeichnet durch nach oben oder unten weisende Pfeile) besetzt werden. Der Energieinhalt der Elektronenorbitale wird von unten nach oben immer größer. Die Energiedifferenzen zwischen den einzelnen Orbitalen sind jedoch nicht maßstäblich eingezeichnet: tatsächlich sind die Energiedifferenzen zwischen den unteren Energieniveaus im Atom größer und werden von unten nach oben immer geringer. Dies kann man dem Aussehen der Linienspektren von Atomen entnehmen (näheres hierüber siehe Abschnitt 11.2.1a). Beim Einbau von Elektronen in die höheren Schalen kommen vereinzelt geringe Abweichungen von dem hier angegebenen Schema vor. Als Beispiel sei erwähnt die Einbaureihenfolge (siehe Periodensystem, Anhang) bei den Elementen 77 bis 80: Der Elektronenzustand bei Platin (Ordnungszahl 78) mit neun d–Elektronen in der 5. Schale und einem s–Elektron in der sechsten Schale ist energieärmer als eine Elektronenanordnung mit acht d–Elektronen in der fünften Schale und zwei s-Elektronen in der sechsten Schale. Das in Abb. 1.6 schematisch gezeichnete Energieniveauschema ist zum Verständnis einiger später zu besprechender Phänomene wichtig.

Eine ganz **besonders stabile Elektronenanordnung** liegt dann vor, wenn die erste Elektronenschale zwei Elektronen enthält, oder wenn ab der zweiten Elektronenschale die jeweils äußerste Elektronenschale gerade acht Elektronen (= zwei s– und sechs p–Elektronen) hat. Dies ist die Elektronenanordnung der Edelgase.

Beispiele:
- das Element **Argon** mit der Ordnungszahl 18 hat die Elektronenstruktur $1s^2$, $2s^2$, $2p^6$, **$3s^2$**, **$3p^6$**,
- das Element **Krypton** mit der Ordnungszahl 36 hat die Elektronenstruktur $1s^2$, $2s^2$, $2p^6$, $3s^2$, $3p^6$, $3d^{10}$, **$4s^2$**, **$4p^6$**, (siehe Abb. 1.6).

Die Elektronenstrukturen der Elemente sind auch im Periodensystem eingezeichnet, welches als Klapptafel im Anhang des Buches zu finden ist. Die stabile Elektronenanordnung der äußersten Schale wird auch als **Edelgaskonfiguration** bezeichnet. Die Orbitale 6d, 7p und 8s müßten sich im Einbauschema sinngemäß anschließen, jedoch sind entsprechende Elemente mit derartigen Elektronenstrukturen jenseits der Elemente 103 (Lawrencium) bzw. 104 (Kurtschatovium oder Rutherfordium) noch nicht mit Sicherheit bekannt.

1.4   Das Periodensystem der Elemente

Im Jahr 1869 haben der russische Chemiker Mendelejeff (1834–1907) und der deutsche Chemiker Lothar Meyer (1830–1895) aufgrund der periodischen Wiederkehr ähnlicher chemischer Eigenschaften in der Reihe der chemischen Elemente mit steigender Ordnungszahl unabhängig voneinander eine Systematik entdeckt, die wir das **Periodensystem der Elemente** nennen.

Die heute allgemein übliche Darstellungsweise dieses Periodensystems der Elemente befindet sich im Anhang dieses Buches. Die waagerechten Zeilen der chemischen Elemente in diesem Periodensystem werden **Perioden** genannt. In diesen Perioden sind die Elemente mit steigenden Ordnungszahlen nebeneinander angeordnet.

Bricht man die Reihe jedesmal ab, sobald ein Edelgas erscheint, und beginnt eine neue Periode, so kommen die Elemente mit ähnlichen chemischen und physikalischen Eigenschaften untereinander zu stehen. Diese senkrechten Spalten des Periodensystems werden **Gruppen** genannt. Das Periodensystem hat
- eine sehr kurze Periode mit zwei Elementen (H; He)   = 1. Periode
- zwei kurze Perioden mit je acht Elementen   = 2. und 3. Periode
- zwei lange Perioden mit je 18 Elementen   = 4. und 5. Periode
- eine sehr lange Periode mit 32 Elementen   = 6. Periode

- eine unvollständige Periode   = 7. Periode

Die Elemente auf der linken Seite und in der Mitte des Periodensystems sind **Metalle** (Metalle zeigen hohe elektrische Leitfähigkeit, die mit steigender Temperatur sinkt, außerdem gute Wärmeleitfähigkeit, metallischen Glanz und plastische Verformbarkeit). Die Elemente auf der rechten Seite des Periodensystems sind **Nichtmetalle** (Nichtleiter für den elektrischen Strom) Die Grenze zwischen Metallen und Nichtmetallen verläuft etwa vom Bor (B) bis zum Tellur (Te). Die Elemente in der Nähe dieser Grenze sind **Halbmetalle** oder **Halbleiter**.

1.4.1   Die Elektronenstrukturen der Elemente

Entscheidend für das chemische Verhalten der Elemente sind ihre Elektronenstrukturen (Elektronenkonfigurationen). Sie bedingen auch die Stellung der einzelnen Elemente im Periodensystem.

Die **Edelgase** (Helium He, Neon Ne, Argon Ar, Krypton Kr, Xenon Xe, Radon Rn) haben eine stabile Elektronenkonfiguration (Edelgaskonfiguration), die dadurch gekennzeichnet ist, daß die äußerste Elektronenschale beim Helium zwei (= zwei s–Elektronen), bei allen anderen Edelgasen jeweils acht Elektronen (= zwei s und sechs p–Elektronen) enthält.

Die auf die Edelgase folgenden Elemente Lithium Li, Natrium Na, Kalium K, Rubidium Rb, Caesium Cs, Francium Fr werden **Alkalimetalle** (al kalja, arabisch = die Pflanzenasche) genannt. Sie haben ein einzelnes, leicht abspaltbares s–Elektron auf der über die Edelgaskonfiguration hinausgehenden, neu gebildeten Außenschale.

Die auf die Alkalimetalle folgenden Elemente, Beryllium Be, Magnesium Mg, Calcium Ca, Strontium Sr, Barium Ba und das Radium Ra haben auf der äußersten Schale je zwei s–Elektronen. Calcium, Strontium und Barium nennt man **Erdalkalimetalle**, weil ihre „Erden" – die alte Bezeichnung für Oxide – basisch reagieren. Der Ausdruck Erdalkalimetalle wird häufig auf alle Elemente der Gruppe, d.h. auch auf Beryllium und Magnesium ausgedehnt.

Bei den auf das Be und Mg folgenden Elementen ist die äußere Schale mit immer jeweils einem p-Elektron mehr besetzt bis schließlich mit zwei s– und sechs p–Elektronen - somit insgesamt acht Außenelektronen - die stabile Elektronenkonfiguration von Edelgasen erreicht wird. Elemente, die sich vom jeweils vorhergehenden Element durch ein s– oder ein p–Elektron unterscheiden, werden als **Hauptgruppenelemente** bezeichnet.

Die Elemente der siebten Hauptgruppe des Periodensystems Fluor F, Chlor Cl, Brom Br und Iod I und das radioaktive Astat At werden als **Halogene** (hals, gr. = Salz; gennan, gr. = erzeugen; Halogene = Salzbildner) bezeichnet.

Die Elemente der sechsten Hauptgruppe (Sauerstoff O, Schwefel S, Selen Se, Tellur Te) nennt man **Chalkogene** (chalkos, gr. = Erz; Chalkogene = Erzbildner.

In der vierten Periode wird nach dem Element Calcium, in der fünften Periode nach dem Element Strontium die jeweils zunächst noch unvollständige zweitäußere Schale mit d–Elektronen aufgefüllt. Elemente, die sich voneinander durch d–Elektronen unterscheiden, nennt man **Nebengruppenelemente** oder **Übergangselemente**.

In der sehr langen Periode werden bei den 14 auf das Lanthanium La folgenden metallischen Elemente, die man als **Lanthanoide** (früher Lanthanide) bezeichnet, die noch unvollständige drittäußere Schale mit vierzehn f–Elektronen aufgefüllt. So hat schließlich die N–Schale (Hauptquantenzahl 4) insgesamt 32 Elektronen, also zwei s–Elektronen, sechs p–Elektronen, zehn d–Elektronen und vierzehn f–Elektronen. Die Lanthanoide unterscheiden sich voneinander nur durch die Elektronenanordnung in der drittäußeren Schale. Sie zeigen daher ähnliche chemische Eigenschaften und können nur schwierig voneinander getrennt bzw. rein gewonnen werden. Der Einbau der Elektronen bei den Elementen der siebten Periode nach dem Actinium Ac, den als **Actinoide** bezeichneten radioaktiven Elementen, erfolgt ähnlich wie bei denen der sechsten Periode.

Man faßt also die Gruppen im Periodensystem wie folgt zusammen:

1. **Hauptgruppenelemente**: Diese unterscheiden sich in ihrem Elektronenaufbau von den vorhergehenden Elementen durch zusätzliche s– oder p–Elektronen.

2. **Nebengruppenelemente** oder (äußere) Übergangselemente: Das Unterscheidungsmerkmal ist hier gegenüber dem um eine Ordnungszahl kleineren Element jeweils ein zusätzliches d–Elektron.

3. **Lanthanoide und Actinoide**: Bei diesen wird die drittäußere Schale mit f–Elektronen aufgefüllt. Sie werden auch als innere Übergangselemente bezeichnet.

1.4.2   Die Periodizität der Eigenschaften

Viele Eigenschaften der Elemente hängen von ihren Elektronenstrukturen ab. Elemente, die im Periodensystem untereinander stehen, haben in der jeweils äußersten Elektronenschale eine gleiche Elektronenanordnung, sie haben deshalb auch ähnliche Eigenschaften. Innerhalb einer Gruppe verändern sich die Eigenschaften in regelmäßiger Weise, denn von oben nach unten im Periodensystem nimmt die Anzahl der Elektronenschalen zu. Die Periodizität der Eigenschaften soll an den Beispielen
- der **Ionisierungsenergie**
- der **Elektronenaffinität**
- der **Elektronegativität** sowie
- der **Atom-** und **Ionendurchmesser** gezeigt werden.

Auch die Einteilung der Elemente in **Metalle**, **Halbmetalle** und **Nichtmetalle** wird durch die Elektronenstrukturen bedingt.

a) Die Ionisierungsenergie

Man muß einen als Ionisierungsenergie bezeichneten Betrag aufwenden, um ein einzelnes (das am schwächsten gebundene) Elektron aus einem Atom abzuspalten. Solche den

Energieniveaus der Elektronen entsprechende Beträge kann man experimentell mit Hilfe der Spektralanalyse ermitteln (siehe Kapitel 11).

Zur Wort und Begriffserklärung: **Ionen** (ion, gr. = wandernd) sind elektrisch geladene Teilchen, die aufgrund ihrer elektrischen Ladung die Fähigkeit besitzen, im elektrischen Feld zu wandern. Man unterscheidet dabei zwischen **Kationen** = positiv geladene Ionen (durch Abspaltung von Elektronen), die zur negativen Elektrode wandern (kata, gr.= hinab, d.h. von der positiven zur negativen Elektrode) und **Anionen** = negativ geladene Ionen (durch Aufnahme von Elektronen), die zur positiven Elektrode wandern (ana, gr. = hinauf, d.h. von der negativen zur positiven Elektrode).

Die Ionisierungsenergie zur Abspaltung eines Elektrons aus einem Atom, wobei ein positiv geladenes Ion entsteht,

- nimmt mit steigender Kernladungszahl zu (stärkere Anziehungskräfte auf die Elektronen durch die größere Anzahl von Protonen im Kern, wobei jedoch die Elektronen der inneren Schalen die Wirkung der Kernladung stark abschirmen),
- wird mit größer werdendem Atomradius kleiner (geringer werden der Anziehungskraft durch die größere räumliche Distanz; über Atomradien siehe Abschnitt 1.4.2d),
- nimmt bei den Elektronenorbitalen einer Schale in folgender Reihenfolge ab: s > p > d > f (ein s–Elektron ist schwerer abzuspalten als ein p–Elektron, da das s–Orbital im Mittel eine größere Kernnähe aufweist als das p–Orbital, entsprechendes gilt für die d– und f–Orbitale).

Aus diesen Gesetzmäßigkeiten werden die in Abb. 1.7 wiedergegeben Ionisierungsenergien zur Abspaltung jeweils des ersten Elektrons bei den chemischen Elementen mit steigender Ordnungszahl verständlich. Die Abb. 1.7 zeigt, daß bei den Alkalimetallen das Außenelektron am leichtest abzuspalten ist, wobei die Abspaltbarkeit (Ionisierung) mit zunehmendem Atomradius, also im Periodensystem von oben nach unten, vom Lithium zum Cäsium leichter wird. Die größten Ionisierungsenergien benötigen die Edelgase, das bedeutet, es ist sehr schwierig, aus den Edelgasatomen ein Elektron herauszuschlagen. Die kleine Spitze beim Beryllium (Ordnungszahl vier) zeigt, daß s–Elektronen schwerer als p–Elektronen herauszuschlagen sind. Die Spitze beim Stickstoff (Ordnungszahl sieben) rührt davon her, daß einfach besetzte p–Orbitale schwieriger zu ionisieren sind als die doppelt besetzten Orbitale. Der Aufwand an Ionisierungsenergie zur Abspaltung eines zweiten Elektrons aus dem Atom ist wesentlich größer als beim ersten; er steigt für jedes weitere abgespaltene Elektron beträchtlich an, wie Tab. 1.3 zeigt.

Besonders stark steigt die Ionisierungsenergie an, wenn nach Abspaltung aller Elektronen einer Schale ein Elektron aus der nächst inneren Schale entfernt werden muß. Diese nächst innere Schale hat Edelgasstruktur (acht Elektronen, bzw. zwei Elektronen beim Helium). Es wird deswegen verständlich, daß die auf die Edelgase bei folgenden Elemente, die Metalle der ersten und zweiten Hauptgruppen (Alkali- und Erdalkalimetalle) sowie der Nebengruppen IIIa und IVa relativ leicht die Elektronen der äußersten Schale abgeben können, daß dann aber eine weitere Ionisierung unterbleibt. Diese Metalle bilden also relativ leicht Ionen mit einer Elektronenstruktur wie den Edelgasen. In der Tabelle 1.3 ist eine starke Zunahme der Ionisierungsenergie (wenn die äußerste Schale Edelgasstruktur hat) durch die Treppenlinie gekennzeichnet.

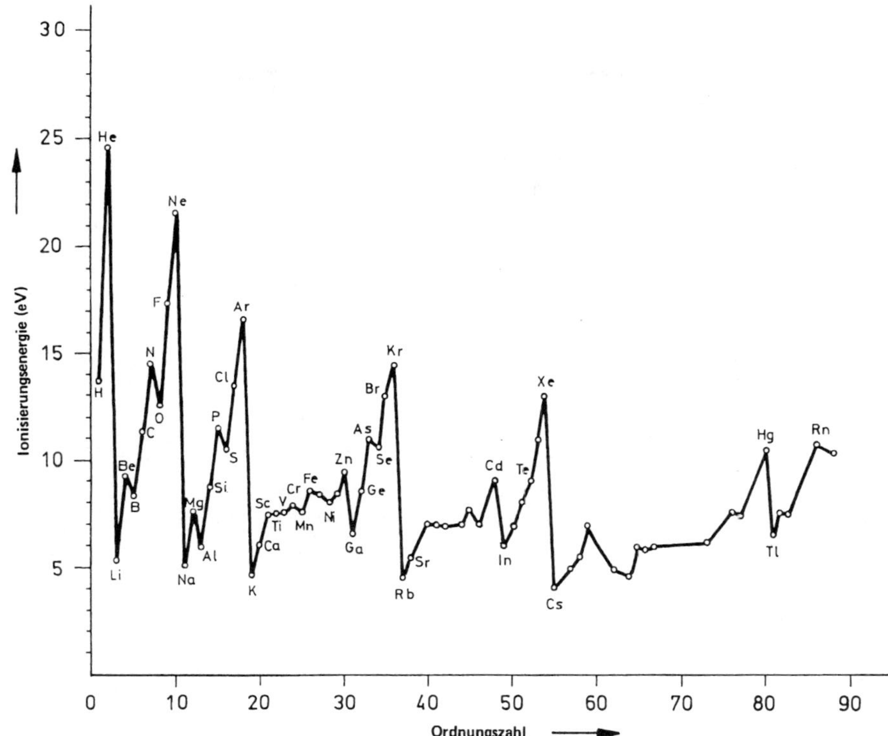

Abb. 1.7. Ionisierungsenergien zur Abspaltung eines Elektrons

Tab. 1.3. Ionisierungsenergien der Elemente mit den Ordnungszahlen (Z) 1-12

Z	Element	Ionisierungsenergie in eV zur Abtrennung des x-ten Elektrons						
		1	2	3	4	5	6	7
1	H	13,6						
2	He	24,6	54,4					
3	Li	5,4	75,6	122,4				
4	Be	9,3	18,2	153,9	217,7			
5	B	8,3	25,1	37,9	259,3	340,1		
6	C	11,3	24,4	47,9	64,5	391,9	489,8	
7	N	14,5	29,6	47,4	77,5	97,9	551,9	666,8
8	O	13,6	35,2	54,9	77,4	113,9	138,1	739,1
9	F	17,4	35,0	62,6	87,2	114,2	157,1	185,1
10	Ne	21,6	41,0	64,0	97,1	126,4	157,9	207,0
11	Na	5,1	47,3	71,6	98,9	138,6	172,4	208,4
12	Mg	7,6	15,0	80,1	109,3	141,2	186,7	225,3

b) Die Elektronenaffinität

Als Elektronenaffinität bezeichnet man den Energiebetrag, der mit der **Aufnahme von Elektronen** durch ein neutrales Atom verbunden ist. Besonders große Elektronenaffinitäten haben die Halogene. Die Halogenatome gehen durch Aufnahme jeweils eines Elektrons in negativ geladene Ionen über, welche dann Elektronenstrukturen von Edelgasen aufweisen. Daß beim Übergang von Halogenatomen in einfach negativ geladene Halogenidionen große Energiebeträge frei werden (hohe Elektronenaffinität) deutet auch daraufhin, daß die dabei entstehenden Edelgasstrukturen sehr stabile Elektronenanordnungen darstellen.

c) Die Elektronegativität

Die Elektronegativität ist eine Maßzahl für die Anziehungskraft, die ein neutrales Atom auf Elektronen ausübt und zwar, wie später (siehe Abschnitt 2.4) gezeigt wird, die Anziehungskraft eines neutralen Atoms in einer sogenannten kovalenten chemischen Bindung. Diese von L. Pauling (Linus Carl Pauling, 1901–1994, Chemie-Nobelpreise 1954 , Friedens-Nobelpreis 1962) definierte dimensionslose Maßzahl ist eine wertvolle Hilfe zur Charakterisierung des **chemischen Verhaltens** der einzelnen Elemente. Man kann die Elektronegativität nach Mulliken (Robert Sanderson Mulliken, 1896–1986, Nobelpreis 1966) durch das Mittel zwischen der Ionisierungsenergie (beim Vorgang $X \rightarrow X^+ + e^-$) und der Elektronenaffinität (beim Vorgang $X + e^- \rightarrow X^-$) berechnen. Die Abb. 1.8 zeigt auch bei den Elektronegativitäten eine Periodizität.

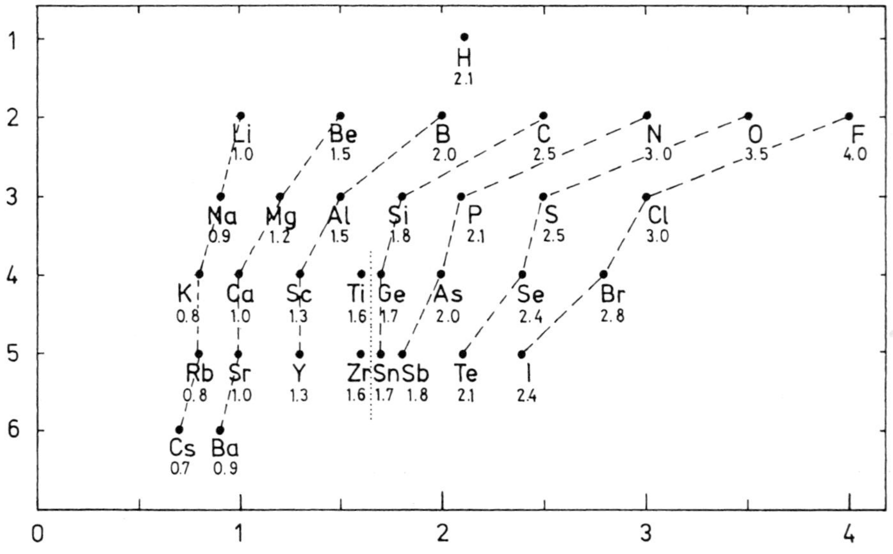

Abb. 1.8. Die Elektronegativitätsskala

Die Elektronegativität des Elements Fluor, F mit der stärksten Anziehungskraft auf Elektronen wird definitionsgemäß = 4,0 (dimensionslose Zahl) gesetzt. In Abb. 1.8 ist deutlich zu erkennen, daß die Elektronegativität mit steigender Kernladungszahl zunimmt (im Periodensystem innerhalb einer Periode von links nach rechts) und mit zunehmendem Atomradius abnimmt (im Periodensystem innerhalb einer Gruppe von oben nach unten). Einen besonders starken Abfall kann man beim Übergang von der zweiten zur dritten Periode beobachten. In der Gegend der punktiert gezeichneten senkrechten Linie sind die Metalle der meisten Nebengruppenelemente anzusiedeln.

d) Die Atom- und Ionendurchmesser

Die Orbitale der Elektronenhüllen haben nach außen hin keine scharfe Begrenzung. Dennoch kann man die Atome in angenäherter Weise als starre Kugeln auffassen, denn die Elektronenhüllen von Atomen und Ionen durchdringen sich im Idealfall nicht (Idealfall soll bedeuten, daß sie untereinander nicht verbunden sind).

Auf die Größe der Elektronenhüllen und damit der Atom- bzw. Ionenradien wirken im wesentlichen zwei Faktoren:
- Die **Kernladungszahl**
- Die Anzahl der vorhandenen Elektronen bzw. **Elektronenschalen**.

Daher nehmen die Atom- und Ionendurchmesser innerhalb einer Periode von links nach rechts ab (Zunahme der Kernladungszahl bei gleicher Anzahl der Elektronenschalen) und in einer Gruppe von oben nach unten zu (Zunahme der Anzahl der Elektronenschalen), wie es die Abb. 1.9 zeigt.

Die Atomdurchmesser in Abb. 1.9 wurden nach den von J.B. Mann[6] aus sogenannten Hartree-Fock Wellenfunktionen berechneten Werten gezeichnet. In der Literatur und in Lehrbüchern leitet man (nicht ganz zu Recht) den Atomdurchmesser meist von experimentell gefundenen kürzesten Atomabständen ab, die zwischen je zwei Atomkernen des gleichen chemischen Elements möglich sind. Es sind diejenigen Distanzen, die in Abb. 1.9 durch waagerechte Strecken wiedergegeben sind. Wie man sieht, zeigen besonders die Edelgase erhebliche Differenzen zwischen den Atomradien (in Abb. 1.9 Kreise) und den kürzesten Atomabständen (in Abb. 1.9 waagerechte Striche). Das ist leicht verständlich, da sich die Atome der einzelnen chemischen Elemente mit verschiedenartigen Bindungskräften gegenseitig anziehen (wie im zweiten Kapitel gezeigt wird, auf der linken Seite des Periodensystems durch metallische Bindung und bei den Edelgasen durch die nur sehr schwachen van der Waals-Kräfte). Die Edelgasatome können sich auch im festen Zustand (infolge nur schwacher gegenseitiger Anziehungskräfte) mit ihren sich gegenseitig abstoßenden Elektronenhüllen weit weniger einander nähern als die Atome anderer chemischer Elemente, bei denen die unvollständigen Elektronenhüllen noch eine gegenseitige Bindung ermöglichen. Zum Zeichnen der Ionendurchmesser

---

[6] Joseph B. Mann: „Atomic Structure Calculations II. Hartree-Fock Wavefunctions and Radial Expectation Values." Los Alamos Scientific Lab., N.Mexico,1968, LA-3691.

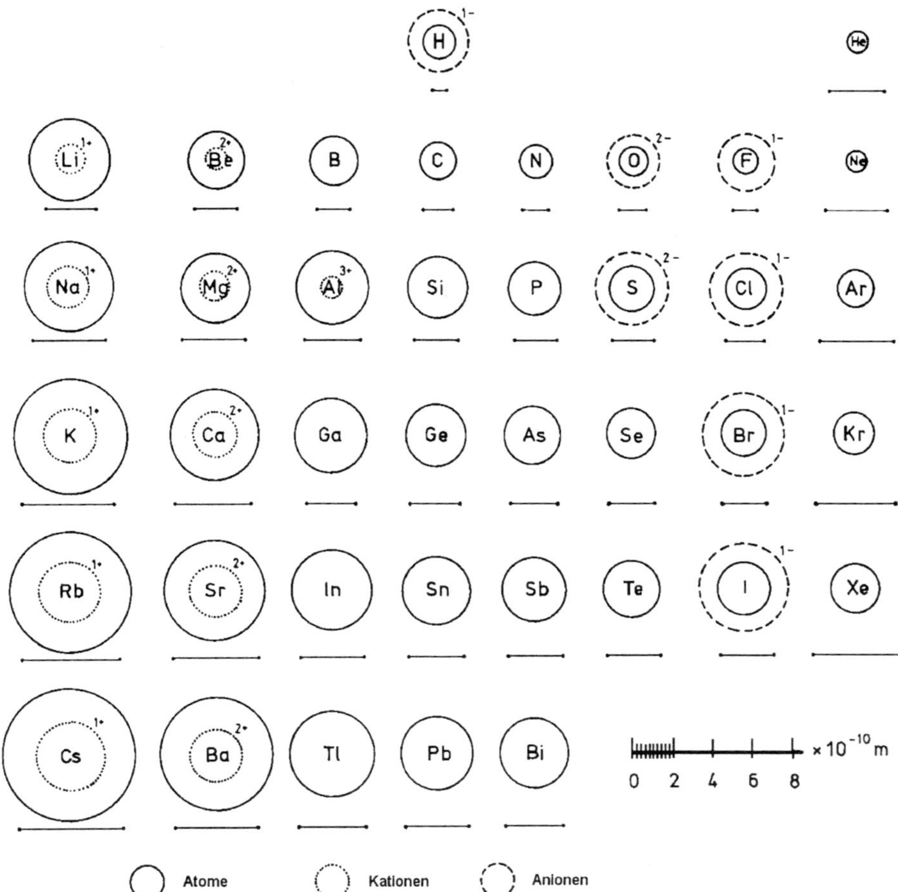

Abb. 1.9. Atom- und Ionendurchmesser der Hauptgruppenelemente

wurden wegen gut vergleichbarer Bindungskräfte die in der Literatur üblichen, experimentell ermittelten Werte verwendet.

e) Die metallischen Eigenschaften

Mit zunehmendem Atomradius wird die Ionisierungsenergie geringer und damit die Abspaltbarkeit der äußeren Elektronen leichter. Die aus dem Einflußbereich eines Atoms abgespaltenen Elektronen können sich dann im elektrischen Feld bewegen und damit eine elektrische Leitfähigkeit verursachen. Da aber die **elektrische Leitfähigkeit** ein Hauptkriterium für den metallischen Charakter eines Elements ist, nimmt der metallische Charakter mit geringer werden der Ionisierungsenergie und dem größer werden der Atomradien, also in den Gruppen von oben nach unten zu. Innerhalb einer Periode ist der metallische Charakter auf der linken Seite größer als bei den weiter rechts stehenden

Elementen (größere Atomradien und kleinere Ionisierungsenergien). Die Grenze zwischen Metallen und Nichtmetallen verläuft vom Bor über das Silicium, Germanium, Arsen, Selen zum Tellur. Diese Elemente sind elektrische Halbleiter oder Halbmetalle. Einige Elemente in der Nähe dieser Grenze kommen, wie später gezeigt wird, in mehreren Modifikationen[7], z.B. als Metalle, Halbmetalle oder Nichtmetalle vor (z.B. Phosphor, siehe Abschnitt 6.3.3; Zinn, siehe Abschnitt 6.5.8).

---

[7] modifisatio, lat. = Abänderung. Als Modifikationen bezeichnet man Zustandsformen von Elementen, die aus den gleichen Atomarten (chemischen Elementen) aufgebaut sind, die sich aber in den physikalischen Eigenschaften voneinander unterscheiden (z.B. Leitfähigkeit, Kristallform, Härte, Farbe usw,).

Kontroll- und Übungsfragen zur Einleitung und zum 1. Kapitel

1) Womit befaßt sich die Chemie?
2) Was versteht man unter dem Begriff „Stoff"?
3) Was sind homogene Stoffe?
4) Was sind heterogene Stoffe?
5) Was bezeichnet man als Phase?
6) Was sind Substanzen?
7) Was versteht man unter stofflichen Umsetzungen oder chemischen Reaktionen?
8) In welchen Teilen der Atome ereignen sich Veränderungen bei chemischen Reaktionen?
9) Von welcher Größenordnung sind a) Atomdurchmesser b) Atomkerndurchmesser?
10) Welche Elementarteilchen enthält a) die Atomhülle, b) der Atomkern? Welches Vorzeichen haben die elektrischen Ladungen der Elementarteilchen?
11) Was sind chemische Elemente und wie werden sie gekennzeichnet?
12) Nennen Sie die chemischen Symbole für die Elemente Wasserstoff, Kohlenstoff, Stickstoff, Sauerstoff, Schwefel, Chlor, Natrium, Kalium, Calcium, Eisen, Silber und Quecksilber!
13) Was bedeutet die Massenzahl eines Atoms und wie wird sie gekennzeichnet?
14) Was zeigt die Kernladungszahl (Ordnungszahl) an und wie wird sie gekennzeichnet?
15) Was sind Isotope?
16) Wieviel Neutronen haben die Uranisotope ?
$^{235}_{92}$ U und $^{238}_{92}$ U
17) Wie heißen die Isotope des Wasserstoffs und wie werden sie gekennzeichnet?
18) Worin müssen die Atome einer Nuklidart übereinstimmen?
19) Wieviel Elektronen kann die erste Elektronenschale (K-Schale) maximal haben?
20) Wieviel Elektronen kann ab der zweite Elektronenschale (L-Schale) die jeweils äußerste Elektronenschale maximal enthalten?
21) In welchem Atommodell werden die Elektronen als um den Kern (wie Planeten um die Sonne) kreisende Teilchen dargestellt?
22) Welchen Dualismus kann man bei Elektronen feststellen?
23) Was bezeichnet die Hauptquantenzahl n im Atom?
24) Wie bezeichnet man die innerste Elektronenschale (erste Schale) im Atom? Wie die zweite, dritte und vierte Schale?
25) Was gibt die Nebenquantenzahl l an?
26) Welche Gestalt haben s–, welche p–, d– und f–Orbitale?
27) Wie heißen die vier Quantenzahlen?
28) Was besagt das Pauli-Prinzip?
29) Was besagt die Hundsche Regel?
30) Was versteht man unter dem Begriff „Edelgaskonfiguration"?
31) Wie bezeichnet man die waagerechten Zeilen im Periodensystem der Elemente? Wie nennt man die senkrechten Spalten?
32) Wo stehen die Metalle, wo die Nichtmetalle im Periodensystem? Wie verläuft die Grenze zwischen diesen?

33) Was sind Hauptgruppenelemente, Nebengruppenelemente, was Lanthanoide und Actinoide? Was versteht man unter inneren und äußeren Übergangselementen?

34) Welche Gruppenbezeichnungen kennen Sie für die Elemente der ersten, zweiten, sechsten, siebten und achten Hauptgruppe?

35) Was sind Ionen, was Kationen, was Anionen?

36) Was versteht man unter dem Begriff „Elektronegativität"?

37) Wie ändern sich die Ionisierungsenergie, die Elektronegativität, die Atom- und Ionendurchmesser und der metallische Charakter mit der Lage der Elemente im Periodensystem?

2 Die chemische Bindung

Überblick über die Thematik des 2. Kapitels

In diesem Kapitel werden die verschiedenen chemischen Bindungsarten und die zwischenmolekularen Wechselwirkungen behandelt. Wenn sich Atome miteinander verbinden treten Veränderungen in der Elektronenverteilung auf; die Atome gehen chemische Bindungen ein. Diese wurden früher auch als Hauptvalenzen bezeichnet. Je nach Art der Elektronenverteilung wird zwischen drei Arten der chemischen Bindung unterschieden:
1.) die Atombindung (auch kovalente oder homöopolare Bindung genannt)
2.) die Ionenbindung (auch heteropolare Bindung oder Ionenbeziehung genannt)
3.) die metallische Bindung
Diese drei Bindungsarten sind jedoch nur Grenztypen der chemischen Bindung, die selten in reiner Form auftreten. Viele Verbindungen weisen Übergangsformen dieser Bindungstypen auf. Viel schwächere Bindungskräfte als bei den chemischen Bindungen treten bei den zwischenmolekularen Wechselwirkungen (auch intermolekulare Wechselwirkungen genannt) auf, die den „Zusammenhalt" zwischen den durch chemische Bindungen aufgebauten Molekülen[1] bewirken. Sie wurden früher auch als Nebenvalenzen bezeichnet. Die zwischenmolekularen Wechselwirkungen beruhen im wesentlichen auf elektrostatischen Wechselwirkungskräften und bewirken bei den Stoffen z.B. das Auftreten der verschiedenen Aggregatzustände. Die Stärke dieser Wechselwirkungen beeinflußt viele physikalische Stoffeigenschaften, wie z.B. die Schmelz- und Siedepunkte, Verdampfungsenthalpien und Viskositäten.
Bei den zwischenmolekularen Wechselwirkungen werden unterschieden:
1.) die Dipol-Wechselwirkungen
2.) die van der Waals-Wechselwirkung
3.) die Wasserstoffbrücken
Weiterhin wird in diesem Kapitel die in der Chemie wichtigen Mengenangabe das „Mol" vorgestellt.

2.1 Die Atombindung (kovalente Bindung)

Die Edelgase haben besonders **stabile Elektronenstrukturen**. Man kann dies daraus schließen, daß die Abspaltung eines Elektrons aus einem Edelgasatom einen sehr hohen Energiebetrag erfordert (hohe Ionisierungsenergie, siehe Abschnitt 1.4.2a). Daß die Edelgaskonfiguration eine besonders bevorzugte Elektronenanordnung im Atom bedeutet, erkennt man auch an der leichten Abspaltbarkeit des einen Außenelektrons in einem Alkalimetall, das dann als einfach positiv geladenes Ion eine Edelgas-Elektronenstruktur (acht Außenelektronen = zwei s– und sechs p–Elektronen) zurückbehält sowie an der

---

[1] molecula, lat. = kleine Masse. Moleküle oder Molekeln sind die kleinsten, durch kovalente Bindung zusammmengeschlossenen Teilchen aus zwei oder mehreren Atomen.

hohen Elektronenaffinität der Halogene (siehe Abschnitt 1.4.2b).

Atome können zu stabilen Edelgas-Elektronenstrukturen gelangen, indem sie ihre Außenelektronen gegenseitig ergänzen und die bindenden Elektronenpaare gemeinsam haben. Hierbei streben die Atome danach eine stabile Konfiguration von *acht* Elektronen auf der Außenschale zu erreichen; dies wird deshalb auch als **Oktettregel** bezeichnet. Diese Regel gilt jedoch streng nur in der zweiten Periode[2]. Diese Gesetzmäßigkeiten sollen an typischen Beispielen mit wellenmechanischen Atommodellen erklärt werden, und zwar zunächst durch eine einfache Betrachtungsweise, die in die Literatur unter der Bezeichnung **Valence Bond-Theorie** (VB) eingegangen ist. Später – im Abschnitt 6.2.3e – soll der gleiche Sachverhalt mit einer anderen Näherungsmethode, die man als **Molekülorbital-Theorie** (MO) bezeichnet, betrachtet werden, weil man mit dem MO-Verfahren Phänomene erklären kann, auf die die VB-Theorie keine befriedigende Antwort gibt.

2.1.1   Das Wasserstoffmolekül

Zwei Wasserstoffatome vereinigen sich durch Überlagerung ihrer 1s–Orbitale in einem gemeinsamen Molekülorbital, durch eine **Atombindung** zu einem Wasserstoffmolekül. Die Abb. 2.1a soll diesen Sachverhalt mit Querschnittszeichnungen durch die Elektronenwolken verdeutlichen. Da in dieser Zeichnung die Quadrate der entsprechenden Wellenfunktionen wiedergegeben werden, deuten die Schwärzungen die Aufenthaltswahrscheinlichkeit der Elektronen oder die Dichte der negativen Elektronenladung an.

Die Abb. 2.1b zeigt die entsprechende Elektronenwolke eines Heliumatoms, das die gleiche Elektronenstruktur wie das Wasserstoffmolekül besitzt, nämlich $1s^2$; der Unterschied zwischen Wasserstoffmolekül und Heliumatom besteht darin, daß sich die beiden Protonen beim Heliumatom in einem Kern befinden, während sie sich beim Wasserstoffmolekül auf zwei, einander abstoßende, jedoch durch die Bindungselektronen zusammengehaltene Kerne verteilen.

Den Vorgang der Wasserstoffmolekülbildung kann man symbolisch auch durch **Elektronenformeln** wiedergeben. Man kennzeichnet hierbei ein Elektron durch einen Punkt und ein Elektronenpaar (zwei Elektronen mit unterschiedlichem Spin bei sonst gleichen Quantenzahlen) durch einen Strich am Elementensymbol; also

$$ \text{H} \cdot \ + \ \cdot \text{H} \ \longrightarrow \ \text{H} : \text{H} \qquad \text{oder} \qquad \text{H—H} $$

Der Strich zwischen beiden Wasserstoffatomen in der Bedeutung eines gemeinsamen Elektronenpaares für beide Wasserstoffatome symbolisiert darüber hinaus eine einfache Atombindung, die man auch kovalente Bindung oder homöopolare Bindung nennt. Diese Darstellung wird als **Valenzstrichformel** oder auch als **Lewis-Formel** bezeichnet, da sie von G.N.Lewis im Jahr 1916 entwickelt wurden. Den gleichen Sachverhalt kann man

---

[2] In der ersten Periode ist die Schale bereits mit *zwei* Elektronen abgeschlossen. Ab der dritten Periode können *mehr* als acht Elektronen um ein Atom herum angeordnet werden, da unbesetzte d-Orbitale vorhanden sind.

vereinfacht durch folgende chemische Reaktionsgleichung schreiben:

$$2\,H \longrightarrow H_2$$

Die vor dem Elementensymbol H stehende Zahl gibt die Anzahl der an der chemischen Reaktion beteiligten gleichartigen Reaktionspartner (in diesem Fall sind es einzelne Wasserstoffatome) an. Die unten rechts am Elementensymbol geschriebene Zahl gibt die Anzahl der in einem Molekül vorhandenen, gleichartigen Atome (im vorliegenden Falle sind es zwei Wasserstoffatome) wieder.

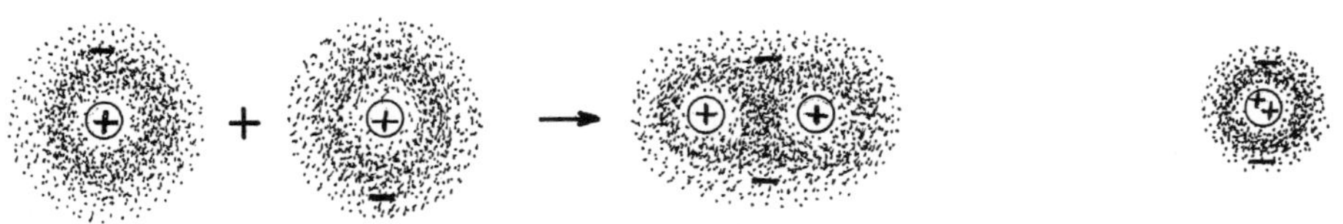

a Bildung eines Wasserstoffmoleküls   **b** das Heliumatom

Abb. 2.1. $1\,s^2$ – Orbitale

2.1.2   σ–Bindungen

σ–Bindungen entstehen durch Überlagerung von zwei Atomorbitalen zu einem Molekülorbital in der direkten Verbindungslinie zwischen zwei Atomen. Solche Bindungen können sich zwischen folgenden Orbitalen bilden:
- s–Orbital und s–Orbital beim Wasserstoffmolekül (siehe Abb. 2.1a)
- s–Orbital und p–Orbital beim Chlorwasserstoffmolekül (siehe Abb. 2.6)
- p–Orbital und p–Orbital bei der Bildung eines Chlormoleküls aus zwei Chloratomen:

$$|\overline{\underline{Cl}}\cdot \;+\; \cdot\overline{\underline{Cl}}| \;\longrightarrow\; |\overline{\underline{Cl}}\!-\!\overline{\underline{Cl}}| \quad \text{oder}$$

$$2\,Cl \;\longrightarrow\; Cl_2$$

Es sind, wie später im Abschnitt 5.4 über Komplexverbindungen erläutert und durch Zeichnungen veranschaulicht wird, σ–Bindungen auch zwischen folgenden Orbitalen möglich:
- s–Orbital + d–Orbital
- p–Orbital + d–Orbital
- d–Orbital + d–Orbital

2.1.3   π–Bindungen

Besteht bereits eine σ–Bindung zwischen zwei Atomen, wie es in Abb. 2.2a für das Stickstoffmolekül N_2 dargestellt ist (diese in Abb. 2.2a gezeichnete σ–Bindung ist in Abb. 2.2b und 2.2c nur noch durch einen dicken Verbindungsstrich zwischen den beiden N-Atomen angedeutet), so kann bei Atomen mit kleinem Durchmesser noch eine weitere, schwächere Bindung durch Überlappen von zwei senkrecht zur σ–Bindung stehenden p–Orbitalen zustande kommen (Abb. 2.2b). Überlappen bedeutet, daß die Bindungselektronen beiden Atomen gemeinsam angehören. Eine solche Bindung bezeichnet man als π–Bindung. Wie in Abb. 2.2b ersichtlich, addieren sich dabei die Orbitalteile mit gleichem Vorzeichen, denn hier wurden zweckmäßigerweise die Wellenfunktionen selbst und nicht wie in Abb. 2.1 die Quadrate der Wellenfunktionen gezeichnet (siehe hierzu den Abschnitt 1.3.2b mit den Abbildungen 1.4 und 1.5).

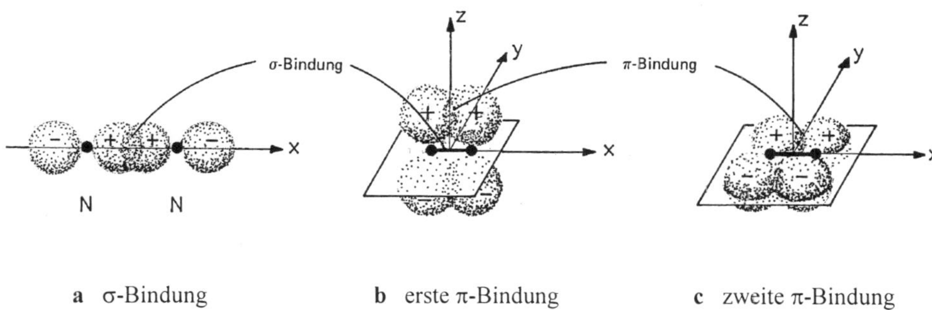

a σ-Bindung   **b** erste π-Bindung   **c** zweite π-Bindung

Abb. 2.2. Die Dreifachbindung beim Stickstoffmolekül N_2

Schließlich kann noch eine zweite, zur ersten π–Bindung senkrecht stehende π–Bindung entstehen (Abb. 2.2c). Die beiden N-Atome sind dann durch eine dreifache Bindung (eine σ–Bindung, zwei π–Bindungen) miteinander verbunden. Alle drei p–Orbitale eines Stickstoffatoms p_x, p_y, p_z, gehen über gemeinsame Elektronenpaare kovalente Bindungen mit einem Nachbaratom ein.

In der Lewis-Formel wird die Dreifachbindung (eine σ– und zwei π–Bindungen) durch drei **Valenzstriche** (= gemeinsame Elektronenpaare) gezeichnet, also ist die Bildung eines Stickstoffmoleküls aus zwei Stickstoffatomen wie folgt zu schreiben:

$$|\overset{\displaystyle .}{\underset{\displaystyle .}{N}}\cdot \;\; + \;\; \cdot\overset{\displaystyle .}{\underset{\displaystyle .}{N}}| \;\; \longrightarrow \;\; |N\equiv N|$$

Die beiden s–Elektronen der zweiten Schale im Stickstoffatom beteiligen sich nicht an der Bindung (es sind **nichtbindende** oder **einsame** Elektronenpaare; sie sind an den Stickstoffatomen und am Stickstoffmolekül durch die senkrechten Striche gekennzeichnet). Jedes Stickstoffatom hat Anteil an vier Elektronenpaaren (= acht Elektronen), die Oktettregel ist damit erfüllt.

Vereinfacht kann man diese Reaktion auch schreiben:

$$2\,N \;\longrightarrow\; N_2$$

Eine Doppelbindung (= eine $\sigma-$ und eine $\pi-$Bindung) wird durch einen Doppelstrich ge-kennzeichnet, z.B. in der im Abschnitt 8.1.2 ausführlich beschriebenen **chemischen Verbindung** Ethen mit der Formel:

$$\begin{array}{ccc} H\diagdown & & \diagup H \\ & C = C & \\ H\diagup & & \diagdown H \end{array}$$

Die beiden Kohlenstoffatome sind durch eine Doppelbindung, die vier Wasserstoffatome mit den Kohlenstoffatomen jeweils durch eine Einfachbindung ($\sigma-$Bindung) verbunden. Als **chemische Verbindungen** bezeichnet man solche homogenen, reinen Stoffe, die aus zwei oder mehreren Atomarten (aus chemischen Elementen) in bestimmten, genau defi-nierten zahlenmäßigen Verhältnissen zusammengesetzt sind (und zwar durch chemische Bindungen aneinander gebunden). Solche Verbindungen unterscheiden sich naturgemäß in allen Eigenschaften erheblich von (physikalischen) Gemengen bzw. Gemischen, die aus gleichen Anteilen der sie aufbauenden Elemente bestehen. In unserem Beispiel hat die Verbindung Ethylen grundlegend andere Eigenschaften als die dieser Verbindung zugrunde liegenden Elemente Kohlenstoff und Wasserstoff.

2.2   Die Ionenbindung

Metallatome können relativ leicht Elektronen abgeben und auf diese Weise zu positiv geladenen Ionen werden (geringe Ionisierungsenergie, siehe Abschnitt 1.4.2a). Die Ele-mente auf der rechten Seite des Periodensystems (z.B. die Halogene) können leicht durch Aufnahme von Elektronen negative Ionen bilden (große Elektronenaffinität, siehe Abschnitt 1.4.2b). Die Elektronenstrukturen dieser Ionenarten haben dann meistens Edelgaskonfiguration (in der äußersten Schale acht Elektronen = zwei s–Elektronen und sechs p–Elektronen). Auch hier zeigt sich wieder, daß die stabilen Elektronenstrukturen der Edelgase angestrebt werden. Ionen mit solchen Edelgas-Elektronenstrukturen haben aber im Unterschied zu den Edelgasen positive oder negative elektrische Ladungen. Der Elektronenübergang vom Metallatom zum Nichtmetallatom läßt sich ohne Schwierigkeit mit dem Bohrschen Atommodell verdeutlichen. Abb. 2.3 zeigt den Elektronenübergang von einem Natriumatom zu einem Chloratom, der schließlich zu einer Ionenbindung (oder heteropolare Bindung) führt. Man beachte dabei die Größenverhältnisse der Atom- und Ionendurchmesser.

In Elektronenformeln (Punkt = Elektron; Strich = Elektronenpaar, d.h. Elektronen mit unterschiedlichem Spin, sonst gleichen Quantenzahlen) wird dieser Vorgang durch folgende Gleichung verdeutlicht:

$$Na\cdot \;+\; \cdot\overline{\underline{Cl}}| \;\longrightarrow\; Na^{+}\left[|\,\overline{\underline{Cl}}\,|\right]^{-}$$

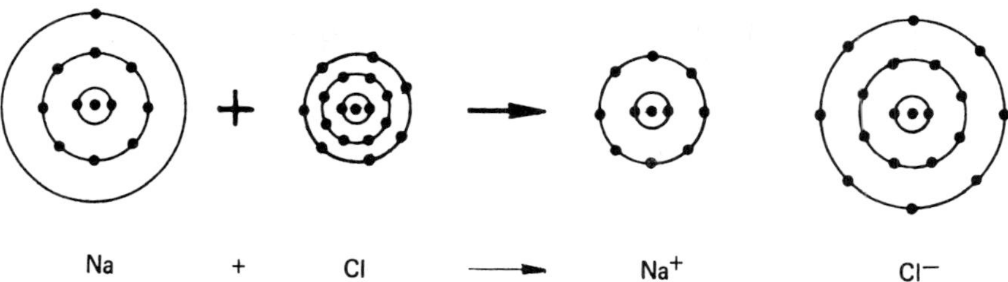

Abb. 2.3. NaCl – Bildung

Vereinfacht geschrieben lautet diese chemische Reaktionsgleichung (die zusammenge-
schriebenen Elementensymbole deuten eine chemische Verbindung an):

$$Na \ + \ Cl \ \rightarrow \ NaCl$$

Da das zu dieser Reaktion verwendete Chlorgas aus Cl_2-Molekülen besteht (siehe Abschnitt 2.1.2 und 6.2.2), schreibt man die Gleichung für die Reaktion von Natrium mit
Chlor in folgender Weise:

$$2\,Na \ + \ Cl_2 \ \rightarrow \ 2\,NaCl$$

In dieser Schreibweise kann man es der Formel NaCl nicht ansehen, daß diese chemische Verbindung aus Ionen aufgebaut ist.

Die elektrischen Ladungen der Natrium- und Chloridionen sind nach allen Seiten
gleich stark wirksam. Daher umgeben sich die positiv geladenen Natriumionen allseitig
mit negativ geladenen Chloridionen und umgekehrt die negativen Chloridionen allseitig
mit positiven Natriumionen. Gleichartig geladene Ionen hingegen stoßen sich ab. In der
Wechselwirkung der elektrischen Anziehungs- und Abstoßungskräfte ordnen sich die
Ionen zu sehr regelmäßig gebauten **Kristallgittern** zusammen, wie es beispielsweise für
die chemische Verbindung **Natriumchlorid** NaCl in Abb. 2.4 veranschaulicht ist. In
Abschnitt 3.3.1 wird noch genauer auf die Symmetrie von Kristallstrukturen eingegangen.

Im Gegensatz zu den Atombindungen, die zu Molekülen klar umrissener Größe aus
einer definierten Anzahl von Atomen führen, liegen bei Ionenbindungen keine eigentlichen Moleküle vor; es wird deswegen vielfach auch für diese Bindungsart der Ausdruck
Ionenbeziehung verwendet, der das Entstehen von Kristallen durch Zusammenlagerung
von einzelnen Ionen sinngemäß besser wiedergibt.

Die in der Abb. 2.4 durch ein Gittermodell dargestellte Substanz, das Natriumchlorid, ist unter dem Namen **Kochsalz** bekannt: es wird zum Salzen von Speisen verwendet.
Natriumchlorid schmilzt bei 808 °C. In der Schmelze gewinnen die Ionen Bewegungsfreiheit, die Schmelze leitet deswegen den elektrischen Strom: Beim Anlegen einer
Gleichspannung wandern die positiven Ionen (Kationen) zur negativen Elektrode

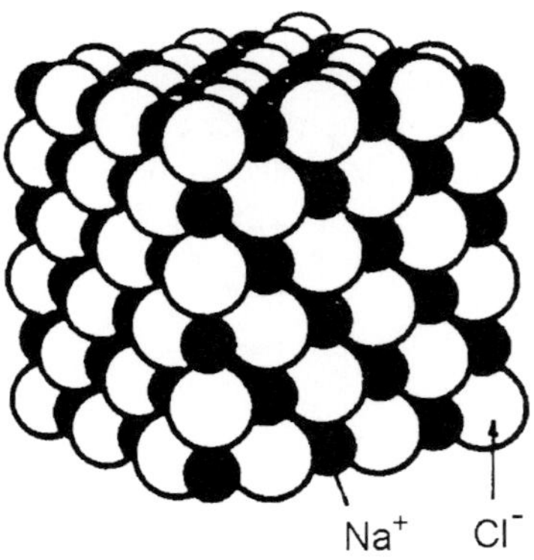

Abb. 2.4. NaCl-Kristallgitter

(Kathode) und die negativen Ionen (Anionen) zur positiven Elektrode (Anode). Wenn sich Kochsalz in Wasser löst, wird der Gitterzusammenhang der Ionen ebenfalls aufgehoben. Wie weiter unten näher begründet wird, liegen in der wäßrigen Lösung die Natrium- und die Chloridionen als voneinander getrennte, im Wasser bewegliche Teilchen vor.

Beim Erhitzen einer Natriumchloridschmelze (Kochsalz) auf 1465 °C verdampft das Salz; die Salzdämpfe enthalten größtenteils miteinander verbundene Ionenpaare, NaCl-„Moleküle". Dennoch kann man die in der chemischen Formel NaCl zu erkennende chemische Verbindung nicht als eigentliches Molekül ansehen. Die Formel NaCl gibt zunächst einmal das zahlenmäßige Verhältnis von Natriumionen zu Chloridionen im Natriumchlorid an (es ist wie 1:1); eine weitere mengenmäßige Deutung dieser Formel wird später im Abschnitt 4.1 gegeben.

Ähnlich wie Natrium und Chlor bilden viele andere Metalle zusammen mit Nichtmetallen Ionenbindungen. Diese zeigen in vielem ähnliche Eigenschaften wie das Kochsalz NaCl und werden deshalb in der Stoffklasse der **Salze** zusammengefaßt: Salze sind Ionenverbindungen, die in Kristallgittern negativ geladene **Anionen** und positiv geladene **Kationen** enthalten. Eine noch präzisere Definition für Salze wird Abschnitt 4.5.4 erläutert.

Die **Ionenladung** hängt von der Stellung des Atoms im Periodensystem ab:
- Die Atome der Alkalimetalle (= erste Hauptgruppe im Periodensystem) geben ihr einziges Außenelektron ab und zeigen dann als Ionen einfach positive Ladung.
- Die Metalle der zweiten Hauptgruppe (Erdalkalimetalle) bilden nach Abgabe der beiden Außenelektronen doppelt positiv geladene Ionen.
- Beide Ionentypen haben dann als äußere Begrenzung stabile Elektronenschalen mit Edelgasstruktur.

Die Elemente auf der rechten Seite des Periodensystems neigen dazu, durch Aufnahme von Elektronen ebenfalls stabile Edelgas-Elektronenstrukturen anzunehmen. So entstehen aus Halogenatomen einfach negativ geladene Halogenidionen, aus Chalkogenatomen zweifach negativ geladene Anionen. Außer Edelgasstrukturen können viele stabile Ionen (hauptsächlich von den Metallen der Nebengruppenelemente) auch andere Elektronenkonfigurationen haben.

Beim Eindampfen von wäßrigen Salzlösungen werden häufig kristalline Substanzen erhalten, in denen die Wassermoleküle im Kristall eingebaut sind. Kristalle, die diese Art Wassermoleküle enthalten werden **Kristallhydrate** genannt; das eingebaute Wasser ist das sogenannte **Kristallwasser**. Ein Beispiel hierfür ist das Salz $CuSO_4$ (siehe Abschnitt 5.4.2).

2.3   Die metallische Bindung

Metalle haben nur wenige, meist relativ leicht abspaltbare Elektronen in der äußersten Schale. Bei einer Verbindung von Metallatomen untereinander kann es somit nicht zur Auffüllung von Elektronenschalen bis zur Edelgasstruktur kommen. Für die metallische Bindung, d.h. für das Phänomen des festen Zusammenhaltes der Metallatome in metallischen Werkstoffen, sind verschiedene, im folgenden beschriebene Modelle entwickelt worden.

2.3.1   Das „Elektronengas"-Modell

Die Metallatome bilden nach Abgabe der Bindungselektronen positiv geladene Ionen. Diese kann man sich als Kugeln vorstellen die übereinandergestappelt eine dichteste Packung darstellen. Die abgegebenen Bindungselektronen sind im Metall wie ein Gas („Elektronengas") frei beweglich und bewirken durch ihre negative Ladung einen Zusammenhalt der positiv geladenen Metallionen und wirken gewissermaßen als „Kittsubstanz". Gegenseitige Abstoßung der positiv geladenen Metallionen und Anziehungskräfte zwischen Metallionen und Elektronengas ergeben sehr regelmäßige Anordnungen der Metallionen (siehe Abb. 2.5). Mit Hilfe dieses einfachen Modells lassen sich anschaulich die gute elektrische Leitfähigkeit sowie die mechanischen Eigenschaften (siehe Abschnitt 6.5.1) der Metalle erklären.

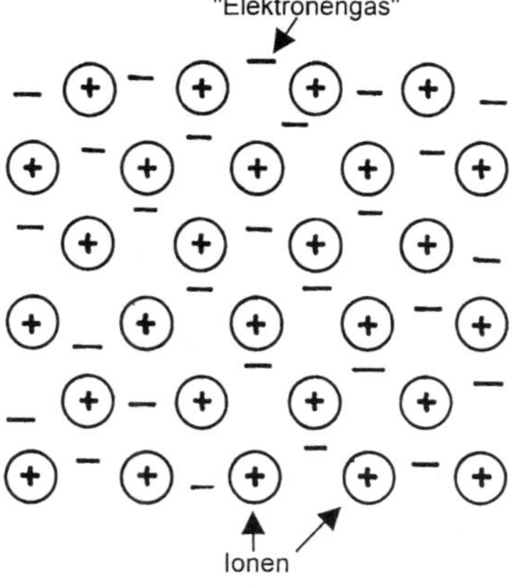

Abb. 2.5. „Elektronengasmodell" der Metalle

2.3.2   Das Energiebändermodell

Dieses Modell, das in Abschnitt 6.4.1 vorgestellt wird, geht von den Energieniveaus der Elektronenstrukturen in den Metallatomen aus und erklärt noch besser die elektrische Leitfähigkeit der Metalle.

2.4   Übergangsformen zwischen den Bindungsarten

Zwischen den drei Hauptbindungsarten (Atombindung, Ionenbindung, metallische Bindung) gibt es Übergangsformen. Elemente, die im Übergangsbereich zwischen der metallischen Bindung und der Atombindung liegen, werden als **Halbmetalle** oder **Halbleiter** bezeichnet und in Abschnitt 6.4 eingehender besprochen.

Übergangsformen zwischen Atombindungen und Ionenbindungen zeigen eine mehr oder weniger starke Polarisierung der positiven und negativen elektrischen Ladungen innerhalb der Bindung. Es bilden sich **polare Atombindungen** aus, deren Entstehung im folgenden erklärt wird.

Im Abschnitt 1.4.2c wurde die Elektronegativität als Anziehungskraft der Atome auf Elektronen innerhalb einer Bindung definiert. Sie ist, wie in Abb. 1.8 ersichtlich, für die einzelnen Elemente verschieden groß. Wenn beide Verbindungspartner eine gleich große Elektronegativität haben, so ziehen sie die Bindungselektronen gleichmäßig stark an: die Bindungselektronen verteilen sich dann gleichmäßig auf beide Atome und gehören beiden Atomen zu gleichen Teilen. Es liegt eine rein kovalente Bindung bzw. **unpolare Bindung** vor. Beispiele hierfür sind die Moleküle H_2, N_2 und Cl_2.

Bei sehr großen Unterschieden in der Elektronegativität werden die Bindungselektronen der Einflußsphäre des Elements mit schwacher Elektronegativität praktisch vollständig entzogen und vom Atom mit stärkerer Elektronegativität aufgenommen; es liegt dann eine **Ionenbindung** vor. Hierbei muß festgestellt werden, daß die reine Ionenbindung eine Idealvorstellung ist. Jede Ionenbindung hat einen mehr oder weniger starken kovalenten Anteil. Man kann nur von einer Bindung mit überwiegend ionischen Charakter sprechen, wenn die Differenz der Elektronegativitäten der beteiligten Atome größer als zwei Einheiten (≥ 2.0) ist. Beispiel für eine typische Ionenbindung ist NaCl (siehe Abschnitt 2.2). Hier beträgt die Differenz der Elektronegativitäten von Na und Cl 2,1 (Elektronegativität des Chlors = 3,0; Elektronegativität des Natriums = 0,9; siehe Abb. 1.8).

Ist jedoch der Unterschied der Elektronegativität zweier miteinander verbundener Atome nicht so groß wie bei der Ionenbindung, so werden in einer solchen Atombindung gemeinsame Bindungselektronen vom Atom größerer Elektronegativität nicht vollständig aufgenommen, sondern nur stärker angezogen. Die Aufenthaltswahrscheinlichkeit der Bindungselektronen ist dann in der Nähe des Atoms mit der stärkeren Elektronegativität größer. Dieser Teil des Moleküls zeigt infolgedessen eine negative elektrische Ladung und es bilden sich keine Ionen, sondern lediglich eine polare Atombindung.

Ein Beispiel für ein Molekül mit polarer Atombindung ist das Chlorwasserstoffmolekül HCl. In diesem Molekül ist die Seite des Chloratoms (Elektronegativität des Chlors = 3,0) stärker elektrisch negativ geladen als die Seite des Wasserstoffatoms

(Elektronegativität des Wasserstoffs = 2,1). Deshalb besitzt das HCl-Molekül eine polare Atombindung.

Bei *zweiatomigen* Molekülen führt die polare Atombindung immer zur Entstehung von **Dipolmolekülen,** wobei die Differenz der Elektronegativitäten der miteinander verbundenen Atome ein Maß für die **Polarität der Bindung** ist. Aus diesem Grund nimmt die Polarität der Bindungen bei den Halogenwasserstoffen vom HF bis HI ab (siehe Tab. 2.1).

Tab. 2.1. Elektronegativitätsunterschiede bei den Halogenwasserstoffen

	Elektronegativi-tätsunterschied	
HF	1,9	
HCl	0,9	abnehmende Polarität
HBr	0,7	
HI	0,3	

Es gibt mehrere Möglichkeiten, polare Atombindungen bzw. den Dipolcharakter in einem Molekül in der Formel anzudeuten oder bildlich darzustellen, wie es die Abb. 2.6 zeigt:

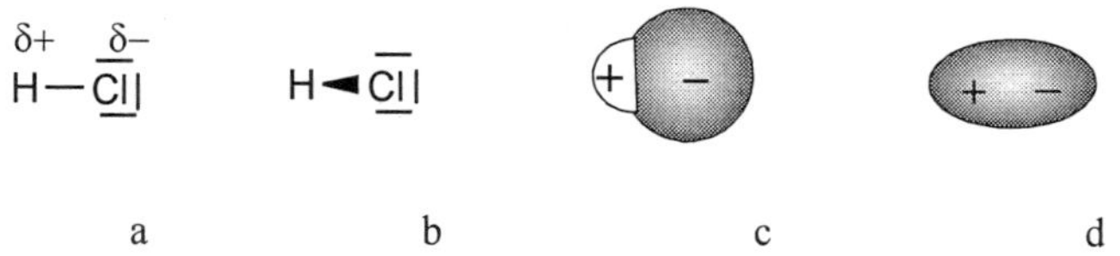

Abb. 2.6. Das Dipolmolekül HCl

Der griechische Buchstabe δ in Verbindung mit dem Vorzeichen über der Formel **a** soll die elektrische Teilladung andeuten; **c** gibt eine Abbildung des Kalottenmodells[3] wieder; **d** zeigt schließlich das Molekül als einen einfachen elektrischen Dipol.

Bei Molekülen, welche aus mehr als zwei Atomen bestehen hat neben der Polarität der Bindungen zusätzlich die **Molekülsymmetrie** Einfluß darauf, ob das gesamte Molekül ein Dipolmolekül ist.

Beispiele für Moleküle mit unterschiedlicher Molekülsymmetrie (siehe Abb. 2.7):
- Das dreiatomige, lineare **Molekül CO_2** (Kohlendioxid) ist trotz seiner polaren C–O Atombindungen kein Dipolmolekül (siehe auch Abschnitt 7.2.1). Bei diesem Molekül sind die beiden durch Doppelbindungen gebundenen Sauerstoffatome auf der genau gegenüberliegenden Seite des Kohlenstoffatoms angeordnet, die positiv und negativ polari-

---

[3] Kalotte = Kugelkappe, abgeleitet von calot, fr. = Kappe, flache Mütze
Mit dem Kalottenmodell werden die Atome als Kugeln dargestellt. An den Stelle, an denen sich eine Atombindung befindet ist eine Kugelkappe abgeschnitten (siehe auch Abschnitt 7.1.1, Abb. 7.4).

sierten Molekülteile kompensieren sich gegenseitig, das Molekül zeigt nach außen keinen Dipolcharakter.

- Das **Molekül H_2O** (Wasser) besitzt eine gewinkelte Struktur (siehe Abschnitt 7.1.1 und 7.1.2). Das Wassermolekül hat Dipolcharakter, weil die beiden Wasserstoffatome mit den positiven Teilladungen auf einer Seite des Sauerstoffatoms gebunden sind, so daß die Ladungen der polarisierten Molekülteile sich nicht gegenseitig kompensieren.
- Beim **Molekül NH_3** (Ammoniak) liegt eine sogenannte pyramidale Struktur vor (siehe auch Abschnitt 7.1.1 und 7.1.5.). Auch hier werden die Ladungen der polarisierten Molekülteile nicht gegenseitig kompensiert.
- Beim **Molekül CH_4** (Methan) tritt eine tetraedrische Struktur auf (siehe auch Abschnitt 7.1.1 und 8.1.1.) Hier fallen die Schwerpunkte der positiven und negativen Ladungen infolge des symmetrischen Baus des Moleküls im Kohlenstoffatom zusammen. Es ergibt sich kein Dipolmolekül. So wie Methan sind alle **Kohlenwasserstoffe** typische Vertreter von unpolaren Molekülen sind. Auf die Gruppe der Kohlenwasserstoffe wird in Abschnitt 8.1 noch ausführlich eingegangen.

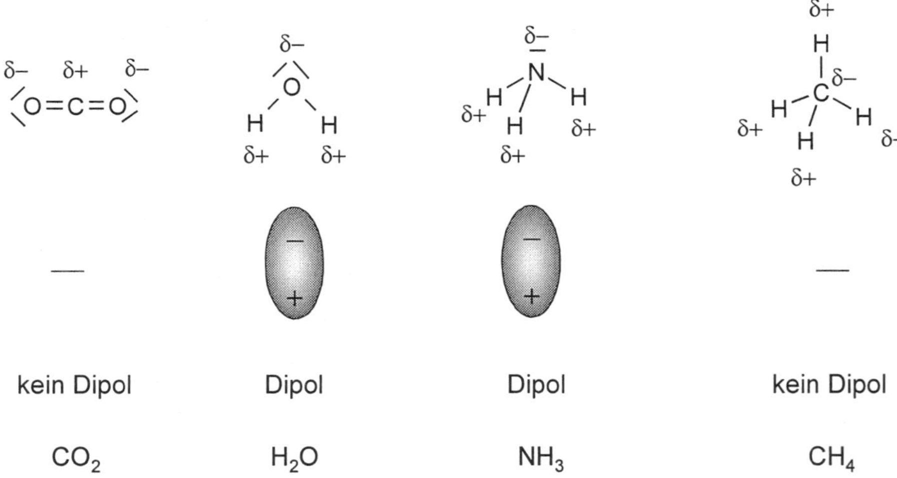

Abb. 2.7. Beispiele für Moleküle mit unterschiedlicher Molekülsymmetrie

2.5   Die zwischenmolekularen Wechselwirkungen

Die in Abschnitt 2.1 bis 2.4 betrachteten chemischen Bindungen weisen einen sehr festen Zusammenhalt zwischen den Atomen in einem Molekül bzw. zwischen den Ionen in einem Salzkristall auf. Dagegen ist der Zusammenhalt, die sogenannte **zwischenmolekulare Wechselwirkung** (oft auch intermolekulare Wechselwirkung genannt) zwischen den einzelnen Molekülen sehr viel geringer. Daß zwischen einzelnen Molekülen auch anziehende Wechselwirkungen auftreten müssen, zeigt die Tatsache, daß bei Stoffen in der Gasphase Abweichungen von den Gesetzen der idealen Gase auftreten (siehe Abschnitt 3.1.2). Außerdem lassen sich alle gasförmigen Stoffe bei genügend tiefen Temperaturen zu Flüssigkeiten kondensieren, bzw. werden bei noch tieferen Temperaturen fest (siehe auch Kapitel 3.). Viele physikalischen Eigenschaften von Stoffen, wie z.B. der Schmelz- und Siedepunkt, die Verdampfungswärme bzw. Verdampfungsenthalphie (siehe Abschnitt 3.6.1), oder auch die Viskosität hängen von der Stärke der zwischenmolekularen Wechselwirkung ab (siehe Abschnitt 3.2). Bei den zwischenmolekularen Wechselwirkungen lassen sich unterscheiden:

- **Dipol-Wechselwirkungen**
- **Van der Waals-Wechselwirkungen**
- **Wasserstoffbrücken**

2.5.1   Die Dipol-Wechselwirkungen

Dipolmoleküle können mit ihren elektrischen Ladungen von Ionen entgegengesetzter Ladung angezogen werden. Diese elektrostatische Anziehung bezeichnet man als **Ion-Dipol-Wechselwirkung**. Die Ion-Dipol-Wechselwirkung spielt beim Lösen von Salzen, wie z.B. NaCl in Wasser eine wichtige Rolle (siehe Abb. 2.8). Auf die Lösungsvorgänge von Salzen in Wasser wird in Abschnitt 3.5.3 noch näher eingegangen.

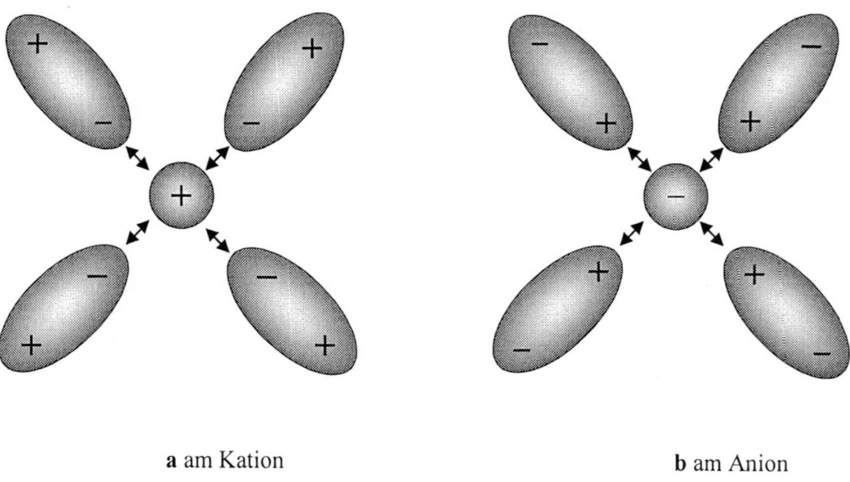

Abb. 2.8. Ion-Dipolwechselwirkung

Wird eine elektrostatische Anziehung zwischen negativen und positiven Polen von Dipolen hervorgerufen (siehe Abb. 2.9). bezeichnet man dies als **Dipol-Dipol-Wechselwirkung**. Diese Dipolkräfte sind wesentlich schwächer als die zuvor beschriebenen chemische Bindungsarten (Abschnitt 2.1 bis 2.3). Die Wechselwirkungskräfte betragen hier nur wenige Prozent einer chemischen Bindung. Allgemein läßt sich festhalten:

Je größer die Polarität im Dipolmolekül, um so stärker ist die zwischenmolekulare Dipol-Dipol-Wechselwirkung.

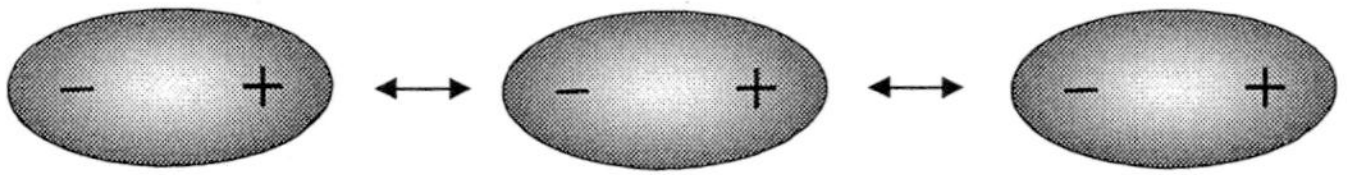

Abb.2.9. Dipol-Dipol-Wechselwirkung

2.5.2   Die Van der Waals–Wechselwirkung

Van der Waals-Wechselwirkungen - benannt nach dem holländischen Chemiker J.D. van der Waals, der sich mit diesen Kräften beschäftigte - sind schwache zwischenmolekulare Kräfte. Sie wirken sich erst dann aus, wenn die einzelnen Atome oder Moleküle einander sehr nahe kommen, spielen also hauptsächlich in festen und flüssigen Stoffen oder bei Gasen in der Nähe des Kondensationspunktes eine Rolle. Die Wechselwirkungsenergien sind größenordnungsmäßig um bis zu zwei Zehnerpotenzen geringer als bei kovalenten Bindungen.

Auch hier handelt es sich um Anziehungskräfte zwischen elektrisch verschieden geladenen Molekülteilen. Zum Unterschied von den unter Abschnitt 2.5.1 erwähnten Dipolen entstehen hier die elektrischen Polarisierungen infolge kurzzeitiger Ladungsverschiebungen innerhalb der Moleküle. Denn würde man die Elektronen in ihren Bewegungen plötzlich einfrieren, so würde sich ein Dipolcharakter bemerkbar machen, weil sich dann wahrscheinlich die elektrischen Ladungen im Molekül oder Atom nicht genau kompensieren. Befindet sich im Moment der Ladungsverschiebung gerade ein anderes Atom oder Molekül in der Nähe, so wird dieses Atom oder Molekül zu einer Polarisierung veranlaßt oder induziert nach dem in Abb. 2.10 dargestellten Schema.

Man spricht deswegen von **induzierten Dipolen** (im Gegensatz zu den permanenten Dipolen = dauerhafte Dipole aufgrund verschiedener Elektronegativität). Auch bei den van der Waals-Kräften ziehen sich die elektrisch entgegengesetzt geladenen Teile beider kurzzeitig polarisierter Moleküle an. Bei eng nebeneinanderliegenden Molekülen oder Atomen stellt sich dann ein gewisser Gleichtakt der Ladungsverschiebungen ein, was zu einer ständigen gegenseitigen Anziehung der induzierten Dipole führt.

Da alle Atome und Moleküle über polarisierbare Elektronen verfügen, treten die van der Waals-Kräfte prinzipiell immer auf (auch bei polaren Molekülen), bei unpolaren Atomen bzw. Molekülen sind sie der alleinige Beitrag zur gesamten zwischenmolekularen Wechselwirkung. Die van der Waals-Kräfte sind um so größer,

- je größer die Oberfläche der Atome oder Moleküle ist
- je leichter die Ladungen eines Atoms oder Moleküls durch Nachbarladungen

polarisiert werden können. Daher nehmen die van der Waals-Kräfte mit steigender Elektronenzahl im Atom bzw. Molekül zu.

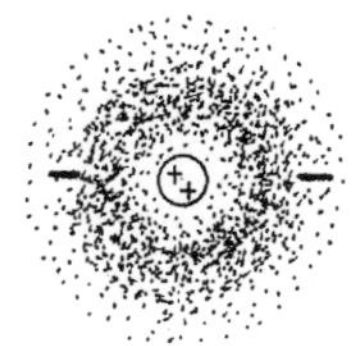

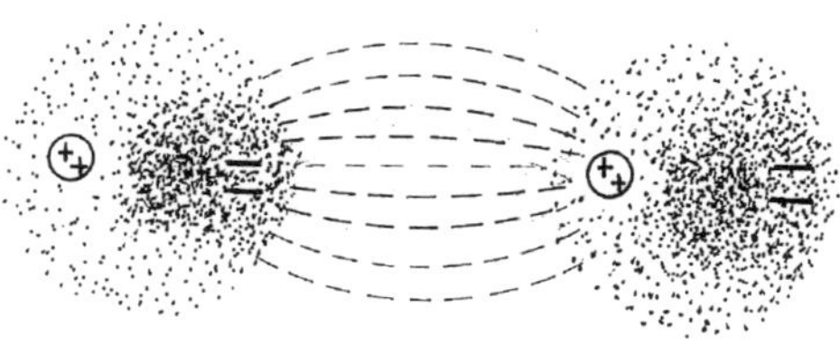

a He nicht polarisiert   **b** Heliumatome polarisiert

Abb. 2.10 Van der Waals-Kräfte zwischen zwei Heliumatomen

Übungsbeispiel 2.1: Man erkläre den Zusammenhang zwischen den zwischenmolekularen Wechselwirkungen und den Schmelz- und Siedepunkten bei den Edelgasen.

Lösung: Bei den unpolaren Edelgasen treten ausschließlich van der Waals-Wechselwirkungen auf. Die Schmelzpunkte und die Siedepunkte nehmen in der Reihenfolge He, Ne, Ar, Kr, Xe, Rn zu, da die van der Waals-Wechselwirkungen mit zunehmender Elektronenzahl zunehmen. Dies ist in Abb. 2.11 dargestellt. Der Zahlenwert in Klammer entspricht der jeweiligen Ordnungszahl bzw. der Anzahl der Elektronen. Die genauen Zahlenwerte für die Schmelz- und Siedepunkte finden sich in Abschnitt 6.2.5 (Tab. 6.9).

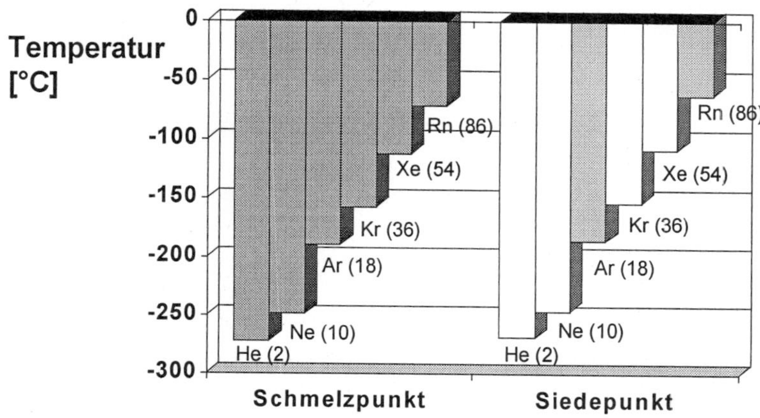

Abb. 2.11. Schmelz- und Siedepunkte der Edelgase

Auch die Zunahme der Schmelz- und Siedepunkte der **Kohlenwasserstoffe** in der Alkanreihe mit steigender Molekülgröße lassen sich mit durch stärker werdende van-der Waals-Wechselwirkungen erklären (siehe Abschnitt 8.1.1).

2.5.3   Wasserstoffbrücken

Neben den Dipol- und den van der Waals-Wechselwirkungen gibt es noch eine zwischenmolekulare Wechselwirkung, die als **Wasserstoffbrücke** bezeichnet wird. Das Auftreten dieser Wechselwirkung erkennt man am besten, wenn man die die Siedepunkte der Wasserstoff-Verbindungen der Elemente der vierten, fünften, sechsten und siebten Hauptgruppe darstellt (Abb. 2.12).

In allen Gruppen steigt der Siedepunkt der Verbindungen gleichmässig an, da die van der Waals-Wechselwirkungen mit steigender Elektronenzahl größer werden. Lediglich die besonders hohen Siedepunkte für die Stoffe Wasser H_2O, Ammoniak NH_3 und Fluorwasserstoff HF passen nicht in diese Reihe. Beim Molelül H_2O liegt der Siedepunkt sogar um etwa 180 °C höher, als man es aus dem Vergleich mit den Wasserstoffverbindungen der sechsten Hauptgruppe erwarten sollte. Bei diesen Stoffen spielen die Wasserstoffbrücken eine besondere Rolle.

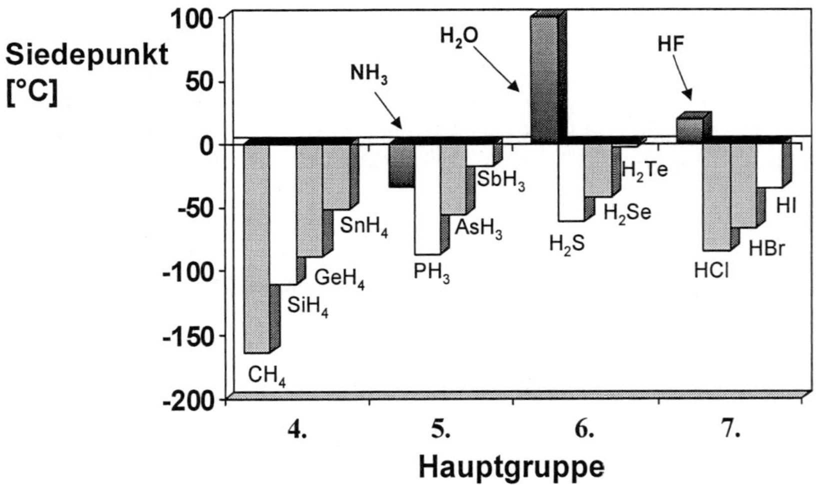

Abb. 2.12. Siedepunkte der Wasserstoff-Verbindungen der Elemente der vierten, fünften, sechsten und siebten Hauptgruppe

Wasserstoffbrücken treten auf zwischen einem stark positiv polarisierten Wasserstoffatom und einem stark elektronegativen Atom eines benachbarten Moleküls. Dies sind insbesondere die Atome N, O und F. Das Auftreten von Wasserstoffbrücken ist für die Moleküle NH_3, H_2O und HF in Abb. 2.13 durch die gestrichelten Linien dargestellt.

Die Wasserstoffbrücke kann auch als Spezialfall einer besonders starken Dipol-Dipol-Wechselwirkung betrachtet werden. Die anziehende Wechselwirkung

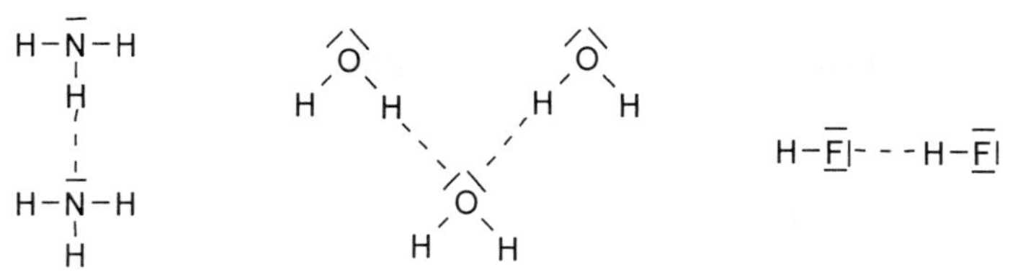

Abb. 2.13. Wasserstoffbrücken bei den Molekülen NH_3, H_2O und HF

einer Wasserstoffbrücke ist deutlich stärker als die „normalen" Dipol-Dipol-Kräfte, sowie die van der Waals-Wechselwirkung (deshalb werden sie häufig auch als Wasserstoffbrücken-*Bindung* bezeichnet). Im Vergleich zu den „echten" chemischen Bindungen sind sie jedoch sehr schwach, da die Wechselwirkungsenergie nur etwa 5-10% der Bindungsenergie einer kovalenten Bindung betragen. Nicht nur die physikalischen Eigenschaften der Moleküle H_2O, HF und NH_3 werden durch die Bildung von Wasserstoffbrücken beeinflußt. Auf die Eigenschaften der Moleküle H_2O und NH_3 wird in Abschnitt 7.1.2 bzw. 7.1.5 noch näher eingegangen. Diese Art der Wechselwirkung spielt auch eine große Rolle in der Molekularbiologie (siehe Abschnitt 12.2) und für die Eigenschaften einiger Kunststoffpolymere (siehe Abschnitt 9.4.1).

Übungsbeispiel 2.2: Man schätze qualitativ die Lage von Siedepunkten und Verdampfungswärmen aufgrund der Bindungsart bzw. von zwischenmolekularen Wechselwirkungen ab. Hierbei sollen die Substanzen NH_3, KCl, NO, N_2 und Ne nach steigendem Siedepunkt bzw. nach steigender Verdampfungswärme geordnet werden.

Lösung: Es ergibt sich die Reihenfolge: **KCl > NH$_3$ > NO > N$_2$ > Ne**
KCl: Verbindung mit überwiegend ionischem Charakter, da der Elektronegativitätsunterschied zwischen K und Cl > 2,0 beträgt -> höchster Siedepunkt bzw. Verdampfungswärme
NH$_3$: polares Dipolmolekül (Elektronegativitätsunterschied 0,9), bei dem Wasserstoffbrücken auftreten
NO: schwach polares Dipolmolekül (Elektronegativitätsunterschied 0,5), Dipol-Dipol-Wechselwirkung, van der Waals-Wechselwirkungen ähnlich wie bei N_2, da 15 Elektronen.
N$_2$: unpolares Molekül mit ausschließlich van der Waals-Wechselwirkungen, 14 Elektronen
Ne: unpolares Atom mit ausschließlich van der Waals-Wechselwirkungen, 10 Elektronen ($\rightarrow$ weniger als bei N_2).

2.6   Mengenangaben

2.6.1   Die Gesetze von den konstanten und multiplen Proportionen

Das Gesetz der konstanten Proportionen wurde Anfang des 19. Jahrhunderts entdeckt und vom französischen Chemiker Proust formuliert. Es besagt, daß chemische Elemente sich zu einer chemischen Verbindung immer in bestimmten, konstanten, genau definierten „Gewichtsverhältnissen" verbinden. Diese Gesetzmäßigkeit ist heute leicht einzusehen, da wir wissen, daß die Stoffe aus Atomen aufgebaut sind und die verschiedenen Atomarten sich in genau definierten Zahlenverhältnissen miteinander verbinden. Wenn nun die einzelnen Atomarten durch ihre Massen charakterisiert werden können, folgt daraus, daß die chemischen Elemente in einer Verbindung immer in einem genau berechenbaren Massenverhältnis zueinander stehen müssen.

Bilden chemische Elemente miteinander mehrere verschiedenartige Verbindungen (z.B. bildet Kohlenstoff mit Sauerstoff die Verbindungen CO und CO_2), so verhalten sich die Massen eines Elements (im gegebenen Beispiel die Massen des Elements Sauerstoff), die sich mit einer gegebenen Masse des anderen Elements verbinden (im Beispiel also mit jeweils den gleichen Mengen des Elements Kohlenstoff), zueinander im Verhältnis einfacher Zahlen (im erwähnten Beispiel wie 1:2). Dieses Gesetz der multiplen Proportionen (d.h. der vielfachen Verhältnisse) wurde vom englischen Naturforscher Dalton ebenfalls Anfang des 19. Jahrhunderts gefunden.

2.6.2   Die relative Atommasse

Zur Durchführung chemischer Reaktionen sollten die Reaktionspartner bereits in den richtigen Mengenverhältnissen vorgelegt werden. Da sich die Atome der einzelnen chemischen Elemente durch ihre Masse voneinander unterscheiden, ist es naheliegend, die richtigen Dosierungen durch Wägungen vorzunehmen. Einzelne Atome haben Massen, die zwischen $1{,}6783 \cdot 10^{-24}$ g (Nuklid H 1) und etwa $4 \cdot 10^{-22}$ g liegen. Diese wahren Atommassen sind als Maßzahlen viel zu gering, denn bei chemischen Stoffumsetzungen arbeitet man mit den in Tabelle 2.2 angegebenen Substanzmengen.

Man kann aber dann durch Wägung die Reaktionspartner in den gewünschten jeweiligen Mengenverhältnissen dosieren, wenn man mit relativen Atommassen arbeitet, denn jeweils genau definierte Quantitäten von Atomen verschiedener chemischer Elemente müssen sich zueinander wie ihre wahren Atommassen verhalten. Entscheidend ist nur, welche Mengen, d.h. Anzahl von Atomen, man vereinbart (näheres hierzu steht in Abschnitt 2.6.4 über das Mol) und welche Größe hierfür als Bezugs- und Vergleichswert dienen kann; dieses soll im folgenden beschrieben werden.

Die heute gültige Bezugseinheit wurde 1961 von der IUPAC[4] auf genau 1/12 der

---

[4] IUPAC ist die Abkürzung für International Union of Pure and Applied Chemistry. Eine internationale Kommission der IUPAC überprüft in turnusmäßigen Abständen von zwei bis drei Jahren die jeweils neuesten relativen Atommassen und gibt entsprechendeTabellen heraus.

Tab.2.2. Wägebereiche von Waagen

Waagenart	Wägebereich in g
Ultrawaage für Mikroanalysen [*]	$\sim 10^{-6}$ bis ~ 5
Waagen für normale Analysen	$\sim 10^{-4}$ bis ~ 200
Waagen für präparatives [**] Arbeiten	$\sim 10^{-1}$ bis $\sim 10^3$
Waagen für halbtechnische Reaktionen	$\sim 10^2$ bis $\sim 10^5$
Waagen für großtechnische Ansätze	$\sim 10^3$ bis $\sim 10^8$

[*] Analyse (von analysis, gr. = Trennung, Auflösung) ist das Verfahren zur Ermittlung der Art und Menge von Einzelbestandteilen (Elemente, Ionen, Verbindungen) in Stoffen und Stoffgemischen.
[**] Präparat (praeparatum, lat. = Vor- oder Zubereitung) ist eine in relativ kleinen Mengen und möglichst hoher Reinheit hergestellte oder gehandelte chemische Substanz.

Atommasse des Kohlenstoffnuklids C 12 festgelegt und wird auch atomare Masseneinheit u (u : Abkürzung aus dem Englischen unit = Einheit) genannt. Sie entspricht einer Masse von $1{,}66053 \cdot 10^{-27}$ kg (= 1 u). Auf diese Einheit werden die für Rechnungen wichtigen **relativen Atommassen** bezogen.

Die relative Atommasse A_r eines Elements gibt an, wie groß die Masse eines Atoms dieses Elements im Vergleich zu einem zwölftel der Masse des Kohlenstoffnuklids C 12 ist.

Die relativen Atommassen sind somit dimensionslose Größen. Der früher häufig gebrauchte Begriff „Atomgewicht" ist im deutschen Sprachraum kaum noch gebräuchlich (in der englischen Sprache verwendet man noch den Begriff „atomic weight").

Beispiele für relative Atommassen:
- **Na**: 22,9898
- **Cl**: 35,4527

Im Anhang A4 sind die relativen Atommasse der chemischen Elemente aufgelistet. In dieser Tabelle fällt auf, daß sich bei vielen Elementen zum Teil erhebliche Abweichungen von ganzzahligen Werten zeigen. Dafür sind hauptsächlich zwei Effekte verantwortlich:
- Die meisten Elemente bestehen aus **Isotopengemischen**, also aus Atomarten mit verschiedenen Massenzahlen (siehe Abschnitt 1.2).
- Bei der Zusammenlagerung der Nukleonen zu Atomkernen macht sich ein **Massendefekt** bemerkbar, der folgendermaßen zu erklären ist:
  Die Kernbestandteile werden durch starke Kernbindungsenergien zusammengehalten. Beim Aufbau größerer Atomkerne aus einzelnen Nukleonen werden große Energiemengen frei, denn man müßte einen entsprechenden Energiebetrag aufwenden, um die Nukleonen wieder voneinander zu trennen.
  Nach der Einsteinschen Beziehung

$$E = m \cdot c^2$$

(E = Energie, m = Masse, c = Lichtgeschwindigkeit)

entspricht aber der Bindungsenergie ein bestimmter Massenwert, daher stellt man beim Aufbau der Atomkerne einen Massendefekt fest. Das bedeutet, die tatsächlich feststellbare Kernmasse ist dann kleiner als die Summe der Einzelmassen aller Nukleonen, die solche Kerne bilden. Näheres über Kernbindungsenergien findet sich im Abschnitt 6.1.3d.

Bei den relativen Atommassen der Elemente, welche aus Isotopengemischen bestehen handelt es sich um einen arithmetischen Mittelwert, der sich aus dem auf der Erde vorhandenen natürlichen Isotopenmischungsverhältnis berechnet.

2.6.3   Die relative Molekülmasse und die Formelmasse

Analog zu den relativen Atommassen bei den chemischen Elementen, läßt sich für jede chemische Verbindung eine **relative Molekülmasse** berechnen.

Die relative Molekülmasse M_r (oft auch kurz Molekülmasse genannt) einer chemischen Verbindung gibt an, wie groß die Masse eines Moleküls dieser Verbindung im Vergleich zu 1/12 der Masse des Kohlenstoffnuklids C 12 ist.

Die relative Molekülmasse ergibt sich aus der Summe der relativen Atommassen A_r der im Molekül enthaltenen Atome. Hierbei werden für die Berechnung die relativen Atommassen meist auf ganzzahlige Werte oder auf Halbzahlenwerte (z.B. Chlor) gerundet. Der früher verwendete Begriff „Molekulargewicht" ist heute kaum mehr gebräuchlich.

Beispiele zur Berechnung von relativen Molekülmassen:
- **H_2O:** $M_r(H_2O) = 2\,A_r(H) + A_r(O) = 2 \cdot 1 + 16 = 18$
- **HCl:** $M_r(HCl) = A_r(H) + A_r(Cl) = 1 + 35{,}5 = 36{,}5$

Bei Ionenverbindungen kann man nicht von eigentlichen „Molekülen" sprechen (siehe Modell vom Natriumchlorid, Abb. 2.4). Hier gibt die chemische Formel (z.B. für Natriumchlorid = NaCl) das kleinste, ganzzahlige Verhältnis der in diesem Stoff aneinandergebundenen Materieteilchen wieder, nämlich die aus den Elementen Natrium und Chlor gebildeten Ionen. Anstelle des Begriffs „relativen Molekülmasse" wird bei solchen Verbindungen der Begriff **„relative Formelmasse"** verwendet. Diese relative Formelmasse enthält dabei keinerlei Aussagen über das tatsächliche Vorhandensein oder die Größe von Molekülen. Als Formelzeichen wird auch hier M_r verwendet.

Beispiel zur Berechnung einer relativen Formelmasse:
- **NaCl:** $M_r(NaCl) = A_r(Na) + A_r(Cl) = 23 + 35{,}5 = 58{,}5$

2.6.4   Das Mol und die molare Masse

Die Einheit der Stoffmenge n in der Chemie ist das Mol (Einheitenzeichen: mol)[5]:

Ein Mol ist diejenige Stoffmenge in Gramm, welche durch die relative Atommasse, die relative Molekülmasse oder durch die relative Formelmasse angegeben wird.

Die Masse eines Mols wird auch als **molare Masse** M (oder **Molmasse**) bezeichnet (übliche Einheit: g/mol; SI-Einheit: kg/mol).

Die Stoffmenge 1 mol soll an einem Beispiel erläutert werden. Nimmt man eine beliebige Zahl von Wasserstoffatomen (A_r = 1) und eine gleich große Zahl von Chloratomen (A_r = 35,5), so wird die Gesamtmasse der Chloratome immer 35,5 mal größer sein als die der Wasserstoffatome. Dies ist auch dann erfüllt, wenn man 1 g Wasserstoffatome und 35,5 g Chloratome nimmt. Dies bedeutet, daß die Menge eines Elements in Gramm, die dem Zahlenwert der relativen Atommasse entspricht immer die gleiche Anzahl an Atomen enthält.

Ein Mol eines Stoffes bestimmter Zusammensetzung enthält dann jeweils soviele Teilchen, wie Atome in 12 g des Nuklids C 12 enthalten sind. Unter „Teilchen" kann man entweder Atome, Moleküle, Ionen, Elektronen oder bei ionischen Verbindungen auch die durch eine chemische Formel wiedergegebene Einheit verstehen.

Ein Mol eines Stoffes enthält jeweils $6{,}0221367 \cdot 10^{23}$ Teilchen (also Atome, Moleküle, Ionen usw., je nachdem, wie groß man die betreffenden, durch chemische Formeln zum Ausdruck kommenden Teilchen gewählt hat). Dieser Zahlenwert ist durch eine ganze Reihe von verschiedenen, voneinander unabhängigen Bestimmungsmethoden ermittelt worden; er wird als **Avogadro-Konstante** N_A (zu Ehren des italienische Naturwissenschaftlers Lorenzo Avogadro 1776–1856) oder in der deutschsprachigen Literatur auch als **Loschmidtsche Zahl** L (nach dem österreichischen Physiker Joseph Loschmidt 1821–1895) bezeichnet.

Beispiele zur Ermittlung molarer Massen:
- **Natrium**
  Relative Atommasse A_r = 22,9898 (siehe Abschnitt 2.6.2)
  Molare Masse M = 22,9898 g/mol
- **H_2O**
  Relative Molekülmasse M_r = 18 (siehe Abschnitt 2.6.3)
  Molare Masse M = 18 g/mol
- **NaCl**
  Relative Formelmasse M_r = 58,5 (siehe Abschnitt 2.6.3)
  Molare Masse M = 58,5 g/mol

---

[5] Das Mol wurde 1971 als Basiseinheit in das Internationale Einheitensystem (SI) aufgenommen.

Kontroll- und Übungsfragen zum 2. Kapitel

1) Wie heißen die drei Arten der chemischen Bindung und wie die drei Arten der zwischenmolekularen Wechselwirkungen ?
2) Was versteht man unter einer Molekel oder einem Molekül?
3) Was bedeutet in der Elektronenformel ein Punkt bzw. ein Strich am Elementensymbol?
4) Was bedeutet die in einer chemischen Gleichung vor einer chemischen Formel stehende Zahl, was die schräg unten rechts am Elementensymbol geschriebene Zahl?
5) Wie entsteht eine σ–Bindung? Welche Elektronenorbitale können σ–Bindungen eingehen?
6) Wie kommt eine π–Bindung zustande?
7) Was ist eine chemische Verbindung?
8) Aus welchen Bindungsarten besteht eine Doppelbindung, eine Dreifachbindung?
9) Wie entsteht eine Ionenbindung?
10) Was sind Salze?
11) Was versteht man unter Kristallhydraten?
12) Welches Vorzeichen und welche Ladungszahl haben Alkalimetallionen, Erdalkalimetallionen und Halogenionen in Ionenverbindungen?
13) Wie erklärt das Elektronengasmodell die metallische Bindung und die elektrische Leitfähigkeit der Metalle?
14) Geben Sie bei den folgenden Stoffen jeweils den Typ der chemischen Bindung an (unpolare / polare Atombindung, Ionenbindung, Metallbindung)! Verwenden Sie hierzu die in Tab.1.8 aufgeführten Elektronegativitäten! KCl, Ti, HCl, N_2, H_2O, Ba, $CaCl_2$, CO, Cl_2, MgO
15) Wie entsteht ein Dipolmolekül? Geben Sie ein Beispiel dafür! Wie kann man den Dipolcharakter eines Moleküls in einer chemischen Formel ausdrücken?
16) Was versteht man unter
    a) Ion-Dipol-Wechselwirkung
    b) Dipol-Dipol-Wechselwirkungen
    c) van der Waals-Kräften
    d) Wasserstoffbrücken
    Nennen Sie jeweils ein Beispiel für Moleküle bei denen die Wechselwirkung auftritt!
17) Geben Sie bei den folgenden Elementpaaren jeweils an, welche Art der Bindung - unpolare Atombindung, polare Atombindung oder Ionenbindung - vorliegt und begründen Sie Ihre Entscheidung.
    (Verwenden Sie hierzu die in Tab.1.8 aufgeführten Elektronegativitäten).
    a) K und Br b) H und S c) N und N d) P und Cl e) C und S f) Si und Cl
18) Ordnen Sie die folgenden Bindungen nach zunehmender Polarität (Begründung!) Welches Atom trägt jeweils die negative Partialladung?
    C–O, C–F, C–N
19) Welche der folgenden Bindungen sind stärker polar (Begründung!):
    a) N–H oder P–H b) C–O oder C–S c) N–Cl oder N–Br d) S–Cl oder S–F
20) Geben Sie an, bei welchen der folgenden Verbindungen es sich um polare Moleküle handelt und begründen Sie Ihre Wahl:

CS_2 (linear), CF_4 (tetraedrisch), H_2S (gewinkelt), PH_3 (pyramidal), SCO (linear) (die jeweilige Molekülstruktur ist in Klammern angegeben)

21) Erklären Sie anhand der zwischenmolekularen Wechselwirkungen folgende Beobachtungen:

a) Die Verdampfungswärme von Neon ist niedriger, als die von Xenon.

b) Der Siedepunkt von HF liegt viel höher als der von HCl und HBr.

c) Der Schmelzpunkt von Cl_2 ist niedriger als der von I_2.

d) CH_4 ist bei Raumtemperatur und 1 bar gasförmig, CCl_4 ist eine Flüssigkeit, während CBr_4 ein Feststoff ist.

22) Bei welchen Molekülen treten Wasserstoffbrücken-Wechselwirkungen auf? (Begründung!)

H_2O, CH_4, CO_2, HF, HCl

23) Ordnen Sie folgende Stoffe - von links nach rechts - nach steigendem Siedepunkt (Begründung!): NaF, O_2, HCl, He, HF

24) Erklären Sie anhand der zwischenmolekularen Wechselwirkungen, warum die Siedepunkte der Halogenwasserstoffe in der Reihenfolge HCl, HBr, HI ansteigen, obwohl die Unterschiede in der Elektronegativität zwischen H und den Halogenen in dieser Reihenfolge geringer werden!

25) Warum hat Ethanol C_2H_5OH eine niedrigere Viskosität als Ethylenglykol $C_2H_4(OH)_2$?

26) Was besagen die Gesetze von den konstanten und multiplen Proportionen?

27) Was versteht man unter der relativen Atommasse, der relativen Molekülmasse?

28) Warum kommt es bei den Zahlenwerten der relativen Atommassen von vielen Elementen zu erheblichen Abweichungen von den ganzzahligen Werten?

29) Was ist ein Mol?

30) Berechnen Sie die molare Masse folgender Verbindungen: CH_4, SO_2, $CaCl_2$ und $CuSO_4$!

31) Welche Größenordnung hat die Avogadro-Konstante?

32) Wieviele Atome sind in einem Würfel aus Kupfer (Dichte: $d=8{,}92 \ \text{g/cm}^3$) mit der Kantenlänge 1 cm enthalten?

3   Die Aggregatzustände

Übersicht über die Thematik des 3. Kapitels

Alle Stoffe können je nach Temperatur- und Druckbedingungen prinzipiell in den drei Aggregatzuständen fest, flüssig und gasförmig auftreten. Außerdem gibt es noch den plasmatischen Zustand (aus ionisierter Materie), der jedoch hier nicht behandelt wird. Wie bereits im zweiten Kapitel erwähnt, sind die Art der chemischen Bindung bzw. die zwischenmolekularen Wechselwirkungen dafür verantwortlich, in welchem Aggregatzustand ein Stoff bei gewöhnlicher Temperatur vorliegt. Ein aus einzelnen Atomen oder aus kleinen und leichten Molekülen bestehender Stoff mit nur geringen zwischenmolekularen Wechselwirkungen ist gasförmig; große und schwere Moleküle oder in Ionen- und Metallgittern chemisch aneinander gebundene Ionen oder Atome bilden feste Körper. Der Aggregatzustand gibt somit Hinweise für den inneren Aufbau der verschiedensten Stoffe. Nach der Beschreibung von Gesetzmäßigkeiten für die drei Aggregatzustände gasförmig, flüssig, fest werden auch Stoffmischungen und Lösungen eingehender behandelt. Ausgehend von Lösungs- und Verdünnungsvorgängen wird anhand anschaulicher Beispiele eine Antwort auf die Frage gegeben, welche treibenden Kräfte zum Ablauf chemischer Reaktionen führen. Bei der Beschreibung von Aggregatzustandsänderungen werden insbesondere die technisch wichtigen, weit verbreiteten Anwendungen der Kälteerzeugung und der Destillation zur Reinigung von Flüssigkeiten näher erläutert.

3.1   Der gasförmige Aggregatzustand

3.1.1   Ideale Gase

Gase füllen das ihnen zur Verfügung stehende Volumen so aus, daß die Atome oder Moleküle gleichmäßig im Raum verteilt sind. Sind die zwischen den einzelnen Molekülen wirkenden zwischenmolekularen Kräfte so gering, daß man sie vernachlässigen kann, so bezeichnet man solche Stoffe als **ideale Gase**. Auf diese läßt sich folgende Zustandsgleichung anwenden:

$$p \cdot V = n \cdot R \cdot T$$

Darin bedeuten:
    p = Druck
    n = Stoffmenge, umgerechnet in mol
    T = Temperatur in Kelvin
    R = molare oder allgemeine Gaskonstante = 8,3145 $J \cdot K^{-1} mol^{-1}$

Die folgenden (zeitlich früher entdeckten) Gasgesetze sind Spezialfälle dieser allgemeinen Gasgleichung.

a) Das **Boyle-Mariottesche Gesetz** (Robert Boyle, 1627–1691, Edme Mariotte 1620–1684) gilt für den Fall, daß die Gasmenge und die Temperatur konstant sind. Hierbei ist das Produkt aus Druck und Volumen bei konstanter Temperatur und konstanter Gasmenge konstant:

$$p \cdot V = konst. \qquad bei\ T = konst.\ und\ n = konst.$$

b) Das **Gesetz von Gay-Lussac** (Louis-Joseph Gay-Lussac, 1778–1850):
Bei konstantem Druck und konstanter Gasmenge ändert sich das Gasvolumen proportional zur absoluten Temperatur:

$$V \sim T \qquad bei\ p = konst.\ und\ n = konst.$$

Ähnliches gilt für die Druckabhängigkeit eines idealen Gases von der absoluten Temperatur:

$$p \sim T \qquad bei\ V = konst.\ und\ n = konst.$$

c) Das **Gesetz von Avogadro**:
Es gilt für den Fall, daß Druck und Temperatur konstant sind:

$$V \sim n \qquad bei\ p = konst.\ und\ T = konst. \qquad oder$$

$$\frac{V}{n} = konst.$$

Unter gleichen Bedingungen von Druck und Temperatur ist das Gasvolumen proportional der Anzahl der Moleküle, es enthalten also gleiche Volumina idealer Gase stets die gleiche Anzahl von Molekülen, unabhängig von der Art des Gases. Das bedeutet, 1 Mol Wasserstoffgas (H_2) erfüllt bei gleicher Temperatur und bei gleichem Druck das gleiche Volumen wie 1 Mol des Edelgases Helium (He) oder 1 Mol des Gases Stickstoff (N_2).

Für den Normzustand, also für den Spezialfall, daß p_n = 1,01325 bar (= 1 atm = 760 Torr) und T_n = 273,15 K = 0 °C ist, erhält man die Definition für das **Molvolumen** oder molare Normvolumen:

$$\frac{V^0}{n} = V_M^0 = konst. = 22{,}414\ l\,/\,mol\ oder\ m^3\,/\,kmol$$

1 Mol eines beliebigen Gases nimmt im Normzustand, also bei Normtemperatur T_n = 273,15 K = 0 °C und Normdruck p_n = 1,01325 bar (= 1 atm) ein Volumen von 22,414 l ein. Das Molvolumen ist also unabhängig von der Zusammensetzung des idealen Gases.

Übungsbeispiel 3.1: Berechnung von Stoffmengen in Druckbehältern für ideale Gase.

Ein Drucktank für ein mit Erdgas (Methan, CH_4) betriebenes Automobil hat ein Volumen von 80 l. Wieviel kg Erdgas können bei 20 °C höchstens eingefüllt werden, wenn der Behälterdruck maximal 200 bar betragen darf?

Lösung: Aus der Gleichung für ideale Gase ergibt sich die Stoffmenge in Mol:

$$n = \frac{p \cdot V}{R \cdot T}$$

Hiermit ergibt sich:

$$n = \frac{200 \cdot 10^5 \ \frac{N}{m^2}}{8,3143 \ \frac{J}{mol \cdot K}} \ \frac{0,08 \ m^3}{293 \ K} = 656,8 \ mol$$

Unter Berücksichtigung der molaren Masse von CH_4 (= 16 g/mol) ergibt:
m = 656,8 mol · 16 g/mol = 10508,8 g = **10,51 kg**

3.1.2   Reale Gase

Die in Abschnitt 3.1.1 genannten Gasgesetze gelten nur für ideale Gase, d.h. wenn die gegenseitigen zwischenmolekularen Anziehungskräfte zwischen den Gasmolekülen vernachlässigbar gering sind und wenn das Eigenvolumen der Gasmoleküle gegenüber dem Gasvolumen so klein ist, daß man es nicht zu berücksichtigen braucht. Diese Bedingungen treffen zu für die meisten Gase bei niederen Drücken (<<1 bar) und bei Temperaturen, die beträchtlich über dem Kondensationspunkt[1] liegen.

Gase unter höheren Drücken und Temperaturen in der Nähe des Kondensationspunktes zeigen teilweise erhebliche Abweichungen von der allgemeinen Zustandsgleichung für ideale Gase. Man muß bei diesen Gasen dann das **Eigenvolumen** der Gasmoleküle und vor allem ihre gegenseitigen **Anziehungskräfte** berücksichtigen. Es gibt viele unterschiedliche Ansätze die Zustandsgleichung für ideale Gase so zu verändern, so daß diese Effekte realer Gase berücksichtigt werden. Einer der ersten Ansätze die gut mit den experimentell gefundenen Werten übereinstimmen war die **van der Waals-Zustandsgleichung** (benannt nach Johannes van der Waals, siehe Abschnitt 2.5.2):

$$\left(p + \frac{a \cdot n^2}{V^2} \right) \cdot \left(V - n \cdot b \right) = n \cdot R \cdot T$$

---

[1] Unter Kondensationspunkt versteht man die Temperatur, bei der ein Gas durch Zusammenlagerung vieler Gasmoleküle (verursacht durch zwischenmolekulare Wechselwirkungen) zu einer Flüssigkeit kondensiert, diese Temperatur entspricht auch dem Siedepunkt, siehe Abschnitt 3.2.

Die Konstante **a** ist ein Maß für die anziehenden Wechselwirkungen der Gasmoleküle, während die Konstante **b** ist ein Maß für das Eigenvolumen der Moleküle ist. Für den Grenzfall des *idealen* Gases sind a und b gleich Null, so daß die van der Waals-Gleichung in die Gleichung für ideale Gase übergeht. In der Praxis werden die Konstanten a und b so variiert bzw. angepaßt, bis die van der Waals-Gleichung die experimentellen Werte für p, V, T und n möglichst gut beschreibt (zur Durchführung dieser Anpassung gibt es entsprechende Computerprogramme).

3.1.3   Gasverflüssigung, der Joule-Thomson-Effekt

Läßt man ein reales Gas sich durch Vermindern des Druckes auf ein größeres Volumen ausdehnen, so müssen die Moleküle einen bestimmten Arbeitsbetrag aufwenden, um sich entgegen den schwachen gegenseitigen Anziehungskräften weiter voneinander zu entfernen; sie verlieren daher etwas von ihrer kinetischen Energie. Das bedeutet, die Geschwindigkeit der Gasmoleküle muß sich verringern und damit die Temperatur des Gases auf einen tieferen Wert sinken. Man bezeichnet diese Erscheinung als **Joule-Thomson-Effekt**. Er ist benannt nach den beiden Wissenschaftlern James Prescott Joule (1818–1889, nach ihm ist auch die Einheit J benannt) und William Thomson (1824–1907). Wiederholt man diesen Vorgang der Entspannung eines realen Gases (plötzliche Verminderung des Druckes), indem man das Gas dann mit der dabei „gewonnenen Kälte" auf jeweils immer tiefere Temperaturen vorkühlt, so wird der Abkühlungseffekt (Joule-Thomson-Effekt) immer größer, bis schließlich die immer geringere Geschwindigkeit der Moleküle (geringere Temperatur) nicht mehr ausreicht, um die gegenseitigen Anziehungskräfte der Gasmoleküle zu überwinden. Die Moleküle bleiben dann durch zwischenmolekulare Wechselwirkungen aneinander gebunden; aus dem Gas ist eine Flüssigkeit entstanden. Auf diese Weise kann man z.B. auch Luft verflüssigen (siehe Abb. 3.1). Dieses Verfahren wurde von dem deutschen Ingenieur Carl von Linde (1842–1934) entwickelt und heißt deshalb auch **Linde-Verfahren**. Das Kondensat

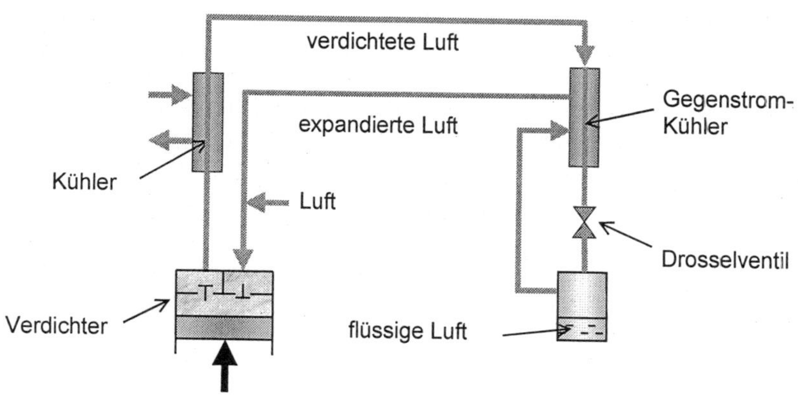

Abb. 3.1. Schema einer Anlage zur Luftverflüssigung nach dem Linde-Verfahren

kann anschließend durch fraktionierte Destillation (siehe Abschnitt 3.6.4) in seine Bestandteile zerlegt werden, so daß aus der flüssigen Luft Stickstoff, Sauerstoff und die einzelne Edelgase gewonnen werden (siehe Abschnitt 6.2.3g und 6.2.5).

Man muß aber zur Verflüssigung eines Gases mindestens die **kritische Temperatur** (siehe Abschnitt 3.6.2a3) unterschreiten; denn die kritische Temperatur ist diejenige Temperatur, oberhalb der sich ein Gas durch keinen noch so hohen Druck verflüssigen läßt.

3.2   Der flüssige Aggregatzustand

Im flüssigen Zustand werden die einzelnen Moleküle durch zwischenmolekulare Wechselwirkungen (van der Waals-Kräfte, Dipol-Dipol-Wechselwirkung oder Wasserstoffbrücken, siehe Abschnitt 2.5) in einem bestimmten Volumen „zusammengehalten". Der Ort eines bestimmten Moleküls ist jedoch im Gegensatz zum Festkörper nicht fixiert, da infolge der Wärmebewegung die Moleküle eine gewisse Beweglichkeit, eine gewisse **Translationsenergie** bzw. Fortbewegungsenergie innerhalb einer solchen Flüssigkeit besitzen. Die Beweglichkeit der Moleküle verursacht dann auch die Beweglichkeit der gesamten Flüssigkeit.

Im zeitlichen Mittel besitzt immer ein gewisser Anteil der Moleküle eine so große Geschwindigkeit, daß die Energie ausreicht, die zwischenmolekularen Bindungskräfte zu überwinden. Diese Moleküle verlassen (von der Oberfläche der Flüssigkeit) den Verband der Moleküle, d. h., sie **verdampfen**. Umgekehrt werden zu langsame (energiearme) Moleküle aus der Gasphase an der Flüssigkeitsoberfläche wieder eingefangen. Zwischen der Dampfphase und der Flüssigkeit besteht dann ein **dynamisches Gleichgewicht**, wenn immer genau so viele Moleküle pro Zeiteinheit verdampfen, wie wieder in die flüssige Phase rückkondensieren. Als Folge dieses ständigen Verdampfens und Rückkondensierens der Moleküle stellt sich über einer Flüssigkeit ein bestimmter, temperaturabhängiger, mit steigender Temperatur größer werdender **Dampfdruck** ein (siehe auch Abschnitt 3.6.2). Ist der Dampfdruck schließlich so groß wie der äußere Druck, so siedet die Flüssigkeit, d.h., es bilden sich jetzt auch Dampfblasen in der gesamten Flüssigkeit: der Anteil der ständig in die Dampfphase übergehenden Moleküle steigt sprunghaft an. Erfolgt der (meist allmähliche) Übergang in die Dampfphase nur von der Flüssigkeitsoberfläche aus, so bezeichnet man dies als Verdunstung.

Vergleichbar mit den eben beschriebenen Flüssigkeiten, in denen die Moleküle durch zwischenmolekulare Wechselwirkungen zusammengehalten werden, sind sogenannte **Schmelzen**. In Schmelzen, die durch Erhitzen von Metallen oder Salzen entstehen, halten die metallischen Bindungen bzw. Ionenbindungen die einzelnen Bestandteile noch zusammen, obwohl infolge einer starken Wärmebewegung sich der starre Gitterverband bereits aufgelöst hat. Anstelle einer Fernordnung, wie sie bei den Kristallen vorliegt, ist allenfalls noch eine gewisse „Nahordnung" von einzelnen, nahe beieinander liegenden Bruchstücken einer kristallinen Struktur zu erkennen, wie es in Abb. 3.2 bei der Gegenüberstellung von kristallinen Stoffen und Flüssigkeiten angedeutet ist. Metalle und Salze lassen sich erst bei sehr hohen Temperaturen verdampfen (siehe z.B. Tab. 6.14).

Bestehen feste Stoffe aus kovalenten Verbindungen begrenzter Molekülgröße (z.B.

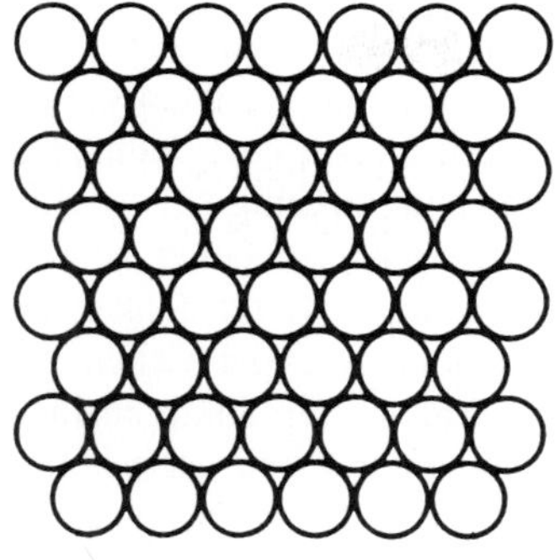

a Kristall

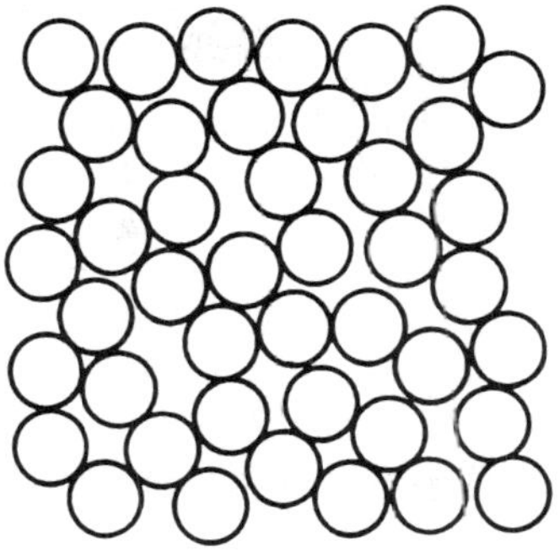

b Flüssigkeit

Abb. 3.2. Schematischer Aufbau von Kristall und Flüssigkeit

viele organische Verbindungen, siehe Kapitel 8), so werden dann beim Aufschmelzen die einzelnen Moleküle durch die relativ schwachen van der Waals-Kräfte zusammengehalten. Solche Schmelzen lassen sich dann in der Regel viel leichter verdampfen als Salze und Metalle.

Eine besondere Form des flüssigen Zustands, welcher in der Chemie von großer Bedeutung ist, ist die **Lösung**. Sie liegt dann vor, wenn ein fester Stoff in einer Flüssigkeit gelöst ist. Einiges Grundsätzliche über Lösungen enthält der Abschnitt 3.5.

3.3 Der feste Aggregatzustand

Stoffe im festen Aggregatzustand sind in den meisten Fällen entweder kristallin oder amorph. In einigen Fällen sind auch Übergangszustände möglich (siehe z.B. teilkristalline Kunststoffe, Abschnitt 9.1.1)

3.3.1 Die Kristallsysteme

Kristallisierte feste Stoffe zeigen eine *regelmäßige* Anordnung der sie aufbauenden Atome, Ionen oder Moleküle. Die Anordnung und die Lage dieser einzelnen Bestandteile zueinander in einem Kristall bezeichnet man als Struktur oder **Kristallstruktur**. Der regelmäßige Aufbau spiegelt sich dann auch in einer gesetzmäßigen äußeren Kristallgestalt wieder, die dadurch gekennzeichnet ist, daß vergleichbare Flächen verschiedener Exemplare ein und derselben Kristallart stets die gleichen Winkel untereinander bilden. Dieses **Gesetz der Winkelkonstanz** zeigt sich besonders dann, wenn man einen Kristall in kleinere Stücke spaltet: Die Bruchstücke weisen wiederum die gleichen Winkelverhältnisse auf wie der ursprüngliche Kristall; die Spaltung erfolgt immer parallel zu den Kristallflächen.

Kristalle zeigen die Erscheinung der **Anisotropie** (isotrop = in allen Richtungen gleich, gr. tropos = Richtung), d. h., sie haben *nicht* in allen Richtungen gleiche Eigenschaften (z.B. Härte, Spaltbarkeit, Wärmeleitfähigkeit, Lichtabsorption, Lichtbrechung usw.).

Eine in Gedanken immer weiter vorgenommene Spaltung eines Kristalls führt schließlich zu den kleinsten, sich in einem Kristall stets wiederholenden Grundeinheiten, die man als **Elementarzellen** bezeichnet. Die laufende Aneinanderreihung solcher Elementarzellen ergibt dann das **Kristallgitter**, Raumgitter oder auch kurz Gitter genannt (siehe Tab. 3.1). Ein solches Gitter kann man sich auch zusammengesetzt denken aus einer regelmäßigen, dreidimensionalen Anordnung von Punkten, die die Ecken und charakteristischen Stellen der Elementarzellen markieren und als Gitterpunkte bezeichnet werden. Solche Gitterpunkte brauchen nicht immer Atome oder Ionen darzustellen, sie können auch kleine Moleküleinheiten (z.B. H_2O = Wassermoleküle) sein; in diesem Fall sind die Gitterpunkte als Molekülschwerpunkte aufzufassen.

Tab. 3.1. Die Kristallsysteme

Kristall-system	Achsenkreuz	Beispiele der Kristallformen	Gittertypen		
			Zahl	Art	Name und Beispiele
kubisch	$a_1 = a_2 = a_3$; $\sphericalangle a_1 a_2$, $\sphericalangle a_1 a_3$, $\sphericalangle a_2 a_3 = 90^\circ$	Kochsalz NaCl (Würfel) / Diamant (C) (Oktaeder)	3		kubisch primitiv NaCl (Na^+ und Cl^- gleich-berechtigt, s. Abb. 2.4) / kubisch flächenzentriert γ-Eisen, Cu, viele andere Metalle / kubisch innenzentriert α- und δ-Eisen, viele andere Metalle
tetragonal	$a_1 = a_2 \neq c$; $\sphericalangle a_1 a_2$, $\sphericalangle a_1 c$, $\sphericalangle a_2 c = 90^\circ$	β-Zinn	2		
hexagonal	$a_1 = a_2 = a_3 \neq c$; $\sphericalangle a_1 c$, $\sphericalangle a_2 c$, $\sphericalangle a_3 c = 120^\circ$	Mg, Zn, Cd und viele andere Metalle	1		
trigonal, rhombo-edrisch	$a_1 = a_2 = a_3 = c$; $\sphericalangle a_1 a_2$, $\sphericalangle a_1 a_3$, $\sphericalangle a_2 a_3 = 120^\circ$	Kalkspat $CaCO_3$	1		Für die Praxis des Ingenieurs von geringer Bedeutung
rhombisch	$a \neq b \neq c$; $\sphericalangle ab$, $\sphericalangle ac$, $\sphericalangle bc = 90^\circ$	α-Schwefel (Abb.) oder Zementit Fe_3C	4		
monoklin	$a \neq b \neq c$; $\sphericalangle ab$, $\sphericalangle bc = 90^\circ$; $\sphericalangle ac \neq 90^\circ$	Gips $CaSO_4 \cdot 2H_2O$	2		
triklin	$a \neq b \neq c$; $\sphericalangle ab$, $\sphericalangle ac$, $\sphericalangle bc \neq 90^\circ$	Kupfersulfat $CuSO_4 \cdot 5H_2O$ od. Kaliumdi-chromat (Abb.)	1		

Durch jede Elementarzelle kann man **Symmetrieachsen** legen. Die Form und die Größe einer Elementarzelle kann man dann kennzeichnen durch die Längenverhältnisse dieser Symmetrieachsen zueinander (als a, b, c bzw. als a_1, a_2, a_3 bezeichnet, siehe Tab. 3.1) und durch die Winkel, die sie miteinander bilden. Alle in der Natur vorkommenden Kristalle lassen sich in sieben Kristallsysteme einteilen mit den in Tab. 3.1 angegebenen Kriterien. Die tatsächliche Ausprägung der Kristalle ein und desselben Kristallsystems (z. B. hinsichtlich der Lage der einzelnen Kristallflächen zueinander) kann ganz verschieden ausfallen. Beispiele hierfür zeigt die dritte Spalte von Tab. 3.1 z.B. im kubischen System ein Würfel und ein Oktaeder.

Im einfachsten Fall hat ein Kristallgitter soviel Elementarzellen wie Gitterpunkte, was am Beispiel des kubischen Systems (Würfel als Elementarzelle) erklärt werden soll. Ein Gitterpunkt in der Ecke eines Würfels (einer Elementarzelle) gehört in einem Raumgitter den angrenzenden acht Nachbarelementarzellen an, auf eine Elementarzelle entfällt deswegen nur 1/8 des Gitterpunktes, andererseits hat jede Elementarzelle (Würfel) acht Gitterpunkte, die ihr jeweils zu 1/8 angehören. Hat also ein Kristallgitter soviel Gitterpunkte wie Elementarzellen, so spricht man von einem einfachen oder **primitiven Gitter**. Beim kubischen System sind noch folgende zwei andere Gitter möglich, die vor allem als Gittertypen von Metallen sehr häufig vorkommen, und zwar **das kubisch flächenzentrierte** und das **kubisch innenzentrierte** Gitter, wie es aus der letzten Spalte der Tabelle ersichtlich ist. Die Tabelle zeigt auch an, wieviel Gittertypen in den anderen Kristallsystemen möglich sind. Alle in der Natur vorkommenden Kristalle lassen sich auf diese 14 Gittertypen, auch Bravais-Gitter (Auguste Bravais, 1811–1863) genannt, zurückführen.

3.3.2 Die Eigenschaften von Kristallen

Die Bestandteile eines Kristalls werden durch chemische Bindungskräfte oder zwischenmolekulare Wechselwirkungen zusammengehalten. Die Eigenschaften von Kristallen werden deswegen verschieden ausfallen, wie es die Tab. 3.2 zeigt. In der letzten Spalte dieser Tabelle sind einige Beispiele angegeben, die teilweise in späteren Kapiteln noch eingehender besprochen werden.

Der Einfluß der chemischen Bindung auf die Eigenschaften der Kristalle soll am Beispiel der Salze erläutert werden. Die Stärke der Anziehungskräfte zwischen den elektrisch verschieden geladenen Ionen bezeichnet man als **Gitterenergie**. Die physikalischen Eigenschaften von Salzen mit der gleichen Kristallstruktur ändern sich regelmäßig in Abhängigkeit von der Gitterenergie. Wie die Tab. 3.3 zeigt, nehmen bei vergleichbaren Ionenverbindungen mit abnehmender Gitterenergie

- die Höhe der Schmelz- und Siedepunkte ab
- der thermische Ausdehnungskoeffizient und der Kompressibilitätskoeffizient zu
- die Härte ab.

Viele der Meßwerte lassen sich am besten an großen Kristallen ermitteln. Man stellt dabei fest, daß Eigenschaften, z.B. die Härte, von der Richtung abhängig sind (Anisotropie). Bestehen kristalline Feststoffe aus vielen regellos angeordneten kleinsten **Kristalliten** (= ausserordentlich kleine Kristalle), die dann durch chemische Bindung fest miteinander verbunden sind, so kann infolge der regellosen Anordnung der Einzelkriställchen eine statistische Isotropie (gleiche Eigenschaften in allen Richtungen) resultieren.

Tab. 3.2. Typen kristalliner Feststoffe

	Bindungskräfte	Kristallart	Bestandteile	Eigenschaften	Beispiele
chemische Bindungen	Atombindung	Atomkristall	Atome	• sehr hoher Smp. • sehr hart • elektr. Nichtleiter	Diamant (chem.=C)
	Ionenbindung	Ionenkristall	positive und negative Ionen	• hoher Smp. • hart, spröde • schlechter bis kein elektr. Leiter	NaCl (Steinsalz) $CaCO_3$ (Kalkspat) CaF_2 (Flußspat) Al_2O_3 (Korund)
	metallische Bindung	Metall	positive Atomrümpfe und „Elektronengas"	• ziemlich hoher Smp. • weich bis hart • duktil[*] • sehr guter elektr. Leiter	Na; Mg; Al; Fe; Cr; W
zwischenmolekulare Wechselwirkungen	Dipol-Dipol-Kräfte	polar-molekular	polare Moleküle	• niederer Smp.[**] • weich • kaum elektr. Leiter	HCl; SO_2; NO
	Van-der-Waals-Kräfte	unpolar-molekular	unpolare Moleküle	• niederer Smp.[**] • sehr weich • elektr. Nichtleiter	H_2; N_2; O_2; CH_4
	Wasserstoffbrücken	polar-molekular	polare Moleküle mit Wasserbrücken	• höherer Smp. als bei Dipol-Dipol- und van-der-Waals-Kräften • weich kaum elektr. Leiter	H_2O; NH_3; HF

Smp. = Schmelzpunkt

[*] lat. ductilis = dehnbar, streckbar; über die Duktilität von Metallen, siehe Abschnitt 6.5.1e
[**] die Schmelzpunkte liegen oft weit unter 0 °C!

Tab. 3.3. Abhängigkeit der physikalischen Eigenschaften von der Gitterenergie bei vergleichbaren Ionenkristallen

Kristall	Ionen-abstand 10^{-10} [m]	Gitter-energie [kJ/mol]	Schmelz-punkt [°C]	Siede-punkt [°C]	Therm.Ausdehn.-Koeffizient $\alpha \cdot 10^6$ [1/K][*]	Kompress.-Koeffizient $k \cdot 10^6$ [cm^2/kg]	Ritzhärte nach Mohs[**]
NaF	2,31	909	992	1695	108	2,11	3,2
NaCl	2,76	766	808	1465	120	4,26	2,5
NaBr	2,90	737	747	1393	129	5,07	2,4
NaI	3,11	687	662	1300	145	7,07	
KF	2,69	808	857	1505	110	3,30	2,7
KCl	3,14	703	772	1417	115	5,62	2,2
KBr	3,28	674	742	1381	120	6,70	
KI	3,51	632	682	1331	135	8,53	

[*] Der thermische Ausdehnungskoeffizient α gilt im Bereich von 30 bis 70 °C.
[**] Unter der Ritzhärte versteht man den Widerstand, den ein Körper beim Ritzen dem Eindringen eines anderen Körpers entgegensetzt. Von zwei Kristallen ist derjenige der härtere, der den anderen zu ritzen vermag. Um den Grad der Härte feststellen zu können, hat Mohs (Friedrich Mohs 1773– 1839) die folgende Reihe von Vergleichsmineralien mit steigender Härte von 1 bis 10 benannt: 1. Talkum, 2. Steinsalz, 3. Kalkspat, 4. Flußspat, 5. Apatit, 6. Feldspat, 7. Quarz, 8. Topas, 9. Korund, 10. Diamant. Zwischenhärten werden durch eine Dezimale hinter dem Komma angegeben.

3.3.3 Amorphe Feststoffe

Neben den kristallinen gibt es noch amorphe (gr. amorphos = gestaltlos) Feststoffe. Sie zeigen aufbaumäßig Ähnlichkeiten mit Flüssigkeiten (siehe Abb. 3.2), nur besitzen die einzelnen Bestandteile eines amorphen festen Stoffes keine Translationsenergie. Man kann amorphe feste Stoffe als unterkühlt erstarrte Flüssigkeiten ansehen. Beispiele für amorphe feste Stoffe sind Gläser (siehe Abschnitt 7.2.4) und viele Kunststoffe (siehe Abschnitt 9.1.1).

3.4 Mischungen

Mischt man zwei oder mehrere verschiedene Stoffe zusammen, so können entweder **heterogene Mischungen** oder **homogene Mischungen** bzw. Lösungen entstehen.

3.4.1 Homogene Mischungen

Gase sind in jedem Verhältnis miteinander mischbar und ergeben immer homogene

Mischungen. Dennoch muß man mit einer Anreicherung von schweren Gasen in Bodennähe, von leichten Gasen in oberen Luftschichten rechnen. Das wird vornehmlich dann zu erwarten sein, wenn solche Gase in konzentrierter Form entstehen oder ausströmen. Ob Gase oder Dämpfe bevorzugt nach oben steigen oder absinken, kann man aus ihren molaren Massen schließen: Da Luft zu etwa 80% aus Stickstoff und zu etwa 20% aus Sauerstoff besteht, ist ihr ein durchschnittliche Molekülmasse von ca. 29 zuzurechnen, denn:

$$0{,}8 \cdot (N_2 = 28) + 0{,}2 \cdot (O_2 = 32) = 28{,}8$$

Gase, die eine geringere molare Masse als Luft haben, steigen nach oben, Gase mit einer größeren molaren Masse sinken zu Boden. Dieses mit dem Gesetz von Avogadro (siehe Abschnitt 3.1.1c) begründbare Verhalten der Gase sollte man beachten bei der Entscheidung, ob man Absaugvorrichtungen zur Entfernung von Fremdgasen aus Räumen oben oder unten anbringen soll.

Die verschieden schweren Gase vermischen sich aber bald wieder durch Diffusion (diffundere, lat. = ausbreiten, sich zerstreuen) infolge der Wärmebewegung der Gasmoleküle, so daß man nach einiger Zeit mit der Anwesenheit des betreffenden Gases im gesamten Raum rechnen muß, bis dann schließlich der gesamte Raum von einer homogenen Gasmischung erfüllt ist.

Ähnlich wie bei Gasen können sich auch zwei oder mehrere Flüssigkeiten in jedem Verhältnis miteinander mischen und eine einheitliche Phase bilden, die überall die gleiche Zusammensetzung hat. Man gibt die Zusammensetzung eines solchen Flüssigkeitsgemisches meist in „Volumenprozent" (Vol.-%) an (z.B. Getränke mit einem Alkoholgehalt von 40 Vol.-%; d. h., der im Getränk enthaltene Alkohol würde als reine chemische Substanz ein Volumen ausfüllen, das 40% vom Gesamtvolumen des Getränkes ausmacht). Anstelle dieser bisher üblichen Bezeichnung Vol.-% sollte man nach DIN 1310 besser den sprachlich korrekteren Ausdruck Volumengehalt in % verwenden (siehe auch Abschnitt 3.5.1, unter dem Stichwort „Gehalt").

3.4.2   Heterogene Mischungen

In der Einleitung wurden Beispiele für heterogene Mischungen erwähnt. Entscheidend ist bei heterogenen Mischungen, daß die verschiedenen Stoffe in dem Gemisch eigene Phasen bilden. Oft findet man in der Literatur den Ausdruck „physikalisches Gemenge" und versteht hierunter eine Mischung von zwei oder mehreren Stoffen, die jeweils eigene Phasen bilden und sich meist durch geeignete (physikalische) Operationen wieder auseinandertrennen lassen.

Einige Arten von heterogenen flüssig-flüssigen und fest-flüssigen Mischungen führen spezielle Bezeichnungen. Es sind dies:

- **Emulsionen:** Zwei miteinander nicht oder nur geringfügig mischbare Flüssigkeiten ergeben eine milchig bzw. trübe aussehende Flüssigkeit, wobei die eine der beiden Flüssigkeiten in der anderen in Form von kleinen Tröpfchen eingebettet ist. Beispiel: Milch = Tropfen von Milchfett, in der wäßrigen Phase eingebettet.
- **Suspensionen:** Unlösliche Feststoffteilchen mit Durchmessern größer als 10^{-7} m

(die also größer sind als etwa das Tausendfache eines Atomdurchmessers) sind in einer Flüssigkeit fein verteilt. Je größer die Teilchen sind, desto schneller setzen sie sich in der Flüssigkeit ab. Beispiel: Aufschlämmung von Lehm[2] in Wasser.

- **Kolloide Systeme:** Unlösliche Feststoffteilchen mit Durchmessern zwischen ca. 10^{-7} m und ca. 10^{-9} m sind in einer Flüssigkeiten fein verteilt. Sind die Teilchen kleiner als 10^{-9} m, so liegen schließlich „echte Lösungen" (siehe Abschnitt 3.5) vor. Kolloide Systeme zeigen in vielem ähnliche Eigenschaften wie echte Lösungen und werden deswegen auch als **kolloide Lösungen** bezeichnet (kolla, gr. = der Leim; kolloid = leimartig; eine Aufschlämmung von Tischlerleim in Wasser ergibt in der Tat auch ein in diese Kategorie einzurechnendes „kolloides" System).

Kolloide Lösungen trennen sich beim Stehenlassen *nicht* durch Absetzen in feste und flüssige Anteile, da die kolloiden Teilchen durch die Wärmebewegung der Moleküle des Lösungsmittels in der Schwebe gehalten werden. Man bezeichnet die kolloiden Lösungen auch als **Dispersionen** (dispergere, lat. = zerstreuen) und die meist im Überschuß vorhandene, zusammenhängende flüssige Phase, in denen die festen Teilchen „dispergiert" sind, als Dispersionsmittel.

Die in der Lösung dispergierten kolloiden Teilchen sind sowohl mit dem bloßen Auge als auch unter dem Mikroskop nicht zu sehen, da ihre Durchmesser kleiner sind als die Wellenlängen des Lichtes, die zwischen $3,6 \cdot 10^{-7}$ m und $7,8 \cdot 10^{-7}$ m liegen. Sehr stark verdünnte kolloide Lösungen sehen oft vollkommen klar aus, konzentrierte zeigen meist eine schwache Trübung, weil das Licht beim Auftreffen auf diese kleinsten Teilchen abgelenkt und in alle Richtungen gestreut wird.

Eine vollkommen klar aussehende Flüssigkeit kann als kolloide Lösung durch den sogenannten **Tyndall-Effekt** (John Tyndall, 1820–1893) erkannt werden: Die Bahn eines Lichtstrahls in einer kolloiden Lösung erscheint von der Seite her betrachtet als leuchtender Kegel, da das Licht beim Auftreffen auf kolloide Teilchen seitlich gestreut und damit vom Beobachter wahrgenommen werden kann.

Eine Zusammenlagerung vieler kolloider Teilchen zu größeren Gebilden führt schließlich zur **Ausflockung**, zum Absinken der Teilchen in der Lösung. Ein solches Zusammenwachsen zum oberflächen- und energieärmeren[3] Zustand größerer Teilchen verhindern entgegengesetzt gerichtete Kräfte, z.B. gleichnamige elektrische Ladungen oder Schutzschichten an der Kolloidoberfläche.

---

[2] Lehm enthält als Hauptbestandteile Tone, Sand und Eisenoxide. Bei der Aufschlemmung von Lehm in Wasser setzt sich der Sand (als Suspension) je nach Teilchengröße mehr oder weniger rasch ab, während die Tone meist in kolloider Verteilung vorliegen und darum wesentlich langsamer oder kaum zu Boden sinken. Durch Brennen (chemische Wasserabspaltung) von Lehm stellt man Ziegelsteine her. Über Lehm und Tone siehe auch Abschnitt 7.3.5.

[3] Daß ein Stoff bei kleinster Zerteilung in einem energiereicheren Zustand vorliegen muß, wird einleuchten, wenn man bedenkt, daß man zur Zerteilung größerer Stücke in kleinere Teilchen (z. B. in Kolloide) die erforderliche Spaltungsenergie aufwenden muß.

3.5   Lösungen

Lösungen im weitesten Sinn sind einphasige, homogene Mischungen zweier oder mehrerer Stoffe, wobei die Homogenität der Mischung bis in den molekularen Bereich hineinreicht. Dies sind z.B. Mischkristalle, die zwei oder mehrere Metalle miteinander bilden oder es sind feste Lösungen (siehe Abschnitt 6.5.3b). Das Metall Palladium löst große Mengen des Gases Wasserstoff und bildet eine feste Lösung. Im engeren Sinne versteht man jedoch meist unter einer Lösung eine Flüssigkeit, in der ein fester Stoff (gelöster Stoff) molekulardispers verteilt ist.

Für die Löslichkeit einer Substanz in einem Lösungsmittel gilt allgemein die Regel **„Gleiches löst Gleiches"**:

- Polare Lösungsmittel lösen überwiegend **hydrophile** (wasserfreundliche) Substanzen.

- Unpolare Lösungsmittel lösen überwiegend **hydrophobe** oder **lipophile** (wasserabweisende oder fettfreundliche) Stoffe.

Dies bedeutet, daß es zu einer solchen homogenen Verteilung bis in den molekularen Bereich hinein dann kommt, wenn zwischen dem gelösten Stoff und dem Lösungsmittel eine gewisse chemische Ähnlichkeit besteht; denn dann sind die zwischenmolekularen Kräfte zwischen den Molekülen des Lösungsmittels von der gleichen Größenordnung wie die gegenseitigen Bindungskräfte zwischen dem gelösten Stoff und dem Lösungsmittel. So löst sich z.B. das unpolare Iod (I_2) gut in organischen Lösungsmitteln (z.B Toluol oder Hexan), jedoch nur sehr wenig in Wasser. Auch lassen sich, wie im Kapitel 8 noch eingehender besprochen wird, viele organische feste Stoffe (z.B. Fette) in organischen Lösungsmitteln lösen, während sie so gut wie nicht in Wasser löslich sind. Dagegen lösen sich Ionenverbindungen (z.B. das Kochsalz, NaCl) häufig gut in Wasser, das aus Dipolmolekülen besteht. Hierbei bilden sich Ion-Dipol-Wechselwirkungen, indem sowohl die positiven als auch die negativen Ionen sich allseitig mit den Dipolmolekülen des Wassers umgeben (siehe Abb. 2.8).

Bei organischen Stoffen spielt das Verhältnis des unpolaren Anteils zum polaren Anteil im Molekül eine Rolle für das Lösungsverhalten. So sind z.B. die Alkohole Methanol, Ethanol und Propanol mit Wasser vollständig mischbar, da der organische, unpolare Kohlenwasserstoffteil im Molekül im Vergleich zur polaren OH-Gruppe klein ist. Je länger der organische Rest, um so geringer wird die Löslichkeit in Wasser (siehe Tab. 3.4 und Abschnitt 8.4.1c).

Tab. 3.4. Löslichkeiten von Alkoholen in Wasser

Formel	Name	Löslichkeit in Wasser bei 20 °C [g je 100g Wasser]
CH_3OH	Methanol	in jedem Verhältnis mischbar
CH_3CH_2OH	Ethanol	in jedem Verhältnis mischbar
$CH_3CH_2CH_2OH$	1-Propanol	in jedem Verhältnis mischbar
$CH_3CH_2CH_2CH_2OH$	1-Butanol	7,9

Auch die organischen Zuckermoleküle sind gut in Wasser, dagegen in Kohlenwasserstoffen praktisch unlöslich, da sie eine Reihe von polaren OH-Gruppen enthalten (siehe Abschnitt 8.7.1).

3.5.1   Angaben über die Zusammensetzung von Lösungen

Für Mengenangaben kann man folgende Größen verwenden: die Masse m, das Volumen V oder die Stoffmenge n (in Mol). Die Zusammensetzung von Lösungen wird üblicherweise durch den Gehalt, durch die Konzentration oder durch die Molalität angeben.

a) Gehalt

Bei Lösungen kann man die Zusammensetzung kennzeichnen durch den **Massengehalt** (Massenbruch) = Massenanteil des gelösten Stoffes in der Gesamtmasse der Lösung. Anstelle der heute vielfach noch üblichen Angabe „Massenprozent" sollte der korrektere Ausdruck „Massengehalt in Prozent" verwendet werden; das gleiche gilt für die heute noch meist gebräuchlichen Gehaltsangaben von Flüssigkeitsmischungen in „Volumenprozent", die nach DIN 1310 korrekter „Volumengehalt in %" genannt werden sollten (siehe auch Abschnitt 3.4.1).

Beispiel für Massengehalt: 0,135 g/g = 13,5 % = 135 mg/g = 135 g/kg

Stoffmengengehalt (Stoffmengenbruch früher auch als Molenbruch bezeichnet) = Anteil des gelösten Stoffes in Mol, bezogen auf die Gesamtzahl der in der Lösung vorhandenen Mol, d.h. des Lösungsmittels und des gelösten Stoffes, beides in Mol ausgedrückt. Ist die Stoffmenge in Mol der gelösten Stoffs n_2, die des Lösungsmittels n_1, so ist der Stoffmengengehalt des gelösten Stoffs

$$x_2 = \frac{n_2}{n_1 + n_2}$$

Man kann den Gehalt entweder mit gleichen sowie verschiedenen Einheiten für die Zähler- und Nennergröße oder auch in Prozent, Promille oder in ppm (parts per million, engl. = Teile auf eine Million Teile) angeben.

Beispiel für Stoffmengengehalt: 0,00073 mol/mol = 730 ppm = 0,73 mol/kmol

b) Konzentration

Man versteht unter Konzentration eine Zusammensetzungsangabe, bezogen auf das *Volumen* der Lösung. Dabei sind folgende Konzentrationsangaben üblich:

- **Massenkonzentration** bedeutet Masse des gelösten Stoffes pro Volumen der Lösung (Lösung = gelöster Stoff + Lösungsmittel).
- **Stoffmengenkonzentration** bedeutet Molzahl des gelösten Stoffes pro Volumen der Lösung. Diese Konzentrationsangabe wurde früher auch Molarität genannt.

Wenn der gelösten Stoff in einer Stoffmengenkonzentration von einem Mol pro Liter vorliegt, spricht man in der Chemie auch von einer *einmolare* Lösung. Zum Beispiel hat eine Kochsalzlösung mit der Massenkonzentration von 58,5 g/l eine Stoffmengenkonzentration von 1 mol/l, das ist eine einmolare Kochsalzlösung, abgekürzt 1 M NaCl-Lösung oder 1 M NaCl (früher im Deutschen auch klein geschrieben: 1 m NaCl-Lösung).

Entsprechend kann man eine Volumenkonzentration angeben, wenn das Volumen eines flüssigen oder gasförmigen Stoffes auf das Volumen der gesamten Lösung bezogen werden soll. Dies entspricht jedoch genau dem Volumengehalt (siehe unter a). Der **Gehalt von Schadstoffen** in der Luft (z.B. SO_2, siehe Abschnitt 13.3.1) wird neben der Angabe in der Massenkonzentration (z.B. mg/m^3 im Normzustand bei 0 °C und 1,01325 bar) häufig auch in der Volumenkonzentration cm^3/m^3 (z.B. ppm / parts per million) angegeben. Für die Umrechnung gilt:

$$1 \; mg/m^3 = 1 \; cm^3/m^3 \; (ppm) \cdot \frac{Molmasse \; g/mol}{22,414 \; l/mol}$$

Ein Beispiel für eine Umrechung von ppm in mg/m^3 wird in Übungsbeispiel 3.2 vorgerechnet.

Übungsbeispiel 3.2: Der SO_2-Gehalt eines Gases beträgt 10 ppm. Wie groß ist die Konzentration in mg/m^3? (Molmasse von SO_2 = 64,07 g/mol; Molvolumen = 22,414 l/mol)

Lösung:

$$10 \; cm^3/m^3 \cdot \frac{64,07 \; g/mol}{22,414 \; l/mol} = 28,6 \; mg/m^3$$

c) Molalität

In Fällen, wo Temperaturschwankungen bei Lösungen den Bezug auf das Volumen der Lösung erschweren, kann man zweckmäßig die Molzahl des gelösten Stoffes auf die Masse des *reinen* Lösungsmittels beziehen. Eine *einmolale* Lösung wäre dann eine solche, die 1 Mol des gelösten Stoffes in 1000g des Lösungsmittels enthält; eine 1-molale Kochsalzlösung ist demnach herzustellen durch Lösen von 1 mol = 58,5 g NaCl in 1000 g Wasser.

Um Mißverständnissen vorzubeugen, gewöhne man es sich an, Angaben über die Zusammensetzung von Lösungen genau zu kennzeichnen, also z.B. nicht zu schreiben: eine 20%ige Kochsalzlösung, sondern vielmehr eine Kochsalzlösung mit dem Massengehalt = 20%; Konzentrationsangaben kennzeichnet man am besten durch hinterhergestellte Maßeinheiten, z.B. 120 g/l.

d) Verdünnungen

Oft besteht die Notwendigkeit, vorhandene Lösungen auf bestimmte Zusammensetzungen zu verdünnen.

In einer Lösung mit der Konzentration c_1 und dem Volumen V_1 ist die Masse des gelösten Stoffes

$$m = c_1 \cdot V_1$$

Wird die Lösung mit reinem Wasser verdünnt, so nimmt das Volumen auf V_2 zu, während die darin gelöste Masse des Stoffes unverändert bleibt. Die neue Konzentration c_2 ergibt sich zu:

$$c_2 = \frac{m}{V_2} = \frac{c_1 \cdot V_1}{V_2}$$

Übungsbeispiel 3.3: 180 ml einer Kochsalzlösung der Konzentration 120 g/l soll mit Wasser auf eine Konzentration von 30 g/l verdünnt werden. Wieviel Wasser ist zuzugeben?

Lösung:

$$V_2 = \frac{c_1 \cdot V_1}{c_2}$$

Aus obiger Gleichung folgt durch Umformung:

$$V_2 = \frac{120\,g/l \cdot 180\,ml}{30\,g/l} = 720\,ml \qquad V_2 - V_1 = 720\,ml - 180\,ml = 540\,ml$$

Es müssen **540 ml** Wasser zugegeben werden.

e) Dichtebestimmungen

Zur praktischen Ermittlung von Konzentrationen dienen Dichtemessungen. Unter der Dichte ρ versteht man das Verhältnis von der Masse m zum Volumen V einer Flüssigkeit, gemessen in kg/m^3 oder gebräuchlicher in g/cm^3:

$$\rho = \frac{m}{V}$$

Man kann die Dichte einer Flüssigkeit am einfachsten mit einem **Pyknometer** (pyknotes, gr. = Dichte, Dichtigkeit) oder mit einem **Aräometer** (araios, gr. = dünn, schmal) bestimmen. Ein Pyknometer ist ein volumengeeichtes Glasgefäß, indem man die Flüssigkeit bei einer bestimmten Temperatur wiegt. Einfacher ist es, eine Flüssigkeit zu „Spindeln", man versteht hierunter das Messen der Dichte durch Eintauchen eines Aräometers, einer sogenannten Spindel oder Senkwaage. Die Eintauchtiefe einer solchen Vorrichtung, abgelesen an dem herausragenden schmalen Stab, ist ein Maß für die Dichte der Flüssigkeit. Damit kann man z.B. die Dichte der Schwefelsäure zur Ermittlung des Ladungszustands in einem Bleiakku bestimmen (siehe Abschnitt 10.3.2a).

3.5.2   Diffusion und Osmose

Die Wärmebewegung der Moleküle führt zu einer gleichmäßigen Durchmischung einer Flüssigkeit, dabei werden anfängliche Konzentrationsunterschiede ausgeglichen. Wenn man eine Lösung vorsichtig mit dem Lösungsmittel überschichtet, verteilt sich allmählich der gelöste Stoff im gesamten Volumen der Flüssigkeit. Man bezeichnet diesen Vorgang wie bei den Gasen als **Diffusion**.

Bei der **Osmose** (osmos, gr. = das Eindringen) wird die Ausbreitung des gelösten Stoffes durch eine sogenannte **semipermeable** (= halbdurchlässige) **Membran** behindert. Diese Membran ist für den gelösten Stoff undurchlässig ist, läßt jedoch die wesentlich kleineren Moleküle des Lösungsmittels passieren. Hierbei wird ein Ausgleich der Konzentrationsunterschiede in der Flüssigkeit nur dann stattfinden können, wenn das Lösungsmittel durch die Membran in die Lösung eindiffundiert. Dieses Phänomen kann man sich mit der in Abb. 3.3 dargestellten Versuchsanordnung veranschaulichen. Die Lösung ist hierbei vom reinen Lösungsmittel durch eine bewegliche Membransperre abgetrennt. Wenn das Lösungsmittel durch die Membran in die Lösung eindiffundiert wird die bewegliche Membran solange den Raum der Lösung vergrößert, bis die verdünnte Lösung schließlich das gesamte Flüssigkeitsvolumen eingenommen hat. Hält man die bewegliche Membran fest wird durch das Hereindiffundieren des Lösungsmittels allmählich ein Überdruck erzeugt, der dem Verdünnungsbestreben entgegenwirkt. Man bezeichnet den durch die gelösten Teilchen verursachten Druck als **osmotischen Druck**. Die gelösten Teilchen verhalten sich in der Lösung so, als erfüllten sie gasförmig das Volumen der gesamten Lösung gleichmäßig; nur ist bei Gasen der Raum zwischen den Molekülen leer, während bei der Lösung dieser Zwischenraum durch die Moleküle des Lösungsmittels ausgefüllt ist.

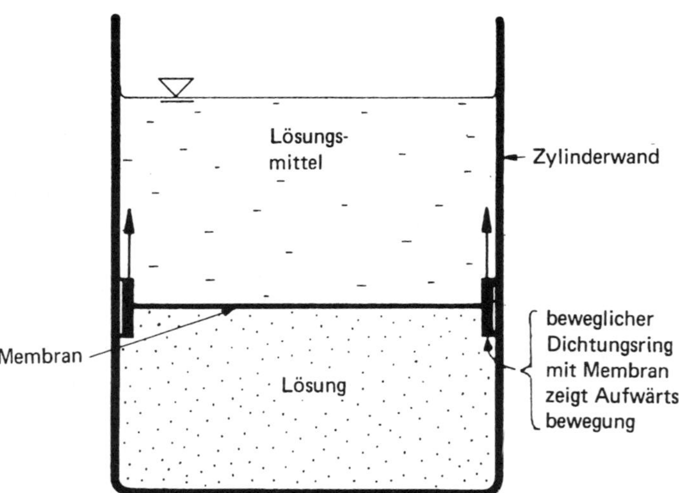

Abb. 3.3. Das Phänomen der Osmose

Die Analogie zwischen dem gelösten Stoff und einem idealen Gas zeigt sich auch in der folgenden Gleichung. Die Gleichung heißt auch **van't Hoff-Gleichung** (Jacobus Hendricus van't Hoff 1852–1911):

$$\pi \cdot V = n \cdot R \cdot T$$

π = osmotischer Druck
V = Volumen der Lösung
n = Anzahl der Mol des gelösten Stoffes
T = Temperatur in Kelvin
R = Gaskonstante (siehe Abschnitt 3.1.1).

Es ist deshalb nicht verwunderlich, daß eine Konzentration von 1 Mol des gelösten Stoffes in 22,4 Liter des Lösungsmittels gerade einen osmotischen Druck von 1,01325 bar (= 1 atm) bei 0 °C besitzt (siehe hierzu 3.1.1c).

Den osmotischen Druck kann man in einer sogenannten **Pfefferschen Zelle** (Wilhelm Pfeffer, 1845–1920), einem porösen Tonzylinder, in welchem sich eine semipermeable Membran befindet, mit Hilfe eines Manometers messen.

Das Meßprinzip für den osmotischen Druck soll mit einer vereinfachten Versuchsanordnung, wie sie in Abb. 3.4 angegeben ist, verdeutlicht werden. Es wird infolge der Verdünnungstendenz solange das Lösungsmittel durch die semipermeable Membran in die Lösung eindiffundieren können, bis der im Steigrohr aufsteigende Flüssigkeitsspiegel mit seinem immer größer werdenden hydrostatischen Druck[4] sich mit dem entgegengesetzt wirkenden osmotischen Druck gerade die Waage hält. In diesem Falle wird sich ein Gleichgewicht einstellen, indem genau so viele Lösungsmittelmoleküle aus der Lösung hinausdiffundieren, wie Moleküle in die Lösung hineingelangen. Erhöht man dagegen den Druck im Steigrohr z.B. durch Hineingießen von Lösungsmittel und damit durch Anheben des Flüssigkeitsspiegels im Rohr (höherer hydrostatischer Druck), so werden solange Lösungsmittelmoleküle durch die semipermeable Membran aus der Lösung hinausgedrängt, bis der hydrostatische Druck wieder genauso groß ist wie der osmotische Druck, bis also das Gleichgewicht, diesmal von der anderen Seite her, sich auf den genau gleichen Stand wie vorher eingestellt hat. Man bezeichnet letzteren Vorgang als **umgekehrte Osmose** und nutzt diese Gesetzmäßigkeit (einer solchen „Hyperfiltration") aus zur Meereswasserentsalzung (Hindurchdrücken des salzfreien oder wenigstens salzarmen Wassers mittels hoher Drücke durch semipermeable Wände), und auch zur Behandlung von Abwässern (siehe Abschnitt 13.2.5d); das Verfahren ist ferner geeignet für die Herstellung von entsalztem Wasser im Labor.

Die Osmose spielt auch bei den lebenden Zellen in Pflanzen und Tieren eine wichtige Rolle. So sind beispielsweise rote Blutkörperchen Zellen mit semipereablen Wänden. Werden sie in reines Wasser gebracht, dringen Wassermoleküle in die Zelle ein und bringen sie zum Platzen. Deshalb müssen Infusionen (z.B. bei intravenöser Ernährung)

---

[4] Der hydrostatische Druck ist gleich der Dichte der Flüssigkeit mal dem Niveauunterschied zwischen dem Flüssigkeitsspiegel im Steigrohr und dem Flüssigkeitsspiegel außerhalb der Zelle.

den gleichen osmotischen Druck aufweisen wie das Blut; sie werden auch **isotonische Lösungen** genannt.

Man hat festgestellt, daß der osmotische Druck nur abhängig ist von der Teilchenzahl, nicht aber von der Teilchenart oder von der Teilchengröße des gelösten Stoffes (Ähnlichkeit mit dem Gesetz von Avogadro, siehe 3.1.1c). Der osmotische Druck kann, weil man mit ihm die Anzahl der Teilchen in einer Lösung experimentell ermittelt, zur Bestimmung der relativen Molekülmasse von gelösten Stoffen verwendet werden.

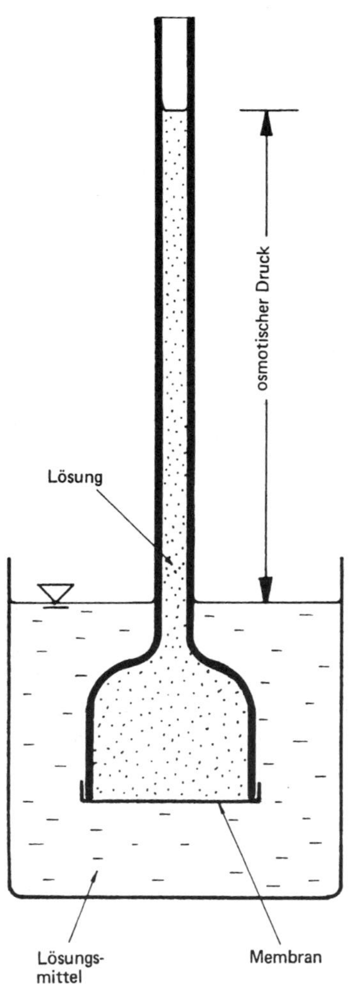

Abb. 3.4. Der osmotische Druck

Übungsbeispiel 3.4: Berechnung des osmotischen Drucks von Meerwasser (Massenkonzentration an NaCl: c_{NaCl} = 30g/l; T = 25 °C).

Lösung:
Nach der **van´t Hoff-Gleichung** gilt:

$$\pi = \frac{n}{V} \cdot R \cdot T; \quad mit \ \frac{n}{V} = Stoffmengenkonzentration$$

a) Umrechnung der Massenkonzentration von NaCl in eine Stoffmengenkonzentration:
Molare Masse von NaCl = 58,5 g/mol.
30 g/l entsprechen 30/58,5 mol/l = 0,513 mol/l.

b) Berücksichtigung der Teilchenzahl der gelösten Ionen:
1 mol NaCl ergeben 2 mol gelöster Ionen (1 mol Na^+-Ionen und 1 mol Cl^--Ionen)
$\rightarrow$ Teilchenmenge 2 mol
0,513 mol/l Nacl-Lösung besitzt also eine *Teilchenkonzentration* von 1,026 mol/l.

Mit obiger Gleichung ergibt sich:

$$\pi = 1{,}026 \cdot 10^3 \ \frac{mol}{m^3} \cdot 8{,}3145 \ J \cdot K^{-1} \cdot mol^{-1} \cdot 298 \ K = 25{,}4 \cdot 10^5 \ \frac{N}{m^2} = 25{,}4 \ bar$$

Es ergibt sich ein osmotischer Druck von **25,4 bar**. Dies ist der Mindestdruck der zur Meerwasserentsalzung mittels Umkehrosmose aufgebracht werden muß.

3.5.3 Lösungsenthalpie und Entropie

Damit ein fester Stoff sich in einer Flüssigkeit lösen und gleichmäßig verteilen kann, müssen zuerst die Gitterenergien, die die Bestandteile eines festen Stoffes zusammenhalten, überwunden werden. Die hierzu notwendigen Energiebeträge liefert die **Solvationsenthalpie**, auch Solvatationsenthalpie[5] genannt. Ist das Lösungsmittel Wasser, so spricht man von **Hydrationsenthalpie**, bzw. Hydratationsenthalpie. Diese Energiebeträge werden frei, wenn sich die gelösten Teilchen mit den Molekülen des Lösungsmittels durch zwischenmolekulare Wechselwirkungen verbinden.

Besonders groß sind diese Bindungskräfte, wenn Salze in Wasser gelöst werden: Es entstehen sowohl aus den positiven wie aus den negativen Ionen und den Dipolen der Wassermoleküle Ion-Dipol-Wechselwirkung, wie es in Abb. 2.8 anschaulich wiedergegeben wurde. Man bezeichnet diese „hydratisierten" Ionen auch als **Aquakomplexe** und

---

[5] Energieumsätze, die bei *konstantem Druck* ablaufen werden *Enthalpie*änderungen genannt (siehe Abschnitt 4.2). In diesem Buch wird der im anglo-amerikanischen Sprachgebrauch übliche, kürzere Ausdruck Solvation anstelle des in deutschen Lehrbüchern meist verwendeten, schwerfälligeren Wortes Solvatation verwendet. Ähnliches gilt für das Wort Hydration anstelle von Hydratation.

kann dies durch ein unten rechts an der Ionenformel stehendes aq (Abkürzung für aqua, lat. = Wasser) kennzeichnen. Eine tiefergehende Deutung dieser Bindungen wird im Abschnitt 5.4 über Komplexverbindungen gegeben.

Beispiel für Aquakomplexe: $Na^+_{(aq)}$ und $Cl^-_{(aq)}$

Überwiegt die Hydrationsenthalpie über die Gitterenergie, so löst sich der Stoff unter Wärmeentwicklung (**exothermer Vorgang**), ist jedoch die Hydrationsenthalpie geringfügig kleiner als die Gitterenergie, so erfolgt die Lösung unter Wärmeverbrauch (**endothermer Vorgang**). Ist die Gitterenergie wesentlich größer als die Hydrationsenthalpie, so gelingt es nur sehr energiereichen Ionen, den Gitterverband des Ionenkristalls zu verlassen und in Lösung zu gehen. Das Salz ist dann schwerlöslich, die Ionenkonzentration in der Lösung bleibt stets gering, denn es werden umgekehrt auch wieder energieärmere gelöste Ionen, wenn sie in die Nähe eines Ionenkristalls gelangen, von diesem eingefangen und somit wieder aus der Lösung entfernt. Über schwer löslichen Kristallen bleibt die Konzentration der Ionen in der Lösung konstant, denn es gehen im Durchschnitt immer so viele Ionen in Lösung, wie Ionen sich wieder auf dem Kristall abscheiden.

Die Tab. 3.5 enthält drei typische Beispiele für die eben erwähnten Reaktionsmöglichkeiten verschiedener Salze mit dem Dipol Wasser. Anhand dieser Beispiele wollen wir der Frage nachgehen, welche Triebkräfte für den Ablauf von Lösungsvorgängen (oder verallgemeinert von chemischen Reaktionen überhaupt) verantwortlich sind.

Tab. 3.5. Berechnung der Lösungswärme beim Lösen von Salzen in Wasser

Salz	Gitterenergie [kJ/mol]	Hydrationsenergie [kJ/mol]	Lösungswärme [kJ/mol]	Lösungsvorgang
KCl	703	690	+13	endotherm
AgCl	874	845	+29	schwerlöslich
$CaCl_2$	2148	2330	-182	exotherm

Wir beobachten allgemein, daß Vorgänge in der Natur nur dann freiwillig ablaufen, wenn sie durch Energieabgabe erfolgen können, d.h. wenn der Energieinhalt nach dem Vorgang einen tieferen Wert als zuvor einnehmen kann. So fällt ein Stein zu Boden, weil er damit die tiefstmögliche Lage potentieller Energie erreichen kann. Der umgekehrte Vorgang, daß nämlich ein Stein von selbst, d.h. freiwillig, z.B. durch Aufnahme von Wärmeenergie aus der Umgebung (Abkühlung der Unterlage) sich in die Höhe hebt, wird niemals eintreffen.

Man sollte nach diesen grundsätzlichen Überlegungen erwarten, daß chemische Reaktionen nur dann freiwillig ablaufen, wenn dabei Energie freigesetzt werden kann, wenn also die Produkte nach der Reaktion infolge von Energieabgabe durch einen exothermen Vorgang ein tieferes Energieniveau einnehmen können (**Prinzip vom Energieminimum**). Es erscheint deswegen verständlich, daß sich das Salz Calciumchlorid $CaCl_2$ unter exothermer Reaktion in Wasser löst und daß das Salz Silberchlorid AgCl keine nennenswerte Löslichkeit in Wasser aufweist, ja daß wegen des Überwiegens der Gitterenergie über die Hydrationsenthalpie sogar aus wäßriger Lösung festes AgCl ausfällt, sobald man zu einer Lösung, die Silberionen enthält, Chloridionen hinzugibt, entsprechend folgender Reaktionsgleichung:

$$Ag^+ + Cl^- \rightarrow AgCl\downarrow$$

Denn diese in umgekehrter Richtung zum Auflösevorgang verlaufende Reaktion ist exotherm, weil die Gitterenergie bei der Zusammenlagerung von Silber- und Chloridionen frei wird und dabei nur der kleinere Betrag zur Entfernung der Aquakomplexe von den Ionen (entsprechend dem Wert für die Hydrationsenthalpie) aufgewendet werden muß. Es resultiert dann also ein exothermer Gesamtvorgang beim Ausfällen von schwerlöslichem AgCl aus einer Lösung nach obiger Reaktionsgleichung. Nähere Einzelheiten und Gesetzmäßigkeiten beim Zustandekommen schwerlöslicher Verbindungen werden in Abschnitt 5.3 ausführlich behandelt.

Wenn sich das Salz Kaliumchlorid KCl unter Abkühlung, also unter Energieverbrauch freiwillig in Wasser löst, ist dies ein Hinweis, daß neben dem Prinzip vom Energieminimum noch ein anderer Effekt am Lösevorgang beteiligt sein muß: Es ist die Tendenz, daß die Moleküle und Ionen infolge ihrer ständigen Wärmebewegung eine intensive Durchmischung, eine möglichst gleichmäßige Zerstreuung aller Materieteilchen, einen Zustand möglichst geringer molekularer Ordnung herbeizuführen suchen. Ein Maß für den „Unordnungsgrad" ist die **Entropie** (entrepein, gr. = sich nach etwas hinwenden) Die Entropie bezeichnet einen Vorgang, der freiwillig nur in einer Richtung abläuft, und zwar „hingewendet" zu einem Zustand größerer Unordnung.

Lösevorgänge, allgemeiner gesprochen alle chemischen Reaktionen, verlaufen so, daß sie sowohl einem Energieminimum als auch einem Maximum an Entropie zustreben.

Erst die Verknüpfung der Enthalpie und der Entropie miteinander ermöglicht eine Aussage darüber zu machen, ob ein Vorgang freiwillig, von selbst ablaufen kann, in unserem Beispiel, ob sich ein Salz in Wasser löst. Es gilt der von Josiah Willard Gibbs um 1875 gefundene Zusammenhang von Enthalpie ΔH und Entropie ΔS in der sogenannten **Gibbssche Gleichung**:

$$\Delta G = \Delta H - T \cdot \Delta S$$

ΔH ist die bei einer chemischen Reaktion meßbare Enthalpieänderung (siehe Abschnitt 4.2), gemessen in [kJ]; ΔS ist die Entropieänderung bei einer chemischen Reaktion, gemessen in [kJ/K], T ist die Temperatur in Kelvin, das Glied $T \cdot \Delta S$ hat also die Dimension einer Energie, es ist die durch eine ungeordnete Wärmebewegung der Moleküle bei einer chemischen Reaktion gebundene Energie. ΔG wird als Änderung der **freien Enthalpie** bezeichnet, sie ist bei freiwillig ablaufenden Vorgängen stets negativ. Man kann die freie Enthalpie ΔG deuten als das Vermögen eines Systems, Arbeit zu leisten (in unserem Beispiel ist es das System, bestehend aus der festen Ionenverbindung und der Dipolverbindung Wasser). Wenn ein solches System in der Lage ist, Arbeit zu leisten, d.h. Energie abzugeben, wenn also ΔG negativ ist (das System wird um diesen Arbeitsbetrag ΔG ärmer, daher das negative Vorzeichen!), läuft der Vorgang freiwillig ab. Man bezeichnet Vorgänge mit negativem ΔG als **exergonisch** und solche mit positivem ΔG als **endergonisch**, letztere sind Vorgänge, die nicht freiwillig ablaufen können, sondern nur durch Energieaufwand erzwungen werden müssen.

Beim Salz Calciumchlorid $CaCl_2$ (siehe Tab. 3.5) ist der Auflösungsvorgang exotherm, d.h. ΔH ist negativ, außerdem nimmt die Entropie beim Lösevorgang zu *(ΔS = positiv)*, so daß der stark exergonische Vorgang (ΔG = negativ) freiwillig abläuft.

Beim Kaliumchlorid KCl ist der Auflösungsvorgang endotherm (Gitterenergie größer als Hydrationsenergie), also ΔH = positiv, die Zunahme der Entropie kann aber diesen positiven Wert überkompensieren, so daß ΔG noch negativ ist und die Auflösung von KCl in H_2O freiwillig abläuft.

Beim Salz Silberchlorid AgCl ist die Gitterenergie gegenüber der Hydrationsenergie sehr viel größer (ΔH = stark positiv), der Zuwachs an Entropie durch einen theoretisch angenommenen Lösevorgang könnte jedoch diesen positiven Wert von ΔH nicht ausgleichen, so daß $\Delta G = \Delta H - T \cdot \Delta S$ insgesamt positiv bleibt: Der Vorgang der Auflösung von AgCl in Wasser läuft nicht von selbst ab, diese Ionenverbindung löst sich nicht in Wasser. Der umgekehrte Vorgang, die Vereinigung von Silber mit Chloridionen zu schwerlöslichem Silberchlorid läuft hingegen beim Zusammenfügen von Lösungen mit diesen beiden Ionenarten freiwillig ab.

Die Änderung der freien Enthalpie ΔG kann man auffassen als den Teilbetrag der Energie, der bei einer chemischen Reaktion Arbeit zu leisten vermag, d. h., es ist der Teil der Energie, der in eine andere Energieform überführt werden kann, nämlich dann, wenn ein System durch eine chemische Reaktion in einen (um diesen Betrag) energieärmeren Zustand übergeht.

Das, was hier am Lösevorgang von Ionenverbindungen in Wasser verdeutlicht wurde, gilt allgemein für alle chemischen Reaktionen. Man kann grundsätzlich festhalten: Eine chemische Reaktion kann dann freiwillig ablaufen (falls sie nicht durch Energiebarrieren daran gehindert wird, siehe hierzu die Anmerkungen zur Aktivierungsenergie im Abschnitt 4.2), wenn dabei die nach der Formel $\Delta G = \Delta H - T \cdot \Delta S$ feststellbare Änderung der freien Enthalpie exergonisch ist, wenn also ΔG negativ ist, wenn die Endprodukte energieärmer als die Ausgangsstoffe sind. Formen wir die Gibbsche Gleichung in folgender Weise um:

$$\Delta H \; = \; \Delta G \; + \; T \cdot \Delta S$$

so kann man erkennen, daß die bei einer chemischen Reaktion zu beobachtende Reaktionswärme ΔH sich zusammensetzt aus der freien, in eine andere Energieform umwandelbare Enthalpie ΔG und aus der als Entropie gebundenen Energie $T \cdot \Delta S$

In Kraftwerken kann von der dort freigesetzten Reaktionswärme nur die freie Enthalpie in elektrische Energie überführt werden, während die Entropie der „Abfallwärme" entspricht (siehe auch Abschnitt 3.6.3).

Ist ΔG positiv, die Reaktionsgleichung endergonisch, sind also die Produkte auf der rechten Seite einer chemischen Reaktion, reicher an freier Enthalpie, so läuft nur die entgegengesetzte Reaktion, der Vorgang von rechts nach links freiwillig ab, denn dieser entgegengesetzte Teilvorgang ist dann exergonisch; z.B. bei der Gleichung

$$AgCl \; = \; Ag^+_{(aq)} + Cl^-_{(aq)}$$

Ist die Änderung der freien Enthalpie ΔG für eine chemische Reaktionsgleichung gleich Null, so sind beide Teilreaktionen (von links nach rechts und von rechts nach links) energetisch gleich; es herrscht dann ein **dynamisches Gleichgewicht**. Als Beispiel hierfür kann gelten eine gesättigte Kaliumchloridlösung[6] im Gleichgewicht mit einem Bodensatz von nicht mehr löslichem, festem Salz: In einem dynamischen Gleichgewichtszustand werden in einer bestimmten Zeiteinheit im statistischen Mittel genau so viele Ionen den Kristall verlassen, hydratisiert in Lösung gehen, wie umgekehrt sich Ionen aus der Lösung auf dem Kristall niederschlagen.

Freiwillig ablaufende chemische Reaktionen, erzwungene chemische Prozesse und chemische Gleichgewichtslagen sind an wichtigen Vorgängen beteiligt, mit denen ein Ingenieur in seinem Tätigkeitsbereich konfrontiert werden kann. Einige technisch wichtige Beispiele werden ausführlich in Kapitel 5 behandelt.

3.6   Aggregatzustandsänderungen

3.6.1   Das Temperatur-Energie-Diagramm

Führt man einem Stoff Wärmeenergie zu, so steigt die Temperatur an; die Atome, Moleküle oder Ionen in diesem Stoff führen eine immer stärker werdende Eigenbewegung aus, die Entropie nimmt zu. Eine besonders starke Zunahme der Entropie bringen Aggregatzustandsänderungen. Bei diesen wird die gesamte vom Stoff aufgenommene Wärmeenergie verbraucht, um von einem Zustand höherer Ordnung zu einem niederen Ordnungszustand zu gelangen. Während der Aggregatzustandsänderung steigt die Temperatur solange nicht an, bis die gesamte Phase in eine andere umgewandelt ist.

Die zum Schmelzen einer Substanz erforderliche Wärmeenergie heißt Schmelzwärme und wird, da der Schmelzvorgang in der Regel unter konstantem Druck erfolgt, als **Schmelzenthalpie** ΔH_s gemessen. Die Schmelzenthalpie wird dazu verbraucht, daß die kleinsten Masseteilchen den festen Verband des Kristallgitters verlassen und sich mit einer gewissen Bewegungsenergie (Translationsenergie) in der Schmelze bewegen können.

Zum Verdampfen einer Flüssigkeit benötigt man die Verdampfungswärme, die für den Fall, daß die Verdampfung bei einem konstanten Druck erfolgt, als **Verdampfungsenthalpie** ΔH_v bezeichnet wird. Damit eine Flüssigkeit verdampfen kann, müssen die kleinsten Stoffteilchen (Moleküle) die gegenseitigen zwischenmolekularen Anziehungskräfte überwinden. Die Verdampfungsenthalpie ist deswegen meist wesentlich größer als die Schmelzenthalpie. Besonders groß aber ist die Verdampfungsenthalpie beim Ver-

---

[6] Daß die freie Enthalpie offenbar auch von der Konzentration der gelösten Teile abhängt, darf nicht verwundern. Wohl ist die Lösungsenthalpie ΔH von der Konzentration der gelösten Ionen unabhängig, nicht aber die Entropie, denn die Konzentration ist ja auch ein Maß für den unterschiedlichen Ordnungsgrad, also auch für die Entropie. In dem Maße, wie sich Kochsalz im Wasser löst, ändert sich das Entropieglied bis schließlich bei einer gesättigten Lösung der ursprünglich negative ΔG-Wert zu Null wird, also ein Gleichgewicht sich einstellt.

dampfen von Flüssigkeiten, bei welchen Wasserstoffbrücken auftreten (z.B. Wasser). Die Abb. 3.5 zeigt maßstäblich die zum Erwärmen und für die Phasenumwandlungen notwendigen Energiebeträge bei einer Menge von 1 kg der chemischen Verbindung H_2O unter Normdruck, d.h. bei einem Druck von 1,01325 bar (Atmosphärendruck). Bei den waagerechten Kurvenabschnitten werden jeweils zwei Phasen ineinander umgewandelt, und zwar Eis in Wasser, Wasser in Wasserdampf.Durch Energieentzug (Abkühlung) wird exakt der gleiche Weg in umgekehrter Richtung beschritten, also Abkühlung von +200 °C bis auf –100 °C mit zwei Phasenumwandlungen (Dampf in Wasser und Wasser in Eis).

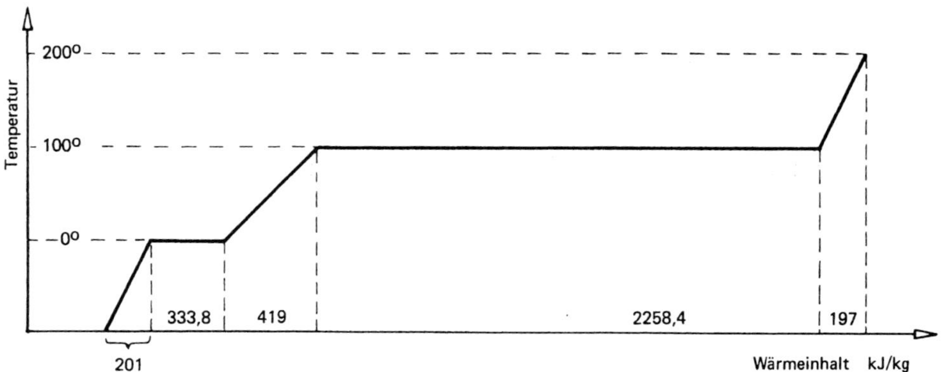

Abb. 3.5. Energie-Temperatur-Diagramm für 1 kg H_2O unter Normdruck

Abb. 3.5 zeigt, daß für je 1 kg H_2O folgende Energiebeträge benötigt werden:
- zur Erwärmung um jeweils 100 °C:
  - von Eis: ca. 201 kJ
  - von Wasser: ca. 419 kJ
  - von Wasserdampf 197 kJ
- zum Schmelzen: 333,8 kJ
- zum Sieden: 2258,4 kJ

3.6.2   Das Phasendiagramm

Über Flüssigkeiten ist ein temperaturabhängiger **Dampfdruck** meßbar (siehe die Erklärung im Abschnitt 3.2); desgleichen kann man über festen Stoffen einen Dampfdruck feststellen, besonders dann, wenn die Temperatur nicht allzu weit unter dem Schmelzpunkt liegt. Die Abhängigkeit des Dampfdrucks von der Temperatur und die wechselseitigen Beziehungen der einzelnen Phasen eines Stoffes werden in einem **Phasendiagramm** wiedergegeben. Die Abb. 3.6 zeigt das Phasendiagramm der Verbindung H_2O.

Im Phasendiagramm sind längs der eingezeichneten Linien jeweils zwei Phasen nebeneinander beständig, und zwar unter den Bedingungen von Druck und Temperatur, die durch die Koordinatenwerte angegeben werden.

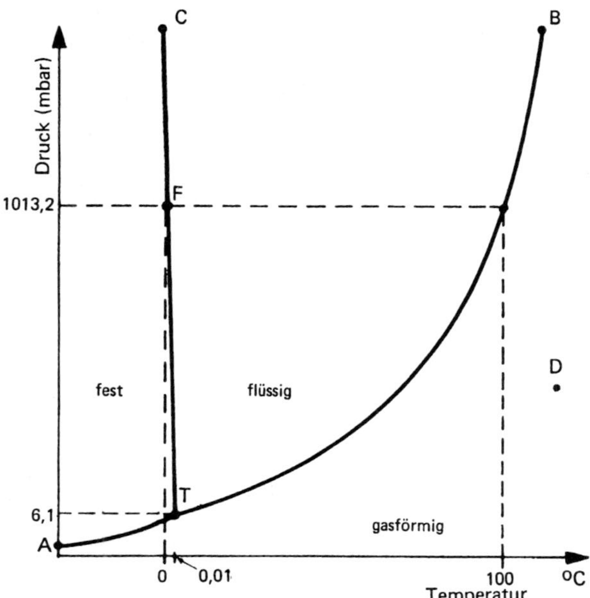

Abb. 3.6. Das Phasendiagramm der Verbindung H_2O

Der Kurvenabschnitt AT gibt die Temperatur- und Druckwerte des Dampfes über Eis an; es ist die sogenannte **Sublimationskurve**. Unter Sublimation (sublimare, lat. = emporheben) versteht man den Übergang eines festen Stoffes unter Umgehung der flüssigen Phase unmittelbar in den gasförmigen Zustand. Man gebraucht den Vorgang der Sublimation, um verschiedene Stoffe (z.B. Iod, siehe Abschnitt 6.3.1) zu reinigen. Eine besonders interessante Anwendung der Sublimation ist die „Gefriertrocknung", wo in einem schonenden Verfahren medizinische Präparate oder auch Lebens- und Genußmittel entwässert werden. Bei der Gefriertrocknung wird das Eis bei Temperaturen von –20 °C bis zu –60 °C im Vakuum bei etwa 10^{-4} bis 10^{-5} Torr aus dem Produkt herausublimiert.

Den Kurvenabschnitt TB nennt man die **Dampfdruckkurve** der Flüssigkeit oder auch die **Siedekurve**. Sie zeigt den Dampfdruck über der wäßrigen Phase in Abhängigkeit von der Temperatur an. Wenn der äußere Druck bei einer bestimmten Temperatur auf den zugehörigen, aus der Siedekurve ersichtlichen Wert abgesenkt wird, siedet die Flüssigkeit (über den Vorgang des Siedens siehe Abschnitt 3.2).

Zum Verdampfen und Sieden einer Flüssigkeit ist die Verdampfungsenthalpie notwendig. Wird diese Energie nicht von außen zugeführt und sorgt man durch ständiges Absaugen des Wasserdampfes für ein weiteres Sieden des Wassers, so wird dem Wasser die Verdampfungswärme entzogen: die Temperatur sinkt dann entlang der Siedekurve in dem Maße, wie der Dampfdruck durch den Absaugvorgang erniedrigt wird.

Das bedeutet, solange zwei Phasen vorhanden sind (Wasser und Wasserdampf), wird sich durch die Vorgabe des Druckes die Temperatur (Siedetemperatur) einstellen. Legt man andererseits die Siedetemperatur fest, so erhält man dabei immer den eindeutig bestimmten, dazugehörigen Druckwert.

Man hat also nur eine einzige Möglichkeit, eine der beiden Zustandsvariablen festzulegen, die andere wird sich dann nach der vorgegebenen einstellen, wird durch sie eindeutig bestimmt sein, das bedeutet, es besteht nur eine „Freiheit", die Zustandsvariablen zu verändern, wie es auch aus der im folgenden beschriebenen **Gibbsschen Phasenregel** hervorgeht. Diese lautet:

Zahl der Phasen + Zahl der Freiheiten = Zahl der Bestandteile + 2

abgekürzt:

$$P + F = B + 2$$

Dies soll an einigen Beispielen erläutert werden.

a) Einkomponentensysteme

Beim Zustandsdiagramm der Abb. 3.6 liegt nur ein Bestandteil vor *(B* = 1), nämlich die chemische Verbindung H_2O; es ist dann $P + F = 3$; daraus ergeben sich für das Phasendiagramm der Abb. 3.6 die folgenden charakteristischen Bedingungen:

1) Tripelpunkt und Schmelzkurve

Im „Tripelpunkt" T liegen drei Phasen nebeneinander vor, nämlich Eis, Wasser und Wasserdampf, folglich besteht keine Freiheit ($F = 0$), denn gemäß der Gibbsschen Phasenregel ist $3 + 0 = 3$. Der Tripelpunkt ist also nach Druck und Temperatur eindeutig bestimmt, d. h., es gibt nur einen einzigen Punkt im Phasendiagramm, in dem Eis, Wasser und Wasserdampf nebeneinander beständig sind, und zwar beim Wasserdampfdruck von 6,106 mbar (= 4,58 Torr) und einer Temperatur von ca. 0,01 °C. Verändert man die Temperatur nur geringfügig, so verschwindet eine Phase: entweder schmilzt alles Eis, oder es gefriert alles Wasser. Daß Eis unter gewöhnlichen Bedingungen nicht bei 0,01 °C, sondern exakt bei 0 °C schmilzt, bedeutet keinen Widerspruch zu den Aussagen des Phasendiagramms der Abb. 3.6: Denn der Wasserdampfdruck über dem Eis-Wasser-Gemisch beträgt nur 6,106 mbar, man muß in diesem Fall außerdem den erheblichen Luftdruck[7] hinzurechnen, der zusätzlich auf dem Eis-Wasser-Gemisch lastet. Infolge der Einwirkung dieses Druckes verlagert sich der Schmelzpunkt zum Punkt F, zu einer Temperatur von 0 °C.

Erhöht man bei gleichbleibender Temperatur von 0 °C den Druck, z.B. durch Belasten des Eises, so schmilzt das Eis. Im Zustandsdiagramm gelangt man bei 0 °C von der Zweiphasenlinie fest–flüssig in das Einphasengebiet der Flüssigkeit. Grund hierfür ist die schwache Neigung der Linie TC zur linken Seite. Zur Verdeutlichung dieses Sachverhaltes wurde diese Neigung in der Abb. 3.6 stark übertrieben gezeichnet. Man kann also das Eis bei 0 °C allein durch Druckeinwirkung zum Schmelzen bringen. So gelingt

---

[7] Am Gesamtluftdruck sind die einzelnen Luftbestandteile gemäß der Zusammensetzung mit folgenden Teildrücken (Partialdrücken) beteiligt: Wasserdampf ca. 6,1 mbar; Stickstoff ca. 786,5 mbar; Sauerstoff ca. 211,0 mbar; Edelgase ca. 9,4 mbar und Kohlendioxid ca. 0,3 mbar.

es, einen mit Gewichten belasteten Drahtbügel durch ein Stück Eis bei 0 °C „durchwachsen" zu lassen; denn unter dem Drahtbügel schmilzt das belastete Eis, das dabei entstehende Wasser gefriert sofort wieder über dem Drahtbügel und schließt somit wieder den Spalt. Auch das Phänomen des **Gleitens auf Schlittschuhen** liegt daran, daß das Eis durch den Druck unter den schmalen Kufen schmilzt und das Gleiten auf einem dünnen Wasserfilm ermöglicht wird. Die Ursache für diese Erscheinung wird im Abschnitt 7.1.2 näher erläutert. Sie ist eine Folge des Phänomens, daß das Wasser eine größere Dichte als Eis hat, denn beim Zusammendrücken wird der Aggregatzustand begünstigt, der das geringere Volumen benötigt. Ein ähnliches Verhalten wie Wasser zeigen nur außerordentlich wenige Stoffe. Ein derartiger Stoff ist beispielsweise die bei 130 °C schmelzende Legierung aus je einem Teil Blei, Bismut und Zinn, die sich beim Erstarren etwas ausdehnt und wegen dieser Eigenschaft zur Herstellung von Abgüssen (z.B. von Münzen, Holzschnitten usw.) verwendet wird. Außerdem zeigen die Elemente Silicium, Germanium, Gallium, Antimon und Bismut eine Volumenverringerung beim Schmelzen.

In der Regel jedoch hat der feste Stoff („normale" Stoffe) eine größere Dichte als die Schmelze, die Zweiphasenlinie zwischen fest und flüssig ist dann also schwach von links unten nach rechts oben geneigt (siehe z.B. Abb. 7.8 im Abschnitt 7.2.1a). Deshalb kann man meist durch Druckanwendung eine Kristallisation begünstigen. So gelingt es das Edelgas Helium in der Nähe des absoluten Nullpunktes, bei 1,05 K unter einem Druck von ca. 24,7 bar vom flüssigen in den festen Aggregatzustand zu überführen, eine Temperatur, die dem Schmelzpunkt des Heliums entspricht.

2) Einphasengebiet Wasserdampf

In einem Einphasengebiet ($P = 1$), z.B. im Bereich für den Wasserdampf der Abb. 3.6, ist nach der Gibbsschen Phasenregel die Zahl der Freiheiten gleich 2. Man kann also z.B. im Punkt D den Druck und die Temperatur beliebig und unabhängig voneinander ändern, solange man mit den Werten noch innerhalb des Einphasengebiets bleibt.

3) Dampfdruckkurven

Längs der Kurven, wo zwei Phasen nebeneinander beständig sind, hat man dagegen nur eine Freiheit, denn es ist ($P = 2$) + ($F = 1$) = 3. Man kann also in einem Zweiphasenbereich nur eine Zustandsvariable verändern, die andere Zustandsvariable stellt sich dann zwangsläufig auf den durch die Kurve vorgegebenen Wert ein, solange beide Phasen vorhanden sind. Der Kurvenabschnitt TB ist zum Verständnis der Kälteerzeugung (siehe Abschnitt 3.6.3) wichtig; er ist unter anderem von Bedeutung für Trocknungsvorgänge oder für die Erzeugung von Dampf in Dampfkesseln.

Die Siedetemperatur von Wasser beträgt bei 1,01325 bar genau 100 °C. Wenn man den äußeren Druck erhöht muß die Siedetemperatur ansteigen, wie dies beim sogenannten Dampfkochtopf der Fall ist (ca. 115 °C bei 1,69 bar). Hierbei nutzt man die schnellere Garzeit bei der höheren Temperatur aus. Bei geringerem äußeren Druck sinkt die Siedetemperatur (z.B. auf Bergen). So beträgt die Siedetemperatur auf dem Mount Everest nur etwa 71 °C.

Die Dampfdruckkurve endet für H_2O bei 220,9 bar und 374 °C. Dieser Punkt der Dampfdruckkurve wird auch **kritischer Punkt** genannt (mit dem dazugehörigen kritischen Druck P_K und der kritischen Temperatur T_K). Er tritt prinzipiell bei allen Stoffen auf, die Lage des kritischen Punktes ist vom jeweiligen Stoff abhängig. Oberhalb der kritischen Temperatur kann ein Stoff durch Anwendung noch so hoher Drücke nicht mehr verflüssigt werden. Der Bereich oberhalb von P_K und T_K wird auch **überkritisches Zustandsgebiet** genannt. Überkritisches Kohlendioxid dient in der Technik als gutes Lösungsmittel für organische Substanzen. Hiermit wird beispielsweise Koffein aus Kaffee extrahiert (siehe auch Abschnitt 7.2.1a).

b) Mehrkomponentensysteme

Liegen zwei Bestandteile vor, z.B. Kochsalz NaCl und die Verbindung H_2O, so erhöht sich die Zahl der möglichen Freiheiten um jeweils 1, nämlich um die Einflußgröße der Konzentration; denn nach der Gibbsschen Phasenregel ist:

$$P + F = B + 2, \text{ also für } B = 2 \text{ ist dann } P + F = 4$$

Für solche Zweikomponentensysteme ist der sogenannte **Quadrupelpunkt** von besonderer Bedeutung; bei ihm sind vier Phasen nebeneinander beständig, nämlich die beiden festen Phasen Eis und Kochsalz, als flüssige Phase eine Kochsalzlösung und als gasförmige Phase der Wasserdampf über dem Gemisch. Nach der Gibbsschen Phasenregel ist dort die Zahl der Freiheiten gleich Null:

$$(P = 4) + (F = 0) = 4;$$

Dies bedeutet man kann keine der Einflußgrößen (Wasserdampfdruck, Temperatur oder Salzkonzentration in der Lösung) variieren, ohne dabei eine Phase zum Verschwinden zu bringen. Der Quadrupelpunkt ist also eindeutig bestimmt durch Wasserdampfdruck, Temperatur und Salzkonzentration.

Man kann diese Gesetzmäßigkeit zur Herstellung von **Kältegemischen** mit konstant bleibender Temperatur ausnutzen: Solange noch die festen Phasen Eis und Kochsalz zugegen sind, bleibt die Temperatur des Kältegemisches konstant auf -21,2 °C, vorausgesetzt, man sorgt z.B. durch Rühren dafür, daß die Salzkonzentration der Lösung stets konstant bleibt. Eine andere häufig verwendete Kältemischung ist Eis + Calciumchlorid ($CaCl_2$) mit einer konstanten Temperatur von -55 °C.

3.6.3   Das Prinzip der Kälteerzeugung

Technisch nutzbare Kälte erhält man beim Verdampfen von Kältemitteln. Bringt man nämlich solche Flüssigkeiten ohne Energiezufuhr, nur durch Vermindern des Druckes zum Sieden, so wird die Verdampfungsenthalpie dem Kältemittel entzogen; einer Flüssigkeit Wärme entziehen, bedeutet aber, sie abkühlen: Es sinkt die Temperatur beim Vermindern des Druckes entlang der Dampfdruckkurve (das entspricht der Linie TB im Phasendiagramm für die Verbindung H_2O, Abb. 3.6).

Zur **Kälteerzeugung** mit Kältemaschinen nutzt man den Abkühleffekt beim Verdampfen einer Flüssigkeit (des Kältemittels). Wasser hat zwar eine sehr hohe Verdamp-

fungsenthalpie von 2258,4 kJ pro kg, ist aber zur Verwendung in Kältemaschinen unge-
eignet, da es bei 0 °C fest wird. Die heute gebräuchlichsten Kältemittel haben zwar eine
geringere Verdampfungsenthalpie als das Wasser, werden aber erst bei sehr tiefen Temperaturen fest. Diese Kältemittel sind unter normalen Bedingungen (20°C, 1 bar) meist
Gase; sie lassen sich jedoch durch Druckanwendung bei gewöhnlicher Temperatur leicht
zu Flüssigkeiten kondensieren.

Die Schmelz- und Siedepunkte unter Normdruck (= 1,01325 bar) sowie die Verdampfungsenthalpien von einigen bisher gebräuchlichen Kältemittel und von Ersatzpro-
dukten enthält die Tab. 3.6. Auf die chemische Zusammensetzung und die mit der Verwendung verbundenen Probleme wird in den Abschnitten 7.1.5. (Ammoniak) und 8.2.3
bis 8.2.5 (Frigene) näher eingegangen.

Tab. 3.6. Wichtige Kältemittel

Kältemittel	Formel	Symbol[*]	Schmelzpunkt [°C]	Siedepunkt bei 1 bar [°C]	Verdamp-fungswärme bei 1 bar [kJ/kg]	Anwendung im Temp.-Bereich [°C]
Wasser	H_2O	R 718	0	+100	2258	über 0
Ammoniak	NH_3	R 717	-77,9	-33,3	1368	-65 bis +10
Dichlordiflu-or-methan	CCl_2F_2	R 12	-158	-30	167	-50 bis +20
Chlortrifluor-methan	$CClF_3$	R 13	-181	-81,5	150	-100 bis -60
Chlordifluor-methan	$CHClF_2$	R 22	-160	-40,8	234	-70 bis +20
1,1,1,2-Tetrafluor-ethan	$CH_2F\text{-}CF_3$	R 134a	-101	-26,5	215	-10 bis +10
Propan	C_3H_8	R 290	-190	-42	458	-100 bis -42
Isobutan[*] (Methylpro-pan)	C_4H_{10}	R 600a	-159,6	-11,9	367	-50 bis -12

*) Die Bezeichnung ist nicht systematisch wird aber häufig verwendet.

Ammoniak besitzt eine hohe Verdampfungswärme, denn die Ammoniakmoleküle verlieren beim Verdampfen viel kinetische Energie, weil die Wasserstoffbrücken-
Wechselwirkungen des flüssigen Zustands überwunden werden müssen. Wegen der
hohen Verdampfungsenthalpie verwendet man Ammoniak trotz der nicht gefahrlosen
Handhabung (giftig, mit 15,5-28 Vol-% in Luft explosibel) hauptsächlich in Großkältemaschinen.

Für kleinere Anlagen (z. B. auch für Haushaltskühlschränke) wurden bisher **Fluorchlorkohlenwasserstoffe** (FCKW) verwendet, die mit ihrer geringen Kälteleistung sogar eine bessere Regulierung ermöglichten (siehe Tab. 3.6). Diese haben aber zwei
Nachteile: sie zerstören die Ozon-Schutzschicht in der Stratosphäre und tragen als
langlebige „Spurengase" zum „Treibhauseffekt" bei, so daß diese Stoffe durch alternative Kältemittel ersetzt werden (siehe Abschnitt 8.2.4). Kältemittel, ohne Ozonabbaupo-

tential sind z.B. Fluorkohlenwasserstoffe (FKW) wie etwa R 134a oder reine Kohlenwasserstoffe wie R 290.

Erklärung der Bezeichnungen für Kältemittel:
Die gebräuchlichen Bezeichnungen (R 12, R 22, R 114 usw.) geben verschlüsselt die chemische Zusammensetzung wieder. R bedeutet refrigerant (engl. = Kältemittel).

- Bei allen nicht von Kohlenwasserstoffen abgeleiteten Kältemittel (in Tab. 3.6, R 718 und R 717) steht hinter dem Buchstaben R und der Ziffer 7 die Molmasse, also 18 für H_2O und 17 für NH_3.
- Bei den von den Kohlenwasserstoffen abgeleiteten „Frigenen" gibt die letzte Ziffer die Anzahl der Fluoratome im Molekül an; die vorletzte Ziffer zeigt die um 1 erhöhte Anzahl der Wasserstoffatome; die drittletzte Ziffer (wenn sie zu Null wird, wird sie nicht geschrieben) bedeutet die um 1 verminderte Anzahl der Kohlenstoffatome; die restlichen, dann noch verbleibenden Atome in solchen gesättigten Molekülen bestehen aus Chlor (falls nicht ein dahintergestellter Buchstabe ein anderes Element anzeigt, z.B. Brom = B):

R a b c   a = Anzahl der Kohlenstoffatome -1
           b = Anzahl der Wasserstoffatome +1
           c = Anzahl der Fluoratome

Beispiele:

R 22 = $CHClF_2$,
R 114 = $CClF_2$-$CClF_2$
R 13 B 1 = Formel $CBrF_3$.

- Zur Unterscheidung von **isomeren Verbindungen** (siehe Abschnitt 8.1.1c) hängt man an das Kältemittelsysmbol mit zunehmender Molekülasymetrie die kleinen Buchstaben a, b an. Beispielsweise R 134a für CH_2F–CF_3 oder R 142b für CH_3–$CClF_2$.
- Es werden auch Kältemittel-Mischungen mit einheitlichem Siedepunkt verwendet, welche auch als **azeotrope Mischungen** bezeichnet werden.. Sie lassen sich beim Sieden nicht auftrennen und verhalten sich deshalb wie einheitliche Stoffe. Sie tragen Bezeichnungen wie z.B. R 500, R 502 oder MP bzw. HP mit zwei angehängten Ziffern.

Die Arbeitsweise einer Kältemaschine soll am Beispiel einer einstufigen **Kompressionskältemaschine** mit der Funktionsskizze der Abb. 3.7 erklärt werden.

Am Regelventil (3) wird das flüssige Kältemittel beim Durchtritt durch eine enge Öffnung von einem höheren Druck auf einen niederen Druck entspannt, dabei verdampft ein Teil des Kältemittels und entzieht dem Rest der Flüssigkeit die für die Verdampfung notwendige Wärme, dadurch kühlt das Kältemittel spontan ab: es entstehen die tiefen Temperaturen der Kältemaschine. Der Verdampfer (4) stellt einen Wärmeaustauscher dar: wenn man Räume, Lebensmittel oder andere Produkte kühlt, geht dabei Wärme auf das Kältemittel über, wodurch das flüssige Kältemittel bei den dort herrschenden ver-

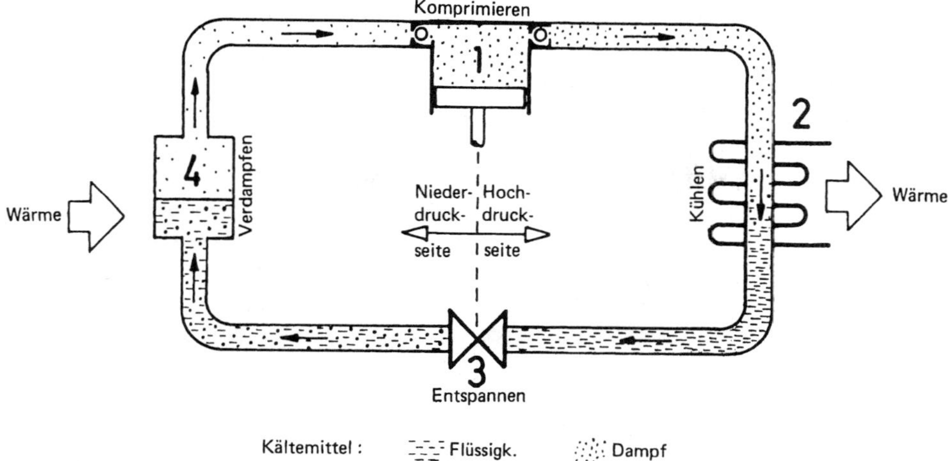

Abb. 3.7. Funktionsprinzip einer Kältemaschine

minderten Drücken siedet. Die aufgenommene Wärme bewirkt also eine Aggregatzustandsänderung, während die Temperatur des Kältemittels sich entsprechend den Druckverhältnissen auf der Niederdruckseite einstellt. Im Kompressor (1) wird das verdampfte Kältemittel auf höhere Drücke komprimiert, dabei entsteht Kompressionswärme.

Dieser zum Joule-Thomson-Effekt entgegengesetzte Vorgang kann zu erheblichen Erwärmungen führen: bei einer einmaligen Kompression der Ammoniakdämpfe von – 20 °C können z. B. Temperaturen von etwa +130 °C entstehen! Diese Kompressionswärme wird durch Kühlung (entweder Wasserkühlung bei größeren Kältemaschinen oder Luftkühlung bei Haushaltskühlschränken) abgeführt; dabei verflüssigt sich das Kältemittel, denn bei den nunmehr tieferen Temperaturen haben die Kältemittelmoleküle geringere Geschwindigkeit (kinetische Energie), so daß sie unter dem Einfluß von zwischenmolekularen Wechselwirkungen (Dipol-Dipol-, van der Waals-Kräfte oder Wasserstoffbrücken) wieder zu Flüssigkeiten kondensieren, womit der Kreislauf geschlossen ist.

Noch tiefere Temperaturen, z.B. -40 bis -50 °C kann man mit einer **zweistufigen Kältemaschine** erreichen. Eine solche besteht aus zwei ineinander bzw. hintereinander geschalteten Kältemittelkreisläufen, aus einer Niederdruck- und einer Hochdruckstufe, wobei die Kompressionswärme der Niederdruckstufe vom Verdampfer der Hochdruckstufe abgeführt wird.

Absorptionskältemaschinen (meist kleine Aggregate mit geringen Kälteleistungen) haben anstelle des Kompressors ein Absorbersystem: Das Kältemittel, z.B. Ammoniak wird in Wasser absorbiert (siehe Abschnitt 7.1.5) und durch Erhitzen aus dem Absorptionsmittel wieder ausgetrieben. Diese Vorgänge entsprechen also dem Ansaugen und dem Ausstoßen des Kältemittels durch einen Kompressor. Sie haben den Vorteil keine beweglichen Teile wie beim Kompressor zu besitzen; nachteilig ist der geringerer Wirkungsgrad. Daher werden Absorptionskältemaschinen hauptsächlich in Kleinkältemaschinen verwendet.

Nach dem Prinzip der Kältemaschine arbeitet auch die **Wärmepumpe**, nur verfolgt man mit dieser, wie der Name sagt, einen anderen Zweck, nämlich Wärmeenergie von einem tieferen Niveau (z.B. Umgebungswärmequelle, wie Wasser, Erdreich oder Abfallwärme von industriellen Prozessen) auf ein höheres, auf ein technisch nutzbares Niveau hinaufzupumpen. Man bringt diese Abfallwärme auf der Verdampferseite (entsprechend bei 4 in der Abb. 3.7) in die Wärmepumpe ein und gewinnt die nutzbare Wärme auf der Kompressionsseite (bei 2 in der Abb. 3.7). Hierzu muß man mechanische Kompressionsenergie aufwenden, jedoch kann man bei gut arbeitenden Wärmepumpen etwa den fünffachen Wert dieser zugefügten Kompressionsenergie als Wärmeenergie nutzen, d. h., bis zu 4/5 der nutzbaren Wärmeenergie stammen dann aus der Abfallwärme. Der Einsatz einer Wärmepumpe ist dann besonders vorteilhaft, wenn mit ihr nur eine relativ geringe Temperaturdifferenz überbrückt zu werden braucht, z.B. bei industriellen Eindampfungsanlagen.

In **Kraftwerken** zur Erzeugung elektrischer Energie wird meist nur etwa 40% der hineingesteckten Wärmeenergie in elektrische Energie umgewandelt wird, der Rest geht als sogenannte Abfallwärme bei relativ niederen Temperaturen verloren. Diese Abfallwärme in Kraftwerken wird heute vielfach noch direkt in Flüsse abgeleitet oder aber in Kühltürmen „beseitigt". In „Naßkühltürmen" wird bei der in ihnen stattfindenden Wasserverdunstung die Verdampfungsenthalpie verbraucht und damit ein Kühleffekt erzielt. Nachteilig an dieser Methode ist einmal, daß den Kühltürmen weithin sichtbare weiße Dampfwolken entweichen; diese entstehen durch Abkühlung und damit durch Kondensation der entweichenden wasserdampfreichen, erwärmten Luft, einen Nachteil, den man durch Trockenkühltürme (mit allerdings wesentlich geringerem Wirkungsgrad) zu umgehen versucht. Der weitaus gravierendere Nachteil hingegen ist, daß der größere Teil der aufgebrachten Wärmeenergie nutzlos vertan wird, eine Verschwendung, die auf lange Sicht hin wegen der begrenzten Vorräte der Erde insbesondere an fossilen Brennstoffen nicht zu verantworten ist. Eine sehr sinnvolle Nutzung der Restwärme für Heizzwecke bringt die sogenannte **Kraft-Wärme-Kopplung** (KWK). Dies kann zum einen in Heizkraftwerken geschehen, wobei ein Wärmeträgermedium erwärmt wird, welches dann als **Fernwärme** den Verbrauchern zugeführt wird. Eine weitere Möglichkeit sind die sogenannten **Blockheizkraftwerke** (BHKW), welche hauptsächlich als kleine Kraftwerke zur dezentralen Energieversorgung eingesetzt werden. Bei diesen treiben Verbrennungsmotoren Generatoren zur Stromerzeugung an, wobei die Abwärme teilweise zu Heizzwecken genutzt wird. Der Gesamtwirkungsgrad (elektrische und thermische Energie) liegt hier bei etwa 85%.

3.6.4   Destillation

Flüssigkeiten können durch Destillation gereinigt werden; d. h., man überführt die Flüssigkeit durch Erhitzen in den dampfförmigen Zustand und kondensiert dann den Dampf durch Abkühlen wieder zu einer Flüssigkeit. So kann man Wasser von allen festen Bestandteilen reinigen, die chemische Reaktionen stören könnten. Deswegen wurde früher im chemischen Laboratorium **destilliertes Wasser** („aqua destillata") verwendet. Heute werden die festen (salzartigen) Bestandteile durch Ionenaustauscher herausgeholt (siehe Abschnitt 5.3.2b); das so erhaltene entmineralisierte oder entsalzte Wasser hat eine dem destillierten Wasser entsprechende Qualität.

Liegt eine Mischung von zwei oder mehreren Flüssigkeiten vor, so kann man mit Hilfe einer **fraktionierten Destillation** eine Trennung oder wenigstens eine Anreicherung der Einzelflüssigkeiten herbeiführen. Dies soll am Beispiel einer idealen Mischung aus den beiden Flüssigkeiten A und B erläutert werden. Ideale Mischung soll bedeuten, daß die Anziehungskräfte zwischen den Molekülen in den beiden reinen Flüssigkeiten A und B etwa genau so groß sind wie die gegenseitigen Anziehungskräfte zwischen den Molekülen in der Mischung. Man erhält dann bei einem konstant bleibenden äußeren Luftdruck das in Abb. 3.8 wiedergegebene **Siedediagramm**. Darin bedeuten T_A die Siedetemperatur des schwerer siedenden Stoffes A und T_B die Siedetemperatur des leichter siedenden Stoffes B, die untere Kurve zeigt die Siedetemperaturen für Gemische mit der jeweils angegebenen Zusammensetzung; der oberen Kurve kann man die Anteile der beiden Komponenten A und B in der Dampfphase bei den entsprechenden Siedetemperaturen entnehmen.

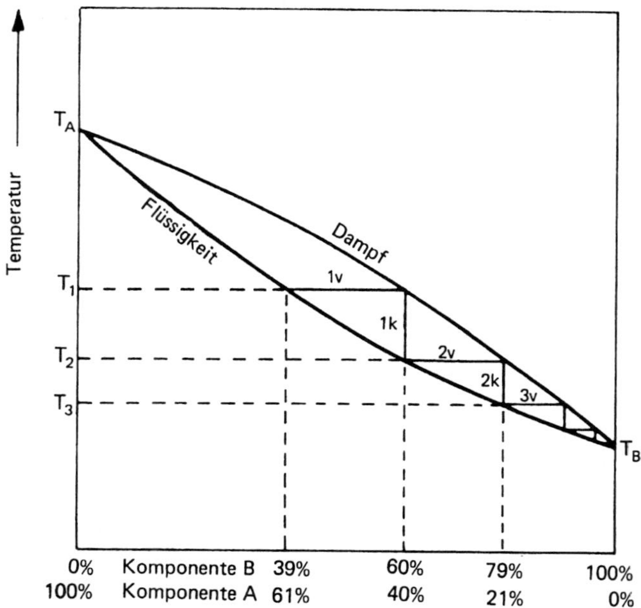

Abb. 3.8. Siedediagramm für ein ideales zweikomponentiges Flüssigkeitsgemisch

Besteht z.B. die Flüssigkeitsmischung aus 39 Mol% der bei der tieferen Temperatur siedenden Komponente B und aus 61 Mol% der höher siedenden Komponente A, so kann man in der Dampfphase eine Anreicherung der Komponente B von 39 auf 60 Mol% feststellen (Kurvenabschnitt 1v). Wird dieser Dampf durch Abkühlen auf die Temperatur T_2 vollständig kondensiert, so ändert sich die Zusammensetzung nicht (Kurvenverlauf von 1k). Bei einer anschließenden erneuten Destillation des Kondensats würde sich die Zusammensetzung und die Temperatur entlang den Kurven 2v (Verdampfung) und 2k (Kondensation) ändern. Nach etwa fünfmaliger Destillation könnte man nach einer stufenweisen Anreicherung schließlich die reine Komponente B erhalten. Beim bevorzugten Entweichen der leichter siedenden Komponente aus der Mischung ändert sich allmählich die Zusammensetzung der Flüssigkeit und damit auch des Dampfes. Man muß dann rechtzeitig die Destillation abbrechen bzw. die Vorlage wechseln, um eine Trennwirkung zu erhalten; der Name fraktionierte Destillation für ein solches Verfahren deutet dies an. Man erreicht durch Wechseln der Vorlage, die der Aufnahme des Destillats dient, im Verlauf der Destillation mit dem Ansteigen des Siedepunktes eine Auftrennung des Destillats in einzelne Fraktionen.

Zur Auftrennung einer Mischung zweier (oder mehrerer) Flüssigkeiten in die reinen Komponenten sind mehrmalige Destillationsvorgänge notwendig. Diese können in sogenannten **Rektifizierkolonnen** mit einem Minimum an Energieaufwand gleichzeitig erfolgen: durch Erhitzen der Flüssigkeit im „Sumpf" treibt man die letzten Reste der leichter siedenden Komponente aus (siehe Abb. 3.9). Die im wesentlichen aus der schwerer siedenden Komponente bestehenden Dämpfe kondensieren beim Durchleiten durch die Flüssigkeitsmischung auf dem ersten Boden. Die bei der Kondensation freiwerdende Wärme läßt die auf diesem Boden befindliche Flüssigkeitsmischung verdampfen, die aufsteigenden Dämpfe kondensieren auf dem zweiten Boden und veranlassen die dort befindliche Flüssigkeit wiederum zur Destillation. In einer solchen Rektifizierkolonne wird eine Flüssigkeitsmischung von unten nach oben immer weiter an der leichter siedenden Komponente angereichert; denn der aufsteigende Dampf hat immer einen höheren Anteil an der leichter siedenden Komponente als die dazugehörige Flüssigkeit. Am „Kopf" der Kolonne kann dann schließlich die reine, leichter siedende Komponente als **Destillat** abgezogen werden. Ein erheblicher Anteil des im oberen Kühler (dem Dephlegmator) kondensierten Dampfes muß als sogenannter **Rücklauf** in die Kolonne zurückgeführt werden, damit sich in der Kolonne ein Verdampfungsgleichgewicht einstellen kann. Durch einen Überlauf fließt ständig Flüssigkeit vom höheren auf den jeweils tieferen Boden; je weiter diese nach unten kommt, desto reicher wird sie an der schwerer siedenden Komponente und desto ärmer an der leichter siedenden Flüssigkeit, bis dann schließlich die schwerer siedende Komponente im Sumpf der Kolonne abgezogen und durch Destillation gereinigt erhalten werden kann. Eine solche Rektifizierkolonne arbeitet dann kontinuierlich, wenn die aufzutrennende Flüssigkeitsmischung in der Mitte der Kolonne eingespeist wird (siehe Abb. 3.9).

Auf den Böden muß eine intensive Berührung des aufsteigenden Dampfes mit der dort befindlichen Flüssigkeit erfolgen können. In nicht allzu großen technischen Anlagen kann man dies durch Siebböden entsprechender Maschenweite erreichen. Größere technische Rektifizierkolonnen mit Böden von einigen Metern Durchmesser leiten die aufsteigenden Dämpfe durch sogenannte **Glockenböden** (siehe Abb. 3.9a und b) in die Flüssigkeit ein. Ein einziger Glockenboden enthält eine große Vielzahl solcher Einzelglocken. In sehr kleinen technischen Kolonnen oder in Laborkolonnen erreicht man eine intensive Berührung des aufsteigenden Dampfes mit der hinuntertropfenden Flüssigkeit an der Oberfläche von verschiedenen Füllkörpern (aus widerstandsfähigem Material, wie Glas, Keramik, Edelstahl usw.), mit denen der gesamte Kolonnenraum angefüllt ist. Sehr häufig verwendet man hierfür sogenannte **Raschig-Ringe** (Freidrich August Raschig, 1863–1928) Raschig-Ringe sind Rohrabschnitte aus Glas, Keramik oder Metall, bei denen Höhe und Durchmesser etwa gleich sind. In anderen Fällen verwendet man z.B. auch Spiralen. Die Trennwirkung solcher als **Füllkörperkolonnen** bezeichneten Apparaturen kann man durch die Anzahl „theoretischer Böden", die den gleichen

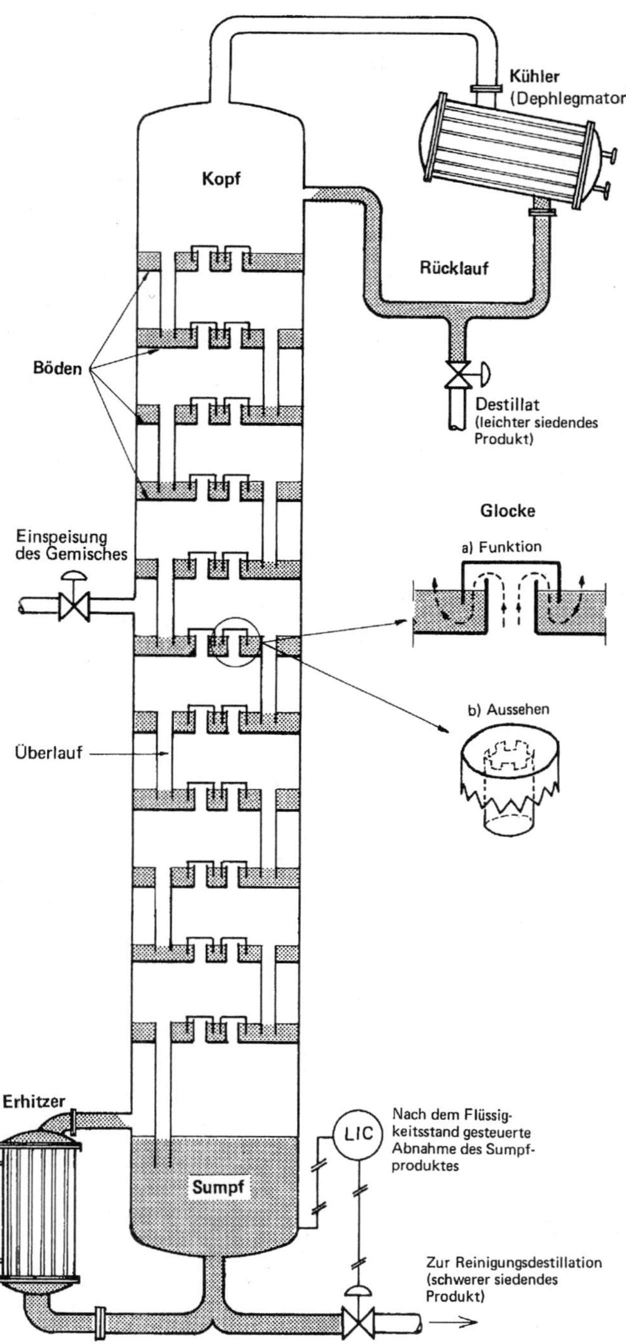

Abb. 3.9. Schema einer Rektifikationskolonne

Trenneffekt hätten, angeben. Wieviel Böden bzw. theoretische Böden eine Kolonne für ein bestimmtes Trennverfahren haben muß, kann man aus dem Siedediagramm und aus der zu erwartenden Durchsatzgeschwindigkeit ermitteln. Besteht zwischen den verschiedenartigen Stoffen eine stärkere oder schwächere Wechselwirkung als sie zwischen den Molekülen der reinen Stoffe vorhanden sind, so haben die Siedediagramme ein andersartiges Aussehen. Trennungen von Mischungen in die reinen Komponenten sind nur dann möglich, wenn die Zusammensetzung in der Dampfphase anders als in der flüssigen Phase bei der gleichen Temperatur ist; eine Trennung ist dann besonders leicht, wenn die Anreicherung einer Komponente in der Dampfphase jeweils besonders groß ist. Zur Ermittlung der notwendigen Bodenzahl verwendet man ein **McCabe-Thiele-Diagramm**, in welchem die Anteile der leichter siedenden Komponente in der Gasphase in Abhängigkeit von der flüssigen Phase aufgetragen ist (siehe dazu z.B. Ullmann "Enzyklopädie der Technische Chemie", Bd.2).

Kontroll- und Übungsfragen zum 3. Kapitel

1) Welche Auswirkungen haben die zwischenmolekularen Wechselwirkungen auf den Aggregatzustand eines Stoffes bei Raumtemperatur?
2) Wann kann man einen Stoff als ideales Gas bezeichnen?
3) Eine Gasflasche mit Sauerstoff hat bei 20 °C einen Druck von 200 bar. Wie groß ist der Druck bei 35 °C? (Annahme: Sauerstoff = ideales Gas)
4) Zum Betrieb eines Personenbusses mit Brennstoffzellen (siehe Abschnitt 10.3.3) sind im Dach sieben mit Wasserstoff gefüllte Hochdruckbehälter angebracht (Volumen jeweils V=150 l, Druck P=300 bar). Wie groß ist die gespeicherte Wasserstoffmenge in kg? (Annahme: Wasserstoff = ideales Gas; T = 25 °C)
5) Was besagt das Gesetz von Avogadro?
6) Welche Einflußgrößen muß man bei einem realen Gas berücksichtigen?
7) Was versteht man unter dem Joule-Thomson-Effekt?
8) Was ist die kritische Temperatur, was der kritische Druck eines Gases?
9) Wodurch unterscheiden sich Flüssigkeiten und Schmelzen von festen Stoffen?
10) Was versteht man unter Anisotropie?
11) Welche Gittertypen hat das kubische Kristallsystem?
12) Was gibt die Gitterenergie eines Ionenkristalls an?
13) Welche Struktur haben amorphe Feststoffe?
14) Was versteht man unter homogenen, was unter heterogenen Mischungen?
15) Wo muß man Raumentlüftungen anbringen, wenn man mit diesen die folgenden Gase oder Dämpfe durch Absaugen aus den Räumen entfernen will:
H_2 (Wasserstoffgas); CH_4 (Methan, Erdgas); Cl_2 (Chlorgas); CO_2 (Kohlendioxid); C_3H_8 (Propan); C_4H_{10} (Butan)?
16) Was sind physikalische Gemenge?
17) Was sind Emulsionen, was Suspensionen?
18) Was sind kolloide Lösungen oder Dispersionen?
19) Woran kann man kolloide Lösungen erkennen?
20) Welche der folgenden Stoffe sollten vermutlich besser in Wasser, welcher besser in Benzin löslich sein: Br_2, CH_4, KCl, HCl, I_2 , NH_3? Begründen Sie Ihre Entscheidung!
21) Erklären Sie folgende Beobachtungen:
a) Ethanol C_2H_5OH ist mit Wasser mischbar, während Pentanol $C_5H_{11}OH$ in Wasser nur noch sehr wenig löslich ist.
b) I_2 löst sich besser in Ethanol, als in Wasser.
22) Was versteht man unter dem Stoffmengengehalt?
23) Was bedeutet die Gehaltsangabe ppm?
24) Welche Massenkonzentration hat eine Kupfersulfatlösung ($CuSO_4$) Lösung mit einer Stoffmengenkonzentration von 1 mol/l?
25) Die Atmosphäre hat einen CO_2-Gehalt von etwa 350 ppm. Wie groß ist die Massenkonzentration in $[mg/m^3]$?
26) Was gibt die Molalität an?
27) 250 ml einer Kochsalzlösung der Konzentration 90 g/l soll auf eine Konzentration von 50 g/l verdünnt werden. Wieviel Wasser ist zuzugeben?
28) Konzentrierte wässrige Salzsäure hat einen Massengehalt von 38% (Dichte: ρ=1,19 g/cm^3). Berechnen Sie a) die Stoffmengenkonzentration und b) die Molalität!

29) Was versteht man unter Diffusion, was unter Osmose? Was ist umgekehrte Osmose (Umkehrosmose)?
30) Wovon hängt der osmotische Druck ab, wovon ist er nicht abhängig?
31) Berechnen Sie jeweils den osmotischen Druck folgender wässriger Lösungen:
    a) 5 g/l Glucose ($C_6H_{12}O_6$)
    b) 5 g/l $CaCl_2$
32) Wie kann man hydratisierte Ionen als Aquakomplexe kennzeichnen?
33) Wodurch ist zur erklären, daß bestimmte Salze beim Lösen in Wasser zur Erwärmung führen, andere zur Temperaturerniedrigung? Warum lösen sich manche Salze nicht in Wasser?
34) Was versteht man unter Entropie?
35) Wann können Naturvorgänge, speziell auch chemische Reaktionen freiwillig ablaufen?
36) Was versteht man unter der *freien Enthalpie* und durch welche Gleichung hängt diese von der Enthalpie und Entropie ab?
37) Was sind exergonische, was endergonische Vorgänge?
38) Was versteht man unter einem dynamischen Gleichgewicht? Wie groß ist bei diesem die Änderung der freien Enthalpie ΔG?
39) Was versteht man unter der Schmelzenthalpie, was gibt die Verdampfungsenthalpie an?
40) Wie bezeichnet man den Übergang eines festen Stoffes unmittelbar in die Gasphase? Was versteht man unter der Gefriertrocknung?
41) Wie lautet die Gibbssche Phasenregel?
42) Wieviel Freiheiten hat man, Zustandsvariablen zu verändern
    a) in einem Einstoffsystem beim Vorliegen von zwei Phasen, von einer Phase
    b) in einem Zwei-Stoffsystem beim Vorliegen von drei Phasen?
43) Erklären Sie das Prinzip eines Dampfkochtopfs!
44) Schmilzt das Eis, gefriert das Wasser oder ändert sich nichts, wenn man ein Zweiphasensystem aus Eis und Wasser bei 0 °C unter hohen Druck setzt?
45) Welche Salz-Eis-Kältemischungen kennen Sie? Welche Temperaturen kann man damit größenordnungsmäßig erzeugen?
46) Welcher Vorgang führt bei der technischen Kälteerzeugung zur Entstehung der gewünschten tiefen Temperaturen?
47) Welches Kältemittel wird in Großkältemaschinen verwendet? Aus welchem Grund? Welche Kältemittel verwendet man in mittleren und kleinen Kältemaschinen?
48) Welche vier Umwandlungsstufen durchläuft das Kältemittel in einer Kompressionskältemaschine?
49) Was bezweckt man mit zweistufigen Kältemaschinen?
50) Wozu verwendet man Wärmepumpen?
51) Welchen Zweck verfolgt man beim Destillieren und welche Vorgänge spielen sich dabei ab?
52) Was ist eine fraktionierte Destillation?
53) Wozu dienen Rektifizierkolonnen?
54) Welche Arten von Böden werden in Kolonnen verwendet?
55) Wodurch kann man die Trennwirkung von Füllkörperkolonnen kennzeichnen?

4 Chemische Reaktionen

Übersicht über die Thematik des 4. Kapitels

In diesem Kapitel werden grundlegende Kenntnisse über chemische Reaktionen vermittelt. Chemische Reaktionsgleichungen bilden die Basis für Stoff- und Energiebilanzen in der Chemie. Die Stoffbilanz wird durch sogenannte stöchiometrische Berechnungen ermittelt, wie anhand von Beispielen gezeigt wird. Die energetischen Vorgänge werden durch die Angabe der Reaktionsenthalpie dargestellt. Hierbei gibt es exotherme Reaktionen, d.h. solche bei denen Reaktionswärme abgegeben wird und endotherme Reaktionen, solche bei denen Reaktionswärme zugeführt werden muß. Die häufigsten und wichtigsten Reaktionen in der Chemie sind die Redoxreaktionen, bei welchen Elektronen übertragen werden. Diese Reaktionen spielen eine bedeutende Rolle in der Chemie- und Umwelttechnik. Hierbei ist die Betrachtung der Oxidationszahlen von Bedeutung. Neben den Redoxreaktionen kommen häufig auch Säure-Base-Reaktionen vor. Bei diesem Reaktionstyp werden Protonen übertragen. Bei Säure-Base-Reaktionen ist der pH-Wert eine wichtige Größe.

4.1 Reaktionsgleichungen und stöchiometrische Berechnungen

Eine chemische Reaktion wird durch eine Reaktionsgleichung beschrieben. Die Ausgangsstoffe einer Reaktion stehen auf der linken Seite und werden als **Edukte** bezeichnet. Die entstehenden Stoffe stehen auf der rechten Seite und heißen **Produkte**. In chemischen Gleichungen werden stets molare Mengen angegeben.

So besagt beispielsweise die in Abschnitt 2.2 beschriebene Reaktionsgleichung

$$2\,Na + Cl_2 \rightarrow 2\,NaCl$$

daß *zwei* Atome Natrium mit *einem* Molekül Chlor bestehend aus *zwei* Atomen Chlor (Chlor ist bei Raumtemperatur ein Gas, siehe Abschnitt 6.2.2) zu jeweils *zwei* Natriumionen und *zwei* Chloridionen reagieren. Die Zahlen vor den Formeln werden als **stöchiometrische Faktoren** oder **stöchiometrische Koeffizienten** bezeichnet. Durch Multiplikation mit der Avogadro-Konstanten N_A (siehe Abschnitt 2.6.4) erhält man eine Aussage über die Änderung der molaren Stoffmengen. Somit besagt die Gleichung auch, daß sich zwei mol Natrium mit einem mol Chlor, das aus Chlormolekülen Cl_2 besteht, zu zwei mol der Verbindung Natriumchlorid (Kochsalz) verbindet:

$$2\,mol\ Na + 1\,mol\ Cl_2 \rightarrow 2\,mol\ NaCl$$

Beim Aufstellen der chemischen Reaktionsgleichungen muß das **Gesetz der Erhaltung der Massen** eingehalten werden. Dies bedeutet, daß die Anzahl der Atome auf der linken Seite gleich der Anzahl der Atome auf der rechten Seite ist. Im obigen Beispiel jeweils zwei Atome Na und zwei Atome Chlor. Durch chemische Reaktionen werden die Atome lediglich umgruppiert und wechseln hierbei ihren Bindungspartner. Damit ist auch die Summe der Massen der Edukte und die Summe der Massen der Produkte gleich. Falls notwendig kann in chemischen Gleichungen auch der Aggregatzustand der beteiligten Stoffe angegeben werden; (g) für gasförmig, (l) liquidus (lat. = flüssig) für flüssig und (s) solidus (lat. = fest) für fest:

$$2\,Na\,(s)\;+\;Cl_2\,(g) \rightarrow\;2\,NaCl\,(s)$$

Unter Verwendung der molaren Massen (siehe Abschnitt 2.6.4) kann die Stoffbilanz der chemischen Reaktion in Gramm umgerechnet werden.

$$2 \cdot 23\,g\,Na\;+ 2 \cdot 35{,}5\,g\,Cl_2 \rightarrow\;2 \cdot (23 + 35{,}5)\,g\,NaCl$$

$$46\,g\,Na\;+ 71\,g\,Cl_2 \rightarrow\;117\,g\,NaCl$$

Es ist zu erkennen, daß die Summe der Massen der Edukte und Produkte gleich ist:
aus 46 g Na und 71 g Cl_2 entstehen 117 g NaCl.

Ein weiteres Beispiel für eine chemische Reaktion ist die Umsetzung von Eisen mit Schwefel (vorzugsweise werden beide Stoffe hierbei als Pulver eingesetzt):

$$Fe\;+\;S \rightarrow\;FeS$$

Die Gleichung besagt, daß ein mol Eisenpulver mit einem mol Schwefel zu einem mol der chemischen Verbindung Eisensulfid FeS reagieren (die Namensgebung für diese Verbindung wird in Abschnitt 4.5.4 erklärt). Unter Verwendung der molaren Massen ergibt sich als Massenbilanz für diese Reaktion

$$56\,g\,Fe\;+ 32\,g\,S \rightarrow\;(56 + 32)\,g\,FeS$$

Wenn man 56 g Eisen mit 32 g Schwefel reagieren läßt, liegen nach der Reaktion 88 g Eisensulfid vor.

Bei chemischen Umsetzungen im Labor oder im Bereich der Technik müssen in der Praxis sehr häufig mengenmäßige Kalkulationen durchgeführt werden. Sie werden auch als **stöchiometrische Berechnungen** bezeichnet (stoicheion, gr. = Elementarbestandteil, metrein, gr. = messen). Diese Bilanzierungen sind für den Ingenieur sehr wichtig und werden im folgenden und auch an anderen Stellen in diesem Buch an verschiedenen Beispielen (siehe auch Kapitel 13) erläutert.

Übungsbeispiel 4.1: Wieviel Eisen und wieviel Schwefel sind zur Herstellung von 1000 g Eisensulfid notwendig ?

Lösung:
Aus der obigen Gleichung entnimmt man die Information:
- 56 g Fe reagieren mit 32 g S zu 88 g FeS.
- Gesucht sind jetzt die Massen an Fe und S für 1000 g FeS, hierbei gilt:
    x g Fe reagieren mit y g S zu 1000 g FeS

Es folgt:

$$x = \frac{1000\,g}{88\,g} \cdot 56\,g = 636{,}4\,g\ Fe \quad und \quad y = \frac{1000\,g}{88\,g} \cdot 32g = 363{,}6\,g\ S$$

Somit werden **636,4 g Eisen** und **363,6 g Schwefel** benötigt und es entstehen (636,4+363,6) g = 1000 g Eisensulfid. Diese Mengen an Eisen und Schwefel sind somit die optimalen Mengenverhältnisse und werden auch **stöchiometrische Verhältnisse** genannt. Verwendet man ein anderes Verhältnis an Eisen und Schwefel für die Reaktion, so liegt ein Teil der Edukte nach der Reaktion unverändert vor.

Übungsbeispiel 4.2: Bei der Verbrennung von Methan (Hauptbestandteil von Erdgas) mit Sauerstoff entsteht Kohlendioxid und Wasser

$$CH_4 + 2\,O_2 \rightarrow CO_2 + 2\,H_2O$$

Wieviel m^3 Kohlendioxid und wieviel kg Wasser entstehen bei der Verbrennung von 1 m^3 Methangas? Die Gase sollen hierbei als ideale Gas betrachtet werden und im Normzustand vorliegen (siehe Abschnitt 3.1.1).

Lösung:
Aus obiger Gleichung entnimmt man die Information:
- 1 mol CH_4 reagieren zu 1 mol CO_2 und 2 mol H_2O
- Unter Berücksichtigung des Molvolumens idealer Gase (siehe Abschnitt 3.3.1)
    gilt:
    22,4 l CH_4 reagieren zu 22,4 l CO_2 und 36 g H_2O
    1000 l CH_4 reagieren zu x l CO_2 und y g H_2O

Es folgt:

$$x = 1000\,l\ CO_2 \quad und \quad y = \frac{1000\,l}{22{,}4\,l} \cdot 36g = 1607\,g\ H_2O$$

Es entsteht somit **1 m^3 Kohlendioxid** und **1,607 kg Wasser.**

4.2   Energieumsätze bei chemischen Reaktionen

Chemische Stoffumsetzungen sind mit Energieumsetzungen verbunden. Die am häufigsten auftretende Energieform ist die Reaktionswärme.

Exotherme Prozesse sind solche chemische Reaktionen, bei denen Wärme frei wird. Bei endothermen Prozessen wird zum Ablauf einer chemischen Reaktion Wärme verbraucht.

Die an der Reaktion beteiligte Wärme wird in vielen Lehrbüchern als Wärmetönung bezeichnet. Sie bezieht sich immer auf die durch die Formel zum Ausdruck kommende Anzahl Mol.

In der physikalischen Chemie wird bei thermodynamischen Berechnungen[1] unterschieden zwischen der Änderung der **inneren Energie** = Reaktionswärme bei konstantem Volumen ΔU und der häufiger gebrauchten **Reaktionsenthalpie** (en, gr. = in, innerhalb, inmitten; thalpos, gr. = Wärme) = Reaktionswärme bei konstantem Druck ΔH. Hierbei wird nach internationaler Vereinbarung mit dem umgekehrten Vorzeichen gerechnet. Es ist also ΔU bzw. ΔH bei exothermen Reaktionen *negativ*, bei endothermen Reaktionen *positiv*, zu verstehen als Wärmeabgabe = negativ (exotherme Reaktion), oder Wärmeaufnahme = positiv (endotherme Reaktion) vom System aus betrachtet. ΔU bzw. ΔH schreibt man hinter die Reaktionsgleichung.

Da die meisten Reaktionen in offenen Gefäßen bei konstantem Druck durchgeführt werden wird bei Reaktionsgleichungen üblicherweise die Reaktionsenthalpie angegeben. Der Unterschied zwischen ΔU und ΔH ist insbesondere bei chemischen Reaktionen, bei denen Feststoffe und Flüssigkeiten beteiligt sind (diese sind nur wenig kompressibel) nur sehr gering. Die Reaktionsenthalpie hängt von der Temperatur, dem Druck und dem Aggregatzustand der an der Reaktion beteiligten Stoffe ab. Üblicherweise beziehen sich die Werte für ΔH auf einen **Standardzustand** von 25 °C und 1,013 bar (= 1 atm). Dies wird durch den hochgestellten Index o gekennzeichnet $\Delta H°$. Man kann die Reaktionsenthalpie auch auf andere Zustände umrechnen, dies muß aber gesondert gekennzeichnet werden.

Beispiel für eine exotherme Reaktion:

$$Fe\ (s)\ +\ S\ (s)\ \rightarrow\ FeS\ (s) \qquad \Delta H° = -96,3\ kJ$$

Dies bedeutet, daß bei der Reaktion von einem mol Eisen (56 g) mit einem mol Schwefel (32 g) unter Standardbedingungen (25 °C, 1,013 bar) 96,3 kJ freigesetzt werden.

Fügt man, wie es in der Reaktionsgleichung für die exotherme Reaktion angedeutet ist, Eisen (z.B. als Eisenpulver, Eisenfeilspäne) mit Schwefel (einer aus gelben Kristallen bestehenden Substanz, die man am besten für die chemische Reaktion zu Pulver zerreibt) durch intensives Mischen zusammen, so entsteht noch kein Eisensulfid FeS. Man

---

[1] Die chemische Thermodynamik befaßt sich mit allen chemischen Erscheinungen, bei denen Arbeits- bzw. Wärmewirkungen auftreten (therme, gr. = Wärme; dynamis, gr. = Kraft).

kann die beiden ursprünglichen Substanzen durch relativ einfache physikalische Operationen wieder voneinander trennen, z.B. das Eisenpulver durch einen Magneten aus der Mischung herausziehen oder den Schwefel mit einem Lösungsmittel herauslösen und nach Verdampfen des Lösungsmittels als reine Substanz zurückerhalten. Erst wenn man das Gemisch erhitzt, reagieren Schwefel und Eisen miteinander.

Dieser Tatbestand leuchtet ein, wenn man bedenkt, daß sowohl im Eisen als auch im Schwefel die einzelnen Atome miteinander durch chemische Bindung verknüpft sind (im Eisen durch metallische Bindung, im Schwefel durch kovalente Bindung). Damit eine Reaktion zwischen Eisen und Schwefelatomen eintreten kann, müssen erst die alten Bindungen gelöst werden, was Energie erfordert. Diese Energie wird auch als **Aktivierungsenergie** bezeichnet. Man muß, wie in Abb. 4.1a veranschaulicht, zuerst einen **Energiewall** überwinden, um bei der exothermen Reaktion durch Energieabgabe vom energetisch höheren zum energetisch tieferen Niveau zu gelangen.

Beispiel für eine endotherme Reaktion:

$$C\ (s)\ +\ 2\ S\ (s)\ \rightarrow\ CS_2\ (l) \quad \Delta H° = +\ 89\ kJ$$

Dies bedeutet, daß bei der Reaktion von einem mol Kohlenstoff (12 g) mit zwei mol Schwefel (64 g) unter Standardbedingungen (25 °C, 1,013 bar) 89 kJ zugeführt werden müssen.

Bei einer endothermen Reaktion muß neben der Aktivierungsenergie noch zusätzlich ein bestimmter Energiebetrag aufgewendet werden, um die Stoffe in das höhere Energieniveau der Endprodukte (siehe Abb. 4.1 b) hinaufzuheben. Viele chemische Stoffe liegen bei gewöhnlicher Temperatur in einem **metastabilen** Zustand (meta, gr. = zwischen) vor, d.h., sie könnten durch eine chemische Reaktion in andere energieärmere Stoffe (exotherme Reaktion!) überführt werden, jedoch fehlt hierzu die nötige Anregungsenergie. Deswegen bleiben diese Stoffe auf dem energetisch höheren Zwischenzustand.

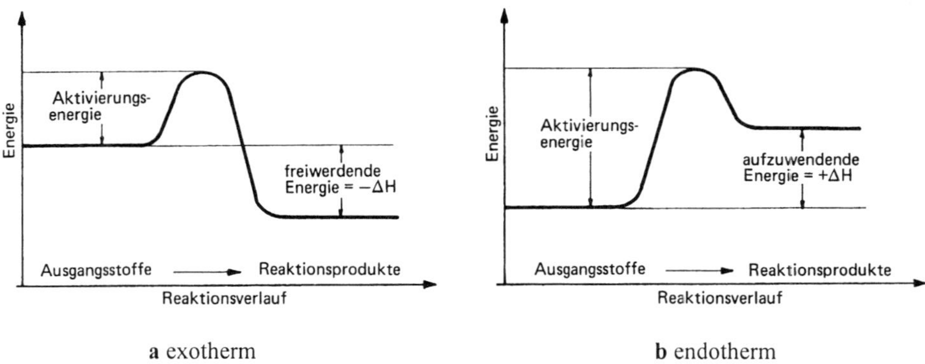

Abb. 4.1. Energiediagramme beim Ablauf chemischer Reaktionen

Daß die Angabe des Aggregatzustands der an der Reaktion beteiligten Stoffe notwendig ist, soll am anhand der Verbrennungsreaktion von Übungsbeispiel 4.2 verdeutlicht werden:

$$CH_4\,(g) + 2\,O_2\,(g) \rightarrow CO_2\,(g) + 2\,H_2O\,\textbf{(g)} \qquad \Delta H^\circ = -\,802\,kJ \qquad (1)$$
$$CH_4\,(g) + 2\,O_2\,(g) \rightarrow CO_2\,(g) + 2\,H_2O\,\textbf{(l)} \qquad \Delta H^\circ = -\,890\,kJ \qquad (2)$$

Wenn bei der Reaktion Wasserdampf anstelle von flüssigem Wasser entsteht, ist die Wärmetönung um 87 kJ kleiner. Dies entspricht genau dem Energiebetrag, der bei der Kondensation von 2 mol Wasser (36 g) abgegeben wird und ist zahlenmäßig gleich der Verdampfungsenthalpie, da die zum Verdampfen einer Flüssigkeit benötigte Verdampfungsenthalpie bei der Kondensation wieder frei wird (siehe Abschnitt 3.6.1). Die Verbrennungsenthalpie von Brennstoffen, bei denen Wasser als Wasserdampf entweicht wird auch als **Heizwert** bezeichnet (siehe auch Abschnitt 8.8.1). Wenn bei Verbrennungsreaktionen Wasser nach der Reaktion in flüssiger Form vorliegt spricht man vom **Brennwert**. Den zusätzlichen Energiebetrag des Brennwerts nutzt man in Heizkesseln mit sogenannter **Brennwerttechnik** aus (im Falle des Methans theoretisch etwa 11% mehr Energie, siehe Gleichungen (1) und (2)), indem man die Abgase nach der Verbrennung soweit abkühlt, daß das der Wasserdampf als Wasser auskondensiert.

Übungsbeispiel 4.3: Berechnung des a) Heizwerts und b) Brennwerts von 1 m³ Methan.

Lösung:
a) Aus Gleichung (1) ergibt sich:
Bei der Verbrennung von 1 mol (= 22, 4 l) CH$_4$ beträgt die Wärmetönung 802 kJ.
Bei der Verbrennung von 1000 l beträgt die Wärmetönung

$$\Delta H = \frac{1000\,l}{22,4\,l} \cdot 802\,kJ = 35804\,kJ = Heizwert$$

b) Aus Gleichung (2) ergibt sich:
Bei der Verbrennung von 1 mol (= 22, 4 l) CH$_4$ beträgt die Wärmetönung 890 kJ.
Bei der Verbrennung von 1000 l beträgt die Wärmetönung

$$\Delta H = \frac{1000\,l}{22,4\,l} \cdot 890\,kJ = 39732\,kJ = Brennwert$$

Der Energieverbrauch wird weltweit zu mehr als 90% durch Verbrennung von fossilen Energieträgern (Kohle, Erdöl und Erdgas) gedeckt. Bei der Verbrennung entsteht hierbei stets CO_2 (wie bereits am Beispiel CH$_4$ gezeigt wurde), welches zur Erwärmung der Atmosphäre dem sogenannten „**Treibhauseffekt**" beiträgt (siehe Abschnitt 13.1.3a). Die Menge an CO_2, welche dabei zur Erzeugung gleicher Energiemengen freigesetzt werden sind unterschiedlich wie anhand der Berechnung in Übungsbeispiel 4.4 gezeigt wird.

Übungsbeispiel 4.4: Berechnung der CO_2-Mengen, welche zur Erzeugung gleicher Wärmetönung durch vollständige Verbrennung von a) Kohle und b) Erdgas freigesetzt wird. Zur Vereinfachung soll Kohle als reiner Kohlenstoff und Erdgas als reines Methan (CH_4) betrachtet werden.

$$C\ (s) +\ O_2\ (g) \rightarrow\ CO_2\ (g) \qquad\qquad \Delta H° = -393\ kJ$$
$$CH_4\ (g) + 2\ O_2\ (g) \rightarrow\ CO_2\ (g) +\ 2\ H_2O\ (g) \qquad \Delta H° = -802\ kJ$$

Lösung:
Anhand der beiden Gleichungen ist zu erkennen, daß bei beiden Reaktionen jeweils ein mol CO_2 erzeugt wird. Jedoch ist bei der Verbrennung von Kohle die Verbrennungsenthalpie nur etwa halb so groß. Zur Erzeugung der gleichen Wärmetönung wird also beim Verbrennen von Kohlenstoff etwa die doppelte Menge an CO_2 (genauer Faktor: 802/393=2,04) freigesetzt. Somit ist die Verwendung von Erdgas als Energieträger insgesamt „umweltfreundlicher" bezüglich des Treibhauseffekts. Hierbei ist für CH_4 in diesem Beispiel lediglich der Heizwert berücksichtigt (H_2O wird gasförmig freigesetzt). Durch Einsatz der Brennwerttechnik läßt sich der CO_2-Ausstoß nochmals um etwa 11% senken (siehe Übungsbeispiel 4.3). Methan ist der Kohlenwasserstoff mit der geringsten CO_2-Emission bei der Energieerzeugung. Je größer die Anzahl der Kohlenstoffatome im Kohlenwasserstoffmolekül, desto mehr CO_2 wird bei gleicher Energieproduktion freigesetzt (zu Kohlenwasserstoffen, siehe auch Abschnitt 8.1).

4.3   Der Verlauf chemischer Reaktionen

4.3.1   Reversible und irreversible Prozesse

Chemische Reaktionen können **irreversibel**, d.h. nicht mehr umkehrbar sein. Eine solche irreversible Reaktion ist z.B. das Verbrennen einer kompliziert aufgebauten organischen Verbindung, wie Cellulose (siehe Abschnitt 8.7.1), durch Reaktion mit Sauerstoff. Der umgekehrte Vorgang, daß sich aus den Verbrennungsprodukten CO_2 und H_2O wieder Cellulose oder sogar Holz und Sauerstoff durch eine einfache chemische Reaktion zurückbilden könnten, ist nicht möglich.

Es ist aber eine große Zahl von chemischen Reaktionen bekannt, die **reversibel**, also umkehrbar sind. Vor allem bei einfachen Verbindungen kann man feststellen, daß sich aus den Reaktionsprodukten bei Änderung der äußeren Bedingungen in Umkehrung der Reaktionsgleichung wiederum die Ausgangsstoffe zurückbilden können. So entsteht durch Reaktion von Kohlenmonoxid mit Wasserdampf bei 500 °C Wasserstoff und Kohlendioxid:

$$CO\ +\ H_2O\ \xrightarrow{\ \ 500\ °C\ \ }\ CO_2\ +\ H_2$$

Es ist eine Reaktion, die zur großtechnischen Herstellung von Wasserstoffgas verwendet wird (siehe Abschnitt 6.2.1). Ändert man die Temperatur auf 2000 °C, so verläuft die Reaktion hauptsächlich in umgekehrter Richtung, also von rechts nach links:

$$CO + H_2O \xleftarrow{\quad 2000\ °C \quad} CO_2 + H_2$$

Zur Symbolisierung der Hin- und Rückreaktion verwendet man bei reversiblen Reaktionen einen Doppelpfeil in der Reaktionsgleichung:

$$CO + H_2O \rightleftharpoons CO_2 + H_2$$

Alle reversible Prozesse tendieren zum Erreichen eines **Gleichgewichtszustands**. Bei einer chemischen Reaktion wird der Gleichgewichtszustand erreicht, wenn die Reaktion in der einen Richtung (Hinreaktion) genauso schnell abläuft wie in der umgekehrten Richtung (Rückreaktion). Auf chemische Gleichgewichte wird in Kapitel 5 anhand zahlreicher Beispiele noch genauer eingegangen.

4.3.2   Reaktionsgeschwindigkeit

Man kann die Reaktionsgeschwindigkeit, die als Abnahme der Ausgangsstoffe oder Zunahme der Reaktionsprodukte pro Zeiteinheit zu verstehen ist, durch Temperaturänderung, durch die Konzentrationsänderung der Reaktionspartner und durch Katalysatoren beeinflussen:

a) Einfluß der Temperatur

Eine Erhöhung der Temperatur macht sich (infolge stärkerer Wärmebewegung der Moleküle) an einer Steigerung der Reaktionsgeschwindigkeit bemerkbar. Wenn man von der Tatsache absieht, daß chemische Reaktionen durch sehr starke Temperaturänderungen sich umkehren können und die Ausgangsprodukte bevorzugt wieder bilden können (siehe Abschnitt 4.3.1), so läßt sich folgende wichtige, allgemein gültige Faustregel aufstellen:

Durch eine Temperaturerhöhung um 10 °C wird die Reaktionsgeschwindigkeit auf das Doppelte bis Dreifache gesteigert.

b) Einfluß der Konzentration

Eine eingehendere mathematische Formulierung dieser Einflußgröße bringt der Abschnitt 5.1.1. Grundsätzlich kann aber festgestellt werden, daß die Reaktionsgeschwindigkeit um so größer ist, je mehr Reaktionspartner miteinander reagieren können, je größer also die Konzentration der Ausgangsstoffe ist.

Dies soll am Beispiel einer Reaktion aus dem Bereich der organischen Chemie (siehe auch Abschnitt 8.4.7) erläutert werden. Eine organische Säure reagiert mit einem Alkohol zu einem sogenannten Ester. Wie in Abb. 4.2 veranschaulicht, sinkt bei der Reaktion im Reaktionsgemisch die Konzentration der eingesetzten Säure im Anfang schnell, da die Säurekonzentration sehr hoch ist (in ähnlicher Weise sinkt auch die Konzentration des Alkohols). Sie nimmt dann mit abnehmender Säurekonzentration immer langsamer ab. Umgekehrt entsteht im Anfang zunächst sehr viel Ester, während im Verlauf der Reaktion der Anteil des sich zusätzlich bildenden Esters immer geringer wird. Die Reaktion mündet schließlich in einer Gleichgewichtslage, in der sich die Konzentrationen nicht mehr ändern (waagerechter Verlauf der Reaktionskurven).

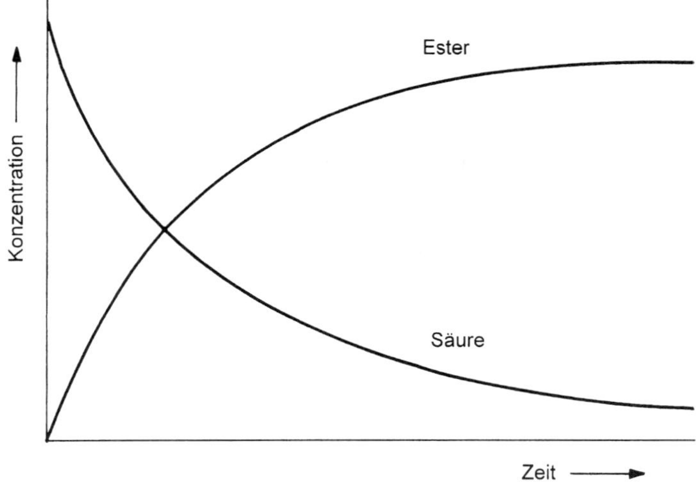

Abb. 4.2. Konzentrationsänderungen bei der Reaktion eine organischen Säure zu einem Ester

c) Einfluß von Katalysatoren

Katalysatoren sind Stoffe, die eine chemische Reaktion beschleunigen (katalyein, gr. = losbinden, auflösen, aufheben; Katalysatoren heben die chemischen Reaktionswiderstände auf). Sie gehen unverändert aus der Reaktion hervor. Es genügt bereits eine kleine Menge eines Katalysators, um die Reaktionsgeschwindigkeit einer großen Menge reagierender Stoffe zu erhöhen. Katalysatoren können dabei aber nicht die Richtung, in welcher chemische Reaktionen ablaufen, verändern (siehe auch Abschnitt 5.1.1).

Die Wirkungsweise von Katalysatoren kann man anhand von Abb. 4.3 veranschaulichen: Reaktionen laufen nur ab, wenn dabei die Änderung der freien Enthalpie ΔG_R negativ ist (siehe hierzu die Begründung im Abschnitt 3.5.3). Oft sorgt ein relativ hoher „Energiewall" dafür, daß solche an sich mögliche Reaktionen nicht stattfinden. Damit die Reaktionspartner neue Verbindungen eingehen, müssen zuerst die alten, bestehenden Bindungen gelöst werden, es muß erst die notwendige **Aktivierungsenergie** aufgebracht werden (siehe Abb. 4.1 in Abschnitt 4.2). Katalysatoren setzen den Betrag der zu überwindenden Aktivierungsenergie beträchtlich herab, so daß solche katalytischen Prozesse, wie es in Abb. 4.3 angedeutet ist, mit einer relativ geringen **freien Aktivierungsenthalpie** ΔG_R auskommen.

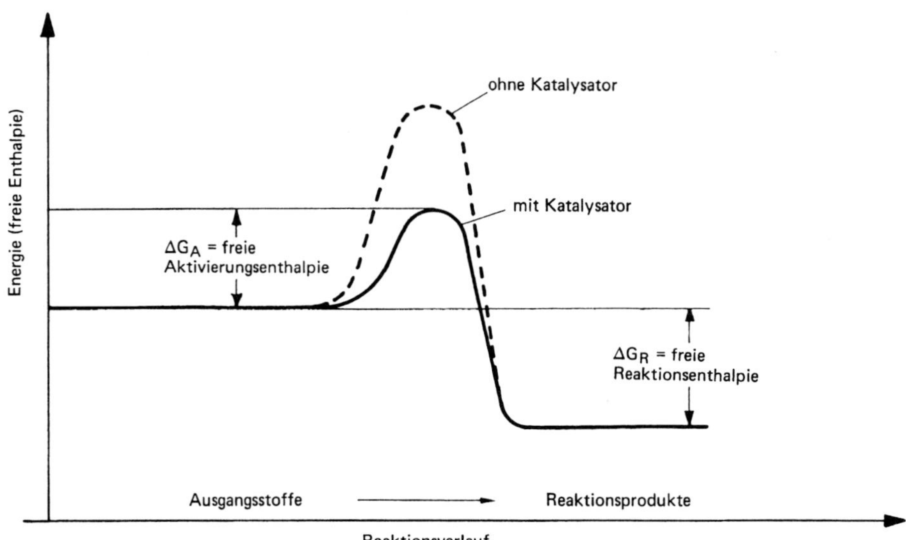

Abb. 4.3. Wirkungsweise von Katalysatoren

Man unterscheidet zwischen **homogener** und **heterogener Katalyse**. Bei der homogenen Katalyse gehört der Katalysator der gleichen Phase an wie die Reaktionspartner. Der Katalysator bildet mit einem der reagierenden Stoffe eine labile Zwischenverbindung, die dann rasch mit dem zweiten Reaktionspartner weiter reagiert. Der Umweg über Zwischenverbindungen mit dem Katalysator verläuft wesentlich schneller als die direkte Reaktion zwischen den beiden Reaktionspartnern. Der Katalysator geht aus allen Reaktionen unverändert in der ursprünglichen Zusammensetzung wieder hervor, also schematisch:

$$A + K + B \rightarrow AK + B \rightarrow K + AB \qquad \text{A, B = Reaktionspartner; K = Katalysator}$$

Ein Beispiel für eine Reaktion mit homogener Katalyse ist die Oxidation von SO_2 zu SO_3 durch den Katalysator NO, eine Reaktion, die für die Herstellung von Schwefelsäure H_2SO_4 früher Verwendung fand (heute wird die Reaktion als heterogene Reaktion mit festen Katalysatoren durchgeführt, siehe nächste Seite):

$$2\,SO_2 + O_2 + 4\,NO \rightarrow 2\,SO_2 + 2\,N_2O_3 \rightarrow 2\,SO_3 + 4\,NO$$

Bei der heterogenen Katalyse liegen die Katalysatoren meist als fein verteilte feste Stoffe vor, an deren Oberfläche die Reaktionspartner adsorbieren und in eine aktivere, leichter reagierende Form gebracht werden, indem durch die Adsorption die Molekülbindungen geschwächt oder sogar aufgebrochen werden. Man spricht hierbei auch von einer chemischen Adsorption oder **Chemiesorption**.

Die heterogene Katalyse wird in der chemischen Technik sehr häufig eingesetzt. Hierbei kommen als Katalysatoren häufig Edelmetalle (z.B. Platin und Palladium), sowie Oxide von Nebengruppenmetallen (z.B. V_2O_5, TiO_2, Cr_2O_3) zum Einsatz. Beispiele hierfür sind:

- V_2O_5 für die Oxidation von SO_2 zu SO_3 (siehe Abschnitt 7.2.1d)
- Pt im Abgaskatalysator bei Automobilen (siehe Abschnitt 13.3.4)
- Modifizierte TiO_2 in Katalysatoren zur Rauchgasreinigung in Kraftwerken (siehe Abschnitt 13.3.3b)

In diesem Buch wird auch auf zahlreiche andere Beispiele eingegangen.

Katalysatorgifte sind Substanzen, die die Wirksamkeit eines Katalysators unterbinden. Dabei werden die aktiven Stellen der Katalysatoroberfläche blockiert. So kann etwa Blei bzw. Bleiverbindungen den Abgaskatalysator bei Automobilen vergiften (siehe auch Abschnitt 13.3.4).

Für die chemischen Prozesse in Lebewesen spielen biochemische Katalysatoren, welche auch **Enzyme** genannt werden eine wichtige Rolle (siehe Abschnitt 12.1.3b).

Es gibt auch Substanzen, die den Ablauf chemischer Reaktionen bremsen, d.h. die Reaktionsgeschwindigkeit herabsetzen. Man bezeichnet sie als **Inhibitoren** oder Stabilisatoren oder negative Katalysatoren (inhibitor, lat. = Hinderer, Hemmer).

4.4 Redoxreaktionen

4.4.1 Die Definition von Oxidation und Reduktion

Unter Oxidation (von Oxygenium, lat. = Sauerstoff) verstand man früher die chemische Vereinigung eines Elementes mit dem Element Sauerstoff (Oxygenium). Die dabei entstehenden Verbindungen werden **Oxide** genannt. Da Sauerstoff nach dem Fluor das Element mit der stärksten Elektronegativität ist, werden bei einer solchen Reaktion die Bindungselektronen des betreffenden Elements entweder vollständig an den Sauerstoff abgegeben oder wenigstens in Richtung Sauerstoffatom verlagert, was einer partiellen Abgabe der Elektronen entspricht (eine Ausnahme bildet nur die Reaktion von Sauerstoff mit Fluor, da Fluor das Element mit der stärkeren Elektronegativität ist). Daher gilt heute als erweiterte Definition:

Oxidation ist die Abspaltung von Elektronen aus Atomen oder Molekülen. Man macht dann keinen Unterschied mehr, ob nun die Elektronen vollständig oder nur partiell abgegeben werden. Der zur Oxidation entgegengesetzte Vorgang wird als Reduktion (reducere, lat. = zurückführen) bezeichnet.

Reduktion ist die Aufnahme von Elektronen durch Atome oder Moleküle. Auch hier wird nicht mehr unterschieden zwischen vollständiger oder nur partieller Aufnahme von Elektronen.

Man nennt den Stoff, der einen anderen zur Abgabe der Elektronen veranlaßt, ein **Oxidationsmittel** und einen, der einen anderen (nämlich das Oxidationsmittel) zur Aufnahme der Elektronen veranlaßt, ein **Reduktionsmittel**. Es gilt folgende Beziehung:

$$\text{Reduktionsmittel} \xrightleftharpoons[\text{Reduktion}]{\text{Oxidation}} \text{Oxidationsmittel} + \text{Elektronen}$$

Unter normalen Bedingungen werden Oxidationsprozesse (Abgabe von Elektronen) stets von Reduktionsprozessen (Aufnahme von Elektronen) begleitet. Die wechselseitige Abhängigkeit von Oxidation und Reduktion beruht auf einem Austausch von Elektronen zwischen dem Reduktions- und dem Oxidationsmittel. Jedesmal wenn ein Stoff (das Reduktionsmittel) oxidiert wird, muß damit gleichzeitig ein anderer Stoff (das Oxidationsmittel) reduziert werden. Man bezeichnet solche gekoppelten Reaktionen von **Red**uktion und **Ox**idation auch kurz **Redoxreaktionen**. Redoxreaktionen sind somit Reaktionen, bei denen Elektronen übertragen werden. Dies soll am Beispiel der folgenden, bereits im Abschnitt 2.2 erwähnten Reaktionsgleichung verdeutlicht werden:

$$\text{Na}\cdot \ + \ \cdot\overline{\underline{\text{Cl}}}| \ \longrightarrow \ \text{Na}^+ \ |\overline{\underline{\text{Cl}}}|^-$$

Das Natrium ist Reduktionsmittel und wird unter Abgabe von jeweils einem Elektron (e^-) pro Natriumatom zum Natriumion oxidiert, also

$$\text{Na} \xrightarrow{\text{Oxidation}} \text{Na}^+ + e^-$$

Das Chlor ist Oxidationsmittel und wird unter Aufnahme von jeweils einem Elektron pro Chloratom zum Chloridion Cl^- reduziert, also

$$\text{Cl} + e^- \xrightarrow{\text{Reduktion}} \text{Cl}^-$$

4.4.2   Die Definition der Oxidationszahl

Die Oxidationszahl gibt die elektrischen Ladungen an, die die Atome in Verbindungen besitzen würden, wenn man sich diese aus lauter Ionen aufgebaut denkt.

Die Oxidationszahl gibt also nicht die tatsächlichen Bindungsverhältnisse wieder, sie stellt vielmehr nur eine Hilfe zum Aufstellen chemischer Formeln und Gleichungen dar. Sie steht inhaltlich dem alten Begriff der „Wertigkeit" sehr nahe. Da aber die Wertigkeit durch das neuere Verständnis der chemischen Bindung zu vieldeutig geworden ist (man mußte zwischen verschiedenen miteinander nicht übereinstimmenden Begriffen der Wertigkeit unterscheiden, z.B. „stöchiometrische", „elektrochemische" und „koordinative" Wertigkeit), wird der Begriff der Wertigkeit heute meistens vermieden und durch die schärfer umrissene Oxidationszahl ersetzt.

4.4.3 Schreibweise von Oxidationszahl und Ladungszahl

Die **Oxidationszahl** wird oben *über* das chemische Symbol geschrieben, und zwar *zunächst das Vorzeichen*, dann die Größe der Ladung. Beispiele, dargestellt an einigen chemischen Formeln, die später ausführlicher besprochen werden:

$$\overset{+1}{H}\overset{-1}{Cl}; \quad \overset{+3}{Fe}\overset{-1}{Cl_3}, \quad \overset{+1}{H_2}\overset{-2}{O}; \quad \overset{0}{Cl_2}$$

Bisweilen werden die Oxidationszahlen auch in römischen Ziffern geschrieben:

$$\overset{+I}{H}\overset{-I}{Cl}; \quad \overset{+III}{Fe}\overset{-I}{Cl_3}, \quad \overset{+I}{H_2}\overset{-II}{O}; \quad \overset{0}{Cl_2}$$

Die **Ladungszahl** ist von der Oxidationszahl in der Bedeutung und in der Schreibweise streng zu unterscheiden. Ladungszahlen geben die tatsächlich meßbaren elektrischen Ladungen von Ionen wieder, sie werden *rechts oben neben* das chemische Symbol geschrieben. Zur Unterscheidung von den Oxidationszahlen wird *zuerst die Zahl*, dann die Ladungsart angeführt, also z.B.:

$$Ca^{2+}; \quad Fe^{3+}; \quad SO_4^{2-}; \quad PO_4^{3-}$$

Während aber die Oxidationszahl eine Schreibhilfe zum Aufstellen chemischer Formeln bedeutet, stellt die Ladungszahl einen wesentlichen Bestandteil einer Ionenformel dar und muß immer dann geschrieben werden, wenn das durch die Formel dargestellte Teilchen nach außen hin elektrisch nicht neutral ist.

4.4.4 Regeln für die Festlegung der Oxidationszahlen

1.) Die Oxidationszahl der Atome in elementaren Substanzen (= Stoffe, die nur aus einer Elementenart bestehen) ist gleich Null.
2.) Bei einatomigen Ionen ist die Oxidationszahl gleich der Ladungszahl.
3.) Bei mehratomigen Ionen ist die Summe der Oxidationszahlen aller Atome gleich der tatsächlichen elektrischen Ionenladung; bei neutralen Molekülen ist die Summe der Oxidationszahlen gleich Null.
4.) Verbindungen werden so behandelt, als bestünden sie nur aus Ionen, und zwar mit der Annahme, daß dann die Bindungselektronen von den Elementen schwächerer Elektronegativität abgegeben und von den Elementen stärkerer Elektronegativität aufgenommen würden. Man verwendet dabei folgende Oxidationszahlen:
   - Alkalimetalle +1
   - Erdalkalimetalle +2
   - Wasserstoff in Verbindungen mit Elementen stärkerer Elektronegativität +1
   - Sauerstoff in den meisten Verbindungen −2 (lediglich in den nicht sehr häufigen, als Peroxide bezeichneten Verbindungen erhält der Sauerstoff die Oxidationszahl

–1, was leicht am Beispiel des Wasserstoffperoxids, siehe Abschnitt 7.1.3, mit der Struktur H–O–O–H als Verlagerung jeweils nur eines Bindungselektrons von einem Wasserstoffatom zu einem Sauerstoffatom zu verstehen ist).
- Fluor, das elektronegativste Element, hat in allen Verbindungen –1.

Übungsbeispiel 4.5: Ermittlung der Oxidationszahlen in der Verbindung HNO_3 (Salpetersäure).

Lösung:
Nach den oben genannten Regeln besitzt Wasserstoff die Oxidationszahl +1, Sauerstoff die Oxidationszahl –2. Multipliziert man mit der Anzahl der in der Formel enthaltenen Atome, kann die Oxidationszahl des Stickstoffs berechnet werden (unter der Annahme, daß bei Salpetersäure als insgesamt neutralen Molekül die Summe der Oxidationszahlen gleich Null ist):

Wasserstoff	H:	1·(+1)
Sauerstoff	O:	3·(–2)
Stickstoff	N:	1·(+5)
Summe		0

Ein Element kann in verschiedenen Verbindungen unterschiedliche Oxidationszahlen besitzen. In Abb. 4.4 sind wichtige Oxidationszahlen für die Elemente der zweiten Periode des Periodensystems aufgetragen. So treten beispielsweise beim **Stickstoff** neben der Oxidationszahl +5 häufig auch die folgenden Oxidationszahlen auf:
+4 (in der Verbindung NO_2)
+3 (in der Verbindung HNO_2)
+2 (in der Verbindung NO)
–3 (in der Verbindung NH_3).

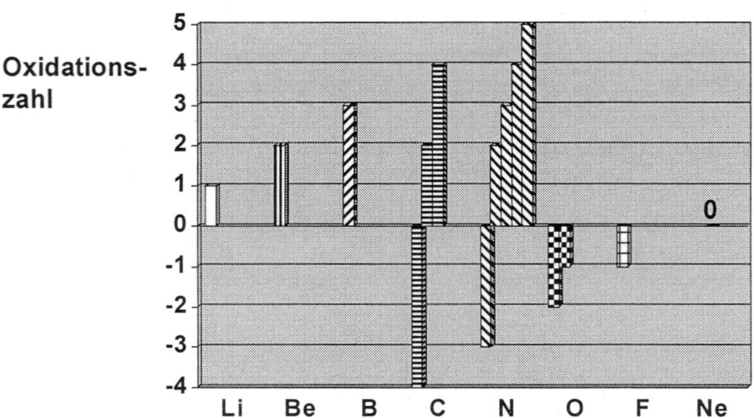

Abb. 4.4. Wichtige Oxidationszahlen von Elementen der zweiten Periode des Periodensystems

Die Oxidationszahlen des jeweiligen Atoms muß stets unter Berücksichtigung der oben genannten Regeln ermittelt werden. Bei den Atomen der *Hauptgruppen* kann jedoch aus der Stellung im Periodensystem die *maximale* und die *minimale* Oxidationszahl angegeben werden (siehe Abb. 4.4). Beispielsweise steht Stickstoff in der fünften Hauptgruppe, somit beträgt die maximale Oxidationsstufe +5 (*formal* sind alle Elektronen auf der Außenschale „abgegeben"). Die minimale Oxidationsstufe beträgt −3 (formal sind drei „aufgenommen" und somit eine abgeschlossene Schale erreicht).

4.4.5 Beispiele für wichtige Redoxreaktionen in der Chemietechnik

Redoxreaktionen gehören zu den häufigsten und wichtigsten Reaktion in der Chemie. Deshalb werden in diesem Abschnitt einige Beispiele aus der Praxis erläutert. Redoxreaktionen werden auch anhand anderer Beispiele in diesem Buch behandelt (siehe auch Kapitel 10 und 13).

Zu den wichtigen Redoxreaktionen in der chemischen Technik gehört die Gewinnung von Metallen oder Halbmetallen aus Erzen. Erze sind meist Oxide oder Sulfide der entsprechenden Metalle. Die Lehre der Gewinnung von Metallen aus ihren Erzen wird Hüttenkunde oder **Metallurgie** genannt. Der größte Teil der Metalle wird durch Reduktionsprozesse bei hoher Temperatur gewonnen, bei denen das Metall in flüssiger Form anfällt (siehe Tab. 4.1). Als Reduktionsmittel wird häufig preiswerter Kohlenstoff eingesetzt. Die Reduktion kann aber auch mittels Wasserstoff H_2, Aluminium oder durch Elektrolyse erfolgen (zu Elektrolyse siehe auch Abschnitt 10.4.2).

Die Gewinnung von metallischen **Eisen**, dem wichtigsten Gebrauchsmetall erfolgt wird in einem kontinierlichen Betrieb im **Hochofen** mittels Kohlenstoff in Form von Koks (siehe Abschnitt 5.5.2a). Das eigentliche Reduktionsmittel ist hierbei das Kohlenmonoxid CO, welches bei diesem Prozeß gebildet wird (siehe Abschnitt 5.5.2a). Die Gleichung hierfür kann zunächst *ohne* Berücksichtigung der korrekten stöchiometrischen Faktoren formuliert werden:

$$\overset{+3}{Fe_2O_3} + \overset{+2}{CO} \rightarrow \overset{0}{Fe} + \overset{+4}{CO_2}$$

Tab. 4.1. Beispiel für die Gewinnung von Metallen und Halbmetallen durch Reduktion

	Erz	Reduktionsmittel
Eisen (Fe)	Fe_2O_3; Fe_3O_4	Kohlenstoff
Silicium (Si)	SiO_2	Kohlenstoff
Aluminium (Al)	Al_2O_3	Kathode (Elektrolyse)
Chrom (Cr)	Cr_2O_3	Aluminium
Wolfram (W)	WO_3	Wasserstoff
Germanium (Ge)	GeO_2	Wasserstoff

Fe mit der Oxidationszahl +3 nimmt Elektronen auf (Oxidationsmittel) und wird zu metallischem Eisen (Oxidationszahl 0) reduziert. C mit der Oxidationszahl +2 gibt Elektronen ab (Reduktionsmittel) und wird zu C (Oxidationszahl +4) reduziert. Die Ermittlung der *korrekten* stöchoimetrischen Faktoren kann bei Redoxgleichungen durch Formulierung der **Teilgleichungen** für die Oxidation und Reduktion vereinfacht werden:

$$\textbf{Oxidation:} \quad \overset{+2}{C} \quad \rightarrow \quad \overset{+4}{C} + 2\,e^- \quad \bullet\,3$$

$$\textbf{Reduktion:} \quad 2\,\overset{+3}{Fe} + 6\,e^- \rightarrow 2\,\overset{0}{Fe}$$

Damit die Bilanz der abgegebenen und aufgenommenen Elektronen korrekt ist, muß die Teilgleichung der Oxidation mit drei multipliziert werden. Somit ergibt sich für die Gesamtreaktion:

$$\overset{+3}{Fe_2O_3} + 3\,\overset{+2}{CO} \rightarrow 2\,\overset{0}{Fe} + 3\,\overset{+4}{CO_2}$$

Metallisches Eisen kann aus Fe_2O_3 auch durch Reduktion mit Aluminium hergestellt werden:

$$\overset{+3}{Fe_2O_3} + 2\,\overset{0}{Al} \rightarrow 2\,\overset{0}{Fe} + \overset{+3}{Al_2O_3} \quad \Delta H^o = -852\ kJ$$

Diese Reaktion wird auch als **aluminothermische Reaktion** bezeichnet. Sie kann zur Herstellung von kohlenstofffreiem Eisen genutzt werden, da bei Reduktion mit Kohlenstoff nicht vollständig umgesetzter Kohlenstoff im Eisen verbleibt und es sehr spröde macht (siehe Abschnitt 6.5.12). Da die Reaktion stark exotherm ist und Temperaturen bis über 2000 °C erreicht werden, wird sie auch zum Schweißen von Schienen oder großen Röhren eingesetzt („**Thermit-Schweißen**").

Das Halbmetall **Silicium** (siehe Abschnitt 6.4.2), welches als Rohstoff für die Mikroelektronik bedeutsam ist, wird durch Reduktion mit Kohlenstoff in einem Schmelzofen bei etwa 2000 °C gewonnen:

$$\overset{+4}{SiO_2} + 2\,\overset{0}{C} \rightarrow \overset{0}{Si} + 2\,\overset{+2}{CO} \quad \Delta H^o = +695\ kJ$$

4.5   Säure-Base-Reaktionen

4.5.1   Säuren

Früher wurden Stoffe, die von unserem Geschmackssinn als „sauer" empfunden als Säuren bezeichnet. Man hat festgestellt, daß alle diese Stoffe in wäßriger Lösung

Wasserstoffionen[2] aufweisen. In einer für die meisten Fälle ausreichenden, auf **Arrhenius** (Svante Arrhenius, 1859–1927, Nobelpreis 1903) zurückgehenden Definition kann man formulieren:

Stoffe, die in wäßrigem Medium unter Bildung von Wasserstoffionen dissoziieren, werden Säuren genannt.

Säuren können u.a. daran erkannt werden, daß sie die Farbe verschiedener pflanzlicher und auch synthetischer Farbstoffe in charakteristischer Weise verändern. Ein bekanntes Beispiel hierfür ist der Lackmus-Farbstoff, der bei Anwesenheit von Säuren von blau nach rot umschlägt. Solche Stoffe, durch deren Farbänderung man Säuren erkennen kann, bezeichnet man als **Farbindikatoren**. Ausführliche Begründungen für diese Eigenschaft der Farbindikatoren bringen die Abschnitte 5.2.6 und 11.7.4. Charakteristisch ist ferner für Säuren, daß sie verschiedene Metalle wie z.B. Zink unter Wasserstoffentwicklung auflösen:

$$Zn + 2\,HCl \rightarrow Zn^{2+} + H_2 \uparrow + 2\,Cl^-$$

Starke Säuren dissoziieren in wäßriger Lösung praktisch vollständig in Ionen, ergeben also hohe H^+ Ionen-Konzentrationen. Schwache Säuren liegen dagegen in wäßriger Lösung überwiegend als undissoziierte Moleküle vor, und nur ein geringer Prozentsatz zerfällt in elektrisch geladene Ionen. Die Charakterisierung als starke und schwache Säuren erfolgt also nach dem Dissoziationsverhalten (siehe Abschnitt 5.2.3).

Die wäßrige Lösung von Chlorwasserstoff HCl wird als **Chlorwasserstoffsäure**, häufiger jedoch als **Salzsäure** bezeichnet. Sie ist eine starke Säure. Schwefelwasserstoff H_2S ist hingegen eine sehr schwache Säure, die in wäßriger Lösung nur zu einem sehr kleinen Anteil dissoziiert. Der Säurebegriff wurde 1923 von **Brönsted** (Johannes Nikolaus Brönsted, 1879–1947) allgemeiner formuliert:

Säuren sind Stoffe, die imstande sind, Protonen abzugeben, es sind „Protonendonatoren".

Chlorwasserstoff gibt Protonen an die Wassermoleküle ab, ist demnach als Säure zu bezeichnen:

$$HCl + H_2O \rightarrow H_3O^+ + Cl^-$$

Die Brönstedsche Formulierung hat den Vorteil, daß man die Säureeigenschaft auch unabhängig vom wäßrigen Medium definieren kann und damit entsprechende Phänomene in nichtwäßrigen Medien erklären kann. Auch kann man mit ihr die sauren und basischen Reaktionen von Ionen beschreiben (über Kationsäuren, bzw. Anionbasen siehe Abschnitt 5.2.8). Auf eine eingehendere Beschreibung der Brönstedschen Säure-Base-

---

[2] Diese Wasserstoffionen (Protonen) sind in wäßriger Lösung an Wassermoleküle gebunden, so daß man richtiger von Hydroniumionen H_3O^+ sprechen müßte (siehe Abschnitt 7.1.2b4).

Theorie soll hier verzichtet werden, denn für die Praxis wird die Kenntnis des Arrheniusschen Säurebegriffs in der Regel ausreichen. Beispiel für wichtige Sauerstoffsäuren sind in Abschnitt 7.2.2 aufgeführt.

4.5.2   Basen

Genauso, wie bei Redoxvorgängen immer Oxidationsprozesse jeweils mit Reduktionsprozessen gekoppelt sind, findet bei der Abgabe von Protonen an anderer Stelle gleichzeitig eine Aufnahme von Protonen statt.

Stoffe, die Protonen aufnehmen können, werden in der Brönstedschen Terminologie als Basen bezeichnet; es sind Protonenakzeptoren.

So kann man Ammoniak als Base bezeichnen, weil sich an das freie Elektronenpaar des Stickstoffs ein Proton anlagern kann:

$$
\begin{array}{c}
\text{H} \\
| \\
\text{H}-\overset{\displaystyle}{\text{N}}| \\
| \\
\text{H}
\end{array}
\quad + \quad
\begin{array}{c}
\text{H}-\bar{\text{O}}| \\
| \\
\text{H}
\end{array}
\quad \longrightarrow \quad
\left[
\begin{array}{c}
\text{H} \\
| \\
\text{H}-\text{N}-\text{H} \\
| \\
\text{H}
\end{array}
\right]^{+}
\quad + \quad
\left[
\begin{array}{c}
|\bar{\text{O}}| \\
| \\
\text{H}
\end{array}
\right]^{-}
$$

Ammoniumion   Hydroxidion

Bei dieser Reaktion entstehen in wässriger Lösung OH^--Ionen.

Dies besagt auch die ältere, häufiger gebrauchte, auf **Arrhenius** zurückgehende, für die Praxis meist hinreichende Definition für Basen, nämlich:

Basen sind Stoffe, die in wäßrigen Lösungen OH^--Ionen bilden. Die wäßrigen Lösungen von Basen werden auch als Laugen bezeichnet.

4.5.3   Der Ampholyt „Wasser" und der pH-Wert (1. Teil)

Da das Wasser in der Reaktionsgleichung von Abschnitt 4.5.2

$$NH_3 + H_2O \rightarrow NH_4^+ + OH^-$$

der Protonendonator ist, übernimmt es in diesem Fall die Rolle einer Säure. Umgekehrt hat bei der Reaktion von Abschnitt 4.5.1

$$HCl + H_2O \rightarrow H_3O^+ + Cl^-$$

das Wasser basische Funktionen, es nimmt aus dem Chlorwasserstoffmolekül ein Proton auf. Stoffe, die wie das Wassermolekül die Rolle sowohl einer Säure als auch einer Base übernehmen können, heißen **Ampholyte** (ampho, gr. = beide; ein Ampholyt zeigt sowohl basische als auch saure Merkmale). Das wird verständlich, da (wie in Abschnitt 5.2.1 beschrieben) Wasser in einer sehr geringen Eigendissoziation sowohl Wasserstoffionen (Oxoniumionen) als auch OH^- -Ionen bildet:

$$H_2O \rightarrow H^+ + OH^- \qquad \text{bzw.} \qquad 2\,H_2O \rightarrow H_3O^+ + OH^-$$

Die quantitativen Aspekte dieser Dissoziation werden in Abschnitt 5.2.1 ausführlich erörtert. Dort wird gezeigt, daß die Wasserstoffionenkonzentration (und die OH^- -Ionenkonzentration) in reinem Wasser 10^{-7} mol/l beträgt, ferner, daß das Produkt aus der Wasserstoffionenkonzentration und der Hydroxidionenkonzentration stets einen konstanten Wert ergibt, und zwar ist bei 25 °C:

$$c_{H+} \cdot c_{OH-} = 10^{-14}\ mol^2/l^2$$

Es wird dann verständlich, daß beim Zusammenbringen einer Säure (Stoff, der in wäßriger Lösung eine große H^+-Ionenkonzentration aufweist) mit einer Base (die wäßrige Lösung enthält eine hohe OH^- -Ionenkonzentration) in Umkehrung der obigen Dissoziationsgleichung die Wasserstoffionen mit den Hydroxidionen so lange undissoziiertes Wasser bildet:

$$H^+ + OH^- \rightarrow H_2O \quad \Delta H° = -55{,}9\ kJ$$

bis das Produkt aus beiden Ionenkonzentrationen, das man als **Ionenprodukt** des Wassers bezeichnet, gerade wieder den Wert

$$c_{H+} \cdot c_{OH-} = 10^{-14}\ mol^2/l^2$$

erreicht. Man bezeichnet diese Aufhebung der Säure-Eigenschaften mit Hilfe einer Base und umgekehrt die Beseitigung der basischen Eigenschaften durch eine Säure als **Neutralisation**.

Bei dieser exothermen Reaktion wird die sogenannte Neutralisationswärme frei. Neutrales Wasser enthält weder Wasserstoff- noch Hydroxidionen im Überschuß. In neutralem und auch in chemisch reinem Wasser ist dann die Wasserstoffionenkonzentration genauso groß wie die Hydroxidionenkonzentration, nämlich:

$$c_{H+} = 10^{-7}\ mol/l$$

In sauren Lösungen ist die Wasserstoffionenkonzentration größer als 10^{-7} mol/l, alkalische Lösungen enthalten wegen der relativ hohen OH^- -Ionenkonzentration und der Abhängigkeit vom Ionenprodukt des Wassers eine H^+-Ionenkonzentration, die kleiner als 10^{-7} mol/l ist. Die Wasserstoffionenkonzentration ist also ein Maß dafür, ob eine Lösung sauer, neutral oder alkalisch reagiert. Da diese Konzentrationsangabe sehr häufig verwendet wird, jedoch als Maßzahl mit einem negativen Exponenten etwas umständlich zu schreiben ist, hat man eine einfachere Bezeichnung gewählt und diese als **pH-Wert**[3] bezeichnet, dieser hat die Bedeutung des negativen Exponenten der Wasserstoffionenkonzentration. Bei einer Wasserstoffionenkonzentration von 10^{-7} mol/l wäre dann der pH-Wert = 7.

Der pH-Wert kann, wie später gezeigt wird, experimentell durch verschiedene Methoden bestimmt werden. Man hat dabei die Beobachtung gemacht, daß in einer konzentrierten Ionenlösung die tatsächlich gemessenen Werte von denen der eigentlichen Wasserstoffionenkonzentration abweichen. Das ist verständlich, denn die Beweglichkeit der Wasserstoffionen wird durch die Anwesenheit von anderen Ionen in der wäßrigen Lösung behindert, die Meßwerte fallen dann deswegen zu tief aus. Da aber nicht die eigentlichen Wasserstoffionenkonzentrationen, sondern die tatsächlich gemessenen Werte, die man als **Wasserstoffionenaktivitäten** bezeichnet, den pH-Messungen und pH-Wert-Angaben zugrunde liegen, formuliert man in einer präziseren Definition:

Der pH-Wert ist der negative dekadische Logarithmus der Wasserstoffionenaktivität, also pH = –lg a_{H+}.

Eine ausführliche Unterscheidung zwischen Konzentrationen und Aktivitäten bringt der Abschnitt 5.2.3, ferner wird im Abschnitt 5.2.2 des Thema pH-Wert weitergeführt.

Reines und neutrales Wasser haben den pH-Wert 7 (dimensionslose Zahl); bei Säuren ist der pH-Wert kleiner als 7, und zwar um so kleiner, je stärker die saure Reaktion ist; bei Basen ist der pH-Wert größer als 7 (siehe Tab. 4.2). Zusätzlich sind in Tab. 4.2 beispielhaft die pH-Werte einiger charakteristischer wässriger Lösungen angegeben.

Tab 4.2. Die pH-Skala und die pH-Werte einiger Lösungen

a_{H+} [mol/l]	a_{OH-} [mol/l]	pH-Wert	Lösung	Reaktion
10^{0}	10^{-14}	0		stark
10^{-1}	10^{-13}	1		sauer
10^{-2}	10^{-12}	2 -----	Magensaft	
10^{-3}	10^{-11}	3 -----	Essig, Coca-Cola	
10^{-4}	10^{-10}	4 -----	Bier	
10^{-5}	10^{-9}	5 -----	Kaffee	schwach
10^{-6}	10^{-8}	6		sauer
10^{-7}	10^{-7}	7 -----	Blut (7,41)	neutral
10^{-8}	10^{-6}	8 -----	Meerwasser	schwach
10^{-9}	10^{-5}	9		basisch
10^{-10}	10^{-4}	10 -----	Waschmittel	
10^{-11}	10^{-3}	11		
10^{-12}	10^{-2}	12 -----	Salmiakgeist [*)]	
10^{-13}	10^{-1}	13		stark
10^{-14}	10^{0}	14		basisch

*) Lösung von Ammoniak in Wasser

---

[3] pH ist die Abkürzung von pondus (lat. = Menge, Masse) Hydrogenii (lat. = des Wasserstoffs, gemeint der Wasserstoffionen)

4.5.4   Salze

Bei der **Neutralisation** von Säuren mit Basen entsteht aus Wasserstoff- und Hydroxidionen undissoziiertes Wasser, die mit der Säure bzw. Base eingebrachten Ionen bilden dann meistens eine wäßrige **Salzlösung**. Beispiel:

$$NH_4^+ + OH^- + H^+ + Cl^- \rightarrow H_2O + NH_4^+ + Cl^-$$

$$\underbrace{\hspace{3cm}}_{\text{Base}} \quad \underbrace{\hspace{3cm}}_{\text{Säure}} \quad \underbrace{\hspace{5cm}}_{\text{Salzlösung}}$$

Aus der Salzlösung kann dann das betreffende Salz (in der Definition von Abschnitt 2.2 ist ein Salz ein kristalliner Stoff, der in Form einer Ionenbindung positive und negative Ionen enthält) durch Verdampfen des Wassers in kristallisierter Form erhalten werden. Von daher ist auch der Name **Base** zu verstehen, denn Basen bilden die Grundlagen (Grundlage heißt im Altgriechischen „basis"), aus denen man mit Hilfe von Säuren verschiedene Salze herstellen kann.

In einer präziseren Definition werden unter Salzen nur diejenigen Ionenverbindungen verstanden, deren Kristallgitter aus mindestens einer von H^+-Ionen verschiedenen Kationenart und mindestens aus einer von OH^--Ionen oder O^{2-}-Ionen verschiedenen Anionenart bestehen, also weder eine kristallisierte Säure, Base noch ein Oxid darstellen.

An der Neutralisationsreaktion beteiligen sich, wie die obige Reaktionsgleichung zeigt, nur die H^+-Ionen und die OH^--Ionen, während die anderen Ionen (wenn man von schwerlöslichen Salzen absieht; siehe hierzu Abschnitt 5.3) sowohl vor als auch nach der Reaktion in gelöster Form vorliegen. Enthält dann eine wäßrige Lösung eine Reihe verschiedener Kationen und verschiedener Anionen, so existieren diese, jeweils von Wasserdipolen umgeben (hydratisiert), unabhängig voneinander, wobei nur durch Kompensation der positiven durch die negative Ionenladungen nach außen hin die Elektroneutralität der gesamten Salzlösung gewahrt bleibt. Daher ist es auch berechtigt, bei Analysenangaben von Mineralwässern die Ionen einzeln (Kationen und Anionen getrennt) und nicht verschiedene Salzarten aufzuführen. Erst beim Eindampfen von solchen Salzlösungen kristallisieren dann verschiedene, konkrete Salze entweder in reiner Form oder als Mischkristalle aus.

Neutralisationsreaktionen spielen unter anderem in der Praxis des chemischen Labors und der Umwelttechnik eine wichtige Rolle; z.B.:

- Analyse von Säuren und Basen mittels **Maßanalyse** bzw. **Titration** (siehe Abschnitt 5.2.7)
- Neutralisation **industrielle Abwässer** vor der Einleitung in die biologische Kläranlage (siehe Übungsbeispiel 4.6)
- Neutralisation saurer und basischer **Abluftinhaltstoffe** (siehe Abschnitt Übungsbeispiel 13.5)

Man kennzeichnet die Salze der Nichtmetallwasserstoffsäuren durch einen Namen, der sich zusammensetzt aus der Kationenbezeichnung und dem (oft abgekürzten lateinischen) Nichtmetallnamen, dem man die Endung **-id** anhängt, also z.B.:

NaCl	Natriumchlorid	=	Natriumsalz der Chlorwasserstoffsäure
KBr	Kaliumbromid	=	Kaliumsalz der Bromwasserstoffsäure
$(NH_4)_2S$	Ammoniumsulfid	=	Ammoniumsalz der Schwefelwasserstoffsäure

Die Nomenklaturen (nomenclatio, lat. = Benennung mit Namen) anderer Salze werden in Abschnitten 7.2.2 und 5.4.2 erklärt.

Übungsbeispiel 4.6: Neutralisation eines industriellen Abwassers.
Aus einem chemischen Prozeß fällt pro Stunde 1 m^3 eines HCl-haltigen Abwassers an (pH-Wert = 3), welches vor dem Einleiten in die biologische Reinigungsanlage neutralisiert werden muß. Wieviel kg Natronlauge mit einem Massengehalt von 10% werden hierzu pro Stunde benötigt?

Lösung:
Neutralisationsreaktion: $HCl + NaOH \rightarrow NaCl + H_2O$
- Die Gleichung besagt, daß zur Neutralisation von einem mol HCl ein mol NaOH benötigt werden.
- Nach der Definition des pH-Werts enthält das Abwasser bei pH = 3 eine H^+-Ionenkonzentration von 10^{-3} mol/l, diese ist gleich der HCl-Konzentration ($c_{HCl} = 10^{-3}$ mol/l).
- Pro m^3 liegt somit $1000 \cdot 10^{-3}$ mol = 1 mol HCl vor.
- Nach obiger Gleichung ist pro m^3 1 mol NaOH (= 40 g) zur Neutralisation notwendig.
- Bei einem Massengehalt von 10% sind somit **400 g NaOH-Lösung** notwendig.

Kontroll- und Übungsfragen zum 4. Kapitel

1) Was versteht man unter stöchiometrischen Berechnungen?
2) Was sind exotherme, was endotherme Reaktionen?
3) Welche Bedeutung hat die Aktivierungsenergie beim Zustandekommen chemischer Reaktionen?
4) Was versteht man bei Reaktionen unter „Enthalpie", was unter der „inneren Energie"?
5) Was versteht man unter einem Katalysator, was unter einem Inhibitor?
6) Was bezeichnet man als Katalysatorgifte ? Nennen Sie ein Beispiel!
7) Was bedeutet es, wenn ein Stoff in einem metastabilen Zustand vorliegt?
8) Erklären Sie den Unterschied zwischen homogener und heterogener Katalyse!
9) Bei einem PKW soll die gesamte Tankfüllung an Benzin (60 l) *vollständig* verbrannt werden (*Annahme:* Benzin - ein Gemisch aus sehr vielen Kohlenwasserstoffen - bestehe nur aus Oktan C_8H_{18}, Dichte von Oktan d = 0,7 g/cm^3):
$$2\ C_8H_{18} + 25\ O_2 \rightarrow 16\ CO_2 + 18\ H_2O$$
a) Wieviel m^3 Luft werden hierzu gebraucht ?
b) Wieviel m^3 CO_2 entstehen unter Normalbedingungen ?
10) Was ist die allgemeine Definition von Oxidation und Reduktion hinsichtlich der dabei stattfindenden Elektronenübergänge?
11) Was ist ein Reduktionsmittel, was ein Oxidationsmittel?
12) Erklären Sie den Unterschied zwischen Oxidationszahl und Ladungszahl!
13) Welche Reduktionsmittel werden in der chemischen Technik häufig zur Gewinnung von Metallen aus Erzen eingesetzt?
14) Was bedeutet Thermit-Schweißen? Wo wird es eingesetzt?
15) Geben Sie die Oxidationszahlen der Atome in den folgenden Molekülen an!
O_2, H_2SO_4, $BaCrO_4$, $CaCl_2$, $HClO_4$, H_2S, Al_2O_3, H_3PO_4, Na_2CO_3
16) Welche Stoffe sind in den folgenden Gleichungen das Reduktions-, welche das Oxidationsmittel, welche Spezies wird reduziert, welche oxidiert?
a) $Fe_2O_3 + 2\ Al\ \rightarrow\ Al_2O_3 + 2\ Fe$
b) $CH_4 + 2\ O_2\ \rightarrow\ CO_2 + 2\ H_2O$
c) $Ca\ + Cl_2 \rightarrow\ CaCl_2$
17) Metallisches Chrom kann aluminothermisch aus Chromoxiderz hergestellt werden:
$$Cr_2O_3 + 2\ Al \rightarrow 2\ Cr + Al_2O_3$$
Wieviel Tonnen Aluminium werden zur Gewinnung von 5 Tonnen metallischem Chrom gebraucht?
18) Geben Sie jeweils die höchste und die niedrigste Oxidationsstufe der folgenden Elemente an (Begründung!):
S, Cl, Na, P, Ar, F
19) Zur Herstellung von Wolfram-Metall wird in der Technik Wolframoxid mit Wasserstoff umgesetzt:
$$WO_3 + H_2 \rightarrow W\ + H_2O$$
a) Gleichen Sie die stöchiometrischen Faktoren so aus, daß die Massenbilanz der Reaktion stimmt!
b) Wieviel Wolframoxid ist zur Herstellung von 3 to Wolfram-Metall notwendig?

c) Wieviel m^3 (Normbedingungen) Wasserstoffgas sind hierzu notwendig?

20) Zur Herstellung von Rohsilicium wird Siliciumdioxid bei etwa 2000 °C mit Kohlenstoff umgesetzt (siehe Abschnitt 6.4.2):

$SiO_2 + 2\,C \rightarrow Si + 2\,CO \qquad \Delta H° = +695\ kJ$

a) Um was für eine Reaktion handelt es sich bezüglich der energetischen Betrachtung?

b) Wieviel Siliciumdioxid und wieviel Kohlenstoff sind zur Herstellung von einer Tonne Rohsilicium notwendig?

c) Wieviel Energie (in kWh) muß zur Herstellung von einer Tonne Silicium mindestens aufgebracht werden?

21) Was versteht man nach der Theorie von Brönsted unter einer Säure und unter einer Base?

22) Aus einem chemischen Betrieb fällt pro Stunde 1 m^3 eines NaOH-haltigen Abwassers mit einem pH-Wert = 11 an. Dieses Abwasser muß vor dem Einleiten in die Abwasserreinigungsanlage neutralisiert werden. Wieviel kg wässrige Salzsäure (HCl, Massengehalt 10%) werden pro Stunde zur Neutralisation benötigt?

23) Viele Medikamente gegen das sogenannte Sodbrennen enthalten zur Neutralisation der überschüssigen Magensäure (Salzsäure) eine Mischung der Basen Magnesiumhydroxid $Mg(OH)_2$ und Aluminiumhydroxid $Al(OH)_3$. Formulieren Sie die Gleichungen für die Neutralisationsreaktionen!

24) Was versteht man unter einem Ampholyt?

25) Bei welcher der folgenden Reaktionen handelt es sich um eine   Redoxreaktion,   bei welchen um Säure-Base-Reaktionen, bei welchen um eine Neutralisation? (Begründung!)

a) $H_2SO_4 + 2\,NaOH \rightarrow Na_2SO_4 + 2\,H_2O$

b) $Cl_2 + 2\,NaBr \rightarrow 2\,NaCl + Br_2$

c) $Fe_2O_3 + 3\,CO \rightarrow 3\,CO_2 + 2\,Fe$

d) $NH_3 + H_2O \rightarrow NH_4^+ + OH^-$

e) $Na_2O + H_2O \rightarrow 2\,NaOH$

f) $HBr + KOH \rightarrow KBr + H_2O$

5 Chemische Gleichgewichte

Übersicht über die Thematik des 5. Kapitels

Am Anfang dieses Kapitels wird eine wichtige, allgemeingültige Gesetzmäßigkeit zur Beschreibung chemischer Gleichgewichte, das sogenannte Massenwirkungsgesetz eingeführt. Hiermit sind Aussagen über die Konzentrationsverhältnisse der Edukte und Produkte im Gleichgewichtszustand möglich. Diese Gesetzmäßigkeit wird dann anhand von wichtigen chemischen Reaktionen im wäßrigen Medium näher erläutert: so z.B. am Ionenprodukt des Wassers, an Farbindikatoren, an schwachen Säuren und Basen, am Löslichkeitsprodukt des Calciumcarbonats (Kesselsteinbildung). Auch die Bildung von „Komplexsalzen" stellen wichtige Beispiele für chemische Gleichgewichte dar.
Chemische Gasgleichgewichte spielen bei der Herstellung von Grundstoffen in der Chemietechnik wie beispielsweise Ammoniak oder Wasserstoff eine wichtige Rolle. Heterogene Gasgleichgewichte treten bei der Eisenherstellung im Hochofen oder beim oberflächlichen Aufkohlen von Stahl auf.
An Oberflächen von festen Stoffen können sich Adsorptionsgleichgewichte einstellen. Bei der Chromatographie, einer häufig angewandten Analysenmethode, werden solche Adsorptionsvorgänge zur Auftrennung von Stoffgemischen genutzt.

5.1 Das Massenwirkungsgesetz

5.1.1 Die mathematische Formulierung des Massenwirkungsgesetzes

Wie bereits unter Abschnitt 4.3.2b erwähnt, ändert sich die Geschwindigkeit, mit der eine chemische Reaktion abläuft, proportional mit den Konzentrationen der beteiligten Stoffe. Dies ist auch leicht einzusehen: Wenn nämlich zwei Stoffe miteinander reagieren und eine Verbindung bilden sollen, also in allgemeiner Schreibweise, wenn aus Stoff A und Stoff B eine Verbindung AB entstehen soll:

$$A + B \rightarrow AB$$

so kann das nur eintreten, wenn jeweils ein Molekül des Stoffes A mit jeweils einem Molekül des Stoffes B zusammenstößt. Die Wahrscheinlichkeit, daß die Moleküle zusammentreffen, ist aber proportional der in der Volumeneinheit vorhandenen Molekülzahl, also proportional den Konzentrationen. Hält man die Temperatur konstant, so ist die **Bildungsgeschwindigkeit** v_1 für die Verbindung AB proportional dem Produkt der Konzentrationen beider Ausgangsstoffe, daher:

$$v_1 \sim c_A \cdot c_B \quad \text{also} \quad v_1 = k_1 \cdot c_A \cdot c_B$$

v_1 = Bildungsgeschwindigkeit von AB
k_1 = Proportionalitätskonstante
c = Konzentration des Stoffes A bzw. B in mol/l.

Bei der Reaktionsgleichung soll es sich um ein chemisches Gleichgewicht handeln, bei dem eine ständige Neubildung von AB und ein Zerfall von AB in die Ausgangskomponenten stattfinden kann. Für die Verbindung AB soll also bei der gewählten, konstanten Temperatur die Bedingung gelten, daß sie teilweise in umgekehrter Richtung der Bildungsreaktion wieder in die Ausgangskomponenten A und B zerfällt, also:

$$AB \rightarrow A + B$$

Für die Geschwindigkeit dieser **Zerfallsreaktion** (Rückreaktion) gilt dann entsprechend:

$$v_2 \sim c_{AB} \quad \text{also} \quad v_2 = k_2 \cdot c_{AB}$$

v_2 = Zerfallsgeschwindigkeit von AB
k_2 = Proportionalitätskonstante
c_{AB} = Konzentration von AB in mol/l.

Zu Beginn einer chemischen Reaktion, wenn nur A und B vorhanden sind, ist die Bildungsgeschwindigkeit v_1, von AB groß (Bildungsgeschwindigkeit verstanden als Konzentrationsänderung der Reaktionspartner pro Zeitintervall). Im Verlaufe der Reaktion werden A und B verbraucht, also ihre Konzentrationen geringer; dementsprechend sinkt auch die Bildungsgeschwindigkeit (siehe Abb. 5.1). Umgekehrt wächst die Konzentration des Reaktionsproduktes AB und dementsprechend auch die Zerfallsgeschwindigkeit v_2 von AB. Nach einer gewissen Zeit stellt sich eine Gleichgewichtslage ein, bei der die

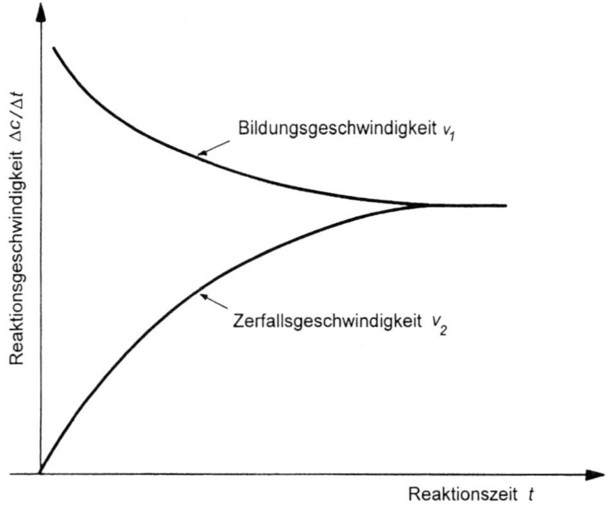

Abb. 5.1. Einstellung einer chemischen Gleichgewichtslage

Bildungs- und Zersetzungsgeschwindigkeiten gleich groß sind. Wenn also $v_1 = v_2$, so werden pro Zeiteinheit gleichviel Moleküle AB aus A und B gebildet, wie auch wieder die Moleküle AB in die Stoffe A und B zerfallen. Das bedeutet: die Konzentrationen der am Gleichgewicht beteiligten Stoffe bleiben konstant, es liegt ein sogenanntes **chemisches Gleichgewicht** vor. Da dieses Gleichgewicht von einer ständigen Bildungs- und Zersetzungsreaktion begleitet ist, spricht man von einem **dynamischen Gleichgewicht**.

Im Gleichgewichtszustand einer chemischen Reaktion, wenn also:

$$v_1 = v_2 \quad \text{ist folglich} \quad k_1 \cdot c_A \cdot c_B = k_2 \cdot c_{AB}$$

oder es gilt dann die als Massenwirkungsgesetz[1] bezeichnete Formel, wobei man verschiedentlich die eingesetzten Stoffmengenkonzentrationen (mol/l) auch durch die in eckige Klammern gefaßten chemischen Formeln kennzeichnet:

$$\frac{c_{AB}}{c_A \cdot c_B} = \frac{k_1}{k_2} = K_c(T) \quad oder \quad \frac{[AB]}{[A] \cdot [B]} = K_c(T)$$

Im Gleichgewichtszustand einer chemischen Reaktion besitzt der Quotient aus den „wirksamen Massen" der End- und der Ausgangsstoffe bei gegebener Temperatur einen bestimmten, konstanten, für die Reaktion charakteristischen Wert K.

Es ist dabei gleichgültig, von welcher Seite, also entweder von den Ausgangsstoffen oder dem Endprodukt her, man sich dem Gleichgewicht nähert, man gelangt immer wieder zu derselben Gleichgewichtseinstellung, d. h., durch chemische Reaktionsabläufe verändern sich die Konzentrationen so lange, bis der Quotient aus den Konzentrationen den für die Temperatur charakteristischen Wert K_c erreicht. Der Wert K_c wird auch **Gleichgewichtskonstante** genannt.

Im Massenwirkungsgesetz werden die Konzentrationen der Reaktionsprodukte (in einer Reaktionsgleichung die Stoffe auf der rechten Seite!) in den Zähler, die der Ausgangsstoffe in den Nenner geschrieben und multiplikativ verknüpft. Die stöchiometrischen Koeffizienten treten als Exponenten der Konzentrationen auf. Für die allgemein geschriebene Reaktionsgleichung

$$a\,A + b\,B \rightleftharpoons c\,C + d\,D$$

gilt

$$K_c(T) = \frac{[C]^c \cdot [D]^d}{[A]^a \cdot [B]^b}$$

---

[1] Cato Maximilian Guldberg (1836–1902) und Peter Waage (1833–1900) entdeckten 1867 diese Gesetzmäßigkeiten. Die Bezeichnung „Massenwirkungsgesetz" ist so zu verstehen, daß die Konzentrationen der Reaktionspartner als aktive, wirksame Massen in die Gleichung eingehen.

Jede Reaktion hat ihre eigene charakteristische Gleichgewichtskonstante K_c, deren Wert von der Temperatur abhängt. Der Zahlenwert K_c von muß experimentell ermittelt werden.

Katalysatoren können die Geschwindigkeit beim Ablauf chemischer Reaktionen bis zur Einstellung des Gleichgewichtes beeinflussen, jedoch die Lage des chemischen Gleichgewichts *nicht* verändern. Das bedeutet: Man kann durch Katalysatoren keine Reaktion erzwingen oder auch keine chemischen Gleichgewichte verschieben, wenn dies nicht auch ohne Katalysatoren möglich wäre. Der Einfluß eines Katalysators besteht nur darin, daß die Reaktionsgeschwindigkeit bis zur Einstellung des Gleichgewichtes erhöht wird.

Für die Reaktionsgleichung (Dissoziationsgleichung der schwefligen Säure):

$$H_2SO_3 \rightleftharpoons 2\,H^+ + SO_3^{2-}$$

lautet z.B. das Massenwirkungsgesetz:

$$K_c(T) = \frac{c^2_{H^+} \cdot c_{SO_3^{2-}}}{c_{H_2SO_3}} = \quad oder \quad K_c(T) = \frac{\left[H^+\right]^2 \cdot \left[SO_3^{2-}\right]}{\left[H_2SO_3\right]}$$

5.1.2   Das Prinzip von Le Chatelier

Das **Prinzip vom kleinsten Zwang** oder das Prinzip der Flucht vor dem Zwang, auch Prinzip von Le Chatelier (Henry le Chatelier, 1850–1936) genannt, besagt:

Übt man auf ein System, das sich im chemischen Gleichgewicht befindet, durch Änderung der äußeren Bedingungen einen Zwang aus, so verschiebt sich das chemische Gleichgewicht derart, daß dieser äußere Zwang vermindert wird.

Die Folgerungen, die sich aus diesem Prinzip bei Änderung der äußeren Reaktionsbedingungen ergeben, zeigen sich z.B. deutlich an folgendem anschaulichen Experiment:

Anthracen, ein fester, weißer organischer Stoff (siehe Abschnitt 8.1.5d) bildet mit der hellgelben Pikrinsäure (siehe Abschnitt 8.5.5) eine nicht sehr beständige, dunkelrote Verbindung. Die Reaktion kann man symbolisch durch folgende Gleichung veranschaulichen:

$$A + P \rightleftharpoons AP$$

A   = Anthracen
P   = Pikrinsäure
AP = Verbindung aus Anthracen und Pikrinsäure (Anthracenpikrat)

Die Reaktion spielt sich im flüssigen Medium ab. Hierbei dient eine organische Substanz (z.B. Chloroform) als Lösungsmittel. Man erhält durch Vereinigen der beiden nahezu farblosen Lösungen von A und P eine die Verbindung AP enthaltende, rote Lösung, in der aber auch noch die Ausgangskomponenten A und P vorhanden sind. Alle an der obigen Reaktionsgleichung beteiligten Stoffe (also A, P und AP) liegen in einem dynamischen Gleichgewicht nebeneinander vor. Für dieses chemische Gleichgewicht lautet dann das Massenwirkungsgesetz:

$$K_c = \frac{c_{AP}}{c_A \cdot c_P}$$

Es ist dabei gleichgültig, von welcher Seite man sich dem Gleichgewicht nähert. Man erhält die gleiche Gleichgewichtseinstellung und damit die gleiche Farbintensität auch ebenso, wenn man in umgekehrter Richtung die vorher hergestellte Verbindung AP im Lösungsmittel auflöst, wobei diese teilweise wieder in die Komponenten A und P zerfällt.

Für die Wirkung des Prinzips vom kleinsten Zwang sind folgende drei Fälle charakteristisch:

a) Veränderung der Konzentration eines Reaktionspartners

Fügt man zu dem im Gleichgewicht befindlichen System

$$A + P \rightleftharpoons AP$$

weitere Mengen des Stoffes A hinzu, so verschiebt sich das Gleichgewicht unter diesem „äußeren Zwang" so lange zu Gunsten von AP (nach rechts, d.h., die Lösung muß sich bei Zugabe der weißen Verbindung A stärker rot färben!), bis der Quotient aus den sich neu einstellenden Konzentrationen wieder den Wert K_c der Massenwirkungskonstanten erreicht (K_c = konst. bei gleicher Temperatur). Das gleiche geschieht beim Zufügen weiterer Mengen des Stoffes P.

b) Einfluß der Verdünnung bzw. des Reaktionsdruckes

Bei der Reaktion

$$A + P \rightleftharpoons AP$$

vereinigen sich zwei Moleküle (nämlich A und P) zu einem Molekül der Verbindung AP, die Anzahl der Teilchen in der Lösung nimmt also bei der Hinreaktion (von links nach rechts) ab, beim Zerfall von AP hingegen steigt die Zahl der Teilchen an.

Wird nun die Lösung der im Gleichgewicht befindlichen Stoffe mit weiterem Lösungsmittel (in diesem Fall Chloroform) verdünnt, so verschiebt sich das Gleichgewicht unter diesem „äußeren Zwang" der Verdünnung in Richtung der Ausgangsstoffe A und P (also nach links), da durch den Zerfall der Verbindung und damit durch das Entstehen zusätzlicher Moleküle dem Verdünnungseffekt entgegengewirkt wird; d.h., der äußere Zwang wird dadurch vermindert, das System weicht dem äußeren Zwang aus. Beim Aufkonzentrieren dagegen verschiebt sich das Gleichgewicht in umgekehrter Richtung nach rechts.

Einen ähnlichen Effekt bewirkt bei Reaktionen in der Gasphase die Veränderung des Reaktionsdruckes, denn nach der allgemeinen Zustandsgleichung für ideale Gase

$$p \cdot V = n \cdot R \cdot T$$

ist der Druck proportional der Konzentration, also

$$p \sim \frac{n}{V} \; (bei \; T = konst.)$$

Beim Erhöhen des Druckes wird damit bei Gasen die Reaktion bevorzugt, die unter Verminderung der Molekülzahl verläuft. Beim Vermindern des Druckes verschiebt sich das Gleichgewicht zu Gunsten der Reaktionspartner mit der größeren Anzahl von Molekülen (siehe auch Beispiele in Abschnitt 5.5.1).

Bleibt bei einer chemischen Reaktion die Molekülzahl gleich, also schematisch:

$$A + B \rightleftharpoons C + D$$

so wird weder durch Veränderung des Reaktionsdruckes (bei gasförmigen Produkten) noch durch Variieren des Verdünnungsgrades das chemische Gleichgewicht beeinflußt. Ein Beispiel hierfür ist die Gleichgewichtsreaktion

$$CO + H_2O \rightleftharpoons CO_2 + H_2$$

c) Veränderung der Reaktionstemperatur

Bei Temperaturerhöhung verschiebt sich das chemische Gleichgewicht in Richtung der Komponenten, die unter Wärmeverbrauch entstehen, beim Abkühlen zu Gunsten der exothermen Teilreaktion.

Die Bildung von Anthracenpikrat (AP) aus Anthracen (A) und Pikrinsäure (P) ist eine sehr schwach exotherme Reaktion, also

$$A + P \rightleftharpoons AP \qquad\qquad \Delta H° = + x \; kJ$$

Beim Erwärmen wird darum die Färbung der Lösung heller; denn das Gleichgewicht verschiebt sich dabei zu Gunsten der schwach gefärbten Verbindungen A und P. Bei Temperaturerniedrigung (Kältebad) färbt sich die Lösung dunkler rot, weil sich das Gleichgewicht nach rechts, zu Gunsten des dunkelroten AP verschiebt.

Ganz allgemein sind bei tiefen Temperaturen exotherme, bei hohen Temperaturen endotherme Reaktionen bevorzugt. In der Nähe des absoluten Nullpunktes könnten sich demnach nur exotherme Reaktionen abspielen, bei gewöhnlichen Temperaturen (T = ca. 300 K) verlaufen die meisten Reaktionen noch exotherm, jedoch kommen bereits auch endotherme Reaktionen vor, bei Temperaturen des elektrischen Lichtbogens (T > 2000 K) laufen praktisch nur endotherme Reaktionen ab.

5.2 Gleichgewichte in wäßrigen Lösungen

5.2.1 Das Ionenprodukt des Wassers

Wasser dissoziiert zu einem sehr geringen Teil in die Ionen H^+ und OH^- (siehe Abschnitt 4.5.3). In wässriger Lösung liegt das H^+-Ion eigentlich als sogenanntes **Hydroniumion** vor H_3O^+ (siehe Abschnitt 7.1.2b4). Die umgekehrte Reaktion, also die Vereinigung von H^+ und OH^- zu H_2O ist exotherm. Man kann dies leicht durch die starke Temperaturerhöhung feststellen, wenn man eine H^+-Ionen enthaltende Verbindung (also eine Säure) mit einer OH^--Ionen enthaltenden Verbindung (Base) zusammengießt:

$$H^+ + OH^- \rightarrow H_2O \qquad \Delta H° = -55,9 \text{ kJ}$$

Eine Temperaturerhöhung (Erhitzen von chemisch reinem Wasser) bewirkt nach dem Prinzip des kleinsten Zwanges (siehe Abschnitt 5.1.2c) eine Verschiebung des Gleichgewichtes in Richtung einer stärkeren Dissoziation von H_2O in H^+ und OH^--Ionen. Die Temperaturabhängigkeit der H^+-Ionen und damit auch der OH^--Ionenkonzentration in reinem Wasser ist in Tab. 5.1 veranschaulicht.

Tab. 5.1. Konzentrationen der H^+- und OH^--Ionen in reinem Wasser

Temperatur [°C]	0	18	25	50	100
c_{H^+} bzw. c_{OH^-} [$\cdot 10^{-7}$ mol/l]	0,34	0,78	1,05	2,44	7,7

Auf die Gleichung für die elektrolytische Dissoziation des Wassers läßt sich auch das Massenwirkungsgesetz anwenden. Die experimentell z.B. durch Leitfähigkeitsmessungen mit sehr reinem Wasser für das Gleichgewicht

$$H_2O \rightleftharpoons H^+ + OH^-$$

ermittelte Massenwirkungskonstante beträgt bei 25 °C

$$K_c = \frac{c_{H^+} \cdot c_{OH^-}}{c_{H_2O}} \approx 1,8 \cdot 10^{-16} \; mol/l$$

Die Konzentration des undissoziierten Wassers c_{H2O} ist um viele Zehnerpotenzen größer als die Konzentration der Ionen c_{H^+} und c_{OH^-}, aus diesem Grunde kann man folgende Vereinfachungen vornehmen:

1.) Die Konzentration des undissoziierten Wassers c_{H2O} kann man innerhalb der Meßgenauigkeit ausdrücken durch die Menge des insgesamt vorhandenen Wassers (also einschließlich der mit einer Waage nicht erfaßbaren Mengen von H^+- und OH^--

Ionen). Da aber 1 l Wasser bei 25 °C 997 g wiegt, beträgt die auf 1 l entfallende Anzahl von Mol H_2O:

$$c_{H_2O} = \frac{997\,g/l}{18\,g/mol} = 55{,}4\,mol/l$$

2.) Der Nenner in der Gleichung für das Massenwirkungsgesetz c_{H2O} kann mit 55,4 mol/l als konstant angesehen und in die Massenwirkungskonstante einbezogen werden. Man erhält daher:

$$c_{H+} \cdot c_{OH-} = 55{,}4\ mol/l \cdot 1{,}8\ mol/l \cdot 10^{-16} = 1 \cdot 10^{-14}\ mol^2/l^2$$

bezeichnet man auch als das **Ionenprodukt des Wassers**. Der Zahlenwert gilt aber nur für 25 °C (siehe Tab. 5.1).

5.2.2   Der pH-Wert (2. Teil)

Bei reinem Wasser ist die Konzentration der H^+- und OH^--Ionen gleich groß, da ja jeweils ein Wassermolekül in eben diese beiden Ionenarten dissoziiert. Wenn man also für reines Wasser die Bedingung

$$c_{H+} = c_{OH-}$$

voraussetzt, läßt sich aus dem Ionenprodukt die Wasserstoffionenkonzentration berechnen. Dann ist für reines (ebenso für neutrales) Wasser, wo also weder H^+-Ionen noch die OH^--Ionen im Überschuß vorhanden sind, durch Einsetzen der Gleichung $c_{H+} = c_{OH-}$ in das Ionenprodukt des Wassers:

$$c_{H+} \cdot c_{H+-} = c_{H+}^2 = 10^{-14}\ mol^2/l^2$$

also die H^+-Ionenkonzentration

$$c_{H+} = 10^{-7}\ mol/l$$

und damit der pH-Wert 7 (siehe Abschnitt 4.5.3). In reinem und neutralen Wasser ist auch die OH^--Ionenkonzentration $10^{-7}\ mol/l$.

Dissoziiert ein Stoff in Wasser unter Bildung von H^+-Ionen (z.B. HCl in H_2O, siehe Abschnitt 4.5.1), so wird damit die Wasserstoffionenkonzentration in der wäßrigen Lösung erhöht. Da aber das Ionenprodukt des Wassers konstant bleibt, muß bei Erhöhung der Wasserstoffionenkonzentration die Konzentration der OH^--Ionen kleiner werden.

Der pH-Wert einer Säurelösung läßt sich theoretisch berechnen. Wenn man annimmt, daß **HCl** als **starke Säure** (siehe Abschnitt 5.2.3) in Wasser vollständig in H^+- und Cl^--Ionen zerfällt, erhält man beim Lösen von einem mol HCl in einem Liter Wasser eine H^+-Ionenkonzentration von 1 mol/I = 10^0 mol/l; der pH-Wert ist somit 0; die OH^--Ionenkonzentration ist dann (nach Berechnungen aus dem Ionenprodukt des Wassers, siehe Abschnitt 5.2.1) 10^{-14} mol/I. Bei Basen berechnet man den pH-Wert, ausgehend von einer bekannten OH^--Ionenkonzentration, über das Ionenprodukt des Wassers.

Übungsbeispiel 5.1: Berechnung des pH-Werts und der OH^--Konzentration einer 0,1 molaren wäßrigen HCl-Lösung.

Lösung:
HCI dissoziiert als starke Säure in wäßriger Lösung praktisch vollständig in die Ionen H^+- und Cl^- (das Gleichgewicht liegt praktisch vollständig auf der rechten Seite):

$$HCl \rightarrow H^+ + Cl^-$$

Eine 0,1 molare Lösung von HCl in H_2O hätte bei vollständiger Dissoziation eine Wasserstoffionenkonzentration von 10^{-1} mol/l und damit einen pH-Wert von 1. Die OH^--Ionenkonzentration der 0,1-molaren Salzsäure wäre dann

$$c_{OH^-} = \frac{10^{-14} \; mol^2 \, / \, l^2}{c_{H^+}} = \frac{10^{-14} \; mol^2 \, / \, l^2}{10^{-1} \; mol \, / \, l} = 10^{-13} \; mol \, / \, l$$

Die Tabelle 5.2 zeigt eine Gegenüberstellung von theoretisch berechneten und tatsächlich gefundenen pH-Werten. Bei Salzsäure und Natronlauge kann man eine vollständige Dissoziation in Ionen annehmen, während die **Essigsäure** als **schwache Säure** nur zu etwa 1,3% in Ionen zerfällt (siehe Abschnitt 5.2.3), deswegen ist der pH-Wert einer 0,1 molaren Essigsäure nicht wie bei einer 0,1 molaren Salzsäure ca. 1, sondern ca. 3, also die H^+-Ionenkonzentration um ca. zwei Zehnerpotenzen geringer, als man dies nach der Menge der in Wasser gelösten Säure erwarten würde. Die Wasserstoffionenkonzentration einer 0,1 molaren Essigsäure gemäß Tab. 5.2 beträgt demnach $10^{-2,9}$ mol/l statt 10^{-1} mol/l.

Wie bereits in Abschnitt 4.5.3 beschrieben, haben Säuren pH-Werte < 7, Basen > 7, neutrales und reines Wasser pH = 7,0. Hinsichtlich des Dissoziationsverhaltens kann

Tab. 5.2. pH-Werte verschiedener wäßriger Lösungen

In Wasser gelöster Stoff bzw. Dissoziationsreaktion	Konzentration [mol/l]	dissoziierter Anteil	c_{H+} [mol/l]	c_{OH-} [mol/l]	pH-Wert berechnet	pH-Wert aus Experiment
$HCl \rightleftharpoons H^+ + Cl^-$	1	100%	10^0	10^{-14}	0	0,1
	0,1	100%	10^{-1}	10^{-13}	1	1,1
	0,0001	100%	10^{-4}	10^{-10}	4	4,0
$HAc \rightleftharpoons H^+ + Ac^-$	0,1	1,3%	$10^{-2,9}$	$10^{-11,1}$	2,9	2,9
$NaOH \rightleftharpoons Na^+ + OH^-$	0,01	100%	10^{-12}	10^{-2}	12	12,1

man zwischen starken und schwachen Elektrolyten unterscheiden, wie es der folgende Abschnitt 5.2.3 näher beschreibt.

5.2.3   Die elektrolytische Dissoziation

Für die elektrolytische Dissoziation einer Säure (HA) nach der allgemeinen Gleichung

$$HA \rightleftharpoons H^+ + A^-$$

gilt dann gemäß dem Massenwirkungsgesetz:

$$K_D = \frac{c_{H^+} \cdot c_{A^-}}{c_{HA}}$$

Die Gleichgewichtskonstante K_D heißt **Dissoziationskonstante**. Der Zahlenwert dieser Dissoziationskonstanten ist ein Maß für die Stärke einer Säure. Säuren mit $K_D < 10^{-4}$ werden als *schwache*, mit $K_D > 10^{-4}$ als *mittelstarke* und solche, die praktisch vollständig in Ionen zerfallen, als *starke* Säuren bezeichnet. Entsprechendes gilt für die Einteilung in schwache, mittelstarke und starke Basen.

Oft wird die Stärke des Elektrolyten durch den **Dissoziationsgrad** α ausgedrückt, der angibt, welche Anteile der in Wasser gelösten Säure in Ionen dissoziieren: Eine schwache Säure (z.B. Essigsäure) ist in einmolarer Lösung zu weniger als 1% ($\alpha < 0,01$), eine starke (z.B. HCl) praktisch vollständig, zu 100% ($\alpha = 1$), in Ionen dissoziiert.

Neben den **einprotonigen** Säuren, d.h. solche die *ein* H^+-Ion abgeben, gibt es auch **mehrprotonige** Säuren, welche mehr als ein dissoziierbares Proton abgeben können. Ein Beispiel für eine *zwei*protonige Säure ist die Schwefelsäure:

$$H_2SO_4 \overset{K_{D1}}{\rightleftharpoons} H^+ + HSO_4^- \overset{K_{D2}}{\rightleftharpoons} 2\,H^+ + SO_4^{2-}$$

Mehrprotonige Säuren dissoziieren schrittweise, wobei jeder Schritt seine eigene Dissoziationskonstante besitzt. Für eine 0,1-molare Schwefelsäure gilt für den ersten Dissoziationsschritt $\alpha = 1$, für den zweiten Dissoziationsschritt beträgt $\alpha = 0,3$. HSO_4^- ist somit nur noch eine mittelstarke Säure. Phosphorsäure (H_3PO_4) ist ein Beispiel für eine *drei*protonige Säure.

Das Massenwirkungsgesetz in der obigen Form gilt bei schwachen Elektrolyten nur, wenn die Lösungen verdünnter als 0,1 molar (= 0,1 mol/l), bei starken Elektrolyten nur, wenn sie verdünnter als 0,001 molar sind. Denn erst bei diesen großen Verdünnungen sind die Ionen soweit voneinander getrennt, daß eine gegenseitige Behinderung kaum noch vorhanden ist.

Bei höheren Konzentrationen machen sich die Anziehungskräfte zwischen den verschieden geladenen Ionen so deutlich bemerkbar, daß dadurch eine jeweils geringere Konzentration vorgetäuscht wird. Die tatsächlich gemessene Wasserstoffionenkonzentration ist dann geringer (der pH-Wert liegt höher), so daß es scheint, daß eine starke Säure, z.B. eine ein molare oder 0,1 molare HCl-Lösung nicht vollständig in die

Ionen H^+ und Cl^- zerfallen wäre. Man weiß aber aus anderen Beobachtungen[2], daß die Salzsäure in Wasser vollständig in Ionen zerfällt. Die bei Messungen von nicht sehr stark verdünnten Lösungen feststellbaren, scheinbar geringeren Ionenkonzentrationen bezeichnet man als **Aktivitäten**. Die Aktivität ist definiert als:

$$a = f \cdot c$$

Wobei der Faktor f wird als **Aktivitätskoeffizient** bezeichnet; er ist kleiner als 1 und nähert sich bei hinreichender Verdünnung dem Grenzwert 1 (Aktivität a = Konzentration c). Durch pH-Meßgeräte (siehe Abschnitt 10.2.3) wird die Wasserstoffionenaktivität ermittelt und angegeben. Zur Definition der Bezugspotentiale in der elektrochemischen Spannungsreihe verwendet man ebenfalls die Wasserstoffionenaktivität. Die Tab. 5.3 enthält einige Aktivitätskoeffizienten in Abhängigkeit von der Ionenkonzentration. In den meisten Fällen zieht man es jedoch vor, mit den Ionenkonzentrationen, nicht mit den Ionenaktivitäten zu rechnen.

Tab. 5.3. Aktivitätskoeffizienten von wäßrigen Lösungen bei 25 °C

mol/1000 g H_2O	0,001	0,01	0,1	1,0
HCl	0,965	0,905	0,794	0,809
NaCl	0,965	0,902	0,778	0,657
NaOH	0,964	0,905	0,766	0,679

5.2.4   Das Kohlensäuregleichgewicht

Kohlendioxid (CO_2) löst sich in Wasser unter schwach saurer Reaktion. Nur ein sehr kleiner Anteil des eingeleiteten Kohlendioxids bildet Kohlensäure, die unter Abspaltung von H^+-Ionen dissoziiert, und zwar zunächst unter Bildung von Hydrogencarbonationen und in noch weit geringerem Maße schließlich unter Bildung von Carbonationen:

$$H_2O + CO_2 \rightleftharpoons H_2CO_3 \rightleftharpoons H^+ + HCO_3^- \rightleftharpoons 2\,H^+ + CO_3^{2-}$$

Es handelt sich um ein vom **pH-Wert abhängiges Gleichgewicht**. Durch Zugabe von starken Säuren (= Erhöhen der Wasserstoffionenkonzentration) wird die Kohlensäure wieder aus dem Wasser verdrängt. Das CO_2 entweicht dann aus der wäßrigen Phase (Verlagerung des Kohlensäuregleichgewichtes bei Zugabe von Wasserstoffionen nach

---

[2] Absorptionsspektren (siehe auch Kapitel 11) in verdünnten Lösungen starker Elektrolyte (wie der Salzsäure) ergeben keinen Hinweis auf die Anwesenheit undissoziierter Moleküle. Außerdem sollten sich bei einer teilweisen Dissoziation nach dem Massenwirkungsgesetz kleine Unterschiede in der Neutralisationswärme von verschieden konzentrierten Lösungen bemerkbar machen. Dies ist jedoch bei starken Elektrolyten wie der Salzsäure nie beobachtet worden. Wenn starke Elektrolyte vollständig in Ionen zerfallen sind, müssen die scheinbar zu kleinen Ionenkonzentrationen (z.B. bei der Messung der Wasserstoffionenkonzentration, der elektrischen Leitfähigkeit oder des osmotischen Druckes) als Folge von Wechselwirkungen der elektrisch geladenen Ionen gedeutet werden.

links). Umgekehrt wird durch Laugen (d.h. durch Verminderung der H^+-Ionenkonzentration) das Gleichgewicht nach rechts verschoben. Es bilden sich Carbonate (Zunahme der CO_3^{2-}-Ionen). Daher nehmen Laugen beim Stehen an der Luft (die immer Kohlendioxid enthält) leicht Kohlensäure an.

Regenwasser, normales Leitungswasser und auch destilliertes Wasser zeigen häufig wegen eines gewissen Kohlensäuregehaltes eine schwach saure Reaktion (pH-Wert ~ 5 bis 6).

Ähnlich wie die Kohlensäure werden auch andere schwache Säuren (wenig dissoziierende Säuren, wie z.B. Essigsäure, Schwefelwasserstoffsäure) durch starke Säuren (= stark dissoziierende Säuren) aus der wäßrigen Phase und aus Verbindungen, den entsprechenden Salzen, verdrängt.

5.2.5   Pufferlösungen

Charakteristisch für Pufferlösungen ist ihre **pH-Stabilität**. Gibt man nämlich zu einer solchen Lösung eine kleine Menge einer starken Säure oder Base, so ändert sich der pH-Wert nicht oder höchstens geringfügig. Pufferlösungen werden deshalb überall dort eingesetzt oder kommen dort vor, wo es darauf ankommt, einen möglichst konstanten pH-Wert zu erhalten oder beizubehalten. Besonders wichtig sind Puffersysteme in der Biologie. So ist beispielsweise das menschliche Blut auf einen pH-Wert zwischen 7,35 bis 7,45 gepuffert. Pufferlösungen mit bestimmten pH-Werten werden auch zur Kalibration von pH-Meßgeräten eingesetzt (siehe Abschnitt 10.2.3).

Damit der pH-Wert auch bei Säure- oder Basezusatz annähernd konstant bleibt, müssen Pufferlösungen zwei Stoffe enthalten:
* einen Stoff, der eventuell hinzukommende Wasserstoffionen, und
* einen anderen Stoff, der hineingelangende Hydroxidionen sofort bindet.

Als solche OH^--Ionen bindenden Stoffe kann man schwache Säuren verwenden, denn schwache Säuren dissoziieren nur zu einem geringen Anteil in Wasserstoffionen und Säurerestanionen. Hinzukommende OH^--Ionen bilden sofort mit den aus der Säure stammenden, schon dissoziiert vorliegenden Wasserstoffionen undissoziiertes Wasser. Die dabei verbrauchten Wasserstoffionen werden durch weitere Dissoziation von Molekülen der schwachen Säure nachgeliefert, da folgendes Gleichgewicht besteht:

$$HA \rightleftharpoons H^+ + A^-$$

und das Massenwirkungsgesetz gültig ist:

$$K = \frac{c_{H^+} \cdot c_{A^-}}{c_{HA}}$$

Die mit den OH^--Ionen der Base ebenfalls hineingelangten Kationen bilden mit den durch die Säure entstehenden Anionen eine Salzlösung, die den pH-Wert jedoch nicht beeinflußt.

Eventuell in die Pufferlösung gelangende H^+-Ionen werden durch einen Stoff gebunden, der in wäßriger Lösung eine große Anzahl von Anionen einer schwachen Säure aufweist. Dies ist das Salz einer schwachen Säure mit einer starken Base, ein Salz, das in wäßriger Lösung nahezu vollständig in die betreffenden Ionen zerfällt:

z.B.: $NaA \rightarrow Na^+ + A^-$ A^- = Anion einer schwachen Säure

Diese Anionen A^- bilden mit den hinzukommenden H^+-Ionen wieder undissoziierte Säure, so daß die Säurezugabe keine spürbare pH-Änderung bewirkt.

Eine Pufferlösung besteht somit - je nach pH-Bereich, welcher gepuffert werden soll entweder aus:
- einer schwachen Säure (OH^--Ionen-Fänger) und
- einem Salz dieser schwachen Säure mit einer starken Base (H^+-Ionen-Fänger).
  Alternativ kann sie auch hergestellt werden aus
- einer schwachen Base (H^+-Ionen-Fänger) und
- einem Salz dieser schwachen Base mit einer starken Säure (OH^--Ionen-Fänger).

Beispiele für wichtige Puffersysteme sind in Tab. 5.4 aufgeführt.

Tab. 5.4 Beispiele für häufig gebrauchte Pufferlösungen

Name	H^+-Ionen-Fänger	OH^--Ionen-Fänger	pH-Pufferbereich
Acetatpuffer	CH_3COO^-	CH_3COOH	ca. 5
Phosphatpuffer	HPO_4^{2-}	$H_2PO_4^-$	ca. 7
Ammoniumpuffer	NH_3	NH_4^+	ca. 9

Die experimentellen pH-Messungen ergeben nur geringfügige Änderungen des pH-Wertes, selbst bei einer großen Änderung des Verhältnisses der beiden in der Pufferlösung vorhandenen Komponenten, z.B. der schwachen Säure (undissoziierte Form HA) und des Salzes dieser schwachen Säure (dissoziierte Form A^-), wie es aus der Abb. 5.2 ersichtlich ist. Ähnliches gilt für die Kombination: schwache Base und Salz einer schwachen Base.

Das waagrecht gestreifte Gebiet deutet die undissoziierte Form HA, das senkrecht gestreifte Gebiet die dissoziierte Form A an, die Zone mit schräger Schraffur den pH-Bereich, in dem sich trotz großer Änderung der Stoffmengenanteile der dissoziierten und der undissoziierten Form nur eine geringe pH-Änderung ergibt.

5.2.6   pH- Farbindikatoren

Zur Messung des pH-Wertes können **Farbindikatoren** (indicare, lat. = anzeigen) verwendet werden. Diese sind schwache Säuren oder Basen, deren Ionen eine andere Farbe haben als die undissoziierten Moleküle. Da den Farbindikatoren schwache Säuren zugrunde liegen (Analoges gilt für Indikatoren, die aus schwachen Basen bestehen), kann ihre Wirkungsweise ebenfalls durch Abb. 5.2 veranschaulicht werden: Im Gebiet HA herrscht die Farbe der undissoziierten Säure vor, im Gebiet A^- die der Säureanionen.

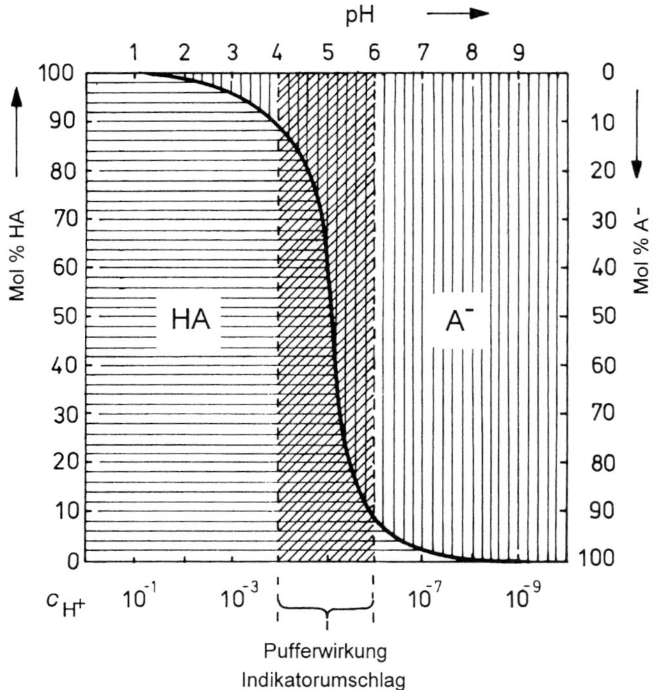

Abb. 5.2. Pufferwirkung und Indikatorumschlag

In einem verhältnismäßig engen pH-Bereich tritt der Farbwechsel ein. Da immer nur äußerst geringe Mengen des Indikators verwendet werden, erfolgt der „Umschlag" der Farbe des Indikators schon bei Zugabe verhältnismäßig kleiner Säuren- bzw. Laugenmengen (bei sehr großen Indikatormengen bestünde Pufferwirkung, siehe Abschnitt 5.2.5). Man kann daher an der Farbe des Indikators den pH-Wert der betreffenden Lösung erkennen; somit zeigen die Farbindikatoren den pH-Wert einer Lösung an.

Die wichtigsten Farbindikatoren sind in der Tab. 5.5 zusammengestellt. Auf die Ursache der Farbänderung wird in Abschnitt 11.7.4 näher eingegangen. Zur pH-Messung werden oft **Indikatorpapiere** verwendet, bei denen der Indikator auf einem Papierstreifen aufgetragen ist. Die Färbung des betreffenden Indikatorpapiers beim Eintauchen in die zu prüfende Lösung zeigt dann den pH-Wert an. **Universalindikatorpapiere** enthalten mehrere Farbindikatoren und ermöglichen pH-Messungen in einem weiten Bereich, weil die darin enthaltenen Farbindikatoren verschiedene Farbumschlagsbereiche haben.

Heute werden pH-Wert Messungen im Laborbereich sowie in der industriellen Anwendung üblicherweise mit **elektrochemischen pH-Meßgeräten** (siehe Abschnitt 10.2.3) durchgeführt, da sie den Vorteil haben, daß die pH-Werte mittels Computer erfaßt und weiterverarbeitet werden können.

Tab. 5.5. pH-Farbindikatoren

Indikator	Grenzfarbe bei niedrigem pH (sauer)	Grenzfarbe bei höherem pH (basisch)	Umschlagsbereich bei pH
Thymolblau (1.Umschlag)	rot	gelb	1,2–2,8
Methylorange	rot	gelb	3,1–4,5
Methylrot	rot	gelb	4,2–6,3
Lackmus	rot	blau	6,0–8,0
Thymolblau (2.Umschlag)	gelb	blau	8,0–9,6
Phenolphtalein	farblos	rot	8,3–10,0
Thymolphtalein	farblos	blau	9,3–10,5
Alizaringelb	gelb	violett	10,0–12,1

5.2.7 Maßanalyse

a) Säure-Base-Titration

Farbindikatoren können dazu benutzt werden, um die Menge der in einer Lösung vorhandenen Säure oder Lauge zu bestimmen (Säure-Base-Titration oder Neutralisationstitration). Dem hierbei gebräuchlichen, als **Maßanalyse** oder auch volumetrische Analyse bezeichneten Verfahren liegt folgendes Prinzip zugrunde:

Man gibt zu einer zu bestimmenden Lösung (z.B. einer definierten Menge einer Säure unbekannter Konzentration), die einige Tropfen einer stark verdünnten Indikatorlösung enthält, nach und nach aus einer **Bürette**[3] genau dosiert eine Reagenzlösung (z.B. eine Lauge) bekannter Konzentration. Dabei erfolgt Neutralisation nach der Gleichung $H^+ + OH^- \rightarrow H_2O$. Wie man aus Abb. 5.3 ersehen kann, erfolgt in der Nähe des Äquivalenzpunktes (z.B. pH = 7) bei geringer Laugenzugabe eine große Änderung des pH-Wertes, die durch den zugefügten Indikator gut erkannt werden kann. Den Vorgang zur Bestimmung des Gehalts einer Lösung durch Maßanalysen bezeichnet man auch als **Titration**.

Wie aus Abb. 5.3 hervorgeht, ist die Titration von starken Säuren mit starken Basen unproblematisch. Werden schwache Säuren oder Basen titriert, so ist darauf zu achten, daß der Indikatorumschlag innerhalb der senkrecht verlaufenden „Titrationskurve" erfolgt, wo schon sehr geringe Mengen der zugefügten Reagenzlösung eine große Änderung des pH-Wertes hervorrufen.

Im waagerecht verlaufenden Kurvenast entsteht die unter Abschnitt 5.2.5 beschriebene Pufferwirkung (dieser Teil der Kurve entspricht dem senkrechten Teil der um 90° gedrehten Kurve der Abb. 5.2).

---

[3] burette, fr. = kleines Gefäß. Als Bürette bezeichnet man ein kalibriertes, zylindrisches Glasrohr mit einem Auslaufhahn am unteren Ende. Eine Maßeinteilung (Kalibrierung) ermöglicht eine genaue Ablesung des verbrauchten Flüssigkeitsvolumens bei der Maßanalyse, siehe Abb. 5.4.

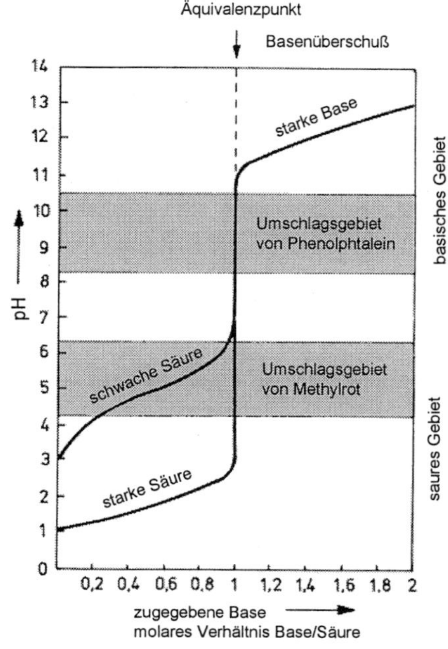

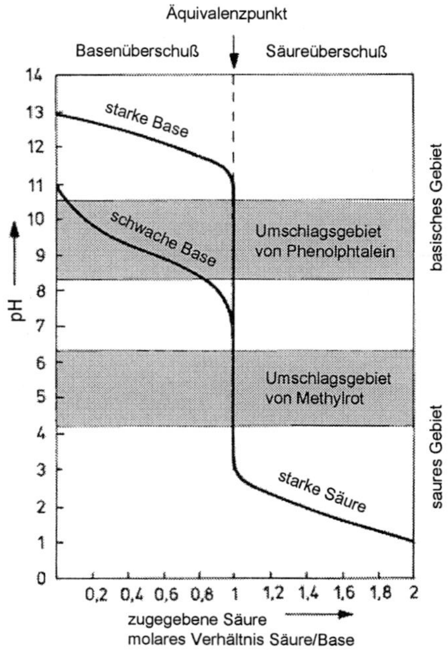

a Titration einer Säure mit einer Base   **b** Titration einer Base mit einer Säure

Abb. 5.3. Titrationskurven

b) Normallösungen

Wie in Abschnitt 5.2.7a gezeigt, kommt es bei den Lösungen in der Bürette darauf an, die Konzentration der H^+ und OH^--Ionen genau zu kennen. Die Stoffmengenkonzentration des gelösten Stoffes entspricht hierbei nicht immer der Konzentration der Ionen, auf die es bei der Neutralisation ankommt. So kann z.B. die Schwefelsäure bei der Neutralisation zwei Protonen abgeben:

$$H_2SO_4 \rightarrow 2\,H^+ + SO_4^{2-}$$

Zur Titration verwendet man deshalb sogenannte Normallösungen. Eine **Normallösung** ist eine Lösung, deren Konzentration als **Äquivalentkonzentration** angegeben wird. Die Äquivalentkonzentration (früher auch als Normalität bezeichnet) ist die Stoffmengenkonzentration bezogen auf Äquivalente, d.h. die Anzahl der Mole von Äquivalentteilchen (H^+- oder OH^--Ionen) pro Liter Lösung.

Zur Herstellung von Schwefelsäure mit der Äquivalentkonzentration 1 mol (d.h. einer H^+-Konzentration = 1 mol/l) muß nur eine Stoffmengenkonzentration von H_2SO_4 von 0,5 mol eingestellt werden, da Schwefelsäure zwei Protonen abgeben kann ($H_2SO_4 \rightarrow 2\,H^+ + SO_4^{2-}$). Man muß also 0,5 mol H_2SO_4 (= 49 g) in Wasser lösen und das Volumen der Lösung bei der Arbeitstemperatur, z.B. 20 °C auf genau 1 l einstellen. Teilweise wird eine Lösung mit der Äquivalentkonzentration 1 mol auch als **1-normale** Lösung bezeichnet (im Deutschen teils 1 n abgekürzt, nach den Empfehlungen der IUPAC 1 N geschrieben). Die 0,5-molare Lösung einer zweiprotonigen Säure (z.B. H_2SO_4) ergibt somit eine 1-normale Lösung.

Die Verwendung von Normallösungen vereinfachen die Berechnungen für die in der Lösung zu ermittelnden Stoffanteile, denn zur vollständigen Neutralisation wird pro Äquivalent einer beliebigen Säure genau ein Äquivalent einer beliebigen Lauge gebraucht. Durch Multiplikation mit den Äquivalentmassen können dann schließlich auch die mengenmäßigen Anteile der zu bestimmenden Substanzen berechnet werden.

Zur Ermittlung der Konzentration Säure bzw. Base wird ein bestimmtes Volumen dieser Lösung mit einer **Pipette**[4] genau abgemessen und in einem **Erlenmeyerkolben** (benannt nach Emil Erlenmeyer 1825–1909) vorgelegt. Nach Zugabe eines Farbindikators läßt man solange eine Säure bzw. Base bekannter Normalität unter ständigem Umschwenken eintropfen, bis die Säure bzw. Base neutralisiert ist (Farbumschlag des Indikators).

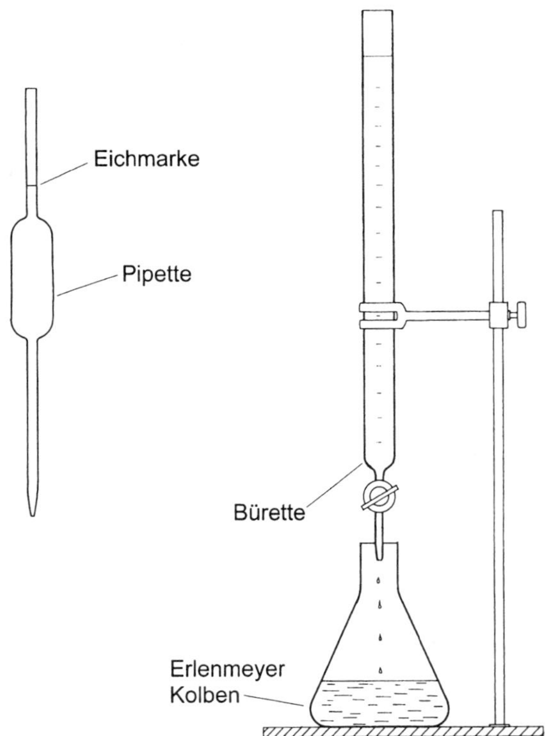

Abb. 5.4. Geräte zur Maßanalyse

---

[4] pipette, fr. = Pfeifchen. Pipetten sind dünne, in der Mitte meist ausgebauchte Glasröhrchen (siehe Abb. 5.4), in die eine abzumessende Flüssigkeit mit einer Pipettierhilfe hochgesaugt und an einer Eichmarke genau abgemessen und danach ausgefüllt wird.

Übungsbeispiel 5.2: Konzentrationsbestimmung durch Titration.
Die Konzentration einer stark verdünnten Schwefelsäure soll ermittelt werden (in mg/l). Hierzu werden 100 ml dieser Schwefelsäure vorgelegt und mit einer 0,1-normalen NaOH-Lösung nach Zugabe eines Farbindikators (z.B. Methylrot) bis zum Farbumschlag titriert:

$$H_2SO_4 \ + \ 2\,NaOH \ \rightarrow \ Na_2SO_4 \ + \ 2\,H_2O$$

Es wurden 14,2 ml 0,1-normale NaOH-Lösung verbraucht.

Lösung:
Aus der dabei verbrauchten Titrationslösung (Titrans) kann man die Konzentration der vorgelegten Säure berechnen:
- 1 ml der 0,1-normalen NaOH enthält $0{,}1 \cdot 10^{-3} = 10^{-4}$ mol OH^--Ionen.
- 14,2 ml enthalten somit: $14{,}2 \cdot 10^{-4}$ mol OH^--Ionen
- Zur Neutralisation werden äquivalent $14{,}2 \cdot 10^{-4}$ mol H^+-Ionen benötigt.
- Pro mol H_2SO_4 liegen 2 mol der Äquivalentteilchen H^+-Ionen vor.
- Somit beträgt die Stoffmenge H_2SO_4 *pro ml* vorgelegte Lösung:
- $n = 0{,}5 \cdot 14{,}2 \cdot 10^{-4} \ / \ 100$ mol $= 7{,}1 \cdot 10^{-6}$ mol
- Die Stoffmengenkonzentration der Schwefelsäure beträgt $7{,}1 \cdot 10^{-3}$ mol/l

Die Konzentration in mg/l ergibt sich mit der molaren Masse von H_2SO_4 zu:
$7{,}1 \cdot 10^{-3}$ mol/l $\cdot$ 98 g/mol $= 0{,}6958$ g/l bzw. **695,8 mg/l**

Neben einer solchen Säure-Base-Titration kann die Maßanalyse auch auf andere chemische Reaktionen angewendet werden, wie z.B. auf die im folgenden Abschnitt c) beschriebenen Redoxreaktionen. Wichtig ist nur, daß bei Titrationen entweder durch verschiedene Eigenfärbungen der an der Reaktion beteiligten Stoffe (bzw. durch zugefügte Indikatoren) oder auch durch **elektrochemische Messungen** der Äquivalenzpunkt genau bestimmt werden kann (siehe Abschnitt 10.7.1), d.h., es muß genau der Endpunkt der Zugabe einer Reagenzlösung ermittelt werden können, wo die hinzugegebene Reagenzlösung genau äquivalent der in der Lösung vorhandenen, zu bestimmenden Substanz ist. Elektrische Messungen bieten den Vorteil, daß man sie zur elektronischen Steuerung der Titration verwenden und damit eine maßanalytische Bestimmung vollautomatisch oder wenigstens halbautomatisch ablaufen lassen kann. In Prüflabors mit hohem Durchsatz an Analysen heute üblicherweise mit automatisierten Titratoren gearbeitet.

c) Redoxtitrationen (Oxidimetrie)

Während bei der Säure-Base-Titration die Wasserstoffionenkonzentration von Bedeutung ist, werden bei der **Redoxtitration** Reduktions- und Oxidationsprozesse, sogenannte Redoxsysteme zur stöchiometrischen Bestimmung ausgenutzt. Das bekannteste oxidimetrische Bestimmungsverfahren ist die **Manganometrie**, wo das Oxidationsvermögen des violetten Permanganations MnO_4^- ausgenutzt wird. Durch das Permanganation MnO_4^- kann man verschiedene Stoffe oxidieren und damit mengenmäßig bestimmen, so z.B. organische Stoffe in Wasserproben, Fe^{2+}-Ionen (die zu Fe^{3+}-Ionen oxidiert werden), den Wasserstoffperoxidgehalt H_2O_2 usw. In saurer Lösung wird bei diesem Redoxvorgang das violette Permanganation MnO_4^- mit der Oxidationszahl +7 zum fast farblosen, zweiwertigen Manganion Mn^{2+} reduziert:

$$\overset{+7}{MnO_4^-} + 8\,H^+ + 5\,e^- \;\rightarrow\; Mn^{2+} + 4\,H_2O$$

Der Äquivalenzpunkt ist dann erreicht, wenn die zugegebene Titrationslösung von Kaliumpermanganat gerade nicht mehr entfärbt wird. Die für die Reaktion benötigten Elektronen ($5\,e^-$) werden solange anderen Ionen oder Molekülen entrissen (d. h. die betreffenden Stoffe werden oxidiert, siehe Abschnitt 4.4.1), bis diese vollständig in die andere Oxidationsstufe überführt sind; z.B.

$$Fe^{2+} \rightarrow Fe^{3+} + e^- \quad oder \quad \overset{-1}{H_2O_2} \rightarrow \overset{0}{O_2} + 2\,H^+ + 2\,e^-$$

Als reduzierend wirkende Gegenreagenzlösung verwendet man Oxalsäurelösungen bekannter Konzentration, wobei die Kaliumpermanganatlösung die Oxalsäure zu Kohlendioxid oxidiert, bzw. genauer gesagt wird der Kohlenstoff von der Oxidationsstufe +3 nach +4 oxidiert:

$$\overset{+3}{(COO)_2^{2-}} \rightarrow 2\,\overset{+4}{CO_2} + 2\,e^-$$

In alkalischer Lösung geht die Reduktion des Permanganats nur bis zum „Braunstein" (Oxidationszahl +4):

$$\overset{+7}{MnO_4^-} + 2\,H_2O + 3\,e^- \rightarrow \overset{+4}{MnO_2} + 4\,OH^-$$

5.2.8   Saure und alkalische Reaktionen von Salzen

Viele Salze enthalten in ihrer Formel entweder einen sauren oder alkalische Bestandteil. Als Beispiele seien genannt:
- $NaHSO_4$, das man wegen des in diesem Salz enthaltenen Wasserstoffs als ein saures Salz bezeichnen kann,
- $Fe(OH)_2Cl$, das wegen der OH^--Ionen als basisches Eisensalz anzusprechen wäre.

Andere Salze können formelmäßig neutral erscheinen, z.B. $FeCl_3$ oder $Al_2(SO_4)_3$. Die Summenformel sagt jedoch nichts über die tatsächliche Reaktion, die solche Salze beim Auflösen in Wasser zeigen. So können formelmäßig neutral erscheinende Salze beim Auflösen in Wasser saure oder alkalische Reaktionen zeigen. Dieses Phänomen beruht auf einer sauren oder basischen Reaktion entweder der Kationen oder Anionen mit dem Wasser. Denn nicht nur neutrale Moleküle können mit Wasser als Säuren oder Basen reagieren, sondern auch Kationen und Anionen können im Brönstedschen Sinne (siehe Abschnitt 4.5.1) Protonendonatoren bzw. Protonenakzeptoren sein und damit zur Säure bzw. zur Base werden.

a) Beispiel einer alkalischen Reaktion (Anionbase)

Natriumcarbonat Na_2CO_3 löst sich in Wasser unter alkalischer Reaktion. Der Grund für dieses Verhalten ist die Eigenschaft der CO_3^{2-}-Ionen, durch Aufnahme von H^+-Ionen aus dem Wasser entweder in HCO_3^--Ionen oder in undissoziierte Kohlensäure (H_2CO_3) überzugehen:

$$CO_3^{2-} + H_2O \rightleftharpoons HCO_3^- + OH^-$$

$$CO_3^{2-} + 2\,H_2O \rightleftharpoons H_2CO_3 + 2\,OH^-$$

CO_3^{2-}-Ionen wirken nach der Brönstedschen Theorie als Protonenakzeptoren und sind somit als Basen zu bezeichnen. Werden aber Wasserstoffionen des Wassers gebunden, so bleibt dann in der Lösung ein Überschuß von OH^--Ionen zurück: Die Lösung von Na_2CO_3 in Wasser reagiert deswegen alkalisch, der pH-Wert kann z.B. Werte von 11 ergeben. CO_3^{2-} ist deswegen als Anionbase zu bezeichnen.

Bildet also eine *starke* Base (Natronlauge NaOH) mit einer *schwachen* Säure (Kohlensäure H_2CO_3) ein Salz, so ergibt sich beim Lösen in Wasser eine basische Reaktion.

b) Beispiel einer sauren Reaktion (Kationsäure)

Löst man Aluminiumsulfat, das Salz der *schwachen* Base $Al(OH)_3$ mit der *starken* Säure H_2SO_4 in Wasser, so entsteht eine saure Reaktion. Nach dem Brönstedschen Säurebegriff ist das hydratisierte Aluminiumion als Säure anzusehen, denn es spaltet (in Verbindung mit Wasser) Protonen ab, gemäß folgender Reaktionsgleichung:

$$[Al(H_2O)_6]^{3+} \rightleftharpoons [Al(H_2O)_5OH]^{2+} + H^+$$

Die entstehenden H^+-Ionen ergeben eine saure Reaktion der Lösung. Werden in sehr starker Verdünnung aus den $[Al(H_2O)_5OH]^{2+}$-Ionen weitere H^+-Ionen abgespalten, so fällt schließlich Aluminiumhydroxid $Al(OH)_3$ als schwerlöslicher Niederschlag aus. Dieser sich bildende voluminöse Niederschlag reißt alle im Wasser schwebenden Teilchen mit oder bindet sie an der Oberfläche. Die Fällung von $Al(OH)_3$, die beim „Impfen" von stark verschmutztem Wasser mit Aluminiumsalzen entstehen, wird u.a. bei der Aufbereitung z.B. von Kühlwasser oder Kesselspeisewasser dazu benutzt, um die sonst schwer filtrierbaren Schwebeteilchen oder suspendierte Öltröpfchen aus dem Wasser zu entfernen.

Zur Ausflockung von schwerfiltrierbaren Bestandteilen aus Brauchwasser[5] verwendet man heute vielfach auch sogenannte **Polyelektrolyte** in geringer Dosierung. Das sind organische Polymerisate, die mit ihren aktiven Gruppen (kationisch, anionisch, teilweise nicht ionische) die kolloiddispersen Teilchen zu größeren Verbänden zusammenlagern, wodurch eine leichte Sedimentation[6] gegeben ist. Polyelektrolyte sind beispielsweise

---

[5] Als Brauchwasser bezeichnet man das nur technisch verwertbare, nicht trinkbare Grund- oder Oberflächenwasser.

[6] sedere (lat. = sitzen, sich senken). Als Sedimentation bezeichnet man das (langsame) Absetzen (als Bodensatz) von feinverteilten Stoffen in einer Lösung oder in einem Gas unter der Einwirkung der Schwerkraft.

unter dem Handelsname Sedipur® (BASF) erhältlich (siehe auch Abschnitt 13.2.5a2).

5.3 Das Löslichkeitsprodukt

Feste Stoffe lösen sich meistens nur bis zu einem bestimmten Maximalwert in einer Flüssigkeit. Wird dieser Maximalwert bei einer bestimmten Temperatur erreicht, so liegt eine **gesättigte Lösung** vor, beispielsweise eine gesättigte Rohrzuckerlösung in Wasser. Fügt man zu einer solchen gesättigten Lösung weitere Mengen des festen Stoffes, so erhöht sich seine Konzentration in der Lösung nicht mehr; entfernt man einen Teil des Lösungsmittels (z.B. durch Verdampfen), so fällt solange fester Stoff aus, bis die maximale Konzentration der gesättigten Lösung sich wieder eingestellt hat.

Zwischen der gesättigten Lösung und dem festen, ungelösten Bodenkörper stellt sich ein **dynamisches Gleichgewicht** ein, bei dem gerade soviel Teile des festen Stoffes in Lösung gehen können, wie sich jeweils auf den festen Kristallen wieder niederschlagen. Als Folge eines solchen dynamischen Gleichgewichtes mit nebeneinander hergehenden Auflösungs- und Abscheidungs-Teilreaktionen beobachtet man im Laufe der Zeit eine Vergröberung der Kristalle, denn die größeren Kristalle mit ihren größeren Massen (stärkere Anziehungskraft) und kleineren spezifischen Oberflächen wachsen auf Kosten der sich langsam auflösenden kleinen Kristalle (mit großen Oberflächen und geringen Massen).

Entstehen aus einem festen Stoff (z.B. einem Salz) beim Lösen unter Dissoziation verschiedene, elektrisch geladene Ionenarten, so zeigt sich, daß der Maximalwert der Löslichkeit (wie im folgenden Abschnitt 5.3.1 näher begründet wird) dem Produkt aus den Konzentrationen der das Salz bildenden Ionen entspricht. Diesen Maximalwert der Löslichkeit bezeichnet man als das **Löslichkeitsprodukt**. Für das Salz MA, das aus den Metallionen M^+ und den Anionen A^- besteht, ist dann das Löslichkeitsprodukt:

$$c_{M+} \cdot c_{A-} = L_{MA} \quad \text{bzw.} \quad [M^+] \cdot [A^-] = L_{MA}$$

Besondere Bedeutung hat das Löslichkeitsprodukt von sehr schwerlöslichen Salzen. Denn es bilden sich entsprechende „Salzniederschläge" (d.h. spontane Salzausscheidungen), wenn man durch Vereinigen von zwei Lösungen mit leichtlöslichen Salzen, die ein schwerlösliches Salz bildenden Ionen zusammenbringt. Vereinigt man eine Bleisalzlösung, wie z.B. das leichtlösliche Bleinitrat $Pb(NO_3)_2$, mit einer Lösung, die Iodidionen enthält (z. B. eine Kaliumiodidlösung KI), so fällt spontan ein gelber Niederschlag von Bleiiodid PbI_2 aus:

$$Pb^{2+} + 2\,I^- \rightarrow PbI_2 \downarrow$$

5.3.1 Mathematische Ableitung des Löslichkeitsproduktes

Gibt man ein schwerlösliches Salz, z.B. wie das in zuvor beschriebener Weise ausgefällte Bleiiodid PbI_2, in Wasser, so wird sich ein **dynamisches Gleichgewicht** ausbilden

Dabei wird nach intensivem Verrühren der überwiegende Teil dieses Salzes als fester Bodenkörper ungelöst bleiben. Der Bodenkörper steht dabei in Wechselwirkung mit einem sehr kleinen Anteil des in Form von Ionen (Pb^{2+} und $2\ I^-$) in Lösung gegangenen Salzes. Es gilt also folgende Beziehung:

$$PbI_2(s) \rightleftharpoons Pb^{2+}(aq) + 2\ I^-(aq)$$

Das Massenwirkungsgesetz für die Anteile des Salzes, die sich in der wäßrigen Lösung befinden, lautet dann:

$$K_c = \frac{c_{Pb^{2+}} \cdot c^2_{I^-}}{c_{PbI_2}}$$

Da die Konzentration im reinen Feststoff $PbI_2(s)$ konstant ist, kann c_{PbI2} in die Gleichgewichtskonstante einbezogen werden. Man erhält dann die Gleichung:

$$L_{PbI2} = c_{Pb2+} \cdot c_{I-}^2$$

Hierbei bedeutet L_{PbI2} das Löslichkeitsprodukt für Bleiiodid, welches bei konstanter Temperatur einen konstanten Wert darstellt; z.B. für das schwerlösliche Salz PbI_2 bei 25 °C: $L = 1{,}4 \cdot 10^{-8}\ mol^3/l^3$. Für weitere Beispiele schwerlöslicher Salze sind Zahlenwerte für das Löslichkeitsprodukt im Anhang A5 aufgelistet. Da das Löslichkeitsprodukt temperaturabhängig ist, ändert sich auch mit der Änderung der Temperatur der Zahlenwert von L.

Das Löslichkeitsprodukt gilt nur für **gesättigte** Lösungen, d.h. für Lösungen, die sich im Gleichgewich*t* mit einem festen, ungelösten Bodenkörper befinden. Es stellt einen Höchstwert dar, der nicht überschritten werden kann. Bei ungesättigten Lösungen kann das Produkt aus den verschiedenen Ionen-Konzentrationen jeden beliebigen, unterhalb der Höchstgrenze des Löslichkeitsproduktes liegenden Wert annehmen.

Bisweilen kommt es vor, daß Lösungen **übersättigt** sind. Solche Lösungen sind instabil, denn beim Hinzufügen von Kristallkeimen fällt aus solchen Lösungen so viel des schwerlöslichen Salzes aus, bis die Lösung gesättigt ist. Eine Übersättigung einer Lösung wird damit auch durch die Anwesenheit von festen ungelösten Salzen verhindert.

Die Gesetzmäßigkeiten mit dem Löslichkeitsprodukt lauten dann in allgemeiner Formulierung:

Befindet sich ein Niederschlag eines (schwerlöslichen) Salzes im Gleichgewicht mit den Ionen dieses Salzes in einer darüberstehenden, wäßrigen Phase, so ist das Produkt aus den Ionenkonzentrationen bei einer konstanten Temperatur eine Konstante, die man das Löslichkeitsprodukt nennt.

Erhöht man nun in einer solchen *gesättigten* Lösung die Konzentration einer Ionenart (im obigen Versuch z. B. die Konzentration der Iodidionen durch Zugabe einer Kaliumiodidlösung), so fällt so lange ein fester Niederschlag des (schwerlöslichen) Salzes aus, bis das Produkt aus den Ionenkonzentrationen sich auf den Zahlenwert des Löslichkeitsproduktes wieder eingestellt hat. Es entsteht also so lange festes Bleiiodid PbI_2, d.h., es vereinigen sich so lange Bleiionen mit den zugefügten Iodidionen zu unlöslichem

Bleiiodid, bis das Löslichkeitsprodukt gerade wieder erreicht ist.

Wird ein sehr großer Überschuß an Iodidionen hinzugegeben, so wird die oben angegebene Fällungsreaktion durch eine andere Reaktion überlagert: Der Niederschlag löst sich wieder auf, da ein anderes, diesmal in Wasser leichtlösliches Salz, und zwar eine Komplexverbindung $K[PbI_3]$ entsteht (über Komplexverbindungen siehe Abschnitt 5.4). Die Dissoziation des komplexen Anions $[PbI_3]^-$ nach der Gleichung:

$$[PbI_3]^- \rightleftharpoons PbI_2 + I^- \rightleftharpoons Pb^{2+} + 3\,I^-$$

ist nämlich so schwach, daß die Blei- und Iodidionenkonzentrationen nicht ausreichen, durch Überschreiten des Löslichkeitsproduktes einen schwerlöslichen Niederschlag von PbI_2 zu bilden. Im Gegenteil, die Konzentrationen sind sogar so gering, daß durch In-Lösung-Gehen von Blei- und Iodidionen der Niederschlag aufgelöst wird (siehe Abschnitt 5.3.3b).

Übungsbeispiel 5.3: Bestimmung der Löslichkeit eines Salzes aus seiner Löslichkeitskonstanten.
Wieviel Gramm PbI_2 lösen sich in einem Liter Wasser, wenn die Löslichkeitskonstante von PbI_2 bei 25°C: $L = 1{,}4 \cdot 10^{-8}$ mol^3/l^3 beträgt?.

Lösung:
Reaktionsgleichung:

$$PbI_2(s) \rightleftharpoons Pb^{2+}(aq) + 2\,I^-(aq)$$

Die Gleichung besagt, daß beim Lösen von 1 mol PbI_2 jeweils 1 mol Pb^{2+} und 2 mol 2 I^- gebildet werden. Bezeichnet man die Löslichkeit von mit x, gilt daher im Gleichgewicht:

$$c_{Pb2+} = x \text{ und } c_{I-} = 2x$$

Eingesetzt in die Gleichung für das Löslichkeitsprodukt folgt:

$$L = c_{Pb2+} \cdot c_{I-}^2 = x \cdot (2x)^2 = 4\,x^3$$

$$x = \sqrt[3]{\frac{L}{4}}$$

Mit $L = 1{,}4 \cdot 10^{-8}$ mol^3/l^3 folgt:

$$x = \sqrt[3]{\frac{1{,}4 \cdot 10^{-8}\ mol^3/l^3}{4}}$$

$$x = 1{,}5 \cdot 10^{-3} \text{ mol/l}$$

Unter Verwendung der molaren Masse von $PbI_2 = 461$ g/mol ergibt sich:

$$x = 1,5 \cdot 10^{-3} \text{ mol/l} \cdot 461 \text{ g/mol} = \textbf{0,69 g/l}$$

5.3.2   Das Löslichkeitsprodukt des Calciumcarbonats

Für die Praxis ist das Löslichkeitsprodukt des Calciumcarbonats von besonderer Bedeutung.

a) Die Abscheidung von Kesselstein und die Wasserhärte

Die Bildung eines schwerlöslichen Niederschlages durch Überschreiten des Löslichkeitsproduktes von Calciumcarbonat $CaCO_3$ (der Niederschlag wird in speziellen Fällen auch als „Kesselstein" bezeichnet) wird durch folgende *drei* Gleichgewichte beeinflußt:

(1) $Ca^{2+} + CO_3^{2-} \rightleftharpoons CaCO_3$

und davon abgeleitet das Löslichkeitsprodukt des Calciumcarbonats:

(1a) $L = c_{Ca2+} \cdot c_{CO32-} = L_{CaCO3} = 4,7 \cdot 10^{-9} \text{ mol}^2/\text{l}^2$

(2) $H_2O + CO_2 \rightleftharpoons H_2CO_3 \rightleftharpoons H^+ + HCO_3^- \rightleftharpoons 2\,H^+ + CO_3^{2-}$

Wichtig für das Löslichkeitsprodukt des $CaCO_3$ ist vor allem der rechte Teil des Kohlensäure-Gleichgewichts, also die Dissoziation des Hydrogencarbonations:

(2a) $HCO_3^- \rightleftharpoons H^+ + CO_3^{2-}$

Das Massenwirkungsgesetz für diese Gleichung beträgt:

(2b)

$$K_{HCO_3^-} = \frac{c_{H^+} \cdot c_{CO_3^{2-}}}{c_{HCO_3^-}} = 4,84 \cdot 10^{-11} \; mol/l$$

(3) $H_2O \rightleftharpoons H^+ + OH^-$

bzw. das Ionenprodukt des Wassers

(3a) $c_{H+} \cdot c_{OH-} = 1 \cdot 10^{-14} \text{ mol}^2/\text{l}^2$

Den Schlüssel zum Verständnis der Besonderheiten beim Löslichkeitsprodukt des Calciumcarbonats liefert das Kohlensäuregleichgewicht (2):

Beim Lösen von CO_2 in Wasser tritt eine schwach saure Reaktion auf, die hauptsächlich durch die erste Dissoziationsstufe $H_2CO_3 \rightleftharpoons H^+ + HCO_3^-$ hervorgerufen wird.

Von den dabei entstehenden Hydrogencarbonationen dissoziiert zwar noch ein äußerst geringer Anteil weiter in H^+- und CO_3^{2-}-Ionen gemäß Gleichung (2a), jedoch ist der Anteil der dabei entstehenden H^+-Ionen so gering, daß er vernachlässigt werden kann (siehe auch Zahlenwert von K in Gleichung 2b). Der pH-Wert wird also praktisch *ausschließlich* durch die Wasserstoffionenkonzentration der ersten Dissoziationsstufe bestimmt.

Das Gleichgewicht (2a) jedoch ist vom pH-Wert abhängig; d. h., bei Erhöhung der $^+$-Ionen-Konzentration (im sauren Gebiet) verschiebt sich das Gleichgewicht (2a) nach links; die Konzentration der Carbonationen wird damit zurückgedrängt. Enthält das Wasser viel CO_2 gelöst, so ist die Wasserstoffionenkonzentration infolge der ersten Dissoziationsstufe relativ hoch und damit die Carbonationenkonzentration (zweite Dissoziationsstufe = Gleichung 2a) verhältnismäßig gering. Somit kann das Wasser auch relativ viel Ca^{2+}-Ionen aufnehmen, bevor das Löslichkeitsprodukt des Calciumcarbonats (1a) überschritten wird. Die im Wasser außerdem noch anwesenden HCO_3^--Ionen beeinträchtigen die Löslichkeit der Ca^{2+}-Ionen nicht, da $Ca(HCO_3)_2$ in Wasser leicht löslich ist.

Wird im Wasser, das Ca^{2+}-Ionen und CO_2 gelöst enthält (was bei gewöhnlichem Leitungswasser immer der Fall ist), die Wasserstoffionenkonzentration vermindert, so verschiebt sich das Gleichgewicht (2a) nach rechts, d. h., nach Gleichung (2b) muß sich die Konzentration der Carbonationen erhöhen. Dabei kann die Konzentration der CO_3^{2-}-Ionen soweit ansteigen, daß das Löslichkeitsprodukt von $CaCO_3$ (Gleichung 1a) überschritten wird und $CaCO_3$ ausfällt.

Ursachen für eine Verminderung der Wasserstoffionenkonzentration können sein:

- **Erhitzen von Wasser:**

Beim Erhitzen entweicht CO_2, damit sinkt aber auch die Wasserstoffionenkonzentration! Als Folge davon steigt gemäß Gleichung (2b) jetzt die CO_3^{2-}-Ionenkonzentration (trotz nunmehr geringeren Gehalts an Kohlensäure!), so daß schließlich $CaCO_3$ ausfällt (Kesselsteinbildung).

- **Vergrößerung der OH^--Ionenkonzentration:**

Wegen des Zusammenhangs über das Ionenprodukt des Wassers nach Gleichung (3a), fällt z.B. bei Zugabe von Laugen festes Calciumcarbonat aus.

Das normale Leitungswasser enthält in wechselnden Mengen Ca^{2+}-Ionen. Diese verursachen (zusammen mit den Ionen der Erdalkalimetalle, hauptsächlich Mg^{2+}, seltener Sr^{2+} und Ba^{2+}) die sogenannte **Härte** des Wassers. Man unterscheidet dabei zwischen temporärer und permanenter Härte.

Bei der **temporären** oder vorübergehenden **Härte**, die auch Carbonathärte genannt wird, fallen die Härtebildner beim Erhitzen des Wassers als schwerlösliche Salze aus (Kesselstein). Es handelt sich dabei um den Anteil der Erdalkali-Ionen, der den in Wasser gelösten Hydrogencarbonationen äquivalent ist.

Bei der **permanenten** Härte bleiben die Härtebildner auch beim Erhitzen in Lösung, da sie mit den in der Lösung vorhandenen Säureresten keine unlöslichen Niederschläge bilden.

Die praktische Maßeinheit für die Wasserhärte ist der „deutsche Härtegrad" (Abkürzung: °d). 1°d entspricht genau 10,0 mg CaO bzw. 0,18 mmol (Millimol) CaO pro Liter. In Tab. 5.6 ist die heute übliche Einteilung von Leitungswasser in Härtebereiche aufgeführt.

Tab. 5.6. Einteilung der Wasserhärte

Grad deutscher Härte [°d]	Erdalkalimetall-Ionen [mmol/l]	Benennung des Härtebereichs
< 7	< 1,3	weich
7 – 14	1,3 – 2,5	mittelhart
14 – 21	2,5 – 3,8	hart
> 21	> 3,8	sehr hart

Im Ausland sind andere Härteeinheiten gebräuchlich. Diese sind anhand einiger Zahlenwerte im Vergleich zur deutschen Wasserhärte in Tab. 5.7 aufgeführt.

Tab. 5.7. Ausländische Einheiten der Wasserhärte

Erdalkalimetall-Ionen [mmol/l]	Grad deutsche Härte [°d] 10 mg CaO in 1 l Wasser	Grad englischer Härte [°e] 1 grain $CaCO_3$ per gallon = 10 mg $CaCO_3$ in 0,7 l Wasser	Grad französischer Härte [°f] 10 mg $CaCO_3$ in 1 l Wasser	Grad amerikanischer Härte [°US] mg $CaCO_3$ in 1 l Wasser
1,0	5,6	7,02	10,0	100,0
0,5	2,8	3,51	5,0	50,0
0,18	1,0	1,25	1,78	17,8
0,01	0,056	0,0702	0,1	1,3

b) Die Verhinderung von Kalkabscheidungen

Um eine Kesselsteinbildung, d.h. eine Abscheidung von fest haftendem Kalkniederschlag auf Heizflächen von Dampfkesseln zu verhindern, kann man folgende Maßnahmen ergreifen:

1) Vorheriges Ausfällen von $CaCO_3$

Durch Erhöhen der OH^--Ionenkonzentration gelingt es, die Calciumionen vorher auszufällen und aus dem Wasser zu entfernen. Man erreicht dies durch Zugabe von NaOH, $Ca(OH)_2$, insbesondere auch durch Na_2CO_3 oder Na_3PO_4, die beiden letztgenannten Salze reagieren mit ihren Anionenbasen (siehe Abschnitt 5.2.8a) deutlich alkalisch. Das Natriumphosphat erzeugt in Dampfkesseln zusätzlich noch eine Korrosionsschutzschicht aus Eisenphosphat (siehe Abschnitt 10.6.3b).

2) Verwendung von Komplexbildnern

Man verwendet Komplexbildner, die die Calciumionen in Form leichtlöslicher Komplexe binden (über Komplexsalze siehe Abschnitt 5.4), auf diese Weise aus dem Gleichgewicht entfernen und somit in Lösung halten. Geeignet hierfür sind die mittel- bis hochmolekularen (Poly-) **Metaphosphate** (siehe Abschnitt 7.2.2) oder gewisse organische Komplexbildner, wie die **Ethylendiamintetraessigsäure** (EDTA)[7] oder **Nitrilotriacetat** (NTA). Dieses Verfahren, hauptsächlich mit Hilfe von Metaphosphaten, wird häufig bei Haus-Zentralheizungen angewendet.

Pentanatriumtriphosphat ($Na_5P_3O_{10}$) wurde früher in großen Mengen Waschmitteln zugesetzt. Ein hoher Gehalt an Phosphaten im Abwasser führt in Gewässern jedoch zur Überdüngung (Eutrophierung) und unter Umständen zum „Umkippen" des Gewässers (siehe Abschnitt 13.1.3b). Aus diesem Grund werden seit einigen Jahren als Phosphatersatzstoffe Zeolithe (Alumosilicate) eingesetzt, welche als Ionenaustauscher wirken (siehe Abschnitte 5.3.2b3 und 7.2.5).

3) Selektiver Calciumionenaustausch

Man ersetzt die Calciumionen der Lösung durch die „unschädlichen" Natriumionen. Technisch läßt sich dieses durch eine Reihe verschiedener **Ionenaustauscher** durchführen. Es sind meist Alumosilicate, die als Zeolithe oder Permutite (siehe Abschnitt 7.2.5) bezeichnet werden. Diese in Wasser unlöslichen, aber quellbaren, in der Natur vorkommenden, auch technisch herstellbaren hochmolekularen Substanzen (Kunstharze) sind in der Lage, ihre Alkali-Kationen gegen Calciumionen auszutauschen. Leitet man Wasser durch solch einen „Ionenaustauscher", so werden die schädlichen Calciumionen aus der Lösung durch diesen herausgeholt und durch Natriumionen ersetzt. Ist solch ein Ionenaustauscher „erschöpft", so kann man ihn durch konzentrierte Natriumsalzlösungen (z.B. NaCl-Lösungen) wieder „regenerieren", indem die Natriumionen die Calciumionen aus dem Ionenaustauscher verdrängen (Verschiebung des Gleichgewichtes im Ionenaustauscher wegen der hohen Na^+-Ionen-Konzentration zu Gunsten der Na^+-Ionen). Zeolithe werden heute als Phosphatersatzstoffe in Waschmitteln eingesetzt.

4) Verwendung von vollentsalztem Wasser

Am gebräuchlichsten für Großkesselanlagen ist jedoch die Verwendung von vollentsalztem Wasser, das man mit Hilfe von Ionenaustauschern gewinnen kann. Hierfür sind Ionenaustauscher notwendig, die alle im Wasser gelösten Kationen durch H^+-Ionen („Kationenaustauscher") und alle vorhandenen Anionen durch OH^--Ionen („Anionenaustauscher") ersetzen. Solche Ionenaustauscher sind Kunstharze, die an den organischen Makromolekülen entweder saure ($- SO_3H$) oder basische ($- NH_2$) Gruppen enthalten. Läßt man solche Austauscher in Wasser quellen, so bilden die sauren Austauscherharze H^+-Ionen, die basischen Austauscher OH^--Ionen:

$$R\text{–}SO_3H \xrightarrow{\ (+ H_2O)\ } R\text{–}SO_3^- H^+ \qquad \text{und} \qquad R\text{–}NH_2 \xrightarrow{\ (+ H_2O)\ } R\text{–}NH_3^+ OH^-$$

Die H^+- bzw. OH^--Ionen, die infolge ihrer Ladung an das Kunststoffgerüst des Austauscherharzes gebunden sind, können gegen andere gleichsinnig geladene Ionen ausgetauscht werden:

- **Kationenaustauscher:** $R\text{–}SO_3^- H^+ + M^+ \rightleftharpoons R\text{–}SO_3^- M^+ + H^+$
- **Anionenaustauscher:** $R\text{–}NH_3^+ OH^- + A^- \rightleftharpoons R\text{–}NH_3^+ A^- + OH^-$

---

[7] EDTA hat gegenüber NTA den Nachteil, daß es biologisch schwer abbaubar ist (siehe Abschnitt 12.5.3b).

Dieser Ionenaustausch ist umkehrbar; „erschöpfte", d.h. vollkommen mit Kationen beladene Kationenaustauscher können durch starke Säuren, erschöpfte Anionenaustauscher durch starke Basen wieder „regeneriert" werden.

Mit Hilfe solcher Ionenaustauscher wird heute in der Regel alles für Betriebe oder Laboratorien benötigte entsalzte (meist fälschlicherweise als „destilliertes Wasser" bezeichnete) Wasser hergestellt. Handelsnamen für Austauscherharze: Amberlite, Levatite, Permutite, Wofatite.

Ionenaustauscheranlagen enthalten hintereinandergeschaltet einen Kationenaustauscher, einen Anionenaustauscher und schließlich einen Mischbettaustauscher. Letzterer soll die durch die beiden ersten Austauscher eventuell hindurchgegangenen Ionen zurückhalten. Die Abb. 5.5 zeigt die Funktionsweise beim Entsalzungsbetrieb und beim Regenerationsbetrieb. Zum Regenerieren muß man beim Mischbettaustauscher das schwerere Kationen- vom leichteren Anionenaustauscherharz durch geeignetes Aufwirbeln trennen und nach dem Regenerieren wieder vermischen.

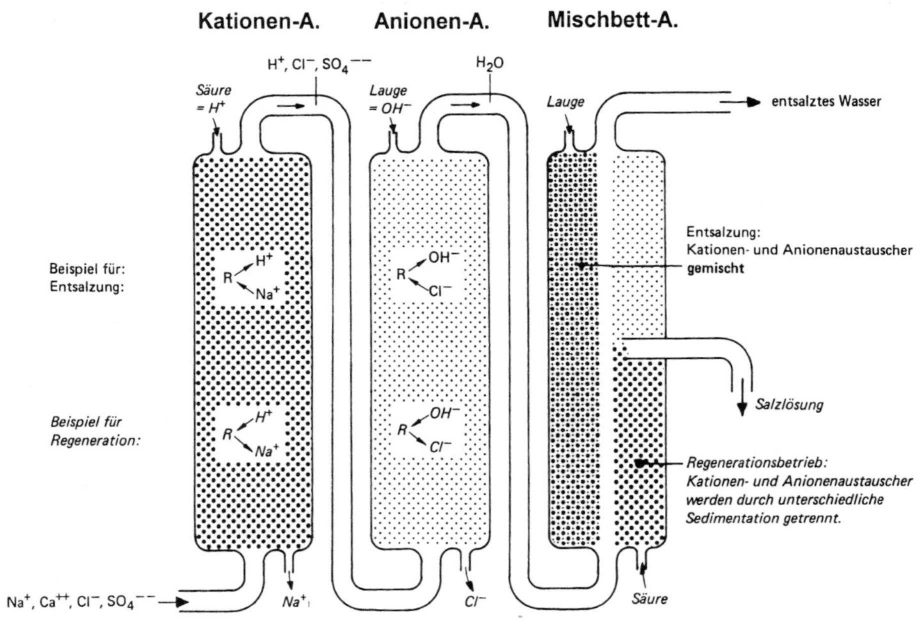

Entsalzungsbetrieb = Normalschrift   *Regenerationsbetrieb = Kursivschrift*

Abb. 5.5. Funktionsweise von Ionenaustauschern

5.3.3   Weitere Anwendungsbeispiele aus der Praxis

Die allgemeine Fassung des Löslichkeitsproduktes für die Bildung eines schwerlöslichen

Niederschlages des Salzes MA aus den Kationen M^+ und Anionen A^- nach der Formel

$$M^+ + A^- \rightleftharpoons MA \downarrow$$

lautet:

$$c_{M+} \cdot c_{A-} = L_{MA}$$

Man kann nun bei der Ausnutzung der Gesetzmäßigkeiten, die sich aus dem Löslichkeitsprodukt ergeben, in der Praxis drei verschiedene Ziele verfolgen, die durch die Punkte a), b) und c) charakterisiert werden:

a) Konstanz von Ionenkonzentrationen

Man will, daß eine Ionenart möglichst konstant bleibt; also entweder M^+ oder A^- soll möglichst keine Konzentrationsänderung erfahren. Dieses Prinzip spielt eine Rolle bei den sogenannten **Elektroden zweiter Art**, die in Abschnitt 10.2.2 besprochen werden.

b) Auflösung eines Niederschlags

Man will erreichen, daß die Konzentration einer der beiden am Löslichkeitsprodukt beteiligten Ionenarten (entweder M^+ oder A^-) in der Lösung möglichst stark vergrößert wird, um auf diesem Weg schließlich den gesamten Niederschlag eines schwerlöslichen Salzes aufzulösen.

Man kann aber nur dann die Konzentration der einen Ionenart stark vergrößern, wenn man die der anderen Ionenart entsprechend vermindert. Ein bekanntes Beispiel hierfür ist das Auflösen von **Kesselstein** durch starke Säuren, denn nach Gleichung (2a) aus Abschnitt 5.3.2a wird durch eine hohe H^+-Ionenkonzentration die CO_3^{2-}-Ionenkonzentration stark zurückgedrängt; durch Entweichen von CO_2 in stark saurem Medium wird außerdem die Kohlensäure aus dem Gleichgewicht entfernt und damit die Ca^{2+}-Ionenkonzentration in der Lösung entsprechend vergrößert, bis sich schließlich der gesamte Niederschlag aus $CaCO_3$ aufgelöst hat. Zum Schutze des Eisens werden der Säure (meistens Salzsäure) **Inhibitoren** (siehe Abschnitt 4.3.2c) zugesetzt. Als Inhibitoren werden meist verschiedene kolloide organische Stoffe verwendet, die sich als Gele auf der blanken Metalloberfläche niederschlagen und sie vor dem Säureangriff schützen. Handelsnamen solcher als **Sparbeizen** bezeichneten Produkte: z.B. Brindiharz, Corresin, Golpanol u.a.

c) Ausfällen von schwerlöslichen Salzen

Man möchte die Konzentration einer Ionenart möglichst stark vermindern. Man kann dies erreichen, wenn man die Konzentration der anderen am Löslichkeitsprodukt beteiligten Ionenart stark vergrößert. Aus der Fülle der Anwendungsmöglichkeiten für dieses Prinzip seien nur die folgenden Beispiele genannt:

1) Das Ausfällen von schädlichen Komponenten

Durch Erhöhen des pH-Wertes auf etwa 9–10 und damit Erhöhen der CO_3^{2-}-Ionenkonzentration kann man $CaCO_3$ ausfällen und damit die temporäre Härte beseitigen. Dies geschieht durch alkalische Reagenzien wie NaOH, ja selbst durch $Ca(OH)_2$ oder durch die Anionenbasen (siehe Abschnitt 5.2.8a) enthaltenden, basisch reagierenden Salze Na_2CO_3 oder Na_3PO_4. Auf diese Weise können auch toxische Schwermetallionen aus Abwässern entfernt werden (siehe Abschnitt 13.2.5a1).

2) Erhöhung der Ausbeute

Man kann durch Anwendung eines Überschußes einer billigeren Ionenart ein möglichst vollständiges Ausfällen einer teureren Ionenart erreichen.

3) Aussalzen und Umkristallisieren

Durch Zusatz eines anderen Stoffes, der mit dem auszufällenden Salz eine Ionenart gemeinsam hat, kann man Salze ausfällen und damit abtrennen. Dies wird beim sogenannten **Aussalzen** ausgenutzt und kann folgendermaßen erklärt werden: Erhöht man die Konzentration einer Ionenart durch Zugabe eines entsprechenden zweiten Elektrolyts, so muß die Konzentration des Gegenions erniedigt werden, damit das Löslichkeitsprodukt konstant bleibt. Dies bedeutet der Elektrolyt fällt aus der gesättigten Lösung so lange aus, bis der Wert des Löslichkeitsprodukts wieder erreicht ist. Dies wird rechnerisch in Übungsbeispiel 5.4 erläutert. Üblicherweise wendet man das Verfahren des Aussalzens bei Stoffen mit relativ großem Löslichkeitsprodukt an.

Der Effekt des Aussalzens kann auch beim **Umkristallisieren** von Stoffen ausgenutzt werden. Durch Umkristallisieren können Stoffe gereinigt werden. Üblicherweise wird hierbei der zu reinigende Stoff mit den Verunreinigungen in der Wärme in einem Lösungsmittel gelöst. Beim Erkalten der Lösung kristallisiert der reine Stoff aus, während die Verunreinigung in Lösung bleiben. Ist die Temperaturabhängigkeit der Löslichkeit des Stoffes im Lösungsmittel jedoch nur gering, so kann der zu reinigende Stoff durch Zusatz eines gemeinsamen Ions „ausgesalzen" werden.

Beispiele aus der Praxis:
- Umkristallisieren von NaCl, dessen Löslichkeit in Wasser sich mit der Temperatur kaum ändert, durch Einleiten von HCl in eine konzentrierte Kochsalzlösung.
- „Aussalzen" von Natriumseifen aus der Reaktionslösung nach dem Verseifen (siehe Abschnitt 8.4.8) mit Hilfe von NaCl.

> **Übungsbeispiel 5.4:** Bestimmung der Löslichkeit eines Salzes in Gegenwart eines gemeinsamen Ions.
> Um welchen Faktor ändert sich die Löslichkeit von PbI_2 aus Übungsbeispiel 5.3, wenn es in einer 0,1 molaren Bleinitrat-Lösung $Pb(NO_3)_2$ vorliegt?
> (Bleinitrat ist ein in Wasser gut lösliches Salz)

Lösung:
Reaktionsgleichung:

$$PbI_2(s) \rightleftharpoons Pb^{2+}(aq) + 2\,I^-(aq)$$

Durch die Anwesenheit von Bleinitrat wird die Löslichkeit des schwerlöslichen PbI_2 herabgesetzt, da das gemeinsame Kation Pb^{2+} das Gleichgewicht in Richtung des Eduktes (ungelöstes Salz) verschiebt.
Bezeichnet man die molare Löslichkeit wie in Übungsbeispiel 5.3 mit x, gilt jetzt im Gleichgewicht:

$$c_{Pb2+} = x + 0{,}1 \text{ und } c_{I_-} = 2x$$

Durch die Anwesenheit des Bleinitrats erhöht sich im Gleichgewicht die Konzentration der Pb^{2+}-Ionen um 0,1 mol. Eingesetzt in die Gleichung für das Löslichkeitsprodukt folgt:

$$L = c_{Pb2+} \cdot c_{I_-}^2 = (x + 0{,}1) \cdot (2x)^2$$

Da die Konzentration der Pb^{2+}-Ionen im Gleichgewicht viel kleiner ist, als die molare Anfangskonzentration von 0,1 mol/l, kann x im ersten Term vernachlässigt werden und es ergibt sich:

$$L = c_{Pb2+} \cdot c_{I_-}^2 = 0{,}1 \cdot (2x)^2$$

$$x = \sqrt{\frac{L}{0{,}4}}$$

Mit $L = 1{,}4 \cdot 10^{-8}$ mol^3/l^3 folgt:

$$x = \sqrt{\frac{1{,}4 \cdot 10^{-8}\ mol^3 / l^3}{0{,}4}}$$

$$x = \mathbf{1{,}9 \cdot 10^{-4}}\ \textbf{mol/l}$$

Im Vergleich zum Ergebnis von Übungsaufgabe 5.3 *(x = 1,5 · 10^{-3} mol/l)* wird die Löslichkeit also etwa um den **Faktor 8** verringert.

4) Qualitative Analyse

Das Ausfällen von schwerlöslichen Salzen nach Zugabe von geeigneten Reagenzien kann man zur Identifizierung von Ionen benutzen. Da die einzelnen Ionen (Kationen oder Anionen) bei spezifischen Fällungsbedingungen (z.B. hinsichtlich des pH-Wertes) bestimmte, häufig auch **farbige Niederschläge** bilden, wird die Bildung von schwerlöslichen Verbindungen sehr häufig als Nachweisreaktion verwendet. Diese Fällungsanalysen werden im Labor meist nach einer bestimmten Reihenfolge, dem sogenannten **Trennungsgang** durchgeführt. Man macht sich hierbei die sehr unterschiedlichen Löslichkeiten bzw. Löslichkeitskonstanten verschiedener Verbindungen zunutze, um eine selektive Fällung zu erzielen. Einige Beispiele für qualitative Nachweisreaktionen von Kationen und Anionen sind in Tab. 5.8 aufgelistet. Diese Reaktionen können auch zur quantitativen Analyse verwendet werden (siehe Abschnitt 5.3.3c5).

Tab. 5.8. Beispiele für qualitative und quantitative Nachweisreaktionen durch Bildung schwerlöslicher Salze

Ion	Reagenz	Reaktion	Farbe des Niederschlags	Bemerkungen
Ag^+	HCl	$Ag^+ + Cl^- \rightleftharpoons AgCl \downarrow$	weiß, durch Licht dunkelnd	
Fe^{3+}	NH_4OH	$Fe^{3+} + 3\,OH^- \rightleftharpoons Fe(OH)_3 \downarrow$	rotbraun, voluminös	nach Trocknung und Glühen quantitative Bestimmung als Fe_2O_3
Ni^{2+}	Diacetylglydioxim	$Ni^{2+} + 2\,C_4H_7N_2O_2^- \rightleftharpoons Ni(C_4H_7N_2O_2)_2 \downarrow$	himbeerrot, voluminös	
Cr^{3+}	NH_4OH	$Cr^{3+} + 3\,OH^- \rightleftharpoons Cr(OH)_3 \downarrow$	graugrün, voluminös	nach Trocknung und Glühen quantitative Bestimmung als Cr_2O_3
Al^{3+}	$(NH_4)_2HPO_4$	$Al^{3+} + HPO_4^- \rightleftharpoons AlPO_4 \downarrow + H^+$	weiß	
Cl^-	$AgNO_3 + HNO_3$	$Cl^- + Ag^+ \rightleftharpoons AgCl \downarrow$	weiß, durch Licht dunkelnd	
SO_4^{2-}	$BaCl_2$	$Ba^{2+} + SO_4^{2-} \rightleftharpoons BaSO_4 \downarrow$	weiß, feinkörnig	

5) Quantitative Analyse

Salze mit einem sehr kleinen Löslichkeitsprodukt können aus Lösungen praktisch vollständig abgeschieden werden. Wenn die dann noch in der Lösung verbleibenden Ionen keine wägbaren Mengen mehr ergeben und der Niederschlag eine exakt definierte Zusammensetzung aufweist, kann man durch Abtrennung (Filtrieren) der Niederschläge und Wägung nach dem Trocknen die Menge der in Lösung ursprünglich vorhandenen Ionenkonzentration mit solchen quantitativen Bestimmungsmethoden ermitteln (Beispiele, siehe Tab. 5.8).

5.4 Komplexverbindungen

Komplexverbindungen sind dadurch gekennzeichnet, daß um ein Zentralatom oder -ion in regelmäßiger Anordnung eine bestimmte Anzahl von Liganden (ligare, lat. = binden, anbinden) aus Atomen oder Atomgruppen angeordnet und chemisch gebunden ist. Bindungen dieser Art bezeichnet man als **koordinative Bindungen** (coordinare, lat. = beiordnen). Je nachdem, wie das Zentralatom beschaffen ist, kann man zwischen einer Komplexbildung an einem Anion, einem Kation oder an einem neutralen Atom unterscheiden. Solche Komplexbildungen können verschieden stabil sein, also in Umkehrung der Bildungsreaktion auch wieder in die einzelnen, ursprünglichen Ausgangskomponenten zerfallen. Die Bildungs- und Zerfallsreaktionen solcher Komplexverbindungen unterliegen den Gesetzen chemischer Gleichgewichte.

5.4.1 Komplexbildung am Anion

Viele chemische Verbindungen, so z.B. die in Abschnitt 7.2.2 erwähnten Sauerstoffsäuren, enthalten komplexe Anionen. Der Aufbau solcher Komplexe soll am Beispiel der Anionen von den Sauerstoffsäuren des Chlors erläutert werden.

Das Chloridanion mit einer einfachen negativen Ladung ist nach außen durch eine Achter-Elektronenschale mit Edelgaskonfiguration begrenzt. An die vorhandenen vier Elektronenpaare des Chloridions können sich Atome, die keine vollständige Achterschale haben, anlagern. Es kommt zu einer chemischen Bindung, die der kovalenten Bindung ähnlich ist, nur daß hier die Bindungselektronen allein vom zentralen Anion beigesteuert werden. Hierbei spielt das Zentralion die Rolle eines **Elektronendonators** (donator, lat. = Geber).

Die Gesamtladung des komplexen Anions bleibt dabei immer einfach negativ, denn die hinzukommenden, ungeladenen Sauerstoffatome steuern zum Komplex keine Ladung bei. Auf diese Weise kann man, wie es im folgenden angedeutet ist, ausgehend vom Chloridion durch sukzessive Anlagerung von Sauerstoffatomen zum Hypochlorit, Chlorit, Chlorat und schließlich zum Perchlorat gelangen (bei Chlorat und Perchlorat ist neben der Lewisformel auch die räumliche Struktur angedeutet):

Chlorid, Cl^- Chlorit, ClO_2^- Chlorat, ClO_3^- Perchlorat, ClO_4^-

Ähnlich sind die Sauerstoffsäuren des Elements Schwefel aufzufassen:

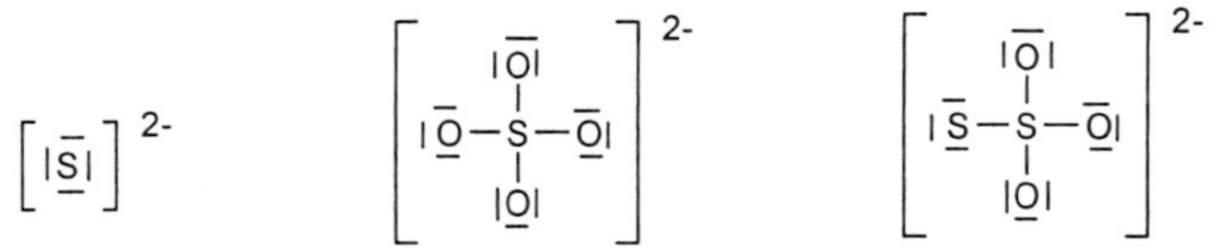

Sulfid, S^{2-} Sulfat, SO_4^{2-} Thiosulfat, $S_2O_3^{2-}$

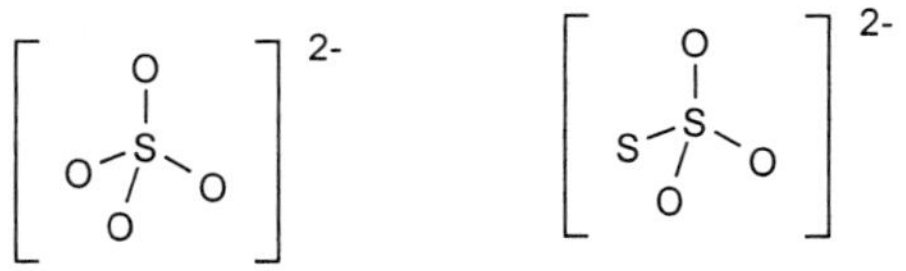

Das Natriumsalz des Thiosulfations ($Na_2S_2O_3$) findet Verwendung als **Fixiersalz** beim photografischen Entwicklungsprozeß. Es dient dazu nach dem Entwickeln restliches lichtempfindliches AgBr aus der Gelatineschicht des Films herauszulösen

$$Ag^+ + 2\,S_2O_3^{2-} \rightleftharpoons [Ag(S_2O_3)_2]^{3-}$$

Der dabei entstehende wasserlösliche Komplex $[Ag(S_2O_3)_2]^{3-}$ kann aus der Filmschicht ausgewaschen werden.

Beim Nitration (siehe Tab. 7.7 in Abschnitt 7.2.2) sind drei Sauerstoffatome gleich stark an den zentralen Stickstoff gebunden. Die formal zu schreibende Doppelbindung ist (ähnlich wie beim Benzol beschrieben) delokalisiert und bewirkt infolge **Mesomerie** zwischen folgenden Grenzzuständen eine Stabilisierung des Anions:

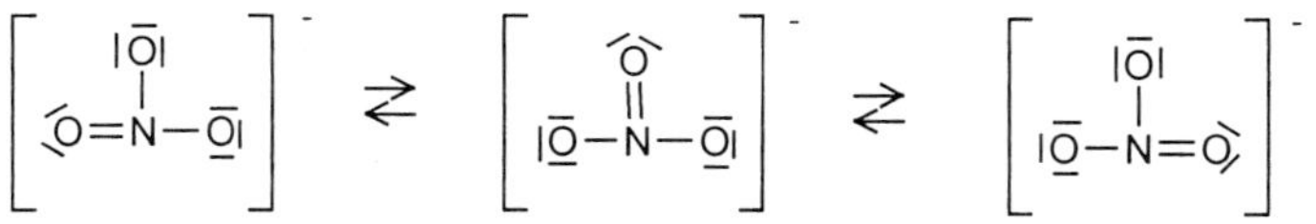

In wellenmechanischen Vorstellungen kann man diesen Resonanzzustand als π-Molekülorbital wiedergeben (siehe Abb. 5.6b), dieses stellt sich ein als Mesomerie zwischen den drei Grenzformeln der Abb. 5.6a.

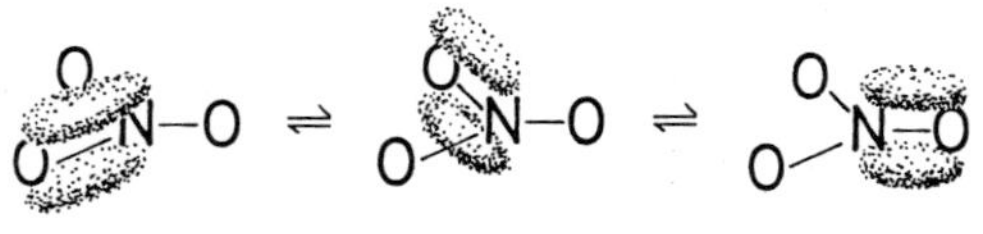

a Grenzstrukturen

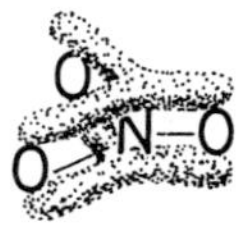

b Mesomerie

Abb. 5.6 Das Nitratanion

5.4.2   Komplexbildung am Kation

Ein Kation, also ein positiv geladenes Ion, kann entweder negativ geladene Liganden (Anionen) oder auch neutrale, aber in sich polarisierte Moleküle binden. Bei diesem Vorgang werden im Kation freie Energieniveaus durch Elektronen der Liganden besetzt. Das Zentralatom spielt dabei die Rolle eines **Elektronenakzeptors** (acceptor, lat. = Aufnehmer, Empfänger). Die vom Kation gebundenen Liganden haben abgeschlossene Achterschalen (Edelgas-Elektronenkonfigurationen), z.B. F^-, Cl^-, CN^-, H_2O, NH_3. Komplex gebundene Anionen bringen ihre negative Ladung in den Komplex ein; beim Überwiegen der negativen Ladungen wird aus dem Kation des Zentralatoms ein komplexes Anion mit negativer Gesamtladung:

$$z.B. \quad Fe^{2+} + 6\,CN^- \rightleftharpoons [\,Fe(CN)_6\,]^{4-}$$

Bei Anlagerung von neutralen Molekülen behält das Kation seine ursprüngliche Ladung bei:

$$z.B. \quad Cu^{2+} + 4\,NH_3 \rightleftharpoons [\,Cu(NH_3)_4\,]^{2+}$$

Maßgebend dafür, wieviel solcher Liganden an das zentrale Kation gebunden werden können, sind die räumlichen Platzverhältnisse um das Kation und die Tendenz des Kations durch die zusätzlich von Liganden beigebrachten Elektronen, die nächsthöhere Edelgaskonfiguration zu erreichen (näheres hierüber in Abschnitt 5.4.4).

Nomenklatur:
Zur Kennzeichnung komplexer Salze wird zuerst der Name des Kations, dann der des Anions genannt. Bei komplexen Ionen werden dabei die Bestandteile in folgender Reihenfolge angegeben:

1.) Zahl der Liganden, und zwar in griechischen Zahlenwörtern[8]
2.) Art der Liganden, bei anionischen Liganden durch Anhängen der Endung -o an den betreffenden Namen (**Cyano** CN^-; **Chloro** Cl^-; **Sulfato** SO_4^{2-}, **Hydroxo** OH^-), beim neutralen Ammoniak-Molekül mit der Bezeichnung Amin NH_3 bei Anlagerung von Wasser durch die Bezeichnung aqua und schließlich
3.) das Zentralatom mit Angabe der Oxidationszahl in nachgestellten römischen Zahlen; die Zentralatome der Anionen werden dabei durch Anhängen der Silbe –at gekennzeichnet.

Die einfachen Sauerstoffsäuren und deren Anionen kennzeichnet man jedoch nicht als Oxokomplexe, sondern verwendet für diese die im Abschnitt 7.2.2, in Tab. 7.6 bzw. 7.7 angegebenen Trivialnamen.

---

[8] Die in der Chemie häufig gebrauchten Zahlenwörter für die ersten 10 Zahlen lauten in Anlehnung an die altgriechische Sprache: 1 = mono; 2 = di; 3 = tri; 4 = tetra; 5 = penta; 6 = hexa; 7 = hepta; 8 = octo; 9 = nona; 10 = deca.
Vor „Thio-" oder Liganden, die selbst schon Zahlwörter enthalten, verwendet man die adjektivischen Zahlwörter: bis, tris, tetrakis (zweimal, dreimal, viermal) usw. und setzt den Ligandennamen dahinter in Klammern.

Beispiele: $K_4[\overset{+2}{Fe}(CN)_6]$ Kaliumhexacyanoferrat(ll)
mit dem Trivialnamen „gelbes Blutlaugensalz"

$K_3[\overset{+3}{Fe}(CN)_6]$ Kaliumhexacyanoferrat(lll)
mit dem Trivialnamen „rotes Blutlaugensalz"

$[Cu(H_2O)_4]\,SO_4 \cdot H_2O$ Tetraaquakupfer(ll)-sulfat-Hydrat
mit dem Trivialnamen „Kupfervitriol"

Salze, in denen Wasser an Ionen gebunden wird, bezeichnet man oft auch als **Hydrate**. Kristallisieren solche Salze aus wäßriger Lösung aus, so enthalten sie dieses sogenannte **Kristallwasser** in genau stöchiometrischen Mengen (siehe auch Abschnitt 2.2). Man gibt die betreffende Menge Kristallwasser meist hinter der Salzformel durch einen Punkt getrennt an, also z.B. $CuSO_4 \cdot 5\ H_2O$ = Kupfersulfat-Pentahydrat. Dabei werden vier Wassermoleküle vom Kupferion und ein Wassermolekül über eine Wasserstoffbrücke vom Sulfation gebunden. In *wäßriger Lösung* sind an das Kupferion noch zwei weitere Wassermoleküle, allerdings schwächer als die vier in einer Ebene angeordneten Wassermoleküle gebunden, so daß dann die Wassermoleküle das Kupferion in Form einer tetragonalen Bipyramide (verzerrtes Oktaeder) umgeben (siehe Abschnitt 5.4.4).

Die Anlagerung von komplex gebundenem Wasser (Hydratwasser) erfolgt unter Wärmeentwicklung (exothermer Vorgang); dabei färbt sich das im wasserfreien Zustand weiße Salz infolge dieser Hydratbildung blau. Man kann deswegen diese Reaktion auch als Reagenz zum Nachweis von Wasser (z.B. in verschiedenen organischen Lösungsmitteln) benutzen:

$$CuSO_4 + 5\,H_2O \rightleftharpoons CuSO_4 \cdot 5\,H_2O$$
$$\text{weiß} \qquad\qquad\qquad \text{blau}$$

Durch Erhitzen und Verdampfen des Wassers kann man das Gleichgewicht wiederum nach links verschieben und damit wasserfreies Kupfersulfat herstellen.

Die im Abschnitt 7.2.2 erwähnte starke Wärmeentwicklung beim Vermischen von konzentrierter Schwefelsäure mit Wasser beruht auf einer solchen Hydratbildung, und zwar bilden sich nacheinander die bei sehr tiefen Temperaturen auskristallisierenden Hydrate (siehe Tab. 5.9)

Tab. 5.9. Hydrate der Schwefelsäure

Hydrat	Schmelzpunkt [°C]
$H_2SO_4 \cdot H_2O$	8,6
$H_2SO_4 \cdot 2\ H_2O$	-39,5
$H_2SO_4 \cdot 3\ H_2O$	-36
$H_2SO_4 \cdot 4\ H_2O$	-28
$H_2SO_4 \cdot 6\ H_2O$	-54
$H_2SO_4 \cdot 8\ H_2O$	-62

Neben dem chemisch gebundenen Wasser haben die Ionen in wäßriger Lösung außerdem noch eine Wasserhülle von lose gebundenen Wassermolekülen (als Ion-Dipolwechselwirkung), was man meist durch die Bezeichnung aq = aqua ausdrückt, also z.B. Ca^{2+} (aq). In diesem Falle werden die komplex gebundenen Wassermoleküle meist nicht geschrieben (siehe auch Abschnitt 2.5.1).

Es bestehen Unterschiede in der Stabilität solcher Komplexverbindungen. Die Festigkeit der Bindungen wird durch die Art des Zentralatoms und der Liganden bestimmt. Auch kann die eine Ligandenart durch eine andere aus der Komplexverbindung verdrängen, wobei auch hier die Gesetzmäßigkeiten für chemische Gleichgewichte gelten.

Ein bekanntes Beispiel hierfür ist die Überführung des hellblauen Komplexes $[Cu(H_2O)_4]^{2+}$ durch Zufügen von NH_3 im neutralen oder alkalischen Gebiet in den tiefblauen Komplex $[Cu(NH_3)_4]^{2+}$. Im sauren Gebiet zerfällt jedoch wieder dieser Komplex[9], da dort die Konzentration des Ammoniaks (NH_3) wegen des folgenden pH-abhängigen Gleichgewichtes zu gering ist:

$$NH_3 + H^+ \rightleftharpoons NH_4^+$$

Die intensive Blaufärbung dieses Tetramminkupfer(ll)-Komplexes dient zum Nachweis von Kupfer.

Die Farbänderung bei der Hydratbildung von **Cobaltsalzen** hat interessante Anwendungen gefunden: Das wasserfreie Cobaltchlorid $CoCl_2$ hat eine intensiv **blaue Farbe**, während das wasserhaltige Satz $CoCl_2 \cdot 6\ H_2O$ **schwach rosafarben** ist. Schon bei Erwärmen auf ca. 35 °C verliert das wasserhaltige Cobaltsalz das chemisch gebundene Wasser. Dies kann zur Herstellung einer kaum sichtbare Schrift („Geheimschrift") ausgenutzt werden. Die Schrift wird bei gelindem Erwärmen leuchtend blau. Die Blaufärbung erfolgt auch an sehr trockener Luft; der Grad der Verfärbung zeigt somit auch die Luftfeuchtigkeit an. Je weiter sich das Cobaltchlorid schwach-rosa färbt (= entfärbt), desto feuchter ist die Luft, desto größer die Wahrscheinlichkeit der Regenbildung (Verwendung des Cobaltsalzes für „Wetterblumen" oder „Wetterbilder", die bei trockenem Wetter leuchtend blau werden). Im Kieselgel („Blaugel", siehe Abschnitt 7.2.2) zeigt das Cobaltsalz das momentane Wasseraufnahmevermögen dieses Trocknungsmittels an.

5.4.3   Komplexbildung an neutralen Atomen

Verschiedene Metalle der fünften bis achten Nebengruppe bilden mit Kohlenmonoxid eine Reihe von Komplexverbindungen, die als **Carbonyle** bezeichnet werden. In diesen Verbindungen haben die Metalle formal die Oxidationszahl 0 (wie im metallischen Zustand). Die Verbindungsbildung hat ihre Ursache im Bestreben dieser Metalle, durch Einbau freier Elektronenpaare die Elektronenschale des nächst höheren Edelgases zu erreichen. Im Falle der Carbonyle werden die freien Elektronenpaare am Kohlenstoffatom des CO in das zentrale Metallatom eingebaut.

Das Kohlenmonoxid hat die Elektronenformel $|\,C{\equiv}O\,|$, Kohlenstoff und Sauerstoff sind durch eine Dreifachbindung miteinander verknüpft; die drei gemeinsamen Elektro-

---

[9] An den Tetrammin-Kupfer(ll)-Komplex lagern sich in wäßriger Lösung zusätzlich zwei schwächer gebundene Wassermoleküle an.

nenpaare entstehen aus zwei Elektronen des Kohlenstoffs und vier Elektronen des Sauerstoffs. Kohlenstoff hat als Element mit der geringeren Elektronegativität durch die Beisteuerung von zwei Elektronen zu den gemeinsamen Elektronenpaaren die Oxidationszahl +2, Sauerstoff − 2. Beide Atome erhalten infolge der drei gemeinsamen Elektronenpaare Edelgaselektronenkonfiguration, dabei zeigt die Kohlenstoffseite infolge der um zwei Einheiten geringeren positiven Kernladung ein geringes Überwiegen der negativen Ladungen, d.h., die Kohlenstoffseite ist negativ polarisiert. Mit dieser negativen Molekülseite, die noch ein freies Elektronenpaar enthält, wird bei den Carbonylen das Kohlenmonoxid an ein zentrales Metallatom gebunden, welches die Rolle eines Elektronenakzeptors spielt.

Von den vielen bekannten Carbonylen sollen hier nur das **Eisenpentacarbonyl Fe(CO)$_5$** und das **Nickeltetracarbonyl Ni(CO)$_4$** erwähnt werden. Die Herstellung dieser Carbonyle geschieht durch direkte Einwirkung von Kohlenmonoxid auf die feinverteilten, in „aktiver" Form vorliegenden Metalle bei wenig erhöhter Temperatur (z.B. für Nickeltetracarbonyl bei Temperaturen von 60–80 °C). Auch durch Reduktion der betreffenden Metallsalze kann man unter gleichzeitiger Einwirkung von CO Carbonyle erhalten. Die Carbonyle sind meist Flüssigkeiten:

$$\text{Ni(CO)}_4 \text{:} \qquad \text{Smp.: } - 19,3 \text{ °C; Sdp.: } 42 \text{ °C}$$
$$\text{Fe(CO)}_5 \text{ :} \qquad \text{Smp.: } - 20,5 \text{ °C; Sdp.:} 103 \text{ °C}$$

Sie zerfallen beim stärkeren Erhitzen wieder in Kohlenmonoxid und in die betreffenden, dann in sehr feiner Verteilung vorliegenden Metalle (z.B. das sogenannte Carbonyleisen). Insgesamt ergibt sich ein temperaturabhängiges Gleichgewicht zwischen Bildungs- und Zersetzungsreaktion (vorausgesetzt, daß das CO nicht aus dem Gleichgewicht entfernt wird):

$$\overset{0}{\text{Ni}} + 4\,\text{CO} \;\rightleftharpoons\; \overset{0}{\text{Ni}}\text{(CO)}_4$$

Das Nickel läßt sich als leicht flüchtiges Carbonyl von fast allen seinen Begleitmetallen trennen und durch Zersetzung des Carbonyls in sehr reiner Form herstellen (sogenanntes **Mondverfahren**).

5.4.4   Bindungsarten bei Komplexen

Die Stabilität von Komplexen hängt ab von der Bindungsstärke, mit der die Liganden an das Zentralatom gebunden sind. Eine erste, einfache Charakterisierung der Bindungsverhältnisse lieferten die früher verwendeten Bezeichnungen **Anlagerungs-** und **Durchdringungskomplexe**. Der Ausdruck „Durchdringungskomplex" soll besagen, daß dabei gemeinsame Elektronenpaare zwischen Zentralatom und Liganden vorliegen, also Bindungsarten, wie sie bei Atombindungen auftreten; „Anlagerungskomplexe" bedeutet in erster Linie eine gegenseitige Bindung durch Anziehungskräfte der elektrisch geladenen Ionen auf die entgegengesetzt geladenen Molekülteile polarisierter Liganden (Ion-Dipolwechselwirkungen).

Bessere Beschreibungen der Bindungsarten sind mit Hilfe der **Valence-Bond-Theorie** und der **Ligandenfeldtheorie** möglich, welche im folgenden beschrieben werden.

a) Valence Bond-Theorie

In der Valence-Bond-Theorie wird die Bindung der Liganden an das Zentralatom durch Ausbildung gemeinsamer Elektronenpaare dargestellt. Dabei können sich auch die d-Elektronen an der Bindung beteiligen, also einfache Bindungen (σ-Bindungen) zwischen s + d-, p + d-, d + d – Elektronenorbitalen ergeben, wie durch Abb. 5.7 veranschaulicht wird.

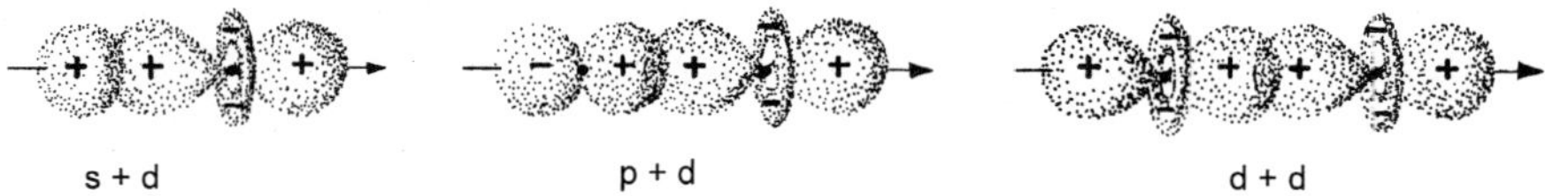

Abb. 5.7. σ-Bindungen mit d-Elektronen

Bei den größeren räumlichen Ausdehnungen der d-Orbitale sind sogar Doppelbindungen von Elementen der vierten Periode mit ihren schon relativ großen Atomradien möglich, während bereits Elemente der dritten Periode mit ihren p-Elektronen keine Doppelbindungen mehr bilden können (Doppelbindungsregel, siehe Abschnitt 6.2.3b).

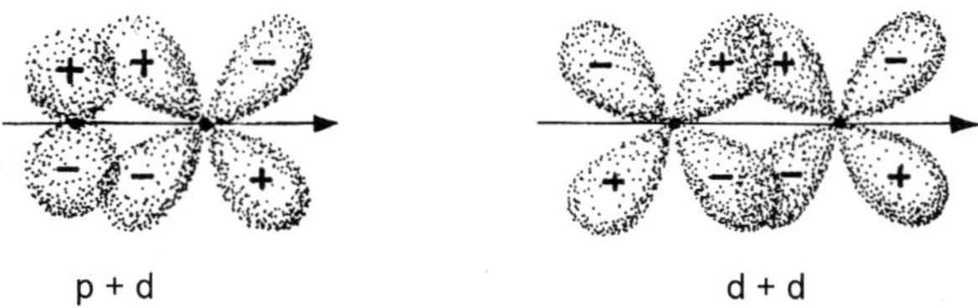

Abb. 5.8. π-Bindungen mit d-Elektronen

Die Art und Stärke der Bindungskräfte hängen nach der Valence-Bond-Theorie davon ab, welche freien Energieniveaus im Zentralatom durch die Elektronen der Liganden besetzt werden. Wenn dabei die innersten noch freien Energieniveaus des Zentralatoms besetzt werden, spricht man von **inner-orbital-Komplexen**, was man früher als Durchdringungskomplexe bezeichnet hatte. Abb. 5.9 zeigt unter Nr. 3, 7 und 10 die Elektronenkonfiguration der Zentralatome in solchen inner-orbital- Komplexen.

Werden im Zentralatom äußere (höhere) Energieniveaus besetzt, während innere (niedere) Energieniveaus nur mit einfachen, ungepaarten Elektronen besetzt bleiben, wie es in den Komplexen Nr. 4 oder 5 der Abb. 5.9 der Fall ist, so liegen **outer-orbital-Komplexe** vor (früher als Anlagerungskomplexe bezeichnet).

Eine Erklärung für diese Elektronenverteilung liefert die Ligandenfeldtheorie, die sogar quantitative Angaben über Stabilität, Lichtabsorption oder das magnetische Verhalten solcher Komplexe ermöglicht.

Nr.	Zentralatom oder Komplex	3. Schale p	3. Schale d	4. Schale s	4. Schale p	4. Schale d	Ligandenanordnung	Magnetismus
1	Fe^{2+}	---	↑↓ ↑ ↑ ↑ ↑				—	para
2	Fe^{3+}	---	↑ ↑ ↑ ↑ ↑				—	para
3	$[Fe(CN)_6]^{4-}$	---	↑↓ ↑↓ ↑↓ ↑↓ ↑↓	↑↓	↑↓ ↑↓ ↑↓		oktaedrisch	dia
4	$[Fe(CN)_6]^{3-}$	---	↑↓ ↑↓ ↑ ↑↓ ↑↓	↑↓	↑↓ ↑↓ ↑↓		oktaedrisch	para
5	$[Fe(H_2O)_6]^{2+}$	---	↑↓ ↑ ↑ ↑ ↑	↑↓	↑↓ ↑↓ ↑↓	↑↓ ↑↓	oktaedrisch	para
6	Ni^{2+}	---	↑↓ ↑↓ ↑↓ ↑ ↑				—	para
7	$Ni(CO)_4$	---	↑↓ ↑↓ ↑↓ ↑↓ ↑↓	↑↓	↑↓ ↑↓ ↑↓		tetraedrisch	dia
8	Cu^+	---	↑↓ ↑↓ ↑↓ ↑↓ ↑↓				—	dia
9	Cu^{2+}	---	↑↓ ↑↓ ↑↓ ↑↓ ↑				—	para
10	$[Cu(CN)_4]^{3-}$	---	↑↓ ↑↓ ↑↓ ↑↓ ↑↓	↑↓	↑↓ ↑↓ ↑↓		tetraedrisch	dia
11	$[Cu(NH_3)_4]^{2+}$	---	↑↓ ↑↓ ↑↓ ↑↓ ↑↓	↑↓	↑↓ ↑↓ ↑		quadratisch	para
12	Kryptonschale		↑↓ ↑↓ ↑↓ ↑↓ ↑↓	↑↓	↑↓ ↑↓ ↑↓		—	dia

Abb. 5.9. Elektronenkonfiguration in Komplexen

b) Die Ligandenfeldtheorie

Nähern sich Liganden dem Zentralatom, so werden die Elektronen des Zentralatoms dadurch beeinflußt, und zwar in verschiedener Weise bei oktaedrischer, tetraedrischer oder quadratischer Anordnung der Liganden.

1) Oktaedrische Komplexe

Sind Liganden in oktaedrischer Form angeordnet, so werden diejenigen d-Orbitale des Zentralatoms, deren größte Elektronendichte in Richtung der Liganden weist, durch die Elektronen der Liganden abgestoßen. Befinden sich wie beim oktaedrischen Komplex die Liganden in Richtung der x, y und z-Achse, so werden, wie man aus Abb. 1.5, Abschnitt 1.3.2 ersehen kann, die Orbitale d_{z2} und d_{x2-y2} abgestoßen und damit auf ein höheres Energieniveau gehoben, während die Orbitale d_{xy}, d_{xz} und d_{yz} die zwischen den Achsen ihre maximale Elektronendichte haben, also nicht auf die Liganden weisen, dabei gleichzeitig auf einen energetisch niederen Zustand versetzt werden. Es spalten sich also bei Annäherung von Liganden die im isolierten Atom energetisch gleichwertigen (als „entartet" bezeichneten) d–Elektronen des Zentralatoms in drei Orbitale mit geringerem und zwei Orbitale mit höherem Energieniveau auf. Der Energiezuwachs der beiden energiereicheren Zustände entspricht dabei genau dem Energieabfall der drei d_ε Zustände, es ist dann, wie man aus Abb. 5.10 ersehen kann, 3 x 0,4 Δ gleich 2 x 0,6 Δ, wenn Δ der Gesamtenergieunterschied zwischen diesen beiden Orbitalgruppen darstellt. Die Höhe der Energiedifferenz Δ ist je nach Art des Komplexes verschieden, sie variiert

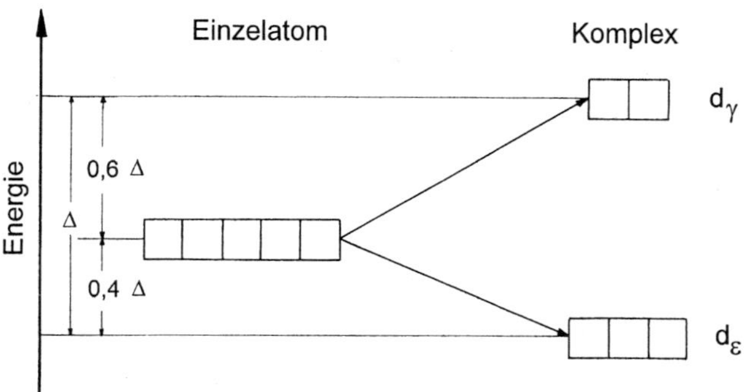

Abb. 5.10. Aufspaltung der d-Elektronen in oktaedrischen Komplexen

etwa von ca. 100 bis ca. 400 kJ/mol und richtet sich nach dem vorliegenden Zentralatom und hängt insbesondere von der Natur der Liganden ab.

Bei einer großen Aufspaltung mit einer großen Energiedifferenz Δ werden zunächst die sehr tief liegenden d_ε-Orbitale mit der maximalen Elektronenzahl (zwei Elektronen pro Orbital) belegt, ehe dann die dγ-Zustände mit Elektronen gefüllt werden (siehe Abb. 5.11). Ist die Aufspaltung energetisch nur sehr gering, d.h. die Energieunterschiede Δ zwischen d_ε und dγ nur sehr klein, so wird nach der Hundschen Regel (siehe Abschnitt 1.3.2 e) zunächst jedes der Orbitale einfach besetzt und danach erst alle Orbitale doppelt besetzt. Die Besetzungsreihenfolge ist im ersten Fall (große Aufspaltung) und im zweiten Fall (kleine Aufspaltung) bei folgender Elektronenbesetzung vollkommen gleich: d^1 (= 1 Elektron in den d-Orbitalen, siehe Abschnitt 1.3.2e), d^2, d^3, d^8, d^9, d^{10}; bei den Elektronenbesetzungen d^4, d^5, d^6 und d^7 ergeben sich jedoch Unterschiede in der Einbaureihenfolge, wie ein Blick auf Abb. 5.11 zeigt.

Bei großer Aufspaltung der Energiezustände erhält man die größtmögliche Anzahl von gepaarten Elektronen mit keinem oder nur geringem Spinmoment (diamagnetische oder nur schwach paramagnetische Stoffe). Man bezeichnet solche Komplexe als **low-spin-Komplexe**. Bei nur geringer Aufspaltung der Energiezustände werden zunächst

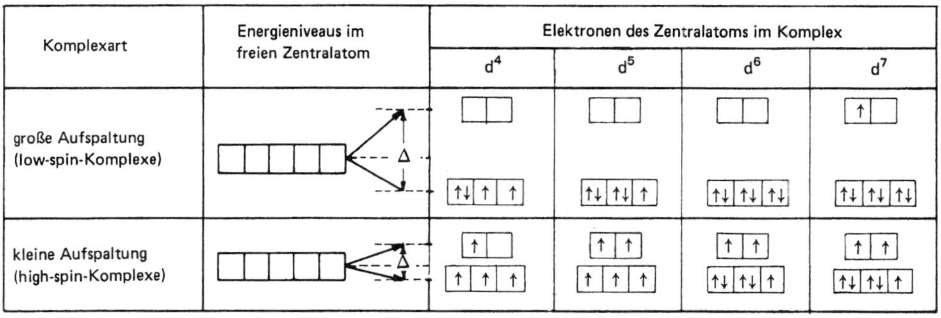

Komplexart	Energieniveaus im freien Zentralatom	Elektronen des Zentralatoms im Komplex			
		d^4	d^5	d^6	d^7
große Aufspaltung (low-spin-Komplexe)	Δ	☐☐ / ↑↓ ↑ ↑	☐☐ / ↑↓ ↑↓ ↑	☐☐ / ↑↓ ↑↓ ↑↓	↑ ☐ / ↑↓ ↑↓ ↑↓
kleine Aufspaltung (high-spin-Komplexe)	Δ	↑ ☐ / ↑ ↑ ↑	↑ ↑ / ↑ ↑ ↑	↑ ↑ / ↑↓ ↑↓ ↑	↑ ↑ / ↑↓ ↑↓ ↑

Abb. 5.11. Besetzung der d_ε und dγ-Niveaus mit Elektronen bei d^4, d^5, d^6 und d^7

alle d-Elektronenzustände nach der Hundschen Regel nur einfach besetzt, man erhält die größtmögliche Anzahl von ungepaarten Elektronen und damit große magnetische Spinmomente. Die Stoffe sind paramagnetisch und werden als **high-spin-Komplexe** bezeichnet.

2) Komplexe mit vier Liganden

Enthält ein Komplex nur vier Liganden, so können diese entweder in tetraedrischer oder planar-quadratischer Form um das Zentralatom angeordnet sein. Die Auftrennung der d-Elektronenniveaus bei Annäherung von Liganden an das Zentralatom erfolgt dann in anderer Weise, aber hier auch so, daß die Elektronenorbitale, die ihre maximale Ladungsdichte in Richtung der Liganden haben, einen höheren, die anderen einen tieferen Energiezustand einnehmen. Auch hier ergeben sich wiederum high-spin-Komplexe mit großen Spinmomenten und paramagnetischen Eigenschaften und low-spin-Komplexe mit geringen paramagnetischen oder sogar diamagnetischen Eigenschaften. Bilden zwei verschiedenartige Bestandteile solche Liganden in einem Komplex, so resultieren je nach der Anzahl und der Stellung der Liganden zueinander daraus Isomeriephänomene mit den bekannten Auswirkungen, z.B. auf die optische Drehung der Polarisationsebene (siehe Abschnitt 8.4.6).

Welcher Art der betreffende Komplex ist, hängt sowohl vom Zentralatom als auch (und zwar in erster Linie) von den Liganden ab. Bei vielen inner-orbital-Komplexen (low-spin-Komplexen) erreicht das Zentralatom die Elektronenkonfiguration des nächst höheren Edelgases. Beispielsweise erreicht in den folgenden Beispielen das Zentralatom jeweils die Edelgaskonfiguration des Kryptons:

$$[Cu\,(CN)_4]^{3-} \qquad oder \qquad Ni(CO)_4$$

Der Komplex $[Cu(NH_3)_4]^{2+}$ kommt der Kryptonschale sehr nahe; es fehlt dem Zentralatom dazu nur noch ein Elektron. Neben dem Erreichen der Edelgaskonfiguration sind auch noch andere, hier nicht zu erörternde Gründe für die Stabilität von Komplexen maßgebend.

c) Charakteristische Eigenschaften häufig gebrauchter Komplexe

High-spin-Komplexe (outer-orbital-Komplexe, Anlagerungskomplexe) haben einen hohen Anteil von magnetischen Momenten (sind paramagnetisch), sie sind allgemein weniger stabil als entsprechende low-spin-Komplexe (inner-orbital-Komplexe, Durchdringungskomplexe) mit nur geringem paramagnetischen Anteil oder diamagnetischen Eigenschaften.

In der Analytik verwendet man Cyanidkomplexe des Eisens, die man früher durch Erhitzen von Blut mit Laugen gewonnen hat und deswegen als **Blutlaugensalze** bezeichnet werden. Der vom Eisen-Zentralatom mit der Oxidationszahl +3 abgeleitete Komplex ist ein nicht stabiler, giftige Blausäure abspaltender high-spin-Komplex (outer-orbital-Komplex); das Kaliumsalz dieses Komplexes: Kaliumhexacyanoferrat(lll), $K_3[Fe(CN)_6]$ wird als rotes Blutlaugensalz bezeichnet und dient zum Nachweis von Fe^{2+}-Ionen, denn es ergibt mit diesen eine intensiv blaue Färbung (sogenanntes Turnbulls Blau).

Hat das Eisen-Zentralatom die Oxidationszahl +2, so resultiert der sehr stabile, darum ungiftige inner-orbital-Komplex oder low-spin-Komplex $K_4[Fe(CN)_6]$ (siehe Abb. 5.9), der den Trivialnamen gelbes Blutlaugensalz trägt. Kaliumhexacyanoferrat(II) ergibt mit Fe^{3+}-Ionen den gleichen blauen Komplex, der unter dem Namen **Berlinerblau** als Malerfarbe verwendet und zur Herstellung blauer Tinten benutzt wird. Diese Farbreaktionen werden in der Analytik zur Identifizierung der Oxidationsstufe von Eisenionen benutzt.

Viele Komplexverbindungen zeigen intensive Färbungen; sie dienen als Erkennungsreaktionen zum Nachweis verschiedener Ionen in der qualitativen Analyse; sie werden auch in quantitativen Bestimmungsmethoden verwendet (z.B. in photometrischen Bestimmungen siehe Abschnitt 11.5.1). Die Ursachen für solche Farbeffekte werden in Abschnitt 11.7.1 näher begründet.

In der Galvanik (siehe Abschnitt 10.5) werden einige sehr giftige Cyanidkomplexsalze verwendet. Zum Auflösen bzw. zur Verhinderung von festen Niederschlägen (siehe Löslichkeitsprodukt, Abschnitt 5.3) kann man ebenfalls Komplexbildner benutzen. So wird z.B. zum Fixieren von photographischen Aufnahmen das schwerlösliche, nicht reduzierte Silbersalz aus der Gelatineschicht durch Komplexbildung als leichtlösliches Silbersalz entfernt (siehe Abschnitt 5.4.1).

5.5   Gasgleichgewichte

Das Massenwirkungsgesetz kann man auch auf Gasgleichgewichte anwenden. Je nachdem, ob an den Gleichgewichten nur gasförmige Stoffe oder gasförmige und feste Stoffe beteiligt sind, spricht man von **homogenen** oder **heterogenen** Gleichgewichten.

5.5.1   Homogene Gasgleichgewichte

Homogene Gasgleichgewichte spielen in chemischen Technik eine wichtige Rolle. In diesem Abschnitt wird eine Auswahl typischer Beispiele vorgestellt.

a) Die Herstellung von Ammoniak

Ammoniak wird heute üblicherweise nach dem sogenannten **Haber-Bosch-Verfahren** hergestellt (Fritz Haber, 1868–1934, Carl Bosch 1874–1940). Hierbei wird Wasserstoff und Stickstoff mit Hilfe von Katalysatoren (Fe_3O_4 mit Zusätzen kleiner Mengen von K_2O, Al_2O_3 und CaO) umgesetzt:

$$N_2 + 3\,H_2 \;\rightleftharpoons\; 2\,NH_3 \qquad\qquad \Delta H^\circ = -91{,}8\ kJ$$

Der Wasserstoff wird gemäß den Reaktionen unter 5.5.1b und 5.5.1c unmittelbar vor der NH_3-Synthese gewonnen. Die Reaktionskomponente Stickstoff entstammt der Luft. Die Ammoniaksynthese (1913) stellt einen Meilenstein in der chemischen Technik dar. Ammoniak ist heute eine wichtige Grundchemikalie insbesondere zur Herstellung von

Kunstdünger. Außerdem war die Ammoniaksynthese zur damaligen Zeit in technologischer Hinsicht ein Novum, da sie den Beginn der chemischen Hochdruckchemie darstellt. Aus diesem Grund wurde die Haber-Bosch-Synthese auch mit zwei Nobelpreisen gewürdigt.

Da an dieser Reaktion nur Gase beteiligt sind, wird das Massenwirkungsgesetz zweckmäßigerweise mit den sogenannten **Partialdrücken** (= Druckanteile, die die Einzelkomponenten am Gesamtdruck haben) anstelle der Konzentrationen aufgestellt, da nach den allgemeinen Gasgesetzen (siehe Abschnitt 3.1.1) der Partialdruck proportional der Konzentration ist $p \sim n/V = c$:

$$K_p = \frac{p^2_{NH_3}}{p_{N_2} \cdot p^3_{H_2}}$$

Die Lage des Gleichgewichts kann wie bereits in Abschnitt 5.1.2 beschrieben - entsprechend dem **Prinzip von Le Chatelier** - durch Veränderung
- der Konzentrationen der Edukte und Produkte
- des Drucks
- der Temperatur

beeinflußt werden.

Durch Zugabe von N_2 oder H_2 wird das Gleichgewicht nach rechts , d.h. zu mehr NH_3 verschoben. Auch die Entfernung von Ammoniak aus dem Gleichgewichtsgemisch führt dazu, daß mehr N_2 und H_2 zu NH_3 umgesetzt wird. Zur Erzielung eines möglichst hohen Umsatzes sollte diese Reaktion bei möglichst *niedriger* Temperatur (exotherme Reaktion) und *hohem* Druck (Verringerung der Anzahl der Moleküle) durchgeführt werden (siehe Tab. 5.10). Das Problem bei dieser Reaktion ist, daß eine ausreichende Reaktionsgeschwindigkeit durch Temperaturerhöhung erst bei Temperaturen erreicht wird, bei denen die NH_3-Ausbeute aufgrund der Gleichgewichtslage fast Null ist. Deshalb muß bei dieser Reaktion mit **Katalysatoren** gearbeitet werden. Da Katalysatoren erst ab 400 °C genügend beschleunigend wirken, wird die technische Synthese bei etwa 500 °C durchgeführt. Aus Gründen der Wirtschaftlichkeit wird heute bei 250 - 350 bar gearbeitet.

Wie in Abb. 5.12 stark vereinfacht dargestellt, wird hierbei das Gemisch aus H_2 und N_2 durch mehrere Katalysatorschichten geleitet (sogenannter **Abschnitts- oder Hordenreaktor**). Da sich aufgrund der exothermen Reaktion das Gemisch stark erwärmt, wird

Tab. 5.10. Temperatur- und Druckabhängigkeit des prozentualen Stoffmengennanteils an Ammoniak ausgehend vom Stoffmengenverhältnis $H_2:N_2 = 3:1$

Temperatur [°C]	Gesamtdruck [bar]			
	200	300	400	500
400	38,2	47,2	54,2	59,8
450	27,0	35,4	42,3	48,2
500	18,6	25,7	31,8	37,3
600	8,7	12,7	16,7	20,5

zwischen den Katalysatorschichten direkt durch Zumischung von Kaltgas (H_2, N_2), oder indirekt durch Wärmeübertrager gekühlt. Das gebildete NH_3 wird durch Kondensation entfernt und das nicht umgesetzte H_2/N_2-Gemisch im Kreislauf geführt.

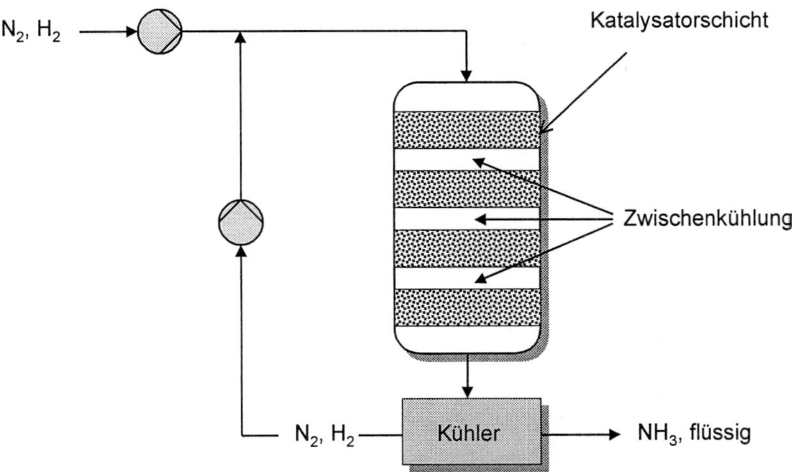

Abb. 5.12. Vereinfachte Darstellung eines Reaktors zur Ammoniak-Synthese

b) Dampfreformierung von Erdgas

Bei dieser Reaktion, die auch **Steam-Reforming** (steam, engl. = Dampf) genannt wird, wird Methan (Erdgas) mit Wasserdampf an einem Ni-Katalysator umgesetzt:

$$CH_4 + H_2O \rightleftharpoons CO + 3\,H_2 \qquad \Delta H° = +205\ kJ$$

Hierbei entsteht ein Gemisch aus Kohlenmonoxid und Wasserstoff, welches als **Synthesegas** bezeichnet wird und zur Herstellung vieler wichtiger Rohstoffe in der chemischen Technik dient (z.B. Alkohole, Aldehyde). Es dient außerdem als Rohstoffquelle zur Gewinnung von reinem Kohlenmonoxid und reinem Wasserstoff (siehe Abschnitt c).

Das Massenwirkungsgesetz formuliert mit den Partialdrücken lautet (siehe Abschnitt 5.5.1a):

$$K_p = \frac{p_{CO} \cdot p^3_{H_2}}{p_{CH_4} \cdot p_{H_2O}}$$

Da es sich um eine *endotherme* Reaktion mit *Vergrößerung* der Molekülzahl (aus zwei Molekülen entstehen vier) handelt, sollte zur Erzielung eines möglichst großen Umsatzes nach dem Prinzip von Le Chatelier (siehe Abschnitt 5.1.2) bei möglichst hoher Temperatur und geringem Druck gearbeitet werden. Dieser Prozeß wird üblicherweise bei 850 °C und 25 bar in außenbefeuerten Röhrenreaktoren durchgeführt. Eine entsprechende Reaktion kann auch mit anderen niedrig siedenden Kohlenwasserstoffen („Benzinkomponenten") durchgeführt werden.

c) Das Wassergasgleichgewicht

Zur Herstellung von reinem **Wasserstoff** wird das unter 5.5.1b entstandene CO mit Wasser an einem Cu-Katalysator zu Kohlendioxid und Wasserstoff umgesetzt, diese Gleichgewichtsreaktion wird auch **Wassergasreaktion** genannt:

$$CO + H_2O \rightleftharpoons CO_2 + H_2 \qquad \Delta H^\circ = -41{,}2 \text{ kJ}$$

Das Massenwirkungsgesetz (mit den Partialdrücken) lautet:

$$K_p = \frac{p_{CO_2} \cdot p_{H_2}}{p_{CO} \cdot p_{H_2O}}$$

Die Dissoziationskonstante K_p ist bei 830 °C gleich 1; das bedeutet, daß bei dieser Temperatur je 1 mol der an der Reaktion beteiligten Stoffe sich im Gleichgewicht befinden würden. Bei höheren Temperaturen verschiebt sich das Gleichgewicht zugunsten von CO und H_2O, bei tieferen Temperaturen zugunsten von CO_2. Dies entspricht dem Gesetz von Le Chatelier (exotherme Reaktion!). Die Lage des Gleichgewichts ist vom Gesamtdruck unabhängig, da auf der linken und auf der rechten Seite der Gleichung gleiche Anzahl von Molekülen stehen. Die Reaktion wird technisch bei 200–300 °C und etwa 70 bar durchgeführt.

Weltweit wird der größte Teil des Wasserstoffs aus fossilen Quellen gemäß der Reaktion unter Abschnitt 5.5.1b und anschließender Umsetzung gemäß der Wassergasreaktion gewonnen. Zur Gewinnung von reinem H_2 wird das mitentstandene CO_2 mittels einer Waschlösung (z.B. eine wässrige K_2CO_3 oder Methyldiethanolamin MDEA-Lösung absorbiert).

d) Die thermische Dissoziation von Wasserdampf

Die Vereinigung von Wasserstoff und Sauerstoff zu Wasserdampf erfolgt als stark exotherme Reaktion und wird im sogenannten **Knallgasgebläse** zur Erzeugung sehr hoher Temperaturen ausgenutzt:

$$2\,H_2 + O_2 \rightleftharpoons 2\,H_2O \text{ (g)} \qquad \Delta H^\circ = -484 \text{ kJ}$$

Mit dem Knallgasgebläse kann man bei Verbrennung von H_2 mit reinem Sauerstoffgas Temperaturen von ca. 3030 °C erreichen. Bei stärkerer Temperaturzufuhr würde die Reaktion gemäß dem Prinzip von Le Chatelier (siehe Abschnitt 5.1.2) unter Energieverbrauch schon merklich in umgekehrter Richtung (von rechts nach links) verlaufen, so daß man zu der aufgrund der Verbrennungswärme zunächst erwarteten Temperatur von ca. 4840 °C nicht gelangen kann. Schon bei ca. 2700 °C ist bereits etwa ein Drittel des vorhandenen Wasserdampfes thermisch dissoziiert.

Dabei treten nicht nur die Ausgangsprodukte H_2 und O_2 wieder auf, sondern es können auch Zwischenradikale (OH·) sowie atomarer Sauerstoff und Wasserstoff entstehen. So konnte man z.B. bei einer Temperatur von 2680°C ca. 61% H_2O, 14% H_2, 13% OH·,

6% H, 4% O_2 und 2% O feststellen. Beim Knallgasgebläse werden die unter Druck stehenden Gase entweder unmittelbar an der Flamme (**Daniellscher Hahn**, siehe Abb. 5.13) oder in einem Mischraum unmittelbar vor der Austrittsöffnung (siehe Abb. 5.15, Mundstück eines Mischdüsen-Schweißbrenners) zusammengeführt. Die höchste Temperatur erreicht man, wenn Wasserstoff und Sauerstoff im Verhältnis 2 : 1 verbrannt werden, was man an einer relativ geringen Geräuschentwicklung beim Verbrennen erkennt (H_2-Überschuß ergibt Rauschen, O_2-Überschuß verursacht Zischen). Um beim Schweißen eine reduzierende Flamme zu erhalten, verwendet man einen Überschuß von Wasserstoff (Verhältnis zu Sauerstoff etwa 4: 1 bis 5: 1), die erzielte Temperatur beträgt aber dann nur 2100 °C.

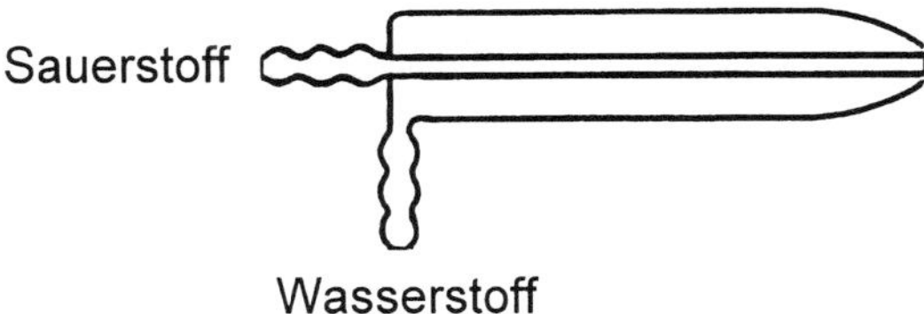

Abb. 5.13. Der Daniellsche Hahn

e) Die thermische Dissoziation von Kohlendioxid

Ähnlich wie Wasserdampf zerfällt auch das Kohlendioxid bei hohen Temperaturen, da die entgegengesetzt verlaufende Oxidation von CO zu CO_2 eine exotherme Reaktion ist:

$$2\,CO + O_2 \rightleftharpoons 2\,CO_2 \qquad\qquad \Delta H^\circ = -566{,}4\ kJ$$

Deshalb kann auch beim Verbrennen von CO die Flammentemperatur eine obere Grenze nicht überschreiten.

f) Die Bunsenbrennerflamme

Aus einer Düse ausströmendes Erdgas (CH_4) verbrennt beim Anzünden mit *leuchtender* Flamme, da sich durch thermische Zersetzung und eine zunächst im Innern der Flamme unvollständige Verbrennung elementarer Kohlenstoff bildet, der in der Flamme aufglüht. Diesen Kohlenstoff kann man als Ruß auf einem kalten, in die leuchtende Flamme gehaltenen Gegenstand abscheiden.

Wird dem Leuchtgas im sogenannten **Bunsenbrenner** (Robert Wilhelm Bunsen, 1811 - 1899) vorher Luft beigemischt, so kann man bei der als *nichtleuchtend* bezeichneten Flamme einen dunklen Innenkegel, der von einem blaugrün leuchtenden Saum begrenzt ist, und einen bläulichen Außenkegel unterscheiden (siehe Abb. 5.14, beim Teclubrenner benannt nach Nicolaus Teclu, 1839–1916, der in heutigen Labors üblichen Ausführungsform des „Bunsenbrenners").

Am Rande des verhältnismäßig kalten (ca. 300 °C) Innenkegels verbrennt das frische Leuchtgas-Luft-Gemisch. Es entstehen dabei an den Kegelrändern Temperaturen von ca.

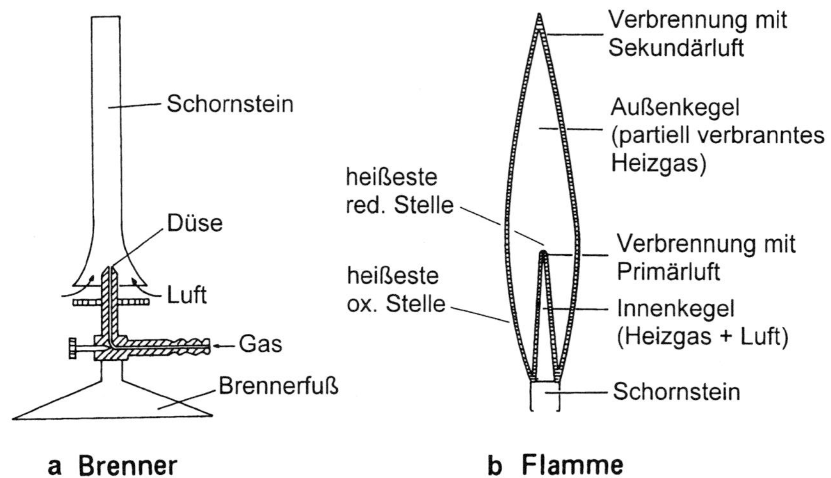

Abb. 5.14. Teclubrenner (Bunsenbrenner)

1500 °C. Da die am unteren Schornsteinende angesaugte **Primärluft** zur vollständigen Verbrennung des Leuchtgases nicht ausreicht, enthält der Außenkegel noch Kohlenmonoxid und Wasserstoff. Diese noch unverbrannten Anteile befinden sich mit dem Kohlendioxid und Wasserdampf im „Wassergasgleichgewicht" und werden erst am Rande des Außenkegels mit der von außen kommenden **Sekundärluft** verbrannt, denn durch den Überschuß an Sauerstoff und durch die Berührung mit der kalten Außenluft werden die unter d) und e) beschriebenen Gleichgewichte ganz auf die Seite der Verbrennungsprodukte verschoben.

Wegen des Gehalts an den reduzierenden Gasen H_2 und CO und wegen des Fehlens von Sauerstoff wirkt der innere Teil des Außenkegels reduzierend („Reduktionszone"), während der Mantel des Außenkegels infolge des hier vorhandenen Sauerstoffüberschusses Oxidationswirkung zeigt („Oxidationszone"). Die heißeste (reduzierende) Stelle im Bunsenbrenner ist dicht oberhalb des blaugrün leuchtenden Innenkegels; eine heiße oxidierende Stelle ist am Außensaum (siehe Abb. 5.14).

Beim Bunsenbrenner ist die Ausströmgeschwindigkeit des Gases gleich seiner Zündgeschwindigkeit (d.h. gleich der Geschwindigkeit, mit der sich die Zündung in einem ruhenden Gasgemisch fortpflanzen würde). Vermindert man die Ausströmgeschwindigkeit, so „schlägt der Brenner durch", d. h., es wandert die Flamme durch den „Schornstein" und brennt an der Düse weiter. Vergrößert man die Austrittsgeschwindigkeit, so kann die Flamme ausgeblasen werden.

g) Die Schweißbrennerflamme

Ähnlich liegen die Verhältnisse bei den Schweißbrennern, wo das brennbare Gas in einem Mischkanal mit Sauerstoff vermischt wird und am Ende der Düsenspitze gezündet wird. Man verwendet hierzu Mischdüsenbrenner, zu denen die beiden unter Druck stehenden Gase durch getrennte Schläuche geführt werden und im Mischraum des Brenners vor Austritt aus dem Mundstück (siehe Abb. 5.15) gemischt werden.

$$2\,C_2H_2 + 5\,O_2 \rightleftharpoons 4\,CO_2 + 2\,H_2O \qquad \Delta H° = -2600\ kJ$$

Gemäß obiger Gleichung sind zur vollständigen Verbrennung von 1 m^3 Acetylen sind 2,5 m^3 Sauerstoff nötig, d. h., es kommt auf 0,4 Teile Acetylen 1 Volumenanteil Sauerstoff. Man nimmt jedoch, um eine reduzierende Flamme zu erreichen, einen Überschuß von Acetylen, und zwar 0,7 bis 1,0 Volumenteile pro 1 Teil O_2. Durch das jetzt nicht mehr stöchiometrische Verhältnis der beiden Gase wird auch die Zündgeschwindigkeit herabgesetzt.

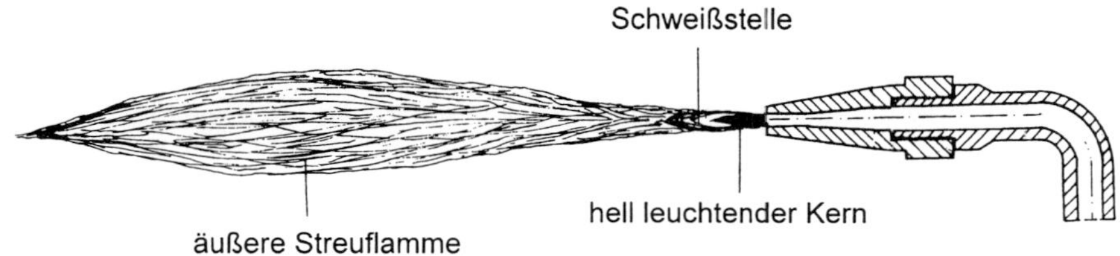

Abb. 5.15. Die Schweißbrennerflamme

Die Acetylen-Sauerstoff-Flamme hat einen hell leuchtenden Kern mit einer vorgelagerten, bereits teilweise mit Sekundärluft brennenden Flammenzone und schließlich die äußere durch Sekundärluft brennende Streuflamme. Das zu schweißende Metall wird im reduzierenden Bereich der Flamme erhitzt (siehe Abb. 5.15). Die Flammentemperatur beträgt ca. 3100 °C. Wesentlich höhere Temperaturen sind auch hier nicht zu erreichen (nach theoretischen Berechnungen aus den Verbrennungswärmen müßten im Falle von stöchiometrischen Acetylen- und Sauerstoffanteilen die Temperatur bei der vollständigen Verbrennung bis auf ca. 7000 °C ansteigen!), denn je höher die Temperatur würde, desto stärker würde auch hier die wärmeverbrauchende, endotherme Teilreaktion des Wassergasgleichgewichtes sowie der Gleichgewichte d) und e) wirksam werden.

Wird zuviel Acetylen zugeführt, so erscheint anstelle des stäbchenartigen Kerns ein flackernder, hell leuchtender größerer Mantel, bei Sauerstoffüberschuß wird der Kern kleiner und violett leuchtend, wobei sich außerdem noch die Gesamtgröße der Flamme verringert.

5.5.2   Heterogene Gasgleichgewichte

An heterogenen Gleichgewichten sind nicht nur gasförmige, sondern auch feste Stoffe beteiligt.

a) Das Boudouard-Gleichgewicht

Ein technisch wichtiges Beispiel ist das Boudouard-Gleichgewicht (Octave Leopold Boudouard, 1872 - 1923) mit der Reaktion:

$$CO_2 + C \rightleftharpoons 2\,CO \qquad \Delta H° = +172,2 \text{ kJ}$$

Wenn man den äußerst geringfügigen Dampfdruck des festen Kohlenstoffs und damit seine Konzentration in der Gasphase als konstant annimmt und in die Massenwirkungskonstante (mit den Partialdrücken) einbezieht, erhält man:

$$K_p = \frac{p^2_{CO}}{p_{CO_2}}$$

Die Massenwirkungskonstante K_p hat bei etwa 700 °C den Wert 1. Bei höheren Temperaturen ist CO, bei tieferen Temperaturen CO_2 vorherrschend. Bei 400 °C liegt im Gleichgewicht praktisch nur noch CO_2, bei 1000 °C praktisch nur noch CO vor. Abb. 5.16 gibt die Gaszusammensetzung aufgrund des Boudouard-Gleichgewichtes an.

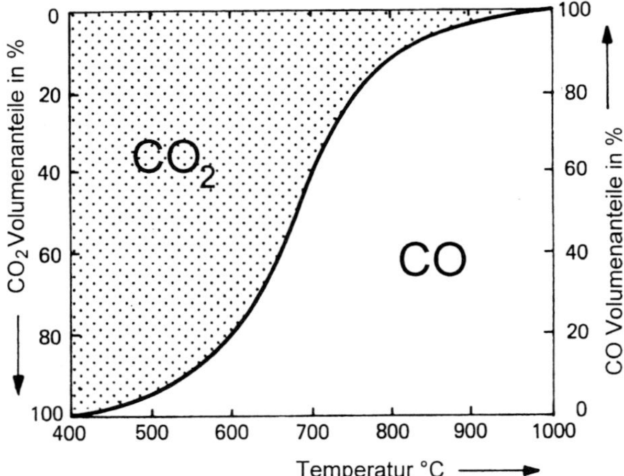

Abb. 5.16. Das Boudouard-Gleichgewicht

Das Boudouard-Gleichgewicht stellt sich überall dort ein, wo Kohlendioxidgase über glühenden Koks geführt werden. Es spielt beispielsweise eine wesentliche Rolle beim **Hochofenprozeß** zur Gewinnung von Roheisen (siehe auch Abschnitt 4.4.5). Die Reaktionen im Hochofenprozeß sind in Abb. 5.17 vereinfacht dargestellt. Bei den im unteren Teil des Hochofens herrschenden Temperaturen entsteht durch Verbrennen von Koks mit eingeblasenem Luftsauerstoff fast ausschließlich CO. Dieses reduziert das Eisenoxid über mehrere Zwischenstufen zum metallischen Eisen und wird dabei selbst zum CO_2 oxidiert gemäß folgender Gesamtgleichung:

$$Fe_2O_3 + 3\,CO \rightleftharpoons 2\,Fe + 3\,CO_2 \qquad \Delta H° = -26,8 \text{ kJ}$$

Das entstehende Kohlendioxid wird in der darüberliegenden Koksschicht wieder zu CO reduziert (der Hochofen wird abwechselnd mit übereinander angeordneten Erz- und Koksschichten beschickt).

In den weniger heißen (500–900 °C) Schichten des Hochofens zerfällt umgekehrt das CO gemäß dem Boudouard-Gleichgewicht unter Abscheidung von festem Kohlenstoff und Bildung von Kohlendioxid. Der entstehende feinverteilte Kohlenstoff reduziert dabei ebenfalls das Eisenoxid

$$Fe_2O_3 + 3\,C \rightleftharpoons 2\,Fe + 3\,CO \qquad\qquad \Delta H^\circ = +490{,}1\ kJ$$

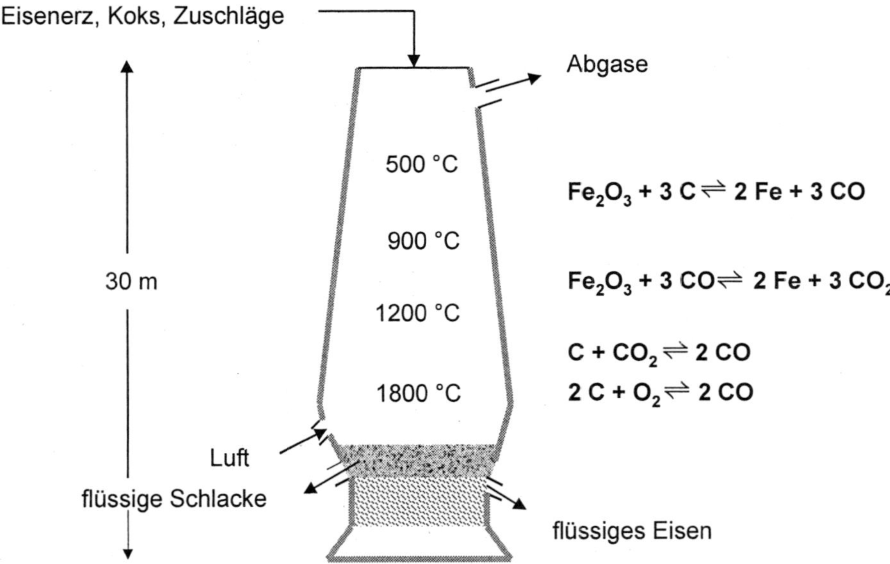

Abb. 5.17. Vereinfachte Darstellung der Reaktionen beim Hochofenprozeß

b) Das Gaszementieren oder Einsatzhärten

Sollen Maschinenteile im Kern zäh sein, aber an den Verschleißstellen eine gute Oberflächenhärte aufweisen, so werden sie zunächst aus den relativ weichen und zähen, kohlenstoffarmen sogenannten **Einsatzstählen** (bis 0,2% Kohlenstoff) gefertigt. Durch Aufkohlen auf ca. 0,8% Kohlenstoff kann man die Randschichten härtbar machen. Zum Aufkohlen von Stählen sind verschiedene Verfahren gebräuchlich. Neben dem Erhitzen in Holzkohle („Pulverzementieren") oder in Kohlenstoff abgebenden, geschmolzenen Cyanidsalzen („Badzementieren") kann man auch Gase verschiedener Kohlenstoffverbindungen zum Aufkohlen des Stahls verwenden („Gaszementieren"). Solche Bäder enthalten die äußerst giftigen Cyanide (Kaliumcyanid und Natriumcyanid), die durch Abgabe von Kohlenstoff und Stickstoff im Stahl Carbide und Nitride entstehen lassen. Unbrauchbar gewordene Cyanidsalze dürfen wegen Umweltgefährdung nicht auf Deponien abgelagert werden.

Beim Gaszementieren bildet der Kohlenstoff, welcher sich in den Oberflächenschichten des Stahls abscheidet, mit den gasförmigen Kohlenstoffverbindungen jeweils heterogene Gleichgewichte. Zum Aufkohlen werden verschiedene gasförmige bzw. leicht verdampfende Kohlenwasserstoffe eingesetzt. Sie dürfen alle zur Vermeidung von „Verzunderung" kein O_2 oder H_2O (Dampf) enthalten. Der Aufkohlungsgrad und die Dicke der zementierten Schicht hängen dabei von der Gaszusammensetzung, der Temperatur und der Härtungszeit ab.

5.5.3   Der Heßsche Satz

In vielen Fällen ist es infolge Ausbildung von chemischen Gleichgewichten nicht möglich, die Änderung der inneren Energie oder der Enthalpie (siehe Abschnitt 3.5.3) bei einer chemischen Reaktion direkt zu bestimmen. So ist es z.B. experimentell wegen des unter Abschnitt 5.5.1e genannten Gleichgewichts kaum möglich, eine vollständige Umsetzung unter gleichzeitiger Messung der Reaktionswärme für folgende Gleichung zu erhalten:

$$2\,C + O_2 \rightleftharpoons 2\,CO$$

In solchen Fällen kann man aber auf dem Umweg über zwei andere, experimentell realisierbare Reaktionen genaue Werte erhalten. In vorliegendem Fall über die Verbrennung von Kohlenstoff zu Kohlendioxid (1) und die Oxidation von CO zu CO_2 (2), also:

(1)	$2\,C + 2\,O_2 \rightleftharpoons 2\,CO_2$	$\Delta H^\circ = -787{,}6\ \text{kJ}$
(2)	$2\,CO_2 \rightleftharpoons 2\,CO + O_2$	$\Delta H^\circ = +566{,}4\ \text{kJ}$
(1) + (2)	$2\,C + O_2 \rightleftharpoons 2\,CO$	$\Delta H^\circ = -221{,}2\ \text{kJ}$

Diese Methode ist eine Anwendung der Gesetzmäßigkeiten, die unter der Bezeichnung **Heßscher Satz** (Hermann Heinrich Heß, 1872–1923) bekannt geworden sind:

Die beim Übergang eines chemischen Systems von einem bestimmten Anfangs- in einen bestimmten Endzustand abgegebene oder aufgenommene Wärmemenge ist unabhängig vom Wege der Umsetzung.

Schematisch wird dies durch Abb. 5.18a ausgedrückt und für das Beispiel der CO-Bildung in Abb. 5.18b veranschaulicht. Demnach sind die beiden, auf verschiedenen Wegen entwickelten (oder verbrauchten) Wärmemengen einander gleich, also

$$\Delta H_A = \Delta H_B$$

Der Heßsche Satz ist ein Spezialfall des **Satzes von der Erhaltung der Energie** (erster Hauptsatz der Thermodynamik). Er gilt nicht nur für die Reaktionen von Gasen, sondern ist allgemein auf alle chemischen Reaktionen anwendbar.

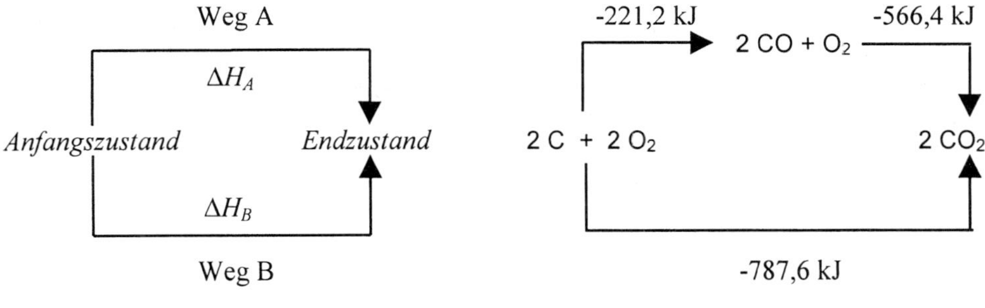

a allgemeine Darstellung

b Oxidation des Kohlenstoffs

Abb. 5.18. Schematische Darstellung des Heßschen Satzes

5.6   Adsorptionsvorgänge

5.6.1   Adsorptionsgesetze

An der Oberfläche von festen Stoffen können verschiedene Stoffe in Form einer dünnen Schicht festgehalten werden. Man spricht hierbei von *Adsorption*. Im Gegensatz dazu wird bei der *Absorption* der Stoff gleichmäßig in einer Flüssigkeit oder einem Festkörper aufgenommen (siehe auch Abschnitt 13.3.2b).

Bei den Wechselwirkungskräften, die für eine Adsorption verantwortlich sind unterscheidet man:

- chemische Bindungskräfte auch als **Chemisorption** bezeichnet.
- zwischenmolekulare Wechselwirkungen auch **Physisorption** genannt. Hierbei können Dipol-Dipol-, van der Waals- oder Wasserstoffbrücken-Wechselwirkungen auftreten (siehe Abschnitt 2.5).

Die Stärke der Wechselwirkung zwischen dem adsorbierten Stoff und der Oberfläche des Festkörpers bei der Chemisorption ist wesentlich größer als bei der Physisorption. Bei der Adsorption stellt sich ein Gleichgewicht zwischen adsorbiertem und nicht adsorbiertem Stoff ein. Neben der Stärke der Wechselwirkungskräfte ist die Lage des Gleichgewichts abhängig von

- Konzentration
- Temperatur
- Druck.

Zur quanitativen Beschreibung der Adsorption gibt es unterschiedliche Modellvorstellungen[10]. Nach der Modellvorstellung von **Langmuir** (Irving Langmuir, 1881–1957, Nobelpreis 1932) werden Stoffe so lange an der Oberfläche adsorbiert bis diese vollständig von einer monomolekularen Schicht des betreffenden gasförmigen oder des in einer

---

[10]siehe z.B. P.W. Atkins: "Physikalische Chemie", Wiley-VCH

Flüssigkeit gelösten Stoffes besetzt ist: es ist dann die Sättigungsgrenze erreicht. Die Beziehung zwischen der adsorbierten Menge a und der Konzentration des Stoffes c im Gleichgewicht bei konstant gehaltener Temperatur wird **Adsorptionsisotherme** genannt. Die Isothermen in Abb. 5.19 zeigen, daß prinzipiell niedrige Temperaturen die Adsorption begünstigen, während durch hohe Temperaturen der betreffenden Stoffe wieder in Freiheit gesetzt wird (sogenannte **Desorption**). Dies ist damit zu erklären, daß die Adsorption einen exothermen Vorgang darstellt und nach dem Prinzip von Le Chatelier das Gleichgewicht auf die linke Seite verschoben wird. Bei Adsorption aus der Gasphase wird die Adsorption auch durch einen höheren Gesamtdruck begünstigt (siehe Abb. 5.19).

Stoff (desorbiert) $\rightleftharpoons$ Stoff (adsorbiert)

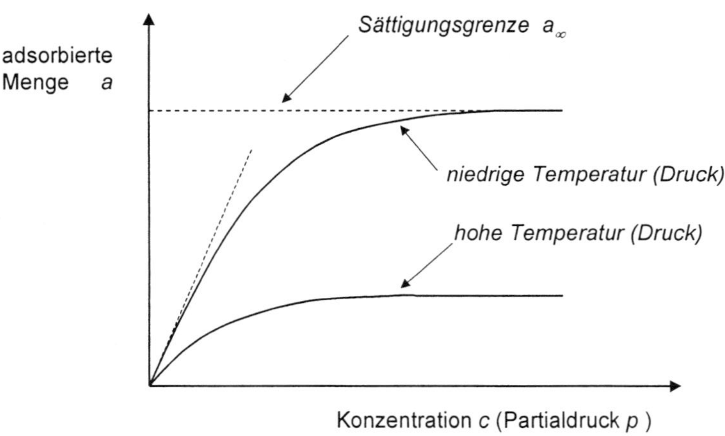

Abb. 5.19. Adsorptionsisothermen nach der Theorie von Langmuir

Die **Langmuirsche Adsorptionsisothermen** können durch folgende Gleichung beschrieben werden:

$$a = a_{\infty}(T) \cdot \frac{c}{k+c} \qquad a = \text{adsorbierte Menge}; \quad a_{\infty} = \text{maximal adsorbierbare Menge}$$

$$c = \text{Konzentration}; \quad k = \text{Konstante}$$

Für *kleine* Konzentrationen ($c \ll k$) erhält man eine Proportionalität zwischen Konzentration und adsorbierter Menge (siehe Abb. 5.19):

$$a = \frac{a_{\infty}}{k} \cdot c$$

Für *große* Konzentrationen (c $\gg$ k) ist $a \approx a_{\infty}$ (siehe Abb. 5.19).

Adsorptionsvorgänge spielen in der Technik und im täglichen Leben eine wichtige Rolle:

- Bei der heterogenen Katalyse (z.B. Ammoniaksynthese) werden die Reaktanten an der Katalysatoroberfläche durch Chemisorption festgehalten (siehe Abschnitt 5.5.1).
- Abwasser und Abluft kann durch Physisorption an Aktivkohle von Schadstoffen gereinigt werden (siehe Abschnitt 13.2.5c).
- Enzymreaktionen treten bei biologischen Prozessen auf.
- Bei Chromatographie werden Stoffe durch unterschiedliche Physisorption getrennt (siehe Abschnitt 5.6.2).

5.6.2   Chromatographie

Ein besonders wirkungsvolles Verfahren zur Trennung kleiner Mengen von Stoffgemischen in die Einzelkomponenten ist die **Chromatographie**. Die Möglichkeit, die durch dieses Verfahren aufgetrennte Stoffe entweder aufgrund ihrer Eigenfärbung oder durch Einfärbung mit spezifischen Reagenzien sichtbar zu machen, haben der Chromatographie ihren Namen gegeben (chroma, gr. = Farbe; graphein = schreiben). Alle chromatographischen Trennverfahren nutzen eine unterschiedliche (physikalische) Adsorption der zu trennenden Stoffe an Trägersubstanzen aus. Durch eine **mobile Phase** (Schleppmittel) wird das Stoffgemisch an der Trägersubstanz vorbeigeführt; bei einer verschieden starken Adsorption werden die einzelnen Bestandteile sich mit unterschiedlicher Geschwindigkeit über die **stationäre Phase** (Trägersubstanz) hinwegbewegen, wobei Adsorption, Desorption (Ablösung des adsorbierten Stoffes durch die mobile Phase) und gegenseitige Verdrängung von der Oberfläche der Trägersubstanz nebeneinander herlaufen. Daraus ergibt sich eine unterschiedliche Wanderungsgeschwindigkeit der einzelnen Komponenten mit der mobilen Phase über die Trägersubstanz. Dies ist schematisch in Abb. 5.20 dargestellt.

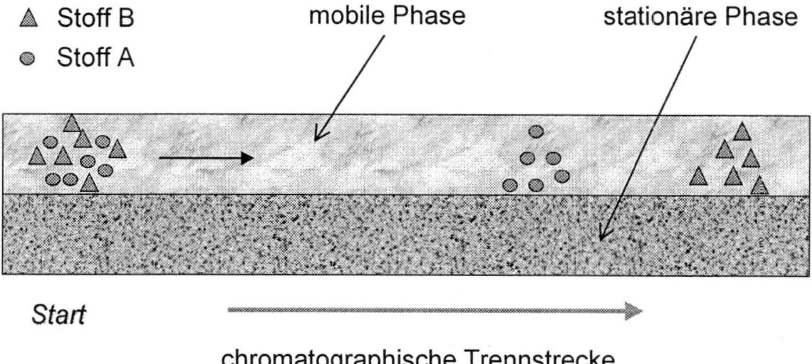

Abb. 5.20. Schematische Darstellung der Vorgänge bei der Chromatographie

Je nachdem, welcher Art die Trägersubstanz und die mobile Phase ist, unterscheidet man verschiedene Arten der Chromatographie. Nach der Art des Schleppmittels gibt es **Flüssigkeits-** und **Gaschromatographie.**

a) Flüssigkeitschromatographie

Bei der Flüssigkeitschromatographie besteht die mobile Phase meist aus einer *hydrophoben* Flüssigkeit (z.B. Hexan, Alkohole). Als stationäre Phase bzw. Trägersubstanz kann man ein feinkörniges, *hydrophiles* Material mit sehr großer Oberfläche (z.B. Kieselgel, Aluminiumoxid usw.) verwenden. Ein solches Trägermaterial füllt man entweder in eine (Glas-) Röhre (**Säulenchromatographie,** siehe Abb. 5.21a) oder man läßt bei der **Dünnschichtchromatographie** die dünne Schicht einer Aufschlämmung dieses feinkörnigen Materials auf einer Glasplatte antrocknen (siehe Abb. 5.21b). Diese sind heute als fertig beschichtete Platten im Handel erhältlich. Bei der Säulenchromatographie bietet sich auch die Möglichkeit, durch Wechseln der Vorlage verschiedene Fraktionen voneinander zu trennen, wobei jedoch eine präparative Isolierung der Komponenten nur im kleinsten Rahmen möglich ist. Früher wurde auch Papier mit großer Adsorptionswirkung als Trägersubstanz für die Chromatographie verwenden (**Papierchromatographie**).

Der Transport der mobilen Phase über die stationäre Phase erfolgt entweder wie bei der Säulenchromatographie mit Hilfe der Schwerkraft, oder man nutzt wie häufig bei der Dünnschichtchromatographie oder Papierchromatographie die durch Kapillarwirkung (Saugwirkung) hochsteigende Bewegung der Flüssigkeit aus. Die voneinander getrenn-

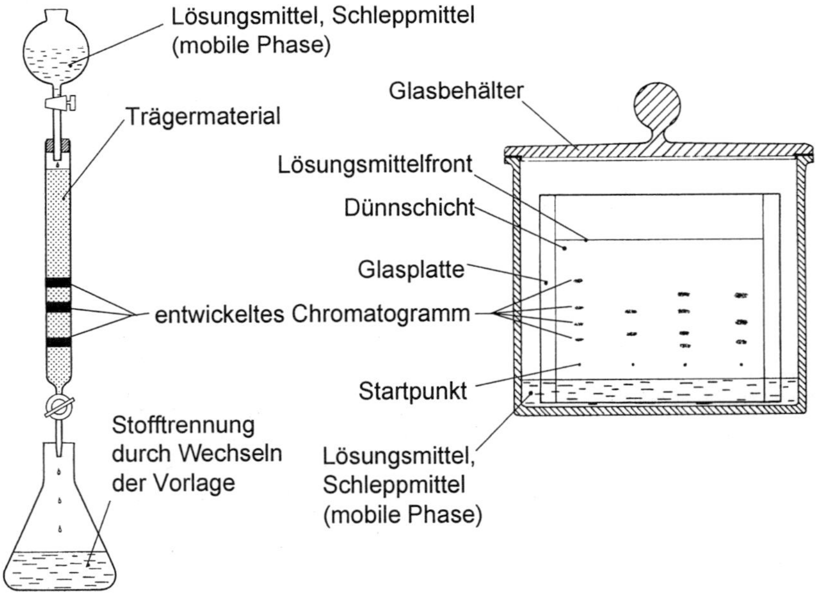

a Säulenchromatographie   **b** Dünnschichtchromatographie

Abb. 5.21. Säulenchromatographie und Dünnschichtchromatographie

ten Substanzen können entweder an ihrer Eigenfarbe erkannt, mit UV-Licht oder chemischen Reagenzien sichtbar gemacht und der Menge nach bestimmt werden.

Im heutigen Analyselabor wird meist eine besonders leistungsfähige Variante der Säulenchromatographie mit sehr guten Trenneffekten angewendet. Sie ergibt sich bei Verwendung von sehr feinem Trägermaterial und hohen Drücken zum Transport der mobilen Phase und wird **als Hochdruck-** oder **Hochleistungsflüssigkeits-Chromatographie** bezeichnet (**HPLC** = vom englischen **H**igh **P**ressure oder **H**igh **P**erformance **L**iquid **C**hromatography), bezeichnet. Ein HPLC-Gerät besteht aus vier Hauptteilen: Pumpe, Einspritzsystem, Trennsäule und Detektor mit Auswertesystem (siehe Abb. 5.22). Die Probe wird im Lösungsmittelstrom unter hohem Druck (bis etwa 300 bar) durch die mit Trägermaterial gefüllte Trennsäule meist aus Edelstahl (Innen$\varnothing$ = 2-6 mm) geschickt. Als Detektor werden üblicherweise UV/VIS-Spektrometer eingesetzt (siehe Abschnitt 11.5.1), wobei die erhaltenen Absorptionskurven der einzelnen Komponenten mittels Computer ausgewertet und gespeichert werden.

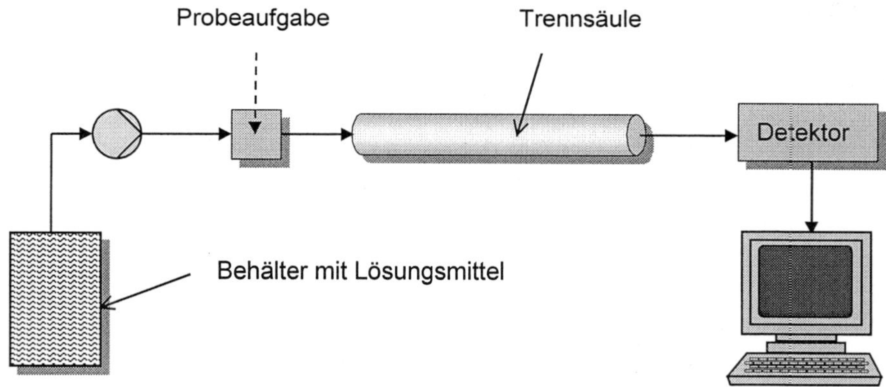

Abb.5.22. Schematische Darstellung eines Hochdruckflüssigkeits-Chromatographen (HPLC)

b) Gaschromatographie

Bei der Gaschromatographie (GC) handelt es sich um einen Spezialfall der Säulenchromatographie. Die mobile Phase bildet hierbei ein inertes Gas (N_2, He), welches ein Rohr durchströmt, in dem sich die stationäre Phase befindet. Ein Gaschromatograph besteht prinzipiell aus den gleichen Komponenten wie ein HPLC (Pumpe, Einspritzsystem, Trennsäule und Detektor mit Auswertesystem; siehe Abb. 5.22).

Die Trennsäulen sind im Gegensatz zur Flüssigkeitschromatographie heute in den meisten Fällen keine gepackten Säulen, sondern sogenannte **Kapillarsäulen** (Innen$\varnothing$ = 0,2-1 mm, Länge bis zu 100 m). Die stationäre Phase befindet sich als dünne Schicht (Schichtdicke 1-3 µm) auf der Innenseite der Kapillare (hierbei werden z.B. Siliconöle hoher Viskosität eingesetzt). Befindet sich die stationäre Phase als Flüssigkeitsfilm in der Kapillare, so ist nicht die unterschiedliche Adsorption, sondern die unterschiedliche Löslichkeit der Komponenten in der Gasphase und im Flüssigkeitsfilm für eine Trennung verantwortlich. Als Detektoren werden üblicherweise Wärmeleitfähigkeitszellen oder **Flammenionisations-Detektoren FID** (siehe Abschnitt 11.6). eingesetzt.

Mit Gaschromatographie können nur Substanzen analysiert werden, die einen ausreichenden Dampfdruck besitzen (Siedepunkt < ca.450 °C) und sich ohne Zersetzung verdampfen lassen. Thermisch empfindliche Substanzen mit hohen Siedepunkten können z.B. mittels HPLC bestimmt werden.

Eine besonders wirkungsvolle und eindeutige Identifizierung der getrennten Substanzen bietet die Verwendung eines Massenspektrometers (siehe Abschnitt 11.6). Die Kombination von Gaschromatographen mit **Massenspektrometern** gehört zu den besten, genauesten und wirksamsten Methoden, um geringste Mengen in Stoffgemischen qualitativ und quantitativ zu erfassen. So konnte man z.B. im Tabakrauch knapp eintausend verschiedene (teilweise auch kanzerogene) Stoffe identifizieren und mengenmäßig bestimmen.

Kontroll- und Übungsfragen zum 5. Kapitel

1) Was versteht man unter dem „Massenwirkungsgesetz" ?
2) Stellen Sie für folgende Reaktionen die Gleichung des Massenwirkungsgesetzes auf:
   a) $H_3PO_4 \rightleftharpoons 3\ H^+ + PO_4^{3-}$
   b) $Fe^{3+} + 3\ OH^- \rightleftharpoons Fe(OH)_3$
   c) $3\ Ca^{2+} + 2\ PO_4^{3-} \rightleftharpoons Ca_3(PO_4)_2$
3) Was besagt das Prinzip von Le Chatelier (Prinzip vom kleinsten Zwang)?
4) Wie lautet das Ionenprodukt des Wassers bei 25 °C? (mit Zahlenwert!)
5) Formulieren Sie die Säure-Base-Reaktionen der dreiprotonigen Phosphorsäure (H_3PO_4) mit Wasser!
6) Wie kann man hinsichtlich des Dissoziationsgrades α schwache und starke Säuren unterscheiden?
7) Berechnen Sie jeweils den pH-Wert und die OH^--Konzentration:
   a) 0,01 molare Salzsäure HCl (Annahme: vollständige Dissoziation in H^+- und Cl^--Ionen)
   b) 0,1 molare einprotonige Ameisensäure HCOOH (Dissoziationsgrad α = 4%)
   c) HBr-Lösung mit einer Konzentration von 5 g/l (Annahme: vollständige Dissoziation in H^+- und Br^--Ionen)
   d) 0,1 molare Schwefelsäure H_2SO_4 (Annahme: vollständige Dissoziation für ersten Dissoziationsschritt, α = 30% für zweiten Dissoziationsschritt)
8) Was ist die Wasserstoffionen-Aktivität? Wann und warum stimmt sie nicht mit der Wasserstoffionen-Konzentration überein?
9) Warum zeigen Regenwasser und destilliertes Wasser meist eine schwach saure Reaktion?
10) Wozu dienen Pufferlösungen und welche Bestandteile enthalten sie?
11) Was sind Farbindikatoren und was zeigen sie an?
12) Was versteht man unter Maßanalyse, Titration, Neutralisationstitration, Oxidimetrie, was sind Normallösungen?
13) Berechnen Sie die Massenkonzentration einer KOH-Lösung. Bei der Titration von 100 ml dieser Lösung werden 30 ml einer 0,1 molaren HCl-Lösung verbraucht.
14) Zur Bestimmung der Konzentration einer Haushalt-Essigsäurelösung (CH_3COOH) werden 50 ml der Essigsäurelösung mit einer 0,5 molaren NaOH-Lösung titriert. Der Äquivalenzpunkt ist nach Zugabe von 76,2 ml der Base erreicht. Berechnen Sie den prozentualen Massengehalt der Essigsäurelösung!
15) Wie ist es zu erklären, daß Natriumcarbonat alkalisch und Aluminiumsulfat sauer reagieren?
16) Wie sind die „Löslichkeitsprodukte" für die schwerlöslichen Verbindungen $Sb(OH)_3$, $Ca_3(PO_4)_2$ und Hg_2Cl_2 zu schreiben?
    Das schwerlösliche Quecksilbersalz Kalomel dissoziiert in geringem Maße gemäß folgender Gleichung: $Hg_2Cl_2 \rightleftharpoons Hg_2^{2+} + 2\ Cl^-$
17) Berechnen Sie die Löslichkeit in Wasser bei 25 °C:
    a) $CaSO_4$ (Gips) ($L = 6{,}1 \cdot 10^{-5}\ mol^2/l^2$)
    b) $Fe(OH)_3$ ($L = 3{,}8 \cdot 10^{-38}\ mol^4/l^4$)
    c) wie ändert sich für a) die Löslichkeit, wenn $CaSO_4$ statt in reinem Wasser in einer 0,2 molaren Na_2SO_4-Lösung vorliegt?

18) Was versteht man unter der temporären, was unter der permanenten Härte? Wodurch entstehen diese Wasserhärten?

19) Was gibt die Maßeinheit 1 „deutscher Härtegrad" an?

20) Warum erhöht sich beim Erhitzen trotz abnehmenden Kohlensäuregehalts die Carbonationenkonzentration, also die Anionenkonzentration der Kohlensäure?

21) Welche Auswirkungen hat eine Erhöhung des pH-Wertes auf das Löslichkeitsprodukt des Calciumcarbonats?

22) Wie kann man Kesselsteinbildung verhindern?

23) Was sind Ionenaustauscher? Wie kann man „erschöpfte" Kationenaustauscher, wie Anionenaustauscher regenerieren?

24) Was sind „Sparbeizen", wozu dienen sie?

25) Was ist beim Verdünnen von konzentrierter Schwefelsäure zu beachten?

26) Wie lauten die systematischen Namen und die Trivialnamen für folgende Komplexsalze: $K_4[Fe(CN)_6]$, $K_3[Fe(CN)_6]$?

27) Methanol wird großtechnisch in der Gasphase durch folgenden Prozeß hergestellt:

$2\,H_2 + CO \rightleftharpoons CH_3OH \qquad \Delta H° = -\,92\,kJ$

a) Wie lautet das Massenwirkungsgesetz für diese Reaktion (formuliert mit den Partialdrücken)?

b) Wie verschiebt sich das Gleichgewicht mit steigender Temperatur bzw. steigendem Druck? Wie muß also die Reaktion geführt werden, damit die Ausbeute an Methanol maximal wird?

28) Formulieren Sie eine Reaktionsgleichung für die Verbrennung (exothermer Vorgang!) von Kohlenmonoxid mit Sauerstoff!
Wie wird der mengenmäßige Anteil von Kohlenmonoxid bei einer entsprechenden Gleichgewichtsreaktion, wie sie die Reaktionsgleichung wiedergibt, wenn man a) die Sauerstoffkonzentration erhöht, b) die Temperatur erniedrigt, c) den Druck erhöht?

29) Wie lautet die „Wassergas"-Gleichgewichtsreaktion?

30) Wie wird Ammoniak großtechnisch synthetisiert (Reaktion, Verfahren)?

31) Wie wird Wasserstoff großtechnisch aus fossilen Brennstoffen hergestellt?

32) Wo befindet sich in der nichtleuchtenden Bunsenbrennerflamme die heißeste reduzierende, wo die heißeste oxidierende Stelle?

33) Warum läßt sich die Temperatur, die man mit einem Schweißbrenner erzeugen kann, nicht wesentlich über 3100 °C steigern?

34) Was versteht man unter dem Boudouard-Gleichgewicht?

35) Was besagt der Heßsche Satz?

36) Geben sie zeichnerisch den Verlauf der Adsorptionsisotherme nach der Theorie von Langmuir wieder!

37) Was versteht man unter Chromatographie?
Wozu dient dieses Verfahren und welche prinzipiellen Verfahren kennen Sie?

6   Die Elemente

Übersicht über die Thematik des 6. Kapitels

Im sechsten Kapitel werden die chemischen Elemente, die als Grundbausteine an der Bildung aller Stoffe beteiligt sind, vorgestellt, wobei in erster Linie die für den Ingenieur wichtigen Elemente und deren Verwendung in der Technik ausführlicher behandelt werden. Die Bedeutung der Halbleiter ist heute so stark angestiegen, daß sich ein umfangreiches Unterkapitel mit dem Halbleiterphänomen befaßt. Einen relativ breiten Raum nehmen auch die Metalle ein, obwohl hier weitgehendst auf sehr viele Teilaspekte, die ausführlich in der Werkstoffkunde behandelt werden, verzichtet wird. Auch die radioaktiven Elemente werden berücksichtigt.

Ein Verstehen verschiedener Stoffeigenschaften, so z.B. der für die meßtechnische Erfassung von elementarem Sauerstoff wichtige Paramagnetismus, macht es erforderlich, eingehender ein Modell zu behandeln, das unter der Bezeichnung Molekülorbitaltheorie bekannt geworden ist.

Da ein Lehrbuch dieses Umfanges nicht nur als Studienbegleiter, sondern auch als erstes Nachschlagewerk in der Praxis gedacht ist, werden verschiedene für die Praxis interessante Daten und Stoffeigenschaften in einer Reihe von Tabellen und Abbildungen wiedergegeben. Wenn man jedoch die Anzahl und die Art der Kontrollfragen am Ende dieses Kapitels betrachtet, wird man feststellen, daß hier zur Erarbeitung des Stoffes der Schwerpunkt nicht auf das Auswendiglernen verschiedener Stoffeigenschaften gelegt wird, sondern vielmehr auf das Verstehen der inneren Zusammenhänge und der Gesetzmäßigkeiten in der uns umgebenden materiellen Welt.

6.1   Allgemeines

6.1.1   Einteilung der Elemente

a) Einteilung nach dem Aggregatzustand

Im Normzustand d.h. bei 0 °C und 1,01325 bar (1 atm) sind:
- elf Elemente **gasförmig** und zwar
  die Edelgase Helium, Neon, Argon, Krypton, Xenon, Radon;
  außerdem die Elemente Wasserstoff, Stickstoff, Sauerstoff, Fluor, Chlor
- zwei Elemente **flüssig**, und zwar
  das Brom und das Quecksilber;

alle anderen Elemente sind feste Stoffe.

Der Aggregatzustand der Elemente kann einen Hinweis für den atomaren Aufbau geben, denn große Moleküle mit hoher Molekülmasse oder in Metallgittern angeordnete Atome ergeben im Normzustand feste Körper, hingegen bestehen gasförmige Stoffe aus kleinen Atomen oder Molekülen mit geringer Molekülmasse.

b) Einteilung nach der elektrischen Leitfähigkeit

Alle gasförmigen Elemente, das flüssige Brom und die festen Elemente Kohlenstoff, Phosphor, Schwefel und Iod sind Nichtmetalle. Zu den Halbmetallen kann man die Elemente Bor, Silicium, Germanium, Arsen, Selen und Tellur rechnen. Alle übrigen Elemente sind Metalle. Einige Elemente haben sowohl eine metallische wie eine nichtmetallische Modifikation, z.B. Phosphor, Arsen, Selen und Zinn.

Dieser Einteilung der Elemente in **Nichtmetalle**, **Metalle** mit den Übergangsstufen der **Halbmetalle** liegt die unterschiedliche elektrische Leitfähigkeit zugrunde:
Metalle sind gute Leiter des elektrischen Stromes; die elektrische Leitfähigkeit nimmt mit steigender Temperatur ab (siehe Abschnitt 6.5.1). Die Halbmetalle zeigen eine zwar meßbare, aber doch sehr begrenzte elektrische Leitfähigkeit, die aber mit steigender Temperatur zunimmt. Die Nichtmetalle hingegen sind elektrische Isolatoren.

Zwischen diesen Typen gibt es fließende Übergänge. Die folgende Tab. 6.1 zeigt die Werte der elektrischen Leitfähigkeit von einigen Elementen und Stoffen.

Tab. 6.1. Beispiel für elektrische Leitfähigkeit verschiedener Stoffe bei Raumtemperatur

Metalle $(\Omega cm)^{-1}$		Halbleiter $(\Omega cm)^{-1}$		Isolatoren $(\Omega cm)^{-1}$	
Na	$2,2 \cdot 10^5$	Si	$2,0 \cdot 10^{-5}$	Diamant	$1,0 \cdot 10^{-16}$
Al	$4,0 \cdot 10^5$	Ge	$2,0 \cdot 10^{-2}$	Quarz	$3,0 \cdot 10^{-17}$
Fe	$1,0 \cdot 10^5$	Se	$1,0 \cdot 10^{-6}$	Glas	$1,0 \cdot 10^{-11}$
Cu	$6,0 \cdot 10^5$	FeO[*]	$1,0 \cdot 10^{-4}$	PTFE[**]	$1,0 \cdot 10^{-18}$
Ag	$6,7 \cdot 10^5$	CuO[*]	$2,0 \cdot 10^{-7}$	PE[**]	$1,0 \cdot 10^{-17}$

[*] siehe Kapitel 7
[**] Kunststoffe; siehe Kapitel 9

6.1.2   Die Häufigkeit der Elemente und die Rohstoff-Probleme

Die meisten Elemente kommen in der Natur nicht in freier Form vor, sondern nur in **chemischen Verbindungen** an andere Elemente gebunden. Nur wenige Elemente findet man in der Natur im elementaren Zustand, d. h., die betreffenden Stoffe sind nur aus diesen Elementen aufgebaut. Hierzu zählt hauptsächlich der Schwefel, außerdem geringe Mengen der Edelmetalle, wie z.B. Gold und Platin; ferner ist die Luft ein Gemisch der gasförmigen Elemente Stickstoff und Sauerstoff sowie der Edelgase; in hohen Luftschichten findet sich außerdem auch das Element Wasserstoff.

Für die uns zugängliche Schicht der Erdrinde bis zu etwa 16 km Tiefe einschließlich der Weltmeere und der Lufthülle liegen Berechnungen zur Häufigkeitsverteilung der Elemente vor. In der Tab. 6.2 sind die zehn häufigsten Elemente angegeben. Wegen der unterschiedlichen Atommassen weichen die atomaren Häufigkeiten von den massemäßigen Anteilen teilweise erheblich ab, wie ein Vergleich von Tab. 6.2a mit b zeigt.

Tab. 6.2. Verbreitung der Elemente auf der Erde[*]

a) Massenanteile in %		b) atomare Häufigkeit in %	
Sauerstoff	50,50	Sauerstoff	54,34
Silicium	27,50	Wasserstoff	17,42
Aluminium	7,30	Silicium	16,86
Eisen	3,38	Aluminium	4,66
Calcium	2,79	Natrium	1,64
Kalium	2,58	Calcium	1,20
Natrium	2,19	Kalium	1,14
Magnesium	1,29	Eisen	1,04
Wasserstoff	1,02	Magnesium	0,91
Titan	0,43	Titan	0,15
übrige Elemente	1,02	übrige Elemente	0,64
	100,00		100,00

[*] Bei der Aufstellung wurden die Lufthülle, das Meer und eine etwa 16 km dicke Schicht der Erdrinde berücksichtigt. Eine Tiefe von 16 km entspricht einer Schichtdicke von 2,5 mm, wenn man die Erdkugel mit einem Radius von 1 m verkleinert darstellt.

Viele technisch wichtige Elemente stehen auf der Erde nur in begrenztem Maße zur Verfügung. Aber auch die sehr häufig vorkommende Elemente wie Eisen oder Aluminium zeigen nur begrenzte Vorkommen von **Erzen**[1] oder **Mineralien**, welche die betreffenden Elemente in angereicherter, darum auch abbauwürdiger und verarbeitungsfähiger Form enthalten. Deswegen werden auch Berechnungen des MIT (Massachusetts Institute of Technologie) verständlich, die der **Club of Rome**[2] in der aufsehenerregenden Studie „Die Grenzen des Wachstums" veröffentlicht hat. Hierbei wurde im Jahre 1972 erstmals einer breiten Öffentlichkeit klar gemacht, daß uns bei dem heute ständig steigenden Bedarf viele der gebräuchlichen Rohstoffe voraussichtlich nur noch für einige Jahrzehnte in gewohnter Weise und ausreichender Menge zur Verfügung stehen (eigentlich eine Selbstverständlichkeit!). Die damaligen Prognosen sind inzwischen durch neue Berechnungen korrigiert worden. Prinzipiell hat sich aber an der Endlichkeit der Rohstoffvorräte nichts geändert. In Tab. 6.3 sind bekannte Reserven von wichtigen Elementen und Schätzungen für die Reichdauer aufgelistet.

   Auch wenn man immer wieder neue Rohstoffvorkommen entdeckt und neuartige Methoden verwendet (z.B. „Off-Shore-Technik", d.h. Abbau von Rohstoffen jenseits der Küsten, unter dem Meeresgrund), werden viele Rohstoffe bald sehr knapp werden. Deshalb sind neben Einsparungen (z.B. dünnere Wandstärken, Verkleinerungen usw.) von besonderer Bedeutung:

---

[1] Erze sind Gesteine oder Mineralien (meist Oxide oder Sulfide), aus denen Metalle in technischem Maßstab gewonnen werden können.

[2] Der Club of Rome ist ein internationaler Zusammenschluß von Wissenschaftlern, die sich zur Aufgabe gemacht haben, die sich immer stärker abzeichnenden Gefahren für die gesamte Menschheit zu analysieren, um die breiteste Öffentlichkeit zu Gegenmaßnahmen zu mobilisieren. Bekannt geworden ist der Club of Rome durch die Studie Dennis Meadows „Die Grenzen des Wachstums", Deutsche Verlagsanstalt GmbH, Stuttgart, 1972.

- **Recycling**, d.h. Verwerten von Abfällen oder nicht mehr verwendungsfähigen Produkten zur Herstellung neuer Industriegüter (siehe auch Abschnitt 13.4.3).
- **Substitution**, d.h. Ersetzen knapper Rohstoffe durch andere, reichlich vorhandene.

Außerdem erhält man eine bedeutende Erweiterung der Rohstoffbasis durch Verwendung von weniger ergiebigen Mineralien, z. B. von Tonen (siehe Abschnitt 7.2.5) anstelle von Bauxit (= Aluminium, siehe Abschnitt 6.5.7). Dadurch würde uns Aluminium als eines der häufigsten Elemente in der Erdrinde (siehe Tab. 6.2) für alle Zeiten

Tab.6.3. Geschätzte Rohstoffvorräte der Erde

Rohstoff	Vorräte [in 1000 to]	Weltförderung pro Jahr [in 1000 to]	Reichdauer in Jahre bei gleichbleibender Förderung
Bauxit (Al_2O_3)	22.983.000	114.000	202
Blei	63.400	2.912	22
Chromit ($FeCr_2O_4$)	1.496.000	12.000	127
Eisen	68.880.000	549.000	125
Gold	37	2,3	17
Graphit	21.000	670	31
Kupfer	311.500	11.006	28
Nickel	35.814	1.051	34
Rutil (TiO_2)	21.380	428	50
Platin-Metalle	57	0,3	198
Silber	288	15	19
Wolfram	2.244	32	70
Zink	143.200	7.283	20
Zinn	7.190	196	37

Quelle: BGR, Hannover (1996)

zur Verfügung stehen; hierzu sind aber aufwendigere Methoden und ein viel höherer Energieeinsatz erforderlich.

Es ist nützlich, zwischen drei Ordnungen von **Ressourcen**[3] zu unterscheiden:

- Ressourcen erster Ordnung: Wissen, Kenntnisse
- Ressourcen zweiter Ordnung: Infrastrukturen, welche notwendig sind, um Kenntnisse in die Tat umzusetzen, d.h. Industrieanlagen, Kapital, Energieversorgung, Verkehrswesen, besonders aber auch Menschen, welche mit ihrem „Know-how" unterschiedlichste Aufgaben erfüllen können
- Ressourcen dritter Ordnung: mineralische Rohstoffe und Naturschätze.

---

[3] ressource, fr. Mittel, Bodenschätze. Bei den *mineralischen* Rohstoffen unterscheidet man zwischen Ressourcen und Reserven. Als Reserven bezeichnet man die geologisch eindeutig identifizierten, technisch und wirtschaftlich abbaubare Vorräte. Ressourcen sind alle vermuteten und aufgrund geologischer Bedingungen zu erwartende Vorräte, deren Abbau aber zum Teil unwirtschaftlich oder nur mit neuen Techniken möglich ist.

Durch Erweiterung der Ressourcen erster und zweiter Ordnung können bestimmte Ressourcen dritter Ordnung entbehrlich werden (z.B. kann die Nachrichtenübermittlung mit Hilfe der Glasfasern anstelle von Kupferkabeln erfolgen; dadurch kann Kupfer substituiert werden). Die Industrienationen verfügen heute über ein hohes Maß an Ressourcen erster und zweiter Ordnung, so daß sie am schnellsten den Weg zu neuartigen umweltverträglichen und ressourcenschonenden Technologien beschreiten können. Dadurch entstehen ihnen auch große Verpflichtungen, um mit Hilfe der Technik ein menschenwürdiges Leben auf der gesamten Erde sichern zu helfen.

6.1.3   Elementumwandlungen

Elemente sind die auf chemischem Wege nicht mehr weiter zerlegbaren oder ineinander umwandelbaren Bestandteile der Materie. Dennoch kann man auf andere Weise die Elemente ineinander überführen. Solche Elementumwandlungen erfolgen durch **Kernreaktionen**, und zwar entweder als freiwillig ablaufende Vorgänge (natürliche Radioaktivität) oder als künstlich herbeigeführte Prozesse. Beide Vorgänge sind begleitet von radioaktiver Strahlung; darunter versteht man die Aussendung von Teilchen (z.B. Heliumkerne = α-Strahlen; Elektronen = β-Strahlen) oder von sehr energiereichen elektromagnetischen Strahlen (γ-Strahlen) aus den Atomkernen. Daß Elektronen (e^-) aus den elektrisch positiv geladenen Atomkernen freigesetzt werden, liegt an einem Übergang von Neutronen in Protonen gemäß der folgenden Gleichung (hierbei werden 0,783 MeV freigesetzt):

$$n \rightarrow p^+ + e^- + \bar{\nu}$$

Nach dieser Gleichung entsteht aus einem Neutron ein Proton und ein Elektron sowie ein masseloses Teilchen Antineutrino genannt. Die bei solchen Kernumwandlungen frei werdende Energie wird als kinetische Energie vom Elektron und einem praktisch masselosen und ladungsfreien Antineutrino, übernommen. Das Antineutrino wurde zunächst von Pauli und Fermi hypothetisch angenommen, weil das Elektron bei der Neutron-Proton-Umwandlung nicht immer die volle Energie, sondern nur jeweils wechselnde Teilenergiebeträge aufgenommen hat, ohne daß ersichtlich war, wo der Restenergiebetrag geblieben wäre. Das aber widersprach dem Gesetz von der Erhaltung der Energie. Erst im Jahr 1956 konnte das Neutrino experimentell nachgewiesen werden.

Umgekehrt kann sich ein Proton durch vorherige Energiezufuhr (= künstlich erzeugte, erzwungene Kernreaktion) in ein Neutron und ein Positron (e^+, ein dem Elektron hinsichtlich der Masse entsprechendes, jedoch elektrisch positiv geladenes Teilchen) umwandeln. Dabei wird zusätzlich ein Neutrino freigesetzt. Die Kernreaktion benötigt 1,805 MeV und erfolgt nach folgender Gleichung:

$$p^+ \rightarrow n + e^+ + \nu$$

Bei Elementumwandlungen sind im Prinzip die im folgenden beschriebenen, teilweise auch technisch genutzten Typen von **Kernreaktionen** möglich.

a) Einfache Kernreaktionen

Beschießt man Atomkerne mit Teilchen verhältnismäßig geringer Bewegungsenergie (Energien bis zu einigen 10 MeV), wie z.B. Kerne der Elemente Wasserstoff (Protonen), Helium (α-Strahlen), Elektronen (β-Strahlen) oder Neutronen, so findet eine einfache Kernumwandlung statt: Die Geschoßteilchen werden vom Kern aufgenommen; dabei werden meistens ein bis zwei andere Teilchen und eine energiereiche Strahlung (γ-Strahlung) aus dem Kern ausgestoßen, es entsteht ein anderes Nuklid. Reaktionen dieser Art macht man sich zunutze, um Elemente mit höheren Ordnungszahlen als das Uran die sogenannten **Transurane** herzustellen, ferner z.B. um radioaktive Markierungsnuklide für die technische und medizinische Forschung herzustellen.

Auch in der Natur ereignen sich solche Elementumwandlungen. So entsteht das schwach radioaktive **Kohlenstoffisotop C 14**, das zur **Altersbestimmung** von abgestorbenen tierischen und pflanzlichen Organismen oder deren Verarbeitungsprodukten z.B. in der Archeologie herangezogen werden kann. Diese kann folgendermaßen erklärt werden:

Das Nuklid C 14 bildet sich in der Atmosphäre bei der Einwirkung der durch kosmische Strahlung entstehenden Neutronen auf Stickstoffatome, und zwar unter Aussendung von Wasserstoffkernen (Protonen) nach folgender Kernreaktion:

$$^{14}_{7}N + {}^{1}_{0}n \rightarrow {}^{1}_{1}H + {}^{14}_{6}C$$

Da das Kohlenstoffisotop C 14 ein weicher β-Strahler (Aussendung von Elektronen) ist, zerfällt es wieder in das Ausgangsnuklid N 14 nach folgender Gleichung:

$$^{14}_{6}C \rightarrow e^- + {}^{14}_{7}N$$

Die **Halbwertszeit** des Nuklids C 14 beträgt 5730 Jahre. Das bedeutet nach Ablauf einer Halbwertszeit sinkt die Menge des ursprünglichen Nuklids immer jeweils auf die Hälfte ab. Nach 5730 Jahren ist nur die Hälfte, nach weiteren 5730 Jahren nur ein Viertel, nach abermals 5730 Jahren nur noch ein Achtel etc. des Nuklids C 14 vorhanden.

Die in der Atmosphäre entstanden C 14 Atome gelangen über die Photosynthese (siehe Abschnitt 13.1.2) und die Nahrungsaufnahme in die Organismen und verlassen die Organismen über die Ausatmung und die Ausscheidungen. Desweiteren zerfallen die Kerne mit der oben angegeben Halbwertszeit. Aufgrund der ständigen Zu- und Abfuhr an C 14 enthalten alle Lebewesen (Tiere, Pflanzen) in ihrem Gewebe ein konstantes Verhältnis von C 14 zu C 12 Atomen von etwa 1 zu 10^{12}. Wenn ein Lebewesen stirbt, tauscht es keinen Kohlenstoff mehr mit seiner Umgebung aus. Die C 14 Kerne zerfallen aber weiterhin mit konstanter Halbwertszeit. Daher nimmt das Verhältnis C 14 zu C 12 nach dem Absterben ab. Dies erlaubt die Altersbestimmung von Geweben in einer Zeitspanne zwischen 400 und 30.000 Jahren mit einer Fehlergrenze von etwa 5 %.

Aus dem Stickstoff in der Atmosphäre kann sich aber auch **Tritium** nach folgender Kernreaktion bilden:

$$^{14}_{7}N + {}^{1}_{0}n \rightarrow {}^{3}_{1}H + {}^{12}_{6}C$$

Im atmosphärischen Wasser hat sich ein Gleichgewicht eingestellt, indem dort gerade soviel Tritium neu gebildet wird, wie durch weiche β-Strahlung nach folgender Gleichung wieder zerfällt:

$$_{1}^{3}\text{H} \rightarrow {}_{2}^{3}\text{He} + \text{e}^{-}$$

Die Halbwertszeit beträgt 12262 Jahre. Tritiumbestimmungen in Wasser erlauben es, Aussagen darüber zu machen, wann sich dieses Wasser vom atmosphärischen Kreislauf abgetrennt hat („Tritiumuhr" z.B. zur Altersbestimmung von Wasser in unterirdischen, abgeschlossenen Reservoiren oder von Weinen).

b) Kernzersplitterung

Der Beschuß von Atomkernen mit sehr energiereichen (bis zu einigen 100 MeV), also auf hohe Geschwindigkeiten beschleunigten Elementarteilchen kann zu einer Kernzersplitterung führen, d.h., aus dem Kern wird eine ganze Reihe verschiedenster Bruchstücke und einzelner Elementarteilchen herausgeschlagen. Auf diese Weise kann ein Kern z.B. 40 und mehr Masseeinheiten (Nukleonen) verlieren.

c) Kernspaltung

Zu dieser Art von Kernreaktionen neigen besonders sehr schwere Atomkerne. Diese zerfallen nach Aufnahme von Neutronen in zwei, meist ungleich große Bruchstücke. Von besonderer Bedeutung ist die Kernspaltung des Nuklids U 235; sie wird durch die Aufnahme von langsamen, **thermischen Neutronen** in den Kern des U 235 ausgelöst. Thermische Neutronen bedeuten, daß die Neutronen nach elastischen Stößen mit anderen Atomen auf Geschwindigkeiten abgebremst wurden die der kinetischen Energie von Atomen unter den üblichen Reaktortemperaturen entsprechen (Geschwindigkeit <4400 m/s, Energie $<10^{-1}$ eV). Schnelle Neutronen haben Geschwindigkeiten >4400 m/s und Energien $>10^{5}$ eV. Bei der nachherigen Kernspaltung entstehen zwei, meist verschieden große, in der Regel dann auch radioaktive Bruchstücke aus Elementen mit den Ordnungszahlen von 30 bis 60 (Massenzahlen von 72 bis 161), außerdem noch Neutronen (die in einer „Kettenreaktion" weitere Urankerne spalten). Die Kernspaltung ist mit einer sehr großen Wärmeentwicklung verbunden, die zur Erzeugung von elektrischem Strom ausgenutzt werden kann.

d) Kernverschmelzung oder Kernfusion

Auch bei der Vereinigung von zwei leichten Kernen werden sehr große Energiemengen frei. Kernverschmelzungen dieser Art sind die energieliefernden Vorgänge in den **Fixsternen**. Die Sonnenenergie entsteht bei der Fusion (fusion, eng. = Schmelze, Verschmelzung) von vier Wasserstoffkernen (Protonen) zu Heliumkernen unter Aussendung von zwei Positronen (e^{+}). Dabei werden gewaltige Mengen von Energie frei:

$$4\,_{1}^{1}\text{H}^{+} \rightarrow {}_{2}^{4}\text{He}^{2+} + 2\,\text{e}^{+} + 2\,\nu \qquad \Delta E = -26{,}7\,\text{MeV}\ (-2{,}58 \cdot 10^{9}\,\text{kJ/mol})$$

Diese Kernverschmelzung geht nur bei sehr hohen Temperaturen vor sich (über 10^7 °C). Man versucht, ähnliche Kernverschmelzungsreaktionen zur Erzeugung von Wärme und schließlich von elektrischer Energie nutzbar zu machen. Erfolgversprechend ist die Verschmelzung von Deuterium- und Tritiumkernen nach folgender Gleichung:

$$^2_1H^+ + \,^3_1H^+ \rightarrow \,^4_2He^{2+} + \,^1_0n \qquad \Delta E = -17{,}6\,\text{MeV}\; (-1{,}7 \cdot 10^9\ \text{kJ/mol})$$

Die Hauptschwierigkeiten bestehen darin, daß bei den hierzu notwendigen hohen Reaktionstemperaturen kein Werkstoff beständig ist. Da aber die Atome bei Temperaturen von einigen Tausend Grad Celsius ihre Elektronenhülle verlieren (ionisieren), kann man sie in diesem **plasmatischen Zustand** (siehe Übersicht von drittem Kapitel) durch starke Magnetfelder („magnetische Käfige") einschließen. Man hofft, daß es gelingen wird, eine kontrollierte Kernfusion zur Erzeugung von elektrischem Strom schon in den nächsten Jahrzehnten nutzbar zu machen. Dies wäre eine weitere Möglichkeit, elektrische Energie ohne fossile Brennstoffe oder ohne Kernspaltung des nicht sehr reichlich vorhandenen Urans zu gewinnen.

Das Deuterium bildet zwar nur einen geringen Isotopenanteil des natürlichen Wasserstoffes (145 ppm), es ist jedoch wegen der großen Wasservorkommen auf unserem Planeten in ausreichender Menge vorhanden. Das Tritium kann durch Neutronenbeschuß von Lithium gewonnen werden:

$$^6_3Li + \,^1_0n \rightarrow \,^3_1H + \,^4_2He$$

Die zur Kernverschmelzung notwendigen hohen Temperaturen konnte man in den unkontrollierten Kernverschmelzungsvorgängen der „Wasserstoffbombe" erreichen: Durch einen atomaren Sprengsatz einer Uran- oder Plutoniumbombe wird eine Kernverschmelzung von Lithiumdeuterid (LiD) zu Helium nach folgendem Schema eingeleitet (die zur Reaktion notwendigen Neutronen stammen aus dem atomaren Zündsatz):

$$^6_3Li + \,^1_0n \rightarrow \,^3_1T + \,^4_2He \qquad \text{und} \qquad ^3_1T + \,^2_1D \rightarrow \,^4_2He + \,^1_0n$$

Die dabei frei werdende Energie bringt in einer ungesteuerten Kernreaktion ein furchtbares Ausmaß der Zerstörungskraft. Die bei Kernreaktionen frei werdenden Energiebeträge übersteigen die chemische Reaktionsenergie um einige Zehnerpotenzen. Während z.B. bei der Vereinigung von zwei Mol Wasserstoffatomen zu einem Mol von Wasserstoffmolekülen 436,2 kJ entstehen:

$$2\,H \rightarrow H_2 \qquad \Delta H° = -436{,}2\ \text{kJ}$$

liefert die Vereinigung von zwei Mol Wasserstoffkernen (nimmt man die Isotopen des Wasserstoffs Deuterium und Tritium) zu Heliumkernen, den enormen Energiebetrag von $1{,}7 \cdot 10^9$ kJ:

$$^2_1H + \,^3_1H \rightarrow \,^4_2He + \,^1_0n \qquad \Delta E = -1{,}7 \cdot 10^9\ \text{kJ (pro 2 mol H Atome)}$$

Sowohl bei der Kernverschmelzung als auch bei der Kernspaltung wird dann Energie frei, wenn die neu entstehenden Kerne energieärmer als die ursprünglichen sind. Die

Unterschiede im Energieinhalt lassen auf unterschiedlich große Bindungskräfte zwischen den Nukleonen bei den verschiedenen Kernen schließen.

Trägt man die Bindungsenergie pro Nukleon in Abhängigkeit von der Massenzahl auf, so erhält man die in Abb. 6.1 wiedergegebenen Werte. Die meisten Atomkerne haben Bindungsenergien pro Nukleon von ungefähr 8 MeV. Die geringeren Kernbindungsenergien bei den sehr schweren und den sehr leichten Elementen sind die Ursache dafür, daß bei Spaltungen von sehr schweren und bei der Fusion von sehr leichten Kernen große Energien frei werden. Bei der Verschmelzung von einzelnen Elementarteilchen zu leichten Kernen wird Masse nach der bekannten **Einsteinschen Gleichung**

$$E = m \cdot c^2$$
(E = Energie, m = Masse und c = Lichtgeschwindigkeit)

in Energie umgewandelt, so daß die Atomkerne dann eine geringere Masse als die Summe der in ihnen enthaltenen Elementarteilchen haben. Man bezeichnet dies als **Massendefekt** (siehe auch Abschnitt 2.6.2).

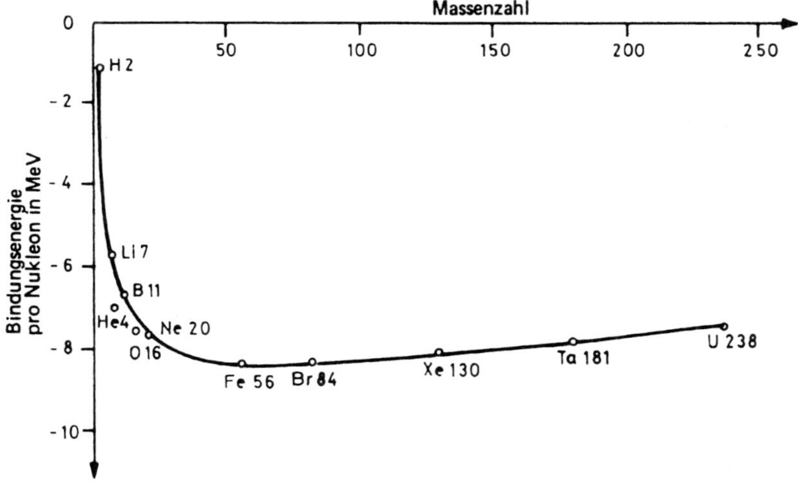

Abb. 6.1. Kernbindungsenergien

Der Massendefekt soll an einem **Beispiel** verdeutlicht werden:

Ein einzelner Heliumkern besteht aus zwei Protonen und zwei Neutronen und müßte bei Addition ihrer Einzelmassen folgende Gesamtmasse haben (siehe Tab 1.1):

$$2 \cdot 1{,}67261 \cdot 10^{-27} \text{ kg}$$
$$+ 2 \cdot 1{,}67492 \cdot 10^{-27} \text{ kg}$$

$$\overline{6{,}69506 \cdot 10^{-27} \text{ kg}}$$

Genaue Messungen haben jedoch ergeben, daß ein Heliumkern die Masse $6{,}6446 \cdot 10^{-27}$ kg besitzt. Bei der Vereinigung von zwei Protonen und zwei Neutronen zu

Heliumkernen würde also der als „Massendefekt" bezeichnete Anteil von

$$6{,}69506 \cdot 10^{-27} \text{ kg}$$
$$- 6{,}64460 \cdot 10^{-27} \text{ kg}$$

$$0{,}05046 \cdot 10^{-27} \text{ kg}$$

in Form von Energie abgegeben werden, was nach der Einsteinschen Gleichung einer Energie von

$$E = m \cdot c^2 = (0{,}05046 \cdot 10^{-27}) \cdot (2{,}997925 \cdot 10^{-8}) \text{ kg} \cdot \text{m}^2 \cdot \text{s}^{-2}$$
$$= 4{,}5351 \cdot 10^{-12} \text{ J} = 28{,}306 \text{ MeV}$$

entspricht. Das ergibt pro Mol Heliumatome den großen Energiebetrag von $27{,}3 \cdot 10^9$ J = 27,3 GJ.

Den gleichen Energiebetrag müßte man aufwenden, um Heliumkerne in die Einzelbestandteile aufzuspalten, dann würde die hineingesteckte Trennungsenergie wieder in Form von Masse erscheinen. Da der Energiebetrag besonders hoch ist, werden bei verschiedenen radioaktiven Zerfällen oft Heliumkerne, sogenannte α-Strahlen, jedoch nicht die einzelnen Neutronen und Protonen separat ausgestoßen.

Bei diesen kernenergetischen Betrachtungen zeigt sich wiederum das **Prinzip des Energieminimums**. Danach laufen Vorgänge in der Natur so ab, daß sie einem möglichst tiefen Energieniveau zustreben (siehe Abschnitt 3.5.3). Auch die Vereinigung von Heliumkernen zu Kohlenstoffkernen und Sauerstoffkernen nach den Gleichungen:

$$3\,{}^{4}_{2}\text{He}^{2+} \rightarrow {}^{12}_{6}\text{C}^{6+} \qquad \text{und} \qquad {}^{12}_{6}\text{C}^{6+} + {}^{4}_{2}\text{He}^{2+} \rightarrow {}^{16}_{8}\text{O}^{8+}$$

sind ebenso wie die Entstehung von noch höheren Elementkernen (bis etwa zum Element Eisen Fe 56) freiwillig ablaufende Kernverschmelzungsreaktionen. Sie sind die energieliefernden Reaktionen in den als rote Riesen bezeichneten Fixsternen. Damit eine solche Kernverschmelzung ablaufen kann, sind jedoch sehr hohe Temperaturen im Inneren dieser Fixsterne notwendig.

Auch einige sehr schwere Elemente (wie das unter Punkt c und im Abschnitt 6.6.1a1 erwähnte U 235) können nach bestimmten Gesetzmäßigkeiten in leichtere Elemente zerfallen. Dabei werden, wie aus Abb. 6.1 hervorgeht, ebenfalls gewaltige Energiemengen frei, die zur Erzeugung von elektrischer Energie genutzt werden können.

Der Aufbau aller heute in der Natur zu findenden schweren Elemente (mit Kernen, die größer als beim Eisen sind) konnte sich nur vollziehen, wenn für diese energieverbrauchenden Kernreaktionen gleichzeitig andere energiespendende Vorgänge abliefen (so die gewaltige Urexplosion bei der Entstehung des Weltalls vor etwa 15 Milliarden Jahren oder auch die Supernovaexplosionen).

Kernumwandlungen sind wichtige, in den Sternen vorkommende Reaktionen; durch sie sind überhaupt erst die heute bekannten chemischen Elemente entstanden. Auf unserer Erde ist jedoch nicht mit der Möglichkeit zu rechnen, daß Kernumwandlungen technisch dazu genutzt werden könnten, um fehlende oder zu Ende gehende Rohstoffvorkommen bestimmter chemischer Elemente im großen Maßstab zu ersetzen. Einmal sind die entstehenden Stoffe meist über lange Zeit radioaktiv, zum zweiten kann man auf diese Weise nur sehr kleine Stoffmengen gewinnen, und dies nur unter sehr hohem Energie- und Kostenaufwand. Wohl aber werden durch künstlich herbeigeführte Kernumwandlungen technisch genutzte radioaktive Nuklide gewonnen. Diese bieten aufgrund ihrer radioaktiven Strahlung vielfältige Anwendungsmöglichkeiten in der Forschung, speziell in der Medizin, aber auch bei vielen technischen Methoden und Verfahren.

Man bezeichnet das Arbeitsgebiet, welches sich mit Produkten befaßt, die bei Kernreaktionen entstehen, als **Kernchemie**. Wichtige Aufgabenbereiche der technischen Kernchemie sind u.a. die Gewinnung und Reindarstellung von Kernbrennstoffen sowie deren Aufarbeitung nach ihrer Verwendung im Kernkraftwerken. Hierfür sind umfangreiche Strahlenschutzmaßnahmen (z.B. Fernbedienung) notwendig. Das Arbeiten mit extrem geringen Mengen radioaktiver Stoffe (z.B. für die medizinische und industrielle Forschung), also mit Radionuklidmengen, die nicht mehr mit Waagen, sondern nur durch die radioaktive Strahlung zu erfassen sind, zählt zum Gebiet der **Radiochemie**.

6.2   Die gasförmigen Elemente

6.2.1   Wasserstoff

Wasserstoff (Hydrogen) bildet unter gewöhnlichen Bedingungen **zweiatomige Moleküle**. Die beiden Wasserstoffatome sind miteinander kovalent verbunden, wie ausführlich unter Abschnitt 2.1.1 beschrieben. Die Verbindung mit einem mittleren Kernabstand von $0{,}74 \cdot 10^{-10}$ m wird durch Zufuhr von 436,2 kJ/mol in Form von Wärme oder Strahlungsenergie wiederum gelöst: das Wasserstoffmolekül bricht in zwei Atome auseinander. Die gleiche Energie wird frei, wenn sich zwei Mol Wasserstoffatome zu einem Mol von Wasserstoffmolekülen vereinigen. Es gilt also folgende Beziehung:

$$2\,H \rightleftharpoons H_2 \qquad \Delta H^\circ = -436{,}2 \text{ kJ}$$

Wasserstoff ist das (massenbezogen) leichteste Gas, denn 22,4 Liter (Molvolumen, siehe Abschnitt 3.1.1c) wiegen etwa 2 g. Es wird daher zum Füllen von Ballonen verwendet, wenn man nicht das teurere, dafür aber unbrennbare Helium bevorzugt. Wasserstoffgas ist farb- und geruchlos und verbrennt leicht mit Sauerstoff (bzw. Luft) zu Wasser. Mischungen von Wasserstoff und Sauerstoff (bzw. Luft) explodieren beim Zünden mit heftigem Knall; eine Mischung von Wasserstoffgas mit Luft bzw. Sauerstoff wird daher als **Knallgas** bezeichnet. Eine Verflüssigung des Wasserstoffgases gelingt erst bei sehr tiefen Temperaturen. Die Tab. 6.4 zeigt die physikalischen Eigenschaften von beiden Wasserstoffisotopen H 1 und Deuterium (D oder H 2), deren natürliches atomares Mischungsverhältnis H: D wie 1: 1,45 10^{-4} beträgt.

Der weltweit größte Teil des industriell hergestellten Wasserstoffs wird aus fossilen Quellen (Erdgas, Erdöl) gewonnen. Hierbei wird Wasserstoff zu etwa 60 % durch

Tab. 6.4. Physikalische Eigenschaften von Wasserstoff und Deuterium

	Wasserstoff	Deuterium
Schmelzpunkt	-259,20 °C (13,95 K)	-254,43 °C (18,72 K)
Siedepunkt	-252,77 °C (20,38 K)	-249,49 °C (23,66 K)
Dichte (gasförmig) bei 0 °C, 1 atm	0,0899 g/l	0,1797 g/l
Dichte (flüssig) beim Siedepunkt	0,07099 g/cm^3	0,1630 g/cm^3
kritische Temperatur	-240,00 °C (33,15 K)	-234,80 °C (38,35 K)
kritischer Druck	12,7 bar	16,1 bar

Dampfreforming und anschließende **Wassergasreaktion** hergestellt (siehe Abschnitte 5.5.1b und c):

$$CH_4 + H_2O \rightleftharpoons CO + 3\,H_2$$
$$CO + H_2O \rightleftharpoons CO_2 + H_2$$

Daneben fällt ein wesentlicher Anteil des Wasserstoffs auch als Nebenprodukt und beim **Cracken von Erdöl** (siehe Abschnitt 8.1.2d) an. Nur ein sehr kleiner Teil des industriell verwendeten Wasserstoffs von etwa 2% wird durch **Chlor-Alkali-Elektrolyse** gewonnen (siehe Abschnitt 10.4.2).

Im Laboratorium kann Wasserstoff in kleinen Mengen durch Reaktion von unedlen Metallen mit Säuren (z.B. Zn + Salzsäure) hergestellt werden (siehe Abschnitt 4.5.1).

Für technische Zwecke kann Wasserstoff auch durch katalytische Umsetzung von **Methanol** mit Wasserdampf hergestellt werden (T = 250–300 °C):

$$CH_3OH + H_2O \rightleftharpoons CO_2 + 3\,H_2 \qquad \Delta H° = +50,7\ kJ/mol$$

Diese Reaktion wird beispielsweise zur Herstellung von Wasserstoff zum Betrieb von Brennstoffzellen in Kraftfahrzeuge genutzt (siehe Abschnitt 10.3.3). Hierbei wird die Umsetzung von Methanol zu Wasserstoff und Kohlendioxid in einem der Brennstoffzelle vorgeschalteten Reaktor, häufig auch Reformer genannt durchgeführt.

Wasserstoff wird häufig als **Reduktionsmittel** gebraucht (siehe Abschnitt 4.4.5), große Mengen werden bei verschiedenen technischen Hydrierverfahren[4] (siehe Abschnitte 8.1.2 und 8.4.8) und zur Ammoniaksynthese (siehe Abschnitt 5.5.1a) verbraucht. Bei den steigenden Erdölpreisen könnte in Zukunft die Kohlehydrierung wieder an Bedeutung gewinnen, eine Möglichkeit, die im Erdöl enthaltenen Kohlenwasserstoffverbindungen (siehe Abschnitt 8.1) aus den Elementen Kohlenstoff (Kohle) und Wasserstoff zu synthetisieren.

Wasserstoff hat von allen Brenn- und Treibstoffen die höchste **massenbezogene Energiedichte**: 1 kg Wasserstoff enthält ebensoviel Energie wie 2,1 kg Erdgas oder 2,8 kg Benzin. Die **volumenbezogene Energiedichte** beträgt jedoch nur etwa 1/3 derjenigen von Erdgas und 1/4 derjenigen von Benzin.

In Zukunft dürfte Wasserstoff als **Sekundärenergieträger** eine wichtige Rolle

---

[4] Hydrieren = chemisch mit Wasserstoff verbinden (Hydrogenium = Wasserstoff).

spielen, da bei der Verbrennung mit Luft in Verbrennungsmotoren bei geeigneter Verbrennungsführung nur sehr geringe bis vernachlässigbare Emissionen an Schadstoffen entstehen (im wesentlichen entsteht H_2O, in geringen Mengen Stickstoffoxide). Außerdem wird die Verwendung von Wasserstoff zur Erzeugung von elektrischer Energie in **Brennstoffzellen** aufgrund des hohen Wirkungsgrads zunehmend interessant (siehe Abschnitt 10.3.3).

Bei der Verwendung von Wasserstoff muß jedoch zur Beurteilung der **Umweltrelevanz** die gesamte Brennstoffkette von der Primärenergie bis zur Endanwendung betrachtet werden. Bei der Wasserstoffgewinnung aus fossilen Quellen wird letztendlich immer gleichzeitig das „Treibhausgas" Kohlendioxid freigesetzt. Die umweltfreundlichste Lösung wäre die Speicherung von Sonnenenergie durch Aufspaltung von Wasser in Wasserstoff und Sauerstoff mittels Elektrolyse. Der Wasserstoff könnte dann z. B. in Pipelines von Gebieten starker Sonneneinstrahlung zu Regionen mit großem Energieverbrauch transportiert werden.

Kleine Mengen industriell gebrauchter Gase werden in Stahlflaschen unter Druck aufbewahrt und in den Handel gebracht. Die Stahlflaschen, in denen Wasserstoffgas z.B. unter Drücken von etwa 150 bar aufbewahrt werden, sind mit Linksgewinden ausgestattet, um Verwechslungen mit anderen Gasen zu vermeiden.

6.2.2   Die gasförmigen Halogene

Die Halogene bilden zweiatomige Moleküle. Im Unterschied zu den von Wasserstoffmolekülen entsteht bei den Halogenen die σ-Bindung durch Überlappung von zwei p-Elektronenorbitalen (siehe Abschnitt 2.1.2). Mit ihren kleinen, zweiatomigen Molekülen liegen die leichten Halogene Fluor (F_2) und Chlor (Cl_2) unter Normbedingungen im gasförmigen Aggregatzustand vor, während Brom (Br_2) bereits flüssig ist und Iod (I_2) schon Kristalle bildet.

Fluor ist das Element mit der größten Elektronegativität. Es verbindet sich mit mehr oder weniger heftiger Reaktion, teilweise sogar explosionsartig, mit fast allen Elementen. Einige Metalle, z.B. das Kupfer oder Magnesium, werden nur oberflächlich angegriffen; die entstehende zusammenhängende Schicht der betreffenden Fluor-Metall-Verbindung schützt das darunterliegende Metall vor einem weiteren Angriff.

Chlor ist ein gelbgrünes, stark ätzendes Gas. Es löst sich in Wasser, dabei entstehen gleichzeitig Salzsäure HCl und unterchlorige Säure HClO (siehe Abschnitt 7.2.2). Die wäßrige Lösung von Chlorgas wird wegen der bakterientötenden Wirkung zum **Entkeimen von Trinkwasser** oder von Wasser für Schwimmbecken benutzt.

Tab. 6.5. Physikalische Eigenschaften von Chlor

Schmelzpunkt	-101 °C
Siedepunkt	-34,1 °C
kritische Temperatur	143,5 °C
kritischer Druck	77,0 bar
Löslichkeit in Wasser bei 20 °C	0,09 mol/l

Meist werden die Säuren des „Chlorwassers" durch Laugen (siehe Abschnitt 4.5.2) neutralisiert und als Chlorkalk Ca(ClO)Cl oder als Eau de Javelle NaCl · NaClO (in der Praxis häufig, chemisch nicht ganz korrekt, als Javelle-Lauge oder als Bleichlauge bezeichnet) verwendet. Man kann damit z.B. Farbstoffe bleichen. Als Oxidationsmittel (z.B. zum Bleichen von Zellstoff für Papier oder zur Abwasserreinigung) ersetzt man Chlor, weil es umweltkritische organische Chlorverbindungen bildet, heute vermehrt durch H_2O_2 (Wasserstoffperoxid) oder Ozon (O_3) (siehe auch Abschnitt 13.2.5g).

In Gegenwart von Wasser wirkt Chlor korrodierend auf Metalle. Im wasserfreien Zustand hingegen greift es normales Eisen bzw. Stahl nicht an, weshalb trockenes Chlor (verflüssigt) unter einem Druck von ca. 7 bar in Stahlflaschen aufbewahrt wird.

6.2.3   Stickstoff und Sauerstoff

a) Das Stickstoffmolekül

Beim Stickstoffmolekül (Nitrogen) sind zwei Atome durch drei kovalente Bindungen, d.h. durch drei gemeinsame Elektronenpaare miteinander verknüpft (siehe Abschnitt 2.1.3). Bei der Entstehung von einem Mol Stickstoffmolekülen aus zwei Mol Stickstoffatomen werden 946,04 kJ frei:

$$|\overset{\cdot}{\underset{\cdot}{N}}\cdot \; + \; \cdot\overset{\cdot}{\underset{\cdot}{N}}| \quad \rightleftarrows \quad |N\equiv N| \qquad \Delta H^\circ = -946{,}04 \text{ kJ}$$

Wegen dieser hohen Bindungsenergie ist Stickstoff ein reaktionsträges, inertes Gas (iners, inertis, lat. = reaktionsträge).

b) Die Doppelbindungsregel

Die Elemente der zweiten Periode können Doppel- oder Dreifachbindungen mit ihren p-Elektronen eingehen, weil sich bei diesen Elementen die Atome infolge des relativ kleinen Atomdurchmessers soweit nähern können, daß sich neben einer bereits bestehenden σ-Bindung jeweils zwei p-Orbitale zu π-Bindungen überlappen. Bei den Elementen der dritten und der folgenden Perioden ist dies wegen eines größeren Atomradius nicht mehr so leicht möglich (siehe Abb. 6.2). Dennoch gibt es auch Ausnahmen, wo Doppelbindungen von Elementen der dritten Periode bekannt sind. Solche Bindungen werden aber durch andere Effekte stabilisiert, so daß die hier gegebene Regel trotzdem Gültigkeit behält. Ferner können sich auch bei den Elementen mit noch größerem Atomradius (z.B. bei der vierten Periode) Doppelbindungen durch Beteiligung der d-Elektronen ergeben (Näheres hierzu siehe Abschnitt 5.4.4).

c) Magnetische Eigenschaften der Stoffe

Verschiedene Meßgeräte zur Sauerstoffbestimmung nutzen das **paramagnetische Verhalten** von Sauerstoffmolekülen aus. Zum Verständnis dieser Stoffeigenschaft soll vor der Besprechung der Sauerstoffmolekülstruktur zunächst das magnetische Verhalten verschiedener Stoffe erläutert werden.

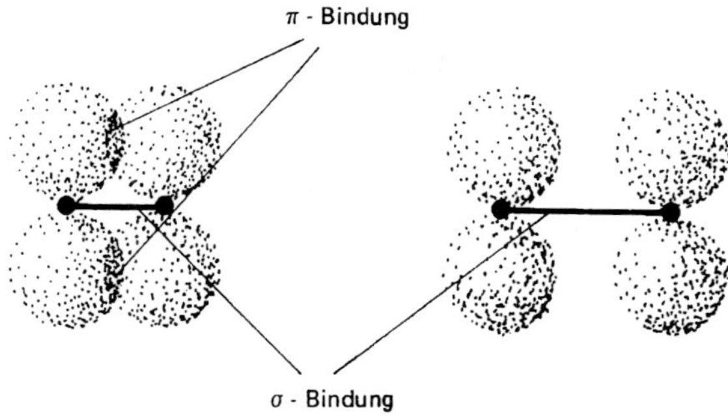

a Element der 2 Periode   **b** Element der 3.Periode

Abb. 6.2. Die Doppelbindungsregel

Wenn sich elektrische Ladungen bewegen, bilden sich Magnetfelder. Bei den Bewegungen der Elektronen in den Atomhüllen entstehen auf der einen Seite das magnetische Bahnmoment (durch die Bewegung der Elektronen um den Kern innerhalb der Orbitale, entsprechend der Richtungsquantenzahl m, die auch als magnetische Quantenzahl bezeichnet wird) und auf der anderen Seite ein Spinmoment (Spinquantenzahl s).

In einem äußeren Magnetfeld werden diese magnetischen Momente der Elektronen beeinflußt. Die **Bahnmomente** der Elektronen erfahren dabei eine Ausrichtung, die man als antiparallel zum äußeren Magnetfeld bezeichnet; dadurch wird das äußere Magnetfeld geschwächt, die Atome werden aus dem Magnetfeld hinausgedrängt. Stoffe, bei denen diese Art magnetischer Eigenschaften vorherrscht, werden als **diamagnetisch** bezeichnet.

Anders verhält es sich mit den **Spinmomenten**. Bei ihnen ist eine Paralleleinstellung zum Magnetfeld energetisch begünstigt. Solche magnetische Spinmomente verstärken dann das äußere Magnetfeld. Stoffe, bei denen dieses magnetische Moment überwiegt, werden in das äußere Magnetfeld hineingezogen; man bezeichnet sie als **paramagnetisch**.

Bei Atomen oder Molekülen mit abgeschlossenen Elektronenschalen bzw. mit nur jeweils gepaarten Elektronen kompensieren sich die magnetischen Spinmomente gegenseitig, so daß nach außen hin dann keine paramagnetischen Momente vorhanden sind, hingegen nur der diamagnetische Anteil aus den magnetischen Bahnmomenten der Elektronen in Erscheinung tritt. Zu dieser diamagnetischen Gruppe gehören die meisten Stoffe.

Besitzen Stoffe dagegen ungepaarte Elektronen, so können sie dann nach außen hin paramagnetisch erscheinen, wenn der paramagnetische Anteil der Elektronenspinmomente den diamagnetischen Anteil der Bahnmomente überkompensiert. Solche paramagnetischen Stoffe werden in ein äußeres Magnetfeld hineingezogen, das magnetische Feld wird durch einen paramagnetischen Stoff verstärkt.

Bei **ferromagnetischen** Stoffen sind diese magnetischen Eigenschaften noch viel stärker ausgeprägt, und zwar abhängig vom äußeren Magnetfeld. Der Ferromagnetismus kommt dadurch zustande, daß sich die paramagnetischen Momente der einzelnen Atome innerhalb großer Bereiche in der Größenordnung von 10^{-4} bis 10^{-7} m, innerhalb der sogenannten **Weißschen Bezirke** (Pierre Weiß, 1865–1940) oder Domänen, parallel stellen und sich deshalb gegenseitig verstärken. Bei gewöhnlicher Temperatur sind hauptsächlich die Metalle Eisen, Cobalt, Nickel, verschiedene Lanthanoide (siehe Abschnitt 6.5.14), einige Manganlegierungen, aber auch die Oxide CrO_2, Fe_3O_4 oder eine bestimmte Kristallstruktur des Fe_2O_3 ferromagnetisch. Diese verlieren jedoch oberhalb der **Curie-Temperatur** (Pierre Curie, 1859–1906) die ferromagnetischen Eigenschaften, bleiben aber dann paramagnetisch.

d) Das Sauerstoffmolekül O_2

Nach der Doppelbindungsregel (siehe unter Punkt b) sollte ein Sauerstoffmolekül eine Doppelbindung, also nur gepaarte Elektronen enthalten, deswegen diamagnetisch sein und folgende Elektronenstruktur besitzen:

$$\overline{\underline{O}}\!=\!\overline{\underline{O}}$$

Man hat aber festgestellt, daß molekularer Sauerstoff paramagnetisch ist und deswegen ungepaarte Elektronen enthalten muß. Wollte man die Bildung von Sauerstoffmolekülen aus Atomen in einer Reaktionsgleichung mit Elektronenformeln wiedergeben, so müßte man dann folgerichtig schreiben:

$$|\dot{\underline{O}}\cdot \;+\; \cdot\overline{\underline{O}}| \;\rightleftharpoons\; |\dot{\underline{O}}-\overline{\underline{O}}| \qquad \Delta H^{\circ} = -498{,}7 \text{ kJ}$$

Die in der Reaktionsgleichung angegebene relativ hohe Wärmetönung pro Mol O_2 deutet aber darauf hin, daß die Sauerstoffatome stärker als durch eine Einfachbindung aneinander gebunden sind. Damit wird deutlich, daß die bisher zur Beschreibung von kovalenten Verbindungen benutzte **Valence-Bond-Theorie** (VB) die Bindungsverhältnisse im Sauerstoffmolekül nicht richtig wiedergeben kann: Schreibt man nämlich O=O, mit Doppelbindung, so kann man damit nicht die paramagnetischen Eigenschaften erklären, schreibt man wie in der Reaktionsgleichung eine Einfachbindung, so widerspricht das dem relativ hohen Energieaufwand, der zur Spaltung von Sauerstoffmolekülen erforderlich ist. Da die Eigenschaften des molekularen Sauerstoffs mit der VB-Theorie nicht erklärt werden kann, soll hier eine andere Theorie für die kovalente Bindung vorgestellt werden, die die speziellen Eigenschaften des Sauerstoffmoleküls richtig wiedergibt.
   Diese als **Molekülorbital-Theorie** (MO) bezeichnete Betrachtungsweise der chemischen Bindung ermöglicht es auch, verschiedene andere Phänomene besser erklären und verstehen zu helfen.

e) Die Molekülorbital-Theorie

Eine kovalente Bindung wurde in Abschnitt 2.1 nach der Valence-Bond-Theorie (VB) durch jeweils ein gemeinsames Elektronenpaar beschrieben. Eine andere Darstellungsmöglichkeit für die kovalente Bindung ist die Molekülorbital-Theorie (MO). Beide Theorien gestatten es sogar, die Bindungsverhältnisse annäherungsweise zu berechnen.
   Während aber bei der Valence-Bond-Theorie die Atome ihre Individualität behalten

und nur über gemeinsame Elektronenpaare ein Molekül bilden, werden bei der Molekülorbitaltheorie alle Elektronen einem einheitlichen System zugerechnet, wobei im gesamten Molekül entsprechend dem Pauli-Prinzip (siehe Abschnitt 1.3.2d) jeder Elektronenzustand nur ein einziges Mal vertreten sein darf. Die Molekülorbitaltheorie soll an einigen typischen Fällen erläutert werden.

Bei der Vereinigung von zwei s-Atomorbitalen zu Molekülorbitalen sind nach Berechnungen zwei energetisch verschiedene Elektronenzustände möglich; davon hat gegenüber den ursprünglichen Atomorbitalen das eine **Molekülorbital** ein tieferes, das andere ein höheres Energieniveau. Da aber alle Naturvorgänge dann freiwillig ablaufen, wenn sie einem tieferen Energieniveau zustreben können (siehe Abschnitt 3.5.3), wird das tiefere Energieniveau der Elektronen im Molekülorbital die Atome in eine chemische Bindung führen (**bindendes Molekülorbital**), während ein höherer Energiezustand des Molekülorbitals (**antibindendes Molekülorbital**) umgekehrt die Atome zum Verlassen der Bindung bringen würde, wobei die Elektronen dann in die energetisch tiefer liegenden Atomorbitale zurückkehren könnten. Hätte das Molekülorbital hingegen genau das gleiche Energieniveau wie die Orbitale in den isolierten Atomen, so könnte man es konsequenterweise dann als „nichtbindendes Molekülorbital" bezeichnen. Die Abb. 6.3 zeigt die Energieniveaus der Atomorbitale (AO) und der Molekülorbitale (MO) beim Zustandekommen von vier verschiedenen Molekülarten, und zwar bei

- Wasserstoff H_2
- Stickstoff N_2
- Sauerstoff O_2
- Fluor F_2
- die theoretisch zu untersuchende Kombination von zwei Heliumatomen zu einem hypothetisch angenommenen Heliummolekül der Formel He_2

Beim **Wasserstoffmolekül** besetzen die beiden Elektronen das bindende MO; da das Energieniveau tiefer als bei den Atomorbitalen liegt, wird bei der Bildung des Wasserstoffmoleküls aus zwei Wasserstoffatomen Energie frei (siehe Abschnitt 6.2.1).

Eine Kombination zweier **Heliumatome** zu einem zunächst einmal angenommenen Heliummolekül He_2 müßte zu einer Auffüllung sowohl des bindenden als auch des antibindenden MO führen, was bedeuten würde, daß eine Verbindung zweier Heliumatome gegenüber zwei einzelnen Heliumatomen energetisch nicht begünstigt wäre - der Gewinn beim Entstehen des bindenden MO ginge bei der Bildung des antibindenden MO wieder verloren -, weshalb eine chemische Bindung nicht zustande kommt. Wohl aber sind in Gasentladungsröhren kurzzeitig Ionen der Formel He_2^+ nachgewiesen worden. Eine solche Verbindung wäre nach der Molekülorbitaltheorie auch möglich, denn eine Kombination von zwei bindenden und einem antibindenden MO ergibt eine bindende Resultierende, einen Energiegewinn beim Zustandekommen eines Heliumions mit obiger Formel.

Beim **Stickstoffmolekül** sind die bindenden und antibindenden MO, die man durch die Kombination jeweils der beiden $2s^2$-Elektronenorbitale (= insgesamt vier Elektronen) erhält, voll besetzt, ihre Wirkungen heben sich gegenseitig auf. Hingegen besetzen die p-Elektronen der zweiten Schale beider Stickstoffatome alle bindenden MO; und zwar liegt ein Molekülorbital in Richtung der Molekülachse, dieses wird als $\sigma 2p_x$-Orbital bezeichnet (entsprechend der σ-Bindung in der Valence-Bond-Darstellung, siehe Abb.2.2a). Die beiden anderen p-Elektronenpaare bilden die energetisch höher liegen-

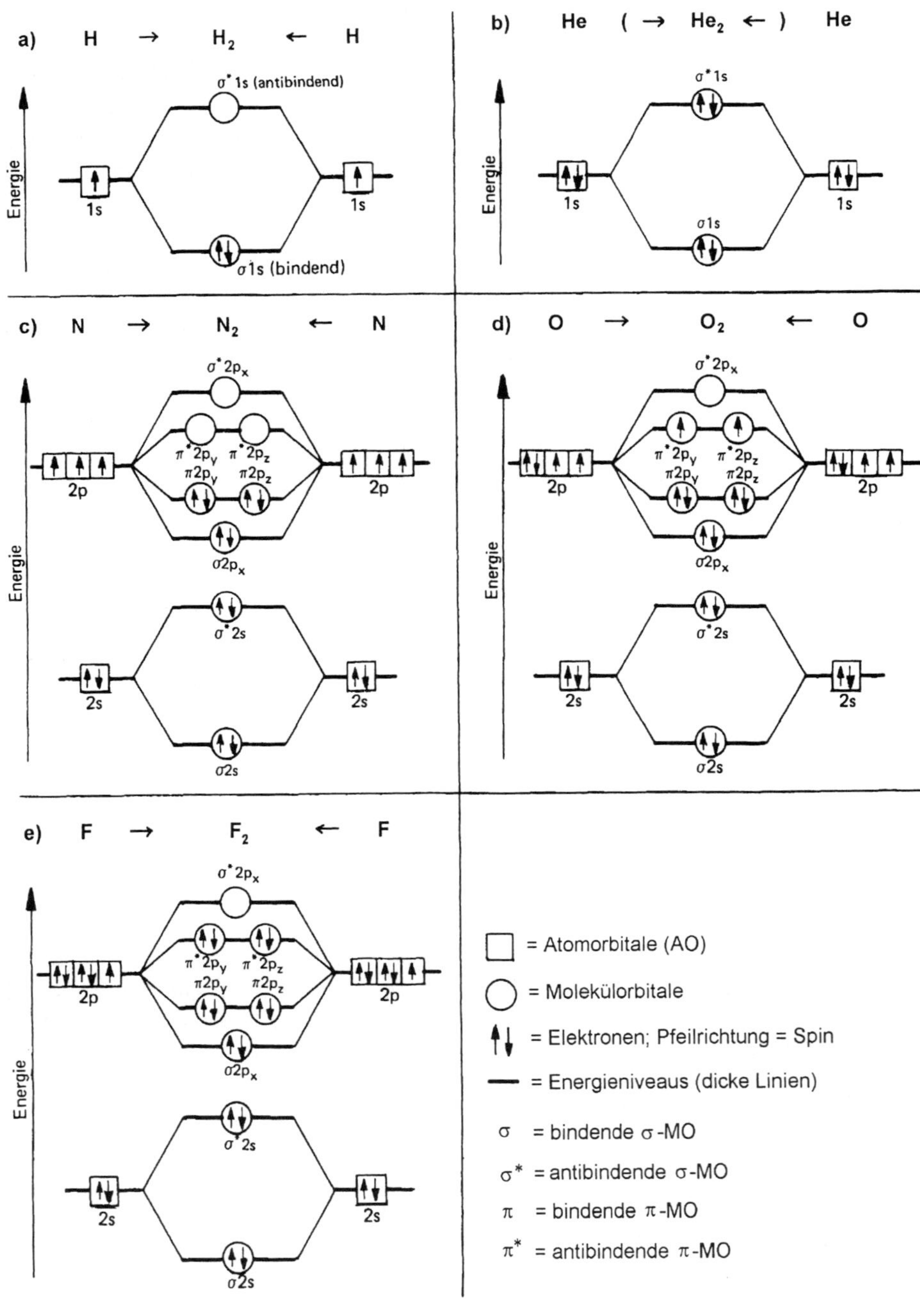

Abb. 6.3. MO-Energieniveaus für a) H_2, b) „He_2", c) N_2, d) O_2, e) F_2

den, ebenfalls bindenden π-MO (als $\pi2p_y$ und $\pi2p_z$, bezeichnet). Die antibindenden MO σ^* und π^* dagegen bleiben unbesetzt; es resultiert eine Dreifachbindung.

Ein Sauerstoffatom hat gegenüber dem Stickstoffatom jeweils ein Elektron mehr. Im **Sauerstoffmolekül** sind dementsprechend zusätzlich noch die beiden nächst höheren Energieniveaus der antibindenden MO $\pi^* 2p_y$ und $\pi^* 2p_z$ je einfach besetzt. Auch hier kann man die Hundsche Regel (siehe Abschnitt 1.3.2e) geltend machen, nach der die Orbitale zunächst einfach besetzt werden. Beim Fluormolekül sind schließlich die beiden antibindenden MO $\pi^* 2p_y$ und $\pi^* 2p_z$, voll besetzt, das antibindende σ^*2p_x jedoch unbesetzt.

Die Bindungskräfte berechnen sich jeweils aus der Anzahl der überschüssigen bindenden Elektronen, wie es aus Tab. 6.6 ersichtlich ist. Demnach ist dem Sauerstoff mit vier überschüssigen bindenden Elektronen eine doppelte Bindung (je zwei bindende Elektronen pro Atom) zuzurechnen, dem Fluor nur eine einfache Bindung. Die bei der Vereinigung von jeweils zwei Atomen zu einem Molekül freiwerdende Bindungsenergie ist in der Tabelle 6.6 als Bindungsenthalpie (negatives Vorzeichen für den exothermen Vorgang der Verbindungsbildung, siehe Abschnitt 4.2) angegeben.

Tab. 6.6. Der Bindungscharakter in zweiatomigen Molekülen

Molekül	Anzahl der Elektronen		Überschuß bindender Elektronen		Bindungen nach der Valence-Bond-Theorie	Bindungs-enthalpie [kJ/mol]
	bindend	antibindend	insgesamt	pro Atom		
H_2	2	–	2	1	1	-436,2
He_2	2	2	0	0	–	–
He_2^+	2	1	1	½	unklar	
N_2	8	2	6	3	1σ; 2π	-946,0
O_2	8	4	4	2	unklar	-498,7
F_2	8	6	2	1	1σ	-158,1

Eine Erklärung für das Entstehen von bindenden und antibindenden MO kann man auch in anschaulicher Weise mit den Modellen der Elektronenorbitale geben, was am Beispiel der p-Elektronen gezeigt werden soll. Die Wellenfunktion der Elektronen in der Schrödinger Gleichung (siehe Abschnitt 1.3.2b) liefert für p-Elektronen eine positive und eine negative Hälfte des hantelförmigen Orbitals. Eine Vereinigung zu MO kommt nur zwischen je zwei negativen oder zwischen zwei positiven Orbitalhälften zustande, wie es die Abb. 6.4 zeigen soll:

Die Addition von zwei Orbitalhälften mit verschiedenen Vorzeichen ergibt keine Überlappung, sondern ein antibindendes Elektronenpaar. Wegen dieses für das Verständnis der chemischen Bindung wichtigen Sachverhalts bevorzugt man in der Chemie die Wellenfunktion φ der Elektronen, die man als Orbitale anschaulich machen kann, gegenüber dem physikalisch sinnvoller als Aufenthaltswahrscheinlichkeit der Elektronen oder Ladungsdichte der Elektronenwolken deutbaren Quadrat der Wellenfunktion φ^2 (siehe Abb. 1.4 und 1.5).

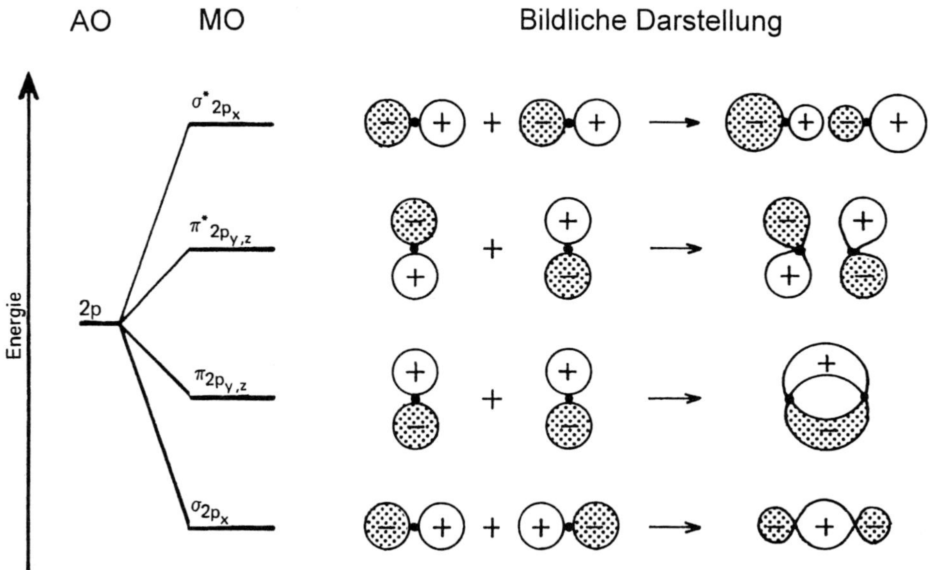

Abb. 6.4. Bindende und antibindende Molekülorbitale bei p-Elektronen

f) Sauerstoff-Meßgeräte

Beim Sauerstoff zeigt die Elektronenstruktur zwei einfach besetzte Molekülorbitale. Die Spinmomente dieser beiden Elektronen heben sich *nicht* gegenseitig auf. Der Sauerstoff ist deswegen **paramagnetisch**. Die paramagnetische Eigenschaft des molekularen Sauerstoffs wird bei verschiedenen Meßgeräten benutzt, um den Sauerstoffgehalt in Gasen zu bestimmen.

Die Messung erfolgt bei diesen Geräten nach folgendem Prinzip:
Die Sauerstoffmoleküle werden aufgrund ihres paramagnetischen Verhaltens in das Feld eines starken permanenten Magneten hineingezogen. Eine solche Luftströmung („magnetischer Wind"), deren Stärke vom Sauerstoffgehalt des zu messenden Gases abhängt, verursacht eine partielle Abkühlung eines elektrisch beheizten Widerstandes. Die hierdurch entstehende Temperaturabsenkung der Heizspirale ist ein Maß für den Sauerstoffgehalt. Der Sauerstoff wird bei diesem Vorgang erwärmt und verliert dadurch etwas von seiner paramagnetischen Eigenschaft; als Folge davon verläßt er wieder das Magnetfeld, wodurch erneut kaltes sauerstoffhaltiges Gas nachströmen kann: Man kann nämlich beobachten, daß der Paramagnetismus mit zunehmender Temperatur geringer wird. Grund hierfür ist die mit steigender Temperatur stärker werdende Wärmebewegung der Moleküle, die einer Ausrichtung der paramagnetischen Sauerstoffmoleküle im äußeren magnetischen Feld entgegenwirkt.

g) Eigenschaften von Sauerstoff und Stickstoff

Staubfreie, trockene Luft besteht im wesentlichen aus molekularem Stickstoff und molekularem Sauerstoff, wie in Tab. 6.7 aufgeführt.

Tab. 6.7. Bestandteile der Luft

Gas	Volumenanteil in %	Massenanteil in %
Stickstoff	78,08	75,51
Sauerstoff	20,95	23,16
Edelgase	0,935	1,28
Kohlendioxid	0,035	0,05
insgesamt	100,00	100,00

Durch Verflüssigung der Luft (siehe Abschnitt 3.1.3) und anschließende fraktionierte Destillation (siehe Abschnitt 3.6.4) kann man die Gase in reiner Form gewinnen. Tab. 6.8 zeigt die physikalischen Eigenschaften von Sauerstoff und Stickstoff.

Handelsformen für Sauerstoff und Stickstoff sind Stahlflaschen, die die Gase unter Drücken von z.B. 150 bar enthalten, ferner die verflüssigten reinen Gase und flüssige Luft. Die verflüssigten Gase können unter normalem Luftdruck und bei Temperaturen, die den Siedepunkten (Tab. 6.8) entsprechen, in wärmeisolierten Tankwagen oder in entsprechenden anderen kleinen Gefäßen, den sogenannten Dewar-Gefäßen[5] transportiert und begrenzte Zeit gelagert werden.

Tab. 6.8. Physikalische Eigenschaften von Stickstoff und Sauerstoff

	Stickstoff	Sauerstoff
Schmelzpunkt	-209,99 °C (63,16 K)	-218,75 °C (54,40 K)
Siedepunkt	-195,82 °C (77,33 K)	-182,97 °C (90,18 K)
Dichte (flüssig) beim Siedepunkt	0,8076 g/cm^3	1,118 g/cm^3
kritische Temperatur	-147 °C (K)	-119 °C (K)
kritischer Druck	33,9 bar	51 bar

Bei Verwendung von Sauerstoff sind Vorsichtsmaßnahmen zu beachten. Denn sowohl flüssiger Sauerstoff als auch das unter Druck stehende Gas reagiert heftig mit brennbaren Stoffen, oft explosionsartig; solche Stoffe entflammen dann häufig ohne äußere Zündquelle. Es ist deshalb wegen Unfallgefahr verboten, bei Verwendung von reinem Sauerstoff Fette, Öle oder Glycerin, auch schon in geringen Spuren, z.B. als Schmiermittel zu benutzen. Die beim Verbrennen solcher Stoffe entstehende Wärme kann unter gewissen Umständen sogar eine Reaktion des Sauerstoffs z.B. mit Stahl oder Eisen einleiten,

---

[5] James Dewar,1842–1923. Die nach ihm benannten Dewar-Gefäße sind Glasbehälter mit versilbertem oder verkupfertem Vakuumdoppelmantel (wie Thermosflaschen).

wobei dann unter heftiger Wärmeentwicklung ein Sauerstoff-Druckbehälter zerstört werden kann.

6.2.4   Ozon

Sauerstoff kann auch Moleküle zu je drei Atomen bilden. Ein aus solchen Molekülen bestehender Stoff wird als Ozon bezeichnet (früher auch Trisauerstoff genannt). Ozon entsteht, wenn molekularer Sauerstoff durch Energiezufuhr (z.B. durch ultraviolette Strahlen oder durch elektrische Entladung) gespalten wird; die dabei entstehenden Sauerstoffatome können sich dann mit weiteren Sauerstoffmolekülen zu Ozon verbinden, entsprechend den folgenden Reaktionsgleichungen:

$$O_2 \rightarrow 2\,O \quad \Delta H^\circ = +498{,}7 \text{ kJ} \quad \text{und} \quad 2\,O + 2\,O_2 \rightarrow 2\,O_3 \quad \Delta H^\circ = -213{,}1 \text{ kJ}$$

Ozon kann man im Laboratorium dadurch erzeugen, daß man Luft oder besser Sauerstoff zwischen zwei unter hoher elektrischer Spannung von etwa 15 000 Volt stehenden Metallplatten (z.B. in Form des „Siemensschen Ozonisators", das sind zwei konzentrisch ineinandergesteckte Rohre, zwischen denen die elektrische Spannung erzeugt wird) hindurchleitet.

In Umkehrung der Bildungsgleichung zerfallen Ozonmoleküle leicht wieder in Sauerstoffmoleküle und Atome. Wegen des dabei entstehenden atomaren Sauerstoffs ist Ozon ein sehr starkes Oxidationsmittel. Bisweilen wird Ozon wegen seiner oxidierenden und damit auch bakterientötenden Eigenschaft zur Entkeimung von Trinkwasser (an Stelle von Chlor) verwendet. Es kommt auch als Oxidationsmittel in der Abwasserreinigung zum Einsatz (siehe Abschnitt 13.2.5g)

Die Struktur des Ozonmoleküls kann man in der Auffassung der Valence-Bond-Theorie durch einen schnellen Wechsel einer Doppelbindung zwischen je zwei Sauerstoffatomen charakterisieren. Formelmäßig läßt sich eine solche als **Mesomerie** (mesos, gr. = mittlerer; meros, gr. = Teil) bezeichnete **Resonanzstruktur** (resonans, lat. = schwingend) als Zwischenzustand zwischen zwei Grenzstrukturen wiedergeben:

$$\overline{\underline{O}} \diagdown^{\overline{O}}\diagup \underline{O} \quad \rightleftharpoons \quad \text{Resonanzstruktur} \quad \rightleftharpoons \quad \underline{O} \diagup^{\overline{O}}\diagdown \underline{O}$$

Dabei sind die Sauerstoffatome in gewinkelter Anordnung miteinander verbunden. Die Resonanzstruktur ist energieärmer als die beiden angegebenen Grenzformeln. Das Phänomen der Mesomerie ist auch bei vielen anderen chemischen Verbindungen anzutreffen (siehe z.B. Graphitstruktur, Abschnitt 6.3.4b, oder Nitration, Abschnitt 5.4.1) und wird am Beispiel des Benzolmoleküls noch einmal ausführlicher mit der Valence-Bond-Theorie, aber noch anschaulicher mit der Molekülorbital-Theorie erklärt (siehe Abschnitt 8.1.5).

Wie beim Sauerstoff mit seinen beiden Molekülarten O_2 und O_3 findet man auch bei einigen anderen Elementen verschiedenartige Molekülgrößen oder Gitterformen, so z. B. bei den Elementen C, P, S, Se oder Sn.

6.2.5 Die Edelgase

Edelgase haben eine stabile Außenelektronenschale, und zwar hat das Helium zwei s-Elektronen, die äußersten Schalen aller anderen Edelgase enthalten jeweils zwei s- und sechs p-Elektronen. Sie zeigen deshalb keine Tendenz, sich mit anderen Atomen zu verbinden, und kommen in der Natur nur als einzelne, für sich **isolierte Atome** vor.

Seit 1962 sind jedoch einige **Edelgasverbindungen** bekannt. Diese können hergestellt werden durch Reaktion von Fluor, dem Element mit der größten Elektronegativität, mit dem schweren Edelgas Xenon. Das Xenon mit seinem relativ großen Atomradius bildet mit Fluor die verhältnismäßig stabilen Verbindungen

$$XeF_2, \; XeF_4 \; und \; XeF_6,$$

während die Verbindungen des Xenons mit Elementen geringerer Elektronegativität, nämlich mit Chlor und Sauerstoff schon instabiler sind und das Edelgas Krypton mit kleinerem Atomradius nur noch mit Fluor instabile Verbindungen eingeht. Der Verbindungscharakter des XeF_2 läßt sich am besten mit der Molekülorbitaltheorie erklären. Ein Elektronenpaar des 5p-Niveaus im Xenonatom bildet mit beiden Fluoratomen ein für alle drei Atome gemeinsames dreizentrisches Molekülorbital, wie es die Abb. 6.5 zeigt, während die p-Elektronen des Fluors weitgehendst auf den Fluoratomen verbleiben.

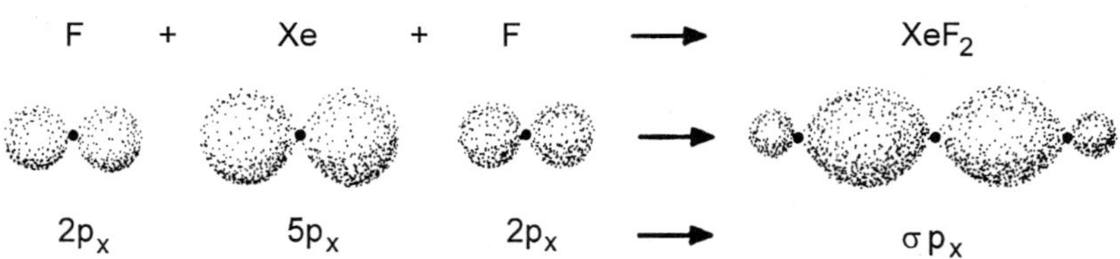

Abb. 6.5. Entstehung eines bindenden MO beim XeF_2

Von da aus wird es verständlich, daß eine solche stabile kovalente Verbindung nur deswegen zustande kommen kann, weil
- das Fluor eine sehr große Elektronegativität hat, und
- die Außenelektronen des Xenons nicht mehr sehr fest an das Xenon-Atom gebunden werden.

Bei Edelgase treten als zwischenmolekulare Wechselwirkungen nur die **van der Waals-Kräfte** auf. Diese sind aber so gering, daß die Edelgase erst bei sehr tiefen Temperaturen verflüssigt werden können oder kristallisieren, wie es die Tab. 6.9 zeigt. Die Polarisierbarkeit der Moleküle und damit die Wirksamkeit der van der Waals-Kräfte nimmt mit steigender Atommasse zu, und entsprechend steigen auch die Siede- und Schmelzpunkte an (siehe Abschnitt 2.5.2).

In der Luft beträgt der Volumenanteil der Edelgase knapp 1%. Die Tab. 6.10 zeigt, welche Anteile auf die einzelnen Edelgase entfallen. Aus flüssiger Luft lassen sich die Edelgase durch fraktionierte Destillation rein darstellen. Die unterschiedlichen Siedepunkte kann man Tab. 6.8 und 6.9 entnehmen.

Tab. 6.9. Physikalische Eigenschaften der Edelgase

	relative Atommasse	Schmelzpunkt	Siedepunkt
Helium	4,00026	-272,1 °C (0,05 K)[*]	-268,94 °C (4,21 K)
Neon	20,179	-248,60 °C (24,55 K)	-246,08 °C (27,07 K)
Argon	39,948	-189,37°C (83,78 K)	-185,88 °C (87,27 K)
Krypton	83,800	-157,20°C (115,95 K)	-153,35 °C (119,80 K)
Xenon	131,300	-111,80°C (161,35 K)	-108,10 °C (165,05 K)
Radon	222,000	-71,00°C (202,15 K)	-62,00 °C (211,15 K)

[*] bei 24,7 bar

Tab. 6.10. Edelgasvorkommen in der Luft

Edelgas	Volumenanteil in %	Massenanteil in %
Helium	0,00046	0,000072
Neon	0,00161	0,0013
Argon	0,9327	1,285
Krypton	0,000108	0,00029
Xenon	0,000009	0,000036
Radon	$6 \cdot 10^{-18}$	$4,6 \cdot 10^{-18}$
insgesamt	0,934887	1,286698

Einige wichtige **technische Anwendungsgebiete** seien im folgenden genannt:

- **Argon**, das am häufigsten vorkommende und damit billigste Edelgas, wird als Schutzgas zum Schweißen verwendet, um die an der Schweißstelle geschmolzenen Metalle vor der Oxidation durch Luftsauerstoff zu schützen.
- Die Verwendung von Edelgasen in der **Glühlampenindustrie** ermöglichte es, die Lichtausbeute von Glühbirnen zu steigern: Beim Erhitzen eines Metallfadens (z.B. aus Wolfram) verdampfen Metallatome von der Oberfläche und lassen so nach einer gewissen Betriebsdauer den Metallfaden „durchbrennen". Die Verdampfung der Metallatome kann vermindert werden, wenn man den Metallfaden in einer inerten Gasatmosphäre glühen läßt, da dann die auf die Metallfadenoberfläche auftreffenden Gasmoleküle der Verdampfung entgegenwirken. Die Behinderung der Verdampfung ist dann um so größer, je größer die Masse der Gaspartikel ist. Man kann deswegen bei annähernd gleicher Lebensdauer eines solchen Metallfadens mit schwereren Gasmolekülen die Glühtemperatur und damit die Ausbeute an weißem Licht steigern. Während man eine gasleere Glühbirne höchstens auf 2100 °C erhitzen kann, kann man die Temperatur des Metallfadens in Argonatmosphäre (relative Atommasse von Ar = 40) bis auf 2400 °C steigern, in Kryptonatmosphäre (relative Atommasse von Kr = 84) auf ca. 2500 °C und in Xenonatmosphäre (relative Atommasse von Xe = 131) noch etwas höher. Man bleibt dabei noch weit unterhalb des Schmelzpunktes von Wolfram, der bei 3410 °C liegt. Da die Wärmeleitfähigkeit der Edelgase mit steigendem Atomgewicht abnimmt, kann man Krypton- und Xenonbirnen kleiner dimensionieren.

Noch höhere Glühfaden-Temperaturen und damit bessere Lichtausbeuten erlangt man mit **Halogenlampen**. Während sich nämlich bei normalen Glühbirnen das verdampfende Wolfram mit der Zeit an der Glasinnenwand als dunkler, metallischer Belag niederschlägt, kann man bei der Halogenlampe erreichen, daß das verdampfte Wolfram wieder auf dem Wolframfaden abgeschieden wird. Damit erhöht man nicht nur die Lebensdauer der Glühlampen, sondern man kann auch gleichzeitig die Glühdrahttemperatur und damit die Lichtausbeute steigern. Halogenlampen enthalten nämlich im Gasraum des Glaskolbens meist Iod, das sich mit den verdampfenden Wolframatomen zur chemischen Verbindung Wolframiodid WI_2 verbindet:

$$W + I_2 \rightleftharpoons WI_2$$

Der nur wenige Millimeter große Lampenkörper besteht aus Quarzglas. Ein nur geringer Abstand vom Wolframfaden ermöglicht es, daß die Innenoberfläche des Lampenkörpers auf Temperaturen weit über 250 °C ansteigt; denn dann kann sich das Wolframiodid nicht auf der Glasinnenwand niederschlagen, sondern es erfüllt vielmehr den Gasraum im Kolben. Gelangt es dann in die heißen Zonen, in unmittelbare Nähe des Fadens (mit Temperaturen über 1450 °C), so zersetzt sich das Wolframiodid in Umkehrung der obigen Reaktionsgleichung wieder in Wolfram und Iod. Das so entstehende Wolfram schlägt sich wieder auf dem Wolframfaden nieder, leider nicht immer auf den Stellen, von denen es verdampft ist, so daß mit der Zeit auch hier der Metallfaden einmal durchbrennt.

- Edelgase werden in **Leuchtstoffröhren** verwendet. Bei der elektrischen Entladung unter geringem Druck werden von den Edelgasatomen charakteristische Spektrallinien (siehe Abschnitt 11.1) ausgesendet. So ergibt Neon ein leuchtend rotes, in der Lichtreklame häufig verwendetes Licht („Neonlicht"). Die anderen Edelgase liefern ein anderes Licht, so z.B. Helium ein elfenbeinfarbenes. Auch bei den Quecksilberdampf- und Natriumdampflampen besteht die Grundfüllung aus Argon oder Neon. Quecksilberdampflampen senden einen hohen Anteil an ultraviolettem Licht aus (Höhensonne), Natriumdampflampen ein zur Warnung an gefährlichen Kreuzungen häufig verwendetes gelbes Licht (siehe Abschnitt 11.2.1b). Das ultraviolette Licht von Quecksilberdampfentladungen kann durch Leuchtstoffe (z.B. Calciumwolframat oder Zinksilicat), mit denen die Glasinnenwand ausgekleidet ist, in sichtbares Licht umgesetzt werden. Solche „Neonröhren" (also Gasentladungsröhren, die ein Edelgas und Quecksilberdampf enthalten) werden in großem Maße in der Beleuchtungstechnik verwendet. Sie haben gegenüber den herkömmlichen Glühlampen den Vorteil einer wesentlich **besseren Lichtausbeute** (bezogen auf die hineingesteckte elektrische Energie) und bringen damit einen nicht gering zu schätzenden Vorteil der Energieeinsparung.

- **Helium** wird als sehr leichtes, unbrennbares Gas als Füllgas für Luftschiffe und Ballone verwendet. Der Auftrieb ist erheblich, er berechnet sich nach Avogadro (siehe Abschnitt 3.1.1c) aus dem Verhältnis der relativen Atommasse bzw. der Molekülmasse zu Stickstoff bzw. Sauerstoff. In dieser Hinsicht wird Helium nur noch vom Wasserstoff übertroffen (Molekülmasse von Wasserstoff: 2, Atommasse von Helium: 4). Helium ist dafür aber gegenüber dem feuergefährlichen Wasserstoff unbrennbar.

- **Helium** wird auch in der Tiefsttemperaturtechnik verwendet (Siedepunkt von Helium = -268,94 °C (4,21 K), z.B. um die Supraleitfähigkeit (siehe Abschnitt 6.5.1 b) einiger Metalle zu nutzen.

6.3   Die übrigen Nichtmetalle

6.3.1   Brom und Iod

Brom, das Halogen der vierten Periode mit einer Molekülmasse von ca. 2 x 80 = 160 ist unter Normbedingungen bereits eine Flüssigkeit mit intensiv brauner Färbung, Iod, das Halogen der fünften Periode (Molekülmasse ca. 2 x 127 = 254) ist ein fester Stoff von violetter bis schwarzer Farbe. Beide Elemente bilden kleine, zweiatomige Moleküle, also Br_2 und I_2. Die Polarisierbarkeit der Elektronenhüllen bei diesen schweren Halogenen ist schon so stark, daß sich solche Moleküle bei Raumtemperatur durch relativ starke **van der Waals-Kräfte** zu einer Flüssigkeit bzw. zu einem festen Stoff zusammenlagern. Der Dampfdruck, d.h. das Vermögen der Moleküle in die Gasphase überzugehen ist aber noch recht groß, und so liegen die Siedepunkte relativ niedrig, wie die Tab. 6.11 zeigt.

Tab. 6.11. Physikalische Daten von Brom und Iod

	Brom	Iod
Schmelzpunkt	-7,3 °C	113,7 °C
Siedepunkt	58,8 °C	184,5 °C
Dichte (bei 25 °C)	3,14 g/cm^3	4,93 g/cm^3

Brom und Iod zeigen ähnliche Eigenschaften wie das Chlor, sind aber, da sie eine geringere Elektronegativität aufweisen (siehe Abb. 1.8) auch weniger reaktionsfähig als Chlor.

Iod, in alkoholischer Lösung mit brauner Färbung gelöst, wird in der Medizin wegen seiner oxidierenden und damit bakterientötenden Wirkung als **Antiseptikum** verwendet („Iodtinktur").

Alle gasförmigen Nichtmetalle und die Halogene Brom und Iod werden in chemischen Reaktionsformeln in ihrer tatsächlichen Molekülgröße angegeben, z.B.:

$$Cl_2, Br_2, O_2, N_2, H_2 \text{ usw.}$$

Dies hat seine Berechtigung, da bei den Umsetzungen oft die Gasvolumina berücksichtigt werden müssen (siehe Gesetz von Avogadro, Abschnitt 3.1.1c). Alle anderen Nichtmetalle, Halbmetalle und Metalle werden in Reaktionsformeln unabhängig von ihrer wahren Molekülgröße nur durch ihre Elementensymbole gekennzeichnet. Dabei hat dann das Elementensymbol die Bedeutung von je einem Mol des betreffenden Stoffes (siehe Abschnitt 2.6.4).

6.3.2 Schwefel

Schwefel (Sulfur) als Element der dritten Periode vermeidet „Doppelbindungen" (siehe Doppelbindungsregel, Abschnitt 6.2.3b). Zu einer Edelgaskonfiguration der Elektronenhülle können Schwefelatome statt dessen durch kovalente Bindung mit je zwei Nachbaratomen gelangen; und zwar vereinigen sich Schwefelatome zu S_8-**Ringen**, die bis zu Temperaturen dicht oberhalb des Schmelzpunktes stabil bleiben. Bei noch höheren Temperaturen brechen diese Ringe auseinander; es bilden sich durch Vereinigung der Bruchstücke lange Molekülketten mit wechselnden Längen bis zu vielen tausend Atomen.

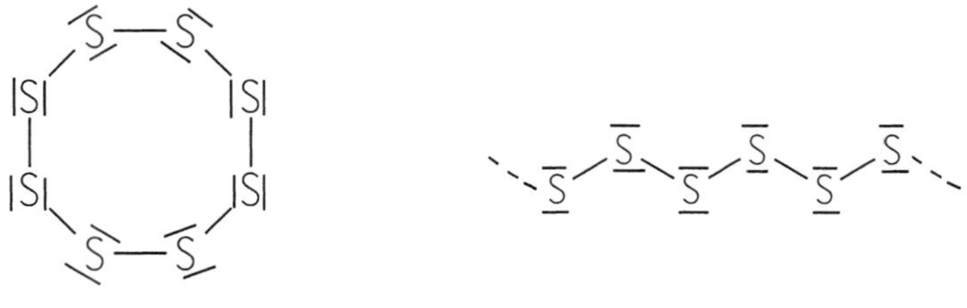

S_8 - Ringe

S_X - Ketten

Je höher der Gehalt an solchen langen Schwefelketten ist, desto zähflüssiger ist die Schmelze; daher nimmt die Zähflüssigkeit (Viskosität) der Schmelze mit steigender Temperatur sehr stark zu, um dann bei weiterer Temperatursteigerung infolge der immer stärker werdenden Wärmebewegung wieder etwas abzunehmen. Kühlt man die Schmelze, z.B. durch Eingießen in kaltes Wasser rasch ab, so haben die langkettigen Moleküle keine Zeit, sich zu Ringen zu formen: Der erstarrte Schwefel bleibt plastisch, kautschukartig, amorph, um erst nach einigen Tagen durch langsame Umwandlung in S_8-Ringe auszukristallisieren.

Oberhalb des Siedepunktes (444,6 °C) liegen in der Dampfphase zunächst S_8-Ringe vor, die mit steigender Temperatur über mehrere Zwischenstufen schließlich in S_2-Bruchstücke zerfallen. Die Phasenumwandlungen kann durch folgendes Schema veranschaulicht werden:

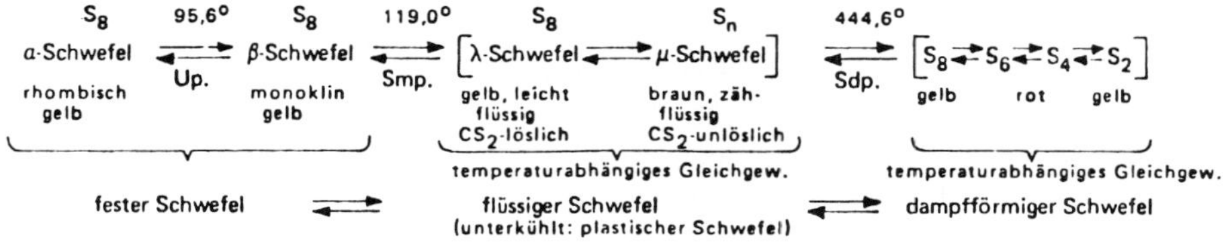

S_8	95,6°	S_8	119,0°	S_8		S_n	444,6°	$[S_8 \rightleftharpoons S_6 \rightleftharpoons S_4 \rightleftharpoons S_2]$
a-Schwefel	⇄ Up.	β-Schwefel	⇄ Smp.	$[\lambda$-Schwefel	⇄	μ-Schwefel$]$	⇄ Sdp.	
rhombisch gelb		monoklin gelb		gelb, leicht flüssig CS_2-löslich		braun, zäh- flüssig CS_2-unlöslich		gelb rot gelb
	fester Schwefel ⇄			temperaturabhängiges Gleichgew. flüssiger Schwefel (unterkühlt: plastischer Schwefel) ⇄				temperaturabhängiges Gleichgew. dampfförmiger Schwefel

Aus den hier angegebenen Umwandlungsreaktionen ist ersichtlich, daß fester Schwefel in zwei verschiedenen kristallinen (rhombisch und monoklin) und einer amorphen (plastischen) festen Form auftreten kann. Man bezeichnet dies als **Polymorphie** (polys, gr. = viel; morphe, gr. = viel). Diese Erscheinung zeigen auch einige andere Elemente wie z. B. C, P, As, Se und Sn.

Alle Schwefelmodifikationen (also der rhombische, monokline und auch der plastische Schwefel) zeigen keine elektrische Leitfähigkeit. Schwefel verbrennt in exothermer Reaktion zu SO_2 (siehe Abschnitt 7.2.1d). Sowohl der elementare Schwefel als auch die Verbrennungsprodukte haben bakterizide (bakterientötend) Eigenschaften und werden für diese Zwecke verwendet, z.B. Schwefelpulver im Weinbau zur Schädlingsbekämpfung und das SO_2 zum Ausschwefeln von Weinfässern (durch Abbrennen von Schwefel). Elementarer Schwefel wird zur Herstellung von Reifengummi gebraucht (siehe Abschnitt 9.2.2).

Schwefel kommt in der Natur außer in verschiedenen Verbindungen und Erzen auch in elementarer Form vor und braucht in diesem Falle dann nur durch Umschmelzen gereinigt zu werden. Kohle und Erdöl enthalten Schwefel in Form von Verbindungen. Bei der Verarbeitung und beim Verbrennen dieser Rohstoffe wird als Nebenprodukt teilweise auch elementarer Schwefel gewonnen.

6.3.3   Phosphor

Im Gegensatz zu Schwefel kommt Phosphor in der Natur nicht in elementarer Form, sondern nur in verschiedenen Verbindungen vor. Das Element selbst kann man aus solchen Verbindungen je nach Arbeitsbedingungen in drei verschiedenen Modifikationen gewinnen, und zwar als **roten**, **weißen** und **schwarzen** Phosphor. Die Eigenschaft des weißen Phosphors, durch langsame Oxidation mit dem Luftsauerstoff im Dunkeln zu leuchten (Abgabe von Reaktionsenergie als Licht), hat dem Element den Namen gegeben (phosphoros, gr. = Lichtträger). Während die weiße Form aus kleinen Molekülen zu je vier Phosphoratomen besteht und darum einen niederen Schmelzpunkt von nur 44 °C hat, ein Nichtmetall ist, das in Schwefelkohlenstoff und einigen anderen organischen Lösungsmitteln löslich, giftig und selbstentzündlich ist, bildet der schwarze Phosphor hochmolekulare Schichtengitter aus vielen Phosphoratomen und hat bereits metallische Eigenschaften. Bei der stabilen roten Modifikation sind viele Phosphoratome zu langen Röhren zusammengeschlossen; diese Modifikation ist ungiftig, in Lösungsmitteln unlöslich und wird in der Reibfläche von Streichholzschachteln verwendet.

Der Vorgang beim Anzünden von **Streichhölzern** läuft folgendermaßen ab:
Die Streichholzköpfe der Sicherheitszündhölzer enthalten einen brennbaren Stoff, das Antimonsulfid Sb_2S_3, und einen Sauerstoffspender (Oxidationsmittel), das Kaliumchlorat $KClO_3$, in der Reibfläche befindet sich roter Phosphor und Glaspulver. Beim Streichen des Zündholzkopfes über die Reibfläche reagiert der Phosphor (erhitzt durch die entstehende Reibung) mit dem Kaliumchlorat; die bei der Oxidation des Phosphors freiwerdende Reaktionswärme bringt dann das Antimonsulfid im Streichholzkopf und schließlich das Streichholz selbst zum Entflammen.

6.3.4   Kohlenstoff

Dem atomaren Aufbau nach existieren vom Kohlenstoff (Carbon) zwei Modifikationen, und zwar **Diamant** und **Graphit**; beide kommen vereinzelt in dieser elementaren, relativ reinen Form in der Natur vor. Im Jahre 1985 wurde eine weitere eine neue Klasse von

Kohlenstoff-Modifikationen die sogenannten **Fullerene**[6] entdeckt. Anthrazit und Steinkohlen enthalten den Kohlenstoff mit stark gittergestörter Graphitstruktur. Daß der Kohlenstoff grundverschiedene Modifikationen bilden kann, liegt an den unterschiedlichen Bindungsverhältnissen, deren tiefere Ursachen erst später in den Abschnitten 7.1.1 und insbesondere 8.1.5 eingehend erörtert werden. Ein erstes Verständnis für die Kohlenstoffmodifikationen läßt sich schon aus dem Gitteraufbau herleiten. Denn die unterschiedlichen Gitterstrukturen haben extrem verschiedene Stoffeigenschaften zur Folge, wie der Vergleich von Diamant a) und Graphit b) zeigt:

a) Diamant

Diamantkristalle haben meist die Form von Oktaedern (siehe Tab. 3.1), parallel zu diesen Flächen sind die sehr harten, aber dabei noch spröden Kristalle am ehesten zu spalten. Der Gitteraufbau (Unterschied zwischen Kristallform und Gitteraufbau siehe Abschnitt 3.3.1) von Diamantkristallen ist aus Abb. 6.6 ersichtlich.

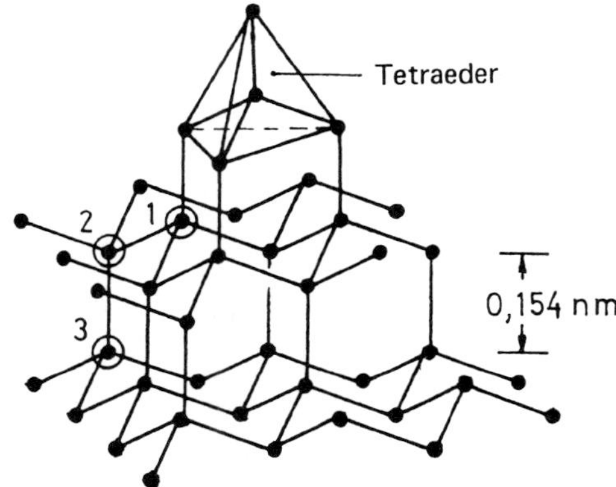

Abb. 6.6. Das Diamantgitter

Im Diamantgitter bildet ein Kohlenstoffatom im Zentrum eines Tetraeders mit den vier benachbarten Kohlenstoffatomen in den Ecken dieses Tetraeders fest fixierte, sehr starke kovalente Bindungen: jedes Kohlenstoff-Tetraederatom in diesen Tetraederecken bildet wiederum den Mittelpunkt eines weiteren Tetraeders, wie man es im Gitterausschnitt der Abb. 6.6 anhand der numerierten Kohlenstoffatome (1, 2 und 3) verfolgen kann. Die nach allen Richtungen gleich starken, sehr festen kovalenten Bindungen mit einem Abstand der Kohlenstoffatome von 0,154 nm bedingen die **Härte** des Diamanten (Diamant ist der härteste in der Natur vorkommende Stoff, siehe Mohssche Härteskala, Abschnitt 3.3.2). Der Diamant ist ein **elektrischer Nichtleiter**, weil die Bindungselektronenpaare jeweils immer nur zwei Kohlenstoffatomen angehören, zwischen diesen fixiert sind und sich im Gitter nicht frei bewegen können.

---

[6] Die Fullerene sind nach dem Architekten Buckminster Fuller benannt, der 1967 in Montreal eine Kuppelkonstruktion aus sechseckigen und fünfeckigen Zellen gebaut hat.

b) Graphit

Graphit kristallisiert hexagonal. Das Graphitgitter besteht aus übereinander liegenden, ebenen Schichten, welche sich aus gleichseitigen Sechsecken aufbauen (Abb. 6.7a). In diesen Schichten haben die Kohlenstoffatome jeweils drei Nachbaratome, mit denen sie kovalent durch σ-Bindungen verknüpft sind. Mit dem vierten Bindungselektron bilden die Kohlenstoffatome innerhalb einer Schicht fluktuierende, frei bewegliche π- Bindungen (Doppelbindungen), wie es in Abb. 6.7 b angedeutet ist.

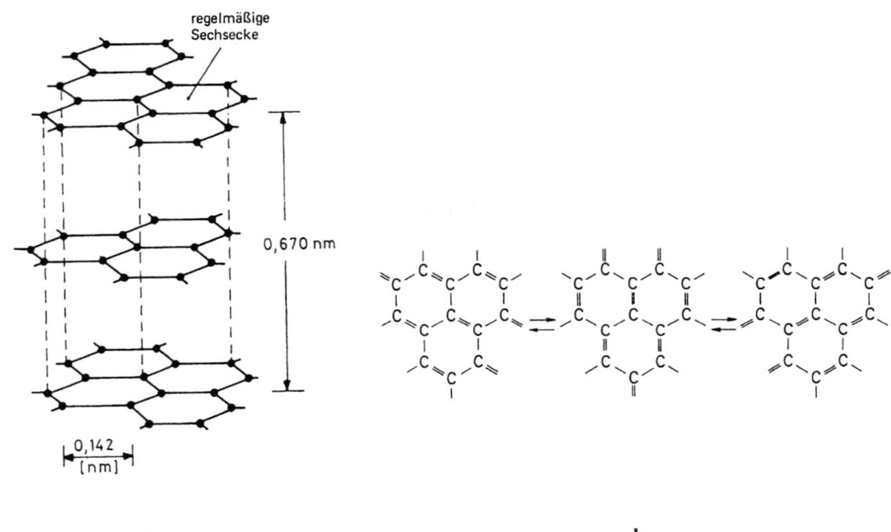

Abb. 6.7. Das Graphitgitter

Diese schon beim Ozon (siehe Abschnitt 6.2.4) erwähnte Erscheinung der freibeweglichen, **delokalisierten π-Elektronen** (locus, lat. = Platz; de, lat. = von...weg) wird im Abschnitt 8.1.5 an dem sehr bekannten Beispiel des Benzol-Moleküls ausführlicher erklärt. Beim Graphit verursachen diese freibeweglichen Elektronen die **elektrische Leitfähigkeit** parallel zu den Schichten des Graphitgitters. Senkrecht zu den Schichten ist die elektrische Leitfähigkeit bedeutend geringer. Auch der metallische Glanz größerer Graphitkriställchen bzw. das tiefschwarze Aussehen von feinverteiltem Graphit wird durch die delokalisierten Elektronen verursacht.

Die einzelnen Schichten werden durch die relativ schwachen **van der Waals-Kräfte** zusammengehalten. Das erklärt die leichte Spaltbarkeit des Graphits parallel zu den Schichtebenen und damit auch seine geringe Härte (Mohs-Härte 1). Graphit eignet sich vorzüglich als hitzebeständiges Trockenschmiermittel, weil infolge des Übereinandergleitens der Schichtebenen im Graphitgitter die Reibung zwischen zwei festen Körpern herabgemindert werden kann.

Die Graphitstruktur findet sich auch bei allen weiteren Erscheinungsformen des Kohlenstoffs, so z.B. Ruß oder Koks, dann aber mehr oder weniger stark verunreinigt und gittergestört.

c) Fullerene

Während Graphit und Diamant C–C-Bindungen aufweisen, die sich in den Raum erstrecken, sind die Fullerene aus Molekülen mit Hohlkugelgestalt aufgebaut. Besonders stabil sind hierbei C_{60}-Moleküle die aufgrund ihrer Molekülstruktur auch als „**Fußball**"-**Moleküle** bezeichnet werden (siehe Abb. 6.8). Die Moleküloberfläche ist die eines 60-eckigen Fußballs. Die Oberfläche der Kugel sind mit π-Elektronenwolken bedeckt. Diese Elektronen sind aber nicht wie im Graphit delokalisiert, sondern sind bevorzugt lokalisiert zwischen den Bindungen, die die Sechsecken bilden. Die Fullerene bestehen aus plättchenförmigen Kristallen mit metallischem Glanz.

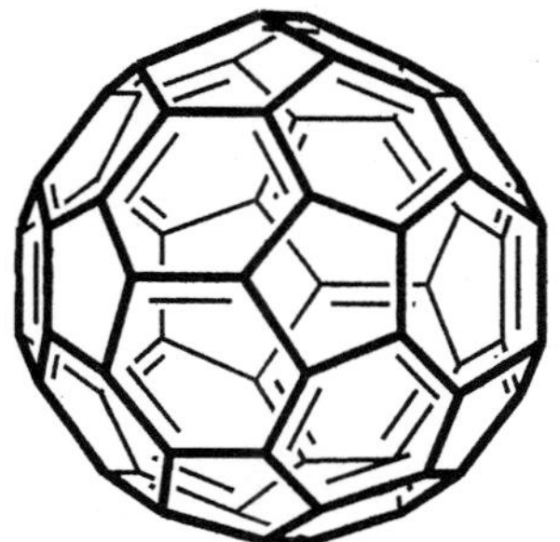
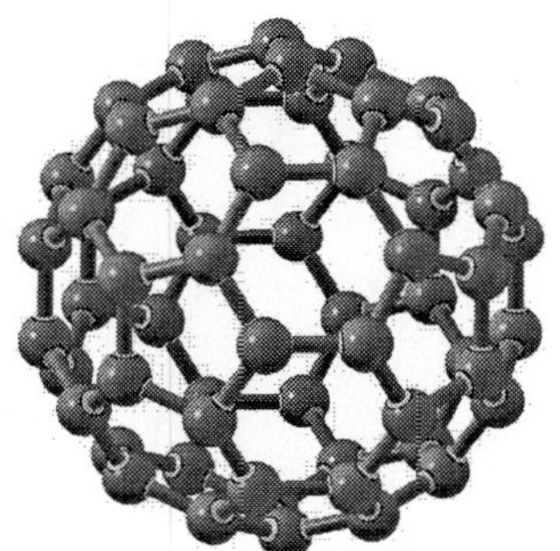

Abb. 6.8. Das C_{60}-Fullerenmolekül als Valenzstrich- und Kugelmodell

Fullerene könnten zukünftig, wegen ihrer fast runden Molekülgestalt als ausgezeichnete **Pigmente** für hochauflösende Lasertoner dienen, da sie im Gegensatz zu Graphit nur wenig zum Verkleben neigen. Daneben könnten sie auch Bedeutung als Katalysatorträger oder Kohleelektroden bekommen. Außerdem hat man festgestellt, daß bestimmte Verbindungen der Fullerene **Hochtemperatursupraleiter** sind (siehe auch Abschnitt 6.5.1b).

d) Herstellungsmethoden

Diamant und Graphit sind ineinander umwandelbar. Wie aus der Abb. 6.9 hervorgeht, ist Graphit bei gewöhnlicher Temperatur und Normdruck die beständigste Modifikation des Kohlenstoffs, Diamant ist unter diesen Bedingungen jedoch metastabil, d.h. er wandelt sich nicht in Graphit um. Wird dagegen Diamant unter Luftabschluß auf Temperaturen über 1500 °C erhitzt, so entsteht in schwach exothermer Reaktion Graphit:

$$\text{Diamant} \rightleftharpoons \text{Graphit} \qquad \Delta H° = -1{,}897 \text{ kJ/mol}$$

Umgekehrt gelingt es, Graphit durch Anwendung von sehr hohen Drücken und Temperaturen in **Diamant** zu verwandeln. Man muß dabei auf Temperatur-Druck-Werte kommen, bei denen Graphit schmilzt, Diamant jedoch in festem Aggregatzustand vorliegt, was der gestrichelten Linie in Abb. 6.9 entspricht. Daß zur Umwandlung von Graphit in Diamant hohe Drücke erforderlich sind, leuchtet ein, da infolge des Gitteraufbaus Diamant eine größere Dichte ($3{,}51\ \text{g/cm}^3$) als Graphit ($2{,}22\ \text{g/cm}^3$) hat und gewissermaßen auf die Diamantmodifikation zusammengedrückt wird. Die industrielle Herstellung von Diamanten (sie können infolge von Verunreinigung nicht als Schmucksteine verwendet werden) ist zur Gewinnung eines sehr harten Schleifmaterials von großer Bedeutung.

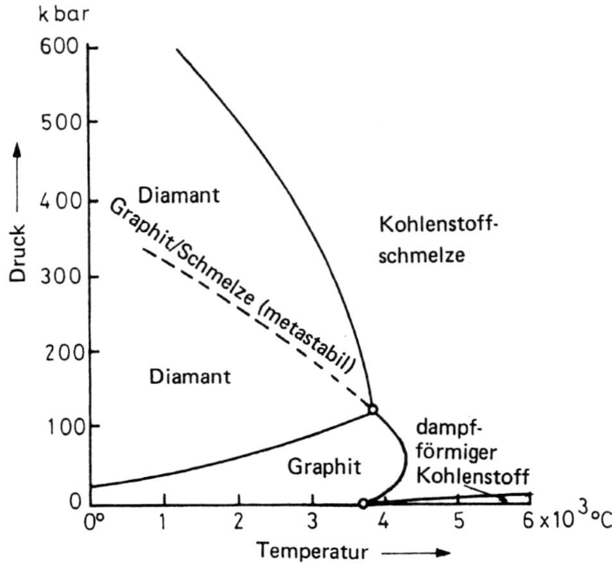

Abb. 6.9. Das Zustandsdiagramm des Kohlenstoffs

Auch Graphit wird in großem Ausmaße künstlich hergestellt, da die natürlichen Graphitvorkommen den industriellen Bedarf nicht decken können. Man erhitzt relativ reinen Kohlenstoff (z.B. Petrolkoks, Koks, Anthrazit) längere Zeit unter Luftabschluß auf Temperaturen über 2000 °C. Dabei wachsen die fein-kristallinen Bezirke in diesen Produkten zu größeren Graphitkristallen zusammen.

Graphit findet u.a. Verwendung als Schmiermittel, hitzebeständiges Schwärzungsmittel und zur Herstellung von Bleistiften, wobei man dessen Härte durch Zugabe von Tonen variieren kann. Die Eigenschaft als Schreibstift Papier zu schwärzen, hat dem Graphit seinen Namen gegeben (graphein, gr. = schreiben). Früher benutzte man für diesen Zweck Bleilegierungen („Bleistift").

Fullerene können durch Erhitzen von Graphit durch eine elektrische Lichtbogenentladung hergestellt werden. Es kann anschließend durch Extraktion mit dem Lösungsmittel Benzol vom Ruß abgetrennt werden.

e) Retortenkohle

Dieses auch als Retortengraphit bezeichnete Produkt entsteht durch Zerfall von Kohlenstoffverbindungen an sehr heißen Wänden (1500 °C). Es ist sehr hart, denn hier behindern die regellos und dicht ineinander verwachsenen, allerkleinsten Graphitkriställchen sich gegenseitig, so daß ein Übereinandergleiten der einzelnen Schichtebenen nicht mehr möglich ist.

f) Koks

Koks wird als Rückstand beim Erhitzen von **Steinkohle** erhalten und ist dem atomaren Aufbau nach Graphit, der durch Bestandteile, die nach dem Verbrennen in der Schlacke oder Asche zu finden sind, verunreinigt ist. Mit diesen Bestandteilen bildet Koks eine harte, scharfkantige Masse.

In ähnlicher Weise kann man die Rückstände der Erdöldestillation durch Erhitzen von allen flüchtigen Bestandteilen befreien („trockene Destillation"). Man erhält dann einen besonders reinen Koks, den man als **Petrolkoks** bezeichnet und zur Herstellung von Kohle-Elektroden und künstlichem Graphit benutzt.

g) Ruß

Ruß ist Kohlenstoff in Graphitstruktur mit besonders geringer Dichte (ca. 1,85 g/cm^3). Man erhält dieses als Schwärzungsmittel und als Zusatzstoff für Reifengummi häufig verwendete Produkt bei der unvollständigen Verbrennung von Kohlenstoffverbindungen und beim Abkühlen der Flamme an gekühlten Metallwänden.

h) Aktivkohle

Aktivkohle bindet durch Adsorption an ihrer Oberfläche störende, giftige Bestandteile aus Flüssigkeiten oder Gasen (siehe Abschnitt 13.2.5c und 13.3.2b). Bei der Herstellung sucht man deshalb eine möglichst große (aktive) Oberfläche zu erhalten. Dies gelingt durch Verkohlen von organischen Stoffen, wie Holz, Zucker oder tierischen Abfällen, wenn man diese mit Stoffen tränkt, die beim Verkohlungsprozeß ein Zusammensintern der Kohle verhindern; nachträglich werden diese Zusätze wieder herausgelöst. Auch durch ein teilweises Oxidieren (z. B. $2\,C + O_2 \rightarrow 2\,CO$ oder $C + H_2O \rightarrow CO + H_2$) gelingt es, die Oberfläche der Aktivkohle auf chemischem Wege zu vergrößern.

i) Kohlenstoff-Fasern

Kohlenstoff-Fasern gewinnt man durch Verkohlen von Fasern aus langkettigen Kohlenstoffverbindungen, wie z.B. Cellulose (siehe Abschnitt 8.7.1) oder Kunststoff-Fasern, insbesondere Polyacrylnitril (siehe Abschnitt 9.3.13). Fäden dieser Verbindungen werden nach einer nur teilweisen Oxidation durch Luft bei 200–300 °C zunächst unter Stickstoffatmosphäre bei ca. 1000 °C beim Verkohlungsprozeß verstreckt und anschließend bei 1500 bis 3000 °C graphitiert. Kohlenstoff-Fasern finden wegen ihres sehr guten Wärmedämmvermögens in der Hochtemperaturisoliertechnik Verwendung, ferner gebraucht man sie als flexible Heizleiter und wegen ihrer hohen Zugfestigkeit ähnlich wie Glasfasern zur Verstärkung von Kunststoffen (siehe Abschnitt 9.4.3d).

j) Kohlenstoffglas

Erhitzt man einen räumlich vernetzten, ein dichtes Kohlenstoffgerüst enthaltenden Kunststoff (z.B. Phenol-Formaldehydharz, siehe Abschnitt 9.4.2 a) unter Stickstoffatmosphäre auf ca. 1000 °C, so werden die an das Kohlenstoffgerüst chemisch gebundenen Wasserstoff- und Sauerstoffatome abgespalten, und es bleibt das Kohlenstoffgerüst mit Graphitstruktur zurück. Dieser glasartige Kohlenstoff besitzt eine viel höhere Härte und Festigkeit als Retortenkohle und findet wegen seiner Korrosionsbeständigkeit, hohen Gasdichte und Abriebfestigkeit mannigfaltige Verwendung, so z.B. für Tiegel, Rohre, Auskleidungen oder Laborgeräte.

k) Kohlenstoffschaum

Verkohlt man einen geschäumten Kunststoff (wie z.B. geschäumtes Phenol-Formaldehydharz, siehe Abschnitt 9.4.2a), so entsteht ein offenporiger Kohlenstoffschaum (Porendurchmesser 20 bis 100 µm) geringer Dichte (0,1 bis 0,05 g/cm^3) von guter mechanischer Festigkeit, der als hervorragender Isolierstoff in Gegenwart von Luft bis zu einer Temperatur von ca. 350 °C, unter Stickstoffatmosphäre sogar bis zu 4000 °C beständig ist.

6.4   Halbleiter

Eine Zusammenstellung der als Halbleiter zu bezeichnenden chemischen Elemente findet sich unter Abschnitt 6.1.1b. Von diesen haben das **Silicium** und **Germanium** eine verbreitete technische Verwendung vor allem in der Mikroelektronik und in Photoelementen (Solarzellen zur Umwandlung von Sonnenenergie in elektrischen Strom) gefunden.

6.4.1   Die elektrische Leitfähigkeit in festen Stoffen

Leitet ein fester Stoff den elektrischen Strom, so verschieben sich Elektronen innerhalb des Raumgitters. Im Bereich von Atomen, die die Gitterpunkte von festen Stoffen bilden, können die Elektronen nur ganz bestimmte Energiezustände einnehmen, die im Abschnitt 1.3.2e durch Elektronen-Energieniveaus beschrieben wurden. Will man das unterschiedliche Verhalten fester Stoffe beim Leiten des elektrischen Stromes besser verstehen, so kann die Betrachtung solcher Energieniveaus sehr dienlich sein.

In Einzelatomen (das sind solche, die nicht durch chemische Bindungen miteinander verbunden sind) nehmen die Elektronen die durch Haupt- und Nebenquantenzahlen bestimmten, spezifischen Energieniveaus ein (siehe Abb. 1.6). Bilden zwei Atome miteinander eine kovalente Bindung, so ergeben sich nach der Molekülorbital-Theorie (siehe Abschnitt 6.2.3e) zwei neue Energieniveaus für die Bindungselektronen, von denen eins einen etwas geringeren, das andere einen etwas höheren Energiewert einnimmt. Beim Ozon (siehe Abschnitt 6.2.4) stehen drei Atome miteinander in Wechselwirkung;

dort ergeben die drei fluktuierenden, delokalisierten π-Elektronen (jedes der drei Sauerstoffatome trägt hierzu ein Elektron bei) drei Mofekülorbitale mit drei voneinander verschiedenen Energieniveaus. Wenn bei einem Festkörper, wie z.B. in einem Graphitkristall mit einer Masse von 0,12 g insgesamt $6{,}022 \cdot 10^{21}$ (entsprechend dem hundertsten Teil der Avogadrokonstante N_A, siehe Abschnitt 2.6.4) Kohlenstoffatome durch das vierte Außenelektron miteinander in Wechselwirkung stehen (siehe Abschnitt 6.3.4b), gibt es dann $6{,}022 \cdot 10^{21}$ verschiedene, in einem engen Bereich dicht nebeneinander liegende Energieniveaus, die zusammen dann ein Energieband ergeben. Das bedeutet, die scharf begrenzten Elektronen-Energieniveaus einzelner, isolierter Atome der Abb. 1.6 weiten sich durch die Wechselwirkung vieler Atome zu **Energiebändern** aus; die Abb. 6.10a zeigt ein solches Energiebänderdiagramm des Magnesiums. Auch die Elektronen der tieferen Energieniveaus (innere, voll besetzte Elektronenschalen in den Atomen) werden durch die Wechselwirkung der Außenelektronen beeinflußt, was dann ebenfalls eine (wenn auch schwächere) Aufweitung auch dieser sonst scharf begrenzten Energieniveaus zu Energiebändern zur Folge hat.

Das oberste, mit den Valenzelektronen besetzte Energieband bezeichnet man als **Valenzband**. Das darüber liegende nicht mehr mit Elektronen besetzte Energieband bezeichnet man als **Leitungsband**; in dieses können Elektronen hineingehoben werden, wenn sie eine entsprechende Anregungsenergie aufnehmen. Die in den Abbildungen 6.10b bis e schematisch gezeichneten Diagramme der jeweils obersten Energiebänder sollen den Unterschied von Metallen, Halbmetallen und Isolatoren deutlich machen.

Bei den Metallen ist entweder das Valenzband mit Elektronen nicht voll besetzt (Beispiel Na, Abb. 6.10b), oder es überlappt sich das gefüllte Valenzband mit dem Lei-

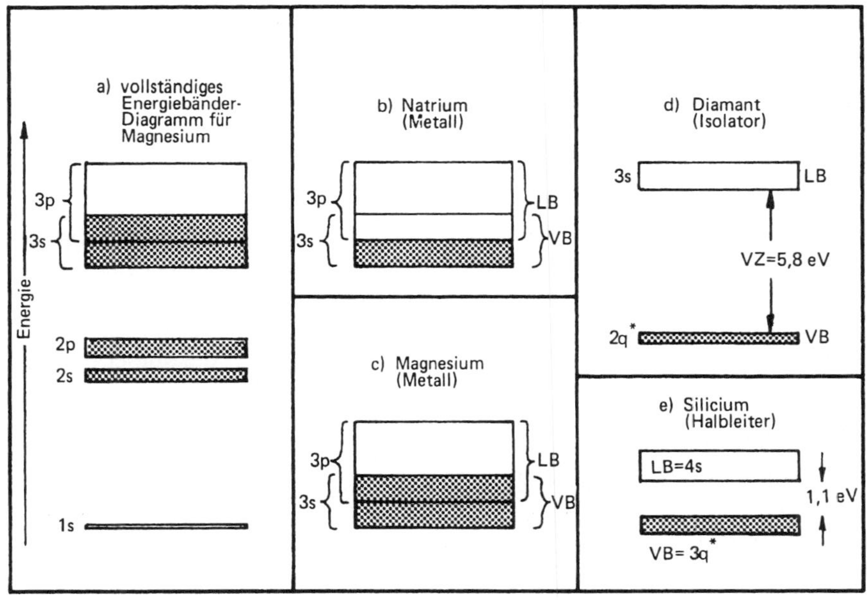

Abb. 6.10. Energiebänderdiagramme

tungsband (Beispiel Mg, Abb. 6.10c); meist treffen sogar diese beiden Fälle gleichzeitig zu. Beim Anlegen einer Spannung können die Elektronen sich innerhalb von solchen nur teilweise gefüllten Valenzbändern oder innerhalb von solchen gemeinsamen Valenz- und Leitungsbändern frei bewegen, d.h. von Atom zu Atom innerhalb des Gitters gelangen, ohne daß die Elektronen dabei eine besondere Anregungsenergie erhalten müßten; denn nach dem Pauli-Prinzip (siehe Abschnitt 1.3.2d) können diese jeweils noch nicht besetzten Energiezustände mit Elektronen aufgefüllt werden: das Metall leitet also den elektrischen Strom.

Bei den Isolatoren (Abb. 6.10d) ist das Valenzband infolge kovalenter Bindungen mit den Nachbaratomen durch Elektronen voll besetzt. Die gemeinsamen Elektronenpaare sind dabei immer zwischen jeweils zwei Atomen fixiert (siehe Abschnitt 2.1), können also innerhalb des Gitters nicht verschoben werden, so daß keine nennenswerte elektrische Leitfähigkeit festgestellt werden kann. Die nächst höheren, möglichen Energiezustände für Elektronen im Leitungsband sind durch eine breite verbotene Zone vom Valenzband getrennt, so daß die Elektronen erst unter extrem starker Energiezufuhr in dieses Leitungsband gelangen könnten, um dann eine Leitfähigkeit hervorzurufen.

Bei den Halbleitern (Abb. 6.10e) ist diese verbotene Zone zwischen Valenzband und Leitungsband relativ klein, so daß hier schon geringere Anregungsenergien zum Überspringen dieser Energielücken genügen. Tab. 6.12 gibt die Breite der verbotenen Zonen vom Isolator Diamant (siehe Abschnitt 6.3.4a) und von einigen halbmetallischen Elementen an. Den Charakter von Halbleitern haben auch die weiter unten näher erläuterten Verbindungen aus Gallium und Arsen, Indium und Arsen, Cadmium und Schwefel oder das Zinkoxid.

Tab. 6.12. Breite der „verbotenen Zone" in eV

Kristall	Diamant	Si	Ge	Se	B	I_2	GaAs	InAs	CdS	ZnO
Breite der verb. Zone	5,8	1,1	0,7	1,6	1,45	1,3	1,4	0,33	2,48	3,2

In das Leitungsband hineingelangte Elektronen können beim Anlegen einer geringen elektrischen Spannung innerhalb des Kristallgitters verschoben werden, außerdem ermöglichen dann die im Valenzband freigewordenen Plätze dort ebenfalls eine Verschiebung von Elektronen im Gitter. Der Kristall zeigt deswegen eine gewisse elektrische Leitfähigkeit. Die in das Leitungsband hinaufgehobenen Elektronen fallen alsbald wieder in die Leerstellen des Valenzbandes zurück und geben dabei die vorher aufgenommene Energie wieder ab.

Bei einer bestimmten Temperatur stellt sich ein Gleichgewicht zwischen den ständig in das Leitungsband gehobenen und von diesem in das Valenzband wieder zurückfallenden Elektronen ein, so daß die Anzahl der Träger elektrischer Leitfähigkeit (Elektronen im Leitungsband und Leerstellen im Valenzband) im statistischen Mittel konstant bleibt. Mit zunehmender Temperatur steigt die Anzahl der Elektronen, die einen entsprechenden Energiebetrag zum Überspringen der verbotenen Zone erhalten. Es stehen dann mehr Ladungsträger im Valenz- und Leitungsband zum Stromtransport zur Verfügung, deswegen nimmt die Leitfähigkeit von Halbleitern mit Ansteigen der Temperatur zu. Ähnlich wie die Wärme können aber auch andere Energieformen wie z.B. elektromagnetische Wellen (Licht) oder radioaktive Strahlung eine starke Zunahme der elektrischen Leitfähigkeit von solchen Halbleitern bewirken. Halbleiter, bei denen eine elektrische Leitfähigkeit ohne notwendige Anwesenheit von Fremdstoffen lediglich durch Elektronenübergänge in höhere Energiebänder zustandekommt, bezeichnet man als **Eigenhalbleiter**. Neben diesen Eigenhalbleitern gibt es noch die große Gruppe der **Störstellenhalbleiter**, die ausführlich am Beispiel des Siliciums erläutert werden.

6.4.2   Silicium und Germanium

a) Eigenschaften

Silicium und Germanium kristallisieren im Diamantgitter. Als Halbmetalle weisen sie ein graues, metallähnliches Aussehen, auf, sind jedoch sehr spröde. Diese beiden Elemente haben heute ausgedehnte Verwendung in der **Halbleitertechnik** gefunden. Dabei hat das Silicium eine wesentlich größere Bedeutung als das Germanium erlangt, weswegen hier hauptsächlich das Silicium in seinen Halbleitereigenschaften beschrieben werden soll. Analoges gilt jedoch auch für das Germanium.

Silicium ist eines der häufigsten Elemente (siehe Tab. 6.2), während die Massenanteile des Germaniums in der Erdrinde auf größenordnungsmäßig nur 10^{-3} bis 10^{-4} % geschätzt werden. Beide Elemente kommen nicht in elementarer Form, sondern nur als Verbindungen vor. Sand ist mehr oder weniger reines Siliciumdioxid SiO_2. Das elementare Silicium wird daraus durch Reduktion, üblicherweise durch Erhitzen mit Kohle in einem Elektroofen bei etwa 2000 °C gewonnen (siehe Abschnitt 4.4.5):

$$SiO_2 + 2\,C \rightarrow Si + 2\,CO \qquad \Delta H^{o} = +695\ kJ$$

Das hierbei erhaltene technische Silicium hat lediglich einen Gehalt von 98 %. Für die Herstellung von Halbleitern ist ein Silicium von sehr hoher Reinheit erforderlich[7]. Hierzu wird das technische Silicium zu einer leicht flüchtigen Silicium-Halogen-Verbindungen umgesetzt, die man durch fraktionierte Destillation (siehe Abschnitt 3.6.4) von den Verunreinigungen abtrennen und anschließend durch Zersetzung der Verbindungen bei hohen Temperaturen als ein schon relativ reines **polykristallines** Silicium abscheiden kann. Meist dient als flüchtige Verbindung das sogenannte Trichlorsilan ($HSiCl_3$) mit einem Siedepunkt bei Normaldruck von 32 °C:

$$Si + 3\,HCl \underset{1000\ °C}{\overset{300\ °C}{\rightleftharpoons}} HSiCl_3 + H_2$$

In der Halbleiterindustrie wird nun dieses polykristalline Silicium (es besteht aus kleinsten Kristalliten) in einem weiteren Schritt nochmals gereinigt und gleichzeitig in einen

---

[7] Der elektrische Widerstand des Siliciums ist stark von Verunreinigungen durch andere Elemente abhängig. Sehr reines Silicium zeigt einen hohen elektrischen Widerstand, ist hochohmig, während der elektrische Widerstand von verunreinigtem Siiicium wesentlich geringer ist (niederohmig).

Einkristall (Kristallgitter hat überall dieselbe Orientierung) umgewandelt. Für diesen Schritt gibt es zwei Verfahren:

- das Zonenschmelzen
- das Tiegelziehen.

Beim **Zonenschmelzen** (siehe Abb. 6.11a) wird eine kleine Zone eines Silicium-Stabes mit Hilfe einer Induktionsspule zum Schmelzen gebracht. Man bewegt nun diese Schmelzzone langsam durch den ganzen Stab hindurch (im Bereich von wenigen mm/sec). Dabei wandern die Verunreinigungen in der Schmelze mit, denn ihre Löslichkeit ist in der Schmelze größer als im Siliciumkristall; sie werden damit schließlich zu einem Ende des Siliciumstabes befördert. Außerdem verdampfen leicht flüchtige Verunreinigungen wie z.B. Phosphor im dabei angewendeten Hochvakuum. So können Einkristalle bis zu 50 kg hergestellt werden.

Beim **Tiegelziehen** wird Silicium in einem Tiegel bei 1415 °C aufgeschmolzen (siehe Abb. 6.11b). In diese Schmelze wird ein kleiner Impfkristall mit einer vorgegebenen Kristallorientierung eingebracht. Der Impfkristall wird langsam unter Rotation herausgezogen wobei die Schmelze zu einem Einkristall erstarrt. Mit diesem Verfahren können Einkristalle mit einem Gewicht von 100 kg hergestellt werden.

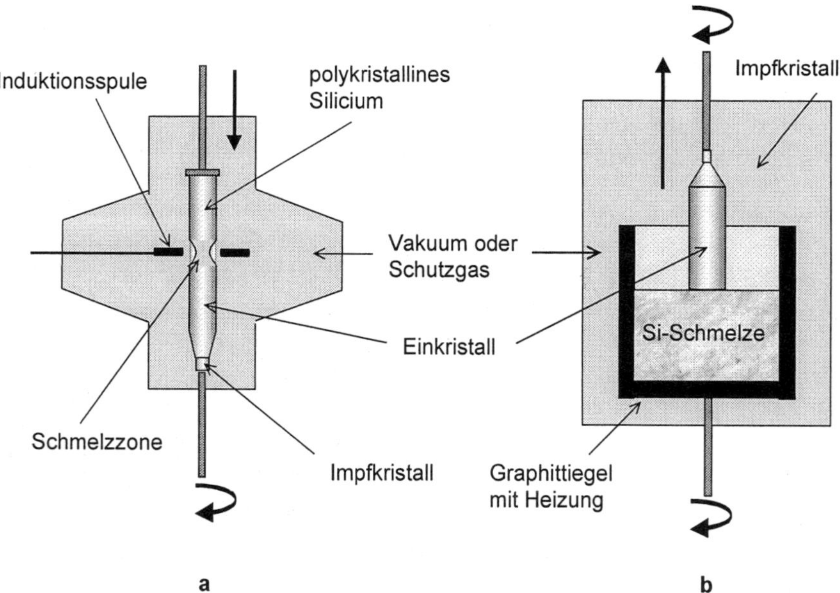

Abb.6.11. Einkristallherstellung durch a) Zonenschmelzen und b) Tiegelziehen

Für die Herstellung von **Halbleiterbauelementen** werden Siliciumscheiben mit genau definierten Abmessungen (Dicke ca. 0,7 mm; $\varnothing$ bis zu 20 cm) sogenannte **Wafer** (wafer, eng. = Waffel) benötigt. Diese werden aus den Einkristallzylindern abgesägt und anschließend poliert. Auf diese Wafer werden dann die intergrierten Schaltkreise aufgebracht. Dies wird in Teil d) näher beschrieben.

Silicium wird von heißen Laugen angegriffen, ist aber beständig gegen alle Säuren, auch gegen Flußsäure HF (nur ein Gemisch von Salpetersäure und Flußsäure vermag es zu lösen). Hingegen bildet das Siliciumdioxid mit Flußsäure die leicht flüchtige Verbindung SiF_4 (bzw. H_2SiF_6). Das unterschiedliche Verhalten von Silicium und Siliciumdioxid gegenüber Flußsäure - ein ähnliches Verhalten zeigt auch Germanium - ist von Bedeutung beim **Ätzen** bei der Herstellung von Silicium- bzw. Germanium-Halbleiterelementen (siehe Abschnitt 6.4.2d)

b) n-dotierte Silicium-Halbleiter

Beim Silicium ist durch kovalente Bindung das Valenzband mit Elektronen voll besetzt. Zwischen ihm und dem noch unbesetzten Leitungsband (der 4s-Elektronen) liegt eine Energiedifferenz, eine sogenannte **verbotene Zone** von 1,1 eV. Erhalten Elektronen eine derartige Anregungsenergie, daß sie in das Leitungsband gelangen können, so wird das Silicium als Eigenhalbleiter elektrisch leitend (siehe Abb. 6.10e). Diese Anregungsbeträge sind noch relativ hoch.

Eine erheblich geringere Aktivierungsenergie reicht aus, wenn das Silicium durch eingelagerte Störstellen elektrisch leitend wird. So wird durch **Dotieren** (dotare, lat. = ausstatten) mit äußerst geringen Spuren von Elementen der fünften Hauptgruppe, also von Elementen, die ein Außenelektron mehr als das Silicium, also fünf Außenelektronen haben, wie z.B. Arsen, infolge eines Überschusses von Elektronen im Gitter das Silicium zum **Störstellenhalbleiter**.

Man bezeichnet das Arsen auch als **Elektronendonator** (donator, lat. = der Geber), weil es zusätzlich Elektronen liefert. Diese überschüssigen Elektronen der Arsenatome haben ein höheres Energieniveau als die Elektronen im Valenzband des Siliciums. Das Energieniveau liegt aber noch unterhalb des Leitungsbandes. Da die Donator-Atome nur an einigen Stellen im Gitter lokalisiert sind und nicht in Wechselwirkung mit allen Atomen stehen, müssen ihre Energieniveaus als scharf begrenzte Linien und nicht als Bänder dargestellt werden.

Damit nun solche Donator-Elektronen in das Leitungsband gehoben werden, ist weniger Energie notwendig als zur Anregung der wesentlich fester gebundenen Valenzelektronen des Siliciums. Wie aus Abb. 6.12a ersichtlich, ist dazu nur eine Energie von 0,04 eV notwendig. Man bezeichnet solche Halbleiter, die mit Elektronendonatoren dotiert sind, als negativ leitend, n-leitend oder **n-dotiert**, weil sie Fremdatome enthalten, die ein Außenelektron (negativ) mehr als die Halbleiter haben. Die Leitfähigkeit des Halbmetalls wird hier durch Elektronen verursacht, die bei Energiezufuhr in das Leitungsband hineingehoben werden.

c) p-dotierte Silicium-Halbleiter

Man kann aber auch umgekehrt im Valenzband durch Herausheben von Elektronen Leerstellen schaffen und damit die Elektronen dann innerhalb des Valenzbandes beim Anlegen einer äußeren Spannung verschieben. In diesem Fall würden sich dann die Leerstellen im Gitter in entgegengesetzter Richtung zur Elektronenbewegung verlagern. Zu einer solchen Halbleiterart gelangt man, wenn man das Silicium mit geringen Spuren eines Elementes dotiert, das weniger Außenelektronen hat als die Siliciumatome, also mit Elementen der dritten Gruppe des Periodensystems wie z.B. Indium oder Alumini-

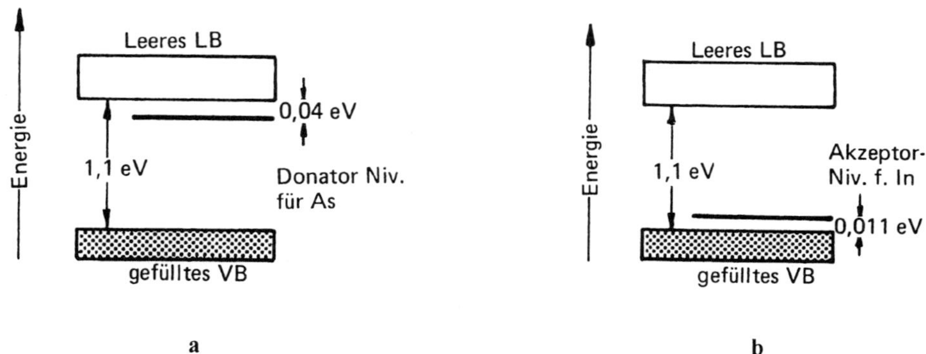

Abb. 6.12. Energiebänderdiagramm für a) n-dotiertes Silicium b) p-dotiertes Silicium

um. Diese Atome können dann durch Aufnahme eines zusätzlichen Außenelektrons die gleiche Elektronen-Außenschale wie das Silicium erhalten, sind dann aber einfach negativ geladen. Man bezeichnet diese Art von Fremdatomen wegen der Aufnahmefähigkeit für Elektronen auch als **Elektronenakzeptoren** (acceptare, lat. = aufnehmen).

Zu diesem Elektronenübergang wird nur ein geringer Energiebetrag benötigt. Bei Anwesenheit von Indium im Gitter genügt bereits eine Energiezufuhr von 0,011 eV, damit ein Elektron aus dem voll besetzten Silicium-Valenzband in das leere Akzeptorniveau (siehe Abb. 6.12b) gelangt. Je mehr Energiebeträge, die größer sind als der Schwellenwert von 0,011 eV, zugeführt werden, um so mehr Elektronen werden in die leeren Akzeptorniveaus hineingehoben, um so mehr Leerstellen entstehen im Valenzband des Siliciums. Somit steigt die Leitfähigkeit in Abhängigkeit von der Energiezufuhr.

Solche mit Elektronenakzeptoren versehenen Halbmetalle werden als positiv dotiert, positiv-leitend oder **p-leitend** bezeichnet, da die Leitfähigkeit innerhalb des Valenzbandes auf leicht verschiebbaren positiven Leerstellen beruht.

d) Herstellung von Halbleiterbauelementen

Die in der Halbleitertechnik verwendeten Bauelemente aus Halbmetallen müssen hohen Anforderungen bezüglich der Reinheit genügen. So darf z.B. das Silicium für hochohmige Halbleiterelemente nicht mehr als ein Fremdatom auf 10^{10} Silicium-Atome, d.h. 0,1 ppb (parts per billion = ein Teil auf eine Milliarde Teile) enthalten. Diesen Reinheitsgrad, den man nicht mehr mit chemischen Mitteln, sondern nur noch durch Messungen des spezifischen elektrischen Widerstandes kontrollieren kann, erreicht man durch Reinigungsverfahren, die unter a) beschrieben wurden. Für solche Messungen der elektrischen Leitfähigkeit muß das Silicium mit regelmäßigem Gitteraufbau, als gezüchteter, gut ausgebildeter Einkristall vorliegen. Dem hochreinen Silicium werden dann gezielt bestimmte Anteile von **Fremdatomen** zugegeben, um den Leitfähigkeitspegel zu erhöhen. Die Dotierung mit Fremdatomen kann beim Prozeß des Zonenschmelzens oder beim Tiegelziehen geschehen, indem man gezielt eine gasförmige, thermisch spaltbare Dotierstoff-Verbindung in die Schmelz- bzw. Ziehkammer einläßt. Der Reinheitsgrad beträgt dann bei hochohmigen Siliciumkristallen immer noch etwa 0,5 ppb (fünf

Fremdatome auf zehn Milliarden Siliciumatome) mit einem spezifischen elektrischen Widerstand von etwa 200 Ωcm, während niederohmige Siliciumkristalle z.B. mit 0,001 Ωcm nur einen Reinheitsgrad von etwa 2000 ppm aufzuweisen brauchen und deswegen nicht den extremen Reinigungsprozessen unterzogen werden müssen. Will man auf einem Kristall sowohl p- als auch n-dotierte Bezirke haben, so kann man diese z.B. durch Eindiffundieren von Elektronendonatoren (P; As) in den p-leitenden Kristall bei hohen Temperaturen erreichen (Abb. 6.13a).

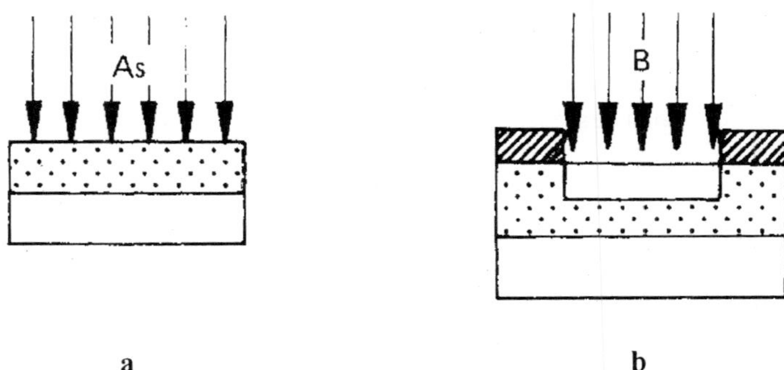

Abb. 6.13. a) n-Dotierung eines p-Halbleiters und b) Bildung einer p-Insel in der n-Schicht

Sollen dann einige Bezirke dieser n-leitenden Schicht p-dotierte Inseln erhalten, so oxidiert man zunächst die gesamte Oberfläche zu SiO_2 und entfernt mit Flußsäure (HF) diese Schutzschicht wieder an den Stellen, die mit Fremdatomen bedampft werden sollen, indem man vor der Flußsäureätzung die Stellen, wo die Schutzschicht nicht abgeätzt werden soll, durch einen „Photolack" geschützt hat. Beim nachherigen Dotieren, z.B. mit einem Elektronenakzeptor wie Bor, dringt dieser nur an den von SiO_2 befreiten Stellen in den Kristall, während die Oxidschicht „diffusionsdicht" bleibt. Man erhält dann ein Bauelement, wie es in Abb. 6.13b angedeutet ist.

Teilbezirke der so gebildeten p-leitenden Schicht kann man nach analogen Verfahren durch Eindampfen von Elektronendonatoren erneut in n-leitende Bereiche überführen. Schließlich werden mit bestimmten Stellen der p- bzw. n-dotierten Bezirke durch oberflächliches Aufdampfen von feinsten Metallbahnen elektrische Kontaktstellen hergestellt (in der Abb. 6.14a–c als elektrische Anschlüsse symbolisiert), während die übrige Halbleiteroberfläche durch eine dünne, isolierende SiO_2-Schicht geschützt bleibt. Man erhält auf diese Weise verschiedene Halbleiterbauelemente, die in Abb. 6.14 a–c schematisch dargestellt sind.

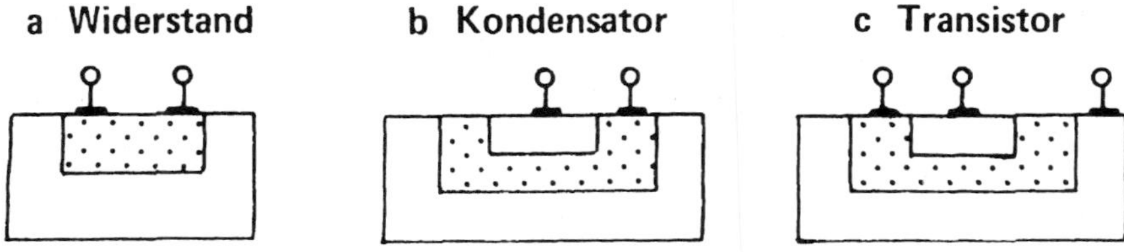

Abb. 6.14. Halbleiter-Bauelemente

e) n-p-Grenzschichteffekte; Siliciumgleichrichter

An den Grenzschichten zwischen den p- und n-dotierten Bezirken eines Siliciumhalbleiterkristalls gleichen sich die zunächst bestehenden Potentialunterschiede aus, indem Elektronen von den höheren Donator-Energieniveaus des n-dotierten Bezirks zu den tieferen Akzeptorniveaus des p-leitenden Teils fließen, so werden an der Grenzschicht die Elektronenleerstellen im positiv dotierten Halbleiter aufgefüllt und dabei gleichzeitig der Elektronenüberschuß auf der negativ dotierten Seite etwas abgebaut. Dieser Vorgang kommt bald zum Stillstand, es stellt sich ein Gleichgewicht ein, so daß in dieser Grenzschicht kein Elektronenstrom mehr fließt.

Legt man nun an den negativ dotierten Bezirk eine negative elektrische Spannung an, so fließen in einem geschlossenen Stromkreis ständig Elektronen von der negativ dotierten Schicht in die positiv dotierten Bezirke. In umgekehrter Richtung wirkt die Grenzschicht jedoch als Stromsperre, weil die Elektronen vom tieferen Valenzband bzw. vom Akzeptorniveau des p-dotierten Teils erst auf das höhere Donatorniveau bzw. in das Leitungsband des n-dotierten Bezirks gehoben werden müßten, was einen zusätzlichen Energiebetrag erfordert. Erst wenn durch Anlegen einer entsprechend hohen elektrischen Spannung den Elektronen die hierzu notwendige Energie mitgegeben wird, kann auch in umgekehrter Richtung, also vom positiv zum negativ dotierten Teil ein Elektronenstrom fließen. Unterhalb dieses Spannungswertes wirkt die Grenzschicht als **Gleichrichter**, indem sie den elektrischen Strom nur in einer Richtung durchläßt

f) Photoelektrischer Effekt

Treffen Lichtstrahlen auf einen Halbleiter, so werden, falls der Energiebetrag hierzu ausreicht, Elektronen vom voll besetzten Valenzband in das leere Leitungsband gehoben. Auf diese Weise werden paarweise elektrische Ladungsträger erzeugt, und zwar im Valenzband Leerstellen und im Leitungsband Elektronen. Beim Silicium sind hierzu Anregungsenergien von mindestens 1,1 eV notwendig (siehe Tab. 6.12 und Abb. 6.10e), entsprechend einer Wellenlänge von 1,13 µm.

Erfolgt dieser Photoeffekt an einer Sperrschicht, also direkt an einem p-n-Übergang, so wandern wegen der dort bestehenden Potentialunterschiede die Elektronen in die n-Schicht, die positiven Leerstellen in die p-Schicht. Es entsteht so eine elektrische Spannung, die dann einen elektrischen Strom hervorruft, wenn man diese beiden Gebiete über einem Stromkreis miteinander verbindet. Man kann auf diese Weise Lichtenergie direkt in elektrischen Strom verwandeln; es ist ein Vorgang, der bei **Photoelementen** (Solarzellen, Photovoltaik) ausgenutzt wird. Hierzu wird eine etwa 0,01 – 0,001 cm dicke p-Schicht auf einem n-dotierten Bezirk erzeugt, eine Schichtdicke, die von Lichtstrahlen noch durchdrungen werden kann. Der Wirkungsgrad solcher Energieumwandler aus Silicium beträgt etwa 15%.

g) Die Bedeutung von Silicium- und Germaniumhalbleitern

Halbleiterbauelemente sind wichtigste Bestandteile der Elektronik. Sie haben kleinste Abmessungen, und man kommt mit äußerst geringen Stromstärken und Spannungen aus. Die extrem geringen Massen, die für solche funktionstüchtigen elektronischen Anlagen erforderlich sind, ihr minimaler Energiebedarf bei einem störungsfreien Arbeiten haben erst die großartigen Leistungen der Raumfahrt Wirklichkeit werden lassen, ihre zuverlässige Funktionsweise haben zu vorher kaum vorstellbaren Durchbrüchen und Entwicklungen geführt, von denen hier nur stellvertretend die Datenverarbeitung mit Computern, Steuerungs- und Regelungsgeräte und die Leistungselektronik genannt sein sollen.

Bei all den Vorzügen, die die Halbleiter aufweisen, zeigen sie auch nachteilige Eigenschaften: Sie sind stark temperaturempfindlich. Germaniumhalbleiter arbeiten höchstens bis zu einer Temperatur von etwa 70 °C, Siliciumhalbleiter bis etwa 80 °C. Außerdem vertragen sie keine (auch nur kurzzeitige) Überbeanspruchung.

6.4.3   Chemische Verbindungen als Halbleiter

In einem Silicium- oder Germaniumkristall ergänzen die Atome durch **kovalente Bindungen** ihre jeweils äußerste Schale zu acht Außenelektronen. Die gleiche Wirkung kann eintreten, wenn Elemente der dritten Hauptgruppe (z.B. Ga oder In, die drei Außenelektronen haben) mit Elementen der V. Hauptgruppe (z.B. As oder Sb mit fünf Außenelektronen) binäre (bina, lat. = je zwei) Verbindungen eingehen; auch hier können sich aus den Außenelektronen beider Atomarten jeweils vier Elektronenpaare (= acht Bindungselektronen) bilden. Ersetzt man daher in einem Germaniumkristall die eine Hälfte der Germaniumatome durch Atome der dritten Hauptgruppe und die andere Hälfte der Germaniumatome durch Atome der fünften Hauptgruppe, so erhält man Stoffe mit ähnlichen Halbleitereigenschaften wie beim Germanium; es sind Halbleiter vom Typ $A^{III} B^{V}$ (A^{III} = Element der dritten Hauptgruppe, B^{V} = Element der fünften Hauptgruppe), z.B. GaAs, InAs oder InSb.

In ähnlicher Weise erhält man auch Halbleiter vom Typ $A^{II} B^{VI}$ durch Kombination von Elementen der zweiten Nebengruppe mit Elementen der sechsten Hauptgruppe, z.B. ZnO, ZnS oder CdSe. Wichtigster Halbleiter dieser Gruppe ist das Cadmiumsulfid, CdS, es kann u.a. zur photoelektrischen Energieumwandlung verwendet werden.

Mit zunehmender Differenz der Elektronegativität beider Verbindungspartner wird der ionische Charakter stärker bis schließlich bei Verbindungen zwischen den Elementen der ersten und siebten Hauptgruppe Ionenkristalle (z.B. Natriumchlorid NaCl) vorliegen, die als Kristalle keine nennenswerte elektrische Leitfähigkeit zeigen, also als Isolatoren zu bezeichnen sind. Halbleiter stellen also nicht nur Übergangsstufen zwischen Metallen und Nichtmetallen dar, sondern es sind kristalline Stoffe, die auch in den Übergängen von kovalenten zu ionischen Verbindungen anzusiedeln sind. In diesem Übergangsbereich bilden, wie früher beschrieben wurde, kleine, aus zwei oder aus nur wenigen Atomen bestehende Moleküle elektrische Dipole (siehe Abschnitt 2.4), hingegen haben dann aus Kristallgittern aufgebaute Stoffe Halbleitereigenschaften.

Die Abb. 6.15 zeigt, daß sich das Gebiet der Halbleiter auch auf kristallisierte Verbindungen erstreckt, die man als Übergangsstufen zwischen kovalenten Verbindungen und den zwischenmolekularen Wechselwirkungen der van der Waals-Kräfte auffassen kann: Während die Kohlenstoffatome im Diamantgitter nur durch kovalente Bindungen aneinandergebunden sind, werden im kristallisierten Sauerstoff (also bei Temperaturen unter -219 °C) oder im kristallisierten Chlor (Temperaturen unter -101 °C) die jeweils aus zwei kovalent gebundenen Atomen bestehenden Moleküle ihrerseits durch van der

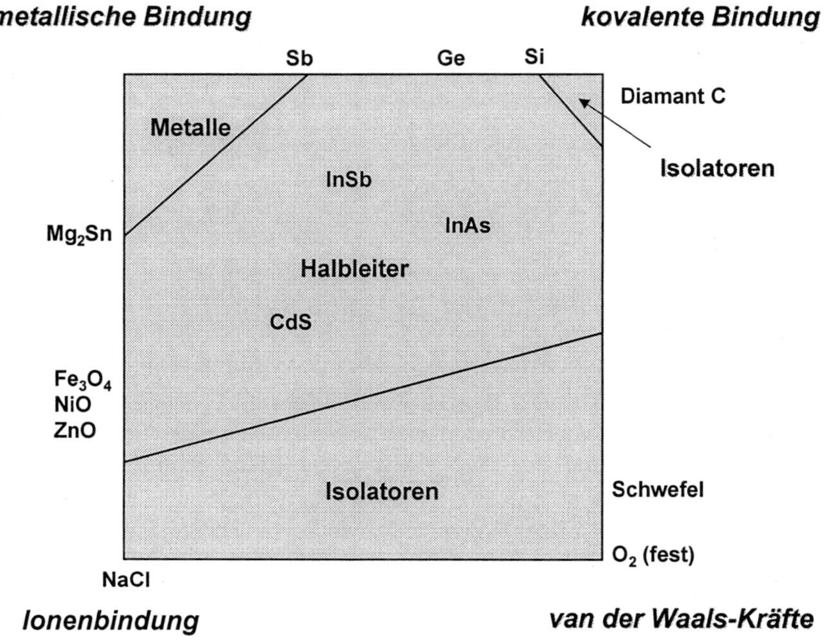

Abb. 6.15. Abgrenzung des Halbleitergebietes

Waals-Kräfte zu Kristallen zusammengehalten.

Beim Iod mit einem ähnlichen molekularen Aufbau wie bei den Chlorkristallen sind die Außenelektronen nicht mehr so stark an die einzelnen Moleküle gebunden, so daß innerhalb eines bei gewöhnlicher Temperatur im festen Aggregatzustand vorliegenden Iodkristalls, in dem die Gitterbausteine aus jeweils zweiatomigen Iodmolekülen bestehen, die durch van der Waals-Kräfte im Gitter zusammengehalten werden, vor allem bei Zufuhr von Anregungsenergie schon Elektronenübergänge zwischen diesen einzelnen Iod-Molekülen stattfinden. Dadurch wird eine geringfügige elektrische Leitfähigkeit hervorgerufen. Das an metallischen Glanz erinnernde Aussehen der Iodkristalle zeigt ebenfalls, daß diese in ein Übergangsgebiet mit Halbleitercharakter (in diesem Fall im Übergangsgebiet zwischen kovalenter Bindung und den van der Waals-Kräften) anzuordnen sind. Wie die Tab. 6.12 zeigt, hat die verbotene Zone beim Iod eine Breite von 1,3 eV, sie ist also etwa gleich groß wie bei einigen anderen Halbleitern.

Besonders interessante Halbleiter-Übergangsformen finden wir zwischen der metallischen Bindung und der Ionenbindung (siehe Abb. 6.15). Viele Sauerstoffverbindungen der Metalle (Oxide) leiten als Halbleiter mehr oder weniger gut den elektrischen Strom. Eine elektrische Leitfähigkeit wird in solchen aus Metallionen und zweifach negativ geladenen Sauerstoffionen aufgebauten Ionenkristallen dadurch begünstigt, daß viele Metallionen ihre Oxidationszahl verändern und damit Elektronen im Gitter transportieren können. In den Ionenkristallen der Metalloxide begünstigt ferner das Vorhandensein von **Störstellen** die Leitung des elektrischen Stromes. Solche Störstellen können durch

Lücken im Ionengitter entstehen, d.h. es fehlt dort entweder ein Sauerstoffion oder ein Metallion. Wegen eines im Kristall erfolgenden Ladungsausgleiches, also eines gegenseitigen Ergänzens aller positiven und negativen elektrischen Ladungen zu einer elektrischen Gesamtladung von Null, müssen dann die Nachbarionen jeweils eine geringere positive oder negative elektrische Ladung aufweisen als die übrigen Ionen; diese fehlende Ladung kann dann von den Nachbarionen aufgefüllt werden. Dabei wandert dann das Ladungsdefizit zunächst zu den Ladungsspendern, wie es in Abb. 6.16 angedeutet ist; von da aus bewegt es sich schließlich beim Anlegen einer äußeren elektrischen Spannung durch das gesamte Gitter. Je nachdem, ob die Störstellen auf Elektonenüberschuß oder Elektronenmangel (Elektronenlöcher) zurückzuführen sind, enthält man Halbleiter vom n-Typ (Abb. 6.16 a) oder vom p-Typ (Abb. 6.16 b).

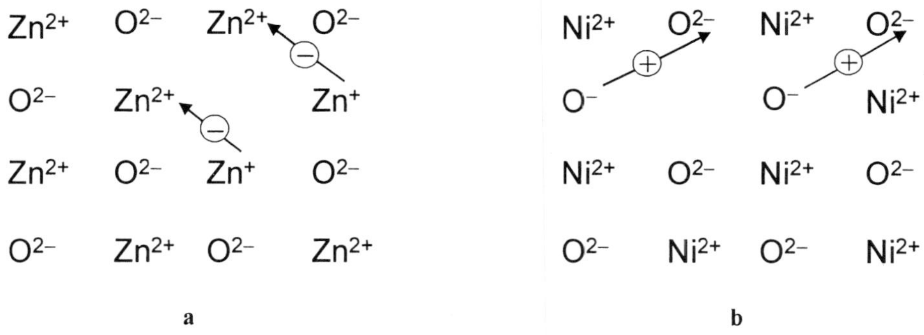

$$
\begin{array}{cccc}
Zn^{2+} & O^{2-} & Zn^{2+} & O^{2-} \\
O^{2-} & Zn^{2+} & & Zn^{+} \\
Zn^{2+} & O^{2-} & Zn^{+} & O^{2-} \\
O^{2-} & Zn^{2+} & O^{2-} & Zn^{2+}
\end{array}
\qquad
\begin{array}{cccc}
Ni^{2+} & O^{2-} & Ni^{2+} & O^{2-} \\
O^{-} & & O^{-} & Ni^{2+} \\
Ni^{2+} & O^{2-} & Ni^{2+} & O^{2-} \\
O^{2-} & Ni^{2+} & O^{2-} & Ni^{2+}
\end{array}
$$

a   b

Abb. 6.16. Ionenkristalle als Halbleiter

Bei den halbleitenden Verbindungen sind die Möglichkeiten zu **Fehlordnungen** sehr groß und mannigfaltig, und zwar dadurch, daß

- durch Abweichungen von genauen stöchiometrischen Verbindungsverhältnissen Störstellen entstehen,
- wie in Abb. 6.16a und b, daß Fremdatome mit anderen Oxidationszahlen in das Gitter eingebaut werden oder, daß
- ein Metallion mit verschiedenen Oxidationszahlen auftreten kann.

Bei den aufgezeigten Möglichkeiten wird es einleuchten, daß eine genaue Abgrenzung des Halbleitergebietes schwierig ist, denn es handelt sich hier um fließende Übergänge zwischen verschiedenen Strukturen und Bindungsarten. Während die Abgrenzung gegenüber den Metallen klar durch das Vorhandensein einer verbotenen Zone zwischen einem gefüllten Valenzband und dem leeren Leitungsband angegeben werden kann (siehe Abb. 6.10), ist die Unterscheidung gegenüber den Isolatoren der anderen drei angegebenen Bindungsarten (kovalente Bindung wie Diamant, Ionenbindung wie Kochsalz NaCl und van der Waals-Kräfte wie beim festen Sauerstoff) schwieriger und nicht willkürfrei (siehe Abb. 6.15). Die Grenze zwischen Halbleitern und Isolatoren wird oft mit spezifischen elektrischen Widerständen von 10^{12} Ω cm bei Raumtemperatur angegeben (siehe Tab. 6.1).

Metalloxid-Halbleiter vom n-Typ wie etwa SnO_2, ZnO, TiO_2 oder Fe_2O_3 lassen sich auf der Basis der Messung von Leitfähigkeitsänderungen als **Gassensoren** für oxidierend oder reduzierend wirkende Gase einsetzten. Infolge der Anlagerung der Gasmoleküle auf der Oberfläche der Halbleiter erhöht oder verringert sich die Oberflächenleitfähigkeit, je nachdem, ob dabei freie Elektronen erzeugt (reduzierend wirkende Gase) oder entfernt (oxidierend wirkende Gase) werden. Mit diesen sogenannten **Halbleitersensoren** können beispielsweise Konzentrationsmessungen der Gase H_2, NH_3, CO, CH_4, NO_2 oder O_2 durchgeführt werden.

6.5   Metalle

6.5.1   Allgemeine metallische Eigenschaften

Metalle zeichnen sich durch folgende gemeinsame Eigenschaften aus:
- sie leiten den elektrischen Strom,
- die elektrische Leitfähigkeit sinkt mit zunehmender Temperatur,
- sie besitzen eine gute Wärmeleitfähigkeit,
- sie zeigen „Metallglanz",
- sie sind plastisch verformbar.

Diese allgemeinen metallischen Eigenschaften lassen sich vom atomaren Aufbau der Metalle leicht verständlich machen.

a) Die elektrische Leitfähigkeit

In den Abschnitten 2.3.1; 2.3.2 und 6.4.1 wurde das Phänomen der elektrischen Leitfähigkeit von Metallen durch verschiedene Modelle erklärt, nämlich durch das **Elektronengasmodell** oder mit Hilfe von **Energiebänderdiagrammen**. Diese Modelle zeigen, daß die Bindungselektronen im Metallgitter frei beweglich sind, daß sie beim Anlegen einer äußeren Spannung im Metallgitter verschoben werden können und damit eine Leitfähigkeit für elektrischen Strom bringen.

Berühren sich zwei Metalle, so kann das „Elektronengas" vom Gitter des einen zum Gitter des anderen Metalls gelangen: über den Kontakt zweier Metalle fließt ein elektrischer Strom. Viele Metalle haben, wie noch später näher erörtert wird, an ihrer Oberfläche durch Reaktion mit dem Luftsauerstoff eine mehr oder weniger dicke Oxidschicht. Metalloxide sind bezüglich der elektrischen Leitfähigkeit Isolatoren oder höchstens Halbleiter (siehe Abschnitt 6.4.3). Beim Vorhandensein von sehr dicken Oxidschichten ist in der Regel der elektrische Kontakt unterbrochen, es fließt kein Strom. Sehr dünne Oxidschichten stören meist den metallischen Kontakt nicht, weil sie entweder bei der Berührung zweier Metalle verletzt werden, oder weil sich durch Frittung (frit, fr. = gebraten, gebacken) eine metallische Brücke ausbilden kann. Unter Frittung versteht man einen elektrischen Durchschlagsvorgang bei punktförmig auftretenden hohen Stromdichten mit einer so starken lokalen Erwärmung, daß durch geringfügiges, kaum wahrzunehmendes Aufschmelzen des Metalls schließlich eine metallische Brücke an der Kontaktstelle entsteht. Zum ersten Durchschlagen der (meist halbleitenden) Oxidschicht sind elektrische Felder in der Größenordnung von 10^6 V/cm notwendig, wozu bei den meisten Oxidschichten Spannungsunterschiede an der Kontaktstelle von nur einem Volt bis zu wenigen Volt erforderlich sind.

b) Die Temperaturabhängigkeit der elektrischen Leitfähigkeit

Nach dem **Elektronengasmodell** (siehe Abschnitt 2.3.1) besteht das Metall aus einem Gitter positiv geladener Metallionen, die vom Elektronengas der Bindungselektronen umflossen werden. Aus verschiedenartigen Untersuchungsverfahren (z.B. durch röntgenographische Bestimmung der Elektronendichte oder durch Vergleich mit dem Metallionenvolumen in Salzen) konnte man schließen, daß die Metallionen vom Gesamtvolumen des Metalls nur einen erstaunlich kleinen Teil beanspruchen. Beispielsweise erfüllt beim Magnesium das Elektronengas der beiden äußeren Valenzelektronen etwa 86% des gesamten Metallvolumens, während nur 14% von den immerhin noch zehn Elektronen enthaltenden Magnesiumionen Mg^{2+} beansprucht werden.

Der Gitteraufbau der Metalle wurde im Abschnitt 2.3.1 durch den Ausdruck „dichteste Kugelpackungen" beschrieben. Es wird hier jedoch deutlich, daß damit nicht die Metallionen gemeint sein können, denn im Metallgitter berühren sich die positiv geladenen Metallionen nicht gegenseitig, sie sind vielmehr infolge gegenseitiger Abstoßung relativ weit voneinander entfernt und werden durch das elektrisch negativ geladene Elektronengas zusammengehalten. Die Vorstellung von der dichtesten Kugelpackung hingegen geht von der Voraussetzung aus, daß die äußersten Bindungselektronen den einzelnen Atomen zuzurechnen sind; die als Kugeln dargestellten Atome muß man sich dann durch die äußersten, sehr stark aufgeweiteten Schalen der Bindungselektronen begrenzt denken.

Beim Elektronengasmodell muß als Einschränkung gelten, daß Elektronen nicht die volle Bewegungsfreiheit wie Gaspartikel besitzen können, denn nach dem Pauli-Prinzip (siehe Abschnitt 1.3.2d) können Elektronen in der Nähe eines Atoms nur ganz bestimmte, durch die Quantenzahlen definierte Energiezustände einnehmen.

Der Einfluß der Temperatur wird sich in einer zusätzlichen, sich auf Metallionen und Elektronen verteilenden kinetischen Energie bemerkbar machen. Der auf die Elektronen fallende Anteil der kinetischen Wärmebewegungsenergie, gleichbedeutend mit dem Anteil, den die Elektronen zur spezifischen Wärme eines Metalls beisteuern, ist um zwei Größenordnungen kleiner als bei den Metallionen, eine Tatsache, die mit der Vorstellung von Elektronen als kleinste Teilchen nicht erklärbar ist, die vielmehr darauf hindeutet, daß Elektronen auch als **Materiewellen** im Kristallgitter aufgefaßt werden müssen. Da aber die ungeordnete Wärmebewegung der Elektronen im zeitlichen Mittel in allen Richtungen gleich groß ist, kann durch diese Bewegung kein Strom fließen. Erst beim Anlegen einer elektrischen Spannung erfolgt eine Wanderung der Elektronen durch das Metall. Mit zunehmender Temperatur wird die Wärmebewegung der Metallionen um ihre Gitterplätze immer stärker; durch diese Schwingungen werden aber die Elektronen in ihrer Bewegung (Driftung) durch das Metall behindert. Die elektrische Leitfähigkeit nimmt deswegen mit zunehmender Temperatur ab. Ist die Wärmebewegung von Ionen und Elektronen eines Metalls sehr groß, so kann es zunächst einmal zum „Ausschwitzen" von Elektronen aus dem Metallverband kommen. Bei noch höheren Temperaturen können auch Metallatome (Metallionen mit den dazugehörenden Bindungselektronen) verdampfen, bis schließlich beim Siedepunkt der Zusammenhalt zwischen den Metallatomen vollständig gelöst wird und das geschmolzene Metall in den gasförmigen, dann aber atomaren Zustand übergeht.

Faßt man die Bewegung der Elektronen als Ausbreitung von Elektronenwellen im Metallgitter auf, so erleidet eine solche Ausbreitung gegenüber einem idealen, ungestörten Gitter zusätzliche Behinderungen, und zwar hauptsächlich durch

- thermische Gitterschwingungen
- Gitterverzerrungen infolge zulegierter Fremdatome
- Unregelmäßigkeiten im Kristallgitteraufbau, z.B. durch Versetzungen
- der Gitterebenen gegeneinander, Leerstellen usw.

Daher ist die elektrische Leitfähigkeit am größten bei sehr tiefen Temperaturen, bei reinen Metallen (oder zumindest exakt stöchiometrisch aufgebauten Legierungen) und bei idealen Einkristallen.

Einige der metallischen Elemente zeigen in der Nähe des absoluten Nullpunktes, und zwar unterhalb einer charakteristischen Temperatur, die man als **Sprungtemperatur** bezeichnet, die Erscheinung der **Supraleitfähigkeit**: Der elektrische Widerstand fällt unterhalb dieser Temperatur auf Null ab; ein einmal in Gang gesetzter Gleichstrom fließt nach Abschalten der Gleichspannung verlustlos weiter.

Nach der **BCS-Theorie**[8], die hier stark vereinfacht angedeutet werden soll, kann man sich dieses Phänomen dadurch erklären, daß Wechselwirkungen zwischen den positiv geladenen Metallionen und den zu Paaren zusammengeschlossenen Elektronen beim Stromfluß periodische Gitterdeformationen verursachen, die dann infolge einer Resonanz der Elektronenbewegung mit der geringfügigen, über das ganze Gitter gekoppelten Schwingung der Metallionen um ihre Ruhelage keinerlei Behinderung des Elektronenflusses bedeutet. Solche über das gesamte Gitter gehende, gekoppelte Schwingungen der Metallionen um ihre Ruhelage zeigen jeweils ganz bestimmte Frequenzen. Sind die Schwingungsausschläge der Ionen sehr klein, so machen sich ähnlich wie bei anderen atomaren Vorgängen (siehe Abschnitt 1.3.2d) auch hier exakte Energiequantelungen bemerkbar, auf die dann die bekannte Beziehung: $E = h \cdot \nu$ (E = Energie, ν = Frequenz, h = Plancksches Wirkungsquantum, siehe 1.3.2a) anzuwenden ist. Diesen Schwingungszuständen mit bestimmten Wellenlängen entsprechen wie bei den elektromagnetischen Wellen des Lichtes ganz bestimmte Energiequanten oder Quasiteilchen, die man als **Phononen** oder Schallquanten (in Analogie zu den Lichtquanten oder Photonen) bezeichnet. Den Schwingungszahlen (Frequenzen) nach kann man zwischen niederfrequenten (im subakustischen und akustischen Bereich), hochfrequenten und ultrahochfrequenten (bis zu 10^{13} Hertz) Phononen unterscheiden. Das Produkt aus Frequenz ν und Wellenlänge ist gleich der in der Größenordnung von 1000 bis 5000 m/s liegenden Schallgeschwindigkeit c im Metall, also $\nu \cdot \lambda = c$. Diese Erscheinung findet man bei 28 metallischen Elementen, außerdem bei ca. 900 verschiedenen Legierungen und Verbindungen. Wichtige supraleitende Metalle sind folgende Elemente (in Klammern sind jeweils die Sprungtemperaturen angegeben): Al (1,17 K); Pb (7,19 K); Hg (4,15 K); Zn (0,85 K) oder das Element mit der höchsten Sprungtemperatur Nb (9,09 K).

Vor dem Jahr 1987 waren nur Stoffe bekannt, die ihre Sprungtemperatur nahe des absoluten Nullpunkts haben. 1987 wurden die ersten **Hochtemperatur-Supraleiter**

---

[8] BCS sind die Anfangsbuchstaben der Autorennamen dieser Theorie, nämlich Bardeen, Cooper und Schrieffer (John Bardeen, 1908-1991, Nobelpreis 1956 und 1972; Leon N. Cooper, geb. 1930, Nobelprejs 1972; John Robert Schrieffer, geb. 1931, Nobelpreis 1972).

entdeckt, welche bis zu Temperaturen von über 100 K supraleitend sind. Es sind jedoch keine Elemente, sondern komplizierte ionische Oxide. Beinahe alle diese Stoffe besitzen Schichten aus Kupfer- und Sauerstoffatomen, die zwischen Schichten von Kationen oder einer Kombination von Kationen und Sauerstoffatomen eingelagert sind. Ein Beispiel für ein Hochtemperatur-Supraleiter ist die Verbindung $YBa_2Cu_3O_7$ mit einer Sprungtemperatur von 94 K. Die Entdeckung der Hochtemperatur-Supraleiter war deshalb so bedeutsam, da es zum ersten Mal möglich war mit billigem flüssigem Stickstoff (Siedepunkt: ca. 77 K), anstelle von teurem flüssigen Helium (Siedepunkt: ca. 4 K) zu kühlen. Es ist jedoch technisch schwierig aus diesen keramischen Materialien lange Leitungen herzustellen.

c) Die Wärmeleitfähigkeit der Metalle

Die im Verhältnis zu anderen Stoffen sehr gute Wärmeleitfähigkeit der Metalle beruht auf einer sehr starken Beweglichkeit der Elektronen im Metallgitter. Der elektrischen Leitfähigkeit und dem guten Wärmeleitvermögen der Metalle liegen also die gleichen Ursachen zugrunde; man kann dies daran erkennen, daß bei gleicher Temperatur für alle Metalle das Verhältnis von Wärmeleitfähigkeit λ zur elektrischen Leitfähigkeit κ nahezu konstant ist; außerdem ändert sich dieses Verhältnis proportional zur absoluten Temperatur, es ist also nach dem **Wiedemann-Franz-Lorenzschen Gesetz** (Gustav Wiedemann 1826–1902, Rudolf Franz 1827–1902, Ludwig Lorenz 1829–1891):

$$\frac{\lambda}{\kappa} = Konst . \cdot T$$

Der Zahlenwert für die Konstante liegt mit relativ geringen Abweichungen bei 2,2 bis $2,6 \cdot 10^{-8}$ $W\Omega/K^2$ oder V^2/K^2, wenn man λ in $W \, cm^{-1} \, K^{-1}$ und κ in $\Omega^{-1} \, cm^{-1}$ mißt. Metalle mit besonders guter elektrischer Leitfähigkeit, wie z.B. Kupfer sind damit auch gleichzeitig besonders gute Wärmeleiter.

d) Metallglanz

Metalle zeigen im Infrarot-Bereich und im sichtbaren Licht ein sehr starkes Reflexionsvermögen. Das Licht hat nur eine geringe Eindringtiefe von etwa 10^{-5} cm und wird fast vollständig (bis zu 99%) von der Metalloberfläche reflektiert.

Im Ultraviolett-Bereich absorbieren die Metalle bereits erhebliche Teile der Strahlen, so daß beim Silber z.B. dort eine mehr als 20fach geringere Reflexion vorhanden ist. Die Absorptionszone beginnt für Silber unterhalb der Wellenlänge 200 nm, beim Gold bereits < 600 nm. Gold absorbiert also bereits einen erheblichen Teil des blauen sichtbaren Lichtes, weswegen das reflektierte übrige Licht dann einen gelben Metallglanz erhält. Bei dieser Lichtabsorption werden die Elektronen der äußersten Schale in höhere Anregungszustände versetzt, d.h. auf höhere Energieniveaus gehoben.

Energiereiche elektromagnetische Strahlen können aus Metalloberflächen Elektronen herausschlagen. Die Ergebnisse quantitativer Untersuchungen dieses Phänomens ließen 1905 Albert Einstein zu dem Schluß kommen, daß das Licht auch korpuskulare Natur haben müsse, daß es aus kleinsten Lichtquanten bestehen müsse, die man Photonen nennt (siehe Abschnitt 1.3.2 a). Diesen **photoelektrischen Effekt** kann man beobachten, wenn die Energie der auf das Metall auftreffenden elektromagnetischen Strahlen größer ist als die aufzuwendende Austrittsarbeit für die Elektronen aus der Metalloberfläche. Bei den meisten Metallen ist dies erst mit der energiereichen ultravioletten Strahlung möglich; bei den Alkalimetallen sind die Außenelektronen nur relativ schwach gebunden (geringe Ionisierungsenergie, siehe Abschnitt 1.4.2a), so daß hierfür schon die schwächere Energie des sichtbaren Lichtes ausreicht.

Dieser **äußere Photoeffekt** (im Gegensatz zum *inneren* Photoeffekt der Halbleiter, siehe Abschnitt 6.4.2f) wird bei den **Alkaliphotozellen** technisch genutzt. Solche enthalten in einer gasdicht abgeschlossenen Zelle eine oberflächlich mit einer dünnen Alkalimetallschicht überzogene Kathode. Fällt Licht durch ein Fenster auf diese Kathode, so werden aus dem Alkalimetall (z.B. Caesium) Elektronen herausgeschlagen und durch eine angelegte Spannung von der positiv geladenen Anode angezogen. Der dabei entstehende Stromfluß ist proportional der eingefallenen Lichtintensität. Es gibt auch Alkaliphotozellen, die ohne äußere Spannungsquelle arbeiten. Das Meßprinzip geht von der Tatsache aus, daß die durch Photonen aus dem Alkalimetall herausgeschlagenen Elektronen mit der ihnen erteilten kinetischen Energie zu einer gegenüberliegenden Elektrode gelangen und diese elektrisch aufladen können, wodurch eine elektrische Spannung in Abhängigkeit von der Belichtung hervorgerufen wird.

e) Die plastische Verformbarkeit der Metalle

Metalle lassen sich durch Einwirkung äußerer Kräfte im festen Zustand bleibend verformen (spanlose oder plastische Umformung). Diese Eigenschaft der Metalle läßt sich mit dem Elektronengasmodell gut erklären: Wirken nämlich Schubkräfte auf die Metallionen im Gitter, so verschieben sich die einzelnen Gitterebenen gegeneinander. Während dieses Vorganges bleibt der Zusammenhalt der Ionen durch das gemeinsame Elektronengas stets gewahrt, darum sind Metalle **duktil**, sie lassen sich plastisch verformen. Durch die Abb. 6.17a–c soll dieser Vorgang veranschaulicht werden. Ionenkristalle (Salze) zerplatzen jedoch bei einer raschen[9] mechanischen Belastung, weil bei einer Verschiebung der Gitterebenen gegeneinander die gleichnamig elektrisch geladenen Ionen sich gegenseitig abstoßen und damit der Zusammenhalt verlorengeht, wie es die Abb. 6.17 d andeutet.

Die seitliche Verschiebbarkeit der Gitterebenen wird bei den Metallen durch Verzerrungen im Gitteraufbau (sogenannte Versetzungen) und durch unbesetzte Gitterplätze (Fehlstellen im Metallgitter) begünstigt; denn durch Hineingleiten von Metallionen in freie Gitterplätze und Nachrücken der folgenden Metallionen verschieben die Ionen ihre Lage längs einer Gleitebene gegeneinander, wobei die Fehlstellen in entgegengesetzter Richtung wandern.

Das Vorhandensein von Versetzungen und Fehlstellen im Metallgitter erklärt, warum die Metalle reale Festigkeitswerte besitzen, die in der Größenordnung etwa nur ein Tausendstel der theoretisch berechneten Beträge ausmachen.

---

[9] Bei einer extrem langsam erfolgenden mechanischen Belastung können auch Ionenkristalle plastisch verformt werden. In diesem Fall wechseln jeweils nur einzelne Ionen ihre Position im Gitter, ohne daß dabei das Ionengitter auseinanderbricht. Deformationen dieser Art erleiden Gesteine bei der Faltung von Gebirgen.

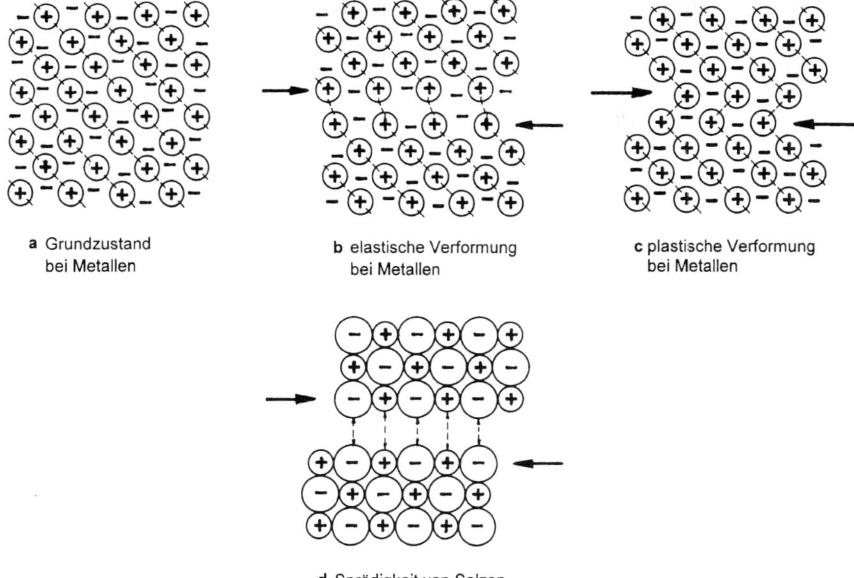

a Grundzustand bei Metallen

b elastische Verformung bei Metallen

c plastische Verformung bei Metallen

d Sprödigkeit von Salzen

Abb. 6.17. Unterschiedliches Verhalten von Metallen a) – c) und Salzen d)

Ist andererseits die Anzahl der Versetzungen im Metallgitter sehr groß, so wird das Übereinandergleiten der einzelnen Gitterebenen erschwert; deswegen beobachtet man bei einigen Metallen nach einer plastischen Verformung infolge einer sehr starken Vermehrung der Anzahl von Versetzungsstellen eine Zunahme der Festigkeit. Dies wird auch als **Kaltverfestigung** bezeichnet. Das Übereinandergleiten der Gitterebenen kann aber auch durch eingelagerte Fremdatome stark behindert werden, deswegen haben Legierungen meist höhere Festigkeitswerte als die reinen Metalle.

Um zu Werkstoffen möglichst hoher Festigkeit zu gelangen, kann man im Prinzip zwei Wege gehen:

1. Züchtung von Kristallen mit sehr wenig Störstellen, z.B. dünne fadenförmige Kristalle, die man als **Whisker** (whisker, eng. = Barthaare) in Verbundwerkstoffen verwendet.
2. Erzeugung von sehr vielen Störungen im Metallgitterbau, z.B. durch Zulegieren von Fremdatomen oder durch Kaltverfestigung.

6.5.2   Einteilung der Metalle

Gewöhnlich unterscheidet man zwischen Leicht- und Schwermetallen. Die Einteilung in **Leichtmetalle** und **Schwermetalle** ist willkürlich und nicht einheitlich. Die Grenze zwischen diesen beiden Gruppen wird bei einer Dichte von 4 oder von 5 g/cm^3 gezogen. Das Kriterium hierfür, die unterschiedliche Dichte der Metalle, hängt hauptsächlich vom Atomradius und von der Atommassenzahl der Metallatome ab.

Metalle mit großen Atomradien sind auf der linken Seite des Periodensystems zu finden. Innerhalb einer Periode nimmt der Atomradius von links nach rechts ab, da mit steigender Kernladungszahl die Elektronen fester an den Kern gebunden werden und damit die räumliche Ausdehnung der Elektronenschalen kleiner wird. Die im Periodensystem in der ersten Hauptgruppe stehenden Alkalimetalle besitzen von allen Metallen den größten Atomradius, sind also durchweg Leichtmetalle. Innerhalb einer Gruppe nimmt die Dichte infolge der größer werdenden Atommassenzahl von oben nach unten zu (eine Ausnahme bildet Kalium). Auch die Metalle der zweiten Hauptgruppe mit Ausnahme des Radiums sind Leichtmetalle. In der folgenden dritten Hauptgruppe des Periodensystems ist nur noch das Aluminium, in der dritten Nebengruppe sind Scandium und Yttrium, in der folgenden vierten Nebengruppe allenfalls noch Titan mit einer Dichte von 4,51 g/cm^3 in die Klasse der Leichtmetalle einzureihen.

Ein weiteres Einteilungskriterium für Metalle ist die **Oxidierbarkeit**. Leicht oxidierbare Metalle werden als **unedle Metalle** bezeichnet, während **Edelmetalle** sich viel schwerer oxidieren lassen und unter normalen Bedingungen sehr beständig gegen Luftsauerstoff sind; sie bilden höchstens eine sehr dünne, durchsichtige Oxidschicht auf ihrer Oberfläche. Zu den Edelmetallen zählen die Elemente Gold, Silber, Quecksilber, Rhenium und die Platinmetalle (Ruthenium, Rhodium, Palladium, Osmium, Iridium und Platin).

Ferner kann man, wie es im folgenden geschehen ist, die Metalle nach den Gruppen des Periodensystems einteilen (siehe Abschnitt 6.5.4 bis 6.5.14) und auch zwischen reinen Metallen und Legierungen (siehe Abschnitt 6.5.3) unterscheiden.

6.5.3   Legierungen

Legierungen (legare, lat.-ital. = binden, vereinigen) werden durch Zusammenschmelzen zweier oder mehrerer Metalle gewonnen. Man unterscheidet drei Grundtypen von Legierungen, nämlich die eutektischen Legierungen, Mischkristall-Legierungen und intermetallische Verbindungen.

a) Eutektische Legierungen

Zwei oder mehrere Metalle, die in der Schmelze miteinander mischbar sind, kristallisieren beim Abkühlen in eigenen, kleinsten **Kristalliten** mit verschiedenen Gittern getrennt voneinander aus. Die separat voneinander auskristallisierten, verschiedenen Metalle sind in der erstarrten Legierung an den **Korngrenzen** durch metallische Bindung fest aneinander gebunden. Derartige Legierungen haben sehr oft ein feines Gefüge aus sehr vielen kleinsten Kristalliten. Wegen ihrer meist guten Bearbeitbarkeit und des relativ niederen Schmelzpunktes, der tiefer als von den reinen Einzelkomponenten liegt, werden sie als eutektische (eu, gr. = gut; tektainomai = schmieden, bearbeiten) Legierungen bezeichnet.

b) Mischkristall-Legierungen

Wenn die Metalle nicht nur im flüssigen, sondern auch im festen Zustand unbegrenzt ineinander löslich sind, so können im Metallgitter die Atome des einen Metalls diejenigen des anderen Metalls in jedem Mischungsverhältnis ersetzen. Voraussetzung dafür ist aber eine nahe chemische Verwandtschaft, ein ähnlicher, höchstens um 15 % unterschiedlicher Atomradius und ferner, daß die betreffenden Metalle den gleichen Gittertypen angehören. Man bezeichnet diese Art von Legierungen als **Substitutions-Mischkristalle**. Es handelt sich hier um eine statistische Verteilung der betreffenden Komponenten über das ganze Gitter ohne ein gesetzmäßiges Verteilungsschema.

Zwischen den als Idealfällen beschriebenen Typen der eutektischen Legierungen und der Mischkristalle gibt es fließende Übergänge, z.B. wenn zwei Metalle im festen Zustand nur innerhalb beschränkter Bereiche Mischkristalle miteinander bilden, in den dazwischenliegenden Konzentrationsbereichen existiert jedoch eine Mischungslücke.

Eine besondere Art beschränkter Löslichkeit im festen Zustand liegt dann vor, wenn sehr kleine Atome auf Zwischengitterplätzen des Wirtsgitters mit relativ großen Atomen eingelagert sind. Besonders wichtig sind solche **Einlagerungs-Mischkristalle** von den relativ kleinen Kohlenstoffatomen im Gitter der wesentlich größeren Eisenatome (siehe Abschnitt 6.5.12).

c) Intermetallische Verbindungen

Zwei Metalle können im festen Zustand genau definierte, durch einfache Zahlenverhältnisse ausdrückbare, also exakt stöchiometrische, intermetallische Verbindungen bilden. Solche Verbindungen verhalten sich ähnlich wie reine Metalle.

Auf solche intermetallische Verbindungen läßt sich entweder das Zahlenverhältnis von den Valenzelektronen zu den vorhandenen Metallatomen durch die Kombination von 21:14; 21:13 bzw. 21:12 ausdrücken. Diesem Zahlenverhältnis entspricht dann nach der **Regel von Hume-Rothery** (aufgestellt durch den Briten Hume-Rothery im Jahr 1926) eine bestimmte Gitterstruktur, wie es die Tab. 6.13 zeigt (die römischen Zahlen rechts über den Elementensymbolen geben die Anzahl der Valenzelektronen an); oder aber es läßt sich ein genaues Zahlenverhältnis der Atomradien beider Verbindungspartner angeben (**Laves-Phasen**, benannt nach H.F. Laves). Schließlich können intermetallische Verbindungen noch als Übergangsformen zu ionischen Verbindungen aufgefaßt werden, dann, wenn die Elektronegativität schon gewisse Unterschiede aufweist, wie z.B. bei den als **Zintl-Phasen** (Eduard Zintl, 1898–1941) bezeichneten intermetallischen Verbindungen Mg_2Sn; Mg_3Bi_2 oder BaTe.

Neben den Legierungen spielen die intermetallische Verbindungen in der Technik eine wichtige Rolle. Sie werden als sehr harte und widerstandsfähige Materialien eingesetzt (z.B. Ni_3Al in Düsentriebwerken). Die Verbindung Co_5Sm zeigt bereits bei kleinen Massen einen starken Magnetismus; sie findet Verwendung in sehr leichten Kopfhörern z.B. für tragbare CD-Player.

Tab. 6.13. Intermetallische Verbindungen (Regel von Hume-Rothery)

Verhältnis Leitungselektronen : Ionen	Gitterstruktur	Intermetallische Verbindungen
21:14 (3:2)	kubisch -raumzentriert	Cu^IZn^{II}; $Cu_5^ISn^{IV}$
21:13	kubisch-kompliziert	$Cu_5^IZn_8^{II}$; $Cu_9^IAl_4^{II}$
21:12 (7:4)	hexagonal	$Cu^IZn_3^{II}$; $Cu_3^ISn^{IV}$

d) Zustandsdiagramme

Welche Legierungsarten vorliegen, läßt sich anhand von Zustandsdiagrammen entscheiden, in denen die Temperaturbereiche für die einzelnen Phasen in Abhängigkeit von der Zusammensetzung eingetragen sind.

Abb. 6.18a zeigt ein solches für ein binäres System aus Cadmium und Bismut mit **Eutektikum**. In der Schmelze sind beide Metalle unbegrenzt miteinander mischbar, im festen Zustand, d.h. unterhalb der Temperatur 144 °C besteht die Legierung aus metallisch fest miteinander verbundenen Kristalliten der reinen Metalle Bismut und Cadmium. Hatte zuvor die Schmelze eine Zusammensetzung von 40% Cadmium und 60% Bismut, so erstarrt die gesamte Schmelze bei 144 °C (im eutektischen Punkt E) zu dieser Legierung. Kühlt man hingegen eine Schmelze der Zusammensetzung C (80% Cadmium und 20% Bismut) auf 230 °C ab, so bilden sich in der Schmelze Kristallite von reinem Cadmium, während die Schmelze deswegen reicher an Bismut wird Das bedeutet: in den punktiert gezeichneten Gebieten findet ein Zerfall in Bestandteile statt, die durch die ausgezogenen Linien bei der gleichen Temperatur angegeben werden, so wie es die Pfeile a und s andeuten. Senkt man die Temperatur weiter ab, so kristallisiert solange noch reines Cadmium aus, bis die dann noch verbleibende Restschmelze die Zusammensetzung des Punktes E erreicht und dann insgesamt als eutektische Legierung erstarrt. Dann besteht das Metallgefüge aus einer eutektischen Grundmasse (die aus Cadmium- und Bismutkristalliten zusammengesetzt ist), in der dann zusätzlich Kristalle reinen Cadmiums eingelagert sind.

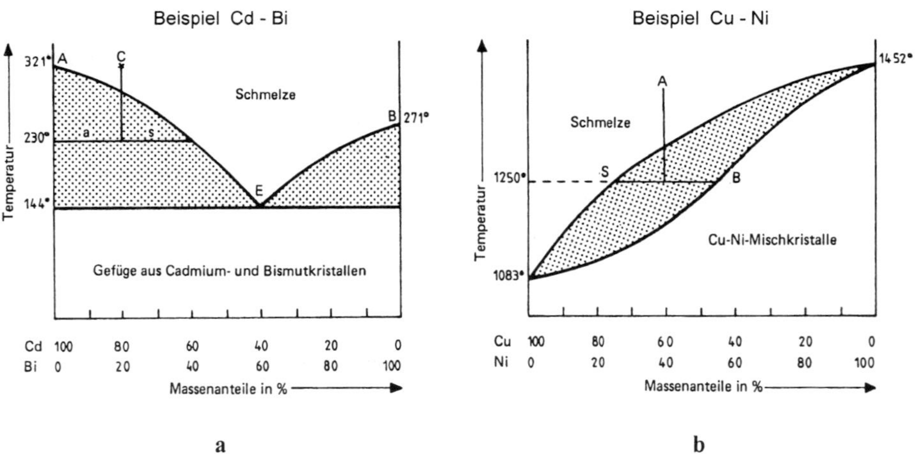

Abb. 6.18. Zustandsdiagramm für a) eutektische Legierungen und b) für Mischkristall-Legierungen

Ein Zustandsdiagramm für **Mischkristallbildung** ist für das Beispiel Kupfer-Nickel, in Abb. 6.18b dargestellt. Bei diesem Legierungstyp zeigen sowohl die Schmelze, als auch die feste Phase eine vollständige Mischbarkeit beider Metalle. Gelangt man beim Abkühlen einer Schmelze der Zusammensetzung A in das punktiert gezeichnete Gebiet, so bilden sich z.B. bei einer Temperatur von 1250 °C in der Schmelze Mischkristalle der Zusammensetzung B, während der Schmelze dann die Zusammensetzung S verbleibt. In den punktiert gezeichneten Gebieten bekommen wir also eine Auftrennung in Bestandteile, die sich durch die Schnittpunkte der Waagerechten mit den nächstliegenden Linien ergeben.

Intermetallische Verbindungen zeigen im Schmelzverhalten gewisse Ähnlichkeiten mit reinen Komponenten, so daß man sich das Zustandsdiagramm der Abb. 6.19a aus zwei Teildiagrammen zusammengesetzt denken kann. Die intermetallische Verbindung erkennt man an einem Schmelzpunktsmaximum. Beim Abkühlen einer Schmelze mit exakt dieser Zusammensetzung erstarrt sie vollständig im Punkte C zu einer intermetallischen Verbindung, also im Zustandsdiagramm Zn–Mg der Abb. 6.19a bei einer Temperatur von 590 °C. Die intermetallische Verbindung ($MgZn_2$) kann also als reiner Stoff aufgefaßt werden, der mit den beiden Komponenten jeweils eutektische Teilzustandsdiagramme liefert. Beim Zustandsdiagramm für Legierungen mit **Mischungslücke** (Abb. 6.19b) erkennt man unschwer eine Kombination der Diagramme von Legierungen mit Eutektikum und Mischkristallbildung. Diese Legierung wird im eutektischen Gemisch (64 % Zinn, 36 % Blei) als **Lötzinn** mit einer Schmelztemperatur von 181 °C eingesetzt.

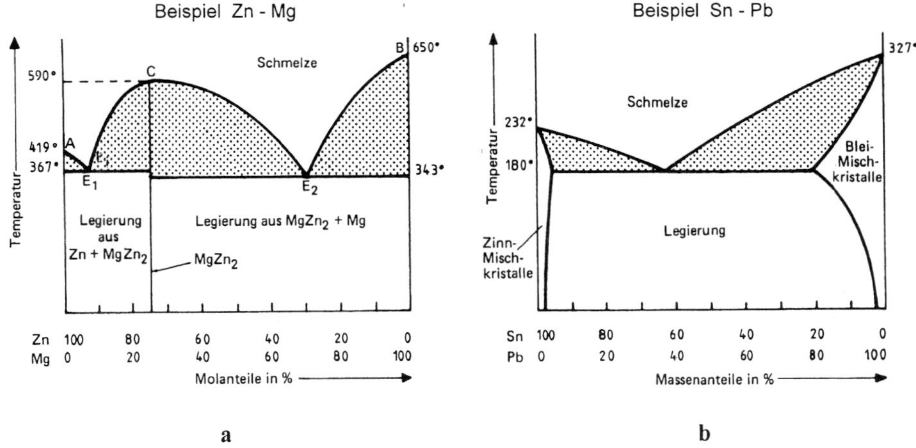

Abb. 6.19. Zustandsdiagramm für a) intermetallische Legierungen und b) für Legierungen mit Mischungslücke

e) Physikalische Eigenschaften von Legierungen

Legierungen unterscheiden sich in ihren Eigenschaften meist erheblich von den reinen Komponenten. So ist die elektrische Leitfähigkeit meist geringer, die Härte jedoch größer als bei den reinen Metallen. Letzteres wird verständlich, weil ein Übereinandergleiten der Gitterebenen durch eingelagerte Fremdmetallionen stärker behindert werden kann (siehe hierzu Abschnitt 6.5.1e und Abb. 6.17a–c).

Eine ausführliche Beschreibung der Eigenschaften sowie der Verarbeitungs- und

Verwendungsmöglichkeiten von Legierungen ist Lehrgegenstand des Faches Werkstoffkunde; deswegen wird hier weitgehendst darauf verzichtet. Ergänzend zur Werkstoffkunde werden in der nun folgenden Besprechung von chemischen und physikalischen Eigenschaften der einzelnen Metalle und Metallgruppen auch einige Legierungen erwähnt. Zu den physikalischen Eigenschaften zählen z.B. die Dichte, der Schmelz- oder Siedepunkt, die elektrische Leitfähigkeit, mechanische Festigkeit usw., chemische Eigenschaften sind solche, die das Verhalten bei chemischen Stoffumsetzungen charakterisieren.

6.5.4   Die Alkalimetalle

Die Gruppe der Alkalimetalle umfaßt die Elemente Lithium Li, Natrium Na, Kalium K, Rubidium Rb und Caesium Cs. Diese haben auf der äußersten Schale ein **leicht abspaltbares Elektron**. Da die Alkalimetalle an feuchter Luft leicht oxidieren, werden sie unter einer wasserfreien Sperrflüssigkeit wie Xylol (siehe Abschnitt 8.1.5c) aufbewahrt. Mit Wasser reagieren die Alkalimetalle unter Oxidation sehr heftig, wobei die Alkalimetall-Kationen sowie Hydroxidionen OH^- entstehen und Wasserstoff aus der chemischen Verbindung Wasser H_2O zum Gas H_2 reduziert wird, also z.B.:

$$2\,Na + 2\,H_2O \rightarrow 2\,Na^+ + 2\,OH^- + H_2\uparrow$$

Die metallische Bindung bei den Alkalimetallen kommt nur durch jeweils ein Elektron auf der äußersten Schale zustande. Deshalb zeigen die Alkalimetalle eine geringe Härte und Festigkeit. Sie lassen sich leicht mit dem Messer schneiden. Die Dichten, Schmelzpunkte, Siedepunkte sind in Tab. 6.14 aufgelistet.

Chemische Verbindungen der beiden wichtigsten Alkalimetalle Natrium und Kalium sind in der Natur weit verbreitet und finden eine vielseitige Verwendung. Aber auch die betreffenden Metalle selbst sind von technischer Bedeutung. Natrium wird u.a. eingesetzt in Natriumdampf-Entladungslampen und als Kühlmittel und Wärmeüberträger in Kernreaktoren. Kalium und Caesium werden in Alkali-Photozellen verwendet (siehe Abschnitt 6.5.1d). Lithium wird vermehrt in Hochleistungsbatterien eingesetzt (siehe Abschnitte 10.3.1c und 10.3.2d).

Metallisches Lithium und Natrium werden durch **Schmelzflußelektrolyse** von LiCl bzw. NaCl hergestellt.

6.5.5   Die Erdalkalimetalle

Hierunter versteht man im engeren Sinne nur die Metalle Calcium Ca, Strontium Sr, Barium Ba. Mitunter wird auch das Magnesium Mg zu dieser Gruppe gezählt. Die eigentlichen drei Erdalkalimetalle Ca, Sr und Ba zeigen ähnliche Eigenschaften wie die Alkalimetalle. Sie können leicht zwei Außenelektronen abspalten, bilden die entsprechenden Oxide und Hydroxide und reagieren lebhaft mit Wasser. Da aber jeweils zwei Elektronen die metallische Bindung bewirken, sind diese Metalle wesentlich härter als

Tab. 6.14. Dichten, Schmelz- und Siedepunkte der wichtigsten Metalle

Metall	Symbol	Dichte [g/cm^3]	Schmelzpunkt [°C]	Siedepunkt [°C]
Aluminium	Al	2,70	660,2	2330
Beryllium	Be	1,85	1285	2477
Blei	Pb	11,34	327,43	1751
Cadmium	Cd	8,64	320,9	767,3
Calcium	Ca	1,54	845	1483
Chrom	Cr	7,14	1903	2640
Cobalt	Co	8,89	1492	3100
Eisen	Fe	7,87	1536	3070
Gold	Au	19,32	1063	2660
Iridium	Ir	22,65	2454	~4530
Kalium	K	0,86	63,6	753,8
Kupfer	Cu	8,92	1083	2595
Lithium	Li	0,53	180,5	1340
Magnesium	Mg	1,74	650	1105
Mangan	Mn	7,44	1247	2030
Molybdän	Mo	10,28	2620	4825
Natrium	Na	0,97	97,8	881,3
Nickel	Ni	8,91	1452	2730
Palladium	Pd	12,02	1552	2930
Platin	Pt	21,45	1769	~3830
Quecksilber	Hg	13,55	−38,84	356,95
Rhodium	Rh	12,42	1960	~3670
Silber	Ag	10,49	960,5	2212
Tantal	Ta	16,68	2996	5425
Titan	Ti	4,51	1677	3262
Vanadium	V	6,09	1919	3400
Wolfram	W	19,26	3410	~5700
Zink	Zn	7,14	419,4	908,5
β-Zinn	Sn	7,29	231,91	2687

die Alkalimetalle. Calcium ist sogar härter als Blei. Weitere Daten über Calcium findet man in Tab. 6.14.

Die Erdalkalimetalle sind zusammen mit den Alkalimetallen in sehr geringen Mengenanteilen Bestandteil verschiedener Legierungen, vor allem von Lagermetallen. Weit wichtiger ist jedoch die Verwendung der Erdalkali*verbindungen* (hauptsächlich die vom Calcium).

6.5.6   Beryllium Be und Magnesium Mg

Diese beiden Metalle überziehen sich an der Luft leicht mit einer zusammenhängenden Oxidschicht, die dann das darunterliegende Metall vor weiterer Oxidation schützt. Erhitzt man Magnesium an der Luft auf etwa 800 °C, so verbrennt es unter außerordentlich hoher Wärmeentwicklung mit grellem Licht zu Magnesiumoxid:

$$2\,Mg\ +\ O_2\ \rightarrow\ 2\,MgO \qquad \Delta H^o = -1204{,}2\ kJ$$

Wegen der geringen Dichte (siehe Tab. 6.14) und der verhältnismäßig guten Beständigkeit finden Beryllium und Magnesium in reiner Form, häufig als Legierungsbestandteile in der Technik Verwendung. Insbesondere Magnesium wird aufgrund seiner geringen seiner Dichte von 1,74 g/cm^3 zunehmend in der Automobilindustrie interessant (z.B. Lenkrad, Karosserieteile, Motor- und Getriebegehäuse). Da **Magnesium** jedoch sehr **korrosionsanfällig** ist, sind entweder schützende Überzüge notwendig oder es wird durch Zusätze von Aluminium und Mangan legiert. Nur 1% Aluminium in der Legierung macht das Material sogar gegen Salzwasser widerstandsfähig. Magnesium wird in der Technik entweder durch **Schmelzflußelektrolyse** von MgCl$_2$ oder durch Reduktion von Magnesiumerzen hergestellt. Das Beryllium zeigt ähnliche Eigenschaften wie das Aluminium.

Insgesamt kann bei vielen Elementen des Periodensystems eine Ähnlichkeit mit den schräg rechts unter ihnen stehenden Elementen festgestellt werden, was zum Teil auf eine ähnliche Elektronegativität (siehe Abb. 1.8) zurückzuführen ist (sogenannte **Schrägbeziehung** im Periodensystem).

6.5.7   Aluminium und die Metalle der dritten Hauptgruppe

Das wichtigste Leichtmetall ist das **Aluminium** (siehe auch Tab. 6.14); es bildet mit Sauerstoff oder Wasser oberflächlich eine zusammenhängende Oxidschicht, die das Metall vor der weiteren Oxidation schützt. Diese Oxidschicht auf dem Aluminium besitzt keine nennenswerte elektrische Leitfähigkeit. Daher ist es oft schwierig, elektrische Kontakte mit dem Aluminium-Metall herzustellen; man kann dies durch Verletzen der Oxidschicht erreichen. Um diesen Mangel auszugleichen, werden Aluminiumdrähte heute oft mit Nickel plattiert, d.h. mit einer dünnen Nickelschicht überzogen. Das Leichtmetall Aluminium wird aufgrund seiner geringen Dichte von 2,7 g/cm^3 heute vermehrt, vor allem in der Automobilindustrie eingesetzt (Karosserie, Motor- und Getriebegehäuse). Die Herstellung von Aluminium erfolgt durch **Schmelzflußelektrolyse** von Al$_2$O$_3$ (siehe Abschnitt 10.4.2).

Die übrigen Metalle der dritten Hauptgruppe (**Gallium, Indium, Thallium**) haben wegen des selteneren Vorkommens geringe technische Bedeutung. Das metallische Gallium findet wegen seines niedrigen Schmelzpunkte von ca. 30 °C und seines hohen Siedepunktes (2400 °C) Verwendung als Thermometerfüllung anstelle des leicht (bei ca. 357 °C) siedenden Quecksilbers. Durch Legierung mit geringen Mengen Aluminium kann der Schmelzpunkt des Galliums soweit erniedrigt werden, daß das Metall bei gewöhnlicher Temperatur flüssig bleibt; das ist besonders wichtig, da das Gallium sich beim Erstarren ausdehnt (siehe Abschnitt 3.6.2a1).

6.5.8   Die Metalle der vierten und fünften Hauptgruppe

Die Elemente in den ersten Perioden der vierten und fünften Hauptgruppe sind **Nichtmetalle** oder **Halbmetalle**. Die untersten Perioden enthalten in diesen Gruppen bereits Metalle, da infolge des größeren Atomradius die Außenelektronen leichter abgespalten werden können und damit als Elektronengas im Gitter beweglich werden. Der metallische Charakter der Elemente in den einzelnen Gruppen nimmt von oben nach unten hin zu.

In der vierten Hauptgruppe steht im Periodensystem unter dem Halbmetall Germanium das Element **Zinn** (Sn = Stannum). Die bei Raumtemperatur beständige Modifikation hat metallischen Charakter und wird als β-Zinn bezeichnet. Die physikalische Eigenschaften sind in Tab. 6.14 aufgelistet. Bei Temperaturen unter 13,2 °C kann sich das β-Zinn in die halbmetallische, im Diamantgitter kristallisierende Modifikation, das α-Zinn umwandeln. Die normalerweise sehr langsam erfolgende Umwandlung kann bei anhaltend großer Kälte ausgelöst und durch einmal gebildete Kristallkeime beschleunigt werden. Die das ursprüngliche Metallgefüge zerstörende Umwandlung des β-Zinns in das graue, pulvrige, halbmetallische α-Zinn kann sich dann wie eine ansteckende Krankheit weiter ausbreiten. Dies kann zur Zerstörung von Orgelpfeifen in unbeheizten Kirchen führen. Daher auch die Bezeichnung „**Zinnpest**".

Blei (Pb = Plumbum), ein weiches, niedrigschmelzendes (Smp. 327,43 °C), schweres (Dichte 11,34 g/cm^3), giftiges Metall, überzieht sich an der Luft rasch mit einer zusammenhängenden Oxidschicht, die dem sonst silbergrauen Metall ein mattgraues Aussehen verleiht. In normalem (kalkhaltigem) Wasser bildet das Blei mit den Anionen der Kohlensäure und Schwefelsäure schwerlösliche Salze, die sich als Schutzschicht auf das Blei legen. Durch stark kohlensäurehaltiges Wasser kann sich das Bleicarbonat (= schwerlösliches Salz des Bleis mit der Kohlensäure) auflösen. Das bedeutet: bei Verwendung von verbleiten Wasserleitungsrohren für solch aggressives Wasser besteht dann die Gefahr, Bleivergiftungen zu erleiden. Auch destilliertes Wasser in Gegenwart von Luftsauerstoff ist in der Lage, das Blei vollständig zu oxidieren, wenn es keine Schutzschicht aus einem schwerlöslichen Bleisalz besitzt. Die Bleisulfatschutzschicht (Sulfat = Salz der Schwefelsäure, siehe Abschnitt 7.2.2) ist sogar sehr säurebeständig, weswegen Blei häufig in der chemischen Industrie als Schutzauskleidung verwendet wird. Blei findet unter anderem zur Herstellung von **Akkumulatoren** Verwendung (siehe Abschnitt 10.3.2). Wegen seiner leichten Verformbarkeit und der hohen Dichte gebraucht man Blei zur Herstellung von Geschoßprojektilen und als Massenausgleichstükke beim Auswuchten von Rädern. Auf durch die Giftigkeit von Blei wird in Abschnitt 12.5.2 eingegangen.

Während in der fünften Hauptgruppe des Periodensystems das **Arsen** noch zu den Halbmetallen gehört, hat das im Periodensystem darunter liegende **Antimon** (Sb = Stibium) schon ausgeprägte metallische Eigenschaften. Zum Unterschied von dem als „Weichblei" bezeichneten reinen Blei, nennt man das durch Antimon gehärtete Blei auch Hartblei. Hartblei wird beispielsweise als Gitterplatten bei Bleiakkus eingesetzt (siehe Abschnitt 10.3.2).

Bismut (früher Wismut genannt), Bi, ist ein bei niedrigen Temperaturen (271 °C) unter Volumenkontraktion (contrahere, lat. = Zusammenziehen) schmelzendes, sprödes Metall, dessen elektrische Leitfähigkeit unter Einwirkung von Magnetfeldern stark abnimmt. Bismut zeigt wie nur sehr wenige Stoff die Eigenschaft, sich beim Schmelzen zusammenzuziehen und sich beim Erstarren auszudehnen (siehe Abschnitt 3.6.2a1). Einige Bismutlegierungen haben besonders tiefe Schmelztemperaturen, so das **Rosesche Metall** (zwei Massenteile Bi, ein Teil Pb, ein Teil Sn) vom Schmelzpunkt 94 °C, das **Woodsche Metall** (vier Massenteile Bi, zwei Teile Pb, ein Teil Sn, ein Teil Cd) vom Schmelzpunkt 70 °C und die **Lipowitz-Legierung** (fünfzehn Massenteile Bi, acht Teile Pb, vier Teile Sn, drei Teile Cd) vom Schmelzpunkt 60 °C. Man kann diese Legierungen für Sicherheitsverschlüsse, elektrische Sicherungen und für Abgüsse verwenden.

6.5.9   Zink, Cadmium, Quecksilber

Zink, Zn, ist ein bläulich-weißes, bei Raumtemperatur ziemlich sprödes, bei Temperaturen über 100 °C jedoch weiches Metall, das bei 419,4 °C schmilzt. Eine zusammenhängende, relativ beständige Schutzschicht aus Zinkoxid verleiht dem Metall eine gewisse Beständigkeit. Zinkmetallüberzüge dienen zum Korrosionsschutz von Eisen (siehe Abschnitt 10.6.3a). Die bei der Oxidation von Zink zu Zinkionen frei werdende Energie nutzt man in Taschenlampenbatterien zur elektrischen Stromerzeugung aus (siehe Abschnitt 10.3.1).

Cadmium, Cd, ist ein dem Zink ähnliches, silberweißes, ziemlich weiches, bei 320,9 °C schmelzendes, giftiges Metall (über die Giftigkeit siehe Abschnitt 12.5.2). Nickel-Cadmium-Akkumulatoren ermöglichen die Speicherung von elektrischer Energie (siehe Abschnitt 10.3.2). etwa ein Drittel des insgesamt verarbeitenden Cadmiums werden zur Herstellung von Akkumulatoren verwendet. Es kann ähnlich wie Zink als Korrosionsschutz von Eisen dienen und wird auch zur Herstellung von Farbpigmenten verwendet. Aufgrund seiner Giftigkeit wird Cd in der Technik mehr und mehr durch Alternativstoffe ersetzt (siehe auch Nickel-Metallhydrid-Akkumulator; Abschnitt 10.3.2).

Quecksilber, Hg = Hydrargyrum (Namenserklärung: Kap.1 Fußnote 3), ist das einzige unter Normbedingungen flüssige Metall (Smp. – 38,84 °C). Der Dampfdruck dieses bei etwa 357 °C siedenden Metalls ist mit 0,0013 mbar bei Raumtemperatur zwar sehr gering, jedoch noch so hoch, daß man bei ständigem Aufenthalt in mangelhaft belüfteten Räumen durch verspritztes Quecksilber Vergiftungen bekommen kann. Eingeatmete Quecksilberdämpfe können sich im Körper anreichern, weil die Folgeprodukte nur sehr langsam durch den Harn wieder ausgeschieden werden (siehe Abschnitt 12.5.2).

Das Hantieren mit Quecksilber sollte nur über Auffangwannen erfolgen; Böden und Tische sollten fugenlos sein! Bei Arbeiten mit Quecksilber sind die Merkblätter der „gewerblichen Berufsgenossenschaften" zu beachten (siehe Abschnitt 12.5.1d). Verspritztes Quecksilber kann man mit einer „Quecksilberzange" aufnehmen oder z.B. aus schwerer zugänglichen Stellen mittels Vakuum in eine Saugflasche saugen. Echte Stanniolfolie (aus Stannum, lat. = Zinn) legiert sich mit Hg und kann auch zur Entfernung von Quecksilber dienen. Ferner sind das Auslegen von Iodkohle, Schwefelpulver oder von speziellen Absorptionspulvern zur chemischen Bindung von Quecksilber gebräuchlich. In den Rauchgasen von Müllverbrennungsanlagen können hohe Gehalte an Quecksilber bzw. Quecksilberverbindungen vorliegen . Diese werden dort üblicherweise durch Adsorption an speziellem Aktivkoks entfernt.

Das Metall wird in vielen Meßgeräten, z.B. in Thermometern und Barometern, ferner als Absperrflüssigkeit sowie in Quecksilber-Gleichrichtern und in Quecksilberdampflampen verwendet. Große Mengen werden in der Chlor-Alkali-Elektrolyse nach dem Amalgamverfahren benötigt (siehe Abschnitt 10.4.2).

Viele Metalle lösen sich in Quecksilber unter Bildung von Legierungen, die **Amalgame** genannt werden. Da auch die Edelmetalle leicht Amalgame bilden, sind Schmuckgegenstände, Ringe usw. vor dem Arbeiten mit Quecksilber abzulegen. Eisen bildet mit Quecksilber kein Amalgam, daher kann man Quecksilber auch in Eisengefäßen aufbewahren. Amalgame sind im frischbereiteten Zustand weich und sehr leicht plastisch verformbar, was auch durch den Namen zum Ausdruck kommt (amalos, gr. = weich). Nach kurzer Zeit erhärten sie dann. Man nutzt diese Eigenschaft in der Zahnmedizin zur Herstellung von Zahnfüllungen. Hierbei werden hauptsächlich Silberamalgame eingesetzt. In den Verbindungen erscheint Quecksilber meist mit der Oxidationszahl +2, seltener, wie z.B. in dem in Abschnitt 10.2.2b beschriebenen Kalomel, mit der Oxidationszahl + 1.

6.5.10   Kupfer, Silber, Gold

Diese drei, schon aus vorgeschichtlicher Zeit bekannten, wegen der häufigen Verwendung in Geldstücken als Münzmetalle bezeichneten Elemente haben in der äußersten Schale nur ein Elektron (siehe Elektronenstrukturen im Periodensystem, Anhang des Buches). Dieses s-Orbital-Außenelektron wird aber im Gegensatz zu dem leicht abspaltbaren Außenelektron der Alkalimetalle durch eine relativ hohe Kernladungszahl fester an den Kern gebunden und liegt auf einem ähnlichen Energieniveau wie die d–Elektronen der nächst tieferen Schale; darum können diese Metalle nicht so leicht oxidiert werden.

Von den Oxidationsprodukten sind beim Kupfer die zweifach positiv geladenen Ionen Cu^{2+} (Abspaltung des 4s-Elektrons und eines 3d-Elektrons), beim Silber die einfach positiv geladenen Ionen Ag^+ (Abspaltung des 5s-Elektrons) und beim Gold die dreifach positiven Ionen Au^{3+} (durch Abspaltung des 6s-Elektrons und zweier 5d-Elektronen) am stabilsten; d. h., bei der Oxidation werden meistens diese Oxidationsstufen angestrebt.

An der Luft oxidieren **Silber** und **Gold** nicht, weshalb man diese beiden **Edelmetalle** gern zu Schmuckgegenständen verarbeitet (quantitative Aussagen über Oxidierbarkeit der Metalle: siehe Abschnitt 10.1.3). Kupfer hingegen überzieht sich in Gegenwart von feuchter Luft mit einer zusammenhängenden, das darunterliegende Metall schützenden, grünen sogenannten Patinaschicht, eine sich in Gegenwart von Luftsauerstoff, Wasser, Kohlensäure, Schwefelsäure oder Salzsäure bildende Salzschicht etwa der Zusammensetzung $CuCO_3 \cdot Cu(OH)_2$ oder $CuSO_4 \cdot Cu(OH)_2$ oder $CuCl_2 \cdot 3\,Cu(OH)_2$.

Kupfer, Cu, ein hellrotes, glänzendes, infolge einer meist vorhandenen, dünnen Oxidschicht mattrot aussehendes, bei 1083 °C schmelzendes Metall der Dichte 8,92 g/cm^3, ist sehr duktil und läßt sich deshalb zu dünnen Folien auswalzen. Das Metall hat eine außerordentlich gute elektrische Leitfähigkeit von $6{,}0 \cdot 10^5 (\Omega cm)^{-1}$, die nur noch vom Silber übertroffen wird; es wird deshalb zur Herstellung von elektrischen Leitungen verwendet. Entsprechend gut ist auch die thermische Leitfähigkeit, was Kupfer als Material für Wärmeaustauschflächen geeignet macht.

Legierungen mit Zink werden als **Messing**, die mit Zinn als **Bronze** bezeichnet. Weiterhin sind von Bedeutung Kupfer-Aluminium-Legierungen, die man als Aluminiumbronzen bezeichnet, ferner verschiedene Kupfer-Nickel-Legierungen, von denen das sogenannte **Konstantan** mit Massenanteilen von 60 % Kupfer und 40 % Nickel einen von der Temperatur nahezu unabhängigen elektrischen Widerstand aufweist.

Silber, Argentum = Ag, das weißglänzende, bei 960,5 °C schmelzende Metall mit der Dichte von 10,49 g/cm, ist der beste elektrische Leiter unter allen Metallen, $6{,}7 \cdot 10^5 \ (\Omega\text{cm})^{-1}$. Es läßt sich zu dünnsten Folien von ca. 2 µm aushämmern. Schwefelwasserstoff (siehe Abschnitt 7.1.7), der durch Zersetzung schwefelhaltiger Eiweißstoffe (siehe Abschnitt 8.7.2) entsteht, verursacht eine allmähliche Schwärzung der Silberoberfläche. Da das reine Silber zur Herstellung von Schmuckgegenständen und Münzen zu weich ist, wird ihm durch Zulegieren von Kupfer eine größere Härte verliehen. Man gibt dabei meist den Silbergehalt in Promille-Zahlenwerten an:

Silbergegenstände mit einer eingedruckten Zahl von 800 haben einen Massengehalt von 800 °/oo Silber. Da Silber mit ebener Oberfläche praktisch alles auffallende Licht reflektiert, wird es zur Herstellung von Spiegeln benutzt, indem man auf einer fehlerfrei ebenen Glasoberfläche durch chemische Reduktion metallisches Silber aus seinen Verbindungen abscheidet.

Gold, Aurum = Au, das prächtig „gold"-gelb glänzende, den Menschen seit jeher faszinierende Metall, schmilzt bei 1063 °C und hat gegenüber dem Silber eine ungleich höhere Dichte von 19,32 g/cm^3. Dieses erklärt sich daraus, daß Goldatome eine sehr hohe Nukleonenzahl (Massenzahl) aufweisen (197 gegenüber 107 und 109 bei Ag), daß aber beide Elemente etwa den gleichen Atomdurchmesser haben, eine Erscheinung, die ebenfalls bei den anderen Nebengruppenelementen der sechsten Periode mit Dichten von 20 g/cm^3 gegenüber den entsprechenden Metallen der fünften Periode mit Dichten von rund 10 g/cm^3 auftritt. Diese Tatsache wird dadurch verständlich, daß innerhalb der sechsten Periode bei den Lanthanoiden zunächst einmal die drittäußere Elektronenschale (die N-Schale) mit f-Elektronen aufgefüllt wurde; mit einer damit verbundenen steigenden Kernladungszahl werden aber die Elektronen der Hülle immer stärker vom Kern gebunden, die Durchmesser der Elektronenschalen entsprechend verkleinert, so daß die hinter den Lanthanoiden stehenden Elemente sehr hohe Dichten aufweisen. Man bezeichnet dieses Phänomen als **Lanthanoidenkontraktion.**

Der Goldgehalt von Schmuckgegenständen und Münzen wird wie beim Silber durch Zahlen gekennzeichnet, die den Massengehalt in Promille bedeuten. Die frühere Kennzeichnung durch Karat (wobei 24-karätiges Gold reines Gold und entsprechend 12-karätiges dann 500°/oo Gold bedeuteten) soll nicht mehr verwendet werden, um Verwechslungen mit dem im neuen Einheitssystem zugelassenen metrischen Karat (Kt), einer Masseneinheit von 0,2 g, die nur zur Bewertung von Edelsteinen benutzt wird, zu vermeiden. Die zulegierten Metalle (meist Kupfer oder Silber) verleihen dem in reiner Form sehr weichen Metall eine größere Härte. Doublé ist goldplattiertes Messing und wird meist für billige Schmuckgegenstände verwendet. Während die elektrische Leitfähigkeit und das Wärmeleitvermögen gegenüber dem Silber etwa um den Faktor 0,7 geringer sind, übertrifft das Gold hinsichtlich seiner **Duktilität** alle anderen Metalle. Man kann es bis zu Blattstärken von 0,08 μm auswalzen, was ungefähr 1/10 der Wellenlänge des roten Lichtes oder einer Folienstärke von rund 300 Goldatomdurchmessern entspricht.

6.5.11   Die Platinmetalle

Zu dieser Gruppe zählt man die leichten Platinmetalle Ruthenium Ru, Rhodium, Rh, Palladium Pd mit einer Dichte um 12 g/cm^3 und die schweren Platinmetalle Osmium Os, Iridium Ir, Platin Pt mit einer Dichte um 22 g/cm^3. Iridium hat mit 22,65 g/cm^3 die größte Dichte von allen Stoffen überhaupt.

Alle Platinmetalle zeigen in ihrem Aussehen und in ihren Eigenschaften eine gewisse Ähnlichkeit. Es sind chemisch sehr beständige, korrosionsfeste Edelmetalle mit hohem Schmelzpunkt (Pd = 1552 °C, Pt = 1769 °C, Rh = 1960 °C, Ru = 2450 °C, Ir = 2454 °C und Os = 3050 °C). **Iridium** ist das härteste und chemisch widerstandsfähigste der Platinmetalle und wird deswegen z.B. zur Herstellung von Schreibfedern, Spitzen zur Auflage von Kompaßnadeln, in Legierung mit Platin für sehr widerstandsfähige Laborgeräte (Tiegel, Schalen, Elektroden usw.) benutzt.

Palladium und **Platin** lösen sehr große Mengen Wasserstoff, so z.B. kompaktes Palladium bei Raumtemperatur etwa das 600-fache, kolloidal verteiltes Palladium sogar das 3000-fache seines eigenen Volumens. Der Wasserstoff wird bei diesem Lösungsvorgang in einen besonders reaktionsfähigen Zustand versetzt und kann dann leicht mit anderen Stoffen zur Reaktion gebracht werden (z.B. Hydrieren von ungesättigten organischen Verbindungen, siehe Abschnitt 8.1.2b). Durch ein dünnes Palladiumblech kann Wasserstoff bei höheren Temperaturen praktisch ungehindert diffundieren. Da alle anderen Gase durch das Blech zurückgehalten werden, kann man diesen Effekt zur Abtrennung und Reindarstellung von Wasserstoff benutzen. Palladium und Platin werden häufig (teilweise auch in Form von Verbindungen) als Katalysatoren (siehe Abschnitt 13.3.4) verwendet, da sie in der Lage sind, chemische Reaktionen zu beschleunigen. Überzüge von Platinmetallen (z. B. aus Osmium) verwendet man für bestimmte elektrische Kontakte, da diese Metalle nicht oxidieren und damit einen einwandfreien Stromfluß ermöglichen.

6.5.12   Eisen, Cobalt, Nickel

Das Element **Eisen** in seinen verschiedensten Legierungsarten und Bearbeitungsformen ist Hauptgegenstand des Faches Werkstoffkunde. Hier soll nur eine knappe Auswahl wichtiger mit Stahl und Eisen zusammenhängender Gesichtspunkte erwähnt werden. Nähere Einzelheiten sind Lehrbüchern über Werkstoffkunde oder den entsprechenden DIN-Blättern zu entnehmen.

Reines Eisen ist ein silberweißes, relativ weiches, plastisch verformbares Metall. Es ist in der bei normaler Temperatur vorliegenden Kristallform des α-Eisens (kubisch raumzentriert, siehe Tab. 3.1) bis zu einer Temperatur von 769 °C **ferromagnetisch**. Oberhalb dieser Temperatur, des „**Curie-Punktes**" (siehe Abschnitt 6.2.3c) verliert es diese ferromagnetische Eigenschaft und ist dann paramagnetisch; bei 911 °C wird es in das kubisch flächenzentrierte Gitter (siehe Tab. 3.1) des γ-Eisens umgewandelt, bei 1392 °C entsteht das kubisch raumzentrierte Gitter des δ-Eisens, bei 1536 °C schmilzt schließlich das Eisen.

Geringe Mengen Kohlenstoff verändern drastisch die Eigenschaften des Eisens. Der Kohlenstoff liegt dabei als **Zementit** (caementum, lat. = harter Bruchstein) mit der chemischen Formel Fe_3C vor, es ist ein als intermetallische Verbindung aufzufassendes Eisencarbid (siehe Abschnitt 6.5.3c). Zementit ist eine sehr harte und spröde Eisen-Kohlenstoff-Verbindung. Eisen mit Massengehalten[10] des Kohlenstoffs bis zu etwa 1,7 % (entsprechend einem Zementitgehalt bis zu 25 %) wird als **Stahl** bezeichnet.

Wenn nur die beiden Bestandteile Eisen und Kohlenstoff vorliegen, ergibt sich das in Abb. 6.20 gezeigte Zustandsdiagramm, das auf der rechten Seite einem eutektischen Schmelzdiagramm entspricht (siehe dazu Abb. 6.18). Die linke Seite enthält im oberen Teil, wenn man von der technisch bedeutungslosen Besonderheit des δ-Eisens absieht, das Zustandsdiagramm einer begrenzten Mischkristallbildung, also ein Schmelzdiagramm, wie es in Abb. 6.19 am Beispiel Sn – Pb gezeigt wurde. Im unteren Teil auf der linken Seite der sogenannten Stahlecke enthält das Eisen-Kohlenstoff-Diagramm noch eine Umwandlung im festen Zustand, die ein Linienverlauf wie bei eutektischen Schmelzdiagrammen aufweist und deswegen als **eutektoide Umwandlung** bezeichnet wird. In dem Mischkristallgebiet, das nur im angegebenen Bereich höherer Temperaturen existenzfähig ist, liegt das Eisen im kubisch flächenzentrierten Gitter vor; es kann dabei bis zu 2,1 % Kohlenstoff enthalten; man bezeichnet dieses kohlenstoffhaltige Eisen als γ-Mischkristall oder als **Austenit** (W.Chr. Roberts-Austen, 1843–1902).

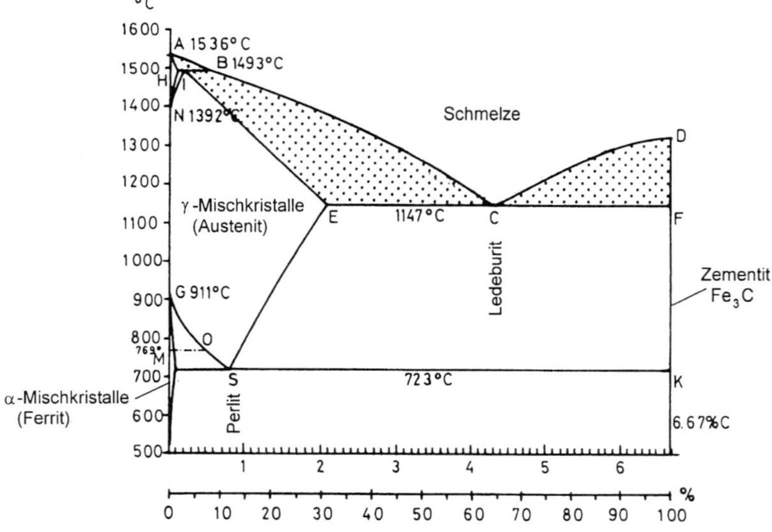

Abb. 6.20. Eisen-Kohlenstoff-Diagramm

---

[10] Alle im folgenden Text dieses Abschnittes 6.5.12 genannten Prozentwerte geben jeweils den Massengehalt in % an.

Beim Abkühlen von γ-Mischkristallen mit einem Kohlenstoffgehalt von 0,8 % auf Temperaturen unter 723 °C entstehen aus diesen in sich einheitlichen Mischkristallen gesondert nebeneinander, durch metallische Bindungskräfte an den Grenzflächen zusammengehaltene Kristallschichten aus jeweils fast reinem Eisen (mit maximal bis zu 0,02 % Kohlenstoff), das man als **Ferrit** (Ferrit von ferrum, lat. = Eisen) bezeichnet, und reinem Eisencarbid Fe_3C. Dieses Gefüge des Stahls aus Ferrit und Zementit wird als **Perlit** bezeichnet. Die Bezeichnung „Perlit" rührt her von einem perlmuttartigen Farbschimmer dieses Bestandteils im Schliffbild nach dem Anätzen: denn beim Abkühlen des γ-Mischkristalls diffundiert der Kohlenstoff aus den entstehenden Ferritkristallen und bildet, wie es die Abb. 6.21 zeigt, schichtweise, lamellenartig angeordnete Bereiche aus Zementit und Ferrit. Beim Anätzen wird nur der Ferritbestandteil, jedoch nicht der Zementit herausgelöst; das auffallende und reflektierende Licht zeigt dann durch Reflexion und Interferenz einen perlmuttartigen Glanz, denn die Lamellenabstände liegen in der Größenordnung der Wellenlänge bestimmter Spektralfarben des sichtbaren Lichtes (siehe Abb. 6.21).

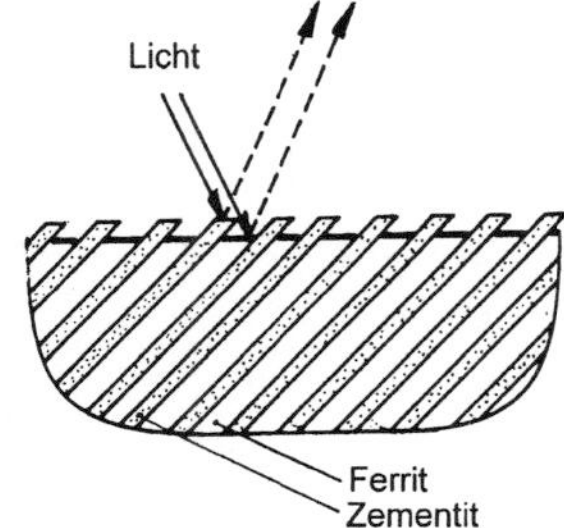

Abb. 6.21. Struktur des Perlit

Bei Kohlenstoffgehalten unter 0,8 % bildet sich, sobald man beim Abkühlen auf Temperaturen unterhalb der Kurve GS gelangt, innerhalb des Gefüges aus dem γ-Mischkristall zunächst Ferrit (Eisenkristalle), dabei wird der restliche γ-Mischkristall an Eisen ärmer, also an Kohlenstoff reicher bis schließlich bei Erreichen der Temperatur von 723 °C (Perlitlinie) der restliche, dann noch vorhandene γ-Mischkristall, der sich inzwischen auf einen Kohlenstoffgehalt von 0,8 % angereichert hat, zu Perlit umkristallisiert. Kohlenstoffreichere γ-Mischkristalle, also mit Kohlenstoffgehalten von 0,8 % bis 2,1 % scheiden beim Abkühlen an den Korngrenzen zunächst Zementit aus, und zwar solange, bis sich der an Kohlenstoff ärmer werdende Restmischkristall bei 723 °C schließlich mit einem Gehalt von 0,8 % Kohlenstoff vollständig in Perlit umwandelt.

Erfolgt das Abkühlen sehr rasch (z.B. durch Abschrecken des glühenden Stahls in Wasser), so kann diese Umwandlung des γ-Mischkristalls in die gesonderten Bestandteile Ferrit und Zementit, nämlich durch Wanderung des Kohlenstoffs im Gitter nicht mehr stattfinden. Die Eisen-Kohlenstoff-Legierung des γ-Mischkristalls ist so aufzufassen, daß der Kohlenstoff mit seinem sehr kleinen Atomradius sich in dem aus den sehr viel größeren Eisenatomen bestehenden Gitter frei bewegen kann (Einlagerungsmischkristall; siehe Abschnitt 6.5.3b). Beim Umklappen des kubisch-flächenzentrierten Gitters des γ-Eisens in das kubisch raumzentrierte Gitter des α-Eisens (siehe Abb. 6.22) verbleibt der Kohlenstoff eingepfercht in das neue, dichtere Gitter und verursacht dort innere Spannungen sowie eine geringfügige Aufweitung des α-Eisen-Gitters. Das im kubisch-flächenzentrierten Gitter des γ-Eisens bereits vorgebildete (dicke Linie im linken Teil von Abb. 6.22) kubisch-raumzentrierte Gitter des α-Eisens entstehen durch geringfügige Änderung der Gitterabmessungen (rechter Teil von Abb. 6.22).

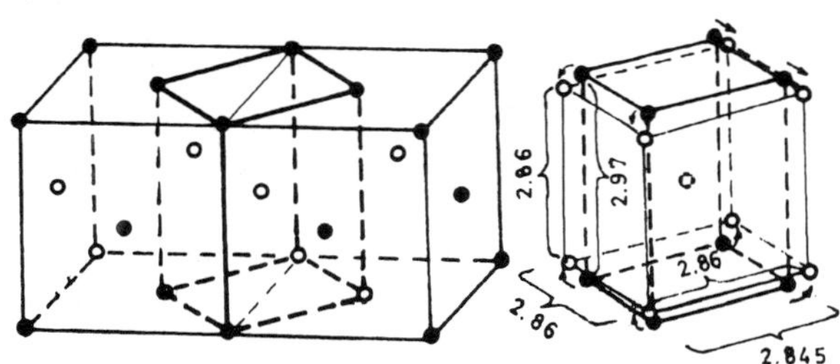

Abb. 6.22. Umwandlung des γ-Eisens in α-Eisen

Das hat dann erhebliche Auswirkungen auf die Eigenschaften des Stahls: das als **Martensit** (Adolf Martens, 1850–1914) bezeichnete Gefüge zeigt sehr große Härte und Sprödigkeit. Den Vorgang selbst bezeichnet man als **Härten von Stahl**.

Beim Abkühlen einer Schmelze mit dem Kohlenstoffgehalt von 4,3 %, kristallisiert im eutektischen Punkt C bei 1147 °C die Schmelze vollständig, und zwar zunächst als eutektisches Gemisch aus Zementit und γ-Mischkristallen. Die γ-Mischkristalle scheiden beim weiteren Abkühlen an den Korngrenzen Zementit aus, werden darum immer ärmer an Kohlenstoff bis schließlich bei Durchlaufen der Perlitlinie, d.h. der Temperatur von 723 °C die restlichen γ-Mischkristalle sich in Perlit (= Ferrit + Zementit) umwandeln. Das mit eutektischer Zusammensetzung entstehende Gefüge aus Zementit und Perlit bezeichnet man als **Ledeburit** (A.Ledebur, 1837–1906). Bei der Herstellung von Stahlguß-Werkstücken geht man von wesentlich niederen Kohlenstoffgehalten aus, um in die „Stahlecke" des Eisen-Kohlenstoff-Diagramms hineinzugelangen, man braucht hierfür jedoch recht hohe Schmelztemperaturen. Beim **Temperguß** nutzt man die Schmelzpunktserniedrigung durch höhere Kohlenstoffgehalte aus, muß aber den Kohlenstoff durch anschließendes Oxidieren (z.B. durch Glühen in entkohlender Atmosphäre) aus dem Werkstoff entfernen.

Aus verschiedenen Eisen-Kohlenstoff-Schmelzen scheidet sich beim Abkühlen nicht Zementit, sondern elementarer Graphit aus. In diesen Fällen ergibt das Schmelzdiagramm mit geringeren Kohlenstoffgehalten als im eutektischen Punkt C einen nur geringfügig andersartigen Verlauf als in Abb. 6.20. Wegen des grauen Aussehens beim Bruch bezeichnet man solche (kohlenstoffreiche) Gußwerkstoffe als **Grauguß**.

Während Stahlsorten mit niederem Kohlenstoffgehalt verformungsfähig sind (bei Kohlenstoffgehalten unter 0,1 % als „Tiefziehstahl" auch kalt verformbar), sind Stähle mit hohem Kohlenstoffgehalt und Gußeisenwerkstoffe spröde und lassen sich auch in der Hitze nicht verformen.

Verschiedene andere **Legierungsbestandteile**, z.B. Chrom, Nickel, Mangan, Silicium können die Lage der Linien im Zustandsdiagramm Abb. 6.20 und die Eigenschaften der Stähle erheblich verändern. So bewirken Anteile von Silicium, Chrom und Mangan eine Erhöhung der Festigkeit. Silicium erhöht den elektrischen Widerstand, was solche Legierungen zur Verwendung für Dynamo- und Transformatorenstähle geeignet macht, denn damit sinken im Stahl auch die Verluste durch Wirbelströme und Hysteresiseffekte.

Gußstähle mit Massengehalten von 12 bis 15 % Silicium sind säurebeständig, jedoch nicht verformbar. Chromgehalte über 12 % erbringen gute Korrosionsbeständigkeit, wobei die Widerstandsfähigkeit mit steigendem Chromgehalt zunimmt; beim Vorhandensein von viel Kohlenstoff kann jedoch infolge von Chromcarbidbildung (siehe Abschnitt 7.3.2) die Korrosionsbeständigkeit stark abnehmen (Ursache: siehe Abschnitt 10.6.2d1). **Chromnickelstähle** sind besonders hart, zäh und widerstandsfähig. Der häufig verwendete V2A-Stahl enthält folgende Massenanteile: 73 % Eisen, 18 % Chrom, 8 % Nickel und etwa je 0,2 % Silicium, Kohlenstoff und Mangan; er liegt bei Raumtemperatur in der Kristallisationsform des γ-Eisens vor (austenitischer Stahl), ist infolgedessen nicht ferromagnetisch, sondern nur paramagnetisch.

Reines Eisen wird aufgrund seiner ferromagnetischen Eigenschaft bei Raumtemperatur von einem Magnetfeld angezogen und wird dabei magnetisiert. Es verliert jedoch sofort wieder diesen Magnetismus, sobald man das Feld entfernt. Stahl hingegen (also mit entsprechenden Anteilen Kohlenstoff), insbesondere mit bestimmten Legierungsanteilen von Aluminium, Nickel und Titan behält diese gewonnenen magnetischen Eigenschaften auch außerhalb des Magnetfeldes bei. Es kann daher als Material für Dauermagneten dienen.

Cobalt, Co, ist ein stahlgraues, **Nickel**, Ni, ein silberweißes Metall. Diese beiden Metalle, deren physikalische Daten in Tab. 6.14 enthalten sind, gehören zur Eisengruppe, sie sind ebenfalls **ferromagnetisch** und werden hauptsächlich als Legierungsbestandteile für Stähle verwendet. Von Bedeutung sind diese beiden Metalle auch als Katalysatoren; am bekanntesten ist der **Raney-Nickel**-Katalysator, den der Amerikaner Raney in den Jahren 1925–1927 entwicklet hat. Man erhält ihn aus einer Legierung von 30 % Nickel und 70 % Aluminium durch Herauslösen des Aluminiums mit Hilfe einer Lauge (siehe Abschnitt 7.2.3) als feinverteilten, hochaktiven Katalysator.

6.5.13 Metalle der vierten bis siebten Nebengruppe

Metalle der Nebengruppen IVa bis Vlla sind wichtige Legierungsbestandteile für verschiedenste Stahlsorten und finden teilweise im metallischen Zustand, noch häufiger jedoch in Form vieler Verbindungen als Katalysatoren Verwendung.

Titan, Ti, hat etwa die gleiche Festigkeit wie Stahl und wird, da es korrosionsbeständig und viel leichter, allerdings sehr viel teurer als dieser ist, für spezielle Zwecke (Flugzeugbau, Raumfahrt, chemische Industrie) als Werkstoff verwendet. **Chrom**, Cr, ist besonders gut als Endüberzug über metallischen Korrosionsschutzschichten geeignet (siehe Abschnitt 10.6.3).

Die Tab. 6.14 enthält einige Anhaltspunkte über die Eigenschaften der wichtigsten Metalle in den Nebengruppen IVa bis Vlla.

6.5.14   Metalle der dritten Nebengruppe und die Lanthanoide

Die Metalle der dritten Nebengruppe Scandium, Yttrium und Lanthanium ähneln in ihren Eigenschaften dem Aluminium. Yttrium hat eine größere Bedeutung als Material zur Aufnahme von Uran-Kernbrennstoffen in der Reaktortechnik gewonnen. Eine Legierung von Yttrium und Cobalt ist ein ausgezeichnetes Material zur Herstellung von Permanentmagneten. Sc, Y, La werden zusammen mit den Lanthanoiden auch **Seltenerdmetalle** genannt.

Als **Lanthanoide** bezeichnet man die 14 auf das Lanthanium folgende Elemente, bei denen zunächst die drittäußere Schale (vierte Schale) mit d-Elektronen aufgefüllt wird. Den häufig verwendeten Namen „Seltene Erden" tragen diese Metalle nicht zu Recht, da das häufigste unter diesen Metallen (das Cer) in der Erdrinde weiter verbreitet ist als z.B. das Blei und sogar das seltenste unter ihnen (das Thulium) häufiger ist als z.B. das Silber. In ihren Eigenschaften erinnern diese sich häufig ähnlich verhaltenden Metalle teils an die Metalle der dritten Nebengruppe, teils sogar an die Erdalkalimetalle, z.B. hinsichtlich der Eigenschaft mit Wasser zu reagieren. Das Metall **Cer** findet als Eisenlegierung (mit den Massenanteilen 70 % Ce und 30 % Fe) für Feueranzünder Verwendung, da die beim Reiben abgeschabten Teile infolge heftiger Oxidation Funken bilden.

6.6   Radioaktive Elemente

Radioaktive Elemente haben keine stabilen Isotope, d. h., alle überhaupt möglichen Isotope dieser Elemente zeigen eine mehr oder weniger starke Tendenz, sich unter Aussendung von radioaktiven Strahlen in andere Elemente umzuwandeln. Haben radioaktive Elemente genügend lange Halbwertszeiten (siehe Abschnitt 6.1.3a), die in der Größenordnung des Alters der Erde (ca. fünf Milliarden Jahre) liegen, so kann man damit rechnen, diese Elemente in Mineralien zu finden. Die wichtigsten, mit abbauwürdigen Mengen vorkommenden radioaktiven Elemente sind **Uran** und **Thorium** mit ihren durch radioaktiven Zerfall sich bildenden Folgenukliden. Elemente, deren sämtliche Isotope relativ kurze Halbwertszeiten aufweisen, sind in der Natur nicht mehr zu finden, so Element 43 = Technetium (Isotope mit Halbwertszeiten zwischen 5,3 Sekunden und $2,6 \cdot 10^6$ Jahren), das Element 61 = Prometium (Halbwertszeiten bis zu 17,7 Jahren) und die **Transurane**. Sie können aber durch Kernreaktionen künstlich hergestellt werden. Von Interesse sind ferner radioaktive Isotope stabiler Elemente, von denen in Abschnitt 6.6.2 das Co 60 und das Sr 90 näher besprochen werden.

6.6.1   Natürliche radioaktive Elemente

Die beiden wichtigsten in der Natur vorkommenden Elemente mit natürlicher Radioaktivität sind das Uran und das Thorium.

a) Uran

Uranerze enthalten folgende drei Isotope U 238, U 235 und U 234 im Mischungsververhältnis 99,2739 : 0,7205 : 0,0056.

1) Das Nuklid U 235

U 235, ein wichtiger Kernbrennstoff für Atomkraftwerke, war auch Bestandteil der im zweiten Weltkrieg über Hiroschima abgeworfenen Atombombe. Dieses Nuklid zeigt normalerweise einen Zerfall, der unter Aussendung von α, β und γ-Strahlen über zehn Zwischennuklide (Th 231, Pa 231, Ac 227, Th 227, Ra 223, Rn 219, Po 215, Pb 211, Bi 211, Tl 207) schließlich zum Pb 207 führt. Der Zerfall zur ersten Zwischenstufe (unter Aussendung von α-Strahlen zum Nuklid Th 231) hat eine Halbwertszeit von $6{,}96 \cdot 10^{8}$ Jahren.

Neben diesem natürlichen Zerfall ist noch eine Spaltung des U 235-Kernes (siehe Abschnitt 6.1.3c) festzustellen, und zwar kommt durchschnittlich auf 270 Millionen Zerfälle etwa eine Spaltung vor. Otto Hahn (Otto Hahn 1879–1968, Nobelpreis 1944) entdeckte 1938, daß Spaltungen von U 235-Kernen künstlich durch den Einfang von Neutronen ausgelöst werden können.

Damit aber Neutronen von Urankernen eingefangen werden können, darf ihre Geschwindigkeit nicht zu groß sein. Zu schnelle Neutronen werden nicht eingefangen, sondern am Kern reflektiert. Schnelle Neutronen kann man durch Abbremsen auf eine geringere Geschwindigkeit bringen, wenn man sie mit leichten Atomen zusammenstoßen läßt; an sehr massenreichen Atomen jedoch behalten die Neutronen bei der Reflexion praktisch ihre ursprüngliche Geschwindigkeit bei, wie aus Abb. 6.23 deutlich wird.

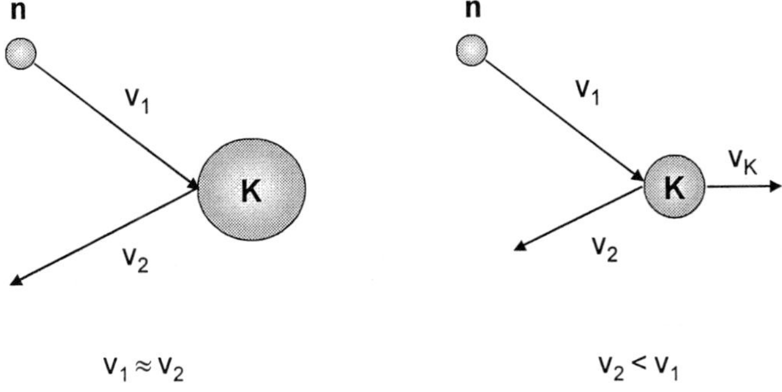

Abb. 6.23. Neutronenstöße a) mit schweren Kernen b) mit leichten Kernen

Als Bremssubstanzen, auch **Moderatoren** (moderator, lat. = Lenker, Mäßiger) genannt, eignen sich z.B. schweres Wasser D_2O oder normales Wasser H_2O. Bei der Spaltung von Urankernen entstehen zwei bis drei neue Neutronen, die dann, falls sie durch Moderatoren abgebremst werden, eine Kettenreaktion hervorrufen können, wie in Abb. 6.24 angedeutet ist.

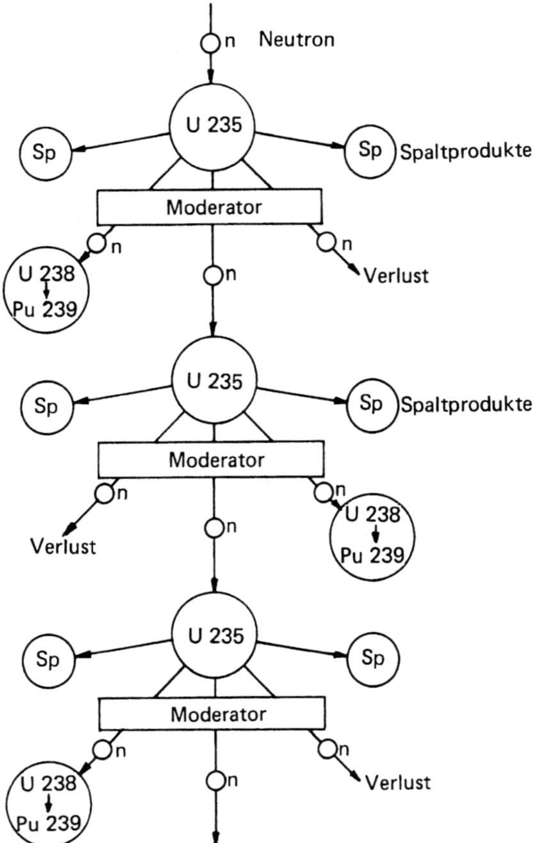

Abb. 6.24. Kettenreaktion bei der Uranspaltung

Ein großer Anteil der Neutronen verläßt das Uranstück ohne mit Atomkernen zusammenzustoßen. Der Anteil an Neutronen, die ins Freie gelangen, ist um so geringer, je größer die Masse und je kleiner die Oberfläche des Uranstücks ist. Da pro Urankernspaltung jeweils zwei bis drei neue Neutronen entstehen, kann ab einer bestimmten Uranmenge, der sogenannten **kritischen Masse** der Anteil der eingefangenen, Urankerne spaltenden Neutronen ständig anwachsen, so daß in sehr kurzer Zeit die bei der Spaltung freiwerdenden Energien das Uranstück zur Explosion bringen (Atombombenexplosion). Ist die Uranmenge kleiner als die kritische Masse, so gehen mehr Neutronen verloren als durch Spaltung neue gebildet werden. Es nimmt also im Laufe der Zeit die Anzahl der Urankernspaltungen ständig ab; die Kettenreaktion klingt ab und hört schließlich praktisch auf. In Atomkraftwerken wird die Uranspaltung gerade auf dem kritischen Wert gehalten, es werden gerade soviel Neutronen neu gebildet, daß die Anzahl der Spaltungen pro Zeiteinheit konstant bleibt. Man erreicht dies durch Ein- und Ausfahren von Regelstäben. Sie bestehen aus Substanzen, die Neutronen absorbieren (z.B. Cadmium oder Bor).

2) Das Nuklid U 238

U 238 zerfällt unter Aussendung von α, β und γ-Strahlen und ergibt schließlich das stabile Nuklid Pb 206. Als Zwischennuklide treten dabei in folgender Reihenfolge auf: Th 234, Pa 234, U 234, Th 230, Ra 226, Rn 222, Po 218, Pb 214, Bi 214, Po 214, Pb 210, Bi 210, Po 210. Die Halbwertszeit des ersten Zerfallschrittes von U 238 zum Th 234 beträgt $4{,}51 \cdot 10^9$ Jahre, was etwa dem Alter der Erde entspricht.

Das Isotopenverhältnis der beiden Uranisotope U 235 und U 238 kann zur **Bestimmung des Erdalters** verwendet werden (siehe Abb. 6.25). Wenn sich die beiden Uranisotope U 235 und U 238 zu etwa gleichen Teilen vor der Entstehung der Erde gebildet haben, müßte beim heutigen Isotopenverhältnis die Erde ein Alter von weniger als $5{,}85 \cdot 10^9$ Jahre haben.

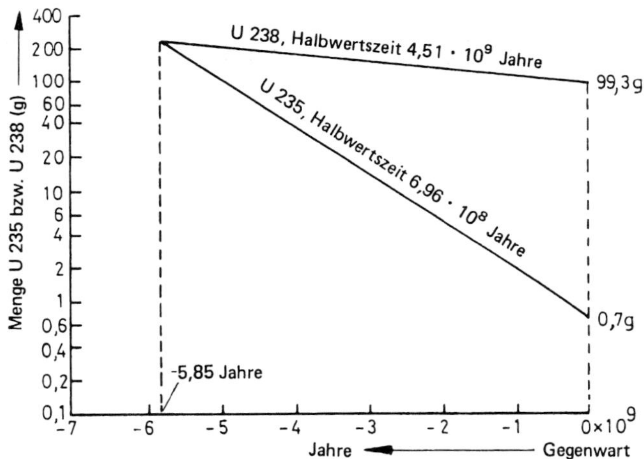

Abb. 6.25. Bestimmung des Erdalters

Durch schnelle Neutronen mit entsprechend hoher kinetischer Energie können Urankerne des U 238 gespalten werden, während langsame, thermische Neutronen eingefangen werden und den Urankern unter Aussendung von zwei Elektronen (β-Strahlen) in einen Plutoniumkern umwandeln:

$$^{238}_{92}\text{U} + \ ^{1}_{0}\text{n} \ \rightarrow \ ^{239}_{92}\text{U} \ \xrightarrow{-\beta} \ ^{239}_{93}\text{Np} \ \xrightarrow{-\beta} \ ^{239}_{94}\text{Pu}$$

b) Thorium

Es ist neben dem Uran ein wichtiges, in der Natur vorkommendes radioaktives Element. Der Zerfall des Th 232 unter Aussendung von α- β- und γ-Strahlen führt über die Nuklide Ra 228, Ac 228, Th 228, Ra 224, Rn 220, Po 216, Pb 212, Bi 212 und Po 212 schließlich zum stabilen Blei Pb 208. Die Halbwertszeit der ersten Zerfallstufe beträgt

$1{,}40 \cdot 10^{10}$ Jahre. Thorium ist ein wichtiger **Kernbrennstoff,** da es sich durch Neutronen-einfang in das spaltbare U 233 umwandeln läßt.

$$^{232}_{90}\text{Th} \;+\; ^{1}_{0}\text{n} \;\rightarrow\; ^{233}_{90}\text{Th} \;\xrightarrow{\;-\beta\;}\; ^{233}_{91}\text{Pa} \;\xrightarrow{\;-\beta\;}\; ^{233}_{92}\text{U}$$

6.6.2   Künstlich hergestellte radioaktive Elemente

a) Plutonium

Das Nuklid Pu 239 entsteht durch Einfang thermischer Neutronen aus dem U 238 (siehe Abschnitt 6.6.1a1 und 2) und kann in Kernreaktoren zur Energieerzeugung verwendet werden. Pu 239 ist radioaktiv und wandelt sich mit einer Halbwertszeit von 24 360 Jahren unter Aussendung von α-Strahlen in U 235 um.

Da Plutonium sich aus Urankernen bildet, kommt es in geringen Mengen auch in Uranerzen vor. Pu 239 kann zur Herstellung von Atombomben verwendet werden. Inkorporiertes Plutonium wird hauptsächlich in die Knochen eingebaut, wo es Schäden infolge seiner radioaktiven Strahlen hervorrufen kann. Plutonium ist nicht nur durch seine Radioaktivität gefährlich, sondern auch durch seine chemischen Eigenschaften. Es gehört mit einem LD_{50}-Wert (= Lethale Dosis 50 %; Definition siehe Abschnitt 12.5.1) von 1 mg/kg zu den giftigsten Elementen des Periodensystems.

b) Cobalt Co 60

Durch Bestrahlen von Cobalt mit Neutronen entsteht das radioaktive Co 60, ein sehr harter γ-Strahler (1,33 MeV) mit der Halbwertszeit von 5,26 Jahren. Co 60 wird häufig als γ-Strahlenquelle in Forschung und Technik oder z.B. zur Strahlentherapie (bei Krebs) verwendet.

c) Strontium Sr 90

Bei der Kernspaltung von U 235 oder Pu 239 entsteht unter anderem das Radionuklid Sr 90. Das Erdalkalimetall Strontium kann wegen ähnlicher chemischer Eigenschaften anstelle von Calcium vom Organismus aufgenommen werden. Beim Menschen wird es hauptsächlich in die Knochensubstanz eingebaut. Das Sr 90 hat zwar eine sehr weiche β-Strahlung (0,54 MeV), die deswegen auch nicht sehr tief in Materieschichten eindringen kann. Die Ablagerung dieses radioaktiven Strahlers mit einer relativ langen Halbwertszeit (28 Jahre) in unmittelbarer Nähe des blutbildenden Knochenmarks läßt das Sr 90 zu einem sehr gefährlichen Folgeprodukt von Kernspaltungsreaktionen werden.

6.6.3   Kernreaktoren

In Kernreaktoren nutzt man die bei der Spaltung schwerer Kerne freiwerdende Energie zur Erzeugung elektrischen Stromes aus. Kernbrennstoff kann sein:

- **U 235**, bei welchem der Isotopenanteil von U 235 in den Uranerzen zu gering ist, muß das U 235 durch aufwendige Isotopentrennverfahren erst angereichert werden (für Leichtwasserreaktoren auf Massenanteile von 2,5–3,3 %).
- **Pu 239**, welches durch Neutroneneinfang aus U 238 gebildet wird (siehe Abschnitt 6.6.2a).
- **U 233**, welches durch Neutroneneinfang aus Thorium entsteht (siehe Abschnitt 6.6.1b).

Aus 1 kg U 235 werden Energien frei, die ca. 3000 SKE[11] = ca. drei Millionen kg Steinkohle oder etwa 24 Millionen kWh entsprechen. Die im Reaktorkern produzierte Wärme wird mittels eines Wärmeträgermediums zu einem Dampferzeuger transportiert. Als Wärmeträger wird Helium, Wasser oder flüssiges Natrium eingesetzt. Mit dem so erzeugten Wasserdampf wird ein Generator betrieben, der elektrischen Strom erzeugt. In einem Kernreaktor wird jedoch meist weniger als 40 % dieser Energie ausgenutzt, der Rest wird an die Umgebung abgegeben (Flüsse, Kühltürme).

---

[11] 1 SKE = 1 Steinkohleneinheit entspricht dem Energiewert von ca. 29300 MJ.

Kontroll- und Übungsfragen zum 6. Kapitel

1) Nennen Sie einige Metalle, Nichtmetalle und Halbmetalle!
2) Worin unterscheiden sich Metalle, Nichtmetalle und Halbmetalle?
3) Welche Maßnahmen sind notwendig angesichts zu Ende gehender Rohstoffvorräte? Welche drei Ordnungen von Ressourcen kennen Sie?
4) Welche prinzipiellen Möglichkeiten zur Elementumwandlung gibt es?
5) a) Nach welcher Methode können Altersbestimmungen organischen Materials durchgeführt werden?
   b) Was versteht man unter der Tritiumuhr?
6) Berechnen Sie die Energie, welche bei der Spaltung von 1 kg Uran 235 freigesetzt wird. Bei der Spaltung soll folgende Reaktion ablaufen:

$$^{235}_{92}\text{U} + {}^{1}_{0}\text{n} \rightarrow {}^{141}_{56}\text{Ba} + {}^{92}_{36}\text{Kr} + 3\,{}^{1}_{0}\text{n}$$

Die Massen der Atomkerne betragen: $m(\text{U } 235) = 3{,}9030 \cdot 10^{-25}$ kg, $m(\text{Ba } 141) = 2{,}3399 \cdot 10^{-25}$ kg, $m(\text{Kr } 92) = 1{,}5264 \cdot 10^{-25}$ kg, Masse eines Neutrons: $m = 1{,}67492 \cdot 10^{-27}$ kg

7) Was besagt die Doppelbindungsregel?
8) Erklären Sie den Unterschied von ferromagnetischen, paramagnetischen und diamagnetischen Stoffen!
9) Was versteht man in der Molekülorbital-Theorie unter bindenden und antibindenden Elektronen? (Erklärung anhand der Energieniveaus).
10) Welche Eigenschaft des Sauerstoffs nutzt man zu dessen meßtechnischen Erfassung aus?
11) Welche Vorsichtsmaßnahmen sind bei Verwendung von reinem Sauerstoff zu beachten?
12) Was ist Ozon?
13) Was versteht man unter Polymorphie?
14) Warum ist die Diamant-Modifikation des Kohlenstoffs ein sehr harter Stoff und ein elektrischer Isolator, die Graphit-Modifikation jedoch ein sehr weicher, elektrisch leitender Stoff?
15) Was sind Fullerene?
16) Wofür wird Aktivkohle verwendet?
17) Wann muß man anstelle von scharf begrenzten Elektronen-Energieniveaus mehr oder weniger breite Energiebänder annehmen?
18) Was bedeutet der Ausdruck „verbotene Zone" in einem Energiebänderdiagramm?
19) Wie unterscheiden sich Isolatoren, Halbleiter und Metalle in den Energiebänderdiagrammen voneinander?
20) Erklären Sie anhand von Energiebänderdiagrammen den Unterschied zwischen Eigenhalbleitern und Störstellenhalbleitern!
21) a) Durch welche Elektronenübergänge (im Energiebändermodell) werden n-dotierte bzw. p-dotierte Siliciumhalbleiter elektrisch leitend?
   b) In welchem Energieband erfolgt dann die Leitung der Elektronen?
22) Wie kann man beim Halbleiter Galliumarsenid (GaAs) erreichen, daß er als p- oder n-Leiter wirkt, ohne daß man ihn mit Fremdatomen dotiert?
23) Warum können Metalloxide Halbleitereigenschaften aufweisen?

24) Wie ändert sich die elektrische Leitfähigkeit von Halbleitern und von Metallen mit zunehmender Temperatur? Warum?

25) Erklären Sie das Prinzip beim Einsatz von Halbleitern als Gassensoren!

26) Nennen Sie wichtige allgemeine metallische Eigenschaften!

27) Warum kommt trotz isolierender Oxidschicht auf der Oberfläche der meisten Metalle eine elektrisch leitende Verbindung zustande?

28) Was versteht man unter Supraleitfähigkeit? Was ist die Sprungtemperatur?

29) Warum haben Metalle eine sehr gute Wärmeleitfähigkeit?

30) Welchen Effekt macht man sich bei Alkaliphotozellen zunutze?

31) Warum lassen sich Metalle plastisch verformen, während Salze bei einer ähnlichen Belastung auseinanderbrechen?

32) Nach welchen Kriterien können Metalle eingeteilt werden?

33) Welche Legierungstypen gibt es und wie ist bei ihnen der atomare Aufbau?

34) Zeichnen Sie Zustandsdiagramme für verschiedene Legierungstypen!

35) Nennen Sie Vorsichtsmaßnahmen beim Arbeiten mit Quecksilber!

36) Was ist Messing, was Bronze?

37) Aus welchem Grund sind die Edelmetalle wenig reaktionsfähig?

38) Welche Veränderung erfährt Eisen beim Curie-Punkt?

39) Was versteht man unter Ferrit, Perlit und Zementit?

40) Welcher Vorgang liegt dem Härten von Stahl zugrunde?

41) Welches sind die beiden wichtigsten in Mineralien vorkommenden schweren Elemente mit natürlicher Radioaktivität?

42) Wozu dienen Moderatoren in Kernreaktoren?

43) Was versteht man unter der kritischen Masse bei Kernspaltungsprozessen?

7 Anorganische Verbindungen

Übersicht über die Thematik des 7. Kapitels

Chemische Verbindungen werden nach der traditionellen Gliederung in organische und anorganische Stoffe eingeteilt. Während man die Kohlenstoffverbindungen (von wenigen Ausnahmen abgesehen – eine genauere Abgrenzung wird zum Beginn des 8. Kapitels gegeben) zum Gebiet der organischen Chemie zählt, faßt man alle übrigen chemischen Verbindungen unter der Sammelbezeichnung der anorganischen (nichtorganischen) Stoffe zusammen. Unter diesen anorganischen Verbindungen gibt es einige wie z.B. Schwefeldioxid, Kohlenmonoxid oder Stickstoffoxide die als Umweltschadstoffe bekannt geworden sind. Zahlreiche anorganische Verbindungen haben eine weitverbreitete technische Verwendung gefunden. Besondere Bedeutung kommt den Wasserstoff- und Sauerstoffverbindungen vieler Elemente, vor allem auch der Verbindung H_2O (Wasser) zu. Dieses Kapitel gibt eine eingehendere Beschreibung solcher Verbindungen. Aus der großen Zahl der heute bekannten anorganischen Verbindungen werden hier nur einige wenige, technisch wichtige, wie z.B. keramische Werkstoffe und Gläser näher beschrieben.

7.1 Wasserstoffverbindungen der Elemente

Der Wasserstoff steht in der Mitte der Elektronegativitätsskala (siehe Abb. 1.8). In Verbindungen mit Elementen geringer Elektronegativität erhält er daher die Oxidationszahl -1. Insbesondere die Metalle der ersten und zweiten Hauptgruppe bilden mit Wasserstoff diese als **salzartige Metallhydride** bezeichneten Verbindungen (z.B. LiH Lithiumhydrid). Sie sind jedoch für einen Ingenieur von geringem Interesse und werden deswegen hier nicht näher besprochen.

Technisch bedeutsamer sind die **Metallhydride**, welche durch Reaktion von Wasserstoff mit Übergangsmetallen (z.B. Ti, V, Ni, Pd) gebildet werden. Bei diesen Verbindungen werden die relativ kleinen H-Atome in die Hohlräume des Metallgitters eingelagert und heißen deshalb auch **Einlagerungshydride** (zu Einlagerungsverbindungen, siehe auch Abschnitt 6.5.3b). Palladium kann z.B. ein Gasvolumen an Wasserstoff aufnehmen, das bis 900 mal größer ist als sein eigenes Volumen. In ihren Eigenschaften sind diese Hydride den Metallen ähnlich; sie leiten beispielweise den elektrischen Strom. In der Technik ist das lösen von Wasserstoff in Platin oder Palladium wichtig für katalytische Reaktionen. Metallhydride werden auch als **Wasserstoffspeicher** eingesetzt, da die H-Atome reversibel in das Metallgitter eingebracht und wieder entnommen werden können. Hierbei wird häufig die Legierung $LaNi_5$ eingesetzt, welche etwa 1,8 Massenprozent Wasserstoff aufnehmen kann. Gegenüber den alternativen Speichermöglichkeiten für Wasserstoff (Drucktanks, Flüssigwasserstoff) haben die Metallhydridspeicher den Nachteil einer geringeren Speicherdichte, zudem sind sie relativ teuer. Metallhyride werden auch in den **Nickel-Metallhydrid-Akkumulatoren** verwendet (siehe Abschnitt 10.3.2b).

Mit Kohlenstoff (etwa gleiche Elektronegativität) bildet Wasserstoff eine vielfältige Reihe von wichtigen Verbindungen: Es sind die **Kohlenwasserstoffe**, die im Kapitel 8 (organische Chemie) ausführlich beschrieben werden.

Von großer Bedeutung sind einige Verbindungen des Wasserstoffs mit den **Nichtmetallen** größerer Elektronegativität, hiervon handeln die folgenden Abschnitte 7.1.2 bis 7.1.8.

7.1.1   Das Tetraedermodell für Moleküle

Die Eigenschaften sehr wichtiger Wasserstoffverbindungen des Kohlenstoffs, Stickstoffs und Sauerstoffs lassen sich aus der Molekülstruktur, d.h. aus der räumlichen Anordnung der einzelnen Atome im Molekül verständlich machen. Daher soll vor der speziellen Beschreibung dieser Stoffe zunächst etwas Grundsätzliches über den Bau der ihnen zugrundeliegenden Moleküle vorausgestellt werden.

Viele Moleküle von Wasserstoffverbindungen lassen in ihrem Aufbau eine tetraedrische Grundstruktur erkennen. Das hat folgende Ursache:

Die Elektronen in einzelnen, für sich isolierten Atomen wurden mit ihren verschiedenen energetischen Zuständen durch mathematische Berechnung der Schrödinger-Gleichung als s-, p-, d- und f-Orbitale beschrieben (siehe Abschnitt 1.3.2d). Gehen Atome sowohl mit ihren s-Elektronen als auch mit den p-Elektronen kovalente Verbindungen ein, so bilden sich dabei aus diesen s- und p-Atomorbitalen andere, energetisch begünstigte **Hybridorbitale** (hybrida, lat. = Mischling). Dabei führt die Kombination eines s-Orbitals und dreier p-Orbitale zu vier neuen, einander völlig gleichwertigen sogenannten q-Orbitalen, die auch als **sp^3-Hybridorbitale** bezeichnet werden. Es sind hantelähnliche Orbitale, deren größere Hantelhälfte jeweils in eine Ecke eines Tetraeders weist, wie es Abb. 7.1 verdeutlicht. In Abb. 7.1a ist ein einzelnes Hybridorbital dargestellt. Die stärker ausgebildete (positive) Orbitalhälfte weist dabei in Richtung des Verbindungspartners. Abb. 7.1b zeigt die vier sp^3-Hybridorbitale des Methanmoleküls. Die einzelnen Orbitale sind durch verschiedenartige Punkte gekennzeichnet.

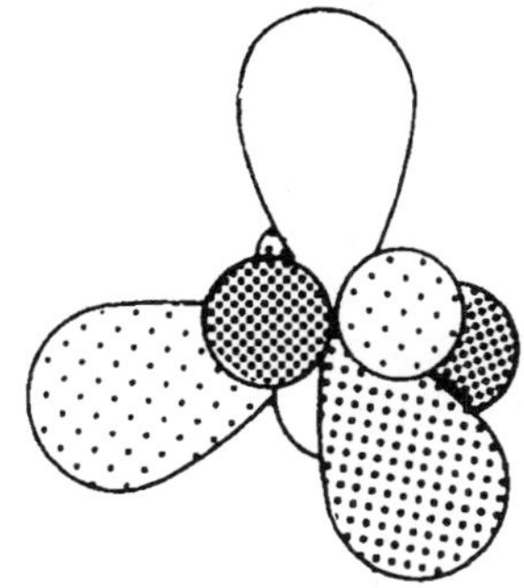

a einzelnes Hybridorbital   **b** vier Hybridorbitale beim Methan CH_4

Abb. 7.1. Bildung von sp^3-Hybridorbitalen

Bei der Verbindung CH_4, dem Methan, wäre dann in jeder Ecke dieses Tetraeders je ein Wasserstoffatom an das in Tetraedermitte anzunehmende Kohlenstoffatom gebunden, wie es Abb. 7.3a verdeutlicht. Während die s-Elektronen kugelförmige Orbitale und die p-Elektronen hantelförmige Orbitale ergeben, sind bei den hybridisierten, hantelförmigen q-Orbitalen die Aufenthaltsräume der Elektronen in Richtung Verbindungspartner (Wasserstoff) verschoben, d. h., dieser Teil des hantelförmigen Orbitals ist stark vergrößert.

Die energetischen Verhältnisse bei der Hybridisierung werden durch die Abb. 7.2 angedeutet. Aus dem Energieniveauschema der Elektronen im einzelnen, isolierten Kohlenstoffatom der Abb. 7.2a wird in der Verbindung CH_4 das Energieniveauschema der Abb. 7.2b mit vier energetisch gleichen q-Orbitalen, die man auch als sp³-Hybridorbitale bezeichnet. Hierbei ist zu beachten, daß die Hybridisierung des s- und der drei p-Orbitale zu den vier gleichwertigen q-Orbitalen für das einzelne Kohlenstoffatom zunächst Energie erfordert. Durch den Energiegewinn bei der Verbindungsbildung mit den H-Atomen wird dieser Energiebetrag aber überkompensiert.

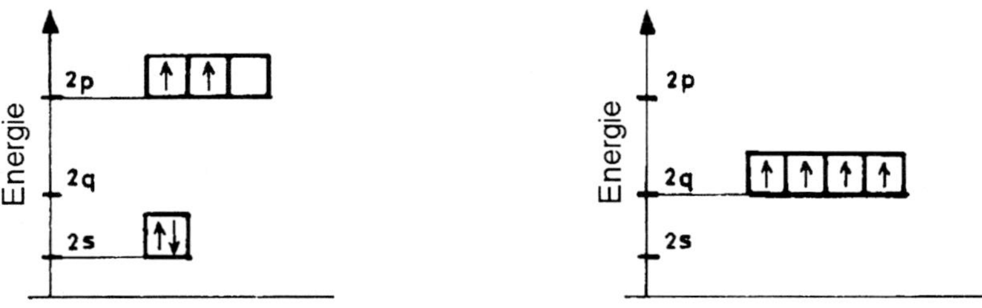

a einzelnes Kohlenstoffatom   b Kohlenstoff im Methanmolekül CH_4

Abb. 7.2. Energieniveauschemas der zweiten Elektronenschale beim Kohlenstoff

Die Winkel zwischen den Bindungsrichtungen im Methanmolekül, d.h. die Winkel vom Kohlenstoffatom in der Mitte des Tetraeders zu jeweils zwei Wasserstoffkernen, betragen wie im regelmäßigen Tetraeder 109° (siehe Abb. 7.3a).

Eine ähnliche Hybridisierung erfahren die Elektronen des Stickstoffatoms in der Verbindung **NH₃** (Ammoniak) und die des Sauerstoffs in der Verbindung **H₂O** (Wasser), nur sind in der Stickstoffverbindung eine Ecke, in der Sauerstoffverbindung zwei Ecken des Tetraeders nicht durch Wasserstoffatome besetzt. In diese freien Tetraederecken weisen jedoch Hybrid-Elektronenpaare ohne Bindungsfunktion (einsame, freie Elektronenpaare), ansonsten enthalten aber alle drei Verbindungen gleichviel Elektronen nämlich außer den beiden Elektronen in der ersten Schale des Zentralatoms noch jeweils acht Elektronen, die zu vier Elektronenpaaren in den tetraedrisch ausgerichteten Hybridorbitalen angeordnet sind. Die zu den Wasserstoffatomen gehenden Hybridorbitale werden aber durch die positive Kernladung der Wasserstoffkerne stärker zusammengezogen als die freien Elektronenpaare. So können die räumlich weiter ausgedehnten Orbitale der freien Elektronenpaare dann die Bindungswinkel zwischen den Wasserstoffatomen beim Ammoniak auf 107°, beim Wassermolekül sogar auf 105° zusammendrängen, wie ein Blick auf Abb. 7.3b und c zeigt.

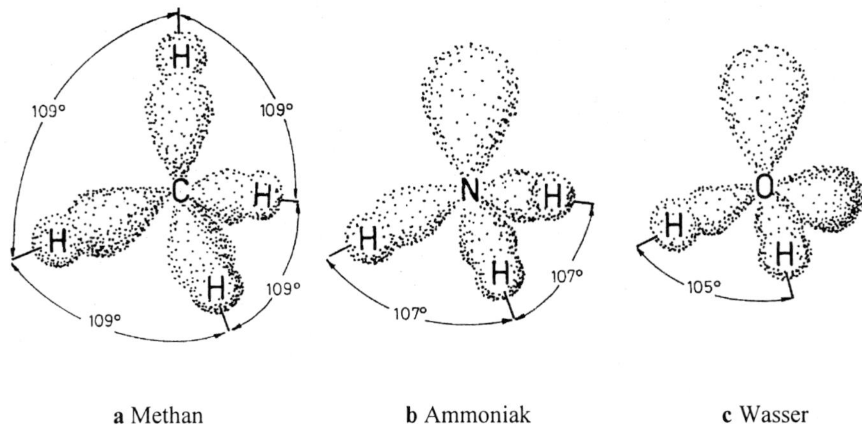

Abb. 7.3. Strukturen und Bindungswinkel

In den Verbindungen NH_3 und H_2O befinden sich die Elemente mit der größeren Elektronegativität (N und O) auf der einen Molekülseite, hingegen die Wasserstoffatome mit ihrer geringeren Elektronegativität auf der anderen Seite; daher sind diese beiden Molekülarten in sich polarisiert, es sind elektrische Dipole, während das Methanmolekül CH_4 nicht polar ist (siehe auch Abschnitt 2.4). Dies hat entscheidende Auswirkungen auf die Eigenschaften dieser Stoffe, z.B. Lösungsvermögen oder Mischbarkeit, wie bereits in Abschnitt 3.5 erwähnt und noch im sechsten Kapitel, besonders im Abschnitt 8.4.1c, diskutiert wird. Aus den eben beschriebenen Molekülstrukturen folgen auch die speziellen Eigenschaften des Wassers und des Ammoniaks; hiervon handeln die folgenden Abschnitte 7.1.2 und 7.1.5.

Die häufig gebrauchten Darstellungsweisen durch **Kalottenmodelle** lassen ebenfalls den polaren Charakter von Ammoniak- und von Wassermolekülen erkennen, wie ein Blick auf Abb. 7.4 zeigt.

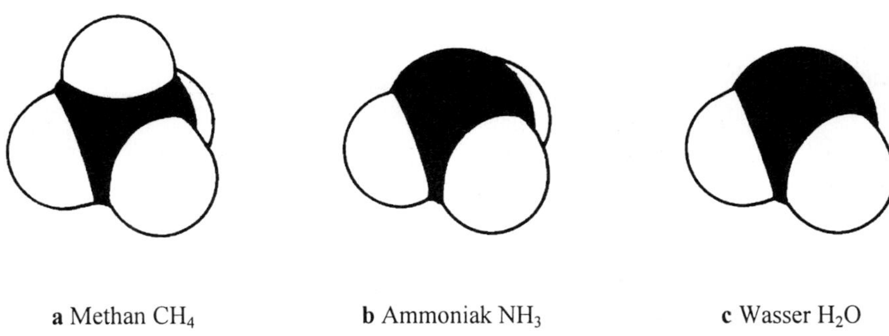

a Methan CH_4　　　　**b** Ammoniak NH_3　　　　**c** Wasser H_2O

Abb. 7.4. Kalottenmodelle

7.1.2   Wasser H_2O

a) Das Wassermolekül

Wie im Abschnitt 7.1.1 beschrieben, sind im Wassermolekül die elektrischen Ladungen nicht symmetrisch verteilt. Die Wasserstoffatome liegen beide auf derselben Seite des Sauerstoffatoms, der Valenzwinkel, also der Winkel zwischen den beiden Bindungen beträgt ca. 105°. Sauerstoff, das Element mit der stärkeren Elektronegativität zieht die Bindungselektronen viel stärker an als der Wasserstoff. Als Folge davon erscheint die Sauerstoff-Seite des Moleküls elektrisch negativ, die Wasserstoff-Seite elektrisch positiv geladen. Das Wassermolekül hat also ein elektrisches Dipolmoment (siehe auch Abschnitt 2.4).

Dieser Aufbau des Wassermoleküls bedingt eine Reihe von Phänomenen, die man gewöhnlich als die Anomalien (anomos, gr. = regelwidrig) des Wasser bezeichnet.

b) Die Anomalien des Wassers

1) Der abnorm hohe Schmelz- und Siedepunkt

Aufgrund der bei den Wassermolekülen vorhandenen **Wasserstoffbrücken** (siehe Abschnitt 2.5.3) und der damit sehr starken zwischenmolekularen Wechselwirkungen, liegt der Schmelzpunkt des Wassers liegt um 100 °C, der Siedepunkt sogar um 180 °C höher, als man es aus diesem Vergleich mit den Wasserstoffverbindungen der sechsten Hauptgruppe erwarten sollte (siehe Abb. 2.12).

Ohne diese ungewöhnliche Eigenschaft des Wassers wäre ein Leben auf der Erde undenkbar; denn Leben ist auf die Existenz von flüssigem H_2O bei gewöhnlicher Temperatur angewiesen.

2) Die Ausdehnung des Wassers beim Gefrieren

Im Abschnitt 3.6.2a1 wurde erwähnt, daß die Verbindung H_2O zu den äußerst seltenen Stoffen gehört, die im flüssigen Zustand, knapp oberhalb des Schmelzpunktes eine größere Dichte aufweisen als im festen, kristallisierten Aggregatzustand. Bei 4 °C hat das Wasser ein Dichtemaximum, der Volumenbedarf zeigt bei dieser Temperatur ein Minimum, wie es aus Abb. 7.5 ersichtlich ist. Dieses Phänomen läßt sich damit erklären, daß die Wassermoleküle im Eiskristall zu einem sehr voluminösen Gitter zusammengefügt sind; wenn nun beim Schmelzpunkt dieses Gitter zusammenbricht, beanspruchen die Bruchstücke ein wesentlich kleineres Volumen als das Kristallgitter. Denn im Eiskristall ist ein Sauerstoffatom jeweils von vier Wasserstoffatomen (in Richtung von Tetraederecken) verbunden; zwei davon sind kovalent gebunden, die beiden anderen führen über Wasserstoffbrücken zu der Wasserstoffseite benachbarter Wassermoleküle. Mit zunehmender Temperatur über dem Schmelzpunkt werden die Gitterbruchstücke immer weiter abgebaut, daher die Volumenverminderung oberhalb 0 °, bis schließlich bei 4 °C die normale Wärmeausdehnung mit steigender Temperatur überwiegt.

Diese Anomalie des Wassers beim Gefrieren hat zur Folge, daß ein See im Winter nicht von unten her und vollständig zufriert, sondern nur eine mehr oder weniger dicke

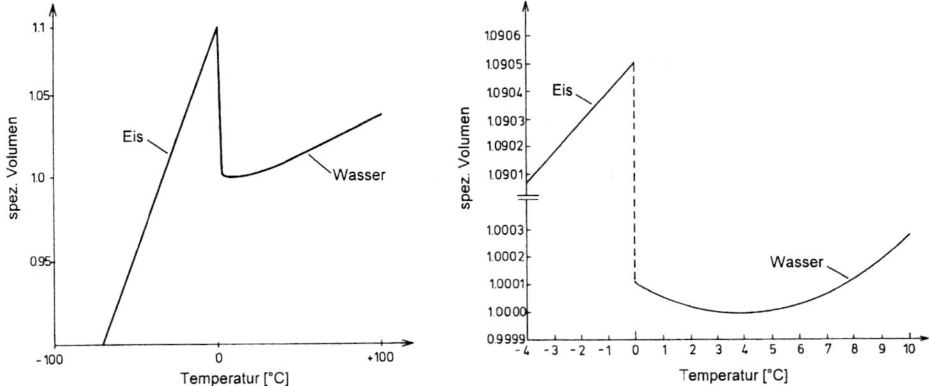

Abb. 7.5. Temperaturabhängigkeit des Volumens von Eis und Wasser

Eisschicht auf der Oberfläche bildet, so daß die im Wasser lebenden Tiere im Winter überleben können.

Die beim Gefriervorgang auftretenden Ausdehnungskräfte sind derart stark, daß selbst sehr dicke Stahlmäntel oder Rohre gesprengt werden können. Diese Sprengwirkung des gefrierenden Wassers ist Ursache für die Verwitterung von Gesteinen, die im Verlauf der Erdgeschichte schließlich zu dem für die Vegetation erforderlichen, lockeren Erdboden geführt hat.

Flüssiges Wasser hat bei 4 °C die Dichte 1,0 g/cm^3, bei 0 °C von 0,9999 g/cm^3, während die Dichte des Eises bei 0 °C nur 0,9168 g/cm^3 beträgt. Beim Gefrieren dehnt sich Wasser also um ca. 1/11 seines Volumens aus, besitzt also nach dem Gefrieren 12/11 des ursprünglichen Volumens. Ein auf dem Wasser schwimmendes Eisstück taucht demnach zu 11/12 in das Wasser und ragt zu 1/12 aus dem Wasser heraus. Wegen der größeren Dichte des salzigen Meerwassers ist dann etwa 1/10 eines Eisberges über der Wasseroberfläche sichtbar.

3) Die ungewöhnlich hohe Dielektrizitätskonstante des Wassers

Der Dipolcharakter des Wassermoleküls und die Verbindung solcher Wassermoleküle untereinander durch Wasserstoffbrücken bewirken, daß die Dielektrizitätskonstante[1] bei 25 °C den sehr hohen Wert von 78,3 erreicht. Denn die Dipolmoleküle richten sich im elektrischen Feld aus und kompensieren dann mit ihren elektrisch polarisierten Molekülteilen die Ladung des äußeren Feldes, so daß die meßbare Spannung zwischen beiden Platten entsprechend geringer erscheint als im Vakuum. Dieser Effekt ist noch stärker, wenn zwei oder mehrere Dipolmoleküle durch Dipolwechselwirkung zusammengelagert sind, weil sie dann ein erhöhtes Dipolmoment aufweisen; denn das Dipolmoment ist nicht nur von der Ladung sondern auch von der Länge der Dipole abhängig.

---

[1] Die Dielektrizitätskonstante, eine dimensionslose Zahl, zeigt an, um welchen Faktor die gegenseitige Anziehungskraft elektrisch geladener Platten geringer wird, wenn man zwischen diese anstelle von Vakuum den betreffenden Stoff bringt.

4) Die elektrolytische Dissoziation des Wassers

Die Wärmebewegung der Moleküle und als Folge davon die sehr große Zahl von gegenseitigen Zusammenstößen kann zu einer Umorientierung der Bindungsverhältnisse führen, in dem Sinne, daß z.B. ein Wasserstoffatomkern sich von einem Wassermolekül lösen und unter Zurücklassung der Bindungselektronen zu einem anderen Wassermolekül überwechseln kann (siehe auch Abschnitt 5.2.1). Die Abb. 7.6 deutet diesen Vorgang an.

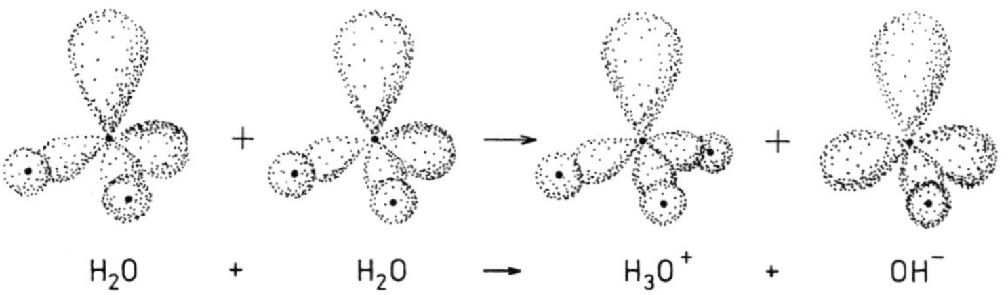

Abb. 7.6. Die elektrolytische Dissoziation von Wasser

Mit Elektronenformeln geschrieben lautet diese Reaktionsgleichung:

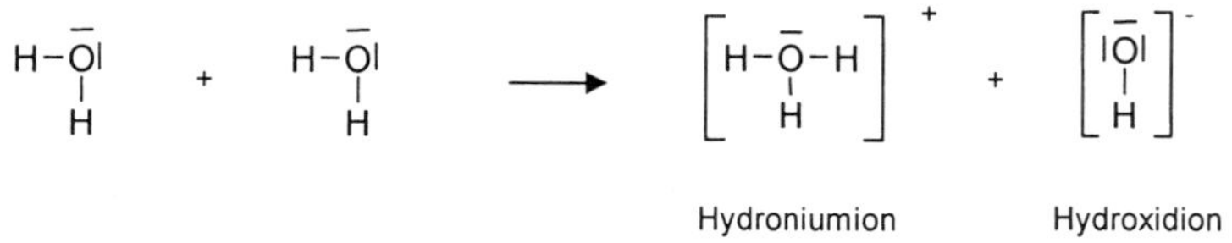

Das entstehende sogenannte **Hydroniumion** (manchmal auch als Oxoniumion bezeichnet) ist dann elektrisch positiv, das **Hydroxidion** elektrisch negativ geladen. Diesen Vorgang stellt man oft vereinfacht durch die folgende Reaktionsgleichung als Zerfall von Wassermolekülen in positiv geladene Wasserstoffionen (Protonen) und in negativ geladene Hydroxidionen dar:

$$H_2O \rightleftharpoons H^+ + OH^-$$

Ein Doppelpfeil in der Reaktionsgleichung soll andeuten, daß im Wasser auch die umgekehrte Reaktion, die Vereinigung von Wasserstoff- und Hydroxidionen zu Wassermolekülen vorkommt (siehe Abschnitt 5.2.1). Bei einer ständig nebeneinander einhergehenden Dissoziation und Rekombination, entsprechend dieser Gleichung, ist im zeitlichen Mittel, und zwar abhängig von der Temperatur (bedingt durch die mittlere Geschwindigkeit der Moleküle), immer ein bestimmter Anteil dissoziiert. Wie bereits in Abschnitt 5.2.1 erwähnt, liegen bei 25 °C in reinem Wasser rund 10^{-7} mol/l H^+-Ionen und ebenfalls 10^{-7} mol/l OH^--Ionen vor. Infolge dieser geringen sogenannten **Eigenionisation** leitet auch reines Wasser in sehr geringem Maße den elektrischen Strom. Die spezifische elektrische Leitfähigkeit des vollkommen reinen Wassers hat bei 18 °C den äußerst niedrigen Wert von $4 \cdot 10^{-8}\ \Omega^{-1}\text{cm}^{-1}$.

Kupfer hat zum Vergleich mit von $6 \cdot 10^5\ \Omega^{-1}\text{cm}^{-1}$ einen 15 billionenfach größeren

Wert der spezifischen Leitfähigkeit. Das bedeutet, absolut reines Wasser würde in einer Schichthöhe von nur 1 mm dem elektrischen Strom den gleichen Widerstand entgegensetzen, wie eine Kupferleitung gleichen Querschnitts von 15 Millionen Kilometern Länge, was der 40 fachen Entfernung von der Erde zum Mond entspricht.

Es ist jedoch äußerst schwierig, Wasser mit solch extremer Reinheit herzustellen. Schon geringste Anteile anderer im Wasser gelöster Ionen steigern die elektrische Leitfähigkeit erheblich. Für Leitfähigkeitsmessungen ausreichend reines Wasser („Leitfähigkeitswasser") zeigt mit einer spezifischen Leitfähigkeit von $1 \cdot 10^{-6}\,\Omega^{-1}\mathrm{cm}^{-1}$ bei 25 °C (25 facher Wert von absolut reinem Wasser!) noch eine ausreichend geringe Leitfähigkeit.

c) Eigenschaften

Wasser, die auf der Erde weit verbreitete, lebensnotwendige Flüssigkeit, dient mit den spezifischen Eigenschaften als Bezugseinheit für viele Meßgrößen und als Vergleichssubstanz zur Charakterisierung von Stoffeigenschaften. So dienen der Siedepunkt und der Gefrierpunkt des Wassers zur Eichung der Temperaturskala nach Celsius (Anders Celsius, 1701–1744). Auch die Masseneinheit Kilogramm ist vom Wasser abgeleitet worden: 1 dm^3 Wasser hat bei 4 °C (Dichtemaximum) eine Masse von 1,0 kg. Ein Prototyp mit dieser Masse wurde aus Edelmetall hergestellt und im Bureau International des Poids et Mesures in Sèvres bei Paris als Massennormal hinterlegt. Später stellte sich durch genauere Messungen heraus, daß ein auf diese internationale Masseneinheit bezogenes Kilogramm Wasser bei 4 °C einen Raumbedarf von 1,000028 dm^3 hat, daß also ein dm^3 = ein Liter Wasser bei 4 °C genau 0,999972 kg wiegt.

Die **Kalorie** diente lange Zeit als Einheit der Wärmemenge. Eine Kalorie (cal) ist diejenige Wärmemenge, die nötig ist, um 1 g Wasser von 14,5 °C auf 15,5 °C zu erwärmen. Wärmemengen werden jetzt in **Joule** angegeben. Weitere wichtige vom Wasser und seinen Bestandteilen abgeleitete Meßgrößen sind der pH-Wert (siehe Abschnitt 4.5.3 und 5.2.2) und das elektrochemische Potential (siehe Abschnitt 10.1.2).

Tab. 7.1 enthält einige wichtige Daten für normales und schweres Wasser (Deuteriumoxid). Es ist ersichtlich, daß die schon erheblichen Unterschiede in den Molmassen bereits einige Differenzen in den Eigenschaften bei diesen beiden Verbindungen hervorrufen.

Tab. 7.1. Eigenschaften von normalem und schwerem Wasser

Eigenschaften	H$_2$O	D$_2$O
Dichte bei 20°C	0,9982 g/cm^3	1,1059 g/cm^3
Temperatur des Dichtemaximums	4,0 °C	11,6 °C
Schmelzpunkt	0,0 °C	3,82 °C
Siedepunkt	100,0 °C	101,43 °C
kritische Temperatur	374,1 °C	371,5 °C
kritischer Druck	221,4 bar	217,8 bar
Schmelzwärme beim Gefrierpunkt	6,012 kJ/mol	6,343 kJ/mol
Verdampfungswärme beim Sdp.	40,692 kJ/mol	41,701 kJ/mol

7.1.3   Wasserstoffperoxid H_2O_2

Wasserstoffperoxid, mit der älteren Bezeichnung Wasserstoffsuperoxid, hat die Strukturformel H–O–O–H. In reinem Zustand ist H_2O_2 eine blaßblaue relativ zähe Flüssigkeit, die sich beim Erwärmen und in Gegenwart von Katalysatoren (z.B. Braunstein, Staub oder Teile mit rauher Oberfläche) rasch zersetzt:

$$\overset{-1}{2\,H_2O_2} \;\rightarrow\; \overset{-2}{2\,H_2O} \;+\; \overset{0}{O_2} \qquad\qquad \Delta H^\circ = -196\ kJ$$

Diese Zersetzung kann oft sehr stürmisch erfolgen, ja bei hohen Konzentrationen sogar explosionsartig verlaufen. In den Handel kommt Wasserstoffperoxid deshalb gewöhnlich als 30 %ige wässrige Lösung unter dem Namen Perhydrol oder noch weiter verdünnt als 3 %ige wässrige Lösung.

Tab. 7.2. Eigenschaften von Wasserstoffperoxid

Schmelzpunkt	-0,4 °C
Siedepunkt	150,2 °C
Dichte (bei 25 °C)	1,448 g/cm^3

Im H_2O_2 tritt der Sauerstoff mit der Oxidationszahl −1 auf (siehe Gleichung oben). Üblicherweise dient Wasserstoffperoxid als starkes **Oxidationsmittel** und wird zum Bleichen z.B. von Papierrohstoffen, Geweben, Haaren usw. oder als Desinfektionsmittel benutzt. Da bei der Oxidation mit H_2O_2 keine gefährlichen Nebenprodukte entstehen, findet es als „umweltfreundliches" Oxidationsmittel auch zunehmend Einsatz in der Umwelttechnik (siehe Abschnitt 13.2.5.g). Gegenüber starken Oxidationsmitteln (wie z.B dem Permanganation) kann Wasserstoffperoxid auch als **Reduktionsmittel** wirken:

$$\overset{+7}{2\,MnO_4^-} + 6\,H_3O^+ + \overset{-1}{5\,H_2O_2} \;\rightarrow\; 2\,Mn^{2+} + 14\,H_2O + \overset{0}{5\,O_2}$$

Wasserstoffperoxid wird heute üblicherweise durch Reaktion mit Hilfe der organischen Substanz Anthrachinon (A) hergestellt (siehe Abschnitt 11.7.1b). Hierbei wird im ersten Schritt das Anthrachinon katalytisch hydriert (d.h. mit gasförmigem Wasserstoff umgesetzt):

$$A + H_2 \;\rightarrow\; AH_2$$

Im zweiten Schritt wird die Verbindung mit Luftsauerstoff zu Wasserstoffperoxid und Anthrachinon umgesetzt:

$$AH_2 + O_2 \;\rightarrow\; A + H_2O_2$$

Das Anthrachinon kann erneut eingesetzt und somit im Kreislauf geführt werden.

7.1.4   Chlorwasserstoff HCl

Chlorwasserstoff ist ein farbloses, stechend riechendes Gas, das sich bei tiefen Temperaturen oder unter Druck zu einer Flüssigkeit verdichtet, die den elektrischen Strom nicht leitet, da die Dipolmoleküle HCl keinen Ionencharakter haben. Auch beim Einleiten von Chlorwasserstoff in ein unpolares Lösungsmittel (wie z.B. Toluol, siehe Abschnitt 8.1.5c) ist keine elektrische Leitfähigkeit feststellbar.

Tab. 7.3. Eigenschaften von Chlorwasserstoff

Schmelzpunkt	-114,22 °C
Siedepunkt	-85,05 °C
kritische Temperatur	+51,3 °C
Dichte (fl.) beim Sdp.	$1,187\ \mathrm{g/cm^3}$

Eine Lösung von HCl-Gas in Wasser dagegen leitet den elektrischen Strom sehr gut. HCl-Gas löst sich sehr leicht in Wasser: unter Normbedingungen löst ein Liter Wasser ca. 500 Liter HCl-Gas. Die HCl-Moleküle reagieren hierbei in einer Säure-Base Reaktion mit den Wassermolekülen zu Hydronium- und Chloridionen (siehe Abschnitt 4.5.1):

$$H_2O + HCl \rightarrow H_3O^+ + Cl^-$$

Vereinfacht wird dieser Sachverhalt oft auch durch folgende Reaktionsgleichung ausgedrückt:

$$HCl \xrightarrow{\ H_2O\ } H^+ + Cl^-$$

Legt man eine Gleichspannung an eine solche Lösung, so werden von der positiven Elektrode die überschüssigen Elektronen der Chloridionen aufgenommen; dabei entstehen zunächst elektrisch neutrale Chloratome, aus denen sich die Moleküle des Chlorgases bilden:

$$2\,Cl^- \rightarrow 2\,Cl + 2\,e^- \rightarrow Cl_2 + 2\,e^-$$

An der negativen Elektrode werden die positiv geladenen Hydroniumionen unter Aufnahme von Elektronen entladen.

$$2\,H_3O^+ + 2\,e^- \rightarrow 2\,H + 2\,H_2O \rightarrow H_2 + 2\,H_2O$$

Dabei entsteht Wasserstoffgas und Wasser. Zieht man hier die entstehenden Wassermoleküle (= Lösungsmittel) von vornherein von den Hydroniumionen ab, so lautet die Gleichung für die Entladungsvorgänge an der negativen Elektrode vereinfacht:

$$2\,H^+ + 2\,e^- \rightarrow 2\,H \rightarrow H_2$$

Die Lösung von Chlorwasserstoff in Wasser nennt man **Salzsäure** oder **Chlorwasser-**

stoffsäure (über Säuren, siehe Abschnitt 4.5.1). Der Salzsäuregehalt ist aus der Dichte ersichtlich; denn es besteht zufällig folgender einfach zu merkender Zusammenhang, daß bei der Dichte die mit zwei multiplizierten beiden ersten Stellen hinter dem Komma den Salzsäuregehalt ergeben. So hat also eine Lösung mit der Dichte 1,06 einen Salzsäuregehalt von 12 g pro 100 g Lösung. Die im Handel erhältliche **konzentrierte Salzsäure** mit einer Dichte von 1,19 und einem Salzsäuregehalt von 38% (Massengehalt) raucht unter Abgabe von Chlorwasserstoff an feuchter Luft sehr stark („rauchende Salzsäure").

7.1.5   Ammoniak NH$_3$

Ammoniak ist ein farbloses, zu Tränen reizendes Gas, das sich leicht verflüssigen läßt und wegen der hohen Verdampfungswärme als **Kältemittel** in Großkälteanlagen   (siehe Abschnitt 3.6.3) verwendet wird. Ammoniak ist brennbar. Luft-Ammoniak-Gemische sind mit Volumenanteilen von 15,5–28 % NH$_3$ sogar explosibel. Daher sind in Räumen mit Ammoniakkältemaschinen zur Vermeidung von Zündfunken elektrische Anlagen in explosionsgeschützter Ausführung zu installieren.

Tab. 7.4. Eigenschaften von Ammoniak

Schmelzpunkt	-77,76 °C
Siedepunkt	-33,43 °C
kritische Temperatur	+132,4 °C
kritischer Druck	109,8 bar
Dichte (fl.) beim Sdp.	0,681 g/cm^3
Verdampfungswärme bei -33 °C	1370,3 kJ/kg

Ammoniak wird im großtechnischen Maßstab aus Luftstickstoff und Wasserstoff nach dem sogenannten **Haber-Bosch-Verfahren** gewonnen (siehe Abschnitt 5.5.1a):

$$N_2 + 3\,H_2 \rightleftharpoons 2\,NH_3 \qquad \Delta H^\circ = -91,8\ kJ$$

Die Hauptmengen des großtechnisch hergestellten Ammoniaks werden zur Herstellung von **Stickstoffdüngemitteln** verwendet.

Ammoniakgas ist sehr leicht in Wasser löslich. Bei 20 °C lösen sich 702 Liter Ammoniak in einem Liter Wasser. Das Lösen von Ammoniakgas in Wasser erfolgt mit so großer Heftigkeit, daß Ammoniak-Wasser durch eine enge Rohrmündung wie ein Springbrunnen in eine mit Ammoniakgas gefüllte Flasche einschießt (siehe Abb. 7.7). Diese rasche Absorption von Ammoniakgas durch Wasser kann man nutzen, um große Mengen von ausgeströmtem Ammoniak niederzuschlagen oder um beim Entlüften[2] von

---

[2] Als Entlüften bezeichnet man das Entfernen von Luft aus dem Ammoniak-Kältemittel-Kreislauf einer Kältemaschine. Es geschieht durch zeitweiliges, leichtes Öffnen eines Ventils auf der Hochdruckseite hinter dem Kondensator („Kühlen" in Abb. 3.7), dort, wo das Ammoniak in flüssiger Form, die zu entfernende Restluft unter Druck vorliegt.

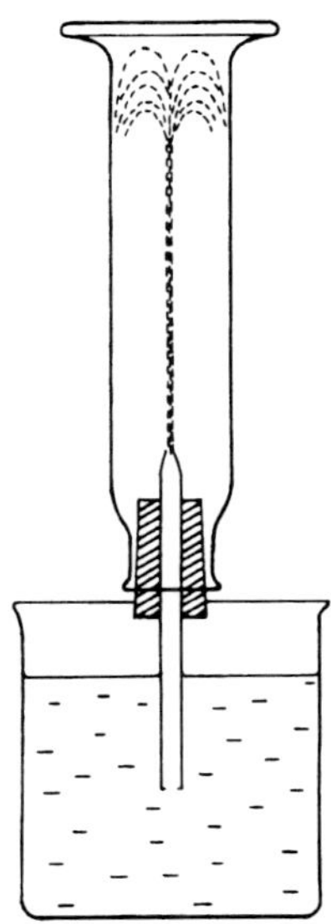

Abb. 7.7. Ammoniak"springbrunnen"

Ammoniak-Kälteanlagen das mitgeführte Ammoniakgas aus den entweichenden Luftanteilen zu absorbieren.

Beim Lösen von Ammoniak in Wasser entstehen über Wasserstoffbrücken (siehe Abschnitt 2.5.3) Zusammenlagerungen von Ammoniak- und Wassermolekülen, welche auch als **Ammoniakhydrate** bezeichnet werden:

$$NH_3 + H_2O \rightarrow NH_3 \cdot H_2O$$

Nur etwas weniger als 1% bildet durch Protonenübergang vom Wassermolekül zum Ammoniakmolekül (ähnlich wie in Abb. 7.6 bei der Eigendissoziation des Wassers) nach der folgenden Reaktionsgleichung Ammonium- und Hydroxidionen:

$$NH_3 + H_2O \rightarrow NH_4^+ + OH^-$$

Ammoniak   Wasser   Ammoniumion   Hydroxidion

Da aber der Anteil der Hydroxidionen in der wäßrigen Lösung nicht sehr groß ist, wird eine wässrige Ammoniaklösung (auch Salmiakgeist genannt) als schwache Base oder Lauge bezeichnet (näheres über Basen siehe Abschnitt 4.5.2).

7.1.6   Hydrazin N_2H_4

Reines Hydrazin ist eine farblose, bei 113,5 °C siedende, bei 1,5 °C kristallisierende

Flüssigkeit, die bei sehr starkem Erhitzen explosionsartig in Ammoniak und Stickstoff zerfallen kann:

$$\overset{-2}{3\,N_2H_4} \rightarrow \overset{-3}{4\,NH_3} + \overset{0}{N_2} \qquad \Delta H° = -336{,}5 \text{ kJ}$$

Die stark exotherme Reaktion mit Sauerstoff, wobei Stickstoff und Wasserdampf entstehen

$$N_2H_4 + O_2 \rightarrow N_2 + 2\,H_2O \qquad \Delta H° = -622{,}7 \text{ kJ}$$

dient dazu, den Korrosion verursachenden Sauerstoff aus Kesselspeisewasser zu entfernen. Hierzu verwendet man stark verdünnte wäßrige Lösungen von Hydrazin oder deren Verbindungen. Die Verbrennung von Hydrazin mit Sauerstoffspendern, insbesondere mit Wasserstoffperoxid H_2O_2, kann man zum Antreiben von Raketen ausnutzen.

7.1.7   Schwefelwasserstoff H_2S

Bei Zersetzungsprozessen von schwefelhaltigen organischen Stoffen unter Luftabschluß (anaerobe Prozesse; siehe Abschnitt 13.1.2) entsteht Schwefelwasserstoff. Dieses nach faulen Eiern riechende, farblose, sehr giftige, bei -60,75 °C kondensierende Gas löst sich ein wenig in Wasser und dissoziiert dabei zu einem sehr geringen Anteil zu Hydrogensulfid- und schließlich zu Sulfidionen.

$$H_2S \rightarrow H^+ + HS^- \rightarrow 2\,H^+ + S^{2-}$$

7.1.8   Phosphorwasserstoff PH_3

Phosphorwasserstoff, PH_3, ein farbloses, sehr giftiges Gas, wird in geringer Menge bei der Herstellung von Acetylen aus Calciumcarbid CaC_2 infolge von Verunreinigungen des Carbids mit Phosphorverbindungen gebildet und verursacht den bekannten Carbidgeruch.

7.2   Sauerstoffverbindungen der Elemente

7.2.1   Nichtmetalloxide

In diesem Abschnitt werden aus der Fülle der bekannten Nichtmetalloxide nur einige wichtige Verbindungen näher charakterisiert. Es sind Oxide, die entweder als Schadstoffe in der Luft auftreten oder aber in der Technik sehr häufig verwendet werden.

a)   Kohlendioxid CO_2

Dieses farblose und geruchlose Gas läßt sich unter Druck leicht verflüssigen und in Stahlflaschen aufbewahren. Um Kohlendioxid in flüssiger Form erhalten zu können, muß man mindestens einen Druck von 5,1 bar aufwenden, wie man aus Abb. 7.8 ersehen kann. Bei diesem Druck hat Kohlendioxid (im Tripelpunkt, siehe dazu die Erklärungen zu Abb. 3.6 im Abschnitt 3.6.2 a1) den Schmelzpunkt von -56,7 °C.

Bei +20 °C steht, wie man ebenfalls aus Abb. 7.8 erkennen kann, dann das flüssige Kohlendioxid unter einem Dampfdruck von 55,7 bar. Unter gewöhnlichem Luftdruck ist jedoch flüssiges Kohlendioxid nicht existenzfähig. Läßt man nämlich flüssiges Kohlendioxid durch das nach unten gehaltene Ventil aus einer Stahlflasche ausströmen, so verdampft sofort ein Teil der Flüssigkeit. Durch die dabei verbrauchte Verdampfungswärme (ΔH_v bei 20 °C = 152 kJ/kg) kühlt sich der Rest sehr stark ab, und geht in den festen Aggregatzustand über. Man erhält den „Kohlensäureschnee" mit einem Sublimationspunkt bei Normdruck von − 78,5 °C. Dieses feste Kohlendioxid ist als sogenanntes **Trockeneis** im Handel erhältlich.

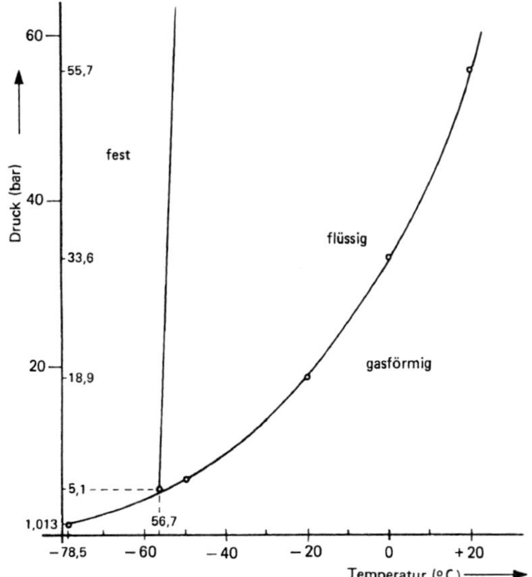

Abb. 7.8. Phasendiagramm von CO_2

Wasser löst unter gewöhnlichem Druck bei 20 °C etwa so viel gasförmiges Kohlendioxid, wie dem Flüssigkeitsvolumen entspricht, nämlich 0,9 Liter Kohlendioxid pro Liter Wasser. Die Löslichkeit steigt unter Druckanwendung erheblich an.

Kohlendioxid, das Endprodukt der Oxidation des Kohlenstoffs, ist nicht mehr brennbar und unterhält auch die Verbrennung nicht. Aus diesem Grunde wird es als **Feuerlöschmittel** eingesetzt. Löschgeräte enthalten entweder in Druckbehältern flüssiges Kohlendioxid, oder sie entwickeln CO_2-Gas bei Gebrauch durch Einwirkung einer Säure auf Natriumhydrogencarbonat (ein Salz der Kohlensäure, siehe Abschnitt 7.2.2).

Kohlendioxid im **überkritischen Zustand** (siehe Abschnitt 3.6.2a3) wird heute in der Technik als Extraktions- und Lösungsmittel für organische Substanzen verwendet. Es hat gegenüber den meisten organischen Lösungsmitteln den Vorteil, daß geringe Reste im Produkt nicht gesundheitsschädlich oder giftig sind. So wird bereits seit vielen Jahren Kaffee mit überkritischem Kohlendioxid entkoffeiniert.

In hohen Konzentrationen ist Kohlendioxid ein Atemgift, denn dann kann das im Blut als Stoffwechselprodukt enthaltene Kohlendioxid nicht mehr an die Luft abgegeben werden. Es würde sich im Gegenteil wegen des zu hohen Anteils in der Atemluft umgekehrt zusätzlich Kohlendioxid im Blut lösen (siehe Abschnitt 12.5.2a3). Das Kohlendioxid ist Hauptverursacher des sogenannten **Treibhauseffekts** in der Erdatmosphäre (siehe Abschnitt 13.1.3a). Weitere Angaben über das Kohlendioxid sind in Tab. 7.5. aufgelistet.

b) Kohlenmonoxid CO

Bei der **unvollständigen Verbrennung** von Kohlenstoff oder anderen Kohlenstoff enthaltenden Produkten (wie z. B. beim Glimmen von Tabak) entsteht Kohlenmonoxid. Dieses bildet sich auch durch Reaktion von Kohlendioxid mit Kohlenstoff bei höheren Temperaturen nach der Reaktionsgleichung (Boudouard-Gleichgewicht; siehe Abschnitt 5.5.2a):

$$CO_2 + C \rightleftharpoons 2\,CO \qquad \Delta H^\circ = +172{,}2 \text{ kJ}$$

Bei der Verbrennung von Kraftfahrzeugbenzin in Ottomotoren entstehen erhebliche Mengen Kohlenmonoxid. Kohlenmonoxid, ein farbloses, geruchloses, giftiges und brennbares Gas ist ein entscheidender Schadstoff, hauptsächlich in verkehrsreichen Großstädten. Deshalb wird es mittels des Automobilkatalysators durch Oxidation zu Kohlendioxid aus den Autoabgasen entfernt. Die Vorgänge im Automobilkatalysator werden ausführlich in Abschnitt 13.3.4 diskutiert. wird aus. Seine Giftwirkung beruht darauf, daß es vom Hämoglobin des Blutes stärker als der Sauerstoff gebunden wird; das mit CO beladene Blut kann dann keine ausreichenden Sauerstoffmengen mehr transportieren (siehe Abschnitt 12.5.2a3). Das Kohlenmonoxid ist zwar fester als der Sauerstoff an das Hämoglobin gebunden, es läßt sich aber in umgekehrter Richtung wieder vom Hämoglobin trennen, wenn man einen großen Überschuß von Sauerstoff einwirken läßt (Sauerstoffbeatmung).

Kohlenmonoxid wird auch in geringen Mengen bei natürlichen Verwesungsprozessen, ja selbst beim normalen Abbau des roten Blutfarbstoffs im menschlichen Körper freigesetzt und langsam durch die Lungen ausgeschieden. Eine Vergiftung durch Kohlenmonoxid kann aber schon mit relativ geringen CO-Konzentrationen in der Atemluft eintreten. So wird etwa 50 % des für den Sauerstofftransport im Körper notwendige Hämoglobin bereits durch den sehr geringen Volumenanteil von 0,1 % CO in der Luft gebunden. Dies ist ein Wert, der sehr schnell durch Auspuffgase von Ottomotoren erreicht werden kann, z.B. an verkehrsreichen Kreuzungen bei ungünstigen Witterungsverhältnissen. Kohlenmonoxid oxidiert durch den Luftsauerstoff in der Atmosphäre sehr langsam zu Kohlendioxid.

Kohlenmonoxid läßt sich schon in relativ geringen Konzentrationen durch wäßrige

Palladiumsalzlösungen nachweisen: Ein mit Palladiumchlorid getränktes, feuchtes Filterpapier färbt sich infolge Abscheidung metallischen Palladiums dunkel:

$$Pd^{2+} + CO + H_2O \rightarrow Pd + 2\,H^+ + CO_2$$

Einige Eigenschaften des Kohlenmonoxids sind in Tab. 7.5 zu finden.

c) Stickstoffoxide

Stickstoff bildet mit Sauerstoff eine Reihe verschiedener Oxide. Hier sollen nur die wichtigen Oxide
- **Stickstoffmonoxid NO**
- **Stickstoffdioxid NO$_2$**
- **Distickstoffmonoxid N$_2$O**

erwähnt werden.

Das Stickstoffmonoxid NO, ein farbloses Gas, geht durch Einwirkung von Sauerstoff leicht in das rotbraune Gas Stickstoffdioxid NO$_2$ über (z.B durch Luftsauerstoff):

$$2\,NO + O_2 \rightleftharpoons 2\,NO_2 \qquad\qquad \Delta H^\circ = -114\text{ kJ}$$

Da die beiden Gase NO und NO$_2$ häufig im Gemisch auftreten werden sie oft auch kurz als **NO$_X$** bezeichnet. Durch viele Meßgeräte wird der Gesamtgehalt an Stickoxiden bestimmt; es werden also gleichzeitig NO und NO$_2$ erfaßt und dann als NO$_X$ angegeben.

Beide Gase sind giftig und entstehen mit einer endothermen Reaktion durch Oxidation von Stickstoff mit Luftsauerstoff bei sehr hohen Temperaturen:

$$N_2 + O_2 \rightleftharpoons 2\,NO \qquad\qquad \Delta H^\circ = +180\text{ kJ}$$

Nach dem **Prinzip von Le Chatelier** (siehe Abschnitt 5.1.2) verschiebt sich die Gleichgewichtszusammensetzung bei steigender Temperatur zum NO. Allerdings sind im Gleichgewicht bei 2000 °C nur ein Volumenanteil von etwa 1 % NO vorhanden. NO kann auf diese Weise z.B. im elektrischen Lichtbogen oder in Gewitterblitzen gebildet werden. Im Umweltschutz ist die Tatsache wichtig, daß NO und NO$_2$ auch bei allen Verbrennungsreaktionen insbesondere bei hohen Verbrennungstemperaturen > 1200 °C entsteht (in Kraftwerken, Hausfeuerungsanlagen und vor allem in Kraftfahrzeugmotoren; sogenanntes **thermisches NO**). Die Entstehung von Stickstoffoxiden kann durch Senkung der Verbrennungstemperaturen als Primärmaßnahme vermindert werden.

NO$_2$ reagiert mit Wasser zu **Salpetersäure** HNO$_3$:

$$3\,NO_2 + H_2O \rightarrow 2\,HNO_3 + NO$$

Deshalb trägt NO$_2$ (wie auch SO$_2$; siehe Abschnitt 7.2.1d) zum sogenannten **sauren Regen** bei. Stickstoffdioxid führt außerdem insbesondere im Sommer zur **Ozon-Smogbildung**[3]. Durch die Einwirkung von Sonnenlicht (insbesondere der UV-

---

[3] smog, engl. = Wortkombination aus smoke, engl. = Rauch und fog, engl. = Nebel. Diese Wortkombination wurde zuerst für den sich vor allem in der nebligen Zeit bildenden sogenannten Wintersmog gebraucht (siehe Abschnitt 7.2.1d).

Strahlungsanteil mit einer Wellenlänge < 400 nm) wird das NO_2-Molekül in NO und ein O-Atom gespalten Dies kann vereinfacht durch folgende Gleichungen dargestellt werden:

$$NO_2 \xrightarrow{\text{UV-Strahlung}} NO + O$$

Das hochreaktive O-Atom reagiert mit einem Sauerstoffmolekül zu Ozon:

$$O + O_2 \rightarrow O_3$$

Da die Reaktion vor allem bei intensiver Sonneneinstrahlung stattfindet wird sie auch als **Los Angeles-Smog** bezeichnet. Da der größte Teil der Stickstoffoxide durch den Straßenverkehr verursacht wird, sind die Automobile somit auch die Hauptverursacher des Ozon-Smogs (siehe auch Abschnitt 13.3.1). Die Bildung von Ozon aus NO_2 ist ein viel komplizierterer Reaktionsmechanismus als oben dargestellt; hierbei wird die Ozonbildung auch durch die Anwesenheit von Kohlenwasserstoffen unterstützt. Es ist auffallend, daß die höchsten Ozonwerte in den Sommermonaten häufig nicht in den verkehrsreichen Ballungsgebieten, sondern fern von den Ballungsräumen in den Reinluftgebieten auftreten. Dies ist damit zu erklären, daß in den Ballungsgebieten neben der Ozonbildung gleichzeitig durch Vorhandensein von NO eine Ozon-Abbaureaktion stattfindet:

$$NO + O_3 \rightarrow NO_2 + O_2$$

Durch Luftbewegungen wird das NO_2 in die Reinluftgebiete transportiert und kann hier zur Ozonbildung führen. Es fehlt allerdings die in den Ballungsräumen durch Anwesenheit des NO vorliegende Ozonsenke.

Tab. 7.5. Gasförmige Nichtmetalloxide

	CO	CO_2	NO	NO_2	N_2O	SO_2
Schmelzpunkt [°C]	-205,1	*)	-163,7	-11,20	-102,4	-72,5
Siedepunkt [°C]	-191,5	*)	-151,8	21,15	-88,5	-10,02
krit. Temp. [°C]	-140,2	31,0	-92,9	158,2	36,5	157,2
krit. Druck [°C]	33,9	73,8	63,4	155,2	71,7	76,2
Lösl. in 1 Liter H_2O bei 0°C	0,033	1,7	0,07	1,26	1,31	80

*) Sublimiert bei Normaldruck, siehe Abschnitt 7.2.1a

In der Technik wird NO bzw. NO_2 zur Herstellung von **Salpetersäure** verwendet. Dabei wird NO wegen der geringen Ausbeuten nicht durch Reaktion von N_2 und O_2 gewonnen, sondern durch katalytische Reaktion von O_2 mit Ammoniak NH_3 bei 800 °C hergestellt:

$$4\,NH_3 + 5\,O_2 \xrightarrow{\text{Pt-Katalysator}} 4\,NO + 6\,H_2O$$

Die Eigenschaften der beiden wichtigsten Stickoxide NO und NO_2 finden sich in Tab. 7.5.

Distickstoffmonoxid N_2O ist ein farbloses Gas und wird häufig auch als **Lachgas** bezeichnet. Es wird in der Medizin als Narkosemittel eingesetzt (physikalische Daten siehe Tab. 7.5). Da es geschmacklos, nicht giftig ist und sich außerdem in Fetten gut löst, dient es als Treibgas für Schlagsahne in Dosen (bei der Verwendung von z.B. CO_2 als Treibgas würde sich Kohlensäure bilden und der Sahne einen sauren Geschmack verleihen!).

d) Schwefeloxide

Schwefeldioxid SO_2, ein gasförmiges, farbloses, stechend riechendes, giftiges Gas entsteht bei der Verbrennung von Schwefel oder organischer Schwefelverbindungen (physikalische Daten siehe Tab. 7.5).

$$S + O_2 \rightarrow SO_2 \qquad \Delta H^\circ = -297 \text{ kJ}$$

In fossilen Brennstoffen (Kohle, Erdölprodukte) sind wechselnde Mengen von Schwefelverbindungen enthalten.

Das bei Verbrennungsprozessen entstehende Schwefeldioxid ist ein häufig vorkommender gasförmiger Umweltschadstoff und meist auch der wichtigste Indikator für den Grad der Verschmutzung der Atemluft. Es reagiert mit Wasser und Luftsauerstoff zu **Schwefelsäure**:

$$2\,SO_2 + 2\,H_2O + O_2 \rightarrow 2\,H_2SO_4$$

Dies führt zum sogenannten sauren Regen (Waldschäden!) und zum sogenannten **Winter-** oder **London-Smog** (siehe auch Abschnitt 13.3.1). Dieser Art von Smog wurde im Dezember 1952 in London (dichter Nebel!) erstmals einer breiten Bevölkerung bewußt. Der schwefelsaure Nebel führte bei vielen Menschen zu Atembeschwerden und die Zahl der Todesfälle stieg deutlich an. Zusätzlich wurde die obige Reaktion von SO_2 zu Schwefelsäure durch die gleichzeitig vorhandenen Rußpartikel katalytisch beschleunigt (zur damaligen Zeit gab es viele Kohleofenheizungen!). Schon von sehr geringen Konzentrationen an rufen Schwefeloxide Schädigungen am Menschen (siehe Abschnitt 12.5.2a3) und in der Natur hervor und bewirken Korrosionen an Metallen und Zerstörungen an Baustoffen. Aus diesem Grunde werden Benzine und Heizöle heute weitgehend entschwefelt. Heute werden auch die Rauchgase von Kraftwerken üblicherweise mittels Umsetzung des SO_2 zu Gips entschwefelt (siehe Abschnitt 13.3.3).

Ein noch sauerstoffreicheres Schwefeloxid, das **Schwefeltrioxid SO_3** entsteht durch Vereinigung von Schwefeldioxid mit Sauerstoff bei relativ niederen Temperaturen (400–600 °C) mit Hilfe von Vanadiumpentoxid (V_2O_5)-Katalysatoren:

$$2\,SO_2 + O_2 \rightleftharpoons 2\,SO_3 \qquad \Delta H^\circ = -193 \text{ kJ}$$

Nach diesem Verfahren gewinnt man großtechnisch SO_3 zur anschließenden industriellen Herstellung von **Schwefelsäure** H_2SO_4 (siehe Abschnitt 7.2.2).

Beim Verbrennen von Schwefel mit einem Überschuß von Luftsauerstoff bildet sich viel Schwefeldioxid, jedoch nur wenig Schwefeltrioxid, da bei den normalen (hohen) Verbrennungstemperaturen das SO_3 thermisch leicht in SO_2 und Sauerstoff dissoziiert. Dies entspricht der Umkehrung der obigen exothermen Reaktion (Prinzip von Le Chatelier!; siehe Abschnitt 5.1.2). Die übrigen Schwefeloxide sowie andere Nichtmetalloxide sind von geringerer Bedeutung und werden daher hier nicht erwähnt.

e) Phosphorpentoxid P_2O_5

Das Phosphorpentoxid mit der chemischen Formel P_2O_5 besteht in Wirklichkeit aus Molekülen der Formel P_4O_{10}. Die gebräuchliche Formel P_2O_5 gibt jedoch nur das Zahlenverhältnis von Phosphor und Sauerstoff, nicht jedoch die wahre Molekülgröße wieder. P_2O_5 hat als wasserentziehendes Mittel besondere Bedeutung erlangt; es ist das stärkste bekannte **Trocknungsmittel** und findet als solches häufig Verwendung in sogenannten **Exsiccatoren** (exsiccare, lat. = austrocknen). Exsiccatoren sind evakuierbare Glasbehälter, in denen Proben während der Aufbewahrung (oft unter Vakuum) dadurch entwässert werden, daß ein Trocknungsmittel (P_2O_5) den Wasserdampf in dem Gefäß und letztendlich aus der Probe an sich zieht und bindet (siehe Abb. 7.9).

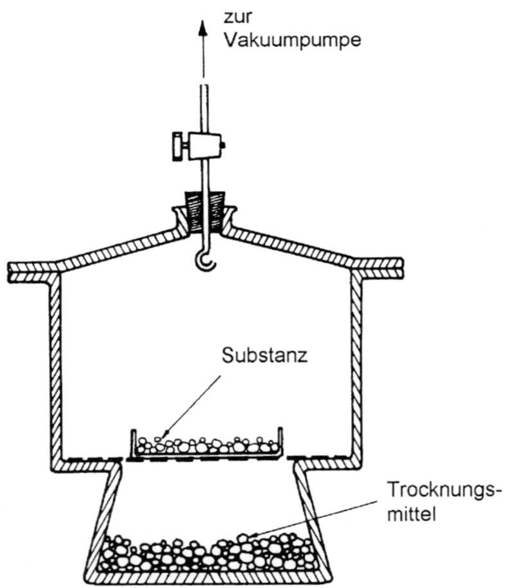

Abb. 7.9. Schematische Darstellung eines Exsiccators

Phosphorpentoxid ist ein weißes, geruchloses Pulver, das bei 358,9 °C sublimiert und unter einem Druck von ca. 5 bar bei 422 °C zum Schmelzen gebracht werden kann. Durch Wasseraufnahme geht das Phosphorpentoxid erst in die **Metaphosphorsäure** HPO_3, dann nach mehreren Zwischenstufen (z.B. die Diphosphorsäure $H_4P_2O_7$) in die

Orthophosphorsäure H_3PO_4 über (siehe Abschnitt 7.2.2):

$$P_2O_5 \xrightarrow{+H_2O} 2\ HPO_3 \xrightarrow{+H_2O} H_4P_2O_7 \xrightarrow{+H_2O} 2\ H_3PO_4$$

Andere häufig verwendete Trocknungsmittel sind das auf in Abschnitt 7.2.2 beschriebene Silicagel bzw. konzentrierte Schwefelsäure und wasserfreies Calciumchlorid, das unter Hydratbildung in $CaCl_2 \cdot 6\ H_2O$ übergeht.

f) Siliciumdioxid SiO_2

Formelmäßig entspricht das Siliciumdioxid dem Kohlendioxid. Im Gegensatz zum gasförmigen Kohlendioxid ist jedoch Siliciumdioxid ein **fester, schwer schmelzbarer Stoff**. Dieser gravierende Unterschied läßt sich mit der **Doppelbindungsregel** erklären (siehe Abschnitt 6.2.3b):

Während nämlich Kohlenstoff und Sauerstoff miteinander Doppelbindungen und damit kleine (dreiatomige) Moleküle bilden können, was einen gasförmigen Stoff zur Folge hat, führt beim Silicium, einem Element der dritten Periode, erst eine räumliche Vernetzung zur Edelgaskonfiguration der Außenelektronenschalen. Die sich daraus ergebenden unterschiedlichen Strukturen können durch folgende Formeln angedeutet werden (beim SiO_2 liegt eine räumliche Vernetzung vor, was jedoch durch zweidimensionale Formeln nicht wiedergegeben werden kann):

Siliciumdioxid kommt in der Natur in verschiedenen Kristallarten vor, z.B. als Quarz, Tridymit, Cristobalit; außerdem findet man amorphe Formen (z.B. verschiedene Opalarten) oder Kieselgur als erdiges Produkt (Überreste vorzeitlicher Kieselalgen oder Aufgußtierchen). **Sand** ist Siliciumdioxid mit geringfügigen Verunreinigungen. Kieselgur verwendet man als saugfähiges Füllmaterial und als Wärmedämmstoff. Es wird auch bei der HPLC-Chromatographie eingesetzt (siehe Abschnitt 5.6.2a).

Quarz zeigt das Phänomen der **Piezoelektrizität** (pietzein, gr. = zusammendrücken), das bedeutet, bei äußerer mechanischer Belastung von Quarzkristallen laden sich die Kristallflächen elektrisch auf. Dieser Effekt ist so zu verstehen, daß sich bei Druckanwendung auf solche Kristalle, die aus Ionengittern bestehen und nicht in allen Richtungen symmetrisch aufgebaut sind, die Ladungsschwerpunkte gegeneinander verschieben, so daß elektrische Dipolmomente entstehen. Dabei laden sich die Grenzflächen der Kristalle elektrisch auf. Man kann die Piezoelektrizität nutzen, um mechanische Drücke oder Schwingungen in elektrische Ladungen oder Schwingungen umzuwandeln oder umgekehrt elektrische Schwingungen in mechanische umzuformen. Piezoquarze oder Schwingquarze lassen sich durch elektrische Wechselspannungen, die mit den Eigenschwingungen des Quarzes übereinstimmen, zu hochfrequenten, konstanten Resonanzschwingungen anregen (Quarzuhren oder Quarzoszillatoren).

Die einzelnen Siliciumdioxidkristallarten sind ineinander umwandelbar. Bei Raumtemperatur ist Quarz die stabile Form, während die anderen Formen metastabil, aber als solche doch beständig sind. Bei hohen Temperaturen ist β-Cristobalit die beständige Form; diese schmilzt schließlich bei 1705 °C. Amorph erstarrte Schmelzen finden in der Technik als **Quarzglas** (meist aus Quarzkristallen zu klar und durchsichtig erscheinenden Gegenständen erschmolzen) und als Quarzgut (meist aus Quarzsand) durch Sintern (zur Erklärung des Begriffs „Sintern" siehe Abschnitt 7.2.3) hergestellt; das Endprodukt enthält noch viele kleine Glasbläschen und sieht deswegen milchig-trüb bis seidenglänzend aus. Quarzglas ist im Gegensatz zu gewöhnlichem Glas für ultraviolette Strahlen durchlässig (Verwendung z.B. für UV-Lampen) und zeigt nur geringe thermische Ausdehnungskoeffizienten. Es springt deswegen beim Abkühlen z.B. in kaltem Wasser nicht. Quarzglas und Quarzgut sind chemisch sehr widerstandsfähig und dienen zur Herstellung von Laborgeräten und großtechnischen Apparaturen. Das Siliciumdioxid ist ein wesentlicher Bestandteil von **Gläsern** (siehe Abschnitt 7.2.4) und verschiedener **Silicate** (siehe Abschnitte 7.2.2 und 7.2.5).

7.2.2   Sauerstoffsäuren

Die Oxide der Nichtmetalle sowie die Oxide einiger Metalle in hohen Oxidationsstufen ergeben mit Wasser Säuren, d. h., sie bilden Moleküle, die in wäßriger Lösung unter Abspaltung von H^+-Ionen dissoziieren. So entsteht durch Lösen von CO_2 in Wasser die schwach dissoziierende **Kohlensäure** nach folgendem Schema:

$$H_2O + CO_2 \rightleftharpoons H_2CO_3 \rightleftharpoons H^+ + HCO_3^- \rightleftharpoons 2\,H^+ + CO_3^{2-}$$

Hydrogencarbonation: HCO_3^-
Carbonation: CO_3^{2-}

Die Regeln für die Nomenklatur zeigt Tab. 7.6 am Beispiel der Sauerstoffsäuren des Elements Chlor.

Tab. 7.6. Die Sauerstoffsäuren des Chlors

Formel	Name	Säurenstärke	Anion	Salz
$\overset{+7}{H}ClO_4$	**Perchlorsäure**	stark	ClO_4^-	**Perchlorat**
$\overset{+5}{H}ClO_3$	**Chlor**säure	stark	ClO_3^-	Chlorat
$\overset{+3}{H}ClO_2$	**Chlor**ige Säure	mittelstark	ClO_2^-	Chlorit
$\overset{+1}{H}ClO$	**Hypo**chlorige Säure	schwach	ClO^-	**Hypo**chlorit

Es werden hierbei in Abhängigkeit von der Oxidationsstufe die fettgedruckten Silben oder Wörter an den deutschen oder lateinischen Namen, der das Element charakterisiert, angehängt oder ihm vorangestellt.

Die technisch bedeutungsvollste Sauerstoffsäure des Chlors ist die **hypochlorige Säure**, die als solche oder meist in Form ihrer Salze (Hypochlorite) zu Oxidationszwecken (Bleichlauge) verwendet wird. Man gewinnt die hypochlorige Säure (gleichzeitig mit der Salzsäure) durch Einleiten von Chlorgas in Wasser (in Laugen entstehen Hypochlorite zusammen mit Chloriden), wobei sich das Chlor unter Veränderung der Oxidationszahlen nach folgender Gleichung reagiert:

$$\overset{0}{Cl_2} + HOH \rightarrow \overset{+1}{HClO} + \overset{-1}{HCl}$$

Diese Art der Redoxreaktion, bei der ein Stoff oxidiert und gleichzeitig reduziert wird nennt man auch **Disproportionierung**.

Von den anderen Nichtmetallen sowie von einigen Metallen sind eine große Zahl von verschiedenen Sauerstoffsäuren bekannt. Zur Unterscheidung der Säuren geht man in der Bezeichnung ähnlich vor wie beim Chlor. Hier sollen nur einige wenige, wichtige Sauerstoffsäuren genannt werden (siehe Tab. 7.7).

Tab. 7.7. Wichtige Sauerstoffsäuren

Formel	Name	Säurenstärke	Anion	Salz
H_2SO_4	Schwefelsäure	stark	SO_4^{2-}	Sulfat
H_2SO_3	schweflige Säure	mittelstark	SO_3^{2-}	Sulfit
HNO_3	Salpetersäure	stark	NO_3^-	Nitrat
HNO_2	salpetrige Säure	mittelstark	NO_2^-	Nitrit
H_3PO_4	(Ortho-)Phosphorsäure	mittelstark	PO_4^{3-}	(Ortho-)Phosphat
H_2CO_3	Kohlensäure	sehr schwach	CO_3^{2-}	Carbonat
H_4SiO_4	(Ortho-)Kieselsäure	sehr schwach	SiO_4^{4-}	(Ortho-)Silicat
$HMnO_4$	Permangansäure	stark	MnO_4^-	Permanganat
H_2CrO_4	Chromsäure	stark	CrO_4^{2-}	Chromat

Eine der am häufigsten gebrauchten Sauerstoffsäuren ist die **Schwefelsäure**. Sie ist eines der wichtigsten großtechnischen Produkte. Sie wird beispielsweise für die Produktion von Düngemitteln, Farben und Gläsern verwendet. Schwefelsäure wird durch Reaktion von SO_3 (siehe auch Abschnitt 7.2.1d) mit H_2O hergestellt:

$$SO_3 + H_2O \rightarrow H_2SO_4$$

Durch Dichtebestimmungen (z.B. mit Hilfe von Aräometern, siehe Abschnitt 3.5.1e) kann man sehr rasch den ungefähren Schwefelsäuregehalt ermitteln. Tab. 7.8 gibt hierfür einige Richtwerte. 100%ige Schwefelsäure ist eine farblose, ölig-dicke, bei niederen Aufbewahrungstemperaturen allmählich erstarrende und dann etwa bei 10 °C wieder schmelzende Flüssigkeit. Der Erstarrungspunkt wird durch geringe Mengen Wasser sehr stark erniedrigt, er liegt bei der handelsüblichen, ca. 98%igen Schwefelsäure in der Nähe von 0 °C. Konzentrierte Schwefelsäure zeigt ein außerordentlich starkes Bestreben, sich mit Wasser zu verbinden, und kann deswegen in Exsiccatoren (siehe Abb. 7.9 in Abschnitt 7.2.1e) zum Trocknen von Substanzen verwendet werden. Schwefelsäure kann organischen Stoffen Bestandteile entreißen, aus denen sich Wasser bilden kann (OH-Gruppen und H-Atome). Hierbei bleibt dann oft nur Kohlenstoff zurück; die Folge ist dann eine Zerstörung des organischen Materials, z.B. können Schwefelsäurespritzer in kürzester Zeit Löcher in Kleidungsstücke fressen.

Tab. 7.8. Dichte von Schwefelsäure bei 20 °C

Massengehalt	Dichte [g/cm^3]	Massengehalt	Dichte [g/cm^3]
5%	1,0317	50%	1,3950
10%	1,0661	60%	1,4982
15%	1,1020	70%	1,6105
20%	1,1394	80%	1,7271
30%	1,2185	90%	1,8143
40%	1,3029	100%	1,8305

Die Reaktion von konzentrierter Schwefelsäure mit Wasser ist *stark exotherm*. Deswegen darf konzentrierte Schwefelsäure nur in der Weise verdünnt werden, daß man sie mit dünnem Strahl unter ständigem Umrühren, nötigenfalls unter Kühlung, in eine ausreichende Menge Wasser gießt. Füllt man umgekehrt Wasser zur konzentrierten Säure, so kann es infolge der starken Wärmeentwicklung zu einer spontanen Verdampfung von Wasser und damit zu einem Verspritzen der Schwefelsäure kommen. Schutzbrille tragen!

Eine große Zahl von Sauerstoffsäuren bildet unter intermolekularer[4] Wasserabspaltung **kondensierte Säuren** (bzw. deren Salze). So entstehen beim Ansäuren von gelb aussehenden Chromatlösungen orangefarbene Dichromationen:

$$\overset{+6}{2\,CrO_4^{\,2-}} + 2\,H^+ \rightleftharpoons \overset{+6}{Cr_2O_7^{\,2-}} + H_2O$$
$$\text{Chromat} \qquad\qquad \text{Dichromat}$$

Dieser Vorgang ist umkehrbar: durch Zugabe einer Lauge entsteht aus dem Dichromat wiederum das gelbe Chromat.

Andere bekannte kondensierte Säuren sind die durch Lösen von SO_3 in H_2SO_4 entstehende **Dischwefelsäure** $H_2S_2O_7$, die **Tetraborsäure** und deren Natriumsalz **Borax** $Na_2B_4O_7$, die Diphosphorsäure (oder Pyrophosphorsäure) $H_4P_2O_7$, die Meta-Phosphorsäure HPO_3 und die Polykieselsäuren.

Die **Metaphosphorsäure** HPO_3 ist zwar formelmäßig mit der Salpetersäure HNO_3 vergleichbar, besteht jedoch entsprechend der unter Abschnitt 6.2.3b beschriebenen Doppelbindungsregel (Phosphor bildet als Element der dritten Periode mit dem Sauerstoff nicht mehr so leicht Doppelbindungen) aus vielen aneinandergereihten HPO_3-

---

[4] inter, lat. = zwischen; *inter*molekulare Wasserabspaltung: das abgespaltene Wasser entstammt aus Bestandteilen zweier verschiedener Moleküle; im Gegensatz dazu entsteht bei der *intra*molekularen Wasserabspaltung des Wassers aus Bestandteilen ein und desselben Moleküls (intra, lat. = innerhalb).makros, gr. = groß Makromoleküle bestehen aus sehr vielen einzelnen Atomen.

Molekülgruppen (bei hochmolekularer Phosphorsäure etwa 16–90 Gruppen), denn so werden Doppelbindungen vermieden. Anstelle eines monomeren Moleküls mit einer Doppelbindung, siehe hierzu die Formel a der Salpetersäure, liegt bei der Metaphosphorsäure HPO_3 ein Polymerisationsprodukt der Formel b vor (über Polymerisation siehe Abschnitt 9.3.1). Die Formel müßte also lauten $(HPO_3)_n$.

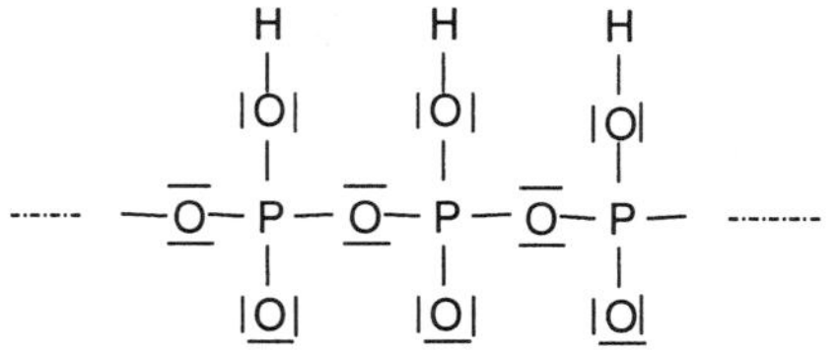

Das Natriumsalz der Metaphosphorsäure mit Ketten, die ca. 30–90 Phosphoratome enthalten (Natriummetaphosphate sind Verbindungen der Formel b, bei denen die Wasserstoffionen durch Natriumionen ersetzt sind), dient unter dem Handelsnamen Calgon® zur „Wasserenthärtung" (z.B. in vielen Waschmitteln oder als Zusatz für Warmwasserheizungen). Diese Natriummetaphosphate tauschen ihre Natriumionen gegen die Calciumionen des Wassers aus, d. h., sie binden diese kleinen Ca^{2+}-Ionen mit größerer Ladung fester als vorher die Na^+-Ionen. Die aus dem Wasser entfernten Calciumionen können dann keine Kalkniederschläge mehr bilden (siehe auch Abschnitt 5.3.2b2).

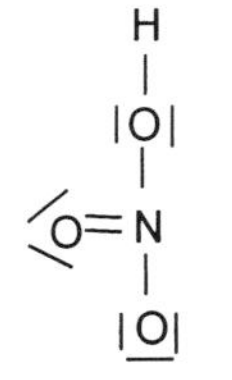

Bei der **Orthokieselsäure** H_4SiO_4 oder $Si(OH)_4$, führt eine intermolekulare Wasserabspaltung zu Makromolekülen[5] mit Kettenstruktur (Formel c), zur Blattstruktur (Formel d) und schließlich als Endprodukt zu räumlich vernetztem Siliciumdioxid SiO_2 (siehe Abschnitt 7.2.1f).

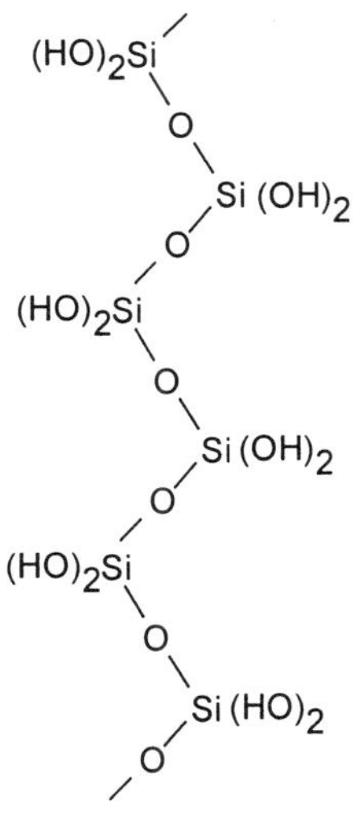

c $(H_2SiO_3)_n$ = Kette

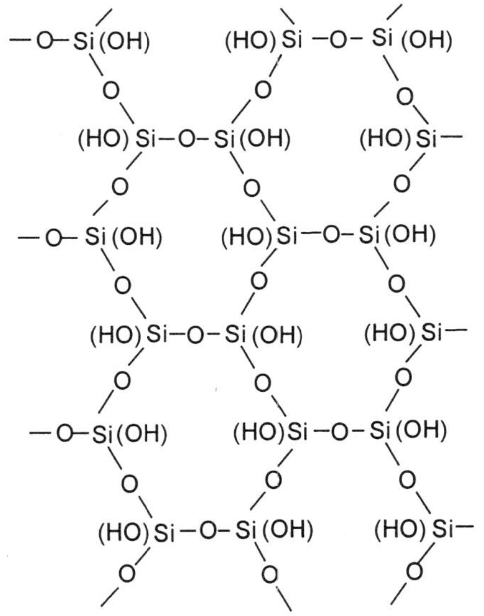

d $(H_2Si_2O_5)_n$ = Blattstruktur

---

[5] makros, gr. = groß; Makromoleküle bestehen aus sehr vielen einzelnen Atomen.

Die Kondensation erfolgt unter ständiger Teilchenvergrößerung. Dabei wird das Gebiet der kolloiden Teilchengrößen durchlaufen.

Als Trocknungsmittel verwendet man häufig ein hyrophiles **Silicagel**, das sich von einer wasserreichen Kieselsäure mit Blattstruktur ableitet, in der man durch ein schonendes Trocknungsverfahren das adsorptiv gebundene Wasser entfernt hat. Dieses Silicagel nimmt begierig wieder Wasser auf (indem es der Umgebung das Wasser entzieht) und wirkt somit als **Trocknungsmittel**. Damit man erkennt, ob ein solches Trocknungsmittel noch wasseraufnahmefähig ist, enthält das Silicagel ein Cobaltsalz, das bei Abwesenheit von Wasser leuchtend blau, im wasserhaltigen Zustand jedoch schwach rosafarben ist. Man bezeichnet deswegen das wasserfreie Silicagel (Kieselgel) auch als sogenanntes **Blaugel** (siehe Abschnitt 5.4.2).

Das adsorbierte Wasser kann man durch gelindes Erhitzen auf Temperaturen wenig über 100 °C wieder entfernen; somit ist es möglich, das Trocknungsmittel zu regenerieren und danach erneut zu verwenden. Ein Erhitzen auf wesentlich höhere Temperaturen als 100 °C kann es durch chemische Veränderung der Kieselsäure, infolge weiterer Kondensation nach dem Schema:

$$\equiv Si-OH \quad + \quad HO-Si\equiv \quad \longrightarrow \quad \equiv Si-O-Si\equiv \quad + \quad H_2O$$

zu einer Zerstörung des hydrophilen Charakters und damit zu einem Verlust der Trocknungseigenschaften kommen.

Blaugel wird sehr häufig in Exsiccatoren (siehe Abb. 7.9) verwendet. Da das körnige Trocknungsmittel recht abriebfest ist und auch keinerlei materialzerstörende Eigenschaften zeigt, gebraucht man es, abgefüllt in kleine Patronen oder Leinensäckchen, zur Trockenhaltung von empfindlichen Apparaturen oder Meßgeräten.

7.2.3   Metalloxide und Metallhydroxide

Die Oxide der Metalle schmelzen im allgemeinen erst bei hohen Temperaturen. Dies ist damit zu erklären, daß bei ihnen im Gegensatz zu den meisten Nichtmetalloxiden, die kleine, begrenzte Moleküle bilden, Ionenbindungen vorliegen und sie aus großen zusammenhängenden Ionengittern bestehen.

Die Oxide der Alkalimetalle und der Erdalkalimetalle reagieren mit Wasser durch eine exotherme Reaktion unter Bildung von Hydroxiden. Während die Alkalihydroxide in Wasser leicht löslich sind, ist die Löslichkeit der Erdalkalihydroxide im Wasser stark begrenzt. Die betreffenden gelösten Hydroxide sind dabei praktisch vollständig dissoziiert und bilden starke Basen, wobei die wäßrigen Lösungen von NaOH als **Natronlauge**, von KOH als **Kalilauge** und von Ca(OH)$_2$ als **Kalkwasser** bezeichnet werden:

$$Na_2O + H_2O \rightarrow 2\,NaOH \quad \rightarrow 2\,Na^+(aq) + 2\,OH^-(aq)$$

$$CaO + H_2O \rightarrow \quad Ca(OH)_2 \rightarrow \quad Ca^+(aq) + 2\,OH^-(aq)$$

Die untere Reaktion findet beim sogenannten Kalklöschen statt. Die Hydroxide der meisten Schwermetalle sind in Wasser nicht löslich, sie zeigen daher auch keine basische Reaktion, sind aber wegen ihres sonstigen Verhaltens (z.B. können sie mit Säuren Salze bilden) trotzdem als Basen anzusehen. Durch Wasserabspaltung kann man aus den Hydroxiden die betreffenden Oxide erhalten, die dann auch als **basische Oxide** bezeichnet werden.

Verschiedene Metalloxide oder Hydroxide können je nach Wasserstoffionenkonzentration entweder basischen oder sauren Charakter haben, zum Beispiel das Aluminiumhydroxid $Al(OH)_3$ oder das Chrom(lll)-hydroxid $Cr(OH)_3$. Sie werden als **amphotere Hydroxide** (amphoteros, gr. = beiderseitig) bezeichnet, denn mit Säuren übernehmen sie die Rolle einer Base, mit Basen bilden sie Salze, in denen sie die einer Säure zuzuschreibenden Anionen liefern:

$$Al^{3+} + 3\,H_2O + 3\,Cl^- \xleftarrow{+\,3\,HCl} Al(OH)_3 \xrightarrow{+\,NaOH} Na^+ + [Al(OH)_4]^-$$

$$Cr^{3+} + 3\,H_2O + 3\,Cl^- \xleftarrow{+\,3\,HCl} Cr(OH)_3 \xrightarrow{+\,NaOH} Na^+ + [Cr(OH)_4]^-$$

Aluminiumhydroxid $Al(OH)_3$ ist in Wasser schwer löslich, kann jedoch nach obigen Reaktionsgleichungen in Säuren oder Laugen gelöst werden. Es neigt leicht zu intermolekularer Wasserabspaltung, d.h., das frisch hergestellte Aluminiumhydroxid geht durch sogenannte Alterung (ähnlich wie beim $Si(OH)_4$ beschrieben) allmählich in eine nicht mehr so leicht lösliche Form über. Besonders durch Glühen (und damit Entfernen des restlichen, chemisch gebundenen Wassers) entsteht das schwer wieder in eine lösliche Form überzuführende Al_2O_3. In der Natur vorkommende Edelsteine aus Al_2O_3 (wie der Korund, Rubin oder Saphir) sind äußerst hart und vollkommen wasserunlöslich.

Al_2O_3 und andere Metalloxid wie ZrO_2, TiO_2 oder MgO werden häufig als **keramische Werkstoffe** eingesetzt. Man bezeichnet sie im Gegensatz zu den „normalen" tonkeramischen Erzeugnisse (auch Silicatkeramik genannt, siehe Abschnitt 7.2.5) als oxidische **Hochleistungskeramik**. Bei diesen Stoffen liegen **Ionenbindungen** vor, da eine hohe Elektronegativitätsdifferenz zwischen dem Metallatom und dem Sauerstoffatom vorhanden ist (siehe Abschnitt 2.2). Sie zeigen aufgrund der hohen Bindungsenergie große Härte, Druckfestigkeit, hohe Schmelzpunkte und sind elektrisch isolierend. Wie alle keramischen Werkstoffe sind sie sehr spröde und besitzen eine hohe Korrosionsbeständigkeit. In Tab. 7.9 sind einige Eigenschaften dieser Stoffe aufgetragen, wobei zu beachten ist, daß die Werte in Abhängigkeit des Herstellungsverfahrens variieren können. Sie werden als feuerfeste Materialien, Schneidwerkzeuge und Schleifmittel eingesetzt. Neben der Oxidkeramik gibt es auch noch Hochleistungskeramik auf der Basis nichtoxidischer Materialien (siehe Abschnitt 7.3).

Alle keramische Materialien werden pulverförmig durch **Sintern** zu Kompaktkörpern verarbeitet. Unter Sintern versteht man die Formgebung und Verdichtung des Pulvers bei etwa 2/3 bis ¾ der absoluten Schmelztemperatur, wodurch sie oberflächlich miteinander verkleben und nach dem Abkühlen eine feste Masse bilden.

Tab. 7.9. Schmelzpunkt und Dichte einiger oxidkeramischer Stoffe

	Schmelzpunkt [°C]	Dichte [g/cm³]	Mohs-Härte	E-Modul [N/mm²]
Al_2O_3	2050	3,9	9	$3,8 \cdot 10^5$
ZrO_2	2700	5,9	6,5	$2 \cdot 10^5$
TiO_2	1840	4,2	5,5 - 6	
MgO	2800	3,6	6	$2 \cdot 10^5$

7.2.4   Glas

Glas ist ein aus einer Schmelze **amorph** erstarrtes Reaktionsprodukt aus basischen und sauren Oxiden. Das Normalglas hat z.B. die ungefähre Zusammensetzung (mit wechselnden Mengen Na_2O und CaO):

$$Na_2O \cdot CaO \cdot 6\ SiO_2$$

Es stellt jedoch keine exakte chemische Verbindung dar und ist vielmehr eine erstarrte Schmelze von Alkali- und Erdalkalisilicaten in einem Überschuß von SiO_2. Da Glas keine einheitliche chemische Verbindung ist, hat es auch keinen genau begrenzten Schmelzpunkt, sondern einen weiten **Erweichungsbereich**.

Neben dem hauptsächlich verwendeten sauren Oxid SiO_2 werden in Spezialgläsern noch P_2O_5 und B_2O_3 eingesetzt, beide in Form ihrer Salze, also z.B. als Calciumphosphat oder Natriumtetraborat (siehe Abschnitt 7.2.2).

Die am meisten verwendeten basischen Oxide sind Na_2O und CaO. (Man verwendet dabei meist die billigeren Carbonate, wobei sich in der Glasschmelze nach Entweichen des Kohlendioxids die betreffenden Silicate bilden.) Während Alkalisilicate in Wasser löslich sind (die wäßrige Lösung von Natriumsilicat in Wasser heißt Natronwasserglas, die entsprechende Kaliumlösung Kaliwasserglas), neigen die in Wasser sehr schwer löslichen Calciumsilicate leicht zur Kristallisation. Erst ein ausgewogenes Mengenverhältnis dieser beiden basischen Oxide ergeben zusammen mit einem Überschuß von Siliciumdioxid das wasserunlösliche, amorphe, Glas genannte Produkt.

Die beiden basischen Bestandteile können ganz oder teilweise durch andere Oxide ersetzt sein, so z.B. in schwer schmelzenden Gläsern das Na_2O durch K_2O oder in Bleigläsern das CaO durch das basische Bleioxid PbO. Durch Zusatz verschiedener Schwermetalloxide können Gläser gefärbt werden, so enthält das dunkelblaue **Cobaltglas** Cobaltoxid.

Emaille ist ein meist mit Zinndioxid SnO_2 getrübter und mit Metalloxiden gefärbter, auf Metall aufgeschmolzener Glasüberzug.

Gläser haben die Eigenschaft, an ihrer Oberfläche eine dünne Wasserhaut zu adsorbieren. Diese Wasserhaut zeigt eine geringe elektrische Leitfähigkeit, weil in ihr aus dem Glas stammende Bestandteile, z.B. Natriumionen, beweglich sind. Quarzglas hingegen, das durch Schmelzen und amorphes Erstarren von ursprünglich kristallisiertem Quarz (SiO_2) erhalten wird (siehe Abschnitt 7.2.1f), zeigt diese Eigenschaften kaum. Durch Glasmembranen können schwache elektrische Ströme fließen, dies ist ein Effekt, der die

Verwendung von Glaselektroden zu pH-Messung erst ermöglicht (siehe Abschnitt 10.2.3). Den Stromtransport durch das Glas besorgen die im Glas vorhandenen Ionen, ähnlich, wie es bei verschiedenen Halbleiter-Verbindungen im Abschnitt 6.4.3 beschrieben wurde. Man kann Glas auch als **Festelektrolyt** auffassen.

Sicherheitsgläser sind entwickelt worden, um die gefährliche Splitterwirkung von Glas stark herabzumindern. Man unterscheidet zwei verschiedene Arten von Sicherheitsgläsern:

- **Verbundgläser oder Mehrschichtengläser:**
  Bei ihnen werden zwei oder mehrere Glasschichten durch elastische Zwischenschichten aus Celluloid, Acrylglas oder einem Kunstharz zusammengehalten.

- **Einschichtsicherheitsgläser:**
  Bei diesen werden die Glasoberflächen nach der Formgebung durch Aufblasen von Preßluft rasch abgekühlt. Dadurch entstehen innere Spannungen im Glas, und zwar stehen die Oberflächenschichten unter Druck, die Kernschicht unter Zugspannung. Beim Zerbrechen solcher Einschichtsicherheitsgläser entstehen keine scharfkantigen Splitter, sondern das Glas zerspringt in eine Vielzahl meist stumpfkantiger, kleiner Teilchen. Damit wird die Gefahr der Verletzung geringer.

Bei der sogenannten **Glaskeramik** wird eine Glasschmelze (Lithium-Alumosilicate) unter Zusatz von hochschmelzenden Keimbildnern (TiO_2, ZrO_2) gebildet und bei höherer Temperatur wärmebehandelt. Hierbei entstehen in eine Glasmatrix eingebettete Kristalle, wobei die Glasphase und die kristalline Phase ein feinkörniges Gefüge bilden. Glaskeramische Werkstoff besitzen insbesondere einen sehr geringen Wärmeausdehnungskoeffizienten und haben deshalb eine hohe Temperaturwechselbeständigkeit. Glaskeramik wird als Wärmeschutzschicht für Raumfahrzeuge und als Kochfelder eingesetzt.

7.2.5   Alumosilicate

Bei den Alumosilicaten ist im Silicatgitter eine gewisse Anzahl von Siliciumatomen durch Aluminiumatome ersetzt. Die Aluminiumatome haben aber eine positive Ladung im Kern und eine negative Ladung in der Elektronenhülle weniger als die Siliciumatome. Dennoch können solche Alumosilicate und entsprechende Silicate gleiche Elektronenstrukturen haben, und zwar dann, wenn die jeweils fehlende negative Ladung durch ein zusätzliches Elektron am Aluminiumatom und die jeweils fehlende positive Ladung durch ein im Gitter anwesendes positiv geladenes Kation, z.B. ein Alkaliion oder durch die Hälfte des doppelt positiv geladenen Erdalkaliions (z.B. Ca^{2+}) ausgeglichen wird.

Technisch wichtige Alumosilicate finden unter der Bezeichnung **Zeolithe** oder Permutite Verwendung als **Ionenaustauscher**, die in der Lage sind, die Calciumionen, die Verursacher der Wasserhärte (siehe Abschnitt 5.3.2b3) aus dem Wasser herauszuholen, an das Permutitgitter zu binden und dafür Natriumionen in die Lösung zu entlassen. Zeolithe werden in Deutschland heute in Waschmitteln als „umweltfreundliche" Ersatzstoffe für die früher gebräuchlichen Waschmittelphosphate eingesetzt (siehe auch Abschnitt 13.2.2a). Mit Calciumionen beladene, erschöpfte Ionenaustauscher können anschließend durch Natriumchlorid (Kochsalz) wieder regeneriert werden (siehe auch Abschnitt 5.3.2b3).

Zeolithe bestimmter Zusammensetzung benutzt man als **Molekularsiebe**. Sie ermöglichen die Trennung von Molekülen verschiedener Größe und Gestalt, denn diese „Molekularsiebe" bekommen bei ihrer Herstellung durch Entwässern kleinste Hohlräume, zu denen dann durch genau definierte Öffnungen nur Moleküle bestimmter Größe und Art Zugang haben. Solche Moleküle werden dann durch schwache zwischenmolekulare Wechselwirkungen in diesen Molekularsieben gebunden und damit aus Stoffgemischen abgetrennt (siehe Abb.7.10). Die abgetrennten Stoffe kann man anschließend wieder aus den Molekularsieben zurückgewinnen. Da die Wasseraufnahme bei Zeolithen ein exothermer Vorgang ist und das Wasser durch Erhitzen wieder ausgetrieben werden kann, können sie unter anderem auch als **Sorptionsspeicher** (z.B. für Heizsysteme) eingesetzt werden.

Abb. 7.10. Kristallstruktur des Molekularsiebes UTD-1

Alumosilicate sind in der Natur weit verbreitet. Ionenaustauschvorgänge ähnlich wie bei den Zeolithen ermöglichen den Pflanzen, wichtige, nach der Düngung im Ackerboden gebundene Ionen aus dem Boden aufzunehmen. Von besonderer technischer Bedeutung sind die wasserhaltigen Alumosilicate Kaolinit $Al_2(OH)_4[Si_2O_5]$ und Montmorillonit $Al_2(OH)_2[Si_4O_{10}]$, die sich von der Kieselsäure mit Blattstruktur ($H_2Si_2O_5$) ableiten (siehe Abschnitt 7.2.2). Sie bilden die Hauptbestandteile von Tonen und Lehm. Kaolin (Porzellanerde), Tone und Lehm verlieren beim Brennen ihr chemisch gebundenes Wasser und ergeben dadurch **keramische Erzeugnisse**. Je nach Art des verwendeten Rohstoffs und je nach Verarbeitungsweise erhält man:

- **Tongut**: Diese Produkte werden aus Tonen, die neben Kaolinit und Montmorillonit noch andere Stoffe, Verunreinigungen enthalten, durch Zugabe von sogenannten Magerungsmitteln gefertigt und bei relativ niederen Temperaturen (900–1100 °C) zu porösen Erzeugnissen gebrannt (z.B. Ziegel oder „Römertopf", glasiert: Steinguttöpfe).
- **Steinzeug (Tonzeug)**: Hierunter versteht man Tonerzeugnisse, die beim Brennen bis zum Sintern (Temperatur ca. 1100 – 1300 °C) erhitzt werden (zu Sintern, siehe Abschnitt 7.2.3). Beispiele: Klinkersteine (unglasiert) oder glasiert als Trinkkrüge, Einmachtöpfe, Schalen, Geschirr.

- **Porzellan**: Es sind aus Kaolin, Quarz und Feldspat hergestellte Gegenstände, die beim Brennen (1300–1450 °C) gesintert und meist mit einer Glasur versehen werden.

Keramische Erzeugnisse dieser verschiedenen Arten können sowohl mit dünner Wandstärke als Geschirr als auch in kompakter Form als Baustoff verwendet werden.

7.2.6   Baustoff-Bindemittel

a) Kalkmörtel

Als Bindemittel für Baustoffe eignet sich **gelöschter Kalk** $Ca(OH)_2$, den man mit Sand vermischt. Durch Aufnahme von Kohlendioxid aus der Luft geht das Calciumhydroxid allmählich in Calciumcarbonat über und verbindet dadurch die Baustoffe fest miteinander:

$$Ca(OH)_2 + CO_2 \rightarrow CaCO_3 + H_2O$$

Wie die Reaktionsformel zeigt, wird bei diesem Abbindevorgang Wasser frei. Um in frisch bezogenen Neubauten durch diese Abbindereaktion keine unerträglich hohen Feuchtigkeitswerte zu erhalten, kann man durch Anwendung von Kohlendioxid, z. B. durch Abbrennen kohlenstoffhaltiger Brennstoffe in den noch nicht bezogenen Gebäuden, für eine möglichst rasche Umwandlung des Calciumhydroxids in Calciumcarbonat sorgen.

b) Zement

Durch Brennen von **Tonen** und **Kalkstein** ($CaCO_3$) und anschließendes Zerkleinern gewinnt man ein Produkt, das als Zement bezeichnet wird. Zement erhärtet bei Zugabe von Wasser unter Bildung von Calciumsilicat- und -aluminat-Hydraten. Die beiden wichtigsten, dabei entstehenden hydratisierten Salze werden in der Bauchemie meist durch die folgenden Formeln beschrieben:

$3\,CaO \cdot 2\,SiO_2 \cdot 3\,H_2O$ (Tricalcium-Disilicat-Hydrat).
$3\,CaO \cdot 2\,Al_2O_3 \cdot 6\,H_2O$ (Tricalcium-Aluminat-Hydrat).

In Vermischung mit Kies erhält man dabei den als **Beton** bekannten Baustoff.

c) Gips

Das in der Natur in großen Mengen als Gips $CaSO_4 \cdot 2\,H_2O$ vorkommende Calciumsulfat verliert durch Erhitzen z.B. auf 120–130 °C einen großen Teil seines **Kristallwassers** und geht in einen wasserärmeren Zustand etwa der chemischen Zusammensetzung $CaSO_4 \cdot 1/2\,H_2O$ (das sogenannte Halbhydrat oder gebrannter Gips) über. Durch Wasserzufuhr kristallisiert ziemlich schnell wieder Gips mit der Formel $CaSO_4 \cdot 2\,H_2O$ aus, wodurch sich das Produkt verfestigt (**Baugips**):

$$2\,[CaSO_4 \cdot 1/2\,H_2O] + 3\,H_2O \rightarrow 2\,[CaSO_4 \cdot 2\,H_2O]$$

Wie solches Kristallwasser gebunden wird, wird im Abschnitt 5.4.2 näher erläutert werden. Zu einer Verfestigung kommt es dadurch, daß sich die körnige Kristallstruktur des $CaSO_4 \cdot 1/2\,H_2O$ beim Abbinden in eine Kristallstruktur aus feinen Nadeln beim $CaSO_4 \cdot 2\,H_2O$ ändert. Diese Nadeln neigen untereinander stark zum Verfilzen, wodurch die Versteifung bewirkt wird.

Durch die Erhitzungstemperatur bei der Herstellung kann man die Abbindungseigenschaften beeinflussen. So erhält man beispielsweise beim Entwässern auf 130–180 °C einen in ca. zehn Minuten abbindenden Stuckgips, der nach dem Abbinden fester als der Baugips ist. Beim Erhitzen auf 800–900 °C entsteht ein praktisch wasserfreies Produkt, das langsam (in ca. 24 Stunden) abbindet und als **Estrichgips** bezeichnet wird. Bei Brenntemperaturen von 1000 °C–1200 °C entsteht ein „totgebrannter Gips", der praktisch nicht mehr mit Wasser abbindet.

Läßt man Calciumsulfat aus wäßrigen Lösungen auskristallisieren, so erhält man Kristalle der Zusammensetzung $CaSO_4 \cdot 2\,H_2O$ (Gips). Erfolgt die Kristallisation bei Temperaturen oberhalb 66 °C, so erhält man Kristalle ohne Kristallwasser, die man als **Anhydrit** $CaSO_4$ bezeichnet.

In der Bauindustrie wird heute mehr und mehr den Naturgips durch den sogenannten **Rauchgasentschwefelungsgips** (auch kurz REA-Gips genannte) ersetzt. Er fällt als Nebenprodukt bei der Rauchgasreinigung in Kraftwerken an (siehe Abschnitt 13.3.3)

7.2.7   Asbest

Unter der Gruppenbezeichnung „Asbest" (asbestos, gr. = unvergänglich) faßt man verschiedene Silicate des Magnesiums zusammen. Zu den wichtigsten dieser Mineralien gehört der Krysotil-Asbest, der lange, spinnbare Fasern bildet, die jedoch eine gewisse Säureempfindlichkeit zeigen. Asbest ist beständig gegen Feuer und extreme Hitze. Die chemische Formel lautet $Mg_3[Si_4O_{11}] \cdot 3\,Mg(OH)_2 \cdot H_2O$. Man kann ihn zu Geweben, Pappe, Filtern usw. verarbeiten. Heute ist Asbest als krebserzeugender Gefahrstoff eingestuft (siehe Abschnitt 12.5.2a4). Deshalb ist das Herstellen und Inverkehrbringen der meisten Asbestprodukte verboten.

7.3   Carbide und Nitride

Carbide sind Verbindungen des Kohlenstoffs mit Metallen oder Halbmetallen. Nitride sind Verbindungen des Stickstoffs mit Metallen und Halbmetallen. Nach der Struktur und den Eigenschaften kann man drei Arten von Verbindungen unterscheiden:

- **salzartige Verbindungen:** Hier haben der Kohlenstoff bzw. der Stickstoff wesentlich größere Elektronegativität als der metallische Bindungspartner. Man kann solche Carbide und Nitride als Salze auffassen, wobei der Kohlenstoff bzw. der Stickstoff mit negativen Oxidationszahlen zu belegen ist.
- **Einlagerungsverbindungen:** Hier besetzten die C- bzw. N-Atome die Lücken

zwischen den Metallatomen (ähnlich wie die H-Atome bei den Hydriden, siehe Abschnitt 7.1).

- **Kovalente Verbindungen:** Hier sind die C- bzw. N-Atome mit einem Bindungspartner durch kovalente Bindungen verbunden

7.3.1   Salzartige Carbide

Sie werden meist von Metallen der ersten und zweiten Hauptgruppe gebildet. Die betreffenden Metalle haben somit eine wesentlich geringere Elektronegativität als der Kohlenstoff bzw. der Stickstoff. Also zum Beispiel:

$$\overset{+2\ -1}{CaC_2} \quad oder \quad \overset{+2\ -3}{Ca_3N_2}$$

Carbide dieser Art ergeben mit Wasser die betreffenden Metallhydroxide und einen Kohlenwasserstoff. Nitride reagieren zum entsprechenden Metallhydroxid und Ammoniak. Das bekannteste Beispiel für solche Verbindungen ist das **Calciumcarbid** CaC_2, das früher fast ausschließlich zur Herstellung des technisch wichtigen Kohlenwasserstoffs Acetylen C_2H_2 (siehe Abschnitt 8.1.3) diente:

$$CaC_2 + 2\,H_2O \rightarrow Ca(OH)_2 + C_2H_2$$

7.3.2   Einlagerungsverbindungen

Bei den Einlagerungsverbindungen zwingen die in das Metallgitter eingelagerten C- bzw. N-Atome die Metallatome in eine feste Struktur. Diese Anordnung hat äußerst **harte Substanzen** mit **hohem Schmelzpunkt** zur Folge und sind außerordentlich reaktionsträge. Sie besitzen aber auch hohe elektrische und thermische Leitfähigkeit.
Wichtige Beispiele für diese Verbindungen sind:

- **Zementit**, Fe_3C, der eine wesentliche Rolle bei der Metallurgie des Eisens spielt und die Härte und Festigkeit des Stahls und mancher Gußeisensorten bedingt (siehe Abschnitt 6.5.12).
- **Wolframcarbid**, W_2C, bildet neben den Carbiden vom Chrom, Vanadin und Molybdän einen wesentlichen Bestandteil der Wolframstähle oder Schnellarbeitsstähle, die ihre Festigkeit und Härte auch bei erhöhter Temperatur nicht verlieren.
- **Tantalcarbid**, TaC, hat den höchsten Schmelzpunkt aller bekannten festen Stoffe, nämlich 3909 °C.
- **Eisennitride**, Fe_2N und Fe_4N spielen beim **Nitrierhärten** von Stahl eine Rolle. Sie bilden sich, wenn Stickstoff bei höherer Temperatur (>500 °C) in den Stahl eindiffundieren kann. Als Stickstoffquellen werden Gase (wie Ammoniak) oder Salzschmelzen (Cyanid-Schmelzen) verwendet. Ebenso bilden sich im Stahl Nitride von Chrom, Molybdän usw.

7.3.3   Kovalente Verbindungen

Diese Verbindungen werden häufig als **nichtoxidische keramische Werkstoffe** eingesetzt und wie oxidische Keramik auch als Hochleistungskeramik bezeichnet (siehe Abschnitt 7.2.3). Sie besitzen hohe Schmelzpunkte, hohe Festigkeiten (E-Module), Chemikalienbeständigkeit und Härte. Die Eigenschaften variieren wie bei den oxidkeramischen
Werkstoffen je nach Herstellungsverfahren (Eigenschaften siehe Tab. 7.10).

Beispiele für diese Verbindungen sind:

- **Carborund**, SiC wird für Schleifgeräte eingesetzt. Die Struktur entspricht der
  Struktur von Diamant (siehe Abschnitt 6.3.4a), in dem jedes zweite C-Atom durch
  ein Si-Atom ersetzt ist (C und Si stehen in der gleichen Hauptgruppe!). Es erreicht
  nahezu die Härte des Diamant.

- **Siliciumnitrid**, Si_3N_4 besitzt eine gut Temperaturwechselbeständigkeit und wird
  z.B. für Tiegel, und Gleitdichtungen eingesetzt. Dieser Werkstoff wird derzeit auch
  für extrem verschleißfreie und hitzebeständige Ventile in Automotoren getestet.
  Günstig ist vor allem sein geringes spezifisches Gewicht, so daß die Ventile rund
  2/3 leichter sind als herkömmliche sind.

- **Bornitrid**, BN kann in einer dem Graphit ähnlichen und einer dem Diamant ähnlichen Kristallstruktur auftreten. Die diamantähnliche Struktur wird für keramische
  Gegenstände unterschiedlicher Art wie z.B Schleifmaterialien oder Wärme- und
  chemikalienfeste Filtermaterialien eingesetzt

Tab.7.10. Eigenschaften einiger nichtoxidkeramischer Stoffe

	Schmelzpunkt bzw. Zersetzungstemperatur [°C]	Dichte [g/cm^3]	E-Modul [N/mm^2]
SiC	2300	3,2	$4 \cdot 10^5$
Si_3N_4	2170	3,4	$3 \cdot 10^5$
BN	3000	2,3	$0,9 \cdot 10^5$

Kontroll- und Übungsfragen zum 7. Kapitel

1) Was sind Metallhydride? Welche Arten können nach den Bindungsverhältnissen unterschieden werden? Nennen Sie technische Anwendungen für Metallhydride!
2) Welche Struktur haben die Moleküle der Verbindungen H_2O, NH_3 und CH_4?
3) Nennen Sie die Anomalien des Wassers und geben Sie die Ursachen dafür an!
4) Bei welcher Temperatur hat Wasser die größte Dichte?
5) Was sind Hydroniumionen (Oxoniumionen), was Hydroxidionen?
6) Warum wird Wasserstoffperoxid heute in der chemischen Technik häufig als „umweltfreundliches" Oxidationsmittel eingesetzt?
7) Wie wird Wasserstoffperoxid großtechnisch hergestellt?
8) Beschreiben Sie anhand einer Reaktionsgleichung die Vorgänge, die sich beim Einleiten von Chlorwasserstoffgas in Wasser abspielen!
9) Was ist Salzsäure?
10) Was ist bemerkenswert beim Lösen von Ammoniak in Wasser?
11) Womit kann man Sauerstoff aus Kesselspeisewasser entfernen?
12) Wie heißen die Calciumsalze der Salzsäure und der Schwefelwasserstoffsäure (Formeln!)?
13) Welche Oxide des Kohlenstoffs kennen Sie? Wie steht es mit ihrer Giftigkeit?
14) Nennen Sie wichtige Stickstoffoxide und deren Eigenschaften!
15) Welche Hauptgefahren treten bei den umweltrelevanten Schadstoffen Schwefeldioxid und Stickstoffoxiden jeweils auf und zu welcher Jahreszeit ist die Wirkung am gefährlichsten? Warum?
16) Geben Sie die Aggregatzustände bei Raumtemperatur für die beiden ähnlich geschriebenen Oxide CO_2 und SiO_2 an und begründen Sie diesen Tatbestand!
17) Was versteht man unter der Piezoelektrizität von Quarz?
18) Geben Sie den Unterschied zwischen Quarzglas und Quarzgut an!
19) Was sind Exsiccatoren und mit welchen Stoffen werden sie ausgestattet?
20) Welche Nichtmetalloxide sind wichtige Indikatoren für den Grad der Luftverschmutzung?
21) Welche chemische Formeln haben folgende Säuren: Schwefelsäure, schweflige Säure, Salpetersäure, salpetrige Säure, Kohlensäure? Wie heißen ihre Salze?
22) Wie werden Schwefelsäure und Salpetersäure technisch hergestellt?
23) Was ist Blaugel? Wofür wird es verwendet? Wie kann man es regenerieren?
24) Nennen Sie Oxide, die, in Wasser gelöst, starke Basen ergeben!
25) Was sind amphotere Hydroxide?
26) Was ist Glas in chemischer Hinsicht?
27) Welche Arten von Sicherheitsglas gibt es? Wie ist die Wirkungsweise von diesen?
28) Was versteht man unter Glaskeramik? Welches ist eine besondere Eigenschaft dieses Materials?
29) Was versteht man unter Molekularsieben?
30) Warum ist Al_2O_3 hart, spröde und leitet den elektrischen Strom nur in der Schmelze?
31) Welche chemischen Vorgänge spielen sich beim Abbinden von Kalkmörtel ab?
32) Was versteht man unter Sintern?
33) Was ist Zement, was Beton?
34) Was ist Gips? Welche Reaktion führt zum Abbinden von Gips?
35) Was sind Carbide? Welche Arten und typische Vertreter kennen Sie?

36) Was sind Nitride?
37) Wie unterscheiden sich die Eigenschaften keramischer Werkstoffe von Metallen?
38) Welche Stoffe bezeichnet man als Hochleistungskeramik und wie kann man diese hinsichtlich ihrer Bindungsverhältnise unterteilen?

8 Organische Verbindungen

Übersicht über die Thematik des 8.Kapitels

Unter organischen Verbindungen verstand man ursprünglich solche Stoffe, die sich mit Hilfe von Lebensprozessen bilden und deshalb nur in Organismen, in Zellen von Lebewesen vorkommen. Im Jahre 1828 gelang es Wöhler (Friedrich Wöhler, 1800–1882) den bis dahin nur als Stoffwechselprodukt bekannten Harnstoff durch chemische Reaktionen aus anorganischen Stoffen, in letzter Konsequenz aus Kohlendioxid und Ammoniak, im Laboratorium, ohne die Hilfe einer bis dahin vermuteten „Lebenskraft" herzustellen. Es wurde damit deutlich, daß sich organische Verbindungen auch außerhalb von Organismen bilden können. Trotz dieser Erkenntnis hat man die Bezeichnung organische Verbindungen beibehalten. Heute gilt in erheblicher Abweichung des ursprünglichen Bedeutungsinhaltes die folgende Definition:
Die organische Chemie ist die Chemie der Kohlenstoffverbindungen. *Diese Definition hat insofern eine Berechtigung, da man weiß, daß das Leben an Verbindungen des Kohlenstoffs gebunden ist. Das Gebiet der organischen Chemie umfaßt aber auch eine Vielzahl von Kohlenstoffverbindungen, die in lebenden Organismen nicht vorkommen. Andererseits werden die einfachen Kohlenstoff-Sauerstoffverbindungen (CO; CO_2, die Kohlensäure und ihre Salze) sowie die Carbide zum Gebiet der anorganischen Chemie gezählt.*
Die heutige Abgrenzung des Gebietes der organischen Chemie kann man auch damit rechtfertigen, daß Kohlenstoffverbindungen grundsätzlich andere Eigenschaften zeigen als die meisten anorganischen Verbindungen. Grob vereinfachend läßt sich der Unterschied durch die in Tab. 8.1 angegebenen Merkmale verdeutlichen.

Tab. 8.1. Unterschiede zwischen organischen und anorganischen Verbindungen

Unterscheidungsmerkmal	organische Verbindung	anorganische Verbindung
Bindungsart	vorwiegend kovalent	vorwiegend ionisch und metallisch
Aggregatzustand	niedermolekular: gasförmig und flüssig höhermolekular: fest, meist niedriger Schmelzpunkt	vorwiegend fest mit hohen Schmelzpunkten
Flüchtigkeit	groß, niedere Siedepunkte	gering, hohe Siedepunkte
Löslichkeit in Wasser	meist unlöslich, bei Löslichkeit keine Dissoziation in Ionen	häufig löslich unter elektrolytischer Dissoziation in Ionen
Löslichkeit in organischen Lösungsmitteln	meist löslich	meist unlöslich

Ursache für die Andersartigkeit der Kohlenstoffverbindungen ist die Fähigkeit des Kohlenstoffs, sich mit anderen Kohlenstoffatomen zu sehr beständigen Molekülketten oder Ringen zu vereinen und den Wasserstoff kovalent zu binden. Die Zahl der heute bekannten organischen Verbindungen ist (mit der Größenordnung von $5 \cdot 10^6$ Verbindungen)

etwa zehnmal so groß wie die der anorganischen, obwohl an den organischen Verbin-
dungen außer dem Kohlenstoff meist nur wenige andere Elemente, vor allem H, O, N, S
und die Halogene, beteiligt sind.
Für diese große Zahl aller organischen Verbindungen gibt es jedoch ein sehr einfaches
Einteilungsschema, das aus der Abb. 8.1 ersichtlich ist. Die in diesem Einteilungssche-
ma angegebenen Grundgerüste organischer Verbindungen erhält man, wenn man in den
Strukturformeln alle Nicht-Kohlenstoffatome abstreicht, sofern sie nicht wie bei den
heterocyclischen Verbindungen Bestandteil des Grundgerüstes selbst sind.

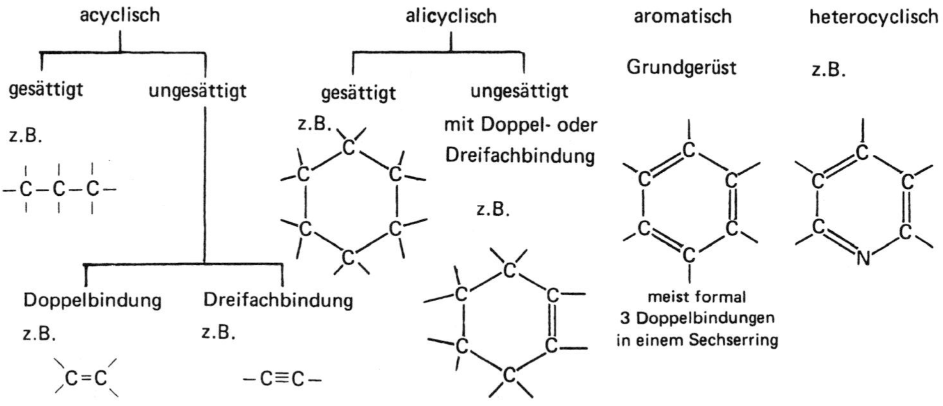

Abb. 8.1. Einteilungsschema für organische Verbindungen

Der Überblick über das umfangreiche Gebiet der organischen Verbindungen erfolgt in
diesem Lehrbuch mit folgenden Schwerpunkten: Es werden in erster Linie die in der
Technik sehr häufig verwendeten organischen Stoffe wie z.B. Erdgas, Ethylen, Fettlö-
sungsmittel, Kältemittel, Seifen, Ester, Cyanide oder Kraftstoffe und Schmieröle aus-
führlicher beschrieben. Ferner werden besondere Stoffe erwähnt, die zum Aufbau und
zur Herstellung von Kunststoffen verwendet werden. Schließlich sollen noch solche
Stoffe bzw. Stoffklassen berücksichtigt werden, die für die biologischen Vorgänge not-
wendig sind.

8.1   Kohlenwasserstoffe

Kohlenwasserstoffe sind kovalente Verbindungen von Kohlenstoff und Wasserstoff.
Entsprechend dem Einteilungsschema von Abb. 8.1 kann man zwischen den folgenden
wichtigsten Gruppen von Kohlenwasserstoffen unterscheiden:

- gesättigte acyclische (aliphatische[1], kettenförmige) Kohlenwasserstoffe, auch **Alkane** oder **Paraffine** genannt.
- ungesättigte acyclische Kohlenwasserstoffe; es sind kettenförmige Kohlenwasserstoffe mit Doppelbindungen (**Olefine** oder **Alkene**) oder Dreifachbindungen (**Acetylene** oder **Alkine**).
- **Alicyclische** (ringförmige) **Kohlenwasserstoffe**, entweder gesättigt (Cycloparaffine oder Cycloalkane) oder ungesättigt (Cycloalkene bzw. Cycloalkine).
- **aromatische Kohlenwasserstoffe** (mit speziellen Elektronen-Resonanzstrukturen).

8.1.1 Alkane oder Paraffine

Diese Kohlenwasserstoffe, bei denen die Kohlenstoffatome in kettenförmiger Anordnung durch kovalente Bindungen miteinander verbunden sind, enthalten keine Doppelbindungen, sie sind chemisch reaktionsträge und werden deswegen als Paraffine (par(v)um, lat. = wenig; affinis, lat. = beteiligt) bezeichnet. Der chemische Name wird gebildet durch Anhängen der Silbe „**an**" an den Wortstamm, der die Anzahl der Kohlenstoffatome im Molekül kennzeichnet, wie es die Tab. 8.2 zeigt; solche Kohlenwasserstoffe führen den allgemeinen Gruppennamen **Alkan**.

Tab. 8.2. Physikalische Eigenschaften einiger geradkettiger Alkane

Verbindung	Formel	Summenformel	Schmelzpunkt [°C]	Siedepunkt [°C]
Methan	CH_4	CH_4	-182,5	-164
Ethan	CH_3-CH_3	C_2H_6	-172	-88,6
Propan	$CH_3-CH_2-CH_3$	C_3H_8	-190	-42,1
n-Butan	$CH_3-[CH_2]_2-CH_3$	C_4H_{10}	-135,0	-0,5
n-Pentan	$CH_3-[CH_2]_3-CH_3$	C_5H_{12}	-129,7	+36,1
n-Hexan	$CH_3-[CH_2]_4-CH_3$	C_6H_{14}	-95,3	68,7
n-Heptan	$CH_3-[CH_2]_5-CH_3$	C_7H_{16}	-90,6	98,4
n-Octan	$CH_3-[CH_2]_6-CH_3$	C_8H_{18}	-56,8	125,7
n-Nonan	$CH_3-[CH_2]_7-CH_3$	C_9H_{20}	-51,0	150,8
n-Decan	$CH_3-[CH_2]_8-CH_3$	$C_{10}H_{22}$	-29,7	174,1
n-Hexadecan	$CH_3-[CH_2]_{14}-CH_3$	$C_{16}H_{34}$	+18,1	286,5

a) Methan

Der molekulare Aufbau dieser einfachsten Kohlenwasserstoffverbindung wurde bereits im Abschnitt 7.1.1 ausführlich beschrieben und durch Abb. 7.3a und 7.4a veranschaulicht. Methan kommt in der Natur als Erdgas, Grubengas und Sumpfgas vor. Das in

---

[1] aleiphar, gr. = Fett; die Fette (siehe Abschnitt 8.4.8) als typische Vertreter kettenförmiger Kohlenstoffverbindungen haben allen acyclischen organischen Verbindungen (nicht nur den Kohlenwasserstoffen) diesen Klassennamen gegeben.

Faultürmen von Kläranlagen durch anaerobe Verwesungsprozesse entstehende Faul-
oder **Biogas** besteht zum größten Teil aus Methan (siehe Abschnitt 13.2.3d). Man verbrennt dieses Faulgas und verwendet die dabei gewonnene Wärmeenergie zum Heizen
und zur Erzeugung elektrischer Energie. Methan verbrennt in stark exothermer Reaktion
zu Kohlendioxid und Wasserdampf:

$$CH_4 + 2\,O_2 \rightarrow CO_2 + 2\,H_2O \qquad\qquad \Delta H° = -802{,}9\ kJ.$$

Die hierzu notwendige, relativ hohe Zündtemperatur von 650 °C, die diese exotherme
Verbrennungsreaktion erst in Gang bringt, ist erforderlich, um die ziemlich feste Was-
serstoff-Kohlenstoff-Bindung zu lösen. Wegen dieser festen Wasserstoff-Kohlenstoff-
Bindung sind Kohlenwasserstoffe chemisch reaktionsträge (=Paraffine).

Beim Erhitzen von Methan unter Luftabschluß kann diese Bindung zwischen Kohlenstoff und Wasserstoff gelöst werden. Durch Abspaltung eines Wasserstoffatoms entsteht zunächst aus dem Methan das **Radikal** (radix, lat. = Wurzel) $CH_3·$, das als **Methyl-**
(radikal) bezeichnet wird. Radikale sind Atome, Moleküle oder Ionen, die über mindestens ein **ungepaartes Elektron** verfügen. Die meisten Radikale sind sehr reaktiv und
existieren unter Normalbedingungen nur sehr kurze Zeit. Radikale spielen in der Chemie
der oberen Atmosphäre eine wichtige Rolle, wo sie zur Bildung und zum Abbau von
Ozon beitragen (siehe Abschnitt 8.2.4). Durch Vereinigung zweier Methylradikale kann
der Kohlenwasserstoff Ethan $CH_3–CH_3$ (frühere Schreibweise Äthan) entstehen.

b) Geradkettige Paraffine

Eine in Gedanken immer weiter fortgeführte Abspaltung von Wasserstoffatomen aus
Kohlenwasserstoffen und das Ersetzen des abgespalteten Wasserstoffs durch organische
Radikale führt schließlich zu einer großen Anzahl von möglichen Kohlenwasserstoffen,
wie es im folgenden angedeutet werden soll.

Die Abspaltung eines Wasserstoffatoms aus dem **Ethan** $CH_3–CH_3$ und die Vereinigung des dadurch entstehenden Ethylradikals mit einem Methylradikal führt zu einem
Kohlenwasserstoff mit drei Kohlenstoffatomen, den man **Propan** nennt. Aus dem Propan erhält man entweder das normale Propyl-Radikal oder das iso-Propyl-Radikal:

$$CH_3–CH_2–CH_2· \qquad\qquad CH_3–\overset{\textstyle ·}{\underset{\textstyle H}{C}}–CH_3$$

n-Propyl-   iso-Propyl-

Durch Vereinigung mit Methyl-Radikalen entstehen aus diesen das normale Butan (n-
Butan) und das iso-Butan:

$$H_3C–CH_2–CH_2–CH_3 \qquad\qquad CH_3–\overset{\textstyle CH_3}{\underset{\textstyle H}{C}}–CH_3$$

n-Butan   iso-Butan

Auf diese Weise gelangt man zu geradkettigen und verzweigtkettigen höheren Kohlenwasserstoffen. Die physikalischen Eigenschaften einiger geradkettiger oder normaler Alkane sind aus Tab. 8.2 ersichtlich.

Bei Raumtemperatur sind die Alkane bis zum Butan gasförmig, vom Pentan bis zum geradkettigen Hexadecan flüssig und ab n-Heptadecan fest. Je höher die Molmasse, desto höher liegt aufgrund der zunehmenden **van der Waals-Wechselwirkungen** auch der Schmelz- und Siedepunkt der Verbindung (siehe Abschnitt 2.5.2). Die Summenformel der Alkane errechnet sich aus der Formel C_nH_{2n+2}.

c) Paraffine mit Seitenverzweigungen

Die Alkane mit Seitenverzweigungen haben ebenfalls die Summenformel C_nH_{2n+2}, sie sind mit den geradkettigen Paraffinen **isomer** (isos, gr. = gleich, meros, gr. = Teil). Man bezeichnet Moleküle, die in Art und Anzahl der sie aufbauenden Atome übereinstimmen, die jedoch infolge einer unterschiedlichen Anordnung der Atome verschiedenartige Strukturformeln besitzen, als **Strukturisomere**, diese Erscheinung als Strukturisomerie.

Die Lage und Art der Seitenketten bei den Isomeren werden so gekennzeichnet, daß man die Kohlenstoffatome in der Hauptkette mit fortlaufenden Nummern beziffert und durch eine (oder mehrere) vor den chemischen Namen gestellte Zahl angibt, an welchem numerierten Kohlenstoffatom der Hauptkette die Seitenkette jeweils gebunden ist. Die Zusammensetzung der Seitengruppe wird durch den Radikalnamen für den betreffenden Kohlenwasserstoffrest angegeben; d. h., man hängt die Endung –yl an den betreffenden Wortstamm, der die Anzahl der Kohlenstoffatome in der Seitenkette kennzeichnet, also z.B. Methyl- für CH_3–, Ethyl- für C_2H_5–, Propyl- für C_3H_7– usw.
Beispiel:

2,2,4-Trimethylpentan
Trivialname : "Isooctan"

Das 2,2,4-Trimethylpentan ist eine wichtige Vergleichssubstanz zur Bestimmung der **Octanzahl** von Kraftfahrzeugbenzinen für Ottomotoren (siehe Abschnitt 8.8.2a). Die Anzahl der möglichen Isomeren wächst mit steigender Kohlenstoffzahl rasch an. Während bei Alkanen mit fünf Kohlenstoffatomen drei Isomere möglich sind, existieren von Hexan fünf Isomere, von Heptan neun Isomere, von Octan 18 und von Decan bereits 75 Isomere. Die Schmelz- und Siedepunkte dieser Isomeren unterscheiden sich oft erheblich voneinander. Die Siedepunkte liegen meist um so höher, je langgestreckter der Molekülbau ist, d.h. je stärker die van der Waals-Kräfte zwischen den Molekülen wirksam werden können (siehe Tab. 8.3).

Tab. 8.3. Physikalische Eigenschaften einiger isomerer Octane

Verbindung	Formel	Schmelzpunkt [°C]	Siedepunkt [°C]
n-Octan	$CH_3-[CH_2]_6-CH_3$	-56,8	125,7
2-Methylheptan	$(CH_3)_2CH-[CH_2]_4-CH_3$	-109,2	117,6
3-Methylheptan	$CH_3-CH_2-CH(CH_3)-[CH_2]_3-CH_3$	-120,6	118,9
2,2-Dimethylhexan	$(CH_3)_3C-[CH_2]_3-CH_3$	-121,2	106,8
2,5-Dimethylhexan	$(CH_3)_2CH-[CH_2]_2-CH(CH_3)_2$	-91,4	109,1
2,2,4-Trimethylpentan	$(CH_3)_3C-CH_2-CH(CH_3)_2$	-107,6	99,1
2,2,3,3-Tetramethylbutan	$(CH_3)_3C-C(CH_3)_3$	+100,7	106,3

runde Klammer = Anzahl der an einem Kohlenstoffatom gebundenen Atomgruppen;
eckige Klammer = Anzahl der zu Ketten aneinandergehängten Atomgruppen.

8.1.2   Alkene oder Olefine

Aliphatische Kohlenwasserstoffe mit Doppelbindungen werden Alkene oder Olefine genannt.

a) Ethylen oder Ethen

Das einfachste Olefin ist das Ethylen oder Ethen (die früher im Deutschen übliche Schreibweise Äthylen oder Äthen wurde der internationalen angeglichen, nämlich mit „E" statt mit „Ä"). Die Formel lautet:

$$\begin{array}{c}H\\ \end{array}C=C\begin{array}{c}H\\ \end{array}\qquad \text{oder}\qquad CH_2=CH_2 \qquad \text{oder}\qquad C_2H_4$$

Ethylen (Smp. = −169,2 °C; Sdp. = −103,7 °C), ein farbloses, etwas süßlich riechendes, mit rußender Flamme brennendes Gas, ist einer der bedeutendsten Rohstoffe in der organisch-chemischen Großindustrie. Es ist auch Ausgangsprodukt zur Herstellung vieler Kunststoffe.

b) Nomenklatur und Eigenschaften der Olefine

Die Namen für die einfachen Olefine (mit nur einer Doppelbindung im Molekül) werden gebildet durch Anhängen der Endung – **en** oder – **ylen** an den Wortstamm, also z.B. Propen oder Propylen, Buten oder Butylen usw. Bei der in chemischen Verbindungen vorkommenden Atomgruppe – CH_2 –, die als **Methylengruppe** bezeichnet wird, handelt es sich nicht um ein Olefin, sondern nur um eine analoge Bezeichnung für diese unter normalen Bedingungen nicht frei existenzfähige Atomgruppe auf Grund der allgemeinen Formel C_nH_{2n} für die Olefine.

Die Stellung der Doppelbindung in der Kohlenstoffkette kann durch eine Zahl bezeichnet werden, die man dem Olefinennamen voranstellt. Die Zahl gibt das Kohlenstoffatom an, von dem die Doppelbindung zum nächsten, höher numerierten Atom ausgeht.

Beispiel: 1-Buten $\overset{4}{C}H_3-\overset{3}{C}H_2-\overset{2}{C}H=\overset{1}{C}H_2$

Olefine sind chemisch reaktionsfähiger als die Paraffine, weil die π-Bindungen nicht so stabil sind wie die σ-Bindungen. Durch geeignete Reagenzien können die π-Bindungen gelöst und durch Anlagerung von anderen Atomen in stabilere σ-Bindungen umgewandelt werden. So reagieren Olefine z.B. leicht mit elementarem Brom:

$$CH_2=CH_2 + Br_2 \rightarrow CH_2Br-CH_2Br$$

Da Olefine durch Anlagerung anderer Stoffe an die Doppelbindung noch abgesättigt werden können, bezeichnet man sie auch als **ungesättigte Verbindungen**. Die Reaktion mit Brom oder Bromwasser (= Lösung von Brom in Wasser) kann zur qualitativen und quantitativen Bestimmung der Olefine benutzt werden, denn Brom oder Bromwasser haben eine deutlich braune Farbe, die sich bildenden Brom-Kohlenwasserstoffe sind jedoch farblos. Deswegen können Olefine durch Entfärben von Bromwasser erkannt und bestimmt werden.

Bei der Reaktion von Ethylen mit Brom entsteht aus dem bei Raumtemperatur gasförmigen Alken eine farblose, ölige Flüssigkeit, das 1,2-Dibromethan. Das Ethylen ist deshalb ein ölbildendes Gas (fr. = gaz olefiant); von dieser Eigenschaft haben schließlich die Kohlenwasserstoffe mit Doppelbindung ihre Stoffklassenbezeichnung Olefine erhalten.

Das Anlagern von Wasserstoff an Doppelbindungen heißt **Hydrieren**, der umgekehrte Vorgang, die Abspaltung von Wasserstoff wird **Dehydrieren** genannt.

$$\text{Beispiel: } CH_2=CH_2 + H_2 \underset{\text{Dehydrieren}}{\overset{\text{Hydrieren}}{\rightleftharpoons}} CH_3-CH_3$$
$$\phantom{\text{Beispiel: }}\text{Ethen} \qquad\qquad\qquad \text{Ethan}$$

Das Dehydrieren wird großtechnisch angewandt, um die als Ausgangsprodukte für viele Kunststoffe wichtigen Olefine zu gewinnen.

c) Diolefine

Diolefine enthalten zwei Doppelbindungen im Molekül. Als Rohstoffe für verschiedene Kunststoffe sind vor allem 1,3-Butadien und 2-Methyl-1,3-butadien („Isopren") wichtig (siehe Tab. 8.4).

Tab. 8.4. Physikalische Eigenschaften wichtiger Diolefine

Verbindung	Formel	Schmelzpunkt [°C]	Siedepunkt [°C]
1,3-Butadien	$CH_2=CH-CH=CH_2$	-108	-4,5
2-Methyl-1,3-butadien („Isopren")	$CH_2=C(CH_3)-CH=CH_2$	-120	+34

d) Cracken von Paraffinen

Die zur Herstellung von Kunststoffen in großem Maße benötigten Olefine und Diolefine werden durch Cracken (to crack, engl. = spalten, zerbrechen) von Erdölprodukten gewonnen. Bei diesen Verfahren werden Paraffine durch **kurzzeitiges Erhitzen** in Röhrenreaktoren gespalten. Je nach den gewünschten Crackprodukten wendet man dabei Temperaturen von 300–900 °C und Drücke bis zu 80 bar an. Der Crackprozeß kann auch mit Hilfe von Katalysatoren, wie z.B. Zeolithen durchgeführt werden (katalytisches Cracken). Infolge der starken Wärmebewegung der Moleküle brechen die Paraffine auseinander; die freiwerdenden Bindungen wandern unter Ausbildung von Doppelbindungen und unter Wasserstoff-Abspaltung ins Innere der Moleküle. Die abgespaltenen Wasserstoffatome können sich entweder zu Wasserstoffmolekülen vereinigen oder mit Kohlenwasserstoffresten Paraffine bilden. Beim Cracken von Paraffinen bildet sich somit ein Gemisch von Olefinen (hauptsächlich Ethylen, Propylen), Diolefinen, niederen Paraffinen (hauptsächlich Methan) und Wasserstoff; ferner entstehen auch ringförmige Kohlenwasserstoffe.

Im folgenden Formelbeispiel entstehen durch das Cracken des Paraffins n-Decan die Olefine Ethylen, Propylen, Butadien, außerdem Methan und Wasserstoff:

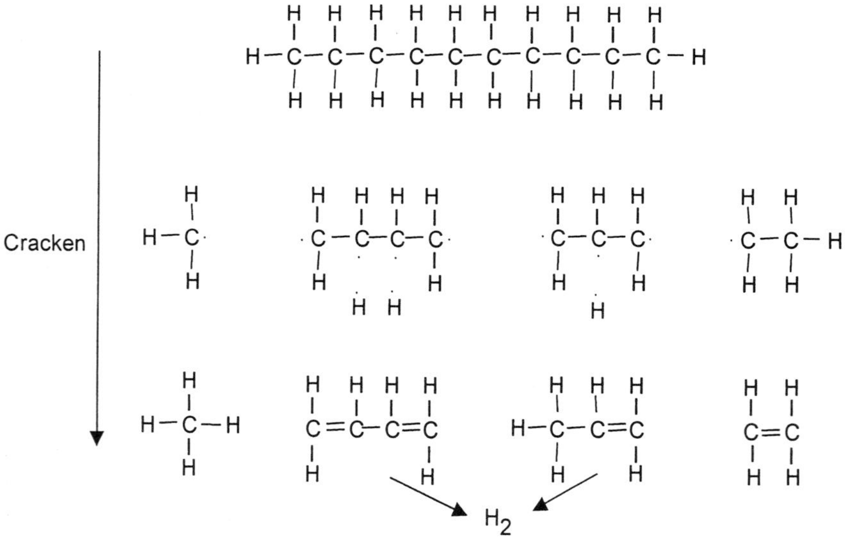

8.1.3   Alkine oder Acetylene

Das einfachste Alkin hat die Formel $HC{\equiv}CH$. Es wird **Acetylen** genannt und findet eine verbreitete Verwendung in der Technik, man gebraucht die Acetylenflamme zum Schweißen von Metallen. Die höheren Homologen (homologos, gr. = übereinstimmend) des Acetylens erhält man durch sukzessives Einfügen von $-CH_2-$Gruppen, ähnlich wie bei den Alkanen. Diese sind von geringerer Bedeutung; deswegen wird an dieser Stelle nur das Acetylen selbst ausführlich besprochen. Acetylene oder Alkine tragen die Endung –**in**, z.B. Propin.

a) Die Stabilität des Acetylenmoleküls

Beim Acetylen sind zwei benachbarte Kohlenstoffatome durch eine **Dreifachbindung** miteinander verbunden. Die Dreifachbindung besteht aus einer σ- und zwei aufeinander senkrecht stehenden π-Bindungen (siehe Abschnitt 2.1.3).

Die Bindungsenergie liegt bei der Acetylen-Dreifachbindung $HC{\equiv}CH$ in der gleichen Größenordnung wie beim Stickstoffmolekül $N{\equiv}N$. Beim Stickstoff ist das N_2-Molekül die energieärmste Stickstoffverbindung. Um diese Dreifachbindung zu spalten, muß ein Energiebetrag aufgewendet werden, der mindestens so groß wie die Bindungsenergie ist. Es entstehen dabei die energiereicheren Stickstoff-Atome, die bald wieder unter Abgabe der Bindungsenergie sich zu N_2-Molekülen vereinigen.

Bei Gegenwart von Sauerstoff können sich auch Stickstoffoxide bilden. Der dabei frei werdende Energiebetrag ist aber geringer als bei der Bildung der N_2-Moleküle, die Verbindung NO ist energiereicher als das Stickstoffmolekül. Die Bildung von NO aus N_2 und O_2 erfolgt daher insgesamt als endothermer Vorgang unter Wärmeverbrauch (siehe Abschnitt 4.2).

Aus dem Acetylen hingegen können durch Spaltung der Verbindung auch energieärmere Stoffe entstehen, und zwar Kohlenstoff in Graphitmodifikation und molekularer Wasserstoff. Bei der thermischen Dissoziation des Moleküls wird dann zwar Energie verbraucht (endotherme Teilreaktion), jedoch fällt die Gesamtenergiebilanz beim Zerfall exotherm aus, wenn man auch die stark exothermen Reaktionen bei der Bildung von Graphit und Wasserstoffmolekülen aus den Zerfallsprodukten berücksichtigt:

$$C_2H_2 \;\rightleftharpoons\; 2\,C + H_2 \qquad\qquad \Delta H° = -226{,}9\ \mathrm{kJ}$$

Die frei werdende Energie beim Zerfall von Acetylen wird bei hohen Acetylenkonzentrationen (flüssiges Acetylen oder auch gasförmiges Acetylen mit Drücken höher als 2,5 bar) rasch auf andere Moleküle übertragen. Es kommt zur Spaltung weiterer Acetylenmoleküle und schließlich durch Kettenreaktion zum explosionsartigen Zerfall des gesamten Acetylens. Acetylengasentwickler sind deswegen durch Sicherheitsventile gegen Überdruck geschützt.

Bei gewöhnlichem Druck kommt es bald zum Abbruch der Kettenreaktionen, so daß ein solcher, lokal einsetzender Acetylen-Zerfall nach kurzem Aufglühen des sich abscheidenden Kohlenstoffs sehr bald zum Stillstand kommt. Unter höheren Drücken jedoch kann es dann zu einer gefährlich verlaufenden Acetylen-Explosion kommen.

b) Herstellungsmöglichkeiten von Acetylen

Acetylen läßt sich in Umkehrung der oben angegebenen Zersetzungsreaktion auch aus den Elementen Kohlenstoff und Wasserstoff durch Zufuhr großer Energiemengen gewinnen, so entsteht z.B. Acetylen, wenn man Wasserstoffgas durch einen elektrischen Lichtbogen (hohe Temperatur) zwischen zwei Kohleelektroden (Anwesenheit von Kohlenstoff!) strömen läßt. Großtechnisch wurde das Acetylen früher hauptsächlich durch

Zersetzen von **Calciumcarbid** CaC_2 mit Wasser gewonnen (siehe Abschnitt 7.3.1). Heute wird es meist durch partielle Oxidation oder durch thermische Umwandlung von Kohlenwasserstoffen (z.B. von Methan oder Erdölprodukten) gewonnen, wobei man die Reaktionsgase mit Wasser abschrecken muß, damit das gebildete, unstabile Acetylen nicht wieder zerfällt:

$$2\ CH_4 \xrightarrow{\ 1400\ °C\ } C_2H_2 + 3\ H_2$$

$$4\ CH_4 + O_2 \rightarrow C_2H_2 + 2\ CO + 7\ H_2$$

c) Eigenschaften des Acetylens

Acetylen ist ein farbloses, fast geruchloses Gas. Aus Calciumcarbid hergestelltes Acetylen enthält als Verunreinigungen Phosphor- und Schwefelwasserstoff und riecht deswegen unangenehm. Wegen der narkotischen Eigenschaften kann man reines Acetylen als Narkosemittel (= Narcylen) verwenden. Acetylen ist leicht entflammbar; es liefert eine hohe Verbrennungswärme und wird aus diesem Grund zum **Schweißen von Metallen** benutzt. Acetylen–Luftgemische sind mit Volumengehalten von 3–70% Acetylen explosibel; die Explosion bei der Zündung ist sehr heftig. Acetylen kann transportiert und gelagert werden, wenn man es in Aceton löst, so z.B. unter Drücken bis zu ca. 18 bar in den zum Schweißen verwendeten Stahlflaschen, die als Füllkörper noch Holzkohle, Kieselgur und Asbest enthalten, denn bei diesen Drücken ist reines Acetylen wegen möglicher **Zerfalls-Kettenreaktionen** sehr gefährlich (siehe Abschnitt 8.1.3a). In ordnungsgemäß gefüllten Stahlflaschen würde jedoch die Reaktionsenergie beim Acetylenzerfall an die anderen Stoffe abgegeben und somit die Kettenreaktion dann sehr bald abgebrochen werden. Gefährlich ist es, wenn durch unsachgemäße Acetylenentnahme, das Füllmaterial aus der Flasche geschleudert würde. Deshalb darf man Acetylen nur mit der Mündung nach oben und mit einer maximal zulässigen Strömungsgeschwindigkeit aus solchen Stahlflaschen entnehmen.

Acetylen zeigt **schwach saure Eigenschaften**, d.h., es läßt sich der im Molekül gebundene Wasserstoff unter Zurücklassung der Elektronen, also als Protonen, abspalten:

$$H{-}C{\equiv}C{-}H \rightarrow [\,|\,C{\equiv}C\,|\,]^{2-} + 2\ H^{+}$$

Diese merkwürdige Eigenschaft des Acetylens ist wird im folgenden erklärt. Infolge der Dreifachbindung kommt es nur noch zu einer teilweisen Hybridisierung der s- und p-Elektronen (Hybridisierungsgrad 50%, gegenüber dem Methan mit 100%) d. h., die Dreifachbindung ist eher (wie beim Stickstoffmolekül angegeben, siehe Abb. 2.2) als Überlagerung von 3p-Elektronenpaaren aufzufassen, während der s-Elektronen-Anteil an der Wasserstoff-Kohlenstoff-Bindung sehr groß ist. Da ein s-Elektronenpaar stärker an den Kohlenstoffkern gebunden wird, als es bei einem hybridisierten Orbital der Fall ist (das s-Orbital besitzt eine größere Aufenthaltswahrscheinlichkeit in der Nähe des Kohlenstoffkernes als ein p- bzw. q-Orbital), kann das Proton (= ein Wasserstoffion) leichter vom Kohlenstoffkern abgestoßen, d.h. aus dem Molekülorbital verdrängt werden. Die C-H-Bindung im Acetylen zeigt also in sich eine gewisse Polarisierung; sie bewirkt, daß das Acetylen zu einer schwachen Säure dissoziieren kann.

Die **Acetylid-Ionen** (C_2^{2-}) bilden mit Kupferionen ein schwerlösliches Salz, das Kupferacetylid, das im trockenen Zustand durch Schlag leicht zur Explosion gebracht werden kann. Deshalb soll man für Acetylen kein Kupfer und keine Kupferlegierungen verwenden; eine Ausnahme bilden besondere für Acetylen geeignete und zugelassene Spezialmessingsorten, die kein Kupferacetylid bilden.

8.1.4 Alicyclische Verbindungen

Die alicyclische (alii, lat. = die anderen; kylios, gr. = ringförmig) Kohlenwasserstoffe enthalten **ringförmige Kohlenstoffgerüste**. Als alicylische Verbindungen bezeichnet man diejenigen Verbindungen, die zwar aus ringförmigen Molekülen bestehen, aber keine aromatisch (siehe Abschnitt 8.1.5) oder heterocyclische Grundstruktur besitzen. Das einfachste Cycloparaffin ist das Cyclopropan mit nur drei Kohlenstoffatomen. Die Ringe aus drei und vier Kohlenstoffatomen stehen wegen der räumlichen Verhältnisse unter relativ starken inneren Spannungen, während die Ringe mit sechs Kohlenstoffatomen praktisch spannungsfrei sind. Deshalb bestehen die im Erdöl (besonders im kaukasischen Erdöl) enthaltenen alicyclischen Verbindungen größtenteils aus sechs- und fünfgliedrigen Ringen. Man bezeichnet diese Verbindungen als **Naphthene**. Cycloolefine enthalten Doppelbindungen im Ring. Beispiele für alicyclische Verbindungen sind:

Cyclohexan	Cyclohexen	Cyclopentadien

8.1.5   Aromatische Kohlenwasserstoffe

Der bedeutendste aromatische Kohlenwasserstoff ist das **Benzol**. Der Ausdruck „aromatisch" kommt daher, daß viele aromatisch riechende Kohlenstoffverbindungen (z.B. Vanillin, Bittermandelöl, Kümmelöl, Tolubalsam usw.) Molekülstrukturen haben, in denen Benzolkerne enthalten sind. Man hat dann zunächst alle Verbindungen, die in ihren Strukturen Benzolkerne enthielten, unter dem Sammelbegriff der Aromaten zusammengefaßt und diese Bezeichnung bis heute beibehalten, obwohl nicht alle Benzolabkömmlinge einen aromatischen Geruch zeigen. Später erkannte man, daß besondere Elektronenstrukturen in solchen ringförmigen Kohlenstoffverbindungen vorliegen. Heute definiert man die Stoffklasse der Aromaten nach der Regel, wie sie Abschnitt 8.1.5b beschrieben wird.

Das Benzolmolekül besteht aus sechs Kohlenstoff- und sechs Wasserstoffatomen; die sechs Kohlenstoffatome bilden ein ebenes, regelmäßiges Sechseck, die sechs Wasserstoffatome weisen in der gleichen Ebene radial nach außen (siehe Abb. 8.2a).

Jedes Kohlenstoffatom ist mit drei anderen Atomen (zwei C-Atome, ein H-Atom) durch σ-Bindungen verknüpft. Jedes Kohlenstoffatom sollte dann noch eine vierte Bindung haben. Diese müßte man dann als π-Bindung zwischen je zwei benachbarten Kohlenstoffatomen annehmen, wie es in der auf **Kekulé** (Auguste Kekulé von Stradonitz, 1829–1869) zurückgehenden, heute noch gebräuchlichen Formel der Abb. 8.2a zum Ausdruck kommt. Da aber eine Doppelbindung zwei Kohlenstoffatome stärker als eine Einfachbindung miteinander verknüpft (siehe Abb. 8.2b), sollte man dann für das Benzolmolekül ein ungleichseitiges Sechseck vermuten, wie es die Abb. 8.2c andeutet. Durch röntgenographische Strukturanalysen konnte man jedoch nachweisen, daß der Abstand aller Kohlenstoffatome im Benzol exakt gleich ist. Diese Tatsache ist damit zu erklären, daß die π-Elektronen in Molekülorbitalen über dem gesamten Benzolring frei beweglich sind, sie bilden, wie in Abb. 8.2d angedeutet, eine geschlossene Elektronenwolke mit maximaler Ladungsdichte oberhalb und unterhalb der Ringebene und bedingen dadurch eine gleichmäßig starke Bindung aller Kohlenstoffatome. Die daraus resultierenden gleichmäßigen Abstände der Kohlenstoffatome im aromatischen Benzolring ($1,39 \cdot 10^{-10}$ m) liegen zwischen denen der Einfachbindung ($1,54 \cdot 10^{-10}$ m) und denen einer Doppelbindung ($1,34 \cdot 10^{-10}$ m). Man spricht in diesem Fall von **delokalisierten π-Elektronen**.

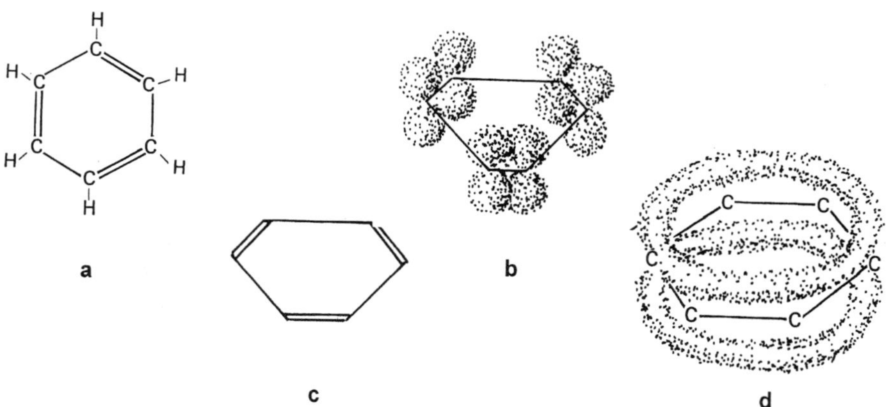

Abb. 8.2. Struktur des Benzolmoleküls

Im Benzolkern liegen ähnlich delokalisierte π-Elektronen vor, wie es beim Graphit beschrieben wurde, mit dem Unterschied, daß die π-Elektronen im Graphit innerhalb der gesamten Schichtebene beweglich sind, während sie beim Benzol nur innerhalb eines einzigen Sechserringes fluktuieren. Den unterschiedlichen Strukturen der beiden Kohlenstoffmodifikationen Diamant und Graphit entsprechen hinsichtlich der Bindungsverhältnisse die beiden Stoffklassen von Kohlenstoffverbindungen, nämlich die Aliphaten einerseits und die Aromaten andererseits. Die Verschmelzung der π-Orbitale zu gemeinsamen, über den gesamten Benzolkern gehenden Molekülorbitalen ist ein energetisch begünstigter Vorgang; das Benzolmolekül ist energieärmer und darum stabiler[2] als ein hypothetisch angenommenes, in Wirklichkeit jedoch nicht existierendes Cyclohexatrien. Man kann den theoretischen Energieinhalt eines solchen hypothetischen Cyclohexatriens berechnen, da man den Energieinhalt des real existierenden Cyclohexans (siehe Abschnitt 8.1.4) genau messen kann und da man weiß, welche Energiebeträge für drei starr fixierte Doppelbindungen in Rechnung zu stellen wären. Der Energieunterschied ist beträchtlich; er beträgt pro Mol Benzol 151 kJ.

Moleküle mit fluktuierenden, delokalisierten Elektronensystemen können mit den gebräuchlichen Valenzstrichformeln nicht wiedergegeben werden. Denn hier handelt es sich um einen energieärmeren Zwischenzustand zwischen zwei energiereicheren Strukturen, entsprechend den Grenzformeln 1 und 2 in Abb. 8.3a für ein hypothetisches Cyclohexatrien, das es jedoch in Wirklichkeit nicht gibt. Diesen energetisch begünstigten Zwischenzustand bezeichnet man als **Mesomerie** oder **Resonanz** (siehe auch Abschnitt 6.2.4). Zur Darstellung dieses mesomeren Zustandes gibt man als Verstehenshilfe oft einen schnellen Wechsel zwischen den beiden in Abb. 8.3a angegebenen Grenzformeln 1 und 2 an. Diesen Grenzformeln kommt aber ebenso wenig wie den Grenzformeln vom Graphit (siehe Abb. 6.7b) irgendeine reale Bedeutung zu; denn der wahre Zustand ist nicht ein Pendeln zwischen zwei energetisch höheren Grenzzuständen, sondern ein Verharren auf dem energetisch tiefst möglichen mesomeren Grundzustand. Dies soll in Abb. 8.3a durch die beiden zu diesem Grundzustand weisenden, gestrichelten Pfeile angedeutet werden.

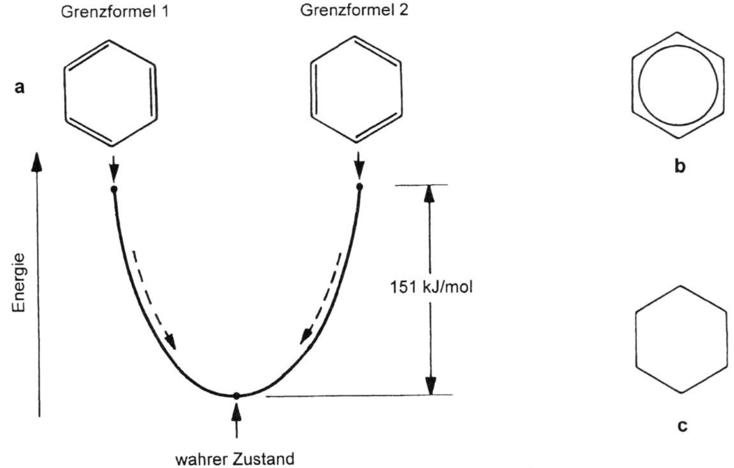

Abb. 8.3. Mesomerie beim Benzolmolekül

---

[2] Beim Ablauf von Reaktionen wird ein möglichst tiefer Energieinhalt angestrebt (siehe auch Abschnitt 3.5.3); darum sind energieärmere Elektronenstrukturen begünstigt und stabiler als solche mit höheren Energiewerten.

Der Benzolkern wird dennoch häufig durch die Kekulésche Grenzformel wiedergegeben. Gebräuchlicher ist hingegen heute die Darstellungsweise von Abb. 8.3b, wo der Kreis den aromatischen Charakter des π-Molekülorbitals andeuten soll. Die Wiedergabe des aromatischen Benzolkerns durch ein schlichtes Sechseck wie in Abb. 8.3c sollte man vermeiden, da hier Mißverständnisse und Verwechslungen mit der alicyclischen Verbindung Cyclohexan möglich sind.

a) Eigenschaften des Benzols

Benzol ist eine farblose, sehr giftige Flüssigkeit, die bei 80,1 °C siedet und bei 5,5 °C erstarrt (Benzol ist auch krebserregend, siehe Abschnitt 12.5.2b1). Wegen des energieärmeren, aromatischen Charakters des Benzolkerns sind Reaktionen, die zur Erkennung von Doppelbindungen dienen, wie z.B. die Addition von Brom an eine Doppelbindung (siehe Abschnitt 8.1.2b), beim Benzol nicht möglich. Man muß Benzol mit Hilfe eines Katalysators (z.B. $FeBr_3$) mit Brom zur Reaktion bringen. Hierbei entstehen **Substitutionsprodukte**, in denen jeweils Brom anstelle von Wasserstoffatomen tritt:

Im allgemeinen werden als Substitutionsprodukte solche chemische Substanzen bezeichnet, die durch wechselseitigen Austausch von Atomen oder Atomgruppen als neue chemische Stoffe entstehen.

b) Andere aromatische Ringsysteme

Der Benzolring ist das wichtigste, jedoch nicht das einzig mögliche aromatische Grundgerüst in organischen Verbindungen. Eine ähnliche aromatische Elektronenstruktur wie beim Benzol findet man bei einigen heterocyclischen Verbindungen wie z.B. **Pyridin, Triazin** (siehe Abschnitt 8.6.1), wo an Stelle jeweils einer CH-Gruppe ein N-Atom im Ring eingebaut ist. Auch **Furan**, ein Fünferring mit vier CH-Gruppen und einem Sauerstoffatom (siehe Abschnitt 8.6.2) zeigt eine aromatische Elektronenstruktur, denn hier ergeben die vier p-Elektronen der Kohlenstoffatome und die zwei p-Elektronen des Sauerstoffatoms wie beim Benzolkern insgesamt sechs delokalisierte p-Elektronen, die sich in diesem Fall allerdings auf fünf Ringatome verteilen. Auch isocyclische (nur aus Kohlenstoffatomen aufgebaute Ringe), aus fünf und sieben Kohlenstoffatomen bestehende Ringsysteme können dann aromatischen Charakter aufweisen, wenn die Anzahl der delokalisierten Elektronen sechs beträgt. Das ist der Fall, wenn ein Fünferring als Anion eine zusätzliche negative (Cyclopentadienyl-Anion) oder ein Siebenerring als Kation eine positive Ladung aufweist.

Außerdem zeigt sich bei eben gebauten Ringsystemen, in denen insgesamt $4n + 2$ Elektronen gemeinsame π-Molekülorbitale mit Resonanzstruktur ausbilden können, der beim Benzol beschriebene aromatische Verbindungscharakter. Da jedoch solche Verbindungen keine technische Bedeutung haben, soll hierauf nicht näher eingegangen werden.

Cyclopentadienyl-
Anion

$(C_5H_5)^-$

Cycloheptatrienylium-
Kation

$(C_7H_7)^+$

c) Benzolkohlenwasserstoffe mit Seitenketten

Ersetzt man im Benzolring die Wasserstoffatome durch Kohlenwasserstoffreste, so erhält man verschiedene **Benzolderivate** (derivare, lat. = ableiten). Derivate sind Verbindungen, die sich aus anderen dadurch ableiten lassen, daß man in der chemischen Formel einzelne Atome durch andere Atome oder Atomgruppen ersetzt. Wird in ein Benzolmolekül an Stelle eines Wasserstoffatoms eine Methylgruppe eingeführt, so heißt der Stoff **Methylbenzol**, mit dem Trivialnamen **Toluol** und der Formel:

Zur Kunststoffherstellung wird ein Benzolderivat verwendet, das an Stelle eines Wasserstoffatoms einen Ethylenrest enthält. Da dieser Ethylenrest (Ethenrest) mit der Formel $CH_2=CH-$ in der Genfer Nomenklatur[3] (nomenclatio lat. = Benennung mit Namen), als Ethenyl-, in der gebräuchlichen Bezeichnungsweise Vinyl- benannt wird, heißt die Verbindung Ethenylbenzol, Vinylbenzol oder mit dem Trivialnamen **Styrol**; es hat dann die Formel

Enthält ein Benzolmolekül zwei Methylgruppen, so sind drei stellungsisomere Verbindungen (Dimethylbenzole, Trivialname: **Xylol**) möglich, nämlich:

---

[3] Die Vielzahl von möglichen organischen Verbindungen erforderte eine systematische, international einheitliche Benennung, damit man aus dem Namen auch eindeutig auf die Struktur schließen kann. Erstmalig wurde auf dem internationalen Chemiker-Kongreß von 1892 in Genf eine solche Nomenklatur entworfen, die dann bis heute dem Stand der wissenschaftlichen Entwicklung angepaßt wurde. Ein Nomenklaturausschuß der IUPAC (International Union of Pure and Applied Chemistry) befaßt sich speziell mit diesen Fragen der Namensgebung und veröffentlicht sie in der Zeitschrift "Pure and Applied Chemistry".

1,2-Dimethylbenzol
ortho-Xylol (o-Xylol)

1,3-Dimethylbenzol
meta-Xylol (m-Xylol)

1,4-Dimethylbenzol
para-Xylol (p-Xylol)

Tab. 8.5. Schmelz- und Siedepunkte der Dimethylbenzole

Verbindung	Schmelzpunkt [°C]	Siedepunkt [°C]
1,2-Dimethlybenzol (o-Xylol)	-25	144
1,3-Dimethylbenzol (m-Xylol)	-48	139
1,4-Dimethylxylol (p-Xylol)	+13	138

Stellungsisomere Verbindungen enthalten die gleichen Bestandteile am aromatischen Kern gebunden, jedoch in verschiedener Stellung zueinander. Bei der **Ortho**-Stellung sind die beiden Methylgruppen benachbart, bei der **Para**-Stellung nehmen sie die gegenüberliegende Position ein, dazwischen liegt die **Meta**-Stellung; diese Bezeichnungsweisen gelten für alle Substitutionsprodukte des Benzols.

d) Kondensierte Aromaten

Diese Verbindungen werden auch als **polycyclische aromatische Kohlenwasserstoffe** (abgekürzt **PAK**) bezeichnet. Bei kondensierten oder anellierten aromatischen Verbindungen sind immer mindestens zwei aromatische Ringe über zwei gemeinsame Kohlenstoffatome miteinander verbunden. Beispiele dieser kondensierten aromatischen Verbindungen sind:

Naphthalin
(Smp. 80 °C, Sdp. 218 °C)

Anthracen
(Smp. 217 °C, Sdp. 342 °C)

vereinfachte
Schreibweise

Eine Vielzahl kondensierter Aromaten findet sich im Steinkohlenteer. Dieser wird beim Verkoken von Steinkohle gewonnen (siehe Abschnitt 6.3.4f) und stellte früher die wichtigste Quelle für aromatische Verbindungen dar. Heute werden Aromaten aus Erdöl durch Platforming gewonnen (siehe Abschnitt 8.8.1). **Naphthalin**, eine weiße Substanz von charakteristischem Geruch (früher ein häufig verwendetes Mottenschutzmittel) kann teilweise oder vollständig hydriert werden. Man erhält dabei die oft gebrauchten Lösungsmittel Tetralin (Siedepunkt 206 °C) und Dekalin:

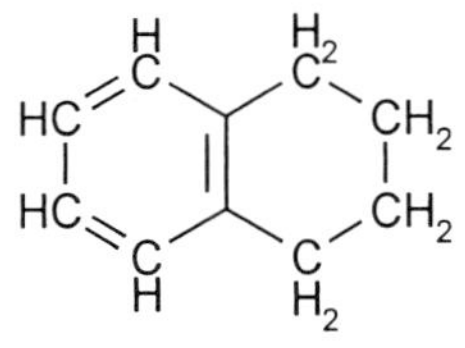

Tetralin

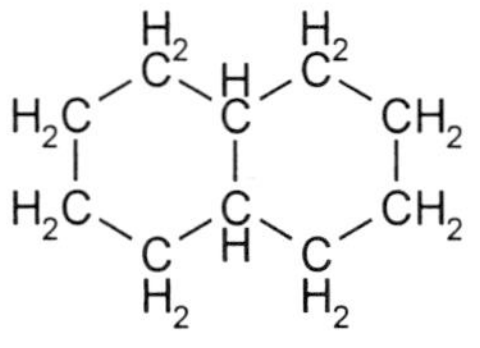

Dekalin

Bei mehrkernigen kondensierten Aromaten zeigen sich gegenseitige Beeinträchtigungen in den aromatischen Elektronenstrukturen der jeweils angrenzenden Benzolkerne. Dies äußert sich in einer Abnahme des aromatischen und einer Zunahme des ungesättigten Charakters solcher Verbindungen. Deswegen werden in den Formeln meist die Doppelbindungen eingezeichnet und nicht die kreisförmigen Symbole für die Molekülorbitale wie beim Benzol (siehe Abb. 8.3b) verwendet.

PAK entstehen bei der unvollständigen Verbrennung praktisch aller organischer Stoffe; so beispielsweise in Tabakrauch oder beim Grillen. In Autoabgasen von Dieselfahrzeugen stellen die meist an Rußteilchen gebundenen PAK ein großes Umweltproblem dar. Wegen ihrer stark hydrophoben Eigenschaften werden sie stark in Fettgeweben angereichert (siehe Abschnitt 12.5.3c). Viele Vertreter der polyaromatischen Kohlenwasserstoffe sind als **krebserregend** (siehe Abschnitt 12.5.1c3) eingestuft.

Das **1,2-Benzpyren** (korrekte Bezeichnung 1,2-Benzo[a]pyren) als eine der am längsten bekannten und bestuntersuchten krebserregende Substanz, gilt als der Prototyp eines PAK. Häufig findet man (mit der früheren Zählweise) hierfür noch die Bezeichnung 3,4-Benzpyren. Bei der heute gültigen Numerierung ist beim Pyren (links) an den Stellen 1 und 2 ein Benzolmolekül ankondensiert; das ergibt (von der Rückseite her betrachtet) das Benzpyrenmolekül mit der angegebenen Bezifferung der C-Atome. 1,2,3... zeigt hierbei die Numerierung der mit Wasserstoff verbundenen Kohlenstoffatome (zur Angabe von Substitutionsprodukten) an. 1',2',3'...zeigt die Numerierung der Kohlenstoffatome des Pyrengerüstes im 1,2-Benzpyren an.

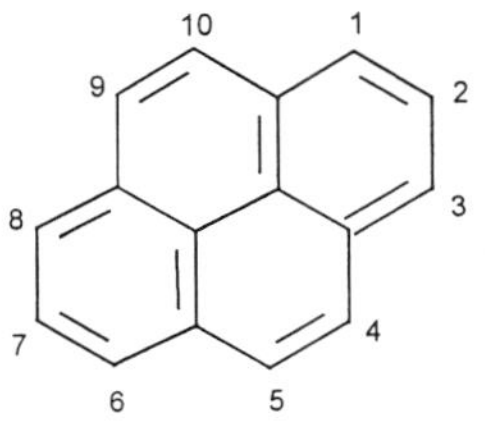

Pyren

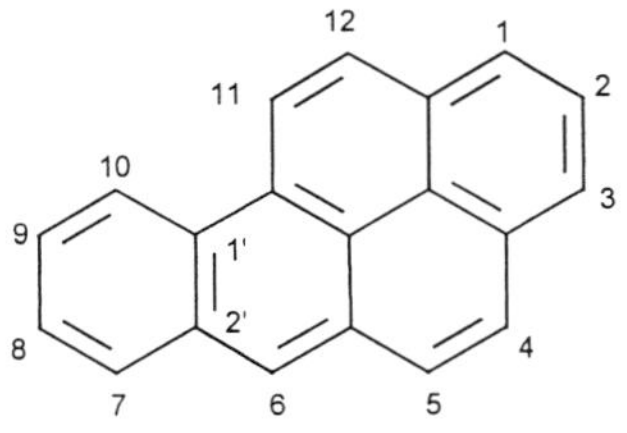

1,2-Benzpyren

8.2   Halogenabkömmlinge der Kohlenwasserstoffe

In den Molekülen von Halogenabkömmlingen der Kohlenwasserstoffe finden sich teilweise oder vollständig Halogenatome an Stelle von Wasserstoffatomen.

8.2.1   Chlorierte Kohlenwasserstoffe

Die Tab. 8.6 enthält Angaben über einige **Chlorkohlenwasserstoffe (CKW)**; die vier ersten Stoffe zeigen die Systematik, technische Bedeutung haben die beiden letzten Verbindungen.

Tab. 8.6. Chlorierte Kohlenwasserstoffe

Formel	sytematischer Name	Trivialname	Schmelzpunkt [°C]	Siedepunkt [°C]
CH_3Cl	Monochlormethan	Methylchlorid	-97,7	-23,8
CH_2Cl_2	Dichlormethan	Methylenchlorid	-96,8	+39,8
$CHCl_3$	Trichlormethan	Chloroform	-63,5	+61,2
CCl_4	Tetrachlormethan	Tetrachlorkohlenstoff	-22,9	+76,7
C_2H_5Cl	Monochlorethan	Ethylchlorid	-136,4	+12,3
CH_3-CCl_3	1,1,1-Trichlorethan	Methylchloroform	-32,0	+74,0
$CCl_2=CCl_2$	Tetrachloreth(yl)en	Perchlorethylen („Per")	-22,4	+121,0

Ethylchlorid wird zur „Lokalvereisung" in der Medizin verwendet: Das in kleinen Glasampullen unter geringem Überdruck stehende flüssige Ethylchlorid wird auf die Haut gespritzt; durch die Verdampfung kühlt das Ethylchlorid die Körperoberfläche und macht sie schmerzunempfindlich. Methylchloroform und „Per" werden noch als **Fettlösungsmittel** zum Reinigen von Metallen und Kleidungsstücken (chemische Reinigung) verwendet. Aufgrund der toxischen Wirkung und der Umweltproblematik (siehe Abschnitt 13.2.2b4) werden in der Industrie chlorierte Kohlenwasserstoff mehr und mehr durch Ersatzstoff ersetzt.

Chlorkohlenwasserstoffe haben allgemein eine narkotische Wirkung, denn sie sind fettlöslich, reichern sich in den fetthaltigen Nervenzellen an und beeinträchtigen deren Funktionsweise (siehe Abschnitt 12.5.2b1). Die Brennbarkeit von CKW nimmt mit steigendem Chlorgehalt ab. Beim Arbeiten mit allen, auch mit unbrennbaren CKW besteht Rauchverbot, weil sich bei den Glimmtemperaturen des Tabaks in Gegenwart von Luftsauerstoff das sehr giftige Phosgen mit der Formel Cl–CO–Cl bilden kann, das im ersten Weltkrieg als Kampfgas verwendet wurde.

8.2.2   Polychlorierte Biphenyle (PCB)

Diese Verbindungen leiten sich vom sogenannten **Biphenyl** ab, bei dem zwei

Benzolringe über die C-Atome verknüpft sind. Hierbei ist mindestens ein oder meist mehrere H-Atome durch Chloratome ersetzt:

Theoretisch sind 209 verschiedene Verbindungen möglich. PCB wurden früher wegen ihrer Unbrennbarkeit, Chemikalienresistenz und thermischen Stabilität häufig verwendet. Sie wurden beispielsweise in Hydraulikflüssigkeiten, als Imprägniermittel für Holz eingesetzt oder sie wurden verwendet um Lacke feuersicherer und witterungsbeständiger zu machen. Wegen ihrer guten Isoliereigenschaften wurden sie auch in Kondensatoren und Hochspannungstransformatoren benutzt.

PCB sind nicht akut toxisch haben sich in Tierversuchen allerdings als **krebserregend** erwiesen (siehe auch Tab. 12.2 in Abschnitt 12.5.1); außerdem sind sie biologisch schwer abbaubar und reichern sich beim Menschen vor allem im Fettgewebe an. In Deutschland wurde die Produktion an PCB′s 1983 eingestellt.

8.2.3　Frigene (Freone) und Halone

Frigene (deutsches Warenzeichen der Farbwerke Hoechst) oder **Freone** (amerikanisches Warenzeichen der Fa. Du Pont; weltweit gibt es noch viele andere Handelsnamen) sind meist chlor- und fluorhaltige (in seltenen Fällen auch bromhaltig) niedere gesättigte Kohlenwasserstoffe. Sie werden unter der Sammelbezeichnung **Fluorchlorkohlenwasserstoffe (FCKW)** geführt. Man unterscheidet hierbei vollhalogenierte Vertreter (eigentliche FCKW) von den teilhalogenierten (H-FCKW). Sie werden als Kältemittel, Treibgase, Schäumungsmittel für Kunststoffe und als fettlösende Reinigungsmittel verwendet. Es sind leicht kondensierbare, farblose, meist geruchslose und unbrennbare, nicht (oder nur wenig) giftige Gase, die sich bei normaler Temperatur durch geringen Überdruck verflüssigen lassen. Wichtige Daten einiger Frigene enthält die Tab. 3.6.

Aufgrund ihrer schädigenden Wirkung in der Erdatmosphäre (Ozonabbau und Treibhauseffekt, siehe Abschnitt 8.2.4) sind die vollhalogenierten FCKW in Deutschland seit 1995 verboten. Als Ersatzstoff werden entweder Kohlenwasserstoffe ohne Halogenatome oder Verbindungen, bei denen auschließlich Fluoratome vorkommen (sogenannte **Fluorkohlenwasserstoff, FKW**) verwendet.

Die gebräuchlichen Bezeichnungen (R 12, R 22, R 114 usw.) geben verschlüsselt die chemische Zusammensetzung wieder (R bedeutet refrigerant, engl. = Kältemittel). Diese Bezeichnungen werden ausführlich in Abschnitt 3.6.3 erklärt.

Neben den Frigenen hatten die **Halone** (die außer Fluor- und Chloratomen noch die besonders wirksamen Bromatome enthalten) eine gewisse Bedeutung für die Feuerlöschung und Explosionsunterdrückung erlangt. Halone haben wie die FCKW schädigende Wirkung für die Erdatmosphäre (siehe Abschnitt 8.2.4) und dürfen deshalb in Deutschland seit 1994 in Feuerlöschern nicht mehr verwendet werden.

Bei der Kennzeichnung der Halone geben die vier Ziffern nacheinander die Anzahl der C-, F-, Cl- und Br-Atome an. Halon 1211 hat also die Formel CF_2ClBr, Halon 2402 die Formel $C_2F_4Br_2$. Das Feuer kann bereits mit Halonkonzentrationen von 5-7% sofort gelöscht werden, ohne daß im Raum sich noch aufhaltende Menschen gefährdet würden, während man zum Löschen mit CO_2 schon tödliche Konzentrationen von 30-40% benötigt.

8.2.4   Umweltaspekte von halogenierten Kohlenwasserstoffen

Chlorkohlenwasserstoffe und Frigene haben zwei schwerwiegende Folgen für die Umwelt[4]:

- Sie erhöhen als „Spurengase" den „**Treibhauseffekt**", und zwar durch die Absorption von Infrarotstrahlen (siehe auch Abschnitt 13.1.3a).
- Sie zerstören die **Ozonschicht** in der Stratosphäre in 25 km Höhe. Die Ozonschutzschicht der Stratosphäre ist aber notwendig zum Schutz des Lebens auf der Erde vor schädlichen kurzwelligen UV-Strahlen (Wellenlänge < 325 nm).

Der zweite Effekt entsteht, wenn die chemisch stabilen Verbindungen in die Stratosphäre gelangen und erst dort durch UV-Strahlen (Wellenlänge: 190–220 nm) zersetzt werden. Hierbei sind insbesondere die *vollhalogenierten, chlorhaltigen* Alkane für die Zerstörung der Ozonschicht verantwortlich. Die dabei entstehenden Chloratome (Radikale) reagieren mit Ozon zu O_2 und ClO; letzteres wird wiederum in ein Chlorradikal zurückverwandelt, das dann weiteres Ozon zersetzt:

$$\text{Beispiel:} \qquad CFCl_3 \xrightarrow{\text{UV-Strahlung}} CFCl_2^{\bullet} + Cl^{\bullet}$$
$$Cl^{\bullet} + O_3 \rightarrow ClO + O_2$$
$$ClO + O^{\bullet} \rightarrow Cl^{\bullet} + O_2$$
$$\text{usw.}$$

So kann ein einziges Chlorradikal Tausende von Ozonmolekülen zerstören. Als Maß für die ozonschädigende Wirksamkeit eines Spurengases wurde der sogenannte **ODP-Wert** (vom englischen **o**zone **d**epletion **p**otential) eingeführt (siehe Tab. 8.7). Er gibt an, um ein Wievielfaches der Ozonabbbau des Stoffes höher ist im Vergleich zur „Referenz" dem Kältemittel R 11. Teilhalogenierte FCKW wie z.B. R 22 haben ein deutlich geringeren ODP-Wert als die vollhalogenierten Verbindungen. Bei den FKW wie z.B. R 134a ist der ODP-Wert stets Null, da Fluor keine Ozon abbauende katalytische Wirkung besitzt (siehe Tab. 8.7).

Für die Ausbildung des „Ozonlochs" sind besonders tiefe Temperaturen (z.B. −80 °C) erforderlich. An der Oberfläche von den sich bei diesen Temperaturen bildenden Salpetersäure-Eis-Kristallen wird das in „Senken" gefangene Chlor wieder freigesetzt und danach durch die langwelligen Strahlen der „Frühjahrssonne" in aktive Chlorradikale umgewandelt, die wiederum einen rasanten Ozonabbau bewirken. So entsteht das „Ozonloch" im antarktischen Winter.

---

[4] Eine ausführliche Beschreibung der gesamten Problematik enthält der dritte Bericht der Enquete-Kommission des Deutschen Bundestages: „Schutz der Erde", Economia Verlag, Bonn / Verlag C. F. Müller, Karlsruhe, 1991

Tab. 8.7. Atmosphärenrelevante Daten einiger Kältemittel und Halone

Stoff	Formel	atmosphärische Lebensdauer [Jahre]	ODP-Wert[*)]	GWP-Wert[**)]
R 11	CCl_3F	50	1,0	1,0 (3800)
R 12	CCl_2F_2	102	1,0	3,0 (8100)
R 13	$CClF_3$	640	1,0	(11700)
R 22	$CHClF_2$	13,3	0,05	0,37 (1500)
R 134a	CH_2F-CF_3	14,6	0	0,25 (1300)
R 717	NH_3		0	0
R 290	C_3H_8	12	0	(3)
R 600a	C_4H_{10}	12	0	(3)
Halon 1301	CF_3Br	110	13,2	(5800)
Halon 1211	CF_2ClBr	19	2,2	

[*)] Ozon Depletion Potential bezogen auf R 11
[**)] Greenhouse Warming Potential bezogen auf R 11; Werte in Klammer bezogen auf CO_2 (Zeithorizont 100 Jahre)

Alle FCKW und FKW tragen aber in erheblichen Maße zu Treibhauseffekt bei. Als Maß hierfür wurde der sogenannte **GWP-Wert** (vom englischen, greenhouse warming potential) eingeführt. Er gibt an, wievielmal stärker ein Spurengas zur Temperaturerhöhung beiträgt als ein „Referenzgas". Als Referenzgas wird entweder das Kältemittel R 11 oder CO_2 angegeben (siehe Tab. 8.7).

8.2.5 Substitutionsmöglichkeiten von Halogenkohlenwasserstoffen

Als erste Maßnahme zum Schutz der Ozonschicht sollen zunächst volhalogenierte durch wasserstoffhaltige (eventuell auch vollfluorierte) Verbindungen ersetzt werden, weil diese zwar den Treibhauseffekt verstärken, aber nicht die Ozonschicht zerstören. Als Kältemittel sollte man vor allem reine Kohlenwasserstoffe (Propan, Butan) oder Ammoniak verwenden, da diese keinen Beitrag zur Zerstörung der Ozonschicht leisten und nicht oder nur sehr wenig zum Treibhauseffekt beitragen (siehe Tab. 8.7). Die Frigene müssen aus nicht mehr gebrauchten Kältemaschinen und Kühlschränken (auch aus den geschäumten Wärmeisolierungen) zurückgewonnen werden. Zum Schäumen von Kunststoffen und für Reinigungslösungen sollten u. a. wieder Kohlenwasserstoffe (Nachteil: Brennbarkeit) eingesetzt werden, falls man zum Entfetten nicht auf wässrige, tensidhaltige Lösungen ausweichen kann. Auch die wahrscheinlich nicht am Abbau der Ozonschicht beteiligten Reinigungsmittel „Per" und Methylchloroform sollten aber wegen anderer umweltrelevanter Nachteile nach und nach substituiert werden. Halone sollen nur noch wenigen Anwendungsfällen (z. B. in Flugzeugen) vorbehalten bleiben.

8.3   Metallorganische Verbindungen

Bei metallorganischen Verbindungen sind Metalle direkt mit Kohlenstoffatomen verbunden. Als Antiklopfmittelzusätze (siehe Abschnitt 8.8.2a) zu Kraftfahrzeugbenzinen haben früher Bleitetramethyl und Bleitetraethyl Verwendung gefunden. Von technischer Bedeutung sind **Aluminiumalkyle**, die als Katalysatoren zur Herstellung von Niederdruckpolyethylen (siehe Abschnitt 9.3.2b) und ähnlichen Kunststoffen verwendet werden. Es sind farblose Flüssigkeiten, die mit Luftsauerstoff so heftig reagieren, daß sie sich entzünden. Mit Wasser explodieren sie, wobei sich Aluminiumhydroxid und die an der Luft verbrennenden Kohlenwasserstoffe bilden, z.B.:

$$Al(C_2H_5)_3 \; + \; 3\,H_2O \; \rightarrow \; Al(OH)_3 \; + \; 3\,C_2H_6$$

Da Aluminiumalkyle sich aus Aluminium und chlorhaltigen Kohlenwasserstoffen bilden können, darf man diese beiden Stoffklassen nicht zusammenbringen.

8.4   Sauerstoffverbindungen

Während die Kohlenwasserstoffe chemisch sehr reaktionsträge sind, bringt der Einbau anderer Elemente (z. B. Sauerstoff oder Stickstoff) in organische Moleküle eine größere chemische Reaktionsbereitschaft der betreffenden Verbindungen mit sich. Der in bestimmten Atomgruppierungen vorliegende Sauerstoff (das gleiche gilt für Stickstoff oder andere Elemente) prägt dann entscheidend die chemischen und physikalischen Eigenschaften der Verbindung. Man bezeichnet solche Atomgruppen als **funktionelle Gruppen**. Wichtige Stoffklassen, die Sauerstoff in funktionellen Gruppen enthalten, sind: Alkohole, Phenole, Ether, Ketone, Säuren und Ester.

8.4.1   Alkohole

Funktionelle Gruppe: –OH, an einem aliphatischen Kohlenstoffatom gebunden.

Nomenklatur: Endung: **–ol**, z. B. Methanol.

Demnach ist die Verbindung mit der Formel

$$\bigcirc\!\!-CH_2-OH$$

auch ein Alkohol, und zwar **Benzylalkohol**, weil hier die OH-Gruppe an der aliphatischen Methylengruppe $-CH_2-$ und nicht am aromatischen Benzolkern gebunden ist. Man unterscheidet ein- und mehrwertige Alkohole, je nachdem ob ein Alkoholmolekül eine oder mehrere OH-Gruppen enthält. Dabei enthält ein Kohlenstoffatom in der Regel immer nur eine OH-Gruppe. Außerdem kann man zwischen **primären, sekundären** und **tertiären Alkoholen** unterscheiden. Diese Einteilung richtet sich danach, wie das Kohlenstoffatom, das die OH-Gruppe trägt, im Molekül gebunden ist. Ist dieses Kohlenstoffatom mit nur einem einzigen anderen Kohlenstoffatom verbunden, so bezeichnet man es als primär gebunden, ist es mit zwei anderen Kohlenstoffatomen verknüpft, wird es sekundär genannt, ist es mit drei anderen Kohlenstoffatomen verbunden, spricht man von einem tertiären Kohlenstoffatom, bzw. wenn dieses Kohlenstoffatom dann eine OH-Gruppe enthält, ist die Verbindung ein tertiärer Alkohol. Die Tab. 8.8 enthält die Eigenschaften der wichtigsten Alkohole.

Tab. 8.8. Wichtige Alkohole

Formel	Systematischer Name	Häufige Bezeichnung	Schmelzpunkt [°C]	Siedepunkt [°C]	Bemerkungen
$CH_3–OH$	Methanol	Methylalkohol, Holzgeist	-97	64,5	sehr giftig
$CH_3–CH_2–OH$	Ethanol	Ethylalkohol, Weingeist	-114	78,4	Genußmittel
$CH_3–CH_2–CH_2–OH$	1-Propanol	(prim.) n-Propanol	-126	97,2	
$CH_3–CHOH–CH_3$	2-Propanol	(sek.) Isopropanol	-90	82,4	
$(CH_3)_2CH–CH_2–CH_2OH$	3-Methyl-1-butanol	Isoamylalkohol	-78,5	132	im „Fuselöl"
$CH_2OH–CH_2–OH$	Ethandiol	Ethylenglykol („Glykol")	-11,5	198	giftig
$CH_2OH–CHOH–CH_2OH$	Propantriol	Glycerin	+18	290	ungiftig

a) Einwertige Alkohole

Der **Ethylalkohol** (frühere Schreibweise Äthylalkohol), C_2H_5OH, ist Bestandteil der „alkoholischen" Getränke, wie z. B. Wein, Bier, Likör oder Whisky. Er entsteht neben Kohlendioxid bei der Vergärung von Zuckern durch Hefe. Großtechnisch wird Ethylalkohol synthetisch aus Ethen hergestellt. Brennspiritus ist (z. B. mit Methanol, Aceton und Pyridin) vergällter und damit für Genußzwecke unbrauchbar gemachter Ethylalkohol.

Ein besonders starkes Gift ist **Methanol** CH_3OH. Man sollte daher die verführerischen Namen Methylalkohol oder Holzgeist vermeiden. Der Name Holzgeist kommt daher, daß Methanol auch bei der trockenen Destillation von Holz, d.h. beim Erhitzen des Holzes entsteht. Methanol kann in geringen Mengen zur Erblindung, in größeren Mengen zum Tode führen. Die letale (= tödliche) Dosis beim Menschen beträgt 25 g.

Auch alle anderen einwertigen Alkohole sind ungenießbar. Die beiden möglichen **Propanole** sind: primäres (oder normales) Propanol CH_2CH_2CHOH und sekundäres Propanol (Trivialname „Isopropanol") $CH_2CHOHCH_2$. Sie werden häufig als Lösungsmittel verwendet, Isopropanol z.B. als Zusatz zu Kraftfahrzeugbenzinen, um eine Abscheidung von eventuell vorhandenem Wasser bei sehr starker Abkühlung zu verhindern.

Als Nebenprodukte bei der Vergärung von verschiedenen stärkehaltigen Ausgangsmaterialien, wie Kartoffeln oder Getreide, entstehen aus verschiedenen Eiweißprodukten **Amylalkohole**, die man als „Fuselöle" bezeichnet. Sie zeigen stärkere Giftwirkung als der Ethylalkohol und wirken stark gesundheitsschädigend. Im Bienenwachs ist ein höherer Alkohol mit der Formel $C_{31}H_{63}OH$ (Myricylalkohol) enthalten.

b) Mehrwertige Alkohole

Ethylenglykol, $CH_2OH–CH_2OH$, mit dem rationellen Namen 1,2-Ethandiol, verwendet man als Frostschutzmittel für Kühlwasser und zur Herstellung von Polyesterfasern. Die sirupöse, farb- und geruchlose, giftige Flüssigkeit ist mit Wasser in jedem Verhältnis mischbar.

Glycerin mit der Formel $CH_2OH–CHOH–CH_2OH$ ist der dreiwertige Alkohol 1,2,3-Propantriol. In den Fetten (siehe Abschnitt 8.4.8) liegt Glycerin chemisch gebunden vor. Glycerin ist eine sirupöse, farb- und geruchlose, süß schmeckende, mit Wasser in jedem Verhältnis mischbare, brennbare, aber schwer entflammbare Flüssigkeit, die in der Hydraulik als Bremsflüssigkeit, ferner bei der Kunststoffherstellung zur Herstellung von Alkydharzen, in Verdünnung mit Wasser als Frostschutzmittel (z.B. für Kraftfahrzeugkühler oder für Gasuhren) und in der Kosmetik verwendet wird. Große Mengen von Glycerin werden zur Herstellung von Nitroglycerin (siehe Abschnitt 8.4.7) verwendet. Wichtige Daten für Glycerin und Ethylenglykol sind in Tab. 8.8 aufgelistet.

c) Die Wasserlöslichkeit von Alkoholen

Unter den polare OH-Gruppen der Alkoholmoleküle treten **Wasserstoffbrücken-Wechselwirkungen**, ähnlich wie bei den Wassermolekülen auf (siehe Abschnitt 2.5.3). Dies ist der Grund, daß Methanol bei gewöhnlicher Raumtemperatur flüssig, während das Methylchlorid CH_3Cl (siehe Abschnitt 8.2.1), welches eine höhere Molmasse besitzt dann noch gasförmig ist.

Die Verwandtschaft der Alkohole mit dem Wasser ist leicht einzusehen; sie ergibt sich, wenn man sich im Wassermolekül ein Wasserstoffatom durch einen Kohlenwasserstoffrest ersetzt denkt. Wegen der chemischen Verwandtschaft ist die OH-Gruppe des Alkohols hydrophil, d.h. wasseranziehend, während der Kohlenwasserstoffrest hydrophob, d.h. wasserabstoßend ist. Überwiegen beim Alkohol die hydrophilen Gruppen, so ist er mit Wasser unbegrenzt mischbar; Beispiele hierfür sind Methanol, Ethanol und die mehrwertigen Alkohole Glycerin oder 1,3-Butandiol. Ist jedoch der hydrophobe Anteil, d.h. der Kohlenwasserstoffrest größer, so besteht nur noch eine geringe Löslichkeit in Wasser (siehe auch Abschnitt 3.5). So lösen sich maximal 7,9 g n-Butanol oder nur maximal 2 g Isoamylalkohol in 100 g Wasser. Alkohole mit überwiegend hydrophoben Gruppen sind aber in anderen organischen Lösungsmitteln löslich.

8.4.2   Phenole

Funktionelle Gruppe: –OH, an einem Kohlenstoffatom eines **aromatischen** Ringes gebunden.

Chemische Formel:

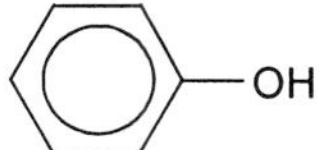

Phenole zeigen schwach saure Eigenschaften, d. h., der Wasserstoff kann als Proton viel leichter als bei den Alkoholen abgespalten werden. Ursache hierfür ist das tiefere Elektronen-Energieniveau des Benzolkernes, in das die Elektronen der OH-Gruppe durch Resonanz teilweise hineingezogen werden, so daß der Wasserstoffkern (= Proton) leichter aus der Bindung an den Sauerstoff gelöst werden kann.

Das Phenol ist eine farblose, an der Luft sich schwach rötlich färbende, giftige Substanz. In Gegenwart von wenig Wasser liegt sie in flüssigem Zustand vor, während sie im wasserfreien Zustand kristallisiert (Smp. 43 °C, Sdp. 181 °C). Phenol ist in Wasser teilweise löslich und wird hauptsächlich zur Herstellung von Kunststoffen verwendet wird (siehe Abschnitt 9.4.2a). Eine ca. 5%ige wäßrige Phenollösung wurde früher unter der Bezeichnung Carbolsäure als Desinfektionsmittel verwendet.

Hydrochinon mit dem chemisch korrekten Name 1,4-Dihydroxybenzol bildet farblose, bei 172 °C schmelzende, nadelförmige Kristalle und wird wegen seiner reduzierenden Eigenschaften als **photographischer Entwickler** verwendet. Es reduziert leicht andere Substanzen, indem es selbst zu Chinon (1,4-Benzochinon) oxidiert wird:

$$HO-\bigcirc-OH \;\rightleftharpoons\; O{=}\bigcirc{=}O \;+\; 2e^- \;+\; 2\,H^+$$

Hydrochinon   Chinon

8.4.3   Ether (frühere Schreibweise Äther)

Funktionelle Gruppe: R1–**O**–R2,
d. h., zwei (gleiche oder verschiedene) Kohlenwasserstoffreste, die man gewöhnlich mit R abkürzt, sind über ein Sauerstoffatom miteinander verbunden; die Kohlenwasserstoffreste können aliphatischer oder aromatischer Natur sein.

Den molekularen Aufbau der Ether kann man auch so deuten, daß die beiden Wasserstoffatome eines Wassermoleküls durch organische Reste ersetzt sind. Bei Ethern können sich keine Wasserstoffbrücken mehr, wie es bei Alkoholen oder Wasser der Fall ist, ausbilden. Daher haben Ether relativ niedere Siedepunkte bzw. hohe Dampfdrücke und sind deswegen auch leicht entflammbar.

Oft meint man mit der Bezeichnung Ether die spezielle Verbindung **Diethylether** mit der Formel $C_2H_5-\,O\,-C_2H_5$, der wegen der Herstellung aus Ethylalkohol und dem wasserentziehenden Mittel Schwefelsäure auch Schwefelether genannt wird.

Diethylether ist eine farblose, leicht bewegliche, angenehm süßlich riechende, narkotisierende Flüssigkeit, die unter Normdruck einen sehr niedrigen Siedepunkt von 34,6 °C hat (Smp. –16 °C). Sie ist deswegen sehr leicht entflammbar und bildet mit Luft extrem explosible Gemische. Mit Wasser ist Ether teilweise mischbar (Löslichkeit in Wasser 2 g je 100 g Wasser), denn hier können sich Wassermoleküle durch Wasserstoffbrückenbildung an die freien Elektronenpaare des Sauerstoffatoms anlagern, der schon relativ große hydrophobe Anteil der Kohlenwasserstoffreste verhindert aber eine vollständige Mischbarkeit. Beim Stehen an der Luft bildet Ether sehr gefährliche Peroxide:

$$C_2H_5\text{--}O\text{--}C_2H_5 \xrightarrow{+O_2} C_2H_5\text{--}O\text{--}O\text{--}C_2H_5$$

Da solche Peroxide, vor allem bei Anreicherung in den Destillationsrückständen, zu schweren Explosionen führen können, unterschichtet man den Ether im Destillationsgefäß mit einer ausreichenden Menge Wasser, das diese Peroxide aufnehmen kann.

8.4.4   Ketone

Funktionelle Gruppe:

$$R1\text{--}\overset{\overset{\textstyle O}{\|}}{C}\text{--}R2$$

d.h. die Gruppe **–CO–** zwischen zwei Kohlenwasserstoffresten.

Nomenklatur: Endung –on

Ketone können als Dehydrierungsprodukte (Oxidationsprodukte) sekundärer Alkohole aufgefaßt werden:

$$R1\text{--}\underset{\underset{\textstyle H}{|}}{\overset{\overset{\textstyle OH}{|}}{C}}\text{--}R2 \quad + \quad (O) \quad \xrightarrow{\text{Dehydrieren}} \quad R1\text{--}\overset{\overset{\textstyle O}{\|}}{C}\text{--}R2 \quad + \quad H_2O$$

sekundärer Alkohol   Keton

Die Ketone erhalten in der systematischen Bezeichnung die Endung –on am Wortstamm, der die Anzahl der Kohlenstoffatome bezeichnet oder das restliche Molekül näher beschreibt. Gemischte Ketone enthalten verschiedene Kohlenwasserstoffreste (R1 bzw. R2) Beispiel: Methylethylketon.

Aceton, $CH_3\text{--}CO\text{--}CH_3$ heißt mit systematischem Name Propanon. Es wird aber fast ausschließlich der Trivialname Aceton verwendet. Aceton ist das wichtigste Keton. Es ist eine farblose, leicht entflammbare, beliebig mit Wasser mischbare Flüssigkeit von charakteristischem, würzigem Geruch, die häufig als Lösungsmittel, z.B. für Acetylen oder verschiedene Kunststoffe verwendet wird. Der Schmelzpunkt liegt bei –95 °C, der Siedepunkt bei 56 °C. Da Aceton sowohl in Wasser als auch in organischen Lösungsmitteln löslich ist, benutzt man es gern, um Reste organischer, wasserunlöslicher Verbindungen aus Gefäßen herauszulösen, damit man diese anschließend mit wäßrigen Lösungen reinigen kann. Wegen des niedrigen Siedepunktes kann man gereinigte Gefäße nach kurzem Durchspülen mit wenig Aceton rasch, in wenigen Sekunden trocknen.

8.4.5   Aldehyde

Funktionelle Gruppe:

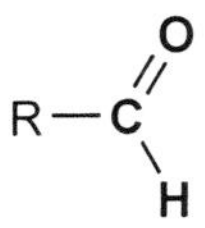

$$R-C\underset{\displaystyle H}{\overset{\displaystyle O}{<}}$$

Nomenklatur: Endung –al, Methanal

Aldehyd ist die Abkürzung für Alkohol dehydrogenatum (lat. = Alkohol, dem Wasserstoff entzogen wurde). Aldehyde sind **Dehydrierungsprodukte** (Oxidationsprodukte) primärer Alkohole:

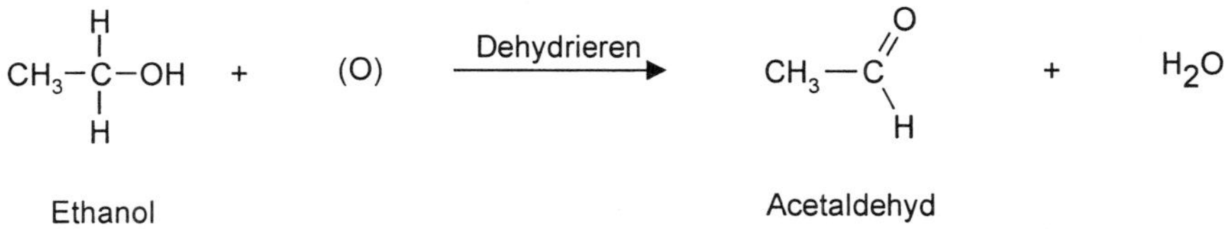

$$CH_3-\underset{\displaystyle H}{\overset{\displaystyle H}{C}}-OH \quad + \quad (O) \quad \xrightarrow{\text{Dehydrieren}} \quad CH_3-C\underset{\displaystyle H}{\overset{\displaystyle O}{<}} \quad + \quad H_2O$$

Ethanol   Acetaldehyd

Aldehyde zeigen reduzierende Eigenschaften: Sie reduzieren z.B. Silberionen zu metallischem Silber und werden dabei selbst zu einer Carbonsäure (siehe Abschnitt 8.4.6) oxidiert. Man kann diese Reaktion ausnutzen, um Silberspiegel auf Glas zu erzeugen. Meist verwendet man als Reduktionsmittel Traubenzucker, der als Aldose (siehe Abschnitt 8.7.1) im Molekül eine Aldehydgruppe enthält.

Die Benennung des Aldehyds mit dem Trivialnamen erfolgt nach dem lateinischen Namen der Carbonsäure, die sich durch Oxidation aus dem betreffenden Aldehyd bildet. Im folgenden Abschnitt 8.4.6 wird dies für die beiden Verbindungen Formaldehyd und Acetaldehyd gezeigt. Den systematischen Namen bildet man durch Anhängen von -al an den Wortstamm, der die Kohlenstoffzahl bzw. -anordnung kennzeichnet, also z.B. Methanal für HCHO, Ethanal für CH_3CHO usw.

Formaldehyd, HCHO, ist ein farbloses, stechend riechendes, giftiges, brennbares Gas, Smp.-92 °C, Sdp. -21 °C. Es wird zur Herstellung verschiedener Kunststoffe benötigt (siehe Abschnitt 9.4.2). Die wäßrige Lösung (meist mit einem Massengehalt von 40%) heißt Formalin und dient als Desinfektionsmittel sowie als Härtungs- bzw. Konservierungsmittel für anatomische und biologische Präparate, denn hierbei bilden sich mit den Eiweißstoffen unlösliche, haltbare Reaktionsprodukte.

Benzaldehyd, mit untenstehender Formel, eine nach bitteren Mandeln riechende Flüssigkeit (Smp. -56 °C, Sdp.178 °C), wird als Aromastoff (Bittermandelöl) z.B. für Kuchen verwendet.

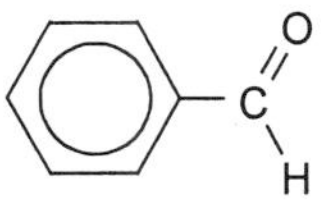

8.4.6   Carbonsäuren

Funktionelle Gruppe:

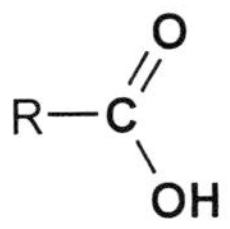

$$R-C\underset{OH}{\overset{O}{\big\langle}}$$

Bei den altbekannten und am häufigsten gebrauchten Carbonsäuren verwendet man fast ausschließlich die Trivialnamen. Nach der Genfer Nomenklatur kann man die Carbonsäuren auch durch Anhängen der Endung -säure an den Wortstamm, der die Gesamtzahl der Kohlenstoffe angibt, benennen.

Schließlich kann man organische Säuren durch Anhängen des Wortes -carbonsäure an Namen für die Kohlenstoffverbindung, die mit der –COOH-Gruppe verbunden ist, kennzeichnen. Die Nomenklatur der Carbonsäuren soll an drei Beispielen verdeutlicht werden:

CH_3COOH	Essigsäure	Ethansäure	Methancarbonsäure
$CH_2=CHCOOH$	Acrylsäure	Propensäure	Vinylcarbonsäure
$CH_3CH_2CH_2COOH$	Buttersäure	Butansäure	Propancarbonsäure

Carbonsäuren kann man durch Oxidation von primären Alkoholen gewinnen. Die dabei als Zwischenverbindung auftretenden Aldehyde werden nach den sich bildenden Carbonsäuren benannt:

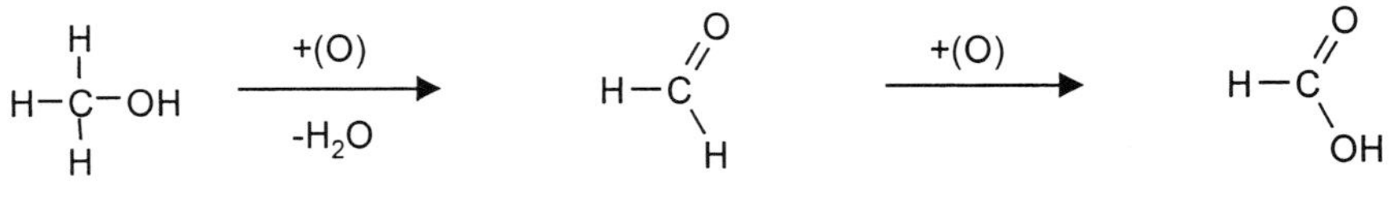

Methanol → Formaldehyd → Ameisensäure

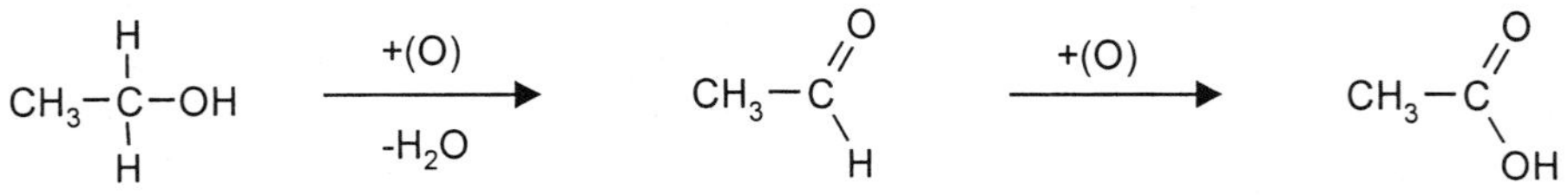

Ethanol → Acetaldehyd → Essigsäure

Carbonsäuren sind **schwache Säuren**, d.h., sie dissoziieren in wäßriger Lösung nur zu einem geringen Teil (siehe Abschnitt 5.2.3). Die Wasserlöslichkeit der Carbonsäuren nimmt wie bei den Alkoholen mit Ansteigen der Kohlenstoffzahl ab. Die n-Buttersäure zeigt keine vollständige Mischbarkeit mit Wasser, die höheren Fettsäuren mit zehn und mehr Kohlenstoffatomen sind feste, weiße, wasserunlösliche, paraffinähnliche Massen.

Die unverdünnten Säuren haben einen höheren Siedepunkt, als man ihn nach der Molmasse erwarten würde, was auf eine Assoziation nach folgendem Schema zurückzuführen ist:

$$CH_3-C\underset{OH----O}{\overset{O----HO}{<}}C-CH_3$$

Die Tab. 8.9 enthält die chemischen Formeln und Daten von einigen Carbonsäuren.

Tab. 8.9. Wichtige Carbonsäuren

Name	Formel	Smp. [°C]	Sdp. [°C]	Name des Salzes
Ameisensäure	$H-COOH$	8	100,5	Formiat
Essigsäure	CH_3-COOH	16,6	118	Acetat
Buttersäure	$CH_3-[CH_2]_2-COOH$	-6	164	Butyrat
Palmitinsäure	$CH_3-[CH_2]_{14}-COOH$	63	390	Palmitat
Stearinsäure	$CH_3-[CH_2]_{16}-COOH$	71	360	Stearat
Benzoesäure	C_6H_5-COOH	122	250	Benzoat
Acrylsäure	$CH_2=CH-COOH$	13	141	Acrylat
Sorbinsäure	$CH_3-CH=CH-CH=CH-COOH$	134	228^z	Sorbat
Ölsäure	$CH_3-[CH_2]_7-CH=CH-[CH_2]_7-COOH$	16	286 (101)	Oleat
Oxalsäure	$HOOC-COOH$	189	157 (subl.)	Oxalat
Adipinsäure	$HOOC-[CH_2]_4-COOH$	153	205 (10)	Adipat
DL-Milchsäure	$CH_3-CH(OH)-COOH$	18	122 (15)	Lactat
D-Weinsäure	$HOOC-CH(OH)-CH(OH)-COOH$	170	z	Tartrat

Citronensäure	$HOOC-CH_2-C(OH)-CH_2-COOH$
	            |
	          COOH
		155	z	Citrat

z = zersetzt sich vor dem Sieden; subl. = Sublimation; Zahl in Klammer beim Sdp. = Siededruck (mbar)

Essigsäure, CH_3-COOH, ist die wichtigste organische Säure. Sie entsteht entsprechend der oben beschriebenen Oxidation von Ethylalkohol mit Hilfe der Enzyme von Essigsäurebakterien (Herstellung von Weinessig durch bakterielle Oxidation von Wein). Diese Oxidation kann jedoch nur bei Anwesenheit von genügend Luftsauerstoff erfolgen, sie unterbleibt bei Luftabschluß. Wasserfreie Essigsäure erstarrt bereits bei 16,6 °C zu einer eisartigen, festen Masse (Eisessig); sie riecht stechend und wirkt stark ätzend. Essigessenz enthält einen Massenanteil von etwa 20% Wasser. Speiseessig ist stark verdünnte Essigsäure (Massengehalt von 5 bis 10% Essigsäure).

    Buttersäure, $CH_3-[CH_2]_2-COOH$, liegt in chemisch gebundener Form im Butterfett vor. Der Geruch beim Ranzigwerden von Butter rührt von der Buttersäure her, die durch bakterielle Reaktion freigesetzt wird.

Sorbinsäure, **Benzoesäure** und **Ameisensäure** werden wegen ihrer bakteriziden Eigen-schaften als Konservierungsmittel[5] verwendet.

Die höheren *gesättigten* Fettsäuren (z. B. Palmitin- oder Stearinsäure) und die *un-gesättigten* Fettsäuren Ölsäure, Linolsäure und Linolensäure

Linolsäure: $CH_3-[CH_2]_4-CH=CH-CH_2-CH=CH-[CH_2]_7-COOH$
Linolensäure: $CH_3-CH_2-CH=CH-CH_2-CH=CH-CH_2-CH=CH-[CH_2]_7-COOH$

sind in chemisch gebundener Form (als Ester mit dem Alkohol Glycerin, siehe Ab-schnitt 8.4.8) in den Fetten und fetten Ölen wichtige Bestandteile unserer Nahrung. Während die gesättigten Fettsäuren im menschlichen Körper aus Kohlenhydraten aufge-baut werden können, müssen die mehrfach ungesättigten Fettsäuren, also vor allem Li-nolsäure und Linolensäure in der Nahrung in geringer Menge enthalten sein, es sind die **essentiellen Fettsäuren**, die nicht vom menschlichen Organismus synthetisch aufgebaut werden können. Beim Fehlen dieser essentiellen Fettsäuren entstehen Mangelkrankhei-ten (Folgerungen für die Fetthydrierung siehe Abschnitt 8.4.8).

Viele organische Säuren kommen als solche oder in gebundener Form in mannigfal-tiger Weise in der Natur, in verschiedensten Organismen vor. Daran erinnern auch die Trivialnamen der Säuren wie z.B. Citronensäure, Weinsäure usw.

Eine besonders interessante Säure ist die **Milchsäure**, die in saurer Milch und bei der sauren Vergärung verschiedener pflanzlicher Produkte entsteht (Milchsäurevergä-rung), ferner auch im Muskelsaft des tierischen und menschlichen Organismus vor-kommt. Am Beispiel der Milchsäure soll das zur analytischen Bestimmung häufig aus-genutzte Phänomen der **optischen Aktivität** (der Drehung der Polarisationsebene des Lichtes durch organische Substanzen) erläutert werden.

Milchsäure mit der chemischen Formel $CH_3-CHOH-COOH$ wird mit dem systema-tischen Name als α-Hydroxypropionsäure bezeichnet. Dabei kennzeichnet das vorange-stellte α die Stellung der OH-Gruppe im Verhältnis zur Säuregruppe COOH. Bei der α-Stellung sind beide am gleichen, bei einer β-Stellung sind beide am benachbarten Koh-lenstoff gebunden, die folgenden griechischen Buchstaben geben einen immer weiteren Abstand der OH-Gruppe von der COOH-Gruppe an.

Milchsäure enthält, wie man aus Abb. 8.4 ersehen kann, ein mit *vier verschiedenen* Bindungspartnern verknüpftes Kohlenstoffatom, welches auch als **asymmetrisches C-Atom** bezeichnet wird. Daher lassen sich von der Milchsäure die zwei spiegelbildlichen Isomere miteinander nicht zur Deckung bringen, in Analogie zur rechten und linken Hand. Zwei Moleküle, die sich wie Bild und Spiegelbildverhalten werden auch **Enan-tiomere** genannt. Im obigen Beispiel bezeichnet man diese als D-Milchsäure[6] und L-Milchsäure.

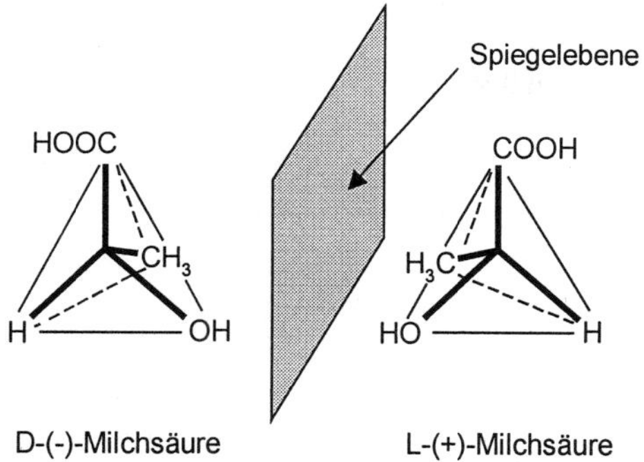

Abb. 8.4. Optische Antipoden der Milchsäure

Wäßrige Lösungen von Milchsäure, die jeweils immer nur eine dieser Spiegelbildisomeren enthalten, drehen die Ebene vom polarisierten Licht, und zwar die L-Milchsäure im Uhrzeigersinn, also nach rechts herum; man kennzeichnet dies durch ein eingefügtes (+), also L-(+)-Milchsäure. Die D-Milchsäure dreht die Polarisationsebene des Lichtes im entgegengesetzten Uhrzeigersinn, also links herum, und wird durch ein Minuszeichen gekennzeichnet: D-(–)-Milchsäure. Viele solcher optisch aktiven, d.h. die Polarisationsebene des Lichtes drehender Substanzen finden wir in organischen Naturprodukten, wie z.B. bei Kohlenhydraten oder Aminosäuren (siehe hierzu Abschnitte 8.7.1 und 8.7.2).

Geräte zur Messung der optischen Aktivität von Lösungen arbeiten nach folgendem Prinzip:
Ein monochromatischer Lichtstrahl (man nimmt hierfür gewöhnlich die gelbe Spektrallinie des Natriums, siehe Abschnitt 11.2.1b; das gelbe Natriumlicht wird meist noch durch Zwischenschaltung einer Kaliumdichromatlösung gefiltert) wird durch einen Polarisator[7] geleitet, der das Licht nur einer Schwingungsrichtung durchläßt. Das so erhaltene „linear polarisierte Licht" wird durch ein Polarisationsrohr geleitet, welches die zu untersuchende Lösung enthält. Ist diese optisch aktiv, so dreht sie die Polarisationsebene des Lichtes entweder im Uhrzeigersinn (rechts) oder entgegengesetzt (links). Ein dahinter geschalteter Analysator (ebenfalls ein Nikolsches Prisma) wird solange gedreht, bis er das Licht der neuen Schwingungsrichtung durchläßt. Die hierzu erforderliche Drehung des Analysators zeigt den Drehwert der Lösung an. Dabei ermöglicht die Verwendung eines Hilfsprismas eine sehr genaue Einregelung des Analysators auf den exakten Drehwert: Denn durch dieses Hilfsprisma, das gegenüber dem Polarisator etwas verdreht ist, wird das beobachtete Gesichtsfeld in zwei Hälften mit verschiedenen Helligkeitswerten geteilt, und erst bei der exakten Einregulierung des Analysators auf den richtigen Drehwert stimmen die Helligkeitswerte beider Gesichtsfelder exakt überein.

---

[7] Als Polarisator verwendet man ein Nicolsches Prisma (William Nicol,1768-1851), einen unter einem bestimmten Winkel zerschnittenen und mit sogenanntem Kanadabalsam wieder zusammengekitteten Kalkspatkristall, der nur linear polarisiertes Licht (Licht einer Schwingungsrichtung) durchläßt.

Die Drehung der Polarisationsebene ist abhängig von der optisch aktiven Substanz, dem Lösungsmittel, von der Temperatur und von der Wellenlänge des verwendeten Lichtes. Die spezifische Drehung α gibt den Winkel an, den 1 g Substanz in 1 ml Lösung in einem Rohr von 10 cm Länge hätte. Die Meßtemperatur von 25 °C und die Verwendung der gelben D-Linie des Natriums (Wellenlänge 589,3 nm) kennzeichnet man wie folgt:

$$[\alpha]_D^{25} \quad \text{oder} \quad [\alpha]_{589,3}^{25}$$

Von spiegelbildlich aufgebauten Molekülen mit asymmetrischen Kohlenstoffatomen dreht die eine Molekülart das linear polarisierte Licht rechts (im Uhrzeigersinn), die andere links herum. Eine Mischung dieser beiden Molekülarten, dieser optischen Antipoden ergibt zusammen keine Drehung des linear polarisierten Lichtes. Solche Mischungen werden als **Racemate** bezeichnet und meist durch vorangesetztes DL– gekennzeichnet; Beispiel: DL–Milchsäure. Der Name Racemat kommt daher, daß Louis Pasteur (1822–1895) erstmals die „Traubensäure" (acidum racemicum) durch separate Kristallbildung in die beiden optischen Antipoden spalten konnte. Nämlich in die als Naturprodukt bekannte, rechtsdrehende und die in der Natur nicht vorkommende, linksdrehende Weinsäure.

Die L(+)-Milchsäure kommt im Muskelsaft vor und wird daher auch Fleischmilchsäure genannt; sie hat ebenso wie die D(–)-Milchsäure einen Schmelzpunkt von 25 °C. Die Fleischmilchsäure kann sich in größeren Mengen als Zwischenprodukt beim Abbau von Zucker zu Kohlendioxid und Wasser bilden, nämlich dann, wenn rasch viel Energie für die Bewegung der Muskel verbraucht wird. Im ungeübten Muskel, vor allem bei ungenügender Sauerstoffzufuhr, geht der Abbau der Kohlenhydrate dann nicht bis zum CO_2, sondern vielmehr unter Bildung von Milchsäure vonstatten (siehe hierzu auch Abb. 12.3 in Abschnitt 12.1.3). Allmählich wird aber auch die Milchsäure schließlich zu Kohlendioxid verbrannt.

Die DL-Milchsäure findet sich z.B. in saurer Milch, im Magensaft oder in sauren Gurken. Sie ist eine sirupöse, bei 18 °C, also bei tieferer Temperatur als die beiden optischen Antipoden (siehe Schmelzpunkterniedrigung bei eutektischen Gemischen, Abschnitt 6.5.3a) erstarrende Flüssigkeit.

8.4.7   Ester

Funktionelle Gruppe:

$$R1 - \overset{\displaystyle O}{\overset{\displaystyle \|}{C}} - O - R2$$

Ester sind Reaktionsprodukte zwischen Alkoholen und (anorganischen oder organischen) Säuren.

Die Reaktion findet als Gleichgewichtsreaktion (siehe Kapitel 5) unter Wasserabspaltung statt:

$$CH_3-C\!\!\underset{OH}{\overset{O}{\diagup}} \quad + \quad HO-CH_3 \quad \underset{\text{Verseifung}}{\overset{\text{Veresterung}}{\rightleftarrows}} \quad CH_3-C\!\!\underset{O-CH_3}{\overset{O}{\diagup}} \quad + \quad H_2O$$

| Essigsäure | Methanol | Essigsäuremethylester | Wasser |

Den umgekehrten Vorgang, die Aufspaltung eines Esters in eine Säure und einen Alkohol durch Einwirkung von Wasser, bezeichnet man als **Verseifung**. Der Ausdruck Verseifung ist einem Reaktionsvorgang entlehnt, bei dem aus Fetten (diese sind chemisch Ester des Alkohols Glycerin und von Fettsäuren, siehe Abschnitt 8.4.8) durch Einwirkung von Laugen die Salze der betreffenden Säuren (= Seifen) und der Alkohol Glycerin entstehen. Man hat die Bezeichnung Verseifung schließlich auf alle Vorgänge ausgedehnt, wo organische Verbindungen durch Anlagerung von Wasser zur Reaktion bzw. zur Aufspaltung gebracht werden (siehe z.B. auch unter Abschnitt 8.5.4).

Die Namengebung der Ester erfolgt durch Angabe der betreffenden Säure, dann des Alkyls vom Alkohol und schließlich durch Anhängen des Wortes „ester", z.B. Essigsäuremethylester. Häufig erfolgt die Bezeichnung der Ester auch in Analogie zu den Salzen, also z.B. Methylacetat, Ethylbutyrat usw.

Ester der niederen Carbonsäuren mit niederen Alkoholen sind farblose, meist angenehm fruchtartig riechende, leicht entflammbare Flüssigkeiten, die in der Natur als **Fruchtaromastoffe** weit verbreitet sind. Beispiele: Essigsäureisoamylester riecht nach Birnen, Buttersäureethylester riecht nach Ananas und Isovaleriansäure-isoamylester[8] riecht nach Äpfeln.

Einige Ester der niederen Fettsäuren werden als Lösungsmittel und Lackverdünnungsmittel verwendet, so z.B. Essigsäuremethylester oder Essigsäureethylester.

Tab. 8.10. Physikalische Daten von technisch wichtigen Estern

Name	Schmelzpunkt [° C]	Siedepunkt [° C]	Dichte [g/cm^3)
Essigsäuremethylester	-98,1	57,0	0,9338
Essigsäureethylester	-83,6	77,2	0,900

Bienenwachs enthält Palmitinsäureester der höheren Alkohole $C_{30}H_{61}OH$, $C_{32}H_{65}OH$ und $C_{34}H_{69}OH$. Die Ester von meist höheren Fettsäuren mit dem Alkohol Glycerin bilden die Stoffklasse der **Fette** bzw. **fetten Öle** (siehe Abschnitt 8.4.8).

Der Trisalpetersäureglycerinester wird durch Reaktion von Glycerin mit der anorganischen Salpetersäure gebildet (siehe Reaktionsgleichung nächste Seite) und ist unter der Bezeichnung **Nitroglycerin** bekannt, Es handelt sich um eine eine farblose, ölige Flüssigkeit. Sie bildet mit Kieselgur eine **Dynamit** genannte, teigige Masse, die man als Sprengstoff verwendet.

---

[8] Isovaleriansäure hat die Formel $(CH_3)_2CH-CH_2-COOH$; sie kommt als Ester auch in der Baldrianwurzel (Valeriana officinalis) vor.

$$CH_2-OH$$
$$CH-OH \quad + \quad 3 \; H-O-NO_2 \quad \longrightarrow \quad CH-O-NO_2 \quad + \quad 3 \; H_2O$$
$$CH_2-OH \qquad\qquad\qquad\qquad\qquad\qquad CH_2-O-NO_2$$

Glycerin   Salpetersäure   Trisalpetersäure-
                                         glycerinester

8.4.8   Fette und fette Öle

Fette oder fette Öle sind Ester des Alkohols Glycerin mit meist höheren gesättigten oder ungesättigten Fettsäuren.

Die am häufigsten vorkommenden **Fettsäuren** sind (siehe Abschnitt 8.4.6) Ölsäure, Palmitinsäure und Stearinsäure. Die einzelnen Fette unterscheiden sich hinsichtlich ihres Gehaltes an diesen Fettsäuren; häufig enthalten sie noch eine Reihe anderer Fettsäuren, so z.B. die Butter noch einen Anteil von 3–4% Buttersäure. Bei Ölen findet man größtenteils ungesättigte Säuren, und zwar in erster Linie Ölsäure, daneben auch mehrfach ungesättigte („essentielle", siehe Abschnitt 8.4.6) Fettsäuren. Die folgende Reaktionsgleichung zeigt ein Fett, das je ein Molekül Palmitin-, Stearin- und Ölsäure enthält; es entsteht durch Veresterung mit dem Alkohol Glycerin. Der umgekehrte Vorgang, die **Verseifung** führt zur Aufspaltung des Fettes in Glycerin und die entsprechenden Fettsäuren:

$$CH_2-O-OC-C_{15}H_{31} \qquad\qquad\qquad\qquad CH_2-OH \qquad HOOC-C_{15}H_{31}$$
$$CH-O-OC-C_{17}H_{35} \quad + \quad 3 \; H_2O \quad \longrightarrow \quad CH-OH \quad + \quad HOOC-C_{17}H_{35}$$
$$CH_2-O-OC-C_{17}H_{33} \qquad\qquad\qquad\qquad CH_2-OH \qquad HOOC-C_{17}H_{33}$$

Fett   Wasser   Glycerin   Fettsäuren

Die Verseifung wurde früher durch Kochen mit Laugen vorgenommen, sie führte unmittelbar zu den entsprechenden Seifen (siehe Abschnitt 8.4.9). Da aber dabei das Glycerin nicht vollständig abgetrennt werden kann, wird die Verseifung heute hauptsächlich durch Wasserdampf von etwa 180 °C oder durch Schwefelsäure durchgeführt, die betreffenden Seifen erhält man dann nach Abtrennung des Glycerins durch Zugabe der basischen Bestandteile.

Fette Öle mit einem Gehalt an mehrfach ungesättigten Fettsäuren (Leinöl) neigen dazu, durch räumliche Vernetzung der Moleküle harzartige Produkte zu bilden, die als Firnisse und Ölfarben (trocknende Öle) verwendet werden. Die räumliche Vernetzung ereignet sich unter Einwirkung von Luftsauerstoff an den Stellen, wo sich die Doppelbindungen befinden. Beim Ranzigwerden der Fette werden die Fettsäuremoleküle durch Einfluß von Licht und Luftsauerstoff neben den Doppelbindungen zu ranzig riechenden Produkten, z.B. Fettsäuren gespalten.

Bei der Herstellung von **Margarine** ist es notwendig, flüssige pflanzliche Öle in feste Fette umzuwandeln, dies geschieht durch Hydrierung, d.h. Anlagerung von Wasserstoff an die Doppelbindungen (siehe Abschnitt 8.1.2b). Da aber mehrfach ungesättigte

Fettsäuren lebensnotwendig sind, diese aber bei der Hydrierung in gesättigte Fette umgewandelt werden, ist es üblich, nur einen Teil der Pflanzenöle zu härten, das übrige Öl jedoch im ursprünglichen Zustand zu belassen. So enthält die Margarine stets ausreichende Mengen von ungehärteten essentiellen Fettsäuren.

8.4.9 Seifen und Waschmittel

Seifen sind Alkalisalze höherer Fettsäuren. Sie werden heute größtenteils durch **Verseifung** von Fetten oder Ölen gewonnen (siehe Abschnitt 8.4.8). Die Natriumsalze *gesättigter* Fettsäuren haben eine härtere, die der *ungesättigten* Fettsäuren eine weichere Beschaffenheit. Die Kaliseifen ergeben die sehr weichen „Schmierseifen".

Die **Reinigungswirkung** der Seifen läßt sich folgendermaßen erklären:
In wäßriger Lösung zeigen die Alkaliseifen eine gewisse Dissoziation in die betreffenden Kationen und die Fettsäureanionen. Letztere enthalten je eine **hydrophile**, also vom Wasser angezogene Gruppe, nämlich die ionische Carboxylgruppe $-COO^-$ und einen **hydrophoben**, also vom Wasser abgestoßenen; Molekülteil, nämlich den Kohlenwasserstoffrest:

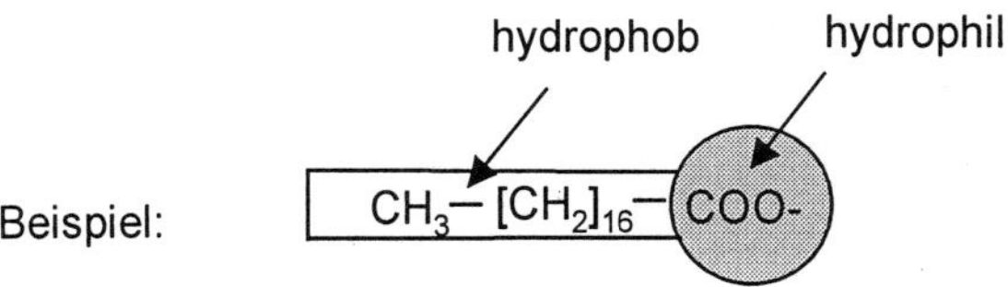

Wegen dieses Anteils an hydrophoben Gruppen reichern sich die Seifenmoleküle an der Oberfläche des Wassers an, wobei sich die Seifenmoleküle derart ausrichten, daß die hydrophile Gruppe dem Wasser zugekehrt, die hydrophobe Gruppe dem Wasser abgekehrt ist (siehe Abb. 8.5). Eine durch Blasenbildung vergrößerte Grenzschicht Wasser–Luft wird durch diese „oberflächenaktive" Stoffe stabilisiert (Seifenschaumbildung), da dann mehr Seifenmoleküle die vergrößerte Oberfläche besetzen können.

Da die Anziehungskräfte zwischen den Kohlenwasserstoffresten der Fettsäureanionen kleiner sind als zwischen den durch Wasserstoffbrücken zusammengehaltenen Wassermolekülen, hat eine Seifenlösung eine geringere **Oberflächenspannung** als reines Wasser, denn die Oberflächenspannung wird durch gegenseitige und nach innen gerichtete Kräfte der Flüssigkeitsmoleküle hervorgerufen. Eine Flüssigkeit mit geringer Oberflächenspannung dringt leicht in kapillare Zwischenräume ein. Die hydrophoben Gruppen verbinden sich gut mit fettigen Bestandteilen (Schmutzteilchen, Hautfett usw.); deshalb sind Seifen in der Lage, solche wasserunlösliche Stoffe zu lösen und an das Wasser zu binden. Auch können fetthaltige Stoffe in die wäßrige Phase nach Art von **Emulsionen** (siehe Abschnitt 3.4.2) aufgenommen werden, denn die feinsten fettigen Teilchen werden von solchen Seifenmolekülen allseitig umgeben, bei denen der hydrophobe Kohlenwasserstoffrest auf das Fett, die hydrophile Carboxygruppe zum Wasser weist (siehe Abb. 8.5b). Man bezeichnet den fettlöslichen Molekülteil auch als **lipophil**. Organische Verbindungen sind im allgemeinen lipophil.

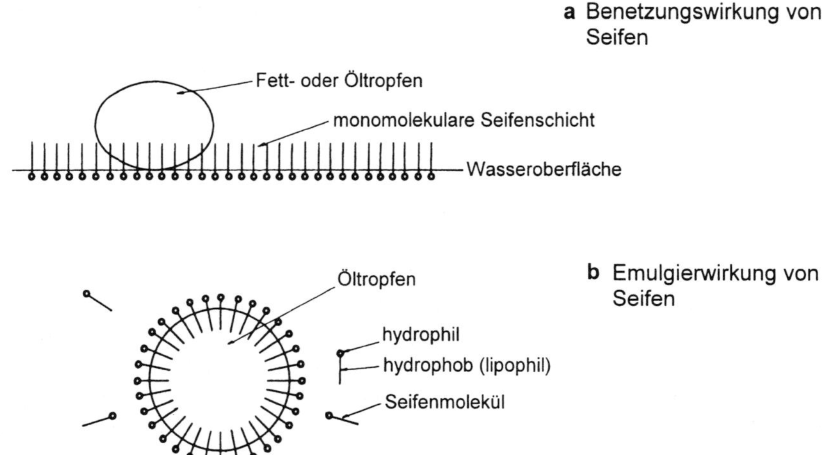

Abb. 8.5. Die Wasch- und Emulgierwirkung von Seifen

Die Salze von Fettsäureanionen mit fast allen Metallionen sind in Wasser schwer löslich. Insbesondere die im normalen Leitungswasser anwesenden Calcium- und Magnesiumionen verhindern wegen der Schwerlöslichkeit ihrer Fettsäuresalze das Emulgiervermögen, die Herabsetzung der Oberflächenspannung und die Waschwirkung der Seifen.

Um auch in hartem, d.h. Calciumionen enthaltenden Wasser (siehe Abschnitt 5.3.2a) eine gute Waschwirkung zu haben enthalten heute Waschmittel synthetische waschaktive Substanzen, sogenannte **Detergentien** bzw. **Tenside**. Diese werden neben den Seifen in allen Waschmitteln verwendet.

Die Moleküle von synthetischen waschaktiven Substanzen sind ähnlich aufgebaut wie die Seifenmoleküle, enthalten aber anstelle der Carboxylgruppe folgende Gruppen:

$$R{-}{-}SO_3^- \qquad\qquad R{-}OSO_3^- \qquad\qquad R= \text{längere Kohlenwasserstoffkette}$$

Alkylbenzolsulfonate   Alkylsulfate (Ester höherer Alkohole mit Schwefelsäure)

Die Kohlenwasserstoffreste sollten nur aus *unverzweigten* Ketten bestehen, da die *verzweigten* Ketten durch die Bakterien in den Kläranlagen nicht abgebaut werden und deswegen zu Schaumbergen an Wehren führen würden. Als Detergentien werden auch quartäre Ammoniumionen (siehe Abschnitt 8.5.1) und Polyalkohole (viele Alkoholgruppen enthaltende Moleküle) verwendet, die dann neben diesen hydrophilen Gruppen immer eine längere Kohlenwasserstoffkette als hydrophoben Molekülteil enthalten.

Neben den waschaktiven Substanzen enthalten die heutigen Waschmittel auch noch eine Reihe von Hilfsstoffen. Die sogenannten **Gerüststoffe** (oder vom englischen auch Builder genannt) stellen mengenmäßig im Waschmittel den Hauptanteil dar. Sie dienen in erste Linie dazu, die für den Waschvorgang schädlichen Ca^{2+} und Mg^{2+}-Ionen zu binden. Früher wurden vorrangig in Haushaltswaschmitteln **Polyphosphate**, meist das

Pentanatriumtriphosphat $Na_5P_3O_{10}$ eingesetzt (siehe Abschnitt 7.2.2). Der Nachteil dieser Substanzen ist, daß sie in Gewässern zur sogenannten Eutrophierung führen (siehe Abschnitt 13.1.3). Deshalb wurden vor einigen Jahren diese Polyphosphate durch die umweltneutralen **Zeolithe** ersetzt, welche die härtebildenen Ionen durch Ionenaustausch binden (siehe Abschnitt 7.2.5).

8.4.10   Zusammenfassender Überblick

Sauerstoff mit großer Elektronegativität führt in organischen Verbindungen zu einer teilweisen Polarisierung der Moleküle, d.h., das Sauerstoffatom trägt eine negative Teilladung, andere Molekülteile haben dann eine positive Teilladung. Durch sauerstoffhaltige funktionelle Gruppen wird eine Löslichkeit der sonst hydrophoben organischen Moleküle in Wasser ermöglicht. Chemische Reaktionen der sonst chemisch reaktionsträgen organischen Verbindungen ereignen sich in der Regel an den Molekülteilen, die die charakteristischen Atome (in diesem Fall Sauerstoffatome) enthalten; diese Molekülteile nennt man deswegen **funktionelle Gruppen**. Die Tab. 8.11 enthält die wichtigsten sauerstoffhaltigen funktionellen Gruppen.

Tab. 8.11. Übersicht der sauerstoffhaltigen funktionellen Gruppen

Funktionelle Gruppen		Verbindungen	
Namen	Formeln	Namen	Eigenschaften
Hydroxylgruppe	$(R_{aliph.})$–**OH**	Alkohole	hydrophil
Hydroxylgruppe	$(R_{arom.})$–**OH**	Phenole	schwach sauer
Ethergruppe	**R1–O–R2**	Ether	lipophil
Ketogruppe	**R1–CO–R2**	Ketone	hydrophil
Aldehydgruppe	**R–CHO**	Aldehyde	reduzierend
Carboxylgruppe	**R–COOH**	Carbonsäuren	hydrophil, schwach sauer
Estergruppe	**R1–CO–O–R2**	Ester	kurzkettige Moleküle eher hydrophil
			langkettige Moleküle eher lipophil

8.5   Stickstoffverbindungen

8.5.1   Amine

Man unterscheidet ähnlich wie bei den Alkoholen zwischen **primären, sekundären** und **tertiären Aminen**; außerdem gibt es (ähnlich wie beim Ammoniak) noch **quartäre Ammoniumionen**.

Funktionelle Gruppen:

$$R1-NH_2 \qquad R1-HN-R2 \qquad R1\underset{\underset{R3}{|}}{-}N-R2 \qquad \left[R1\underset{\underset{R3}{|}}{\overset{\overset{R4}{|}}{-}}N-R2 \right]^+$$

primäres Amin   sekundäres Amin   tertiäres Amin   quartäres Ammoniumion

Amine reagieren (ähnlich wie Ammoniak) mit Wasser als Basen, und zwar nimmt die Basenstärke mit steigender Alkylzahl zu. Mit Säuren bilden Amine Salze.

Die einfachsten **Alkylamine** sind die fischähnlich riechenden Gase Methylamin CH_3-NH_2, Dimethylamin $(CH_3)_2NH$ und Trimethylamin $(CH_3)_3N$, vom letzteren stammt der typische Fischgeruch der Heringslake oder der Seefische.

Hexamethylendiamin $H_2N-[CH_2]_6-NH_2$ mit dem Schmelzpunkt 42 °C wird zur Herstellung von **Polyamiden** (Nylon, siehe Abschnitt 9.4.1) verwendet. Die Verbindung Aminobenzol, mit der Formel

eine farblose, an der Luft sich braun verfärbende, giftige, bei 185 °C siedende Flüssigkeit, trägt den Trivialnamen **Anilin** und kann auch als Phenylamin bezeichnet werden.

8.5.2   Aminosäuren

Aminosäuren enthalten sowohl Amino- als auch Carboxylgruppen. Die Aminosäuren sind von großer Bedeutung, weil sie die Bausteine der **Eiweiße bzw. Proteine** darstellen (siehe Abschnitt 8.7.2). Am Aufbau der natürlichen Proteine sind 20 verschiedene α-Aminosäuren beteiligt. Der griechische Buchstabe bezeichnet hierbei den Abstand der Aminogruppe von der Carboxylgruppe; bei α sind beide mit dem gleichen Kohlenstoffatom verknüpft.

Beispiele für α-**Aminosäuren**:

Glycin   Alanin

Die in den Eiweißstoffen vorkommenden Aminosäuren sind **optisch aktiv**, denn sie besitzen ein asymmetrisches Kohlenstoffatom, gekennzeichnet durch einen Stern (siehe Abschnitt 8.4.6).

8.5.3   Amide

Amide oder Säureamide entstehen durch die Reaktion von Ammoniak oder eines Amins mit einer Carbonsäure.

Ähnlich wie bei den Estern findet die Reaktion unter Wasserabspaltung statt. Neben Ammoniak können primäre und sekundäre Amine mit Carbonsäuren reagieren. Beispiel:

$$CH_3-COOH \;+\; H_2N-CH_3 \;\underset{+H_2O}{\overset{-H_2O}{\rightleftharpoons}}\; CH_3-CO-NH-CH_3 \;+\; H_2O$$

Essigsäure   Methylamin   Essigsäuremethylamid   Wasser

Polyamide spielen bei den Kunststoffen eine wichtige Rolle (Nylon, Perlon; siehe Abschnitt 9.4.1).

Das Diamid der Kohlensäure kommt als Abbauprodukt von Eiweiß im menschlichen und tierischen Harn vor. Es trägt den Trivialnamen **Harnstoff** und hat die chemische Formel $H_2N-CO-NH_2$ (Formel für Kohlensäure $HO-CO-OH$).

8.5.4   Nitrile

Funktionelle Gruppe: $-C\equiv N$ oder in einfacher Schreibweise $-CN$

Nitrile lassen sich durch Wasserabspaltung aus Carbonsäuren und Ammoniak gewinnen. Dabei wird die Zwischenstufe der Säureamide (siehe Abschnitt 8.5.3) durchschritten.

Beispiel:

$$H_3C-COOH \;+\; H-NH_2 \;\underset{+H_2O}{\overset{-H_2O}{\rightleftharpoons}}\; H_3C-CO-NH_2 \;\underset{+H_2O}{\overset{-H_2O}{\rightleftharpoons}}\; CH_3-C\equiv N$$

Essigsäure   Essigsäureamid   Essigsäurenitril

Die umgekehrte Reaktion, also die Verseifung (Wasseranlagerung, siehe Abschnitt 8.4.7) der Nitrile führt über die Säureamide zu den organischen Säuren. Daher werden die Nitrile (und Amide) nach den betreffenden Säuren benannt.

Das Nitril der Ameisensäure trägt den Trivialnamen **Blausäure**.

$$H-COOH \;+\; H-NH_2 \;\underset{+H_2O}{\overset{-H_2O}{\rightleftharpoons}}\; H-CO-NH_2 \;\underset{+H_2O}{\overset{-H_2O}{\rightleftharpoons}}\; H-C\equiv N$$

Ameisensäure   Ameisensäureamid   Ameisensäurenitril
acidum formicum   Formamid   Blausäure

Blausäure ist eine farblose, nach bitteren Mandeln riechende, sehr giftige, bei Raumtemperatur siedende (Sdp. 26 °C) Flüssigkeit. Die letale Dosis beim Menschen beträgt ca. 50 mg, eine Menge, die schon durch wenige Atemzüge aufgenommen werden kann. Die Salze der Blausäure heißen **Cyanide**[9] (kyaneos, gr. = blau); sie werden zum Aufkohlen von Stahl (Badzementieren, siehe Abschnitt 5.5.2b) und als Komplexsalze zum Galvanisieren (siehe Abschnitt 10.5.4) verwendet. Da die Cyanidionen ähnliche Eigenschaften haben wie die Halogenionen, wird die CN-Gruppe auch als „**Pseudohalogen**" bezeichnet.

Für die Kunststoffherstellung hat das Nitril der Acrylsäure (siehe Abschnitt 8.4.6), das **Acrylnitril** Bedeutung (siehe Abschnitte 9.3.13).

8.5.5   Nitroverbindungen

Funktionelle Gruppe: – NO$_2$ (Nitrogruppe)

Einige Nitroverbindungen haben technische Bedeutung. An dieser Stelle seien folgende Verbindungen genannt:

Nitrobenzol	2,4,6-Trinitrotoluol (TNT)	Pikrinsäure 2,4,6-Trinitrophenol

Nitrobenzol, eine gelbliche, nach bitteren Mandeln riechende, giftige, bei 5,7 °C schmelzende und 210 °C siedende Flüssigkeit dient in der Industrie als Zwischenprodukt für zahlreiche Verbindungen (z.B. Anilin). Sie zeigt die Eigenschaft der **elektrischen Doppelbrechung**, d.h., dieser Stoff ist in der Lage, bei Vorhandensein eines elektrischen Feldes linear polarisiertes Licht in elliptisch polarisiertes Licht zu verwandeln. Man kann dann durch diesen Effekt mit der Änderung des elektrischen Feldes die Intensität des Lichtes steuern. Zellen dieser Art, die **Kerrzellen** (John Kerr, 1824–1907), können in der **Optoelektronik** zur Erfassung sehr schnell ablaufender Vorgänge oder für Steuerungsvorgänge, wie optischer Schalter ausgenutzt werden.

Eine solche Kerrzelle enthält Nitrobenzol zwischen zwei Kondensatorplatten, sie wird von linear polarisiertem Licht durchstrahlt. Senkrecht zueinander stehende Nicolsche Prismen (siehe Fußnote 7) vor und hinter dem Nitrobenzol lassen dann kein Licht durch, wenn kein elektrisches Feld vorhanden ist. Beim Anlegen eines elektrischen Fel-

---

[9] Cyanide bilden mit Eisenionen komplexe Salze von intensiver Blaufärbung (siehe Abschnitt 5.4.4c). Diesem Umstand verdankt die Säure mit ihren Salzen ihren Trivialnamen.

des wird jedoch das linear polarisierte Licht im Nitrobenzol elliptisch polarisiert und dann teilweise durch die senkrecht zueinander stehenden Nicolschen Prismen durchgelassen. Die Eigenschaft der elektrischen Doppelbrechung ist eine Folge der Dipoleigenschaft des Nitrobenzolmoleküls, das auf einer Seite die Sauerstoffatome mit einer großen Elektronegativität auf der anderen Seite den Benzolkern enthält. Diese Moleküle richten sich im elektrischen Feld aus und zeigen dann wie anisotrope Festkörper unterschiedliche Eigenschaften gegenüber dem Licht, verhalten sich wie „Flüssigkristalle", während beim Fortfall des elektrischen Feldes das Nitrobenzol wieder zur isotropen Flüssigkeit wird und damit nach allen Richtungen gleiche Eigenschaften aufweist, denn dann haben die Moleküle eine regellose Anordnung ohne Vorzugsrichtung.

Trinitrotoluol (TNT; Smp. 81 °C) wird als Sprengstoff verwendet. **Pikrinsäure**, eine hellgelbe, giftige, bei 122 °C schmelzende, in Wasser sauer reagierende Substanz mit stark bitterem Geschmack (pikros, gr. = bitter) wird in der Metallurgie als Ätzmittel zur Herstellung von Metallschliffen gebraucht. Auch die Pikrinsäure oder ihr Ammoniumsalz findet als Sprengstoff Verwendung.

8.6 Heterocyclische Verbindungen

Aus der Fülle der heterocyclischen Verbindungen sollen hier nur einige stickstoff- und sauerstoffhaltige Heterocyclen erwähnt werden.

8.6.1 Stickstoffhaltige Heterocyclen

Die formal mit drei kovalenten Bindungen im Benzolkern verknüpfte Gruppe =CH– kann durch Stickstoffatome gleicher Bindungszahl ersetzt werden. Solche Heterocyclen besitzen ebenfalls aromatischen Charakter, wenngleich auch das Stickstoffatom infolge einer stärkeren Elektronegativität die Elektronen stärker bindet und damit die Elektronendichte im aromatischen Ring vermindert. Das freie Elektronenpaar am Stickstoffatom ist in der Lage, Wasserstoffbrücken mit Wassermolekülen auszubilden, deswegen sind stickstoffhaltige Heterocyclen mit Wasser mischbar. Beispiele für stickstoffhaltige Heterocyclen sind **Pyridin** und das **1,3,5- Triazin**, dessen Triamin mit dem Trivialnamen **Melamin** zur Herstellung des Kunststoffs Melamin-Formaldehyd-Harz (siehe Abschnitt 9.4.2 c) verwendet wird.

Pyridin, eine farblose, unangenehm riechende, mit Wasser in jedem Verhältnis mischbare Flüssigkeit, Sdp. 115 °C, verwendet man als Lösungsmittel und zum Vergällen von Ethanol (Brennspiritus).

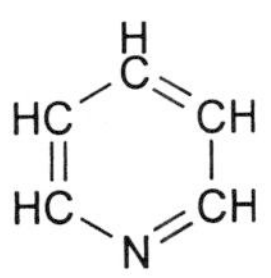

Pyridin 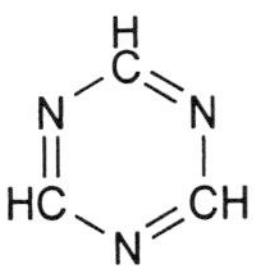   1,3,5-Triazin 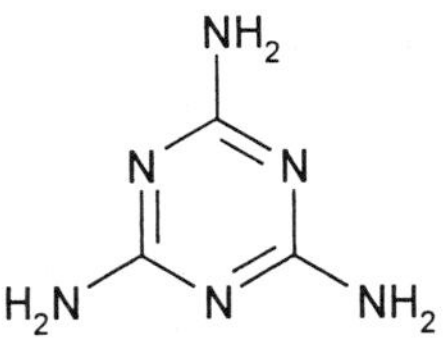   Melamin

8.6.2 Sauerstoffhaltige Heterocyclen

Die sechs- und fünfgliedrigen sauerstoffhaltigen Heterocyclen sind am beständigsten und daher auch am häufigsten; sie haben keinen aromatischen Charakter mehr. Verschiedene Zucker („Pyranosen" und „Furanosen") enthalten Pyran- und Furangerüste.

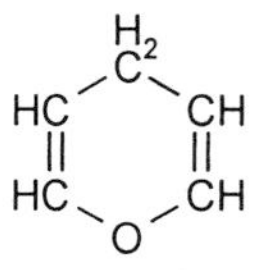

4H-Pyran 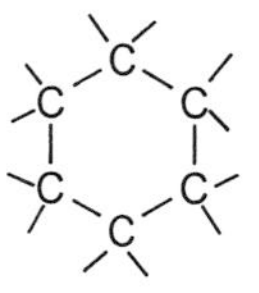   Pyrangerüst 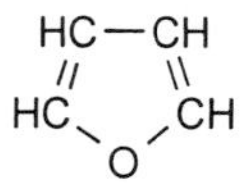   Furan 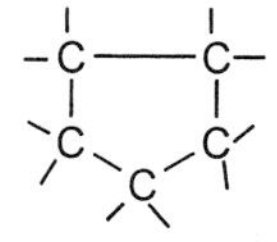   Furangerüst

Zu den stärksten Giften gehören Polychlor-dibenzodioxine (PCDD) und Polychlor-dibenzofurane (PCDF) kurz auch als **Dioxine** und **Furane** bezeichnet, von denen es 75 bzw. 135 Einzelverbindungen mit unterschiedlicher Giftigkeit gibt. Das berüchtigte „Seveso-Gift" mit der stärksten Giftwirkung ist das 2,3,7,8-Tetrachlordi-benzo-1,4-dioxin, denn es leitet sich vom 1,4-Dioxin ab, einem sechsgliedrigen Ring mit zwei Sauerstoffatomen in Para- oder 1,4-Stellung (siehe Formel); an den Stellen 2,3,7,8 sind beim TCOD die H-Atome durch Chlor ersetzt. Das Grundgerüst der Dibenzofurane ist ebenfalls abgebildet.

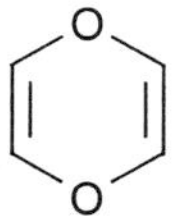

1,4-Dioxin 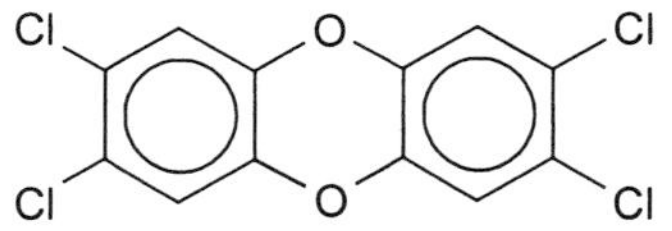   2,3,7,8-Tetrachlordibenzo-1,4-dioxin 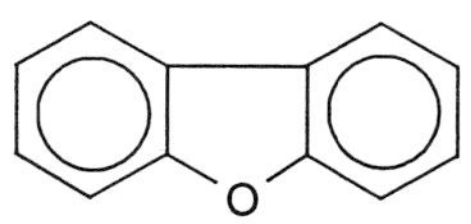   Dibenzofuran

Dioxine und Furane wurden nie gezielt kommerziell hergestellt, sondern sind Neben- und Abfallprodukte der chemischen Industrie (z.B. bei der Herstellung von chlororganischen Chemikalien). Die Bildung von Dioxinen und Furanen ist grundsätzlich bei allen Verbrennungsprozessen chlorhaltiger organischer Verbindungen möglich, insbesondere bei aromatischen Verbindungen. Beispielsweise bei Kabelschmorbränden (PVC-Kunststoff, siehe Abschnitt 9.3.10) oder in Müllverbrennungsanlagen (siehe Abschnitt 13.4.2a). Als Primärmaßnahme zur Vermeidung von Dioxinen und Furanen ist für einen optimalen Ausbrand durch ausreichende Verweilzeit bei Temperaturen > 900 °C zu sorgen. Insbesondere bei den Rauchgasen von Müllverbrennungsanlagen ist zu beachten, daß sich Dioxine beim Abkühlen im Temperaturbereich zwischen 250–400 °C erneut bilden können (sogenannte De-Novo-Synthese, siehe auch Abschnitt 13.4.2a).

Zur Entfernung von Dioxinen in Rauchgasen werden zwei Verfahren angewendet:

- Adsorption an Aktivkohle und Aktivkoks bei 100–130 °C. Dieses Verfahren wird häufig in Müllverbrennungsanlagen verwendet (siehe auch Abschnitt 13.4.2a).

- Katalytische Oxidation z.B. mit H_2O_2. Diese Verfahren hat den Vorteil, daß nur unschädliche Oxidationsprodukte entstehen und eine Reststoffbehandlung entfällt.

8.7   Organische Naturprodukte

Von den vielen bei Lebensprozessen entstehenden organischen Naturprodukten sollen hier nur die Kohlenhydrate und Eiweißstoffe (Proteine) behandelt werden.

8.7.1   Kohlenhydrate

Kohlenhydrate (häufig auch als Kohlehydrate bezeichnet) sind organische Verbindungen aus den Elementen C, H und O, die Wasserstoff und Sauerstoff im Verhältnis 2:1, also im gleichen Verhältnis wie im Wasser enthalten und daher früher als „Hydrate" des Kohlenstoffs aufgefaßt wurden.

Man unterscheidet zwischen Monosacchariden, Disacchariden und Polysacchariden. Zu den Monosacchariden zählen die verschiedensten **Zucker**, von denen diejenigen mit fünf und hauptsächlich mit sechs Kohlenstoffatomen am häufigsten vorkommen. Enthalten diese Kohlenhydrate Ketogruppen ($>$C=O), so werden sie als **Ketosen** bezeichnet; **Aldosen** hingegen haben eine Aldehydgruppe (–HC=O). Die reduzierenden Eigenschaften der Aldehydgruppe kann man ausnutzen bei der Herstellung von Silberspiegeln (siehe Abschnitt 8.4.5) und zum Nachweis von (Trauben)zucker im Urin (Zuckerkrankheit), wobei man ein Cu(II)-Salz (Fehlingsche Lösung = alkalische Lösung von Kupfersulfat und Seignettesalz (Kalium-Natrium-Salz der Weinsäure) zum Kupfer(I)-Oxid (roter Niederschlag) reduziert:

$$2\ \overset{}{Cu}^{2+} + 2\,e^- + 2\,OH^- \ \rightarrow \ \overset{+1}{Cu_2}O\ +\ H_2O$$

Aldehyd- und Ketogruppen enthalten Doppelbindungen jeweils zwischen einem Kohlenstoff- und einem Sauerstoffatom. Diese reaktionsfähigen Doppelbindungen können durch Aufklappen und innermolekulare Reaktion zu einem Ringschluß und damit zu heterocyclischen Verbindungen führen. Als Beispiel für ein Monosaccharid sei hier der Traubenzucker (Glucose) genannt. Diese Aldose ergibt bei der innermolekularen Umlagerung eine heterocyclische Verbindung, die ein Pyrangerüst enthält und deshalb als **Pyranose** bezeichnet wird. Von dieser gibt es zwei isomere Verbindungen, die sich durch die räumliche Anordnung der Atome an dem mit einem Stern bezeichneten Kohlenstoffatom (C*) unterscheiden. Diese beiden optisch aktiven (siehe Abschnitt 8.4.6), isomeren Verbindungen können durch die auf der nächsten Seite dargestellten Formeln veranschaulicht werden.

Entstehen bei solch einem innermolekularen Ringschluß fünfgliedrige heterocyclische Ringe, die dann ein Furangerüst (siehe Abschnitt 8.6.2) besitzen, so werden diese Zucker als **Furanosen** bezeichnet. Eine solche Verbindung ist der Fruchtzucker, die **Fructose**.

Durch Zusammenschluß von zwei Monosacchariden entstehen unter intermolekularer Wasserabspaltung (Kondensation) **Disaccharide**. Der **Rohrzucker** ist ein solches Disaccharid, das als Kondensationsprodukt der beiden Monosaccharide Glucose (=Traubenzucker, eine Pyranose) und Fructose (=Fruchtzucker, eine Furanose) aufzufassen ist. **Milchzucker** (Lactose) ist ein Disaccharid aus Glucose und Galactose.

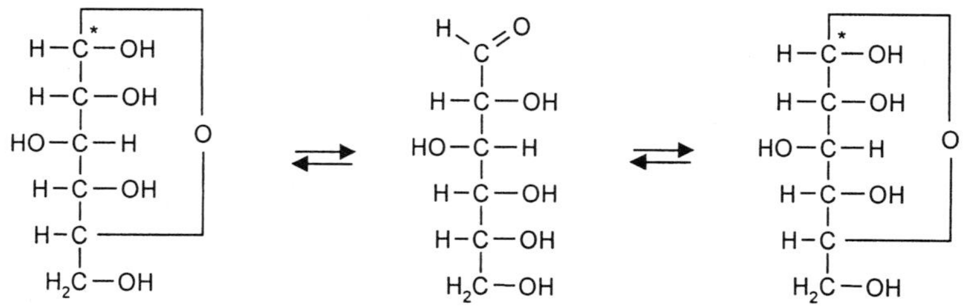

α-Glucose   Aldehyd-Form   β-Glucose

Aldehyd-Form
wie oben

Die wichtigsten Polysaccharide sind **Stärke** und **Cellulose**. Sie lassen sich beide von der Glucose ableiten. Stärke findet sich in verschiedenen Pflanzenteilen, z. B. in den Wurzelknollen von Kartoffeln oder in den Mehlkörpern aller Getreidearten; sie besteht aus vielen aneinandergehängten, d.h. polykondensierten[10] α-Glucosemolekülen. Cellulose hingegen ist eine polykondensierte β-Glucose, sie bildet die Zellsubstanz in allen Pflanzen. Während die Stärke unentbehrlich für die Ernährung des Menschen ist, kann die Cellulose vom Menschen nicht abgebaut, verdaut werden, sie dient jedoch vielen Tieren wie Pferden, Rindern, Schnecken als Nahrung. Verhältnismäßig reine Cellulose ist die Baumwolle. Stroh besteht zu etwa 30% aus Cellulose. Holz setzt sich im wesentlichen aus Cellulose und dem eigentlich holzigen Bestandteil Lignin zusammen. Diese Cellulose-Rohstoffe dienen zur Herstellung von Kunststoffen (siehe Abschnitt 9.2.1). Cellulose hat folgende Struktur:

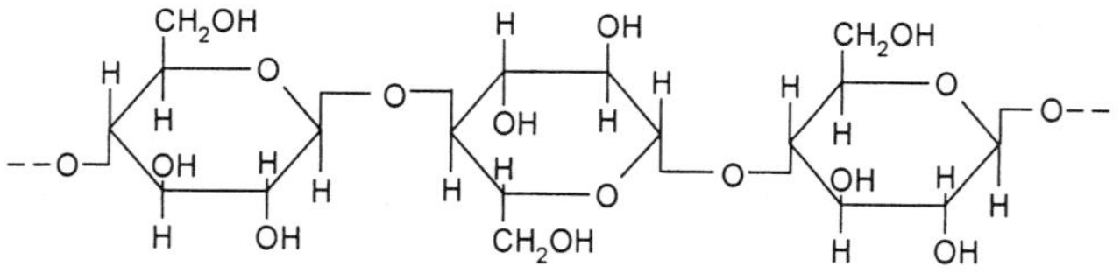

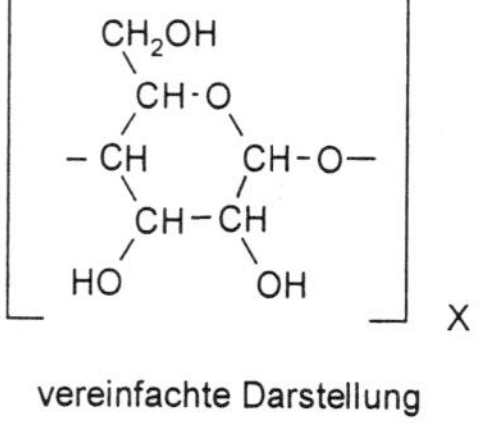

vereinfachte Darstellung

---

[10] Unter Polykondensation versteht man die Zusammenlagerung vieler Einzelmoleküle (Monomere) unter intermolekularer Abspaltung von Wasser (siehe Abschnitt 9.4).

Bemerkenswert ist dabei, daß in der Cellulose-Molekülkette jeder (Glucose)–Baustein jeweils drei OH-Gruppen enthält. In den Cellulosefäserchen sind sehr viele gebündelte Cellulosemoleküle durch Wasserstoffbrücken über diese OH-Gruppen miteinander verbunden. Infolge der regelmäßigen, relativ dichten Verknüpfung durch diese zwischenmolekularen Wechselwirkungen ist Cellulose in Wasser und den meisten organischen Lösungsmitteln unlöslich. Durch Säuren läßt sich die Cellulose in einzelne Zuckermoleküle spalten. Ein auf diese Weise hergestellter, als menschliches Nahrungsmittel nicht geeigneter Zucker wurde früher (durch Vergären) zu Ethanol und Futterhefe verarbeitet. Cellulose kann auch als Grundstoff zur Kunststoffherstellung verwendet werden (siehe z.B. Celluloseacetat, Abschnitt 9.2.1a).

8.7.2   Eiweißstoffe (Proteine)

In den Eiweißstoffen sind verschiedene **Aminosäuren** (siehe Abschnitt 8.5.2) durch Säureamidbildung (siehe Abschnitt 8.5.3) miteinander zu langkettigen Makromolekülen verknüpft. Man unterscheidet zwischen einfachen Einweißstoffen (= **Proteine**), an deren Aufbau nur Aminosäuren beteiligt sind, und zusammengesetzten Eiweißstoffen (= **Proteide**), bei denen Eiweißkörper an nicht eiweißartige Stoffe gebunden sind. Am Aufbau der meisten Eiweißstoffe sind nur 20 verschiedenartige Aminosäuren beteiligt. Die einzelnen Eiweißarten unterscheiden sich dann in den Mengenanteilen und in der Reihenfolge, wie diese Aminosäuren miteinander verknüpft sind.

Ein Proteinmolekül kann z.B. durch folgende Formel verdeutlicht werden, wobei die Zahl der möglichen Kombinationen und der auftretenden Kettenlängen und damit die Anzahl der verschiedenen Eiweißverbindungen unermeßlich groß ist:

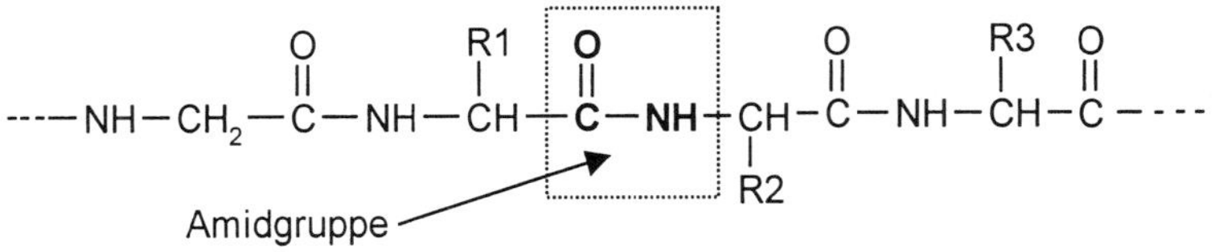

$$\text{----NH—CH}_2\text{—}\overset{\overset{\textstyle O}{\|}}{\text{C}}\text{—NH—}\overset{\overset{\textstyle R1}{|}}{\text{CH}}\text{—}\overset{\overset{\textstyle O}{\|}}{\text{C}}\text{—NH—CH—}\overset{\overset{\textstyle O}{\|}}{\text{C}}\text{—NH—}\overset{\overset{\textstyle R3}{|}}{\text{CH}}\text{—}\overset{\overset{\textstyle O}{\|}}{\text{C}}\text{----}$$

(Amidgruppe: —C—NH—; R2 am mittleren CH)

Eiweißstoffe, die für die Ernährung von Tier und Mensch notwendig sind, werden bei der Verdauung zunächst zu den Aminosäuren abgebaut und dann zu körpereigenen Eiweißtypen wieder zusammengefügt. Die spezifischen Eigenschaften und damit die besonderen Funktionen der Eiweißstoffe im Organismus ergeben sich aus einer genauen Aufeinanderfolge der verschiedensten Aminosäuren, einer exakten „**Aminosäuresequenz**". Ein großer Teil der Aminosäuren kann im menschlichen Organismus durch Abänderung vorhandener Aminosäuren selbst aufgebaut werden. Acht essentielle Aminosäuren müssen jedoch in ausreichender Menge im Nahrungseiweiß vorhanden sein, da diese Aminosäuren der menschliche Körper durch Umbau aus anderen Aminosäuren nicht bilden kann. Diese Aminosäuren (Leucin, Isoleucin, Lysin, Methoionin, Phenylalanin, Threonin, Tryptophan, Valin) müssen in ausreichender Menge mit der Nahrung zugeführt werden. Besonders tierische Eiweißarten und Eiweiß von Sojabohnen enthalten diese Aminosäuren in günstigen Mengenverhältnissen: es sind deswegen hochwertige Proteine.

8.8 Brennstoffe - Kraftstoffe - Schmierstoffe

Kohlenstoff und fossile organische Verbindungen dienen als Brennstoffe zur Erzeugung von Wärme und elektrischer Energie. Kohle, Erdgas und insbesondere Erdöl werden andererseits als wichtige Rohstoffe zur Synthese organischer Verbindungen und zur Herstellung von Kraftstoffen und Schmierstoffen gebraucht.

8.8.1 Brennstoffe

Kohlen sind durch Verkohlungsprozesse aus pflanzlichen Rückständen entstanden. Man kann nach zunehmendem Verkohlungsgrad unterscheiden zwischen Braunkohlen, hochflüchtigen, mittelflüchtigen und niederflüchtigen Steinkohlen, Magerkohlen und Anthrazit. Zu den hochflüchtigen Steinkohlen zählt man Flamm-, Gasflamm-und Gaskohlen; diese lassen sich leicht entzünden und verbrennen mit langer Flamme. In die mittelflüchtigen Steinkohlen sind die Fettkohlen, in die niederflüchtigen Steinkohlen die Eßkohlen einzuordnen. Mit abnehmendem Gehalt an flüchtigen Bestandteilen nimmt die Länge der Flamme und die Rauchentwicklung beim Verbrennen ab. Beim Erhitzen unter Luftabschluß entweichen die flüchtigen Bestandteile. Anthrazit verbrennt mit sehr kurzer, rauchloser Flamme.

Erdöl ist aus abgestorbenen Meeresorganismen entstanden; es enthält hauptsächlich Kohlenwasserstoffe. **Erdgas**, das mit dem Erdöl vergesellschaftet vorkommt, besteht hauptsächlich aus Methan und einigen anderen leichtflüchtigen Kohlenwasserstoffen.

Das aus der Erde geförderte Rohöl wird durch fraktionierte Destillation nach verschiedenen Siedebereichen aufgetrennt (siehe Abschnitt 3.6.4). Der tatsächliche Bedarf von Erdölprodukten unterscheidet sich mengenmäßig erheblich von dem Mengenanfall in den einzelnen Siedebereichen; besonders groß ist die Nachfrage nach leichter siedenden Komponenten sowie nach ungesättigten und aromatischen Kohlenwasserstoffen. Deswegen werden die höhersiedenden Komponenten durch verschiedene Verfahren, wie z.B. Cracken (siehe Abschnitt 8.1.2d), **Reformieren** oder **Platformieren** in andere Verbindungen umgewandelt. Beim Reformieren entstehen durch Erhitzen mit Katalysatoren aus n-Paraffinen verzweigte Kohlenwasserstoffe und Olefine; aus isocyclischen Verbindungen bilden sich Aromaten; beim Platformieren (**Platin-Refor**mieren) entstehen mit Platinkatalysatorer. insbesondere aromatische Kohlenwasserstoffe.

Eine Übersicht über wichtige Erdölprodukte enthält Tab. 8.12. Da die Erdölprodukte jeweils eine sehr große Anzahl der verschiedensten chemischen Verbindungen enthalten, haben sie sehr weite Siedebereiche.

Zur Charakterisierung und zum Vergleich von Brennstoffen dienen der **Heizwert** (früher als unterer Heizwert H_u bezeichnet) und der **Brennwert** (früher als oberer Heizwert bezeichnet H_o). Sie sind Maßzahlen für die beim Verbrennen der betreffenden Stoffe frei werdende, größtenteils nutzbare Wärmemenge. Der Heizwert berücksichtigt, daß das im Brennstoff vorhandene und beim Verbrennen entstehende Wasser bei Feuerungsanlagen dampfförmig entweicht, denn die zum Verdampfen des Wasser notwendige Verdampfungsenthalpie geht beim Verbrennungsvorgang ungenutzt verloren. Der Brennwert ist um den Betrag der Verdampfungsenthalpie des bei der Reaktion freigesetzten Wasser und der während der Abkühlung auf 25°C freiwerdenden Wärme (der

Tab. 8.12. Erdölprodukte

Bezeichnung	Siedebereich	Verwendung
Flüssiggas	unter 20°C	Treib- und Brenngas in Stahlflaschen unter Druck
Benzin	30–200 °C	• Autobenzin für Ottomotoren (siehe Abschnitt 8.8.2) • Flugbenzin (mit hohem Aromaten-Anteil) • Technische Benzine mit verschiedenen, eng begrenzten Siedebereichen
Petrolium	140–280 °C	• Leuchtpetrolium (verbrennt rauchlos, schadstoffarm) • Kerosin für Strahltriebwerke • Flugbenzin mit hohem Energieinhalt
Schweröl	180–370 °C	Dieselkraftstoff (siehe Abschnitt 8.8.2); leichtes Heizöl für Kleinfeuerungen; schweres Heizöl für Großfeuerungen
Schmieröle	über 300 °C	Schmierung (siehe Abschnitt 8.8.3)
Bitumen	fest	im Straßenbau, zum Imprägnieren und Isolieren

Tab. 8.13. Brennstoffe

	Flüchtige Bestandteile [%]	C [%]	H [%]	O [%]	S [%]	Heizwert [MJ/kg]	Brennwert [MJ/kg]
Holz (trocken)	ca.80	ca.50	ca.6,0	ca.44	<0,03	18,8	20,2
Torf (trocken)	65–70	55–60	ca.6,0	ca.35	~1	22,0	23,2
Braunkohle	45–65	60–75	6,0–5,8	34–17	0,5–3	25,6	26,8
Gasflammkohle	35–40	82–85	5,8–5,6	9,8–7,3	~1	33,2	34,4
Fettkohle	19–28	87,5–89,5	5,0–4,5	4,5–3,2	~1	35,1	36,1
Eßkohle	14–19	89,5–90,5	4,5–4,0	3,2–2,8	~1	35,4	36,4
Magerkohle	10–14	90,5-91,5	4,0–3,75	2,8–2,5	~1	35,3	36,2
Anthrazit	7–12	>91,5	<3,75	<2,5	~1	35,1	35,9
Heizöle							
extra leichtflüssig	100	86,0	13,3	<0,1	0,05	42,7	45,5
mittelflüssig	100	84,9	12,0	<0,6	2,5	40,7	43,3
schwerflüssig	100	84,0	11,0	<1,5	3,5	40,2	42,7
Erdgas		%CH$_4$	%C$_2$H$_6$	%(N$_2$+ CO$_2$)	%Rest		
methanreich	100	94,8	3	1,2	1	48,6	53,8
ethanreich	100	85,8	8,3	2,0	3,9	47,0	52,0

Brennwert ist auf 25°C bezogen) *höher* als der Heizwert (siehe auch Abschnitt 4.2; Übungsbeispiel 4.3). Um diese Wärmemenge freizusetzen müssen die Abgase unterhalb des sogenannten Taupunkts, abgekühlt werden. Der Taupunkt ist die Temperatur, bei der das in den Abgasen enthaltene Wasser infolge Abkühlung zu kondensieren beginnt. Der Brennwert von Brennstoffen wird in sogenannten **Brennwertkesseln** ausgenutzt. Hier werden die Abgase unter ihren Taupunkt abgekühlt. Es lassen sich in der Praxis gegenüber dem Heizwert bis zu etwa 10% mehr Wärmeenergie gewinnen.

Der überwiegende Teil von Erdölprodukten, aber auch von Kohlen und Erdgas, wird zur Heizung und Energiegewinnung verbraucht, doch sind diese nicht sehr reichlichen, langsam zur Neige gehenden Rohstoffe, die für viele Industriegüter (Kunststoffe, organisch-chemische Verbindungen) und zur Stahlerzeugung auch in fernerer Zukunft benötigt werden, zum Verbrennen zu wertvoll. Deswegen sind der Ausbau von anderen Energiequellen und der Abbau der Energieverschwendung wichtigste Gegenwartsaufgaben aller Industrienationen.

8.8.2   Kraftstoffe

In Verbrennungsmotoren wird die Wärmeausdehnung (Temperatur bis 2200 °C!) der Verbrennungsgase in mechanische Arbeit, z.B. zum Antreiben eines Kraftfahrzeugs umgesetzt.

a) Verbrennungsvorgänge im Ottomotor

Beim Ottomotor (Nikolaus August Otto, 1832–1891) wird das im Zylinder komprimierte Kraftstoff-Luft-Gemisch durch einen Zündfunken an der „Zündkerze" zur Explosion gebracht. Die Verbrennungsfront pflanzt sich dann durch das komprimierte Gas mit der Geschwindigkeit von 50 bis 100 cm/s fort. Bei der Verbrennung entstehen hohe Drücke im Zylinder; durch die sich rasch (Geschwindigkeiten von 1 bis 3 km/s) ausbreitende Druckwelle kann das restliche Gasgemisch im Zylinder sich spontan entzünden. Die dann schlagartig erfolgende **Detonation** ist als Klopfgeräusch zu vernehmen und ist für den Motor sehr schädlich. Als Detonation bezeichnet man eine Explosion, die sich durch Druckübertragung (Druckwelle) und nicht durch Wärmeübertragung (Verbrennungsfront), deswegen mit sehr hoher Geschwindigkeit ausbreitet.

Eine wichtige Größe bei der Verbrennung ist der Luftbedarf. Er wird als sogenannter **Lamda-Wert** angegeben. Dieser ist ein Maß für das Verhältnis der in den Verbrennungsraum zugeführten, zu der zur vollständigen Verbrennung *theoretischen* Luftmenge. Die theoretische Luftmenge übliche Kraftstoffe beträgt etwa 14,6 kg Luft je kg Kraftstoff. Der theoretisch benötigte Luftbedarf kann bei bekannter Zusammensetzung des Kraftstoffs auch stöchiometrisch berechnet werden (siehe Übungsbeispiel 8.1). Der Lambda-Wert hat Einfluß auf die Leistung und den Wirkungsgrad eines Motors. Außerdem ist er wichtig für den optimalen Betrieb der katalytischen Abgasreinigung (siehe Abschnitt 13.3.4).

Übungsbeispiel 8.1: Berechnung der theoretischen Luftmenge zur Verbrennung von 1 kg Benzin (Benzin, ein Gemisch aus unterschiedlichen Kohlenwasserstoffen soll zur Vereinfachung nur aus Octan (C_8H_{18}) bestehend angenommen werden).

Lösung:
Die Reaktionsgleichung lautet:

$$2\,C_8H_{18} + 25\,O_2 \rightarrow 16\,CO_2 + 18\,H_2O$$

Aus obiger Gleichung entnimmt man die Information:

2 mol C_8H_{18} benötigen 25 mol O_2.

Unter Berücksichtigung der molaren Massen (siehe Abschnitt 2.6.4) gilt:

$2 \cdot 114$ g (=228 g) C_8H_{18} benötigen $25 \cdot 32$ g (=800 g) O_2

1 kg C_8H_{18} benötigt somit x kg Sauerstoff:

$$x = \frac{1\,kg}{0{,}228\,kg} \cdot 0{,}8\,kg = 3{,}51\,kg\ O_2$$

Der Massengehalt an Sauerstoff in der Luft beträgt 23,2% (siehe Abschnitt 6.2.3, Tab. 6.7),
damit ergibt sich:

$$x = \frac{100}{23{,}2} \cdot 3{,}51\,kg = 15{,}12\ kg\ Luft$$

Es werden somit zur sogenannten stöchiometrischen Verbrennung von 1 kg Octan **15,12 kg Luft** benötigt.

Hinsichtlich ihres Verbrennungsverhaltens im Ottomotor unterscheiden sich die einzelnen Kraftfahrzeugbenzine erheblich voneinander. Zur Charakterisierung dieser Eigenschaft hat man zwei genau definierte Vergleichssubstanzen ausgewählt, und zwar das 2,2,4-Trimethylpentan (häufig mit dem Trivialnamen Isooctan bezeichnet (siehe Abschnitt 8.1.1c), einen klopffesten Kohlenwasserstoff mit sehr günstigen Verbrennungseigenschaften im Ottomotor, dem man die Gütezahl 100 gegeben hat, und das n-Heptan, das wegen des vorzeitigen Zündens und starker Klopfneigung die Gütezahl 0 erhalten hat. Man definiert nun die **Octanzahl** als Maß für die Klopffestigkeit eines Kraftstoffes. Der Zahlenwert dieser Octanzahl (dimensionslose Vergleichszahl) gibt nun an, daß der betreffende Kraftstoff die gleichen Verbrennungseigenschaften in einem genormten Ottomotor hat, wie ein Prüfgemisch aus n-Heptan und soviel Massenprozent 2,2,4-Trimethylpentan, wie die Octanzahl angibt. Man unterscheidet dabei im einzelnen noch zwischen **Motoren-Octanzahl (MOZ)** und **Research-Octanzahl (ROZ)**, die beide im gleichen Prüfmotor bestimmt werden. Die Bestimmung der Motoren-Octanzahl erfolgt unter Kraftstoff-Vorwärmung, hoher Motoren-Drehzahl und veränderlicher Zündpunktseinstellung, wodurch sich insgesamt eine hohe thermische Beanspruchung des zu untersuchenden Kraftstoffes ergibt, während die Research-Octanzahl unter milderen Bedingungen ermittelt wird. Octanzahlen über 100 ermittelt man nach DIN 51 756 durch Zugabe von Bleitetraethyl (siehe unten). Ottomotor-Kraftstoffe sollen die in Tab.8.14 aufgeführten Mindestoctanzahlen aufweisen

Tab. 8.14. Mindestoctanzahlen

Benzinart		ROZ	MOZ
Unverbleit nach	Normal	91	82,5
DIN 51 607	Super	95	85
	Super Plus	98	88
Verbleit (DIN 51 600)	Super	98	88

Das unterschiedliche Verbrennungsverhalten zwischen geradkettigen (n-Heptan) und verzweigt-kettigen (Isooctan) Kohlenwasserstoffen kann man folgendermaßen erklären:
Damit ein Kraftstoff verbrennen, d.h. mit Sauerstoff reagieren kann, müssen zunächst die sehr stabilen Bindungen zwischen den Kohlenstoffatomen bzw. zwischen Kohlenstoff und Wasserstoff gelöst werden (siehe Aktivierungsenergie, Abschnitt 4.2); deswegen erfordert der Verbrennungsvorgang eine Mindesttemperatur (Zündtemperatur). Aus den Kohlenwasserstoffen entstehen dann (wie beim Cracken von Paraffinen, siehe Abschnitt 8.1.2d) Radikale, an die sich zunächst Sauerstoffmoleküle anlagern, um dann anschließend Oxide zu bilden. Man kann im einzelnen dabei eine sehr große Anzahl sowie vielfältige Möglichkeiten von Teilschritten unterscheiden, wie es am einfachen Beispiel der Methan-Oxidation durch folgende Reaktionsgleichungen angedeutet werden soll:

$$CH_4 \rightarrow H^{\cdot} + {}^{\cdot}CH_3 \xrightarrow{+O_2} {}^{\cdot}O\text{–}O\text{–}CH_3 \rightarrow H_2O + {}^{\cdot}OCH \rightarrow CO + {}^{\cdot}H$$

$\downarrow$ über mehrere Stufen zu H_2O $\qquad\qquad\qquad\qquad\qquad\qquad\qquad$ $\downarrow +O_2$ H_2O

Bei den geradkettigen (z.B. n-Heptan) und verzweigtkettigen (z.B. Isooctan) Paraffinen sind die Geschwindigkeiten, mit denen die einzelnen Teilschritte ablaufen, verschieden schnell. Normale Kohlenwasserstoffe bilden schwerer Radikale als entsprechende Isomere mit Seitenketten, weil die Bindung zwischen zwei primären (siehe Abschnitt 8.4.1a) Kohlenstoffatomen fester ist als bei sekundären oder tertiären Kohlenstoffatomen, also:

Stärke der Bindungsenergien zwischen den C-Atomen

$$\text{---C--C--C---} \quad > \quad \text{---C--C--C---} \quad > \quad \text{---C--C--C---}$$

primär $\qquad\qquad\qquad\qquad$ sekundär $\qquad\qquad\qquad\qquad$ tertiär

Dafür haben aber die radikalen Zwischenprodukte der geradkettigen Kohlenwasserstoffe eine kürzere Lebensdauer, zerfallen also schneller als entsprechende Radikale mit tertiären Kohlenstoffatomen. So kommt die Oxidation von geradkettigen Paraffinen zwar später in Gang, verläuft aber dann um so schneller, während bei den Kohlenwasserstoffen mit vielen Seitenverzweigungen die Reaktion früher einsetzt, dann aber langsamer verläuft. Deswegen neigen geradkettige Kohlenwasserstoffe zum Klopfen im Ottomotor, während die Verbindungen mit vielen Seitenverzweigungen gute Klopffestigkeit aufweisen.

Insgesamt kann man die bei der Verbrennung stattfindende Oxidation der Kohlenwasserstoffe als sehr schnelle Aufeinanderfolge verschiedenster Teilschritte, als eine **Kettenreaktion** begreifen. Das Wort Kettenreaktion besagt, daß im Verlauf der einmal in Gang gekommenen Reaktion sich solange kurzlebige Zwischenprodukte (d.h. die oben beschriebenen Radikale) immer wieder neu bilden, bis die Ausgangsprodukte vollständig verbraucht sind. Solche Reaktionsketten kann man durch **Antiklopfmittel** zum Abbruch bringen. Als Antiklopfmittel wurde früher hauptsächlich Bleitetraethyl verwendet (siehe Abschnitt 8.3). Bei Temperaturen oberhalb von 380 °C beginnt Bleitetraethyl in Blei- und Ethylradikale zu zerfallen (es sind Temperaturen, die durch die Kompression im Zylinder auch vorliegen). Trifft nun eine Reaktionskette auf das abgeschiedene Blei, so bricht sie ab; auf diese Weise wird die Reaktionsgeschwindigkeit der Verbrennung verlangsamt. Wegen der Umweltbelastung durch toxische Bleiverbindungen wurde in Deutschland der Bleigehalt von Otto-Kraftstoffen seit 1976 stufenweise reduziert. Heute sind praktisch alle Kraftstoffe bleifrei. Auch der Einsatz der Katalysatoren zur Abgasentgiftung macht die Verwendung von bleifreien Benzinen erforderlich, da Blei- und Bleiverbindungen starke Katalysatorgifte sind (siehe Abschnitt 13.3.4)

Die Verminderung und schließlich Ausschaltung der Bleitetraethyls ist möglich, weil die Kraftstoffe durch Platformieren (siehe Abschnitt 8.8.1) infolge Zunahme des Aromatenanteils klopffester gemacht werden können. Nachteilig hierbei, daß insbesondere Benzol stark giftig bzw. krebserregend ist (siehe Abschnitt 12.5.2b1). Deshalb soll der Benzolanteil im Benzin in den nächsten Jahren deutlich gesenkt werden. Daher gewinnen andere Antiklopfzusätze wie Methyl-tertiär-buty-lether (MTBE) oder Tertiärbutyl-alkohol (TBA) zunehmend an Bedeutung.

In letzter Zeit haben Überlegungen an Bedeutung gewonnen andere, alternative Kraftstoffe zum Betreiben von Kraftfahrzeugmotoren einzusetzen (siehe Abschnitt 8.8.2c).

b) Kraftstoffe für Dieselmotoren

Beim Dieselmotor erfolgt im Normalbetrieb die Zündung des Kraftstoffs durch die Kompressionswärme, also nicht durch einen Zündfunken wie beim Ottomotor. Der in den heißen Verbrennungsraum kurz vor dem Zeitpunkt größter Kompression eingespritzte Kraftstoff muß also durch Eigenzündung zur Verbrennung geführt werden. Dieselkraftstoffe müssen deswegen zündfreudig sein. Ein Maß für die Zündwilligkeit und damit für die Brauchbarkeit eines Dieselkraftstoffs ist die **Cetanzahl**. Ähnlich wie bei der Octanzahlbestimmung für Ottomotor-Benzine wird die Cetanzahl durch Vergleich mit Prüfgemischen ermittelt, die man durch Zusammenmischen von zwei sehr unterschiedlichen Kohlenwasserstoffen herstellen kann, nämlich dem zündwilligen Cetan

(= n-Hexadecan) und dem zündträgen α-Methyl-naphthalin:

CH$_3$– [CH$_2$]$_{14}$– CH$_3$

α gibt die Nachbarstellung der Methylgruppe
zur Kondensationsstelle im Naphthalinmolekül an;
an den Kondensationsstellen sind die beiden
Benzolringe miteinander verknüpft.

n-Hexadecan
(C$_{16}$H$_{34}$)

α-Methylnaphthalin
(C$_{11}$H$_{10}$)

Die Cetanzahl (CZ) zeigt nun an, daß sich ein Dieselkraftstoff hinsichtlich der Zündeigenschaften im Dieselmotor genauso verhält, wie ein Prüfgemisch aus Cetan und α–Methylnaphthalin mit einem Massenanteil von Cetan, der durch die Cetanzahl angegeben wird. Die Cetanzahl für Dieselkraftstoffe sollte mindestens 45 betragen, die optimale Cetanzahl liegt bei 50.

Als Dieselkraftstoffe werden in der Regel direkte Destillationsprodukte des Erdöls (Fraktionen zwischen 200 und 350 °C) ohne weitere Bearbeitung verwendet. Wenn dabei die Cetanzahl zu gering ist, kann man als Zündbeschleuniger Amylnitrit CH$_3$–[CH$_2$]$_4$–O–NO oder Amylnitrat CH$_3$–[CH$_2$]$_4$–O–NO$_2$ zusetzen. Im Abschnitt 13.3.4 werden die Probleme der Abgase und Schadstoffemissionen von Ottomotoren und Dieselmotoren näher behandelt.

c) Alternative Kraftstoffe

Da es durch die Verbrennung von Benzin- und Dieselkraftstoffe zu erheblichen Schadstoffemissionen kommt, welche nur durch aufwendige Abgasreinigungssysteme vermindert werden können (siehe Abschnitt 13.3.4), werden heute verstärkt Anstrengungen unternommen alternative Kraftstoffe wie **Methanol**, **Erdgas** (CNG = Compressed Natural Gas), **Flüssiggas** (LPG = Liquified Petrolium Gas) oder **Wasserstoff** einzusetzen. Mit Flüssiggas betriebene Fahrzeuge haben in den Niederlanden bereits einen Anteil von mehr als 10%. In Deutschland wird vor allem der Einsatz an Erdgasfahrzeugen forciert. Tab. 8.15 gibt einen Überblick über Eigenschaften häufig verwendeter alternativer Kraftstoffe im Vergleich zu Benzin und Diesel. Die wesentlichen Vor- und Nachteile sind in Tab. 8.16 aufgelistet.

Tab. 8.15. Eigenschaften alternativer Kraftstoff im Vergleich zu Benzin und Diesel

Kraftstoff	Siedepunkt bzw. Siedebereich bei Normaldruck [°C]	massenbez. Heizwert [MJ/kg]	volumenbez. Heizwert [MJ/kg]	ROZ
Benzin	30–200	42,5	31,2	91–98
Diesel	180–370	43,0	34,7	
Methanol	64,5	19,7	15,9	115
Erdgas (Methan)	-162	36	7,2 (gasf. 200 bar)	ca.140
Flüssiggas (Butan, Propan)	-40–0	45,8	25,0 (flüssig)	>90
Wasserstoff	-252,8	119	1,9 (gasf. 200 bar) 8,5 (flüssig)	

Tab. 8.16. Vor- und Nachteile alternativer Kraftstoffe

Kraftstoff	Vorteile	Nachteile
Methanol	• Herkömmliche Motoren lassen sich gut umrüsten • geringe Schadstoffemission an unverbranntem Treibstoff durch effiziente Verbrennung • ist unter Normaldruck flüssig → derzeitiges Tankstellennetz kann leicht umgerüstet werden.	• niedriger Heizwert • giftig • hohe Verdampfungswärme (intensivere Gemischvorwärmung) • Methanol ist korrosiv • im Abgas relativ hoher Gehalt an giftigem Formaldehyd
Flüssiggas (Propan, Butan)	• herkömmliche Motoren lassen sich gut umrüsten • flüssige Speicherung bei relativ niedrigem Druck (8–10 bar) • etwa 50% weniger Schadstoffemission im Vergleich zu Benzinfahrzeugen • bivalenter Betrieb (im Wechsel mit Benzin) ist möglich	• Umrüstung des herkommlichen Tankstellennetzes ist notwendig • geringere Reichweite gegenüber Benzinfahrzeugen
Erdgas (Methan)	• etwa 80% weniger Schadstoffemission im Vergleich zu Benzinfahrzeugen • spezifische CO_2-Emission geringer als bei Benzin und Dieselfahrzeugen; extrem klopffest	• Speicherung bei 200 bar in Hochdruckbehältern → geringe Reichweite pro Tankfüllung • Umrüstung des herkommlichen Tankstellennetzes ist notwendig
Wasserstoff	• fast ausschließlich Ausstoß von H_2O, nur geringe NO_x Emissionen	• hoher Aufwand bei Umstellung konventioneller Kraftfahrzeuge • aufwendige Speicherung (unter Druck oder flüssig) • Umrüstung des herkommlichen Tankstellennetzes ist notwendig • Wasserstofferzeugung ist lediglich *Sekundärenergieträger* (siehe Abschnitt 6.2.1)

8.8.3   Schmierstoffe

Schmierstoffe sollen die Reibung zwischen festen Körpern herabsetzen. Hierzu dienen in erster Linie Öle auf der Basis von hochsiedenden Kohlenwasserstoffen, daneben verwendet man auch feste Schmierstoffe, die man als Trockenschmiermittel bezeichnet.

a) Schmieröle

Zur Herstellung von Schmierölen verwendet man Erdölfraktionen, die bei Temperaturen über 350 °C sieden. Schmieröle enthalten darüber hinaus noch andere wichtige Bestandteile, die als **Additive** bezeichnet werden und folgende Funktionen haben:

1) Verhinderung einer direkten metallischen Reibung.

Der Ölfilm darf auch bei starker Belastung nicht abreißen, denn dann würden die Metallteile direkt aufeinander reiben und durch die starke Wärmeentwicklung miteinander verschweißen. Um das zu verhindern, werden dem Öl Stoffe zugesetzt, die sich chemisch mit dem Metall an seiner Oberfläche verbinden können. Diese Stoffe verankern dann gewissermaßen den Ölfilm auf der gesamten Metalloberfläche. Geeignet für diese Zwecke sind hauptsächlich Zusätze von organischen Säuren, deren polare Säuregruppen (–COOH) sich mit dem Metall verbinden, während die organischen Molekülteile die chemisch verwandten Kohlenwasserstoffe des Schmieröls anziehen und damit für die Ausbildung eines gut haftenden Ölfilms sorgen.

Darüber hinaus enthalten Schmieröle noch Zusätze für extreme Bedingungen (Hochdruckzusätze). Wie in Abb. 8.6 angedeutet, könnten sich nämlich infolge von kleinsten Unebenheiten auf eng begrenzten Bezirken sehr hohe Drücke einstellen. Wenn aber dadurch der Fettsäurefilm verletzt wird und Metall auf Metall reibt, entstehen dort relativ hohe Temperaturen. Bei diesen Temperaturen werden dann die Hochdruckzusätze thermisch gespalten; die Spaltprodukte, meistens Chlor-; Schwefel- oder Phosphoratome reagieren dann an den betreffenden Stellen mit dem Metall, führen gewissermaßen zur eng begrenzten, gezielten Korrosion des Metalls, bis sich schließlich durch Materialabtragung die Unebenheiten ausgeglichen haben, wie die Abb. 8.6b andeutet.

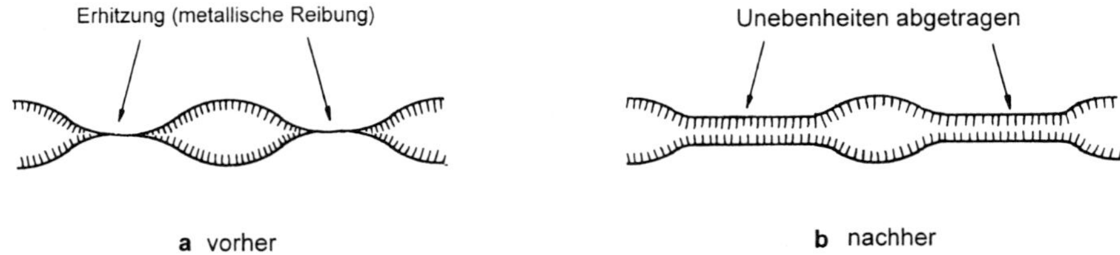

Abb. 8.6. Wirkung von Hochdruckzusätzen

2) Alterungsschutzmittel

Bei den meist relativ hohen Betriebstemperaturen, insbesondere im Verbrennungsmotor, könnten Öle rasch ungünstige Veränderungen erleiden, denn durch Oxidationsvorgänge kann der Gehalt an korrodierenden (organischen) Säuren zunehmen, ferner können primär entstehende organische Radikale durch Zusammenlagerung größere Teilchen, harzartige Produkte oder verkokende Bestandteile bilden. Um die Folgen solcher Veränderungen möglichst gering zu halten, werden dem Öl **Antioxidantien** oder Oxidationsinhibitoren beigefügt, die die primär entstehenden Radikale, insbesondere Peroxidradikale, binden und damit unschädlich machen.

3) Emulgatoren (HD-Zusätze)

Im Öl reichern sich während des Gebrauchs, verursacht durch Metallabrieb oder durch Verharzungsvorgänge, allmählich immer mehr verschiedene feste Partikel an. Diese neigen dazu, unter Zusammenballung und Teilchenvergrößerung im stehenden Motor als Schlamm abzusinken (Kaltschlamm). Sie könnten dann, falls sie zur Gleitfläche gelangen, die Schmiereigenschaften des Öls erheblich beeinträchtigen. Um ein Zusammenballen solcher Fremdteilchen zu verhindern, werden dem Öl Emulgatoren beigefügt, die die kleinsten Partikel in der Schwebe halten und eine Zusammenlagerung zu größeren Teilchen verhindern. Solche Emulgatoren haben auf der einen Seite eine lipophile Gruppe, auf der anderen Seite eine aktive Gruppe, die sich an die Schmutzteilchen bindet. Die Wirkungsweise solcher Tenside ähnelt denen der Waschmittel (siehe Abschnitt 8.4.9), jedoch liegt hier eine andere Phasenzusammensetzung vor. Die Emulgatoren haben weiterhin auch noch die Funktion, Ablagerungen auf den Metallteilen abzulösen. Viele der heute verwendeten Tenside, die alkalische Gruppen aufweisen, können darüber hinaus auch noch die im Verbrennungsmotor oder bei der Öloxidation entstehenden sauren Bestandteile (schwefelige Säure, Schwefelsäure) neutralisieren. Solche Tenside werden als **Heavy Duty-** (engl. = starke Beanspruchung) oder kurz **HD-Additive** bezeichnet; sie sind in Massenanteilen von 3–5%, bei besonderen Ölsorten sogar bis zu 20% enthalten.

4) Korrosionsinhibitoren

Öle sollen dem Metall Korrosionsschutz gewähren. Das ist besonders wichtig für Öle, die in Verbrennungsmotoren verwendet werden. Denn bei der Verbrennung von Kraftstoffen entstehen geringe Mengen von schwefeliger Säure und Schwefelsäure, die sehr bald das Metall angreifen könnten und Korrosionsschäden im Motor hervorrufen könnten. Deswegen werden dem Öl Substanzen beigemischt, die eine zusammenhängende Schutzschicht auf der Metalloberfläche ausbilden. Es sind meist organische Verbindungen die die Elemente Stickstoff, Schwefel oder Phosphor enthalten.

5) Viskositätsverbesserer

Das Schmieröl darf weder zu dick- noch zu dünnflüssig sein. Da aber mit steigender Temperatur die Viskosität abnimmt, könnte es bei erhöhter Temperatur zu Beeinträchtigungen der Schmiereigenschaften kommen. Deswegen werden dem Öl Stoffe zugesetzt, die die Änderung der Viskosität mit der Temperatur möglichst gering halten. Solche Stoffe sind einige Polymerisationsprodukte, wie sie im neunten Kapitel beschrieben werden. Gegenüber den eigentlichen Polymerisationskunststoffen (insbesondere Polyisobutylen oder Polymethacrylsäureester) weisen sie aber relativ niedere Molmassen etwa von 10 000 bis 20 000 auf.

b) Schmierfette

Durch Verseifung von Fett-Mineralöl-Gemischen gewonnene Schmierfette enthalten Gerüste der betreffenden Fettsäuresalze (Na-, Ca-, Li-Seifen), die von Mineralöl umgeben sind. Natronfette haben einen relativ hohen Tropfpunkt, sind jedoch wasserlöslich. Die Calciumfette sind zwar wasserunlöslich, haben aber Tropfpunkte nicht über 100 °C, sind deswegen für erhöhte Temperaturen nicht brauchbar. Lithiumfette weisen die Vorteile von thermischer Belastbarkeit und Wasserunlöslichkeit auf, sind hingegen teurer als Natron- oder Calciumfette.

c) Feststoffschmiermittel

Beim Versagen von Schmierölen und Schmierfetten können für extreme Temperaturbedingungen Feststoffschmiermittel eingesetzt werden. Ähnliche Schmierwirkung wie Graphit (siehe Abschnitt 6.3.4 b) zeigt Molybdänsulfid MoS_2, ein ungiftiger, chemisch sehr beständiger Stoff, der aber bei Überhitzung infolge lokaler Metall-auf-Metall-Reibung ähnlich wie bei den Hochdruckzusätzen (siehe Abschnitt 8.8.3a1) zu einem gezielten Metallangriff nach folgender Reaktion führen kann:

$$MoS_2 + 2\,Fe \rightarrow 2\,FeS + Mo$$

wodurch ein Verschweißen der Metallteile vermieden wird.

Auch Phosphate zeigen als Trockenschmiermittel einen geringen Reibungskoeffizienten; sie sind für Temperaturen von 500–1200 °C einsetzbar. Bei Verwendung solcher Gleitmittel wird die Metalloberfläche phosphatiert (siehe Abschnitt 10.6.3b).

8.8.4 Sicherheitsvorschriften

Die **Verordnungen über brennbare Flüssigkeiten (VbF)** und die **Technischen Regeln für brennbare Flüssigkeiten (TRbF)** enthalten verschiedene Vorschriften für die Lagerung, den Transport und die Verwendung von brennbaren Flüssigkeiten. Betriebe, die regelmäßig größere Mengen brennbarer Flüssigkeiten lagern oder verwenden, sollten diese Verordnungen als Lose-Blatt-Sammlungen[11] im Originaltext besitzen und immer auf dem neuesten Stand halten, deswegen soll hier auf die Wiedergabe einer Reihe von Einzelheiten dieser Sicherheitsvorschriften verzichtet werden.

Brennbare Flüssigkeiten werden nach dem **Flammpunkt** eingeteilt. Der Flammpunkt ist die niedrigste Temperatur, bei der sich unter normalem Luftdruck aus einer Flüssigkeit Dämpfe in solcher Menge entwickeln, daß diese in den durch die DIN-Vorschriften genau beschriebenen Prüfgeräten mit Luft durch Fremdzündung entflammbare Gemische bilden. Hierbei ergibt sich eine Einteilung in folgende verschiedene Gefahrenklassen:

Gruppe A	Flüssigkeiten, die einen Flammpunkt nicht über 100 °C haben und in Wasser nicht oder nur wenig löslich sind. Bei diesen gibt es drei Gefahrenklassen:
Gefahrenklasse I:	Flüssigkeiten mit Flammpunkten unter 21 °C (z.B. Diethylether, Ottokraftstoff, Toluol)
Gefahrenklasse II:	Flüssigkeiten mit Flammpunkten von 21 °C bis 55 °C (z.B. n–Butanol, Xylol)

---

[11] Die Gesetzes-Texte werden durch den Forkel Verlag, Hüthig GmbH, Heidelberg, herausgegeben

Gefahrenklasse III: Flüssigkeiten mit Flammpunkten von 55 °C bis 100 °C (z.B. Heizöl, Anilin, Phenol)

Gruppe B   Flüssigkeiten mit einem Flammpunkt unter 21 °C, die sich bei 15 °C in jedem beliebigen Verhältnis mit Wasser mischen (z.B. Methanol, Ethanol, Aceton).

Flüssigkeiten der Gefahrenklasse A sind gefährlicher als die der Klasse B, weil sie nicht mit Wasser gelöscht werden können. Würde man sie mit Wasser löschen würde sich der Brand flächenmäßig vergrößern, da sie auf Wasser schwimmen. Daneben werden Flüssigkeiten mit einem Flammpunkt < 0°C und einem Siedepunkt von höchstens 35 °C (z.B. Diethylether) mit dem Gefahrensysmbol **hochentzündlich** gekennzeichnet (Gefahrensysmbole, siehe Anhang A9). Flüssigkeiten mit einem Flammpunkt <21°C, welche nicht hochentzündlich sind werden als **leichtentzündlich** gekennzeichnet (z.B. Ethanol, Methanol, Toluol).

Beim Umfüllen größerer Flüssigkeitsmengen kann es infolge innerer Reibung zu **elektrostatischen Aufladungen** kommen. Überspringende Funken können dann diese brennbaren Flüssigkeiten zur Entflammung bringen. Deswegen ist beim Umfüllen von brennbaren Flüssigkeiten für eine ausreichende **Erdung** der Behälter zur Vermeidung von elektrostatischen Aufladungen zu sorgen.

In geschlossenen Behältern können auch schwerer entflammbare Flüssigkeiten, z.B. höher siedende Kohlenwasserstoffe zündfähige Gasgemische bilden, da solche Flüssigkeiten trotz hoher Siedepunkte doch so hohe Dampfdrücke aufweisen können, daß die Explosionsgrenze erreicht wird. Müssen Schweißarbeiten an solchen Behältern vorgenommen werden, so sind solche Behälter vorher mit Wasser zu füllen. Falls dies nicht möglich ist, kann man auch durch die Abwesenheit von Luftsauerstoff, z.B. durch Füllen des Behälters mit Stickstoff oder Kohlendioxid, die Gefahr einer Explosion ausschalten.

Kontroll- und Übungsfragen zum 8. Kapitel

1) Womit befaßt sich die organische Chemie?
2) Geben Sie generelle Unterschiede zwischen organischen und anorganischen Verbindungen an!
3) Charakterisieren Sie die folgenden Stoffklassen:
   a) aliphatische Verbindungen, b) Aromaten, c) Heterocyclen, d) alicyclische Verbindungen!
4) Was sind gesättigte, was ungesättigte organische Verbindungen?
5) Was sind Alkane (Paraffine) und Alkene?
6) Was versteht man unter Radikalen und wie benennt man diese?
7) Nennen Sie die ersten acht geradkettigen Paraffine und geben Sie Beispiele für Paraffine mit Seitenverzweigungen an!
8) Welche Summenformel besitzt ein Alkan mit 15 und ein Alken mit 10 C-Atomen?
9) Schreiben Sie die Strukturformel für folgenden Kohlenwasserstoff: 2,2,4-Trimethylpentan!
10) Was sind strukturisomere Verbindungen?
11) Was sind Olefine oder Alkene?
12) Wie kann man Olefine nachweisen?
13) Was bezeichnen die Ausdrücke „Hydrieren" und „Dehydrieren"?
14) Was versteht man unter Cracken von Paraffinen und wozu dient dieses Verfahren?
15) Welche chemische Formel hat die Verbindung 1,3-Butadien, welche die Verbindung 2-Methyl-1,3-butadien, auch Isopren genannt?
16) Nennen Sie wichtige Eigenschaften des Acetylens! Welche Vorsichtsmaßnahmen sind bei der Verwendung von Acetylen notwendig?
17) Wie heißt der wichtigste aromatische Kohlenwasserstoff? Durch welche Formeln kann man ihn wiedergeben?
18) Warum ist es gerechtfertigt, von einer Stoffklasse der aromatischen Verbindungen zu sprechen?
19) Welche Formel hat der Vinylrest, welche die Verbindung Styrol?
20) Nennen Sie die bekannteste krebserregende Verbindung, die zur Stoffklasse der kondensierten Aromaten bzw. polyaromatischen Kohlenwasserstoffengehört!
21) Wie lautet die chemische Formel für Perchlorethylen („Per") und wofür wird dieser Stoff verwendet?
22) Warum darf man beim Arbeiten mit unbrennbaren chlorierten Kohlenwasserstoffen weder rauchen noch offenes Feuer gebrauchen?
23) Was sind Frigene oder Freone und wofür werden sie verwendet? Welches sind die Umweltprobleme mit diesen Stoffen?
24) Was sind polychlorierte Biphenyle und welche schädlichen Eigenschaften habe sie?
25) Nennen Sie die funktionellen Gruppen von folgenden Stoffklassen: Alkohole, Phenole, Ketone, Ether, Aldehyde, Carbonsäuren!
26) Zeichnen Sie die Strukturformeln folgender Verbindungen:
   $C_4H_{10}O$ (Ether), Aldehyd (C_2H_4O), primärer Alkohol (C_3H_7O), Carbonsäure ($C_4H_8O_2$)
27) Was ist Glykol, was Glycerin in chemischer Hinsicht? Sind diese Stoffe giftig? Wofür werden sie verwendet?

28) Zeigen Sie am Beispiel der Alkohole, wodurch die Wasserlöslichkeit von organischen Verbindungen bedingt wird!

29) Wann bezeichnet man organische Verbindungen als optisch aktiv? Welche Merkmale im Molekülaufbau zeigen solche Verbindungen?

30) Was sind Ester in chemischer Hinsicht?

31) Was versteht man unter Fetten, was unter fetten Ölen?

32) Welche Stoffe verwendet man als waschaktive Substanzen in Waschmitteln, worauf beruht ihre Waschwirkung?

33) Welche funktionellen Gruppen haben folgende Stoffklassen: primäre Amine, Aminosäuren, Säureamide, Nitrile, Nitroverbindungen?

34) Was sind Kohlenhydrate?

35) Welches Polysaccharid enthalten Zellwände von Pflanzen?

36) Was ermöglicht die Zusammenlagerung von vielen Cellulosemolekülen zu Cellulosefäserchen?

37) Woraus besteht Eiweiß?

38) Was ist der Heizwert, was der Brennwert?

39) Was ist die Octanzahl, was die Cetanzahl?

40) Nennen Sie mögliche alternative Kraftstoffe zu Benzin und Diesel! Vor- und Nachteile?

41) Nennen Sie die Hauptzusätze von Schmierölen und deren Wirkungsweisen!

42) Woraus bestehen Schmierfette?

43) Welche Stoffe kann man als Feststoffschmiermittel einsetzen?

44) Welche Sicherheitsmaßnahme ist beim Umfüllen größerer Mengen brennbarer Flüssigkeiten notwendig?

9   Kunststoffe

Übersicht über die Thematik des 9. Kapitels

Kunststoffe sind hochmolekulare organische Verbindungen, die entweder durch chemische Veränderung natürlicher Makromoleküle (abgewandelte Naturprodukte) oder durch Synthese aus niedermolekularen chemischen Verbindungen (vollsynthetische Kunststoffe) hergestellt werden. Die molaren Massen liegen etwa zwischen 8000 und 6 000 000 g/mol.

Ein wissenschaftlicher Sammelname für Kunststoffe ist das Wort Polymere (polys, gr. = viel; meros, gr. = Teil)[1] . Im angloamerikanischen Sprachbereich werden Kunststoffe als „plastics" bezeichnet.

Man kann Kunststoffe nach verschiedenen Gesichtspunkten einteilen, z.B. nach der Verwendung (Lackkunstharze, Synthesefasern, Verpackungsfolien, Isolierstoffe, Kunstharzkleber, Kunststoffe für Formteile usw.) oder nach der Verarbeitungsart. Bei der letzteren Einteilung unterscheidet man grundsätzlich zwischen Formmassen, die erst durch Spritzgußmaschinen, Extruder oder Pressen die gewünschte Form erhalten, und Halbzeugen, d.h. schon halb vorgeformten Teilen wie Folien, Platten usw., die dann entweder thermoplastisch oder spangebend weiterverarbeitet werden.

Am häufigsten jedoch und auch speziell in diesem Kapitel werden die Kunststoffe klassifiziert nach ihrem

- *mechanisch-thermischen Verhalten und*
- *nach ihren Entstehungsreaktionen bzw. ihrem chemischen Aufbau.*

Da Kunststoffe oft im Verlauf der Zeit Veränderungen ihrer Eigenschaften zeigen, befaßt sich der Abschnitt 9.7 mit solchen „Alterungsvorgängen". Die beiden Abschnitte am Ende des Kapitels befassen sich mit dem Kunststoffrecycling sowie biologisch abbaubaren Kunststoffen.

9.1   Mechanisch-thermische Eigenschaften

Hinsichtlich des mechanisch-thermischen Verhaltens unterscheidet man folgende vier Gruppen:

1.) **Thermoplaste**
2.) **Duroplaste**
3.) **Elastomere**
4.) **Fluidoplaste**

---

[1] Polymere sind große Moleküle, die aus vielen kleinen Molekülen ("Monomeren") zusammengesetzt sind. Eine spezielle Art von Polymeren sind die Polymerisate, die durch eine bestimmte Reaktionsart hergestellt werden (siehe Polymerisationskunststoffe, 9.3). Man beachte stets den Unterschied zwischen Polymeren und Polymerisaten!

9.1.1   Thermoplaste

Thermoplaste, auch Plastomere genannt, können oberhalb einer bestimmten Temperatur (dem Fließtemperaturbereich) plastisch verformt werden. Sie bestehen aus langkettigen, linearen, nur durch zwischenmolekulare Wechselwirkungen (nicht durch chemische Bindungen) miteinander verbundenen Makromolekülen. Das thermische Verhalten der Thermoplaste wird in Abb. 9.1 verdeutlicht.

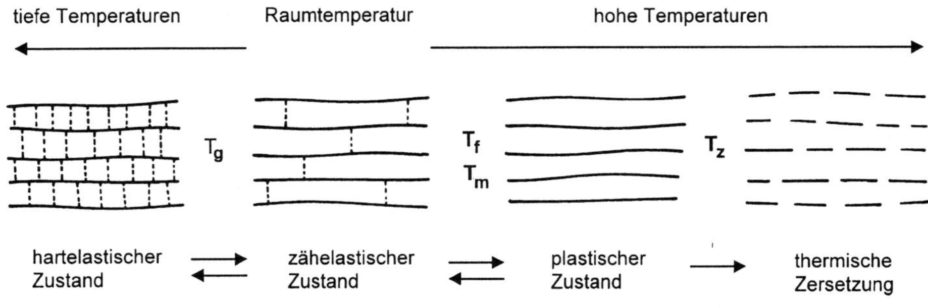

Abb.9.1. Thermisches Verhalten von Thermoplasten

hartelastischer Zustand:	**spröde, glasartig**; keine Beweglichkeit der linearen Makromoleküle, die durch zwischenmolekulare Wechselwirkungen (Dipol-Dipol-Kräfte, van der Waals-Kräfte, Wasserstoffbrücken) engmaschig miteinander verknüpft sind.
zähelastischer Zustand:	**weichelastisch**, teilweise gummielastisch; durch weitmaschige Verknüpfung mit zwischenmolekularen Wechselwirkungen werden die Molekülketten noch zusammengehalten.
plastischer Zustand:	**Aneinander-Vorbeigleiten** der Molekülketten; praktisch keine zwischenmolekulare Wechselwirkungen mehr wirksam; beim Abkühlen reversibel, d. h. umkehrbar in den zähelastischen Zustand zurückführbar.
thermische Zersetzung:	**Zerreißen** der Molekülketten infolge sehr starker thermischer Bewegung = Zerstörung des Kunststoffes.

T_g = Glastemperatur, Glasübergangstemperatur, Einfriertemperatur
T_f = Fließtemperatur, Fließtemperaturbereich
T_m = Kristallitschmelztemperatur bei teilkristallinen Thermoplasten (s. u.)
T_z = Zersetzungstemperatur

Im plastischen Bereich können diese Kunststoffe durch formgebende Maschinen bearbeitet werden. Nach dem Abkühlen erhalten die Thermoplaste die ursprünglichen zähelastischen Eigenschaften wieder zurück. Durch starkes Unterkühlen (bei sehr großer Kälte, z.B. in flüssiger Luft) werden sie glashart und spröde.

Die Molekülketten können in völliger Unordnung verknäuelt und miteinander verfilzt sein (**amorpher Thermoplast**, siehe Abb. 9.2a) oder bei **teilkristallinen Thermoplasten** (Abb. 9.2b) Kristallgitter durch parallele Lagerung der Molekülketten aufbauen; es bleiben aber amorphe Bereiche an Falten und Fehlordnungen zurück. Der Kristallinitätsgrad kann z. B. 80% betragen. An den kristallinen Bezirken wird das Licht gestreut, deswegen sind teilkristalline Kunststoffe im Gegensatz zu amorphen Kunststoffen nicht durchsichtig, sondern nur durchscheinend.

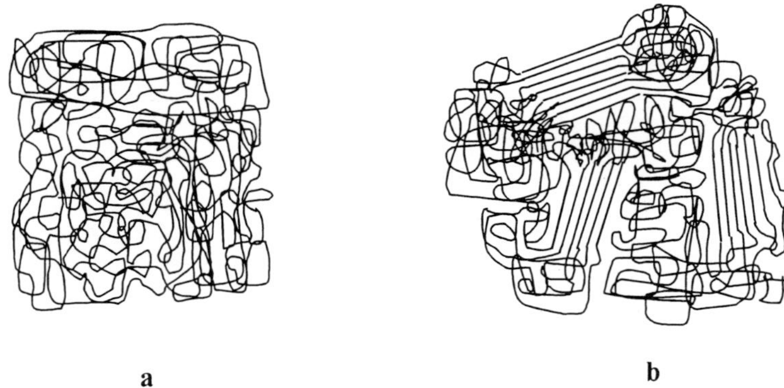

a   b

Abb. 9.2. Strukturen von thermoplastischen Kunststoffen a) amorph b) teilkristallin

Der Kristallinitätsgrad ist im allgemeinen um so größer,
- je gestreckter die Molekülketten im Durchschnitt vorliegen,
- je kleinere Seitenketten vorhanden sind,
- je regelmäßiger die räumliche Anordnung der Seitenketten an der Hauptkette ist,
- je stärker die zwischenmolekularen Wechselwirkungen zwischen den Molekülketten wirksam sind.

Der Gebrauchsbereich von *amorphen* Thermoplasten liegt *unterhalb* der „Glastemperatur" (aber meist *oberhalb* einer „Nebenerweichstemperatur" im hart-elastisch-zähen, deswegen auch nicht allzu spröden Zustand), die von *teilkristallinen* Thermoplasten *oberhalb* der Glastemperatur im zähelastischen Zustand (dabei ist der Zusammenhalt durch zwischenmolekulare Wechselwirkungen in den kristallinen Bezirken fest und formsteif, während die amorphen Bereiche dem teilkristallinen Thermoplast Flexibilität und Zähigkeit verleihen).

Durch geeignete Lösungsmittel können thermoplastische Kunststoffe als Kolloide in Lösung gebracht werden. Reicht die Lösungsmittelmenge hierzu nicht aus, so tritt wenigstens eine **Quellung** des Kunststoffes ein. Eine ähnliche Quellwirkung auf Thermoplaste haben „Weichmacher". Diese sind niedermolekulare Substanzen mit relativ hohem Siedepunkt (damit sie sich nicht zu schnell aus dem Kunststoff verflüchtigen), sie lagern sich gewissermaßen als Gleitmittel zwischen die Molekülketten der Thermoplaste und machen so den Kunststoff flexibler und elastischer.

9.1.2   Elastomere

Sie besitzen die Eigenschaft ausgesprochener Gummielastizität mit niederem Elastizitätsmodul und extrem starkem Dehnvermögen (siehe Abschnitt 9.1.5). Elastomere bestehen aus verknäuelten Molekülketten, die durch chemische Bindungen **weitmaschig** miteinander **vernetzt** sind.

Wenn man ein Stück Gummi dehnt, so werden die Molekülketten aus einer ungeordneten und daher nach statistischen Gesetzen wahrscheinlicheren Position in eine geordnetere, infolge der Wärmebewegung statistisch unwahrscheinlichere Lage gebracht (siehe Abb. 9.3). Bei Fortfall der äußeren Kraft nehmen die Moleküle infolge der Wärmebewegung wieder die statistisch wahrscheinlichere, ungeordnete Lage ein, d.h., das Gummi verkürzt sich wieder auf seine ursprüngliche Länge. Da die Entropie (siehe Abschnitt 3.5.3) ein Maß für die ungeordnete Lage der Molekülketten ist, wird die Gummielastizität auch als **Entropieelastizität** bezeichnet.

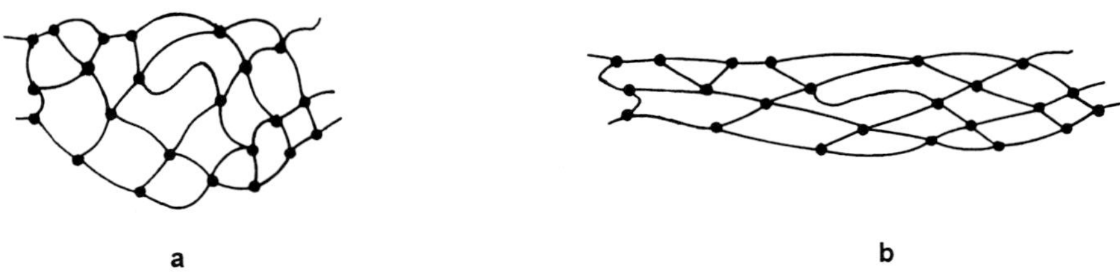

Abb. 9.3. Prinzip der Gummielastizität a) im ungedehnten b) im gedehnten Zustand

Neben den Elastomeren mit Vernetzung durch chemische Bindungen gibt es auch solche mit einer reversiblen Vernetzung durch physikalische, zwischenmolekulare Kräfte, welche **thermoplastische Elastomere** (auch Elastoplaste genannt) genannt werden. Die reversible Vernetzung wird durch den zweiphasigen Aufbau dieser Elastomere erzeugt (diese sind sogenannte **Block-Copolymere**, siehe Abschnitt 9.3.1). Die thermoplastischen Elastomere haben den Vorteil, daß sie oberhalb einer Übergangstemperatur wie Thermoplaste verarbeitet werden können. Dies führt auch zu Vorteilen beim materiellen Recycling (siehe Abschnitt 9.8). Allerdings sind die elastischen Eigenschaften etwas schlechter als bei den durch chemische Bindungen vernetzten Elastomeren, da sie ihre elastischen Eigenschaften unter Belastung durch allmähliche Formänderungen einbüßen („kalter Fluß", siehe Abschnitt 9.7.1a).

Infolge der geringfügigen, räumlichen Vernetzung durch starke kovalente Bindungen (Hauptbindungskräfte) sind Elastomere in allen Lösungsmitteln unlöslich, jedoch können verschiedene Lösungsmittel sich zwischen die Molekülketten lagern und auf diese Weise Elastomeren zum Quellen bringen. Besonders stark ausgeprägt ist dieses Quellungsvermögen bei Gummi gegenüber Benzol.

Bei tiefen Temperaturen, unterhalb der sogenannten Glasübergangstemperatur wird Gummi spröde und kann wie Glas zerbrechen. Insgesamt wird das thermische Verhalten der Elastomere durch das in Abb. 9.4 wiedergegebene Schema symbolisiert.

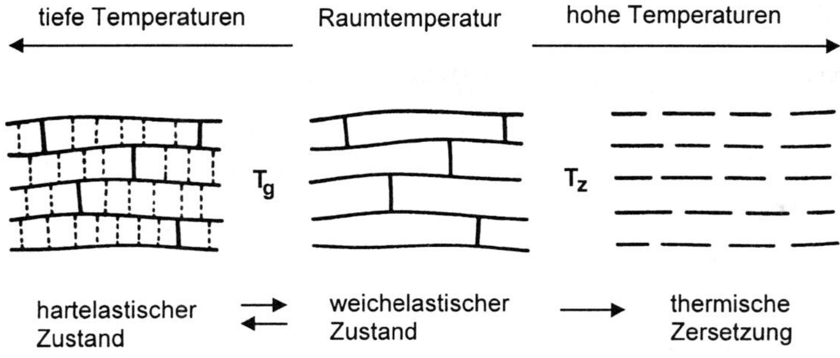

Abb. 9.4. Thermisches Verhalten von Elastomeren

hartelastischer Zustand:	**spröde, glasartig**; keine Beweglichkeit der Molekülketten, die durch wenige chemische Bindungen, aber viele zwischnemolekulare Wechselwirkungen (meist van der Waals-Kräfte) engmaschig miteinander verknüpft sind.
weichelastischer Zustand:	**gummielastisch**; Zusammenhalt der Molekülketten durch weitmaschige kovalente Verknüpfung (gummiartiger Zustand bei Raumtemperatur).
thermische Zersetzung:	**Zerstörung** des Kunststoffes durch Auseinanderreißen der chemischen Bindungen infolge starker Wärmebewegung.

T_g = Glastemperatur, Glasübergangstemperatur, Einfriertemepratur
T_z = Zersetzungstemperatur

9.1.3   Duroplaste

Duroplaste (auch Duromere oder Thermodure genannt) bestehen aus Makromolekülen, die durch chemische Bindungen (kovalente Bindungen) räumlich **engmaschig** miteinander **vernetzt** sind (siehe Abb.9.5).

Sie sind amorph und wegen der starken Vernetzung in keinem Lösungsmittel löslich, deshalb zeigen sie auch keinerlei Quellungserscheinungen mit Weichmachern. Beim Erhitzen gehen sie vom hartelastischen Zustand durch irreversible thermische Abspaltung von Atomen oder Molekülgruppen unmittelbar in Zersetzung über, können also nicht durch spanlose, thermische Verformung bearbeitet werden.

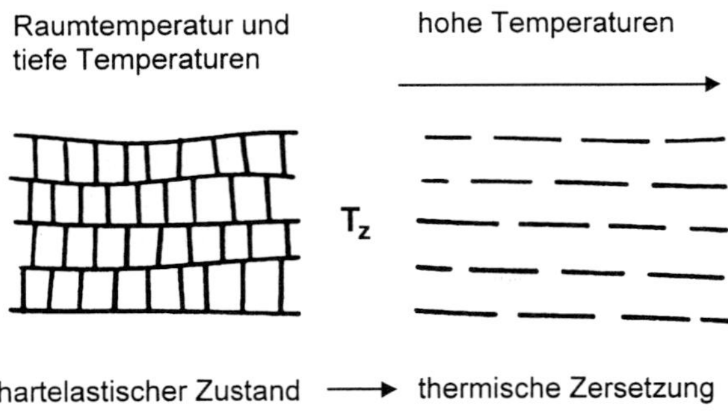

Abb. 9.5. Thermisches Verhalten von Duroplasten

Hartelastischer Zustand:	**spröde**; keine Beweglichkeit der engmaschig durch kovalente Bindungen miteinander verknüpften Makromoleküle.
Thermische Zersetzung:	thermische Abspaltung von Molekülteilen durch **Zerstörung** der chemischen Bindungen.

9.1.4   Fluidoplaste

Man zählt zu dieser Kunststoffklasse alle Produkte, die bei Raumtemperatur noch flüssig sind, also z. B. Siliconöle (siehe Abschnitt 9.6) oder kurzkettige Polymerisate vom Polyisobutylen (siehe Abschnitt 9.3.5) Fluidoplaste bestehen aus **kurzkettigen Makromolekülen**. Die wichtigsten Fluidoplaste Siliconöl und Polyisobutylenöl haben gemeinsam, daß ihre relativ kurzen Ketten jeweils von Methylgruppen umgeben sind, so daß sich bei Raumtemperatur als zwischenmolekulare Wechselwirkungen nur schwache van der Waals Kräfte ausbilden können. Das mechanisch-thermische Verhalten der Fluidoplaste ist in Abb. 9.6 wiedergegeben.

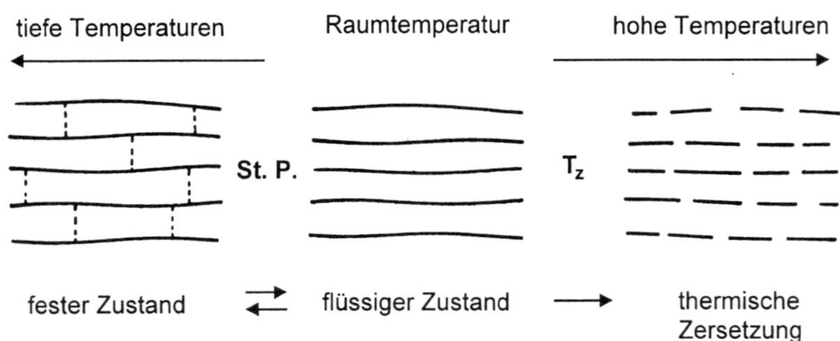

Abb. 9.6. Thermisches Verhalten von Fluidoplasten

St. P. = Stockpunkt.	Bei Temperaturen unterhalb des Stockpunktes werden Fluidoplaste (Öle) mit zunehmenden zwischenmolekularen Wechselwirkungen so steif, daß sie bei Einwirkung der Schwerkraft nicht mehr fließen.

9.1.5   Spannungs-Dehnungs-Diagramme

Der Unterschied im mechanischen Verhalten bei Raumtemperatur zwischen den genannten Kunststoffgruppen kann am besten durch Spannungs-Dehnungs-Diagramme verdeutlicht werden. Als **Spannung** σ bezeichnet man dabei die im „Kurzzeitversuch" auftretende Kraft F pro Anfangsquerschnitt A_0, als **Dehnung** ε die auf die ursprüngliche Längeneinheit bezogene Verlängerung des Probestabes

$$\sigma = \frac{F}{A_0}\left[N/mm^2\right], \quad \varepsilon = \frac{L-L_0}{L_0}\left[\%\right]$$

Der Anstieg im linearen Bereich[2] wird auch als **Elastizitätsmodul** oder kurz **E-Modul** bezeichnet:

$$E = \frac{\sigma}{\varepsilon}\left[N/mm^2\right]$$

Je größer das E-Modul, um so mehr Widerstand setzt der Werkstoff einer Dehnung durch Zugkräfte entgegen. Die **Zugfestigkeit** Z [N/mm^2] ist die Zugspannung bei Höchstkraft, d.h. am höchsten Punkt der Spannungs-Dehnungskurve.

Typische „Zerreißdiagramme" enthält die Abb. 9.7. Duroplaste (aber auch spröde Thermoplaste wie z.B. Polystyrol, siehe Abschnitt 9.3.8) zerreißen schon bei geringer Dehnung, wozu relativ hohe Spannungen erforderlich sind. Elastomere haben ein extrem hohes Dehnvermögen bei niederen Spannungen. Thermoplaste zeigen unterschiedliche Spannungs-Dehnungs-Diagramme. In der Abb. 9.7 sind zwei typische Zerreißdiagramme von Thermoplasten wiedergegeben, und zwar der Typ verformungsfähiger Thermoplaste (z. B. Polyvinylchlorid, siehe Abschnitt 9.3.10) im thermoelastischen Zustand, ferner der Typ eines reckbaren Kunststoffs, z. B. Polyethylen (siehe Abschnitt 9.3.2) oder wasserhaltigem Polyamid (siehe Abschnitt 9.4.1). Typische Bereiche für E-Module und Zugfestigkeiten sind für die unterschiedlichen Kunststoffgruppen in Tab. 9.1 aufgelistet.

Tab. 9.1. Bereiche für E-Module und Zugfestigkeiten von unterschiedliche Kunststoffgruppen

Kunststoffgruppe	E-Modul [N/mm^2]	Zugfestigkeit [N/mm^2]
Thermoplaste	200–4000	10–60
Elastomere	-*)	5–20
Duroplaste**)	3000–8000	50–80

*) Bei Elastomeren kann kein E-Modul angegeben werden, da im Spannungs-Dehnungs-Diagramm auch bei kleinen Dehnungen kein linearer Bereich vorliegt.
**) unverstärkt

---

[2] In diesem Bereich gilt das sogenannte Hooksche Gesetz (σ proportional ε), für Kunststoffe gilt dies bestenfalls bis $\varepsilon \approx 0{,}5\%$.

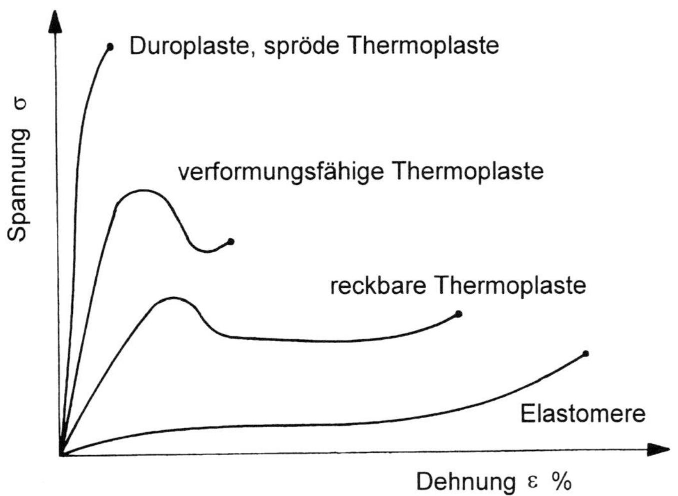

Abb. 9.7. Spannungs-Dehnungs-Diagramme von Kunststoffen

9.2   Abgewandelte Naturprodukte

9.2.1   Kunststoffe auf Cellulosebasis

Die in der Natur vorkommende Cellulose besteht aus Makromolekülen, die - durch Wasserstoffbrücken miteinander verbunden - zu größeren Aggregaten (zu Cellulosefasern) zusammengelagert sind (siehe Abschnitt 8.7.1). Die Cellulosefasern sind in Wasser unlöslich. Bei der Kunststoffherstellung werden diese Wasserstoffbrücken durch chemische Veränderungen an den OH-Gruppen der Cellulose entweder vorübergehend oder auf die Dauer gelöst. Die OH-Gruppen können beispielsweise durch **Veresterung** oder **Veretherung** dauerhaft gelöst werden. Hiermit hat man die Möglichkeit Kunststoffe aus der Cellulose herzustellen. Bereits im letzten Jahrhundert wurden die ersten Kunststoffe aus abgewandelter Cellulose hergestellt (Cellulosenitrat, Celluloseacetat). **Cellulosenitrat,**(Kurzzeichen: CN) hergestellt durch die Veresterung von Cellulose mit Salpetersäure ist der ältester formbare Kunststoff (1865). Er wird wegen der leichten Brennbarkeit aber nur noch sehr selten eingesetzt. In den letzten Jahren wurden die Kunststoffe auf Cellulose vermehrt durch die vollsynthetischen Kunststoffe ersetzt. Kunststoffe auf Cellulosebasis könnten zukünftig aber vielleicht wieder an Bedeutung gewinnen, da sie zum Teil leicht biologisch abbaubar sind (siehe Abschnitt 9.9). Diese Kunststoffe sind momentan aber noch recht teuer. Im folgenden wird noch genauer auf Celluloseacetat eingegangen.

a) Celluloseacetat

Kurzzeichen: **CA**

Cellulose läßt sich mit Essigsäure verestern.

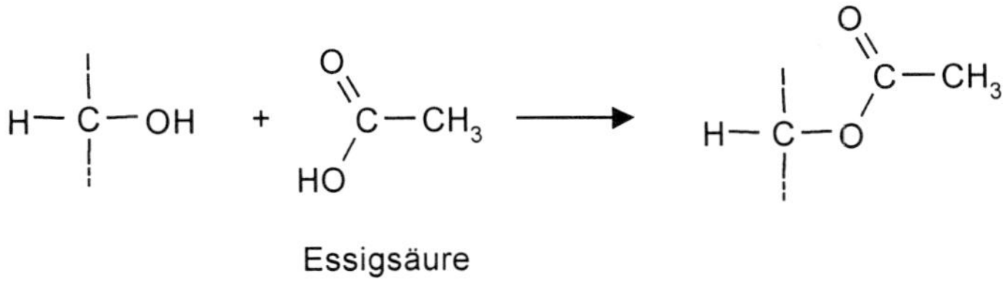

$$H{-}\underset{|}{\overset{|}{C}}{-}OH \;+\; \underset{HO}{\overset{O}{\diagdown}}C{-}CH_3 \;\longrightarrow\; H{-}\underset{|}{\overset{|}{C}}{-}O{-}\overset{\displaystyle O}{\underset{}{C}}{-}CH_3$$

Essigsäure

Die maximal veresterte Cellulose, das Triacetat, wird nur für photographische Filme, elektrische Isolierfolien und Triacetatfasern verwendet. Die etwas weniger stark veresterte Cellulose (mit ca. 2,5 statt 3 Acetat pro Glucoseeinheit) findet wegen der guten mechanischen Eigenschaften des Kunststoffs Verwendung für die Herstellung von Formteilen, Folien, Rohren (beständig auch gegen Mineralöle), von Gebrauchsgegenständen (wie die bekannten klaren und transparenten Werkzeuggriffe, Rahmen für Brillen, Zahnbürsten, Handbürsten, Flaschen, Küchenmessergriffe, Schriftschablonen, Füllfederhalter, Knöpfe usw.) von schlagfesten Gehäusen (für Küchengeräte, elektrische Geräte, Mikrophone, Schreibmaschinen), von glasklaren Behältern für Öl- und Wasserabscheider. Ferner wird CA wegen der ausgezeichneten Licht- und Wetterbeständigkeit und Transparenz, wegen des guten Oberflächenglanzes, wegen der Unempfindlichkeit gegen elektrostatische Aufladung (Staubfreiheit!) und wegen der hervorragenden mechanischen Beständigkeit für Lichtkuppeln, Beleuchtungskörper, Reklameschilder usw. verwendet. Handelsnamen[3]: Cellidor (Albis Plastic GmbH/DE), Dexel (Cortaulds Chemicals & Plastics Ltd/GB).

Celluloseacetat läßt sich in gelöster Form (z.B. in Aceton) zu Fäden verspinnen und nach Entfernen des Lösungsmittels als **Kunstseide** (Acetatseide) gewinnen.

9.2.2   Gummi aus Naturkautschuk

Naturkautschuk wird durch Koagulation des Milchsaftes („Latex") vom Kautschukbaum mit Hilfe von Säuren (z.B. Essigsäure) gewonnen. Er ist dem chemischen Aufbau nach ein Polymerisationsprodukt von **Isopren** $CH_2{=}C(CH_3){-}CH{=}CH_2$ (siehe Abschnitt 8.1.2), und zwar Poly-cis-1,4-isopren. 1,4 bedeutet, daß die Kette jeweils an den Kohlenstoffatomen 1 und 4 des Isopren fortgeführt wird (siehe Abschnitt 8.1.2); **cis** bedeutet, daß an der nicht drehbaren Doppelbindung die Kohlenwasserstoffkette auf der gleichen Seite gebunden ist (auf der gegenüberliegenden Seite spricht man von **trans**-Anordnung).

---

[3] Unter der Bezeichnung "Handelsname" werden jeweils geschützte Warenzeichen verschiedener Herstellerfirmen genannt. Die Auswahl der Handelsnamen ist keineswegs vollständig; es werden nur die bekanntesten Namen erwähnt (DE, NL etc. = Länderabkürzung). Mit der Auswahl soll keinesfalls eine Qualitätsbeurteilung verbunden sein.

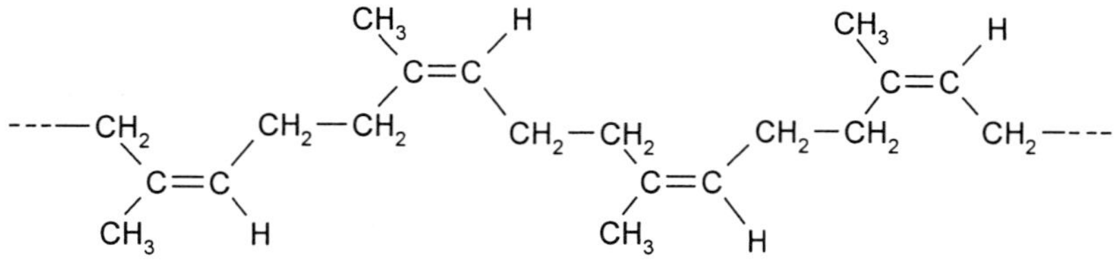

Die Molekülkette des Poly-cis-1,4-isopren hat eine spiralförmige Anordnung und neigt leicht zur Knäuelbildung. Solche ineinander verknäuelte Moleküle sind leicht dehnbar und bedingen die Elastizität des Kautschuks (siehe auch Abschnitt 9.1.2).

Rohkautschuk, eine elastische, fast geruchsfreie Masse, enthält noch viele Doppelbindungen, die zur starken Alterung, d.h. zum Hartwerden der Substanz in Gegenwart von Luftsauerstoff, bevorzugt bei Wärmeeinwirkung führen. Er ist in diesem Zustand noch nicht als Gummi verwendbar. Die Kettenmoleküle können aber durch elementaren Schwefel miteinander vernetzt werden, indem sich der **Schwefel** an die Doppelbindungen anlagert:

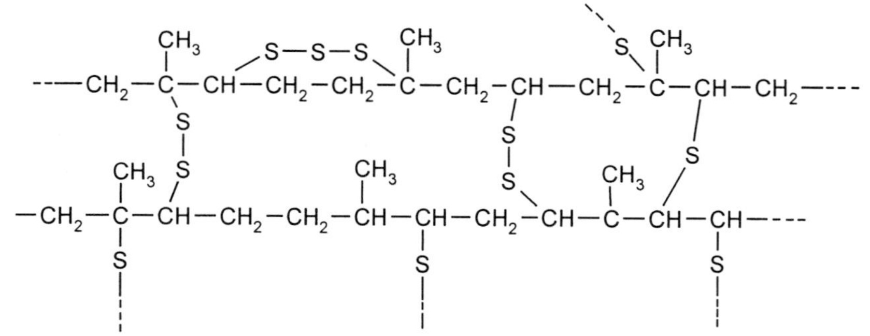

Ist diese Vernetzung gering (ca. 3% Schwefelgehalt), erhält man Gummi mit großer Elastizität. Mit zunehmender Vernetzung, d.h. mit zunehmendem Schwefelgehalt nimmt die Elastizität ab. Bei stark vernetztem Gummi ist die Beweglichkeit der Moleküle gering. Man erhält dann den wenig elastischen „**Hartgummi**", ein duroplastisches Produkt. Hartgummi enthält nur noch wenige Doppelbindungen und ist deswegen auch wesentlich alterungsbeständiger als nur schwach vernetzter Gummi.

Außer dem Vernetzungsmittel werden in den Kautschuk je nach Verwendungszweck noch verschiedene Füllstoffe eingearbeitet wie z.B. Ruß, Zinkoxid oder Alterungsschutzmittel (Amine oder Phenolverbindungen). Die so vorbereitete Masse wird durch **Vulkanisieren** (= Erhitzen unter Druck, z.B. auf 140°C) *weitmaschig* vernetzt, d.h. in Gummi umgewandelt. Dabei verbindet der Schwefel, wie oben gezeigt, die Kautschukmoleküle miteinander.

Gewöhnlicher Gummi ist beständig gegen Wasser, Alkohol, verdünnte Säuren oder Laugen, kann aber sehr große Mengen von unpolaren organischen Lösungsmitteln (insbesondere Benzol) durch Quellen aufnehmen (siehe Abschnitt 9.1.2). Niedrig vernetzter Gummi kann durch Einwirkung von Luftsauerstoff, vornehmlich bei gleichzeitiger

Energiezufuhr (Wärme, Licht), unter Aufspaltung der Kettenmoleküle im Laufe der Zeit verspröden. Bei Einwirkung von Ozon tritt dieser Effekt sofort auf.

Die Doppelbindungen im Kautschuk können auch durch Salzsäure oder Chlor abgesättigt werden. Beim sogenannten **Salzsäurekautschuk** wird der Kautschuk mit Salzsäure zur Reaktion gebracht:

$$-\!\!-\!\!\overset{\overset{CH_3}{|}}{C}=\overset{\overset{H}{|}}{C}-\!-\!- \;+\; HCl \;\longrightarrow\; -\!-\!-\overset{\overset{CH_3}{|}}{\underset{\underset{H}{|}}{C}}-\overset{\overset{H}{|}}{\underset{\underset{Cl}{|}}{C}}-\!-\!-$$

Beim **Chlorkautschuk** werden durch entsprechende Reaktionen je zwei Chloratome angelagert. Chlorkautschuk und Salzsäurekautschuk enthalten keine Doppelbindungen mehr, sind daher unempfindlich gegen Alterung, Luftsauerstoff und viele Chemikalien.

9.3   Polymerisationskunststoffe

9.3.1   Allgemeines

Bei der Polymerisation werden monomere Moleküle durch chemische Verknüpfung zu polymeren Makromolekülen zusammengelagert. Charakteristisch für die Struktur aller hierbei verwendeten Monomeren ist ihre gemeinsame Eigenschaft, daß sie **Doppelbindungen** enthalten. Der Polymerisationsprozeß ist durch folgende drei Stufen charakterisiert:
a) Startreaktion
b) Kettenwachstum
c) Kettenabbruchreaktion.

a) Startreaktion: Sie wird durch Initiatoren ausgelöst. Dabei entstehen entweder Radikale, durch deren freie Valenzen ein Kettenwachstum eingeleitet wird (Radikalkettenpolymerisation), ionenartige Wachstumsenden (Ionenkettenpolymerisation) oder die Polymerkette wächst aus einem Metallkomplex (siehe Abschnitt 5.4.2) heraus (katalytische Polymerisation; Beispiel PE-Synthese mit Ziegler-Katalysatoren wie in Abschnitt 9.3.2b beschrieben).

b) Kettenwachstum: An das bei der Startreaktion aktivierte Molekül lagern sich die Monomeren unter Aufspaltung der Doppelbindung zu Ketten aneinander. Am Ende der Kette bleibt dabei der aktive Zustand erhalten.

c) Kettenabbruchreaktion: Treffen auf die aktiven Gruppen am Ende der Kette andere Moleküle als die Monomeren mit Doppelbindungen, so kann es durch Absättigung der aktiven Gruppen zu einem Kettenabbruch kommen.

An der Polymerisation kann entweder nur eine Molekülart beteiligt sein oder es können auch zwei bzw. mehrere verschiedenartige chemische Verbindungen miteinander polymerisieren. Ist das letztere der Fall, so spricht man von einem **Mischpolymerisat** oder **Copolymerisat.**

Werden die verschiedenen Komponenten mit etwa der gleichen Reaktionsgeschwindigkeit an die Molekülkette angelagert, so enthält das Polymere die einzelnen monomeren Molekülteile in statistischer Verteilung, auch **statistische Copolymerisation** genannt:

····–A–B–B–A–B–B–B–A–A–B–A–B–A–B–A–····

Erfolgt die Polymerisation einer Komponente wesentlich schneller als die der anderen, oder liegen die beiden Polymerisationen zeitlich getrennt hintereinander, so kommt es zu einer **Block-Copolymerisation**. Die Makromoleküle enthalten dann streckenweise polymerisierte Blöcke der einen Komponente, zwischen denen sich dann Blöcke des anderen Polymerisats befinden:

····–A–A–A–A–A–B–B–B–B–B– A–A–A–A–A–····

Wenn die zweite Komponente auf die Makromoleküle der ersten Komponente als Seitenverzweigungen aufpolymerisiert wird, erhält man eine **Pfropf-Copolymerisation:**

```
        B–B–B–····
        |
····–A–A–A–A–A–A–A–A–A–A– A–A–····
                |
            B–B–B–B–B–····
```

Die verschiedenartigen Molekülgruppen können aber auch so polymerisieren, daß aus den zunächst linearen, thermoplastischen Makromolekülen durch gegenseitige Vernetzungen Duroplaste entstehen (Beispiel hierzu: siehe Abschnitt 9.4.3c).

Bei der Polymerisation entstehen keine Nebenprodukte, daher weist das Polymere die gleichen chemischen Bestandteile wie das monomere Ausgangsprodukt auf. Es hat sich nur die Molekülgröße durch die Polymerisation verändert.

Polymerisationsreaktionen sind **exotherm**, d.h. bei der Reaktion wird Wärme frei. Man muß dafür sorgen, daß diese Wärme abgeführt wird, damit die für die Polymerisation günstigste Temperatur eingehalten werden kann. Am schwierigsten ist die Temperatur zu beherrschen, wenn das unverdünnte Monomere polymerisiert wird (**Substanzpolymerisation**), wie z. B. bei Acrylglas, Polystyrol, Polyethylen mit niedriger Dichte. Andere leichter regulierbare Verfahren arbeiten z.B. mit Lösungsmitteln (**Lösungspolymerisation**). Ein Spezialfall davon, wenn das Polymere im Lösungsmittel nicht mehr löslich ist und ausfällt, ist die **Fällungspolymerisation**, wie sie die Synthese für Polyethylen mit hoher Dichte darstellt. Man kann auch das Monomere in Wasser dispergieren oder emulgieren (**Dispersions- oder Emulsionspolymerisation**).

9.3.2   Polyethylen

Kurzzeichen: **PE**
Chemische Formel: [–CH_2–CH_2–]$_x$

Der einfachste Polymerisationskunststoff ist das Polyethylen, das durch **Polymerisation von Ethylen** hergestellt wird. Die Polymerisation kann durch folgende Reaktionsgleichung wiedergeben werden:

$$x\ CH_2{=}CH_2\ \rightarrow\ [{-}CH_2{-}CH_2{-}]_x$$

Üblicherweise macht man über die Endgruppen keine Aussagen und schreibt wie in obiger Gleichung die sich wiederholende Monomeren in Klammern. PE ist ein wachsähnlich aussehender, flexibler, thermoplastischer Kunststoff. Heute wird die Klassifikation des PE meistens nach der Dichte vorgenommen. Man unterscheidet dabei zwischen den beiden Grundtypen **PE-LD** (Low Density PE, d. h. PE niederer Dichte von ca. 0,92 g/cm^3), und **PE-HD** (hoher Dichte; ca. 0,96 g/cm^3).

a) Low Density Polyethylen (PE-LD)

Es wird durch Substanzpolymerisation (siehe Abschnitt 9.3.1) hergestellt, und zwar durch radikalische Polymerisation in der Gasphase bei hohen Drücken (Druck bis 2000 bar, Temperatur ca. 200 °C, geringe Spuren von Sauerstoff als Katalysator für die Startreaktion). Es wird deshalb häufig auch als **Hochdruckpolyethylen** bezeichnet. Es entsteht eine Paraffinkette mit vielen Seitenverzweigungen und wechselnden molaren Massen (z.B. 10 000–50 000 g/mol). Die Molekülstruktur ist vereinfacht in Abb. 9.8a dargestellt. Seitenverzweigungen bilden sich, wenn freie Radikale am Kettenende auf bereits gebildete Polyethylen-Ketten treffen und dort Wasserstoffatome herausschlagen. Dabei sättigen sich die Radikale mit diesen Waserstoffatomen ab. Mitten in der Polyethylenkette entstehen aber dadurch neue radikale Wachstumsstellen, aus denen sich dann durch weitere Anlagerung von monomeren Molekülen Seitenketten bilden:

$$--CH_2{-}CH_2{-}CH_2{\cdot}\ +\ \begin{matrix}|\\CH_2\\|\\CH_2\\|\\CH_2\\|\end{matrix}\ \longrightarrow\ --CH_2{-}CH_2{-}CH_3\ +\ \begin{matrix}|\\CH_2\\|\\{\cdot}CH\\|\\CH_2\\|\end{matrix}$$

$$\begin{matrix}|\\CH_2\\|\\{\cdot}CH\\|\\CH_2\\|\end{matrix}\ +\ CH_2{=}CH_2\ \longrightarrow\ {\cdot}CH_2{-}CH_2{-}\begin{matrix}|\\CH_2\\|\\CH\\|\\CH_2\\|\end{matrix}$$

Wegen der vielen *Seitenverzweigungen* haben die einzelnen Polyethylenmoleküle einen relativ großen Abstand voneinander, damit auch eine relativ große Beweglichkeit, so daß PE-LD im Vergleich zu PE-HD (siehe Abschnitt 9.3.2b) einen geringeren Kristallinitätsgrad besitzt (siehe Tab. 9.2). Daher ist PE-HD vergleichsweise weich und hat niedrige Festigkeit. Außerdem ist die Dichte verhältnismäßig gering. Die Neigung zur

Kristallisation ist nicht groß, der Erweichungsbereich liegt relativ niedrig. Das Hochdruckverfahren wurde zuerst von der ICI (Imperial Chemical Industriy, London) eingeführt. Die wichtigste Anwendung von PE-LD sind Folien im Verpackungsbereich. Handelsnamen: Escorene (Deutsche Exxon Chem./DE); Lupolen (BASF, Ludwigshafen/DE).

b) High Density Polyethylen (PE-HD)

Hierbei wird Ethylen mit Hilfe von **Katalysatoren** bei Normaldruck oder nur geringem Überdruck (etwa 5 bar) und Temperaturen unter 100 °C zu *geradlinigen* Molekülketten ohne Seitenverzweigung polymerisiert (siehe Abb. 9.8b). Heute werden üblicherweise sogenannte **Ziegler Katalysatoren** (Karl Ziegler 1898–1973, Nobelpreis 1963) eingesetzt. Diese Katalysatoren sind Reaktionsprodukte zwischen aluminium-organischen Verbindungen und Verbindungen einiger Übergangselemente wie z. B. Ti (Polymerisation an Metallkomplexen). Neuere Verfahren arbeiten mit anderen Metallkomplex-Katalysatoren, den **Metallocen-Katalysatoren**. PE-HD wird aufgrund des Herstellungsverfahrens auch als **Niederdruckpolyethylen** bezeichnet. Die Polymerisation wird meist als Fällungspolymerisation durchgeführt: Beim Einleiten von Ehtylengas in Dieselöl, das den Katalysator enthält fällt das Polyethylen in Form von weißen Flocken aus. Die geradlinigen Ketten des Niederdruckpolyethylens neigen viel stärker zum Kristallisieren als die Moleküle des PE-LD. Wie aus Tab. 9.2 zu erkennen ist hat PE-HD hat eine höhere Dichte größere mechanische Festigkeit und höheren Erweichungsbereich als PE-LD. PE-HD ist der bevorzugte Werkstoff für das Spritzgießen von Haushaltswaren sowie Lager- und Transportbehälter. Aufgrund seines hohen Kristallinitätsgrades ist es u.a. auch für die Herstellung von Kraftstofftanks in Automobilen geeignet. Handelsnamen für PE-HD: Hostalen (Hostalen Polyethylen GmbH/DE), Vestolen (DSM/NL).

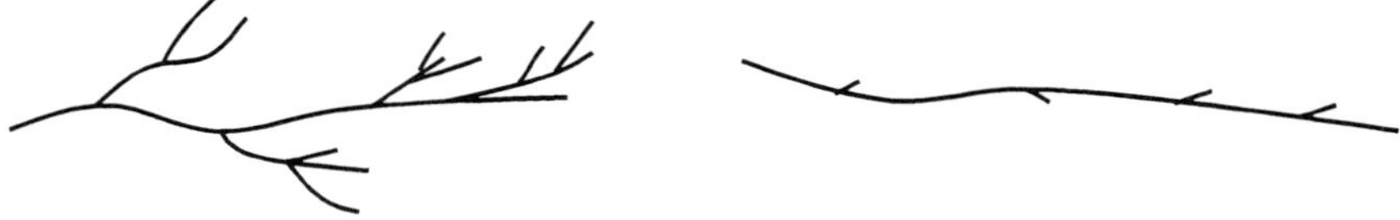

Abb. 9.8. Schematische Darstellung der Molekülstrukturen von Polyethylen-Grundtypen

Tab. 9.2. Eigenschaften von Polyethylen-Grundtypen

Eigenschaft	Low Density Polyethylen (PE-LD)	High Density Polyethylen (PE-HD)
Dichte [g/cm³]	0,92	0,94–0,96
Kristallinität [%]	40–50	60–80
Beginn der Erweichung [°C]	105–115	125–135
Zugfestigkeit [N/mm²]	10–15	20–30
E-Modul (aus Zugversuch) [N/mm²]	200	1000
Chemikalienbeständigkeit	gut	besser

c) Modifizierte Verfahren

Jede der beiden Polyethylen-Grundtypen hat Vorteile aber auch Nachteile. Starke Seitenverzweigungen haben geringe Kristallinität, Dichte und Härte sowie einen niederen Erweichungsbereich zur Folge, während bei geradlinigen Ketten Kristallinität, Dichte, Härte und Erweichungsbereich höher liegen. Höherer Erweichungsbereich, größere Dichte und Kristallinität bewirken zwar größere Festigkeit und auch chemische Widerstandsfähigkeit, dafür ist die Verarbeitung (z.B. in Spritzgußmaschinen) um so schwieriger. Für spezielle Zwecke kann hartes, für andere ein weiches Polyethylen von Vorteil sein. Auch die Kettenlänge hat einen Einfluß auf die äußeren Eigenschaften des Kunststoffs. Bei langen Ketten liegt der Erweichungspunkt höher als bei kurzen Ketten.

Ein häufig verwendetes modifiziertes Polyethylen ist **PE-LLD** (Linear Low Density Polyethylen). Dies ist ein lineares PE niederer Dichte mit genau definierten Seitenkettenverzweigungen und wird durch Copolymerisation mit höheren Olefinen (z.B. 1–Buten oder 1–Hexen) erhalten. Damit ist es gelungen ein PE mit den Eigenschaften des PE-LD bei niedrigem Druck herzustellen. PE-LLD wird meist für Folien verwendet, es findet aber auch Anwendung für Ampullen in der Medizintechnik. Handelsnamen: Luflexen, Lupolen (BASF AG/DE).

PE läßt sich auch chemisch abwandeln, z.B. räumlich vernetzen (mit Hilfe von Peroxiden oder durch γ-Strahlen) für Schrumpffolien oder zum Zweck einer größeren Zeitstandsfestigkeit. Für eine bessere chemische Widerstandsfähigkeit wird PE chloriert oder sulfochloriert.

9.3.3   Polypropylen

Kurzzeichen: **PP**
Chemische Formel:

$$\left[-CH_2-\underset{\underset{\displaystyle CH_3}{|}}{CH}- \right]_x$$

Wird Propylen polymerisiert, so können die Methyl-Seitengruppen entweder **isotaktisch** (gleichsinnig), **syndiotaktisch** (alternierend, gr., wörtlich übersetzt im Zweier-Rhthmus angeordent) oder **ataktisch** (regellos) eingebaut werden, wie es die Abb. 9.9 zeigt.

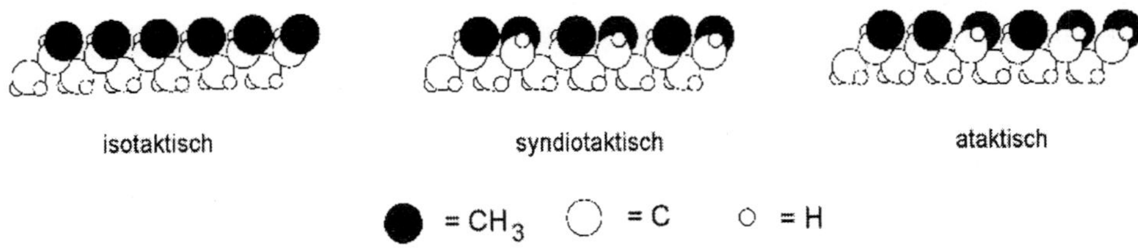

Abb. 9.9. Stereospezifische Polymerisation

Von besonderem Interesse ist *isotaktisch* polymerisiertes Polypropylen, das von Natta (Giulio Natta, 1903–1979, Nobelpreis 1963) mit Hilfe von Ziegler-Katalysatoren, deshalb auch **Ziegler-Natta-Katalysatoren** genannt, erstmalig hergestellt wurde. Die streng stereoreguläre Anordnung der Methyl-Seitengruppe verursacht einen relativ hohen Kristallinitätsgrad und einen hohen Erweichungsbereich (165–170 °C). Nachteilig ist jedoch eine Erhöhung der Sprödigkeit schon bei Temperaturen um 0 °C. Durch Recken des Materials unterhalb des Erweichungsbereiches werden die Molekülketten in Zugrichtung ausgerichtet. Auf diese Weise kann man nach dem Abkühlen eine hohe Reißfestigkeit erreichen (z.B. für Kordeln und Verpackungsbänder).

Bemerkenswert ist noch, daß der Volumenbedarf infolge der vielen, regelmäßigen Methyl-Seitenketten relativ groß ist. Aus diesem Grunde ist Polypropylen der Kunststoff mit besonders niederer Dichte ($0{,}90$–$0{,}91$ g/cm^3). Eine noch geringere Dichte ($0{,}83$ g/cm^3) hat der ähnlich aufgebaute Kunststoff Poly-4-Methylpenten-1 (PMP) mit einer hohen Schmelztemperatur von 240 °C. Er hat anstelle der $-CH_3-$ Seitengruppe des PP die längere Kette $-CH_2CH(CH_3)_2$.

Polypropylen ist in seinen Eigenschaften dem Polyethylen ähnlich; es wird anstelle des Polyethylens überall da verwendet, wo es besonders auf gute Wärmebeständigkeit (Heizkanäle, Heizdüsen), hohe Schlagzähigkeit (Haushaltsgeräte), Formstabilität, auch bei Wärmebeanspruchung (Behälter!), oder besonders niedrige Dichte ankommt. Während sich Polyethylen in seiner wachsartigen Beschaffenheit mit dem Fingernagel ritzen läßt, zeigt das Polypropylen eine glänzende, härtere, nicht so leicht ritzbare Oberfläche. Handelsnamen: Hostalen PP (Targor/DE), Vestolen P (DSM/NL).

9.3.4   Polybuten-1

Kurzzeichen: **PB**
Chemische Formel:

$$\left[-CH_2-\underset{\underset{\textstyle C_2H_5}{|}}{CH}- \right]_x$$

Es kann ähnlich wie Polypropylen als isotaktisches Polymerisat aus 1-Buten mit Hilfe von Ziegler-Katalysatoren erhalten werden. Es ähnelt in seinen Eigenschaften dem PE-HD, zeichnet sich aber durch besondere Schlagzähigkeit auch bei tieferen Temperaturen (es ist dann weniger spröde) und durch geringe Kriechneigung aus. Es findet Verwendung für Spritzgußteile, Rohre, Behälter-Auskleidungen, Platten, Folien. Handelsname: Gabotherm (Thyssen Polymer GmbH/DE)

9.3.5 Polyisobutylen

Kurzzeichen: **PIB**

Chemische Formel:

$$\left[-CH_2-\underset{\underset{\displaystyle CH_3}{|}}{\overset{\overset{\displaystyle CH_3}{|}}{C}}- \right]_x$$

Polyisobutylene sind je nach Polymerisationsgrad mehr oder weniger zähflüssige Substanzen. Die Viskosität ist abhängig vom Molekulargewicht, d.h. vom Polymerisationsgrad des Polymeren. Bei Raumtemperatur sind niedermolekulare Polyisobutylene noch viskose Flüssigkeiten, während die höhermolekularen dem Kautschuk ähnlich sind, aber bei Dauerbelastung noch einen „kalten Fluß" aufweisen. Am bekanntesten ist die Verwendung als Auskleidungsfolien zum Korrosionsschutz und die Folien für den Grundwasserschutz von Gebäuden. Es wird auch für Dichtungsmassen verwendet. Handelsname Oppanol-B (BASF AG/DE).

Mischpolymerisate mit geringen Mengen Butadien oder Isopren sind sehr elastisch und besonders gasdicht und finden Verwendung für Autoschläuche (Butylkautschuk).

9.3.6   Synthetischer Kautschuk

Brauchbare synthetische Kautschuke wurden zunächst durch Polymerisation von *Buta*dien $CH_2=CH-CH=CH_2$ mit Hilfe von *Na*trium als Katalysator (daher der Name *Buna*) hergestellt. Dabei wurde das Butadien hauptsächlich in 1,2 -Stellung (ca. 70%) polymerisiert, der Rest (ca. 30%) in 1,4-Stellung.

$$\left[\underset{-CH-CH_2-}{\overset{C=CH_2}{|}} \right]_x \qquad \left[-CH_2-CH=CH-CH_2- \right]_x$$

1,2-Stellung   1,4-Stellung

Heute nimmt man für die Polymerisation von Butadien Ziegler-Natta Katalysatoren, die vorwiegend (z.B. zu 80%) eine 1,4-Addition ermöglichen und damit ein hochwertiges Produkt liefern (Kurzzeichen: **BR**). Infolge der im Polymerisationsprodukt noch vorhandenen Doppelbindungen können auch Seitenverzweigungen und Vernetzungen der Molekülketten miteinander auftreten, jedoch treten bei den heute verwendeten Katalysatoren diese Reaktionen in den Hintergrund. Auch die Polymerisation von Isopren liefert kein einheitliches Produkt.

Naturkautschuk dagegen liegt bis zu 98% als 1,4-Additionsverbindung des Isoprens vor, und zwar ausschließlich in der cis-Form, während beim synthetischen Kautschuk sowohl cis- als auch trans-Polymerisation vorkommt. Deswegen unterscheiden sich Butadien- und Isopren-Polymerisate in ihrem Verhalten von Naturkautschuk.

Heute werden am häufigsten Misch-Polymerisate als synthetische Kautschukarten verwendet:

- Das als **Styrol-Butadien-Kautschuk** bekannte Produkt (Kurzzeichen: **SBR**) ist ein Copolymerisat von Butadien und Styrol (ca. 25%).

- **Acrylnitril-Butadien-Kautschuk** (Kurzzeichen:**NBR**) auch Nitrilkautschuk genannt ist ein Copolymerisationsprodukt von Butadien mit Acrylnitril (20–40%) und
  zeichnet sich durch hohe Beständigkeit gegen Benzin und Öl aus.

9.3.7   Ethylen-Propylen-Kautschuk

Polymerisiert man ein Gemisch von Ethylen und Propylen mit Ziegler-Katalysatoren, so
erhält man ein Produkt, das ähnlich wie Kautschuk aufgebaut ist, jedoch keine Doppelbindungen enthält:

$$\left[-CH_2-\underset{\underset{CH_3}{|}}{CH}-CH_2-CH_2- \right]_x$$

Das Polymerisat (Kurzzeichen: **EPM**) ist trotz Anwendung von Ziegler-Katalysatoren (=
stereospezifischer Katalysatoren) im allgemeinen unregelmäßig, also ataktisch aufgebaut. Die Molekülketten sind in Knäuelform angeordnet und neigen nicht zur Kristallisation. Das Produkt ist amorph und zeigt ausgesprochene Kautschukelastizität.

Gibt man zum Gemisch vor der Polymerisation als dritte Komponente (Tertiär-
Komponente) noch ein Diolefin (z.B. Hexadien) in genauer Dosierung, so erhält man ein
Polymerisationsprodukt mit einer gewünschten, genau dosierten Anzahl von Doppelbindungen (Kurzzeichen: **EPDM**). Die Doppelbindungen werden dann beim Vulkanisieren
vollständig mit Schwefel vernetzt (siehe Abschnitt 9.2.2). Der Ethylen-Propylen-
Kautschuk enthält nach der Vernetzung keine freien Doppelbindungen mehr, ist daher
gegen Witterungseinflüsse, Sauerstoff, Chemikalien, selbst gegen Ozon beständig, weist
aber wegen der relativ geringen Vernetzung die gleichen günstigen Eigenschaften wie
normaler Gummi auf, ohne dessen Nachteile der Alterung zu besitzen.

9.3.8   Polystyrol

Kurzzeichen: **PS**
Chemische Formel:

$$\left[-CH_2-CH- \big| \bigcirc \right]_x$$

Polystyrol ist neben Polyethylen und Polyvinylchlorid einer der am häufigsten gebrauchten thermoplastischen Kunststoffe.

Das Reinpolymerisat ist aufgrund seiner amorphen Struktur glasklar, hat eine glän-
zende Oberfläche und hohe Steifigkeit, ist jedoch schlagempfindlich und neigt leicht zu
Spannungsrißbildung (siehe Abschnitt 9.7.3). Es zeichnet sich aus durch gute elektrische
Isolationseigenschaften und läßt sich durch thermische Verformung leicht verarbeiten.

Deswegen finden Gegenstände aus PS einen sehr weiten Anwendungsbereich. Mischpolymerisate mit **Methylstyrol** mit dem Kurzzeichen **SMS** und der Formel

$$\left[-CH_2-\underset{\underset{C_6H_5}{|}}{\overset{\overset{CH_3}{|}}{C}}- \right]_x$$

haben höhere Erweichungstemperaturen als Reinpolymerisate.

Die sogenannten **schlagfesten Polystyrole** besteht aus Mischpolymerisaten, von denen die ABS-Kunststoffe am wichtigsten sind:

1.) Acrylnitril-Butadien-Styrol-Polymerisat; Kurzzeichen: **ABS**
Handelsnamen: Terluran, Terlux (BASF AG/DE), Novodur (Bayer AG/DE).
2.) Styrol-Acrylnitril-Polymerisat; Kurzzeichen: **SAN**;
Handelsnamen: Luran (BASF AG/DE), Vestyron (Hüls AG/DE)
3.) Styrol-Butadien-Polymerisat; Kurzzeichen: **SB**;
Handelsnamen: Krylene, Krynol (Bayer AG/DE), Styroblend (BASF AG/DE).

Die Mischpolymerisate haben ähnliche Eigenschaften wie das Reinpolymerisat, zeichnen sich aber durch eine größere Beständigkeit gegen mechanische Beanspruchung aus. Alle Polystyrol-Kunststoffe können u.a. an ihrem klirrenden, blechernen Klang beim Anstoßen erkannt werden.

PS, SMS, ABS, SAN und SB finden unter anderem für folgende Anwendungen Verwendung: Radiogehäuse, Telefonapparate, Kämme, Bestecke, Küchenmaschinen-Gehäuse, Innenteile von Kühlschränken, Becher, Kfz-Armaturenbretter, Blinkleuchten.

Auf ABS-Pfropfpolymerisate (siehe hierzu Abschnitt 9.3.1) kann man durch Spezialverfahren besonders fest haftende Metallschichten **galvanisch abscheiden**. Solche „Verbundwerkstoffe" vereinigen in sich die Vorteile beider Werkstoffgruppen, und zwar die leichte Verarbeitbarkeit, Ausformung und das niedere spezifische Gewicht des Kunststoffs mit der widerstandsfähigeren, verschleißfesteren alterungs- und hitzebeständigeren, metallisch glänzenden Schutzschicht. Gegenüber den durch galvanische Überzüge geschützten, unedlen Metallen kommt noch der Vorteil hinzu, daß bei solchen Verbundwerkstoffen keine Untergrundkorrosion (siehe Abschnitt 10.6.2b) zu befürchten ist. Die innige Verbindung zwischen dem Kunststoff und dem Metall kommt dadurch zustande, daß vorher aus dem Kunststoff die Butadienkomponente herausgelöst wird und in den so entstehenden Kanälen und Kavernen das Metall durch geeignete Abscheidungsvorgänge (zuerst stromlos durch chemische Reduktion von Metallsalzen, danach durch Galvanisieren auf die leitend gemachte Oberfläche) fest verankert wird.

Neben dem hier erwähnten Verfahren hat das Bedampfen von Kunststoffen im Hochvakuum (siehe Abschnitt 10.6.3a5) mit verschiedenen Metallen (z.B. Al, Cu, Au) eine gewisse Bedeutung erlangt. Geeignet hierfür sind die Kunststoffe PS; PC; ABS; PMMA; POM und Polyester.

Polystyrol läßt sich auch zu einem porösen, **geschäumten Material** verarbeiten. Wird dem Polymerisat ein leichtsiedendes Lösungsmittel (z.B. Pentan) hinzugefügt, so bilden sich beim Erhitzen des Kunststoffes durch das beigemengte Treibmittel feine

Blasen oder Poren, die nach dem Abkühlen ihre Form beibehalten. Durch dieses einfache Verfahren der Schaumbildung gelingt es, Kunststoffe bis zu Dichten von 0,03 g/cm^3 herzustellen. Verschäumtes Polystyrol wird als Wärmeisolierstoff und leichtes Verpackungsmaterial verwendet. Handelsnamen: Styropor (BASF AG/DE), Vestypor (Hüls AG/DE).

In diesem Zusammenhang seien hier die von der Firma BASF entwickelten **Brandschutzplatten** erwähnt: Sie bestehen hauptsächlich aus geschäumtem Polystyrol und wasserhaltigem Natriumsilicat und sind gegen das Austrocknen durch eine wasserdichte Epoxidharzschicht geschützt. Die nur wenige Millimeter dicken Platten blähen sich bei Hitzeeinwirkung durch Feuer (infolge Schäumung und Zersetzung des Polystyrols und hauptsächlich wegen des Freiwerdens von Wasserdampf) auf und bilden eine poröse, unbrennbare, auf ein Vielfaches der ursprünglichen Stärke anwachsende Brandschutzschicht. Mit diesen Brandschutzplatten kann man nicht nur Wände, oder Holztüren, sondern sogar Glastüren (die dann noch durchscheinend bleiben) zu Brandschutzsperren machen.

9.3.9   Polyvinylcarbazol

Kurzzeichen: **PVK**

Chemische Formel:

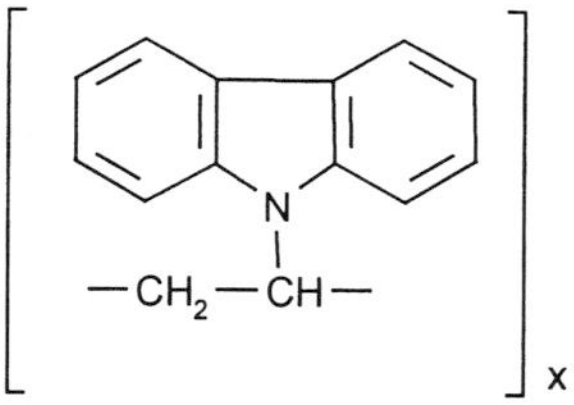

$$\left[\begin{array}{c} \text{Carbazol} \\ -CH_2-CH- \end{array}\right]_x$$

Einen wärmebeständigen Kunststoff erhält man durch Einbau von Carbazol-Seitengruppen in die Polymerkette. Die vergleichsweise sperrigen Carbazol-Seitengruppen führen neben der hohen Erweichungstemperatur zu hoher Härte und Steifheit. Dieser glasklare thermoplastische Kunststoff beginnt erst oberhalb von 200 °C zu erweichen und liegt bei Raumtemperatur bis in die Nähe des Erweichungspunktes im hartelastischen Zustand vor. Wegen seiner Wärmebeständigkeit und seiner guten dielektrischen Eigenschaften wird Polyvinylcarbazol im Apparatebau und insbesondere in der Elektrotechnik (Hochfrequenz-, Rundfunk-und Fernsehtechnik) verwendet. Die Verarbeitungstemperatur beim Spritzgießen beträgt 350 °C! Handelsname: Luvican (BASF AG/DE).

9.3.10   Polyvinylchlorid und Polyvinylacetat

Kurzzeichen: **PVC** bzw. **PVAC**

Chemische Formeln:

$$\left[-CH_2-\underset{\underset{Cl}{|}}{CH}- \right]_x \qquad\qquad \left[-CH_2-\underset{\underset{O-CO-CH_3}{|}}{CH}- \right]_x$$

PVC   PVAC

PVC kann durch verschiedene Polymerisationsverfahren aus dem monomeren **Vinylchlorid** CH_2=CHCl hergestellt werden. Das *monomere* Vinylchlorid zeigt sehr starke Giftwirkung, es führt zu Krebsgeschwülsten in der Leber, zur Knochenerweichung und anderen Schädigungen mit tödlichen Folgen. Der Kunststoff Polyvinylchlorid hingegen ist ungiftig.

Durch **Emulsionspolymerisation** gewonnenes PVC enthält Feuchtigkeit bindende Emulgatoren, so daß es z. B. für elektrische Isolierungen nicht geeignet ist. Diesen Nachteil weisen das durch Suspensionspolymerisation oder das sehr reine, durch Massenpolymerisation (Substanzpolymerisation) hergestellte PVC nicht auf.

Polyvinylchlorid wird entweder als Reinpolymerisat oder als Mischpolymerisat in Verbindung mit Polyvinylacetat verwendet.

Durch Verseifen von PVAC mit NaOH kann man **Polyvinylalkohol** (PVAL) herstellen. Aufgrund der darin enthaltenen polaren OH-Gruppen ist dieses Polymer wasserlöslich und kann deswegen als Schutzkolloid (hydrophile und hydrophobe Gruppen enthaltend) und als Klebstoff verwendet werden. Weitere Anwendungen: Glanzbildner-Zusatz für Galvanikbäder, Verwendung zur Herstellung gestrichener Papiere, zur Modifizierung von Anstrichmitteln.

a) Hart-PVC

Das Reinpolymerisat liefert einen harten, zähen, thermoplastischen Kunststoff mit amorpher Struktur, der wegen seiner mechanischen Eigenschaften als Hart-PVC oder **PVC-U** (vom englischen unplasticized = unplastifiziert, d.h. ohne Weichmacher) bezeichnet wird und hohe Chemikalienbeständigkeit aufweist. PVC-U ist aufgrund der am Molekül vorhandenen Chloratome schwer enflammbar, da sich beim Erhitzen HCl bildet, welches die Verbrennung unterdrückt (siehe auch Flammschutzmittel, Abschnitt 9.7.6).

Hart-PVC beginnt bei etwa 80 °C zu erweichen (unter mechanischer Beanspruchung schon bei 50–60 °C), es läßt sich jedoch erst bei 160–180 °C thermoplastisch verarbeiten. Dabei kann sogar schon eine Abspaltung der Korrosion verursachenden Salzsäure auftreten, denn die Zersetzungstemperatur von PVC liegt nur wenig höher. Die Abspaltung von Chlorwasserstoff, die durch Spuren von Eisen katalytisch beschleunigt wird, und dann sich sogar schon bei Temperaturen von ca. 100 °C bemerkbar macht, kann durch Stabilisatoren weitgehend zurückgedrängt werden.

Weil PVC mechanisch und chemisch sehr beständig ist, sich leicht einfärben läßt und leicht zu bearbeiten ist (spangebende Verarbeitung, thermoplastische Verformung, Möglichkeiten zum Verschweißen oder zum Kleben) findet es eine mannigfache Verwendung vor allem in der Bauindustrie z.B. für Fenster- und Türrahmen, Rolladenleisten, Dachrinnen, Wasserabflußleitungen. Es wird auch für Apparateteile in der chemischen Industrie und für Tonbandträger eingesetzt. Handelsnamen: Vestolit (Hüls AG/DE), Vinnolit (Vinnolit Kunststoff GmbH/DE), Astralon (Hüls-Troisdorf/DE).

b) Weich-PVC

Polyvinylchlorid läßt sich wie kaum ein anderer Kunststoff mit **Weichmacher** modifizieren. Weichmacher sind organische Verbindungen mit hohem Siedepunkt, die in den Kunststoff eindringen und sich zwischen die Polymerketten einlagern. Hierdurch werden die starken zwischenmolekularen Kräfte (Dipol-Dipol-Wechselwirkungen) reduziert. Der Weichmacher wirkt dadurch als eine Art „Gleitmittel" zwischen den Polymerketten.

$$\cdots\overset{\delta+}{CH}-CH_2-\overset{\delta+}{CH}-CH_2-\overset{\delta+}{CH}\cdots$$
$$\underset{\delta-}{Cl}\qquad\underset{\delta-}{Cl}\qquad\underset{\delta-}{Cl}$$

(W)   (W)   (W) ← Weichmachermoleküle

$$\cdots\overset{\delta+}{CH}-CH_2-\overset{\delta+}{CH}-CH_2-\overset{\delta+}{CH}\cdots$$
$$\underset{\delta-}{Cl}\qquad\underset{\delta-}{Cl}\qquad\underset{\delta-}{Cl}$$

Das so gewonnene Weich-PVC wird auch mit dem Kurzzeichen **PVC-P** abgekürzt (vom englischen plasticized = plastifiziert, d.h. mit Weichmacher). Es findet eine vielseitige Verwendung z.B. für Kabelumantelungen für elektrische Leitungen, Dekorationsfolien, Lederersatz, Polsterbezüge, Fußbodenbeläge, Schläuche Folien.

Materialien aus PVC-U dürfen im Verpackungsbereich nicht für fetthaltige Nahrungsmittel verwendet werden, da die gesundheitsschädlichen, lipophilen Weichmacher „herausgelöst" werden können.

Bei höherem Weichmachergehalt ist PVC auch leichter brennbar. Prinzipiell sind PVC-Kunststoffe wenn sie erhitzt (z.B. bei Bränden oder in Müllverbrennungsanlagen) werden nicht unproblematisch, da hierbei das korrosive und ätzende HCl-Gas entsteht. Weiterhin kann es auch zur Bildung von hochtoxischen Dioxinen und Furanen kommen (siehe Abschnitt 8.6.2). Bei Weich-PVC werden die gleichen Handelsnamen wie bei Hart-PVC verwendet. Handelsname für Lederersatz: Skai.

9.3.11   Polyvinylidenchlorid

Kurzzeichen: **PVDC**
Chemische Formel:

$$\left[-CH_2-\overset{\displaystyle Cl}{\underset{\displaystyle Cl}{C}}-\right]_x$$

Dieser sehr widerstandsfähige, unbrennbare, schmutzabweisende und daher leicht zu reinigende thermoplastische Kunststoff läßt sich bis auf das Drei- bis Vierfache recken und erhält dadurch hohe mechanische Festigkeiten in Zugrichtung. Er wird meist zu Geweben verarbeitet (Handelsname: Saran-Gewebe) und findet Anwendung z.B. als Filtergewebe, Bezugsstoffe für Autositze.

Die gereckte PVDC-Folie hat die Eigenschaft, bei erhöhter Temperatur wieder auf die ursprünglichen Abmessungen zu schrumpfen („Rückerinnerungsvermögen" der Moleküle, die beim Erwärmen in die statistisch wahrscheinlichste, ungeordnete Lage der Molekülketten zurückkehren; siehe auch Abschnitt 9.1.2). Dieser Effekt wird bei der bekannten **Schrumpfpackungen** (Cryovac-Verfahren) bzw. **Schrumpfschläuchen** ausgenutzt. Heute werden die Schrumpffolien häufig auch aus schwach vernetztem PE hergestellt.

9.3.12   Polytetrafluorethylen

Kurzzeichen: **PTFE**
Chemische Formel:

$$\left[\begin{array}{ccc} & F & F \\ & | & | \\ - & C - C & - \\ & | & | \\ & F & F \end{array} \right]_x$$

PTFE ist ein nahezu unverzweigtes, linear aufgebautes Polymer. Dies läßt eine fast ideale Ordnung der Molekülketten zu und führt zu sehr hohen Kristallinitätsgraden von >90%. Obwohl PTFE aus linearen, chemisch nicht vernetzten Kettenmolekülen besteht, zeigt es keine ausgesprochenen thermoplastischen Eigenschaften. Es läßt sich nicht in üblicher Weise thermoplastisch verarbeiten. Daß es sich bei diesem Kunststoff dennoch um einen Thermoplast handelt, geht aus der Tatsache hervor, daß sich dieser Kunststoff durch **Sintern** verarbeiten läßt (zu „Sintern", siehe auch Abschnitt 7.2.3). Zur Herstellung von Formteilen aus PTFE wird das Polymerisat als Pulver unter hohem Druck in die gewünschte Form kalt eingepreßt und dann bei Temperaturen um 380 °C gesintert.

Oberhalb von 327 °C geht PTFE in eine amorphe Form mit geringer Dichte über. Das PTFE wird gummiartig. Beim schnellen Abkühlen auf Raumtemperatur bleiben die amorphen Eigenschaften weitgehend erhalten. Der Kunststoff wird zähelastisch, etwas flexibel und durchscheinend und hat eine Dichte von nur $2{,}14 \text{ g/cm}^3$. Kühlt man langsam ab, so entsteht ein kristallines Produkt mit der höheren Dichte von $2{,}15$ bis $2{,}20 \text{ g/cm}^3$, mit höherer Druckfestigkeit und geringerer Gasdurchlässigkeit. Wegen dieses Umwandlungspunktes ist der thermische Anwendungsbereich für PTFE mit ca. 280 °C nach oben hin begrenzt. Nach unten besteht jedoch keine Grenze für die Verwendbarkeit. Das Polymerisat wird auch bei sehr tiefen Temperaturen (z.B. in flüssiger Luft) nicht spröde.

PTFE wird nur von elementarem Fluor und Chlortrifluorid bei höheren Temperaturen und Drücken sowie von schmelzenden Alkalimetallen angegriffen. Sonst ist es gegen alle Chemikalien beständig. Lösungsmittel und Weichmacher sind für PTFE nicht bekannt. Bei 400 °C tritt Zersetzung ein, bei der sehr giftige und Korrosion erzeugende, gasförmige Fluorkohlenstoffverbindungen abgespalten werden. ist

Außer der hohen **Thermoresistenz** und einer fast absoluten **Chemikalienfestigkeit** weist PTFE ein weiteres extremes Eigenschaftsmerkmale auf: den **niedrigsten Reibungskoeffizienten** aller Feststoffe (Anwendung z.B. für trocken laufende Lager). Wegen seiner geringen Affinität zu klebrigen Stoffen findet PTFE Anwendung bei Beschichtung und Auskleidung von Bratpfannen, Gefäßen, Silos, Transportbänder, Rutschen. Aufgrund seiner ausgezeichnete elektrische und dielektrische Eigenschaften wird es unter anderem bei Verkabelungen in der Computer- und Weltraumtechnik sowie im Flugzeugbau eingesetzt. Handelsnamen: Teflon (Du Pont/US), Fluon (ICI PLC/GB).

Diese Anhäufung von extremen Eigenschaften kann durch die Molekularstruktur des Polytetrafluorethylens erklärt werden. Die Makromoleküle liegen in völlig unverzweigter Form vor und weisen eine fast ideale Ordnung der Molekülketten auf. Deshalb sind zur Auflösung dieses durch zwischenmolekulare Wechselwirkungen stark verfestigten Kristallverbandes hohe Energien erforderlich. Das erklärt den hohen Schmelzpunkt. Die sehr starke Kohlenstoff-Fluor-Bindung erklärt die Thermoresistenz und die Chemikalienfestigkeit; die Kohlenstoffkette ist durch die Fluoratome sozusagen wie durch einen „Panzer" geschützt. Da aber die Molekülketten sehr lang sind, entsteht oberhalb des Schmelzpunktes lediglich eine hochviskose, gummiartige Masse, die die Anwendung des billigen Spritzgußverfahrens nicht mehr zuläßt.

Bei der serienmäßigen, meist spangebenden Verarbeitung dieses sehr teuren Kunststoffes fallen größere Mengen von PTFE-Abfällen an. Aus Gründen einer erheblichen Kostenersparnis ist es üblich, diese Abfälle wieder aufarbeiten zu lassen. Die einzige europäische Firma, die solche Arbeiten ausführt, ist die Mikro-Technik GmbH, 63897 Miltenberg/Main. Das chemisch gereinigte, pulverförmige und zu Halbzeugen (Stäbe, Rohre, Platten, Folien) verarbeitete Produkt (Handelsname:Reproflon) hat gegenüber dem ursprünglichen PTFE zwar eine etwas geringere Zugfestigkeit, dafür liegt aber die Druckfestigkeit höher.

Will man die schwierige thermische Bearbeitbarkeit nicht in Kauf nehmen, aber dennoch einen Kunststoff mit ähnlichen Eigenschaften wie das PTFE verwenden, so kann man auf folgende zwei Typen ausweichen:

1.) Polychlortrifluorethylen (Kurzzeichen:**PCTFE**) $[-CF_2- CFCl-]_x$. Es kann thermoplastisch verarbeitet, jedoch höchstens bis 200 °C belastet werden kann (ab 300 °C tritt bereits Zersetzung ein).

2.) Mischpolymerisat aus perfluoriertem Ethylen und Propylen (Kurzzeichen: **FEP**) mit der ungefähren Zusammensetzung $[-CF_2- CF_2-CF(CF_3)-CF_2-]_x$.

In beiden Fällen wird durch Ersatz jeweils eines Fluoratoms durch andere Atome oder Atomgruppen (–Cl- oder eine –CF$_3$-Gruppe) die enge Zusammenlagerung der Molekülketten und damit der Kristallinitätsgrad bzw. die Ausbildung starker zwischenmolekularer Kräfte vermindert. Diese Kunststoffe sind deswegen unterhalb des Zersetzungspunktes thermoplastisch verarbeitbar, jedoch auch nicht ganz so stabil wie PTFE.

Weitere fluorhaltige Kunststoffe sind Mischpolymerisate (z.B. Tetrafluorethylen-Ethylen-Copolymer = ETFE), Polyvinylfluorid (PVF) oder Polyvinylidenfluorid (PVDF). **PVDF** ist zehnfach stärker piezoelektrisch als Quarz (siehe Abschnitt 7.2.1f) und wird deshalb auch für **Drucksensoren** eingesetzt.

9.3.13 Polyacrylnitril

Kurzzeichen: **PAN**
Chemische Formel:

$$\left[-CH_2-\underset{\underset{\displaystyle CN}{|}}{CH}- \right]_x$$

PAN läßt sich (als Lösung in Dimethylformamid) zu Fäden verspinnen, die nach dem Verdampfen des Lösungsmittels eine knitterfreie, kochfeste, leicht waschbare, schnell trocknende, lösungsmittel- und alterungsbeständige, auch gegen Hitze und Termiten resistente Faser liefert. Erst bei ca. 225 °C fängt die Faser an, klebrig zu werden. Es findet Verwendung beispielsweise für Zeltplanen, Segeltuch, Filter, Seile, Stoffe. Handelsnamen: Dralon (Bayer AG/DE); Orlon (Du Pont GmbH/DE).

9.3.14 Polymethacrylsäuremethylester

Andere Namen: Polymethylmethacrylat, Acrylglas
Kurzzeichen: **PMMA**
Chemische Formel:

$$\left[-CH_2-\underset{\underset{\displaystyle CO-OCH_3}{|}}{\overset{\overset{\displaystyle CH_3}{|}}{C}}- \right]_x$$

Niederpolymerisiertes PMMA kann in Spritzgußmaschinen verarbeitet werden, das höherpolymerisierte dagegen läßt sich im allgemeinen wegen der bei relativ tiefen Temperaturen eintretenden Zersetzung besser durch thermoplastische Formung von Halbzeugen (bei Temperaturen ab 100 °C, z.B. heiße Luft) oder aber auch spangebend verarbeiten. Bei thermoplastischer Formung besteht die Gefahr der Rückverformung beim Erwärmen durch das sogenannte Rückerinnerungsvermögen der Moleküle.

Das Produkt ist glasklar und wird anstelle von Glas verwendet. Es ist halb so schwer wie Fensterglas, nicht splitternd und durchlässig für UV-Licht und Röntgenstrahlen. PMMA wird unter anderem für Sicherheitsglas, Behälter, Apparate, Modelle und Uhrgläser eingesetzt. Auch in der Medizin hat PMMA Eingang gefunden, so z.B. als Knochenersatz oder für Zahnprothesen. Beim letzteren wird das vorpolymerisierte Produkt mit Monomeren angeteigt und mittels UV-Licht auspolymerisiert. PMMA wird neuerdings auch zur Herstellung von Lichtwellenleitern eingesetzt. Handelsnamen: Plexiglas, Plexidur (Röhm GmbH/DE); Perspex (ICI/GB).

Zum Verkleben von PMMA benutzt man einen ähnlichen Vorgang: Man läßt die Klebeflächen zunächst mit monomerem Methylmethacrylat anquellen und stellt anschließend durch Polymerisation (Hitze, UV-Licht oder Katalysatoren) eine feste Verbindung her.

Nicht nur die Ester der Methacrylsäure, sondern auch die Monomere der Acrylsäure selbst werden polymerisiert:

$$\left[-CH_2-\overset{\overset{\displaystyle H}{|}}{\underset{\underset{\displaystyle CO-OCH_3}{|}}{C}}- \right]_x$$

Diese Polymerisate haben ein weites Anwendungsgebiet: Sie werden gebraucht als Lackrohstoffe, Bindemittel, Zwischenschichten z.B. für Sicherheitsglas (Verbundglas, siehe Abschnitt 7.2.4) und zur Kunstlederbeschichtung.

9.3.15   Polyoxymethylen

Kurzzeichen: **POM**
Chemische Formel:

$$\left[-CH_2-O- \right]_x$$

POM, auch Acetalharz genannt, entsteht durch Polymerisation von Formaldehyd:

$$x\,CH_2{=}O \;\rightarrow\; [-CH_2-O-]_x$$

Dieser Thermoplast bildet gerade Ketten und neigt daher beim Erstarren leicht zum Kristallisieren. Er weist einen ziemlich scharfen Schmelzpunkt von ca. 175 °C auf. Aus POM können Formteile gefertigt werden, die sich durch eine gute thermische Beständigkeit auszeichnen. Der Gebrauchstemperaturbereich erstreckt sich von –40 °C bis + 95 °C. POM wird von Säuren angegriffen, gegen andere Chemikalien oder Lösungsmittel ist es jedoch beständig. Handelsname: Ultraform (BASF AG/DE), Hostaform (Ticona GmbH/DE).

Es wird ähnlich wie die Polyamide (siehe Abschnitt 9.4.1) für hochbeanspruchte Konstruktionselemente (wie Zahnräder, Nockenscheiben, Lagerschalen usw.) verwendet. Auch ganze Konstruktionen wie Pumpen oder Lüfter werden aus POM gefertigt.

9.4   Polykondensationskunststoffe

Bei der Polykondensation verbinden sich monomere Moleküle durch Reaktion verschiedenartiger funktioneller Gruppen miteinander unter Abspaltung von kleinen Molekülen als Nebenprodukte (meistens von Wasser, seltener von HCl oder von CH_3OH) zu linearen oder räumlich vernetzten Makromolekülen.

9.4.1   Polyamide

Polyamide, mit dem Kurzzeichen PA, entstehen durch Polykondensation unter gleichzeitiger Abspaltung von Wasser. Hierbei können entweder Dicarbonsäuren mit Diaminen (sogenannter **Nylontyp**) reagieren, oder es vereinigen sich Aminosäuren, also von Monomeren, die an einem Ende der Kohlenwasserstoffkette eine Carbonsäure-, am anderen Ende eine Aminogruppe enthalten (sogenannter **Perlontyp**).

Nylontyp:

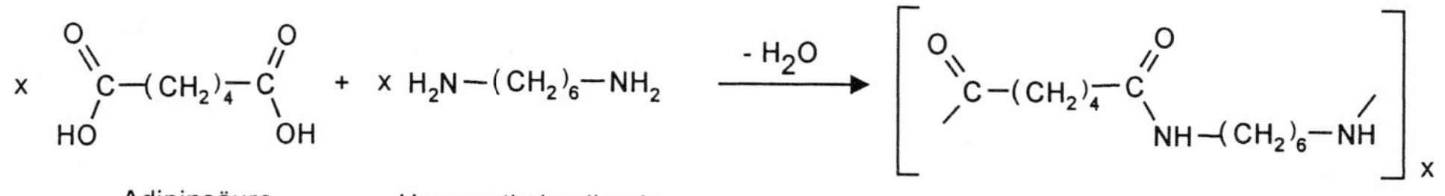

$$x \ \underset{HO}{\overset{O}{\underset{\|}{C}}}-(CH_2)_4-\underset{OH}{\overset{O}{\underset{\|}{C}}} \ + \ x \ H_2N-(CH_2)_6-NH_2 \ \xrightarrow{-H_2O} \ \left[\overset{O}{\underset{\|}{C}}-(CH_2)_4-\overset{O}{\underset{\|}{C}}\underset{NH-(CH_2)_6-NH}{} \right]_x$$

Adipinsäure   Hexamethylendiamin   Polyamid 6,6 (Nylon)

Perlontyp:

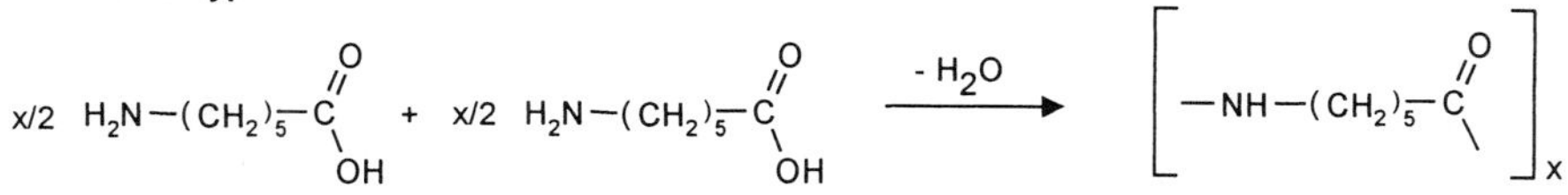

$$x/2 \ H_2N-(CH_2)_5-\underset{OH}{\overset{O}{\underset{\|}{C}}} \ + \ x/2 \ H_2N-(CH_2)_5-\underset{OH}{\overset{O}{\underset{\|}{C}}} \ \xrightarrow{-H_2O} \ \left[-NH-(CH_2)_5-\overset{O}{\underset{\|}{C}} \right]_x$$

ε-Caprolactam   Polyamid 6 (Perlon)

Die Anzahl der Kohlenstoffatome (in den Methylenketten einschließlich der Säureamidgruppe) wird zur Kennzeichnung der Polyamidarten herangezogen. Eine einfache Zahl kennzeichnet den Perlontyp z.B. PA 6; PA 9; PA 11; PA 12 usw., eine doppelte Zahl den Nylontyp z.B. PA 6,6; PA 6,10 (gebildet aus Hexamethylendiamin und Sebacinsäure).

Polyamide sind zähe, feste, weiße (farblose) bis schwach gelblich gefärbte **Thermoplaste**. Charakteristisch ist für sie, daß sie im Gegensatz zu den meisten anderen Thermoplasten keinen breiten Erweichungsbereich, sondern ähnlich wie POM einen ziemlich eng begrenzten Schmelzpunkt haben, der kaum von der Makromolekülgröße (Polykondensationsgrad), wohl aber hauptsächlich von der Art der Bestandteile des Polykondensats abhängt (siehe Übungsbeispiel 9.1).

Charakteristisch für die Polyamide ist, daß sich aufgrund der Amidgruppen zwischen zwei benachbarten Molekülketten **Wasserstoffbrücken** ausbilden können:

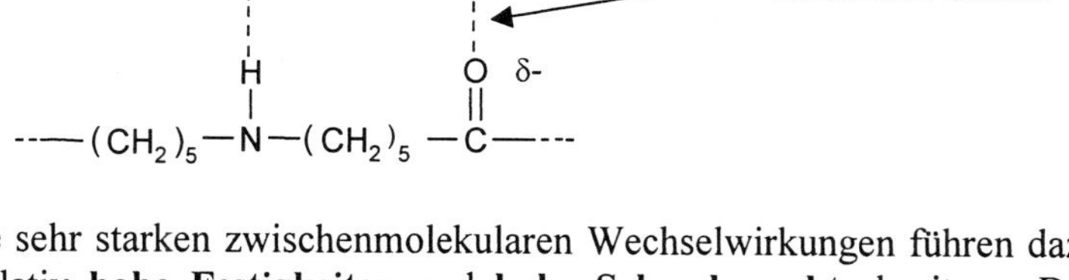

$$----(CH_2)_5-\underset{O}{\overset{|}{\underset{\|}{C}}}-(CH_2)_5-\underset{H \ \delta+}{\overset{|}{\underset{|}{N}}}----$$

Wasserstoff-Brücke

$$----(CH_2)_5-\underset{H}{\overset{|}{N}}-(CH_2)_5-\underset{O \ \delta-}{\overset{|}{\underset{\|}{C}}}----$$

Diese sehr starken zwischenmolekularen Wechselwirkungen führen dazu, daß Polyamide relativ **hohe Festigkeiten** und **hohe Schmelzpunkte** besitzen. Durch die polaren

Amidgruppen haben Polyamide auch eine starke Aufnahmefähigkeit für wechselnde Mengen Wassers, die bei einigen Sorten bis zu 10% Wassergehalt betragen kann. Durch die Aufnahme von Wasser haben Polyamide die Neigung zu quellen. Bei wechselnden äußeren Feuchtigkeitsbedingungen können PA-Werkstücke ihr Volumen mehr oder weniger stark verändern. Je höher hierbei die Wasseraufnahmefähigkeit, um so geringer ist die Maßgenauigkeit. Ein gewisser Mindestgehalt (ca. 2–3%) ist aber erforderlich, da wasserfreie Polyamide hart und spröde sind. Das Wasser erfüllt somit die Funktion eines Weichmachers. Ein zu hoher Wassergehalt beeinträchtigt jedoch die mechanischen Eigenschaften, vor allem die Zerreißfestigkeit der Polyamide.

In den üblichen organischen Lösungsmitteln sind die Polyamide aufgrund ihrer hydrophilen Amidgruppen unlöslich. Gegen Säuren sind sie jedoch nicht beständig, da es sich bei der Bildung von Polyamiden um eine Gleichgewichtsreaktion handelt (siehe 5. Kapitel), welche durch starke Säuren wieder rückgängig gemacht werden kann. Auch gegen starke Oxidationsmittel sind sie nicht beständig. Polyamide sind bereits gegenüber Luftsauerstoff bei höheren Temperaturen (schon ab 90–100 °C) empfindlich, was sich in einer braunen Färbung des Kunststoffs äußert.

Besonders günstige Eigenschaften der PA sind ihre **Zähigkeit**, hohe Biegfestigkeit und Oberflächenhärte. Man kann außerdem durch Recken im kalten Zustand die Moleküle in Zugrichtung ausrichten und damit die Zerreißfestigkeit um ein Vielfaches steigern; beim Entlasten behält der Faden seine neue Länge bei, er ist „kaltverstreckbar", weil die parallel ausgerichteten Molekülfäden durch die Wasserstoffbrücken zwischen den polaren CO- und NH-Gruppen miteinander verknüpft werden. Unter dem Einfluß stärkerer Erwärmung werden diese zwischenmolekularen Wechselwirkungen wieder gelöst, der Faden schrumpft wieder auf seine ursprüngliche Länge („Rückerinnerungsvermögen der Moleküle").

Polyamide finden Verwendung für: Gehäuse für Haushaltsgeräte, elektrische Schaltelemente, Zahnräder, Reißverschlüsse, Dichtungen, Treibriemen, Siebgewebe, Schnüre, Taue, Borsten, Folien, Bänder, Strümpfe etc. Handelsnamen: (neben Nylon und Perlon): Ultramid (BASF AG/DE), Durethan (Bayer AG/DE), Vestamid (Hüls/DE).

Übungsbeispiel 9.1:
Vergleichen Sie qualitativ die beiden Polyamidkunststoffe PA 6 und PA 11 hinsichtlich:

- Schmelztemperatur
- Dichte
- E-Modul
- Maßgenauigkeit

Lösung:
PA 6 und PA 11 haben folgende Struktur:

$$\left[-NH-(CH_2)_5-C\underset{\diagdown}{\overset{\displaystyle O}{\diagup}}\ \right]_x \qquad \left[-NH-(CH_2)_{10}-C\underset{\diagdown}{\overset{\displaystyle O}{\diagup}}\ \right]_x$$

Polyamid 6   Polyamid 11

Wie aus den Formeln zu erkennen ist, ist das Verhältnis der unpolaren (CH_2)-Gruppen zu den polaren –CONH- Amidgruppen bei PA 11 doppelt so groß wie bei PA 6. Aus diesem Grund sind die zwischenmolekularen Wechselwirkungen bei PA 6 wesentlich größer, da die Amidgruppen durch starke Wasserstoffbrücken zusammengehalten werden, während zwischen den (CH_2)-Gruppen lediglich schwache van der Waals-Kräfte wirken (siehe Abschnitt 2.5). Dies führt dazu, daß PA 6 eine höhere Dichte, Schmelztemperatur und ein höheres E-Modul besitzt.

Da aufgrund der relativ größeren Anzahl an polaren Amid-Gruppen kann jedoch PA 6 mehr (polare) Wassermoleküle aufnehmen. Dies führt dazu, daß PA 6 stärker „quillt" als PA 11 und damit eine deutlich geringere Maßgenauigkeit besitzt. Die genauen Daten sind in Tab. 9.3 aufgelistet.

Tab.9.3 Vergleich der Eigenschaften von PA 6 und PA 11

Eigenschaft	PA 6	PA 11
Dichte [g/cm^3]	1,14	1,04
Schmelztemperatur [°C]	220	185
E-Modul [N/mm^2]	1400	1000
Wasseraufnahme [%]	1,3	0,3

9.4.2   Formaldehyd-Kondensationsprodukte

a) Phenol-Formaldehyd-Harz

Phenol-Formaldehyd-Harze (Kurzzeichen: **PF**), entstehen durch Einwirkung von Formaldehyd auf Phenol unter Erwärmen in Gegenwart von geringen Säuremengen. Es bilden sich zunächst durch intermolekulare Abspaltung von Wasser Molekülketten nach folgendem Schema:

Diese als **Resole** bezeichneten, zähflüssigen bis festen, noch thermoplastischen Massen werden mit Füllstoffen (Holzmehl, Textilfasern, Papier, Asbest, Gesteinsmehl, Glasfaser usw.) versehen und mit Hilfe von Vernetzungsmitteln bei Druck und Hitzeeinwirkung verpreßt. Dabei werden die Molekülketten räumlich vernetzt, indem auch die H-Atome in Parastellung zur Phenolgruppe reagieren. Es bildet sich das duroplastische **Resit**, das durch folgende Strukturformel veranschaulicht werden kann:

Die Füllstoffe haben zwei Funktionen:
- Verbilligung des Kunststoffes
- Verbesserung der mechanischen Eigenschaften der Duroplaste.

Phenol-Formaldehyd-Kunststoffe haben den Nachteil, daß sie im Laufe der Zeit nachdunkeln. Aus diesem Grunde werden sie von vornherein mit dunkelfärbenden Farbstoffen versehen, meist braun oder schwarz gefärbt.

Phenol-Formaldehyd-Harz war einer der ersten und eine Zeitlang einer der wichtigsten Kunststoffe und wurde nach dem Erfinder dieses Kunststoffes **Bakelit** genannt (Leo Hendrik Baekeland, 1863–1944). Wegen der nachteiligen Eigenschaft des Nachdunkelns ist PF teilweise durch andere Kunststoffe verdrängt worden. Dennoch werden Phenol-Formaldehyd-Harze auch heute noch vielseitig eingesetzt, z.B. für elektrische Schaltelemente, Schalttafeln, Leiterplatten (meist glasfaserverstärkt), Spulenkörper.

Ein wichtiges Anwendungsgebiet sind die **Schichtpreßstoffe**, wo mit Phenolharz getränkte Trägerstoffe, wie Holzfurniere, Papierbahnen, Textilgewebe etc., nach dem Aushärten stabile Preßplatten ergeben. Neuerdings gewinnen auch glasfaserverstärkte Phenolharz-Preßmassen an Bedeutung.

Phenol-Formaldehyd-Harze können auch als säure- und korrosionsfeste Auskleidungen und Spachtelmassen verwendet werden. Solche Säureschutzkitte sind z.B. die Handelsprodukte Bakelite (Bakelite GmbH/DE), Haveg (Dr.C. Otto & Comp. GmbH/DE).

b) Harnstoff-Formaldehyd-Harz

Harnstoff-Formaldehyd-Harz, auch Carbamidharz oder auch **Urea-Formaldehyd-Harz** genannt (Kurzzeichen **UF**), wird zunächst als Vorkondensationsprodukt von Harnstoff mit Formaldehyd gewonnen:

Dieses Vorkondensationsprodukt wird mit Füllstoffen versehen und ähnlich wie das Phenol-Formaldehyd-Harz durch Erhitzen unter Druck räumlich vernetzt. Der voll ausgehärtete Kunststoff hat die Strukturformel:

$$\left[\begin{array}{c} H_2C \quad O \\ | \quad\quad || \\ {-}{-}{-}N{-}C{-}N{-}CH_2{-}{-}{-} \\ | \end{array} \right]_x$$

Im Gegensatz zu den Phenol-Formaldehyd-Harzen sind Harnstoff-Formaldehyd-Harze lichtbeständig und können, da das Harz selbst farblos ist, in beliebigen, vor allem hellen Farbtönen hergestellt werden. Handelsnamen: ebenfalls Bakelite (Bakelite GmbH/DE), Scarab (BIP Chemicals/IT).

Harnstoffharz-Preßmassen werden für Formteile in der Elektrotechnik besonders da verwendet, wo helle Farben bevorzugt werden (z.B. für Schalter oder Steckdosenplatten).

c) Melamin-Formaldehyd-Harz

Melamin-Formaldehyd-Kunststoffe, mit dem Kurzzeichen **MF**, werden ähnlich den Harnstoffharzen zunächst durch Vorkondensation und anschließende räumliche Vernetzung (zusammen mit Füllmaterial) als Duroplaste hergestellt. Die Strukturformel ist dann (siehe auch Abschnitt 8.6.1):

$$\left[\begin{array}{c} \text{CH}_2 \\ \text{N} \\ \text{N} \quad \text{N} \\ \text{CH}_2 \quad\quad \text{N} \quad\quad \text{N} \\ \text{N} \\ \text{CH}_2 \end{array} \right]_x$$

Die Eigenschaften sind ähnlich denen der Harnstoff-Formaldehyd-Harze. Sie weisen gegenüber diesen jedoch eine bessere Wärmebeständigkeit, bessere elektrische Eigenschaften (hauptsächlich Kriechstromfestigkeit), hervorragende Feuchtigkeitsbeständigkeit und vor allem völlige Geruchsfreiheit und physiologische Unbedenklichkeit auf. Daher haben Melamin-Formaldehyd-Kunststoffe ein breites Anwendungsgebiet in der Elektrotechnik gefunden und werden auch für verschiedene Gebrauchsgegenstände (z.B. Eß- und Trinkgeschirrteile) verwendet. Handelsname: Supraplast (Süd-West-Chemie GmbH/DE).

Noch bekannter ist die Verwendung von Melaminharz als Schichtpreßstoff. Die unter dem Handelsnamen „**Resopal**" vielseitig verwendeten Tisch- oder Dekorationsplatten enthalten in der obersten Deckschicht meist Melamin-Formaldehyd-Harz, bestehen aber in den darunter liegenden Schichten wegen der billigeren Herstellungskosten aus Phenol-Formaldehyd-Harz. Die unterste Schicht enthält meist Harnstoff-Formaldehyd-Harz. Bei der Herstellung solcher Platten werden diese verschiedenen Schichten (Harz + Trägermaterial) beim Aushärten durch chemische Vernetzung innig miteinander verbunden.

9.4.3   Polyesterharze oder Alkydharze

a) Lineare Polyester

Durch Polykondensation von zweibasischen organischen Säuren mit zweiwertigen Alkoholen entstehen die Molekülketten eines thermoplastischen Kunststoffs. Am bekanntesten ist der Polyterephthalsäureglykolester, meist **Polyethylenterephthalat** (Kurzzeichen **PET**) genannt. Diesen Kunststoff kann man sich durch Polykondensation aus Terephthalsäure und Glykol denken. (Tatsächlich wird er jedoch durch Methanol-Abspaltung aus dem Terephthalsäuredimethylester und Glykol gebildet):

Terephthalsäure   Glykol

Polyethylenterephthalat (PET)

Auf ähnliche Weise wird **Polybutylenterephthalat** (Kurzzeichen: **PBT**) hergestellt.

PET, ein thermoplastischer Kunststoff, wird sehr häufig zu Kunstfasern und zu Folien verarbeitet. Durch Recken solcher Fasern auf das vier- bis sechsfache werden die Molekülketten in Zugrichtung orientiert und damit hohe Reißfestigkeit erreicht. Handelsnamen der meist mit Wolle vermischten Fasern: Diolen (AKZO /NL, Glanzstoff), Terylen (ICI /GB). Auch die Folien erlangen durch Recken eine hohe Reißfestigkeit. Sie können sehr dünn ausgezogen werden (0,01 – 0,05 mm) und übertreffen anderes Folienmaterial hinsichtlich der mechanischen Eigenschaften. Handelsname: Hostaphan (Kalle Pentaplast/DE).

Aus Polyester werden Magnetbänder (Tonbänder) hergestellt. Aber auch als Spritzgußmasse werden Terephthalsäureglykolester zur Herstellung von Zahnrädern, Lagern, Schrauben und anderen Maschinenelementen verwendet. Handelsnamen: Impet (Ticona GmbH/DE); Ultradur (BASF AG/DE), Polyclear (Kalle Pentaplast/DE).

Die „**PET-Flasche**" für Getränke gewinnt heute als Mehrwegflasche gegenüber den Glasflaschen immer mehr an Bedeutung, da sie aufgrund ihres geringeren Gewichts in der Handhabung für den Kunden günstiger ist und zu Energieeinsparungen beim Transport vor allem über große Distanzen führt.

b) Vernetzte Polyester

Wird anstelle des zweiwertigen Alkohols ein dreiwertiger (z.B. Glycerin, siehe Abschnitt 8.4.1b) eingesetzt, dann verestern zunächst die beiden endständigen OH-Gruppen des Glycerins zu linearen Polyestern. Die etwas schwieriger zu veresternde dritte OH-Gruppe reagiert dann z.B. durch Erhitzen des Produktes auf Temperaturen um 200 °C mit weiterer Dicarbonsäure und ergibt eine räumliche Vernetzung (Glyptalharze). Durch die großen Variationsmöglichkeiten bei der Verwendung verschiedener mehrwertiger Carbonsäuren und Alkohole sowie anderer Zusatzstoffe ist die Palette der insgesamt herstellbaren Polyester sehr groß. Man faßt diese Polyester unter der Sammelbezeichnung **Alkydharze** zusammen und verwendet sie hauptsächlich in den verschiedensten Lacken.

c) Ungesättigte Polyester

Kurzzeichen: **UP**

Werden ungesättigte zweibasische Säuren mit zweiwertigen Alkoholen (meist mit Glykol) verestert, so enthalten die linearen Makromoleküle der Polyester noch Doppelbindungen, die dann durch Styrol miteinander vernetzt werden können (Pfropf-Copolymerisation, siehe Abschnitt 9.3.1). Man bezeichnet solche Polyester auch als UP-Harze oder styrolisierte Alkydharze. Die Aushärtung kann je nach Art der zugesetzten Katalysatoren entweder bei höheren Temperaturen oder auch bei Normaltemperatur erfolgen.

Maleinsäure

Glykol

Vorkondensat

Vernetzung

vernetztes UP-Harz

Vernetzte Polyester sind gegen die meisten organischen Lösungsmittel, verdünnte Säuren, Alkalien und Salzlösungen beständig und finden u.a. eine ausgedehnte Verwendung als Zweikomponentenlacke. Die Harze sind farblos, erlauben jede Art von Einfärbung und ergeben sehr harte und haltbare Schichten. Besonders vielseitige Anwendungsmöglichkeiten haben die ungesättigten Polyester durch Verstärkung mit Glasfaser erhalten (siehe Abschnitt 9.4.3d). Handelsnamen: Palatal (BASF AG/DE), Menzolit (Menzolit Werke/DE), Vestopal (Hüls AG/DE).

d) Glasfaserverstärkte ungesättigte Polyester

Kurzzeichen: **GUP**

Durch die Glasfaserverstärkung kann die mechanische Festigkeit der Polyester um ein vielfaches gesteigert werden. Während die reinen vernetzten ungesättigten Polyester eine Zugfestigkeit von nur 30 bis 50 N/mm^2 haben, kann bei GUP die Zugfestigkeit Werte bis zu 800 N/mm^2 erreichen, wie aus Abb. 9.10 ersichtlich ist.

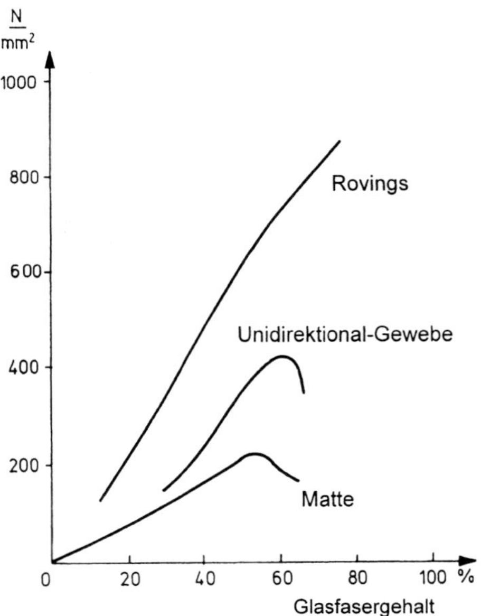

Abb.9.10. Zugfestigkeit glasfaserverstärkter Kunststoffe

Da erst die Glasfasern dem Kunststoff die eigentliche Festigkeit verleihen, wird man diese im Formteil so anordnen, daß sie in der Richtung der zu erwartenden Zugbeanspruchung liegen. Je nach Verwendungszweck wird man deswegen:

- Matten
- Vliese (nicht gewebte, flächenhaft miteinander verfilzte Fasermatten)
- Unidirectional-Gewebe (in einer Richtung verstärktes Gewebe)
- Rovings (einseitig ausgerichtete dünnste Glasfasern) mit Polyesterharz tränken und aushärten lassen.

Ähnlich wie die ungesättigten Polyester können sehr viele andere Kunststoffe durch Verstärkung mit Glasfasern oder Kohlenstoff-Fasern (siehe Abschnitt 6.3.4i) sehr gute mechanische Festigkeiten erlangen. Kurzzeichen für **glasfaserverstärkte Kunststoffe: GFK**. Noch höhere Festigkeiten werden mit kohlefaserverstärkten Kunststoffen erreicht. Hierbei können Zugfestigkeiten >1000 N/mm^2 erzielt werden. Solche Werkstoffe werden vorwiegend im Flugzeugbau eingesetzt.Kurzzeichen für **kohlefaserverstärkte Kunststoffe: CFK**

9.4.4   Polycarbonat

Kurzzeichen: **PC**

Der Kunststoff Polycarbonat, entsteht durch Polykondensation von „Dian" (Dihydroxy-diphenylpropan) mit Phosgen Cl–CO–Cl, dem Dichlorid der Kohlensäure:

"Dian"   +   Phosgen   "Dian"

Man erhält – unter Abspaltung von HCl - einen linear gebauten, nicht zur Kristallisation neigenden und darum klaren, durchsichtigen und farblosen, thermoplastischen Kunststoff mit folgender Formel:

Polycarbonat (PC)

Wegen der Gruppierung –O–CO–O– werden diese Kunststoffe auch Polycarbonate genannt. Die mechanischen, thermischen und elektrischen Eigenschaften sind günstiger als bei den meisten anderen Kunststoffen. Polycarbonate haben hohe mechanische Festigkeit, sie sind hart, maßbeständig, duktil (können z.B. genagelt werden) und hinab bis zu etwa -100 °C schlagzäh. Sie können wegen des hoch liegenden Erweichungsbereiches (meist über 200 °C) auch bei relativ hohen Betriebstemperaturen (etwa bis 130 °C) eingesetzt werden.

Polycarbonat findet Verwendung für mechanisch, thermisch und dielektrisch hoch beanspruchte Teile und für heißsterilisierbare medizinische Geräte. Außerdem wird es für Gebrauchs- und Haushaltsgegenstände sowie aufgrund seiner Transparenz als Kunststoffglas eingesetzt. Auch die CD-Audio-Platten (compact discs) und CD-ROM Speicherplatten werden aus PC hergestellt. Hierdurch hat PC in den letzten Jahren hohe Zuwachsraten erzielt. PC eignet sich auch zum Einsatz als **Kunststoff-Lichtwellenleiter**, allerdings ist die Lichtdämpfung höher als bei PMMA. Handelsname: Makrolon (Bayer AG/DE).

9.4.5   Hochtemperaturbeständige Polykondensationskunststoffe

In der Praxis besteht ein sehr großer Bedarf an hochtemperaturbeständigen Kunststoffen; deshalb galten viele Bemühungen der Entwicklung solcher Werkstoffe. Als besonders günstig erwies sich dabei die Herstellung verschiedener Kunststoffe mit sehr hohen Anteilen an aromatischen Ringen in der Polymerkette („Doppelführung" der Polymerkette!). Beispielsweise kann man Benzolringe über Sauerstoff- oder Schwefelatome verknüpfen. Dies führt zu der Gruppe der **Polyphenylenether** (Kurzzeichen: **PPE**) bzw. **Polyphenylensulfide** (Kurzzeichen: **PPS**):

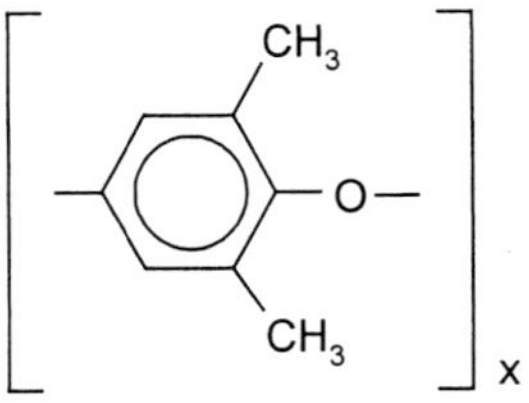

Poly(2,6-dimethyl-1,4-)phenylenether (PPE) 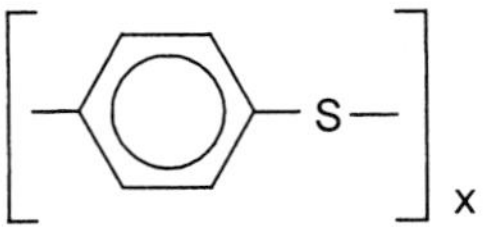   Polyphenylensulfid (PPS)

PPE hat einen Erweichungspunkt um 230 °C und zeigt hohe Zugfestigkeit in weiten Temperaturbereichen. PPE wird meist nicht direkt, sondern in modifizierter Form als Copolymerisat (z.B. mit Styrol) eingesetzt, da an der Luft bei höheren Temperaturen ein beschleunigter oxidativer Abbau stattfindet. Durch die Copolymerisation wird jedoch die Erweichungstemperatur erniedrigt (siehe Abb. 9.11). PPE wird wegen guter elektrischer Eigenschaften in Elektrogeräten verwendet und dient auch als Konstruktionswerkstoff für Apparate.

PPS einen thermisch noch stärker belastbaren Kunststoff erhält man, wenn man die Benzolkette durch Schwefelbrücken miteinander verknüpft. Es hat eine Erweichungstemperatur von ca. 250 °C und einen Schmelzpunkt von ca. 290 °C, es ist in allen Lösungsmitteln unlöslich. Bei den thermisch ebenfalls stabilen **Polyetherketonen** (Kurzzeichen: **PEK**) bzw. den **Polyethersulfonen** (Kurzzeichen: **PES**) sind aromatische Ringe über Sauerstoffatome und die Gruppen $-CO-$ bzw. $-SO_2-$ miteinander verbunden:

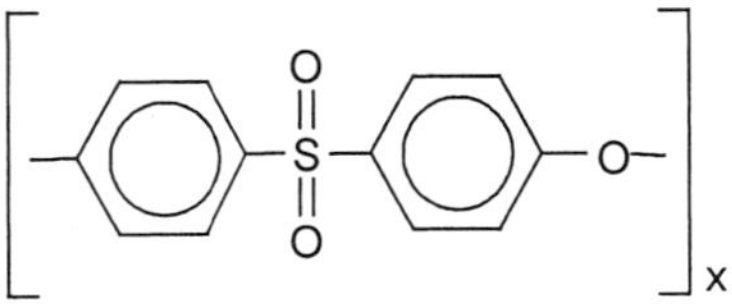

Polyethersulfon (PES) 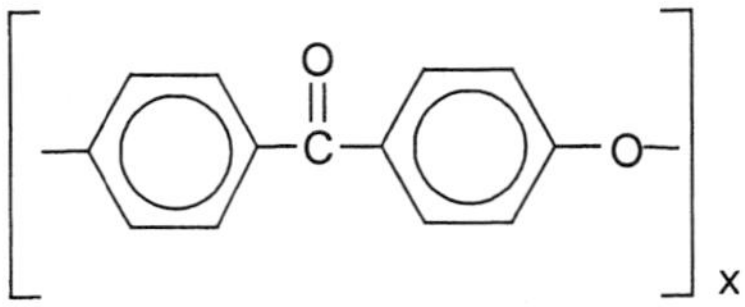   Polyetherketon (PEK)

Besonders thermisch stabil sind die als **Polyimide** (Kurzzeichen: PI) bezeichneten Polykondensate. Sie zeigen eine starke Anhäufung von ringförmigen organischen Verbindungen in der Polymerkette, wie die folgende Formel zeigt:

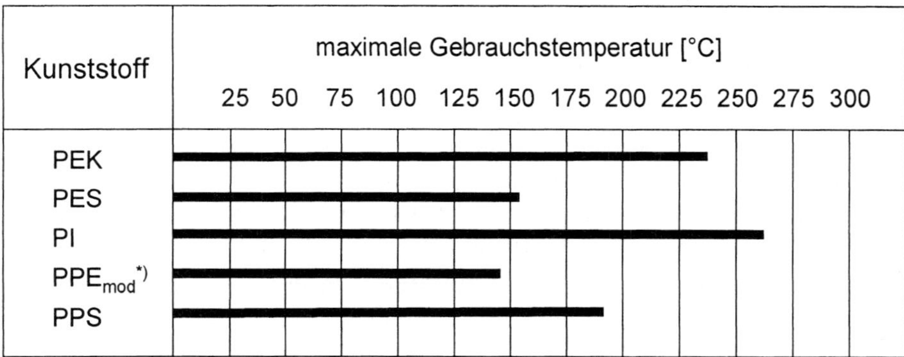

Die Temperaturbeständigkeit von Polyimiden reicht bis über 250 °C. Verwendung findet dieser Kunststoff wegen guter elektrischer Eigenschaften als temperaturbeständiges Elektroisoliermaterial, außerdem im Maschinenbau für Dichtungselemente. Ein bedeutendes Anwendungsgebiet hierbei sind Dichtungen in Strahltriebwerken (z.B. bei der Boeing 747). In Verbindung mit Graphit und PTFE wird PI auch für selbstschmierende Lagerteile eingesetzt.

Kunststoff	maximale Gebrauchstemperatur [°C]
	25 50 75 100 125 150 175 200 225 250 275 300
PEK	
PES	
PI	
PPE$_{mod}$ *)	
PPS	

*) modifiziert: Copolymerisat mit PS

Abb.9.11 Maximale Gebrauchstemperatur von hochtemperaturbeständigen Polykondensationskunststoffen

9.5 Polyadditionskunststoffe

Bei der Polyaddition werden durch fortlaufende „Addition" von jeweils zwei verschiedenen Monomerenarten die betreffenden Kunststoffe gebildet. Bei diesem Vorgang entstehen durch Aufklappen von Bindungen an einer der Monomerenarten freie Valenzen, an die sich Bestandteile der anderen Monomerenart anlagern können; die andere freie Stelle der aufgeklappten Bindung wird dabei immer durch ein dorthin wanderndes Wasserstoffatom besetzt, wie es in Abschnitt 9.5.1 am Beispiel vom Polyurethan und in Abschnitt 9.5.2 am Beispiel der Aushärtung von Epoxidharzen verdeutlicht wird. Wie bei der Polymerisation fallen auch bei der Polyaddition keine Nebenprodukte an.

9.5.1   Polyurethane

Kurzzeichen: **PUR**

Bei den Polyurethanen addieren sich Isocyanate der Formel R–N=C=O mit der OH-Gruppe eines Alkohols, wobei der Wasserstoff der Hydroxidgruppe seinen Platz wechselt, entsprechend folgendem Schema:

$$R1-N{=}C{=}O \;+\; (H)O-R2 \longrightarrow R1-N-C-O-R2 \quad \text{(Urethangruppe)}$$

Je nach der Zahl der funktionellen Gruppen in den Reaktionspartnern entstehen lineare oder vernetzte Makromoleküle. Ein **lineares Polyurethan** hätte demnach folgende Struktur:

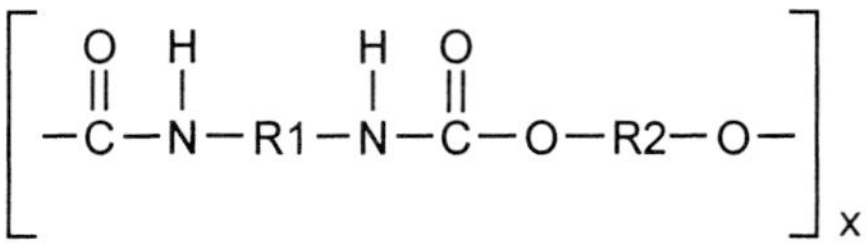

$$\left[-C-N-R1-N-C-O-R2-O- \right]_x$$

Die Anwendungsmöglichkeiten für diese Kunststoffe sind sehr mannigfaltig, da hinsichtlich des Vernetzungsgrades und der Kohlenwasserstoffreste (R1 bzw. R2) große Variationsmöglichkeiten bestehen. Wegen eines ähnlichen Aufbaus haben linear aufgebaute Polyurethane den Polyamiden verwandte Eigenschaften und finden auch eine entsprechende Verwendung wie diese.

Vernetzte Polyurethane benutzt man als härtende Lackharze und Klebemittel. Man kann aus ihnen auch Duroplaste gewinnen. Je nach Reaktionsführung kann man solche Kunststoffe hart bis gummielastisch einstellen. Sie werden beispielsweise zum Vergießen von Kabelgarnituren und Transformatoren verwendet. Handelsname: Baybond, Baydur (Bayer AG/DE).

Polyurethane werden sehr häufig zu **Schaumstoffen** verarbeitet. Man kann hierbei die verschiedensten Typen herstellen, angefangen vom Hartschaum für Wärmeisolierung und Schalldämmung bis zum weichelastischen Polstermaterial. Das Aufschäumen wird dabei durch die Verwendung wasserhaltiger Alkoholkomponenten erreicht, da hierbei das Wasser mit einem Teil des Isocyanats unter Bildung von Kohlendioxid reagiert und dieses als Treibgas wirkt:

$$R\text{–}NCO + H_2O \rightarrow R\text{–}NH_2 + CO_2 \uparrow$$

Handelsnamen: Bayflex, Moltopren (Bayer AG/DE).

9.5.2   Epoxidharze

Kurzzeichen: **EP**

Epoxidharze entstehen durch Polyaddition an Epoxiden. Der Name „Epoxid" ist eine Bezeichnung für organische Verbindungen, in denen ein Sauerstoffatom an zwei miteinander direkt verknüpften Kohlenstoffatomen gebunden ist. Epoxide enthalten also die Atomgruppierung:

$$CH_2\!-\!CH\!-\quad(\text{Epoxidgruppe, }O\text{-Brücke})$$

Man unterscheidet zwischen den kalthärtenden und den in der Hitze härtenden Epoxidharzen. In beiden Fällen läßt man Epoxide mit anderen Reaktionspartnern (Härter) unter Polyaddition reagieren und erhält auf diese Weise in flüssiger Form verarbeitbare, zu stabilen Formteilen aushärtbare Gießharze, die man auch als Metallklebstoffe verwenden kann (Zweikomponentenkleber). Epoxidharze werden
aus zwei Komponenten hergestellt, dem eigentlichen **Epoxid** (dessen Aufbau der Abschnitt 9.5.2a verdeutlicht) und dem **Härter** (Abschnitt 9.5.2b zeigt die Härtungsreaktionen). Die Eigenschaften solcher Epoxidharze werden im Abschnitt 9.5.2c beschrieben.

a) Die Epoxid-Grundmasse

Sie besteht aus Molekülketten, bei denen einzelne Grundbausteine, wie sie in den eckigen Klammern der folgenden Formel angegeben sind, durch Polyaddition zu Ketten zusammengeknüpft wurden. Die Enden der Molekülketten enthalten jeweils noch freie Epoxidgruppen, die dann mit den unter b) genannten Härtern reagieren:

$$CH_2\!-\!CH\!-\!CH_2\!-\!\left[-O\!-\!C_6H_4\!-\!\underset{CH_3}{\overset{CH_3}{C}}\!-\!C_6H_4\!-\!O\!-\!CH_2\!-\!\underset{OH}{CH}\!-\!CH_2\!-\right]_x\!-\!O\!-\!CH_2\!-\!CH\!-\!CH_2$$

b) Härter

Für Härtungsreaktionen bei normaler Temperatur verwendet man gewöhnlich Amine, die nach folgendem Schema reagieren (kalthärtende Epoxidharze):

$$---\!-O\!-\!CH_2\!-\!CH\!-\!CH_2 \;+\; H\!-\!\underset{R1}{N}\!-\!H \;+\; CH_2\!-\!CH\!-\!CH_2\!-\!O\!---- \;\longrightarrow$$

$$----\!O\!-\!CH_2\!-\!\underset{OH}{CH}\!-\!CH_2\!-\!\underset{R1}{N}\!-\!CH_2\!-\!\underset{OH}{CH}\!-\!CH_2\!-\!O\!----$$

Sollen Epoxidharze nur durch Erhitzen (z.B. auf Temperaturen von 160 bis 200 °C) aushärten, so nimmt man zur Vernetzung zweibasische organische Säureanhydride.

Epoxidharze, deren Grundbestandteile mehr als jeweils zwei reagierende funktionelle Gruppen enthalten, führen zur räumlichen Vernetzung.

c) Eigenschaften der gehärteten Harze

Epoxidharze sind chemisch sehr beständig, haben eine **hohe mechanische Festigkeit**, insbesondere hohe Härte, Schlagzähigkeit und Abriebfestigkeit. Sie werden (meist mit Glas- oder Kohlefasern verstärkt) zur Herstellung von Booten, Karosserien, Tragflächen von Segelflugzeugen, Badewannen usw. verwendet. Zum Unterschied von ähnlich verwendeten Polyestern zeigen sie den erheblichen Vorteil, daß sie beim Erhärten keinen Schwund aufweisen, daher sich auch spannungsfrei und formgenau verfestigen.

Wegen ihres ausgezeichneten Haftvermögens auch auf Metallen und glatten Flächen finden sie Verwendung als **Klebstoffe** und Kitte für Metalle. Epoxide finden ferner Verwendung als widerstandsfähige Lacke. Handelsnamen: Araldit (Ciba Chemikalien AG/CH); Epikote (Deutsche Shell Chemie GmbH/DE).

9.6   Silicone

Kurzzeichen: **SI**

Bei den Siliconen wird die Polymerkette nicht durch Kohlenstoffatome, sondern durch abwechselnd hintereinander folgende Silicium- und Sauerstoffatome gebildet. Die restlichen Valenzen sind durch Kohlenwasserstoffreste abgesättigt. Systematisch richtig müßten die Silicone als **Polysiloxane** bezeichnet werden.

Nach der Entstehungsweise könnte man die Silicone, zu den Polykondensationskunststoffen zählen, indem z.B. Dimethyldichlorsilan mit Wasser unter Austritt von HCl polykondensiert:

$$
\cdots + \ \underset{\underset{CH_3}{|}}{\overset{\overset{CH_3}{|}}{Cl-Si}}-Cl \ + \ H-O-H \ + \ Cl-\underset{\underset{CH_3}{|}}{\overset{\overset{CH_3}{|}}{Si}}-Cl \ + \cdots \ \xrightarrow{-HCl} \ \left[-\underset{\underset{CH_3}{|}}{\overset{\overset{CH_3}{|}}{Si}}-O- \right]_x
$$

Trichlorsilane würden eine räumliche Vernetzung mit anderen Molekülketten ergeben. Je nach dem Mengenverhältnis der eingesetzten Silane erhält man Silicone mit verschiedenem Molekülaufbau und damit Silicone gewünschter Eigenschaften. Man kann außerdem die Kohlenwasserstoffreste der Seitengruppen variieren.

9.6.1   Siliconöle und -fette

Silicone mit kettenförmigem Aufbau sind Öle (Fluidoplaste), die in einem weiten Temperaturbereich eine verhältnismäßig flache Viskositätskurve haben. Außerdem liegt der Stockpunkt mit −50 bis −70 °C sehr niedrig. Der Stockpunkt ist die Temperatur, bei der das Öl so steif wird, daß es unter de Einwirkung der Schwerkraft nicht mehr fließt (siehe Abschnitt 9.1.4). Die Viskosität der Siliconöle ist weitgehend temperaturunabhängig. So können Siliconöle bei Temperaturen von −60 °C bis +300 °C eingesetzt werden (Schmiermittel, Hydrauliköle, auch Transformatorenöle).

Da Siliconöle keine Affinität zu allen anderen Kunststoffen zeigen, werden sie bei der Kunststoffverarbeitung als Schmier- und Trennmittel eingesetzt.

Nachteilig kann sein, daß Silicone „Kriecheffekte" zeigen, d.h. sie breiten sich auf Oberflächen (z.B. von Metallen) aus und können so zu Stellen wandern, wo sie unerwünscht sind.

Siliconfette haben ähnliche Eigenschaften wie Siliconöle. Sie entstehen durch Mischen von ölartigen Siliconen mit Füllstoffen wie Kieselgel und Metallsalzen höherer Fettsäuren.

9.6.2   Siliconkautschuk

Siliconkautschuk entsteht durch weitmaschige Vernetzung infolge chemischer Bindungen zwischen den organischen Seitengruppen der Siliconketten. Wie bei anderem Kautschuk werden diesem noch Füllstoffe wie Silicatpulver, Ruß usw. beigemischt. Siliconkautschuk ist sehr temperaturbeständig und findet entsprechende Verwendung als Isolier- und Dichtungsmaterial. Außerdem wird es zur Herstellung von Schläuchen oder von Transportbändern verwendet, auf denen das Fördergut nicht haften soll. Er ist physiologisch unbedenklich.

9.6.3   Siliconharze

Siliconharze sind **räumlich vernetzte Silicone**. Die Vernetzung geschieht meist beim Erwärmen entsprechender Silicone auf höhere Temperaturen (z. B. 160–170 °C) und durch chemische Reaktionen an den organischen Seitenketten. Es sind harte, wasserabweisende, temperaturbeständige, chemikalienbeständige Lacke. Sie werden für Wicklungen von Elektromotoren verwendet und können als solche bis zu 200 °C belastet werden!

Wasserabweisende Schichten kann man auf Glas oder Keramikmaterial erzeugen, wenn man Methylsilandämpfe auf Glasoberflächen einwirken läßt. Die auf der Glasoberfläche vorhandene Wasserhaut (siehe Abschnitt 7.2.4) hydrolysiert diese Silane. So werden Siliconschichten direkt auf der Glasoberfläche polykondensiert.

9.7   Alterung und Zerstörung von Kunststoffen

Kunststoffe können durch physikalische und chemische Einflüsse (z. B. Wärme, Strahlung, mechanische Belastung, Lösungsmittel, aggressive Stoffe) ungünstige Veränderungen erfahren, die die Eigenschaften und Festigkeitswerte vermindern und im Verlaufe der Zeit schließlich zu einer Zerstörung des Kunststoffs führen.

9.7.1   Thermische Einflüsse

a) Thermische Stabilität von Kunststoffen

Durch Abschrecken auf sehr tiefe Temperaturen können infolge des geringen Wärmeleitvermögens starke innere Spannungen auftreten, so daß schließlich ein Kunststoff oberflächliche Risse erhalten kann. Bei Thermoplasten und Elastomeren tritt bei tiefen Temperaturen eine nur vorübergehende Versprödung auf (siehe Abschnitte 9.1.1 und 9.1.2), die beim Erwärmen auf Normaltemperatur wieder verschwindet.

Die thermische Bewegung der Atome bei normaler Temperatur kann dazu führen, daß die Molekülketten in einem thermoplastischen Kunststoff allmählich ihre Position ändern („**gebundene Diffusion**") und dann hauptsächlich bei einer mechanischen Belastung eine Verformung, ein Fließen des Kunststoffs („**kaltes Fließen**") ergeben. Die Wärmebewegung bei erhöhter Temperatur kann ausreichen, um Polymerketten auseinanderbrechen zu lassen oder um einzelne Bestandteile (z.B. HCl aus PVC) abzuspalten. Daher dürfen Kunststoffe über eine maximal zulässige Temperatur nicht erhitzt werden. Die Abb. 9.12 zeigt die maximale Gebrauchstemperatur einiger wichtiger Kunststoffe. Dabei spielt auch der Anteil und die Art der verwendeten Füllstoffe (z.B. bei PF und GUP) eine gewisse Rolle, wie aus den grau unterlegten Balken ersichtlich wird. Bei den angegebenen Temperaturen können Kunststoffe jedoch auch langsam erweichen und damit keine Dauerformbeständigkeit aufweisen (langsames Fließen unter Druckbelastung). Durch stabilisierende Zusätze ist es möglich, diese maximale Gebrauchstemperatur bei einigen Kunststoffen zu erhöhen.

b) Pyrolysieren

Kunststoff zersetzen sich wie alle organische Stoffe bei sehr starkem Erhitzen. Der Prozeß der thermischen Zersetzung von organischen Stoffen unter Luft- bzw. Sauerstoffausschluß wird – im Gegensatz zur Verbrennung - **Pyrolyse** (pyr., gr. = Feuer, lyein, gr. = auflösen) genannt (siehe auch Abschnitt 13.4.2a). Besonders problematisch hierbei sind halogenhaltige Kunststoffe (insbesondere solche, welche das Element Chlor enthalten). Hierbei entstehen bei der Zersetzung ätzende und korrosive Halogenwasserstoffe. Außerdem können hochtoxische Dioxine und Furane entstehen (siehe Abschnitt 8.6.2).

Man kann aus den dabei entstehenden Zersetzungsprodukten die einzelnen Kunststoffe identifizieren. Oft genügt zur Bestimmung der Kunststoffe schon das Anbrennen mit kleiner Flamme (Streichholz), um Kunststoffe erkennen zu können, wobei man nach

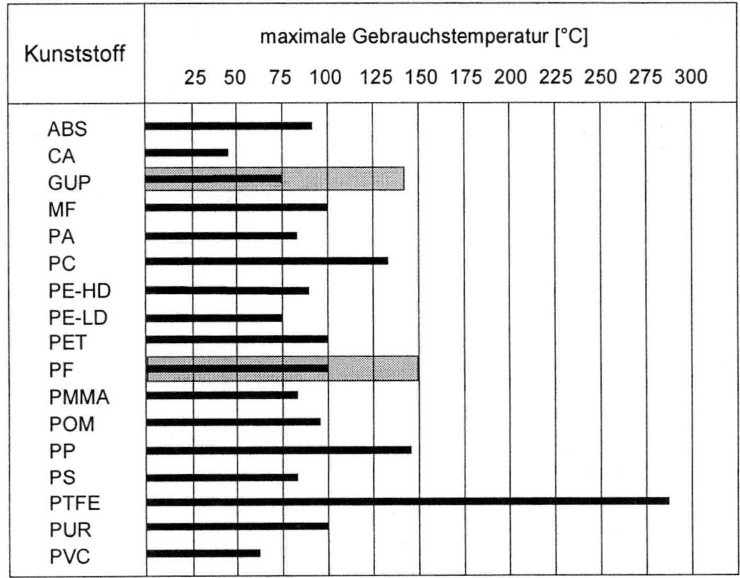

Abb.9.12. Maximale Gebrauchstemperatur wichtiger Kunststoffe

dem Ausblasen der Flamme durch den Geruch der Schwaden weitere wichtige Anhaltspunkte über den Kunststoff erhält[4].

Ein schneller und einfacher Test zum qualitativen Nachweis von halogenhaltigen Kunststoffen ist der sogenannte **Beilstein-Test**. Bei diesem wird der Kunststoff auf einen ausgeglühten Kupferdraht gebracht und in eine Flamme gehalten. Die entstehenden flüchtigen Kupferhalogenide verleihen der Flamme eine **grünblaue Färbung**.

9.7.2   Einfluß von energiereicher Strahlung

Ultraviolette Strahlung ist in der Lage, die Kohlenstoffbindungen der Kunststoffketten zu lösen (siehe auch Abschnitt 11.4.3). Dabei bilden sich, ähnlich wie beim Crackprozeß (siehe Abschnitt 8.1.2d), Doppelbindungen, was meist mit einem Vergilben des Kunststoffes einhergeht, oder es entstehen Radikale, die dann zu einer räumlichen Vernetzung und damit zu einer Versprödung der Kunststoffe führen können.

Insbesondere können Röntgenstrahlen und radioaktive Strahlen einen Kunststoff rasch zerstören, jedoch zeigen hierin die einzelnen Kunststoffe unterschiedliche Empfindlichkeiten. Aus Tab. 9.4 ist ersichtlich, daß Kunststoffe, die aromatische Bestandteile enthalten, wie PS und PF, eine relativ hohe Strahlenresistenz aufweisen, denn die Benzolkerne sind in der Lage, mit ihren Resonanzstrukturen die energiereiche Strahlung abzufangen und dadurch unschädlich zu machen. In Tab. 9.4 ist die Strahlendosis in J/kg

---

[4] Literatur zur Kunststoffanalyse, siehe z.B.: Dietrich Braun: Erkennen von Kunststoffen-Qualitative Kunstoffanalyse mit einfachen Mitteln, Hanser Verlag (1998)

angegeben, d.h. in einer der Strahlung äquivalenten Wärmemenge (J), die auf 1 kg Kunststoff einwirkt.

Tab.9.4. Strahlenresistenz von Kunststoffen

Kunststoff	schädlicher Dosisbereich [J/kg]	
	leichte Schäden	schwere Schäden
PTFE	0,01–0,1	ab 0,1
PP	0,02–0,1	ab 0,1
PMMA	0,08–0,8	ab 0,8
MF-Harz	0,2–20	ab 20
PA	0,2–20	ab 20
PF-Harz	2–20	ab 20
PS	1–300	ab 300

9.7.3   Spannungsrißbildung

Bei mechanischen Zugbelastungen oder bei vorhandenen Eigenspannungen[5] im Kunststoff können auf der Kunststoffoberfläche kleine Risse entstehen, die dann auch zu Verminderung der Festigkeitswerte führen können. Solche Rißbildungen können sich verstärkt schon bei viel geringeren Zugspannungen zeigen, wenn flüssige oder gasförmige Stoffe zusätzlich auf den Kunststoff einwirken. Dabei kann der Kunststoff oft dem Medium selbst gegenüber beständig sein, in Verbindung mit Zugspannung bilden sich jedoch Risse. So können z.B. PE-Rohre bei Druckprüfungen mit Wasser wegen Spannungsrißbildung geringere Festigkeitswerte aufweisen, als in Gegenwart von Druckluft. Bei Belastungsproben in Natronlauge oder Salpetersäure kann das Werkstück bei noch geringeren Drücken zerstört werden, obwohl PE gegen solche Chemikalien beständig ist. Bei glasklar-durchsichtigen Kunststoffen (z.B. PS oder PMMA) kann man besonders gut solche Spannungsrisse erkennen.

9.7.4   Einfluß von Lösungsmitteln

Lösungsmittel können, falls keine sehr engmaschige Vernetzung durch chemische Bindungen vorliegt, in den Kunststoff eindiffundieren, diesen zum Quellen bringen und somit seine Eigenschaften erheblich verändern. Eine erste grundsätzliche Unterscheidung im Verhalten von Thermoplasten, Elastomeren und Duroplasten wurde in Abschnitt 9.1 gegeben. Für das Verhalten gegenüber Lösungsmitteln spielen im wesentlichen zwei Faktoren eine Rolle:

- die chemische Struktur des Kunststoffmoleküls
- der Kristallinitätsgrad (siehe Abschnitt 9.1.1)

---

[5] Kunststoffe können z.B. beim Spritzgießen Eigenspannungen erhalten, dann nämlich, wenn die heiße Schmelze oberflächlich bei Berührung mit der kälteren Form rasch erstarrt

Für den erstgenannten Punkt gilt die Regel, daß unpolare Lösungsmittel wie Benzin oder Benzol leicht in unpolare Kunststoffe eindringen können, die nur aus Kohlenstoff und Wasserstoff aufgebaut sind, während Kunststoffe mit polaren Gruppen weit empfindlicher gegen Lösungsmittel sind, die in ihrem Molekülaufbau eine gewisse Polarität aufweisen („Gleiches löst sich in Gleichem", siehe Abschnitt 3.5).

Bei gleicher chemischer Struktur ist die Beständigkeit gegen unpolare Lösungsmittel um so größer, je höher der Kristallinitätsgrad ist. So ist beispielsweise PE-LD nicht beständig gegen Benzin, wohingegen PE-HD im allgemeinen ausreichend beständig ist (siehe Tab. 9.5). Üblicherweise werden sogar Kraftstoffbehälter in Autos aus PE-HD hergestellt.

Wasser kann in verschiedene Kunststoffe, insbesondere in Polyamide eindringen und damit die Maßgenauigkeit reduzieren und ihre mechanischen Eigenschaften entscheidend verändern (Weichmachereffekt). Aus diesem Grunde wird die Kunststoffprüfung zur Ermittlung mechanischer Festigkeiten grundsätzlich in klimatisierten Räumen durchgeführt. Für Kunststoffe gelten nach DIN 50 014 im allgemeinen folgende Prüfungsbedingungen:

23/50; das bedeutet: 23° ± 2° C und 50% ± 3% relative Luftfeuchtigkeit.

Die Tab. 9.5 gibt einige Anhaltspunkte über das Verhalten der wichtigsten Kunststoffe gegenüber organischen Lösungsmitteln und anorganischen Flüssigkeiten.

9.7.5   Chemische Zerstörung von Kunststoffen

Kohlenstoff-Wasserstoff-Bindungen und besonders auch Kohlenstoff-Fluor-Bindungen, aber auch größtenteils Kohlenstoff-Chlor-Bindungen sind beständig gegen Säuren und Basen. Enthalten Kunststoffe funktionelle Gruppen mit Sauerstoff- und Stickstoffatomen, so sind solche Polymere meistens mehr oder weniger stark anfällig gegen starke Säuren oder Laugen, insbesondere wird ein Kunststoff dann schnell zerstört, wenn sich solche funktionelle Gruppen in der Hauptkette befinden, wie dies z.B. bei den Polyestern oder den Polyamiden der Fall ist. Gegen Sauerstoff-Einwirkung sind insbesondere Kunststoffe mit Doppelbindungen mehr oder weniger empfindlich. Besonders stark sind die Schädigungen, wenn verschiedene Stoffe und Einflüsse (z.B. Wärme, UV-Licht) gleichzeitig einwirken.

9.7.6   Feuerbeständigkeit von Kunststoffen

Man kann die Brennbarkeit von Kunststoffen durch Zusätze von sogenannten **Flamm**- oder **Brandschutzmitteln** wesentlich herabmindern. Bei den Flammschutzmitteln gibt es prinzipiell zwei Gruppen:
- halogenhaltige Flammschutzmittel, bei diesen wirken die bei der Verbrennung freigesetzten Halogenwasserstoffverbindungen (HCl, HBr) als **Radikalfänger**, indem sie die die Verbrennung unterhaltenden, sehr reaktionsfähigen Radikale (insbesondere OH-Radikale, siehe Abschnitt 8.8.2a) abfangen und die Kettenreaktion zum Abruch kommt.

Tab. 9.5. Dichten und Chemikalienbeständigkeit von Kunststoffen

Kunststoff	Kurzeichen nach DIN 7728	Dichte [g/cm³]	Wasseraufnahme nach DIN 53472 [mg]
Celluloseacetat	CA	1,3	<160
Polybutadien-Kautschuk	BR	0,94[*]	
Ethylen- Propylen-Dien-Kautschuk	EPDM	0,86[*]	
Epoxidharze[**]	EP	1,2	<10
Harnstoffharz-Preßstoffe	UF	1,5	300–400
Melaminharz-Preßstoffe	MF	1,5	200–300
Phenolharz-(Schicht)-Preßstoffe	PF	1,25	50–1500
Polyethylen, niedere Dichte	PE-LD	0,92	~0
Polyethylen, hohe Dichte	PE-HD	0,96	~0
Polyethylenterephtalat[***]	PET	1,38	~20
Polybutylenterephthalat[***]	PBT	1,30	~20
Polyamid 6	PA 6	1,14	
Polycarbonat	PC	1,2	10
Polyesterharze[**]	UP	1,2	~20
Polyisobutylen	PIB	0,93	~0
Polymethylmethacrylat	PMMA	1,18	45
Polyoxymethylen	POM	1,4	20
Polypropylen	PP	0,9	~0
Polystyrol	PS	1,05	~0
– mit Acrylnitril	SAN	1,08	10
– mit Butadien	SB	1,04	20
– ABS-Kunststoff	ABS	1,05	70
Polytetrafluorethylen	PTFE	2,2	~0
Polychlortrifluorethylen	PCTFE	2,1	~0
Polyurethane (linear)	PUR		
Polyurethane (vernetzt)	PUR		
Polyvinycarbazol	PVK	1,19	~0
Polyvinylchlorid, hart	PVC	1,38	10–20
PVC+40% Weichmacher	PVC		
Polyvinylidenchlorid	PVDC		
Silicon	SI		

[*] unvulkanisiert; [**] ohne Füllstoffe: [***] teilkristallin

schwache Säure	starke Säure	oxidierende Säuren	Flußsäure	starke org. Säuren	schwache Laugen	starke Laugen	aliph. Kohlenwasserst.	arom. Kohlenwasserst.	Chlorkohlenwasserst.	Alkohole	Ether	Ketone	Ester	Benzin	Treibstoff-Gemisch	Mineralöl	Fette, Öle	Unges. Chlor-KW-Stoffe	Terpentin	Kurzzeichen nach DIN 7728
O	−	−	−	+	−	−	+	O	−	−	+	−	−	+	O	+	+	−	+	CA
+		−	−	+		−	−	−	+	−	+	+	−	−	−		−	−		BR
+		+	−	+		−	−	−	+	O	+	O	−	−	−		−	−		EPDM
+	−	−	⊕	−	⊕	⊕	+	+	O	+	+	⊕	O	+	+	+	+	−	O	EP
O	−	−	−	O	+	O	+	+	+	+	+	+	+	+	+	+	+			UF
O	−	−	−	O	+	−	+	+		+	+	+	+	+	+	+	+			MF
+	−	−	−	O	+	−	+	+		+	+	+	+	+	+	+	+		O	PF
+	⊕	−	⊕	+	+	+	+	O	−	O	O	O	O	−	−	O	⊕	−	−	PE-LD
+	+	−	⊕	+	+	+	+	O	−	+	⊕	+	+	⊕	⊕	⊕	+	−	−	PE-HD
+	O	O	+	+	O	−	+	⊕	O	+	+	−	⊕	+	+	+	+	O	O	PET
O	−	O	+	O	+	+	+	O	O	+	+	−	O	+	+	+	+	O	O	PBT
−	−	−	−	−	+	O	+	+	⊕	+	+	+	+	+	+	+	+	O	O	PA 6
+	+	O	−	−	−	−	+	O	−	⊕	−	−	−	+	+	+	+	−	+	PC
+	O	−	−	−	O	−	+	−	−	⊕	−	−	−	+	+	+	+	−	O	UP
+	+	O	+	O	+	+	−	−	−	+	−	O	−	−	−	−	−	−	−	PIB
+	+	O	O	−	+	+	+	−	−	O	O	−	−	+	−	+	+	−	+	PMMA
⊕	−	−	−	+	+	+	+	+	+	+	+	+	+	+	+	+	+	+	O	POM
+	+	−	O	+	+	+	+	−	−	+	O	⊕	⊕	⊕	O	+	+	−	−	PP
+	⊕	O	⊕	⊕	+	+	O	−	−	+	−	−	−	−	−	O	+	−	−	PS
+	O	−	−	⊕	+	+	+	−	−	O	−	−	−	+	O	+	+	−	−	SAN
+	O	−	O	O	+	+	O	−	−	⊕	−	−	−	O	−	O	+	−	−	SB
+	O	−	−	⊕	+	+	+	−	−	−	−	−	−	+		+	+	−	−	ABS
+	+	+	+	+	+	+	+	+	+	+	+	+	+	+	+	+	+	+	+	PTFE
+	+	⊕	+	+	+	+	+	⊕	O	+	−	+	−	+	+	+	+	−	O	PCTFE
⊕	−	−	−	O	+	+	+	+	−	+	+	+	+	+	⊕	⊕	+	O		PUR
O	−	O	−	O	+	−		+	O	⊕	+	−	O	+	O	+	O	−	O	PUR
+	⊕	O	+	+	+	+	+	−	−	+	+	+	+	+	−	+	+	−	O	PVK
+	+	⊕	⊕	⊕	+	+	+	−	−	+	−	−	−	+	−	+	+	−	−	PVC
+	⊕	O	O	⊕	+	O	−	−	−	O	−	−	−	−	−	O	O	−	−	PVC
+	+			+	+		+	+		+		−	+				+			PVDC
+	−	−	−	⊕	+	⊕	−	−	−	−	−	+	−	O	O	O	⊕	−	−	SI

+ beständig, ⊕ im allgemeinen ausreichend beständig, O bedingt beständig, − unbeständig

- Flammschutzmittel, die durch die Verkohlung eine **Sperrschicht** bilden, welche als Hitzeschild und Sauerstoffbarriere wirkt.

Halogenhaltige Flammschutzmittel (z.B. bromierte Diphenylether) haben den Nachteil, daß die beim Brand bzw. der Verschwelung gebildeten Halogenwasserstoffe ätzend und korrosiv sind. Deshalb setzt man dem Kunststoff noch sogenannte Synergisten z.B. Sb_2O_3 oder Antimonverbindungen zu, welche die Halogenwasserstoffsäuren binden (z.B. als $SbOCl$ oder $SbOCl_3$). Außerdem bergen halogenhaltige Flammschutzmittel das Risiko der Bildung toxischer Dioxine und Furane. Aus diesem Grund werden heute vermehrt halogenfreie Flammschutzmittel eingesetzt.

Bei den **sperrschichtbildnenden Flammschutzmitteln** werden meist Phosphor oder Phosphorverbindungen eingesetzt. Bei der Verbrennung bildet sich eine Sperr- bzw. Versiegelungsschicht aus glasartiger Phosphatschmelze. Flammwidrig ausgerüstete Kunststoff werden neben der Bauindustrie vor allem für Elektrogeräte und im Bereich der Elektronik (z.B. Leiterplatten) eingesetzt, da Werkstoffe dort unmittelbar Kontakt zu spannungsführenden Teilen haben. Schon relativ geringe Zusätze können die Brandgefährlichkeit eines Kunststoffs wesentlich herabmindern.

9.8   Kunststoffrecycling

Die meisten vollsynthetischen Kunststoffe sind unverrottbar (biologisch nicht abbaubar, siehe auch Abschnitt 9.9). Dies ist für den Gebrauch meistens erwünscht, führt aber zum Problem der Entsorgung bzw. Recycling. Auch bei den Kunststoffen gilt die allgemeine **Recycling-Rangfolge** auf welche in Abschnitt 13.4.3 näher eingegangen wird:
1.) Produktrecycling
2.) Materialrecycling
3.) Thermische Verwertung

Speziell bei den Kunststoffen unterscheidet man beim Materialrecycling
- **stoffliches Recycling** (Kunststoff wird meist eingeschmolzen und bleibt erhalten)
- **chemisches Recycling** (Kunststoff wird durch eine chemische Abbaureaktion in niedermolekulare Bestandteile gespalten).

Durch Wiedereinschmelzen können nur *thermoplastische* Kunststoffe recycelt werden. Hierbei ist eine **Sortenreinheit** sehr wichtig, da sonst nur ein minderwertiges Material erhalten wird, welches nur sehr beschränkt Verwendung findet (z.B. Parkbänke, Lärmschutzwälle). Aus diesem Grund kommt der Trennung der verschiedenen Kunststoffsorten vor dem Wiedereinschmelzen eine große Bedeutung zu. Zur **Trennung** der Kunststoffarten werden unterschiedliche Verfahren eingesetzt, wobei die Kunststoffteile meistens zuvor zerkleinert werden. An dieser Stelle sollen lediglich ein paar wichtige Beispiele vorgestellt werden.

- **Auslese von Hand**: Diese älteste Methode ist sehr aufwendig und kostenintensiv und wird meist vor dem Zerkleinern durchgeführt.
- **Sensorgesteuerte Auslese**: Technisch am weitesten fortgeschritten sind die Auslese- und Sortierverfahren mit sogenannten NIR-Detektoren (NIR = nahes Infrarot, siehe Abschnitt 11.4.5). Hierbei werden die Kunststoffteile mit NIR-Strahlung be-

strahlt. Die auftretende Strahlungsabsorption bzw. Strahlungsreflexion ist charakteristisch für jeden Kunststoff. Die Daten werden mit Computern ausgewertet, so daß mehr als 20 Kunststoffsorten in Bruchteilen einer Sekunde identifiziert werden können. Über eine geeignete Einrichtung (z.B. mittels Preßluft) können die unterschiedlichen Teile von einem Förderband in getrennte Sammelbehälter geworfen werden.

- **Schwimm-Sink-Verfahren**: Die Sortierung beruht auf den Dichteunterschieden der Kunststoffe (Angaben über die Dichte, siehe Tab. 9.5). Als Trennmedium wird überwiegend Wasser verwendet. Ist der Trennungsschnitt bei Dichten >1 g/l gewünscht, werden Salzlösungen eingesetzt (z.B. mit $CaCl_2$).
- **Hydrozyklone**: Sie arbeiten prinzipiell wie Zyklone im Abluftbereich (siehe Abschnitt 13.3.2a1), lediglich besteht das Fließmedium hier aus Wasser.

Die Verfahren des **chemischen Recycling** sind insbesondere für die Duroplaste und Elastomere wichtig, da sich diese nicht durch umschmelzen recyceln lassen (stoffliches Recycling nur durch die Verwendung von Mahlgut). Wichtige Verfahren des chemischen Recyclings sind die **Pyrolyse** und die **Hydrolyse bzw. Alkoholyse**.

Bei der **Pyrolyse** werden die Kunststoffabfälle unter Ausschluß von Luft bzw. Sauerstoff auf etwa 500–800 °C erhitzt (siehe auch Abschnitt 9.7.1b). Hierdurch erhält man niedermolekulare Stoffe (Pyrolysegas bzw.- öl), welche als Rohstoffe wieder eingesetzt werden können. Prinzipiell lassen sich alle Kunststoffe durch Pyrolyse recyclen, allerdings werden momentan keine großtechnischen Anlagen betrieben, da das Verfahren nicht wirtschaftlich ist (hohe Energiekosten und Investitionskosten).

Polykondensations- und Polyadditionskunststoffe können durch **Hydrolyse** (Erhitzen in wässrigen Säuren oder Basen) gespalten werden. Dieses Verfahren findet insbesondere bei Polyamiden und Polyester Anwendung, da diese bei relativ „milden" Bedingungen gespalten werden können (Umkehrung der Gleichgewichts-Bildungsreaktion, siehe Abschnitt 9.4.1). Teilweise kann die Aufspaltung auch mit niedermolekularen Alkoholen (z.B. Methanol) durchgeführt werden; dann spricht man statt von Hydrolyse von **Alkoholyse**. Die so gewonnenen Monomere können nach einer Reinigung wieder zum Aufbau von Polymeren verwendet werden. Ein Beispiel hierfür ist die Alkoholyse von PET.

Bei der **thermischen Verwertung** oder Verbrennung wird der Energieinhalt der Kunststoffe genutzt. Der Heizwert von Kunststoffen liegt mit etwa 35 MJ/kg so hoch wie bei fossilen Brennstoffen (siehe Tab. 8.13). Kunststoffe können auch zusammen mit Hausmüll verbrannt werden (Müllverbrennung, siehe Abschnitt 13.4.2a). Neben der Verbrennung werden heute Kunststoffe vermehrt auch als **Reduktionsmittel** in Hochöfen zur Eisenherstellung verwendet.

9.9   Biologisch abbaubare Kunststoffe

Da die meisten vollsynthetischen Kunststoffe nicht biologisch abbaubar sind, müssen sie aufwendig getrennt, gesammelt und recycelt werden(siehe Abschnitt 9.8). Um diesen Nachteil zu umgehen wird bereits seit vielen Jahren an biologisch abbaubaren Kunststoffen gearbeitet. Diese Kunststoffe lassen sich zusammen mit dem normalen **Biomüll**

kompostieren und sind daher besonders für Wegwerfartikel (Verpackung) oder als Ab-
deckfolien im Bereich der Landwirtschaft interessant. Trotz ihrer Vorzüge haben diese
Kunststoffe wegen ihres relativ hohen Preises momentan noch keine große Verbreitung
gefunden, werden aber sicherlich bei sinkenden Preisen für einige Anwendungen rasch
Marktanteile gewinnen.

Momentan gibt es zwei Gruppen an biologisch abbaubaren Kunststoffen:
- abgewandelte Naturprodukte
- vollsynthetische Produkte

Mengenmäßig am bedeutensten unter den biologisch abbaubaren Kunststoffen sind
modifizierte Naturstoffe insbesondere Kunststoffe auf Basis **Cellulose**. Cellulose selbst
ist biologisch leicht abbaubar, zunehmende Substituenten an der OH-Gruppe erschweren
jedoch die biologische Abbaubarkeit. Unter den modifizierten Naturprodukten ist das
sogenannte **Poly(3-hydroxy)-butyrat** (Kurzeichen: **PHB**) (formal Polykondensations-
produkt der 3-Hydroxy-Buttersäure) ein erfolgversprechender Kandidat:

3-Hydroxy-buttersäure

Poly(3-Hydroxy)-butyrat (PHB)

PHB ist ein Thermoplast, der sich wie vergleichbare vollsysnthetische Kunststoffe verarbeiten läßt. Er wird auf biotechnologischem Wege aus Glucose hergestellt. Bakterien
vom Stamme der Alcaligenes eutrophus können bis zu 75% ihrer Trockenmasse als
Speicherstoff in Form von PHB anreichern. Am Ende des Fermentationsprozesses werden die Zellen abgetötet und das PHB mit organischen Lösungsmitteln extrahiert. PHB
wird als Mischpolymerisat mit Poly(3-Hydroxy)-valeriat unter dem Handelsnamen Bio-
pol (Fa. Monsanto) angeboten. Nach Gebrauch verrottet dieser Kunststoff bei der Kompostierung vollständig innerhalb von wenigen Monaten.

Bei den vollsysnthetischen, biologisch abbaubaren Kunststoffen wurde von der
Fa. BAYER ein **Polyesteramid** entwickelt:

Polyesteramid

Dies ist ein thermoplastischer Kunststoff mit ähnlichen Eigenschaften wie PE-LD. Er
kann nach Gebrauch entweder durch Umschmelzen recycelt werden oder er wird mit
dem Biomüll kompostiert und verrottet hierbei innerhalb von zwei Monaten.

Kontroll- und Übungsfragen zum 9. Kapitel

1) Wie kann man den molekularen Aufbau von Thermoplasten, Elastomeren, Duroplasten und Fluidoplasten charakterisieren?
2) Welcher Unterschied besteht zwischen amorphen und teilkristallinen Thermoplasten?
3) Wie ändern sich die Eigenschaften von Thermoplasten, Elastomeren, Duroplasten und Fluidoplasten beim Abkühlen und beim Erwärmen?
4) Was versteht man unter einem thermoplastischen Elastomer? Wie unterscheidet sich dieser von „normalen Elastomeren" hinsichtlich der molekularen Struktur?
5) Was versteht man unter der Glasübergangstemperatur (Einfriertemperatur), der Fließtemperatur und der Zersetzungstemperatur? Was ist der Stockpunkt?
6) Worauf beruht das Prinzip der Gummielastizität?
7) Was passiert auf molekularer Ebene, wenn Thermoplaste vom zähelastischen in den plastischen Zustand übergehen?
8) Welches generell unterschiedliche Verhalten zeigen Thermoplaste, Elastomere und Duroplaste gegenüber organischen Lösungsmitteln?
9) Was sind Weichmacher und wie wirken sie auf molekularer Ebene?
10) Wie sehen die Spannungs-Dehnungs-Diagramme von Duroplasten, Elastomeren, verformungsfähigen und reckbaren Thermoplasten aus?
11) Welche natürlichen Makromoleküle verwendet man hauptsächlich zur Herstellung abgewandelter Naturprodukte?
12) Charakterisieren Sie den Kunststoff CA!
13) Wie heißt das Verfahren zur Herstellung von Gummi aus Kautschuk? Welche Veränderungen finden dabei im molekularen Bereich statt?
14) Wie steht es mit der Luft- bzw. Ozonempfindlichkeit von Gummi und wie läßt sie sich beeinflussen?
15) Wie läuft im allgemeinen eine Polymerisation ab?
16) Was versteht man unter einem Mischpolymerisat bzw. Copolymerisat? Charakterisieren Sie dabei die statistische Copolymerisation sowie die Block- und Pfropf-Copolymerisate!
17) Durch welche Verfahren werden PE-HD und PE-LD großtechnisch hergestellt? Erklären Sie anhand der molekularen Struktur die unterschiedlichen Eigenschaften von PE-HD und PE-LD hinsichtlich E-Modul, Erweichungstemperatur und Beständigkeit gegen unpolare Lösungsmittel!
18) Beschreiben Sie die Kunststoffe PE-HD, PE-LD, PP, PS, ABS, PVC, PTFE, PMMA, POM! Nennen Sie insbesondere
    a) Namen
    b) chemische Zusammensetzung (Formel)
    c) typische Eigenschaften, Merkmale oder Verwendungsmöglichkeiten dieser Kunststoffe!
19) Warum besitzen sowohl PVC-U als auch PE-HD eine bessere Beständigkeit gegenüber Benzin als PS (Erklärung anhand des molekularen Aufbaus) ?
20) Was ist eine isotaktische Polymerisation?
21) Welche Vorgänge laufen bei einer Polykondensation ab?
22) Welche charakteristischen Gruppen und welche typischen Eigenschaften haben Polyamide?

23) Warum sind Polyamide sehr unbeständig gegen Säuren?
24) Welcher der beiden Kunststoffe PA 46 bzw. PA 66 hat das höhere E-Modul, den höheren Schmelzpunkt und die höhere Maßgenauigkeit? Erklären Sie dies anhand der jeweiligen Molekülstruktur!
25) Nennen Sie wichtige Anwendungsmöglichkeiten für die Formaldehyd-Kondensationskunststoffe mit Phenol, Harnstoff und Melamin!
26) Was sind Polyester? Welche typischen Arten gibt es und wofür werden sie verwendet?
27) Welche Bedeutung hat der Glasfaseranteil in glasfaserverstärkten Kunststoffen?
28) Was besagt die Bezeichnung Polycarbonate und welche typischen Eigenschaften haben diese Kunststoffe?
29) Wofür verwendet man Epoxidharze?
30) Was sind Silicone, welche Arten dieser Kunststoffklasse kennen Sie?
31) Was versteht man unter dem „kalten Fließen" von Kunststoffen?
32) Welche Veränderungen können Kunststoffe durch UV-Strahlen erleiden?
33) Welche Faktoren begünstigen die Entstehung von Spannungsrißbildung für Kunststoffe?
34) Wie kann man die Brandgefährlichkeit von Kunststoffen vermindern?
35) Was versteht man beim chemischen Recycling unter Pyrolyse und Hydrolyse?
36) Nennen sie mögliche Recyclingverfahren für die Kunststoffe UF, PA, PET, PE ,PP, PVC, MF!
37) Was versteht man unter biologisch abbaubaren Kunststoffen?

10 Elektrochemie

Überblick über die Thematik des 10. Kapitels

Viele in der Praxis wichtige Vorgänge beruhen auf elektrochemischen Reaktionen. Zu Beginn dieses Kapitels werden zuerst die Grundlagen, die zum Verständnis elektrochemischer Vorgänge notwendig sind, dargelegt.
Elektrochemische Stoffumsetzungen kann man zur Erzeugung oder Speicherung von elektrischer Energie in Batterien, Akkumulatoren oder Brennstoffzellen nutzbar machen. Diese Möglichkeit der Energieerzeugung gewinnt heute zunehmend an Bedeutung, zum einen für Kleinverbraucher (z.B. Laptop's , Handy's) oder zum Betrieb von umweltfreundlichen Elektroautomobilen.
Bei der Elektrolyse können durch erzwungene elektrochemische Vorgänge technisch wichtige Produkte hergestellt werden (z.B. Metalle, Wasserstoff, Chlor).
Ungewollte elektrochemische Prozesse können zur Korrosion und damit zur Zerstörung von Werkstücken führen. Für den Korrosionsschutz kann man sich elektrochemischer Verfahren bedienen, um z.B. metallische Schutzschichten auf dem korrosionsgefährdeten Werkstück zu erzeugen.
Einer Reihe von Meßmethoden liegen elektrochemische Funktionsprinzipien zugrunde. Entsprechende Meßgeräte haben oft den Vorteil, daß sie Meßwerte kontinuierlich erfassen und meist direkt mittels Computer registrieren, so z.B. pH-Meßgeräte oder daß sie sich automatisieren lassen und dann oft nahezu wartungsfrei arbeiten. Auch das Meßprinzip vieler bei technischen Prozessen eingesetzter Sensoren beruht auf elektrochemischen Vorgängen.

10.1 Elektrochemische Potentiale

10.1.1 Galvanische Elemente

Chemische Reaktionen sind mit Energieänderungen verbunden. Außer der thermischen Energie (siehe Abschnitt 4.2) ist die elektrische Energie von besonderer Bedeutung. Anordnungen, bei denen die chemische Reaktionsenergie in elektrische umgewandelt wird, bezeichnet man nach ihrem Entdecker als **galvanische Elemente** (Luigi Galvani 1737–1798). Solche galvanische Elemente können elektrischen Strom liefern. Die dabei auftretenden Phänomene sollen an einem Beispiel erläutert werden.

Das in Abb. 10.1 wiedergegebene galvanische Element besteht aus zwei elektrisch leitend miteinander verbundenen Einzelzellen, die man als **Halbelemente** bezeichnet. Hierbei taucht in der einen Zelle ein Kupferstab in eine Kupfersalzlösung (z.B. $CuSO_4$-Lösung), in der anderen Zelle befindet sich ein Zinkstab in einer Zinksalzlösung (z.B. eine $ZnSO_4$-Lösung). Die beiden Halbzellen sind durch einen **Stromschlüssel** elektrisch leitend miteinander verbunden. Als Stromschlüssel verwendet man ein Glasrohr, das mit

einer gesättigten Kaliumchloridlösung gefüllt und an beiden Seiten mit ionendurchlässi-
gen Diaphragmen (diaphragma, gr. = Scheidewand; z.B. poröse Tonstifte) verschlossen
ist. Werden beide Metallstäbe über ein Meßinstrument miteinander verbunden, so läßt
sich im *stromlosen* Zustand eine Spannung von etwa 1,1 V messen (siehe auch Abschnitt 10.4.1). Dieses galvanische Element wird auch nach seinem Erfinder dem Briten
John Daniell, als **Daniell-Element** bezeichnet.

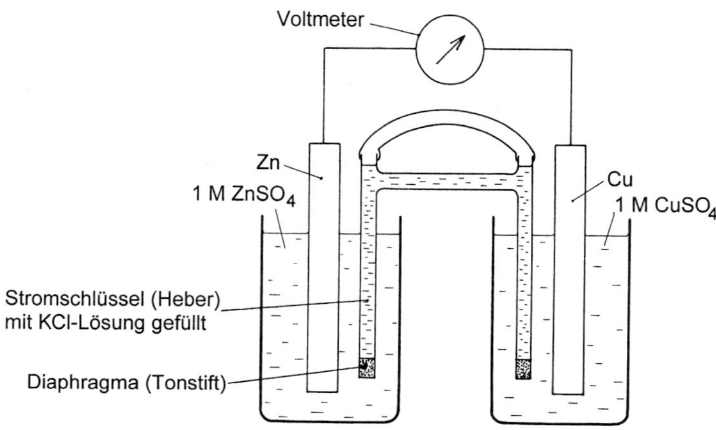

Abb. 10.1. Schematische Darstellung eines galvanischen Elements (Daniell-Element)

Die Ursache für den Stromfluß ist eine verschieden starke Oxidationstendenz der beiden
Metalle Kupfer und Zink, d. h., diese beiden Metalle haben eine verschieden starke Tendenz nach folgenden Oxidationsgleichungen

$$Zn \rightarrow Zn^{2+} + 2\,e^-$$
$$Cu \rightarrow Cu^{2+} + 2\,e^-$$

als Ionen in Lösung zu gehen. Dieses Auflösebestreben der einzelnen Metalle ist als
absolute Größe für sich allein nicht ohne weiteres meßbar; wohl kann man aber die Tendenz zur Auflösung des einen Metalls mit der eines anderen vergleichen, z.B. durch die
Höhe der elektrischen Spannung der beiden miteinander verbundenen Halbelemente.
Diese Spannung beträgt zwischen einem Kupferstab, der in eine einmolare Kupfersalzlösung eintaucht, und einem Zinkstab, der sich in einer einmolaren Zinksalzlösung befindet, bei einer Temperatur von 25 °C etwa 1,1 V.

Wird die elektrische Verbindung zwischen den beiden Metallen unterbrochen, so
verbleibt eine galvanische Spannung zwischen den beiden Metallen, die durch den Ablauf von chemischen Reaktionen an den Elektroden hervorgerufen wird. An den Grenzflächen der Metalle mit den Metallsalzlösungen können sich folgende, einander entgegengesetzte chemische Teilreaktionen abspielen:

- In-Lösung-Gehen von Metallatomen als Ionen unter Zurücklassung von Elektronen
  auf dem Metall: $M \rightarrow M^{2+} + 2\,e^-$

- Abscheidung von Metallionen auf der Metallelektrode unter Aufnahme von Elektronen, also in Umkehrung dieser Reaktionsgleichung: $M \leftarrow M^{2+} + 2\,e^-$

Wenn sich bei der Versuchsanordnung der Abb. 10.1 der Zinkstab negativ und der Kupferstab positiv auflädt, muß beim Zink die erste Teilreaktion bevorzugt ablaufen, indem Zinkatome unter Zurücklassung der Elektronen (negative Aufladung) als positiv geladene Ionen in Lösung gehen. Beim Kupfer führt die Abscheidung von Cu^{2+}-Ionen unter Elektronenaufnahme zu einer Elektronenverarmung, also zu einer positiven Aufladung des Kupferstabes. Die sich zwischen den Metallstäben ausbildende Spannungsdifferenz charakterisiert die unterschiedlichen Lösungs- bzw. Abscheidungstendenzen der beiden Metalle. Um solche elektrochemischen Eigenschaften der Metalle charakterisieren zu können, hat man ein genau definiertes Bezugspotential vereinbart, gegen das man die Spannungswerte der einzelnen Metalle vergleichsweise messen kann: Es ist die **Normal-Wasserstoffelektrode.**

10.1.2   Die Normal-Wasserstoffelektrode

Das Wasser mit seinem Bestandteil der H^+-Ionen dient auch hier als Bezugsgröße zur Charakterisierung von Stoffeigenschaften. Wasserstoffionen können nämlich Elektronen aufnehmen und Wasserstoffgas bilden, wie folgende Gleichgewichtsreaktion zeigt:

$$H_2 \rightleftharpoons 2\,H^+ + 2\,e^-$$

Eine solche Gleichgewichtsreaktion läßt sich in elektrochemischer Hinsicht auch als Halbelement realisieren: Man läßt ein Platinblech von Wasserstoffgas umspülen und in eine Säure tauchen (siehe Abb. 10.2). Wasserstoffgas löst sich im Platin und steht mit den Wasserstoffionen und den das elektrochemische Potential verursachenden Elektronen in einem Gleichgewicht.

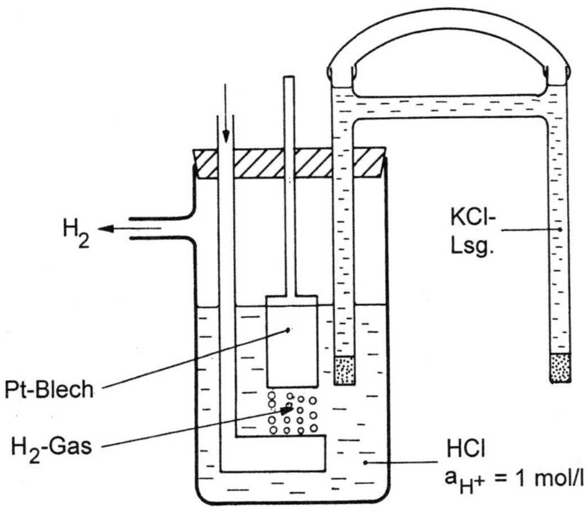

Abb. 10.2. Die Normal-Wasserstoffelektrode

Für die Normal-Wasserstoffelektrode wurden folgende Bedingungen vereinbart: Ein Platinblech wird von Wasserstoffgas unter Atmosphärendruck (1,01325 bar) umspült, die Temperatur beträgt 25 °C, die Wasserstoffionenaktivität (siehe Abschnitt 5.2.3) beträgt 1 mol/l. Zur Herstellung einer Säure mit der Wasserstoffionenaktivität 1 mol/l muß man z.B. eine Salzsäure der Konzentration 1,235 mol/l herstellen. Der Normal-Wasserstoffelektrode wird in der elektrochemischen Spannungsreihe (siehe Abschnitt 10.1.3) definitionsgemäß das Normalpotential $E_0 = 0$ V zugeordnet.

10.1.3   Die Normalpotentiale (elektrochemische Spannungsreihen)

Von Metallen lassen sich Halbelemente herstellen, wenn man ein Metall in eine Lösung seiner eigenen Ionen tauchen läßt. Wählt man die Metallionenkonzentration von genau 1 mol/l (die Ionenaktivitäten werden in diesen Fällen nicht berücksichtigt) und die Temperatur von 25 °C und mißt die dabei im stromlosen Zustand auftretende Spannung zur Normal-Wasserstoffelektrode (siehe Abschnitt 10.1.2), so erhält man das Normalpotential des betreffenden Metalls.

Die auf diese Weise gewonnenen Normalpotentiale charakterisieren das Reduktions- und Oxidationsvermögen der Metalle bzw. ihrer Ionen, denn beim elektrochemischen Vorgang im betreffenden Halbelement handelt es sich um einen Redoxprozeß der allgemeinen Formel

$$M \rightleftharpoons M^{z+} + z\,e^-$$

auf den die im Abschnitt 4.4.1 angegebene allgemeine Reaktionsgleichung zutrifft:

$$\text{Reduktionsmittel} \overset{\text{Oxidation}}{\underset{\text{Reduktion}}{\rightleftharpoons}} \text{Oxidationsmittel} + \text{Elektronen}$$

Ordnet man solche Redoxpaare nach abnehmendem Reduziervermögen, so wie es in Tab. 10.1 zu sehen ist, dann erhält man die **elektrochemische Spannungsreihe** der Metalle.

Die in Tab. 10.1 angegebenen Normalpotentiale sind Spannungswerte, die die betreffenden Metalle in saurer Lösung gegenüber der Normal-Wasserstoffelektrode haben, wenn die betreffende Metallionenkonzentration jeweils 1 mol/l beträgt. Die Grundbedingung einer sauren Lösung ist deswegen notwendig, da viele Metallionen in neutraler Lösung als schwerlösliche Niederschläge ausfallen (siehe Abschnitt 5.3.3c); man muß aber die Ionenkonzentration zur Messung des Normalpotentials auf einen Wert von 1 mol/l einstellen können.

Übungsbeispiel 10.1: Berechnung der maximalen elektrischen Spannung, welche unter Standardbedingungen (saure Lösung) auftritt.

a) beim Daniell-Element (siehe Abschnitt 10.1.1)

b) bei einem galvanischen Element bestehend aus den beiden Halbzellen Ni $|$ Ni $^{2+}$ und Zn $|$ Zn^{2+}

Lösung: Aus der elektrochemischen Spannungsreihe entnimmt man:
a) $E_0\,(\text{Cu}\,|\,\text{Cu}^{2+}) = +0{,}34\ \text{V}$
$E_0\,(\text{Zn}\,|\,\text{Zn}^{2+}) = -0{,}76\ \text{V}$
$\Rightarrow U = |+0{,}34 - (-0{,}76)|\ \text{V} = 1{,}1\ \text{V}$
b) $E_0\,(\text{Ni}\,|\,\text{Ni}^{2+}) = -0{,}23\ \text{V}$
$E_0\,(\text{Zn}\,|\,\text{Zn}^{2+}) = -0{,}76\ \text{V}$
$\Rightarrow U = |-0{,}23 - (-0{,}76)|\ \text{V} = 0{,}53\ \text{V}$

In der elektrochemischen Spannungsreihe zeigen die Metalle mit starker Oxidationstendenz stark *negative* Spannungswerte gegenüber der Normal-Wasserstoffelektrode. Sie besitzen eine starke Neigung, von der reduzierten Form in die oxidierte Form überzugehen. Je geringer dieser negative Spannungswert ist, um so geringer ist auch die reduzierende Wirkung der Metalle beim Übergang von der reduzierten in die oxidierte Form.

Redoxpaare mit einem *positiven* Potential gegenüber der Normal-Wasserstoffelektrode zeigen umgekehrt die Tendenz, von der oxidierten Form in die reduzierte Form überzugehen; dabei werden Elektronen aufgenommen. Diese Elektronen müssen anderen Stoffen entrissen werden (Oxidationswirkung auf andere Stoffe). Die oxidierte Form wirkt als um so stärkeres Oxidationsmittel, je positiver der betreffende Normalpotentialwert ist.

Auch von Nichtmetallen mit ihren Redoxgleichungen kann man solche Normalpotentiale angeben; einige Werte für das Redoxpotential in sauren Lösungen sind in Tab. 10.2 enthalten.

In gleicher Weise sind bei Ionenumladungen und bei komplizierten chemischen Reaktionen, an denen Elektronen beteiligt sind (Redoxsysteme), Normalpotentiale meßbar. Hierbei werden die Spannungen ermittelt, die wäßrige Lösungen von solchen Redoxsystemen gegenüber der Normal-Wasserstoffelektrode haben, wenn man eine chemisch beständige Platinelektrode in diese Lösungen taucht und die Konzentrationen dann jeweils auf 1 mol/l einstellt. (siehe Tab. 10.3).

Die Normalpotentiale in elektrochemischen Spannungsreihen von Redoxsystemen charakterisieren die Wirkung von Oxidations- bzw. Reduktionsmitteln in wäßrigen Lösungen.

Auch im alkalischen Medium sind viele Metalle als Hydroxide oder Salze mit komplexen Anionen löslich. Dabei kann das elektrochemische Normalpotential andere Werte aufweisen als in saurer Lösung. Die Tab. 10.4 enthält einige solcher Angaben.

Die elektrochemischen Spannungsreihen geben Auskunft über den möglichen Verlauf von chemischen Reaktionen.

Grundsätzlich gelten dabei folgende Gesetzmäßigkeiten:
Ein Oxidationsmittel kann einen anderen Stoff nur dann oxidieren, wenn sein Oxidationspotential größer (positiver) ist als das Redoxpotential des oxidierten Stoffes. In Tab. 10.1 bis 10.4 nimmt die oxidierende Wirkung von oben nach unten zu, wobei das Oxidationsmittel während der Reaktion von der oxidierten Form in die reduzierte Form (unter Aufnahme von Elektronen = es wird selbst reduziert!) übergeht.

Die reduzierende Wirkung ist um so größer, je negativer das Potential ist, wobei das Reduktionsmittel von der reduzierten Form in die oxidierte Form übergeht. Diese Gesetzmäßigkeiten soll im folgende an einigen Beispielen verdeutlicht werden.

Tab. 10.1. Elektrochemische Spannungsreihe von Metallen in saurer Lösung

reduzierte Form	$\rightleftharpoons$	oxidierte Form	$+ x\,e^-$	E_o [Volt]
Li	$\rightleftharpoons$	Li^+	$+ e^-$	$-3,05$
K	$\rightleftharpoons$	K^+	$+ e^-$	$-2,93$
Ca	$\rightleftharpoons$	Ca^{2+}	$+ 2e^-$	$-2,87$
Na	$\rightleftharpoons$	Na^+	$+ e^-$	$-2,71$
Mg	$\rightleftharpoons$	Mg^{2+}	$+ 2e^-$	$-2,37$
Be	$\rightleftharpoons$	Be^{2+}	$+ 2e^-$	$-1,85$
Al	$\rightleftharpoons$	Al^{3+}	$+ 3e^-$	$-1,66$
Mn	$\rightleftharpoons$	Mn^{2+}	$+ 2e^-$	$-1,19$
Zn	$\rightleftharpoons$	Zn^{2+}	$+ 2e^-$	$-0,76$
Cr	$\rightleftharpoons$	Cr^{3+}	$+ 3e^-$	$-0,74$
Fe	$\rightleftharpoons$	Fe^{2+}	$+ 2e^-$	$-0,44$
Cd	$\rightleftharpoons$	Cd^{2+}	$+ 2e^-$	$-0,40$
Co	$\rightleftharpoons$	Co^{2+}	$+ 2e^-$	$-0,28$
Ni	$\rightleftharpoons$	Ni^{2+}	$+ 2e^-$	$-0,23$
Sn	$\rightleftharpoons$	Sn^{2+}	$+ 2e^-$	$-0,14$
Pb	$\rightleftharpoons$	Pb^{2+}	$+ 2e^-$	$-0,13$
H_2	$\rightleftharpoons$	$2\,H^+$	$+ 2e^-$	$\pm 0,00$
$Sb + H_2O$	$\rightleftharpoons$	$SbO^+ + 2\,H^+$	$+ 3e^-$	$+0,21$
$Bi + H_2O$	$\rightleftharpoons$	$BiO^+ + 2\,H^+$	$+ 3e^-$	$+0,32$
Cu	$\rightleftharpoons$	Cu^{2+}	$+ 2e^-$	$+0,34$
Ag	$\rightleftharpoons$	Ag^+	$+ e^-$	$+0,80$
Hg	$\rightleftharpoons$	Hg^{2+}	$+ 2e^-$	$+0,85$
Pd	$\rightleftharpoons$	Pd^{2+}	$+ 2e^-$	$+0,99$
Pt	$\rightleftharpoons$	Pt^{2+}	$+ 2e^-$	$+1,20$
Au	$\rightleftharpoons$	Au^{3+}	$+ 2e^-$	$+1,50$

Tab. 10.2. Elektrochemische Spannungsreihe von Nichtmetallen in saurer Lösung

reduzierte Form		oxidierte Form	$+ x\,e^-$	E_o [Volt]
$2\,I^-$	$\rightleftharpoons$	I_2	$+ 2e^-$	$+0,54$
$2\,Br^-$	$\rightleftharpoons$	Br_2	$+ 2e^-$	$+1,07$
$2\,H_2O$	$\rightleftharpoons$	$O_2 + 4\,H^+$	$+ 4e^-$	$+1,23$
$2\,Cl^-$	$\rightleftharpoons$	Cl_2	$+ 2e^-$	$+1,36$
$2\,F^-$	$\rightleftharpoons$	F_2	$+ 2e^-$	$+3,06$

Tab. 10.3. Elektrochemische Spannungsreihe von Redoxsystemen in saurer Lösung

Reduzierte Form	$\rightleftharpoons$	oxidierte Form	+ x e$^-$	E_o [Volt]
$H_2SO_3 + H_2O$	$\rightleftharpoons$	$SO_4^{2-} + 4\,H^+$	$+ 2e^-$	$+0{,}17$
Fe^{2+}	$\rightleftharpoons$	Fe^{3+}	$+ e^-$	$+0{,}77$
$NO + 2\,H_2O$	$\rightleftharpoons$	$NO_3^- + 4\,H^+$	$+ 3e^-$	$+0{,}96$
$Cr^{3+} + 4\,H_2O$	$\rightleftharpoons$	$CrO_4^{2-} + 8\,H^+$	$+ 3e^-$	$+1{,}36$
$Pb^{2+} + 2\,H_2O$	$\rightleftharpoons$	$PbO_2 + 4\,H^+$	$+ 2e^-$	$+1{,}46$
$Cl^- + H_2O$	$\rightleftharpoons$	$ClO^- + 2\,H^+$	$+ 2e^-$	$+1{,}50$
$Mn^{2+} + 4\,H_2O$	$\rightleftharpoons$	$MnO_4^- + 8\,H^+$	$+ 5e^-$	$+1{,}51$
$O_2 + H_2O$	$\rightleftharpoons$	$O_3 + 2\,H^+$	$+ 2e^-$	$+2{,}07$

Tab. 10.4. Elektrochemische Spannungsreihe von Metallen in basischer Lösung

reduzierte Form	$\rightleftharpoons$	oxidierte Form	+ x e$^-$	E_o [Volt]
K	$\rightleftharpoons$	K^+	$+ e^-$	$-2{,}93$
$Mg + 2\,OH^-$	$\rightleftharpoons$	$Mg(OH)_2$	$+ 2e^-$	$-2{,}69$
$Al + 4\,OH^-$	$\rightleftharpoons$	$[Al(OH)_4]^-$	$+ 3e^-$	$-2{,}35$
$Mn + 2\,OH^-$	$\rightleftharpoons$	$Mn(OH)_2$	$+ 2e^-$	$-1{,}55$
$Zn + 4\,OH^-$	$\rightleftharpoons$	$[Zn(OH)_4]^{2-}$	$+ 2e^-$	$-1{,}22$
$Cr + 4\,OH^-$	$\rightleftharpoons$	$[Cr(OH)_4]^-$	$+ 3e^-$	$-1{,}20$
$Sn + 3\,OH^-$	$\rightleftharpoons$	$[Sn(OH)_3]^-$	$+ 2e^-$	$-0{,}91$
$Fe + 2\,OH^-$	$\rightleftharpoons$	$Fe(OH)_2$	$+ 2e^-$	$-0{,}89$
$Cd + 2\,OH^-$	$\rightleftharpoons$	$Cd(OH)_2$	$+ 2e^-$	$-0{,}81$
$Co + 2\,OH^-$	$\rightleftharpoons$	$Co(OH)_2$	$+ 2e^-$	$-0{,}72$
$Ni + 2\,OH^-$	$\rightleftharpoons$	$Ni(OH)_2$	$+ 2e^-$	$-0{,}72$
$Sb + 4\,OH^-$	$\rightleftharpoons$	$[Sb(OH)_4]^-$	$+ 3e^-$	$-0{,}66$
$Pb + 3\,OH^-$	$\rightleftharpoons$	$[Pb(OH)_3]^-$	$+ 2e^-$	$-0{,}54$
$2\,Bi + 6\,OH^-$	$\rightleftharpoons$	$Bi_2O_3 + 3\,H_2O$	$+ 6e^-$	$-0{,}46$
$Cu + 2\,OH^-$	$\rightleftharpoons$	$Cu(OH)_2$	$+ 2e^-$	$-0{,}22$
$Pd + 2\,OH^-$	$\rightleftharpoons$	$Pd(OH)_2$	$+ 2e^-$	$+0{,}07$
$Hg + 2\,OH^-$	$\rightleftharpoons$	$HgO + H_2O$	$+ 2e^-$	$+0{,}10$
$Pt + 2\,OH^-$	$\rightleftharpoons$	$Pt(OH)_2$	$+ 2e^-$	$+0{,}15$
$2\,Ag + 2\,OH^-$	$\rightleftharpoons$	$Ag_2O + H_2O$	$+ 2e^-$	$+0{,}34$
$Au + 4\,OH^-$	$\rightleftharpoons$	$[H_2AuO_3]^- + H_2O$	$+ 3e^-$	$+0{,}70$

a) Reaktion mit Wasserstoffionen

1) Wirkung von nichtoxidierenden Säuren

Alle Metalle, die in saurer Lösung ein negatives elektrochemisches Potential haben, lösen sich in Säuren unter Bildung von Metallionen auf; denn eine Säure mit der H^+-Ionenaktivität 1 mol/l hat das elektrochemische Potential ± 0 V und vermag alle Metalle mit negativem Potential zu oxidieren. Oftmals können aber zusammenhängende Schutzschichten aus den betreffenden Metalloxiden oder die Entstehung von **Überspannungen** (siehe Abschnitt 10.4.5b2) eine solche Reaktion verhindern. Edle Metalle mit positiven elektrochemischen Potentialen hingegen lösen sich nicht in 1-normalen Säuren auf; sie sind gegen diese beständig (siehe auch Abschnitt 10.1.3 b). So löst sich beispielsweise das unedle Zn in 1-normaler Salzsäure unter Bildung von Wasserstoffgas auf,

$$\overset{0}{Zn} + 2\,\overset{+1}{H}Cl \rightarrow \overset{+2}{Zn}Cl_2 + \overset{0}{H_2}\uparrow$$

während Cu von dieser Säure nicht angegriffen werden.

2) Reaktion der Wasserstoffionen in neutralem Wasser

In neutralem Wasser ist die Wasserstoffionenaktivität 10^{-7} mol/l (siehe Abschnitt 5.2.3), also wesentlich geringer als in einer 1-normalen Säure. Deswegen muß nach dem Prinzip von Le Chatelier (siehe Abschnitt 5.1.2) die Tendenz des Wasserstoffs, in Ionenform überzugehen, größer sein: Wird eine Wasserstoffelektrode (Platinblech von Wasserstoffgas umspült) nicht von einer Säure, sondern von neutralem Wasser umgeben, so mißt man dann gegenüber der Normal-Wasserstoffelektrode einen Spannungswert von –0,414 Volt. Diesen Wert kann man auch rechnerisch aus der in Abschnitt 10.2.1 beschriebenen sogenannten **Nernstschen Gleichung** ermitteln. Wenn das Redoxpotential der Reaktion

$$H_2 \rightleftharpoons 2\,H^+ + 2\,e^-$$

beim neutralen Wasser –0,414 Volt beträgt, so können durch die Wasserstoffionen des neutralen Wassers alle Metalle zu Ionen oxidiert werden, deren Potential stärker negativ als –0,414 Volt ist. So wird es verständlich, daß Eisen in Gegenwart von Wasser rostet (oxidiert) oder daß Natrium unter Wasserstoffentwicklung mit den Wasserstoffionen reagiert:

$$2\,Na + 2\,H^+ \rightarrow 2\,Na^+ + H_2\uparrow$$

Daß einige Metalle wie Mg, Al, Mn, Zn oder Cr durch Wasser nicht angegriffen werden, obwohl eine solche Reaktion nach der elektrochemischen Spannungsreihe zu erwarten wäre, hat seinen Grund in dem Vorhandensein von zusammenhängenden, schützenden Oxidschichten, die sich in neutralem Medium, manchmal sogar in schwach saurem Medium nicht lösen.

b) Reaktionen von edlen Metallen und deren Metallionen

1) Oxidierende Säuren

Edle Metalle lösen sich zwar nicht in 1-normalen nichtoxidierenden Säuren (siehe Abschnitt 10.1.3a1), sie können jedoch durch oxidierende Säuren oxidiert, d.h. in Lösung gebracht werden. Das Oxidationspotential muß jedoch ausreichen, es muß also einen positiveren Wert als das der betreffenden Metalle aufweisen. Beim Vergleich der Potentiale in den Tab. 10.1 und 10.3 wird es verständlich, daß sich die Metalle Quecksilber, Silber und Kupfer in Salpetersäure lösen. Wegen des geringen Potentialunterschieds löst sich das Quecksilber in der verdünnten (ca. 20%igen) Salpetersäure beim Reinigungsprozeß nur sehr langsam und nur zu einem geringen Anteil auf, so daß man die Salpetersäure zum Reinigen von Quecksilber benutzen kann. Man verwendet deswegen Salpetersäure und keine andere Säure, weil sie die verunreinigenden Metalle und Metalloxide aus dem Quecksilber herauslösen kann und die dabei entstehenden Metallnitrate leicht wasserlöslich sind (Metallnitrate bilden keine schwerlöslichen Salze).

Gold und Platin werden jedoch durch Salpetersäure nicht gelöst. Man benutzt deshalb ca. 50%-ige Salpetersäure, die „Scheidewasser" genannt wird, um Gold (unlöslich) von Silber (löslich) zu trennen. Gold mit einem sehr positiven Normalpotential kann durch **„Königswasser"** („aqua regia", das den „König der Metalle" löst), einem Gemisch von konzentrierter Salpetersäure und konzentrierter Salzsäure (im Volumenverhältnis 1 : 3) gelöst werden. Durch Salpetersäure werden Metalle wie Aluminium, Chrom oder Eisen durch Ausbildung von schützenden, zusammenhängenden Oxidschichten passiviert und damit in der oxidierenden Säure unlöslich gemacht.

2) Reaktion von Ionen edler Metalle mit unedlen Metallen

Ionen edler Metalle werden durch unedle Metalle reduziert, dabei gehen die unedlen Metalle als Ionen in Lösung. So kann Gold, Silber, Quecksilber oder Kupfer aus Salzlösungen durch Zugabe von Zink oder Eisen abgeschieden werden. Bekannt ist die als sogenanntes **Zementieren** genannte Reaktion von Kupferionen mit Eisenmetall:

$$Fe + Cu^{2+} \rightarrow Fe^{2+} + Cu$$

Diese Reaktion kann die mitunter zu schweren Korrosionsschäden am Eisen Anlaß geben kann (siehe Abschnitte 10.6.1a und 10.6.2a). Sie kann beispielsweise aber auch im Umweltschutz verwendet werden um toxische Cu^{2+}-Ionen aus Abwässern zu entfernen bzw. gegen harmlose Fe^{2+}-Ionen zu tauschen.

Durch Ionenumladungen von Fe^{3+} zu Fe^{2+} kann Kupfer oxidiert werden, wie man durch Vergleich der Normalpotentiale in Tab. 10.1 und 10.3 erkennen kann:

$$Cu \rightleftharpoons Cu^{2+} + 2\,e^- \qquad E_o = +0,34\ V$$
$$Fe^{2+} \rightleftharpoons Fe^{3+} + \ e^- \qquad E_o = +0,77\ V$$

Man nutzt diese Reaktion des Kupfers mit $FeCl_3$-Lösungen zur Herstellung von gedruckten elektrischen Schaltungen (siehe Abschnitt 10.1.5) nach folgender Gleichung:

$$Cu + 2\,Fe^{3+} \rightarrow Cu^{2+} + 2\,Fe^{2+}$$

c) Einfluß des pH-Wertes

Der pH-Wert kann das elektrochemische Potential eines Metalls (oder einer Redoxreaktion) erheblich verändern. Durch Vergleich von Tab. 10.1 mit 10.4 erkennt man, daß im alkalischen Medium Platin viel unedler wird. Es besteht die Gefahr, daß sich Platinmetall im stark alkalischen Medium auflöst. Deswegen darf man in Platinschalen keine alkalischen Medien schmelzen! In basischen Lösungen sind z.B. Aluminium und Zink wesentlich stärkere Reduktionsmittel als in saurer Lösung.

d) Oxidationswirkung von Nichtmetallen

Die elektrochemische Spannungsreihe von Nichtmetallen zeigt ebenfalls große Unterschiede in den Normalpotentialen (siehe Tab. 10.2). Die Oxidationswirkung ist um so größer, je positiver das Potential ist. Dabei gehen die Nichtmetalle von der oxidierten Form (von der elementaren Form) in die (reduzierte) Ionenform über. Besonders starke Oxidationsmittel sind elementares Fluor und Ozon. Chlor oxidiert Bromid- oder Iodidionen zu den Elementen und wird dabei selbst zu Chloridion reduziert. Diese Reaktion wird großtechnisch zur **Gewinnung von elementarem Brom** und **Iod** aus Meerwasser und Salzsolen genutzt:

$$Cl_2 + 2\,Br^- \rightarrow 2\,Cl^- + Br_2$$

$$Cl_2 + 2\,I^- \rightarrow 2\,Cl^- + I_2$$

Das so entstandene elementare Brom bzw. Iod wird durch Einblasen von Wasserdampf oder Luft ausgetrieben.

> **Übungsbeispiel 10.2:** Untersuchen Sie, ob die folgenden Reaktionen (unter Standardbedingungen) in der angegebenen Richtung ablaufen!
> a) $Cl_2 + 2\,F^- \rightarrow 2\,Cl^- + F_2$
> b) $Cu + 2\,AgNO_3 \rightarrow Cu(NO_3)_2 + 2\,Ag$
>
> **Lösung:** aus der elektrochemischen Spannungsreihe ergibt sich:
> a) $E_0\,(2\,Cl^- \,|\, Cl_2) = +1{,}36\,V$
> $\quad E_0\,(2\,F^- \,|\, F_2) \quad = +3{,}06\,V$
> $\quad \Rightarrow$ *nicht* möglich, da Cl_2 gegenüber F^- nicht als Oxidationsmittel wirken kann.
> b) $E_0\,(Cu \,|\, Cu^{2+}) = +0{,}34\,V$
> $\quad E_0\,(Ag \,|\, Ag^+) \quad = +0{,}80\,V$
> $\quad \Rightarrow$ möglich, da Ag^+ gegenüber Cu als Oxidationsmittel wirken kann. Ein Kupferblech überzieht sich beim Eintauchen in eine Silbernitratlösung mit schwarzem, feinverteiltem Silber.

10.1.4　Praktische Spannungsreihen

Die Normalpotentiale werden bei einer Temperatur von 25 °C und bei Ionenkonzentrationen von 1 mol/l ermittelt. Diese Bedingungen werden in der Praxis jedoch kaum anzutreffen sein. Daher hat man insbesondere bei Metallen Spannungsreihen mit praxisnäheren Elektrolyten ermittelt, die z.B. bei Korrosionsfragen (siehe Abschnitt 10.6) schon bessere Voraussagen ermöglichen. Tab. 10.5 zeigt das Verhalten einiger Metalle und häufig vorkommender Legierungen gegenüber einem Elektrolyten, der in der Zusammensetzung etwa dem Meerwasser entspricht.

Tab. 10.5. Praktische Spannungsreihe in künstlichem Meerwasser (Bedingungen: pH 7,5; 25 °C, luftgesättigt, bewegt)

Metall	E_R [Volt]	Metall	E_R [Volt]
Elektron AM 503	−1,34	Zinn (Anodenmetall)	−0,18
Zinn SN 98	−0,81	Titan	$(−0,11)^{*)}$
Zinküberzug auf Stahl	−0,80	V2A-Stahl	−0,05
Aluminium Al 99,5	−0,67	Kupfer	+0,01
Cadmium (Anodenmaterial)	−0,52	Messing MS 63	+0,01
Hartchromüberzug (50μm)	−0,29	Nickel Ni 99,6	+0,05
Zink Zn 98,5	−0,28	Silber	+0,15
Blei Pb 99,9	−0,26	Gold	$(+0,24)^{*)}$

*) Eingeklammerte Werte ändern im Verlaufe der Zeit das Ruhepotential E_R zu positiveren Werten.

Die Tab. 10.6 enthält Potentiale, die sich bei einem pH-Wert von 6,0 einstellen. Sie wurden ermittelt mit einer luftgesättigten Phthalatpufferlösung bei 25 °C.

Tab. 10.6. Praktische Spannungsreihe bei pH 6,0 (Phthalatpufferlösung) (25 °C, luftgesättigt, bewegt)

Metall	E_R [Volt]	Metall	E_R [Volt]
Elektron AM 503	−1,46	V2A-Stahl	$(−0,08)^{*)}$
Zinküberzug auf Stahl	−0,79	Nickel Ni 99,6	+0,12
Cadmium (Anodenmaterial)	−0,57	Kupfer	+0,14
Blei Pb 99,9	$(−0,28)^{*)}$	Messing MS 63	+0,15
Zinn Sn 98	$(−0,27)^{*)}$	Titan	$(+0,18)^{*)}$
Hartchromüberzug (50μm)	$(−0,25)^{*)}$	Silber	+0,19
Aluminium Al 99,5	$(−0,17)^{*)}$	Gold	+0,31

*) Eingeklammerte Werte ändern im Verlaufe der Zeit das Ruhepotential E_R zu positiveren Werten.

Höhere Temperaturen können unter Umständen die Stellung der Metalle in den Spannungsreihen erheblich verändern. So ist z.B. das Zink oberhalb 63 °C edler als Eisen. Wird verzinktes Eisen z.B. für Warmwasserbereiter verwendet, so könnte es bei einer Verletzung der Schutzschicht zu einer **Untergrundkorrosion** (siehe Abschnitt 10.6.2b) des Eisens kommen; d.h. bei höheren Temperaturen bietet Zink keinen geeigneten Schutz für Eisen.

10.1.5   Herstellung von Leiterplatten

Komplizierte elektrische Schaltungen, die viele Bauteile (wie z.B. Widerstände, Kondensatoren, Transistoren usw.) enthalten, fertigt man heute im allgemeinen auf übersichtlichen, zu größeren Schalteinheiten vereinigten, leicht auswechselbaren Schaltkarten, auf denen die verschiedenen Bauteile durch elektrisch leitende Bahnen aus dünn aufgetragenem Kupfermetall miteinander verbunden sind.

Die Herstellung solcher Leiterplatten erfolgt durch gezielte Ablösung von Kupfermetall aus Kupferfolien an den Stellen, die nicht zum Schaltbild gehören. Auf eine Grundplatte aus Kunststoff (z.B. Phenolformaldehydharz, Polyesterharz oder Epoxidharz, glasfaserverstärkt), die ein- oder beidseitig mit dünner Kupferschicht überzogen ist, wird entweder durch Aufdrucken des gewünschten Schaltbildes mit einem säurefesten Lack oder mit Hilfe eines **Photolackes** durch Belichten und nachheriges Entwickeln der lichtempfindlichen Schicht (siehe Abb. 10.3) das Kupfer nur an den Stellen geschützt, die zum Schaltbild gehören sollen. Der Photolack wird entweder durch Belichten mit UV-Strahlen in einem spezifischen organischen Lösungsmittel löslich (positiv arbeitender Lack) oder wird in einer anderen Ausführungsart gerade erst durch das Belichten ausgehärtet und dann an den UV-exponierten Stellen unlöslich (negativ arbeitender Lack).

Um die gewünschte Schutzschicht auf der Kupferfolie zu erzeugen, muß man im ersten Fall eine Photomaske verwenden, die ein Positiv des Schaltbildes enthält, im zweiten Fall muß ein Negativ des Schaltbildes (Schaltbahnen transparent, die nicht zum Schaltbild gehörenden Teile schwarz) beim Belichten auf den Photolack gelegt werden.

Zum Schluß werden die Lack-Schutzschicht von der Kupferoberfläche entfernt und die vorgesehenen Bauteile auf der Leiterplatte befestigt.

Als **Ätzlösungen** verwendet man:

- **Eisen(III)-chlorid** (siehe Abschnitt 10.1.3b2):

$$\overset{0}{Cu} + 2\,\overset{+3}{FeCl_3} \rightarrow \overset{+2}{CuCl_2} + 2\,\overset{+2}{FeCl_2}$$

- **Wasserstoffperoxid und Schwefelsäure**

$$\overset{0}{Cu} + \overset{-1}{H_2O_2} + H_2SO_4 \rightarrow \overset{+2}{CuSO_4} + 2\,\overset{-2}{H_2O}$$

- **Kupfer(II)-chlorid**

$$Cu + Cu^{2+} \rightarrow 2\,Cu^{+}$$

Von diesen hat das Eisen(III)-chlorid die größte Ätzrate (schnellste Reaktion), jedoch zeigt es Schwierigkeiten bei der Aufbereitung der gebrauchten Ätzlösungen (Mischung von Eisen- und Kupfersalz). Deshalb ist diese Anwendung meist auf den Laborbereich beschränkt und es wird im Bereich der industriellen Leiterplattenherstellung nicht verwendet. Am günstigsten ist die Verwendung von Kupfer(II)-chlorid, da hier die gebrauchten Ätzbäder, entweder elektrolytisch regeneriert werden können oder eine Gewinnung von metallischem Kupfer möglich ist:

- **Elektrolytische Regenerierung** (an der Anode):
  $$Cu^{+} \rightarrow Cu^{2+} + e^{-}$$
- **Cu-Abscheidung bei hohen Stromdichten** (an der Kathode):
  $$Cu^{+} + e^{-} \rightarrow Cu.$$

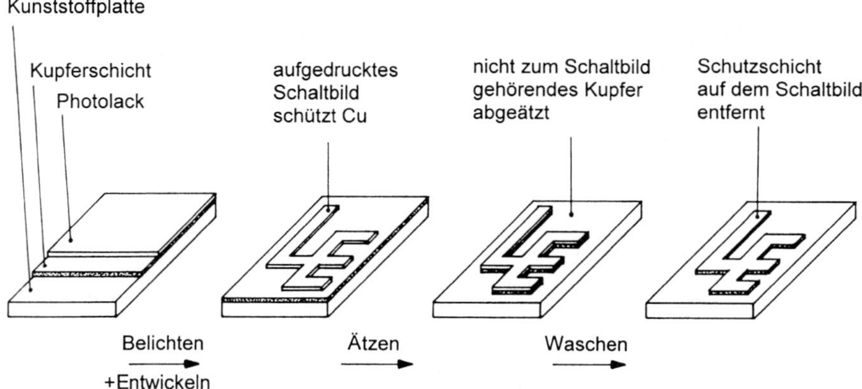

Abb. 10.3. Herstellung von Leiterplatten

10.2 Die Konzentrationsabhängigkeit der elektrochemischen Potentiale

Die in Abschnitt 10.1.3 angeführten Zahlenwerte der Normalpotentiale gelten nur für die Temperatur von 25 °C und den Spezialfall, daß die Metallionenkonzentrationen, die die betreffenden Metalle umgeben, genau 1 mol/l betragen (bei der Normal-Wasserstoffelektrode verwendet man die Aktivität 1 mol/l), bzw. daß sowohl das Oxidationsmittel als auch das Reduktionsmittel gerade in einer Konzentration von 1 mol/l vorhanden sind. Eine mathematische Formulierung der Temperatur- und Konzentrationsabhängigkeit ist durch die sogenannte **Nernstschen Gleichung** gegeben.

10.2.1 Die Nernstsche Gleichung

Nernst (Walther Nernst, 1864–1941, Nobelpreis 1920) fand für die Abhängigkeit des elektrochemischen Potentials von der Temperatur und den Konzentrationen der Reaktionspartner folgende mathematische Beziehung:

$$E = E_o + \frac{R \cdot T}{z \cdot F} \cdot \ln \frac{c_{Ox}}{c_{Red}}$$

Darin bedeutet:

E = gemessenes Einzelpotential
E_o = das Normalpotential für die betreffende Reaktion
R = die universelle Gaskonstante (siehe Abschnitt 3.1.1)

T = die Temperatur in Kelvin

Z = Anzahl der abgegebenen oder aufgenommenen Elektronen

F = die Faraday-Konstante = elektrische Ladung für 1 Mol Elektronen bzw. 1 Mol einwertiger Ionen = $6,0221 \cdot 10^{23} \cdot 1,60218 \cdot 10^{-19}$ = 96485 As oder Coulomb (siehe Abschnitt 2.6.4 und Tab. 1.1 in Abschnitt 1.1)

c = die Konzentration für das Oxidationsmittel (c_{Ox}) und das Reduktionsmittel (c_{Red}) in mol/l

Für den Fall, daß eine Metallelektrode von der entsprechenden Metallsalzlösung umgeben ist, vereinfacht sich die Nernstsche Gleichung, dadurch, daß die Konzentration des Reduktionsmittels (das Metall in der reduzierten, metallischen Form) als konstanter Wert bereits in der Konstanten E_o, des Normalpotentials enthalten ist (aufzufassen als die konstant bleibenden Bedingungen für das Reduktionsmittel, z.B. Art und Beschaffenheit der Elektrodenoberflächen oder die konstanten Konzentrationen von eventuell in der Lösung vorhandenen, ungeladenen Metallatomen). Es gilt dann, wenn das Oxidationsmittel die Metallionen darstellt, also wenn $Ox = M^{z+}$:

$$E = E_o + \frac{R \cdot T}{z \cdot F} \cdot \ln c_{M^{z+}}$$

Setzt man die Zahlenwerte für die Konstanten ein und bezieht die Gleichung auf eine Temperatur von 25 °C, so ergibt sich unter gleichzeitigem Übergang auf dekadische Logarithmen die Gleichung:

$$E = E_o + \frac{0,05916}{z} \cdot \lg c_{M^{z+}}$$

Aus diesen Gesetzmäßigkeiten ergibt sich, daß zwischen zwei Elektroden aus dem gleichen Metall, die von verschiedenen Metallionenkonzentrationen (c_1 und c_2) umgeben sind, sich ein meßbarer Potentialunterschied einstellt, den man als **Konzentrationskette** bezeichnet.

Die Potentialdifferenz ist dann:

$$\Delta E = E_1 - E_2 = \left[E_o + \frac{0,05916}{z} \lg c_1 \right] - \left[E_o + \frac{0,05916}{z} \lg c_2 \right] = \frac{0,05916}{z} \lg \frac{c_1}{c_2}$$

Diese Potentialdifferenz kann bei großen Konzentrationsunterschieden erheblich sein, wie das folgendes Übungsbeispiel 10.3 zeigt (siehe auch Übungsbeispiel 10.4):

Übungsbeispiel 10.3: Berechnung des elektrochemischen Potentials einer Wasserstoffelektrode bei pH=7.

Lösung:

Eine in neutrales Wasser ($a_{H+} = 10^{-7}$ mol/l; pH=7) tauchende Wasserstoffelektrode muß nach der Nernstschen Gleichung folgendes elektrochemische Potential haben:

$$E = E_o + \frac{0{,}05916}{1} \lg a_{H^+} =$$

$$0 + 0{,}05916 \cdot \lg 10^{-7} = 0{,}05916 \cdot (-7) = -0{,}414 \text{ V}$$

In neutralem Wasser sollten daher nur Metalle, die ein unedleres Potential als ca. −0,42 V haben, durch die Wasserstoffionen oxidiert werden. Im schwach sauren Gebiet (kohlensäurehaltiges Wasser) ist diese Oxidationswirkung durch die höhere H^+-Ionenkonzentration noch größer. Aus diesem Grunde ist vor allem das Eisen korrosionsgefährdet.

Bei vielen Metallen, die sich nach ihrem elektrochemischen Potential entweder in reinem Wasser oder wenigstens in verdünnten Säuren auflösen sollten, ist jedoch die Oxidationswirkung der Wasserstoffionen wegen verschiedenartiger Hemmungserscheinungen (z.B. zusammenhängende Oxidschichten oder Überspannung des Wasserstoffs an diesen Metallen, siehe Abschnitt 10.4.5b2) unterbunden. Diese Metalle sind dann trotz ihrer Stellung in der Spannungsreihe der Metalle gegenüber Wasser, zum Teil auch gegenüber verdünnten Säuren beständig.

10.2.2   Elektroden zweiter Art

Vergleichselektroden mit konstantem elektrochemischen Potential werden Elektroden zweiter Art genannt.

Das konstante Potential erreicht man durch eine sehr gute Konstanz der die Elektrode umgebenden Metallionenkonzentration, die sich selbst bei geringem Stromfluß während einer Messung nicht ändert, obwohl eigentlich jeder Stromfluß die Metallionenkonzentration beeinflussen müßte, nach folgender Redox-Gleichung:

$$M \rightleftharpoons M^{z+} + z\,e^-$$

Im Gegensatz zu den **Elektroden erster Art**, bei denen Metalle in Metallsalzlösungen tauchen, die die Ionen des Elektrodenmaterials in Form *leichtlöslicher* Salze enthalten tauchen, bestehen Elektroden zweiter Art aus einem Metall, das in die gesättigte Lösung eines seiner *schwerlöslichen* Salze eintaucht. Hierbei bleibt die Metallionenkonzentration dieses Salzes (infolge des Löslichkeitsproduktes und der Anwesenheit einer hohen Konzentration eines zweiten Salzes mit der gleichen Anionenart) stets konstant. Der Grund hierfür und die Funktionsweise einer solchen Elektrode zweiter Art soll am Beispiel der Silber/Silberchloridelektrode erläutert werden.

a) Die Silber/Silberchloridelektrode (Ag/AgCl-Elektrode)

Diese besteht aus einer metallischen Silberelektrode, die von einer Aufschlämmung des schwerlöslichen Salzes AgCl umgeben ist (siehe Abb.10.4). Außerdem enthält die mit dem schwerlöslichen Salz AgCl gesättigte Lösung noch Kaliumchlorid in genau definierter Konzentration (z.B. eine gesättigte oder eine 1-molare KCl-Lösung). Silberchlo-

rid und Kaliumchlorid haben die gleiche Ionenart, nämlich Chloridionen. Die Silberionenkonzentration in der Lösung ergibt sich aus dem Löslichkeitsprodukt des Silberchlorids (siehe auch Abschnitt 5.3) und der Konzentration der Kaliumchloridlösung.
Mit (Löslichkeitsprodukt aus Anhang A5)

$$c_{Ag^+} \cdot c_{Cl^-} = L_{AgCl} = 1{,}7 \cdot 10^{-10} \ mol^2/l^2$$

folgt

$$c_{Ag^+} = \frac{L_{AgCl}}{c_{Cl^-}}$$

Die Konzentration der Chloridionen ist, da c_{Cl^-} aus KCl $\gg c_{Cl^-}$, aus AgCl, praktisch identisch mit der Konzentration der Kaliumchloridlösung. Bei Verwendung einer 1 molaren KCl-Lösung wäre dann

$$c_{Ag^+} = \frac{L_{AgCl}}{c_{Cl^-}} = \frac{1{,}7 \cdot 10^{-10}}{1} = 1{,}7 \cdot 10^{-10} \ mol/l$$

Das elektrochemische Potential ergibt dann bei 25 °C, wie im Übungsbeispiel 10.4 gezeigt, durch Berechnung mit der Nernstschen Gleichung einen Spannungswert von +0,220 V gegenüber der Normal-Wasserstoffelektrode. Wenn eine gesättigte Kaliumchloridlösung verwendet wird, hat die Silberchloridelektrode ein Potential von +0,1958 V.

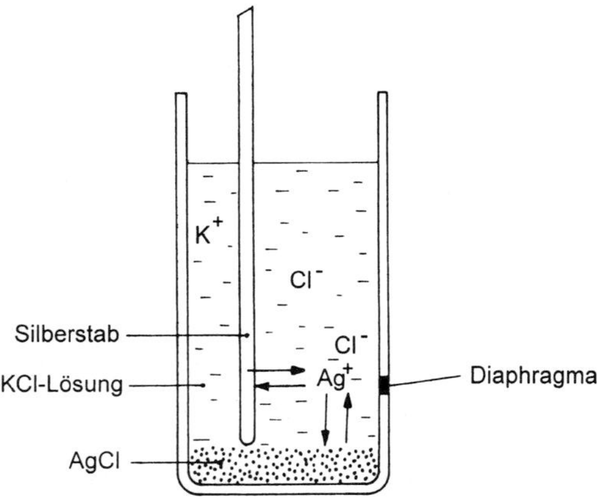

Abb. 10.4. Funktionsschema einer Silber/Silberchloridelektrode

Wird die Silberchloridelektrode als Bezugselektrode zur Bestimmung von elektrochemischen Potentialen benutzt, so könnte während der Messung ein geringer elektrischer Strom fließen und damit Veränderungen an der Silberelektrode und in der die Elektrode umgebenden Lösung nach folgender Gleichung hervorrufen:

$$Ag \rightleftharpoons Ag^+ + e^-$$

Eventuell neu entstehende Ag^+-Ionen, die das Potential der Meßelektrode gemäß der Nernstschen Gleichung verändern könnten, werden aber wegen der Überschreitung des Löslichkeitsproduktes durch die in der Lösung in großem Überschuß vorhandenen Cl^--Ionen als fester AgCl-Niederschlag ausgefällt. Würde umgekehrt metallisches Silber aus Silberionen abgeschieden, so könnten die Ag^+-Ionen sofort wieder durch In-Lösung-Gehen einer entsprechenden kleinen Menge von festem AgCl (das als schwerlösliches Salz die Elektrode umgibt) ergänzt werden. Die dabei gleichzeitig in Lösung gehenden Chloridionen ändern die Gesamtkonzentration jedoch praktisch nicht, da ja nach obiger Beschreibung die Konzentration der Chloridionen um viele Zehnerpotenzen größer ist als die sich eventuell ändernden Mengen. Wenn aber die Chloridionenkonzentration praktisch konstant bleibt, muß auch die Silberionenkonzentration wegen des Zusammenhangs über das Löslichkeitsprodukt konstant bleiben.

Eine konstante Silberionenkonzentration gewährleistet somit ein konstantes Bezugspotential der Meßelektrode.

Übungsbeispiel 10.4: Berechnung des elektrochemischen Potentials einer Silber/Silberchloridelektrode

Lösung: Das Normalpotential der Silberelektrode beträgt laut Tab. 10.1 in saurer Lösung +0,80 V.
Wenn eine Silberelektrode von Silberionen der Konzentration von nur $1,7 \cdot 10^{-10}$ mol/l umgeben ist, so wie es bei einer Silber/Silberchloridelektrode der Fall ist, so hätte sie dann ein elektrochemisches Potential gegenüber der Normalwasserstoffelektrode von +0,22 V, denn:

$$E = E_0 + \frac{0{,}05916}{1} \lg c_{Ag^+} = +0{,}80 + 0{,}05916 \cdot \lg(1{,}7 \cdot 10^{-10})\ V = 0{,}80 - 0{,}05916 \cdot 9{,}77 = 0{,}22\,V$$

Dieser theoretische Wert kann auch durch experimentelle Messungen bestätigt werden.

b) Die Kalomelelektrode

Diese Bezugselektrode besteht aus Quecksilbermetall, das von dem schwerlöslichem Quecksilbersalz Kalomel[1] Hg_2Cl_2 und einer Kaliumchloridlösung definierter Konzentration umgeben ist (siehe Abb.10.5).
Die Funktionsweise ist analog der Silberchloridelektrode; das Potential der Kalomelelektrode wird durch die Konzentration der Hg_2^{2+} Ionen bestimmt, die wiederum wegen des Löslichkeitsproduktes von der Konzentration der verwendeten Kaliumchlo-

---

[1] Das weiße, schwerlösliche Salz Kalomel wird beim Übergießen mit Ammoniak durch Abscheidung von feinverteiltem Quecksilbermetall schwarz (zum Unterschied von sich in Ammoniak auflösendem, sonst jedoch ähnlich aussehendem Silberchlorid AgCl):
$Hg_2Cl_2 + 2\,NH_3 \rightarrow Hg + Hg(NH_2)Cl + NH_4Cl$
Dieses unterschiedliche Verhalten dient zur Identifizierung von Quecksilber und hat zur Namensgebung des Quecksilbersalzes beigetragen: kalos, gr. = schön; melas, gr. = schwarz.

ridlösung (Cl⁻-Ionenkonzentration!) abhängt:

$$c_{Hg_2^{2+}} \cdot c_{Cl^-}^{\,2} = L_{Hg_2Cl_2}$$

Das Potential beträgt:

- 0,1 molaren KCl Lösung: $E = + 0,3335$ V
- 1 molaren KCl Lösung: $E = + 0,2802$ V
- gesättigten KCl Lösung: $E = + 0,2412$ V

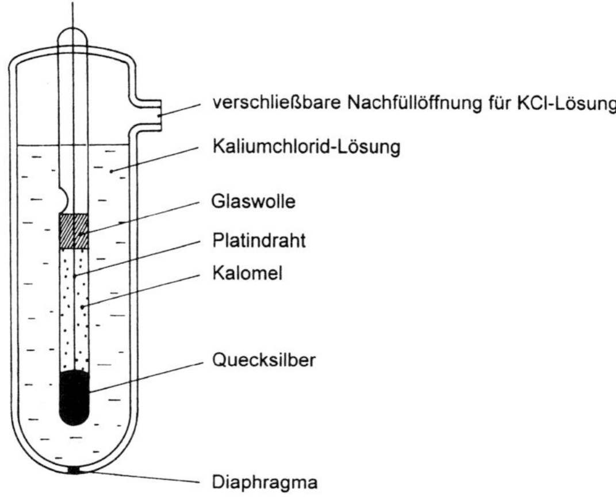

Abb. 10.5. Kalomelelektrode

Kalomelelektroden wurden früher im Labor häufig eingesetzt, heute werden aufgrund der Toxizität des Quecksilbers (siehe Abschnitt 12.5.2a1) Ag/AgCl-Elektroden bevorzugt.

c) Das Weston-Normalelement

Eine Kombination von zwei Elektroden zweiter Art dient mit einer konstanten elektrischen Spannung bei 20 °C von −1,01865 Volt unter dem Namen Weston-Normalelement als **Vergleichsspannungsquelle** zur Eichung von elektrischen Spannungen.

Das Weston-Normalelement besteht aus einer Hg/Hg₂SO₄-Elektrode (+Pol) und einer Cadmium-Amalgam/CdSO₄ · 8/3 H₂O-Elektrode (−Pol) (siehe Abb.10.6). Der gemeinsame Elektrolyt ist eine gesättigte Cadmiumsulfatlösung. Neben der Konstanz der Elektrolytzusammensetzung ist hier auch die Konstanz des Elektrodenmaterials von Bedeutung: Die Cadmiumamalgamelektrode mit einem Gesamt-Cadmiumgehalt von 8–13% liegt nämlich als zweiphasiges Gemisch zweier verschiedener Cadmiumamalgame vor, und zwar als flüssiges Amalgam mit niederem und als festes, kristallisiertes Amalgam mit höherem Cadmiumgehalt. Bei einer infolge eines Stromflusses eventuell auftretenden Veränderung des Gesamt-Cadmiumgehaltes in der Elektrode (Abscheidung oder In-Lösung-Gehen von Cadmium) wird sich zwar das Mengenverhältnis dieser beiden Amalgame zueinander verändern, die definierten Potentiale der beiden Amalgame werden jedoch dadurch nicht beeinflußt, so daß das Weston-Normalelement infolge einer guten Konstanz der Elektrolyt- und der Elektronenbestandteile ein konstantes elektrochemisches Potential behält, auch wenn ein geringfügiger Strom bei der Messung fließt.

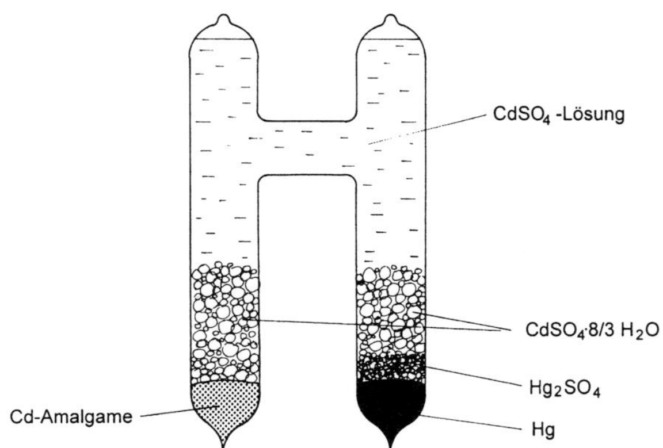

Abb. 10.6. Das Weston-Normalelement

10.2.3   pH-Messungen

Zur Messung des pH-Wertes auf elektrochemischem Wege kann man jede Elektrode verwenden, an der sich eine Redoxreaktion unter Beteiligung von Wasserstoffionen abspielt. Wie leicht einzusehen ist, könnte es eine Wasserstoffelektrode (ein von Wasserstoffgas umspültes Platinblech) sein, die in die Lösung mit der unbekannten, zu bestimmenden H$^+$-Ionenkonzentration eintaucht. Die zu einer Vergleichselektrode (z.B. Ag/AgCl-Elektrode) auftretende elektrische Spannung gibt Auskunft über den pH-Wert, da das elektrochemische Potential der Wasserstoffelektrode infolge der Redox-Reaktion

$$H_2 \rightleftharpoons 2\,H^+ + 2e^-$$

nach der Nernstschen Gleichung von der H$^+$-Ionenkonzentration abhängig ist. Wegen eines ständigen Verbrauchs von Wasserstoffgas und einer nicht ungefährlichen Handhabung wird die Wasserstoffelektrode jedoch nicht verwendet, sondern pH-Wert Messungen werden üblicherweise mittels **Glaselektroden** durchgeführt.

Wegen der einfachen Handhabung wird die Glaselektrode am häufigsten zur pH-Messung verwendet. Sie besteht aus einer dünnwandigen Glaskugel (Wandstärke bis hinab zu 0,001 mm), die mit einer Pufferlösung von bekanntem und konstantem pH-Wert gefüllt ist (Innenlösung). Mit der Außenseite taucht die Glaselektrode in die Lösung, deren pH-Wert gemessen werden soll (Außenlösung). Die Leitung des elektrischen Stromes durch die Glasmembran hindurch ist möglich, da das Glas als „Festelektrolyt" Halbleitereigenschaften aufweist (siehe Abschnitt 7.2.4).

Die Glasoberfläche nimmt gegenüber einer Lösung ein reproduzierbares Potential an, das sich gesetzmäßig mit der H^+-Ionenkonzentration in der Lösung ändert. Man nimmt an, daß sich das Potential durch Ionenaustauschvorgänge an der Glasoberfläche ausbildet. Die Glaselektrode ist für den Dauergebrauch im pH-Bereich von 0-10 einsetzbar; im stärker alkalischen Bereich und in Gegenwart von Fluoridionen wird die Glasoberfläche angegriffen.

Zur pH-Messung werden meistens Einstab-Elektrodenkombinationen verwendet, wie sie in Abb. 10.7 zu sehen sind. Diese enthalten am unteren Ende die Glaselektrode; die Bezugselektrode (heute meistens eine Silber/Silberchloridchlorid-Elektrode) ist im äußeren Mantel untergebracht. Diese Einstabmeßketten lassen sich sehr weit miniaturisieren. Zur pH-Messung an Oberflächen gibt es Meßketten, die beide Elektroden in einer kleinen Aufsatzfläche enthalten.

Man muß die Glaselektrode häufig nachkalibrieren, d. h. das Meßgerät mit Hilfe von zwei Pufferlösungen in den zu erwartenden pH-Meßbereich genau einstellen. Wenn bei der Wartung die Kaliumchloridlösung erneuert werden muß (Nachfüllöffnung, siehe Abb. 10.7!), ist darauf zu achten, daß das schwerlösliche Salz (Silberchlorid oder Kalomel) dabei nicht entfernt wird!

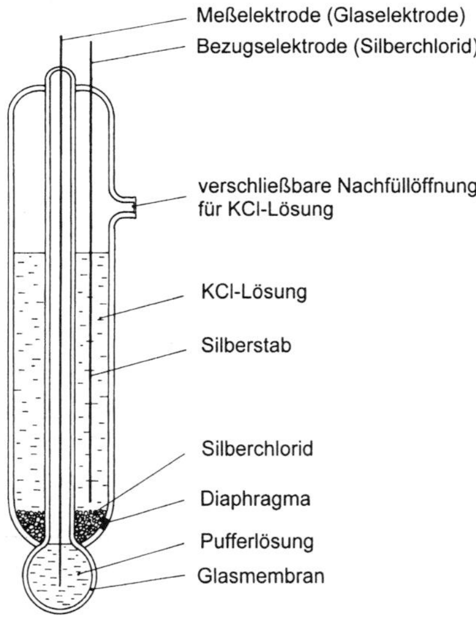

Abb. 10.7. Schematische Darstellung einer Glaselektrode zur Messung von pH-Werten

10.3   Elektrochemische Stromerzeugung

Die bei chemischen Prozessen freiwerdende Energie kann in Form von elektrischer Energie nutzbar gemacht werden. Die galvanische Stromerzeugung kann mit nicht wieder aufladbaren sogenannten **Primärelementen**, mit wieder aufladbaren **Sekundärelementen** (Akkumulatoren) oder durch **Brennstoffzellen** erfolgen. Im folgenden werden zunächst die wichtigsten heute gebräuchlichen Primär- und Sekundärelementtypen sowie Brennstoffzellen näher beschrieben. Typische Eigenschaften wichtiger Primär- und Sekundärelemente sind in den Tab. 10.7 und 10.8 zusammengefaßt.

10.3.1 Primärelemente

a) Zink-Braunstein-Elemente

Eine der am häufigsten gebrauchte Batterie ist das nach dem französischen Ingenieur Georges Leclanché (1839–1882) benannte **Leclanché-Element**. Dieser Batterietyp wurde im Jahre 1860 zum Patent angemeldet. Es enthält als Anode einen Zinkbecher, als Kathode[2] einen Kohlestab, der von einem fein verteilten Gemisch aus Braunstein (MnO_2), Graphitpulver (zur Erhöhung der Leitfähigkeit) getränkt mit Elektrolyt, umgeben ist (siehe Abb. 10.8a). Als Elektrolyt wird eine 20–30%ige Ammoniumchloridlösung (NH_4Cl) verwendet. Damit beim Undichtwerden der Batterie der Elektrolyt nicht ausläuft, wird dieser durch Quellmittel (z.B. Methylcellulose) zu einer Paste verdickt (daher die Bezeichnung „Trockenelement"). Zur Erhöhung der Auslaufsicherheit ist der Zinkbecher zusätzlich von einem Stahlmantel umgeben.

Früher wurde die Zinkoberfläche, um gleichmäßige Abtragung und lange Haltbarkeit zu erreichen, oft mit etwas Amalgam überzogen. Da Quecksilber ein sehr toxisches Schwermetall darstellt (siehe Abschnitt 12.5.2a1), sind heute die meisten Zink-Braunstein-Elemente vollständig **quecksilberfrei**. Um eine lange Haltbarkeit ohne Quecksilberzusätze zu erreichen, wird hierbei ultrareines, eisenfreies Zink mit geringen Legierungszusätzen von Indium oder Bismut verwendet.

Bei der Stromentnahme laufen beim Leclanché folgende Reaktionen ab:

Anode (–Pol): $\qquad Zn \rightarrow Zn^{2+} + 2\,e^-$

Kathode (+Pol): $\qquad 2\,\overset{+4}{Mn}O_2 + 2\,H_2O + 2\,e^- \rightarrow 2\,\overset{+3}{Mn}OOH + 2\,OH^-$

Elektrolyt: $\qquad Zn^{2+} + 2\,NH_4Cl + 2\,OH^- \rightarrow Zn(NH_3)_2Cl_2 + 2\,H_2O$

Der Braunstein (MnO_2) der die Kathode umgibt, verhindert die Entstehung von Wasserstoffgas, denn ohne Anwesenheit dieses „Depolarisators" würde es an der Kathode zur Bildung von Wasserstoff kommen:

$$2\,H^+ + 2\,e^- \rightarrow H_2$$

Ein gasförmiges Produkt ist jedoch für dicht abgeschlossene Batterien unerwünscht.

Die **Nachteile des Leclanché-Elements** sind seine relativ geringe spezifische Energie bzw. Leistung (siehe Tab. 10.7) aufgrund

- der geringen Fläche der Zinkelektrode
- der relativ geringen Leitfähigkeit des NH_4Cl-Elektrolyten.
  Deutliche Verbesserungen in Hinblick auf spezifische Leistung und Energie wurde

---

[2] Kathode ist diejenige Elektrode, zu der die positiv geladenen Kationen wandern. Will man eine solche Wanderung der Kationen erzwingen (z.B. bei der Elektrolyse), so muß die Kathode eine negative Ladung erhalten. Bei einem freiwillig ablaufenden Vorgang (z. B. galvanisches Element) lädt sich die Kathode positiv auf, da sich an ihr die positiv geladenen Kationen abscheiden und zu einer Elektronenverarmung der Elektrode führen.

durch die sogenannten **Alkali-Mangan-Zellen (Alkalinezellen)**, welche seit etwa 1950 auf dem Markt sind, erzielt (siehe Tab. 10.7). Die wesentlichen Veränderungen bei diesem Batterietyp sind (siehe Abb. 10.8b)

- Zink befindet sich als Paste in feinverteilter Form im Inneren der Zelle (Vergrößerung der Oberfläche!)
- Als Elektrolyt wird Kalilauge (KOH) eingesetzt.

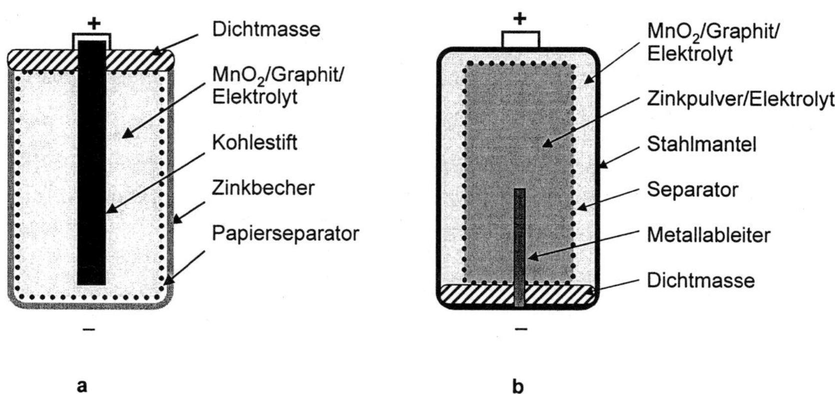

Abb. 10.8. Schnittbild eines a) Leclanché-Elements und b) einer Zink-Alkali-Zelle

In der Alkali-Mangan-Zelle laufen folgende Reaktionen ab:

Anode (−Pol): $$Zn \rightarrow Zn^{2+} + 2\,e^-$$

Kathode (+Pol): $$\overset{+4}{MnO_2} + H_2O + e^- \rightarrow \overset{+3}{MnOOH} + OH^-$$

Zink-Braunstein-Zellen finden üblicherweise bei elektrischen Kleinverbrauchern wie Taschenlampen etc. Verwendung. Bei der Lagerung laufen bei den Zink-Braunstein-Elementen wie bei allen galvanischen Elementen, aufgrund elektrochemischer Korrosionsprozessen, die stromliefernden Reaktionen auch ohne Stromentnahme sehr langsam ab, so daß die verfügbare Strommenge im Laufe der Zeit durch Alterung immer weiter abnimmt. Dieser Vorgang wird auch als **Selbstentladung** bezeichnet. Unbefriedigend ist ferner, daß bei den Primärelementen die ausgebrauchten Batterien nach einmaligem Gebrauch verloren gehen. In Deutschland werden Batterien getrennt gesammelt und die Rohstoffe einem Recycling zugeführt.

b) Quecksilberoxid- und Silberoxidzellen

Quecksilber- und Silberoxidzellen sind prinzipiell gleich aufgebaut und werden fast ausschließlich als sogenannte **Knopfzellen** z.B. für Photoapparate verwendet. Aufgrund der Toxizität des Quecksilbers ist die Bedeutung der Quecksilberoxidzellen gegenüber den Silberoxidzellen in den letzten Jahren deutlich zurückgegangen. Die Reaktionen bei der Stromentnahme lauten für die Silberoxidelemente:

Anode (–Pol):	$Zn + 2\,OH^- \rightarrow \overset{+2}{Zn(OH)_2} + 2\,e^-$
Kathode (+Pol):	$\overset{+1}{Ag_2O} + 2\,e^- + H_2O \rightarrow 2\,Ag + 2\,OH^-$

Die Zellen mit HgO bzw. Ag_2O-Elektroden haben gegenüber den Zink-Braunstein-Elementen den Vorteil, daß die Spannung über den gesamten Entladungsvorgang konstant bleibt. Bei ihnen tritt auch praktisch keine Selbstentladung ein, so daß diese Zellen dort angebracht sind, wo nach langer Lagerzeit eine Zuverläßlichkeit erforderlich ist.

Obwohl bei einigen Zellen eine Wiederaufladung prinzipiell möglich wäre, werden diese Zellen fast ausschließlich als Primärelemente eingesetzt. Die Verwendung der giftigen und auch kostbaren Metalle ist nur dann vertretbar, wenn ein vollständiges Recycling der aufgebrauchten Batterien erfolgt.

c) Lithiumzellen

Lithiumzellen sind besonders langlebige und leistungskräftige Batterien und gewinnen trotz ihres relativ hohen Preises zunehmend an Bedeutung. Die wesentlichen Vorteile von metallischem Lithium als Anodenmaterial sind:

- sein geringes spezifisches Gewicht ($0{,}53$ g/cm^3) und
- seine hohe negative Normalspannung ($-3{,}05$ V)

Bei Lithiumzellen werden meist organische Verbindungen als Elektrolyte eingesetzt werden, da Lithium heftig mit Wasser reagieren würde. Als Kathodenmaterial können verschiedene Stoff eingesetzt werden. Sehr häufig wird Braunstein (MnO_2) verwendet. Hierbei laufen folgende Reaktionen ab:

Anode (–Pol):	$Li \rightarrow Li^+ + e^-$
Kathode (+Pol):	$\overset{+4}{MnO_2} + e^- \rightarrow \overset{+3}{MnO_2^-}$

Es gibt mehrere Typen und ein breites Größenspektrum von Lithium-Primärzellen (z.B. Rund- und Knopfzellen). Sie liefern sehr hohe spezifische Energien und Leistungen und werden u.a. zur Versorgung von Computerspeichern („Memorybackup"), Satelliteninstrumenten, Signalbojen und Herzschrittmachern eingesetzt.

Tab. 10.7. Typische Daten wichtiger Primärelemente

	+Pol	–Pol	Klemmenspannung [Volt]	Spezifische Energie[*) [Wh/kg]	Spezifische Leistung[*) [W/kg]
Leclanché	MnO_2	Zn	1,5	50-80	10-20
Alkaline	MnO_2	Zn	1,5	70-100	30
Quecksilberoxid-Zink	HgO	Zn	1,35	100-120	10
Silberoxid-Zink	Ag_2O	Zn	1,55	100-140	50-500
Lithium-Mangandioxid	MnO_2	Li	3,0	200-300	20-100

*) Werte hängen ab
- von Entladebedingungen (Entladestrom)
- von der Größe der Batterie: je kleiner die Batterie desto größer wird der Gewichtsanteil von Gehäuse und Ableitern, die nichts zur Energieproduktion beitragen.

10.3.2 Sekundärelemente

Akkumulatoren (accumulare, lat. = ansammeln) lassen sich durch einen elektrischen Gleichstrom aufladen und sie vermögen nach einer Speicherung die aufgenommene Elektrizitätsmenge zu einer gewünschten Zeit wieder abzugeben.

a) Bleiakkumulator

Beim Bleiakkumulator bestehen die aktiven Massen aus feinverteiltem Blei (Pb) bzw. Bleidioxid (PbO_2), welche in Gitterplatten aus sogenanntem Hartblei (es ist durch Legierungszusätze gehärtet) eingestrichen sind. Die Gitterplatten dienen auch als Stromkollektoren. Als Elektrolyt wird eine 27–38%ige Schwefelsäure verwendet. Innerhalb eines Bleiakkus werden mehrere Platten in kompakter Form zu einem Plattensatz zusammengeschaltet. Zwischen den Anoden- und Kathodenplatten befinden sich ein Separator, welcher meist aus porösen Kunststoff besteht (siehe Abb. 10.9).

Beim Lade- bzw. Entladevorgang laufen folgende Reaktionen ab (die Bezeichnungen Anode bzw. Kathode gelten für den Entladungsvorgang):

$$\text{Anode:} \quad Pb + SO_4^{2-} \xrightleftharpoons[\text{Laden}]{\text{Entladen}} \overset{+2}{Pb}SO_4 + 2\,e^-$$

$$\text{Kathode:} \quad \overset{+4}{Pb}O_2 + 4\,H^+ + SO_4^{2-} + 2\,e^- \xrightleftharpoons[\text{Laden}]{\text{Entladen}} \overset{+2}{Pb}SO_4 + 2\,H_2O$$

$$\text{Gesamtreaktion:} \quad Pb + PbO_2 + 2\,H_2SO_4 \xrightleftharpoons[\text{Laden}]{\text{Entladen}} 2\,PbSO_4 + 2\,H_2O$$

Beim stromliefernden Entladungsvorgang entsteht aus dem metallischen Blei und dem schwarzen Bleidioxid das schwer lösliche $PbSO_4$ als weißer Belag auf den Elektroden. Außerdem bildet sich Wasser, d.h., die Dichte der im Bleiakku als Elektrolyt verwendeten Schwefelsäure nimmt ab. Man kann daher den Ladungszustand des Akkus an der Farbe der Elektroden erkennen und durch eine Dichtemessung des Elektrolyten kontrollieren. Die Dichte beträgt im geladenen Zustand je nach verwendeter Schwefelsäure 1,20 bis 1,28 g/cm^3, im entladenen Zustand sinkt sie je nach Akkutyp um 0,05 bis 0,13 g/cm ab.

Eine Verwendung der oben angegebenen Materialien ist deshalb möglich, weil PbO_2 und $PbSO_4$ sehr geringe Löslichkeiten in verdünnter Schwefelsäure besitzen und weil das metallische Blei trotz seines unedlen Normalpotentials sich durch Ausbildung einer zusammenhängende Bleisulfatschicht (siehe Abschnitt 6.5.8) in verdünnter Schwefelsäure nicht auflöst.

Die Spannung des Bleiakkus im geladenen Zustand von etwa 2,1 V errechnet sich aus der Differenz der Einzelpotentiale beider Elektrodenarten: Bleielektrode = − 0,4 V und Bleidioxidelektrode = +1,7 V. Die Bleielektrode, umgeben vom schwerlöslichen Bleisulfat und einer hohen Schwefelsäurekonzentration, ist eine **Elektrode zweiter Art** (siehe Abschnitt 10.2.2).

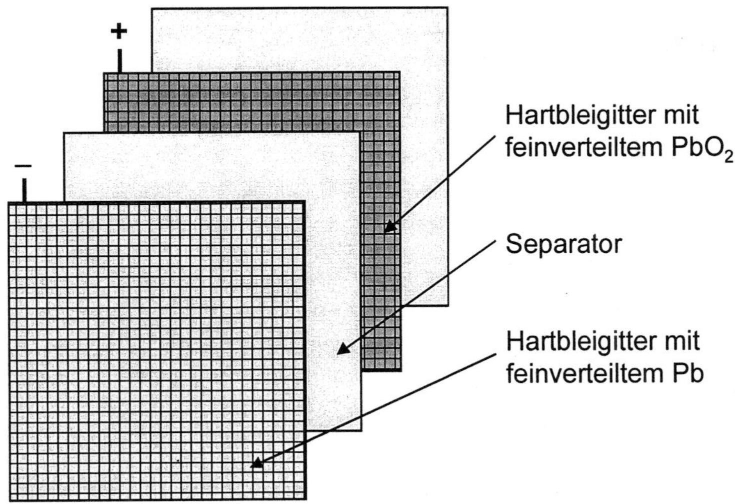

Abb.10.9. Schematische Darstellung eines Bleiakkumulators

Beim Ladungsvorgang sollte nach der elektrochemischen Spannungsreihe zunächst der edlere Wasserstoff abgeschieden werden. Diese Reaktion wird jedoch wegen der **Überspannung** des Wasserstoffs am Blei (siehe Abschnitt 10.4.5b2) unterdrückt, so daß zuerst die Bleiionen zu metallischem Blei reduziert werden. Trotzdem entstehen beim Ladungsvorgang geringe Mengen Wasserstoff, für dessen gefahrlose Beseitigung man sorgen muß (Entlüftung!). Heute werden meist verschlossenen (Sicherheitsventil ist aber vorhanden!), praktisch wartungsfreie Bleiakkus verwendet. Ist am Ende des Ladevorganges alles Bleisulfat in Blei und Bleidioxid umgewandelt, so würde zur Fortsetzung eines Ladestromes eine etwas höhere Spannung benötigt, durch die dann eine Zersetzung des Elektrolyten einsetzen würde. Der **Wirkungsgrad** bezüglich zugeführter bzw. entnommener Energie beträgt unter den Bedingungen von langsamen und schonenden Ladungs- und Entladungsvorgängen etwa 80% (bei höherer Stromdichte entsprechend weniger). Bleiakkus werden meist als **Starterbatterie** in Kraftfahrzeugen verwendet.

b) Nickel-Cadmium-Akkumulator

Der Nickel-Cadium-Akku wird insbesondere als Kleinakku sehr häufig eingesetzt. Seine Robustheit und Belastbarkeit wird von keinem anderen elektrochemischen System übertroffen. Die aktiven Massen bestehen aus feinkörnigem Nickelhydroxid und metallischem Cadmium. Bei Kleinakkus werden die aktiven Massen häufig in perforierte Metallbleche eingestrichen. Die durch Separatoren getrennten Elektrodenbleche werden dann ähnlich einem „gefüllten Pfannkuchen" zu Rundzellen zusammengerollt. Als Elektrolyt dient 20%ige Kalilauge (KOH).

Die stromliefernde Reaktionen lauten (die Bezeichnung Anode bzw. Kathode gilt für den Entladungsvorgang):

Anode: $Cd + 2\,OH^- \xrightleftharpoons[\text{Laden}]{\text{Entladen}} \overset{+2}{Cd}(OH)_2 + 2\,e^-$

Kathode: $2\,\overset{+3}{Ni}OOH + 2\,H_2O + 2\,e^- \xrightleftharpoons[\text{Laden}]{\text{Entladen}} 2\,\overset{+2}{Ni}(OH)_2 + 2\,OH^-$

Gesamtreaktion: $Cd + 2\,NiOOH + 2\,H_2O \xrightleftharpoons[\text{Laden}]{\text{Entladen}} Cd(OH)_2 + 2\,Ni(OH)_2$

Die Spannung zwischen den geladenen Elektroden beträgt bei der unbelasteten Zelle etwa 1,3 V. Der Nickel-Cadmium-Akku hat zwar gegenüber dem Bleiakku einen geringeren Wirkungsgrad (ca. 65% gegenüber 80% beim Bleiakku), er hat aber die Vorteile eines geringeren Gewichts, einer längeren Lebensdauer und einer langen Lagerfähigkeit. Der Cadmium-Nickel-Akku benötigt praktisch keine Wartung und er verträgt eine vollständige Entladung, während der Bleiakku diese Vorzüge nicht aufweist. Da beim Nikkel-Cadmium-Akku eine Gasentwicklung durch entsprechende Zusätze in den Elektroden vollständig unterdrücken läßt, kann er gasdicht abgeschlossen werden.

Beim Nickel-Cadmium-Akku tritt bei häufiger Überladung und mangelnder Entladung eine Verringerung der zur Verfügung stehenden Kapazität auf. Dies wird häufig auch als **Memory Effekt** bezeichnet. Die Ursache hierfür ist die Bildung größerer Kristalle der aktiven Cadmiummasse an der Anode (Vergrößerung der Oberfläche!) und die Bildung einer oxidischen Passivierungsschicht, welche den Innenwiderstand erhöht.

c) Nickel-Metallhydrid-Akkumulator

Nickel-Metallhydrid Akkumulatoren haben auf dem Batteriemarkt in den letzten Jahren Marktanteile, insbesondere gegenüber den Nickel-Cadmium-Akkus gewonnen. Die Hauptvorteile sind, daß sie kein **cadmiumfrei** sind (Cadmium ist ein sehr toxisches Schwermetall, siehe Abschnitt 12.5.2a1) und sie pro Gewichtseinheit **mehr Energie speichern** (siehe Tab. 10.8), außerdem tritt bei ihnen praktisch **kein Memory Effekt** auf (siehe Abschnitt 10.3.2b). Nachteile gegenüber dem Nickel-Cadmium-Akku zeigen sie nur bei extrem hohen Entladeströmen und bei tiefen Temperaturen.

Nickel-Metallhydrid-Akkus sind ähnlich aufgebaut wie Nickel-Cadmium-Akkus. Die Anode besteht jedoch aus einer wasserstoffspeichernden Nickellegierung (zu Metallhydriden, siehe Abschnitt 7.1). Die stromliefernden Reaktionen lassen sich formal folgendermaßen formulieren (MH = Metallhydrid) :

Anode: $\overset{0}{M}H + OH^- \xrightleftharpoons[\text{Laden}]{\text{Entladen}} \overset{+1}{M} + H_2O + e^-$

Kathode: $\overset{+3}{Ni}OOH + H_2O + e^- \xrightleftharpoons[\text{Laden}]{\text{Entladen}} \overset{+2}{Ni}(OH)_2 + OH^-$

Gesamtreaktion: $MH + NiOOH \xrightleftharpoons[\text{Laden}]{\text{Entladen}} M + Ni(OH)_2$

Nickel-Metallhydrid-Akkus können die Nickel-Cadium-Akkus überall dort ersetzten, wo es nicht auf extrem hohe Entladeströme ankommt, aber eine Vergrößerung der spezifischen Energie Vorteile bringt. Dies insbesondere bei mobilen Verbrauchern wie Mobiltelefonen oder Laptop's von Vorteil.

d) Lithium-Ionen-Akku

Beim Lithium-Ionen-Akku besteht die Anode aus Graphit. Lithiumatome werden reversibel zwischen die Schichten des Graphit-Gitters eingebaut, da die recht kleinen Lithiumionen ($\varnothing$ 0,12 nm) zwischen die Schichtgitterebenen der Graphitstruktur passen (Abstände der Kohlenstoff-Schichten 0,335 nm, siehe Abschnitt 6.3.4, Abb. 6.7). Hierbei verbinden sich die Lithiumionen mit den umliegenden Kohlenstoffatomen, letztere tragen dabei die negative Ladung. Diese Einlagerungsverbindung wird auch **Interkalationsverbindung** genannt. Die Kathode besteht einer Interkalationsverbindung von Übergangsmetalloxiden (häufig Cobaltoxid), welches „Hohlräume" besitzt, in denen ein Teil der Lithiumionen reversibel eingelagert werden können. Wie bei den Lithium-Primärelementen werden als Elektrolyt werden meist organische Verbindungen verwendet.

Die Vorgänge beim Entlade- und Ladevorgang sind in Abb. 10.10 stark vereinfacht dargestellt. Beim Entladen werden Lithiumionen aus dem Graphitgitter in den Elektrolyten freigesetzt. Die im Graphitgitter verbleibende negative Ladung wird durch die Abgabe von Elektronen neutralisiert. An der Kathode wird beim Entladen im komplexen Mischoxid $Li_{0,5}CoO_2$ das Übergangsmetalle Cobalt, von der vierwertigen zur dreiwertigen Stufe reduziert. Die gebrochene Oxidationszahl +3,5 soll andeuten, daß auch vor dem Entladen bereits ein Teil der Cobaltionen in der Oxidationsstufe +3 vorliegt. Gleichzeitig wird ein Lithiumion aus dem Elektrolyt in das Gitter eingebaut, damit die Ladungsneutralität erhalten bleibt. Bei den Reaktionen an der Kathode soll der gebrochene tiefgestellte Faktor 0,5 am Lithium andeuten, daß nur eine Teil der Lithiumionen beim Lade- und Entladeprozeß ausgetauscht wird.

Hierbei laufen folgende Reaktionen ab:

Anode:
$$LiC \underset{\text{Laden}}{\overset{\text{Entladen}}{\rightleftarrows}} Li^+ + C + e^-$$

Kathode:
$$2\,\overset{+3,5}{Li_{0,5}CoO_2} + Li^+ + e^- \underset{\text{Laden}}{\overset{\text{Entladen}}{\rightleftarrows}} 2\,\overset{+3}{LiCoO_2}$$

Gesamtreaktion:
$$LiC + 2\,Li_{0,5}CoO_2 \underset{\text{Laden}}{\overset{\text{Entladen}}{\rightleftarrows}} 2\,LiCoO_2 + C$$

Lithium-Ionenakkus werden in den meisten Fällen für Kleinverbraucher in gewickelter Struktur (ähnlich wie beim Nickel-Cadmium-Akku) eingesetzt. Der Hauptvorteil sind neben der hohen Zellspannung und der hohen spezifischen Energie (siehe Tab. 10.8), die geringe Selbstentladung. Lithium-Ionen-Akkus werden hauptsächlich für Laptops, Videokameras und Mobiltelefone eingesetzt.

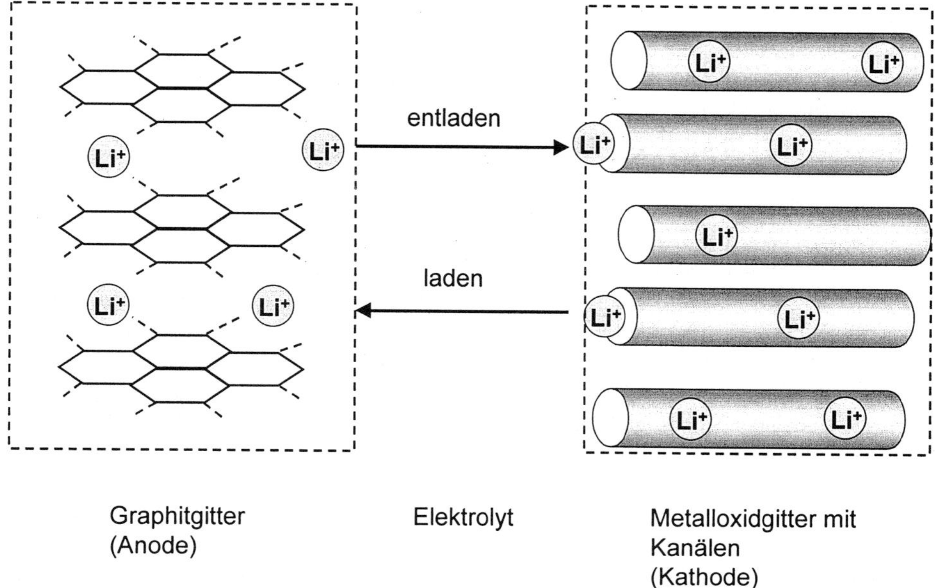

Abb.10.10. Vereinfachte Darstellung der Vorgänge beim Entladen und Laden eines Lithium-Ionen-Akkus

Tab.10.8. Typische Eigenschaften wichtiger Sekundärelemente

	+Pol	−Pol	Klemmen-Spannung [Volt]	Spezifische Energie [Wh/kg]	Spezifische Leistung [W/kg]
Blei-Bleidioxid	PbO_2	Pb	2,1	30-35	50-100
Nickel-Cadmium	NiOOH	Cd	1,3	45-50	150-200
Nickel-Metallhydrid	NiOOH	MeH	1,3	50-70	100-150
Lithium-Ionen-Akku	$LiCoO_2$	Li (Graphit)	3,6	100-120	100-200

*) Werte hängen ab
- von Entladebedingungen (Entladestrom)
- von der Größe des Akkus: je kleiner der Akku desto größer wird der Gewichtsanteil von Gehäuse und Ableitern, die nichts zur Energieproduktion beitragen.

10.3.3   Brennstoffzellen

Im Gegensatz zu den in den Abschnitten 10.3.1 und 10.3.2 betrachteten Primär bzw. Sekundärelementen werden bei Brennstoffzellen die aktiven Stoffe einem galvanischen Element kontinuierlich zugeführt, so daß elektrische Energie im Prinzip beliebig lang entnommen werden kann (bis der Rohstoffvorrat im Tank erschöpft ist). In den Brennstoffelementen werden brennbare Stoffe meist Wasserstoff, aber auch Kohlenwasserstoffe oder Kohlenmonoxid mit Sauerstoff auf elektrochemische Weise „verbrannt" und die dabei frei werdende Reaktionsenergie als elektrische Energie gewonnen. Prinzipiell arbeiten diese Zellen so, daß der zugeführte Brennstoff an einer beständigen, einen Katalysator enthaltenden Anode unter Elektronenabgabe oxidiert wird. An der Kathode wird Sauerstoff (das in reiner Form oder als Luft zugeführte Oxidationsmittel) umgesetzt, und zwar wird der Sauerstoff unter Elektronenaufnahme reduziert. Auf diese Weise erreicht man die in zwei Teilschritte aufgegliederte elektrochemische Oxidation des Brennstoffs. Als **Elektrolyt** werden entweder Flüssigkeiten (Kalilauge, Phosphorsäure oder Salzschmelzen) oder ionenleitende Feststoffe (Polymere, keramische Materialien) verwendet.

Das Prinzip der Brennstoffzelle wurde bereits um 1840 vom britischen Wissenschaftler William Grove entdeckt. Seine Brennstoffzelle bestand aus Platinblechstreifen, die in angesäuertem Wasser standen und von Wasserstoffgas bzw. Sauerstoffgas umspült wurden (siehe Abb. 10.11). Hierbei konnte an den beiden Blechen eine Spannung von etwa 1 V abgegriffen werden. Diese Brennstoffzelle stellt die Umkehrung der Wasser-Elektrolyse dar.

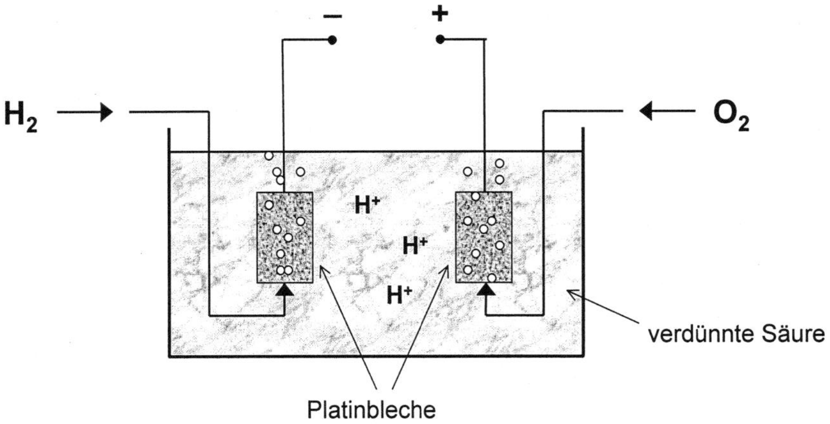

Abb.10.11. Einfache Wasserstoff-Sauerstoff-Brennstoffzelle

Die Brennstoffzellen wurden aber lange Zeit nicht technisch genutzt, da sich nur Ströme in der Größenordnung einiger mA entnehmen ließen und sie zudem weniger praktisch zu nutzen waren als Batterien. Die konsequente Weiterentwicklung der Brennstoffzellen bis zum technischen Einsatz erfolgte erst im Zuge der Weltraumtechnik in den 50er und 60er Jahren. Bei den Apollo-Missionen zum Mond wurden Wasserstoff-Sauerstoff-Brennstoffzellen mit speziellen Katalysatorelektroden und alkalischem Elektrolyt (KOH) eingesetzt. Neben der elektrischen Energie konnte bei den Raumflügen auch das bei der Reaktion entstehende Wasser als Trinkwasser genutzt werden.

Die stromliefernde Reaktionen hierbei lauten:

Anode: $2\,H_2 + 4\,OH^- \rightarrow 4\,H_2O + 4\,e^-$

Kathode: $O_2 + 2\,H_2O + 4\,e^- \rightarrow 4\,OH^-$

Gesamtreaktion: $2\,H_2 + O_2 \rightarrow 2\,H_2O$

Brennstoffzellen, die mit Wasserstoff und Sauerstoff arbeiten, können z.B. im Dauerbetrieb bei einer Betriebstemperatur von 80 bis 90 °C Spannungen von etwa 1 V pro Zelle liefern, bei mit Luft betriebenen Brennstoffzellen ist die Spannung etwas kleiner als 1 V. Der Hauptvorteil der Brennstoffzellen ist, daß sie im Gegensatz zu Wärmekraftanlagen wesentlich höhere Wirkungsgrade (etwa 55 bis 60%) aufweisen. Zudem gibt es bei Verwendung von Wasserstoff-Sauerstoff-(oder Luft) Zellen, zumindest am Ort der Energieproduktion keine Emissionen an Schadstoffen (die Frage ist wie der benötigte Wasserstoff hergestellt wird, siehe Abschnitt 6.2.1).

In den letzen Jahre wurden die Forschungs- und Entwicklungsarbeiten an Brennstoffzellen intensiviert. Der Schwerpunkt hierbei ist es die spezifische Energie und Leistung der Zellen zu erhöhen und die Herstellungs- und Betriebskosten zu senken. Dabei wurde eine bereits bei den Gemini-Raumflügen verwendete Zellen mit protonenleitenden Polymeren als Elektrolyt (sogenannte **PEM-Zellen = Polymer-Elektrolyt-Membran**) weiterentwickelt. Bei diesen Zellen wird anstatt eines flüssigen Elektrolyten eine protonenleitende Kunststoffolie (Nafion®-Folie, Fa. Du Pont) mit einer Stärke von lediglich 0,1 mm verwendet. Dieser Kunststoff ist wie PTFE (siehe Abschnitt 9.3.12) ein fluoriertes Polymer, wobei allerdings einige Fluoratome durch ionische, hydrophile meist SO_3^- oder teilweise COO^--Gruppen ersetzt sind (siehe Abb. 10.12). Diese hydrophilen Gruppen bewirken eine starke Wasseraufnahmefähigkeit (PTFE selbst ist völlig wasserabstoßend!), so daß die Folie H^+-Ionen leitend wird.

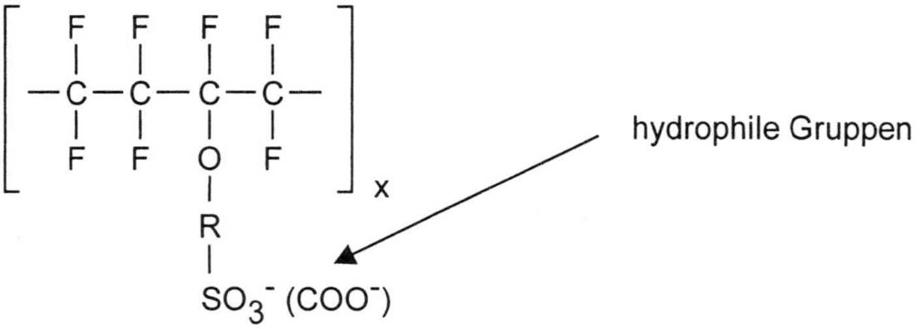

hydrophile Gruppen

SO_3^- (COO⁻)

Abb. 10.12. Molekülstruktur einer protonenleitenden Polymermembran-Folie (Nafion®)

Die Folie wird beidseitig mit fein verteiltem Platin als Katalysator beschichtet ist (siehe Abb. 10.13). Wie in Abb. 10.13 schematisch dargestellt, werden zur Stromableitung auf die Katalysatorschicht eine poröse Schicht für den Stofftransport und die Stromableitung (meist aus feinfasrigem Graphitfilz) gepackt. Diese poröses Schicht steht in Kontakt mit leitfähigen, von Kanälen durchzogenen Platten, zur Stromabnahme und für die Zufuhr der Gase Wasserstoff und Sauerstoff bzw. Luft.

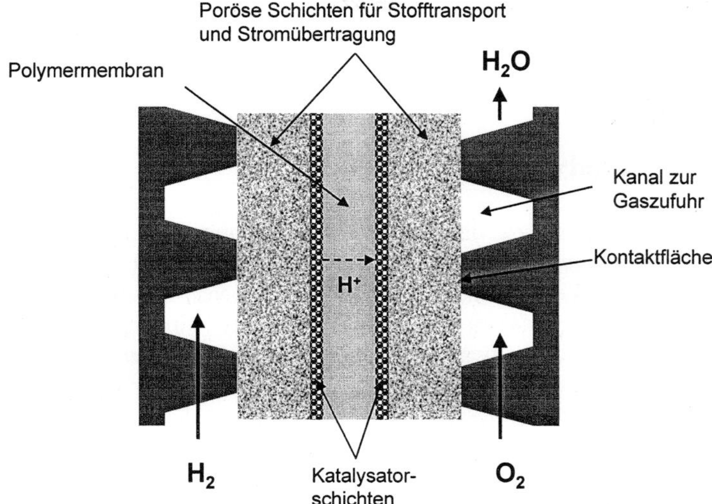

Abb.10.13. Schematische Darstellung einer Polymer-Elektrolyt-Membran-Brennstoffzelle (PEM)

Bei der Polymerelektrolyt-Brennstoffzelle laufen folgende Reaktionen ab:

Anode: $\qquad$ $2\,H_2 \rightarrow 4\,H^+ + 4\,e^-$

Kathode: $\qquad$ $O_2 + 4\,H^+ + 4\,e^- \rightarrow 2\,H_2O$

Gesamtreaktion: $\qquad$ $2\,H_2 + O_2 \rightarrow 2\,H_2O$

Mehrere dieser Membranzellen werden zu Modulen in Serie geschaltet. Mit solchen Polymer-Elektrolyt-Membran-Modulen wurden bisher die höchsten spezifischen Energien bei Brennstoffzellen erzielt. Sie werden derzeit für verschiedene mobile und stationäre Anwendungen getestet (Elektrofahrzeuge, U-Boote, Inselbetrieb zur Hausenergieversorgung). Bei den mobilen Anwendungen ist die Speicherung von Wasserstoff problematisch (in Druckbehältern oder in flüssiger Form). Deshalb ist beim Einsatz in Elektromobilen eine mögliche Variante den Wasserstoff in Form von **Methanol** mit zuführen und durch eine chemische Umsetzung daraus Wasserstoff zu gewinnen (siehe Abschnitt 6.2.1). Der Vorteil dieses Konzepts gegenüber der Verwendung von Wasserstoff wäre, daß sich das derzeitige Tankstellennetz relativ leicht umstellen ließe (Siedepunkt von Methanol 65 °C).

Neben den bisher erwähnten Niedertemperatur-Brennstoffzellen mit einer Arbeitstemperatur < 100 °C, werden derzeit auch **Hochtemperatur-Brennstoffzellen** (T> 600 bis 1000 °C) entwickelt und getestet. Sie enthalten als Elektrolyt entweder Salzschmelzen oder ionenleitende keramische Feststoffe. Diese sollen zukünftig insbesondere zur stationären Energieversorgung (Kraftwerke) eingesetzt werden.

10.4   Erzwungene elektrochemische Vorgänge

An zwei Elektroden, die in einen Elektrolyten tauchen, kann man eine Gleichspannung anlegen. Man bezeichnet solche Spannungen als sogenannte **Zwangsspannungen** oder als äußere Spannungen.

10.4.1   Messung einer galvanischen Spannung

Ist die angelegte Spannung genauso groß, aber entgegengesetzt einer vorhandenen galvanischen Spannung zwischen zwei Elektroden mit verschiedenem Potential, so fließt kein Strom. Man kann auf diese Weise nach der bekannten Kompensationsmethode mit einer von außen angelegten Spannung das elektrochemische Potential eines galvanischen Elements bzw. das Potential zwischen zwei Elektroden bestimmen. Man bezeichnet diese maximale Potentialdifferenz eines galvanischen Elements, die man mißt, wenn kein Strom fließt, als **Elektromotorische Kraft**, abgekürzt **EMK**.

10.4.2   Die Elektrolyse

Ist die von außen angelegte elektrische Spannung größer als ein entgegengesetzt gerichtetes elektrisches Potential oder wird eine Gleichspannung an zwei Elektroden mit gleichem elektrochemischen Potential angelegt, so fließt ein Strom, in dem die Kationen im Elektrolyten zur negativen Elektrode (Kathode), die Anionen zur positiven Elektrode (Anode) wandern.

An der Kathode scheidet sich je nach dem Abscheidungspotential entweder ein Metall aus seinen Ionen ab

$$M^{z+} + z\,e^- \rightarrow M$$

oder es bildet sich H_2-Gas:

$$2\,H^+ + 2\,e^- \rightarrow H_2$$

An der Anode kann sich entweder das Anodenmaterial durch In-Lösung-Gehen von Metallionen auflösen:

$$M \rightarrow M^{z+} + z\,e^-,$$

oder es können sich an widerstandsfähigen Elektroden (z.B. aus Platin oder Kohle) gasförmige Produkte aus dem Elektrolyten abscheiden:

1. Beispiel:

$$2\,Cl^- \rightarrow Cl_2 + 2\,e^-,$$

2. Beispiel:

$$2\,SO_4^{2-} \rightarrow 2\,[SO_4] + 4\,e^- \qquad\qquad (\text{ elektrische Entladung })$$
$$2\,[SO_4] + 2\,H_2O \rightarrow 4\,H^+ + 2\,SO_4^{2-} + O_2\uparrow \quad (\text{ Folgereaktion })$$

Man bezeichnet einen solchen Vorgang, bei dem durch eine von außen angelegte Spannung elektrochemische Reaktionen erzwungen werden, als **Elektrolyse**.

Sind in einer Lösung verschiedenartige Kationen und Anionen zugegen, so werden beim Anlegen einer Gleichspannung nur diejenigen Ionen entladen, deren Potential gemäß der elektrochemischen Spannungsreihe und der Nernstschen Gleichung (Konzentrationsabhängigkeit, siehe Abschnitt 10.2) geringer sind als die angelegte äußere Spannung. In einer Natriumchloridlösung werden daher nur die Wasserstoffionen und die Chloridionen, nicht jedoch die Natriumionen und die OH^--Ionen Entladen, da das Abscheidungspotential von Sauerstoff aus OH^--Ionen gemäß der Gleichung:

$$4\,OH^- \rightleftharpoons O_2 + 2\,H_2O + 4e^-$$

in neutraler Lösung an Platinelektroden infolge Überspannung (siehe Abschnitt 10.4.5b2) größer als 1,8 V ist, so daß es nicht zur Entladung der OH^--Ionen kommt. Es können nur Elektrolysevorgänge ablaufen, wenn die Summe der Abscheidungspotentiale kleiner als die angelegte äußere Spannung ist. Dies ist am Beispiel der Elektrolyse einer wässrigen NaCl-Lösung in Abb. 10.14 dargestellt. Hierbei laufen folgende Reaktionen ab:

Kathode (–Pol): $2\,H_2O + 2\,e^- \rightarrow H_2 + 2\,OH^-$

Anode (+Pol): $2\,Cl^- \rightarrow Cl_2 + 2\,e^-$

Gesamt: $2\,Na^+ + 2\,Cl^- + 2\,H_2O \rightarrow H_2 + Cl_2 + 2\,Na^+ + 2\,OH^-$

Es ensteht Wasserstoff, Chlor und Natronlauge. Diese Elektrolyse wird auch **Chlor-Alkali-Elektrolyse** genannt und ist in der Technik wichtig zur Herstellung von Chlor und Natronlauge (etwa 97% der weltweiten Chlorproduktion werden durch Elektrolyse erzeugt).

Neben der Chlor-Alkali-Elektrolyse findet in der Technik die Elektrolyse Verwendung:

- zur Herstellung von **metallischen Schutzschichten** auf korrosionsgefährdeten Metallen (Galvanisieren, siehe Abschnitt 10.5),
- zur **elektrolytischen Metallgewinnung**
  - aus wäßriger Lösung:
    bei Metallen, die gegenüber Wasser stabil sind[3], wie Kupfer, Zink, Cadmium, Nickel, Zinn

---

[3] Die Abscheidung solcher Metalle aus wässrigen Lösungen ist möglich, weil der Wasserstoff an diesen Metallen eine Überspannung (siehe Abschnitt 10.4.5b2) aufweist und daher nicht entsprechend der Spannungsreihe (siehe Abschnitt 10.1.3) schon vor den Metallen abgeschieden wird.

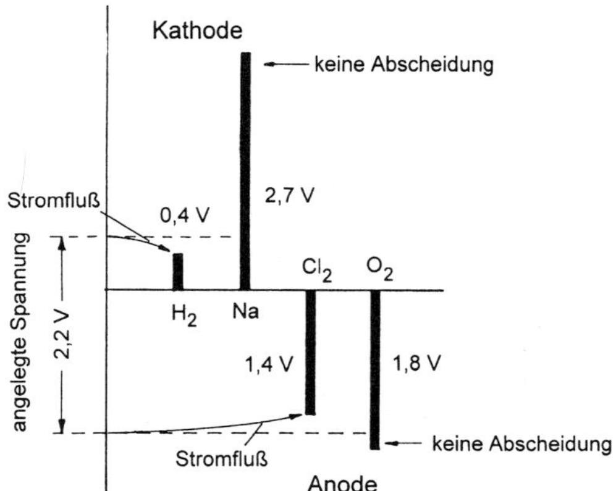

Abb. 10.14. Elektrolyse am Beispiel einer wässrigen NaCl-Lösung

- aus Salzschmelzen, z.B. Aluminium, Magnesium, Natrium, Kalium, Calcium
- zur **elektrolytischen Reinigung** von Metallen
  - in wäßriger Lösung (Kupfer, Silber, Gold, Platinmetalle, Nickel)
  - oder durch Elektrolyse von Salzschmelzen (Aluminium).

Eine wichtige technische Anwendung der Elektrolyse ist die Herstellung von **Aluminium** aus geschmolzenem Al_2O_3. Ausgangsmaterial ist hierbei **Bauxit** (Al_2O_3 verunreinigt mit Fe_2O_3), welches zunächst zu reinem Al_2O_3 aufgearbeitet wird. Da Al_2O_3 einen sehr hohen Schmelzpunkt von 2050 °C besitzt wird der Schmelzpunkt durch Zugabe von **Kryolith** (Na_3AlF_6) herabgesetzt. Kryolith bildet mit Al_2O_3 ein Eutektikum (siehe Abschnitt 6.5.3d) und bewirkt dadurch eine Schmelzpunktserniedrigung auf 960 °C. In Abb. 10.15 ist ein Elektrolyseofen zur Herstellung von Aluminium schematisch dargestellt. Aluminium scheidet sich an der Kathode ab und sammelt sich am Boden des Elektrolyseofens, da es spezifisch schwerer als die Al_2O_3–Kryolith-Schmelze ist. An den Kohleanoden scheidet sich Sauerstoff ab, der sofort mit Kohlenstoff zu Kohlenmonoxid reagiert (bei 960 °C liegt aufgrund des Boudouard-Gleichgewichts kein CO_2, sondern fast ausschließlich CO vor, siehe Abschnitt 5.5.2a). Dadurch „brennen" die Kohleanoden mit der Zeit ab und müssen erneuert werden. Vereinfacht dargestellt spielen sich folgende Reaktionen ab:

$$\text{Kathode (−Pol):} \quad 4\,Al^{+3} + 12\,e^- \rightarrow 4\,Al$$

$$\text{Anode (+Pol):} \quad 6\,O^{2-} \rightarrow 3\,O_2 + 12\,e^-$$
$$3\,O_2 + 6\,C \rightarrow 6\,CO\uparrow$$

Die Elektrolysespannung beträgt 4,2 Volt; die Gesamtstromaufnahme eines Elektrolyseofens kann bis zu 200 kA betragen.

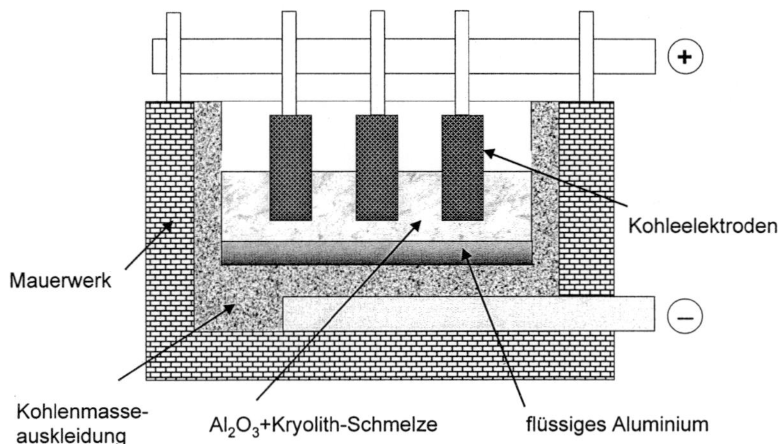

Abb.10.15. Schematische Darstellung einer Elektrolysezelle zur Herstellung von Aluminium.

10.4.3   Die Faradayschen Gesetze

Die Faradayschen Gesetze (Michael Faraday, 1791–1867) zeigen den Zusammenhang zwischen der Ladungsmenge, die durch den Elektrolyten geflossen ist und der abgeschiedenen Stoffmenge.

1. Faradaysches Gesetz:
Die bei der Elektrolyse abgeschiedenen Stoffmengen sind proportional den durch den Elektrolyten geflossenen Ladungsmengen: m ~ Q bzw. m ~ I · t.

2. Faradaysches Gesetz:
Die durch gleiche Strommengen abgeschiedenen Stoffmengen verhalten sich zueinander wie ihre Äquivalentmassen.

Zur Abscheidung eines Äquivalents (siehe Abschnitt 5.2.7b) einer Ionenart sind 96 485 Coulomb = 96 485 As erforderlich. Die Ladungsmenge von 96 485 Coulomb ergibt sich auch aus dem Produkt der Loschmidtschen Zahl (siehe Abschnitt 2.6.4) und der Elementarladung (siehe Tab. 1.1, Abschnitt 1.1) also $6{,}0221 \cdot 10^{23} \cdot 1{,}60218 \cdot 10^{-19}$ As = 96 485 As, entspricht also der Ladungsmenge eines unter normalen Bedingungen für sich allein nicht isolierbaren „Mols" Elektronen oder auch eines Mols von ebenfalls für sich allein nicht isolierbaren, einfach negativ (oder positiv) geladenen Ionen.

Durch 96 485 As werden also z.B. folgende Metallmengen abgeschieden:

- 107,868 g Silber (Ag aus Ag$^+$-Salz abgeschieden); relative Atommasse von Ag = 107,868
- 31,773 g Kupfer(Cu aus Cu^{2+}-Salz abgeschieden); relative Atommasse von Cu = 63,546
- 29,345 g Nickel (Ni aus Ni^{2+}-Salz abgeschieden); relative Atommasse von Ni = 58,69

Allgemein läßt sich das 2.Faradaysche Gesetz folgendermaßen formulieren:

$$m = \frac{M \cdot Q \cdot a}{z \cdot F}$$

m = abgeschiedene Masse
M = molare Masse
Q = Ladungsmenge
Z = Ionenladung
F = Faradaysche Konstante
a = Stromausbeute (ist nur im Idealfall = 1; im Realfall ist a < 1 $\rightarrow$ Berücksichtigung von Ausbeuteverluste z.B. durch Nebenreaktionen)

Übungsbeispiel 10.5:
a) Berechnung der pro Sekunde abgeschiedenen *maximalen* Aluminiummenge in einer Al_2O_3 Schmelzfluß-Elektrolysezelle (Stromstärke: 200 kA).
b) Berechnung der elektrischen Energie (in kWh), welche zur Abscheidung von 1 kg Aluminium *mindestens* erforderlich ist (Elektrolysespannung 4,2 V).

Lösung:
a)   2.Faradaysches Gesetz:

$$m = \frac{M \cdot Q \cdot a}{z \cdot F}$$

M = 27 g/mol
Q = 200 000 As
z = 3
F = 96 485 As/mol
a = 1 (Idealfall)

$$m = \frac{27 \text{ g/mol} \cdot 200\,000 \cdot 1}{3 \cdot 96\,485 \text{ As/mol}} = 18,7 \text{ g}$$

Es werden pro Sekunde maximal 18,7 g Aluminium abgeschieden. In der Praxis beträgt die Stromausbeute a etwa 95%, so daß etwa 5% weniger abgeschieden werden.

b) Die benötigte Energie ergibt sich aus der Elektrolysespannung und der Ladungsmenge:

$$E = U \cdot Q$$

Aus dem 2.Fardayschen Gesetz ergibt sich:

$$Q = \frac{m \cdot z \cdot F}{M \cdot a} \quad \Rightarrow \quad E = U \cdot \frac{m \cdot z \cdot F}{M \cdot a}$$

$$E = 4{,}2 \text{ V} \cdot \frac{1000\text{g} \cdot 3 \cdot 96\,485 \text{ As}}{27 \text{ g/mol} \cdot 1} = 45{,}03 \text{ MJ} = 12{,}5 \text{ kWh}$$

Zur Herstellung von 1 kg Aluminium werden mindestens **12,5 kWh** an elektrischer Energie benötigt. Bei einer Stromausbeute von 95% werden etwa 5% mehr Energie benötigt werden.

10.4.4   Die elektrische Leitfähigkeit von Elektrolyten

Die Leitfähigkeit eines Elektrolyten beruht auf der Beweglichkeit und der Wanderung der elektrisch geladenen Ionen. Die spezifischen Leitfähigkeitswerte von wäßrigen Elektrolytlösungen sind bei Raumtemperatur kleiner als 1 $\Omega^{-1}\text{cm}^{-1}$ bei Salzschmelzen liegen sie etwa um eine Zehnerpotenz höher. Bei Metallen sind sie etwa 100 000 mal größer als bei wäßrigen Elektrolytlösungen.

Während aber die Metalle um so besser leiten, je tiefer die Temperatur ist (siehe Abschnitt 6.5.1b), wächst bei den Elektrolyten die elektrische Leitfähigkeit mit steigender Temperatur. Man bezeichnet die Elektrolyte als **Leiter zweiter Klasse**, Metalle werden Leiter erster Klasse genannt.

Wenn man von verschiedenen Erscheinungen absieht, die hauptsächlich auf Vorgängen an den Elektroden beruhen (siehe Abschnitt 10.4.5), gilt in weiten Bereichen das Ohmsche Gesetz, d.h., die Stromstärke steigt proportional zur angelegten Spannung. Die Leitfähigkeit eines Elektrolyten hängt ab

- von der Zahl der vorhandenen Ionen
- von der Ladungszahl der Ionen
- von der Wanderungsgeschwindigkeit der Ionen in Feldrichtung.

10.4.5   Die elektrochemische Polarisation

Bei Elektrolysen treten an den Elektroden infolge des Stromflusses Veränderungen auf, die ein der angelegten Zwangsspannung entgegengesetztes Potential erzeugen. Man bezeichnet solche Veränderungen in der Grenzschicht Elektrolyt–Elektrode als elektrochemische Polarisation. Die Polarisationserscheinungen lassen sich an den **Stromstärke-Spannungskurven** erkennen, d.h., man ermittelt experimentell das Ansteigen der Stromstärke in Abhängigkeit von der angelegten Spannung. Eine nicht polarisierte Elektrodenkette zeigt eine von Anfang an geradlinig ansteigende Stromstärke-Spannungskurve, wie sie in Abb. 10.16 wiedergegeben ist.

Ein Beispiel hierfür ist eine aus zwei Silberelektroden und einer Silbersalzlösung bestehende Zelle, die mit hinreichend geringen Stromstärken betrieben wird und eine genügend große Silberionenkonzentration in der Lösung enthält. Denn, wird Strom durch diese Zelle geschickt, so geht an der Anode Silber in Lösung, an der Kathode scheidet sich die gleiche Menge Silber wieder ab. Da die Elektroden aus Silber bestehen, ändert sich die chemische Zusammensetzung der Elektroden nicht. Auch die Elektrolytzusammensetzung ändert sich nicht, wenn man die Ausbildung von Konzentrationsunterschieden durch gutes Rühren zu verhindern sucht.

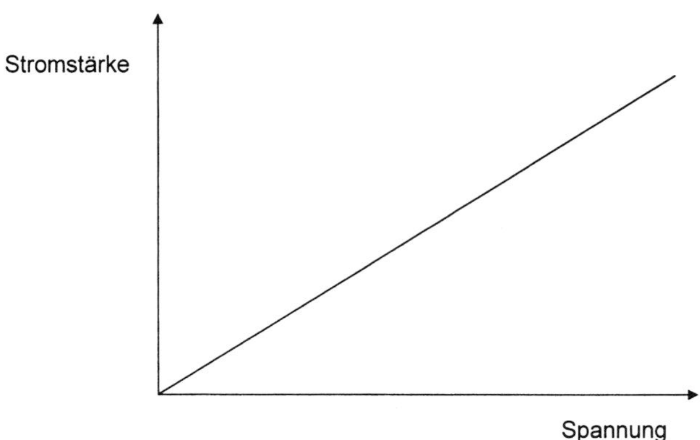

Abb. 10.16. Stromstärke-Spannungskurve

a) Chemische Polarisation

Es gibt elektrochemische Vorgänge, bei denen die chemische Zusammensetzung der Elektrodenoberfläche verändert wird, wie dies bei den Akkumulatoren der Fall ist (siehe Abschnitt 10.3.2). Die auf diese Weise veränderten Elektroden erzeugen ein elektrochemisches Potential, das der angelegten äußeren Spannung entgegengesetzt ist. Man bezeichnet Polarisationen, die auf Veränderungen der chemischen Zusammensetzung von Elektrodenoberflächen beruhen, als chemische Polarisationen.

b) Die Abscheidungspolarisation

1) Die Zersetzungsspannung

Entstehen an den Elektroden gasförmige Produkte, wie z.B. beim Elektrolysieren von Salzsäure mit zwei Platinelektroden, so erhält man eine Stromstärke-Spannungskurve, wie sie in Abb. 10.17 durch die ausgezogene Linie wiedergegeben wird. Man kann dabei beobachten, daß erst von ca. 1,5 Volt an die Stromstärke-Spannungskurve einen Verlauf zeigt, wie er sich aus dem Ohmschen Gesetz ergibt. Dabei kann man deutlich eine Entwicklung von Wasserstoffgas an der Kathode und von Chlorgas an der Anode beobachten. Durch rückwärtiges Verlängern des linear ansteigenden Kurvenastes erhält man beim Schnittpunkt mit der waagerechten Achse (Stromstärke = 0 Ampere) die „**Zersetzungsspannung**", es ist zahlenmäßig der gleiche Wert wie die Differenz zwischen den beiden elektrochemischen Normalpotentialen einer Wasserstoff- und einer Chlorelektrode (siehe Tab. 10.1 und 10.2), wenn man bei 25 °C, Normdruck und Ionenkonzentrationen von jeweils 1 mol/l arbeitet, denn auch für die Bestimmung der Normalpotentiale werden Platinelektroden verwendet.

Bei niederen Spannungen (unterhalb der Zersetzungsspannung) fließt nur ein geringfügiger Strom. Dabei beladen sich die Elektroden mit den Abscheidungsprodukten Wasserstoff und Chlor; die Mengen sind aber so gering, daß diese Gase nicht entgegen dem äußeren Atmosphärendruck entweichen können. Nur in dem Maße, wie die Abschei-

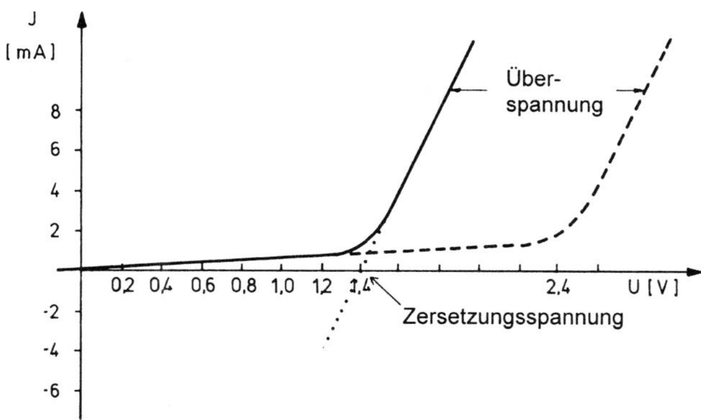

Abb. 10.17. Abscheidungspolarisation und Überspannung

dungsprodukte von den Elektroden in die Lösung hineindiffundieren, können sich Wasserstoff und Chlor erneut auf den Elektroden bilden und dabei einen geringen Stromfluß hervorrufen.

Durch die Abscheidungsprodukte werden die Platinelektroden jeweils in eine Wasserstoff- und in eine Chlorelektrode umgewandelt; die dadurch entstehenden Elektrodenpotentiale zeigen eine galvanische Spannung, die der äußeren Spannung entgegengesetzt ist und als **Polarisationsspannung** bezeichnet wird; sie hängt ab vom Gasdruck, den die abgeschiedenen Stoffe besitzen. Ist dieser Druck gerade 1,01325 bar (Atmosphärendruck) die Ionenkonzentration jeweils 1 mol/l und die Temperatur 25 °C, so entspricht die Polarisationsspannung gleich dem Normalpotential.

Ließe man die Platinelektroden jeweils von Wasserstoffgas bzw. von Chlorgas umspülen, so bewegte man sich beim Vermindern der Spannung entlang der punktiert gezeichneten Linie in Abb. 10.17: Ist die äußere Spannung gleich, aber entgegengesetzt der galvanischen Spannung (1,36 V) so fließt kein Strom (Schnittpunkt mit der waagerechten Achse). Ist die angelegte Spannung kleiner als die galvanische Spannung, so fließt ein Strom in umgekehrter Richtung, d. h., die dann stärkere Spannungsquelle der beiden Elektroden (H_2 und Cl_2) zwingt die äußeren Spannungsquelle die Stromflußrichtung auf.

2) Überspannung

Man stellt fest, daß die Zersetzungsspannung an verschiedenen Elektrodenmaterialien verschieden groß ist. Zersetzungsspannungen, die über das elektrochemische Potential der betreffenden Redoxreaktion hinausgehen, bezeichnet man als Überspannung. Die Überspannung wird von der chemischen Zusammensetzung und von der Oberflächenbeschaffenheit der Elektrode beeinflußt und hängt außerdem noch von der Stromdichte an der Elektrode ab. Die gestrichelte Linie in Abb. 10.17 zeigt den Verlauf der Stromstärke-Spannungskurve, wenn man anstelle der Platinkathode eine Bleikathode verwendet. Die hierbei beobachtete Polarisationsspannung baut sich aus verschiedenen Teilbeträgen auf, bei denen die folgenden Effekte wirksam werden:

- Diffusion der Ionen in und durch die Grenzschicht an den Elektroden

- Dehydration der Ionen (sie geben ihre Wasserhülle ab)
- Entladung an der Elektrode
- Vereinigung der entladenden Atome zu Molekülen
- Ablösung (Desorption) des Gases von der Elektrode und Austritt aus der Lösung.

Dabei liefert meist einer dieser Teilreaktionsschritte den eigentlichen, energieverbrauchenden Hauptbetrag.

Zwischen Zersetzungsspannung und Überspannung besteht kein prinzipieller Unterschied: Zersetzungsspannung ist die tiefste gemessene Spannung, meist gemessen an Platinelektroden, Überspannung ist die an anderem Elektrodenmaterial notwendige zusätzliche Spannung.

Wegen der Überspannung laufen viele Redoxvorgänge, die aufgrund der elektrochemischen Potentiale sich ereignen sollten, normalerweise nicht ab. Beispiele hierfür sind die Stabilität von verschiedenen „unedlen" Metallen gegenüber Wasser (siehe Abschnitt 10.1.3) oder die Vorgänge beim Bleiakku (siehe Abschnitt 10.3.2a). Tab. 10.8 enthält einige Überspannungswerte von Wasserstoff an verschiedenen Elektroden. Den tiefsten Spannungswert (Zersetzungsspannung) zeigt Wasserstoff an **platinierten Platinelektroden** (d.h., die Platinelektroden enthalten feinverteiltes, auf der Elektrodenoberfläche abgeschiedenes Platinmetall). Glatte Platinoberflächen können dagegen bereits eine Überspannung aufweisen.

Tab. 10.9. Überspannung des Wasserstoffs

Kathodenmaterial	Überspannung [V]
Platin	0,0–0,4
Eisen	0,4–0,8
Blei	0,6–1,2
Quecksilber	0,2–1,4

Auch bei der Abscheidung fester Stoffe kann es bei Anwendung verschiedenartiger Elektrodenmaterialien zur sogenannten **Kristallisationsüberspannung** kommen, und zwar dann, wenn der Einbau der abgeschiedenen Atome in den Kristallverband des Elektrodenmaterials behindert wird.

c) Diffusions- oder Konzentrationspolarisation

Beim Elektrolysieren von Metallsalzlösungen tritt an der Kathode infolge der Abscheidung von Metallionen eine Verarmung und an der Anode infolge des In-Lösung-Gehens von Metallionen eine Anreicherung des Elektrolyten an Metallionen auf. Es ist also:

$$c_{Mz+} \text{ (Anode)} > c_{Mz+} \text{ (Lösung)} > c_{Mz+} \text{ (Kathode)}$$

Die Konzentrationsunterschiede bedingen nun eine der angelegten elektrischen Spannung entgegengesetzt gerichtete „Polarisationsspannung", gemäß der Nernstschen Gleichung (siehe Abschnitt 10.2.1) ist diese Spannung:

$$\Delta E = E_{\text{Anode}} - E_{\text{Kathode}} = \frac{0{,}05916}{z} \lg \frac{c_{M^{z+}} \text{ (Anode)}}{c_{M^{z+}} \text{ (Kathode)}}$$

Zur Verminderung der Diffusionspolarisation und damit zur Vermeidung ungünstiger Effekte bezüglich der Qualität von elektrolytisch abgeschiedenen Metallschutzschichten werden z. B. Nickelbäder beim Galvanisieren beheizt (50– 60 °C) und mechanisch gerührt, bzw. es werden die als Kathoden geschalteten Werkstücke während des Galvanisierens im Bad bewegt.

Ist bei hinreichend verdünnten Metallsalzlösungen die Diffusion der Metallionen zum Ausgleich dieser Konzentrationsunterschiede der geschwindigkeitsbestimmende Teilprozeß der Elektrolyse, so kann trotz Vergrößerung der angelegten Spannung keine Zunahme der Stromstärke erfolgen: Die Stromstärke-Spannungskurve zeigt dann einen waagerechten Verlauf (siehe Abb. 10.18).

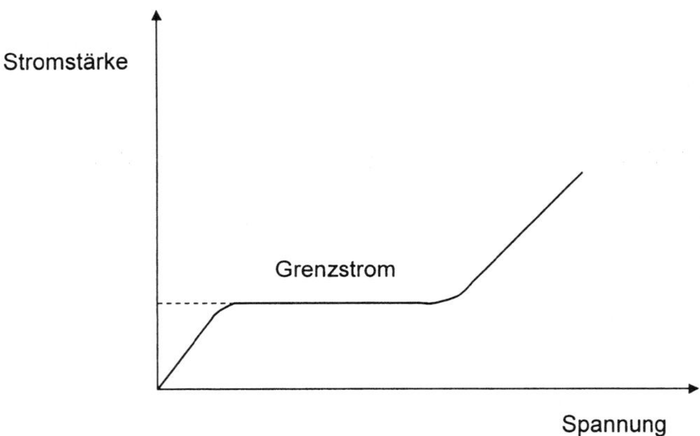

Abb. 10.18. Konzentrationspolarisation

Erst, wenn die Spannung zwischen den Elektroden soweit gesteigert wird, daß auch die Abscheidungspotentiale für andere, in der Elektrolytlösung vorhandene Ionen überschritten werden, steigt die Stromstärke weiter an, diesmal infolge Beteiligung einer neuen Ionenart am Stromfluß. Den Effekt der Konzentrationspolarisation kann man ausnutzen zur quantitativen Bestimmung von Metallionen in der Lösung (Polarographie, siehe Abschnitt 10.7.5).

10.5   Galvanisieren

Unter Galvanisieren versteht man das Aufbringen von **metallischen Schutzschichten** mit Hilfe des elektrischen Stromes. Man schaltet hierzu das Werkstück als Kathode und elektrolysiert eine Metallsalzlösung, indem man meistens die kathodisch abgeschiedenen Metallionen durch Auflösung einer entsprechenden Anode im Elektrolyt laufend ergänzt. Damit die galvanisch aufgetragenen Metallschichten fest auf dem zu schützenden Metall haften können, ist eine einwandfrei gereinigte, fett- und oxidfreie Metalloberfläche erforderlich. Nach einer mechanischen Vorbehandlung der Oberfläche, einer Entfettung mit organischen Lösungsmitteln und einer Reinigung mit Ultraschall wird elektrolytisch entfettet, poliert und entgratet.

10.5.1   Die elektrolytische Entfettung

Die Reinigungsbäder bestehen meist aus alkalischen Elektrolyten (z.B. Natronlauge und Natriumsilicat oder Trinatriumphosphat), in denen durch den elektrischen Strom anodisch Sauerstoffgas und kathodisch Wasserstoffgas (Explosionsgefahr!) gebildet wird. Neben einer chemischen Wirkung der stark alkalischen Bäder sind die elektrolytisch erzeugten Gase für die Ablösung der Rückstände und damit für den Reinigungsprozeß notwendig. Es wird Eisen meist erst kathodisch, anschließend kurz anodisch entfettet, Aluminium muß kathodisch entfettet werden. Durch nachfolgendes **Dekapieren** (decapere, lat. = wegnehmen, entfernen) wird mit einer verdünnten Säure der in den Poren haftende alkalische Elektrolyt entfernt.

10.5.2   Elektropolieren und Elektroentgraten

Besonders glatte Metalloberflächen kann man durch Elektropolieren und Elektroentgraten erzeugen. Durch diesen Vorgang werden Unebenheiten der Metalloberfläche abgetragen, denn an Spitzen und Graten bilden sich besonders hohe Stromdichten aus, so daß diese sich bevorzugt auflösen. Als Elektrolytbäder eignen sich Säuregemische, z. B. aus Phosphorsäure und Schwefelsäure, wobei man organische Stoffe (wie z.B. Glycerin) zusetzt, um ein chemisches Anätzen der Oberfläche zu verhindern.

Zum Elektropolieren von Aluminium verwendet man alkalische Elektrolyten, z.B. Lösungen aus Na_2CO_3 und Na_3PO_4 (siehe Abschnitt 5.2.8). Elektropoliertes Aluminium weist einen höheren Glanz und besseres Reflexionsvermögen als mechanisch poliertes auf.

10.5.3   Die gebräuchlichsten Metallschutzschichten

Kupfer ist als Endüberzug bedeutungslos, wird jedoch als sehr dünne, 0,3 bis 2 µm, häufig auch ca. 20 µm dicke Grundschicht („Unterkupferung") aufgalvanisiert, denn sie verbessert die Haftfestigkeit der galvanischen Schutzschichten und schließt das Untergrundmaterial dicht ab. So wird Untergrundkorrosion vermieden. Die galvanischen Bäder enthalten meistens cyanidische Komplexsalze, z.B. $Na_3[Cu(CN)_4]$ oder $Na[Cu(CN)_2]$.

Nickel ergibt harte, glänzende Überzüge; da diese jedoch sehr bald ihren metallischen Glanz durch oberflächliche Oxidation („Anlaufen") verlieren, werden sie durch Endverchromung geschützt. Man verwendet Nickel in der Regel als Zwischenschicht vor der Endverchromung, meist auf eine Kupfergrundschicht aufgalvanisiert. Hochglänzende Nickelüberzüge kann man aus Bädern abscheiden, die Glanzzusätze (meist Schwefelverbindungen) enthalten. Der in Hochglanznickelschichten sich gleichzeitig abscheidende Schwefel macht das Material etwas korrosionsanfälliger. Bei der sogenannten **Duplex-Vernickelung** trägt man zuerst eine zusammenhängende, dichte, schwefelfreie Matt-Nickelschicht auf und scheidet darauf die Hochglanznickelschicht ab. Als galvanische Nickelbäder verwendet man meistens Nickelsulfat $NiSO_4$, Nickelchlorid $NiCl_2$ oder auch Nickelsulfamat $Ni(H_2NSO_3)_2$.

Chrom wird wegen seines Glanzes und seiner relativ guten Beständigkeit nach Unterkupferung und Zwischenvernicklung als äußerste Schutzschicht häufig verwendet. Obwohl das Metall ein negativeres Normalpotential als Eisen hat, bietet es mit seiner passivierenden Oxidschicht einen guten Korrosionsschutz. Diese Oxidschicht kann jedoch von Chloridionen (Streusalz!) durchdrungen und damit zerstört werden. Während das Glanzverchromen mit seinen meist nur sehr dünnen Schichten von 0,5 bis 2 µm dekorativen Zwecken dient, erzeugt man beim **Hartverchromen** durch Aufgalvanisieren direkt auf dem Grundmetall bis zu 0,4 mm dicke Schichten, die durch ihre Härte, Verschleißfestigkeit und einen geringen Reibungskoeffizienten die mechanischen Eigenschaften von Maschinenteilen verbessern (Verwendung bei Meßwerkzeugen, Kurbelwellen, Zapfen usw.). Das Chrom wird bei beiden Verfahren aus Chromsäure H_2CrO_4 (in der es als CrO_4^--Anion vorliegt!) abgeschieden. Als Anodenmaterial verwendet man Bleilegierungen, die sich mit einer Bleidioxidschicht überziehen und beim Betrieb gegen das Bad beständig sind. Beim Galvanisieren wird das Chromat an der Kathode durch den sich dort abscheidenden Wasserstoff zum metallischen Chrom reduziert. Das kathodisch abgeschiedene Chrom muß laufend durch Zugabe von Chromsalzen im Elektrolyt ersetzt werden.

Zinn, auf Stahlblech elektrolytisch abgeschieden, ergibt das sogenannte **Elektroweißblech**. Das galvanische Verzinnen wird heute meist anstelle des Tauchverfahrens bevorzugt, denn Schichtdicken von 1 bis 2 µm gegenüber 10 bis 25 µm beim Tauchverfahren ermöglichen eine wesentliche Einsparung des wegen des seltenen Vorkommens knappen Metalls. Durch Erhitzen auf den Schmelzpunkt des Zinns erreicht man das Sichschließen evtl. noch vorhandener Poren und einen glänzenden Überzug. Die galvanischen Bäder bestehen entweder aus Zinnsulfat $SnSO_4$, Zinnfluoroborat $Sn(BF_4)_2$ oder Natriumstannat Na_2SnO_3.

Zink wird als Korrosionsschutz für Eisen häufig verwendet. Es ist durch eine zusammenhängende Oxidschicht trotz des relativ unedlen Potentials korrosionsbeständig und damit als Korrosionsschutz gut geeignet. Auch beim Zink bietet das Galvanisieren den Vorteil, mit wesentlich dünneren Überzügen als bei der „**Feuerverzinkung**" im Schmelztauchverfahren auszukommen. Als Elektrolyten werden verwendet das cyanidische Bad mit $Na_2[Zn(CN)_4]$, ferner Zinksulfat $ZnSO_4$ im sauren Bad oder Zinktetrafluoroborat $Zn(BF_4)_2$.

10.5.4   Allgemeines über galvanische Metallabscheidungen

Die Stromdichte ist wegen der sich einstellenden Unterschiede in den Ladungsdichten an Spitzen und Kanten größer als an ebenen Flächen. Auf diesen Effekt ist es zurückzuführen, daß beim Elektropolieren zuerst die Spitzen und Grate abgetragen werden (siehe Abschnitt 10.5.2). Ebenso ist eine Metallabscheidung bevorzugt an den Stellen zu beobachten, die aus der Oberfläche herausragen. Als Folge davon werden Metallüberzüge ungleich stark abgeschieden. In dieser als „**Streufähigkeit**" bezeichneten Eigenschaft unterscheiden sich die einzelnen galvanischen Bäder erheblich voneinander. Es gibt Bäder, bei denen sich diese Streufähigkeit besonders stark bei eng nebeneinander liegenden Unebenheiten in der Metalloberfläche bemerkbar machen. Diese Elektrolyte besitzen eine große „**Mikrostreufähigkeit**", die Metallüberzüge sind für galvanische Überzüge unbrauchbar; sie wachsen bald in Form von vielen kleinen spitzen „Nadeln" oder „Bäumchen" aus der Metalloberfläche heraus (Abb. 10.19a).

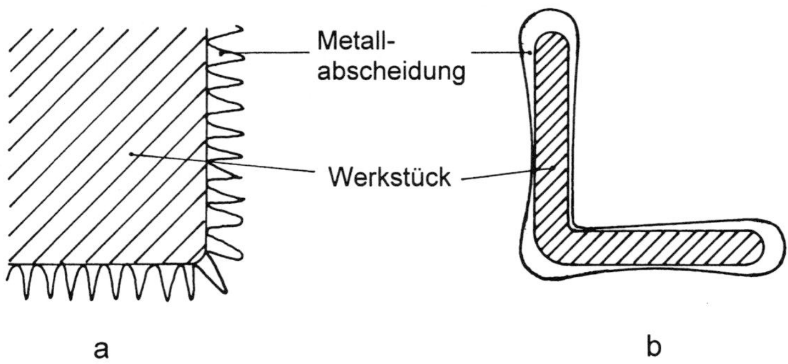

Abb. 10.19. Metallabscheidung bei großer Mikrostreufähigkeit bzw. großer Makrostreufähigkeit

Andere galvanische Bäder ergeben bei Metallabscheidungen kaum Schichtdickenunterschiede im Mikrobereich, eignen sich deswegen gut zum Elektroplattieren. Elektrolyte mit geringer Mikrostreufähigkeit bedingen aber meistens eine große **Makrostreufähigkeit,** d. h., bei diesen Elektrolyten prägen sich die Schichtdickenunterschiede der Metallabscheidungen weniger in den Unebenheiten der Metalloberfläche, als vielmehr in Form und Gestalt des Werkstückes aus: Je kleiner der Krümmungsradius der Metalloberfläche ist, desto stärker ist die Metallabscheidung (siehe Abb. 10.19). Nachteile, die durch die große Makrostreufähigkeit entstehen, lassen sich aber durch galvanisiergerechtes Gestalten der Werkstücke und durch einige Kunstgriffe beim Galvanisieren weitgehendst ausschalten (z.B. Vermeidung von scharfen Kanten, Verwendung von Hilfskathoden bzw. Hilfsanoden oder Abschirmung von Stellen mit hoher Ladungsdichte durch nichtleitendes Material).

Die komplexen Cyanidverbindungen vom Kupfer, Zink, Cadmium, Silber, Gold ergeben Bäder mit geringer Mikrostreufähigkeit. Das ist der Grund, weswegen gerade die äußerst giftigen, cyanidische Metallsalze in der Galvanik Verwendung finden. Wegen der starken Giftigkeit der Cyanidbäder sind nicht nur die von den Berufsgenossenschaften herausgegebenen Unfallverhütungsvorschriften genauestens einzuhalten, sondern man muß auch für eine gefahrlose Beseitigung der in Galvanisierbetrieben anfallenden Abwässer sorgen (siehe Abschnitt 13.2.5g).

Vielfach zeigen galvanische Bäder sogar eine einebnende Wirkung auf den kathodisch abgeschiedenen Niederschlag, insbesondere dann, wenn verschiedene Zusätze (meist organische Substanzen) als „Glanzbildner" durch ihre bevorzugte Adsorption an erhöhten Stellen im Mikrobereich eine galvanische Abscheidung der Metalle dort verzögern, während tiefer liegende Bereiche durch stärkere Metallabscheidung aufgefüllt werden (z.B. Glanznickelbäder).

10.6 Korrosion und Korrosionsschutz

Definition nach DIN 50 900:
„Korrosion ist die Reaktion eines metallischen Werkstoffs mit seiner Umgebung, die eine meßbare Veränderung des Werkstoffs bewirkt und zu einem Korrosionsschaden führen kann. Korrosionsschaden bedeutet dabei die Beeinträchtigung der Funktion eines metallischen Bauteils oder eines ganzen Systems durch Korrosion. Die Reaktion ist in den meisten Fällen elektrochemischer Art, es kann sich aber auch um chemische oder metallphysikalische Vorgänge handeln".

Am wichtigsten sind elektrochemische Vorgänge, die in erster Linie hier behandelt werden sollen.

10.6.1 Korrosionsursachen

Ursache für die elektrochemische Korrosion ist das Vorhandensein von unterschiedlichen elektrochemischen Potentialen bei gleichzeitiger Anwesenheit eines Elektrolyten. Bei einem sich daraus ergebenden elektrischen Stromfluß korrodieren die anodischen Bezirke des Werkstückes. Elektrochemische Potentialdifferenzen können durch verschiedenartige Normalpotentiale oder durch unterschiedliche Elektrolytkonzentrationen hervorgerufen werden:

a) Unterschiedliche Normalpotentiale

Nach der Spannungsreihe der Metalle (siehe Abschnitt 10.1.3) können zwei elektrisch leitend miteinander verbundene, verschiedenartige Metalle oder Legierungen eine Potentialdifferenz, d.h. eine elektrische Spannung aufweisen. Das „unedle" Metall wird dann zur Anode und löst sich auf, indem die Metallatome als Ionen in Lösung gehen.

$$\text{Anodische Reaktion:} \qquad M \rightarrow M^{z+} + z\,e^-$$

Das „edlere" Metall wird zur Kathode. Bei genügend saurem Elektrolyten tritt Wasserstoffentwicklung auf („**Wasserstoffkorrosionstyp**"):

$$2\,H^+ + 2\,e^- \rightarrow H_2 \uparrow$$

Bei geringer H^+-Ionenkonzentration entstehen im „**Sauerstoffkorrosionstyp**" an der Kathode OH^--Ionen (basische Reaktion) nach der Gleichung:

$$2\,H_2O + O_2 + 4\,e^- \rightarrow 4\,OH^-$$

b) Unterschiedliche Elektrolytkonzentrationen

Bei einem Metall von einheitlicher Zusammensetzung, also gleichem Normalpotential, kann sich eine Potentialdifferenz durch unterschiedliche Elektrolytkonzentrationen ergeben, denn nach der **Nernstschen Gleichung** hängt das Potential an der Metalloberfläche nicht nur von der Beschaffenheit des Metalls selbst, sondern auch von der Konzentration des Elektrolyten ab:

$$E = E_o + \frac{0{,}05916}{z}\, \lg c$$

Am häufigsten führen **Unterschiede im Sauerstoffgehalt** zur Korrosion, denn an der oben beschriebenen kathodischen Reaktion („Sauerstoffkorrosionstyp", siehe Abschnitt 10.6.1a) ist auch der Sauerstoff beteiligt:

$$2\,H_2O + O_2 + 4e^- \rightleftharpoons 4\,OH^-$$

Es kommt zur Ausbildung eines sogenannten **Sauerstoffkonzentrationselementes** oder **Belüftungselementes** mit folgenden Teilreaktionen:

Anoden-Bezirke (Auflösung des Metalls): $M \rightarrow M^{z+} + z\,e^-$
Kathoden-Bezirke (basische Reaktion): $2\,H_2O + O_2 + 4\,e^- \rightarrow 4\,OH^-$

Wie in Abb. 10.20 am Beispiele des „Rostens" von Eisen dargestellt, können unterschiedliche Sauerstoffkonzentrationen schon innerhalb eines Wassertropfens auftreten. Hierbei bildet sich zunächst das schwerlösliche, weiße $Fe(OH)_2$, das durch weitere Oxidation in das rotbraune $Fe(OH)_3$ übergeht:

$$4\,Fe(OH)_2 + O_2 + 2\,H_2O \rightarrow 4\,Fe(OH)_3$$

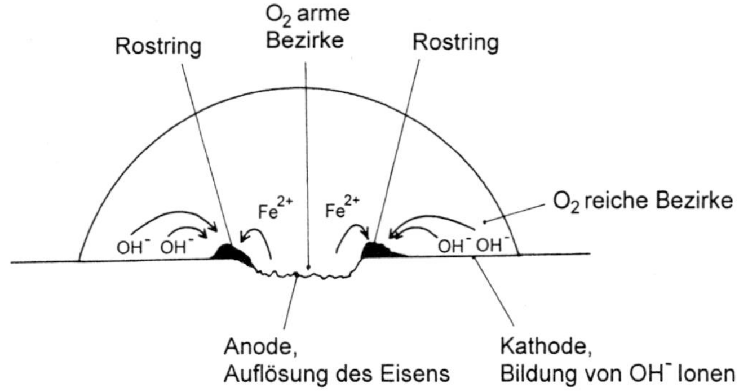

Abb. 10.20. Korrosion von Eisen unter einem Wassertropfen

10.6.2   Korrosionsarten

Neben der elektrochemischen Korrosion gibt es auch eine rein chemische und eine mechanische Korrosion (siehe Übersicht nächste Seite).

Übersicht:

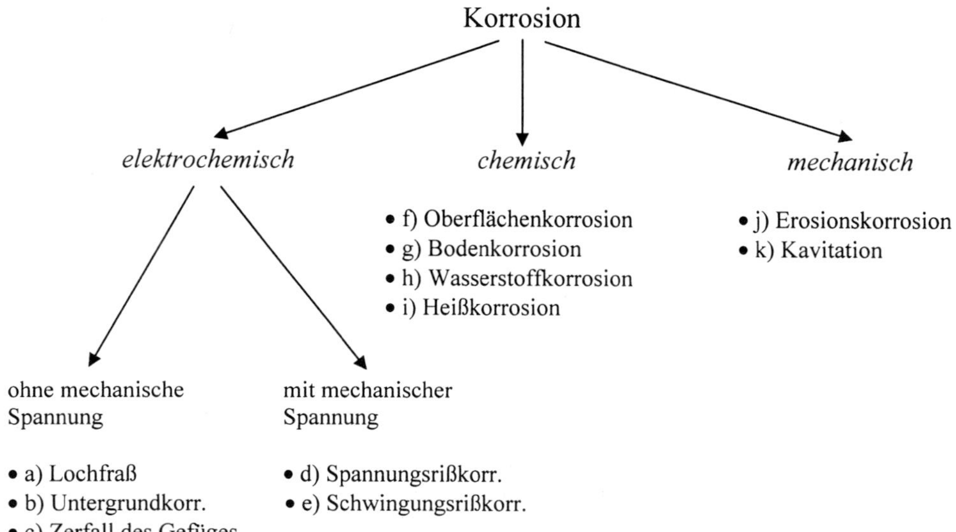

Auf die unterschiedlichen Korrosionsarten wird im folgenden genauer eingegangen.

a) Lochfraß (punktförmige Korrosion)

Eine gefährliche Korrosionsart ist der Lochfraß, da bei dieser punktförmigen Korrosion Durchlöcherungen oder auch Querschnittsschwächungen am Werkstück auftreten können. Ausgelöst wird der Lochfraß durch örtlich dicht nebeneinander liegende elektrochemische Potentialdifferenzen und die Anwesenheit eines Elektrolyten. Solche örtliche Potentialdifferenzen werden auch **Lokalelemente** (= örtlich eng begrenzte galvanische Elemente) genannt. Sie können häufig durch unterschiedliche Normalpotentiale (Lokalelementbildung durch verschiedene Metalle), unterschiedliche Elektrolytzusammensetzung oder durch Verletzungen von Oxidschutzschichten entstehen.

1) Unterschiedliche Normalpotentiale (Lokalelemente)

Örtliches Vorhandensein eines edleren Metalls, z.B. eingewalztes Metallpartikel, Verwendung von ungeeignetem Verbindungsmaterial in Schweißnähten oder Lötstellen, unmittelbares Sich-Berühren von zwei verschiedenen Metallen können elektrische Spannungen hervorrufen. Bei Anwesenheit eines Elektrolyten fließt ein elektrischer Strom, der die anodischen Werkstoffbezirke korrodieren läßt (siehe Abb. 10.21), d.h. das unedlere Metall geht als entsprechendes Ion in Lösung.

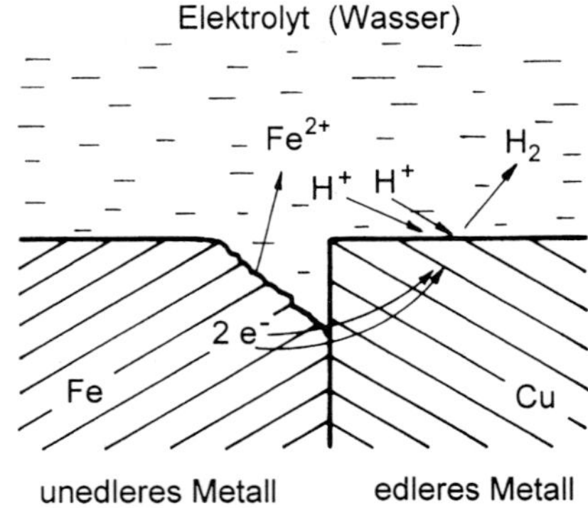

Abb. 10.21. Lokalelement

2) Verschiedene Elektrolytenzusammensetzungen

Unterschiedliche Sauerstoffkonzentrationen, z. B. in Wasserleitungsrohren oder an Abdeckungen (Abb. 10.22), können zu örtlichen Potentialdifferenzen führen und dann Lochfraß entstehen lassen. Da hier die Spannungsdifferenzen durch unterschiedliche Sauerstoffzufuhr verursacht werden, spricht man von **Belüftungselementen**.

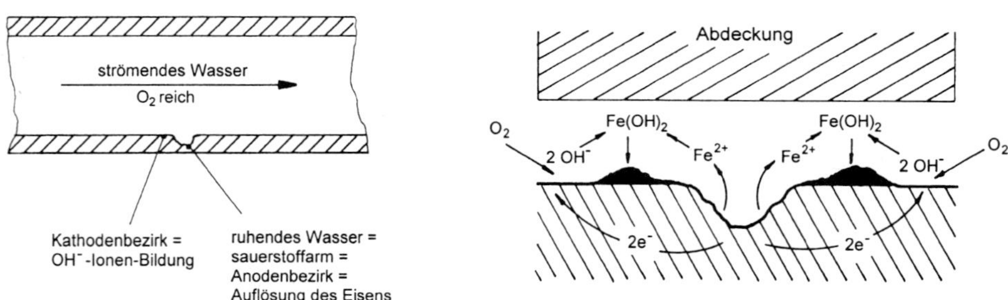

Abb. 10.22. Lochfraß

Besteht das korrodierende Metall aus Eisen, so entstehen an den anodischen Bezirken zunächst Fe^{2+}-Ionen, die mit den an der Kathode entstehenden OH^--Ionen das schwerlösliche, weiße $Fe(OH)_2$ bilden. Durch Aufnahme von weiterem Sauerstoff bilden sich schließlich die als rotbrauner Rost bekannten Oxidationsprodukte. Da die Reaktionsprodukte der Korrosion als schwerlösliche Eisenhydroxide aus dem Elektrolyten (Wasser) ausgefällt werden und damit aus dem elektrochemischen Gleichgewicht an der Metalloberfläche ausscheiden, kommt der Korrosionsvorgang nicht zum Stillstand. Das Eisen wird vielmehr ständig durch In-Lösung-Gehen Form von Eisenionen immer weiter an den anodischen Bezirken bis zur Durchlöcherung aufgelöst.

Bei vielen **rostfreien Stählen** beruht die Korrosionsbeständigkeit auf der Anwesenheit von schützenden Oxidschichten. Die Beständigkeit solcher Schutzschichten ist dann gewährleistet, wenn im wäßrigen Medium genügend Sauerstoff zugegen ist. Bei Verarmung an Sauerstoff (z.B. durch teilweise Abdeckung mit Kunststoffschichten) können sich an den abgedeckten Stellen Korrosionserscheinungen (infolge verminderten Sauerstoffgehalts) bemerkbar machen. Besonders in engen Spalten oder z.B. unter schlecht sitzenden Nieten kann auf diese Weise Korrosion auftreten (sogenannte **Spaltkorrosion**).

3) Verletzung der Schutzschicht

Oft diffundieren angreifende Bestandteile des Elektrolyten durch schützende, zusammenhängende Oxidschichten hindurch und können dann an bevorzugten Stellen die Schutzschicht zum Abplatzen bringen. Das freigelegte Metall wird mit seinem elektrochemischen Potential zur Anode und löst sich auf (das Oxid mit dem positiveren Potential wird zur Kathode). Besonders Chloridionen können Oxidschichten durchbohren und dann an vielen Eisenlegierungen, auch an säurefesten Stählen (z.B. an V2A-Stahl = Chromnickelstahl X 12 CrNi 18 8 nach DIN 17006) Lochfraß hervorrufen.

b) Untergrundkorrosion

Unter nicht ganz porenfreien oder verletzten Schutzschichten aus edleren Metallen korrodiert das unedlere Grundmetall infolge Ausbildung von Lokalelementen.

c) Zerfall des Gefüges durch Korrosion

Durch anodische Auflösung einzelner Gefügebestandteile mit unedlerem elektrochemischen Potential wird der Zusammenhalt des gesamten Gefüges zerstört. Diese oft nicht sofort an äußerlichen Korrosionserscheinungen zu erkennende Korrosionsart ist besonders gefährlich, weil durch sie die ursprünglichen Materialeigenschaften vollkommen verloren gehen. Besondere Formen dieser Korrosionsart sind:

1) Die interkristalline Korrosion (zwischenkristalline Korrosion, Korngrenzenkorrosion oder Kornzerfall)

Voran geht meist bei unsachgemäßer Behandlung die Entstehung oder die Ausscheidung einer unedleren Komponente an den Korngrenzen. Bei Einwirkung eines Elektrolyten kommt es dann zur anodischen Auflösung dieser oft in äußerst geringen Mengen entstandenen unedleren Bestandteile.

Beispiel:
Bei **Chromnickelstahl** kann sich bei der Wärmebehandlung an den Korngrenzen Chromcarbid ausscheiden, was zu einer lokalen Chrom-Verarmung und in Gefolge davon bei Anwesenheit eines Elektrolyten zu einer anodischen Auflösung des Eisens führen kann. Die lokale Verarmung an Chrom zeigt sich mit besonders hoher Geschwindigkeit in einem relativ engen Temperaturbereich um 700 °C . Solche Temperaturen, die das Metall für interkristalline Korrosion anfällig machen, können z. B. auch bei einer genügend langen Einwirkzeit während des Schweißens zu einer Schädigung des Materials führen.

2) Die selektive Korrosion

Es handelt sich dabei um die anodische Auflösung bestimmter Bestandteile eines heterogenen Gefüges, z.B. Herauslösen von ß-Messing in einem (α + β)-Messing-Gefüge.

3) Spongiose (Graphitierung)

Durch Salzlösungen, schwache Säuren, saure Böden, gipshaltige Lehmböden wird im Grauguß der Ferritanteil unter Erhaltung der Graphitblättchen in ein braun-schwarzes, wenig auffallendes Korrosionsprodukt umgewandelt und damit der Zusammenhang des Gefüges vollkommen zerstört.

d) Spannungsrißkorrosion

Sie entsteht durch gleichzeitige Einwirkung von bestimmten, spezifisch wirkenden Elektrolyten und von Zugspannungen, vor allem, wenn das Metallgefüge gewisse Voraussetzungen (ähnlich wie unter c) erfüllt. Sie verläuft unter Rißbildung meist **interkristallin**, teilweise auch **transkristallin**. Bei der interkristallinen Spannungsrißkorrosion verläuft die Bruchstelle zwischen den einzelnen Kristalliten des Metalls, bei der transkristallinen geht sie durch die Kristalle hindurch.

Die Tab. 10.10 zeigt an einigen typischen Beispielen, durch welche Elektrolyte bei bestimmten Werkstoffen Spannungsrißkorrosion entstehen kann.

Tab. 10.10. Beispiele für Spannungsrißkorrosion

Werkstoff	angreifendes Medium
unlegierter Stahl	Alkalilaugen, Amine, Nitratlösungen, Salpetersäure, Schwefelwasserstoff, Cyanverbindungen
Messing (Cu-Zn-Legierungen)	feuchter Ammoniak, Amine
Magnesiumlegierungen	Wasser (belüftet)
rost- und säurebeständige Chrom-Nickelstähle (z.B. V2A)	halogenidhaltige Lösungen (außer F^-), Meerwasser, Alkalihydroxide
Aluminiumlegierungen	Meerwasser, NaCl-Lösungen (belüftet)

Die Spannungsrißkorrosion wird ausgelöst durch Zugspannungen und durch die Anwesenheit von unterschiedlichen elektrischen Potentialen auf der Metalloberfläche. Solche Potentialunterschiede bilden sich durch

- Unterschiede im Metall oder
- durch Konzentrationsunterschiede im Elektrolyten.

1) Lokale Unterschiede im Material

Schützende Oxidschichten mit geringfügiger elektrischer Leitfähigkeit (z.B. Fe_3O_4, das sich in Gegenwart von Nitrationen bildet) können infolge von Zugspannungen aufreißen und zur anodischen Auflösung des Metalls in den Rissen führen. Durch Kombination von einer großen Kathode (Oxidschicht) und einer sehr kleinen Anode (Riß) ist der Korrosionsangriff am anodischen Metallteil sehr intensiv.

Austenitische Chromnickelstähle (siehe Abschnitt 6.5.12) zeigen eine besondere Neigung zur Spannungsrißkorrosion dann, wenn sich durch Chromcarbidbildung Potentialdifferenzen an den Korngrenzen ergeben (siehe Abschnitt 10.6.2c1).

2) Konzentrationsunterschiede im Elektrolyten

Ein Beispiel aus der Praxis ist die **Laugenbrüchigkeit von Dampfkessel-Stahl**, die zu Dampfkesselexplosionen führen kann. Es kann zur Aufkonzentrierung des alkalischen Kesselspeisewassers z.B. an undichten Stellen auf der Unterseite von Nieten oder unter Kesselstein kommen, wobei das Eisen infolge eines Konzentrationselements (Potentialdifferenzen durch Konzentrationsunterschiede, siehe Abschnitt 10.2.1) bei pH-Werten über 12,5 in Form von Salzen amphoterer Oxide (siehe auch Abschnitt 7.2.3) in Lösung gehen kann:

$$\text{Natriumferrat (II): Na}_2[\overset{+2}{\text{Fe}}\text{O}_2] \text{ und Natriumferrat (III): Na}[\overset{+3}{\text{Fe}}\text{O}_2]$$

Um dem vorzubeugen, gibt man in das Kesselspeisewasser Alkaliphosphate, die eine Pufferwirkung (siehe Abschnitt 5.2.5) besitzen und außerdem die noch vorhandenen Calciumionen als schwerlösliche Salze in Schwebe halten und somit eine Kesselsteinbildung an der Dampfkesselwandung verhindern.

e) Schwingungsrißkorrosion

Dauerschwingungsbelastungen, die allein noch keine Materialschädigungen verursachen, können in Verbindung mit normalerweise kaum oder nur schwach korrodierend wirkenden Medien zu schwerwiegenden Korrosionserscheinungen mit Rißbildung und Bruch führen. Bei solchen Schwingungsbelastungen können Versetzungen im Gitteraufbau (siehe Abschnitt 6.5.1e) an die Korngrenzen, insbesondere an die Oberfläche des Metalls wandern und dann dort bevorzugte Angriffspunkte für die Korrosion bilden: Denn die als „Lokalanoden" wirkenden Versetzungsstellen vergrößern sich und bilden Kerbstellen, die zu Rissen und später zu Bruch führen. Solche Schwingungsrißkorrosion kommt hauptsächlich bei Schiffen, Flugzeugen, Eisenbahnen (Wagenachsen und Stahlschwellen), Automobilen, Pumpen oder Überhitzern von Dampfkesseln vor.

Um Schwingungsrißkorrosion zu vermeiden, sollte die zu erwartende Schwingungsfrequenz nicht in der Nähe der Eigenschwingungszahl eines Maschinenteils liegen. Es sollten ferner keine Kerben an der Oberfläche vorhanden sein, durch die eine solche Korrosionsart begünstigt würde. Durch Abstrahlen des Maschinenteils mit Schrot kann man z.B. eine Verdichtung des Materials (Druckspannungen) auf der Oberfläche erzielen und damit das Schwingungsrißkorrosions-Risiko vermindern.

Weitere Gegenmaßnahmen sind das Nitrierhärten der Oberfläche (siehe Abschnitt 7.3.2) oder durch besondere Verfahren erzeugte galvanische Überzüge, die Druckspannungen aufweisen (z.B. Galvanisieren mit bestimmten Zusätzen oder Erhitzen einer galvanischen Chromschicht auf ca. 400 °C).

f) Oberflächenkorrosion (ebenmäßige Korrosion)

Das Metall wird parallel zur Oberfläche abgetragen. Diese Korrosionsart ist meist rein chemischer, seltener elektrochemischer Natur. Sie ist meist verhältnismäßig ungefährlich, trotz eines relativ großen Gewichtsverlustes und trotz des oft gefährlichen Aussehens.

g) Bodenkorrosion

Man versteht hierunter hauptsächlich das Rosten von Eisen im Boden. Ursachen können sein: eine örtlich verschiedene Belüftung (siehe Abschnitt 10.6.1b) oder auch ein rein chemischer Angriff, z. B. durch Schwefelwasserstoff, der sich durch anaerobe Mikroorganismen aus Sulfaten (z.B. $CaSO_4 \cdot 2\ H_2O$ = Gips) bilden kann (chemische Korrosion). Das entstehende FeS verursacht eine Schwarzfärbung des Bodens.

h) Elementarer Wasserstoff als Korrosionsursache

Das Eindringen von Wasserstoffgas in das Metallgefüge kann auch zur Korrosion führen.

1) Beizsprödigkeit oder Wasserstoffversprödung

Durch Einwirkung von nichtoxidierenden Säuren auf Eisen, bei der galvanischen Metallabscheidung oder auch beim sogenannten Wasserstoffkorrosionstyp (siehe Abschnitt 10.6.1a) bildet sich Wasserstoffgas, das in das Metall eindringen, sich in winzigen Hohlräumen ansammeln und wegen mangelnder Diffusionsfähigkeit zu hohen Drücken und damit zu örtlichen Aufblähungen führen kann. Eingedrungenes Wasserstoffgas kann man durch „Auskochen" des Werkstücks beseitigen. Bei hohen Temperaturen kann sich Wasserstoff in atomarer Form auch im Kristallgitter des Eisens auf Zwischengitterplätzen einlagern, ähnlich wie bei den in Abschnitt 7.1 erwähnten Metallhydriden. Dies führt zu einer starken Verminderung der Zähigkeit („Versprödung"). Die in Abschnitt 5.3.3b beschriebenen Sparbeizen wirken bei einer eventuell notwendigen Säurebehandlung des Eisens der Entstehung von Wasserstoffgas entgegen.

2) Wasserstoffkrankheit des Kupfers

Kupfer enthält oft von der Herstellung her geringe Mengen des Oxids Cu_2O. Beim Glühen von solchem Kupfer in wasserstoffhaltiger Atmosphäre (z.B. reduzierender Wasserstoff-Brenner bei Temperaturen über 500 °C) dringt Wasserstoffgas in das Kupfer ein und bildet mit dem Sauerstoff des Kupferoxids Wasser, das dann nicht mehr durch das Kupfer diffundieren kann, sondern bei Erreichen eines genügend hohen Druckes zum Aufreißen des Kupfers oder zur Blasenbildung führt. Man sollte daher die Berührung von solchem Kupfer beim Erwärmen oder Schweißen mit wasserstoffhaltigen Gasen vermeiden.

i) Heißkorrosion

Bei höheren Temperaturen zeigen Metalle eine verstärkte Korrosionsbereitschaft; durch Diffusionsvorgänge wächst die an der Metalloberfläche zunächst gebildete Korrosionsschicht immer stärker an. Dabei wandern entweder die Metallbestandteile oder die korrodierenden Stoffe durch die bereits gebildete Reaktionsschicht. Die Wanderung (meist in Form von Ionen oder Elektronen) wird durch Fehlstellen und Gitterversetzungen (siehe Abschnitt 6.5.1e) begünstigt oder überhaupt erst ermöglicht. Nicht nur der Sauerstoff, sondern viele andere Gase, z.B. CO, CO_2, H_2O, SO_2 usw., können auf diese Weise starke Korrosionsschäden hervorrufen. Mit zunehmender Temperatur steigert sich die Korrosionsgeschwindigkeit und das Schichtdickenwachstum. Unter dem eigentlichen Heißkorrosionsgebiet versteht man Temperaturbereiche oberhalb von 700 °C. Die Verwendbarkeit von Metallen ist meist bis zu Temperaturen von 1000 °C begrenzt. Die sich aufbauenden Oxidationsschichten („**Zunder**") zeigen oft eine schichtenmäßig unterschiedliche Zusammensetzung, z.B. ändert sich auf Eisenwerkstoffen die Zusammensetzung der Zunderschicht von innen nach außen in folgender Reihenfolge: Fe, FeO, Fe_3O_4, Fe_2O_3. Bei nicht genügender Oberflächenhaftung können solche Schichten abplatzen, insbesondere dann, wenn diesen Schichten unterschiedliche Gittertypen zugrunde liegen. Für Temperaturen über 1000 °C können verschiedene keramische Werkstoffe, Nitride, Carbide, Oxide oder Graphit Verwendung finden (zu keramischen Werkstoffen, siehe Abschnitte 7.2.3 und 7.3).

j) Erosionskorrosion

Durch **extrem hohe Strömungsgeschwindigkeiten**, insbesondere beim Auftreten von Turbulenz, können schützende Oxidschichten vom vorbeiströmenden Wasser abgetragen werden, ohne daß sich dann neue Schutzschichten so schnell nachbilden könnten. Dann kommt es zur raschen Auflösung des Metalls durch das strömende Medium. Diesen Vorgang bezeichnet man als Erosionskorrosion. Abhilfe kann hier oft eine Erhöhung des pH-Wertes bringen, wobei dann die Bildungsgeschwindigkeit und Beständigkeit von schützenden Oxid- bzw. Hydroxidschichten vergrößert wird.

k) Kavitation

Schnell bewegte Teile oder schnell strömende Flüssigkeiten können **Kavitationsblasen** (cavus, lat. = hohl, Kavitation = Hohlraumbildung) erzeugen. Beim Zusammenbrechen solcher Blasen kommt es zu einem harten Aufprall der Flüssigkeit auf die Werkstoffoberfläche; dabei wird im Laufe der Zeit das Material durch mechanischen und chemischen Angriff abgetragen. Deutliche Besserung bringen besonders widerstandsfähige Werkstoffe, wenn es nicht durch konstruktive Maßnahmen gelingt, die Kavitationsblasen gänzlich zu vermeiden.

10.6.3 Möglichkeiten des Korrosionsschutzes

Korrosionserscheinungen wird man in erster Linie durch geeignete Werkstoffauswahl und eine sachgemäße Werkstoffverarbeitung zu verhindern suchen. **Je glatter die Oberfläche und je einheitlicher das Metallgefüge ist, um so günstiger ist die Korrosionsbeständigkeit.** Durch schützende Legierungsbestandteile wird man vom Werkstoff her einer Korrosion entgegenwirken (z.B. Zulegieren von Chrom und Nickel ergibt korrosionsbeständige Stähle). Daneben kann man durch Aufbringen von zusammenhängenden Schutzschichten und auf elektrochemischem Wege die Oberfläche des korrosionsgefährdeten Metalls schützen. Hierzu bieten sich vor allem folgende Möglichkeiten:

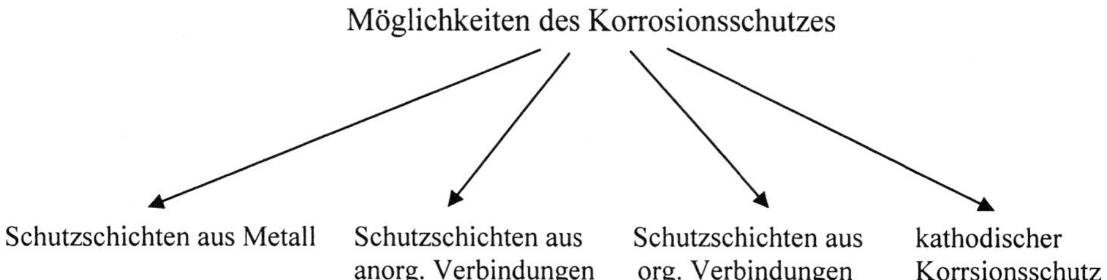

a) Schutzschichten aus Metall

Man überzieht das korrosionsgefährdete Metall mit einer korrosionsbeständigeren Metallschicht. Gebräuchlich sind folgende Verfahren:

1) Tauchverfahren

Man erzeugt eine Metallschutzschicht durch Eintauchen des Werkstückes in eine Metallschmelze. Dieses Verfahren eignet sich für Metallschutzschichten aus Zink (**Feuer- oder Heißverzinkung**), Blei, Zinn, Aluminium.

2) Galvanisieren oder Elektroplattieren

Das Werkstück wird in ein Salzbad des aufzubringenden Metalls gehängt und beim Anlegen einer Gleichspannung als Kathode (negativer Pol) geschaltet. Für galvanische Schutzschichten eignen sich die Metalle: Kupfer, Silber, Gold, Nickel, Chrom, Zinn, Zink, Blei (siehe Abschnitt 10.5.3).

3) Plattieren mit Metallen

Auf das zu schützende Grundmetall werden dünne Bleche des Überzugmetalls unter Druck und meistens bei erhöhter Temperatur aufgewalzt. Geeignet hierfür sind die Metalle Gold, Silber, Kupfer, Nickel, Aluminium, Messing. Diffusionsvorgänge an den Grenzschichten erhöhen die Haftfestigkeit der metallischen Überzüge auf dem Grundmaterial. Besondere Abarten dieser Plattierungsverfahren sind: das **Walzschweißverfahren**, das **Preßschweißverfahren**, das **Lötverfahren** (wo ein Bindemittel die Haftung besorgt), das **Verbundgußverfahren** (Aufgießen im flüssigen Zustand) und die **Sprengplattierung**, wo durch die beim Sprengen auftretenden hohen Drücke die

Schutzschicht fest mit der Unterlage verschweißt wird (angewendet z.B. beim Plattieren mit Titan).

4) Metallspritzverfahren

Dabei wird geschmolzenes, zerstäubtes Metall aufgespritzt und somit eine festhaftende Metallschutzschicht erzeugt. Das aufzuspritzende Metall kann entweder als Schmelze, als Pulver oder als fester Metalldraht eingesetzt werden. Als Wärmequelle wird Brenngas oder ein elektrischer Lichtbogen verwendet, als Zerstäubungsmittel dient entweder Preßluft oder besser (um Oxidation zu vermeiden) ein Schutzgas.

5) Aufdampfverfahren

Verschiedene Metallschutzschichten können durch Erhitzen und Aufdampfen im Hochvakuum (bei 10^{-3} bis 10^{-7} mbar) aufgebracht werden. Hierfür eignen sich insbesondere die Metalle Aluminium, Silber und Gold. Ein besonderes Aufdampfverfahren ist das Kathodenzerstäubungsverfahren, bei dem fest haftende Überzüge aus Metall, aber auch aus anderen Werkstoffen erzeugt werden. Dieses universell einsetzbare Verfahren eignet sich auch zur Metallbeschichtung von Kunststoffen. Das zu zerstäubende Material wird als Kathode, der zu beschichtende Gegenstand als Anode geschaltet. Im Hochvakuum wird durch das auf die Kathode geschossene Restgas aus Argon, Krypton oder Luft das Kathodenmaterial zerstäubt und durch die vorhandene hohe elektrische Spannung (ca. 400 V) auf den anodisch geschalteten Gegenstand befördert, wo es festhaftende Niederschläge ergibt. Nach diesem Verfahren kann man fast jedes Material mit fast jedem anderen Material beschichten, also auch nichtmetallische Stoffe einsetzen, wie Kunststoffe, Halbleiter, Isolatoren. Das kathodisch geschaltete Beschichtungsmaterial wird dabei nicht geschmolzen, sondern im „kalten" Zustand zerstäubt.

6) Stromlose Metallabscheidung

Durch stromlose Reduktionsprozesse können aus Metallsalzen die betreffenden Metalle an der Oberfläche der zu schützenden Werkstücke abgeschieden werden. Am häufigsten wird das stromlose **Vernickeln** eingesetzt, daneben hat auch das stromlose **Verkupfern** eine gewisse Bedeutung. Solche Bäder enthalten die betreffenden Metallsalze und gleichzeitig ein Reduktionsmittel. Durch Komplexbildner werden die Bäder stabilisiert, so daß die Reduktionsprozesse nur an bereits vorhandenen Kristallkeimen bzw. an metallischen Oberflächen in Gang kommen, so daß sich nur dort das Metall abscheidet. Stromlose Metallabscheidungen ermöglichen die Ausbildung von zusammenhängenden, gleichmäßig dicken Schichten, auch an den Stellen (z.B. Hohlräume, Vertiefungen), wo beim Galvanisieren keine Metallabscheidungen möglich sind (siehe Abschnitt 10.5.4).

7) Diffusionsverfahren

Durch Diffusionsvorgänge bekommt man dünne Schutzschichten, bei denen das aufgebrachte Schutzmetall in das Grundmetall eindringt, wobei der Gehalt an diesem Schutzmetall von außen nach innen abnimmt. Vorzugsweise Zink läßt man durch Erhitzen des Werkstückes in Zinkpulver bei 360–400 °C eindringen („**Sherardisieren**"). Auf ähnliche

Weise kann man Aluminiumüberzüge herstellen („**Alitieren**" bzw. „**Kalorisieren**"). Auch das Eindiffundieren von Metallsalzen unter gleichzeitiger Reduktion bei hoher Temperatur, z. B. bei 1000 C°, führt zu solchen Schutzüberzügen, wobei die betreffenden Salze (z.B. $CrCl_2$) im gasförmigen Zustand vorliegen:

$$CrCl_2 + Fe \rightarrow FeCl_2\uparrow + Cr$$

Auf diese Weise können Chromdiffusionsüberzüge („**Inchromieren**") oder siliciumhaltige Schutzschichten („**Silicieren**") hergestellt werden. Auch das Überstreichen mit einer Nickelsalzpaste und anschließendes Glühen in Schutzgasatmosphäre bei 800–1000 °C führt beim **Pyro-Plate-Verfahren** zu dünnen, fest verwachsenen Schutzschichten.

b) Anorganische Verbindungen als Schutzschichten
Besonders Oxide, Phosphate, Email, daneben auch Nitride, Boride und Glasüberzüge werden sehr häufig als festhaftende, zusammenhängende Korrosionsschutzschichten verwendet. Hier sollen folgende Verfahren näher charakterisiert werden: Anodisches Oxidieren von Aluminium, Chromatieren, Brünieren von Eisen, Phosphatieren und Emaillieren.

1) Anodisches Oxidieren von Aluminium (Eloxieren)[4]

Auf der Oberfläche von Aluminiummetall bildet sich spontan eine 0,02 bis 0,1 µm dicke Oxidschicht, die das Metall im allgemeinen in den pH-Bereichen von 4,45 bis 8,38 schon hinreichend vor weiterer Oxidation schützt. Eine dickere und wirksamere Schutzschicht kann man durch anodische Oxidation von Aluminium erreichen. In Schwefelsäure (Kurzzeichen: S) oder Oxalsäure (Kurzzeichen: X) oder einer Mischung dieser beiden Säuren (SX) wird das Aluminium mit Hilfe des elektrischen Stromes anodisch oxidiert, indem man entweder Gleichstrom (Kurzzeichen: G) einsetzt oder den Gleichstrom von Wechselstrom überlagert (Kurzzeichen: GW). Beispiel für häufig angewandte Verfahren: GS; GX; WGX; GSX.

Erfolgt die anodische Oxidation bei 0 C°, so entstehen harte, verschleißfeste bis maximal 0,2 mm dicke Schichten. Die Oxidbildung bedingt eine geringfügige Volumenvergrößerung, da die Schicht etwa zur Hälfte in das Metall hinein, zur anderen Hälfte nach außen wächst.

Wird bei Temperaturen von 20–30 °C eloxiert, so erreichen die Oxidschichten maximal 30 µm (die Schicht wächst zu 2/3 in das Metall hinein, zu 1/3 aus dem Metall heraus). Solche „Normaleloxal"-Schichten enthalten dicht nebeneinander liegende Poren, die mit Farbstoffen gefüllt und danach versiegelt werden können. Auf diese Weise gelingt es, das normaleloxierte Aluminium einzufärben.

---

[4] Eloxieren, ein häufig gebrauchter Ausdruck für anodisches Oxidieren von Aluminium, leitet sich vom rechtlich geschützten Warenzeichen **Eloxal** (**el**ektrisch **ox**idiertes **Al**uminium) der VAW (Vereinigte Aluminium-Werke AG, Berlin-Bonn) ab.

2) Chromatieren

Mit Hilfe von Chromsäure oder von Dichromaten kann man verschiedene Metalle, insbesondere Aluminium, Magnesium, Zink und Cadmium, chemisch oxidieren und auf diese Weise die betreffenden Metalle durch die dabei entstehenden, widerstandsfähigen, zusammenhängenden Schutzschichten schützen. Das sehr giftige Chromat macht eine Aufbereitung der Abwässer in entsprechenden Betrieben notwendig (siehe Abschnitt 13.2.5).

3) Oxidschichten auf Eisen

Eisenoxidschichten bieten höchstens dann einen gewissen Korrosionsschutz, wenn sie rißfrei hergestellt werden, z.B. beim schwach oxidierenden Erhitzen auf 800 bis 1000 °C. Ein häufig verwendetes Verfahren ist das **Brünieren**, bei dem Eisenteile in Schmelzen oder Lösungen aus Natronlauge, Natriumnitrat und Natriumnitrit oxidiert werden. Die tiefschwarz aussehenden Oxidschichten werden eingeölt oder mit Lackschutzschichten versehen.

Der im **Stahlbetonbau** verwendete Stahl wird durch die basische Reaktion des Betons vor Korrosion geschützt und bedarf deswegen keiner vorher aufgebrachten Korrosionsschutzschichten.

4) Phosphatieren

Schützende Phosphatschichten werden durch Eintauchen und Reaktion des Metalls (hierzu eignen sich insbesondere Eisen, Stahl, Zink und Aluminium) in Bädern aus Zink-(oder Mangan-)Phosphaten bei erhöhter Temperatur (z.B. 70 °C) hergestellt. Dabei reagiert das saure Zinkphosphat mit dem Metall unter Abscheidung schwerlöslicher Phosphate auf der Oberfläche. Damit sich bei dieser Reaktion keine Wasserstoffblasen in Nebenreaktion bilden können, enthält das Phosphatierungsbad noch Zusätze, die eine störende Gasblasenentwicklung unterdrücken, so z.B. Nitrationen, die den Wasserstoff sofort zu Wasser oxidieren. Die meist 1 bis 10 μm dicken, auch elektrisch isolierenden Phosphatschichten, z.B. aus Zinkphosphat $Zn_3(PO_4)_2 \cdot 4\,H_2O$, bieten einen gewissen Korrosionsschutz, den man durch Tränken mit Korrosionsschutzöl noch verstärken kann. Phosphatschichten bieten ferner eine gute Haftfestigkeit für Lacke und setzen den Reibungskoeffizienten erheblich herab, bieten deswegen bei der Kaltverformung („Tiefziehen") von Stahl und bei gleitender Reibung von Maschinenteilen erhebliche Vorteile. Eine rechtlich geschützte Bezeichnung der Metallgesellschaft, Frankfurt/M., für ein solches Phosphatierungsverfahren ist das sogenannte **Bondern**®.

5) Emaillieren

Emailüberzüge (siehe Abschnitt 7.2.4) sind im sauren[5] und neutralen Bereich beständig, lösen sich meist in alkalischem Medium auf. Gegen organische Stoffe, Lösungsmittel

---

[5] Anfänglich wird aus der Emaille durch Säuren der alkalische Bestandteil (z. B. Natriumionen) herausgelöst; es bildet sich jedoch sehr bald eine säureunlösliche Sperrschicht aus Kieselsäure.

usw. zeigen solche Überzüge eine sehr große Beständigkeit. Nachteilig ist an Emaille die geringe Temperaturwechselbeständigkeit und die Schlagempfindlichkeit. Poren in Emailüberzügen (z.B. in chemischen Reaktionskesseln) oder schadhaft gewordene Stellen lassen sich durch Tantalplomben mit PTFE-Unterlage ausbessern. Emailüberzüge haften durch chemische und mechanische Verankerung fest auf der Metallunterlage, da bei der Herstellung durch teilweise Oxidation und chemische Reaktion eine innige Verzahnung und Verkettung des Metalls mit der Emaille entsteht.

c) Organische Schutzüberzüge

Wichtigste Verfahren zur Erzeugung von Korrosionsschutzschichten aus organischem Material sind: Lackieren, Gummieren, Aufbringen von Kunststoffüberzügen, Teer- und Asphaltanstrichen. Beim Lackieren benötigt man teilweise organische Lösungsmittel, die schließlich beim Trocknen verdampfen und damit verlorengehen. Es sind aber neue Verfahren entwickelt worden, die ohne organische Lösungsmittel auskommen; diese haben dann u.a. die Vorteile einer Emissions- und Brandgefahrminderung.

Wichtige Verfahren dieser Art sollen kurz erwähnt werden:
Beim **Flammspritzen** wird ein feinkörniges Pulver eines Kunststofflackes während des Spritzvorganges geschmolzen und auf die kalte Metalloberfläche gesprüht, wo es fest haftende Überzüge ergibt. Durch das **Wirbelsinterverfahren** oder das **elektrostatische Pulver-Sprühverfahren** wird der (Kunststoff-) Lack auf das Metall gebracht und durch das z.B. auf 220 °C erhitzte Metall zu einer festhaftenden Schutzschicht verschmolzen.

Eine andere Möglichkeit, organische Lösungsmittel zu vermeiden, bieten Kunststoffdispersionen, d. h. in Wasser fein verteilte Kunststoffe. Nach dem Verdampfen des Wassers kann dann der Kunststoff eingebrannt werden. Eine häufig verwendete Methode Werkstücke mit organischen Lacken zu überziehen ist das **elektrophoretische Lackieren** oder auch **Elektro-Tauchlackierung** genannt. Bei diesem Prozeß werden wasserlösliche Polymere (Lack-)Bindemittel (auf Epoxy- oder Acrylbasis) eingesetzt, z.B. Kationen des Typs $R_BNR_2H^+$ (R_B= polymerer Bindemittelrest, R= sonstiger Rest). Bei diesem Beispiel wird das Werkstück als Kathode geschaltet, wobei die positiv geladenen Bindemittel zum Werkstück wandern, dort entladen und damit wieder unlöslich werden:

$$2\,R_BNR_2H^+ \; + \; 2\,e^- \; \rightarrow \; 2\,R_BNR_2 \; + \; H_2$$
$$\text{wasserlöslich} \qquad\qquad\qquad \text{wasserunlöslich}$$

Der Vorteil diese Verfahrens gegenüber herkömmlichen Verfahren ist, daß das Werkstück einen dünnen (einige 10 µm) und sehr gleichmäßigen Überzug erhält. Mit diesem Verfahren können sowohl Kleinteile, als auch Automobilkarosserien grundiert werden.

d) Kathodischer Korrosionsschutz

Das zu schützende Metallstück (Öltank, erdverlegte Rohrleitung, Schiffsrumpf) wird elektrisch so geschaltet, daß es bei einer eventuellen Verletzung der aufgetragenen Schutzschicht zur Kathode wird und damit geschützt bleibt. Man kann hierzu entweder Eigenspannungen (Opferanode) oder Fremdspannungen verwenden:

1) Opferanode

Durch elektrisch leitendes Verbinden mit einem unedleren Metall (z.B. Magnesium oder Zink) wird das zu schützende Objekt zur Kathode, das unedlere Metall zur Anode. Das sich bei Stromfluß auflösende unedlere Metall bezeichnet man als Opferanode. Vor allem stählerne Schiffsrümpfe werden durch diese Opferanoden gegen Korrosion geschützt.

2) Fremdspannung

Durch Anlegen einer Gleichspannung macht man das zu schützende Objekt zur Kathode und schützt es somit vor Korrosion, während die Anode aus einem sich nicht auflösenden Material (Graphit, platiniertes Titan, Eisensilicium usw.) besteht. Dieses Verfahren wird z.B. zum Schutz von Hafenanlagen und Piers angewendet. An der sich nicht auflösenden Anode entwickelt sich z. B. elementares Chlor, und zwar durch Entladen von Chloridionen aus dem Meerwasser.

10.7 Elektrochemische Meßmethoden

Viele quantitative Analysen von chemischen Stoffen lassen sich mit großem Vorteil aufgrund ihrer elektrochemischen Reaktionen durchführen. Solche Bestimmungsmethoden bieten die Möglichkeit zu automatischen Aufzeichnungen mit Hilfe von Computern. Auch viele **Sensoren** beruhen auf elektrochemischen Meßprinzipien. Diese werden häufig nicht nur für Laboruntersuchungen, sondern auch für **Prozeßsteuerungen** bei der Automatisierung in der chemischen Industrie (Prozeßleitsysteme) und zur Erfassung von Schadstoffen im Umweltschutz eingesetzt. Wichtige Beispiele elektrochemischer Verfahren sind: die Leitfähigkeitsmethode, die Potentialmessung (Potentiometrie), die Coulometrie, die Polarographie und die Strommessung (Amperometrie).

10.7.1 Die Leitfähigkeitsmethode (Konduktometrie)

Die Leitfähigkeit eines Elektrolyten hängt von der Anzahl und der Beweglichkeit der vorhandenen Ionen ab. Infolgedessen zeigen Elektrolyte, die in wäßriger Lösung vollständig in Ionen zerfallen (starke Elektrolyte) oder solche, die Ionen mit großer Beweglichkeit enthalten (große Äquivalentleitfähigkeit) eine besonders hohe elektrische Leitfähigkeit.

Bestimmungsmethoden mit Hilfe der elektrischen Leitfähigkeit sind nicht substanzspezifisch. Sie können aber beispielsweise zur **summarischen Bestimmung des Salzgehalts** in Trink- und Abwässern verwendet werden (siehe Abschnitt 13.2.2a). Die Messung der Leitfähigkeit wird jedoch zu einem aussagekräftigen Bestimmungsverfahren, wo die beim Analysenvorgang zu beobachtende Änderung der Leitfähigkeit auf eindeutige Ursachen zurückgeführt werden können. Beispielsweise wenn beim Zusatz einer Reagenzlösung durch die Vereinigung zweier Ionenarten ein schwerlösliches Salz ausfällt und die in der Lösung verbleibenden Ionen eine geringere Leitfähigkeit haben, sinkt die Leitfähigkeit bis zum Äquivalenzpunkt, um dann beim Überschuß der Reagenzlösung wieder anzusteigen. Bei der Titration nach der Leitfähigkeitsmethode – auch **konduktometrische Titration** genannt - läßt sich der Äquivalenzpunkt durch den scharfen Knick der Titrationskurve gut bestimmen (siehe Abb. 10.23).

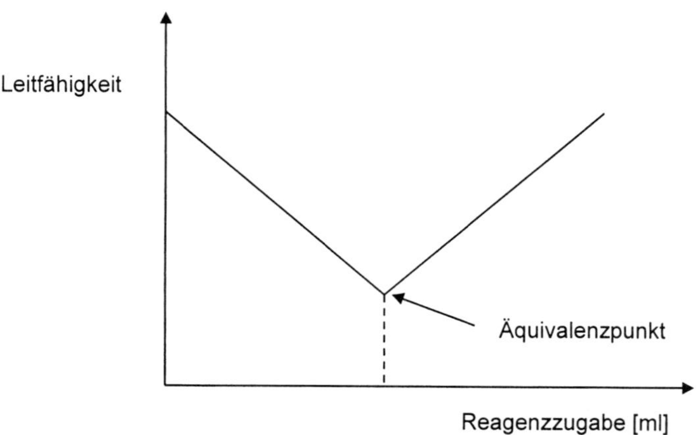

Abb. 10.23. Titration nach der Leitfähigkeitsmethode

In gleicher Weise ist auch eine Säure-Base-Titration nach der Leitfähigkeitsmethode möglich, denn bei der Neutralisation entsteht aus den im Wasser leicht beweglichen H^+- und OH^--Ionen mit ihrer hohen Leitfähigkeit undissoziiertes Wasser.

Ein häufig eingesetztes Bestimmungsgerät zur Erfassung von SO_2-Immisionen nutzt die Zunahme der elektrischen Leitfähigkeit beim Lösen und Oxidieren von SO_2 in Wasserstoffperoxidlösungen aus. Gemäß folgender Reaktion entsteht dabei die vollständig dissoziierte Schwefelsäure:

$$H_2O_2 + SO_2 \rightarrow H_2SO_4 \rightarrow 2\,H^+ + + SO_4^{2-}$$

Die Zunahme der Leitfähigkeit durch H^+- und SO_4^{2-}-Ionen ist ein Maß für den SO_2-Gehalt in der Luft. Ein Nachteil der SO_2-Bestimmung durch die elektrische Leitfähigkeit ist die geringe Spezifität, denn auch andere Schadstoffe (z.B. HCl; NH_3) können zu einer starken Zunahme der Leitfähigkeit beitragen und damit SO_2 vortäuschen. Wegen der einfachen Arbeitsweise und der guten Registriermöglichkeit werden Meßgeräte dieser Art zu SO_2-Immissionsmessungen verwendet, denn das SO_2 macht den Hauptteil der auf diese Weise erfaßbaren Schadstoffe aus.

10.7.2   Die Potentiometrie

Bei der Potentiometrie werden Stoffmengenkonzentrationen durch stromlose Messungen von Spannungsdifferenzen zwischen einer Meß- und einer Referenzelektrode ermittelt. Man unterscheidet hierbei:

- die Direktpotentiometrie
- die potentiometrische Titration.

Bei der **Direktpotentiometrie** wird direkt aus der gemessenen Potentialdifferenz die Konzentration eines Ions ermitteln. Die bekannteste analytische Methode der Direktpotentiomertie ist die in Abschnitt 10.2.3 erwähnte Messung von H^+-**Ionenkonzentrationen** bzw. **pH-Werten** mittels Glaselektroden. Als Vergleichs- oder Bezugselektroden werden Elektroden zweiter Art, also eine Silber/Silberchlorid- oder eine Kalomelelektrode verwendet (siehe Abschnitt 10.2.2). Die Spannungswerte können mit der Nernstschen Gleichung in die H^+-Ionenkonzentration bzw. H^+-Aktivitäten umgerechnet werden (siehe Übungsbeispiel 10.3).

Die pH-Glaselektrode kann als **ionenselektive Elektrode** für H^+-Ionen betrachtet werden. Das Prinzip der potentiometrische Bestimmung der Konzentration (genauer der Aktivität) bestimmter Ionen mittels ionenselektiver Elektroden wurde auch auf die Bestimmung anderer Ionen angewendet. Das Prinzip dieser ionenselektiven Elektroden beruht entweder auf dem Austausch von Ionen, wie bei der Glaselektrode, oder auf Komplexbildungs-, Verteilungs- oder Löslichkeitsgleichgewichten. Hierfür wurden Festkörper- bzw. Flüssigmembranelektroden entwickelt. Ein häufiges Problem dieser ionenselektiven Elektroden ist ihre **Querempfindlichkeit** gegenüber chemisch ähnlichen Ionen. Die **fluoridsensitive Elektrode** ist ein Beispiel für eine bewährte, hochspezifische ionenselektive Elektrode, welche zur Bestimmung von Fluorid-Ionen verwendet wird. Als ionenseletive Membran wird hierbei ein LaF_3-Kristall verwendet.

Das Prinzip der Direktpotentiometrie wird auch zur Messung des Sauerstoffgehalts in Abgasen mittels einer **Zirkondioxid-Sonde** benutzt. Diese Sonde wird überwiegend zur O_2-Messung in Kraftfahrzeugen zur Regelung des Abgaskatalysators eingesetzt (siehe Abschnitt 13.3.4). In der Kfz-Technik wird sie auch als **Lamda-Sonde** bezeichnet. Das Prinzipschema einer Lambda-Sonde ist in Abb. 10.24 dargestellt.

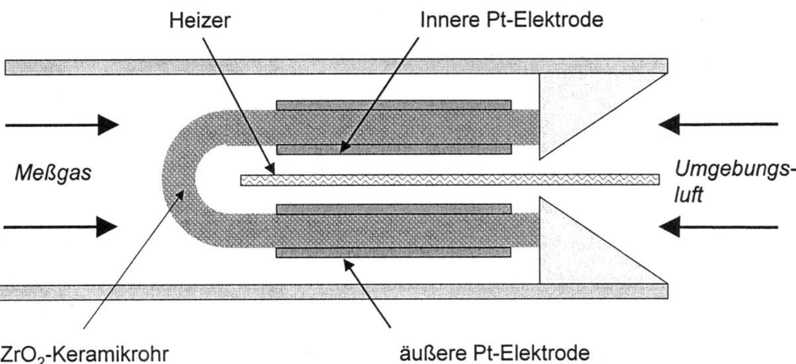

Abb.10.24. Schematische Darstellung einer Lambda-Sonde zur O_2-Messung

Sie besteht aus einer Zirkondioxidmembran (ZrO_2), welche so modifziert ist , daß im Kristallgitter Leerstellen („Löcher") auftreten. Durch diese „Löcher" können sich bei hohen Temperaturen Sauerstoffionen frei bewegen, so daß der Kristall eine elektrische Leitfähigkeit aufweist und deshalb auch als **Feststoffelektrolyt** bezeichnet wird (übliche

Betriebstemperatur etwa 600 °C) . Die ZrO_2-Membran ist auf beiden Seiten mit fein verteiltem Platinmetall beschichtet. Befindet sich diese Feststoffmembran als Trennschicht zwischen zwei Atmosphären unterschiedlicher Sauerstoffpartialdrücke kann zwischen der inneren und äußeren Platinschicht gemäß der Nernstschen Gleichung (siehe Abschnitt 10.2.1) eine Spannung abgegriffen werden. Diese ist ein Maß für die O_2-Differenz zwischen den beiden Seiten des Feststoffelektrolyten und hängt lediglich noch von der Temperatur ab:

$$ E = \frac{R \cdot T}{4 \cdot F} \cdot \ln \frac{p_{O_2}(\text{Luft})}{p_{O_2}(\text{Abgas})} \qquad P_{O_2} : \text{Sauerstoff partialdruck} $$

Die **potentiometrische Titration** hat den Vorteil, daß sie auch zur Bestimmung von Ionen verwendet werden kann, für die es keine ionenselektive Elektroden gibt. Außerdem kann man prinzipiell eine höhere Meßgenauigkeit als mit ionenselektiven Elektroden erzielen. Zeichnet man z.B. mit einem Schreiber oder Computer die Spannungsänderung in Abhängigkeit von der zugegebenen Reagenzlösung auf, so erhält man bei einer Titration einen Kurvenverlauf, wie er in Abb. 10.25 dargestellt ist. Ein Beispiel für die Anwendung der potentiometrischen Titration ist die **Bestimmung von Chlorid-Ionen** (z.B. im Trinkwasser) mittels einer $AgNO_3$-Maßlösung (hierbei fällt schwerlösliches AgCl aus!) unter Verwendung einer Ag^+-sensitiven Elektrode. Neben Chlorid-Ionen lassen sich *simultan* auch andere Halogenidionen bestimmen.

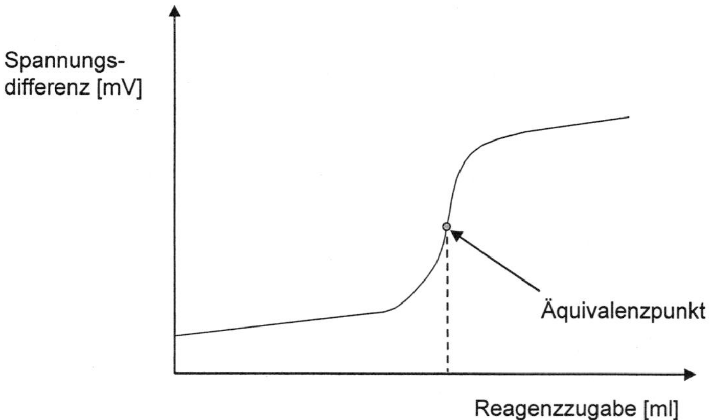

Abb. 10.25. Kurvenverlauf bei einer potentiometrischen Titration

10.7.3   Die Amperometrie

Bei der Amperometrie wird ein konstantes Elektrodenpotential eingestellt und der dabei fließende Strom gemessen. Ähnlich wie bei der Potentiometrie unterscheidet man die Direktamperometrie und die amperometrische Titration. Die direkte Amperometrie wird häufig in der **elektrochemischen Sensorik** verwendet.

Das bekannteste Beispiel ist die sogenannte **Clark-Meßzelle** zur Bestimmung von *gelöstem* Sauerstoff in wässrigen Systemen. Sie wird beispielsweise zur Messung des gelösten Sauerstoff in den Belebtschlammbecken von Kläranlagen eingesetzt (siehe Abschnitt 13.2.3b) oder in biotechnologischen Prozessen verwendet (siehe Abschnitt 12.3). Die Clark-Meßzelle besteht aus einer Goldkathode und einer Anode in Form eines Silberrings (siehe Abb. 10.26). Im Reaktionsraum befindet sich ein alkalisches KCl-Gel. Der Sauerstoff diffundiert aus der Lösung durch eine gasdurchlässige Membran in die Elektrolysezelle. Dabei laufen folgende Reaktionen ab:

Kathode: $\qquad O_2 + 2\,H_2O + 4\,e^- \rightarrow 4\,OH^-$

Anode: $\qquad 2\,Ag + 2\,Cl^- \rightarrow 2\,AgCl + 2\,e^-$
$\qquad\qquad\quad 2\,Ag + 2\,OH^- \rightarrow Ag_2O + H_2O + 2\,e^-$

Der in der Zelle fließende Strom ist proportional zum Partialdruck des Sauerstoffs.

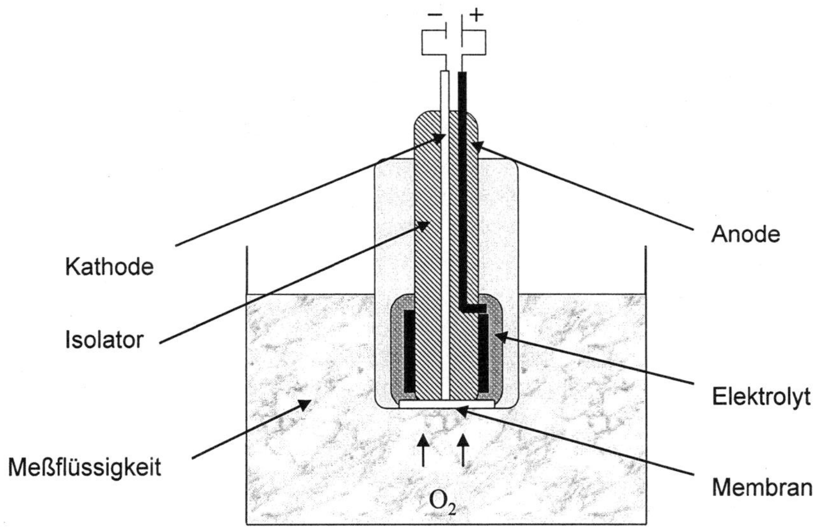

Abb.10.26. Schematische Darstellung einer Clark-Meßzelle zur Messung von Sauerstoffkonzentrationen

Amperometrische Sensoren werden in Handmeßgeräten auch häufig in der Luftanalyse zur stichprobenartigen Messung verschiedener Schadstoffe (z.B. H_2S, CO) eingesetzt.

10.7.4 Die Coulometrie

Zur quantitativen Erfassung von Stoffen in Lösungen kann man auch diejenigen Elektrizitätsmengen (Coulomb, daher der Ausdruck Coulometrie) registrieren, die gemäß den Faradayschen Gesetzen (siehe Abschnitt 10.4.3) einer chemischen Reaktion äquivalent sind. Voraussetzung für eine solche Bestimmungsmethode ist, daß die betreffenden elektrochemischen Stoffumsetzungen an den Elektroden eindeutig und vollständig ablaufen. Häufig kann man bei coulometrischen Verfahren die notwendigen Reagenzien durch Reaktionen an den Elektroden solange erzeugen und nachbilden, bis ihr Verbrauch bei der Analyse wieder ausgeglichen wird: Ein solches coulometrisches Verfahren soll am Beispiel der SO_2-Bestimmung erläutert werden:

In einem inneren Reaktionsbehälter wird durch ein Gasverteilungsrohr das zu untersuchende Gas eingeleitet. Mit Hilfe des elektrischen Stroms wurde zwischen der inneren Generatorelektrode und der äußeren Generatorelektrode aus der Kaliumbromidlösung im Innern des Reaktionsbehälters eine bestimmte Menge elementaren Broms erzeugt. Die Bromkonzentration im Reaktionsgefäß wird durch ein Potential zwischen der inneren Vergleichselektrode und der äußeren Vergleichselektrode ermittelt und dann immer auf einem konstanten Wert gehalten. Wird durch die Anwesenheit von SO_2 ein Teil dieses Broms verbraucht:

$$SO_2 + 2\,H_2O + Br_2 \rightarrow \underset{\text{Schwefelsäure}}{2\,H^+ + SO_4^{2-}} + \underset{\text{Bromwasserstoffsäure}}{2\,H^+ + 2\,Br^-}$$

so wird mit Hilfe des elektrischen Stroms solange neues Brom aus der Kaliumbromidlösung durch Elektrolyse zwischen der inneren und der äußeren Generatorelektrode erzeugt, bis das vorher vorhandene Potential und damit die eingangs vorhandene Bromkonzentration im Inneren des Reaktionsbehälters wieder erreicht ist. Die hierzu benötigte Strommenge wird auf einem Schreiber oder mittels PC registriert und zeigt somit unmittelbar die den Bromverbrauch verursachende SO_2-Konzentration an.

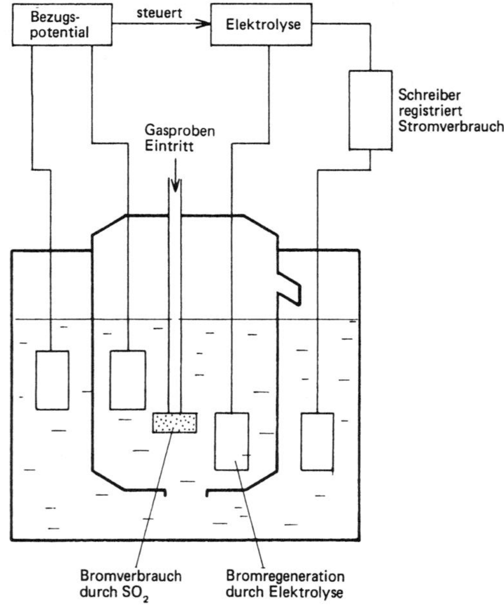

Abb. 10.27. Coulometrische SO_2-Bestimmung

Wie aus der obigen Reaktionsgleichung ersichtlich ist, entstehen bei der Oxidation des Schwefeldioxids aus dem Oxidationsmittel Br_2 wiederum die ursprünglich vorhandenen Bromidionen (Br^-), die wiederum zur erneuten elektrolytischen Erzeugung von Brom benutzt werden können. Man kommt also mit einer sehr begrenzten Reagenzmenge aus, da sich dieses Reagenz ständig regeneriert. Das Analysengerät braucht nur eine geringe Wartung, d.h. die Reagenzlösung nur von Zeit zu Zeit erneuert zu werden. Die weiteren Vorteile dieser coulometrischen Verfahren sind:

- große Meßgenauigkeit
- Eignung für automatischen, langzeitlichen Betrieb mit Meßdatenerfassung.

Dieses Gerät erfaßt neben SO_2 auch noch andere mit Brom oxidierbare Stoffe. Will man solche Stoffe nicht mit erfassen, so muß man diese (z.B. H_2S oder organische Schwefelverbindungen) durch vorhergeschaltete Absorptionslösungen herauswaschen.

10.7.5   Die Polarographie

Bei der Polarographie nutzt man Polarisationserscheinungen aus, die man an sehr kleinen Kathoden (Quecksilber-Tropfelektroden) bei der **Aufnahme von Stromstärke-Spannungskurven** messen kann. Diese Methode wird hauptsächlich zur Identifizierung und zur quantitativen Bestimmung von verschiedenen **Kationen** eingesetzt. Diese 1959 mit dem Nobelpreis (Jaroslaw Heyrowsky, 1890–1967) ausgezeichnete elektrochemische Analysenmethode ermöglicht eine Vollanalyse einer Legierung innerhalb von wenigen Minuten. Man bestimmt durch Aufnahme einer Stromstärke-Spannungskurve von einer sehr verdünnten Metallionenlösung (eine Legierung muß deswegen zuerst durch Säuren in Lösung gebracht werden) die Ionenarten (qualitative Analyse) durch Ermittlung der Abscheidungspotentiale (schräge Kurvenabschnitte in der Abb. 10.28) und die Mengenanteile (quantitative Analyse) durch die Diffusionspolarisation (waagerechte Kurvenabschnitte in der Abb. 10.28, siehe auch Abschnitt 10.4.5c).

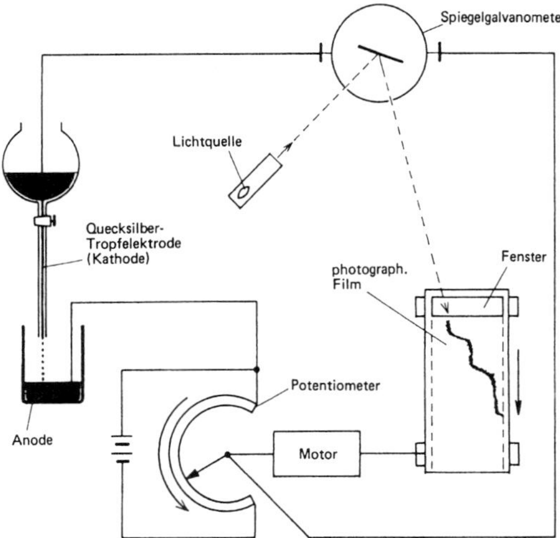

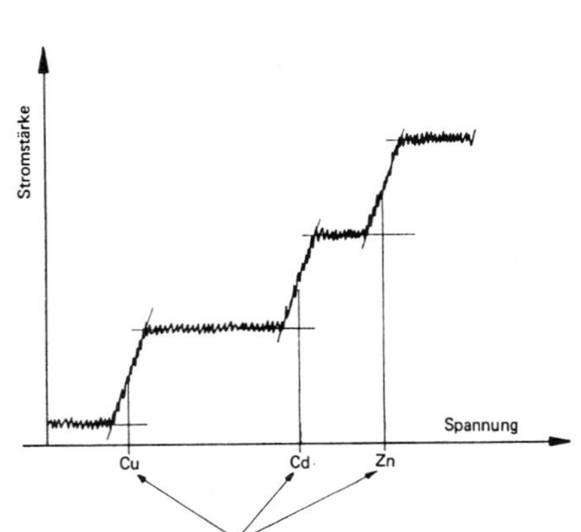

Abb. 10.28. Polarographie

Als Kathode dient eine **Quecksilbertropfelektrode**. Bei dieser tropfen aus einer engen Kapillaren von 0,05–0,1 mm lichter Weite je nach Apparatur alle 0,2 bis 6 Sekunden winzige Hg- Kügelchen. In diesem Quecksilbertropfen werden die elektrolytisch abgeschiedenen Metalle als Amalgame gelöst. Sie stören jedoch nicht die gemessenen Potentiale, weil sich die Quecksilberkathode ständig erneuert. Die gemessenen Stromstärken sind äußerst gering, deswegen benutzt man ein Spiegelgalvanometer. Die periodischen Stromstärkeschwankungen durch die wechselnde Größe der Kathode beim Tropfvorgang gleicht man durch ein genügend träges Galvanometer aus. Zur Verbesserung der elektrischen Leitfähigkeit fügt man zur Analysen-Lösung einen die Bestimmung nicht störenden Grundelektrolyten (z.B. Kaliumchlorid etwa 100 mal konzentrierter als die zu bestimmenden Metallionen).

Als Anode dient eine Quecksilberschicht am Boden des Gefäßes. Sie hat den Charakter einer Kalomel-Bezugselektrode, da das in Lösung gehende Quecksilber in Gegenwart von Chloridionen des Grundelektrolyten KCl die schwerlösliche Verbindung Kalomel Hg_2Cl_2 bildet. Die an der Kathode abgeschiedenen Metalle, die mit den herabfallenden Tropfen in das Anodenquecksilber gelangen, beeinflussen die Ergebnisse wegen ihrer äußerst geringen Konzentration (Spuren!) im Verlaufe der Messung nicht.

Die Polarographie kann nicht nur zur Analyse von Metallionen, sondern auch zur quantitativen Bestimmung von allen Redox-Reaktionen einschließlich solcher von organischen Verbindungen herangezogen werden. Spezialapparaturen ermöglichen die Analyse von geringen Substanzkonzentrationen (bis hinunter zu 10^{-6} mol/l) und von kleinsten Mengen (man kann noch 0,1 ml polarographisch analysieren!).

Kontroll- und Übungsfragen zum 10. Kapitel

1) Wie ist die Normal-Wasserstoffelektrode aufgebaut und durch welche Bedingungen ist sie definiert?

2) Was versteht man unter dem Normalpotential eines Metalls?

3) Welche elektrochemischen Reaktionen sind zu erwarten, wenn man folgende Stoffe zusammenbringt:
a) Fe und Cu^{2+}, b) Cu und Fe^{2+} c) Cu und Fe^{3+}; d) Al und Hg^{2+}; e) Cl_2 und Br^- ?
Geben Sie den generellen Reaktionsverlauf an, der sich einstellt, wenn man zwei in den elektrochemischen Spannungsreihen ersichtliche Gleichgewichte miteinander koppelt!

4) Aus den beiden Halbzellen $Cu \mid Cu^{2+}$ und $2\,Cl^- \mid Cl_2$ wird ein galvanisches Element aufgebaut.
a) Welche maximale elektrische Spannung kann unter Standardbedingungen erhalten werden? Welche Halbzelle ist der Pluspol?
b) Wie groß ist die elektrische Spannung, wenn - unter sonst gleichen Bedingungen - die Cu^{2+}-Lösung auf ein Hundertstel der ursprünglichen Konzentration verdünnt wird ?

5) Welche Metalle lösen sich in 1-normalen, nicht-oxidierenden Säuren? Welche Metalle können von neutralem Wasser angegriffen werden?

6) Ein Werkstück aus Kupfer wird von 1 molarer, wässriger Salzsäure (HCl) nicht angegriffen, während es sich in 1 molarer, wässriger Salpetersäure (HNO_3) auflöst. Warum?

7) Welches Potential (positiv oder negativ) haben edle Metalle gegenüber der Normal-Wasserstoffelektrode? Durch welche Säuren lassen sich Edelmetalle in Lösung bringen?

8) Welcher Reaktionen bedient man sich zur Auflösung von Kupfer bei der Herstellung gedruckter elektrischer Schaltungen?

9) Warum hat man neben den elektrochemischen Spannungsreihen der Normalpotentiale auch praktische Spannungsreihen aufgestellt?

10) Berechnen Sie aus der Nernstschen Gleichung das Potential einer Wasserstoffelektrode für die pH-Werte 6 und 9!

11) Zur Messung der Wasserstoffionen-Konzentration bzw. des pH-Werts einer Lösung wird diese in eine Wasserstoff-Halbzelle eingefüllt. Die andere Halbzelle ist die Standardelektrode. Es ergibt sich eine Zellspannung von -0,3 V. Welchen pH-Wert hat die Meßlösung?

12) Welche Elektroden zweiter Art verwendet man häufig als Vergleichselektroden? Nennen Sie die Bestandteile solcher Elektroden!

13) Ändert sich das Potential einer Silber/Silberchloridelektrode (einer Kalomelelektrode) mit der Konzentration der verwendeten Kaliumchloridlösung?
Begründen Sie Ihre Antwort!

14) Welche Elektrodenkombination wird zur kontinuierlichen pH-Messung verwendet? Welche Funktionen erfüllen die einzelnen Elektroden bei der Messung, wie ist ihr Aufbau, ihr Meßbereich und wie muß sie gewartet werden?

15) Welche chemische Reaktionen betreiben eine Alkali-Mangan-Zelle? Wie steht es mit der Wirtschaftlichkeit dieser Stromerzeugungsart?

16) Welche Stoffe enthalten die Elektrodenoberflächen von Bleiakkumulatoren im gela-

denen und im ungeladenen Zustand? Welchen Elektrolyt verwendet man in Bleiakkumulatoren?

17) Woran kann man den Ladungszustand von Bleiakkumulatoren erkennen?

18) Welcher gefährliche Stoff kann insbesondere beim Laden von Bleiakkumulatoren
entstehen? Wie kann man diesen gefahrlos beseitigen?

19) Welche Spannung etwa liefert eine Zelle eines Bleiakkus?

20) Welche Vor- und Nachteile hat der Nickel-Cadmium-Akku gegenüber dem Bleiakku?

21) Welche Vorgänge laufen beim Lithium-Ionen-Akkumalator beim Entladen und
Laden ab?

22) Was sind Brennstoffzellen?

23) Erklären Sie das Prinzip einer Membranelektrolyt-Brennstoffzelle!

24) Was versteht man unter der EMK eines galvanischen Elements und wie kann man
diese bestimmen?

25) Welche elektrolytischen Vorgänge können an der Kathode, welche an der Anode
auftreten?

26) Wie lauten die beiden Faradayschen Gesetze?

27) Was sind Leiter erster und zweiter Klasse? In welchen Größenordnungen verhalten
sich ihre elektrischen Leitfähigkeiten zueinander?

28) Zur Reinigung eines Kupferionen-haltigen Abwassers aus einem industriellen Prozeß wird eine Elektrolyse vorgeschlagen. Die Konzentration der Kupferionen beträgt
1500 mg/l.
Wie lange muß eine Charge von 10 m^3 Abwasser elektrolysiert werden, damit die
Kupferionen vollständig entfernt werden? (I = 100 kA; Stromausbeute a = 0,8)

29) Zum Verchromen eines Werkstücks mit der Oberfläche 0,32 m^2 soll eine 0,23 mm
Dicke Chromschicht durch Elektrolyse aufgebracht werden. Das Chrom wird dabei
aus einer wässrigen Chromat-Lösung (CrO_4^{2-}) abgeschieden werden. Welche Stromstärke ist für die Galvanisierung notwendig, wenn sie in 50 Minuten abgeschlossen
sein soll? (Dichte von Chrom d= 7,2 g/cm^3)

30) Was gibt die Zersetzungsspannung an, was die Überspannung?

31) Wann können Konzentrationspolarisationen auftreten?

32) Welche Bearbeitungsoperationen (richtige Reihenfolge!) sind notwendig, um metallische Werkstücke für das Galvanisieren vorzubereiten? Welches Phänomen macht
man sich beim Elektroentgraten zunutze?

33) Nennen Sie wichtige galvanisch aufgetragene Metallschutzschichten und deren
Hauptanwendungsgebiete!

34) Was versteht man unter großer Makro- bzw. Mikrostreufähigkeit? Welche Wirkungen entstehen durch dieses Phänomen beim Galvanisieren?

35) Warum werden häufig sehr giftige Cyanid-Komplexsalze als Galvanikbäder verwendet?

36) Was versteht man unter Korrosion? Welche Hauptursachen führen zur elektrochemischen Korrosion?

37) Charakterisieren Sie die folgenden Korrosionsarten und geben Sie deren Hauptursachen an:
Lochfraß, Untergrundkorrosion, Gefügezerfall, Spannungsrißkorrosion, Schwingungskorrosion, Erosionskorrosion, Kavitation und Heißkorrosion!
Erklären Sie, wie es zur Wasserstoffkrankheit des Kupfers kommen kann!

38) Nennen und beschreiben Sie einige Verfahren zum Aufbringen von metallischen Korrosionsschutzschichten!

39) Ist ein Zinnbecher - bei 1 bar und 25 °C - gegen Essigsäure (pH-Wert= 4) beständig?

40) Welche Verfahren sind üblich, um einerseits Aluminium, andererseits Zink, Aluminium oder Magnesium mit schützenden anorganischen Oxidationsprodukten zu versehen?

41) Was ist Brünieren? Wozu dient das Phosphatieren?

42) Auf welche Weise kann man organische Schutzüberzüge ohne Verwendung von Lösungsmitteln auf Metalle aufbringen?

43) Warum ist ein Eisenblech, welches mit einer Schutzschicht aus Zinkmetall überzogen ist, auch bei einer Verletzung der Schutzschicht durch Kratzer geschützt, während die bei einem verzinnten Eisenblech nicht der Fall ist?

44) Welche prinzipiellen Methoden gibt es für einen kathodischen Korrosionsschutz?

45) Welche Gesetzmäßigkeiten macht man sich zur analytischen Erfassung bei folgenden Methoden zunutze:
Leitfähigkeitsmethode (Konduktometrie), Potentiometrie, Amperometrie, Coulometrie, Polarographie?

46) Erklären Sie das Meßprinzip einer sogenannten Lambda-Sonde? Wo wird diese vorzugsweise eingesetzt?

47) Warum ist es möglich, SO_2-Immissionsmessungen nach der Leitfähigkeitsmethode durchzuführen?

48) Was versteht man unter einer potentiometrischen Titration? Was zeigen die dabei registrierten Spannungswerte an?

11 Spektren und ihre Anwendungen

Übersicht über die Thematik des 11. Kapitels

Beobachtungen und Deutungen von Spektren[1] liefern wichtige Anhaltspunkte über den Bau von Atomen und über die chemische Bindung. Die Erkenntnisse auf diesem Wissensgebiet haben dazu beigetragen, die Vorstellungen über die atomare Welt zu revolutionieren und das moderne naturwissenschaftliche Weltbild zu begründen.
Im vorliegenden elften Kapitel werden die Grundlagen für verschiedene spektralanalytische Meßmethoden behandelt. Besonders berücksichtigt werden hierbei Methoden zur Erfassung von Schadstoffen, die in der Luft oder im Wasser auftreten können. Die angegebenen Verfahren sind aber universell einsetzbar. Sie finden deshalb auch eine häufige Anwendung in der Industrie zur Untersuchung vieler Produkte (z.B.: Metalle, Kunststoffe usw.).
Viele der spektralanalytischen Meßmethoden eignen sich zur kontinuierlichen Erfassung verschiedener chemischer Substanzen. Dies ist besonders günstig bei der Registrierung von Schadstoffen; aber auch bei verschiedenen Produktionsprozessen können kontinuierliche Messungen von sehr großem Vorteil sein. Denn man kann die Meßwerte über längere Zeiträume verfolgen und sie mittels Computer aufzeichnen.
Sind kontinuierliche Methoden nicht anwendbar, muß man auf diskontinuierlich arbeitende Methoden zurückgreifen. Die diskontinuierlichen Methoden haben den Nachteil, daß zwischen den einzelnen Meßwerten keine Zwischenwerte erfaßt werden können. Viele dieser diskontinuierlichen Meßmethoden lassen sich als automatisch punktuell registrierende Kontrollinstrumente verwenden.
Das Phänomen der Spektrenentstehung wird zunächst an einigen konkreten Beispielen im optischen, sichtbaren Teil der elektromagnetischen Strahlung erläutert. In einem Überblick wird dann gezeigt, welche Aussagemöglichkeiten die Spektren in den anderen Spektralbereichen bieten. Aber nicht nur elektromagnetische Spektren, auch die Aufnahme von Massenspektren haben eine große Bedeutung erlangt.
Stoffe, die in Teilbereichen des sichtbaren Spektrums absorbieren, empfindet das menschliche Auge als farbig. Die technisch wichtigsten anorganischen und organischen Farbmittel werden im Abschnitt 11.7 vorgestellt.

11.1 Elektromagnetische Spektren

11.1.1 Die Entstehung von elektromagnetischen Spektren

Atome oder Moleküle können durch Aufnahme von Energiebeträgen in einen angeregten, höheren Energiezustand übergehen. Bei diesem Übergang in eine höhere Energiestu-

---

[1] spectrum, lat. = Bild, Vorstellung; das Wort Spektrum wird in den Naturwissenschaften fast ausschließlich gebraucht für die Anordnung und Wiedergabe von elektromagnetischen Wellen (damit zusammenhängend z.B. auch die Spektralfarben im optischen, sichtbaren Bereich) oder von atomaren Massen in Abhängigkeit von charakteristischen Parametern wie Wellenlänge, Schwingungszahl oder Massenzahl.

fe absorbieren (absorbere, lat. = verschlingen) diese Atome oder Moleküle den hierzu notwendigen Energiebetrag beispielsweise aus elektromagnetischen Strahlen bestimmter Wellenlängen. Diese Spektren werden **Absorptionsspektren** genannt. Die Wellenlänge liefert ein Maß für den absorbierten Energiebetrag. Je kürzer dabei die Wellenlänge ist, desto größer ist der entsprechende Energiebetrag.

Man beobachtet, daß Atome oder Moleküle nur bestimmte, scharf begrenzte Wellenlängen absorbieren. Dies ist ein wichtiger Hinweis, daß im atomaren Bereich Energiebeträge nicht kontinuierlich, sondern nur in gequantelter Form, in genau definierten **Energiequanten** übertragen werden, denn nur diese Tatsache erklärt überhaupt erst die Entstehung von charakteristischen, reproduzierbaren Spektren.

11.1.2 Absorptions- und Emissionsspektren

Durch Absorption bestimmter Wellenlängen aus einem kontinuierlichen Spektrum elektromagnetischer Wellen entstehen charakteristische **Absorptionslinien**; z.B. absorbiert das Element Helium aus dem sichtbaren Licht verschiedene Spektralfarben. Im kontinuierlichen Spektrum des sichtbaren Lichtes erscheinen dann diese absorbierten Wellenlängen als dunkle Stellen (siehe Abb. 11.1a). Umgekehrt können Atome oder Moleküle von einer höheren Anregungsstufe in eine andere, niedere Energiezwischenstufe oder wieder in den energieärmsten Grundzustand übergehen. Bei diesem Übergang senden diese Atome oder Moleküle die vorher absorbierten Energiebeträge in Form von elektromagnetischen Schwingungen bestimmter Wellenlänge aus. Man erhält auf diese Weise sogenannte **Emissionsspektren** (emissio, lat. = das Aussenden).

Ein solches Emissionsspektrum besteht aus einer bestimmten Anzahl charakteristischer, scharf begrenzter Spektrallinien. Hierbei erscheinen im Emissionsspektrum gerade diejenigen Wellenlängenbereiche als helle Linien, die im Absorptionsspektrum dunkel sind. Das Emissionsspektrum des Heliums hat das in der Abb. 11.1b wiedergegebene Aussehen.

Abb. 11.1.a Absorptionsspektrum des Heliums

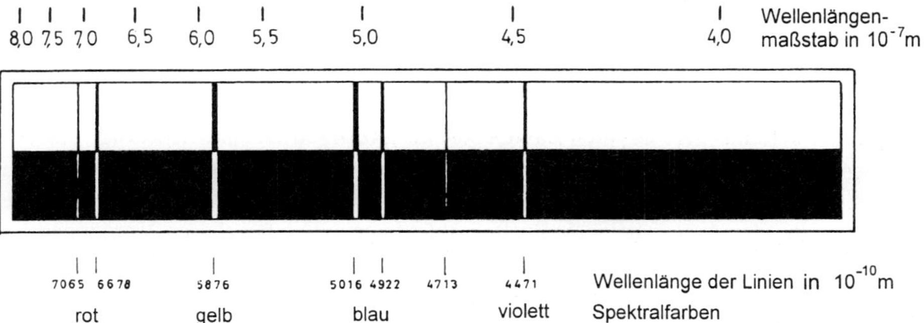

Abb. 11.1.b Emissionsspektrum des Heliums

Absorptionsspektrum und Emissionsspektrum treten immer gleichzeitig auf. Das Absorptionsspektrum erscheint dann, wenn sich der betreffende chemische Stoff zwischen einer Lichtquelle, die ein kontinuierliches Spektrum aussendet, und dem Beobachter befindet. Das Emissionsspektrum kann dann beobachtet werden, wenn der Beobachter das nach allen Seiten ausgesendete Licht erfaßt (siehe Abb. 11.2).

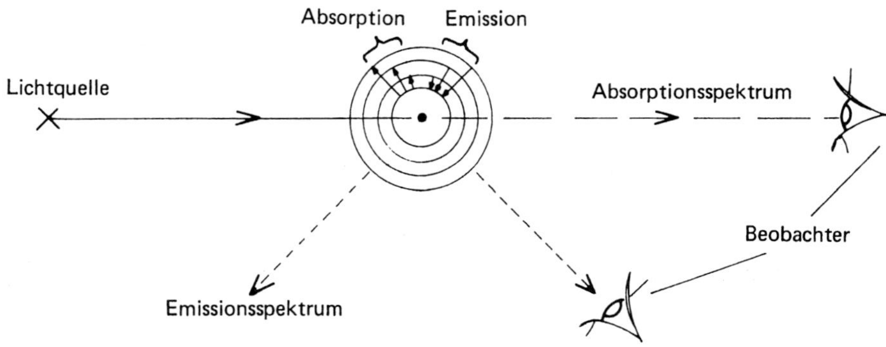

Abb. 11.2. Zusammenhang zwischen Absorptions- und Emissionsspektrum

11.1.3   Die Bereiche elektromagnetischer Strahlen

Die Größe des bei der Absorption bzw. Emission beteiligten Energiebetrags hängt davon ab, welche Teile von Atomen oder Molekülen angeregt werden bzw. eine Energieänderung erfahren. Man kann auf diese Weise nicht nur im sichtbaren Licht, sondern im *gesamten* Spektrum der elektromagnetischen Wellen solche Anregungserscheinungen von Atomen oder Molekülen feststellen, wie aus Abb. 11.3 ersichtlich ist. Die zur Analyse verwendeten elektromagnetischen Strahlen reichen von den Radiowellen bis zu den Röntgenstrahlen und γ-Strahlen. Unter „Röntgenstrahlen" soll hier nur das Gebiet der **Röntgen-Fluoreszenzstrahlen** verstanden werden. Röntgen-Fluoreszenzstrahlen entstehen bei Elektronensprüngen in den innersten Schalen (siehe Abschnitt 11.2.1c und 11.4.2a). Neben den in Abb. 11.3 angegebenen Wellenlängenbereichen der Röntgen-Fluoreszenzstrahlung gibt es noch das Gebiet der **Röntgen-Bremsstrahlung**, das sich weit über das Gebiet der γ-Strahlen (= durch Atomkern-Prozesse hervorgerufen) hinaus erstreckt. Röntgen-Bremsstrahlung entsteht durch Abbremsen schnell bewegter Elementarteilchen oder Atome beim Auftreffen auf Materie. Die bei diesen Vorgängen frei werdenden Energien können in großen Teilchenbeschleunigern äußerst harte Röntgen-Bremsstrahlungen mit Wellenlängen bis zu etwa 10^{-15} m hervorrufen. Die einzelnen Wellenlängenbereiche werden im Abschnitt 11.4 eingehender behandelt.

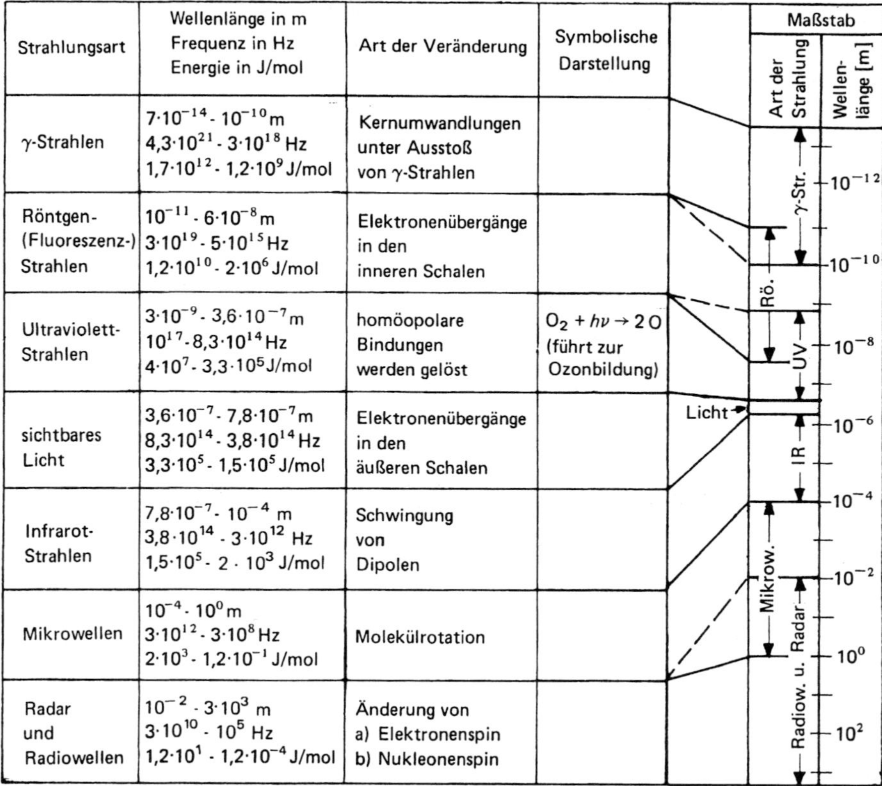

Abb. 11.3. Die Bereiche elektromagnetischer Spektren

11.2 Spektrenformen

Sowohl bei den Absorptionsspektren als auch bei den Emissionsspektren gibt es im Prinzip die folgenden charakteristischen Typen:

1.) Linienspektren

2.) Bandenspektren

3.) Absorptions- oder Emissionsmaxima

Die Ursache für solch eine unterschiedliche Ausprägung der Spektren soll im folgenden erläutert werden.

11.2.1 Linienspektren

Linienspektren bestehen aus einzelnen, scharf begrenzten Spektrallinien; sie entstehen dann, wenn eine Absorption oder Emission elektromagnetischer Wellen durch einzelne, für sich isolierte, gequantelte Energieübergänge erfolgt.

Ein Beispiel hierfür sind Elektronensprünge zwischen verschiedenen Energieniveaus (Elektronenschalen) bei verdampften bzw. gasförmigen, chemisch nicht gebundenen, einzelnen Atomen (siehe Abb. 11.1a und b und Abb. 11.5).

a) Die Lage der Linien

Die Energieniveaus in den einzelnen Elektronenschalen eines Atoms sind verschieden hoch. Unterschiedlich sind auch die Energiedifferenzen zwischen den einzelnen Energieniveaus. Wechseln nun Elektronen diese Energieniveaus, so ist dies nur möglich durch Aufnahme oder Abgabe der betreffenden Energiebeträge. Je nachdem, wo diese Elektronensprünge sich ereignen, erhält man sehr energiereiche, im Röntgenbereich liegende elektromagnetische Strahlungen (siehe Abschnitt 11.2.1c) oder energetisch schwächere Strahlungen, die mit ihren Wellenlängen im sichtbaren Bereich des Spektrums liegen oder bis in das Infrarotgebiet hineinreichen.

Die Abb. 11.4 zeigt solche Elektronenübergänge zwischen den einzelnen Schalen beim Wasserstoffatom, die Tab. 11.1 enthält die Zuordnung der einzelnen Elektronenübergänge zu den betreffenden Spektralgebieten.

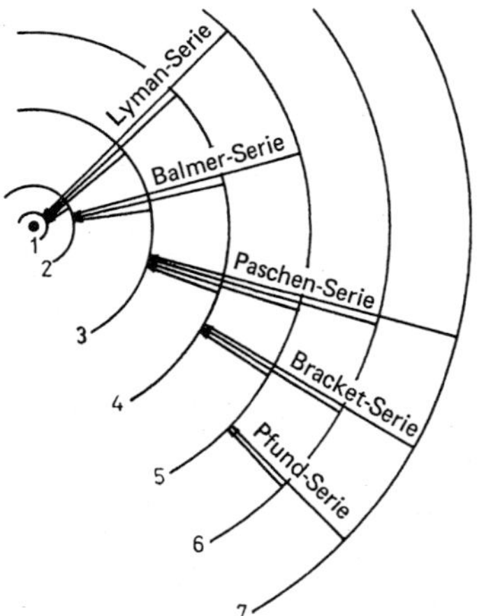

Tab. 11.1. Spektralserien des Wasserstoffs

Rückkehr in Schale	Serie	Spektralgebiet
1 = K	Lyman	Ultraviolett
2 = L	Balmer	sichtbares Licht
3 = M	Paschen	nahes Infrarot
4 = N	Brackett	nahes Infrarot
5 = O	Pfund	Infrarot

Abb. 11.4. Entstehung von Emissionsspektren beim Wasserstoffatom

Bei diesen Elektronenübergängen entstehen verschiedene **Spektralserien**. Zur Verdeutlichung der Entstehungsweise solcher Spektrallinien sei die Balmer-Serie (Johann Jakob Balmer, 1825–1898) der Spektrallinien des Wasserstoffatoms im sichtbaren Bereich der elektromagnetischen Wellen, näher erläutert.

Die Elektronen können nach Anregung, also nach dem Hinaufgehobenwerden auf höhere Energieschalen wieder in die tieferen Energieschalen zurückfallen. Erfolgt dieses Zurückfallen auf die zweite Schale, die L-Schale, so liegen die Spektrallinien im sichtbaren Bereich der elektromagnetischen Wellen. Je nachdem, von woher die Elektronen in die zweite Schale zurückfallen, erhält man unterschiedlich energetische elektromagnetische Wellen; d.h., es wird Licht mit verschiedenen Wellenlängen ausgesendet.

Die Abb. 11.5 zeigt das auf diese Weise entstandene Spektrum. Die H_α-Linie stammt aus dem Übergang eines Elektrons von der dritten Schale in die zweite Schale, die H_β-Linie aus einem Übergang von der vierten in die zweite Schale usw. Da die Energieunterschiede zwischen den einzelnen Schalen um so geringer werden, je höher diese Schalen im Atom liegen, werden auch die Abstände der Spektrallinien immer kleiner, bis schließlich die Seriengrenze bei der totalen Abspaltung und anschließenden erneuten Rückkehr des Elektrons in die zweite Schale erreicht ist.

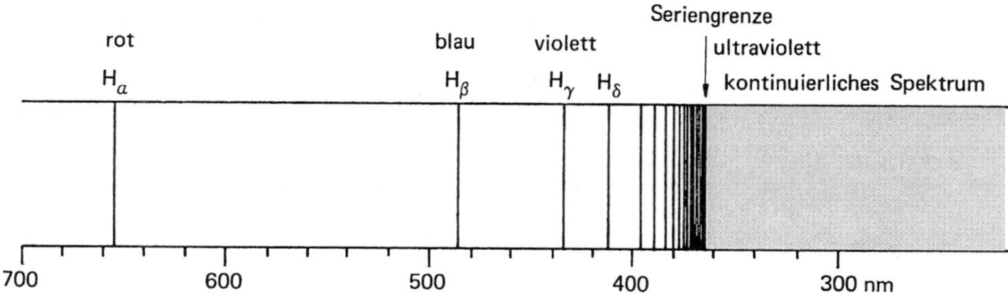

Abb. 11.5. Die Balmer-Serie des Wasserstoffspektrums

b) Das Aussehen einer Spektrallinie

Eine häufig gebrauchte Spektrallinie im sichtbaren Bereich der elektromagnetischen Wellen ist die gelbe **D-Linie des Natriums**. Diese Spektrallinie entsteht beim Übergang des Außenelektrons vom 3p-Energieniveau in den Grundzustand des 3s-Energieniveaus (siehe Elektronenschema in Abb. 11.6). Man kann dieses gelbe Natriumlicht wahrnehmen, wenn man Natrium oder Natriumverbindungen erhitzt oder Natriumdampf in Gasentladungsröhren zum Leuchten anregt (siehe Abschnitt 6.2.5).

Wenn man die D-Linie des Na besonders scharf auflöst, bekommt man zwei dicht nebeneinanderliegende Linien. Diese Doppellinie des Natriums entsteht deswegen, weil das 3s-Elektron des Natriums einen unterschiedlichen Spin haben kann, wie es in Abb. 11.6 angedeutet ist. Fällt nun ein angeregtes, auf die 3p-Schale gehobenes Elektron wieder in die 3s-Schale zurück, so kann sich dabei der Spin ändern oder er bleibt erhalten. Eine Spinänderung verbraucht einen ganz geringfügigen Energiebetrag, so daß die beiden (bei Rückkehr des Elektrons von der 3p-Schale in die 3s-Schale) möglichen Spektrallinien, die Natriumlinien D_1 und D_2 sich geringfügig voneinander unterscheiden. So entsteht die Doppellinie des Natriums mit den Wellenlängen 5889,953 und $5895,923 \cdot 10^{-10}$ m.

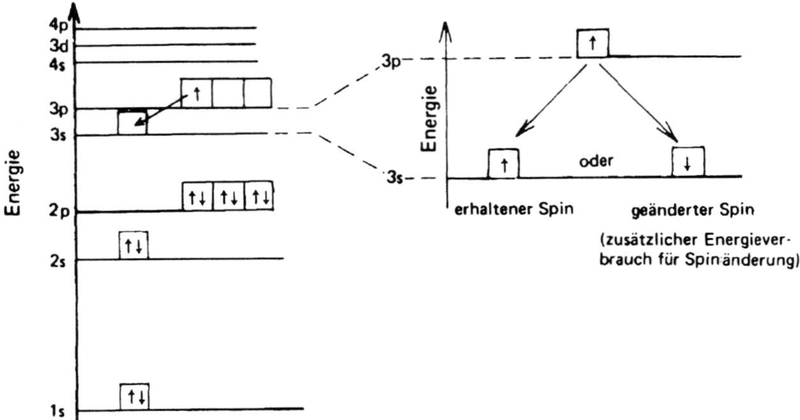

a Elektronenschema des Natriumatoms **b** Möglichkeit der Spinänderung beim
3p → 3s Übergang (Detailvergrößerung
von Abb.11.6a)

Abb. 11.6. Entstehung der D-Linie des Natriums

c) Das Moseleysche Gesetz

Werden die Elektronen der innersten Schale bei noch vorhandenen, gefüllten äußeren Schalen z.B. durch einfallende Elektronen hoher Geschwindigkeit herausgeschlagen, so entstehen beim Zurückfallen von Elektronen in diese innersten Schalen sehr energiereiche Röntgenstrahlen (Wilhelm Conrad Röntgen, 1845–1923, Nobelpreis 1901); denn die innersten Elektronen sind bei einer relativ hohen Kernladungszahl sehr stark an den Kern gebunden und die Ablösung von solchen Elektronen erfordert erhebliche Energiebeträge, entsprechend kurzen Wellenlängen der elektromagnetischen Strahlen.

Enthält ein Atom viele Elektronenschalen, so entstehen im Röntgenbereich Spektren mit verschiedenen Wellenlängen, je nachdem, ob die Elektronen in die K- oder L-, M- usw. Schale hineinfallen. Wir erhalten dadurch die K-Strahlung, L-Strahlung, M-Strahlung usw. (siehe Abb. 11.7).

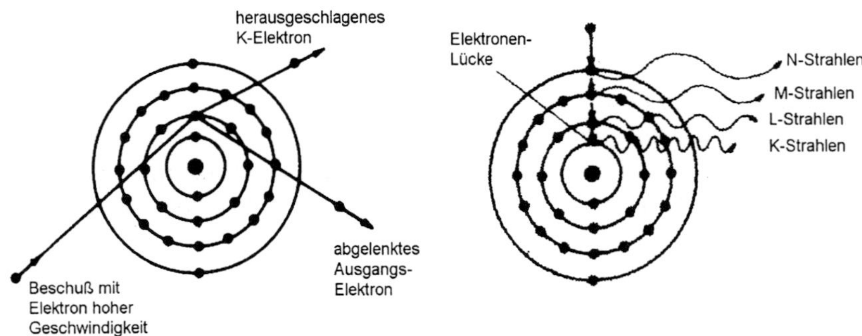

Abb. 11.7. Die Entstehung von Röntgenstrahlen

Die K-Strahlung, verursacht durch das Zurückfallen von Elektronen in die innerste Schale (die K-Schale), ist in bezug auf ihre Wellenlänge abhängig von der Kernladungszahl: je größer die Kernladungszahl, desto kleiner die Wellenlänge (desto höher der Energiebetrag).

Man bekommt nach dem **Moseleyschen Gesetz** (Henry Gwyn-Jeffreys Moseley, 1887–1915) eine direkte Proportionalität zwischen der Wurzel aus der reziproken Wellenlänge λ und der Ordnungszahl Z,

$$\sqrt{\frac{1}{\lambda}} \sim Z$$

wenn man die K-Strahlung der chemischen Elemente miteinander vergleicht, wie es in der Abb. 11.8 veranschaulicht ist. Diese Gesetzmäßigkeit wird in der **Röntgenfluoreszenzanalyse** zum Nachweis der unterschiedlichen Elemente ausgenutzt (siehe Abschnitt 11.4.2a).

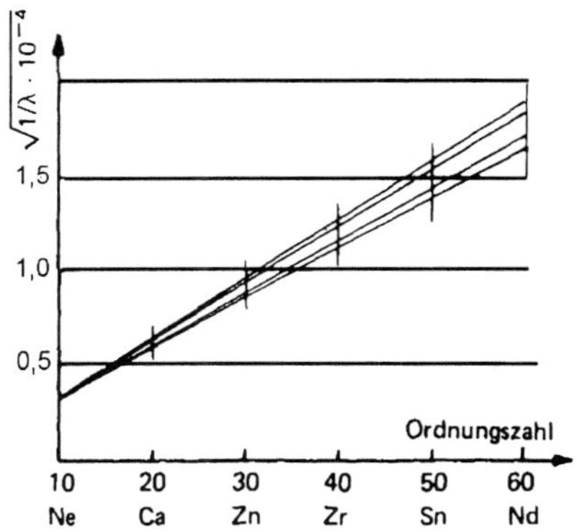

Abb. 11.8. Das Moseleysche Gesetz

Bei einer sehr starken Auflösung der Röntgenstrahlen kann man auch hier eine Aufspaltung der Emissionsspektren beobachten, die dadurch verursacht ist, daß das in der K-Schale vorhandene Elektron einen abschirmenden Einfluß auf die Kernladungszahl ausübt.

11.2.2   Bandenspektren

Neben den in Abschnitt 11.2.1 gezeigten Linienspektren, die bei Anregung von Elektronen in isolierten Atomen entstehen (Atomspektren), gibt es noch die von Molekülen stammenden Bandenspektren.

Die Abb. 11.9 zeigt deutlich, daß hier an bestimmten Stellen des Spektrums Anhäufungen von Spektrallinien (Energiebande) zu finden sind. Das Entstehen solcher Bandenspektren kann man folgendermaßen erklären: die durch Elektronensprünge verur-

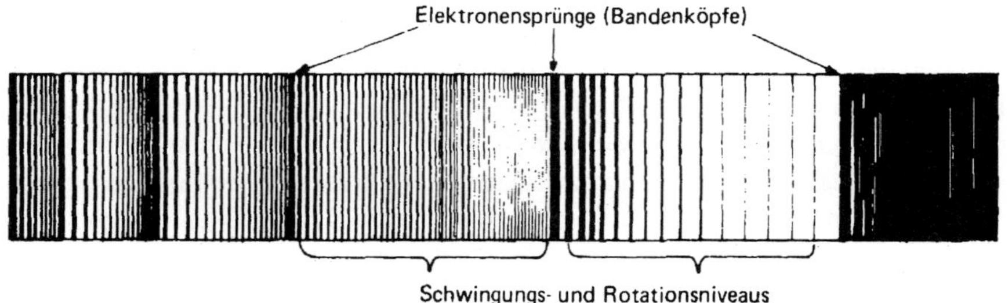

Abb. 11.9. Bandenspektrum

sachten Spektrallinien werden von Linien anderer Schwingungsarten überlagert, nämlich von **Valenzdeformations-** und **Rotationsschwingungen.** Die Energiebeträge solcher Valenzschwingungen sind wesentlich geringer[2] als die von Elektronensprüngen; sie werden jedoch ebenfalls nur „gequantelt" übertragen, man sieht im Spektrum deswegen scharf begrenzte Linien. Abb. 11.10 deutet an, wie solche Valenzschwingungen und Rotationen zu verstehen sind.

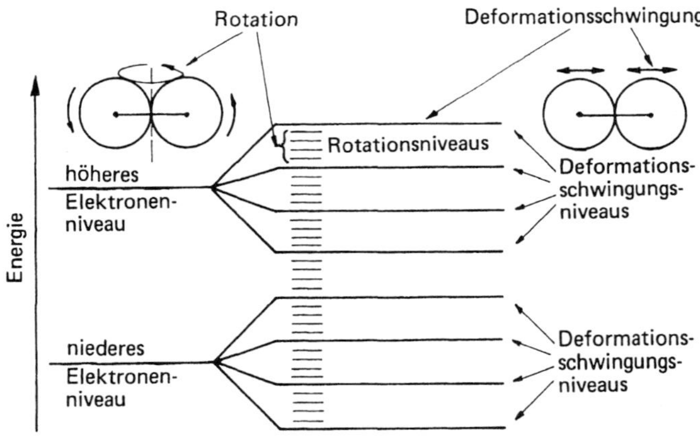

Abb. 11.10. Ursachen für Molekülspektren

Da in einem Molekül immer Elektronensprünge mit Rotations- und Änderungen der Deformationsschwingungen gekoppelt sind, haben Molekülspektren ein in Abb. 11.9 wiedergegebenes typisches Aussehen. Hierbei gruppieren sich um einzelne Häufigkeitsmaxima von Linien (sogenannte „**Bandenköpfe**"), die Elektronenübergänge anzeigen viele einzelne Linien, die durch die zusätzlichen Schwingungs- und Rotationsübergänge hervorgerufen werden.

---

[2] Die Anregungsenergien für Rotationsspektren liegen im langwelligen Infrarotgebiet und im Mikrowellenbereich, während die Schwingungsenergien Werte aufweisen, die den Wellenlängen im kurzwelligen Infrarot entsprechen (Wellenlängen von 1 bis 50 μm).

Bei einigen Molekülen tritt bei der Anregung von Elektronen mittels elektromagnetischer Wellen die sogenannte **Fluoreszenz**[3] oder **Phosphoreszenz** auf. Als Oberbegriff für Fluoreszenz und Phosphoreszenz spricht man häufig auch von **Lumineszenz**. Im Gegensatz zur Absorption (siehe Abschnitt 11.1.2), bei der elektromagnetische Strahlung vollständig strahlungslos desaktiviert wird, d.h. in thermische Energie übergeführt wird, wird bei der Fluoreszenz und der Phosphoreszenz ein Teil der zugeführten Strahlung wieder als Strahlung emittiert. Eine Fluoreszenz-(Emissions-)strahlung tritt dann auf, wenn Elektronen aus einem elektronischen Grundzustand, zunächst durch Absorption von Strahlung in einen angeregten elektronischen Zustand übergehen, dann strahlungslos auf einen unteren Schwingungszustand zurückfallen und von dort unter Emission von Fluoreszenzlicht in den elektronischen Grundzustand zurückkehren. Dieser Vorgang ist schematisch in Abb. 11.11 dargestellt. Wie aus Abb. 11.11 zu ersehen ist, wird zur Anregung mehr Energie benötigt, als in Form von Fluoreszenzstrahlung wieder freigesetzt wird. Daher ist das Fluoreszenzspektrum im Vergleich zum Absorptionsspektrum zu längeren Wellenlängen verschoben. Bei der Phosphoreszenz erfolgt vor der Rückkehr der angeregten Elektronen zum Grundzustand zunächst eine Umwandlung zu einem anderen Elektronenzustand (siehe Abb. 11.11). Da diese Umwandlung relativ lange dauert, ist die Abklingzeit nach der Anregung bei der Phosphoreszenz länger (0,1 Mikrosekunden bis 100 Sekunden) als bei der Fluoreszenz. Die Phosphoreszenz ist somit ein „Nachleuchten" unter „Zwischenspeicherung" der absobierten Energie.

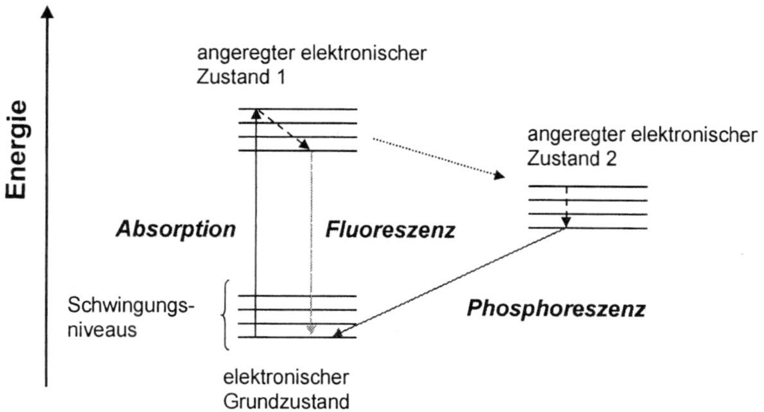

Abb. 11.11. Schematische Darstellung der Vorgänge bei der Fluoreszenz und Phosphoreszenz

Die Eigenschaft der Fluoreszenz von organischen Stoffen wird bei den sogenannten **optischen Aufhellern** ausgenutzt. Diese werden teilweise den Waschmitteln (siehe Abschnitt 8.4.9) zur Erhöhung des Weißgrades der Wäsche zugesetzt. Optische Aufhel-

---

[3] Verunreinigte Abarten von Flußspat (in chemischer Hinsicht Calciumfluorid CaF_2) zeigen beim Anstrahlen ein eigenartiges, grünlich-blaues Leuchten, das man Fluoreszenz nannte. Ähnliches findet sich bei Petroleum, Schmieröl und vielen anderen Stoffen. Schmieröl erscheint z.B. dann in anderer Farbe, wenn man durch dieses hindurch sieht, als wenn das Licht in „fluoreszierenden", bläulich-grün schillernden Farben aus dem Innern und der Oberfläche zurückgeworfen wird.

ler absorbieren Strahlung im kurzwelligen UV-Bereich und emittieren Strahlung im langwelligeren, sichtbaren, *blauen* Bereich. Dadurch erhält die weiße Wäsche einen „Blaustich", welcher vom menschlichen Auge als Erhöhung des Weißgrades empfunden wird.

Das Phänomen der Fluoreszenz wird bei der **Fluoreszenz-Spektroskopie** zur quantitativen Analyse von Substanzen ausgenutzt. Die Vorteile der Fluoreszenz-Spektroskopie gegenüber der Absorptionsspektroskopie liegen in der wesentlich höheren Empfindlichkeit sowie Selektivität. Die Nachweisgrenzen reichen bis unter den Bereich von pg/l. Da die meisten aromatischen Kohlenwasserstoffe intensive Fluoreszenzerscheinungen zeigen, wird die Fluoreszenz-Spektroskopie häufig zur Spurenanalyse von polyaromatischen Kohlenwasserstoffen (PAK, siehe Abschnitt 8.1.5d) verwendet. Dies wird beispielsweise zur Bestimmung dieser Substanzen im Grundwasser eingesetzt.

11.2.3   Absorptionsmaxima

Liegt eine unübersehbar große Zahl von Banden dicht nebeneinander, so ist es gar nicht mehr möglich, einzelne Spektrallinien zu unterscheiden, vielmehr verschmelzen diese ineinander und ergeben zusammen Absorptionsmaxima, wie es in Abb. 11.12 angedeutet ist. Absorptionsmaxima kann man bei Flüssigkeiten beobachten, z.B. bei wäßrigen, farbigen **Metallsalzlösungen**. Auch hier beruhen die Absorptionsvorgänge auf Elektronensprüngen zwischen den äußeren Schalen des zentralen Metallions, jedoch wird jeder Elektronensprung von einer unübersehbar großen Zahl von energetischen Änderungen an den komplex gebundenen Liganden (siehe Abschnitt 5.4.4) und dazu noch an den lose assoziierten Wasserdipolen begleitet, so daß keine scharf begrenzten Linien wie bei gasförmigen, verdampften Metallionen, sondern mehr oder weniger breite Absorptionsmaxima auftreten. Ein solches Absorptionsspektrum wird durch die dick ausgezogene Linie in Abb. 11.12 wiedergegeben.

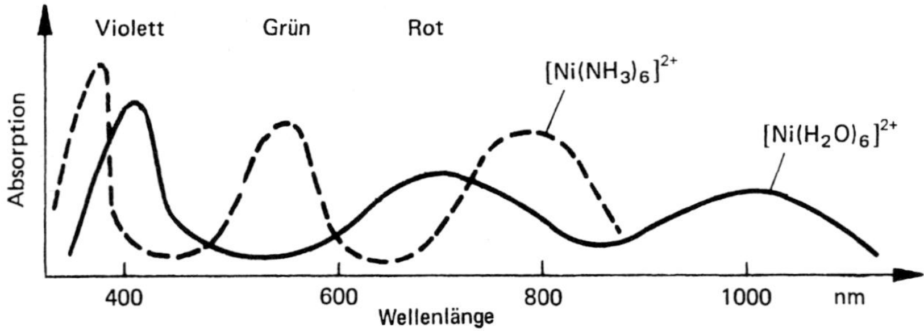

Abb. 11.12. Absorptionsspektren von Nickelsalzlösungen

Die Art der Liganden in den Kation-Komplexen ist von Bedeutung für die Lage der Absorptionsmaxima. Werden nämlich, wie in Abb. 11.12 ersichtlich, die H_2O-Liganden durch NH_3-Liganden ersetzt, so verschieben sich die Absorptionsmaxima zu kürzerwelligen Bereichen: während eine Lösung mit $[Ni(H_2O)_6]^{2+}$-Ionen grün ist, zeigt die das

Komplexion $[Ni(NH_3)_6]^{2+}$ enthaltende Lösung eine blaue Farbe. Im ersten Fall liegt das Absorptionsmaximum im roten, im zweiten Fall im grünen Spektralbereich. Ursachen für eine solche Verschiebung bei verschiedenartigen Liganden sind verschieden starke Komplexverbindungen, was im Abschnitt 5.4.4 ausführlich beschrieben wurde.

Auf einer ähnlichen Verschiebung zum kürzerwelligen Bereich beruht der bekannte **Nachweis von Kupferionen** in wäßriger Lösung durch Hinzufügen von Ammoniak, wobei das Kupferion zunächst von der farblosen nichthydratisierten Form durch Anlagerung von vier H_2O-Liganden in die schwach blau gefärbte hydratisierte Verbindung überführt wird und schließlich beim Hinzugeben von Ammoniak als Kupfertetraminkomplex eine tiefblaue Farbe annimmt (siehe hierzu auch die Erklärung in den Abschnitten 5.4.2 und 5.4.4):

$$Cu^{2+} \xrightarrow{\;+\,4\,H_2O\;} [Cu(H_2O)_4]^{2+} \xrightarrow{\;+\,4\,NH_3\;} [Cu(NH_3)_4]^{2+}$$
$$\text{weiß} \qquad\qquad \text{hellblau} \qquad\qquad \text{dunkelblau}$$

Insgesamt läßt sich vereinfachend sagen, daß die wäßrigen Lösungen von verschiedenen Metallionen deswegen eine charakteristische Färbung aufweisen, weil durch genau definierte Elektronenübergänge beim zentralen Metallion Licht bestimmter Wellenlänge im sichtbaren Bereich des elektromagnetischen Spektrums absorbiert wird. Diese Elektronenübergänge werden aber durch eine ganze Reihe von energieverbrauchenden Vorgängen beeinflußt, die im Zusammenhang mit den Liganden und den Wasserdipolen (d.h. also dem Lösungsmittel) stehen. Die Folge davon ist, daß nicht mehr Linien genau gequantelter Energiebeträge in Form von Linien- oder Bandenspektren zu sehen sind, sondern daß jetzt Absorptionsmaxima erscheinen.

11.3   Spektralanalytische Untersuchungen

Spektralanalytische Untersuchungen sind neben der Chromatographie und den elektrochemischen Meßmethoden eine der wichtigsten Methoden des Analytikers. Spektralanalytische Untersuchugen werden heute üblicherweise mit sogenannten **Spektrometern** (metrein, gr. = messen) durchgeführt. Diese Spektrometer gibt es in vielen unterschiedlichen Ausführungen, je nach Wellenlängenbereich in dem gearbeitet wird. Dabei sind aber die Spektrometer prinzipiell immer ähnlich aufgebaut, wie in Abb. 11.13 vereinfacht dargestellt wird. Ein Spektrometer besteht prinzipiell aus:
- einer Strahlungsquelle zur Anregung
- einem Strahlungszerleger zur Ausblendung schmaler Banden aus dem Spektrum der Strahlungsquelle
- dem Probenraum
- einem Strahlungsempfänger
- einer Auswerteeinheit.

Je nach Spektralbereich, in dem gearbeitet wird werden unterschiedliche Apparaturen zur Strahlungsanregung, -zerlegung und -empfang verwendet. Hierauf wird im Abschnitt 11.4 noch näher eingegangen.

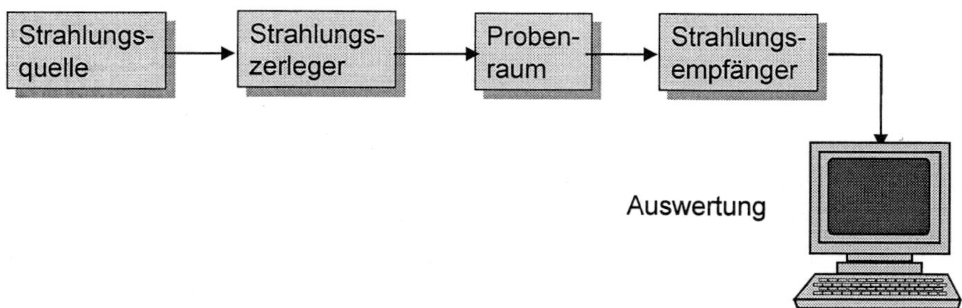

Abb. 11.13. Vereinfachte schematische Darstellung des Aufbaus eines Spektrometers

11.4   Spektralbereiche

Dieser Abschnitt gibt einen Überblick, zu welchen Aussagen die Spektren in den einzelnen Wellenlängenbereichen führen.

11.4.1   Gammastrahlen

Die **Neutronenaktivierungsanalyse** ist eine sehr empfindliche Nachweismethode, mit der man Spuren der meisten chemischen Elemente nachweisen und der Menge nach bestimmen kann. Sie arbeitet im Bereich der γ-Strahlen.

Die zu untersuchende Probe wird mit Neutronen bestrahlt. Dabei entstehen durch Neutroneneinfang radioaktive Isotope, die nach bestimmten Gesetzmäßigkeiten unter Aussendung von radioaktiven Strahlen zerfallen. Durch Messung der Wellenlänge und der Intensität der dabei auftretenden γ-Strahlen kann man auf die Art und die Menge der ursprünglich in der untersuchten Probe vorliegenden chemischen Elemente schließen. Da die Wellenlänge der ausgesendeten γ-Strahlen sehr spezifisch für bestimmte Isotope ist, können, falls solche „Peaks" (peak, engl. = Gipfel, Spitze) im Vielkanalanalysator sich nicht gegenseitig überdecken, schon allerkleinste Spuren von chemischen Elementen in einem großen Überschuß von anderen Elementen erkannt und der Menge nach genau bestimmt werden.

11.4.2   Röntgenbereich

Zum Röntgenbereich (siehe Abb. 11.3) zählt man Strahlung mit Wellenlängen kleiner als 10^{-8} m. Röntgenstrahlen ermöglichen als **Röntgenfluoreszenzanalyse** mit ihrer charakteristischen K-Strahlung die Identifizierung und mengenmäßige Bestimmung von chemischen Elementen. Außerdem kann man, da ihre Wellenlängen im Bereich der

Atomabstände von Kristallen liegen, mit Röntgenstrahlen die Abstände der Gitterpunkte und die Gitterstruktur ermitteln (= **Röntgenstrukturanalyse**, siehe hierzu Abschnitt 11.4.2b).

a) Röntgenfluoreszenzanalyse

Röntgenspektren liefern wichtige Hinweise für den Atombau. Sie bildeten zusammen mit den Spektren im UV-Bereich und im Bereich des sichtbaren Lichtes die Grundlage bei der Erstellung der Atommodelle.

Man kann ferner mit ihnen die Anwesenheit verschiedener Elemente feststellen, da jedes Element ganz charakteristische K-Strahlen bestimmter Wellenlänge besitzt (siehe Abschnitt 11.2.1c, Abb. 11.8). Diese röntgenographischen Analysenmethoden finden Einsatzmöglichkeiten zur qualitativen und quantitativen Bestimmung von chemischen Elementen in chemischen Verbindungen und Metall-Legierungen in der Metallurgie, Zement-, Glas- und Keramikindustrie. Auch die Oberflächen von Werkstoffen oder von Kunstwerken können zerstörungsfrei untersucht werden.

Man bestrahlt die Proben mit kontinuierlicher Röntgenstrahlung hoher Intensität (Bremsstrahlung). Dadurch werden K-Elektronen aus der innersten Schale herausgeschlagen. Die Elektronen fallen nun stufenweise über die übrigen Elektronen-Schalen, zuletzt über das Energieniveau der 2s-Elektronen, in die innerste Schale wieder zurück. Die seitlich aufgefangenen Emissionsspektren haben dann größere Wellenlängen (geringere Strahlungsenergie) als die Röntgenstrahlen, die die innersten Elektronen aus dem Atom herausschlagen. Diese seitlich aufgefangene Strahlung wird als **Fluoreszenzstrahlung** (siehe Abschnitt 11.2.2) bezeichnet. Man kann solche Röntgenfluoreszenzstrahlen über den gesamten Wellenlängenbereich registrieren und in einem direkt angeschlossenen Computer auswerten, so daß schließlich die Anteile der einzelnen chemischen Elemente in der Probe unmittelbar in Prozentwerten ausgedruckt werden können. Man bezeichnet diese Bestimmungsmethode als Röntgenfluoreszenzanalyse.

b) Röntgenstrukturanalyse

Die Wellenlänge der Röntgenstrahlen liegt in der Größenordnung der Atomabstände. Daher hat man die Möglichkeit zur Bestimmung der Gitterabstände oder der Gitterstruktur von Kristallen.

Fallen nämlich Röntgenstrahlen bestimmter Wellenlänge unter einem bestimmten Winkel auf einen Kristall, so können sie reflektiert werden. Das wird dann der Fall sein, wenn der Winkel gerade so groß ist, daß zwei parallele, kohärente (cohaerens, lat. = zusammenhängend) Strahlen[4], die an zwei verschiedenen Atomschichten reflektiert werden, sich nicht gegenseitig auslöschen; das geschieht aber nur dann, wenn der Gangunterschied zwischen dem an der ersten und dem an der zweiten Atomschicht reflektierten Strahl gerade eine Wellenlänge ausmacht (siehe Abb. 11.14).

---

[4] Elektromagnetische Weilen, welche *gleichzeitig* von der *gleichen* Quelle ausgehen, sind kohärent. Das bedeutet, die jeweiligen Wellenzüge stimmen in ihren Phasen überein, löschen sich nicht gegenseitig aus. Das ist bildhaft so zu verstehen, daß bei „Kohärenz" solcher Röntgenstrahlen jeweils Wellenberg mit Wellenberg und Wellental mit Wellental übereinstimmen.

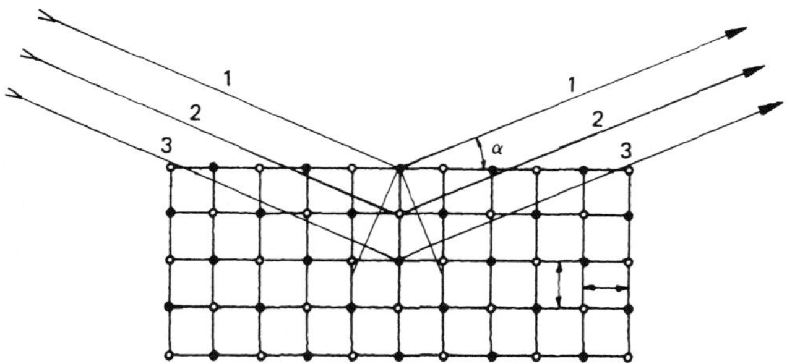

Abb. 11.14. Reflexion von Röntgenstrahlen am Kristallgitter

Sollen Röntgenstrahlen am Kristallgitter reflektiert werden, muß in Abb. 11.14 Strahl 2 beim Durchlaufen des Gitters zusätzlich eine Strecke von einer Wellenlänge, Strahl 3 das Doppelte der Wellenlänge zurücklegen. Ist die Wellenlänge bekannt, so kann man damit die Gitterabstände berechnen, sind die Gitterabstände bekannt, kann man die Wellenlänge der Röntgenstrahlen bestimmen. Mit Hilfe der Röntgenstrukturanalyse konnte man nachweisen, daß die Abstände der C-Atome im Benzolring überall gleich groß sind. Durch Röntgenaufnahmen (sogenannte Laue-Diagramme oder Debye-Scherrer Diagramme) läßt sich auch feststellen, ob ein fester Stoff amorphen oder kristallinen Charakter hat.

Da Röntgenstrahlen an Elektronen reflektiert werden, ist es möglich, die Elektronendichte und die **Elektronenverteilung in Kristallen** zu ermitteln (so z. B. die Elektronenverteilung in Metallen, siehe Abschnitt 6.5.1b). Da die Elektronendichte in der Umgebung der einzelnen Atomkerne besonders hoch ist, kann man mit Hilfe von Röntgenanalysen sogar die Konturenkarten für die Gestalt von z.B. organischen Molekülen erstellen. So konnte man zeigen, daß das Naphthalinmolekül tatsächlich den in Abschnitt 8.1.5d wiedergegebenen Bau aufweist. Insbesondere wurde durch Röntgenanalysen der Bau von komplizierten organischen Eiweißmolekülen oder Nucleinsäuren aufgeklärt (siehe Abschnitte 8.7.2 und 12.2.1).

11.4.3   Ultraviolett-Spektren (UV-Spektren)

Das Gebiet der UV-Strahlen umfaßt Wellenlängenbereiche von ca. 3 bis 360 nm. Die diesen Wellenlängen entsprechende Energie ist von der gleichen Größenordnung wie die Bindungsenergie von σ und π-Bindungen (oder übertrifft diese sogar):
- Bindungsenergie einer σ-Bindung entspricht einer Wellenlänge von 120 nm
- Bindungsenergie einer π-Bindung entspricht einer Wellenlänge von 180 nm.

Wird ein Molekül von einem genügend starken UV-Energiequant getroffen, so kann durch Aufnahme dieser Energie die bestehende Bindung zwischen zwei Atomen gelöst werden. Aus dem gemeinsamen Molekülorbital (z.B. bei einer σ-Bindung) entstehen dann die energetisch höher liegenden Atomorbitale der einzelnen Atome. So werden z.B.

Sauerstoffmoleküle durch Einwirkung ultravioletter Strahlung in höheren Luftschichten unserer Erdatmosphäre in Sauerstoffatome gespalten. Der so aktivierte Sauerstoff kann dann durch Vereinigung mit anderen Sauerstoffmolekülen zu einem Ozonmolekül reagieren. Dies führt zur Bildung der Ozonschicht der Erde in der Stratosphäre (siehe Abschnitt 8.2.4).

Ebenso kann man durch Lösen einer π-Bindung ein Molekül reaktionsfähig machen, da die hierbei entstehenden freien Bindungselektronen mit anderen Molekülen eine Reaktion herbeiführen können, so z.B. Aktivierung einer Doppelbindung im Ethylen (freie Elektronen sind als Punkte dargestellt):

$$CH_2{=}CH_2 + \text{Energie} \rightarrow \overset{\bullet}{C}H_2{-}\overset{\bullet}{C}H_2$$

Benachbarte Doppelbindungen (z.B. im Butadien $CH_2{=}CH{-}CH{=}CH_2$) beeinflussen sich gegenseitig. Infolgedessen ist die zu ihrer Anregung notwendige Energie geringer als bei einer Einfachbindung, was einer größeren Wellenlänge des UV-Lichtes entspricht. Noch geringer ist die Anregungsenergie (größer die Wellenlänge) bei den Aromaten (siehe auch Abschnitt 8.1.5):

- Bindungsenergie einer π-Bindung im Butadien entspricht einer Wellenlänge von 217 nm
- Bindungsenergie einer π-Bindung im Benzol entspricht einer Wellenlänge von 255 nm

Mit UV-Spektrometern kann man im allgemeinen nur Wellenlängen erfassen, die oberhalb von 200 nm liegen. Durch UV-Spektren können daher Moleküle erkannt werden, die benachbarte, sogenannte **konjugierte Doppelbindungen** enthalten. Solche Doppelbindungen brauchen nicht immer zwischen Kohlenstoffatomen zu liegen; sie können, wie z. B. im Methylvinylketon, welches eine Bande bei 215 nm zeigt, auch zwischen C- und O-Atomen liegen:

$$CH_3{-}C\underset{\displaystyle CH{=}CH_2}{\overset{\displaystyle \overset{O}{\|}}{\diagdown}}$$

Methylvinylketon

Treten sehr viele π-Bindungen miteinander in Wechselwirkung, so verschieben sich die Absorptionsbeträge in den Bereich des *sichtbaren* Lichtes. Solche Verbindungen erscheinen dann dem menschlichen Auge als farbig und finden als organische Farbstoffe und Pigmente vielseitige Verwendung. Nähere Angaben über diese Stoffklasse der „Farbmittel" enthält der Abschnitt 11.7.

UV-Spektren zeigen **Absorptionsmaxima**, da hier die eben geschilderten π-Elektronenübergänge von anderen Schwingungsarten überlagert werden. Solche gequantelte Schwingungsarten sind die Schwingung der einzelnen Atome im Molekül gegeneinander, außerdem die Rotation dieser Moleküle (ähnlich wie in Abb. 11.10). Hinzu kommen noch schwächere energetische Wechselwirkungen zwischen dem zu untersuchenden Stoff und dem Lösungsmittel, da die Aufnahmen von UV-Spektren meist in Lösungsmitteln durchgeführt werden. Das Resultat ist ein Ineinanderfließen der Energiebande zu Absorptionsmaxima.

Das Hauptanwendungsgebiet der UV-Spektroskopie liegt im Bereich der organischen Chemie (Strukturaufklärung, hauptsächlich bei Anwesenheit von konjugierten Doppelbindungen).

11.4.4   Spektren im sichtbaren Licht

Das Spektralgebiet des sichtbaren Lichtes umfaßt die Wellenlängen von 360 bis 780 nm. Diesen Wellenlängen der elektromagnetischen Strahlen entspricht die Energie von Elektronensprüngen in den äußersten Elektronenschalen. Nähere Einzelheiten wurden bereits unter Abschnitt 11.2 beschrieben. Für Analysenzwecke kann man im sichtbaren Bereich der elektromagnetischen Wellen entweder **Emissions-** oder **Absorptionsspektren** verwenden.

a) Emissionsspektren

Sie dienen zur qualitativen oder quantitativen Analyse von Metallen, Legierungen oder Metallverbindungen. Man gewinnt dabei die Atomspektren von verdampften (gasförmigen) Stoffen. Das Verdampfen und die elektronische Anregung kann man auf folgende Weise erreichen:

1) Flammenanregung

Diese entstehen im einfachsten Fall beim starken Erhitzen von Lösungen auf einem Platindraht oder Magnesiastäbchen. Magnesiastäbchen bestehen aus feuerbeständigem, in der Bunsenbrennerflanmme keine Spektrallinien hervorrufenden Magnesiumoxid MgO (Magnesia). Dabei verdampfen die Lösungen und liefern charakteristische Flammenfärbungen, die durch den optischen Eindruck die Anwesenheit verschiedener Metallionen anzeigen. Diese Methode wird häufig zur **qualitativen Analyse** von wichtigen Kationen verwendet. In Tab. 11.2 sind Beispiele für die Flammenfärbung einiger Elemente aufgeführt. Eine genauere Identifizierung der Metallionen ist dadurch möglich, daß man die einzelnen Spektrallinien mit Hilfe von Prismen sichtbar macht. Man erhält dabei charakteristische Linienspektren (ähnlich wie in Abb. 11.1b).

Tab. 11.2. Flammenfärbungen

Farbe	anwesenden Elemente
Gelb	Na
Violett	K
Rot	Ca, Sr, Li
Grün	B, Ba,Tl, Cu (als Chlorid blau!)

Im **Flammenspektrometer** kann man durch photometrische Messung der Intensität dieser Spektrallinien auch die Konzentrationen solcher Metallionen in Lösungen bestimmen. Da sich durch Flammen maximal Temperaturen bis etwa 3000 K erzielen lassen (z.B. mittels Acetylen-Sauerstoff-Brenner, siehe Abschnitt 5.5.1g), ist die Flammenspektrometrie auf die leicht anregbaren Elemente der Alkali- und Erdalkalimetalle beschränkt. Diese Art der Spektroskopie dient häufig zur Analyse der Elemente Na, K, Ca und Li in biologischen Flüssigkeiten im Bereich der klinischen Chemie (z.B. Urin) und der Landwirtschaft.

2) Funken- und Bogenentladung

Bei örtlich eng begrenzt auftretenden hohen Temperaturen, z.B. durch einen elektrischen Lichtbogen kann man geringe Stoffmengen von der Oberfläche von Metallen verdampfen und die dabei auftretenden Spektren zur qualitativen und quantitativen Bestimmung der Legierungsbestandteile verwenden.

3) Plasmaanregung

Eine modernen Anregungsquelle ist das sogenannte induktiv gekoppelte Plasma. Diese Methode wird nach dem englischen Ausdruck auch kurz als **ICP-Methode** (Inductively Coupled Plasma) bezeichnet. Durch Hochfrequenzfelder wird aus einem leichtionisierbaren Gas (wie z.B. Argon) ein Plasma (siehe Übersicht Kapitel 3.) mit sehr hoher Temperatur (etwa 10 000 K) erzeugt, welches zur Atomisierung und Anregung der zu untersuchenden Probe dient. Der große Vorteil dieser spektroskopischen Methode ist, daß sich sehr viele Elemente gleichzeitig nebeneinander quantitativ bestimmen lassen (bis zu 48 Elemente innerhalb weniger Sekunden!). Die ICP-Emissionsspektroskopie wird beispielweise in der Umweltanalytik oder zur Analyse von Werkstoffen eingesetzt.

b) Absorptionsspektren

Sehr gute Analysengenauigkeit erreicht man bei quantitativen Bestimmungen mit Absorptionsspektren.

1) Atomabsorptionsspektren

Bei dieser auch als **Atomabsorptions-Spektroskopie (Abkürzung AAS)** bezeichneten Bestimmungsmethode bringt man die Atome der zu bestimmenden chemischen Elemente in den Strahlengang, der von einer Lichtquelle (z.B. einer Hohlkathodenlampe) ausgeht. Feste Proben müssen durch einen Probenaufschluß in eine gelöste Form gebracht werden. Die Kathode besteht aus dem Element, welches bestimmt werden soll und sendet ein somit charakteristisches Linienspektrum aus. Die Verminderung der ursprünglichen Lichtintensität bei charakteristischen Wellenlängen ermöglicht die Messung der Konzentration der zu bestimmenden Stoffe. Nachteilig ist bei der AAS-Methode, daß sie auf die Bestimmung einzelner Elemente beschränkt bleibt, da im Prinzip für jedes Element eine andere Hohlkathodenlampe verwendet werden muß (es gibt heute allerdings auch Mehrelementlampen). Müssen viele Elemente gleichzeitig bestimmt werden greift man häufig auf die ICP-Emissionsspektroskopie zurück.

2) Photometrie und Kolorimetrie

Die **Photometrie** ist eine besonders empfindliche und universell einsetzbare Bestimmungsmethode. Sie nutzt die unterschiedliche Lichtabsorption in charakteristischen Wellenlängenbereichen zur quantitativen Bestimmung von farbigen Lösungen aus. Falls die zu analysierenden Stoffe in wäßriger (oder nichtwäßriger) Lösung nicht selbst farbig sind, werden sie durch Reagenzzusatz in eine farbige Verbindung überführt. Die Lichtabsorption wird in den in Abschnitt 11.5.1 näher beschriebenen Photometern gemessen. Als **Kolorimetrie** wird meist der direkte visuelle Farbvergleich mit unterschiedlichen Standardlösungen bezeichnet. Hierbei sind schnellere Aussagen - allerdings mit geringerer Genauigkeit - im Vergleich zur Messung mit einem Photometer möglich.

11.4.5   Infrarotspektren (IR-Spektren)

Das Infrarotgebiet umfaßt etwa Wellenlängenbereiche von 780 nm bis 140 µm. Energiebeträge, die diesen Wellenlängen entsprechen, können bei kovalenten Verbindungen Deformationsschwingungen erzeugen. So werden polarisierte kovalente Bindungen (Dipole) durch elektromagnetische Schwingungen bestimmter Frequenz angeregt. Dabei können folgende, in Abb. 11.15 angedeutete Schwingungsarten auftreten:
- **Asymmetrische Streckung**
- **Symmetrische Streckung**
- **Knickschwingung**

Eine solche Anregung durch Energieaufnahme kann jedoch nur dann erfolgen, wenn damit eine **Änderung des Dipolmoments** verbunden ist. Deshalb können symmetrische zweiatomigen Moleküle (z.B. O_2) prinzipiell nicht im Infrarotbereich angeregt werden. Beim linear aufgebaute Molekül des Kohlendioxids wird im Infrarotgebiet auch keine Anregung der symmetrischen Streckschwingung erfolgen. Hingegen werden beim Kohlendioxid die anderen Schwingungsarten (asymmetrische Streckung, Knickung) im Infrarotbereich angeregt, da sich hierbei das Dipolmoment ändert (siehe Abb. 11.15). Beim Wassermolekül sind alle drei in Abb. 11.15 dargestellten Schwingungsarten infrarotaktiv.

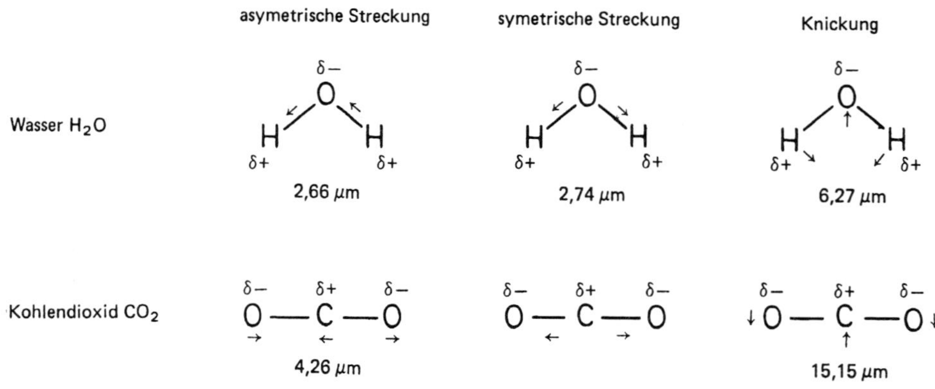

Abb. 11.15. Art und Wellenlänge von Resonanzschwingungen im IR-Bereich

a) Infrarot-Absorptionsspektren

Die Infrarotspektren werden als Absorptionsspektren erhalten. Man benutzt sie sehr häufig zur **Bestimmung organischer Stoffe**. Die Abb. 11.16 zeigt ein solches typisches IR-Spektrum. Wie dort angedeutet, weisen Absorptionsmaxima bei bestimmten Wellenlängen auf charakteristische Atomgruppierungen hin.

Auch Kunststoffe kann man mit Hilfe von Infrarotspektren identifizieren. Dies kann zur Erkennung und Sortierung beim Kunststoffrecycling ausgenutzt werden (siehe Abschnitt 9.8). Besonders ist auch zu erwähnen, daß Meßgeräte, die im IR-Bereich arbeiten zur Ermittlung von Schadstoffen in der Umweltanalytik eingesetzt werden (siehe Abschnitt 11.5.2).

Glas ist für Infrarotstrahlen nicht durchlässig. Man verwendet deswegen verschiedene Salze (z.B. KCl; NaCl) zur Herstellung der Prismen oder für die Küvetten[5], die die zu untersuchende Flüssigkeit aufnehmen.

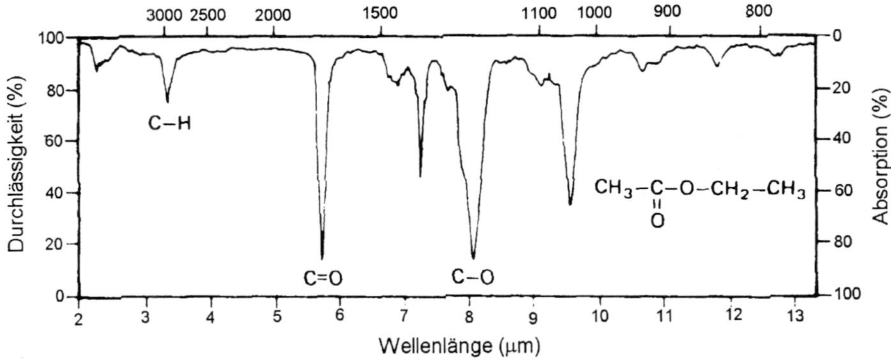

Abb. 11.16. Typisches IR-Spektrum

b) Raman-Spektren

Im Infrarotbereich kann man auch **Emissionsspektren** aufnehmen. Diese Art der Spektroskopie, die Ramanspektroskopie, wurde nach dem indischen Physiker Raman benannt (1888–1970, Nobelpreis 1930). Hierzu wird eine Probe von IR-Strahlen bestimmter Wellenlänge durchstrahlt. Gemessen wird die seitliche Streustrahlung, die zu einem sehr geringen Anteil (0,1–1%) infolge der Wechselwirkung mit der Probe unter Änderung der Wellenlänge ausgestreut wird. Das apparativ wesentlich schwieriger zu handhabende Raman-Spektrum ist deswegen von Interesse, weil in ihm Schwingungsarten zu erkennen sind (z.B. die in Abb. 11.15 gezeigte symmetrische Streckung des linearen Moleküls CO_2), die im Infrarotspektrum nicht aktiv werden. Die Raman-Spektroskopie bietet somit eine wertvolle Ergänzung zur Infrarotspektroskopie.

---

[5] Küvetten sind kleine Gefäße mit planparallelen Stirnplatten, die eine Strahlenanalyse oder eine Projektion von Lösungen ermöglichen.

11.4.6   Magnetische Kernresonanz (nuclear magnetic resonance = NMR)

Nukleonen (Protonen und Neutronen) besitzen ähnlich wie Elektronen einen **Spin**. Der Gesamtspin eines Atomkern ist die Resultierende aus den Einzelspinmomenten. Bei Atomen mit gerader Nukleonenzahl heben sich die Spinmomente dieser Nukleonen gegenseitig auf; Kerne mit ungerader Nukleonenzahl (also z.B. C 13 oder N 15) zeigen dagegen ein magnetisches Moment. Das wichtigste Atom mit einem magnetischen Kernmoment ist das Atom H 1. Das Proton in diesem normalen Wasserstoffkern besitzt einen Spin (entweder +1/2 oder −1/2). Es stellt sich in einem äußeren Magnetfeld entweder parallel oder antiparallel zu diesem Feld ein, wobei die parallele Einstellung energetisch bevorzugt ist. Der Energieunterschied zwischen diesen beiden Einstellungsrichtungen ist aber nur äußerst gering.

Solche sich parallel oder antiparallel im äußeren Magnetfeld ausrichtende Elementarmagnete beschreiben nun eine sogenannte Präzessionsbewegung. Diese ist vergleichbar dem Tanzen eines schnell rotierenden Kreisels im Schwerefeld der Erde. Die Präzessionsbewegung ermöglicht es, durch eine seitlich hinzukommende Resonanzfrequenz die Elementarmagnete vom parallelen in den antiparallelen Spin (mit höherer Energieform) umkippen zu lassen. Die dabei verbrauchte Energie liegt im Bereich der Radiowellen (siehe Abb. 11.3) und kann durch empfindliche Meßgeräte gemessen werden. Von besonderem Interesse ist vor allem das Umkippen von Protonen (Wasserstoffkernen) vom parallelen zum antiparallelen Spin.

Protonen zeigen geringe Unterschiede in den Absorptionsfrequenzen, je nach der allernächsten Umgebung im Molekül. Der Grund liegt in folgendem: Die Protonen werden einmal durch die sie umkreisenden Elektronen abgeschirmt, zum anderen werden sie durch benachbarte, einen Spin enthaltende Atomkerne beeinflußt.

Man kann aufgrund der so gefundenen Spektren die Anwesenheit verschiedener Stoffe schon in geringsten Mengen feststellen. So bietet die kernmagnetische Resonanzabsorption die Möglichkeit zur Ermittlung von organischen Substanzen gewissermaßen an ihren spezifischen „Fingerabdrücken".

Die NMR-Analyse wird in weitem Umfange heute zur **Strukturaufklärung** in der organischen Chemie verwendet. Außerdem dient sie zur Untersuchung von Beweglichkeiten in ganz- oder teilweise kristallinen Festkörpern, z.B. in Kunststoffen. Auch kann man mit ihr geringste Spuren von organischen Stoffen identifizieren. Die H 1-**Kernspin-Tomographie** hat heute große Bedeutung im Bereich der Medizintechnik erlangt. Mit ihr läßt sich menschliches Gewebe dreidimensional darstellen, was beispielsweise in der Tumordiagnostik genutzt werden kann. Da bei der Kernspintomographie mit langwelligen (= niedrige Energie) Radiowellen gearbeitet wird, ist sie im Vergleich mit der Röntgendiagnose vor allem eine sehr schonende Untersuchungsmethode.

11.5   Spezielle Meßgeräte

In diesem Abschnitt werden die Funktionsprinzipien einiger typischer Meßgeräte erläutert, bei welchen zwar nicht die elektromagnetischen Spektren direkt aufgenommen werden, bei denen man aber elektromagnetische Spektren zur quantitativen Erfassung von bestimmten Stoffen ausnutzt.

11.5.1   Photometer

In Photometern kann man die Färbung und die Farbintensität von Lösungen zur quantitativen Erfassung von verschiedenen Stoffen heranziehen. Die zu bestimmenden Stoffe werden entweder selbst in wäßriger Lösung gemessen oder mit Hilfe von Reagenzien in farbige Verbindungen überführt. Die Farbintensität ist dann ein Maß für die Konzentration. Neben dem Bereich des sichtbaren Lichtes wird mit Photometern auch im Bereich des ultravioletten Lichts gemessen. Photometer, die im UV- und sichtbaren Bereich des Lichts arbeiten werden auch kurz **UV/VIS-Spektrometer** genannt (VIS = Abkürzung von visible, engl. = sichtbar).

In Abb. 11.17 ist der prinzipielle Aufbau eines Photometers dargestellt. Als Strahlungsquelle für den UV-Bereich werden heute üblicherweise Deuteriumlampen, für den sichtbaren Bereich Wolframlampen eingesetzt. Als Strahlungszerleger für diese kontinuierliche Strahlungsquellen werden entweder Filter (**Filterphotometer**) oder beim sogenannten **Spektralphotometer** Monochromatoren (Gitter oder Prismen) eingesetzt. Mit Hilfe der Monochromatoren kann bei verschiedenen Wellenlängen monochromatisches, d.h. Licht das nur einen schmalen Wellenlängen-Bereich aufweist, erzeugt werden.

Die Strahlung wird durch eine mit der entsprechenden Lösung gefüllten Küvette bestimmter Schichtdicke geleitet (z.B. 1 oder 5 cm Schichtdicke). Die Färbung der Lösung wird dann mit einer Vergleichslösung (z.B. mit einer Lösung, die nur die Reagenzien, nicht aber den zu bestimmenden Stoff enthält = Blindwert) verglichen. Bei sogenannten **Zweistrahl-Photometern** kann der Lichtstrahl abwechselnd durch die Vergleichsküvette und die Meßküvette geleitet werden (siehe Abb. 11.17). Anschließend werden die Lichtimpulse durch Photozellen in elektrische Impulse umgewandelt.

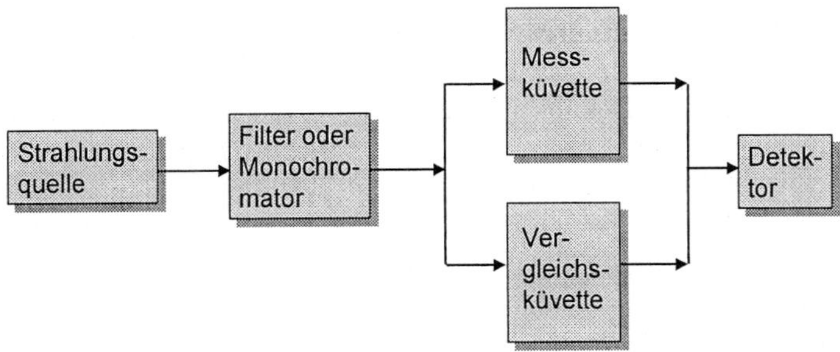

Abb. 11.17. Schematische Darstellung eines Zweistrahl-Photometers

Die Konzentration des zu messenden Stoffes ist innerhalb eines bestimmten Konzentrationsbereich der Lichtextinktion (extinctio, lat. = die Auslöschung) direkt proportional. In diesem Bereich läßt sich das sogenannte **Lambert-Beersche Gesetz** (Johann Heinrich Lambert, 1728–1777) anwenden:

$$I = I_0 \cdot e^{-\varepsilon \cdot c \cdot d}$$

Darin bedeuten:
I = Intensität des Lichtes nach Durchstrahlen der Lösung
I_0 = Intensität des Lichtstrahls vor der Probe
ε = Extinktionskoeffizient (eine Konstante)
c = Konzentration des zu bestimmenden Stoffes
d = Schichtdicke der Lösung

Die Lichtdurchlässigkeit D der Probe ist:

$$D = \frac{I}{I_0}$$

Als „Extinktion" E bezeichnet man den natürlichen Logarithmus vom Kehrwert der Lichtdurchlässigkeit D. Nach mathematischer Umformung der obigen Gleichung ist dann:

$$E = \ln \frac{1}{D} = \ln \frac{I_0}{I} = \varepsilon \cdot c \cdot d$$

Da ε und d konstant sind, ist dann die Extinktion der Konzentration des zu messenden Stoffes direkt proportional:

$$E = \text{Konst.} \cdot c$$

Die Genauigkeit und die Reproduzierbarkeit der in Photometern gemessenen Werte sind recht gut. Man erreicht im allgemeinen Meßgenauigkeiten von ca. 1%. Photometer werden wegen ihrer einfachen Handhabung, den relativ geringen Anschaffungskosten und vielfältigen Anwendungsmöglichkeiten sehr häufig eingesetzt. In der **Umweltanalytik** werden photometrische Verfahren besonders häufig verwendet. Beispielsweise für Wasseranalysen, für die Bestimmung von Schadstoffen (Schwermetallionen) in Abwässern, Luftverunreinigungen usw. Die zu bestimmenden Stoffe müssen dabei immer in eine lösliche, farbige (wenn sie nicht im UV-Bereich absorbieren) Form überführt werden.

Neben den universell einsetzbaren Laborgeräten gibt es speziell für Messungen von Luftverunreinigungen (Schwefeldioxid, Stickstoffoxide usw.) automatisch arbeitende Photometer. Bei diesen wird z.B. solange Luft durch eine vorgelegte Reagenzlösung geleitet, bis ein bestimmter, zuvor eingestellter Spitzenwert erreicht ist. Die bis dahin durchgeleitete Luftmenge ergibt dann die Bezugsgröße für die Schadstoffkonzentration. Nach der Registrierung des Meßwertes wird die Apparatur automatisch entleert und durch frische Reagenzlösung für die nächste Bestimmung präpariert.

11.5.2   IR-Meßgeräte für Gase

Verschiedene Geräte für **Emissions- und Immissionsmessungen** (siehe auch Abschnitt 13.3.1) nutzen die Tatsache aus, daß viele gasförmige Schadstoffe (z.B. CO, CO_2,

NO, NO_2, SO_2 oder Kohlenwasserstoffe) im Infrarotgebiet bestimmte Wellenlängen absorbieren und sich dabei erwärmen. Meßapparaturen dieser Art sollen am Beispiel des sogenannten Uras-Gerätes[6] erklärt werden:

In den beiden Empfängerkammern (siehe Abb. 11.18), die voneinander durch eine Membran getrennt sind, befindet sich eine Mischung aus Argon und der gleichen Gasart, für dessen Bestimmung das Uras-Gerät eingerichtet werden soll.

Treffen nun die von den Strahlern erzeugten Infrarot-Strahlen auf dieses Gas in den Empfängerkammern, so erwärmt es sich. Bei gleichmäßiger Erwärmung beider Empfängerkammern zeigt die Membran keinen Ausschlag.

Wird jedoch ein Teil der infraroten Strahlen von dem durch die Analysenkammer geleiteten, zu bestimmenden Gas vorher absorbiert, so kann sich die hinter der Analysenkammer liegende Empfängerkammer nicht mehr so stark erwärmen: die Membran biegt sich nach dieser Seite durch. Die Stärke der Durchbiegung ist abhängig von der Absorption der Infrarotstrahlen in der Analysenkammer und damit von der Konzentration des zu bestimmenden Stoffes in dieser Analysenkammer. Somit zeigt die Stärke der Durchbiegung der als Kondensator ausgebildeten Membran (über einen Verstärker elektrisch auf einen Anzeige übertragbar) die Konzentration des zu bestimmenden Stoffes direkt an.

Um nur die Gaserwärmung selbst zu erfassen und eine gleichmäßige, nicht selektive Erwärmung der Kammerwände auszuschalten, werden beide Strahlengänge durch ein Blendenrad periodisch mit gleicher Phase unterbrochen.

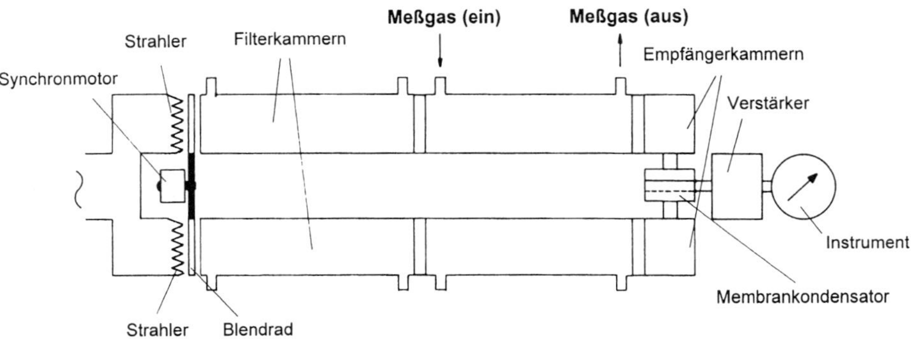

Abb. 11.18. Schema eines IR-Meßgeräts

Das Uras-Gerät arbeitet substanzspezifisch, da das in den Empfängerkammern eingeschlossene Gas immer nur durch ganz bestimmte Wellenlängen erwärmt wird; aber gerade diese Wellenlängenbereiche werden auch durch das zu bestimmende Gas in der Analysenkammer absorbiert. Das bedeutet, in den Empfängerkammern muß immer das Gas vorhanden sein, dessen Konzentrationsschwankungen man in der Analysenkammer bestimmen will. Störende Gase, die Absorptionsbande in benachbarten Wellenlängenbereichen aufweisen, könnten aber das zu bestimmende Gas in der Analysenkammer vor

---

[6] Uras ist die Abkürzung für Ultrarotabsorptionsschreiber und wurde ursprünglich von der Firma Hartmann & Braun hergestellt. Ähnlich aufgebaute Meßsysteme werden heute auch von anderen Firmen angeboten.

täuschen. Wenn man jedoch diese störenden Gaskomponenten in die Filterkammern einfüllt, werden dann die betreffenden Wellenlängen schon vorher aus dem IR-Spektrum herausgeholt und deswegen das Meßergebnis nicht mehr verfälschen können.

11.5.3   Chemolumineszenzanalyse

Bei verschiedenen chemischen Reaktionen wird Reaktionsenergie in Form von Licht ausgesendet. Man bezeichnet diesen Vorgang als **Chemolumineszenz** (zu Lumineszenz siehe Abschnitt 11.2.2). So entsteht durch Reaktion von Stickstoffmonoxid mit Ozon zuerst ein angeregter Zustand des Stickstoffdioxids, der unter Aussendung von Licht bestimmter Wellenlänge in den Grundzustand übergeht, also:

$$NO + O_3 \rightarrow NO_2^* + O_2 \qquad\qquad NO_2^* \rightarrow NO_2 + h\cdot\nu$$

* bedeutet dabei ein Molekül, das sich in einer höheren Anregungsstufe, also nicht im energieärmsten, dem Grundzustand befindet.

Die dabei auftretende Chemolumineszenz kann zur quantitativen Bestimmung geringer Mengen von **Stickstoffmonoxid** (NO) in der Luft (Immisionsmessungen) ausgenutzt werden. Meist ist es wünschenswert, zusätzlich den Gesamt-Stickoxid-Gehalt (NO_x) zu bestimmen. Hierzu muß das Stickstoffdioxid vor der Ozon-Reaktion zuerst in Stickstoffmonoxid NO überführt werden, was man durch vorheriges Erhitzen (z.B. auf 285 °C) in Gegenwart von Katalysatoren in einem vorgeschalteten Konverter erreicht. Die Nachweisgrenzen gehen bis in den ppb-Bereich.

Will man hingegen **Ozon** bestimmen, so verwendet man Ethylen (statt NO). Heute jedoch wird Ozon meistens durch UV-Meßgeräte bestimmt, nachdem man die „Querempfindlichkeit" (bei der Ozon z.B. durch Aromaten vorgetäuscht wird) ausgeschaltet hat: Man kann Ozon an heißen Silberkontakten oder an MnO_2-beschichteten Kupfernetzen zersetzen und durch die Differenz zu einer unbehandelten Probe den Ozonwert bestimmen.

11.6   Massenspektrometer

Im Massenspektrometer lassen sich die Elemente in ihre **Isotope** aufspalten. Organische Stoffe liefern im Massenspektrometer charakteristische Bruchstücke, die auf bestimmte Verbindungen hinweisen.

Die Funktionsweise dieser apparativ sehr aufwendigen Methode ist einfach (siehe Abb. 11.19): Beschießt man chemische Elemente oder organische Verbindungen im Hochvakuum mit Elektronen, so werden sie durch Herausschlagen von Elektronen ionisiert, d.h. in positiv geladene Teilchen oder Bruchstücke verwandelt. Diese Bruchstücke werden in einem elektrischen Feld beschleunigt und im Anschluß daran durch ein magnetisches Feld abgelenkt. Der Grad der Ablenkung hängt nun von dem Verhältnis von Masse (m) zur Ladung (e) ab, also vom Verhältnis m/e. Die Ladung ist häufig +1, da meistens nur ein Elektron herausgeschlagen wird oder beim Auseinanderbrechen von

Verbindungen nur einfach positiv geladenen Bruchstücke entstehen. Die relative Häufigkeit der Teilchen bei den einzelnen Massenwerten wird durch ein elektrisches Registriergerät ermittelt; sie gibt gewissermaßen als „Fingerabdruck" Auskunft über die ursprüngliche Zusammensetzung des Stoffes.

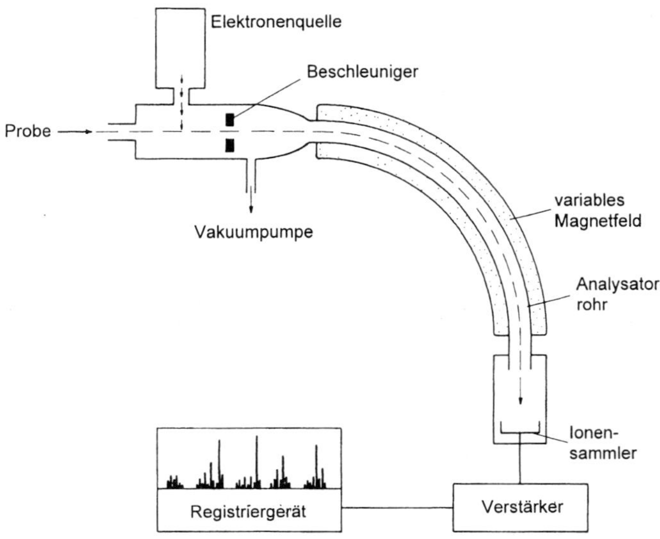

Abb. 11.19. Schema eines Massenspektrometers

So liefert z.B. der Ethylalkohol die in Abb. 11.20b angegebenen Bruchstücke mit den im Diagramm (Abb. 10.20a) wiedergegebenen Mengenverhältnissen der unterschiedlichen Masseteile. Durch Änderung des Magnetfeldes kann man den gesamten Massenbereich abtasten, da dann immer nur Ionen mit einer bestimmten Massenzahl die in der Abb. 11.19 gestrichelt gezeichnete Flugbahn der Ionen ungehindert passieren können und auf dem Registriergerät auftreffen. Sind zwei oder mehrere organische Substanzen zugegen, so kann man durch Subtraktion der einzelnen „Peaks" den Prozentgehalt der einzelnen organischen Verbindungen feststellen. Der „Peak" mit der höchsten Massenzahl zeigt meistens die Masse des ursprünglich vorliegenden Moleküls. Zur Messung benötigt man sehr geringe Stoffmengen. Statt in variablen Magnetfeldern kann man die Ionen auch in elektrischen „Quadrupolfeldern" durch Hochfrequenz zu massenabhängigen Ionenschwingungen anregen, so daß dann immer nur Ionen mit bestimmter Masse das Filter passieren.

Man kann Massenspektrometer auch mit **Gaschromatographen** (siehe Abschnitt 5.6.2) kombinieren, und zwar werden die hinter dem Gaschromatographen erhaltenen, getrennten chemischen Substanzen im Massenspektrometer identifiziert. Dieses als Massenfragmentographie oder kurz **GC-MS** bezeichnete Verfahren gestattet Substanznachweise im pg-Bereich! und macht Spurenuntersuchungen in der Umweltanalytik möglich, erlaubt z.B. auch geringste Spuren von Dopingmitteln im Blut festzustellen.

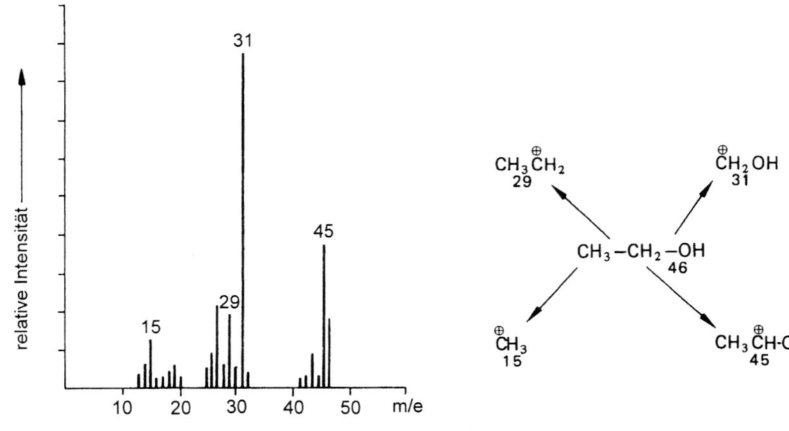

a Aussehen des Diagramms   **b** häufigste Bruchstücke beim Ionisieren

Abb. 11.20. Massenspektrogramm von Ethylalkohol

Ein Meßgerät, bei dem ebenfalls positiv geladene Innen erzeugt und gemessen werden ist der sogenannte **Flammenionisationsdetektor (FID)**. Hierbei wird allerdings kein Spektrum aufgenommen, sondern nur der Ionenstrom summarisch gemessen. Der FID wird zur summarischen Konzentrationsbestimmung von organischen Stoffen eingesetzt (z.B. Kohlenwasserstoffgehalt in Automobilabgasen, siehe Abschnitt 13.3.1). Wie in Abb. 11.21 schematisch dargestellt, wird das Trägergas mit dem zu bestimmenden Stoffen in eine Wasserstoffflamme eingebracht. Ein Teil der organischen Moleküle werden hierbei in positiv geladene Ionen überführt (z.B. CHO^+), welche zur Kathode wandern und der hierbei fließende Strom wird als Signal registriert. Der Vorteil des FID ist seine sehr niedrige Nachweisgrenze und seine Unempfindlichkeit gegen nicht brennbare Gase (z.B. CO_2, SO_2, NO_x). Der FID wird sehr häufig als Detektor bei Gaschromatographen eingesetzt (siehe Abschnitt 5.6.2).

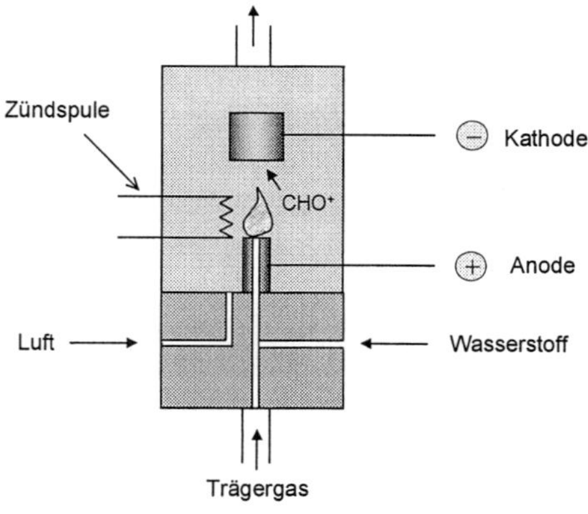

Abb. 11.21. Schematische Darstellung eines Flammenionisationsdetektors

11.7   Farbmittel

Zum Einfärben von Kunststoffen, Textilien oder Gebrauchsgegenständen, zur Herstellung von Erzeugnissen der Druckindustrie, zur Verschönerung und zum Schutz von Oberflächen (Lacke und Anstrichfarben) werden vielfältigste synthetische und natürliche farbige Verbindungen eingesetzt. Alle diese, unter dem Oberbegriff „Farbmittel" zusammengefaßten Stoffe werden eingeteilt in **Pigmente** (pigmentum, lat. = Farbe, Färbemittel, siehe Abschnitt 11.7.2) und **Farbstoffe** (siehe Abschnitt 11.7.3).

11.7.1   Ursachen für die Farbigkeit

Sowohl anorganische als auch organische Stoffe können dem menschlichen Auge als farbig erscheinen. Dabei wird durch den betreffenden Stoff ein Teil des sichtbaren Lichtes absorbiert. Das reflektierte Licht ruft dann den Eindruck der betreffenden **Komplementärfarbe** hervor. Wenn ein Stoff zum Beispiel das rote Licht absorbiert, erscheint er grün (siehe Abb. 11.22).

Die Absorption des Lichtes bestimmter Wellenlängenbereiche wird dadurch hervorgerufen, daß Elektronen durch Energieaufnahme aus einem tieferen Grundzustand in einen höheren Anregungszustand hineingehoben werden. Die Ursachen für diese Energieaufnahme der Elektronen sind jedoch bei anorganischen und organischen Stoffen verschieden.

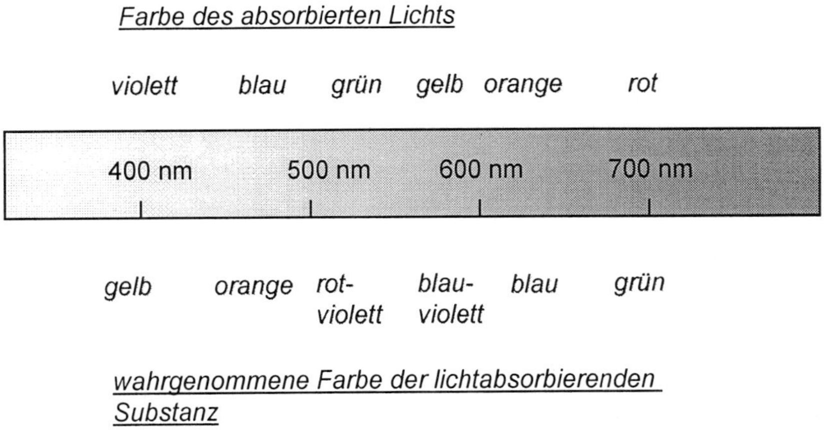

Abb. 11.22. Farben und Wellenlängen im sichtbaren Bereich der elektromagnetischen Strahlung

a) Anorganische Stoffe

Die Ionen vieler Nebengruppenelemente sind farbig. Bei ihnen ist die Absorption von Licht bestimmter Wellenlängen möglich, weil die Differenzen zwischen den Energieniveaus bei den Außenelektronen gerade Energiebeträge ergeben, welche im sichtbaren Bereich der elektromagnetischen Wellen liegen. Weil sich aber solche Elektronensprünge in Feststoffen oder Flüssigkeiten ereignen, werden durch sie auch andere energetische Veränderungen begleitet, denn jedes Ion ist mit anderen Ionen, Dipolen oder Atomen verbunden, die durch den betreffenden Elektronensprung ebenfalls beeinflußt werden. Daher gibt es bei den anorganischen Farbmitteln Absorptionsmaxima und keine Linienspektren (siehe auch Abschnitt 11.2.3). Die Rückkehr des Elektrons in den Grundzustand geht meist über sehr viele kleine Zwischenstufen; dabei werden Energiebeträge emittiert, die nicht mehr im sichtbaren Bereich liegen; man beobachtet deswegen bei festen und flüssigen anorganischen Stoffen in der Regel nur ein Absorptionsspektrum.

b) Organische Stoffe

Wie aus Abschnitt 11.4.3 hervorgeht, absorbieren die π-Bindungen organischer Stoffe im UV-Bereich; je mehr Doppelbindungen durch Mesomerieeffekte (siehe Abschnitt 8.1.5) miteinander in Wechselwirkung stehen, desto mehr verlagert sich das Absorptionsmaximum zu langwelligeren Bereichen. Liegen schließlich sehr viele **konjugierte Doppelbindungen**[7] vor, so absorbiert der Stoff im Gebiet des sichtbaren Lichtes. Ein Beispiele für ein Farbstoff mit vielen konjugierten Doppelbindungen ist der natürliche, rote Farbstoff β-**Carotin**, der beispielsweise in Karotten oder Paprika vorkommt und als Lebensmittelfarbstoff verwendet wird:

CH_3 CH_3 CH_3 CH_3 CH_3 CH_3 CH_3 CH_3 CH_3 CH_3 CH_3 CH_3

ß-Carotin

Die Absorption der Energie kommt dadurch zustande, daß ein Elektron aus dem **HOMO** (= highest occupied molecule orbital = das höchste, noch besetzte Molekülorbital) in das **LUMO** (= lowest unoccupied MO = tiefstes unbesetztes MO) angehoben wird. Da solche Energieänderungen Auswirkungen auf alle anderen Bindungen des betreffenden organischen Moleküls haben, erscheinen auch hier die Elektronenübergänge nicht als scharf begrenzte Einzellinien, sondern als Absorptionsmaxima.

Es gibt Atomgruppen, welche die selektive Absorption entscheidend beeinflussen; sie werden **chromophore Gruppen** oder Chromophore (chroma, gr. = Farbe,; phoron, gr. = Träger) genannt. Eine solche ist z. B. die Azogruppe, – N=N –, ein wichtiger Bestandteil der **Azofarbstoffe**. Verbindungen, die solche chromophore Gruppen enthalten und dadurch farbig aussehen, bezeichnet man als **Chromogene**. Neben der Azogruppe

---

[7] Konjugierte Doppelbindungen liegen dann vor, wenn jeweils Einfachbindungen zwischen den Doppelbindungen liegen, also bei mehreren konjugierten Doppelbindungen würden ständig Doppelbindungen und Einfachbindungen abwechseln.

bildet das Anthrachinon das Grundgerüst für die Gruppe der **Anthrachinonfarbstoffe**, welche sich durch sehr gute Lichtechtheit auszeichnen.

Anthrachinon

In der Praxis verwendete Farbstoffe müssen auf anderen Stoffen, z.B. natürliche oder vollsynthetische Textilfasern, möglichst licht- und waschecht gebracht werden. Das erzielt man durch Einbau von **Auxochromen** (auxesis, gr. = Zunahme). Wichtige auxochrome Gruppen sind: $-NH_2$; $-NHR$; $-OH$; $-CH_3$; $-SO_3H$; $-COOH$.

Neben dieser Funktion als Verbindungsmittel zwischen Farbstoff und dem zu färbenden Stoff haben die auxochromen Gruppen auch einen Einfluß auf die Farbe selbst: sie ergeben einen **bathochromen** (bathos, gr. = Tiefe), farbvertiefenden Effekt, indem die Absorptionsmaxima zu größeren Wellenlängen verschoben werden. Andere Substituenten, z. B. Alkyle am Benzolkern, können einen **hypsochromen** (hypsos, gr. = Höhe) Effekt hervorrufen, d.h., bei ihnen verschiebt sich das Absorptionsmaximum zu kürzeren Wellenlängen.

Das Einführen von Sulfogruppen ($- SO_3H$) oder Carboxylgruppen ($-COOH$) ermöglicht auch eine Vergrößerung der Wasserlöslichkeit von Farbstoffen.

11.7.2 Pigmente

Als Pigmente werden im jeweiligen Medium unlösliche anorganische oder organische, bunte oder unbunte Farbmittel bezeichnet. Beim Auftreffen auf Pigmente kann mit dem Licht folgendes geschehen:
- es kann vom Pigment absorbiert werden
- es wird beim Auftreffen auf Pigmentteilchen gestreut
- es kann evtl. auch ungehindert durch das Pigment hindurchdringen.

Bei geringer Absorption und großem Streuvermögen liegen Weißpigmente vor, während ein Schwarzpigment eine sehr große Absorption in allen Wellenlängenbereichen des sichtbaren Lichtes aufweist. Buntpigmente absorbieren selektiv nur bestimmte Spektralbereiche; wird dabei zum Beispiel blaues Licht absorbiert, so erscheint das Pigment dem menschlichen Auge als gelb.

a) Anorganische Pigmente

Als anorganische Pigmente werden Verbindungen von vielen auf der Erde nicht sehr reichlich vorhandenen Schwermetallen, z. B. Chrom(III)-oxid (grün) oder Chromate (gelb), Cobaltverbindungen (blau), $ZnCrO_4$ (wesentlicher Bestandteil grüner Lacke), außerdem auch Verbindungen von sehr giftigen Metallen verwendet, nämlich Cadmiumselenid (rot), Cadmiumsulfid (gelb, welches mit Quecksilbersulfiden rote Pigmente ergibt). Eisenoxide ergeben je nach Oxidationsstufe rote, orangefarbene, braune oder gelbe Pigmente. Zur Herstellung weißer Pigmente verwendet man Titandioxid TiO_2 (welches am beständigsten ist und auch die beste Deckkraft von allen Weißpigmenten aufweist), ferner ZnO und ZnS bzw. $ZnS+BaSO_4$ (Lithopone), Bleiweiß, ein basisches Bleicarbonat der Formel: $2PbCO_3 \cdot Pb(OH)_2$, welches mit Schwefelwasserstoff der Luft reagieren und sich dann in das schwarze PbS umwandeln kann. Als schwarzes Pigment wird Ruß verwendet.

Metalleffekte können durch Aluminiumpigmente (=Silberbronzeeffekt) oder Kupfer bzw. Messing (=Goldbronzepulver) hervorgerufen werden. **Perlglanz-Aussehen** kann man durch dünne, stark lichtbrechende, durchscheinende Stoffe hervorrufen, welche sich als Pigmente in Plättchenform mit Durchmessern zwischen 2 und 100 µm parallel zur Oberfläche lagern und durch Interferenz das reflektierte Licht in verschiedenen Farben schillern lassen, wie es aus Abb. 11.23 zu entnehmen ist.

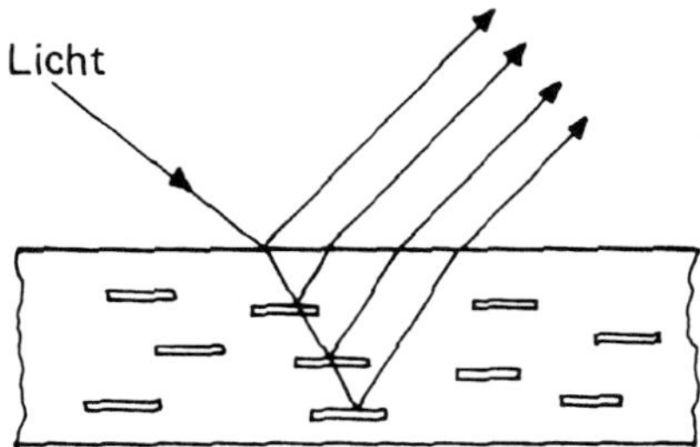

Abb. 11.23. Perlglanzeffekt bei Lacken

Beim Lackieren stellen sich die im Lack vorhandenen dünnen Plättchen meistens parallel zur Oberfläche ein. Durch die längere Laufzeit der an tiefer liegenden Plättchen reflektierten Lichtstrahlen kommt es zu einer Phasenverschiebung und damit zu Interferenzerscheinungen, was sich als Perlglanzeffekt bemerkbar macht.

Als chemische Bestandteile solcher Perlglanzpigmente werden verwendet: Bismutoxidchlorid BiOCl oder auf Glimmer (ein natürlich vorkommendes Schichtsilicat) niedergeschlagenes Titandioxid (Titan-Glimmer-Pigmente) oder basisches Bleicarbonat.

b) Organische Pigmente

Die in der Praxis verwendeten organischen Pigmente leiten sich von einigen Typen organischer Verbindungen ab, welche durch mannigfaltige Abwandlungen mittels unterschiedlicher Substituenten verschiedenste Farbnuancen ermöglichen. Allen Grundtypen ist gemeinsam, daß sie sehr viele konjugierte Doppelbindungen aufweisen, welche auch über aromatische Kerne gehen. Im folgenden werden nur zwei dieser Grundtypen charakterisiert, nämlich die **Azopigmente** und die **Phthalocyanine**.

1) Azopigmente

Sie enthalten als chromophores System eine oder mehrere Azogruppen $-N=N-$, welche meistens an aromatische Kerne bzw. an Heterocyclen mit aromatischem Charakter gebunden sind oder mit anderen benachbarten Doppelbindungen Mesomerieeffekte zeigen. Azoverbindungen lassen sich in allen Farbtönen herstellen, am gebräuchlichsten sind vor allem Gelb, Orange, Rot und Brauntöne.

2) Phthalocyanin-Pigmente

Metallsalze bilden mit o-Phthalsäuredinitril farbige Verbindungen; besonders wichtig ist das Kupferphthalocyanin, welches durch folgende Reaktionsgleichung entsteht:

Dieses Pigment hat einen blaugrünen Farbton (Cyanblau) und wird in der Vierfarbdrucktechnik als Cyanblaukomponente eingesetzt.

3) Allgemeines über organische Pigmente

Diese eben genannten Beispiele zeigen, daß organische Pigmente eines gemeinsam haben: sie enthalten viele konjugierte Doppelbindungen, und zwar in Verbindungen mit aromatischen Kernen. Organische Pigmente lassen sich in praktisch allen Farbtönen herstellen. Sie können weitgehend die anorganischen Pigmente ersetzen. Bei den organischen Pigmenten liegen in der Regel Absorptionsspektren vor; das absorbierte Licht wird dann über viele kleine Zwischenstufen, die nicht mehr im sichtbaren Bereich liegen (also „strahlungslos"), abgegeben. In wenigen Ausnahmefällen können die absorbierten Energien zusätzlich als langwelligeres Licht abgegeben werden. Solche Pigmente zeigen dann die Eigenschaft der Fluoreszenz (siehe Abschnitt 11.2.2), dessen Farbe sich aus einer Kombination des reflektierten (Eigenfarbe) und des emittierten (eigentliche Fluoreszenzerscheinung) Lichtes zusammensetzt.

11.7.3   Farbstoffe

Im Gegensatz zu den unlöslichen Pigmenten werden die in Wasser oder organischen Lösungsmitteln löslichen Farbmittel als Farbstoffe bezeichnet. Viele in handwerklichen und industriellen Betrieben z.B. zum Einfärben von Textilien benutzten Farbstoffe wurden früher hauptsächlich aus pflanzlichen Produkten isoliert. Heute werden überwiegend synthetische Farbstoffe eingesetzt. Die Ursachen für die Farbigkeit, sowohl bei den natürlichen als auch bei den synthetischen Farbstoffen, ist auf die vielen konjugierten Doppelbindungen zurückzuführen (siehe Abschnitt 11.7.1b).

Damit farbige Verbindungen als Farbstoffe verwendet werden können, muß zusätzlich die Möglichkeit gegeben sein, sie an der Unterlage (z. B. Textilfasern) zu fixieren. Dies kann z. B. durch Bildung von „Farblacken" oder von Metallkomplexen auf der Faser (hierfür werden Metalle wie Chrom, Kupfer, Nickel verwendet) geschehen. Die sogenannten **Reaktivfarbstoffe** bilden mit der Faser kovalente Bindungen, während bei den **Dispersionsfarbstoffen** die in Wasser nicht löslichen, darum nur dispergierten Farbkomponenten auf die hydrophoben Fasern aufgezogen werden. Die **Entwicklungsfarbstoffe** werden erst durch chemische Reaktionen, z. B. Oxidation oder Reduktion (Küpenfarbstoffe) auf der Faser erzeugt.

11.7.4 Farbindikatoren

Es sind organische Verbindungen mit jeweils einer größeren Anzahl konjugierter, d.h. miteinander in Wechselwirkung stehender Doppelbindungen, wie beispielsweise der Farbstoff Methylorange.

Methylorange

Das besondere an solchen Farbindikatoren ist nun, daß sie im Molekül saure oder basische Gruppen enthalten, die durch Änderung des pH-Wertes verändert werden können; dadurch wird aber das System der konjugierten Doppelbindungen beeinflußt und damit auch das Absorptionsmaximum zu anderen Wellenlängen verschoben. Deswegen ändern die Farbindikatoren ihre Farbe in Abhängigkeit vom pH-Wert. Bei Methylorange z.B. weist das Anion im (Natrium-)Salz eine gelbe Färbung auf, während die freie schwache Säure (infolge stärkerer Elektronenwechselwirkung durch Mesomerie zwischen verschiedenen Grenzformeln, siehe Abschnitt 6.2.4 und 8.1.5) eine Absorption im langwelligeren Bereich zeigt und darum rot erscheint.

11.7.5 Allgemeine Überlegungen zu Pigmenten und Farbstoffen

Viele der heute verwendeten Farbmittel enthalten **toxische Schwermetalle**, welche durch diese Art der Verwendung nicht mehr zurückgewonnen werden können. Da diese Metalle nicht abbaubare Gifte sind und in zunehmendem Maße unsere Umwelt belasten, sollte man nach Möglichkeit auf schwermetallfreie, organische Pigmente und Farbstoffe ausweichen.

Kontroll- und Übungsfragen zum 11. Kapitel

1) Was versteht man in der Chemie und Physik gewöhnlich unter einem Spektrum?
2) Worin besteht der Unterschied zwischen einem Absorptions- und einem Emissionsspektrum?
3) Erklären Sie das Phänomen der Fluoreszenz und Phosphoreszenz!
4) Was versteht man unter optischen Aufhellern und welche Eigenschaften besitzen sie?
5) Welche Formen können Spektren aufweisen und wodurch werden diese Spektrenformen bedingt?
6) Erklären Sie Zweck und Methode der Neutronenaktivierungsanalyse?
7) Wozu kann die Röntgen-Fluoreszenzanalyse dienen? Was kann man mit der Röntgen-Strukturanalyse ermitteln?
8) Welche energetischen Veränderungen im molekularen Bereich können durch UV-Strahlen herbeigeführt werden?
9) Welche Spektrenarten im sichtbaren Bereich der elektromagnetischen Wellen werden zur analytischen Messung verwendet?
10) Welche Anregungsquelle wird bei der sogenannten ICP-Methode verwendet?
11) Welche Anregungen können Moleküle durch IR-Strahlen erfahren?
12) Welche der folgenden Gase können nicht durch Infrarot-Spektroskopie erfaßt werden? SO_2, H_2, NH_3, CH_4, N_2 ?
13) Was sind Photometer (Meßprinzip, Aufbau) und was läßt sich mit ihnen bestimmen?
14) Was versteht man unter dem Lambert-Beerschen-Gesetz? Wo wird diese Gesetzmäßigkeit ausgenutzt?
15) Mit welchen Gerätetypen lassen sich verschiedene gasförmige Komponenten, insbesondere CO und CO_2, mengenmäßig bestimmen?
16) Auf welchem Prinzip beruht die magnetische Kernresonanzspektroskopie (NMR-Spektroskopie)? Für welche Untersuchungen wird sie eingesetzt?
17) Worauf beruht das Prinzip der Chemolumineszenzanalyse?
18) Wozu dienen Massenspektrometer?
19) Mit welchen Geräten werden Massenspektrometer oft kombiniert?
20) In welche zwei Gruppen lassen sich Farbmittel einteilen?
21) Welche anorganische Stoffe sind meistens farbig? Warum?
22) Welche charakteristischen Merkmale enthalten farbige organische Verbindungen?
23) Warum erscheint ein Farbstoff, der im roten Bereich des sichtbaren Spektrums absorbiert für das Auge grün?
24) Nennen Sie eine wichtige chromophore Gruppe!
25) Warum ändern Farbindikatoren ihre Farbe in Abhängigkeit vom pH-Wert?
26) Geben Sie Vor- und Nachteile sowohl von anorganischen als auch von organischen Farbmitteln an!

12 Biochemie und Biotechnologie

Übersicht über die Thematik des 12. Kapitels

Ziel dieses Kapitels ist es, wichtige Gesetzmäßigkeiten aus dem Gebiet der Biochemie und der Biotechnologie aufzuzeigen. Die Biotechnologie ist eine bedeutende Zukunftswissenschaft, bei der Spezialisten aus verschiedenen Ausbildungsbereichen zusammenarbeiten. Insbesondere bei der Umsetzung biotechnologischer Prozesse in industrielle Verfahren nimmt der Ingenieur neben Biologen und Chemikern eine wichtige Stellung ein.

Zunächst wird auf den Aufbau und die Funktion der Zelle als kleinster Baustein aller Organismen eingegangen. Sie läßt sich mit einer biochemischen „Fabrik" vergleichen, in der die Stoffwechselvorgänge zum Erhalt der Lebensvorgänge stattfinden.

Eine kurze Einführung in das Wissensgebiet der Molekularbiologie erläutert den Aufbau der DNA als Träger der Erbinformation und die prinzipiellen Vorgänge bei der Eiweißsynthese. Bestimmte chemische Stoffe und energiereiche Strahlen können Veränderungen der Erbsubstanz (Mutationen) und damit Erbschäden hervorrufen können; deshalb erfordert ein Umgang mit solchen Stoffen eine erhöhte Verantwortung.

Die Gentechnik führt in Verbindung mit der Bioverfahrenstechnik zu völlig neuen Möglichkeiten der Produktion von Wirkstoffen mit Hilfe von Mikroorganismen. Biosensoren spielen im Bereich der Bioverfahrens-, Umwelt- und Medizintechnik eine immer wichtigere Rolle, da sie sehr spezifisch bestimmte Stoffe erkennen und zudem durch die Verbindung mit der Halbleitertechnik eine Miniaturisierung möglich ist.

Ein Abschnitt befaßt sich mit der Wirkungsweise von Giften; dabei werden häufig verwendete Gifte mit ihren typischen Wirkungen auf den Menschen und die Umwelt beschrieben und besprochen.

12.1 Grundlagen der Biochemie

12.1.1 Eigenschaften belebter Materie

a) Das Phänomen des Lebens

Lebende Organismen sind aus chemischen Stoffen aufgebaut, die sich nach ihrer Isolierung als leblose Substanzen präsentieren. Ein Organismus ist jedoch mehr als die Summe aller in ihm enthaltenen Stoffe. Das Phänomen Leben ist ein sehr komplexes Geschehen; es spielen sich dabei viele aufeinander abgestimmte **biochemische Reaktionen** ab. Unsere heutigen Kenntnisse reichen nicht aus, um dieses einzigartige Geschehen umfassend erklären zu können. Dennoch kann man einzelne Lebensvorgänge durch biochemische Reaktionen genau beschreiben.

Leben ist nicht möglich ohne organische Materie, also ohne Verbindungen des Elements Kohlenstoff. Ein lebender Organismus enthält eine große Vielfalt von äußerst kompliziert aufgebauten, spezifischen organischen Molekülen. Die einzelnen Bestandteile haben für den Gesamtorganismus einen bestimmten Zweck. Lebende Organismen können der Umgebung Energie entziehen, aus einfachen Rohmaterialien hochdifferenzierte Strukturen aufbauen und diese in einem sogenannten **Fließgleichgewicht** aufrechterhalten sowie eine zweckgerichtete Arbeit leisten, während unbelebte Systeme einer ständigen Entropiezunahme unterliegen.

Die beiden markantesten Phänomene, welche lebende Organismen zeigen, sind

- der Stoffwechsel und
- das Reduplikationsvermögen.

1) Stoffwechsel

Stoffwechsel bedeutet, daß lebende Organismen in der Lage sind, bestimmte chemische Stoffe in andere Stoffe umzuwandeln. Die dazu benötigte Energie wird aus der Umgebung entweder in Form von chemischer (energiereiche Moleküle) oder physikalischer Energie (Licht) entnommen. Bei diesem Stoffwechsel können komplizierte Moleküle aus einfachen aufgebaut oder umgekehrt auch wieder in einfache zerlegt werden. Die nicht mehr benötigten chemischen Verbindungen werden aus dem Organismus ausgeschieden.

2) Reduplikation

Unter Reduplikation (häufig wird auch der Ausdruck **Replikation** verwendet) versteht man das Phänomen, daß Individuen oder Zellen in der Lage sind, sich zu verdoppeln; aus einer Mutterzelle kann eine exakt gleiche Tochterzelle entstehen.

Alle Lebewesen bestehen aus kleinsten, mikroskopischen Einheiten, den **Zellen**. Es gibt Lebewesen, die aus einer einzigen Zelle bestehen, und solche, deren Organismus sich aus sehr vielen Zellen aufbaut.

b) Einteilung der Lebewesen

Ursprünglich hat man die Gesamtheit der Lebewesen in folgende drei Gruppen eingeteilt:

- Einzeller
- Pflanzen
- Tiere.

Einzellige Lebewesen (= Mikroorganismen) wurden einerseits in die niederen, zellkernlosen **Prokaryonten** oder **Protozyte** und höheren, einen Zellkern enthaltenden **Eukaryonten** oder **Euzyte** andererseits eingeteilt. Die sogenannten Archaebakterien bilden eine dritte Einzellergruppe.

Pflanzen (= kohlenstoffautotrophe[1] Lebewesen) sind Organismen, die organische Verbindungen aus dem Kohlendioxid der Luft mit Hilfe des Sonnenlichtes (als Energiequelle) aufbauen können. Man zählte zu den Pflanzen auch die Pilze, obwohl sie kohlen-

---

[1] Autotrophe (autos, gr. = selbst; trophe, gr. = Ernährung) sind „Selbsternährer", die aus Kohlendioxid und mineralischen Stoffen ihre Biomasse selbst aufbauen.

stoffheterotroph[2] sind, d. h. auf das Vorhandensein von organischer Materie angewiesen sind, um existieren zu können.

Tiere sind Lebewesen, die sich von fertigen organischen Substanzen ernähren (C-heterotroph), die Nahrung im Innern des Körpers, im Darmkanal verdauen und resorbieren.

Heute hat man erkannt, daß die Unterschiede zwischen den Prokaryonten und den Eukaryonten so gravierend und entscheidend sind, daß man alle Lebewesen in diese **zwei großen Gruppen** einteilt, wobei sich dann folgendes Einteilungsschema ergibt:

1) Prokaryonten

Hierunter versteht man **zellkernlose Mikroorganismen**:
- **Bakterien** (bakteria, gr. = Stab, Stock), die von vorgefundenen organischen Substanzen leben, von deren Umsetzung in einfache Verbindungen (z. B. in Kohlendioxid und Wasser) sie die zum Leben benötigte Energie beziehen.
- **Blaualgen** = Cyanobakterien, die aufgrund ihres Chlorophyll-Gehaltes mit Hilfe des Sonnenlichtes organische Materie aus CO_2 aufbauen können.

2) Eukaryonten

Dies sind ein- und vielzellige Organismen, die von Membranen umgebene **Zellkerne** besitzen. Zu ihnen zählen:
- **Algen** = C-autotrophe, im Wasser lebende, einzellige und zu mehrzelligen Kolonien zusammengeschlossene Organismen.
- **Pilze** = C-heterotrophe, ein- und mehrzellige Organismen.
- **Pflanzen** = C-autotrophe Lebewesen.
- **Tiere** = C-heterotrophe, mit einem Verdauungskanal ausgestattete (die Nahrung durch Umschließen verdauende) Organismen.
- **Menschen** = Psychozoa (psyche, gr. = Seele, zoon, gr. = Lebewesen) = vernunftbegabte Lebewesen, die aufgrund der geistigen Komponente eine neue Stufe erreicht haben.

12.1.2   Die Zelle

Die Zelle ist der kleinste Baustein aller Organismen und bildet somit die Grundlage des Lebens. Die durchschnittliche Größe der meisten tierischen und pflanzlichen Zellen liegt zwischen 5 und 20 µm, wobei es aber auch wesentlich größere Zellen gibt. Unter dem Mikroskop und besonders unter dem Elektronenmikroskop kann man verschiedene Zellbestandteile sichtbar machen. Hierzu sind aber in der Regel besondere Präpariermethoden erforderlich, z.B. Einfärbung mit bestimmten Farbstoffen für Lichtmikroskop-Vergrößerungen; selektives Beladen verschiedener Zellbestandteile mit Schwermetallionen oder Bedampfen mit Metallen (Schrägbedampfung zum plastischen Sichtbarmachen

---

[2] Heterotrophe (heteros, gr. = fremd) ernähren sich von anderen Lebewesen.

von Strukturen) für Elektronenmikroskop-Aufnahmen.

Die Funktionen einer Zelle können hinsichtlich ihrer Organisation und ihres Stoffwechsels mit den Funktionen einer **biochemischen Fabrik** verglichen werden. Die verschiedenen Funktionen werden am Beispiel der eukaryontischen Zellen in Abschnitt 12.1.2a näherer erläutert. Hinsichtlich des Zell-Aufbaus unterscheiden sich die Prokaryonten von den Eukaryonten. Die Prokaryonten stellen die primitivste Stufe des Lebens dar. Sie waren in der Entwicklungsgeschichte bereits in sehr frühen Zeiten auf der Erde vorhanden (ihre Entstehung liegt ca. 3,5 bis 4 Mrd. Jahre zurück), während die Eukaryonten nach neuerer Vorstellung sich nicht wesentlich früher als vor ca. 700 Mio. Jahren gebildet haben und seit dieser Zeit zu einer stürmischen Auffaltung der Arten geführt haben.

a) Eukaryontische Zellen

Der Aufbau einer eukaryontischen Zelle ist in Abb. 12.1 schematisch dargestellt. Im Unterschied zu den prokaryontischen Zellen besitzen sie einen durch eine Membran abgeschlossenen Zellkern. Die eukaryontischen Zellen enthalten eine Reihe von subzellulären Strukturelementen den sogenannten **Organellen** oder **Plastiden**, welche von Membranen umgeben sind:

- Der **Zellkern** ist das „zentrale Management". Hier ist die Information für den Bau und die Funktionen einer Zelle gespeichert. Der Zellkern ist der auffälligste, nach Einfärbung im Lichtmikroskop deutlich sichtbare Bestandteil der eukaryontischen Zelle. Er enthält die Träger der Erbsubstanz, die **Chromosomen** (chroma, gr. = Farbe; soma, gr. = Körper)[3]. Beim Menschen beträgt die Chromosomenzahl 46, bei der Taufliege (Drosophila) befinden sich im Zellkern acht Chromosomen. Ein Chromosom enthält jeweils eine sehr große Anzahl von **Genen**. Die Gene bestehen in chemischer Hinsicht aus Desoxyribonucleinsäure mit der früher meist gebräuchlichen Abkürzung DNS; heute verwendet man gewöhnlich hierfür die Abkürzung **DNA** (vom Englischen desoxyribonucleic acid). Der Aufbau der DNA wird in Abschnitt 12.2.1 näher beschrieben. Die Gesamtheit der Chromosomen einer Zelle , also die Summe aller Gene wird **Genom** genannt.
- Die **Ribosomen** (bzw. **Polysomen**) stellen die ”Produktionsbetriebe” dar. In ihnen werden die Proteine (Eiweiße) nach den im Zellkern abgelegten Plänen produziert. Eine eukaryontische Zelle enthält eine sehr große Anzahl von Ribosomen, oft sind es über Tausend, die etwa einen Durchmesser von 15–20 nm haben und chemisch gesehen aus 40 bis 60% Eiweiß und zum anderen Teil aus Nucleinsäuren (den Ribosomen-Ribonucleinsäuren, abgekürzt r-RNA) bestehen.
- Die **Mitochondrien** bzw. **Chloroplasten** sind die Energieversorgung oder das „Kraftwerk" der Zelle. In den Mitochondrien werden die organischen Verbindungen, vor allem Kohlenhydrate und Fette zu Kohlendioxid und Wasser oxidiert. Diese über sehr viele Zwischenstufen gehende biologische Oxidation liefert die lebensnotwendige Energie, welche dabei in Form einer energiereichen chemischen Verbindung, dem **Adenosintriphosphat** (=ATP), bereitgestellt wird. Dieses energierei-

---

[3] Chromosomen sind färbbare Körper, also Zellbestandteile, die durch Einfärbung im Lichtmikroskop sichtbar gemacht werden können.

che Molekül kann dann die in ihm gespeicherte chemische Energie abgeben, wobei eine Phosphatgruppe abgespalten wird. Auf diesen Mechanismus wird in Abschnitt 12.1.3c noch näher eingegangen.

- Das **endoplasmatische Reticulum** ist die „**Werkstraße**". Es ist ein aus Membranen aufgebautes System aus Röhren und Bläschen über die der Transport beispielsweise von Proteinen oder Fetten erfolgt. Über sie ist auch die Möglichkeit einer Erregungsleitung in der Zelle gegeben.
- Die **Vesikel** sind die Vorratsbehälter. Sie entstehen durch Einschnürungen an der Plasmamembran und dienen zur Aufnahme von Makromolekülen zur Ernährung der Zelle.

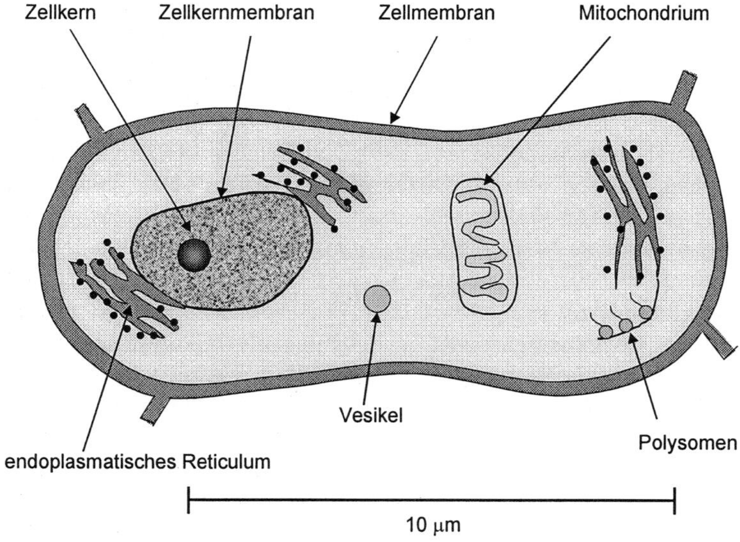

Abb. 12.1. Schematischer Aufbau einer eukaryontischen Zelle

b) Prokaryontische Zellen

Bei den Prokaryonten befindet sich die in diskreten Bereichen der Zelle lokalisierte DNA (ohne äußere Begrenzung durch Membranen) unmittelbar im Zellplasma (Zytoplasma). Die DNA liegt als ringförmig geschlossener Faden (in geknäuelter Form) vor und ist beim Bakterium Escherichia coli[4] etwa 1 mm lang. Bakterien enthalten zusätzliche kurzkettige DNA als ringförmige **Plasmide**, die verschiedene, nicht essentielle Eigenschaften codieren, z.B. Resistenz gegen bestimmte Antibiotika (siehe Abschnitt 12.2.4). Auch fehlen bei den Prokaryonten die Mitochondrien und Chloroplasten.

---

[4] Die im menschlichen Darm vorkommenden Bakterien „Escherichia coli" (benannt nach Theodor Escherich, 1857–1911) gehören zu den Hauptuntersuchungsobjekten der Molekularbiologie. Diese Bakterienart hat eine Größe von etwa 1x1x3 μm und verdoppelt sich unter günstigen Bedingungen etwa alle 20 Minuten.

Die Ribosomen sind kleiner als bei den Eukaryonten. Nach außen sind die Prokaryonten durch primitive Membranen abgeschlossen, das Zytoplasma ist nur wenig von Membranen durchsetzt und die Membranen enthalten auch andere Bestandteile als bei den Eukaryonten.

In einer Zelle findet man zwei verschiedene Typen von chemischen Substanzen, nämlich die aus kleinen Molekülen bestehenden Grundbausteine oder **Mikromoleküle** einerseits und die aus sehr vielen Atomen bestehenden **Makromoleküle** andrerseits.

Die Mikromoleküle umfassen eine Anzahl von nicht weniger als 3000 verschiedenen, relativ kleinen, aus nur einigen Atomen bestehenden Molekülarten. Diese Substanzen anorganischer oder organischer Natur werden entweder im Organismus selbst gebildet oder aus der Umwelt aufgenommen. Oft sind nur geringe Mengen eines chemischen Stoffes notwendig (z.B. Spurenelemente); wenn jedoch auch nur eine einzige dieser zum Leben notwendigen Substanzen fehlt, kann der Organismus daran zugrunde gehen.

Unter den Makromolekülen bilden die **Proteine** den Hauptbestandteil der Zellsubstanz. Sie nehmen in einer Zelle viele wichtige Funktionen ein. Sie bauen als Gerüstsubstanzen die Struktur der Zelle auf und sind als Biokatalysatoren am Stoffwechsel beteiligt. Mit Hilfe der Biokatalysatoren werden alle weiteren lebensnotwendigen Produkte und Vorprodukte, die eine Zelle bzw. Organismus benötigt, synthetisiert (Kohlenhydrate, Fette, Öle, Aminosäuren etc.). Außerdem transportieren Proteine die Nähr- und Abfallstoffe und sind für die Informationsübertragung zwischen der Umgebung der Zelle und ihrem Inneren verantwortlich. Weitere wichtige Makromoleküle sind die **Nucleinsäuren** als Träger bzw. Überträger der Erbsubstanz (siehe Abschnitte 12.2.1 und 12.2.2).

12.1.3   Der Stoffwechsel

a) Allgemeines

Der Stoffwechsel sorgt für die Erhaltung der Lebensvorgänge und liefert die zum Leben benötigte Energie. Beim Stoffwechsel unterscheidet man:

- **Baustoffwechsel**: Dies sind Reaktionen, die zum Aufbau von Verbindungen (Nucleinsäuren, Körper-Proteine) führen.
- **Energie- oder Betriebstoffwechsel**: Dies ist die Summe der Reaktionen, die zur Gewinnung chemisch verwertbarer Energie führt.

Alle im Stoffwechsel ablaufenden Prozesse erfolgen über viele Zwischenstufen, entweder in langen Reaktionsketten oder in einem Zyklus, bei dem Anfangs- und Endsubstanz identisch sind.

b) Biokatalysatoren

Diese biochemische Reaktionen werden mit Hilfe von Katalysatoren gesteuert, die man als **Enzyme** bezeichnet. Solche Biokatalysatoren sind kompliziert aufgebaute Makromoleküle, die meist aus einem Eiweißteil (dem Apo-Enzym) und einer aktiven Gruppe (dem Co-Enzym) bestehen. Als Co-Enzym können beispielsweise bestimmte Vitamine oder auch ATP wirken. Erst wenn beide zusammentreffen, sind diese Biokatalysatoren wirksam. Co-Enzym und Apo-Enzym bilden zusammen das aktive Holo-Enzym. Sie lassen chemische Reaktionen mit großer Geschwindigkeit ablaufen. So kann z.B. ein einziges Enzym-Molekül im Extremfall in einer Minute bis zu 3 Millionen „Substrat"-Moleküle in die betreffenden Bruchteile chemisch zerlegen. Als Substrat werden hierbei diejenigen Stoffe bezeichnet, welche durch die Enzyme chemisch umgewandelt werden. Derart schnelle Reaktionen sind beispielsweise für die Reizübertragung zwischen den Nervenzellen verantwortlich. Die meisten enzymatischen Reaktionen sind jedoch wesentlich langsamer (Zerlegung von 1.000 bis 10.000 Substratmolekülen pro Enzymmolekül und Minute).

Alle biologischen Funktionen wie Verdauung, Muskelbewegung, Farbsehen, Reflexe usw. sind auf chemische Reaktionen zurückzuführen. Die Enzyme wirken dabei **spezifisch**, d.h., sie katalysieren jeweils nur ganz bestimmte Reaktions- und Molekülarten. Bei den vielen im Organismus nebeneinander ablaufenden Einzelreaktionsarten ist die Anzahl der verschiedenartigen Enzyme, die ein Lebewesen benötigt, sehr groß. Das Fehlen auch nur eines einzigen Enzyms hat letale Folgen; d.h., der Organismus geht daran zugrunde.

Ein jedes Enzym hat ein Optimum seiner Wirksamkeit bei einem bestimmten pH-Wert und einer bestimmten Temperatur. Die Benennung der verschiedenen Enzyme erfolgt nach dem reagierenden Substrat, der Reaktionsart und schließlich durch Anhängung der Silbe **-ase**, z.B. Glucose-Oxidase oder Lactat-Dehydrogenase.

Enzyme sind sehr empfindlich gegen Temperaturänderung (sie werden oft bei Temperaturen über 40–50 °C zerstört, ihre Funktionsweise wird auch bei zu tiefen Temperaturen beeinträchtigt), auch werden sie in ihrer Wirkungsweise durch viele Schwermetallsalze außer Kraft gesetzt. Hier ist auch der Angriffspunkt vieler anderer, oft nur in geringer Dosis wirkender Gifte zu suchen. Solche Gifte brauchen nicht auf chemischem Wege hergestellte Substanzen zu sein, es können genauso gut Naturprodukte sein. Falls die letale Dosis nicht überschritten wurde, werden durch Detoxikationsreaktionen (evtl. Abbau der veränderten Enzyme) die Giftstoffe wieder ausgeschieden (siehe auch Abschnitt 12.5.1).

c) Energiestoffwechsel

Der wichtigste Prozeß ist die Zellatmung oder biologische Oxidation, bei der die von der Zelle aufgenommenen energiereichen Stoffe in den Mitochondrien zu energiearmen (vor allem Kohlendioxid und Wasser) abgebaut werden. Die über sehr viele Zwischenstufen gehende biologische Oxidation liefert die lebensnotwendige Energie, welche in Form einer energiereichen chemischen Verbindung, dem **Adenosintriphosphat (ATP)** bereitgestellt wird. Dieses energiereiche Molekül kann die in ihm gespeicherte chemische Energie abgeben, wobei eine Phosphatgruppe abgespalten wird (in bestimmten Fällen werden auch zwei Phosphatgruppen abgespalten). Das dabei entstehende energieärmere **Adenosindiphosphat (ADP)** wird durch Energiezufuhr in den Mitochondrien wieder in ATP umgewandelt. So dient zur Energieübertragung in der Zelle durch den in Abb. 12.2 dargestellten Kreisprozeß. Letztendlich werden hierbei Nährstoffe (wie z.B. der Traubenzucker) durch Luftsauerstoff unter Energiegewinn zu CO_2 und H_2O oxidiert. Deshalb wird dieser Prozeß auch als **aerober Prozeß** bezeichnet.

Aus einem Molekül Glucose werden 38 Moleküle ATP gebildet. Dabei entspricht die von einem erwachsenen Menschen täglich im Kreislauf produzierte Menge ATP

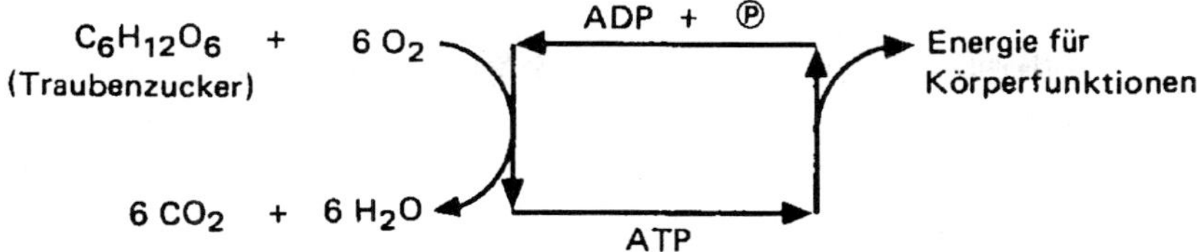

Abb. 12.2. Kreisprozeß zur Energieübertragung in einer Zelle

etwa seinem eigenen Körpergewicht, also werden täglich ca. 70 kg ATP gebildet und verbraucht! Auf diese Weise wird ein großer Betrag, der bei der Oxidation von Glucose freigesetzt wird, in einem über viele kleine Einzelreaktionen gehenden Prozeß in kleine Energiebeträge zerlegt. In dieser Form kann die Energie in der Zelle Verwendung finden, etwa wie man bestimmte Automaten nur mit kleinen Münzen, jedoch nicht mit großen Geldscheinen bedienen kann. Interessant ist, daß nur ca. 40%[5] der durch die Glucoseoxidation freiwerdenden Energie in ATP und dann in andere Energieformen (z.B. in mechanische Arbeit bei der Muskelbewegung, die durch die nachfolgende Spaltung von ATP angetrieben wird) umgewandelt wird. Somit werden bei der biologischen Umsetzung in Arbeit ähnliche mechanische Wirkungsgrade wie bei der mechanischen Energienutzung in Kraftwerken (siehe Abschnitt 3.6.3) erreicht. Der Rest der Reaktionsenthalpie entfällt auf eine Entropiezunahme (=Erwärmung), siehe die Gibbssche Gleichung in Abschnitt 3.5.3.

Einige Mikroorganismen können biologisch verwertbare Energie in Abwesenheit von Luftsauerstoff durch **anaerobe Prozesse** gewinnen. Sie gewinnen Energie durch Nutzung anderer Stoffwechselvorgänge (siehe Abschnitt 13.1.2). Dieser Prozeß wird auch als **Gärung** bezeichnet. Hierbei fehlt allerdings die hohe Energieausbeute der Sauerstoffatmung.

Die in Algen und Pflanzen vorhandenen **Chloroplasten** können die Sonnenenergie durch den Prozeß der Photosynthese in chemische Energie umwandeln. Hierzu dienen zwei nahe verwandte Pigmentsysteme, die als wesentliche Bestandteile **Chlorophyllmoleküle** enthalten, welche langwelliges (rotes) Licht der Wellenlänge 680 nm (System II) und 700 nm (System I) absorbieren. Wegen dieser Absorption im roten Bereich erscheinen die Pflanzen grün (siehe Abschnitt 11.7.1). Die durch das Licht in den Chlorophyllmolekülen aktivierten Elektronen werden auf Enzymsysteme übertragen und dienen in einer durch das Licht nicht mehr beeinflußten Nachfolgereaktion (Dunkelreaktion) zur Reduktion von Kohlendioxid. Das Chlorophyll erhält die abgegebenen Elektronen von Wassermolekülen zurück; dabei werden die Wassermoleküle nach folgender Gleichung gespalten:

$$2\,H_2O \rightarrow O_2 + 4\,H^+ + 4\,e^-$$

---

[5] Der Wert von 40% errechnet sich unter der Annahme von „Standardbedingungen"; bei den vorliegenden (geringeren) physiologischen Konzentrationen in der Zelle dürfte sich der tatsächliche, auch von der Konzentration abhängige Wirkungsgrad der Redoxpotentiale (hierzu müßten Gleichungen wie unter 10.2 berücksichtigt werden) auf etwa 50% erhöhen.

Die **Photosynthese** läuft also auf eine durch die Lichteinwirkung ausgelöste Spaltung des Wassers hinaus; es entsteht dabei Sauerstoff, während die ebenfalls entstehenden Elektronen und Wasserstoffionen zur Reduktion des an organischen Molekülen gebundene Kohlendioxids führen. Insgesamt ergibt sich bei der Photosynthese folgende Reaktionsgleichung:

$$6\ CO_2\ +\ 6\ H_2O\ \xrightarrow{\text{Lichtenergie}}\ C_6H_{12}O_6\ \text{(Glucose, Traubenzucker)}\ +\ 6\ O_2$$

d) Menschlicher Stoffwechsel

Der Mensch ist darauf angewiesen, für das körperliche Wachstum, zur Aufrechterhaltung des Stoffwechsels und zur Bereitstellung der für alle Lebensfunktionen (z. B. Gehirntätigkeit, Bewegung, Körperwärme usw.) notwendigen Energien bestimmte Quantitäten verschiedener Stoffe als Nahrung aufzunehmen. Zu diesen lebensnotwendigen Stoffen gehören auf der einen Seite die drei Hauptbestandteile der Nahrung mit folgenden ungefähren physiologischen Verbrennungswärmen[6]:

- Proteine   17 kJ/g
- Kohlenhydrate   17 kJ/g
- Fette   39 kJ/g

Neben den physiologischen Verbrennungswärmen ist bei der Beurteilung der Nahrung entscheidend, welche Nahrungsbestandteile **essentiell** (d.h. lebensnotwendig) und durch andere nicht ersetzbar sind. Die Kohlenhydrate sind nicht essentiell und können durch Eiweiß und Fett ersetzt werden. Im Gegensatz dazu sind bestimmte Fette und Eiweiße essentielle Bestandteile der Nahrung. Das mit der Nahrung zugeführte Eiweiß wird nur in dem Maße zur Bildung von körpereigenem Protein verwendet, wie es alle notwendigen Aminosäuren enthält. Während viele Aminosäuren durch „**Transaminierung**" aus anderen Aminosäuren im menschlichen Körper gebildet werden können, müssen die essentiellen Aminosäuren (siehe Abschnitt 8.7.2) mit der Nahrung zugeführt werden. Ist auch nur eine einzige Aminosäure in zu geringer Menge vorhanden, so werden die anderen (im Überschuß vorhandenen) nicht zur Eiweißsynthese verwendet, sondern durch das Stoffwechselgeschehen abgebaut und ausgeschieden. Die Menge an verwertbarem Protein richtet sich nach derjenigen essentiellen Aminosäure, die nicht mehr in ausreichender Menge in der Nahrung vorhanden ist.

Abb. 12.3 zeigt in vereinfachter Form den Ablauf des menschlichen Stoffwechsels. Der Prozeß des Stoffwechsels erfolgt wie zu erkennen ist, über viele Zwischenstufen in langen Reaktionsketten und in Zyklen, bei dem Anfangs- und Endsubstanz identisch sind. Die Kohlenhydrate und Fette werden schrittweise oxidativ zur energiereichen Verbindung **Acetyl-CoA** („aktivierte Essigsäure") umgesetzt. Die dabei gewonnen Energie wird in Form von ATP gespeichert (siehe Abschnitt 12.1.3c). Im sogenannten **Citronensäurezyklus** wird der Acetylrest der aktivierten Essigsäure über die Zitronensäure letztendlich zu CO_2 und H_2O oxidiert. Während die Kohlenhydrate vollständig abgebaut

---

[6] Die physiologischen Verbrennungswärmen beziehen sich auf die bei den Stoffwechselreaktionen im Körper freiwerdende Energie und unterscheiden sich (insbesondere bei den Proteinen) von dem durch vollständige Oxidation ermittelten „Brennwert" (siehe Abschnitt 8.8.1).

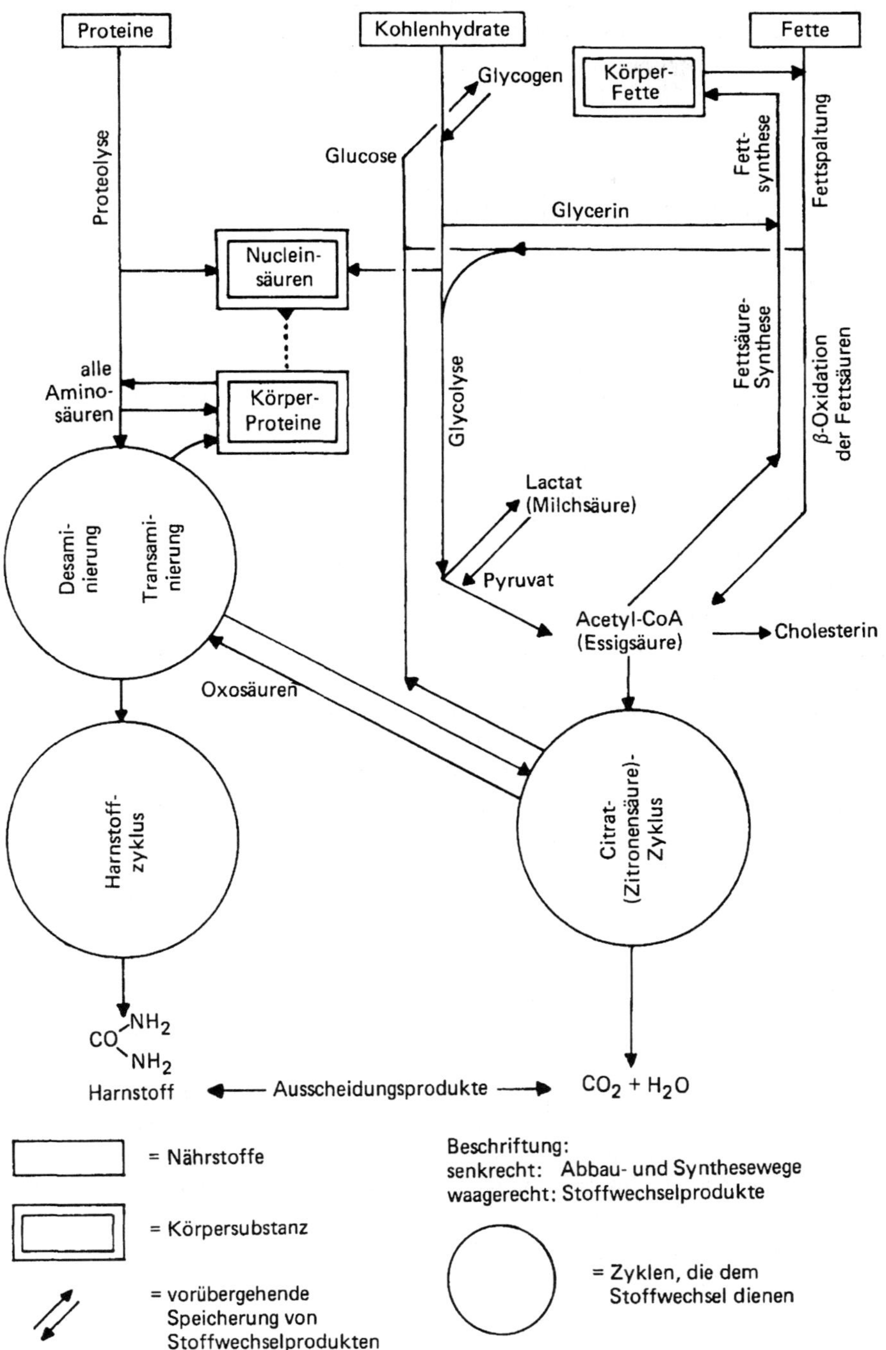

Abb. 12.3. Der menschliche Stoffwechsel

werden, werden die Fette neben dem Energiegewinn auch zum Aufbau der wichtigen Körperfette gebraucht. Auch die Proteine werden einerseits zum Energiegewinn abgebaut (bis zum Harnstoff) und andererseits zum Aufbau der stickstoffhaltigen Verbindungen, d.h. Körperproteinen und Nucleinsäuren gebraucht.

12.2   Molekularbiologie

Die Molekularbiologie ist ein Teilgebiet der Biochemie und hat sich heute zu einem eigenständigen Forschungszweig verselbständigt. Ziel der Molekularbiologie ist es, das biochemische Geschehen im Organismus (wie Vererbung, Wachstum, Stoffwechsel, Entwicklung usw.) in Abhängigkeit vom Informationsinhalt der Organismen zu untersuchen.

Lebewesen zeigen neben dem Phänomen des Stoffwechsels die Besonderheit des Reduplikationsvermögens. Das bedeutet, lebende Zellen oder Organismen können nur entstehen und heranwachsen durch Vermittlung von bereits vorhandenen lebenden Zellen oder Organismen. Beim einzelligen Lebewesen erfolgt die Weitergabe des Lebens durch Zellteilung. Die dabei aus einer einzigen Zelle durch Teilung entstandenen neuen Tochterzellen wachsen nach der Teilung zu der normalen Größe heran und teilen sich ihrerseits auf die gleiche Weise.

12.2.1   Aufbau und Verdoppelung der DNA

Die Vererbung der spezifischen Eigenschaften eines Lebewesens wird vermittelt durch die **Desoxyribonucleinsäuren**, abgekürzt **DNA** (siehe Abschnitt 12.1.2a). Jedes Individuum hat eine sehr große Anzahl verschiedener DNA-Makromoleküle, die in verschlüsselter Form die Erbinformationen enthalten. Diese Erbinformationen sind in den DNA-Molekülen dadurch fixiert, daß vier Grundbausteine (die vier **Nucleotide**) in spezifischer, unverwechselbarer Reihenfolge lange Kettenmoleküle bilden, vergleichbar den Informationen eines Schrifttextes, wiedergegeben durch die jeweils spezifische Reihenfolge der in ihnen enthaltenen Buchstaben und Satzzeichen.

Die Weitergabe der Erbinformation erfolgt durch eine Verdoppelung des Erbinformationsträgers DNA in der Weise, wie es in diesem Abschnitt beschrieben wird. Mit Hilfe dieser in der DNA enthaltenen Informationen werden die in der neuen Zelle benötigten spezifischen Proteine synthetisiert (siehe Abschnitt 12.2.2). Auch bei den aus vielen Zellen bestehenden Organismen sind diese Prinzipien wirksam. Die Weitergabe der Erbinformation bei der geschlechtlichen Vermehrung erfolgt durch Vereinigung einer männlichen und einer weiblichen Keimzelle.

Aufbau und Verdoppelung der DNA-Moleküle wurden von Watson und Crick (James Dewey Watson, geb. 1928, Nobelpreis 1962, Francis H. Crick, geb. 1916, Nobelpreis 1962) entdeckt, nachdem es Wilkins (Maurice H. F. Wilkins, geb. 1916, Nobelpreis 1962) gelungen ist, die Aufnahmetechniken bei Röntgenstrukturanalysen zu verbessern. Demnach zeigt sich ein DNA-Molekül als sogenannte **Doppelhelix**, (helix, engl. = Spirallinie, Schneckenlinie) als ein schraubenförmig gewundener Doppelstrang, vergleichbar einer verdrillten Strickleiter, wie es in Abb. 12.5, links angedeutet ist. Man kann aus der entspiralisiert gezeichneten Detailzeichnung erkennen, daß die „Holme" stets abwechselnd aus Phosphorsäure- und Desoxyribosemolekülen bestehen. An der Desoxyribose gebunden ist jeweils eine der vier charakteristischen Basen: Adenin (A), Guanin (G), Thymin (T) und Cytosin (C). Diese stickstoffhaltigen Heterocyclen werden Basen genannt, weil sie eine schwach alkalische Reaktion zeigen. Diese Basen schließen sich durch Wasserstoffbrücken (in Abb. 12.4 und 12.5 punktiert gezeichnet) immer zu den spezifischen Paarungen A–T und C–G zusammen.

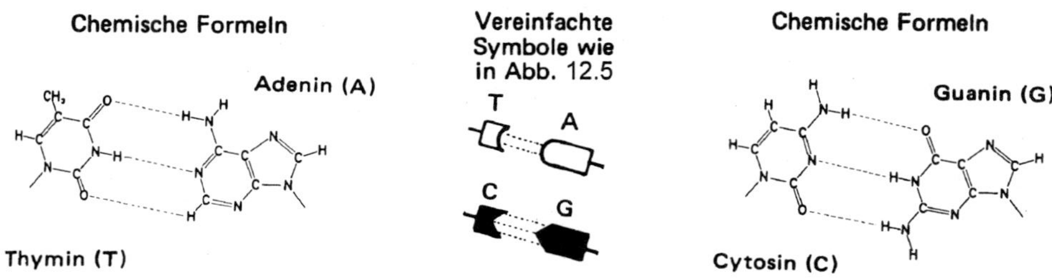

Abb. 12.4. Die spezifische Basenpaarung in der DNA-Doppelhelix

Bei der **Reduplikation der DNA** werden (durch ein Enzym gesteuert) zunächst die Wasserstoffbrücken zwischen den Basen gelöst, an die beiden Einzelstränge lagern sich die komplementären Nucleotide an, immer mit der spezifischen Basenpaarung , A–T und C–G. Auf diese Weise entstehen jeweils zwei neue, identische DNA-Doppelstränge. Die ursprüngliche, auf der spezifischen Basenreihenfolge (Basensequenz) beruhende Erbinformation hat sich auf diese Weise verdoppelt, die durch Teilung einer Zelle entstandenen beiden neuen Tochterzellen enthalten deswegen exakt die gleichen DNA-Moleküle.

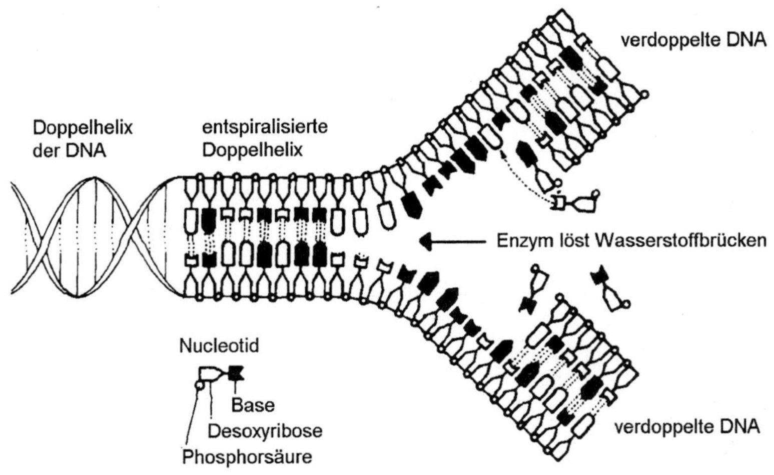

Abb. 12.5. Die Verdoppelung der DNA

12.2.2   Die Eiweißsynthese

Über Proteine oder Eiweißstoffe wurde bereits einiges in den Abschnitten 8.7.2 und 12.1.3d erwähnt. Hier soll erklärt werden, wie das spezifische Eiweiß in den Zellen gebildet wird. Die Anzahl der überhaupt möglichen Proteine ist unvorstellbar groß. Man schätzt, daß allein der menschliche Organismus ca. $5 \cdot 10^6$ verschiedene Eiweißsorten enthält. Jede Art von Lebewesen hat ganz spezifische Proteine, und man führt die spezifischen Eigenschaften von Individuen und Arten auf die Anwesenheit von verschiedenen Eiweißkörpern zurück.

Obwohl die Anzahl der möglichen Eiweißarten so groß ist, enthalten alle natürlichen Proteine nur 20 verschiedene **Aminosäuren**. Die große Vielfalt an verschiedenen Eiweißkörpern kommt dadurch zustande, daß die Aminosäuren in spezifischer, unverwechselbarer Reihenfolge zu sehr langen Kettenmolekülen aneinander gebunden sind. Solche Eiweißmoleküle enthalten in der Regel 100 bis 30.000 Aminosäuren in ganz bestimmter Reihenfolge. Die körperspezifischen Eigenschaften der Proteine werden durch die Reihenfolge (Sequenz) oder in ihnen enthaltenen Aminosäuren bestimmt.

Die für jeden Organismus spezifischen Proteine müssen in der richtigen Weise, das heißt mit der richtigen Aminosäurensequenz hergestellt werden. Dies geschieht mit Hilfe von Nucleinsäuren.

Für die Proteinsynthese benötigt die Zelle **vier verschiedene Arten von Nucleinsäuren**:

- Die **DNA** als Erbinformationsträger, die die Anweisung zum Aufbau von jeweils einem spezifischen Eiweiß enthält.
- Die **Boten-RNA** (m-RNA vom englischen messenger-RNA), welche die Information von der DNA zu den Ribosomen, den Produktionsstätten der Proteinsynthese, überbringt. Die Boten-Ribonucleinsäure ist ähnlich aufgebaut wie die DNA, sie enthält anstelle der Desoxyribose den Zucker Ribose, wie die DNA die Basen Adenin (A), Guanin (G), Cytosin (C), jedoch anstelle des Thymins das nahe verwandte Uracil (U), welches sich immer wie das Thymin mit Adenin paart. Die m-RNA ist aufzufassen als **Arbeitskopie** der DNA für die Eiweißsynthese im Organismus, sie bildet einen Einzelstrang (nicht eine Doppelhelix wie die DNA), hätte also schematisch etwa eine in Abb. 12.6a angedeutete Molekülkette, die in Abb. 12.6b noch weiter vereinfacht wiedergegeben ist.

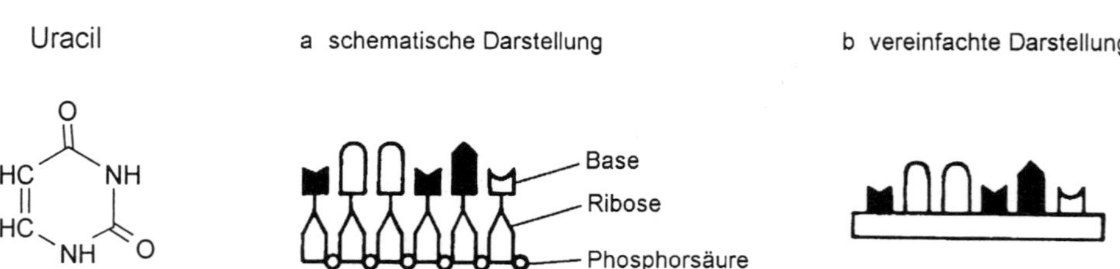

Abb. 12.6. Die m-RNA

- Die **Ribosomen-RNA** (r-RNA), welche in den Ribosomen, den Produktionsstätten der Eiweißsynthese, zu finden ist und dort wichtige Funktionen bei der Proteinsynthese erfüllt.
- Die **Träger-RNA** (t-RNA vom englischen transfer-RNA), die jeweils spezifische Aminosäuren bindet und zur Proteinsynthese führt. Da es verschiedene Aminosäuren gibt, unterscheiden sich die t-RNA der einzelnen Aminosäuren voneinander. Diese t-RNA sind infolge teilweiser Zusammenlagerung (über Wasserstoffbrücken) zu spezifischen Basenpaarungen in charakteristischer Weise gefaltet, wie es in der Abb. 12.7 zu sehen ist, und enthalten die spezifischen Basentripletts (Anticodon).

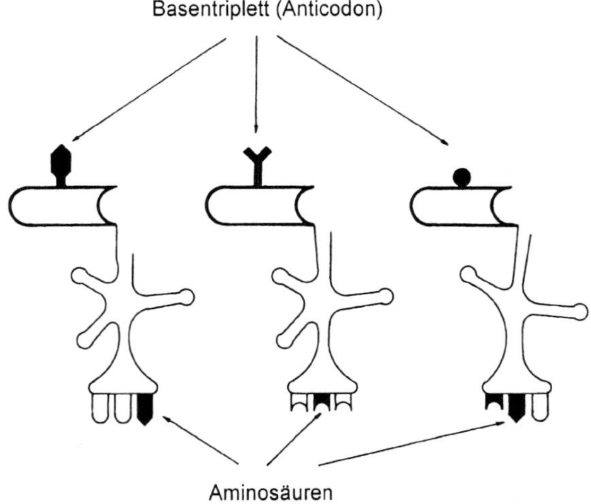

Abb. 12.7. Die t-RNA mit spezifischen Aminosäuren

Diese vier Nucleinsäuretypen wirken in folgender Weise zusammen:
Zunächst wird von der DNA eine „Arbeitskopie" hergestellt. Dies ist die Boten-RNA (m-RNA), welche die verschlüsselten Befehle des Erbinformationsträgers zu den Produktionsstätten der Eiweißsynthese (den Ribosomen) überführt. Auf den Ribosomen (mit ihren r-RNA-Molekülen) werden mit Hilfe der spezifischen Träger-RNA die verschiedenen Aminosäuren herbeigeführt. Wenn das Anticodon stimmt, wird die spezifische Aminosäure zur Verlängerung der Eiweißkette angefügt. In Abb. 12.8 wird gezeigt, wie gerade drei Phenylalaninmoleküle (aufgrund des Codes in der Boten-RNA) hintereinander die Eiweißkette verlängern. Nach der Fixierung der Aminosäure an der Eiweißkette löst sich die t-RNA ab, um sich mit einer neuen Aminosäure zu verbinden (in Abb. 12.8 links oben).

Es ist durch umfangreiche Untersuchungen gelungen, den **genetischen Code** der m-RNA beim Aufbau der Proteine zu entziffern, wie in Tab. 12.1 dargestellt.

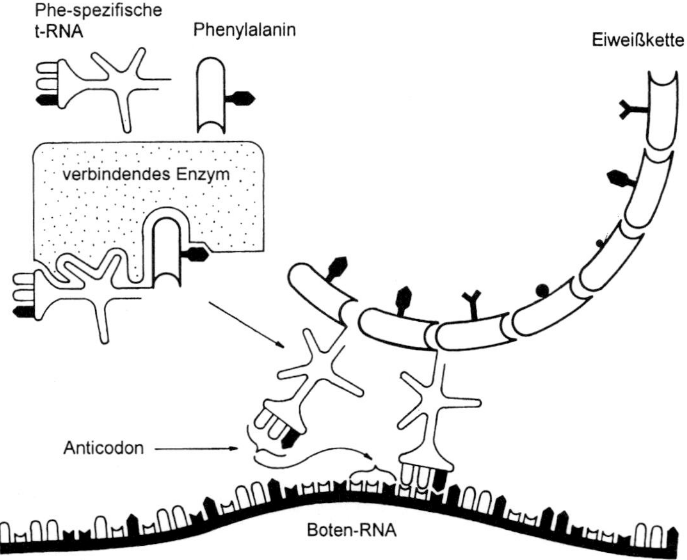

Abb. 12.8. Die Proteinsynthese

Tab. 12.1. Genetischer Code der m-RNA

erste Base	zweite Base				dritte Base	Abkürzungen
	U	C	A	G		
U	Phe	Ser	Tyr	Cys	U	Ala = Alanin
	Phe	Ser	Tyr	Cys	C	Arg = Arginin
	Leu	Ser	*Stop**)	*Stop**)	A	Asn = Asparagin
	Leu	Ser	*Stop**)	Trp	G	Asp = Asparaginsäure
						Cys = Cystein
C	Leu	Pro	His	Arg	U	Gln = Glutamin
	Leu	Pro	His	Arg	C	Glu = Glutaminsäure
	Leu	Pro	Gln	Arg	A	Gly = Glykokol
	Leu	Pro	Gln	Arg	G	His = Histidin
						Ile = Isoleucin
A	Ile	Thr	Asn	Ser	V	Leu = Leucin
	Ile	Thr	Asn	Ser	C	Lys = Lysin
	Ile	Thr	Lys	Arg	A	Met = Methionin
	Met**)	Thr	Lys	Arg	G	Phe = Phenylalanin
						Pro = Prolin
G	Val	Ala	Asp	Gly	V	Ser = Serin
	Val	Ala	Asp	Gly	C	Thr = Threonin
	Val	Ala	Glu	Gly	A	Trp = Tryptophan
	Val	Ala	Glu	Gly	G	Tyr = Tyrosin
						Val = Valin

*) "Stop" stellt eine Anweisung dar, die Proteinsynthese zu beenden.
**) Wenn die Kombination AUG an bevorzugter Stelle am Beginn der m-RNS vorhanden ist, bedeutet sie „Start" der Proteinsynthese.

12.2.3 Mutationen

Mutationen sind **sprunghafte Veränderungen der Erbeigenschaften**. Mutationen sind einerseits bei der Einwirkung von Chemikalien bzw. sonstigen Umwelteinflüssen (z.B. radioaktive Strahlung) auf den menschlichen Körper von Bedeutung für die toxikologische Wirkung von Substanzen (siehe Abschnitt 12.5.1). Zum anderen sind Mutationen die natürliche Grundlage für die Entstehung und die Evolution der Arten. Mutationen sind deshalb seit jeher wichtig zur Anpassung von Mikroorganismen, Tieren und Pflanzen an unterschiedliche Klimazonen und eine Optimierung der Widerstandskraft gegen Umwelteinflüsse. Die Veränderung und Selektion von genetischer Information wird seit langer Zeit bei der klassischen **Züchtung** von Tieren und Pflanzen ausgenutzt, wobei unter den Produktionsstämmen die bestproduzierenden ständig herausselektioniert werden.

Die Ursache von Mutationen liegt in einer plötzlichen Änderung der Basensequenz in der DNA („Druckfehler" im genetischen Code). Aus der Änderung der Basensequenz folgen Veränderungen der Aminosäurensequenz bei den Proteinen und damit auch Veränderungen im Organismus. Schon bei der normalen Verdoppelung der DNA können sich **Kopierfehler** einschleichen. Nach Schätzungen liegt diese normale, natürliche Mutationsrate in der Größenordnung von 10^{-5} bis 10^{-9}, d.h., von hunderttausend bis eine Milliarde Basenpaarungen findet sich eine anormale Kombination. Mutationen können jedoch ursächlich entstehen, wenn chemische Stoffe oder energiereiche Strahlung auf die DNA einwirken.

a) Mutationsarten

1) Chromosomenmutationen

Zu Chromosomenmutationen kann es durch **energiereiche Strahlungen** kommen. Solch eine energiereiche Strahlung (z.B. radioaktive Strahlung, Röntgenstrahlung, direkt einwirkende energiereiche ultraviolette Strahlung) kann spontan zur Sprengung der chemischen Bindung in den Chromosomen führen.

Wird bei der Einwirkung radioaktiver Strahlen nur ein Strang der DNA aufgetrennt, so kann die Bruchstelle ohne Veränderung wieder ausgebessert werden; brechen beide Stränge auseinander, so können sie ebenfalls wieder zusammenwachsen; wenn dies aber in veränderter Weise geschieht, wie es Abb. 12.9 zeigt, so führt dies zu einer bleibenden Mutation.

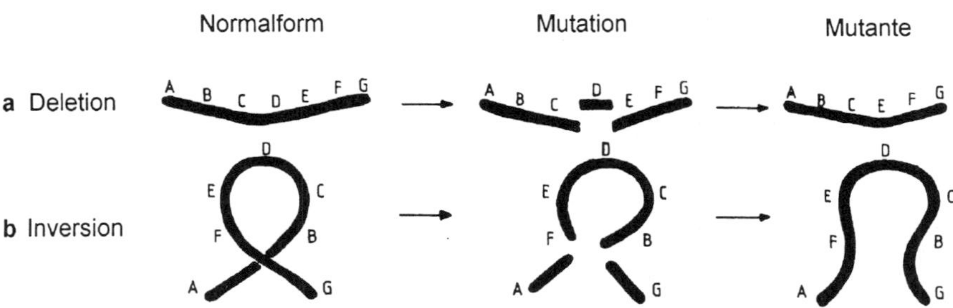

Abb. 12.9. Chromosomenmutationen

Durch Strahleneinwirkung können Chromosomen auseinanderbrechen und dann nicht mehr in der ursprünglichen Weise zusammenwachsen:

- **Deletion** = Verlust eines Chromosomenteils;
- **Inversion** = Umkehrung der Reihenfolge
- **Translokation** = Zusammenwachsen von Teilen verschiedener Chromosomen (bzw. Duplikation, wenn von homologen Chromosomen ein Chromosomenteil zusätzlich eingebaut wird, so daß gewisse entsprechende Informationen doppelt vorhanden sind).

Solche Mutationen zeigen ihre schädlichen Auswirkungen dann, wenn die Zellen in Teilung begriffen sind, wenn sich die DNA verdoppelt, also beim Embryo sowie beim kindlichen, noch wachsenden Gewebe, außerdem bei Körpergewebe von Erwachsenen, das sich ständig teilt, wie z.B. blutbildendes Gewebe, die Darmschleimhaut oder die Zellen, welche Antikörper (z.B. gegen Infektionen) produzieren. Daher äußern sich Strahlenschäden beim Erwachsenen z.B. durch eine verminderte Regeneration des Blutes, der Darmschleimhaut oder auch durch eine überhöhte Anfälligkeit gegenüber Infektionen.

2) Punktmutationen

Punktmutationen können durch **Einwirkung chemischer Substanzen** auf DNA-Stränge entstehen. So verwandelt salpetrige Säure oder Nitrit die Base Cytosin in Uracil und ruft somit eine Veränderung der Basensequenz hervor. Bei der darauf folgenden Verdoppelung der DNA paart sich das Uracil (welches dem Thymin chemisch ähnlich ist) mit Adenin (nicht wie ursprünglich Cytosin mit Guanin) und führt deswegen zu einer **Basensubstitution** (substitutio, lat. = Ersetzung).

Ebenso können einige andere den Basen ähnliche (strukturanaloge) chemische Verbindungen in die DNA eingebaut werden und zu Veränderungen in der DNA führen. Andere Stoffe (z. B. Acridine, d. h. chemische Substanzen, die sich vom Grundkörper Acridin ableiten), können zwischen die Nucleotide der DNA eingelagert werden.

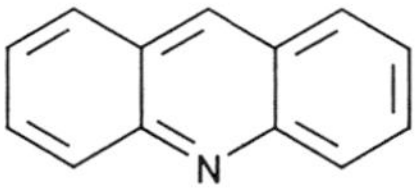

Acridin

Als Folge davon kann es bei der DNA-Reduplikation zu einem zusätzlichen Baseneinschub (Insertion) oder zu einem Fortfall (Deletion) bislang vorhandener Nucleotide kommen. Dadurch gibt es Verschiebungen (Schubmutationen) in dem genetischen Code der Basentripletts, es resultieren dann keine sinnvollen Basenmuster mehr.

Der Katalog der **mutagenen** (mutare, lat. = verändern) chemischen Stoffe, d.h. solcher Stoffe die Mutationen hervorrufen, ist keineswegs vollständig bekannt. Gerade bei der Entstehung neuen Lebens und bei der frühen Entwicklung der neuen Individuen (Schwangerschaft) ist daher mit der Einwirkung chemischer Substanzen (z.B. Arzneimittel) größte Vorsicht geboten.

Auch langwelliges UV-Licht, dessen Energiebetrag nicht mehr zur Spaltung von Chromosomen ausreicht, vermag dennoch Mutationen auszulösen, denn die heterocyclischen „Basen" der DNA vermögen durch Anregungen bei Wellenlängen von ca. 260 nm in einen reaktionsfähigen Zustand überführt zu werden und mit Nachbarbasen zu reagieren. Damit kommt es aber zu einer bleibenden Umorientierung der Bindungsverhältnisse in der DNA-Doppelhelix, zum Beispiel kommt es zu einer Dimerisierung = Verknüpfung zweier Basen miteinander unter Aufspaltung anderer, ursprünglicher Bindungsarten.

3) Genommutationen

Ändert sich die Chromosomenzahl, so spricht man von einer Genommutation (zu Genom siehe Abschnitt 12.1.2a). Eine solche erfolgt wahrscheinlich auch durch die Einwirkung bestimmter chemischer Stoffe oder radioaktiver Strahlen. Bei der **Aneuploidie** (vom griechischen; heißt: keine gute Anzahl) werden nur einzelne Chromosomen hinzugefügt oder entfernt; solche Mutationen sind in der Regel ungünstige Veränderungen mit erheblichen Nachteilen für die neu entstandenen Individuen. Bekanntestes Beispiel ist der **Mongolismus** beim Menschen, wo ein (das 21.) Chromosom doppelt von einer Keimzelle eingebracht wird, also insgesamt dreimal vorliegt. Jede Körperzelle eines solchen mongoloiden Menschen besitzt dann 47 statt 46 Chromosomen.

Bei der **Polyploidie**, einer im Pflanzenreich (insbesondere bei Kulturpflanzen, z.B. Weizen) weit verbreiteten Erscheinung, werden vollständige Chromosomensätze verdoppelt, so daß eine Neuzüchtung z. B. den doppelten, vier- oder sechsfachen Chromosomensatz enthält; man bezeichnet diese dann als diploid, tetra- bzw. hexaploid. Da in der Regel sich durch die Polyploidie die Pflanzenzellen vergrößern, bringen solche Neuzüchtungen bessere Ernteerträge ein.

b) Reparatur von Mutationen

Mutationen werden oft wieder rückgängig gemacht, indem z. B. veränderte Teile der DNA abgetrennt werden und die richtige Kombination am unversehrt gebliebenen Strang wiederhergestellt wird. So bietet die Doppelhelix der DNA eine günstige Versicherung gegen den Verlust von genetischer Information. Ereignet sich die Mutation gerade im Vorgang der Verdoppelung der DNA, dann wird an einem mutierten Einzelstrang ein neuer Doppelstrang aufgebaut, ein Vorgang, der sich gerade bei der Entstehung oder der Entwicklung eines neuen Individuums ereignet.

c) Somatische Mutationen

Wenn die Ei- bzw. die Samenzelle mutiert wird, enthalten alle Zellen des neuen Individuums diese Veränderungen. Es kann jedoch auch im Verlauf der Individualentwicklung die Erbinformation einer Körperzelle verändert werden. Alle aus dieser Zelle entstehenden neuen Zellen tragen dann diese Mutationen, während die übrigen Körperzellen einschließlich der Keimzellen dieses Individuums nicht geschädigt sind. Man spricht in diesen Fällen von somatischen (somatikos, gr. = körperlich) Mutationen.

Bestimmte Arten von Krebs sind wahrscheinlich auch auf somatische Mutationen in den Körperzellen zurückzuführen. Nach heutiger Vorstellung kann z. B. durch eine solche Mutation die Synthese von bestimmten Proteinen ausfallen, durch welche die DNA im Zellkern blockiert wird. Solche Proteine sorgen als **Repressoren** dafür, daß die meisten Informationen der Zelle nicht in die Tat umgesetzt werden, denn dieses Reprimieren (reprimere, lat. = hemmen) ist nötig, damit im Zellverband die einzelnen Zellen nur noch ihre spezifischen Proteine herstellen und damit ihre speziellen Aufgaben erfüllen können. Fällt jedoch dieses Reprimieren weg, so verhalten sich diese Zellen wie zusammenhangslose Einzeller und entziehen dem Gesamtorganismus durch ihre ungezügelte Vermehrung die Lebensgrundlage. Eine solche somatische Mutation kann zum Beispiel durch bestimmte **mutagene chemische Stoffe** (siehe Abschnitt 12.5.1a) ausgelöst oder durch **Viren** herbeigeführt werden.

Interessant in dieser Hinsicht ist auch der Gesichtspunkt, daß sich Präkanzerosen (Vorstadium einer Krebsgeschwulst) durch Auflösung der mutierten Zellen auch zurückbilden können, eine Gegenreaktion des Körpers, die durch eine ungesunde Lebensweise (Streß, Bewegungsarmut, Überernährung) stark beeinträchtigt werden kann.

d) Mutagenese

Natürliche Mutationen treten bei allen Lebewesen in gleichem Maße auf. Dies werden - wie bereits erwähnt - schon lange bei der klassischen **Züchtung** von Tieren und Pflanzen ausgenutzt. Schon früher war es das Ziel die Veränderungen der genetischen Eigenschaften von Mikroorganismen und Pflanzen durch eine Erhöhung der Mutationsrate zu beschleunigen, um schneller bestimmte Eigenschaften zu erzeugen. Man spricht hierbei auch von Mutagenese. Hierzu kann man die unter Abschnitt 12.2.3a erwähnten Einflüsse, welche zu Mutationen führen gezielt nutzen. So werden beispielsweise Mikroorganismen mit UV-Licht bestrahlt oder mit mutagenen Chemikalien behandelt. Da diese Mutationen zwangsläufig statistisch über das gesamte Genom verteilt sind, werden bei dieser Methode zunächst zahlreiche unterschiedliche Mutanten (Zellen mit unterschiedlichen Eigenschaften) erhalten. Durch Selektionstechniken werden diejenigen Zellen ausgesondert und weiter gezüchtet, die die gewünschte Verbesserung aufweisen.

Dieses Verfahren wird in der Biotechnologie zur Herstellung von **Hochleistungs-Bakterienstämmen** ausgenutzt, wobei zahlreiche Zyklen von Mutation und Selektion durchlaufen werden. Ein bekanntes Beispiel ist die Verbesserung des natürlich vorkommenden Mikroorganismus Penicillium chrysogenum, welches das Antibiotikum Penicillin produziert. Während der natürliche Stamm nur etwa 60 mg dieses Antibiotikums pro Liter Kulturflüssigkeit produziert, können Hochleistungsstämme bis zu 80 g Penicillin pro Liter herstellen.

Durch das klassische Verfahren der Mutation und Selektion werden lediglich *statistisch* verteilte Veränderungen im Genom bewirkt, welche nicht steuerbar sind. Die genauen Folgen für das Erbgut sind nicht vorhersagbar. Die modernen Methoden der **Gentechnik** arbeiten heute wesentlich effizienter. Mit ihnen sind gezielte und präzise Übertragungen von Genen möglich, wie im folgenden Abschnitt 12.2.4 genauer beschrieben wird.

12.2.4   Gentechnik

Gentechnik auch **Genklonierung** oder **DNA-Rekombinationstechnik** genannt, ist ein Überbegriff für verschiedenen experimentelle Methoden zu gezielten Übertragung genetischer Information von einem Organismus in einen anderen. Gentechnische Methoden werden heute neben der gentechnischen Veränderung von Pflanzen (z.B. Erhöhung der Resistenz gegen bestimmte Schädlinge) hauptsächlich dazu verwendet, Mikroorganismen genetisch so zu „modifizieren", daß diese zur Produktion „nützlicher" Stoffe eingesetzt werden können. Mikroorganismen werden sozusagen zu kleinen biochemischen Produktionsstätten umfunktioniert. Dies soll im weiteren näher betrachtet werden. Das bedeutendste Anwendungsgebiet ist heute die Herstellung bestimmter Proteine für die pharmazeutische Industrie (z.B. Humaninsulin).

Der Entwicklung von gentechnischen Methoden ging die Aufklärung des Phänomens der Antibiotika-Resistenz von Bakterien voraus. Die Resistenz eines Bakteriums gegen Antibiotika beruht darauf, daß sie neben der eigentlichen DNA noch ringförmige DNA, sogenannte **Plasmide** (siehe Abschnitt 12.1.2b) besitzen. Diese Plasmide besitzen die Information zur Herstellung von Enzymen, die Antibiotika zerstören. Dies befähigt die Bakterien in der Natur, den Überlebenskampf mit Antibiotika-produzierenden Pilzen zu bestehen. Da sich Plasmide im Labor leicht isolieren und übertragen lassen, sind sie zum wichtigsten Vehikel (auch **Vektoren** genannt) für gentechnische Veränderungen geworden.

Zunächst benötigt man eine DNA-Sequenz aus einem Spenderorganismus, in der die Information des betreffenden Gens zur Produktion des gewünschten Produkts (z.B. eines Proteins) enthalten ist. Diese genetische Information wird dann in einen Mikroorganismus übertragen, so daß dieser zur entsprechenden Wirkstoffproduktion veranlaßt wird. Die Übertragung genetischer Information ist in Abb. 12.10 schematisch dargestellt und besteht aus folgenden Schritten:

- Isolation der DNA aus einem Spenderorganismus und enzymatische Spaltung in Fragmente verschiedener Größe.
- Isolation der Plasmid-Moleküle und enzymatische Ringöffnung.
- Kombination der DNA-Fragmente mit den geöffneten Plasmid-Molekülen
- Einschleusung der neugebildeten DNA in eine Wirtszelle (Mikroorganismus); dieser Schritt wird auch als Transformation bezeichnet.
- Identifizierung und Selektion des gesuchten Klons (d.h. die Wirtszellen mit dem gewünschten DNA-Fragment).
- Herstellung des gewünschten Proteins durch die veränderten Mikroorganismen.

Hierbei handelt es sich um eine stark vereinfachte Darstellung. Insbesondere der Schritt der Identifizierung und Selektion des gesuchten Klons ist ein aufwendiger Prozeß, auf welchen hier nicht näher eingegangen wird (siehe Lehrbücher der Biotechnologie in Kapitel 14).

Für gentechnische Arbeiten wird sehr häufig das Bakterium **Escherichia coli** (siehe Kapitel 12, Fußnote 4) benutzt, weil seine genetischen Eigenschaften schon lange bekannt sind und es sich einfach handhaben läßt. Es wird deshalb auch als „Haustier" der Genetik bezeichnet.

Ein Beispiel für die Produktion eines Proteins durch gentechnisch veränderte Mikroorganismen (häufig: Escherichia coli Bakterien) ist die **Herstellung von Humaninsulin**. Das Peptidhormon Insulin - ein Protein bestehend aus 51 Aminosäuren - sorgt im menschlichen Körper dafür, daß die Glucosekonzentration im Blut konstant gehalten wird. Bei der Zuckerkrankheit (Diabetes mellitus) wird von der Bauchspeicheldrüse kein Insulin mehr bereitgestellt, so daß es zugeführt werden muß. Diabetiker verbrau-

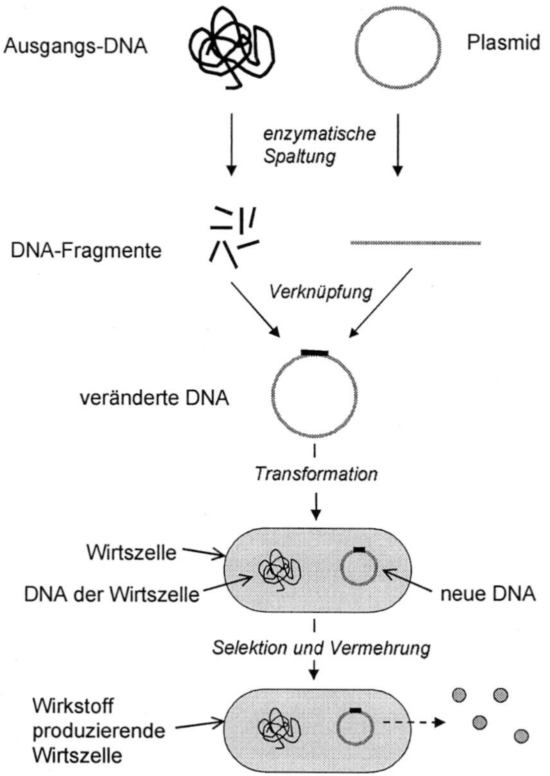

Abb. 12.10. Übertragung von genetischer Information in einen Mikroorganismus

chen täglich etwa 2 mg Insulin, um ihren Zuckerspiegel in einem physiologischen Bereich zu halten. Vor der gentechnischen Produktion wurde tierisches Insulin (vor allem von Schweinen) zur Diabetestherapie eingesetzt. Neben den großen Mengen an Schlachttieren, die hierfür benötigt werden, ist ein weiterer Nachteil, daß tierisches Insulin teilweise allergische Reaktionen auslösen kann. Mit der Gentechnik kann heute das Insulin-Gen in Mikroorganismen überführt werden, welche dann das Insulin produzieren. Mit der technischen Umsetzung solcher Produktionsprozesse befaßt sich die Bioverfahrenstechnik (siehe Abschnitt 12.3).

Bei den Gefahren der Gentechnik sollte zunächst darauf hingewiesen werden, daß der gentechnisch veränderte Organismus nicht grundsätzlich gefährlich ist, da nicht die Methode der genetischen Veränderung (dies kann z.B. auch durch Mutagenese, wie in Abschnitt 12.2.3d beschrieben geschehen), sondern die gesamten Eigenschaften des betreffenden Produktionsstammes entscheidend sind. Trotzdem unterliegen Produktionsanlagen mit gentechnisch veränderten Mikroorganismen strengsten Sicherheitsmaßnahmen in Hinblick auf Arbeitsschutz und Schutz der Umgebung durch Kontamination. Dies wurde mit dem sogenannten **Gentechnikgesetz** von 1990 in Deutschland gesetzlich geregelt.

12.3   Bioverfahrenstechnik

Die Bioverfahrenstechnik befaßt sich mit der **verfahrenstechnischen Umsetzung** der Produktion oder der Entfernung (in der Umweltverfahrenstechnik) von bestimmten Stoffen durch Mikroorganismen wie Bakterien oder Pilzen.

Biochemische Reaktionen, die man vor allem mit Hilfe der natürliche Stoffwechseltätigkeit von prokaryontischen und eukaryontischen Mikroorganismen ausführt, werden seit Menschengedenken zur chemischen **Veränderung von Nahrungsmitteln** genutzt. Beispiele hierfür sind die alkoholische Gärung durch eukaryontische Hefepilze, die Milchsäuregärung oder die Essigsäurebildung durch prokaryontische Bakterien. In der **Abwasserreinigung** werden seit Beginn dieses Jahrhunderts Mikroorganismen zum Abbau von organischen Inhaltsstoffen eingesetzt (siehe Abschnitt 13.2.3). Durch den Einsatz von gentechnisch veränderten Mikroorganismen hat die biochemische Produktion heute deutlich an Bedeutung zugenommen.

Nachdem bestimmte Mikroorganismen für die Produktion des gewünschten Wirkstoffs im Labor entweder aus natürlicher Umgebung isoliert oder gentechnisch verändert (siehe Abschnitt 12.2.4) und getestet wurden kann die Umsetzung in den großtechnischen Fermentationsprozeß beginnen. Ein Teil der im Labor erhaltenen Mikroorganismen werden zu Beginn des Prozesses in ausreichender Menge als „Originalsubstanz" konserviert. Dies geschieht entweder durch Gefriertrocknung (siehe Abschnitt 3.6.2) oder durch einfrieren in flüssigem Stickstoff bei -196 °C. Auf diese „Originalzellen" kann jederzeit wieder zurückgegriffen werden. Der nun folgende Ablauf der Umsetzung in den industriellen Produktionsprozeß ist schematisch in Abb. 12.11 dargestellt.

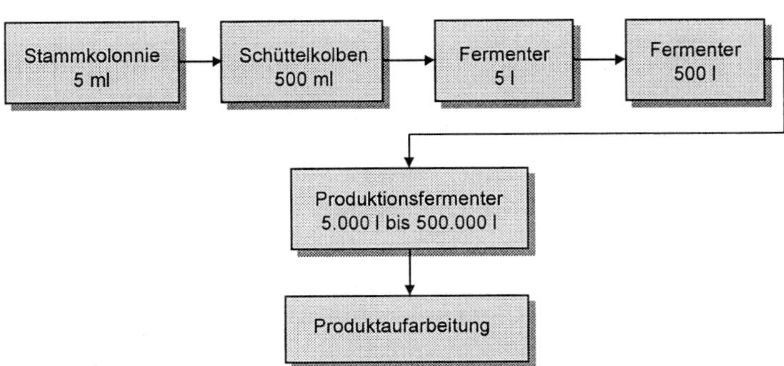

Abb. 12.11. Schematischer Ablauf eines großtechnischen Fermentationsprozesses

Hierbei geht man folgendermaßen vor:
Von den „Originalzellen" werden Konserven entnommen und dann im Nährmedium sozusagen Kopien der Zellen erzeugt. Diese werden in vielen kleinen Portionen eingefroren, wobei dieser Vorrat dann als Arbeitsmaterial dient. Hiermit beginnt die Zellenvermehrung für den Produktionsprozeß. Nachdem Starter-Kulturen auf festen Nährböden oder in Flüssigmedium angelegt wurden, werden diese nach gewissen Wachstumszeiten auf jeweils größere Kulturvolumina übertragen. Dies geschieht wie in Abb. 12.11 dargestellt in mehreren Stufen bis das Produktionsvolumen erreicht ist.

Im **Produktionsfermenter** werden die Wirksubstanzen im großtechnischen Maßstab in einer Kulturflüssigkeit produziert (siehe Abschnitt 12.3.1). Nach der Fermentation müssen in einem Aufarbeitungsschritt die entstanden Wirkstoffe von den Zellen getrennt und gereinigt werden (siehe Abschnitt 12.3.2).

12.3.1   Bioreaktoren (Fermenter)

Bioreaktoren spielen als Behältnisse für die Durchführung biochemischen Reaktionen mit Mikroorganismen eine wichtige Rolle in der Bioverfahrenstechnik. In einem Bioreaktor befindet sich in der Regel ein Dreiphasengemisch von festen Zellen, flüssigem Nährmedium und gasförmigen Stoffen (O_2, CO_2, N_2). Hierbei müssen alle Komponenten **gleichmäßig durchmischt** werden um einen optimalen Stoffübergang zu gewährleisten und für eine gute Wärmeabfuhr zu sorgen (exotherme Reaktionen!). Da viele Mikroorganismen sehr empfindlich auf geringste Änderung der Umgebung reagieren, müssen bestimmte Parameter wie Temperatur, pH-Wert und Sauerstoffgehalt (bei aeroben Prozessen) optimal eingestellt werden. Dies erfordert eine aufwendige Meß- und Regelungstechnik. Außerdem ist zu beachten, daß vor Beginn jedes neuen Produktionsprozesses der Fermenter mit allen Zu- und Ableitungen **sterilisiert**, d.h. keimfrei gemacht wird, um das Wachstum von Fremdkeimen zu verhindern.

Bei den Bioreaktoren unterscheidet man:

- **Submersreaktoren**, bei denen die Mikroorganismen in der Nährlösung suspendiert sind (Mehrzahl der heutigen Verfahren)
- **Festbettreaktoren**, bei denen die Mikroorganismen auf einem Träger immobilisiert (d.h. fixiert sind) sind

Die Bioreaktoren können entweder **absatzweise** (Batchbetrieb, engl. batch = Füllung) oder **kontinuierlich** betrieben werden. Beim Submersverfahren werden die Mikroorganismen in geeigneter Weise mit der Kulturflüssigkeit und (bei aeroben Verfahren) mit Luftsauerstoff vermischt. Hierbei werden häufig entweder belüftete Reaktoren mit mechanischen Rührern (sogenannte **Rührkesselreaktoren**) oder **Blasensäulen** eingesetzt, bei denen die eingeblasene Luft für die Durchmischung sorgt (siehe Abb. 12.12). Das in der Abwasserreinigung eingesetzte Belebtschlammverfahren (siehe Abschnitt 13.2.3b) ist ein Beispiel für die Verwendung eines Blasensäulenreaktors.

Bei **Festbettreaktoren** sind die am Stoffumsatz beteiligten Mikroorganismen auf einem Trägermaterial fixiert. Als Trägermaterial können poröse Stein-, Keramik-, oder Kunststoffkugeln dienen, welche als Schüttung im Reaktor vorliegen. Bei der klassischen Essigsäureherstellung werden beispielsweise bereits seit langem Buchenspäne als festes Trägermaterial eingesetzt. Auch die in der Abwasserreinigung eingesetzten Tropfkörperreaktoren (siehe Abschnitt 13.2.3b) sind ein Beispiel für den Einsatz eines Festbettreaktors. Der Vorteil von Festbettreaktoren ist, daß die einmal gebildete (fixierte) Zellmasse mehrfach zur Stoffproduktion verwendet wird und nicht wie beim Submersverfahren stets aufwendig aufgearbeitet werden muß (siehe Abschnitt 12.3.2). Nachteilig ist bei den Festbettverfahren im Fermentationsprozeß, daß häufig vermehrt unerwünschte Nebenreaktionen auftreten können.

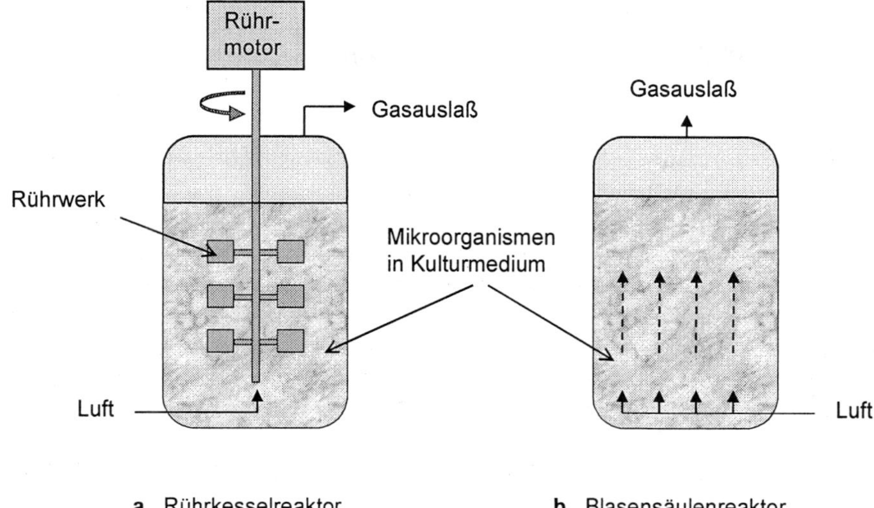

a Rührkesselreaktor   **b** Blasensäulenreaktor

Abb. 12.12. Beispiele für häufig eingesetzt Submers-Bioreaktoren

12.3.2   Produktaufarbeitung

Die im Fermenter mit Hilfe von Mikroorganismen hergestellten Produkte müssen durch geeignete Verfahrensschritte aufgearbeitet werden. Die Produktaufarbeitung der Fermenterbrühe beinhaltet hierbei verschiedene Teilschritte. Je nachdem kann das Endprodukt des Herstellungsverfahrens entweder der Mikroorganismus selbst sein (z.B. Backhefe) oder ein gebildetes Produkt. Diese Produkte können entweder in den Mikroorganismenzellen selbst (intrazellulär) vorliegen (z.B. Proteine) oder außerhalb der Zellen (extrazellulär) in der Fermenterbrühe (z.B. Antibiotika).

Die Mikroorganismenzellen (entweder direkt oder nach einem Aufschluß) werden häufig durch **Zentrifugieren** oder **Filtration** abgetrennt. Zur Filtration benutzt man heute vermehrt **Mikrofiltrationsmembranen**, welche nach dem Querstromprinzip betrieben werden (siehe Abschnitt 13.2.5d). Der Einsatz von Membranverfahren in der Bioverfahrenstechnik nimmt an Bedeutung zu, da Membranverfahren nicht nur als nachgeschalteter Verfahrensschritt zur Aufarbeitung eingesetzt werden können, sondern sich in die Fermenter selbst integrieren lassen. Im Idealfall kann das Produkt über Membranen direkt aus dem Fermenter entnommen werden.

Zur weiteren Reinigung des Produkts werden **Extraktionsverfahren** mit organischen oder wässrigen Lösungsmitteln verwendet. Zur Extraktion von Proteinen dürfen allerdings keine organischen Lösungsmittel eingesetzt werden, weil ihre Struktur und damit ihre Wirksamkeit irreversibel zerstört wird („Denaturierung"). Auch das Verfahren der **Säulenchromatographie** (zu Chromatographie, siehe Abschnitt 5.6.2) wird zur Reinigung von biotechnologisch hergestellten Produkten eingesetzt.

12.4   Biosensoren

Biosensoren spielen heute durch die Verbindung der Molekularbiologie und der Mikroelektronik zunehmend eine wichtige Rolle bei der analytischen Erfassung unterschiedlicher Substanzen im Bereich der Bioverfahrens-, Umwelt- und Medizintechnik.

Wie in Abb. 12.13 dargestellt, bestehen Biosensoren prinzipiell aus:

- Biomolekülen als sogenannter **Selektoren** oder **Rezeptoren**, die bestimmte Stoffe mit großer Genauigkeit und Empfindlichkeit erkennen und einen bestimmten Effekt (z.B. Änderung der Sauerstoffkonzentration oder des pH-Werts) bewirken.
- Überträgerkomponenten den sogenannten **Transduktoren** (manchmal auch vom englischen als transducer bezeichnet), welche das biologisch erzeugte Signal in ein elektrisches Signal umwandeln, das elektronische weiterverarbeitet werden kann.

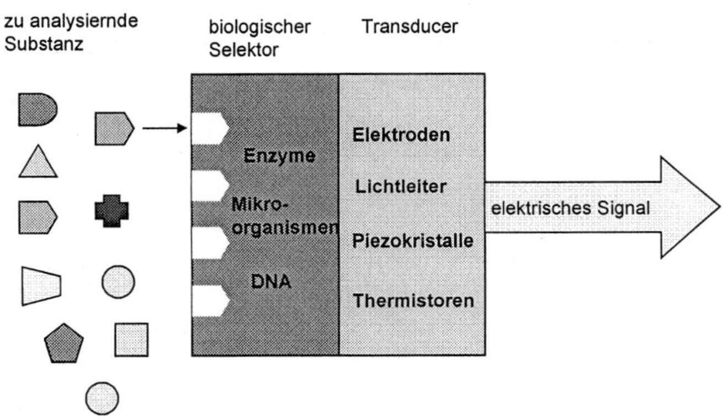

Abb. 12.13. Schematisches Funktionsprinzip von Biosensoren

Der Hauptvorteil von Biosensoren liegt in der sehr spezifischen Stofferkennung. Zur Erkennung müssen die zu analysierenden Biomoleküle wie ein Schlüssel zu einem bestimmten Schloß (dem Rezeptormolekül) passen. Man spricht deshalb auch **vom Schlüssel-Schloß-Prinzip**. Ein weiterer Vorteil dieser Art der Sensorik ist die Möglichkeit der **Miniaturisierung** in Verbindung mit der Halbleitertechnik. Der prinzipielle Nachteil von Biosensoren liegt in der häufig begrenzten Haltbarkeit der empfindlichen Biomoleküle, welche als Selektoren eingesetzt werden.

Am bedeutendsten sind heute Biosensoren zur **Bestimmung von Glucose**. Die Bestimmung des Glucosegehalts im Blut ist in der Medizintechnik wichtig für die Erkennung und Begleitung der Zuckerkrankheit (siehe Abschnitt 12.2.4). Der Normalwert für Glucose im Blut liegt bei 80 bis 120 mg/100 ml Blut. Durch Insulinmangel kann der Blutzuckerspiegel auf über 160 mg/100 ml steigen und Glucose tritt im Harn als sogenannter Harnzucker auf. Eine gezielte Insulinbehandlung setzt eine schnelle Information über den aktuellen Glucosegehalt im Blut voraus. Auch in biotechnologischen Prozessen kann die Bestimmung von Glucosekonzentrationen eine sehr wichtige Information sein. Als **Selektor** für die Glucosebestimmung wird meist das Enzym Glucose-Oxidase verwendet, welches die Oxidation von Glucose zu Gluconolacton katalysiert:

$$\text{D-Glucose} + O_2 \xrightarrow{\text{Glucose-Oxidase}} \text{D-Gluconolacton} + H_2O_2$$

Als **Transduktor** wird häufig ein amperometrisches Meßprinzip (siehe Abschnitt 10.7.3) verwendet, welches entweder den in Abhängigkeit von der Glucosekonzentration verbrauchten Sauerstoff oder das gebildete Wasserstoffperoxid in ein elektrisches Signal (Änderung der Stromstärke) umwandelt. Wie in Abb. 12.14 schematisch dargestellt, ist bei diesem Biosensor das Selektor-Enzym zwischen zwei Membranen immobilisiert, welche nur für Glucose und Sauerstoff durchlässig ist. Hiermit ist die Bestimmung des Glucosegehalts in Blut innerhalb weniger Sekunden möglich. Auch die Miniatisierung von amperometrischen Elektroden ist relativ einfach möglich.

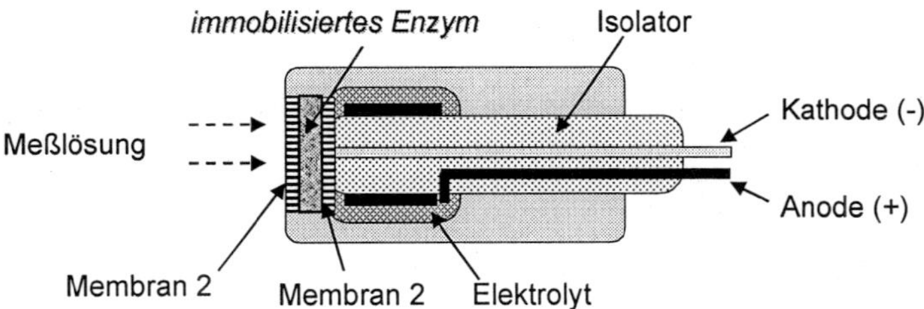

Abb. 12.14. Schematische Darstellung eines Biosensors zur Bestimmung von Glucose

Ein weiters Beispiel für die Verwendung eines Biosensors ist die Messung des **biologischen Sauerstoffbedarfs BSB$_5$** (zu BSB$_5$, siehe Abschnitt 13.2.2b1), ein Summenparameter, der in der Abwasserreinigung eine wichtige Rolle spielt. Hierbei wird der Sauerstoffverbrauch gemessen, der zum biologischen Abbau von organischen Inhaltsstoffen in Abwässern notwendig ist. Üblicherweise dauert die Bestimmung dieses Parameters fünf Tage und ist relativ aufwendig. Heute werden Biosensoren auf dem Markt angeboten, welche die Bestimmung innerhalb weniger Minuten durchführen. Ähnlich, wie das Selektor-Enzym bei der Glucosebestimmung werden hier die sauerstoffzehrenden Mikroorganismen zwischen zwei Membranen immobilisiert. Der Sauerstoffverbrauch wird mittels eines amperometrischen Meßprinzips bestimmt.

12.5 Schadwirkung von Chemikalien

12.5.1 Humantoxikologie

Die Humantoxikologie erforscht die Auswirkungen giftiger Substanzen auf den Menschen. Die wichtigsten Aufnahmewege von giftigen Substanzen in den menschlichen Körper sind durch Verschlucken (orale Aufnahme), durch Hautkontakt oder durch Einatmen. Bei der Giftwirkung von Substanzen sind vor allem zwei Faktoren von wesentlicher Bedeutung:

- die **Dosis**
- die **Einwirk- oder Expositionsdauer**.

a) Giftige Dosis

Sehr viele Stoffe sind als Gifte erst oberhalb eines bestimmten Schwellenwertes, oberhalb einer Mindestkonzentration wirksam. Wird dieser Schwellenwert überschritten, so kommt es zu Beeinträchtigungen des Wohlbefindens. Mit zunehmender Giftkonzentration werden die Folgen der Vergiftung immer gravierender, bis schließlich beim Erreichen der letalen (letalis, lat. = tödlich) Dosis der Organismus an der Vergiftung zugrunde geht. Die Toxizität (Giftigkeit) eines Stoffes wird durch Tierversuche bestimmt (siehe Abschnitt 12.5.1b). Unterhalb des Schwellenwertes mit klar erkennbaren schädlichen Wirkungen kann ein Gift durch Aktivierung von Abwehrkräften sogar eine anregende und belebende Wirkung ausüben, so daß der Betroffene oft ein besonders gutes Wohlbefinden verspüren kann. Viele Gifte werden deshalb auch als Anregungs- oder Heilmittel verwendet. In diesem Zusammenhang sei an einen Ausspruch des berühmten Arztes Paracelsus (Aureolus Theophrastus Bombastus Freiherr von Hohenheim, genannt Paracelsus, 1493–1541) erinnert: „Alle Dinge sind Gift und nichts ist ohne Gift, allein die Dosis macht, daß ein Ding kein Gift ist."

Es gibt aber eine Reihe verschiedener Schadeinwirkungen, die *keinen* solchen Schwellenwert erkennen lassen. Hierzu gehören radioaktive Strahlen und chemische Substanzen, die **mutagene** (siehe Abschnitt 12.2.3a), oder **kanzerogene** Wirkung besitzen, denn bei diesen kann bereits ein einziges Molekül oder ein Energiequant Veränderungen der DNA herbeiführen, welche dann, wenn sie nicht zurückgebildet oder aufgelöst werden, verheerende Folgen hervorrufen.

Ein häufig eingesetzter Test zur Entdeckung mutagener und kanzerogener Wirkungen von Chemikalien stammt von Bruce N. Ames und wird nach ihm als **Ames-Test** benannt. Hierbei wird die erbgutverändernde Wirkung mittels bestimmter Bakerienstämme getestet. Da etwa 90% aller mutagener Substanzen beim Menschen auch kanzerogene Wirkung zeigen, ist der Ames-Test indirekt auch ein Test auf die kanzerogene Eigenschaften von Substanzen.

Um solche krebserregende Stoffe zu überwachen und so gering wie möglich zu halten, wurden als höchstzulässige Grenzwerte die **Technischen Richtkonzentrationen (TRK)** eingeführt (Beispiele, siehe Anhang A6). Da es bei diesen Stoffen keinen Schwellenwert für die Giftigkeit gibt, richtet sich die Höhe der TRK-Werte hauptsächlich nach dem jeweiligen „Stand der Technik" zur Vermeidung oder Verringerung solcher Stoffe, bzw. nach den möglichen analytischen Nachweisgrenzen. Selbstverständlich müssen dabei die zu erwartenden Belastungen in einem arbeitsmedizinisch vertretbaren Rahmen bleiben.

b) Einwirk- oder Expositionsdauer

Bei Chemikalien unterscheidet man im wesentlichen die sogenannte **akute** und die **chronische Toxizität**. Unter akut toxischer Wirkung versteht man die Schadwirkung nach *einmaliger* Gabe und *kurzer* Einwirkdauer (Stunden oder Tage) der Substanz.

Wirkt ein Gift in äußerst *geringen* Mengen, dafür aber *sehr lange* Zeit (Monate oder Jahre) auf einen Organismus ein, so kann es zu chronischen Vergiftungserscheinungen kommen. Diese sind meist nicht leicht zu erkennen, sie äußern sich häufig zunächst nur in unspezifischem Unwohlsein und allgemeiner Mattigkeit.

Zur Bestimmung der akuten Toxizität eines Stoffes wird der sogenannte **LD_{50}-Wert** (letale Dosis 50%) durch Tierversuche ermittelt. Dies ist diejenige Menge eines Stoffes, bei der nach Verabreichung (z.B. oral oder intravenös) 50% einer bestimmten Anzahl von Versuchstieren sterben. Die Versuche werden meist mit etwa 50 Versuchstieren (häufig Ratten) durchgeführt. Aus ethischen Gründen wird heute intensiv daran gearbeitet die Anzahl der Versuchstiere durch veränderte Prüfvorschriften zu reduzieren oder ganz darauf zu verzichten. Die Angabe des LD_{50}-Werts erfolgt in $mg_{Substanz}$ je $kg_{Körpergewicht}$. Bei „neuen" Substanzen, welche als Chemikalien in den Verkehr gebracht werden, wird vom Gesetzgeber die Bestimmung der akuten Toxizität gefordert. Durch die LD_{50}-Werte werden Substanzen in Deutschland in **Giftklassen** eingestuft und gekennzeichnet (Gefahrensymbole, siehe Anhang A9). In Tab. 12.2 ist die Giftklasseneinteilung sowie einige Beispiele für LD_{50}-Werts dargestellt. Neben der Angabe der Giftklasse müssen bei Chemikalien auch die sogenannten **R- und S-Sätze** angegeben werden. Dies sind **Risiko- und Sicherheitshinweise**, wie z.B. „ätzend", „hochentzündlich" etc.

Tab. 12.2. Einteilung der Giftklassen und Beispiele für LD_{50}-Werte

Giftklasse	Chemikalie	Versuchstier	Aufnahmeweg	LD_{50} [mg/kg]
nicht giftig	Aceton	Ratte	oral	5800
LD_{50}: > 2000 mg/kg	Ethanol	Ratte	oral	7060
	PCB	Ratte	oral	10000
gesundheitsschädlich	Naphthalin	Ratte	oral	1780
LD_{50}: 200–2000 mg/kg	Butanol	Ratte	oral	790
giftig	DDT	Ratte	oral	113
LD_{50}: 25–200 mg/kg	Kaliumdichromat	Ratte	oral	95
	Nicotin	Ratte	oral	50
sehr giftig	Arsen[*]	Ratte	intravenös	6
LD_{50}: < 25 mg/kg	Botulinustoxin	Maus	oral	0,00003 µg/kg
	Cadmium[*]	Ratte	intravenös	1,3
	Dioxin	Ratte	intravenös	0,05
	Kaliumcyanid	Ratte	oral	5
	Quecksilber(II)chlorid	Ratte	oral	1

[*] in elementarer Form

Beim Test der chronischen Toxizität wird die zu untersuchende Substanz drei Monate und länger (meist oral) verabreicht. Bei vielen Stoffen unterscheidet sich die akute und chronische Toxizität erheblich. Ein Beispiel hierfür sind die sogenannten polychlorierte Biphenyle (PCB, siehe Abschnitt 8.2.2). Wie aus Tab. 12.2 zu entnehmen ist, weisen sie keine akute Toxizität auf, führen aber bei langer Exposition zu Leberschäden und zur Schwächung des Immunsystems, außerdem können sie Krebs auslösen.

Viele Giftstoffe (z.B. Schwermetallverbindungen, chlororganische Verbindungen) zeigen ein **Akkumulationsvermögen** im Organismus, d.h., die Ausscheidungsquote ist dann geringer als die Aufnahmequote (siehe auch Abschnitt 12.5.3c). Es kommt zu einer allmählichen Anreicherung des Giftes im Körper. Die zunehmende Vergiftung geht dabei so langsam vonstatten, daß die ersten Vergiftungssymptome unbemerkt bleiben.

Zur Vermeidung von chronischen Vergiftungen wurden die **MAK-Werte** (Maximale Arbeitsplatzkonzentration) festgesetzt. Dies ist die höchstzulässige Schadstoffkonzentration, der ein gesunder Erwachsener bei Berücksichtigung von Achtstunden-Arbeitstagen maximal ausgesetzt sein darf. Die Liste der MAK-Werte wird etwa im jährlichen Turnus überprüft und zusammen mit den TRK-Werten von einer Kommission der Deutschen Forschungsgemeinschaft herausgegeben. Einige Beispiele für MAK-Werte sind in einer Tabelle im Anhang A6 aufgeführt. Eine sehr einfache Überprüfung der Giftkonzentrationen in der Atemluft kann man mit Hilfe von substanzspezifischen Prüfröhrchen vornehmen, wie sie z.B. von der Fa. Dräger entwickelt worden sind.

Neben den MAK-Werten werden am Arbeitsplatz häufig auch die **BAT-Werte** (**B**iologische **A**rbeitsstoff-**T**oleranz-Werte) kontrolliert. Der BAT-Wert ist die beim Menschen höchstzulässige Menge eines Arbeitsstoffes oder seines Umwandlungsprodukts im Körper oder die dadurch ausgelöste Abweichung eines biologischen Indikators (wie z.B. der Blutdruck) von der Norm, bei der keine Beeinträchtigung der Gesundheit eintritt. Im Gegensatz zu den MAK-Werten, werden daher die BAT-Werte nicht in der Umgebung gemessen, sondern erfolgen am Menschen, z.B. durch Analysen von Körperflüssigkeiten oder des Blutdrucks.

c) Giftwirkungen

1) Verätzungen

Gifte können bei direkter Einwirkung eine chemische Zerstörung des lebenden Gewebes (Haut, Atmungs- oder Verdauungsorgane) hervorrufen, die man als Verätzungen bezeichnet. Besonders Säuren, Laugen oder stark oxidierende Stoffe führen zu solchen verbrennungsähnlichen Verätzungen, die nach Ausheilung oft große Narben hinterlassen.

2) Störungen des Stoffwechsels

Gifte können auch auf die Zellfunktionen einwirken und den Stoffwechsel der Zellen empfindlich stören. Im ungünstigsten Fall können schon geringe Mengen von Giften einzelne Organe oder sogar den gesamten Organismus lahmlegen. Die Vergiftung hat dann tödliche Folgen. Wenn die Giftaufnahme die letale Dosis nicht erreicht hat, werden die Gifte nach und nach durch körpereigene Detoxikationsmechanismen (detoxicatio, lat. = Entgiftung) wieder ausgeschieden.

3) Kanzerogene und mutagene Effekte

Verschiedene chemische Stoffe können Krebsgeschwülste erzeugen. Der Prototyp einer solchen kanzerogenen Substanz ist der polyaromatische Kohlenwasserstoff 1,2-Benzpyren (siehe Abschnitt 8.1.5d). Auch viele andere Stoffe wie Dioxine oder einige Schwermetalle können kanzerogene Wirkung zeigen. In solchen Krebsgeschwülsten kommt es zu einem anormalen, stark erhöhten Stoffwechsel und zu ungehemmtem

Wachstum; die sich schrankenlos vermehrenden, entarteten, krebsartigen Körperzellen entziehen schließlich durch Überwucherung dem Gesamtorganismus die Lebensgrundlage. Krebserkrankungen können durch Veränderungen der DNA ausgelöst werden. Die kanzerogenen Stoffe sind in der Regel auch gleichzeitig Mutagene.

4) Allergien

Unter Allergie versteht man eine **Überempfindlichkeit des körpereigenen Abwehrsystems** (Immunabwehr) gegen bestimmte Substanzen. Charakteristisch ist , daß allergene Stoffe oft in äußerst geringer Menge nur auf bestimmte, prädisponierte Personen wirken. Solche Intoxikationen können oft auch tödliche Folgen haben. Die Empfindlichkeit kann entweder erworben oder auch erblich (genetisch) bedingt sein. In diesen Fällen sollte man jeden, auch den geringsten Kontakt mit den Substanzen vermeiden (Arbeitsplatz-, Berufswechsel).

d) Vorsorgemaßnahmen

Werden in einem Betrieb giftige Stoffe verwendet, so sollte man bei der Berufsgenossenschaft der chemischen Industrie[7] die betreffenden Merkblätter anfordern, aus denen man die wichtigsten Informationen darüber entnehmen kann, was man beim Umgang mit diesen Giften zu beachten hat, ferner welche Maßnahmen man bei akuten Intoxikationen ergreifen soll.

An gut sichtbarer Stelle (in Telefon-Nähe) sollten nicht nur die Telefon-Nummern des Unfallarztes und des Notrufs angegeben sein, sondern auch die Rufnummern der nächstliegenden Informationszentralen[8], bei denen man Tag und Nacht rasche Auskunft über notwendige Gegenmaßnahmen bei Vergiftungsunfällen erhalten kann.

e) Erste-Hilfe-Maßnahmen

Das Überleben des Vergifteten hängt in vielen Fällen entscheidend von den Erste-Hilfe-Maßnahmen ab.

Folgende drei Merkwörter sollen an die wichtigsten Maßnahmen bei Vergiftungsunfällen erinnern: „**Melden – Sichern – Helfen**", wobei sich die günstigste Reihenfolge der Gegenmaßnahmen aus der speziellen Situation ergibt.

- **Melden**: Herbeirufen von Hilfe, Benachrichtigung des Arztes, Bereitstellung der Merkblätter, Anruf bei der Giftunfallzentrale.

---

[7] Die Berufsgenossenschaften, Körperschaften des öffentlichen Rechts, sind Träger der Unfallversicherung; sie erlassen „Unfallverhütungsvorschriften" und überwachen durch „Technische Aufsichtsbeamte" die Arbeitssicherheitsmaßnahmen in den Betrieben. Die in diesem Fall zuständige „Berufsgenossenschaft der Chemischen Industrie" hat die Adresse: 69115 Heidelberg, Gaisbergstr. 11, während sich der Hauptverband der Berufsgenossenschaften in Bonn befindet.

[8] Solche Vergiftungsunfall-Zentren befinden sich in Berlin (Med. Klinik der FU im Klinikum Westend), Braunschweig (Med. Klinik des Städt. Krankenhauses), Hamburg (2. Med. Abtlg. d. Krankenhauses Barmbeck), Kiel (1. Med. Uni-Klinik), Koblenz (Städt. Krankenanst. Kemperhof, 1. Med. Klinik), Landstuhl (US-Entgiftungszentrale), Ludwigshafen/Rhein (Städt. Krankenanstalten, Entgiftungszentrale), Mainz (2. Med. Uni-Klinik), München (2. Med. Klinik und Polyklinik der TU, Toxikologische Abt.), Münster (Med. Klinik und Polyklinik), Nürnberg (2. Med. Klinik d. Städt. Krankenanstalten, Toxikolog. Abt.).

- **Sichern**: Verhindern, daß weitere Personen gefährdet werden oder daß verkehrte Sofortmaßnahmen ergriffen werden.
- **Helfen**: Erste Gegenmaßnahmen einleiten. Vergifteten bei Bewußtlosigkeit in Seitenlage bringen; bei Atemstillstand: „Mund zu Mund-„ oder „Mund zu Nase-Beatmung" (dabei Kopf des Vergifteten weit zurücklegen, damit die Zunge die Atemwege nicht versperrt; darauf achten, daß man selbst dabei keine Giftstoffe aufnimmt).

12.5.2   Die häufigsten Gifte

a) Giftige anorganische Stoffe

1) Schwermetalle

Viele Schwermetalle sind stark toxisch, obwohl einige Schwermetalle in geringen Mengen wichtige Spurenelemente des menschlichen Körpers sind (z.B. Chrom, Kupfer; siehe giftige Dosis, Abschnitt 12.5.1a !). Viele Schwermetalle und deren Verbindungen sind auch als krebserregend eingestuft (TRK-Werte, siehe Anhang A6). Die toxische Wirkung von Schwermetalle kann durch die elementare Form (z.B. in Form von Stäuben) oder auch häufig durch lösliche Metallsalze verursacht werden. Häufig auftretende Schwermetallgifte sind Blei und Quecksilber, außerdem Cadmium, Beryllium, Arsen und Thallium. Von den anionischen Schwermetallverbindungen ist besonders das Chromat zu erwähnen. Durch Schwermetallverbindungen wird im allgemeinen der Stoffwechsel geschädigt, da die Schwermetalle Verbindungen mit den Proteinen eingehen können und so die Enzyme blockieren können. Der Angriffspunkt der einzelnen Schwermetalle ist verschieden und somit sind auch die Vergiftungssymptome unterschiedlich.

Blei hemmt vor allem die Häm-Biosynthese und wird ferner in die Haut eingelagert wird. Häm ist ein Bestandteil des roten Blutfarbstoffs, der den Sauerstofftransport im Blut bewirkt. Akute Bleivergiftungen zeigen sich häufig durch Grauverfärbung der Haut.

Durch **Cadmium** tritt eine Nierenschädigung auf. Es war auch Verursacher der in Japan auftretenden sogenannten Itai-Itai-Krankheit, die zu schweren Skelettveränderungen führt. Bei Vergiftungen mit **Quecksilber** kommt es zu Schädigungen des Nervensystems.

Beryllium und seine Verbindungen führen in Form von Staub oder Dämpfen zu schweren Lungenerkrankungen, häufig mit tödlichem Ausgang. Außerdem sind Beryllium und seine Verbindungen als krebserregend eingestuft.

Für Vergiftungen mit **Thallium** ist ein spontaner Haarausfall nach ca. 14 Tagen charakteristisch, der bis zum völligen, meist vorübergehenden Verlust der Haupt- und Körperhaare führen kann.

Bei **Arsen** sind Nervenschädigungen, Hautentzündungen und Leberschädigungen zu beobachten. Arsen und seine Verbindungen sind auch als krebserregende Arbeitsstoffe eingestuft.

Beim **Chrom** sind von toxikologischer Bedeutung nur die Cr(VI)-Verbindungen (Chromat). Sie verursacht schwer heilende Geschwüre, wenn es in Wunden oder Hautverletzungen gelangt. Sie verursachen das sogenannte Maurerekzem, da Zement Chromatspuren enthält. Daher sollten beim Arbeiten mit Chromat kleine Hautrisse (Fingernägel, Nagelfalz!) mit einer gut haftenden Salbe geschützt werden. Sehr häufig treten bei Chromaten auch Allergien auf. Eingeatmetes Chromat (Stäube, versprühte Lösungen) hat eine kanzerogene Wirkung (besonders verstärkt wird dies durch Zigarettenrauch), vor allem kann es zu einer Perforation der Nasenscheidewand kommen.

Schwermetallgifte werden nur sehr langsam aus dem Organismus wieder ausgeschieden; sie zeigen deswegen ein gewisses **Akkumulationsvermögen** im Körper. So kann es bei einer täglichen geringen Aufnahme des Giftes zu einer zunächst nicht wahrnehmbaren Vergiftung kommen, die später jedoch durch Anhäufung der Giftstoffe zu schweren Schädigungen führt. Lediglich beim Arsen kann durch eine gewisse Gewöhnung des Körpers an das Gift die tödliche Dosis von nur 100 mg As_2O_3 auf das Mehrfache gesteigert werden.

Beim Umgang mit Schwermetallen und ihren Verbindungen sind die strengen Vorschriften der Berufsgenossenschaften zu beachten, so z.B. gründliches Waschen der Hände zu den Mahlzeiten; Verbot am Arbeitsplatz zu rauchen; Belüftung der Räume bei Verwendung von Quecksilber.

Alle Behandlungsmaßnahmen bei Schwermetallvergiftungen laufen im wesentlichen darauf hinaus, die Schwermetalle möglichst rasch wieder aus dem Körper auszuscheiden, meist durch Bildung von leicht löslichen Komplex-Verbindungen, u.U. auch durch Anschließen des Vergifteten an eine künstliche Niere.

2) Säuren und Basen

Saure und basische Stoffe, insbesondere in konzentrierter, flüssiger Form, rufen am Organismus **Verätzungen** hervor. Diese Zerstörungen des Gewebes sind mit Verbrennungen zu vergleichen, sie ereignen sich in direktem Kontakt des Giftes mit der Haut bzw. mit den Schleimhäuten der Verdauungs- oder Atmungsorgane.

Primäre Effekte von Verätzungen (vor allem bei hohen Konzentrationen) laufen sehr rasch ab. Primäre Effekte sind unmittelbare Schädigungen zum Unterschied von Sekundäreffekten, die durch Gegenreaktionen des Körpers auftreten können (z.B. Lungenödem, siehe Abschnitt 12.5.2a3). Die Säuren oder Basen verlieren aber bei großen Verdünnungen einen Teil ihrer Wirksamkeit. Als Erste-Hilfe-Maßnahmen sollte man daher durch Anwendung reichlicher Mengen Wasser die Säure oder Base sofort zu verdünnen suchen. Diese Maßnahme muß spätestens nach wenigen Sekunden erfolgen, noch bevor größere Partien angeätzt sind. Versuche, die schädlichen Chemikalien zu neutralisieren, können gefährlich sein, weil zu lange Zeit bis zur Abhilfe verstreichen kann und weil die entsprechenden Gegenmittel ebenfalls ätzend wirken können.

Verätzungen durch Säuren oder Basen hinterlassen oft umfangreiche Narben, die bei inneren Verätzungen - falls der Betreffende überhaupt überlebt - zu Verwachsungen (z.B. in der Speiseröhre) führen können und oft einen chirurgischen Eingriff erfordern. Beim Verschlucken von Säuren oder Basen (und Laugen) sollte man sofort diese durch Trinken größerer Mengen von Wasser verdünnen. Bei größeren Mengen verschluckter Basen ist evtl. das Trinken von stark verdünntem Essig zweckmäßig. Bei Verschlucken von stark oxidierenden Stoffen (z. B. Chlorwasser) sollte man möglichst sofort eine 2–10%ige Natriumthiosulfatlösung ($Na_2S_2O_3$) trinken.

3) Giftige Gase

Die Haupteingangspforten für alle gasförmigen Giftstoffe sind die Atemwege. Vergiftungen durch Gase und Dämpfe zeigen hauptsächlich folgende Wirkungen:

- Sie verursachen Verätzungen durch Bildung von Säuren oder Basen mit der in der Lunge vorhandenen Körperflüssigkeit (Beispiele hierfür sind: nitrose Gase, Chlorgas, Phosgen, Schwefeldioxid, Ammoniak)
- Sie führen zu einem Sauerstoffmangel im Organismus (z.B. CO, CO_2 oder HCN). Andererseits können giftige Gase auch durch die Haut in den Körper gelangen und auf diese Weise zu Vergiftungen führen.

- **Verätzungen der Lunge**
  Die Abwehrreaktionen des Körpers äußern sich in dem Bestreben, das Gift zu verdünnen. Es kommt nach einer Latenzzeit (während der Latenzzeit zeigen sich noch keine Vergiftungssymptome), die bis zu mehreren Stunden dauern kann und in der sich der Vergiftete sogar noch wohl fühlen kann, zu einem akuten Lungenödem (Überschwemmung der Lunge mit Flüssigkeit) mit der Gefahr des Erstickens. Daher sind Vergiftete (auch bei momentanem Wohlbefinden!) in ein Krankenhaus einzuliefern, wo für die kritischen Phasen der einsetzenden Sekundärreaktionen eine Behandlung durch Sauerstoffbeatmung möglich ist, auf diese Weise kann ein Erstickungstod verhindert werden.

- **Anoxie (Sauerstoffmangel)**
  Bei vielen technischen Prozessen wird das sehr giftige **Kohlenmonoxid** freigesetzt. Durch das Kohlenmonoxid wird der Sauerstofftransport im Blut behindert oder unterbunden (siehe hierzu Abschnitt 5.3.1b).
  Auf einen Sauerstoffmangel reagiert besonders das Nervensystem sehr empfindlich. Es kommt sehr bald zu Kopfschmerzen, des weiteren zu Bewußtlosigkeit, dann zu irreversiblen Veränderungen im Gehirn, in letzter Konsequenz mit tödlichem Ausgang. Im Überlebensfall können Kohlenmonoxidvergiftungen infolge irreversibler Veränderungen im Gehirn zu bleibenden Schäden führen. Im günstigsten Fall kann man bei einem durch Einwirkung von Kohlenmonoxid vergifteten Menschen die lebenswichtigsten Funktionen so lange aufrechterhalten, bis das Blut sich wieder regeneriert hat. Die relativ feste Verbindung von Kohlenmonoxid und Hämoglobin kann nämlich im Sauerstoffüberschuß (z.B. durch Sauerstoffbeatmung) wieder zerlegt werden (siehe Abschnitt 7.2.1b).
  Auch in der Atemluft in geringen Konzentrationen vorkommende „ungiftige" Fremdgase (z.B. das **Kohlendioxid**) können bei einer relativ hohen Konzentration Vergiftungen mit tödlichem Ausgang hervorrufen. So tritt der Erstickungstod etwa ab einem Volumengehalt von 8% ein, während Volumengehalte unter 2,5% unschädlich sind und ab 4–5% bereits eine betäubende Wirkung zeigen (siehe auch Abschnitt 7.2.1a). Da das Kohlendioxid schwerer als Luft ist, sammelt es sich am Boden von Kellern, Brunnen, Schächten usw. an. Man kann einen zu hohen Kohlendioxidgehalt durch Erlöschen einer Kerze erkennen (Möglichkeit der Warnung, da Kohlendioxid geruchlos ist). Die ausgeatmete Atemluft enthält ca. 4% Kohlendioxid.
  Eines der stärksten gasförmigen Gifte ist die sogenannte **Blausäure** (HCN), die als Kohlenstoffverbindung zu den organischen Stoffen zählt; sie wird aber als

„Pseudohalogenverbindung" an dieser Stelle erwähnt (siehe Abschnitt 8.5.4). Die Blausäure blockiert in Sekundenschnelle Enzyme, die der Zellatmung, dem Sauerstoff-Stoffwechsel dienen. Die letale Dosis für den Menschen beträgt 50 mg. Diese Menge kann bereits durch wenige Atemzüge aufgenommen werden oder auch durch die Haut in den Körper gelangen. Die tödlichen Reaktionen setzen so schnell ein, daß ärztliche Hilfe fast immer zu spät kommt. In Härtereien und Galvanisieranstalten, wo Salze bzw. Komplexverbindungen der Blausäure verwendet werden, besonders in Chemiebetrieben, wo Blausäure verwendet wird, sind die Unfallverhütungsvorschriften genauestens zu beachten. Ferner ist für eine gefahrlose Beseitigung der Abfälle und eine Reinigung der Abwässer zu sorgen (siehe Abschnitt 13.2.5g).

4) Asbest

Wegen vieler günstiger Eigenschaften (siehe Abschnitt 7.2.7) wurden früher Asbestwerkstoffe in weitem Umfang verwendet. Es hat sich aber herausgestellt, daß dieser an sich nicht giftige anorganische Stoff zur schwerwiegenden Erkrankung der **Asbestose** und mit einer Latenzzeit von zwei oder mehreren Jahren (oft sind es bis zu 30 Jahre!) zu einer Krebsbildung in der Gegend des Zwerchfells führen kann. Asbest besteht aus kleinen Fasern mit sehr scharfen Spitzen. Kritisch ist dabei jedoch nur Asbest mit Faserlängen von etwa 5 bis 200 µm und einem Durchmesser unter 1 µm. Diese Fasern bohren sich mit ihren scharfen Spitzen durch das Lungengewebe und bleiben dann im Zwerchfell stecken. Sie werden nicht vom Körper resorbiert oder aufgelöst und können durch andauernde mechanische Reizung und Zerstörung der Zellen eine Krebsgeschwulst auslösen. Asbestteilchen, die kleiner sind als 5 µm, fließen über die Lymphgefäße ab, größere Fasern (größer als 200 µm Länge und größer als 3 µm Durchmesser) sind nicht „alveolengängig", d. h. sie wandern nicht mehr durch das Lungengewebe. Zum Schutze gegen gesundheitsgefährdende mineralische Stäube dürfen die TRK nicht überschritten werden. Damit wird zwar das Gesundheitsrisiko vermindert, man kann es jedoch nicht völlig ausschließen. Wegen der Gefährlichkeit von Asbest ist heute das Herstellen und Inverkehrbringen der meisten Asbestprodukte verboten.

b) Giftige organische Stoffe

1) Lösungsmittel

Organische Lösungsmittel lösen sich in Fetten; sie besitzen daher eine Affinität zu der Lipoidschicht, die die Nervenfasern umgibt. So äußern sich Vergiftungen mit organischen Lösungsmitteln häufig zunächst in einer ersten Phase durch Symptome wie Schläfrigkeit, Trunkenheit und führen schließlich in einer zweiten Phase (meist erst nach zwei bis drei Stunden) zu einem tiefen Koma. In diesem kritischen Zustand ist eine Sauerstoffbeatmung notwendig. Chlorhaltige organische Lösungsmittel rufen zudem noch schwere Leber- und Nierenschäden hervor.

Einige organische Substanzen sind kanzerogen, so z. B. das Anilin (siehe Abschnitt 8.5.1). Gefährlich ist auch das Benzol. Es kann bei Dauereinwirkung, selbst in sehr geringen Konzentrationen, zu schweren, chronischen, irreversiblen Schädigungen des Knochenmarks und zur Leukämie führen, daher werden für Benzol anstelle der MAK-Werte jetzt TRK herausgegeben (siehe Tabelle im Anhang A6).

Aromatische Nitroverbindungen, insbesondere das Nitrobenzol, sind äußerst giftig. Diese Verbindung wird am Hämoglobin des Blutes gebunden und verhindert den Sauerstofftransport durch das Blut, außerdem kann das Protein der roten Blutkörperchen irreversibel geschädigt werden. Desweiteren sind Auswirkungen auf das Nervensystem, Anämie und Leberschädigungen als Folge von akuten oder chronischen Vergiftungen durch Nitrobenzol zu beklagen.

2) Pestizide (Biozide)

Unter der Sammelbezeichnung Pestizide faßt man alle chemischen Pflanzenschutzmittel zusammen. Zu ihnen gehören insbesondere die **Insektizide** (= Insektenbekämpfungsmittel), die **Herbizide** (= Unkrautvertilgungsmittel) und **Fungizide** (= Pilzbekämpfungsmittel). Zu den wichtigsten Insektiziden gehören bestimmte chlorierte Kohlenwasserstoffe und organischen Phosphorverbindungen.

Von den verwendeten Pflanzenschutzmitteln können geringe Mengen durch die Nahrung in den menschlichen Körper gelangen. Damit eine Schädigung durch den Verzehr solcher Lebensmittel nicht eintritt, werden Höchstmengen festgesetzt, die in den Nahrungsmitteln nicht überschritten werden dürfen. Dies gilt insbesondere für das Trinkwasser, da Pflanzenschutzmittel über die Behandlung der Felder ins Grundwasser gelangen können.

Der bekannteste Vertreter eines chlororganischen Insektizids ist das **DDT** (p,p´–Dichlordiphenyltrichlorethan, systematische Bezeichnung: 1,1,1-Trichlor-2,2-(4-Chlorphenyl)-Ethan):

Seine Eigenschaft als Schädlingsbekämpfungsmittel wurde 1939 entdeckt. In den folgenden Jahren hat es sich insbesondere als sehr wirksam bei der Vernichtung der Überträger der Malaria (Anophelesmücke) erwiesen. Das DDT ist biologisch schlecht abbaubar und reichert sich stark im Fettgewebe an. Vor allem wegen seiner ökotoxikologischen Eigenschaften (siehe Abschnitt 12.5.3) ist die Herstellung und Anwendung von DDT seit 1972 in Deutschland verboten.

Die **ADI-Werte** (Abkürzung vom Englischen **a**cceptable **d**aily **i**ntake = annehmbare tägliche Aufnahme) geben die täglichen Höchstdosen von Pflanzenschutzmitteln in mg/kg Körpergewicht an, die auch bei lebenslanger Aufnahme ohne schädliche Einflüsse bleiben. Die in Lebensmitteln zugelassenen Höchstmengen („permitted level") liegen meist wesentlich unter den ADI-Werten.

3) Naturgifte

Gifte sind in der Natur in verschiedenster Form anzutreffen: giftige Pflanzen, Pilze, ferner Gifte als Waffen von Tieren, z. B. bei Spinnen und Schlangen. Hier sollen nur drei Vergiftungsursachen erwähnt werden, die durch Einwirkung von Mikroorganismen auf Lebensmittel entstehen können:

- **Botulismus**
  In unzureichend konservierten Nahrungsmitteln (in nicht genügend erhitzten Einmachgläsern oder Konservendosen mit Fleisch, Bohnen, Erbsen oder in ungenügend eingepökelten Fleischwaren) kann sich das anaerobe (siehe Abschnitt 12.1.3c) Bakterium Clostridium botulinum ansiedeln und mit dem von ihm erzeugten Toxin, das schon in Spuren, in Mengen eines tausendstel Milligramms wirksam wird (siehe Tab. 12.2), eine als Botulismus bezeichnete akute Vergiftung mit meist tödlichem Ausgang hervorruft. Das Toxin wird jedoch durch starke Hitze (langes Kochen) zerstört.

- **Salmonelleninfektion**
  Giftstoffe können sich auch erst im menschlichen Darm entwickeln. So können Salmonellen und Staphylokokken eine **mikrobielle Infektion** hervorrufen, wenn sie in größeren Mengen durch unsauber verarbeitete, verschmutzte, eiweißreiche Lebensmittel (wie Fleisch, Wurstwaren, Eierspeisen, Eis, Fisch etc.) in den Körper gelangen. Die Krankheit zeigt sich erst nach einer Inkubationszeit (Zeit die bis zum Ausbruch der Krankheit verstreicht) von 12 bis 24 Stunden in Form von fiebrigen Durchfällen, die etwa drei Tage lang anhalten und zu Beginn von Erbrechen begleitet werden. Ein gründliches Abkochen oder Braten der Speisen beseitigt durch Abtöten der Mikroben meistens jede Gefahr.

- **Aflatoxine**
  Durch bestimmte Schimmelpilze (beipielsweise Aspergillus flavus) werden kanzerogene Gifte, die sogenannten Aflatoxine gebildet. Diese Gifte gehören zu den stärksten kanzerogenen Stoffen. Bei Schimmelbefall von Lebensmitteln (hierzu gehören jedoch nicht die Edelschimmelpilze, wie z.B. beim Camembertkäse) ist die Gefahr nicht auszuschließen, daß auch Aflatoxine gebildet worden sind, deshalb sind die vom Schimmel befallenen Lebensmittel ungenießbar.

4) Abhilfe bei Vergiftungen mit organischen Stoffen

Bei akuten Vergiftungen mit organischen Stoffen ist folgendes zu beachten:
- Man soll versuchen, das Gift sofort aus dem Körper zu entfernen (Erbrechen); spätere Versuche können oft nicht mehr zum Erfolg führen.
- Bei allen Vergiftungen ist ärztliche Hilfe dringend erforderlich.
- Milch ist bei fettlösenden Giften kein Gegenmittel. Denn die Milch erhöht im Gegenteil die Giftwirkung infolge einer besseren Resorption des Giftes.
- Alkohol kann die Wirkung von Nervengiften potenzieren und darf auf keinen Fall dem Vergifteten verabreicht werden!

5) Das Nicotin und das Rauchen

Die eigentliche Wirkung des Rauchens beruht auf der Inhalation von Nicotin. Es ist ein Stoff, der auf das vegetative Nervensystem wirkt und auch die Blutgefäße verengt. Bei starkem Rauchen tritt eine irreversible Quellung der Adernwände ein, die zu einer Verminderung der Blutzirkulation führt, gefolgt von einer beträchtlichen Verminderung der Leistungsfähigkeit, Unterversorgung des Gehirns mit Blut sowie einer mangelhaften

Durchblutung der Herzkranzgefäße und der Gliedmaßen. So kann es, verbunden mit einer Verringerung des Sauerstoffgehalts im Blut, infolge der CO-Einwirkung an den Beinen oder Fußpartien zu degenerativen Entzündungen („Raucherbein") kommen; oft müssen dann solche Beine amputiert werden. Der Verschluß von Herzkranzgefäßen führt zum gefürchteten Herzinfarkt.

Der Tabakrauch mit seinen nahezu 1000 verschiedenen Bestandteilen enthält neben dem Nicotin (mit einer letalen Dosis LD_{50} von 50 mg/kg, siehe Tab. 12.2) insbesondere fünf weitere schädliche Gruppen:

- Stoffe, die den Sauerstofftransport durch das Blut vermindern (insbesondere CO und HCN, siehe Abschnitt 12.5.2a3)
- mindestens 60 kanzerogene Stoffe (z.B. das 1,2-Benzpyren, siehe Abschnitt 8.1.5d)
- radioaktive Isotope des Poloniums[9]
- mutagene Stoffe
- Cadmium (mit der Gefahr von Nierenschädigungen, siehe Abschnitt 12.5.2a1).

Das CO vermindert die Leistungsfähigkeit. Die kanzerogenen Stoffe in Verbindung mit den radioaktiven Polonium-Isotopen können die Entstehung von Lungenkrebs fördern. Es ist schwer abzuschätzen, wie hoch die durch das Rauchen verursachte Mutationsrate ist. Mutagene Stoffe wandern über das Blut in alle Teile des Körpers, sie gelangen auch zu den Eierstöcken und den Spermatozyten (aus denen die Spermien-Zellen durch Teilung hervorgehen). Bei den sich ständig abspielenden Teilungsvorgängen können durch Punktmutationen (siehe Abschnitt 12.2.3a2) genetische Schäden bei den Nachkommen entstehen.

12.5.3   Ökotoxikologie

Unter dem Begriff Ökotoxikologie oder Umwelttoxikologie versteht man die Auswirkungen von Chemikalien auf das gesamte Ökosystem (zu Ökosystem, siehe Abschnitt 13.1.1) oder auf einzelne Komponenten des Ökosystems, wobei chronische Effekte (Langzeiteffekte) eine wichtige Rolle spielen. Aufgrund des Zusammenlebens sehr vieler und sehr unterschiedlicher Lebewesen im Ökosystem ist die Untersuchung der ökotoxikologischen Auswirkungen von Stoffen ein sehr komplexer Vorgang. Im Prinzip sind bei diesen Untersuchungen jedoch für die jeweilige Chemikalie drei Faktoren von wesentlicher Bedeutung:

- die **toxische Wirkung** auf Lebewesen, insbesondere auf ökologisch wichtige Organismengruppen, welche ein wichtiges Glied in der Nahrungskette darstellen (zu Nahrungskette, siehe Abschnitt 13.1.1).
- die **biologische Abbaubarkeit** durch Mikroorganismen (siehe auch Abschnitt 13.2.3b)

---

[9] Das Polonium ist im Ackerboden überall vorhanden, da sich beim radioaktiven Zerfall des Urans und Thoriums (siehe Abschnitt 6.6.1) Isotope des Edelgases Radon bilden und über die Erdatmosphäre ausbreiten. Besonders das Folgenuklid Po 218, das aus dem Rn 222 entsteht, befindet sich fein verteilt überall auf der Erde und wird durch die Tabakpflanze aufgenommen. Da das Polonium schon unterhalb der Verbrennungstemperatur des Tabaks (750 °C) flüchtig ist, können beim Rauchen ca. 50% dieses radioaktiven Strahlers in die Lunge gelangen.

- die **Bioakkumulation**, d.h. die Fähigkeit von Organismen Stoffe im eigenen Organismus über die Konzentration der Umgebung hinaus anzureichern.

Alle drei Faktoren müssen bei Chemikalien, welche neu in den Verkehr gebracht werden untersucht werden. Wie bei der Humantoxizität gibt es hierzu genaue gesetzliche Vorschriften. Auf die unterschiedlichen Prüfmethoden wird im folgenden kurz eingegangen.

a) Toxizität für Lebewesen

Neben der Bestimmung der **LD_{50}-Werte** mit Säugetieren (siehe Abschnitt 12.5.1b), werden weitere Untersuchungen zur Toxizität an ausgewählten wichtigen Vertretern des Ökosystems durchgeführt. Hierzu gehören Fische, Daphnien (Wasserflöhe), Algen und Bakterien. Diese Toxizitätswerte werden entweder als LD_{50}-Werte angegeben oder als sogenannte **EC_{50}-Werte** (EC = effective concentration). EC_{50}-Werte sind die Konzentrationen bei denen bei 50% der Versuchstiere ein bestimmter Effekt auftritt, z.B. daß Daphnien schwimmunfähig oder tot sind. Ein sehr einfach zu bestimmender *Summenparameter* zur Bestimmung der Toxizität von Wasserproben ist der sogenannte **Leuchtbakterientest**. Bei diesem werden bestimmte Meeresbakterien eingesetzt, welche die Eigenschaft der Biolumineszenz (zu Lumineszenz, siehe Abschnitt 11.2.2) besitzen, d.h. sie senden aufgrund spezieller Stoffwechselvorgänge – ähnlich wie Glühwürmchen - Licht aus. Wird der Stoffwechsel durch die Anwesenheit toxischer Stoffe (z.B. Schwermetalle, toxische organische Stoff) gestört, so tritt eine Verringerung der Leuchtintensität ein. Da die Leuchtintensität dieser Bakterien meßtechnisch einfach bestimmt werden kann, wird der Leuchtbakterientest beispielsweise auch zur kontinuierlichen Überwachung des Zulaufs von biologischen Kläranlagen (siehe Abschnitt 13.2.3) eingesetzt.

b) Biologische Abbaubarkeit

Darunter versteht man den Grad des Abbaus eines Stoffes in der Umwelt unter dem Einfluß von Mikroorganismen in einfache in der Natur vorkommende Verbindungen (z.B. Kohlendioxid, Wasser, Methan). Der Abbau kann prinzipiell unter Verbrauch von Sauerstoff (aerobe Prozesse) oder unter Luftabschluß (anaerobe Prozesse) stattfinden (siehe auch Abschnitt 13.1.2). Die biologische Abbaubarkeit eines Stoffes kann beispielsweise durch Messung des **BSB_5-** und **CSB-Werts** ermittelt werden (siehe Abschnitt 13.2.2b). Bei biologisch schlecht abbaubaren (persistente oder refraktäre Verbindungen besteht zusätzlich stets die Gefahr der Bioakkumulation (siehe Abschnitt 12.5.3c).

c) Bioakkumulation

Insbesondere gut **fettlösliche** (lipophile), hydrophobe Stoffe (siehe Abschnitt 3.5) neigen zur Bioakkumulation im Fettgewebe von Lebewesen. Das bekannteste Beispiel hierfür ist das Insektizit **DDT** (siehe Abschnitt 12.5.2b2). DDT ist biologisch schwer abbaubar. Die Halbwertszeit (die Zeit in der gerade die Hälfte der ursprünglichen Menge abgebaut ist) von DDT in der Umwelt beträgt etwa zehn Jahre. Dies garantiert zwar eine anhaltende Wirkung als Insektizit, führt aber auch zu einer unkontrollierbaren Anreicherung in der Nahrungskette und im Menschen. DDT wird über Mikroorganismen (vor allem Plankton) von Muscheln, Krebsen und Fischen aufgenommen und reichert sich dort im Fettgewebe an. Fischjagende Vogelarten, welche DDT aufgenommen haben, legen Eier mit zu dünnen Schalen, die nicht bebrütet werden können. Neben DDT sind weitere potentiell im Fettgewebe akkumulierende Substanzen **polyaromatische Kohlenwasserstoffe** (PAK, siehe Abschnitt 8.1.5d), **polychlorierte Biphenyle** (PCB, siehe Abschnitt 8.2.2) und **Dioxine** (siehe Abschnitt 8.6.2).

Das Bioakkumulationsvermögen wird durch den sogenannten **BCF-Wert** (vom englischen: **B**ioconcentration **F**actor) angegeben. Er ist folgendermaßen definiert:
Da Tierversuche zur Ermittlung des BCF-Werts sehr aufwendig sind, wird das Bioakkumulationsvermögen häufig durch den **Verteilungskoeffizienten 1–Octanol/Wasser** (Abkürzung: P_{OW}) abgeschätzt. Mit diesem Verteilungskoeffizient wird die Anreicherung im Fettgewebe „nachgeahmt", da das hydrophobe 1–Octanol ähnliche lipophile Eigenschaften hat wie das tierische Fettgewebe. Bei der experimentellen Bestimmung wird der zu untersuchende Stoff in ein Gemisch aus 1–Octanol und Wasser gegeben und gemischt. Da sich 1–Octanol und Wasser praktisch nicht ineinander lösen, kann nach dem Stehenlassen die Konzentration der zu prüfenden Substanz in beiden Phasen bestimmt werden. Je größer die „Lipophilie" einer Substanz (je geringer die Polarität, siehe Abschnitt 2.4) desto größer ist die Tendenz zur Anreicherung im Fettgewebe und um so größer ist der P_{OW} -Wert. In Tab. 12.3 sind einige Beispiele für P_{OW}-Werte aufgelistet. Da die Zahlenwerte der P_{OW}-Werte häufig sehr groß sind, wird auch der Logarithmus des P_{OW}-Werts angegeben. Stoffe mit P_{OW}-Werte > 1000 sind potentiell akkumulierend und somit (wenn sie gleichzeitig biologisch schwer abbaubar sind) potentiell umweltgefährdend.

Tab.12.3. Verteilungskoeffizient 1–Octanol/Wasser für verschiedene Stoffe

Chemikalie	P_{OW}-Wert	log P_{OW}-Wert
3,4-Benzopyren	$1,1 \cdot 10^6$	6,04
Benzol	134,9	2,13
1,4-Dichlorbenzol	3311	3,52
DDT	$2,3 \cdot 10^6$	6,36
Dioxine[*]	$1 \cdot 10^8$	8
Ethanol	0,49	-0,31[**]
PCB[*]	$2 \cdot 10^6$	6,3
Tetrachlorethen	398	2,6

[*] Mittelwert unterschiedlicher Isomere
[**] in Wasser besser löslich als in 1-Oktanol

Chemikalien, welche in Oberflächengewässer gelangen können, werden in Deutschland aufgrund ihrer toxikologischen und ökotoxikologischen Daten (u.a. LD_{50}-Wert, biologische Abbaubarkeit, P_{OW}-Wert) in sogenannte **Wassergefährdungsklassen** (WGK) eingeteilt und müssen entsprechend gekennzeichnet werden. Hierbei gibt es vier Klassen:

- N^{10}:   nicht wassergefährdend
- WGK 1: schwach wassergefährdend
- WGK 2: wassergefährdend
  WGK 3: stark wassergefährdend

Übungsbeispiel 12.1: Man ordne die folgenden Stoffe nach steigenden P_{OW}-Werten:

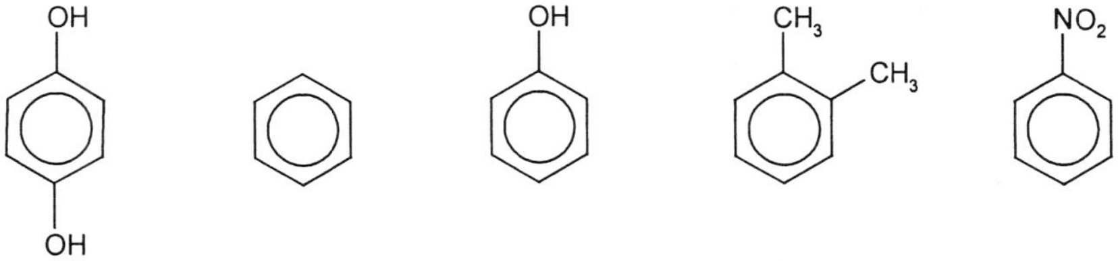

1,4-Dihydroxybenzol (Hydrochinon)	Benzol	Phenol	1,2-Dimethylbenzol (o-Xylol)	Nitrobenzol

Lösung:
Der P_{OW}-Wert eines Stoffes ist um so größer, je *unpolarer* dieser Stoff ist. Also müssen die Stoffe nach ihrer **Polarität** geordnet werden (zu Polarität, siehe Abschnitt 2.4).

- Benzol und o-Xylol sind *unpolar*. o-Xylol ist dabei noch weniger polar, als Benzol, da im Molekül zusätzlich zwei unpolare Methylgruppen enthalten sind.
- Hydrochinon besitzt die größte Polarität, da hier das Molekül zwei stark polare OH-Gruppen enthält, welche zur Bildung von Wasserstoffbrücken befähigt sind.
- Phenol enthält noch eine polare OH-Gruppe, während Nitrobenzol nur eine schwächer polare Nitrogruppe enthält.

Somit ergibt sich folgende Reihenfolge (log P_{OW}-Werte in Klammer):
1,2-Dimethylbenzol (3,12) > Benzol (2,13) > Nitrobenzol (1,86), Phenol (1,46) > 1,4-Dihydroxybenzol (0,59)

---

[10] Früher: WGK 0 = im allgemeinen nicht wassergefährdend

Kontroll- und Übungsfragen zum 12. Kapitel

1) Durch welche Merkmale unterscheiden sich lebende Organismen von toter Materie?
2) Geben Sie ein einfaches Einteilungsschema für alle Lebewesen an!
3) Nennen Sie drei wichtige Organellenarten eukaryontischer Zellen und deren Funktionen!
4) Welche Stofftypen enthält eine lebende Zelle?
5) Welche Rolle spielt das ATP (Adenosintriphosphat) in der Zelle?
6) Welches ist die wichtigste Reaktion in den Chloroplasten?
7) a) Wie nennt man die für den Stoffwechsel verantwortlichen Biokatalysatoren?
   b) Woraus bestehen sie in chemischer Hinsicht, wie werden sie benannt und wodurch können sie in ihrer Wirksamkeit beeinträchtigt werden?
8) Welches sind die drei Grundnährstoffe?
9) Was versteht man unter essentiellen Nahrungsmitteln?
10) Was ist die DNA und welche Funktion hat sie?
11) Wie erfolgt die Verdoppelung der DNA?
12) Welche Nucleinsäuren sind zur Proteinsynthese notwendig und welche Funktionen haben sie dabei?
13) Was sind Mutationen? Welche Arten unterscheidet man und wodurch können diese ausgelöst werden?
14) Was sind somatische Mutationen?
15) Was versteht man unter Mutagenese und wozu wird sie ausgenutzt?
16) Nennen Sie die wichtigsten Schritte zur Übertragung genetischer Information in Mikroorganismen in der Gentechnik! Nennen Sie ein Beispiel für ein gentechnisch hergestelltes Produkt!
17) a) Was versteht man in der Bioverfahrenstechnik unter einem Submers- und einem Festbettreaktor?
   b) Nennen Sie Vor-und Nachteile der beiden Reaktoren!
18) Welche Möglichkeiten der Produktaufarbeitung gibt es in der Bioverfahrenstechnik?
19) Welchen prinzipiellen Aufbau haben Biosensoren?
20) Was sind TRK-Werte, für welche Stoffe werden sie festgelegt, nach welchen Kriterien?
21) Was versteht man unter MAK-, was unter BAT-Werte?
22) Durch welche einfachen Geräte lassen sich die MAK-Werte bestimmen?
23) a) Was versteht man unter „akuter Toxizität"?
   b) Welche Maßzahl dient zur Angabe der akuten Toxizität?
24) Welche Eigenschaft von Chemikalien wird durch den sogenannten Ames-Test überprüft?
25) Welche prinzipiellen Wirkungen können durch Gifte entstehen'?
26) In welcher Weise wirken im allgemeinen Schwermetallgifte?
27) Was ist zu tun bei Verätzungen und beim Verschlucken von Säuren und Basen?
28) Was ist ein Lungenödem? Wodurch kann es entstehen und welche Maßnahmen sollte man dann ergreifen?
29) Was gilt es zu beachten, wenn jemand giftige organische Stoffe verschluckt hat?
30) Nennen Sie die hauptsächlichsten Schadstoffe im Tabakrauch und deren Wirkung!
31) a) Was versteht man unter „Ökotoxikologie"?
   b) Welche drei Eigenschaften von Chemikalien sind in der Ökotoxikolgie wichtig?

32) Welche ökotoxikologische Eigenschaft von Chemikalien wird durch den P_{OW}-Wert angegeben?

33) Ordnen Sie die folgenden Stoffe nach steigenden P_{OW}-Werten und begründen Sie ihre Entscheidung!

Toluol, Anilin, Ethanol, Ethylenglykol

13   Umweltschutztechnik

Übersicht über die Thematik des 13. Kapitels

Ziel dieses Kapitels ist es, wichtige Grundlagen der Umweltschutztechnik zu vermitteln. Dabei wird zuerst auf die ökologischen Grundlagen der belebten Natur eingegangen. Anhand von Beispiele werden wichtige globale Stoffkreisläufe erläutert.
Für die im Umweltschutz bedeutenden Bereiche Wasser, Luft, Abfälle werden neben den häufigsten Schadstoffen, Verfahrenstechniken zur Reinigung bzw. Beseitigung dieser Problemstoffe beschrieben. Hierbei werden in Beispielen wichtige chemische Grundlagen insbesondere die stöchiometrischen Berechnungen vertieft. Neben den Maßnahmen des additiven Umweltschutzes wird auf die heute immer mehr an Bedeutung gewinnenden primäre Maßnahmen bzw. auf den produktionsintegrierten Umweltschutz eingegangen. Die „Philosophie" hierbei ist Umweltschutzprobleme nicht durch zusätzliche Maßnahmen zu lösen, sondern die Produktionsverfahren selbst zu verändern. Problemstoffe die erst gar nicht entstehen müssen auch nicht beseitigt werden. Abschließend werden grundlegende Überlegungen bei der Erstellung von Ökobilanzen erläutert.

13.1   Ökologische Grundlagen

Ökologie (oikos, gr. = Umwelt, Haus) ist die Lehre von den Beziehungen der Lebewesen zueinander und von den Wechselwirkungen der Lebewesen mit der unbelebten Umwelt.

13.1.1   Ökosysteme

Die funktionelle Einheit von Lebewesen und ihrer Umwelt nennt man **Ökosystem**. Ein besteht aus einem örtlichen Lebensraum, auch **Biotop** (bios, gr. = Leben; topos, gr. = Ort) genannt und der darauf heimischen örtlichen Lebensgemeinschaft der Lebewesen, die als **Biozönose** (koinos, gr. = gemeinsam) bezeichnet wird:

$$\text{Ökosystem = Biotop + Biozönose}$$

Biotop und Biozönose beeinflussen sich gegenseitig. Wichtige Ökosysteme sind z.B. Wälder, Seen, Flüsse und Moore.

Die Lebewesen in einem Ökosystem kann man in **Produzenten, Konsumenten** und **Destruenten** von organischen Stoffen einteilen (siehe Abb.13.1). Die **Produzenten** sind die C-autotrophen Organismen (siehe Abschnitt 12.1.1b), wie z.B. die Pflanzen auf dem Land und die Algen im Wasser. Sie bauen mit Hilfe des Sonnenlichtes Biomasse aus anorganischen Stoffen auf.

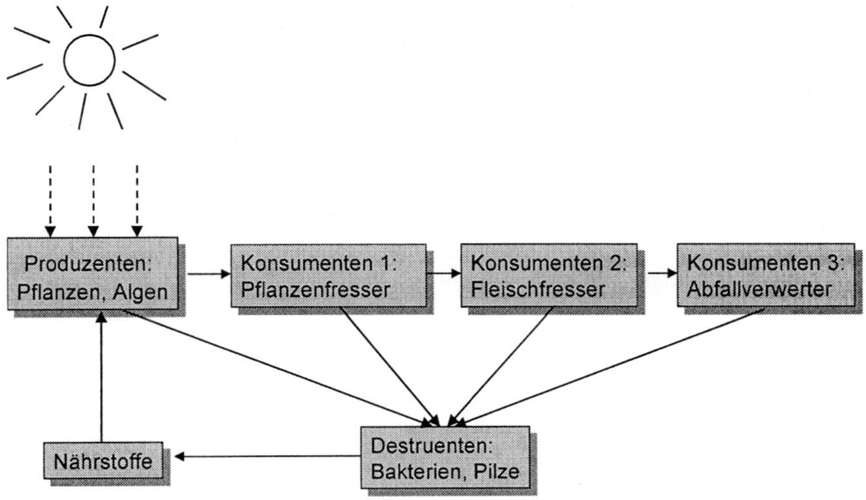

Abb. 13.1. Beziehungen zwischen den Lebewesen im Ökosystemen

Zu den **Konsumenten** gehören die C-heterotrophen Organismen (siehe Abschnitt 12.1.1b), und zwar
- Pflanzenfresser als Direktkonsumenten (z. B. Rinder und Feldmäuse auf dem Land oder das Zooplankton und die Friedfische im Wasser)
- Fleischfresser (z. B. Raubtiere, Raubvögel, Raubfische)
- Abfallverwerter als indirekte Konsumenten, z. B. wirbellose Tiere auf dem Land (wie Würmer) oder Muscheln im Wasser; sie verwandeln abgestorbene oder teilweise umgewandelte Organismen in einfachere Verbindungen.

Destruenten oder Reduzenten sind alle Organismen, die organische Stoffe in einfache anorganische Verbindungen, z. B. in Kohlendioxid, Wasser oder Nitrate umwandeln („mineralisieren"). Es sind z. B. Bakterien oder von Faulstoffen lebende Pilze.

Die von den Produzenten erzeugte Biomasse wird in sogenannten **Nahrungsketten** (meist in drei bis fünf Stufen) umgewandelt und dann schließlich von den Destruenten wieder mineralisiert. Beispiele für solche Nahrungsketten sind:
- Gras – Rind – Mensch
- Vegetation – Maus – Schlange – Raubvogel
- Phytoplankton (Produzent) – Zooplankton (Primärkonsument) – Friedfische – kleine Raubfische – große Raubfische.

Viele Nahrungsketten sind jedoch durch zahlreiche Verzweigungen und durch Ineinandergreifen wechselseitig verknüpft.

Ein Ökosystem sorgt für eine weitgehende Kreislaufführung bzw. Recycling von Nährstoffen, wobei zur Aufrechterhaltung der Prozesse ständig Energie (im wesentlichen von der Sonne) zugeführt werden muß. Das Prinzip der Kreislaufführung von Stoffen in der Natur sollte man sich als Ingenieur auch bei der Planung von Produktionsprozessen stets zum Vorbild nehmen (siehe auch Abschnitt 13.1.3).

13.1.2   Stoff- und Energieumsätze in Ökosystemen

Für die Prozesse im Ökosystem gelten die Gesetze der Erhaltung der Stoffmassen und der Erhaltung der Energie. Wegen der Vielzahl der in der Natur vorkommenden Stoffe ist eine genaue Stoffbilanzierung schwierig. Deshalb beschränkt man sich bei Massebilanzen meist auf einzelne Elemente, wie z.B. Kohlenstoff oder Stickstoff (siehe Abschnitt 13.1.3). Die für Lebensprozesse notwendigen Energien stammen im wesentlichen aus der Strahlung der Sonne im Bereich der sichtbaren elektromagnetischen Wellen. Hierbei ist interessant, daß nur ein sehr geringer Teil der eingestrahlten Energie von den Pflanzen in Biomasse umgesetzt wird. Dieser Energieanteil liegt zwischen etwa 1% (beim Getreide) und etwa 8% (bei den Zuckerrüben). Der Rest wird entweder zurückgestrahlt oder verbraucht. Von dieser Biomasse nutzen die Pflanzenfresser und danach die Fleischfresser nur einen kleinen Teil (jeweils etwa 10%) zum Aufbau ihrer körpereigenen Masse aus. Der größte Teil wird nicht ausgenutzt oder geht durch Atmung (Respiration) verloren.

Die zwei Grundprozesse des Lebens in Ökosystemen sind die

- Energiespeicherung beim Aufbau organischer Substanzen mittels der **Photosynthese** in den Produzenten (Pflanzen und Algen)
- Freisetzung von Energie beim Abbau der organischen Stoffe bei der **Atmung** durch die Konsumenten und Destruenten (Tiere, Bakterien, Pilze).

Bei der Photosynthese wird elektromagnetische Strahlung in Form von Licht in chemisch gebundene Energie umgewandelt (z.B. in Form von Glucose; siehe auch Abschnitt 12.1.3c) Hierzu wird Wasser und Kohlendioxid benötigt; Sauerstoff wird freigesetzt:

$$H_2O + CO_2 + \textit{Energie} \rightarrow \text{organische Substanz} + O_2$$

Die Photosynthese beinhaltet eine komplizierte Reaktionskette auf die hier nicht weiter eingegangen wird.

Bei der Atmung wird die Energie unter Abgabe von CO_2 und H_2O wieder freigesetzt:

$$\text{organische Substanz} + O_2 \rightarrow H_2O + CO_2 + \textit{Energie}$$

Die Atmung wird von den Konsumenten im Ökosystem zum Energiegewinn genutzt. Auch einige Destruenten (z.B. bestimmte Bakterien) nutzen das Prinzip der Sauerstoffatmung zum sogenannten **aeroben Abbau** (d.h. unter Verbrauch von Sauerstoff) von organischen Substanzen. Neben dem aeroben Abbau von organischen Stoffen gibt es auch Destruenten die einen Abbau unter Sauerstoffabschluß, den sogenannten **anaeroben Abbau** zum Energiegewinn nutzen. Bei diesem Abbauprozeß entsteht aus organischen Substanzen im wesentlichen Methan und Kohlendioxid:

$$\text{organische Substanz} \rightarrow CO_2 + CH_4 + \textit{Energie}$$

Dieser Prozeß spielt im Ökosystem Moor eine große Rolle. Aerobe und anaerobe Abbauprozesse von Bakterien bilden auch die Grundlage der biologischen Abwasserreinigung in kommunalen und industriellen **Kläranlagen**. Dies wird in Abschnitt 13.2.3 eingehend behandelt.

13.1.3   Stoffkreisläufe

Sowohl die Makronährstoffe (es sind hauptsächlich Verbindungen der Elemente C, H, O, N, K, Ca, Mg, S, P) als auch die Spurenelemente (Mn, Cu, Zn, B, Mo, V, Co, Se, I) unterliegen Kreisläufen, die sowohl durch die Organismen (meist schnell zirkulierend) als auch in langsameren Umwandlungen durch Ablagerungen im Boden bzw. durch das Reservoir der Erdatmosphäre gehen. In diesem Kapitel werden anhand der Elemente Kohlenstoff und Stickstoff beispielhaft zwei globale Stoffkreisläufe behandelt.

a) Der Kohlenstoff-Kreislauf

Der Kohlenstoff-Kreislauf ist eng gekoppelt mit dem Sauerstoffkreislauf und ist von besonderer Bedeutung für die Sicherung der Lebensgrundlage in Zusammenhang mit der Industrialisierung. Beide Elemente sind zwar zu großen Mengen in mineralischen Stoffen gebunden, sie sind aber als solche dem Kreislauf der Biosphäre entzogen. Der Kohlenstoff und Sauerstoff liegen hierbei in Form von Carbonate, z.B. Kalkstein oder Dolomit (Calcium-Magnesiumcarbonat), der Sauerstoff als oxidische Erze und Silicate vor. Nur ein kleiner Teil des Kohlenstoffs und des Sauerstoffs unterliegt den durch lebende Organismen gehenden Kreisläufen. In diese Kreislaufprozesse greift der Mensch durch das Verbrennen fossiler Brennstoffe entscheidend ein. Dieses zeigen die folgenden Überlegungen (siehe Abb. 13.2).

Der atmosphärische Kohlenstoff im Kohlendioxid wird von den Produzenten über die Photosynthese (siehe Abschnitt 13.1.2) unter Einfluß von Sonnenlicht zum Aufbau organischer Verbindungen verwendet, wobei Sauerstoff entsteht. Auf dem Land wird der von den Pflanzen freigesetzte Sauerstoff durch Veratmung (Tiere, aerobe Bakterien) und durch Verwesungsprozesse wieder verbraucht. Entstehung und Verbrauch von Sauerstoff und Kohlendioxid sind im Meer durch Gleichgewichte zwischen Algen und Meerestieren in etwa ausgeglichen. Kohlendioxid und Sauerstoff der Atmosphäre stehen im ständigen Austausch mit dem Meerwasser.

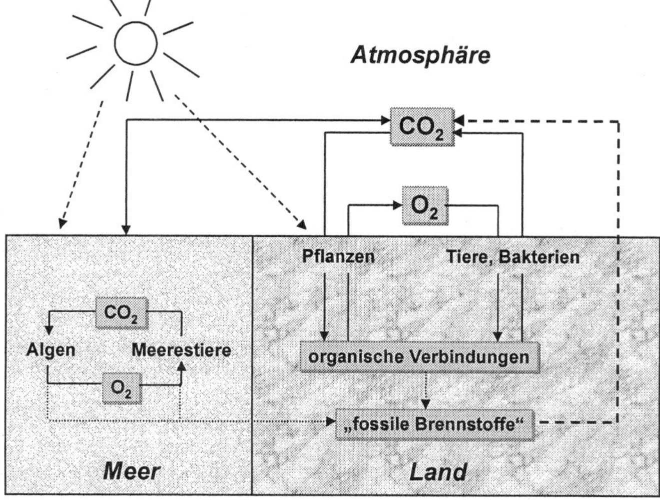

Abb. 13.2. Der globale Kohlenstoff-Kreislauf

Der heutige Anteil an Kohlendioxid in der Atmosphäre ist mit etwa 350 ppm (ppm = parts per million, siehe Abschnitt 3.5.1) nur sehr klein. Wegen des geringen Anteils kann der Kohlendioxidgehalt in der Atmosphäre durch menschliche Eingriffe relativ schnell geändert werden. Der Mensch greift in den Kohlenstoff-Kreislauf durch die Verbrennung von fossilen Brennstoffen und durch die Zerstörung von Wäldern ein. Der Kohlendioxid-Gehalt der Atmosphäre ist seit der Industrialisierung von etwa 280 ppm auf den heutigen Wert angestiegen. Zur Zeit sind etwa 4% des jährlich in die Atmosphäre emittierten Kohlendioxids menschlichen Ursprungs. Da Kohlendioxid einen Teil der Wärmestrahlung von der Sonne absorbiert und diese damit nicht mehr in den Weltraum abgestrahlt wird, bewirkt ein Anstieg des CO_2-Gehalts in der Atmosphäre einen globalen Anstieg der mittleren Erdtemperatur. Dies wird oft kurz als **Treibhauseffekt** bezeichnet, da die Wärmestrahlung wie durch die Glasscheiben in einem Treibhaus zurückgehalten wird. Neben CO_2 tragen auch andere Gase in der Atmosphäre zum Treibhauseffekt bei (z.B. Fluorchlorkohlenwasserstoffe, siehe Abschnitt 8.2.4).

b) Der Stickstoff-Kreislauf

Der globale Kreislauf des Stickstoff ist durch dessen unterschiedliche Oxidationsstufen zwischen –3 (im Ammoniak NH_3 oder Ammonium NH_4^+) und +5 (im Nitration NO_3^-) bestimmt (siehe auch Abschnitt 4.4.4). Ein vereinfachtes Schema des globalen Stickstoffkreislaufs ist in Abb. 13.3 dargestellt.

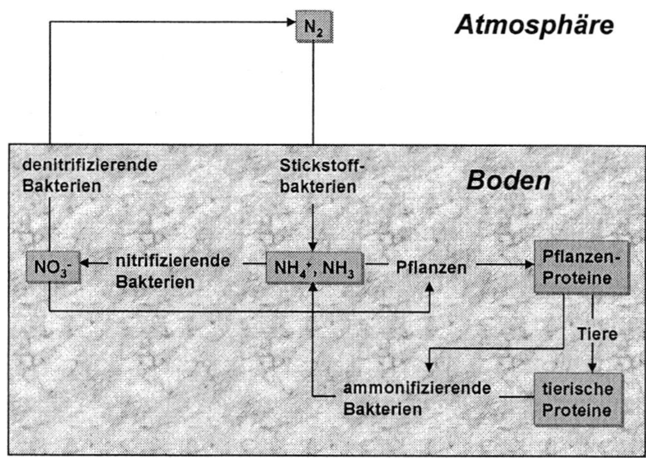

Abb. 13.3. Der globale Stickstoffstoff-Kreislauf

Die wichtigste Stickstoffquelle ist der Luftstickstoff (N_2) der Atmosphäre. Die sogenannten Stickstoffbakterien sind in der Lage den Stickstoff fixieren und zu Ammonium bzw. Ammoniak reduzieren (das jeweilige Verhältnis der Entstehung von Ammoniak bzw. Ammonium hängt vom pH-Wert ab; siehe Abschnitt 7.1.5). Ein Teil des NH_4^+ wird direkt von den Pflanzen aufgenommen und zum Aufbau organischer Verbindungen (Proteine, siehe Abschnitt 8.7.2) verwendet. Ein anderer Teil wird durch bestimmte Bakterien mit Luftsauerstoff zunächst zu Nitrit (NO_2^-) und dann zu Nitrat (NO_3^-)

oxidiert. Dieser Vorgang wird auch als **Nitrifikation** bezeichnet. Nitrat wird ebenfalls von den Pflanzen aufgenommen und zu pflanzlichen Proteinen umgesetzt. Die Pflanzen dienen den Tieren als Nahrungsquelle und werden dort zu neuen Proteinen resynthetisiert. Die organischen Stickstoffverbindungen (Ausscheidungen, totes Gewebe) werden durch Bakterien wieder zu Ammonium umgesetzt (Ammonifikation). Bestimmte Bakterien sind in der Lage Nitrat durch Reduktion zu elementarem Stickstoff N_2 zu reduzieren; dies wird auch als **Denitrifikation** bezeichnet. Zum Teil entsteht durch Denitrifikation auch Distickstoffmonoxid N_2O (auch „Lachgas" genannt, siehe Abschnitt 7.2.1c). Die bakteriellen Umsetzungen der Nitrifikation und Denitrifikation werden bei Abwassereinigung in Klärwerken zur Entfernung von Stickstoff aus Stickstoffverbindungen ausgenutzt (siehe Kap. 13.2.3)

Der Mensch greift in diesen natürlichen Kreislauf ein durch eine zusätzliche Fixierung von Stickstoff aus der Luft:

- Verbrennungsreaktionen: Hierbei entstehen durch Oxidation von N_2 Stickoxide (NO, NO_2); siehe Abschnitt 7.2.1c
- Ammoniak-Industrie: Haber-Bosch-Synthese von Ammoniak aus N_2 und H_2; siehe Abschnitt 5.5.1a

Insgesamt hat die vom Menschen verursachte Fixierung von Stickstoff im Vergleich zu den natürlichen Prozesse bereits beträchtliche Werte angenommen (siehe Tab.13.1).

Tab. 13.1. Globale Stickstoff-Fixierung in Mio t / Jahr

natürliche Prozesse (mikrobiell)	100 – 200
Verbrennung	82
industrielle Prozesse	25

Da Salze von Stickstoffverbindungen Pflanzennährstoffe sind, kann ein vermehrter Eintrag von Stickstoffsalzen insbesondere in die Gewässer zum Zustand der Überdüngung führen. Dieser Vorgang wird oft auch als **Eutrophierung** (griechisch eutraphein = wohlgenährt sein) bezeichnet. Auch das Element Phosphor in Form von Phosphatsalzen PO_4^{3-} ist ein Pflanzennährstoff und kann zur Eutrophierung der Gewässer führen. Durch die starke Überdüngung kommt es in den betroffenen Gewässern zu einem starken Algenwachstum. Dadurch trifft weniger Licht in die tieferen Schichten der Gewässer und die Photosyntheseleistung sinkt. Es sterben vermehrt Algen und Gewässerpflanzen ab. Da die abgestorbene Biomasse bei den bakteriellen Abbauprozessen mehr Sauerstoff zehren, kommt es im gesamten Gewässer zu einem akuten Sauerstoffmangel. Fische und Wasserpflanzen sterben ab. Im Extremfall kommt es zum „Umkippen" des Gewässers. Die Abbauprozesse schlagen dann von aeroben in anaerobe Prozesse um, was sich deutlich am Geruch zeigt (Entstehung u.a. von H_2S → „stinkt nach faulen Eiern").

13.2   Abwasser und Abwasserreinigung

13.2.1   Rohstoff Wasser

Wasser ist nicht nur ein lebensnotwendiger Stoff, sondern auch ein besonders wichtiger

Rohstoff für die Industrie. Auf der Erde gibt es ca. $1{,}35 \cdot 10^9$ km^3 Wasser. Davon ist:

- 97,4% salzhaltiges Meerwasser,
- 2,0% als ewiges Eis gebunden (Polkappen, Gletscher),
- 0,6% Süßwasser (im Kreislauf von Verdunstung, Niederschlag, Abfluß).

In der Deutschland (alte Bundesländer) fallen jährlich ca. $200 \cdot 10^9$ m^3 Niederschlag, das entspricht einer jährlichen Niederschlagsmenge von über 800 mm. Davon fließt ein Teil entweder direkt oder über den Umweg des Grundwassers in das Meer, während der größere Teil durch Verdunstung auf dem Territorium von Deutschland direkt in den Kreislauf zurückkehrt. Vom Grundwasser und vom Oberflächenwasser (Flußwasser, Seewasser) wird ein beachtlicher Teil für Trink- und Brauchwasser sowie für den Wasserbedarf der Industrie, Elektrizitätswerke usw. verbraucht. Dieses Wasser kehrt mehr oder weniger stark verschmutzt als Abwasser (zum Teil nach Reinigung durch Kläranlagen) in den Kreislauf zurück. Die Abb. 13.4 zeigt eine Mengenbilanz des Wasserkreislaufs.

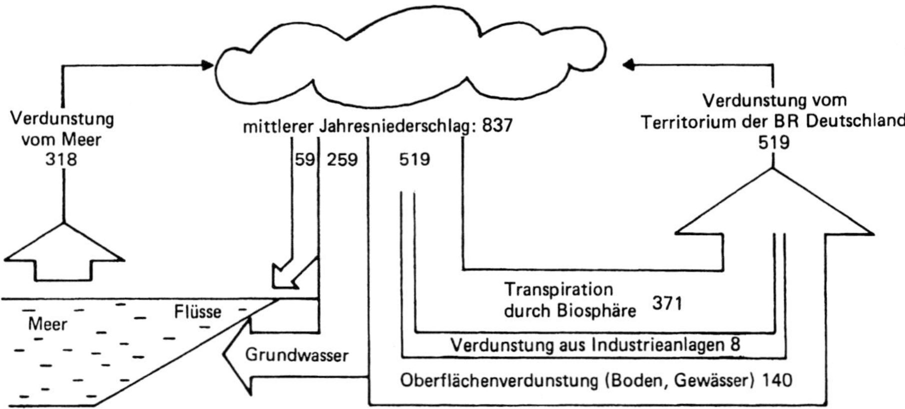

Abb. 13.4. Wasserkreislauf (Gebiet der Deutschland, alte Bundesländer) (Zahlen = Niederschlagsmengen in mm)

Der Verbrauch von Trinkwasser ist im Laufe der Zeit erheblich angestiegen. Während um 1900 der Wasserverbrauch pro Kopf und Tag bei ca. 25 l lag, beträgt er heute in Deutschland etwa 130 l, wovon nur 1,5–3 l unmittelbar als „Lebensmittel" benötigt werden. Dies bedeutet, daß der meiste Teil des Trinkwassers dort eingesetzt wird, wo auch mit Wasser geringerer Qualität gearbeitet werden kann. Die Tab. 13.2 zeigt das Wasseraufkommen und die Wassernutzung in Deutschland im Jahre 1991. Der mit Abstand größte Wassernutzer sind die Kraftwerke, bei denen hauptsächlich Oberflächenwasser zu Kühlzwecken eingesetzt wird. In der Industrie wird neben dem Einsatz in Produktionsprozessen auch ein großer Teil des Wasserbezugs als Kühlwasser verwendet. Durch Verbesserung von Kühlkreisläufen oder durch Mehrfachverwendung oder Kreisführung des Wassers konnte der Nutzungsfaktor des Wassers in der letzten Zeit noch weiter gesteigert werden. Er liegt in der Industrie heute bereits bei etwa 4 bis 5, d.h., das Wasser wird durchschnittlich mehr als viermal genutzt, bevor es die Betriebe wieder verläßt.

Tab. 13.2. Wassernutzung 1991 in Deutschland

	Mrd m^3 / a	Wassernutzung aus Oberflächenwasser	Wassernutzung Liter pro Kopf und Tag	Nutzungsfaktor
Kraftwerke	49,4	99,8 %	1250	2,5
Industrie	12,2	60%	600	4–5
Kommunen	6,5	22 %	130	

13.2.2   Abwasserinhaltsstoffe

Am bedeutendsten hinsichtlich der Abwasserreinigung sind die Abwässer aus den Haushalten bzw. kommunale Abwässer und die aus Produktionsprozessen stammenden Abwässer der Industrie. Das vor allem in Kraftwerken genutzte Kühlwasser ist meist nicht mit Schadstoffen, sondern nur mit Abwärme belastet. Bei den industriellen Abwässern unterscheidet man

- **Direkteinleiter**: das Abwasser wird nach einer Reinigung direkt in die Gewässer geleitet
- **Indirekteinleiter**: das Abwasser wird über die öffentliche Kanalisation in kommunale Kläranlagen geleitet und dort gereinigt.

Kommunale Abwässer aus Haushalten unterscheiden sich in ihrer Zusammensetzung wesentlich von denen aus der Industrie. Dabei können die Inhaltsstoffe von Industrieabwässern je nach Branche sehr verschieden sein. Trotz der großen Vielfalt der Inhaltsstoffe können bei den Abwasserinhaltsstoffen vereinfacht folgende Bestandteile unterschieden werden:

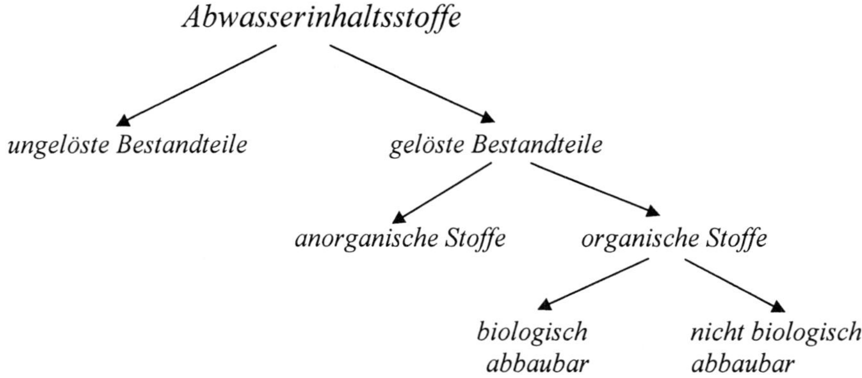

Bei den **ungelösten Stoffen** können unterschieden werden:
- absetzbare Stoff (z.B. Sand)
- Schwebstoffe
- aufschwimmende Stoffe (z.B. Öle, Fette).
  Im weiteren wird noch genauer auf die gelösten Abwasserinhaltsstoffe eingegangen.

Die gelösten Stoffe lassen sich einteilen in:
a) anorganische
b) organische Inhaltsstoffe.

a) Anorganische Inhaltsstoffe

Hierbei handelt es sich um gelöste Salze bzw. Salzionen. In Abwässern können viele verschiedene Salzionen auftreten. Im weiteren sollen nur die diejenigen Salzionen behandelt werden, welche bei der Abwasserreinigung eine wichtige Rolle spielen. Hierbei soll jeweils kurz auf die Herkunft und auf die Hauptschadwirkungen in der Umwelt eingegangen werden. Analytisch lassen sich Salze *summarisch* über Leitfähigkeitsmessungen (siehe Abschnitt 10.7.1) erfassen. Bestimmte Ionen (z.B. NH_4^+, NO_3^- etc.) werden in der Abwasseranalytik üblicherweise durch spektroskopische Analysenmethoden bestimmt (UV/VIS-Spektrometer, siehe Abschnitt 11.5.1).

1) Ammonium (NH_4^+)

NH_4^+ entsteht am Ende des Abbaus von stickstoffhaltigen, organischen Verbindungen (insbesondere Proteine) durch ammonifizierende Bakterien (siehe Abschnitt 13.1.3b). NH_4^+ muß aus dem Abwasser entfernt werden, da es
- zur Eutrophierung der Gewässer beiträgt (siehe Abschnitt 13.1.3b)
- in den Gewässern durch Nitrifizierung zu einem Sauerstoffverbrauch führt
- durch eine Gleichgewichtsverschiebung bei höheren pH-Werten in Ammoniak (NH_3) überführt wird, welcher fischtoxisch ist ($NH_4^+ + OH^- \leftrightarrows NH_3 + H_2O$).

2) Nitrat (NO_3^-)

Nitrat kann unter bestimmten Bedingungen durch Nitrifikation aus Ammonium gebildet werden (siehe Abschnitt 13.1.3b). Neben seiner eutrophierenden Wirkung, ist Nitrat für den Menschen toxikologisch bedenklich.

3) Ortho-Phosphat (PO_4^{3-})

Ortho-Phosphat bildet sich beim Abbau von organischen Phosphorverbindungen, welche in der Natur als „Energiespeicher" eine wichtige Rolle Spielen (Adenosintriphosphat; siehe Abschnitt 12.1.3c). In früheren Jahren wurde die Verbindung Pentanatriumtriphosphat in Waschmitteln als Komplexierungsmittel zur Wasserenthärtung eingesetzt (siehe Abschnitt 8.4.9). Diese Verbindung hydrolisiert im Abwasser zu Ortho-Phosphat. Heute spielt diese Phosphatquelle im Abwasser keine Rolle mehr, da in Haushaltswaschmittel andere Enthärter verwendet werden (sogenannte Zeolithe, siehe Abschnitt 7.2.5). Phosphationen sind toxikologisch unbedenklich, führen aber zu einer starken Eutrophierung der Gewässer.

4) Schwermetallionen

Gelöste Schwermetalle liegen im Abwasser als Kationen vor. Die Hauptschadwirkung von Schwermetallen ist die toxische Wirkung beim Menschen (siehe Abschnitt 12.5.2a1). Außerdem können sich diese im Boden, in den Pflanzen und in Sedimenten von Seen und Flüssen anreichern. Die Quelle von Schwermetallen im Abwasser sind vor allem Industrieabwässer. Tabelle 13.3 enthält eine Auswahl einiger Schwermetalle und die entsprechenden Verwendung in der Industrie.

Tab. 13.3. Beispiele für die industrielle Verwendung einiger Schwermetalle bzw. Schwermetallionen

Schwermetall	Industrielle Verwendung
Cu	Galvanik, Leiterplattenherstellung
Cd	Pigmentfarbstoffe, Stabilisatoren für PVC, Akkumulatoren
Pb	Akkumulatoren, Pigmentfarbstoffe
Hg	Chlor-Alkali-Elektrolyse
Cr	Galvanisierung, Lederverarbeitung

b) Organische Inhaltsstoffe

In Abwässern können sehr viele unterschiedliche organische Inhaltsstoffe enthalten sein. In Haushaltsabwässern beispielsweise Harnstoff, Tenside aus Waschmitteln, Eiweiße, Kohlenhydrate; in der Industrie Chemikalien unterschiedlichster Art (z.B. organische Chlorverbindungen). Aufgrund der Vielfalt der Stoffe ist in den meisten Fällen eine genaue Einzelstoffanalyse (z.B. mittels Gaschromatographie oder Flüssigkeitschromatographie, siehe Abschnitt 5.6.2) zu aufwendig und nur in Spezialfällen notwendig. Deshalb werden in der Abwasseranalytik häufig die organische Inhaltsstoffe über sogenannte **Summenparameter** ermittelt. Aufgrund des Verhaltens in biologischen Reinigungsanlagen (siehe Abschnitt 13.2.3b) werden die organischen Stoffe eingeteilt in biologisch abbaubare Substanzen und nicht biologisch abbaubare Substanzen; letztere werden auch als **refraktäre** (lat. = nicht beeinflußbar) oder **persistente** (lat. = beharrend) Substanzen bezeichnet. Die gebräuchlichsten Summenparameter in der Abwasseranalytik sind:

- **Biologischer oder Biochemischer Sauerstoffbedarf (BSB)**
- **Chemischer Sauerstoffbedarf (CSB)**
- **Gesamter Organischer Kohlenstoff oder Total Organic Carbon (TOC)**
- **Adsorbierbare Organische Halogenverbindungen (AOX)**

1) Biologischer Sauerstoffbedarf nach fünf Tagen (BSB$_5$)

Der Summenparameter BSB$_5$ ist ein Maß für den Anteil an biologisch abbaubaren Stoffen in einer Abwasserprobe. Zur Bestimmung wird eine genügend verdünnte Abwasserprobe mit sauerstoffgesättigtem Wasser vermischt und mit einem bakterienhaltigen Wasser angeimpft (bei Normaldruck und 20 °C lösen sich in 1 Liter Wasser etwa 9 mg O_2). Diese wird fünf Tage bei 20 °C aufbewahrt . Mittels eines Sauerstoffsensors (siehe Abschnitt 10.7.3) wird die Abnahme des Sauerstoffgehalts in der Probe gemessen. Der in dieser Zeit stattfindende aerobe Abbau durch die Bakterien (siehe auch Abschnitt 13.1.2) läßt sich pauschal durch die folgende Reaktionsgleichung angeben:

$$\text{Organischer Stoff} + \text{Bakterien} + O_2 \rightarrow CO_2 + H_2O + \text{Bakterienzuwachs}$$

Bei dieser Bestimmung hat man eine Reaktionszeit von fünf Tagen vereinbart, da in dieser Zeit der größte Teil (etwa 70%) der biologisch abbaubaren Stoffe oxidiert ist. Dieser Wert wird mit einer tiefgestellten Zahl fünf auch als BSB_5–Wert bezeichnet. Die Endstufe der vollständigen Oxidation zu CO_2 und H_2O muß nicht bei allen Substanzen vollständig erreicht werden, da die organischen Stoffe auch nur teiloxidiert werden können.

Übungsbeispiel 13.1: Experimentelle Bestimmung eines BSB_5–Werts[1]:
Sauerstoffgehalt zu Beginn der Messung = 8,5 mg/l
Sauerstoffgehalt nach fünf Tagen = 2 mg/l

Lösung:
Hierbei ergibt sich ein Biologischer Sauerstoffbedarf (BSB_5)
von 6,5 mg/l , da bezogen auf ein Liter Abwasser **6,5 mg** Sauerstoff verbraucht wurden.

Einige typische BSB_5-Werte sind in Tab.13.4 aufgeführt. Zur einheitlichen Beurteilung verschiedener Arten von Abwässer wurde bei der Abwasserreinigung der sogenannte **Einwohnergleichwert** (EWG) eingeführt. Ein EWG entspricht der Abwasserbelastung die ein Einwohner pro Tag verursacht. Hierfür setzt man einen BSB_5 von 60 g pro Tag an.

2) Chemischer Sauerstoffbedarf (CSB)

Dieser Summenparameter ist ein Maß für den Anteil der *gesamten*, chemisch oxidierbaren organischen Stoffe; d.h. der biologisch abbaubaren *und* der refraktären Stoffe. Bei der experimentellen Bestimmung des CSB-Werts wird die Abwasserprobe mit einem Überschuß eines sehr starken Oxidationsmittels Kaliumdichromat ($K_2Cr_2O_7$, siehe auch Abschnitt 7.2.2) versetzt und 2 Stunden bei 148 °C gekocht. Bei dieser Redoxreaktion (siehe auch Abschnitt 4.4) werden die organischen Stoffe zu CO_2 oxidiert und das Cr im Dichromat von der Oxidationstufe +6 nach +3 reduziert:

$$\text{Organischer Stoff} + \overset{+6}{Cr_2O_7}{}^{2-} \rightarrow CO_2 + H_2O + 2\,Cr^{3+}$$

Der Chromatverbrauch kann entweder mittels einer Redoxtitration mit Fe^{2+}-Ionen (siehe Abschnitt 5.2.7c) oder mittels eines Spektralphotometers (siehe Abschnitt 11.5.1) ermittelt werden. Dieser Verbrauch wird in äquivalente Sauerstoffmengen umgerechnet; somit wird der CSB-Wert, wie der BSB_5-Wert ebenfalls in mg Sauerstoffverbrauch je Liter

---

[1] Die "Normbestimmung", die nach den sogenannten Deutschen Einheitsverfahren zur Wasser-, Abwasser- und Schlammuntersuchungen (DEV) erfolgt ist viel aufwendiger, da mit mehreren Verdünnungen gearbeitet werden muß.

Abwasser angegeben. Der CSB-Wert ist bei der Abwasserreinigung wichtig, da er zu den Parametern gehört, die bei der Bestimmung der Abwasserabgabe nach dem Abwasserabgabegesetz[2] eine Rolle spielen. In Tab.13.4 finden sich einige Beispiele für typische CSB-Werte.

3) Gesamter Organischer Kohlenstoff oder Total Organic Carbon (TOC)

Dieser Summenparameter ist eine Maßzahl für den gesamten Anteil an organischem Kohlenstoff und wird angegeben in mg Kohlenstoff je Liter Abwasser. Zur experimentellen Bestimmung werden die organischen Stoffe vollständig oxidiert (meist katalytische Verbrennung bei etwa 900 °C) und anschließend das entstandene CO_2 mittels eines IR-Spektrometers ermittelt (siehe Abb.13.5). Damit kann der entsprechende Kohlenstoffgehalt der Abwasserprobe berechnet werden. In Tab.13.4 sind Beispiele für typische TOC-Werte aufgelistet.

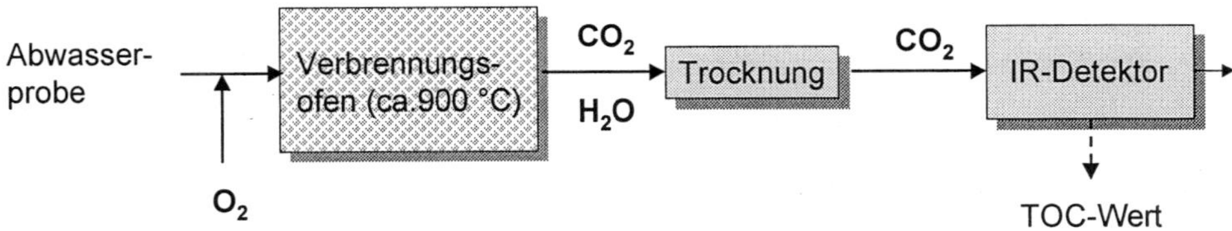

Abb.13.5. Vereinfachte schematische Darstellung einer TOC-Messung

In Tab.13.5 werden die Vor- und Nachteile der CSB-Bestimmung, denen der TOC-Messung gegenübergestellt.

Tab. 13.4. Beispiele für typische BSB_5-, CSB- und TOC-Werte

[mg/l]	Fließgewässer, mäßig belastet	kommunale Kläranlage *Zulauf*	kommunale Kläranlage *Ablauf*
BSB_5	6	200-300	20-30
CSB	10-20	400-600	60-100
TOC	3-5	100-150	20-50

---

[2] Das Abwasserabgaberecht sieht für die Abwassereinleitung die Entrichtung einer Abgabe vor, welche als materieller Anreiz zur Verminderung der Gewässerbelastung dienen soll. Hierbei wird die Abwasserbelastung mit unterschiedlichen Komponenten (organische Fracht als CSB, Schwermetalle etc.) in sogenannte Schadeinheiten umgerechnet. Beim CSB beträgt die Schadeinheit 50 kg O_2-Bedarf. Der Abgabesatz pro Schadeinheit beträgt seit 1997 70 DM.

Tab. 13.4. Vergleich der CSB- mit der TOC-Messung

Verfahren	Vorteile	Nachteile
CSB-Bestimmung	• Bemessungsparameter nach dem Abwasserabgabegesetz	• *alle* oxidierbaren Inhaltsstoffe werden oxidiert, auch anorganische Stoffe wie z.B. Fe^{2+} zu Fe^{3+}
		• Chromionen sind giftige Schwermetalle und müssen entsprechend entsorgt werden
		• dauert relativ lange (2 h)
TOC-Bestimmung	• automatisierbar und schnell (dauert Minuten)	• relativ teure Meßapparatur
	• keine Störung durch anorganische Inhaltsstoffe, da direkt der C-Gehalt gemessen wird	
	• es fallen keine giftigen Stoffe zur Entsorgung an	

Da der CSB- und der TOC-Wert durch eine *vollständige* chemische Oxidation der organischen Inhaltsstoffe gekennzeichnet sind, lassen sich beide auch theoretisch berechnen. Im Gegensatz dazu kann der BSB_5-Wert nur experimentell bestimmt werden, da über die biologische Abbaubarkeit keine genauen theoretischen Voraussagen gemacht werden können. Der BSB_5-Wert ist aber stets $\leq$ CSB-Wert. Das Verhältnis BSB_5/CSB, welches auch als **biologische** oder **biochemische Abbaubarkeit** α bezeichnet wird, ist damit ≤ 1. Die biologische Abbaubarkeit ist ein Maß dafür, wie gut die organischen Inhaltsstoffe biologisch abbaubar sind. Nach Tab.13.4 beträgt α für den Zulauf kommunaler Kläranlagen etwa 0,5, im Ablauf ca. 0,3.

Übungsbeispiel 13.2: Berechnung a) des CSB- und b) des TOC-Werts eines Abwassers, welches 150 mg/l Glucose ($C_6H_{12}O_6$) enthält.

$$C_6H_{12}O_6 + 6\ O_2 \rightarrow 6\ CO_2 + 6\ H_2O$$

Lösung:
a) Berechnung des CSB-Werts:
Die chemische Gleichung besagt, daß zur vollständigen Oxidation von 1 mol Glucose 6 mol Sauerstoff notwendig sind. Unter Verwendung der molaren Massen ergibt sich: 180 g Glucose benötigen $6 \cdot 32$ g = 192 g Sauerstoff. Für die Oxidation von 0,15 g Glucose sind x g Sauerstoff notwendig:

$$x = \frac{0{,}15\ g}{180\ g} \cdot 192\ g = 0{,}16\ g$$

Es ergibt sich ein O_2-Verbrauch von 160 mg $\rightarrow$ **CSB-Wert = 160 mg/l**.

b) Berechnung des TOC-Werts:
  Der Kohlenstoffanteil im Glucosemolekül beträgt:

$$\frac{(6 \cdot 12)\,g}{180\,g} = \frac{72\,g}{180\,g} = 0,4$$

Der **TOC-Wert** des Abwassers ergibt sich damit zu $0,4 \cdot 150$ mg/l = **60 mg/l**

4) Adsorbierbare Organische Halogenverbindungen (AOX)

Der AOX-Wert ist eine Maß für den Anteil an organischen Halogenverbindungen (X steht für Halogen, in den meisten Fällen Cl, seltener Br oder I), welche an Aktivkohle adsorbieren. Hierzu gehören z.B. die industriellen Reinigungsmittel Perchlorethylen („Per") und Trichlorethan („Tri"); siehe auch Abschnitt 8.2.1. Wie bereits in den Abschnitten 12.5.2b und 12.5.3c, erwähnt sind die halogenierten organischen Stoffe meist humantoxisch und vor allem ökotoxikologisch relevant, da sie sich im Fettgewebe von Säugetieren stark anreichern. Zur Bestimmung des AOX-Werts wird die Abwasserprobe zunächst mit Aktivkohle versetzt. Hierbei adsorbieren die hydrophoben, organischen Halogenverbindungen an die Aktivkohle. Die Aktivkohle wird getrocknet und verbrannt. Dabei wird das Halogen aus der organischen Verbindung in Halogenid-Ionen (X^-) überführt, welche analytisch bestimmt werden können (üblicherweise durch Coulometrie, siehe Abschnitt 10.7.4):

Org. Halogenverbindung + Aktivkohle $\rightarrow$ Trocknung $\rightarrow$ Verbrennung $\rightarrow$
$CO_2 + H_2O + X^-$ (X = Cl, Br, I)

Der AOX-Wert und wird angegeben in µg oder mg Chlor je Liter Abwasser.

Übungsbeispiel 13.3: Berechnung des AOX-Werts eines Abwassers, welches 5 mg/l Tetrachlorethylen ($CCl_2{=}CCl_2$) enthält.

Lösung:
Der Chloranteil im Molekül beträgt:

$$\frac{4 \cdot 35,5\,g}{(4 \cdot 35,5 + 2 \cdot 12)\,g} = \frac{142\,g}{166\,g} = 0,86$$

Der **AOX-Wert** des Abwassers ergibt sich damit zu $0,86 \cdot 5$ mg/l = **4,3 mg/l**

13.2.3   Abwasserreinigung durch kommunale Kläranlagen

In kommunalen Kläranlagen werden überwiegend Abwässer aus Haushalten, sowie Abwässer aus gewerblichen und industriellen Indirekteinleitern gereinigt.

In Abb. 13.6 ist das vereinfachte Fließbild einer kommunalen Kläranlage dargestellt. Der Reinigungsprozeß läßt sich in drei Verfahrensstufen einteilen:

a) mechanische Reinigung

b) biologische Reinigung

c) Entfernung von Phosphor- und Stickstoffverbindungen

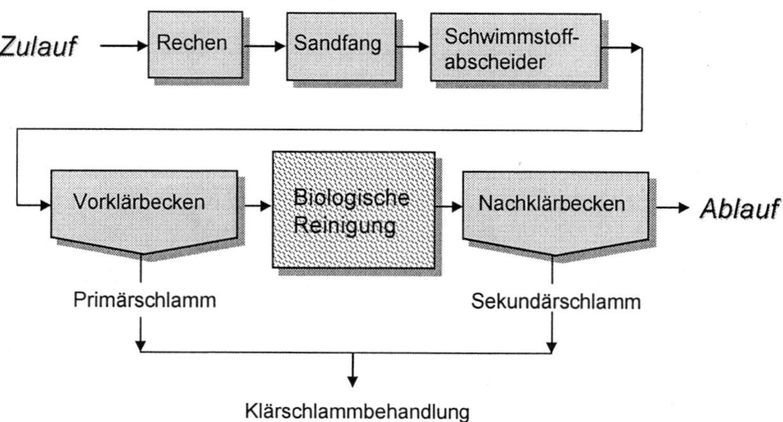

Abb. 13.6. Fließschema einer kommunalen Kläranlage

Zusätzlich gibt es Verfahrensschritte zur Behandlung des bei der Reinigung anfallenden **Klärschlamms**.

a) Mechanische Reinigung

Das zu reinigende Abwasser wird über die Kanalisation dem Klärwerk zugeleitet. Vor der eigentlichen Kläranlage befindet sich ein sogenanntes Regenrückhaltebecken, welches als Wasserpuffer bei Starkregen dient, um die Kläranlage vor hydraulischer Überlastung zu schützen. Das gepufferte Regenwasser wird nach dem Abklingen der Niederschläge in der Kläranlage abgearbeitet. Im Klärwerk werden zunächst mittels Rechen grobe Stoffe (Holzstücke, Blätter, Papier etc.) abgetrennt. Anschließend werden durch Erniedrigung der Fließgeschwindigkeit in einem Absetzbecken, dem **Sandfang**, körnige Stoffe ($\varnothing > 0{,}2$ mm) sedimentiert. Im anschließenden **Öl- und Fettfang** werden aufschwimmende Stoffe von der Wasseroberfläche abgezogen. Das **Vorklärbecken** ist ein weiteres Absetzbecken, indem die Strömung im Vergleich zum Sandfang deutlich mehr verlangsamt wird, so daß sich auch kleinere suspendierte Stoffe ($\varnothing < 0{,}2$ mm), meist organische Stoffe, absetzten. Hierdurch kann bereits bis etwa 30% der gesamten organischen Belastung abgetrennt werden und die nächste Reinigungsstufe wird entsprechend entlastet. Der anfallende Schlamm wird auch **Primärschlamm** genannt und wird gemeinsam mit dem sogenannten Sekundärschlamm aus der biologischen Reinigungsstufe entsorgt.

b) Biologische Reinigung

In der biologischen Reinigung werden die gelösten, organischen Stoffe mit Hilfe von Mikroorganismen abgebaut. Diese Vorgänge haben das Selbstreinigungsprinzip der Natur in den Böden und den Gewässern zum Vorbild (siehe Abschnitt 13.1.2). Die dabei ablaufenden Vorgänge sind prinzipiell die Gleichen, die auch bei der Messung des BSB_5-Werts auftreten:

$$\text{Organischer Stoff} + \text{Bakterien} + O_2 \rightarrow CO_2 + H_2O + \text{Bakterienzuwachs}$$

Unter bestimmten Bedingungen werden auch Stickstoffverbindungen zu NO_3^- (höchste Oxidationsstufe von N) und Schwefelverbindungen zu SO_4^{2-} (höchste Oxidationsstufe von S) oxidiert (siehe Abschnitt 4.4.4, Abb. 4.4).

Bei der biologischen Reinigung sind in kommunalen Kläranlagen zwei Verfahrensvarianten gebräuchlich:

- **Belebtschlammverfahren**
- **Festbettverfahren.**

Bei den **Belebtschlammverfahren** befinden sich die zum Abbau der organischen Stoffe benötigten Bakterienbiozönosen in einem zwangsbelüfteten, durchströmten Becken in der Schwebe. Dieses Becken wird auch als Belebungsbecken bezeichnet. Die Luft kann prinzipiell auf verschiedene Weise eingebracht werden (siehe Abb.13.7). Neben der Versorgung der Mikroorganismen mit Sauerstoff sorgt die Belüftung auch für eine gute Durchmischung der Belebtschlammflocken. Die Konzentration an gelöstem Sauerstoff sollte durch die Belüftung auf etwa 2 mg/l eingestellt werden. Da die Belüftung ein sehr energieintensiver Schritt ist, ist eine Regelung der Luftzufuhr sehr wichtig. Zur Messung der O_2-Konzentration werden üblicherweise amperometrische O_2-Sensoren eingesetzt (siehe Abschnitt 10.7.3). Beim Belebtschlammverfahren kommt es zu einem hohen Austrag an Belebtschlamm. Deshalb ist die sogenannte Nachklärung ein integraler Bestandteil des Verfahrens. Die Nachklärung wird wie die Vorklärung mittels eines Absetzbecken durchgeführt. Der sedimentierte Belebtschlamm wird teilweise in das Belebungsbecken zurückgeführt, zum Teil als **Überschußschlamm** oder **Sekundärschlamm** entfernt.

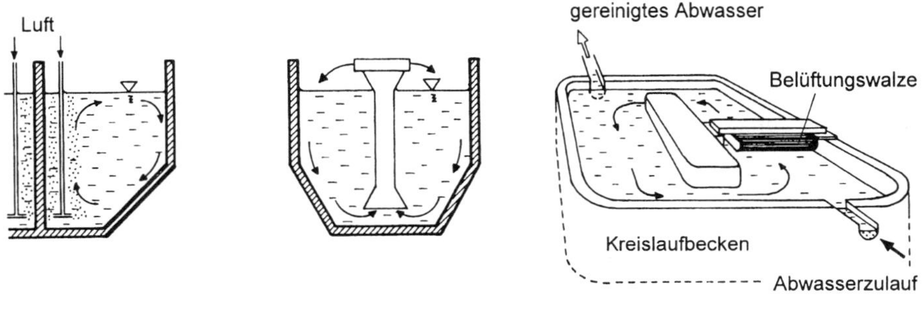

a Druckbelüftung   b Turbinenbelüftung   c Walzenbelüftung

Abb. 13.7. Beispiele für den Lufteintrag beim Belebtschlammverfahren

Ein häufig in Klärwerken verwendetes **Festbettverfahren** sind die sogenannten **Tropfkörper** (siehe Abb.13.8a) . Hier befinden sich die zum Abbau der organischen Stoffe erforderlichen Mikroorganismen als Bewuchs („biologischer Rasen") auf festen Oberflächen eines grobporigen Materials (z.B. Lavabrocken, Kunststoffteile), welches als lose Schüttung in einen Behälter eingebracht wird. Das Abwasser wird mittels Drehsprenger auf die Oberfläche gesprüht und tropft langsam durch die Füllkörper zum Boden des Behälters. Die Tropfkörperbehälter sind üblicherweise nicht zwangsbelüftet, da die Luft den Behälter durch Konvektion von unten nach oben durchströmt (Erwärmung durch die exothermen Abbaureaktionen). Durch die Immobilisierung der Mikroorganismen findet nur ein geringer Schlammaustrag statt. Eine Variante der Festbettverfahren ist das **Tauchkörperverfahren** (siehe Abb.13.8b): Der „biologische Rasen" ist auf ständig sich drehenden Scheiben (2–3 m ⌀) aufgebracht, dabei taucht er abwechselnd in das Abwasser und belädt sich in der Luft mit Sauerstoff.

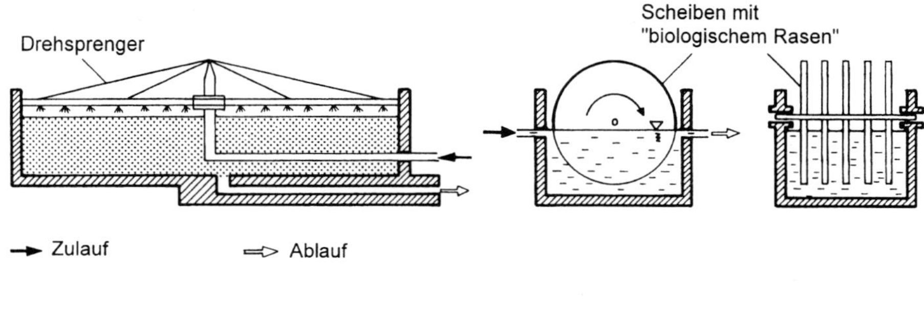

a Tropfkörperanlage   **b** Tauchkörperanlage

Abb. 13.8. Beispiele für Festbettverfahren in der Abwasserreinigung

In einigen Klärwerken werden auch Kombinationen der Belebtschlamm- und Festbettverfahren eingesetzt.

c) Entfernung von Phosphor- und Stickstoffverbindungen

Auf die Umweltgefährdung die von diesen Stoffen ausgeht wurde bereits in Abschnitt 13.1.3b und 13.2.2 eingegangen.

Phosphatverbindungen, die im wesentlichen als Ortho-Phosphat vorliegen werden üblicherweise durch **chemische Fällung** entfernt. Hierzu können Fe^{3+}, Al^{3+} oder Ca^{2+}-Ionen verwendet werden (in Form von Chlorid oder Sulfatsalzen). Das Phosphat bildet mit diesen Ionen schwerlösliche Salze. Häufig werden Eisen(III)ionen eingesetzt, da Eisensalze als „billiges" Nebenprodukt bei industriellen Prozessen anfallen (siehe auch Abschnitt 13.5).

$$Fe^{3+} + PO_4^{3-} \rightarrow FePO_4 \downarrow$$

Die Phosphatfällung kann prinzipiell auf verschiedenen Stufen durchgeführt werden:

- vor dem Vorklärbecken
- im Belebungsbecken (Simultanfällung)
- nach dem Belebungsbecken (Nachfällung).
- nach dem Nachklärbecken (hierbei ist ein zusätzliches Absetzbecken erforderlich).

Neben der chemischen Phosphateliminierung werden heute vermehrt Verfahren der **biologischen P-Eliminierung** eingesetzt, da diese in den Betriebskosten günstiger als die chemischen Verfahren sind. Durch ein Wechselspiel verschiedener aerober und anaerober Verhältnisse läßt sich die „normale" P-Aufnahme der Mikroorganismen steigern, somit kann eine vermehrte Menge an P mit dem Überschußschlamm abgezogen werden.

Das ins Klärwerk fließende Abwasser enthält Stickstoff hauptsächlich in Form von NH_3 bzw. NH_4^+, da organische Stickstoffverbindungen (z.B. Eiweißstoffe) bereits im Kanalnetz durch ammonifizierende Bakterien weitgehend zu diesen Stoffen abgebaut werden. Wie bereits in Abschnitt 13.1.3b erwähnt spielen diese Abbauvorgänge auch im natürlichen Stickstoffkreislauf eine wichtige Rolle. Somit muß im Klärwerk im wesentlichen nur NH_4^+ entfernt werden. Hierzu wird ein biologisches Eliminationsverfahren verwendet, welches man den in der Natur ablaufenden Vorgängen „abgeschaut" hat und aus zwei Schritten besteht (siehe Abschnitt 13.1.3b):

- der **Nitrifikation** und
- der **Denitrifikation**.

Beim **Nitrifikationsschritt** wird NH_4^+ mit Luftsauerstoff durch nitrifizierende Bakterien über die Zwischenstufe NO_2^- zu NO_3^- oxidiert:

$$2\,NH_4^+ + 3\,O_2 \rightarrow 2\,NO_2^- + 2\,H_2O + 4\,H^+$$
$$2\,NO_2^- + O_2 \rightarrow 2\,NO_3^-$$

Im Prinzip finden die Vorgänge stets bei der aeroben Behandlung der Abwässer statt. Allerdings vermehren sich die Nitrifikanten im Vergleich zu den Verwertern von Kohlenstoffverbindungen etwa zehnmal langsamer. Deshalb müssen für diese Bakterienstämme günstige Wachstumsbedingungen geschaffen werden. Solche günstigen Bedingungen liegen etwa in Festbettverfahren vor (z.B. Tropfkörper), da hier die Bakterien als fester Bewuchs immobilisiert sind und nicht wie beim Belebungsverfahren ständig mit dem Überschußschlamm ausgetragen werden.

Bei der **Denitrifikation** erfolgt die Entfernung des gebildeten NO_3^- durch baketerielle Reduktion zu Stickstoff N_2 unter Ausschluß von Luftsauerstoff. Hierzu müssen organische Verbindungen als Reduktionsmittel zugeführt werden:

$$\text{Organische Verbindungen} + 2\,NO_3^- \rightarrow CO_2 + N_2 + H_2O$$

Der Denitrifikationsschritt kann im Klärwerk der Nitrifikation entweder vor- oder nachgeschaltet werden. In Abb. 13.9 ist das Verfahren einer Abwasserreinigungsanlage mit einer vorgeschalteten Denitrifikationsstufe schematisch dargestellt. Die Stufen der Vor- und Nachklärung wurden zur Vereinfachung weggelassen.

NH_4^+ durchläuft ohne Veränderung das Denitrifikationsbecken und wird dann zusammen mit den organischen Verbindungen in der Nitrifikationsstufe (z.B. Tropfkörperanlage) oxidiert. Ein Teil des mit NO_3^- beladenen Abwasserstroms wird nach der Nitrifikation in das Denitrifikationsbecken zurückgeführt. In diesem Becken werden die

Schlammflocken nur schwach gerührt, so daß es zu keinem Sauerstoffeintrag kommt. Unter Luftausschuß wird NO_3^- zu N_2 reduziert wird. Als Reduktionsmittel dient hierbei die zulaufende organische Fracht.

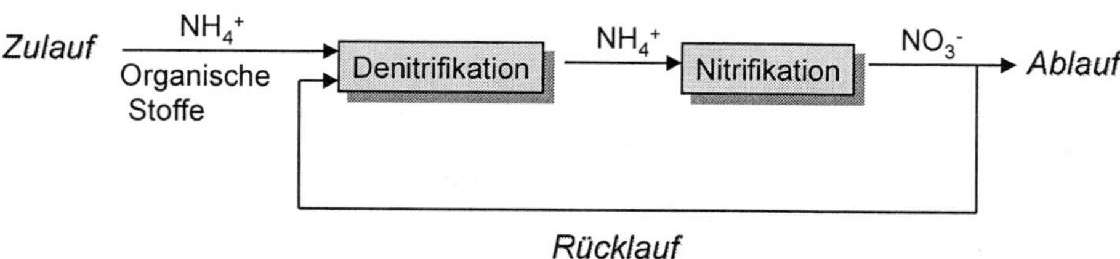

Abb. 13.9. Verfahrensschema einer vorgeschalteten Denitrifikation

d) Schlammbehandlung

Insgesamt fallen in Deutschland bei der kommunalen Abwasserreinigung jährlich etwa 3 Millionen Tonnen Klärschlamm-Trockensubstanz an (Primär- und Sekundärschlamm), welche verwertet bzw. entsorgt werden müssen.

Da der in den Vor- und Nachklärbecken durch Sedimentation anfallende Klärschlamm lediglich einen Trockensubstanzanteil (TS-Anteil) von etwa 1% hat (d.h. 99% sind Wasser), ist das wesentliche Ziel einer Schlammbehandlung - vor einer Verwertung oder Entsorgung - eine deutliche Erhöhung des TS-Anteils durch **Entwässerung**. In Abb.13.10 sind die prinzipiellen Verfahrensschritte der Schlammbehandlung sowie die möglichen Verwertungs- und Entsorgungspfade aufgetragen.

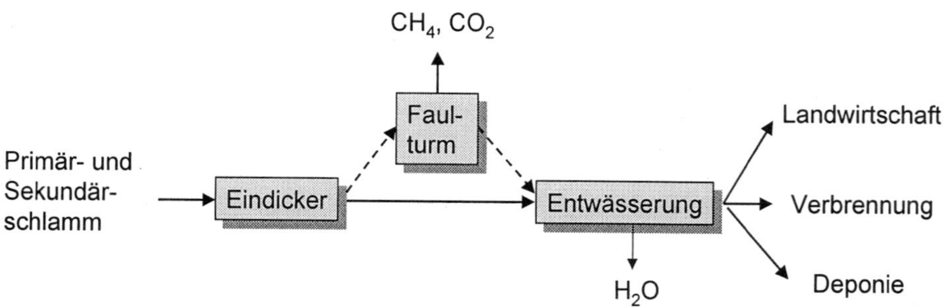

Abb. 13.10. Schematische Darstellung der Klärschlammbehandlung und -verwertung

Der Klärschlamm aus den Vor- und Nachklärbecken wird in einem weiteren Absetzbecken, dem sogenannten **Eindicker** durch Sedimentation auf einen TS-Gehalt von etwa 5% gebracht. Nach dem Eindicker gibt es prinzipiell zwei Möglichkeiten der weiteren Behandlung. In vielen Kläranlagen wird der Klärschlamm in einem sogenannten **Faulturm** einer anaeroben Gärung unterzogen. Hierbei entstehen durch Methanbakterien Zersetzungsgase, die ca. 70% Methan und 30% Kohlendioxid enthalten:

Organische Stoffe $\rightarrow$ CH_4 + CO_2 (+ NH_3, + H_2S)

Das Faulgas hat etwa einen Heizwert von 20.000 kJ pro m^3, diese Energie wird in Klärwerken verbraucht und darüber hinaus anderweitig genutzt. Bei einer etwas erhöhten Temperatur (25–30 °C) und einem Aufenthalt des Faulschlamms im Faulturm von ca. 10 bis 15 Tagen kann sich die Schlammmasse infolge Methanbildung dabei um die Hälfte reduzieren. Der ausgefaulte Schlamm ist dickflüssig, dunkel und geruchsfrei.

Der Klärschlamm kann auch ohne den Zwischenschritt der Faulung weiter entwässert werden. Die Entwässerung kann entweder mechanisch über Filtrationsverfahren oder Zentrifugen erfolgen, oder sie kann durch thermische Trocknung durchgeführt werden. Da eine mechanische Entwässerung wesentlich kostengünstiger ist als die Trocknung, sollte die Entwässerung soweit wie möglich durch mechanische Verfahren erfolgen. Nach einer Entwässerung gibt es für den Klärschlamm im wesentlichen drei Entsorgungspfade:

- **Deponie**
- **landwirtschaftliche Verwertung (Düngung)**
- **Verbrennung**

Da die Deponierung von Abfällen in Deutschland in Zukunft sehr eingeschränkt wird (siehe Abschnitt 13.4), werden nur noch die Verbrennung und die landwirtschaftliche Verwertung von Bedeutung bleiben. Die Verbrennung wird entweder in speziellen Klärschlammverbrennungsöfen durchgeführt oder der Klärschlamm wird in Kraftwerken mitverbrannt. Insbesondere bei der landwirtschaftlichen Verwertung ist neben dem hygienischen Aspekt zu beachten, daß der Klärschlamm mit

- Schwermetallen
- toxischen organischen Verbindungen

verunreinigt sein kann. Die zulässigen Grenzwerte für diese Problemstoffe regelt die sogenannte Klärschlammverordnung. Die entsprechenden Werte findet man in Anhang A10.

13.2.4   Neuere Trends in der biologischen Abwasserreinigung

Die in Abschnitt 13.2.3 beschriebenen biologischen Verfahren der Abwasserreinigung, welche üblicher in kommunalen Kläranlagen verwendet werden, weisen folgende Nachteile auf:

- großer Flächen- und Raumbedarf
- schlechte Ausnutzung des eingetragenen Luftsauerstoffs (nur etwa 15% des Gesamteintrags)
- erhebliche Produktion an Überschußschlamm.

Aus diesem Grund wurde in den letzten Jahren viel Forschungs- und Entwicklungsaufwand auf dem Gebiet der biologischen Abwasserreinigung betrieben. Entscheidende Impulse kamen hierbei aus der chemischen Industrie, da hier die Probleme bei der Abwasserreinigung in den meisten Fällen deutlich größer sind als in kommunalen Reinigungsanlagen.

a) Biohochreaktoren

Diese haben zu einer Verbesserung der aeroben Belebtschlammverfahren geführt. Im Gegensatz zur relativ flachen Beckenbauform in den kommunalen Kläranlagen, besitzen diese Reaktoren eine Bauhöhe von etwa 10 bis 30 Meter (siehe Abb.13.11a). Neben einer deutlichen Verringerung des Flächenbedarfs, wird der Sauerstoff-Ausnutzungsgrad bei dieser Bauform auf etwa 80% des Gesamteintrags gesteigert (mehr gelöster Sauerstoff durch höheren hydrostatischen Druck, längere Verweilzeit der Luftblasen im Reaktor). Dies führt zu einer deutlichen Effizienzsteigerung und einer Senkung der Betriebskosten.

b) Anaerobe Abwasserreinigung

Bei diesem Verfahren wird die organische Fracht im Abwasser unter *Luftabschluß* abgebaut. Im Prinzip laufen hierbei die gleichen biologischen Prozesse wie bei der in Abschnitt 13.2.3d beschriebenen Klärschlammbehandlung im Faulturm ab. Es kommt auch hier zur Bildung von „Biogas" (CH_4, CO_2), welches energetisch genutzt werden kann. In Tab.13.6 werden die anaeroben Prozesse im Vergleich zu den aeroben Belebtschlammverfahren zusammenfassend bewertet. Anaerobe Prozesse sind vor allem bei der Behandlung von hochkonzentrierten Abwässern (CSB-Wert > 5000 mg/l) vorteilhaft und kommen deshalb häufig in der Lebensmittelindustrie zum Einsatz.

Tab. 13.6. Vergleich von anaeroben und aeroben Verfahren zur Abwasserreinigung

Verfahren	Vorteile	Nachteile
anaerob	• geringe Betriebs(Energie)kosten • Produktion von Biogas, welches energetisch genutzt werden kann • nur geringe Mengen an Überschußschlamm	• sehr langsamer Prozeß (dauert „Tage statt Stunden") • störungsempfindliches Verfahren • Die Abwassergrenzwerte zur Direkteinleitung in die Gewässer lassen sich *allein* mit dem anaeroben Verfahren nicht einhalten
aerobe	• robustes und bewährtes Verfahren • relativ schneller Prozeß	• relativ hohe Betriebskosten (Sauerstoffeintrag!) • große Mengen an Überschußschlamm

c) Reaktoren mit mechanisch bewegten Elementen

Bei diesen Anlagen wird die Durchmischung zwischen Biomasse und wässrigem System durch mechanisch bewegte Einbauten (z.B. gelochte Scheiben beim **Hubstrahlreaktor**) erheblich gesteigert. Die Bakterienflocken werden durch die starken Turbulenzen in kleinste Einheiten aufgelöst, wodurch eine effiziente Reinigung bei nur geringem Reaktorvolumen möglich ist. Diese Reaktoren können bei aeroben und anaeroben Verfahren eingesetzt werden.

d) Kombination von biologischer Reinigung und Membranfiltertechnik

Diese Kombination kommen insbesondere bei den aeroben Belebtschlammverfahren zum Einsatz. Hierbei wird das klare, gereinigte Abwasser durch Feinfilter (Mikro-und Ultrafiltration; siehe Abschnitt 13.2.5d) mittels Über- oder Unterdruck vom Belebtschlamm abgetrennt. Die Filtration kann entweder in einer separaten Filtrationseinheit oder direkt in der Belebungsbiologie geschehen (siehe Abb.13.11b). Die Vorteile dieses Verfahrens sind:

- kein Absetzbecken notwendig
- geringe Überschußschlammproduktion
- da durch die Feinfiltration auch Bakterien bzw. Viren zurückgehalten werden, ist das gereinigte Abwasser nahezu keimfrei.

Allerdings sind die Investitionskosten bei diesen Anlagen aufgrund der relativ hohen Preise für die Membranen zur Zeit noch recht hoch.

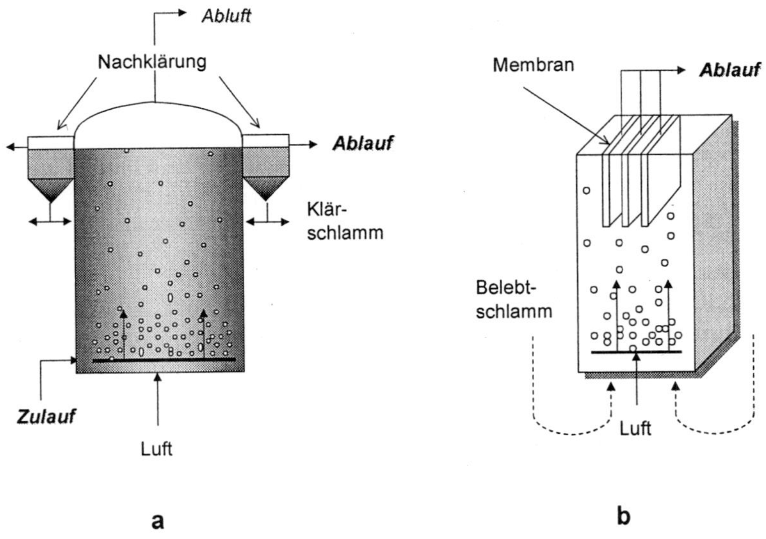

Abb. 13.11. Schematische Darstellung eines a) Biohochreaktors und einer b) Verfahrenskombination aus biologischer Reinigung und Membrantechnik

13.2.5 Spezielle Verfahren der Abwasserreinigung

Die in Abschnitt 13.2.3 und 13.2.4 beschriebenen biologisch-mechanische Reinigungsverfahren stellen aufgrund ihrer günstigen Betriebskosten im industriellen Bereich stets das „Herzstück" der Abwasserreinigung dar. Industrielle Abwässer können jedoch große Mengen an problematischen Inhaltsstoffen enthalten, die mit den genannten biologischen Verfahren entweder nicht entfernt werden können, oder die biologische Stufe sogar erheblich stören können. Hierbei sind insbesondere folgende Stoffe zu erwähnen:

- refraktäre organische Stoffe, welche *nicht* biologisch abgebaut werden können
- gelöste Schwermetallionen
- toxische Stoffe, welche die Stoffwechseltätigkeit der Mikroorganismen stören können oder zum erliegen bringen. Dies können organische oder anorganische Verbindungen sein.

Die genannten Stoffe müssen durch spezielle **chemisch-physikalische Verfahren** aus dem Abwasser entfernt werden. Tab. 13.7 gibt einen Überblick über die im folgenden Kapitel betrachteten Verfahren zur Entfernung dieser Problemstoffe. Diese Verfahren stellen wichtige „Module" zur Abwasserbehandlung dar, welche in der Praxis häufig auch in Kombination Anwendung finden. Dabei werden sie meist nicht wie häufig die biologische Reinigung am Ende der Produktionskette (sogenannte additive oder „end-of-pipe" Maßnahmen; siehe Abschnitt 13.5) eingesetzt, sondern werden zur Teilstrombehandlung von Abwässern verwendet. Hierbei ist vielfach eine Rückgewinnung von Wertstoffen im Sinne eines produktionsintegrierten Umweltschutzes möglich ist.

Tab. 13.7. Spezielle Verfahren der Abwasserreinigung

Verfahren	Entfernung von organischen, refraktären Stoffen[*]	Entfernung von gelösten Schwermetallionen[*]
Fällung / Flockung	✓	✓
Ionenaustauscher	–	✓
Aktivkohleadsorption	✓	–
Membranfiltrationen	✓	✓
Extraktion	✓	✓
Strippung	✓	–
Eindampfen	✓	✓
Oxidation	✓	–

[*] ✓ = Entfernung ist prinzipiell möglich

a) Fällung und Abtrennung in Form fester Stoffe

1) Überschreiten des Löslichkeitsproduktes

Schwermetallionen werden häufig durch Neutralisation der oft sauren Abwässer als schwerlösliche Hydroxidsalze ausgefällt und dann durch Sedimentation oder Filtration aus dem Abwasser entfernt. Wie in Abb. 13.12 für verschiedene Beispiele dargestellt, richtet sich der optimale pH-Wert für die **Ausfällung** nach den vorhandenen Schwermetallionen. Eine Messung des pH-Werts ist deshalb in der Praxis bei der Fällung von großer Bedeutung.

Als Fällungsreagenzien werden häufig NaOH oder $Ca(OH)_2$ eingesetzt. Bei der Fällung ist zu beachten, daß einige Schwermetallhydroxide (z.B. Zn^{2+} und Cr^{3+} amphoteren Charakter haben, sich also sowohl im sauren als auch im basischen Medium lösen können; siehe Abschnitt 7.2.3). Bei diesen Metallionen kann die Wiederauflösung bei hohen pH-Werten vermieden werden, wenn statt mit NaOH mit $Ca(OH)_2$ gefällt wird, da die Calciumverbindungen der Hydroxid-Komplexe schwerlöslich sind.

Voraussetzung für eine erfolgreiche Fällung der Metallionen ist, daß die gebildete Verbindung so schwer löslich ist, daß die gesetzlich vorgeschriebenen Grenzwerte für das jeweilige Kation im Abwasser eingehalten werden können (Beispiele für aktuelle Grenzwerte befinden sich in Anhang A7). Die Löslichkeit des schwerlöslichen Salzes wird durch das **Löslichkeitsprodukt** beschrieben (siehe Abschnitt 5.3). Je kleiner das Löslichkeitsprodukt, desto schwerlöslicher ist das ausgefällte Metallhydroxid. Eine rechnerische Abschätzung der Metallionenkonzentration nach der Fällung kann mit Hilfe des Löslichkeitsprodukts gemacht werden. In Anhang A5 findet man eine Auflistung von Löslichkeitsprodukten für verschiedene schwerlösliche Salze. Solche Abschätzungen sind in der Praxis aber nur als ungefähre Größenordnung zu betrachten, da die Löslichkeitsprodukte durch die Anwesenheit weiterer gelöster Stoffe erheblich beeinflußt werden können.

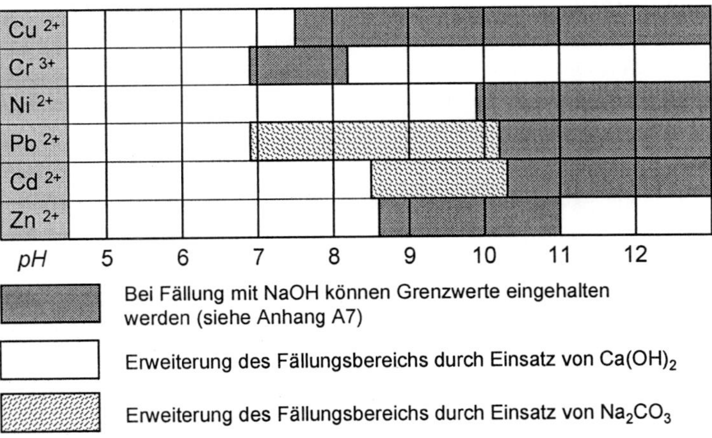

Abb. 13.12. Fällungsbereiche (Löslichkeit deutlich kleiner als gesetzliche Anforderungen) in Abhängigkeit vom pH-Wert für verschiedene Schwermetallionen

Übungsbeispiel 13.4: Berechnung der Konzentration von Cu^{2+} und des pH-Werts nach einer Neutralisationsfällung mit OH^--Ionen mit Hilfe des Löslichkeitsprodukts (Zur Vereinfachung wird mit stöchiometrischen Verhältnissen gerechnet).

Lösung:

$$Cu^{2+} + 2\,OH^- \rightleftharpoons Cu(OH)_2 \downarrow \quad (1)$$

Für das Löslichkeitprodukt gilt (siehe Abschnitt 5.3.1):

$$L = c_{Cu2+} \cdot c_{OH-}^{\,2} \quad (2)$$

Unter stöchiometrischen Bedingungen gilt:

$$c_{OH-} = 2\,c_{Cu2+} \quad (3)$$

Mit (3) in (2) ergibt sich:

$$L = c_{Cu2+} \cdot (2\,c_{Cu2+})^2 \quad bzw. \quad c_{Cu2+} = (L/4)^{1/3}$$

Mit $L(Cu(OH)_2) = 2 \cdot 10^{-19}\,mol^3/l^3$ ergibt sich:

$\qquad c_{Cu2+} = 3{,}78 \cdot 10^{-7}\,mol/l$ oder **$2{,}4 \cdot 10^{-2}$ mg/l**

Dieser Wert ist deutlich geringer als der gesetzliche Grenzwert von 0,5 mg/l (siehe Anhang A7).

Die OH^- Konzentration beträgt nach Gleichung (3)

$$c_{OH^-} = 2 \cdot 3{,}78 \cdot 10^{-7}\,mol/l = 7{,}56 \cdot 10^{-7}\,mol/l$$

mit

$$c_{H^+} \cdot c_{OH^-} = 10^{-14}\,mol^2/l^2 \quad \text{(siehe Abschnitt 4.5.3)}$$

folgt:

$$c_{H^+} = 10^{-7,9}\,mol/l \rightarrow \textbf{pH=7,9}$$

Da Chromionen nur in der dreiwertigen Form als schwerlösliches Hydroxidsalz ausgefällt werden können, müssen Chromationen zuerst durch Reduktion in Cr^{+3} überführt werden. Zur Reduktion können Fe(II)-Salze oder Sulfite (siehe Abschnitt 7.2.2) verwendet werden:

$$Cr_2O_7^{2-} + 6\,Fe^{2+} + 14\,H^+ \rightarrow 2\,Cr^{3+} + 6\,Fe^{3+} + 7\,H_2O$$
$$Cr_2O_7^{2-} + 3\,HSO_3^- + 8\,H^+ \rightarrow 2\,Cr^{3+} + 3\,HSO_4^- + 4\,H_2O$$

Dabei hat die Reduktion mit Eisen(II)-salz den Vorteil, daß das bei der Neutralisationsfällung gebildete Eisen(III)-hydroxyd das Chrom(III)-hydroxid mitreißt, so daß der Niederschlag gut (z. B. durch Filtration) aus dem Abwasser entfernt werden kann. Eine solche **Adsorptionsfällung** kann man zur Abtrennung anderer Stoffe ebenfalls anwenden; häufig gebraucht man Aluminiumhydroxid für eine solche Fällung (siehe Abschnitt 5.2.8b).

Bei Anwesenheit von Komplexbildnern wie z.B. EDTA (siehe Abschnitt 5.3.2b2) konkurrieren das Löslichkeitsprodukt der schwerlöslichen Metallverbindung und die Stabilitätskonstante der Metallkomplexverbindung miteinander. Die Fällung als Hydroxidsalz ist dann nicht mehr ausreichend und man benötigt Salze mit kleinerem Löslichkeitsprodukt. Hierbei wird die Fällung häufig mit S^{2-} Ionen oder mit organischen Schwefelverbindungen (Organosulfide) durchgeführt, da hier die Löslichkeitsprodukte viel kleiner sind (z.B. $L(CuS) = 8 \cdot 10^{-45}\,mol^2/l^2$ siehe Anhang A5).

Die Entfernung von Schwermetallkationen durch Fällung als schwerlösliche Salze wird beispielsweise bei Abwässern in der Galvanikindustrie angewendet.

2) Flockungsverfahren

Im Absetzbecken oder bei den klassischen Filtrationsverfahren können nur Teilchen bis hinab zu etwa 10 μm abgetrennt werden. **Kolloide** hingegen können, wenn sie nicht durch Koagulation (siehe Abschnitt 3.4.2) oder Adsorptionsfällung (siehe Abschnitt 13.2.5a1) aus dem Abwasser entfernt werden können, durch Flockung in eine absetzbare oder filtrierbare Form gebracht. Wie bereits in Abschnitt 5.2.8b erwähnt, werden die Kolloide an Makromoleküle („Polyelektrolyte") gebunden, so daß größere und leicht abtrennbare Teilchen entstehen. Flockungshilfsmittel werden beispielsweise auch zur Verbesserung der Entwässerung von Klärschlamm oder nach der Fällung von Schwermetallen (siehe Abschnitt 13.2.5a1) zur Verbesserung der Filtrierbarkeit eingesetzt.

b) Ionenaustauscher

Ähnlich wie bereits in Abschnitt 5.3.2b (Vollentsalzung von Wasser) beschrieben, können toxische Schwermetallkationen oder Anionen auch durch den Einsatz von Ionenaustauscherharzen gegen „harmlose" Ionen, wie z.B. H^+ oder OH^- Ionen ausgetauscht werden. Dieses Verfahren eignet sich insbesondere zur Entfernung geringer Mengen dieser Schadstoffe aus sehr großen Abwassermengen. Durch sogenanntes Eluieren (eluere, lat. = auswaschen) beim Regenerieren der Säule können die Ionen in konzentrierter Form herausgelöst und weiterverarbeitet oder einem Recycling zugeführt werden. Ionenaustauscher werden häufig zur Behandlung von **Spülwässern** in der Galvanikindustrie eingesetzt, bei denen Cu^{2+}, Ni^{2+}, Cr^{3+}, Cd^{2+} und CN^- -haltige Abwässer anfallen.

c) Adsorption an Aktivkohle

Durch Adsorption an Aktivkohle lassen sich bevorzugt *hydrophobe* (siehe Abschnitt 3.5) Moleküle mit relativ *hoher Molekülmasse* entfernen. Hierbei werden die Moleküle meist durch **van der Waals-Wechselwirkungen** (siehe Abschnitt 2.5.2) an der *unpolaren* Oberfläche der Aktivkohle adsorbiert. Die Adsorption an Aktivkohle wird häufig auch zur Abluftreinigung von industriellen Abgasen eingesetzt (siehe Abschnitt 13.3.2b3). Wie bereits in Abschnitt 5.6.1 („Adsorptionsgesetze") beschrieben sind die adorbierten Mengen (oder auch Beladung genannt) um so größer, je

- größer die spezifische Oberfläche der Aktivkohle (Aktivkohle besitzt spezifische Oberflächen von 500 bis über 1000 m^2 je Gramm!; siehe Abb. 13.13)
- je niedriger die Temperatur.

Abb. 13.13. Elektronenmikroskop-Aufnahmen von pulverisierter Aktivkohle

Die adsorptive Reinigung von Abwässern kann prinzipiell nach zwei Verfahren erfolgen:

- **absatzweiser Betrieb**, d.h. die Aktivkohle wird in das entsprechende Abwasser eingerührt und so lange vermischt, bis sich das jeweilige Adsorptionsgleichgewicht eingestellt hat. Die Aktivkohle muß nach der Behandlung abfiltriert werden. Bei diesem Verfahren wird üblicherweise pulverisierte Aktivkohle eingesetzt.
- **kontinuierlicher Betrieb**, d.h. die Aktivkohle wird ähnlich wie die Harze von Ionenaustauschern in Säulen (siehe Abschnitt 5.3.2b) gefüllt und vom Abwasser so lange kontinuierlich durchströmt bis diese vollständig beladen sind. Hierbei wird im Aktivkohle in granulierter Form eingesetzt.

Nach dem vollständigen Beladen der Aktivkohle kann diese entweder getrocknet und verbrannt oder nach der Trocknung regeneriert werden. Aus ökonomischen Gründen wird eine Regeneration nur bei der granulierten Aktivkohle vorgenommen. Die Regeneration der Aktivkohle erfolgt üblicherweise durch eine thermische Behandlung bei Temperaturen von 700–1000 °C. Bei diesen Temperaturen werden die adsorbierten Verbindungen desorbiert und in der heißen Gasphase zersetzt.

Die Reinigung durch Adsorption an Aktivkohle wird häufig in folgenden Fällen eingesetzt:

- Entfärbung von Abwasser in der Farbstoffindustrie
- Entfernung von chlorierten Kohlenwasserstoffen bei der Altlastensanierung
- Entfernung von geschmacksbeeinträchtigenden Stoffen bei der Trinkwasseraufbereitung.

d) Membranfiltrationsverfahren

Filtrationsverfahren werden in der Umwelttechnik seit langer Zeit zur Entfernung fester Stoffe aus Flüssigkeiten und Gasen eingesetzt. Hierbei kommen unterschiedliche Filtrationsapparate zum Einsatz z.B. Filterpressen, Bandfilter etc.[3]. In letzter Zeit wurden die seit langem bekannten klassischen Filtrationsverfahren durch die sogenannten **Membranfiltrationsprozesse** erweitert. Mit diesen Verfahren lassen sich noch wesentlich kleinere Partikelgrößen abtrennen Dies reicht von der Abtrennung kolloidaler Partikel mit $\varnothing$ 0,1 – 0,001 µm (siehe Abschnitt 3.4.2) bis zur Rückhalt „echt gelöster Teilchen", wie z.B. Salzionen. Je nach den abzutrennenden Teilchengrößen und der zur Filtration aufzuwendenden Druckdifferenz unterscheidet man folgende Filtrationsarten:

- **Mikrofiltration**
- **Ultrafiltration**
- **Nanofiltration**
- **Umkehrosmose**

Die verschiedenen Bereiche sind in Abb.13.14 dargestellt. Wie im Diagramm zu erkennen ist sind hierbei die Übergänge zwischen den unterschiedlichen Bereichen fließend. Zum Vergleich sind in dieses Diagramm die Größenverhältnisse einiger „Partikel" aufgetragen, welche häufig mit diesen Verfahren abgetrennt werden.

---

[3] Eine ausführliche Beschreibung über Filtrationsapparate findet man in Lehrbüchern der Verfahrenstechnik, siehe Abschnitt 14.2.11).

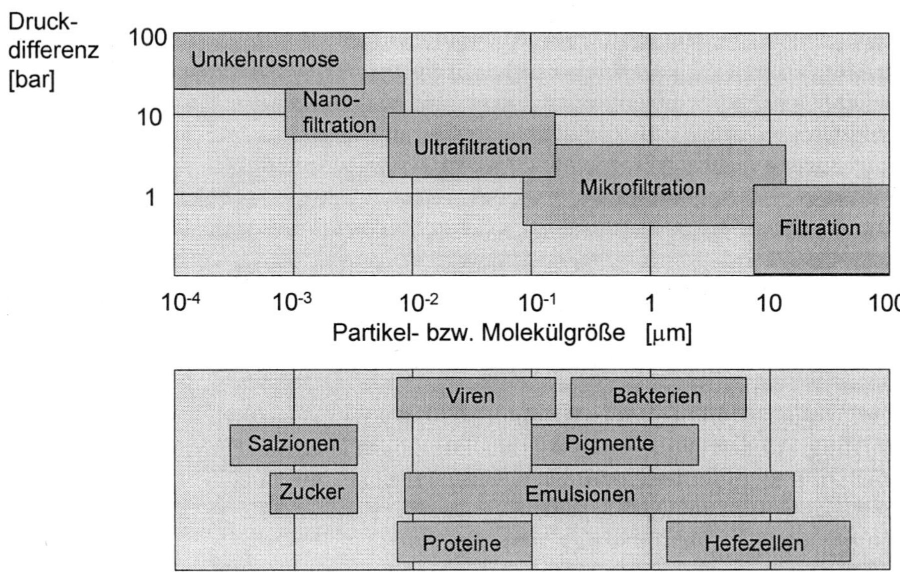

Abb. 13.14. Einteilung der Membranfiltrationsverfahren

Bei der **Mikro-** und **Ultrafiltration** werden zur Partikelabtrennung Porenmembranen im klassischen Sinn eingesetzt. Bei der **Nanofiltration** und der **Umkehrosmose**, welche speziell zur Abtrennung von gelösten Molekülen und Salzionen eingesetzt werden, spielen hauptsächlich Diffusionsprozesse eine Rolle (zu Diffusion und Osmose, siehe Abschnitt 3.5.2). Die hier eingesetzten sogenannten **Lösungsdiffusionsmembranen** weisen keine Poren im eigentlichen Sinn mehr auf. Durch die Nanofiltration lassen sich im wesentlichen nur größere organische Moleküle sowie *zwei-* und *dreiwertige* Salzionen zurückhalten. Die Umkehrosmose hält prinzipiell sogar *alle* gelösten Moleküle und Ionen zurück. Sie kann zur Gewinnung von vollentsalztem Wasser eingesetzt werden. Der zur Filtration aufzuwendende Druck muß hierbei größer als der sogenannte osmotische Druck sein (siehe Abschnitt 3.5.2). Beispiele für die Anwendung von Membranverfahren in der Umwelttechnik sind in Tab.13.8 aufgeführt.

Um die bei der Filtration kleiner Partikel auftretenden Verblockungsprobleme zu umgehen, wird das zu filternde Medium bei den Membrantrennverfahren in den meisten Fällen nicht mehr senkrecht an die Membran gebracht (sogenannte Dead-End-Filtration, siehe Abb.13.15a), sondern die Membran wird tangential angeströmt, so daß eine Deckschichtbildung weitestgehend unterdrückt wird (siehe Abb.13.15b). Man spricht hierbei von einer **Querstromfiltration** (oder Cross-Flow-Filtration, engl. cross = quer). Damit ein genügend hoher Durchfluß auftritt werden Querstromfiltrationen bei höheren Drükken betrieben. Der verwendete Druckbereich kann für die einzelnen Membranprozesse Abb.13.14. entnommen werden.

Tab. 13.8. Beispiele für den Einsatz von Membrantrenntechniken in der Praxis

Verfahren	Einsatzbeispiele	abgetrennte Stoffe
Mikrofiltration	Behandlung von Gleitschleifabwässer Biologische Abwasserreinigung	feindispergierte Feststoffe Belebtschlamm
Ultrafiltration	Lackrückgewinnung bei Elektrotauchlackbädern Biologische Abwasserreinigung	Polymere und Farbpigmente Belebtschlamm
Nanofiltration	Behandlung von farbstoffhaltigen Abwässern	gelöste Farbstoffmoleküle
Umkehrosmose	Behandlung von Deponiesickerwasser (siehe auch Abschnitt 13.4.2b)	gelöste organische Moleküle und Salze

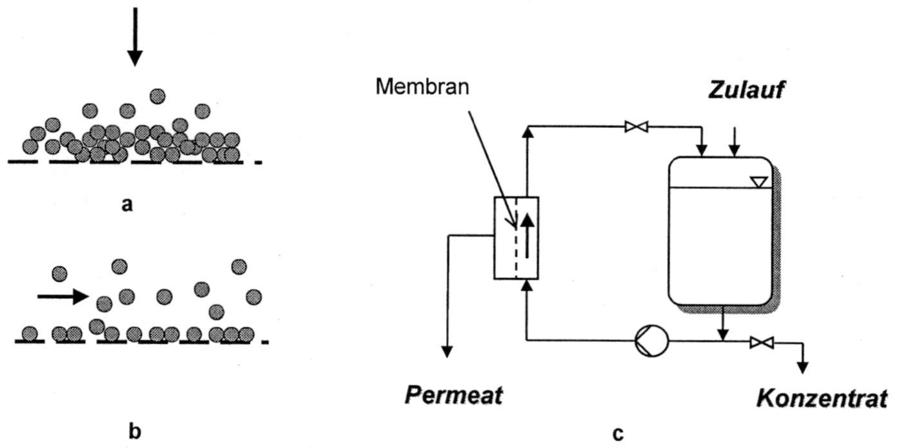

Abb. 13.15. Prinzip der a) Dead-End und b) Cross-Flow Filtration und c) Verfahrensschema der Querstromfiltration

Ein prinzipielles Verfahrensschema der Querstromfiltration ist in Abb.13.16c aufgetragen. Das zu behandelnde Abwasser wird im Hochdruckteil der Anlage (grauunterlegter Bereich) quer an der Membran vorbei geführt und zum sogenannten **Konzentrat** aufkonzentriert. Das gereinigte Wasser oder **Permeat** wird gesammelt, das Konzentrat in die Vorlage zurückgeleitet. Mit dem Regelventil wird der Betriebsdruck eingestellt. Die Zirkulation erfolgt so lange, bis das Volumen in der Vorlage auf ein bestimmtes Endvolumen abgesunken ist bzw. eine bestimmte Permeatmenge abgezogen ist. Bei der **kontinuierlichen Fahrweise** wird das Wasser nicht in die Vorlage zurückgeführt, sondern nacheinander durch Modulpakete mit kleiner werdender Zahl von Einzelmodulen geführt (Vorteil: kürzere Verweilzeit).

Als **Membranmaterialien** werden in den meisten Fällen Kunststoffe eingesetzt. Je nach pH-Wert, Temperatur oder Inhaltsstoffen der Lösung kommen hierbei z.B. Celluloseacetat, Polyamid, Polypropylen, oder Polysulfon zum Einsatz. Zur Erzielung möglichst hoher Permeatflußraten muß der Widerstand und damit die Dicke der aktiven Membranschicht klein gehalten werden. Daher werden insbesondere bei den bei höheren Drücken betriebenen Verfahren der Nanofiltration sowie der Umkehrosmose heute fast ausschließlich sogenannte **asymmetrische Membranen** verwendet. Solche Membranen bestehen aus einer dünnen aktiven Schicht (0,1–1 µm) und einer dickeren gut durchlässigen Stütz- oder Trägerschicht (100–200 µm).

Die Filtrationsmembranen werden in unterschiedliche Modultypen eingebaut. Heute sind auf dem Markt hauptsächlich sogenannten Platten-, Rohr-, Wickel-, Hohlfaser- und Kapillarmodule erhältlich. Bereits seit längerer Zeit werden häufig **Rohrmodule** eingesetzt. Hier werden die Membranen in Schlauchform in ein perforiertes Stützrohr (Metall oder Kunststoff, $\varnothing \sim 1$–2 cm) eingebracht und von innen mit Druck beaufschlagt (siehe Abb. 13.16). Rohrmodule sind relativ robust, neigen wenig zur Membranverblockung und sind gut zu reinigen. Zur Erhöhung der Raumausbeute werden die einzelnen Rohre werden häufig zu Rohrbündelmodulen zusammengefaßt. Trotzdem ist die Raumausbeute insgesamt nur relativ gering.

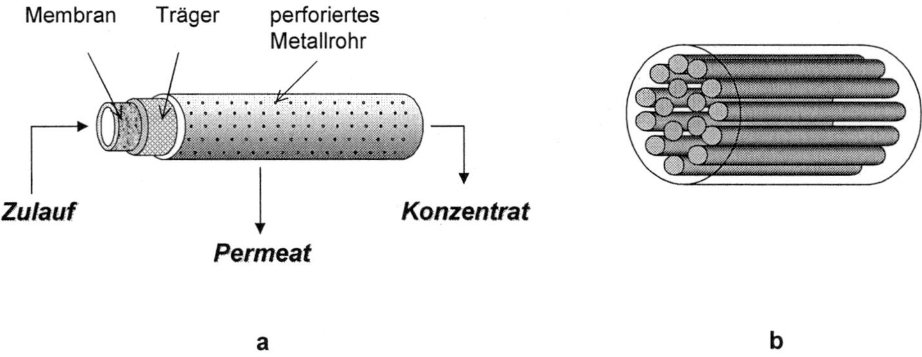

Abb. 13.16. Schematischer Aufbau eines a) einzelnen Rohrmoduls und b) Rohrbündelmoduls

Eine deutliche Verbesserung der Raumausnutzung läßt sich durch die sogenannten **Wickelmodule** erreichen. Hier werden Plattenmodule auf ein perforiertes Sammelrohr aufgerollt, womit das Permeat aufgefangen und abgezogen wird. Wickelmodule haben sich aufgrund ihrer kompakten Bauweise zu einem der wichtigsten Typen im Bereich der Membranfiltration entwickelt.

Eine weitere Steigerung der Raumausbeute ist durch die **Kapillar- und Hohlfasermodule** möglich. Kapillarmodule haben einen Durchmesser von 0,4–1,5 mm und werden wie die Rohrmodule von Innen her beaufschlagt. Sehr viel geringere Membrandurchmesser weisen die Hohlfasermodule auf (50–200 µm). Diese werden im Gegensatz zu den Kapillarmodulen außen mit Druck beaufschlagt und sind dadurch wesentlich druckstabiler, so daß sie bis in den Bereich der Umkehrosmose eingesetzt werden können. Kapillar- und Hohlfasermodule werden meist zu Rohrbündeln zusammengefaßt.

e) Extraktion

Bei der flüssig-flüssig Extraktion wird eine wässrige Phase, welche den zu extrahieren-
den organische (hydrophoben) Stoff als Verunreinigung enthält, mit einer organischen,
nicht mit Wasser mischbaren Phase in Kontakt gebracht. Der hydrophobe Stoff löst sich
bevorzugt in der hydrophoben, organischen Phase (siehe Abschnitt 3.5). Da die organische Phase eine möglichst hohe Aufnahmekapazität für diesen Stoff haben sollte, muß
der Unterschied zwischen der Löslichkeit in der wässrigen und der organischen Phase
möglichst groß sein. Auf diese Weise werden häufig Phenole aus Abwässern entfernt
(Kokereien, Phenolharzindustrie).

Die Extraktion wird in der Verfahrenstechnik meist in sogenannten **Extraktionsko-
lonnen** kontinuierlich nach dem **Gegenstromprinzip** durchgeführt, d.h. die zu extrahie-
rende Flüssigkeit und das Extraktionsmittel werden von den entgegengesetzten Enden
der Kolonne zugeführt.

Neben der Abtrennung von organischen Inhaltsstoffen lassen sich durch flüssig-
flüssig Extraktion auch Schwermetallionen aus Abwässern entfernen. Da sich *hydrophile*
Schwermetallionen nicht in hydrophoben organische Stoffen lösen, werden diese durch
mit einer entsprechenden organischen Verbindung in eine Komplexverbindung überführt
(zu Komplexverbindungen, siehe Abschnitt 5.4). Als Komplexierungsmittel werden
organische Substanzen mit anionischen Gruppen (z.B. $-COO^-$ Gruppe) verwendet. Diese
werden in einem entsprechenden organischen Lösungsmittel , wie z.B. Petrolium oder
Xylol verdünnt. Die auf diese Weise in die organische Phase überführten Metallionen
(Me^{z+}) können durch Ansäuern anschließend wieder in eine wässrige Phase überführt
werden, da die anionischen Gruppen protoniert werden:

Extraktion:	$Me^{z+} + x\,R\text{-}COO^- \rightarrow$ Komplex
Rückextraktion:	Komplex $+ x\,H^+ \rightarrow Me^{z+} + x\,R\text{-}COOH$

Der Vorgang der Extraktion und Rückextraktion ähnelt den Vorgängen bei den Ionenaustauscherharzen. Deshalb werden die entsprechenden Reagenzien auch häufig als
flüssige Ionenaustauscher bezeichnet. Der Vorteil dieses Verfahrens gegenüber anderen Prozessen zur Entfernung von Schwermetallen (z.B. Fällung) ist, daß bei Lösungen
mit unterschiedlichen Schwermetallionen durch entsprechende Auswahl der Reagenzien
bestimmte Metallionen *selektiv* entfernt werden können. Das Verfahren wird beispielsweise zur Regeneration von kupferhaltigen Ätzlösungen in der Leiterplattenindustrie
verwendet.

f) Strippung und Eindampfen

Leicht flüchtige Bestandteile können durch Einblasen von Gasen aus dem Abwasser
entfernt werden. Man bezeichnet den Vorgang als **Strippung** (to strip, engl. = abstrei-
fen). Der Strippungsprozeß wird begünstigt durch

- Einblasen großer Luftmengen
- Temperaturerhöhung
- Unterdruck.

Zu einem ähnlichen Effekt kommt man durch Erhitzen bis zum Siedepunkt des Wassers, indem der Wasserdampf selbst als Strippgas dient.

Durch Strippung werden beispielsweise *leichtflüchtige* Chlorkohlenwasserstoffe wie etwa Dichlormethan entfernt. Diese werden zum Teil noch in der metallverarbeitenden Industrie als Entfettungsbäder verwendet. Nachdem die Konzentration durch Strippung weit genug abgesenkt ist, kann das Abwasser in einem zweiten Schritt z.B. durch Aktivkohleadsorption gereinigt. Nachteilig ist beim Strippungsprozeß, daß die anfallenden großen Mengen der mit Lösungsmittel beladenen Abluft ebenfalls noch gereinigt werden müssen. Da sich beim Einsatz hierdurch insgesamt sehr hohe Kosten für die Abwasserreinigung ergeben, werden heute in der metallverarbeitenden Industrie als Alternative überwiegend tensidhaltige Reinigungsbäder verwendet.

Enthalten Abwässer große Mengen von *nichtflüchtigen* Verbindungen, so kann man umgekehrt das Wasser durch Abdampfen entfernen und die daraus gewonnenen festen Verbindungen in geeigneter Weise beseitigen. Das Eindampfen von Abwasser ist wegen des großen Energieaufwands meist nur bei hohen Konzentrationen an Inhaltsstoffen sinnvoll. Sie ist insbesondere dort interessant, wo anfallende Abwärme genutzt werden kann. Deponiesickerwässer (siehe Abschnitt 13.4.2b) werden häufig nach vorangegangener Aufkonzentration mittels Umkehrosmose anschließend eingedampft. Die anfallenden festen Stoffe müssen als Sondermüll untertage deponiert werden (siehe Abschnitt 13.4.2b).

g) Chemische Oxidation

Zur chemischen Oxidation von Abwasserinhaltsstoffen können eine Vielzahl von Oxidationsmittel eingesetzt werden. Der Vorteil der Oxidationsverfahren ist, daß die organischen Inhaltsstoffe endgültig und im Idealfall vollständig als CO_2 und H_2O entfernt werden und nicht eine Übertragung auf ein anderes Medium stattfindet. Dies ist vor allem in den Fällen interessant, bei denen ein Wiedereinsatz der Stoffe nicht lohnend ist. Je nach Konzentration und Art der Abwasserinhaltsstoffe werden heute häufig folgende Oxidationsverfahren eingesetzt:

- Abwasserverbrennung mit Luftsauerstoff
- Naßoxidation mit Luftsauerstoff
- Oxidation mit Wasserstoffperoxid (H_2O_2) und Ozon O_3

Bei der **Abwasserverbrennung** werden die organischen Inhaltsstoffe bei Normaldruck und hohen Temperaturen unter Verdampfung des Wasseranteils mittels Luftsauerstoff oxidiert. Die Abwasserverbrennung ist das technisch und energetisch aufwendigste Verfahren zur Abwasserbehandlung. Sie ist nur sinnvoll, wenn sich organische Stoffe in hoher Konzentration im Abwasser befinden (CSB-Wert > 100.000 mg/l). Meist muß zur Stützfeuerung noch zusätzlicher Brennstoff eingesetzt werden.

Unter **Naßoxidation** versteht man eine Oxidation mit Hilfe von Luftsauerstoff oder reinem Sauerstoff im Autoklaven bei hohem Druck (10 bis 220 bar) und hoher Temperatur (150 bis 350 °C). Dieses Verfahren wird bei CSB-Werten von etwa 10.000 bis 100.000 mg/l eingesetzt. Die Naßoxidation ist vom energetischen Standpunkt günstig, da sie aufgrund der exothermen Oxidationsreaktionen autotherm, d.h. ohne Zusatzbrennstoff betrieben werden kann. Dieses Verfahren wird z.B. zur Reinigung von schwer abbaubaren Abwässern mit aromatischen Verbindungen in der Farbstoffproduktion eingesetzt. Heute befinden sich Naßoxidationsverfahren in Entwicklung, welche unter den **überkritischen Bedingungen** des Wassers arbeiten ($T > 374$ °C, $P > 221$ bar).

Neben Luftsauerstoff werden heute sehr häufig **O_3 und H_2O_2 als Oxidationsreagenzien** eingesetzt, da sie „umweltfreundliche" Oxidationsmittel sind. Sie zerfallen beim Oxidationsprozeß ausschließlich zu Sauerstoff bzw. Sauerstoff und Wasser (zu O_3, siehe Abschnitt 6.2.4; zu H_2O_2, siehe Abschnitt 7.1.3). Somit entstehen keine Folgeprobleme wie etwa eine Aufsalzung des Abwassers. Es hat sich gezeigt, daß bei der Oxidation vor allem die beim Zerfallsprozeß auftretenden OH-Radikale wirksam sind, welche ein größeres Oxidationspotential haben als die Oxidationsmittel selbst. Die Oxidationswirkung kann durch Verwendung von Katalysatoren oder Einstrahlung von UV-Licht noch vergrößert werden. Generell sind diese Oxidationsreagenzien nur bei relativ kleinen Mengenströmen mit niedriger CSB-Belastung wirtschaftlich (CSB < 1000 mg/l).

Anwendungsbeispiele aus dem Bereich der Abwasserreinigung:

- Sanierung von kontaminiertem Grundwasser (Entfernung von PAK's und chlorierter Kohlenwasserstoffe)
- Behandlung der Abwässer von Textilveredlern und Färbereien (Entfernung von AOX-Verbindungen bzw. refraktären organischen Stoffen)
- **Cyanidentgiftung** in Galvanikbetrieben nach folgendem Schema:
  ① CN^- Oxidation (mit H_2O_2 oder O_3) zur Zwischenstufe Cyanat → CNO^-
  ② Umsetzung des Cyanat in alkalischer Lösung:
  $$CNO^- + H_2O + OH^- \rightarrow NH_3 + CO_3^{2-}$$

Vom wirtschaftlichen Gesichtspunkt ist es bei Oxidationsverfahren in der Abwasserreinigung oft günstig die refraktären, organischen Inhaltsstoffe nicht vollständig, sondern nur teilzuoxidieren, so daß sie als biologisch abbaubare „Bruchstücke" einer biologischen Reinigung zugänglich sind. Dies muß bei dem jeweiligen Abwasser durch entsprechende Laborversuche überprüft werden.

13.3   Abluftreinigung

13.3.1   Luftschadstoffe

Bei den luftverunreinigenden Schadstoffen unterscheidet man zwischen **Emissionen** und **Immissionen**. Emissionen sind die von einer Anlage ausgehenden Luftverunreinigungen, unter Immission versteht man die Einwirkung der Schadstoffe auf Mensch, Tier, Pflanze und Sachgüter, nachdem sich die Schadstoffe verteilt und verdünnt haben. Sowohl für Emissionen, als auch für Immissionen wurden vom Gesetzgeber für die verschiedenen Stoffe bzw. Stoffgruppen Grenzwerte in der sogenannten TA Luft (Technische Anleitung Luft)[4] festgelegt. Bei den **Immissionsgrenzwerten** wird zwischen zwei Werten unterschieden:

---

[4] Die TA Luft ist eine Verwaltungsvorschrift auf Grundlage des Bundes-Immissionsschutzgesetzes (siehe Fußnote 5), welche unter anderem die Immissionsgrenzwerte sowie die Begrenzung und Feststellung der Emissionen von Anlagen regelt.

- **IW1**: Dieser Wert, auch Langzeitwert genannt darf als langzeitlicher arithmetischer Mittelwert aller Einzelmessungen nicht überschritten werden.
- **IW2**: Dieser Wert für Kurzzeiteinwirkungen ergibt sich aus Streuungen der Meßwerte um einen Mittelwert und wird auch 98-Perzentilwert genannt. Das 98-Perzentil erhält man durch Anordnen aller Meßwerte nach ihrer Größe und dem Wegstreichen von zwei Prozent der höchsten Werte. Der dann verbleibende höchste Wert wird 98-Perzentil genannt.

Von der Kommission „Reinhaltung der Luft" beim Verein Deutscher Ingenieure (VDI) wurden für verschiedene Schadstoffe maximale Immissionskonzentrationen (**MIK-Werte**) ausgearbeitet, unterhalb derer eine gesundheitliche Gefährdung ausgeschlossen werden kann. Sie haben jedoch im Gegensatz zu den Grenzwerten der TA Luft keine Rechtsverbindlichkeit. In Anhang A8 sind für häufig auftretende Luftschadstoffe IW1-, IW2- und MIK-Werte aufgelistet. Die Konzentrationen von Schadstoffen werden entweder als Massenkonzentration (z.B. mg/m^3, $\mu g/m^3$; im Normzustand bei 0 °C und 1013 mbar, siehe Abschnitt 3.1.1) oder als volumenbezogener Stoffmengengehalt angegeben (ppm, ppb; Umrechnungsbeispiel siehe Abschnitt 3.5.1b).

In den Industrieländern werden hauptsächlich sechs Schadstoffe bzw. Schadstoffgruppen freigesetzt. In Abb.13.17 sind die im Jahr 1994 in Deutschland emittierten Mengen sowie die prozentualen Anteile der Verursacher aufgetragen.

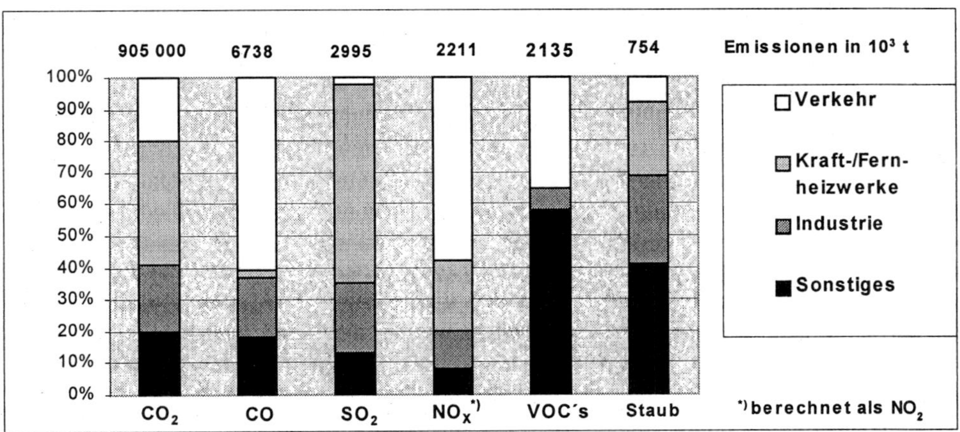

Abb. 13.17. Prozentuale und absolute Emissionen an Luftschadstoffen in Deutschland (1994)

CO_2 entsteht als Endstufe bei der Verbrennung organischer Stoffe. Bei CO_2 liegt die Hauptgefahr für die Umwelt in der als Treibhauseffekt bezeichneten Erwärmung der Erdoberfläche (siehe Abschnitt 13.1.3; Eigenschaften von CO_2, siehe Abschnitt 7.2.1a). Emissionsmessungen werden meist mittels IR-Spektrometer durchgeführt (siehe Abschnitt 11.5.2).

CO entsteht vor allem bei Verbrennungsprozessen unter Sauerstoffmangel in Motoren und kleineren Feuerungsanlagen. Hauptgefahr des CO ist seine Giftigkeit (siehe Abschnitt 7.2.1b). CO wird in der Atmosphäre im Laufe der Zeit zu CO_2 oxidiert. CO-

Emissionen werden wie beim CO_2 in den meisten Fällen mittels IR-Spektrometer meßtechnisch erfaßt.

SO_2 stammt überwiegend aus der Verbrennung schwefelhaltiger Brennstoffe in Kraftwerken, hierbei vor allem aus organischen Schwefelverbindungen in der Kohle. Problematisch ist SO_2 insbesondere durch seine Giftigkeit und seinen Beitrag zum sauren Regen (sog. Winter- oder „London"-Smog, siehe Abschnitt 7.2.1d). Zur Messung von SO_2-Emissionen werden häufig IR- oder UV-Spektrometer eingesetzt (siehe Abschnitte 11.5.2 und 11.4.3).

NO_X (Bezeichnung für die Oxide des Stickstoffs, siehe Abschnitt 7.2.1c) entsteht zu mehr als 90% als Nebenprodukt von Verbrennungsvorgängen in Kraftfahrzeugmotoren und Kraftwerken. Die Stickoxide NO und NO_2 sind giftig und tragen bei intensiver Sonneneinstrahlung zur Bildung von Ozon in der unteren Atmosphäre bei (sog. Sommer- oder „Los-Angeles"-Smog, siehe Abschnitt 7.2.1c). Zur messtechnischen Erfassung der NO_X-Konzentrationen in Emissionen werden meist IR-, UV-Spektrometer oder Chemolumineszenzgeräte verwendet (siehe Abschnitt 11.5.3).

Bei den **flüchtigen, organischen Stoffen** (auch **VOC´s**, engl.: **V**olatile **O**rganic **C**ompounds) handelt es sich um viele verschiedene Stoffe, die als unverbrannte Brennstoffreste, als Reaktionsprodukte aus Produktionsprozessen oder als Materialverluste beim Verbrauch und Lagerung organischer Produkte (z.B. beim Tanken) freigesetzt werden. Die Hauptquelle ist der Verkehr. Neben ihrer toxischen Wirkung tragen die Kohlenwasserstoffe auch zur Ozonbildung bei. Unter den Kohlenwasserstoffen im Benzin (siehe Abschnitt 8.8.2) gilt dem krebserregenden **Benzol** besondere Beachtung. Heute werden dem Benzin zur Erhöhung der Klopffestigkeit (siehe Abschnitt 8.8.2) bis maximal 5% Benzol zugesetzt. Eine Absenkung des Benzolgehalts auf kleiner 1% ist geplant. Auch die **polycyclischen aromatischen Kohlenwasserstoffe** (PAK´s, siehe Abschnitt 8.1.5d) sind krebserregend. Sie werden hauptsächlich aus Kokereien, Kraftwerken und Dieselfahrzeugen emittiert. Zur summarischen Erfassung der gesamten VOC´s wird bei Emissionsmessungen häufig der Flammenionisationsdetektor eingesetzt (siehe Abschnitt 11.6).

Als **Staub** bezeichnet man feste Teilchen im Korngrössenbereich < 200 µm. Hierbei wird noch zwischen **Grobstaub** ($\varnothing$ 10–200 µm) und **Feinstaub** ($\varnothing$ 0,1–10 µm) unterschieden. Staub entsteht vor allem bei Verbrennungsvorgängen als Rauch und Flugasche. Trotzdem in Deutschland alle Feuerungsanlagen von Kraftwerken mit Staubfiltern ausgerüstet sind (siehe Abschnitt 13.3.3), bleiben diese die wichtigsten Staubemittenten. Problematisch sind auch die Rußemissionen aus Dieselfahrzeugen. Ruß adsorbiert sehr gut organische Stoffe (z.B. PAK´s) oder Schwermetalle und ist damit toxisch für den Menschen. Hierbei ist der Feinstaub besonders kritisch, da diese Partikel durch die Atmung bis in die Bronchien gelangen (man sagt auch sie sind „lungengängig"), während Grobstaub überwiegend von den Schleimhäuten der oberen Luftwege abgefangen wird. Da bei der Entstaubung mittels Staubfilter grobe Partikel besonders gut abgeschieden werden, besteht in Deutschland der noch vorhandene Staub zu 80% aus Feinstaub. Zur kontinuierlichen Messung von Staubgehalten im Abgasen werden Lichtabsorptions- und Lichtstreuverfahren verwendet.

Neben diesen Hauptemissionen werden bei verschiedenen technischen Prozessen viele andere Schadstoffe emittiert wie z.B. HCl (Müllverbrennungsanlagen, siehe Abschnitt 13.4.2a), HF (Aluminium-Elektrolyse, siehe Abschnitt 10.4.2).

13.3.2   Abluftreinigung in der Industrie

Bei allen betrieblichen Verfahren, wo erhebliche Schadstoffmengen an die Umgebung abgegeben werden, sollte man zunächst prüfen, ob nicht durch eine grundsätzliche Änderung des Produktionsprozesses, der Betriebsweise oder der Reaktionsapparate die Schadstoffemissionen reduziert werden können ($\rightarrow$ produktionsintegrierte Maßnahmen, siehe Abschnitt 13.5) . Falls hierdurch keine Verbesserungen erreicht werden können, stehen zur Abluftreinigung sowohl physikalische als auch chemische Verfahren zur Verfügung.

a) Staubabscheidung

Die technischen Vorrichtungen zur Staubabscheidung lassen sich prinzipiell in vier Gruppen einteilen:
1.) Massenkraftabscheider
2.) Staubfilter
3.) Elektrofilter
4.) Naßabscheider

Die Verwendbarkeit der verschiedenen Reinigungsmethoden richtet sich in erster Linie nach der Größe der Teilchen. Die Abb. 13.18 zeigt die günstigsten Abscheidungsmethoden in Abhängigkeit von der Größe der Staubteilchen.

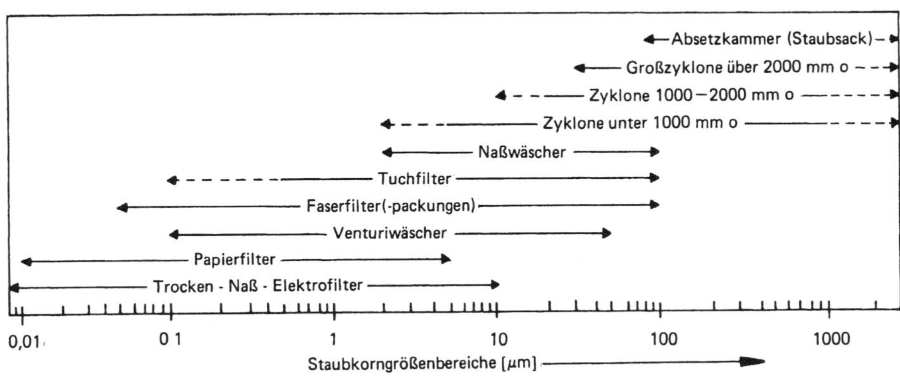

Abb. 13.18. Arbeitsbereiche für Entstaubungsanlagen

1) Massenkraftabscheider

Grobkörnige Staubteilchen (> ca. 0,1 mm) lassen sich aus der Luft aufgrund ihrer relativ großen Masse entfernen. Das gelingt teilweise schon in **Absetzkammern**, in denen man durch Vergrößerung des Querschnittes die Strömungsgeschwindigkeit des Gases erheblich vermindert, so daß die festen Teilchen infolge der Schwerkraft zu Boden sinken. Diesen Effekt kann man noch verstärken, indem man durch Umlenken des Gasstromes die Staubteilchen durch die zusätzlich wirksam werdenden Trägheitskräfte abscheidet (siehe Abb. 13.19a).

Sind die Teilchen etwas kleiner, so kommt man mit Hilfe von **Zyklonen** zu einer befriedigenden Trennung (siehe Abb. 13.19b). Hierbei wird das Gas einem zylindrischen Behälter mit konischem Unterteil tangential zugeführt. Durch die sich ausbildende Wirbelströmung werden die Teilchen nach außen an die Behälterwand geschleudert und nach unten ausgetragen. Zyklone und Absetzkammern werden heute meist nur noch zur Vorabscheidung eingesetzt, da sie den heutigen Anforderungen der Luftreinhaltung nur noch in wenigen Fällen gerecht werden (z.B. Einsatz von Zyklonen in der Holzindustrie oder Gießereien). Der Abscheidegrad bei Zyklonen kann durch Aufteilen des Gesamtabluftstroms auf mehrere parallel betriebene kleinere Zyklone verbessert werden (sogenannter **Multizyklon**).

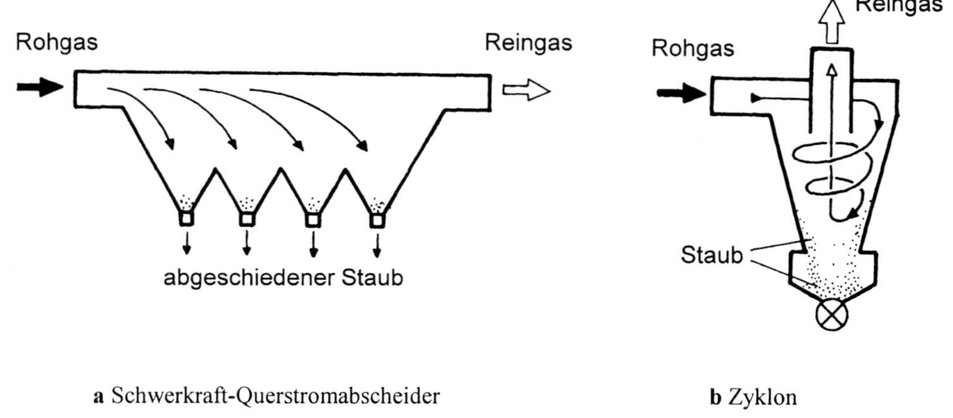

a Schwerkraft-Querstromabscheider   **b** Zyklon

Abb. 13.19. Schematische Darstellung von Massenkraftabscheidern

2) Staubfilter

Sind die Staubteilchen kleiner als 0,1 mm, so kann man etwa bis hinab zu ca. 1 µm mit Tuchfiltern, bei noch kleineren Teilchen (etwa bis 0,05 µm) mit Faserfiltern oder bis 0,01 µm mit Papierfiltern befriedigende Ergebnisse erzielen. Die Filtersäcke müssen von Zeit zu Zeit zur Entstaubung des Staubbelages durch automatisch einstellbare Klopfeinrichtungen oder durch Rückspülung mit Druckluft vom aufgewachsenen Staubkuchen befreit werden. Zum Betrieb bei höheren Temperaturen werden außer den üblichen Textilfasern auch Teflon, Glas, Mineralien oder Metall verwendet. Zunehmend werden auch Filter aus Sinter- oder Faserkeramik zur Heißgasentstaubung bis 1000 °C eingesetzt.

3) Elektrofilter

Zu den wirksamsten Abscheidern für sehr kleine Feststoffteilchen gehören die Elektrofilter, welche insbesondere kleinste Staubteilchen fast vollständig aus dem Gasstrom herausholen (Abscheidegrade von über 99,9% bei Stäuben mit Korngrößen < 1 µm). Bei Elektrofiltern wird durch eine negativ geladene Sprühelektrode (10000– 80000 Volt) der Staub elektrostatisch aufgeladen und dann an der positiven Niederschlagselektrode abgeschieden und entfernt (bei Naßelektrofiltern auch mit Wasser abgespült). Dies ist in

Abb. 13.20. schematisch dargestellt. Der Energiebedarf ist mit 0,1–0,3 kWh pro 1000 m^3 Abluft vergleichsweise niedrig.

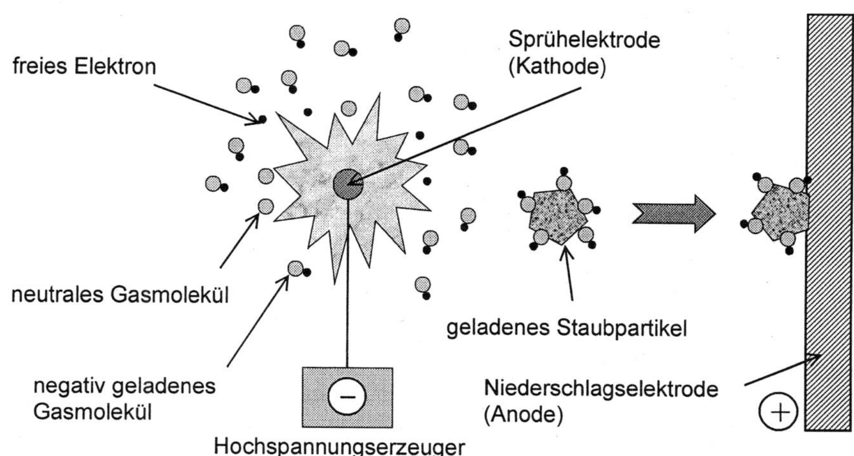

Abb. 13.20. Funktionsprinzip eines Elektrofilters

4) Naßabscheider

In Naßabscheidern werden die Staubteilchen an Wasser gebunden und damit weitgehend aus dem Gasstrom entfernt. Naßabscheider eignen sich besonders für Feinstäube. Um möglichst alle im Gas befindlichen Staubteilchen mit der Waschflüssigkeit in Verbindung zu bringen, sind verschiedene Abscheider entwickelt worden (siehe Abb. 13.21):

- Sprühwäscher
- Wirbelwäscher
- Venturiwäscher
- Rotationswäscher.

Sprühwäscher gibt es mit und ohne Einbauten (zum Umlenken des Gasstromes), beim **Wirbelwäscher** wird ein großer Teil durch Auftreffen auf die Flüssigkeitsoberfläche abgeschieden, ein weiterer Teil durch zerstäubte, mitgerissene Flüssigkeit. Beim **Venturirohr** wird das Wasser an der Kehle, der engsten Stelle, eingespritzt; dort hat das Gas die größte Geschwindigkeit; die hohe Relativgeschwindigkeit zwischen Gas und Flüssigkeit führt zu einem optimalen Auswascheffekt bei dieser einfachen und platzsparenden Konstruktion. Beim **Rotationswäscher** besorgt die sich drehende Sprüheinrichtung mit den wirksam werdenden Fliehkräften eine Abscheidung der Staubteilchen an der Wandung.

Ein prinzipielles Problem bei den Naßabscheidern ist die notwendige Aufarbeitung des partikelhaltigen Waschwassers, welche durch die gleichzeitige Absorption von im Gasstrom auftretenden Schadgasen (z.B. SO_2, NO_X) noch erschwert werden kann. So kann die Waschwasseraufarbeitung oft aufwendiger sein als die Abscheidung selbst.

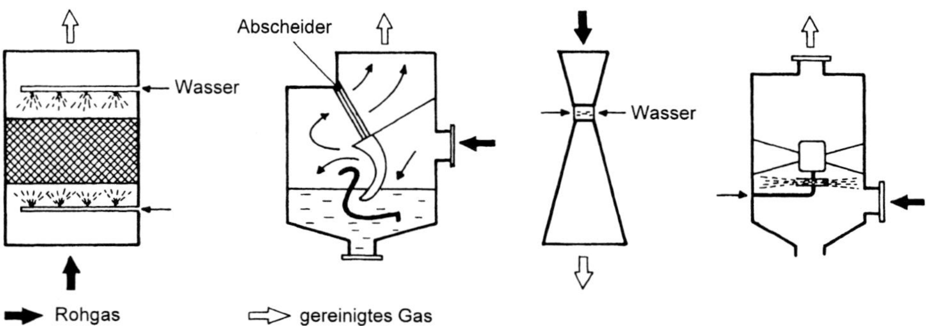

Abb. 13.21. Schematischer Aufbau von Naßwäschern

b) Abscheidung gasförmiger Verunreinigungen

Zur Entfernung gasförmiger Verunreinigungen stehen verschiedene physikalische und chemische Verfahren zur Verfügung, welche je nach Schadstoffkonzentration zum Einsatz kommen (siehe Abb. 13.22):

1.) Kondensation
2.) Absorption
3.) Adsorption
4.) Thermische und katalytische Verbrennung
5.) Biologische Verfahren

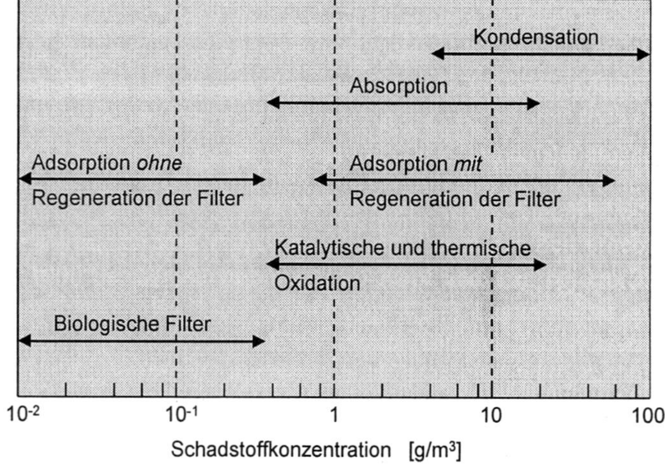

Abb. 13.22. Anwendungsbereiche von verschiedenen Verfahren zur Abscheidung gasförmiger Verunreinigungen

1) Kondensation

Das Verfahren der **Kondensation** ist nur bei relativ hohen Konzentrationen an kondensierbaren Stoffen (z.B. an organischen Lösungsmitteln) anwendbar. Bei Temperaturen unterhalb des sogenannten Taupunktes der abzuscheidenden Stoffe wird so lange Kondensat abgeschieden bis die Sättigungskonzentration (die Konzentration, bei der die Dampfphase im Gleichgewicht mit der flüssigen Phase steht) erreicht ist. Die Konzentration des Lösungsmitteldampfes ist um so niedriger, je tiefer die Temperatur und je höher der Gesamtdruck des Dampf/Luftgemisches ist. Die Kühlung kann indirekt über Wärmeübertragungsflächen oder direkt durch Einspritzung eines Kühlmittels erfolgen. Mit wirtschaftlich vertretbarem Aufwand können Kühltemperaturen bis $-60°C$ erreicht werden. Hiermit sind jedoch nur wenigen Fällen die vom Gesetzgeber geforderten Grenzwerte einzuhalten. Als alleinige Reinigungsstufe wird die Kondensation daher nur selten eingesetzt. Sie wird jedoch als Vorreinigungsstufe verwendet.

2) Absorption

Beim Verfahren der **Absorption** können die Stoffe entweder *physikalisch* gelöst werden (siehe Abschnitt 3.5), oder es kommt zwischen dem Waschmedium und dem zu entfernenden Stoff zu einer *chemischen Reaktion*. Prinzipiell haben chemisch wirkende Waschmittel eine höhere Kapazität und Selektivität, als physikalisch wirkende Waschmittel. Bei den chemisch wirkenden Waschmitteln kann die verbrauchte Waschflüssigkeit in vielen Fällen nicht mehr regeneriert werden (Entsorgungsproblem!).

Bei der physikalischen Absorption gilt: „Gleiches löst sich in Gleichem" (siehe Abschnitt 3.5). So kann das *polare* Wasser z.B. gut als Waschmittel für die *polaren* Stoffe Methanol, Ethanol oder Aceton verwendet werden. *Unpolare* Waschöle aus hochsiedenden Kohlenwasserstoffen eignen sich zur Absorption von *unpolaren* Verbindungen wie etwa chlorierte Kohlenwasserstoffe (z.B. Methylenchlorid). In Tab.13.9 sind einige Beispiele zum Einsatz der chemischen Absorption bei der industriellen Gasreinigung aufgeführt. Prinzipiell werden *sauer* reagierende Verbindungen mit *alkalischen* Lösungen, *basisch* reagierende Verbindungen mit *sauren* Lösungen ausgewaschen. Das $CaCO_3$-Waschverfahren zur SO_2-Entfernung wird in Abschnitt 13.3.3a näher erläutert.

Tab. 13.9. Beispiele für den Einsatz der chemischen Absorption bei der industriellen Gasreinigung

abzutrennender Schadstoff*	Waschmittel**	Reaktion
CO_2	wässrige NaOH- oder K_2CO_3-Lösung	$2\,NaOH + CO_2 \rightarrow Na_2CO_3 + H_2O$ $K_2CO_3 + CO_2 + H_2O \rightarrow 2\,KHCO_3$
SO_2	wässrige $CaCO_3$- oder $Ca(OH)_2$-Suspension	$CaCO_3 + SO_2 \rightarrow CaSO_3 + CO_2$ $Ca(OH)_2 + SO_2 \rightarrow CaSO_3 + H_2O$
NO_2	wässrige Ammoniak-Lösung	$2\,NO_2 + 2\,NH_3 + H_2O \rightarrow NH_4NO_2 + NH_4NO_3$
HCl	wässrige NaOH-Lösung	$NaOH + HCl \rightarrow NaCl + H_2O$
NH_3	wässrige HCl- oder H_2SO_4-Lösung	$HCl + NH_3 \rightarrow NH_4Cl$ $H_2SO_4 + 2\,NH_3 \rightarrow (NH_4)_2SO_4$

*) wird auch als Absorptiv bezeichnet, **) wird auch als Absorbens bezeichnet

Bei der Absorption ist es wichtig, das zu reinigende Abgas mit der Waschflüssigkeit in innigen Kontakt zu bringen, um einen guten Stoffübergang zwischen den Phasen zu erreichen. Hierfür können die im Abschnitt „Staubabscheidung" unter Pkt. 4) erwähnten Naßabscheider verwendet werden.

Übungsbeispiel 13.5: Die HCl-haltige Abluft aus einer chemischen Produktion (HCl-Konzentration: 70 g/m^3, Volumenstrom 20 m^3/h) soll mittels eines alkalisch betriebenen Wäschers gereinigt werden. Der Wäscher ist mit verdünnter Natronlauge gefüllt und wird während des Betriebs durch Zudosierung von frischer NaOH-Lösung (Massengehalt: 50%, Dichte d=1,52 g/cm^3) auf einen pH-Wert von 11 geregelt. Es soll berechnet werden: a) die NaOH-Konzentration im Wäscher und b) die Menge an NaOH-Lösung, die pro Stunde zudosiert werden muß, um pH=11 zu halten.

Lösung:
a) Berechnung der NaOH-Konzentration im Wäscher:
Bei pH = 11 gilt (zu pH-Wert, siehe Abschnitt 4.5.3 und 5.2.2):
H$^+$-Ionen-Konzentration: $c_{H+} = 10^{-11}$ mol/l

mit $c_{H+} \cdot c_{OH-} = 10^{-14}$ mol^2/l^2 ergibt sich:
$c_{OH-} = 10^{-3}$ mol/l $\rightarrow$ $c_{NaOH} = 10^{-3}$ mol/l

unter Verwendung der molaren Masse von NaOH = 40 g/mol folgt:
c$_{NaOH}$= 0,04 g/l

b) Berechnung der Menge an NaOH-Lösung in Liter, die pro Stunde zudosiert werden muß, um pH = 11 zu halten:
HCl-Durchsatz pro Stunde: 70 g/l · 20 m^3/h = 1400 g/h

Für die Neutralisationsreaktion gilt (Tab.13.9):
HCl + NaOH $\rightarrow$ NaCl + H$_2$O

Unter Berücksichtigung der molaren Massen bedeutet dies:
36,5 g HCl benötigen zur Neutralisation 40 g NaOH

1400 g/h HCl benötigen also x g/h NaOH:

$$x = \frac{1400\ g/h}{36,5\ g} \cdot 40\ g = 1534,2\ g/h\ \text{NaOH}$$

1534,2 g/h NaOH 100% = 3068,4 g/h NaOH 50% mit d = 1,52 g/l
$\rightarrow$ **2019 l/ h** müssen zudosiert werden.

3) Adsorption

Die Adsorption gehört zu den wichtigsten Verfahren zur Abscheidung gasförmiger Stoffe aus Abgasen. Hierbei werden die Gase an eine feste Phasenoberfläche gebunden (siehe Abschnitt 5.6.1). Als **Adsorptionsmittel** kommen Stoffe mit großer Oberfläche zum Einsatz, sehr häufig wird Aktivkohle oder Aktivkoks verwendet, auch Kieselgel oder Molekularsiebe (siehe Abschnitt 7.2.5) finden Verwendung. Für die Adsorptionsvorgänge von gasförmigen Stoffen an Aktivkohle gelten dieselben Regel (Temperatur, Oberfläche), wie in Abschnitt 13.2.5c am Beispiel der Abwasserreinigung aufgeführt. Bei brennbaren Dämpfen ist jedoch auf Explosionsgrenzen zu achten (siehe Abschnitt 8.8.4)! Bei höheren Schadstoffkonzentrationen ist eine **Regeneration** des beladenen Adorptionsmediums wirtschaftlich (siehe Abb. 13.23). In der Regel werden hierbei mindestens zwei Adsorber eingesetzt, wobei sich jeweils ein Apparat in der Adsorptionsphase und der zweite in der Desorptionsphase befindet (siehe Abb. 13.23). Die Desorption kann mit Dampf, Heißluft oder Stickstoff durchgeführt werden. Der desorbierte Stoff wird kondensiert und ausgeschleust. Ist das Lösungsmittel nicht wasserlöslich erfolgt die Trennung aufgrund unterschiedlicher Dichte in einem Abscheider. Somit kann das Lösungsmittel zurückgewonnen werden.

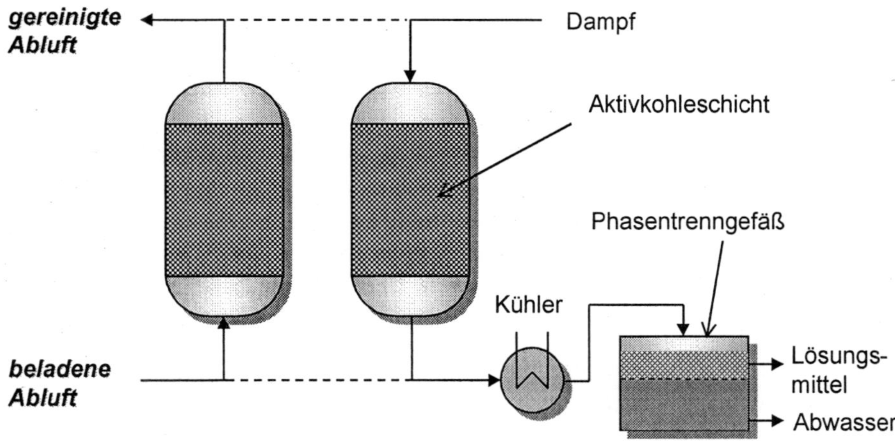

Abb. 13.23. Verfahrensschema der Adsorption mit regenerativem Reinigungsverfahren

Beispiel für die Anwendung der Aktivkohle-Adsorption:

- Entfernung chlorierter Kohlenwasserstoffe aus der Abluft von chemischen Reinigungen oder aus Dämpfen bei der Metallentfettung (meist Verfahren mit Lösungsmittelrecycling).
- Dioxin-Entfernung aus Rauchgasen bei Müllverbrennungsanlagen (siehe auch Abschnitt 13.4.2a1)
- Entfernung von Geruchsstoffen z.B. in der Lebensmittelindustrie

4) Thermische und katalytische Verbrennung

Abgase, bei denen als luftverunreinigende Stoffe nur die Elemente Kohlenstoff, Wasserstoff und Sauerstoff enthalten sind, lassen sich durch **katalytische oder thermische Oxidation** zu CO_2 und H_2O oxidieren. Sind im Abgasstrom Stoffe mit den Elementen Stickstoff, Schwefel, Halogene oder flüchtige Metalle (z.B. Quecksilber) enthalten entstehen problematische Oxide (z.B. SO_2, NO_x) bzw. Halogenwasserstoffe, die in einem zusätzlichen Reinigungsschritt entfernt werden müssen (z.B. durch Absorption). Bei der katalytischen Oxidation werden häufig Edelmetalle auf metallischen oder keramischen Trägern oder Oxide von Cu, Cr oder V als Katalysatoren eingesetzt. Es ist jedoch zu beachten, daß bestimmte Verbindungen zu einer Katalysatorvergiftung führen (z.B. Verbindungen mit den Elemente Silicium, Phosphor, Arsen, Blei, Halogene oder Schwefel), so daß hier nur eine thermische Oxidation in Frage kommt. In Tab. 13.10 werden die beiden Verfahren der thermischen und katalytischen Verbrennung miteinander verglichen.

Thermische und katalytische Oxidationsverfahren werden zur der Behandlung von Abluft mit organischen Lösungsmitteln unterschiedlichster Art (Benzol, Xylol, Phenol) eingesetzt.

Tab. 13.10. Vergleich der thermischen und katalytischen Abluftreinigung

Verfahren	Temperatur	Vorteile	Nachteile
Thermische Verbrennung	750–1200 °C	• unempfindlich, robust	• Bildung von NO_X aus Luftstickstoff, da hohe Temperaturen
			• meist Stützfeuerung notwendig
Katalytische Verbrennung	200–500 °C	• geringere Betriebskosten durch niedrigere Temperaturen, meist autothermer[*] Betrieb möglich	• empfindlich gegen Katalysatorgifte (z.B. Si, P, As, Pb, Halogene, S)
		• keine Bildung von NO_X	• Verstopfungsgefahr
			• begrenzte Katalysatorstandzeit

*) autotherm bedeutet Reaktion läuft ohne Zufuhr von zusätzlichem Brennstoff ab.

5) Biologische Verfahren

Neben der physikalischen und chemischen Abluftreinigung gibt es für organische Schadstoffe auch die Möglichkeit der **biologischen Abluftreinigung**. Ähnlich wie bei der biologischen Abwasserreinigung (siehe Abschnitt 13.2.3b) erfolgt hierbei der Abbau der organischen Inhaltsstoffe durch Mikroorganismen in wässriger Phase und führt im wesentlichen zu den unschädlichen Abbauprodukten CO_2 und H_2O. Je nach dem Trägermedium für die Mikroorganismen wird zwischen Biofiltern und Biowäschern unterschieden. Beim **Biofilter** strömt die schadstoffhaltige Luft durch eine biologisch aktive Filterschicht, die aus Reisig, Kompost, Torf oder aus Lavabrocken besteht, auf der die Bakterien fixiert sind. Die abzubauenden Stoffe werden an der Oberfläche der Filterschicht adsorbiert und biologisch abgebaut (Filterschicht muß feucht sein!). Beim **Biowäscher** wird die Abluft mit Waschwasser in Kontakt gebracht, wobei die Schadstoffe absorbiert werden. Die Regeneration des Waschwassers erfolgt separat durch eine biologische Abwasserreinigung (z.B. mittels des Belebtschlammverfahrens, Abschnitt 13.2.3b). Die biologische Abluftreinigung wird bevorzugt zur Entfernung geruchsintensiver Stoffe, welche nur in geringen Konzentrationen vorliegen, eingesetzt (z.B. Abluft von Kläranlagen, Lebensmittelindustrie). Der Vorteil der Verfahren liegt in den sehr niedrigen Investitions- und Betriebskosten. Außerdem werden keine weiteren Umweltbelastungen erzeugt.

13.3.3   Rauchgasreinigung in Kraftwerken

Rauchgase aus den Feuerungsanlagen von Kraftwerken enthalten neben CO_2 im wesentlichen die Schadstoffe:

* **Staub**
* **Schwefeldioxid**
* **Stickstoffoxide**

welche soweit entfernt werden müssen, daß die gesetzlich vorgeschriebenen Abgasgrenzwerte eingehalten werden können (siehe Anhang A8). Insbesondere die Rauchgase von Kohlekraftwerken enthalten hohe Konzentrationen dieser Schadstoffe. Die Entstaubung der Abgase wird fast auschließlich mittels des in Abschnitt 13.3.2a3 beschriebenen Elektrofilters durchgeführt. Die Verfahren zur Entfernung von SO_2 (sogenannte Entschwefelung) und NO_X (sogenannte Entstickung) werden im folgenden beschrieben.

a) Verminderung von Schwefeldioxid

Es gibt viele verschiedene Verfahren zur Entschwefelung von Rauchgasen (z.B. alkalische Wäscher, siehe Abschnitt 13.3.2b2). Das mit Abstand am meisten eingesetzte Verfahren ist ein Waschverfahren mittels Kalksteinsuspension. Das Verfahren besteht aus zwei Stufen. Zunächst wird das SO_2 als schwerlösliches Calciumsulfit absorbiert:

$$CaCO_3 + SO_2 \rightarrow CaSO_3 + CO_2$$

Der Abscheidegrad von SO_2 steigt mit zunehmendem pH-Wert an. Er beträgt bei pH 7 etwa 98% und bei pH 5 nur 70%. Da Calciumsulfit giftig ist und bei der Aufarbeitung nur schwer zu entwässern ist, wird dieses durch Einblasen von Luft zu verwertbarem $CaSO_4$ (Gips) oxidiert:

$$2\,CaSO_3 + O_2 + 4\,H_2O \rightarrow 2\,[CaSO_4 \cdot 2\,H_2O]$$

Diese Oxidationsreaktion läuft bevorzugt bei einem pH-Wert von etwa 4,5 ab.

Die Entschwefelung von Rauchgasen wird heute üblicherweise in einem *einstufigen* Waschprozeß durchgeführt:

$$2\ CaCO_3 + 2\ SO_2 + O_2 + 4\ H_2O \rightarrow 2\ [CaSO_4 \cdot 2\ H_2O] + 2\ CO_2$$

Der dabei eingehaltene pH-Wert von 5,5–6,0 ist ein Kompromiß zwischen der Absorptions- und der Oxidationsreaktion. Abb. 13.24 zeigt ein vereinfachtes Verfahrensschema einer Entschwefelungsanlage.

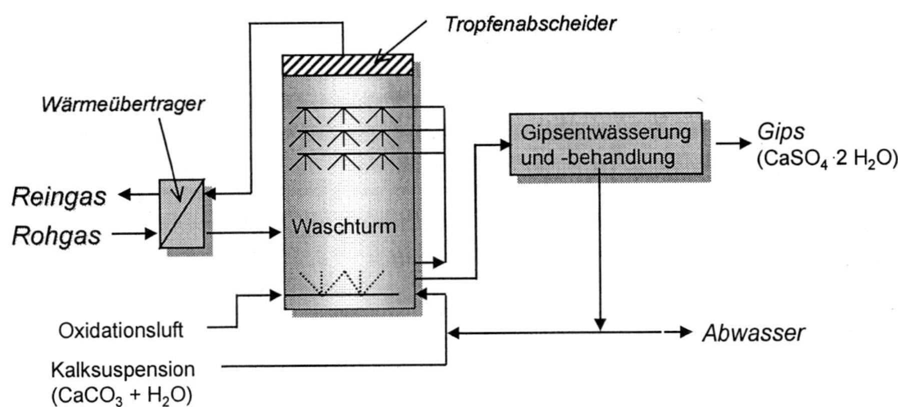

Abb. 13.24. Verfahrensschema einer Rauchgasentschwefelung mit Gipserzeugung

Das Rohgas wird nach der Entstaubung und dem Durchlaufen eines Wärmeaustauschers mit einer Temperatur von 80–90 °C dem Waschturm zugeführt. Hier wird die im Umlauf geführt Kalksteinsuspension über mehrere Ebenen verteilt in das Rohgas gesprüht. Die Waschsuspension wird im Wäschersumpf belüftet und dabei das $CaSO_3$ zu $CaSO_4$ oxidiert. Ein Teil der entstandenen Gipssuspension (Feststoffanteil etwa 8–12%) wird kontinuierlich aus dem Waschturm abgezogen und in weiteren Verfahrensschritten eingedickt und entwässert. Hierzu können Zentrifugen oder Filtrationsapparate verwendet werden. Ein Teil des eingesetzten Wassers wird als Abwasser ausgeschleust und muß aufgrund des Salzgehalts gesondert aufgearbeitet werden. Der entstandene Gips (heißt auch **REA**-Gips von **R**auchgas-**E**ntschwefelungs-**A**nlage) findet vor allem in der Bauindustrie Verwendung. 1995 wurden in der Bauindustrie bei einem Gesamtverbrauch von etwa 9,3 t ca. 3,2 Mio t REA-Gips eingesetzt.

Neben dem nicht regenerativen Verfahren der Kalksteinwäsche kann die Rauchgasentschwefelung mit dem sogenannten **Wellman-Lord-Verfahren** auch *regenerativ* durchgeführt werden. Hierbei wird das SO_2 in einer wässrigen Lösung von Natriumsulfit (Na_2SO_3) unter Bildung von $NaHSO_3$ absorbiert. Bei der thermischen Regeneration wird das SO_2 wieder ausgetrieben und Na_2SO_3 bildet sich zurück:

$$Na_2SO_3 + SO_2 + H_2O \rightleftharpoons 2\ NaHSO_3$$

Das dann in konzentrierter Form vorliegende SO_2 kann zu Schwefel oder Schwefelsäure weiterverarbeitet werden. Das Verfahren ist besonders vorteilhaft in Kraftwerken von Chemiebetrieben, in denen Schwefeldioxid, Schwefel oder Schwefelsäure als Rohstoffe gebraucht werden (z.B. Kraftwerke der Fa. BASF).

b) Verminderung von Stickstoffoxiden

Stickstoffoxiden können in Rauchgasen (die Stickstoffoxide in Rauchgasen bestehen zu etwa 90% aus NO und zu 10% aus NO_2, siehe Abschnitt 7.2.1c) durch **Primär- und Sekundärmaßnahmen** gemindert werden. Die Verminderung von NO_X in Rauchgasen wird auch als Entstickung bezeichnet.

1)   Primärmaßnahmen

Da der größte Teil des NO_X durch die Reaktion von Luftstickstoff mit Luftsauerstoff bei hohen Verbrennungstemperaturen entsteht (siehe Abschnitt 7.2.1c), läßt sich eine wesentliche Verminderung der NO_X-Emission (ca. 40–70%) durch Optimierung des Verbrennungsablaufs erreichen:
- Verringerung des verfügbaren Sauerstoffs in der Verbrennungszone
- Senkung der Verbrennungstemperatur
- gleichmäßige und schnelle Durchmischung der Reaktionspartner in der Flamme.

2)   Sekundärmaßnahmen

Wie bei der Entschwefelung gibt es auch bei der Minderung von Stickstoffoxiden eine Vielzahl verschiedener Verfahren. Verfahren mit Ammoniak NH_3 als Reduktionsmittel werden bei industriellen Feuerungsanlagen am meisten eingesetzt. Als Reaktionsprodukte entstehen nur Stickstoff und Wasser, so daß eine aufwendige Entsorgung- oder Verwertung entfällt (wie etwa bei der Entschwefelung die Entsorgung des Gips):

$$4\ NO + 4\ NH_3 + O_2 \rightarrow 4\ N_2 + 6\ H_2O$$
$$6\ NO + 4\ NH_3 \rightarrow 5\ N_2 + 6\ H_2O$$

Die Reduktion kann entweder katalytisch (sogenanntes **SCR**-Verfahren, **S**electiv **C**atalytic **R**eduction) oder nicht katalytisch erfolgen (sogenanntes **SNCR**-Verfahren, **S**electiv **N**on **C**atalytic **R**eduction). Das SCR-Verfahren ist bei großen Feuerungsanlagen das am häufigsten eingesetzte Verfahren, da sich durch den Einsatz eines Katalysators die Reaktionstemperatur von 1000 °C auf 300 500 °C absenken läßt. Ein Verfahrensschema einer SCR-Anlage zur Minderung von Stickstoffoxiden ist in Abb. 13.25 dargestellt.

In den SCR-Reaktor sind von Kanälen durchzogene, wabenförmige Katalysator-Module auf Basis Titan-Vanadium-Oxidkeramik eingesetzt. Der Reaktor wird in den meisten Fällen direkt dem Verbrennungskessel nachgeschaltet. Erst dann erfolgt die Entstaubung und anschließend die Entschwefelung (siehe Abb.13.25). Dies hat den Vorteil, daß die Rauchgase bereits die erforderliche Betriebstemperatur haben. Nachteilig ist, daß die Rauchgase noch einen hohen Staubanteil besitzen (deshalb heißt diese Verfahrensweise auch **High-Dust**-Schaltung, engl. dust = Staub). Weniger häufig wird der Entstickungsreaktor der Rauchgasentschwefelungsstufe nachgeschaltet (sogenannte **Low-Dust**-Schaltung), da hierbei die Rauchgase erst wieder auf die erforderliche Betriebstemperatur gebracht werden müssen (hoher Energiebedarf!). Die Low-Dust-Variante wird vor allem für bestehende Anlagen verwendet, bei denen sich der Katalysator technisch nicht zwischen dem Dampferzeuger und dem Luftvorwärmer einbauen läßt.

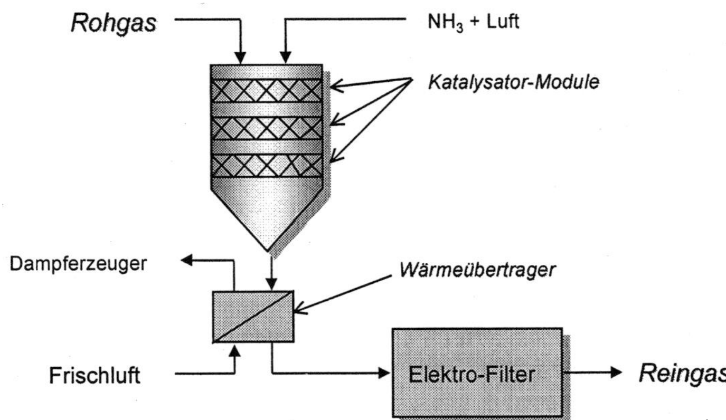

Abb. 13.25. SCR-Verfahren zur Verminderung der Stickstoffoxide in Rauchgasen (High-Dust-Schaltung)

In Abb. 13.26 ist das gesamte Verfahrensschema der Rauchgasreinigung für einen 550 MW-Block eines Kohlekraftwerks in der High-Dust-Variante dargestellt (Rheinhafen-Kraftwerk Karlsruhe). Zusätzlich sind die auftretenden Mengenströme eingetragen.

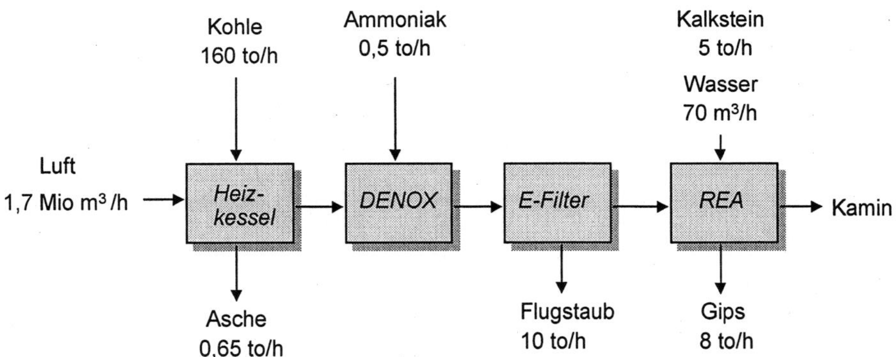

Abb. 13.26. Verfahrensschema der Rauchgasreinigung für einen 550 MW-Block eines Kohlekraftwerks (Rheinhafen-Kraftwerk Karlsruhe)

In Tab. 13.111 sind für das genannte Beispiel (Abb. 13.26) die Schadstoff-Konzentrationen im ungereinigten und gereinigten im Vergleich zu den Emissionsgrenzwerten nach der 13. Verordnung zum Bundesimmisionsschutzgesetz (BImSchG) 1983[5] (siehe auch Anhang A8) aufgeführt.

---

[5] Das Bundes-Immissionsschutzgesetz ist eine Gesetz zum Schutz vor schädlichen Umwelteinwirkungen durch Luftverunreinigungen und Lärm. Es legt unter anderem Emissionsgrenzwerte für Anlagen fest.

Tab. 13.11. Konzentrationen wichtiger Schadstoffe vor und nach der Abgasreinigungsstufe in einem Kohlekraftwerk im Vergleich mit den gesetzlichen Emissionsgrenzwerten

Schadstoff	Konzentration *Rohgas* [mg/m^3]	Konzentration *Reingas* [mg/m^3]	Emissionsgrenzwerte
Staub	6000	10	50
SO_2	2000	<200	400
NO_X	900	<200	800

Übungsbeispiel 13.6: Das in einem Kohlekraftwerk anfallende Rauchgas (2 Mio. m^3/h) soll mittels eines Kalksteinwaschverfahrens entschwefelt werden. Wieviel Tonnen Kalkstein werden pro Stunde benötigt und wieviel Tonnen Gips fallen stündlich an? (Rohgaskonzentration: 2000 mg/ m^3, Reingaskonzentration 200 mg/m^3).

Lösung:
a) Berechnung der Mengen pro m^3:
Pro m^3 werden (2000 – 200) mg = 1800 mg = 1,8 g SO_2 entfernt

Es gilt: $2\ CaCO_3 + 2\ SO_2 + O_2 + 4\ H_2O \rightarrow 2\ [CaSO_4 \cdot 2\ H_2O] + 2\ CO_2$

Unter Verwendung der molaren Massen gilt:

200 g $CaCO_3$ reagieren mit 128 g SO_2 zu 344 g $[CaSO_4 \cdot 2\ H_2O]$

x g $CaCO_3$ reagieren mit 1,8 g SO_2 zu y g $[CaSO_4 \cdot 2\ H_2O]$

$$x = \frac{1,8\ g}{128\ g} \cdot 200\ g = 2,81\ g \qquad y = \frac{1,8\ g}{128\ g} \cdot 344\ g = 4,84\ g$$

Es werden somit **2,81 g/m^3 CaCO$_3$** benötigt und **4,84 g/m^3 Gips** $[CaSO_4 \cdot 2\ H_2O]$ fallen an.

b) Berechnung der Mengen für 2 Mio. m^3 pro h
Benötigte Kalksteinmenge: 2,81 g/m$^3 \cdot 2 \cdot 10^6$ m^3/h = $5{,}62 \cdot 10^6$ g/h = **5,62 to/h**
Anfallende Gipsmenge: 4,84 g/m$^3 \cdot 2 \cdot 10^6$ m^3/h = $9{,}68 \cdot 10^6$ g/h = **9,68 to/h**

13.3.4   Abgasreinigung bei Automobilen

Bei Automobilabgasen werden im wesentlichen die folgenden Schadstoffe emittiert:
- **Kohlenmonoxid**
- **Kohlenwasserstoffe**
- **Stickstoffoxide**

Zur Emission von Kohlenmonoxid und Kohlenwasserstoffe kommt es durch unvollständige Verbrennung (siehe Abschnitt 7.2.1b), Stickstoffoxide werden durch die Reaktion von Luftstickstoff mit Sauerstoff gebildet (siehe Abschnitt 7.2.1c). Zur Entfernung dieser drei Schadstoffe laufen im **Automobilkatalysator** hauptsächlich die folgenden Reaktionen ab:

$$2\,CO + O_2 \rightarrow 2\,CO_2 \qquad (1)$$
$$"C,H" + O_2 \rightarrow CO_2 + H_2O \qquad (2)$$
$$2\,NO + 2\,CO \rightarrow 2\,CO_2 + N_2 \qquad (3)$$

Kohlenmonoxid und die Kohlenwasserstoffe werden mittels Luftsauerstoff oxidiert, während die Stickstoffoxide im wesentlichen mittels Kohlenmonoxid zu Stickstoff reduziert werden.

Der Katalysator ist ein von Kanälen durchzogener, wabenförmiger Keramikkörper (von ähnlicher Form wie die Katalysatoren zur Entstickung von Rauchgasen, siehe Abschnitt 13.3.3b). Dieser keramische Grundkörper enthält zunächst eine rauhe Zwischenschicht aus Al_2O_3 (sogenanntes „Wash-Coat") zur Vergrößerung der wirksamen Oberfläche (siehe Abb. 13.27). Erst diese Oberfläche wird mit dem eigentlichen aktiven Katalysatormaterial beschichtet (hauptsächlich Pt neben Rh, teilweise auch Pd), an dessen Oberfläche die Umwandlungsreaktionen ablaufen. Insgesamt werden pro Katalysator etwa 1–3 g Edelmetalle eingesetzt. Die Anforderungen an Autoabgaskatalysatoren sind im Vergleich zu Katalysatoren in Chemieanlagen und Kraftwerken deutlich höher (mechanische Belastungen, schnell variierende Reaktionsbedingungen).

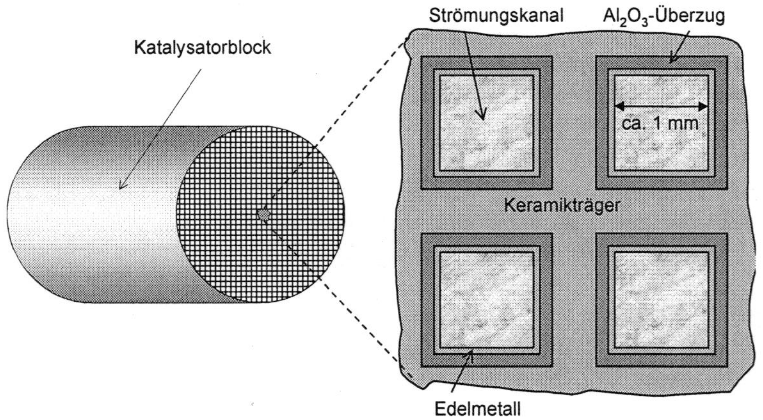

Abb. 13.27. Schematische Darstellung eines Automobilabgaskatalysators

Der Katalysator und die Reaktionsbedingungen müssen so abgestimmt sein, daß alle *drei* Reaktionen (1)–(3) optimal ablaufen. Deshalb wird der Katalysator häufig auch **Drei-Wege-Katalysator** genannt. Hierbei sind der Sauerstoffgehalt des Abgasgemischs und die Temperatur wichtige Größen. Der Sauerstoffgehalt wird meist als sogenannter λ-**Wert** angegeben (Verhältnis zugeführte Luftmenge zu Luftbedarf für stöchiometrischen

Umsatz; siehe Abschnitt 8.8.2). Enthält das Gemisch zuviel Sauerstoff ($\lambda > 1$, „mageres" Gemisch) so laufen nur die Reaktionen (1) und (2) ab, für die Reaktion (3) steht nicht mehr genügend CO zur Verfügung. Enthält das Gemisch zuwenig Sauerstoff ($\lambda < 1$, "fettes" Gemisch) so läuft bevorzugt nur die Reaktion (3) ab (siehe Abb. 13.28a). Für eine optimale Schadstoffumwandlung muß deshalb der Sauerstoffgehalt innerhalb eines engen Bereichs (sogenanntes λ-Fenster: $0,98 < \lambda < 1,02$) geregelt werden. Als Sensor zur Messung des Sauerstoffgehalts wird die sogenannte **Lambda-(λ)-Sonde** verwendet (siehe Abschnitt 10.7.2); über diese werden die in den Motor gelangenden Kraftstoff- und Verbrennungsluftmengen geregelt (siehe Abb. 13.28b).

Bei Temperaturen $< 300\ °C$ ist der Umwandlungsgrad der Schadstoffe gering (Kaltstartphase). Der Katalysator benötigt eine sogenannte Anspringtemperatur von etwa $350\ °C$. Deshalb ist während der mehrminütigen Kaltstartphase das Reinigungssystem wirkungslos. Konzepte zur Emissionsminderung während der Kaltstartphase wurden bereits entwickelt (z.B. elektrische Katalysatorheizung) und werden sicherlich zukünftig umgesetzt.

Nachteile der katalytischen Abgasreinigung:
- Der Katalysator ist empfindlich gegen thermische Überlastung und Katalysatorgifte (insbesondere Bleiverbindungen).
- $\lambda = 1$ ist für den Motor nicht der Bereich des optimalen Leistungs- bzw. Wirkungsgrads ($\rightarrow$ erhöhter Benzinverbrauch).
- Durch Abrieb werden geringe Mengen vor allem an Platin in die Umwelt freigesetzt. Neben vielbefahrenen Straßen können bereits erhöhte Mengen an Platin analysiert werden. Somit gehen wertvolle Edelmetalle, welche auch als Katalysatoren in der Industrie gebraucht werden in großen Mengen unwiederbringlich verloren.

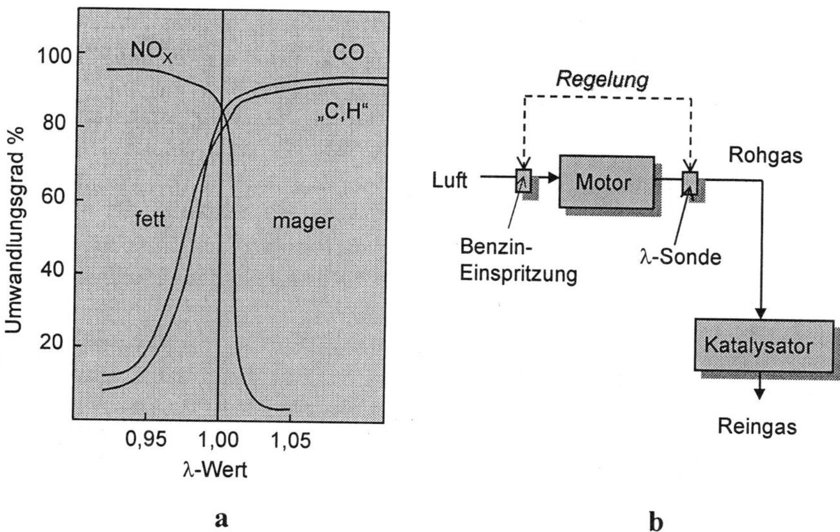

Abb.13.28. a) Schadstoff-Umwandlungsgrad bei der katalytischen Reinigung von Automobilabgasen und b) Regelkreis zur Einstellung des optimalen λ-Werts von 1,0

Zur Verringerung des Benzinverbrauchs sind zur Zeit sogenannte **Mager-Mix-Motoren** in der Entwicklung. Diese werden zur Verbesserung des Wirkungsgrades mit einem größeren Luftüberschuß (λ-Werte > 1) betrieben. Das Problem hierbei bezüglich der Abgasreinigung ist, daß für die Reaktion (3) nicht mehr genügend Reduktionsmittel zur Verfügung steht und der Ausstoß an NO_X deutlich ansteigt. Zur Verringerung des NO_X Anteils im Abgas gibt es in der Automobilindustrie momentan zwei Lösungsansätze:

- Katalytische Reduktion des NO_X zu Stickstoff mittels einer zusätzlich eingebrachten Reduktionskomponenten wie etwa Harnstoff (siehe Abschnitt 8.5.3). Dieses Verfahren wird auch **Harnstoff-SCR-Verfahren** genannt und funktioniert ähnlich wie die NO_X-Entfernung bei der Rauchgasreinigung (siehe Abschnitt 13.3.3b). Nachteilig ist, daß die Reduktionskomponente zusätzlich mitgeführt und zudosiert werden muß.

- Einsatz sogenannter **NO_X-Speicher Reduktionskatalysatoren**. Hierbei werden die momentan eingesetzten Abgaskatalysatoren so modifiziert, daß sie in der Lage sind eine gewisse Menge an NO_X in Form von Nitrat im Wash-Coat des Katalysators zu speichern. Da die Aufnahmefähigkeit für Nitrat hierbei nur sehr begrenzt ist, muß der Katalysator in einer kurzen Phase durch Anfetten des Gemischs (λ <1) wieder regeneriert werden (Entfernung des Nitrats durch Reduktion). Die Motorregelung muß somit so eingestellt werden, daß sich magerer und fetter Betrieb abwechseln: magerer Betrieb λ>1 (NO_X-Speicherung) $\leftrightarrow$ fetter Betrieb λ<1 (reduktive Regeneration).

Bei **Dieselmotoren** sind die Abgasemissionen an CO, „C,H" und NO_X bereits ohne katalytische Reinigung deutlich geringer als beim Benzinmotor. Das Hauptproblem hier sind jedoch die hohen Emissionen an Rußpartikeln und die an ihnen anhaftenden teilweise kanzerogene Kohlenwasserstoffverbindungen wie z.B. PAK's (siehe Abschnitt 8.1.5d). Zur Minderung der Rußanteile im Dieselabgasen werden momentan prinzipiell zwei Lösungsansätze verfolgt:

- Die Partikel können an keramischen Rußfiltern abgeschieden werden. Problematisch hierbei ist, daß diese Filter leicht verstopfen und der Filter von Zeit zu Zeit durch Temperaturerhöhung mittels eines Zusatzbrenners regeneriert werden muß.

- Verringerung der Rußbildung durch Primärmaßnahmen bei der Verbrennung (höhere Temperatur, höherer Druck). Durch diese Maßnahme wird allerdings Ausstoß an NO_X vergrößert. Zur Verringerung der NO_X-Emission kann dann das Harnstoff-SCR Verfahren eingesetzt werden (siehe Mager-Mix-Motor). Dieses Verfahren zur Reinigung von Dieselabgasen befindet sich momentan in der Versuchsphase.

13.4   Abfall und Recycling

13.4.1   Abfallzusammensetzung

Das gesamte Abfallaufkommen lag in Deutschland 1993 einschließlich der in die Verwertung gegangenen Abfälle bei 338,5 Mio. t. Den größten Anteil hierbei bildeten Bauschutt und Bodenaushub. Daneben haben auch Abfälle aus der industriellen Produktion und Hausmüll sowie hausmüllähnliche Gewerbeabfälle einen wesentlichen Anteil. Die in der **industriellen Produktion** anfallenden Abfälle sind stark abhängig vom jeweiligen Industriezweig und können daher sehr unterschiedlich sein, so z.B. Kunststoffe und Lösungsmittelrückstände als organische Abfälle oder Abfallsäuren bzw. –laugen und Metallschlämme als anorganische Abfälle. Die Zusammensetzung von **Hausmüll** ist in Abb. 13.29a dargestellt. Hierbei stellt der organische Hausmüll mit etwa 30% neben unspezifizierten Fraktionen (Feinmüll: Teilchengröße bis 8 mm, Mittelmüll: Teilchengröße 8–40 mm) einen wesentlichen Anteil dar. Bis zum Beginn der neunziger Jahre stand beim Hausmüll und hausmüllähnlichen Gewerbeabfällen die Entsorgung im Vordergrund und dies bedeutete im wesentlichen eine geordnete Deponierung des Mülls. Seit der Gründung des sogenannten **Dualen System Deutschlands** (DSD) wurden eine Reihe neuer Verordnungen bzw. Gesetze (Verpackungsverordnung, Kreislaufwirtschaftsgesetz) in Kraft gesetzt, die eine Verwertung von Abfällen in den Vordergrund stellen. Das System heißt „Dual", weil die kommunale Abfallwirtschaft in eine private Wertstofferfassung und eine öffentlich-rechtliche Restmüllentsorgung getrennt wurde. Prinzipiell soll hierbei folgende Abstufung gelten:

- Vermeiden
- stoffliche und energetische Verwertung
- umweltverträgliche Beseitigung

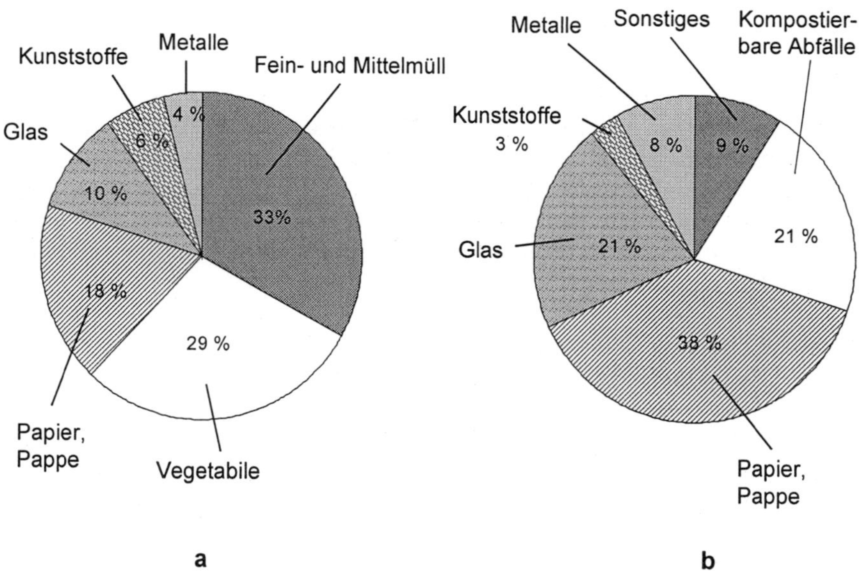

Abb. 13.29. Zusammensetzung von a) Hausmüll und b) Zusammensetzung der davon verwerteten Abfälle (1993)

Im Jahr 1993 wurde der Hausmüll zu etwa einem Drittel stofflich verwertet. Einen wesentlichen Anteil daran hatten Glas, Papier und kompostierbare Abfälle (siehe Abb. 13.29)

13.4.2   Abfallentsorgung

Für die Abfallentsorgung sind seit längerer Zeit prinzipiell drei verschiedene Verfahren gebräuchlich:

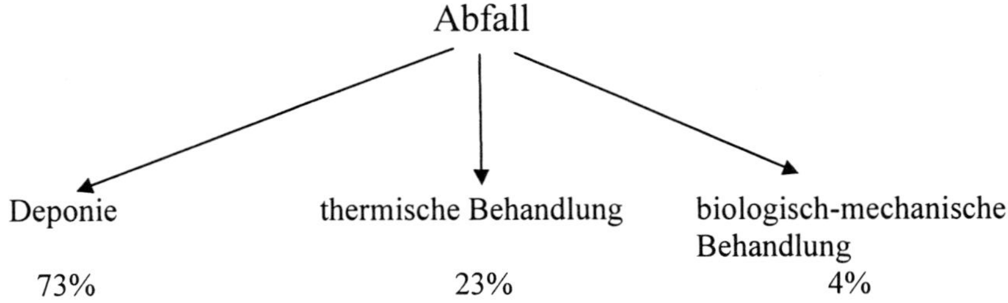

Die prozentualen Angaben entsprechen dem jeweiligen Anteil an der Entsorgung für Hausmüll und hausmüllähnliche Gewerbeabfälle in Deutschland (1993).

a) Thermische Behandlung

Bei der thermischen Behandlung von Abfällen werden heute im wesentlichen zwei Verfahren angewendet:

- **Verbrennung**
- **Pyrolyse**
  Im Unterschied zur Verbrennung, bei der organische Stoffe mit Luftsauerstoff oxidiert werden, versteht man unter Pyrolyse die thermische Zersetzung von organischem Material unter Ausschluß von Luftsauerstoff (siehe auch Abschnitt 9.8). Bei der Pyrolyse werden höhermolekulare Stoffe bei hohen Temperaturen in einfachere Moleküle und Kohlenstoff zerlegt. Das Ziel der Pyrolyse von Abfällen ist es brennbare Gase zu erhalten (H_2, CO), welche zur Energieerzeugung genutzt werden können. Die dabei auftretenden Reaktion sind im wesentlichen:

$$\text{organische Stoffe} \rightarrow CH_4 + H_2 + C \quad (1)$$
$$CH_4 + H_2O \rightleftharpoons CO + 3\,H_2 \quad (2)$$
$$C + H_2O \rightleftharpoons CO + H_2 \quad (3)$$
$$C + CO_2 \rightleftharpoons 2\,CO \quad (4)$$

1) Müllverbrennung

Der Verfahrensablauf einer Verbrennungsanlage für **Hausmüll** ist in Abb. 13.30 schematisch dargestellt. Der Müll wird im Müllbunker gleichmäßig durchmischt und dann kontinuierlich dem Verbrennungsraum zugeführt. Hier findet die Verbrennung unter Zufuhr von Luft bei 800–900 °C statt. Im Bereich der Hausmüllverbrennung wird am meisten die sogenannte **Rostfeuerung** eingesetzt. Hierbei wird das Brenngut auf beweglichen Rosten kontinuierlich durch den Feuerraum befördert und brennt dabei aus. Als Roste werden häufig eine Reihe hintereinander liegender rotierender Walzen ($\varnothing$ ca. 1,5 m) eingesetzt. Die ausgebrannte Schlacke, welche hauptsächlich aus Silikaten sowie

Aluminium- und Eisenoxiden besteht, wird am Ende des Verbrennungsrostes abgeworfen und muß entsorgt werden. Die heißen Brenngase werden zur Dampf- bzw. Energieerzeugung genutzt und kühlen sich dabei auf etwa 250 °C ab.

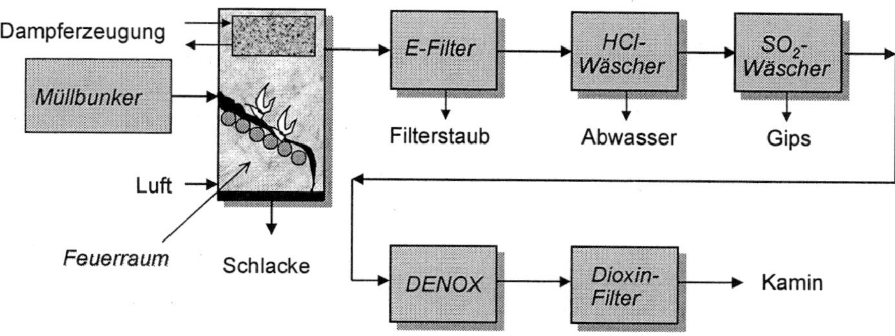

Abb. 13.30. Verfahrensfließbild einer Verbrennungsanlage für Hausmüll

Die Brenngase müssen anschließend einer aufwendigen **Rauchgasreinigung** unterzogen werden. Zunächst wird das Abgas mittels eines Elektrofilters entstaubt (siehe Abschnitt 13.3.2a3) analog der Rauchgasreinigung in Kraftwerken.

Im Gegensatz zu den Rauchgasen von Kraftwerken treten bei Müllverbrennungsanlagen hohe Konzentrationen an HCl-Gas (Verbrennung von chlorhaltigen Verbindungen, z.B. PVC-Kunststoff) und auch HF-Gas auf. Diese Gase ist werden in einem Wäscher mittels Wasser absorbiert.

In der nächsten Stufe wird das SO_2 wie bei der Rauchgasreinigung in Kraftwerken (siehe Abschnitt 13.3.3a) mittels eines **Kalksteinwaschverfahrens** entfernt und zu Gips umgesetzt.

Die Stickstoffoxide werden heute üblicherweise mit dem bereits beschriebenen **SCR-Verfahren** vermindert (siehe Abschnitt 13.3.3b). Im Gegensatz zur Rauchgasreinigung bei Kraftwerken wird hier die Entfernung von NO_X erst nach der Entstaubung und der Entschwefelung durchgeführt („Low Dust"-Variante), da hier bereits alle Schadstoffe aus dem Rauchgas ausgeschieden sind. Die im Rauchgas enthaltenen Schwermetallanteile würden ansonsten den Entstickungskatalysator „vergiften".

Um den Gehalt an Dioxinen zu reduzieren, wird das Abgas zuletzt durch **einen Aktivkohle-** oder **Aktivkoksfilter** geleitet. Dioxine können aus chlorhaltigen Verbindungen (z.B. PVC-Kunststoff) während des Verbrennungsprozesses und vor allem beim relativ langsamen Abkühlen der Rauchgase gebildet werden (De-Novo-Synthese, siehe Abschnitt 8.6.2). Tab.13.11 zeigt durchschnittliche Meßwerte wichtiger Schadstoffe vor und nach der Abgasreinigung im Vergleich zu den Grenzwerten nach der 17. Verordnung zum Bundesimmisionsschutzgesetz[6] (BImSchG) 1990 (siehe auch Anhang A8)

---

[6] Siehe Fußnote 5

Tab. 13.11. Konzentrationen wichtiger Schadstoffe vor und nach der Abgasreinigungsstufe in Müllverbrennungsanlagen im Vergleich mit den gesetzlichen Emissions-Grenzwerten

Schadstoff	Konzentration Rohgas [mg/m^3]	Konzentration Reingas [mg/m^3]	Emissionsgrenzwerte [mg/m^3]
Staub	ca. 3000	<1	10
SO_2	500-1000	5-10	50
NO_X	100-500	50-150	200
HCl	500-1000	0,1-0,5	10
Dioxine	100-300 [ng/m^3]	0,004-0,03 [ng/m^3]	0,1 [ng/m^3]

Die bei der Rauchgasreinigung anfallenden Rückstände müssen verwertet bzw. entsorgt werden:

- Die **Verbrennungsschlacke** ist aufgrund ihres Gehalts an giftigen Schwermetallen (z.B. Pb, Cr) nicht unproblematisch. Sie wird meist entweder deponiert oder mittels eines anschließenden Schmelzverfahrens bei 1500 °C verglast, so daß die Schwermetalle fest eingebunden werden und nicht ausgewaschen werden können. Dieses Schmelzgranulat kann problemlos z.B. im Straßenbau eingesetzt werden.
- Der hochgradig schwermetallhaltige **Filterstaub** muß entweder in Sondermülldeponien eingelagert werden oder er wird zusammen mit der Schlacke verglast.

Spezielle Abfälle aus der industriellen Produktion, welche einen hohen Anteil an stark giftigen Stoffen enthalten, werden einer speziellen thermischen Behandlung den sogenannten **Sondermüllverbrennungsanlagen** zugeführt. Im Unterschied zur Hausmüllverbrennung sind hier die Verbrennungstemperaturen höher (bis etwa 1400 °C). Üblicherweise wird die Verbrennung in sogenannten **Drehrohröfen** durchgeführt. Diese bestehen aus einem in Förderrichtung geneigten Zylinder (Länge 8–12 m, $\varnothing$ 1–5 m), welcher um die Längsachse gedreht wird. Hierdurch wird der Inhalt ständig umgewälzt, so daß ein vollständiger Ausbrand gewährleistet wird. Die Technik der Abgasbehandlung unterscheidet sich nicht prinzipiell von derjenigen einer Hausmüllverbrennungsanlage. Es muß jedoch mit höheren Schadstoffmengen gerechnet werden, so daß die Reinigungsanlagen insgesamt großzügiger ausgelegt sind.

2) Thermoselect-Verfahren

Bei diesem Verfahren handelt es sich um ein **Pyrolyseverfahren**. Neben dem Thermoselect-Verfahren, gibt es noch eine Reihe anderer Pyrolyse-Verfahren auf die hier nicht weiter eingegangen wird[7]. Bei den Pyrolyseverfahren liegen für Großanlagen zur Abfallbehandlung bisher kaum Erfahrungen vor. Auch beim Thermoselect-Verfahren handelt es sich um ein neues Verfahren, bei dem bisher nur Anlagen mit kleineren Kapazitäten betrieben werden. Eine erste große Anlagen wird in Karlsruhe in Betrieb gehen (Gesamtkapazität: 225.000 to pro Jahr). Das Verfahrensfließbild einer Thermoselect-Anlage ist in Abb. 13.31 dargestellt.

---

[7] Siehe hierzu u.a.: T.Herrmann et.al.: "Einführung in die Abfallwirtschaft", Verlag Harri Deutsch; K.Sattler, J.Emberger: "Behandlung fester Abfälle", Vogel Verlag;. M.Bank: "Umwelttechnik", Vogel-Verlag

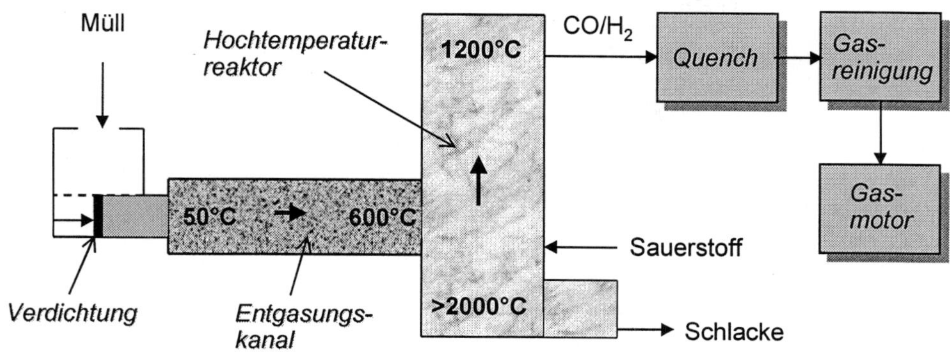

Abb. 13.31. Verfahrensfließbild des Thermoselect-Verfahrens

Beim Thermoselect-Verfahren werden im ersten Verfahrensschritt die Abfälle mittels einer Presse verdichtet und dabei die überschüssige Luft herausgepreßt. Der Müll gelangt anschließend in den sogenannten **Entgasungskanal**, der von außen auf etwa 600°C erwärmt wird.   Hierbei kommt es zur Bildung niedermolekularer organischer Verbindungen wie Methan oder CO, H_2, teilweise bildet sich Kohlenstoff wie man aus Gleichung (1) erkennt.

Die festen und gasförmigen Verbindungen werden dann in den **Hochtemperaturreaktor** eingebracht. Hier finden die eigentlichen Vergasungreaktionen entsprechend den Gleichungen (2) bis (4) zum sogenannten Synthesegas (CO, H_2) statt. Die hohen Temperaturen von 2000 °C werden durch Zufuhr von reinem Sauerstoff aufgrund der exothermen Verbrennungsreaktion erzeugt (Vorteil gegenüber Luft: verringertes Gasvolumen, keine Stickstoffoxidbildung).

Zur Verhinderung der Neubildung von Dioxin (siehe Abschnitt 8.6.2) wird das gebildete Synthesegas mit Wasser schockgekühlt (sogenanntes **Quenchen**, engl. to quench = Abschrecken) und anschließend in mehreren Stufen gereinigt. Das gereinigte Synthesegas wird in Gasmotoren zur Gewinnung elektrischer Energie verbrannt. Die Hauptvorteile des Thermoselect-Verfahren im Vergleich zur herkömmlichen Müllverbrennung sind neben den geringen Gasvolumina die gereinigt werden müßten, daß alle beim Verfahren auftretenden Reststoff direkt verwertet werden können. So kann etwa die im Hochtemperaturreaktor anfallende glasartige, mineralische Schlacke direkt z.B. im Straßenbau eingesetzt werden, da die Schwermetalle fest eingebunden sind und nicht ausgewaschen werden können. Ein zusammenfassender Vergleich der Müllverbrennung und des Thermoselect-Verfahren ist in Tab. 13.13 aufgelistet.

Tab. 13.13. Vergleich der Müllverbrennung mit dem Thermoselect-Verfahren

Verfahren	Vorteile	Nachteile
Müllverbrennung	• große Erfahrung, bewährte Technik (mehr als 50 große Anlagen in Deutschland)	• Große Luftströme erforderlich → große Rauchgasmengen, die gereinigt werden müssen
	• besserer energetischer Wirkungsgrad	• Reststoff können nicht direkt verwertet werden, für Schlacke und Filterstaub → nachträglicher Schmelzprozeß erforderlich
Thermoselect	• hoher Anteil an direkt wiederverwertbaren Reststoffen	• neue, aufwendige Technologie; keine Erfahrung mit großen Anlagen
	• geringes Gasvolumen, welches behandelt werden muß, da mit reinem Sauerstoff gearbeitet wird	• geringerer Wirkungsgrad bei der Energiegewinnung
	• geringere Dioxinbildung (hohe Temperaturen im Reaktor, keine Neubildung da die Abgase „gequencht" werden)	

b) Deponie

Bis in die siebziger Jahre wurden Abfälle in Deutschland auf „wilden" Deponie in der Natur untergebracht. Mit dem einsetzenden Umweltbewußtsein wurde seit 1972 mit dem Anlegen sogenannter geordneter Deponien begonnen. An eine geordnete Deponie werden heute vom Gesetzgeber hohe Ansprüche gestellt. Es müssen folgende Einrichtungen vorliegen:

• Untergrundabdichtung
• Erfassung und Reinigung des eindringenden Niederschlagswassers (sogenanntes Deponiesickerwasser).
• Erfassung und energetische Verwertung der freigesetzten brennbaren Gase (sogenanntes Deponiegas)

Eine Mülldeponie kann als großer biochemischer Reaktor betrachtet werden, in dem der organische Anteil des Abfalls mittels Mikroorganismen zersetzt wird. Im abgelagerten Abfall laufen hierbei vor allem *anaerobe* Zersetzungsprozesse ab (siehe Abschnitt 13.1.2), bei denen sich ein brennbares Gasgemisch bildet (Deponiegas: hauptsächlich CH_4 „verdünnt" mit CO_2). Die Abbauprozesse verlaufen über eine sehr lange Zeit (Monate bzw. Jahre). Das **Deponiegas** wird über Entgasungsschächte, welche in die Deponie gebohrt werden gesammelt und in Gasmotoren zur Gewinnung von elektrischer Energie verbrannt. Pro Tonne Abfall entstehen etwa 40–300 m^3 Deponiegas.

Durch Niederschläge entsteht das sogenannte **Deponiesickerwasser**, welches gelöste Salze (Ammonium, Sulfat, Chlorid, giftige Schwermetallionen) sowie einen hohen Anteil an gelösten organischen Substanzen (CSB-Wert bis 20.000 mg/l und hohe AOX-Werte) enthält. Da diese Substanzen das Oberflächen- und Grundwasser und somit das Trinkwasser gefährden können, muß die Deponie eine Untergrundabdichtung besitzen.

Diese besteht üblicherweise aus einer Tonmineralschicht und zusätzlich einer Kunststoffolie (meist PE-HD). Das Sickerwasser wird in Drainageleitungen gesammelt und auf der Deponie behandelt. Zur Deponiesickerwasserbehandlung reicht eine biologische Kläranlage nicht aus (refraktäre organische Stoff, Schwermetalle!). Bei modernen Deponien wird heute das Sickerwasser mittels einer Umkehrosmoseanlage aufkonzentriert (siehe Abschnitt 13.2.5d) und anschließend zu einem trockenen Rückstand eingedampft. Diese verbleibende Rückstände müssen dann in einer Sondermülldeponie eingelagert werden.

Wenn die Deponie „voll" ist wird sie auch von oben mit einer mineralischen Schicht und einer Kunststoffolie abgedeckt (Minimierung des Eintritts von Niederschlagswasser, Verbesserung der Gassammlung) und anschließend rekultiviert. Für die Deponie bleiben jetzt immer noch Nachsorgezeiträume von hunderten von Jahren, wobei Vorhersagen über das Verhalten über solche langen Zeiträume heute noch nicht sicher gemacht werden können. Hierzu gehört die zentrale Frage, ob die Untergrundabdichtung unter der steten Belastung des Sickerwassers dicht bleibt.

Abfälle mit einem hohen Anteil giftiger Stoffe wie z.B. Filterrückstände aus Müllverbrennungsanlagen oder schwermetallhaltige Schlämme aus Galvanikbetrieben dürfen nicht in den üblichen Übertage-Deponien, welche im wesentlichen für Hausmüll vorgesehen sind eingelagert werden. Sie müssen in sogenannten **Sondermülldeponien** untergebracht werden. Hierzu werden zumeist ausgediente Salzbergwerke als Untertage-Deponien genutzt, um die Problemstoffe von der Biosphäre fernzuhalten.

c) Mechanisch-biologische Behandlung

Die mechanisch-biologische Abfallbehandlung wird bei der Behandlung von reinem Biomüll und bei der Restabfallbehandlung angewendet. Beim reinen Biomüll entsteht verwertbarer Kompost. Das Ziel der Restabfallbehandlung ist es lediglich ein deponierfähiges Produkt zu erhalten. Neben dem Vorteil einer Volumenreduktion, ist es hierbei günstig, daß die biologischen Abbauprozesse des organischen Anteils, welche in der Deponie unkontrolliert über viele Jahre ablaufen, gezielt innerhalb kurzer Zeit durchgeführt werden. Die mechanisch-biologische Behandlung besteht im wesentlichen aus zwei Verfahrensstufen:

- Mechanische Sortierung und Zerkleinerung des Mülls. Dies ist besonders bei der Restmüllbehandlung wichtig, um biologisch nicht abbaubare Anteile (Metall-, Kunststoffteile etc.) auszusortieren.
- Biologisches Verfahren zum Abbau der organischen Stoffe

Der biologisch Abbau durch Mikroorganismen wird in den meisten Fällen unter *aeroben* Bedingungen (siehe Abschnitt 13.1.2) durchgeführt und wird auch **Rotte** oder **Kompostierung** genannt. Nur in wenigen Fällen wird der Abbau anaerob vollzogen (Vergärung). Die Kompostierung wird häufig in langsam rotierenden, belüfteten Trommeln (Rottetrommeln, $\varnothing$ 4,5 m) durchgeführt, welche innerhalb von ein bis fünf Tagen vom organischen Müll durchlaufen werden. Die Abluft wird meist mittels Biofiltern gereinigt (siehe Abschnitt 13.3.2b5). Bei Einsatz von *reinem* Biomüll entsteht Kompost, welcher in der Landwirtschaft verwertet werden kann. Bei der Kompostierung von *Restmüll* kann das verrottete Produkt noch diverse Schadstoff enthalten (Schwermetallsalze, nicht abgebaute organische Schadstoffe). Bei der Deponierung nach der biologischen Behandlung ist das Verhalten gegenüber unbehandeltem Müll deutlich verbessert (weniger Deponiegasbildung, geringere Belastung des Sickerwassers). Trotz dieser Vorteile kann natürlich auf eine langfristige Nachbehandlung auf einer Deponie nicht verzichtet werden.

Abschließend werden die drei beschriebenen Verfahren der Müllbehandlung in Tab. 13.14 zusammenfassend bewertet. Die Diskussion über die verschiedenen Möglichkeiten insbesondere der Hausmüllentsorgung wird seit Jahren nicht nur in der Fachwelt, sondern auch in der öffentlichen Diskussion geführt. Wie in Tab. 13.14 zu erkennen ist haben alle Verfahren ihre „Licht- und Schattenseiten". Hierzu nur einige Anmerkungen:

- Es ist aber sicherlich vernünftig vor der eigentlichen Abfallbehandlung Wertstoffe soweit wie möglich getrennt zu sammeln und zu recyceln, wie dies auch bereits durchgeführt wird. Wenn die verschiedenen Abfälle erst einmal vermischt sind ist der Trennaufwand sehr groß.

- Unbedingt sollten „Problemabfälle" (z.B. Batterien, Akkus, Lackreste, Lösungsmittel) getrennt gesammelt werden, da diese bei allen Entsorgungswegen zu erheblichen Problemen führen.

- Bei Papier, Glas und Metalle hat sich eine getrennte Erfassung und das Recycling bereits seit vielen Jahren bewährt.

- Bei Kunststoffen ist bei der stofflichen Verwertung die Sortenreinheit des jeweiligen Kunststoffs sehr wichtig (siehe Abschnitt 9.8). Ist hier der energetische Aufwand zum Recycling groß, kann eventuell eine thermische Verwertung günstiger sein.

- Die getrennte Sammlung des Biomülls ist sinnvoll, weil dieser in Form von Kompost problemlos verwertet werden kann.

- Bei der Restmüllbehandlung haben die thermischen Verfahren vor allem aufgrund der enormen Volumenreduktion des Abfalls wesentliche Vorteile. Seit 1993 wird die Abfallbehandlung und Abfallablagerung von der TA Siedlungsabfall geregelt (TA = Technisch Anleitung, analog TA Luft, siehe Fußnote 4). Hierbei dürfen ab dem Jahr 2005 nur noch vorbehandelte Abfälle mit einem organischen Restanteil <3% bzw. <5% deponiert werden. Diese Anforderung läßt sich momentan nur durch die thermische Behandlung erfüllen.

Tab. 13.14. Vergleich der drei prinzipiell möglichen Verfahren zur Abfallentsorgung

Verfahren	Vorteile	Nachteile
Deponie	• (noch) kostengünstig	• großer Flächenbedarf • lange Nachsorgezeiträume • fehlende Erfahrung für Langzeitverhalten • ineffiziente energetische Verwertung des Abfalls als Biogas
Thermische Behandlung	• deutliche Volumenreduktion des Mülls • Hauptteil der *organische* Schadstoffe werden zerstört • energetische Verwertung des Abfalls	• hoher technischer Aufwand • hohe Kosten insbesondere bei der Abluftreinigung • höhere Luftbelastung der Umgebung
Mechanisch-biologische Behandlung	• Volumenreduktion des Abfalls vor der Deponierung • gezielter und kontrollierter Abbau der organischen Fracht • geringe Luftbelastung	• Ein großer Teil der Schadstoffe verbleibt im Feststoff (refraktäre organisch Stoffe, Schwermetalle) • Deponieprobleme bleiben

13.4.3   Recycling

Unter **Recycling** versteht man die erneute Verwendung oder Verwertung von Produkten oder Teilen von Produkten in Form von Kreisläufen. Recycling (engl. cycle = Kreis) spielt in der Abfallwirtschaft und im **produktionsintegrierten Umweltschutz** (siehe Abschnitt 13.5) eine zentrale Rolle. Das Idealziel ist hierbei die vollständige Kreislaufwirtschaft. Prinzipiell gilt für das Recycling folgende Rangfolge:
1.) Produktrecycling
   • Wiederverwertung
   • Weiterverwertung
2.) Materialrecycling
   • Wiederverwertung
   • Weiterverwertung
3.) Thermische Verwertung
   Bei der **Wiederverwendung** wird ein bereits gebrauchtes Produkt wieder dem gleichen Anwendungszweck zugeführt (typisches Beispiel: Recycling von Getränkeflaschen). Wird das Produkt in einer anderen Funktion als ursprünglich genutzt, spricht man von **Weiterverwendung** (z.B. Nutzung eines Fahrzeugmotors als Notstromaggregat). Ein Beispiel für materielle Wiederverwertung ist das Einschmelzen gebrauchter („verkratzter") Getränkeflaschen aus Kunststoff und Herstellung neuer Flaschen. Wird

der eingeschmolzene Kunststoff zur Herstellung anderer Produkte (z.B. Fasern) genutzt wird das Material weiterverwendet. In den meisten Fällen wandert man beim Recycling in der Prioritätenliste nach unten; man spricht hierbei auch vom „**Down-Cycling**" (engl. down = herunter). Generell macht Recycling aus ökologischer Sicht nur Sinn, wenn der Recyclingaufwand und die dabei entstehenden Umweltbelastungen (Abwasser, Abluft, Abfall) geringer sind, als die Summe der Belastungen bei der neuen Herstellung aus Primärrohstoffen. Eine solche Bewertung kann im Einzelfall sehr schwierig sein, da häufig die Herstellung bzw. das Recycling komplizierte Abläufe darstellen. Heute versucht man diese Bewertung in Form sogenannter **Ökobilanzen** (siehe Abschnitt 13.6) durchzuführen. Ein wichtiger Aspekt ist hierbei der Energieaufwand, da die Sekundärrohstoffe häufig wichtige Energieträger sind. Ihre Nutzung führt zur Energieeinsparung, solange der Energieaufwand zur Rückgewinnung der Sekundärrohstoffe geringer ist, als der zur Gewinnung der Primärrohstoffe. Aus energetischer Sicht macht etwa das Recycling von Glas, Papier und Metallen Sinn. Beim Einschmelzen von Altglas werden im Vergleich zur Glasherstellung aus den Primärrohstoffen (Quarz, Kalk, Soda, siehe Abschnitt 7.2.4) nur etwa 2/3 der Energie gebraucht. Extremer ist sind die Verhältnisse beim Aluminium. Aluminium wird durch eine energieaufwändige Schmelzelektrolyse von Al_2O_3 hergestellt (siehe Abschnitt 10.4.2). Beim Wiedereinschmelzen von gebrauchtem Aluminium beträgt der Energieaufwand im Vergleich lediglich 5%.

Für den Ingenieur ist heute besonders wichtig bereits beim Konstruieren eines neuen Produkts daran zu denken, daß es irgendwann einmal ausgebraucht ist und zu „Abfall" wird. Beim **recyclinggerechten Konstruieren** müssen die Produkte so gefertigt werden, daß sie langlebig sind und aus möglichst wenigen Grundstoffen bestehen. Zudem müssen sie leicht demontierbar und recyclierbar sein. Hierbei sind folgende Aspekte zu beachten:

- Reduzierung der Materialvielfalt
- Vermeidung von Materialverbund
- Materialkennzeichnung
- Konstruktion mit möglichst wenigen Bauteilen
- Einsatz von Recyclingmaterial
- Ermöglichung einer einfachen Demontage

13.5   Produktionsintegrierter Umweltschutz

Mit beginnendem Umweltbewußtsein in Deutschland zu Anfang der siebziger Jahre, beinhalteten Umweltschutzmaßnahmen zunächst sogenannte **sekundäre Maßnahmen**. Dies bedeutet, daß die bei der Herstellung von Produkten entstandenen Schadstoffe durch zusätzliche Maßnahmen beseitigt werden. Man spricht hierbei auch von **additivem Umweltschutz** oder „**End-of-Pipe**"-**Techniken** (engl. pipe = Leitung). Ein typisches Beispiel hierfür ist der Bau zentraler Industriekläranlagen, in denen das gesamte Abwasser gesammelt und gereinigt wird.

Seit den achtziger Jahren werden in Produktionsprozessen vermehrt sogenannte **primäre Maßnahmen** oder der **produktionsintegrierte Umweltschutz** eingesetzt. Die „Philosophie" hierbei ist, daß bereits bei der Herstellung eines Produkts möglichst umweltschonend produziert werden soll, um den nachträglichen (aufwendigen und teuren) Reinigungsaufwand soweit wie möglich zu verringern. Es soll ressourcen- und energiesparend mit möglichst geringem Aufkommen an Abwasser, Abluft und Abfall produziert werden. Dieses Vorsorgeprinzip ist auch im Sinne einer **nachhaltigen**, umweltverträgliche Entwicklung (**Sustainable Development**; engl. to sustain = stützen, aufrechterhalten) der Industriegesellschaft. Die Prioritätenregeln hierbei lassen sich schlagwortartig in folgender Form zusammenfassen:

1.) Vermeiden

2.) Vermindern

3.) Verwerten

4.) Entsorgen

Vermeiden steht an erster Stelle, da Abwässer, Abluft und Abfälle, die nicht entstehen auch nicht recycelt oder entsorgt werden müssen. Ansonsten heißt es „Kreisläufe schließen", wo immer möglich. Man sollte sich hierbei immer die Kreisläufe in der Natur zum Vorbild nehmen (siehe Abschnitt 13.1.3). Zur Erreichung dieses Ziels muß stets das ganze Verfahren überarbeitet werden. Dabei sollte die Verfahrensbearbeitung *ganzheitlich* erfolgen unter Berücksichtigung stofflicher, energetischer, sicherheitstechnischer, ökologischer und ökonomischer Gesichtspunkte:

- Optimierung der Produktions- bzw. Reaktionsführung
- Optimierung der Anlagen- und Regelungstechnik
- Substitution oder Eliminierung von umweltbelastenden Hilfsstoffen
- Einrichten von Kreisläufen
- Einsparung von Energie
- neue Produktions- oder Herstellungsverfahren

Es ist aber auch klar, daß es einen vollständigen Verzicht auf additive Maßnahmen nicht geben kann, da es bei keinem Verfahren „Null" -Emissionen gibt.

Die in den Abschnitten 13.2 und 13.3 geschilderten Verfahren zur Abwasser- und Abluftreinigung müssen nicht immer als additive Maßnahmen eingesetzt werden. Sie können sich auch als „Module" innerhalb von produktionsintegrierten Maßnahmen (z.B. Wertstoffgewinnung durch Membranfiltrationen) eignen. Produktionsintegrierter Umweltschutz ist ein vielschichtiges Gebiet, welches in vielen unterschiedlichen Industriebetrieben angewendet wird. Zur Erläuterung werden im folgenden einige Beispiele näher aufgeführt (vielfältige Beispiele: siehe H.Brauer, „Handbuch des Umweltschutzes und der Umweltschutztechnik" Bd.2, siehe Abschnitt 14.2.5 dieses Buches).

Ein Beispiel für eine Verfahrensverbesserung durch produktionsintegrierten Umweltschutz ist die Herstellung von **Polypropylen** durch Polymerisation (siehe Abschnitt 9.3.1). Wie in Abb. 13.32 zu sehen ist, hat sich die Produktausbeute seit den sechziger Jahren deutlich verbessert. Durch die Verfahrensumstellung von einer Lösungsmittelpolymerisation auf Substanzpolymerisation (siehe Abschnitt 9.3.1) konnte 1988 das Abfall- und Abluftaufkommen deutlich gesenkt werden. Gleichzeitig wurden neue, selektivere Katalysatoren eingesetzt. Seit 1991 wird die Polypropylenpolymerisation abwasser- und abfallfrei betrieben. Hierbei haben selektivere Katalysatoren den wichtigsten Beitrag geleistet. Generell kann festgehalten werden, daß sich Ausbeutesteigerungen bei chemischen Synthesen kostenmäßig immer zweifach positiv für das Unternehmen auswirken. Mehr Ausbeute bedeutet mehr verkaufsfähiges Produkt und weniger Reststoff der (teuer) behandelt werden muß.

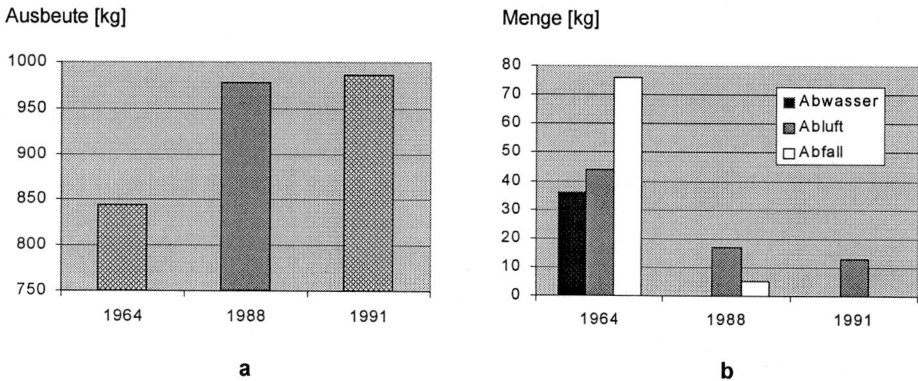

Abb. 13.32. Verfahrensverbesserungen bei der Polypropylenherstellung hinsichtlich Produktausbeute a und Reststoffanfall b

Bei der Herstellung von **Titandioxid**, welches vielfach als Weißpigment eingesetzt wird muß Ilmeniterz (FeTiO$_3$) mit Schwefelsäure aufgeschlossen. Bei diesem Verfahren fallen pro Tonne Pigment etwa sieben Tonnen einer ca. 20%-igen Schwefelsäure an. Bis 1989 wurde diese sogenannte Dünnsäure in der Nordsee entsorgt („Verklappung"). Aufgrund der negativen Auswirkungen auf die Meeresbiologie, ist die Verklappung in der Nordsee heute verboten. Eine neue Verfahrensvariante nutzt die Dünnsäure direkt im Herstellungprozeß (geschlossener Kreislauf). Andere Verfahren arbeiten die gebrauchte Schwefelsäure separat auf und setzten sie im Prozeß wieder ein. Bei der Titandioxidherstellung fällt zusätzlich Eisensulfatsalz an. Dieses wird heute in der Abwasserreinigung zur Phosphatfällung eingesetzt werden (siehe Abschnitt 13.2.3c).

Bei Prozessen in der **Galvanikindustrie** fallen viele verdünnte metallionenhaltige Spülwässer an, welche behandelt werden müssen. Eine typische Maßnahme des additiven Umweltschutzes ist es alle Abwässer (mit unterschiedlichen Metallionen) zentral zu sammeln und die Metallionen gemeinsam als schwerlösliche Salze zu fällen (siehe Abschnitt 13.2.5a). Diese Metallschlämme sind aber nicht recyclierbar und müssen als Sondermüll entsorgt werden. Beim produktionsintegrierten Umweltschutz versucht man die Menge an Spülwasser zu vermindern und im Prozeß selbst wieder zu verwerten. Folgende Maßnahmen werden ergriffen:

- Verringerung der Ausschleppung aus Bädern (z.B. längere Abtropfzeiten, Abblasen)
- Wassersparmaßnahmen beim Spülen
- Aufkonzentrierung der Spülwässer
- Regeneration der Prozeßbäder durch Reinigung

Ein entsprechendes Verfahrensbeispiel ist in Abb. 13.33 dargestellt. Nach dem Prozeßbad wird der Hauptteil der Badverschleppung in einem sogenannten Standspülbad zurückgehalten. Anschließend durchläuft das Werkstück mehrere hintereinander liegende Spülbehälter. Der Spülwasserstrom fließt der Arbeitsrichtung entgegen, so daß zuerst im konzentriertesten und zuletzt im saubersten Wasser gespült wird. Mit diesem Verfahren des abgestuften Spülens, welches auch als **Kaskadenspültechnik** bezeichnet wird lassen sich erhebliche Mengen an Spülwasser einsparen. Das Spülwasser aus der

Standspüle wird aufkonzentriert. Dies kann z.B. mittels Ionenaustauscheranlagen oder mittels Membranfiltrationsanlagen (siehe Abschnitt 13.2.5d) erfolgen. Bevor das Konzentrat wieder zurück in das Prozeßbad geführt wird ist noch eine zusätzliche Reinigungsstufe zur Entfernung von Verunreinigungen notwendig (z.B. Aktivkohlebehandlung zur Entfernung organischer Verunreinigungen). Das entsalzte „saubere" Wasser wird wieder als Spülwasser eingesetzt. Bis auf geringe Reste an Verunreinigungen, die ausgeschleust werden müssen ist es auf diese Weise möglich einen praktisch vollständig geschlossenen Kreislauf einzurichten.

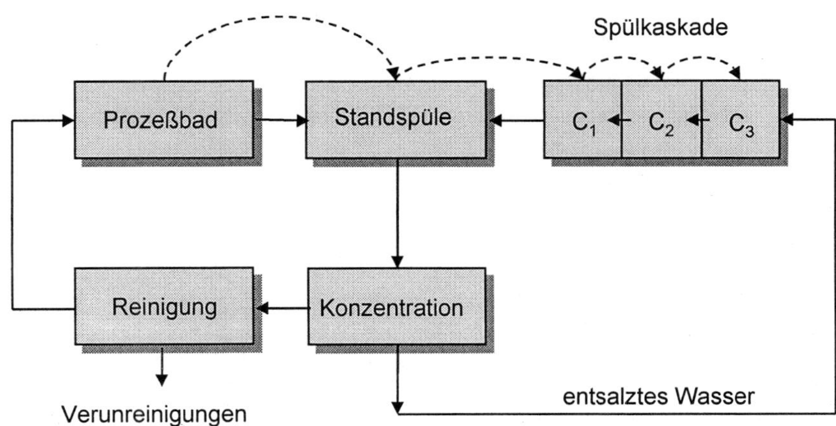

Abb. 13.33. Produktionsintegrierte Maßnahmen zur Behandlung von Spülwässern in der Galvanikindustrie

13.6   Ökobilanzen

Bereits bei den Maßnahmen des Recyclings von Produkten (siehe Abschnitt 13.4.3) und beim produktionsintegrierten Umweltschutz (siehe Abschnitt 13.5) wurde gezeigt, daß es stets darum geht unter verschiedenen Varianten das insgesamt „umweltfreundlichste" Verfahren zu ermitteln, so daß materielle Ressourcen effizienter genutzt werden und die Belastung der Umwelt durch Schadstoffe minimiert wird. Die erwähnte Rangfolge an Maßnahmen ist allgemein formuliert („Vermeiden, Vermindern, Verwerten, Entsorgen") einleuchtend, im konkreten Einzelfall kann die gesamte Beurteilung von Produkten und Verfahren sehr komplex sein. Aus diesem Grund wird versucht die Beurteilung der Umweltauswirkungen durch eine wissenschaftliche Analyse durchzuführen. Dieser Ansatz wird auch **Ökobilanz** genannt. Der Begriff „Ökobilanz" wird heute sehr häufig verwendet und steht als Überbegriff für die Untersuchung von einzelnen Produkten, Produktionsprozessen oder ganzer Betriebe. Bei der Ökobilanz von Produkten spricht man manchmal auch vom „Lebensweg" des Produkts von der Wiege bis zur Bahre („Cradle-to-Grave"-Prinzip, engl. cradle = Wiege, grave = Grab) oder von der **Lebenswegbilanz** kurz **LCA** genannte („Life Cycle Assessment", engl. life=Leben, cycle Kreis, assessment = Bewertung). Für den Bereich der *produktbezogenen* Ökobilanz geht man heute bei der Erstellung einer Ökobilanz nach einem Vorschlag des Umweltbundesamtes (Berlin) in vier Schritten vor (siehe Abb.13.34).

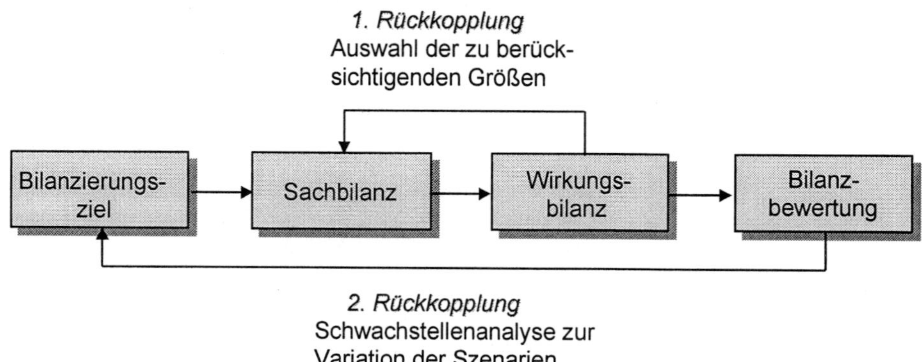

Abb. 13.34. Ablaufschema einer produktbezogenen Ökobilanz

1.) Zunächst muß das sogenannte **Bilanzierungsziel** festgelegt werden. Soll beispielsweise die Ökobilanz zur Verbraucheraufklärung dienen, wie z.B. die Untersuchung der Frage: Ist die Mehrwegglasflasche umweltfreundlicher als eine Kunststofflasche? Oder soll die Ökobilanz für die innerbetriebliche Optimierung eines Produktionsprozesses eingesetzt werden. Von entscheidender Bedeutung hierbei ist die Festlegung des **Bilanzraumes.** Dies kann im Einzelfall schwierig sein und kann auch der Grund dafür sein, daß Ökobilanzen, die dasselbe Produkt untersuchen zu unterschiedlichen Ergebnissen kommen. So sollte beispielsweise die Rohölgewinnung in der Bilanz der Kunststofflasche enthalten sein. Sehr fraglich ist, ob auch die Herstellung des Bohrturms in dieser Bilanz enthalten sein sollte, da die Gefahr besteht, daß die Bilanz in eine Art „Weltbilanz" ausartet.

2.) Die **Sachbilanz** ist sozusagen die solide Basis jeder Ökobilanz. Hierbei handelt es sich um eine Stoff- und Energiebilanz der eingesetzten Rohstoffe und der entstehenden Produkte, Emissionen und Abfällen. Viele Ökobilanzen beschränken sich auf die Erstellung dieser Stoffstromdaten. Bei Produkten müssen neben dem Produktionsprozeß auch Transport, Gebrauch und Entsorgung berücksichtigt werden.

3.) In der **Wirkungsbilanz** sollen die Daten der Sachbilanz auf ihre Auswirkungen für die Umwelt bewertet werden. Hier wären beispielsweise die Auswirkungen auf die menschliche Gesundheit, auf die Versauerung der Böden und Gewässer oder auf den Treibhauseffekt, usw. zu nennen.

4.) Die **Bilanzbewertung** ist der schwierigste und umstrittenste Teil der Ökobilanz, da sie subjektiv geprägt ist. Hier muß festgelegt werden, wie die einzelnen Beiträge zu bewerten bzw. zu gewichten sind, um so zu einer Gesamtbewertung des Produkts zu kommen („Produkt A ist insgesamt besser als B"). Hierbei müssen beispielsweise verschiedene Emissionen in die Luft und ins Abwasser verglichen werden, die nur schwer zu vergleichen sind.

In Abb. 13.35 ist ein Ausschnitt aus der Sachbilanz für den Vergleich der Mehrwegglasflasche für Milch mit zwei alternativen Verpackungsarten aufgetragen (Giebelpackung
aus Papier, Schlauchbeutel aus Kunststoff). Bereits hier ist die Schwierigkeit einer Bilanzbewertung zu erkennen:

Sind höhere SO_2-Emissionen „besser", als höhere NO_X-Emissionen? Wie sind
Emissionen in die Luft gegenüber dem Wasserverbrauch oder AOX-Emissionen ins
Abwasser zu bewerten? Zusätzlich ist bei diesem Beispiel zu berücksichtigen, daß die
Bilanz auch abhängig von der Verteilungsentfernung ist (die schwere Glasflasche wird
aufgrund der erhöhten Schadstoffemission bei zunehmender Transportentfernung immer
ungünstiger).

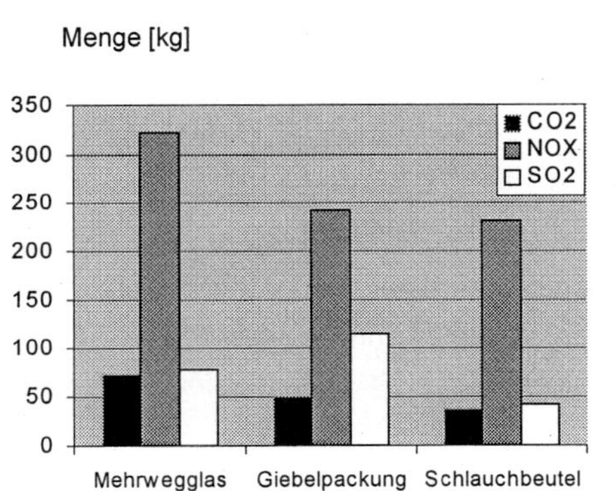

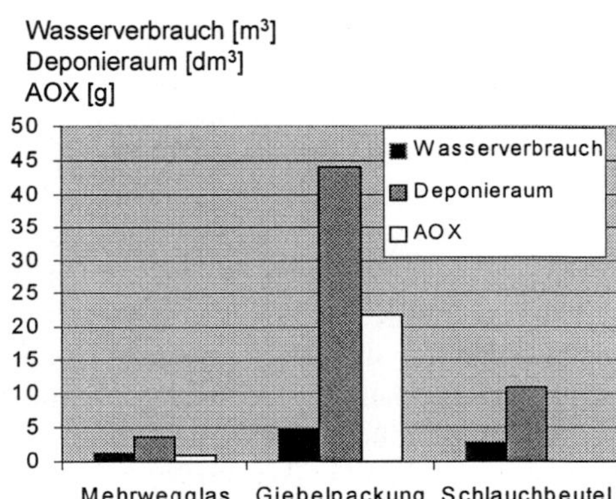

Abb. 13.35. Auswahl umweltrelevanter Größen am Beispiel von Verpackungssystemen für
Frischmilch im Jahr 1993 (jeweils für 1000 Liter, Verteilungsentfernung 100 km)

Betriebliche Ökobilanzen bilden die wesentliche Grundlage für die Durchführung von
sogenannten **Öko-Audits** (engl. audit = Buch-/Rechnungsprüfung). Hierbei wird von
unabhängigen Fachleuten das gesamte Umweltverhalten eines Unternehmens nach dem
Vorbild einer Wirtschaftsprüfung auf freiwilliger Basis überprüft bzw. beurteilt. Das
wesentliche Ziel hierbei ist es „umweltfreundlich" zu wirtschaften, d.h. soweit wie möglich Ressourcen zu sparen und damit letztendlich auch Kosten für den Betrieb zu reduzieren. Neben der Durchführung regelmäßiger Umweltbetriebsprüfungen soll ein **Um-
weltmanagementsystem** aufgebaut werden, welches selbst gesetzte Ziele für den Umweltschutz umsetzen soll.

Kontroll- und Übungsfragen zum 13. Kapitel

1) Was versteht man unter einem Ökosystem ?
2) Was versteht man unter *aerobem* bzw. unter *anaerobem* Abbau einer organischen Substanz? Welches sind in beiden Fällen die Hauptabbauprodukte ?
3) Welche Oxidationsstufen durchläuft der Stickstoff im globalen Stickstoffkreislauf?
4) a) Was bedeutet Eutrophierung und welche Auswirkung hat diese auf die Gewässer ?
   b) Welche Stoffe tragen zur Eutrophierung bei ?
5) Was bedeuten die Summenparameter CSB und TOC? Welches sind jeweils die Vor- und Nachteile bei der Abwasseranalyse?
6) Ein Abwasser enthält 1,5 g/l Propanol ($CH_3CH_2CH_2OH$). Bei der vollständigen oxidativen Zersetzung dieser Substanz findet folgende Reaktion statt:
   $$2\,C_3H_7OH + 9\,O_2 \rightarrow 6\,CO_2 + 8\,H_2O$$
   a) Wie groß ist der CSB-Wert [mg/l] dieses Abwassers ?
   b) Wie groß ist der TOC-Wert [mg/l]?
   c) Welche Aussage können Sie über den BSB_5-Wert machen?
7) a) Welche Information gibt Ihnen das BSB_5/CSB-Verhältnis?
   b) Wie verändert sich das Verhältnis BSB_5/CSB im Zulauf, im Vergleich zum Ablauf in einer Kläranlage? Warum ?
8) Beschreiben Sie die wichtigsten Verfahrensschritte eines kommunalen Klärwerks !
9) a) Aus welchem Grund muß Ammoniumstickstoff im Klärwerk aus dem Abwasser entfernt werden ?
   b) Beschreiben Sie das Verfahren nach dem dieser üblicherweise entfernt wird!
10) Welche prinzipiellen Möglichkeiten der Klärschlammbehandlung und Entsorgung werden üblicherweise angewendet?
11) Was versteht man unter einem Biohochreaktor? Welche Vorteile bietet er gegenüber dem üblichen Belebungsbecken ?
12) Welche Vorteile bietet die Kombination von Belebtschlammbiologie und Membrantrenntechnik? Welche Membranen werden hierbei üblicherweise eingesetzt ?
13) In einer Kläranlage werden Phosphationen durch Zugabe von Eisenionen als schwerlösliches Eisen(III)phosphat gefällt. Berechnen Sie die Konzentration der Phosphationen [mg/l] nach der Fällung unter der Annahme stöchiometrischer Bedingungen (Löslichkeitsprodukt, siehe Anhang A5)!
14) Zur Reinigung von hochbelasteten Abwässern in Kläranlagen der Industrie gibt es Verfahrensvarianten, bei denen dem Belebtschlamm Aktivkohle zugesetzt wird. Was wird damit bewirkt? Welche Nachteile hat dieses Verfahren?
15) Vergleichen Sie die aerobe und die anaerobe Abwasserreinigung (Vor- und Nachteile!)
16) In einem metallverarbeitenden Betrieb fällt ein Abwasser an, welches Tetrachlorethylen ($CCl_2=CCl_2$) enthält.
    a) Mit welchem Summenparameter würden Sie den Gehalt an dieser Substanz bestimmen und wie wird dieser Summenparameter experimentell ermittelt ?
    b) Schlagen Sie ein Sie ein mögliches Reinigungsverfahren für dieses Abwasser vor und beschreiben sie dieses!
17) Beschreiben Sie ein Verfahren zur oxidativen Abwasserreinigung! Welche Problemstoffe lassen sich hierdurch entfernen?

18) In einem Galvanisierbetrieb fällt ein Chromat (CrO_4^{2-})-haltiges Abwasser an, welches in die kommunale Kläranlage eingeleitet werden soll.
a) Warum muß das Chromat aus dem Abwasser entfernt werden?
b) Nennen und beschreiben Sie zwei mögliche Verfahren zur Entfernung dieses Inhaltsstoffs, so daß das Abwasser kanalisiert werden darf.

19) a) Beschreiben Sie das Prinzip von Ionenaustauschern!
b) Welche Schadstoff können hiermit aus Abwässern entfernt werden?

20) Was versteht man unter „Querstromfiltration"? Nennen Sie ein Verfahren zur Abwasserreinigung bei welchem dieses Prinzip angewendet wird!

21) Welches sind in Deutschland die Hauptverursacher für die Entstehung von flüchtigen organischen Verbindungen? Welche Hauptgefahren tritt bei diesen Gasen jeweils in der Atmosphäre auf und zu welcher Jahreszeit ist die Wirkung am gefährlichsten ?

22) Bei einem Fabrikationsprozeß wird mit dem Lösungsmittel Methanol unter dem Schutzgas Stickstoff gearbeitet. Hierbei fällt ein methanolhaltiger Abgasstrom von 5000 m^3/h an, welcher nach dem Zudosieren von Luft durch thermische Nachverbrennung gereinigt werden soll.
a) Ergänzen Sie die Verbrennungsgleichung für Methanol
$CH_3OH + O_2 \rightarrow$ ......
b) Wie groß muß der zudosierte Luftstrom in [m^3/h] mindestens sein, wenn die Methanol-Beladung des Abgases 10 g/m^3 beträgt ? (Annahme: vollständige Verbrennung)?
c) Welcher Schadstoff entsteht bei der Verbrennung durch eine Nebenreaktion? Welchen Vorteil hätte hierbei eine *katalytische* Verbrennung?

23) Welche Schadstoffe im Abgas von Automobilen werden durch den sogenannten Drei-Wege-Katalysator entfernt und welche Stoffe entstehen jeweils nach der Reaktion? Wozu wird die sogenannte Lambda-Sonde gebraucht ?

24) a) Aus welchem Grund darf Schwefeldioxid nicht in die Umwelt gelangen und muß deshalb aus Rauchgasen entfernt werden ?
b) Beschreiben Sie das Verfahren mit dem heute üblicherweise Schwefeldioxid aus Rauchgasen entfernt wird!

25) Das in einem Kohleheizkraftwerk anfallende Rauchgas (pro Stunde 1,8 Mio m^3) soll durch das sogenannte Verfahren SCR-Verfahren weitestgehend von Stickstoffoxiden befreit werden. Wieviel Tonnen Ammoniak werden hierbei pro Stunde benötigt (Vereinfachung NO_X bestehe zu 100% aus NO), wenn der NO_X-Gehalt im Rohgas von 900 mg/m^3 auf 200 mg/m^3 im Reingas gemindert werden soll?
$4\,NO + 4\,NH_3 + O_2 \rightarrow 4\,N_2\uparrow + 6\,H_2O$

26) a) Nennen Sie drei verfahrenstechnische Möglichkeiten zur Abscheidung fester Stoffe bei der Abluftreinigung !
b) Welches Verfahren ist heute im Bereich der Entstaubung von Rauchgasen in Kraftwerken gebräuchlich und wie funktioniert es ?

27) Welche Prioritäten gelten beim Recycling?

28) Nennen sie die drei gebräuchlichsten Verfahren zur Entsorgung von Hausmüll und stellen Sie jeweils die Vor- und Nachteile zusammen!

29) Was versteht man unter produktionsintegriertem Umweltschutz? Welche Prioritäten gelten hierbei?

30) Was versteht man unter einer Ökobilanz? Wie ist das Ablaufschema einer produktbezogenen Ökobilanz?

14 Chemische Literatur

Übersicht über die Thematik des 14. Kapitels

Das vorliegende Lehrbuch soll dem Studierenden oder dem in der Praxis tätigen Ingenieur einen ersten Überblick über das umfangreiche Gebiet der Chemie vermitteln; auch kann es in vielen Fällen ausreichende Informationen über Stoffeigenschaften (z.B. Lösungsmittelempfindlichkeit von Kunststoffen oder Schmelz- bzw. Siedepunkte chemischer Stoffe) geben. Bei der Erarbeitung von speziellen Problemen werden jedoch weitergehende Informationen notwendig sein.
Das folgende Kapitel soll einige Anregungen geben, wie man möglichst schnell zu den entscheidenden Daten und Auskünften über chemische Sachverhalte kommen kann. Häufig wird es genügen, ein weiterführendes Lehrbuch (siehe Abschnitt 14.2) zu Rate zu ziehen. Zur raschen Information sind besonders die unter Abschnitt 14.3 erwähnten Nachschlagewerke geeignet. Zusammenfassende Überblicke über wichtige Neuentwicklungen kann man den unter Abschnitt 14.4 angegebenen Zeitschriften entnehmen. Beim Erarbeiten eines neuen Sachgebietes kann man sehr rasch den neuesten Stand der technischen Entwicklung mit Hilfe der unter Abschnitt 14.5 angegebenen Referateblätter erfahren. Die Bedeutung von Literaturrecherchen über das Internet hat in den letzten Jahren erheblich an Bedeutung gewonnen, so daß dieser Art der Literatursuche ein eigener Abschnitt (14.7) gewidmet ist.

14.1 Allgemeines

Auf dem Fachgebiet der Chemie gibt es eine stürmische Weiterentwicklung in Forschung und Anwendung. Man schätzt, daß sich gegenwärtig die chemische Literatur etwa in fünf Jahren jeweils verdoppelt. Die hieraus resultierenden Erkenntnisse für die Anwendung im Ingenieurbereich werden davon in ähnlichem Maße berührt, denn viele der heute dem Ingenieur aufgetragenen Aufgaben, z. B. Recycling, Abwasserreinigung, Anwendung von neuen Werkstoffen oder chemischen Produktionsverfahren usw., haben viel mit chemischen Fragestellungen zu tun. Hinsichtlich der Art, wie die Erkenntnisse in schriftlicher Form abgefaßt werden, unterscheidet man zwischen Primär-, Sekundär- und Tertiärliteratur.

- **Primärliteratur**: Es handelt sich um die aus Experimenten gewonnenen Erkenntnisse, welche heute hauptsächlich in einschlägigen Fachzeitschriften (siehe Abschnitt 14.4) oder in der Patentliteratur (siehe Abschnitt 14.6), manchmal auch in Monographien (= wissenschaftliche Untersuchung über einen einzelnen Gegenstand) als Originalarbeiten veröffentlicht werden.
- **Sekundärliteratur**: Die Veröffentlichungen greifen zurück auf Daten und Ergebnisse anderer Arbeiten. Hierzu zählen die registrierenden oder beschreibenden Referateblätter (siehe Abschnitt 14.5), die systematischen Handbücher und Nachschlagewerke (siehe Abschnitt 14.3) und die Lehrbücher (siehe Abschnitt 14.2). Eine

kritische Auseinandersetzung mit der Primärliteratur oder eine entsprechende Auswahl und Zusammenfassung von mehreren Forschungsergebnissen erfolgt in Monographien über bestimmte Sachgebiete, welche meist als Bücher erscheinen und auch zur Sekundärliteratur zu zählen sind.

- **Tertiärliteratur**: Hierzu zählen die Bibliographien (= Bücherverzeichnisse), welche Zusammenstellungen von einschlägigen Buchveröffentlichungen, zum Teil auch von bedeutenden Zeitschriftenpublikationen enthalten, ferner Literaturführer und Buchkataloge (siehe Abschnitt 14.2).

14.2   Weiterführende Lehrbücher

Durch die ständig voranschreitende Wissenschaft und Technik werden die einmal relevanten Methoden und Verfahren durch andere ersetzt oder durch Verbesserungen modifiziert, so daß der in den Büchern zusammengetragene Wissensstoff im Laufe der Zeit veraltern kann. Dies trifft in erster Linie für Monographien, für die zu aktuellen Themen geschriebenen Bücher zu. Das gilt jedoch nicht in dem gleichen Maße für das Grundwissen, welches in den Lehrbüchern fixiert ist. So können auch ältere Lehrbücher durchaus einen gültigen Grundstein legen und eine erste wichtige Informationsquelle bedeuten, denn es handelt sich dabei meist um das weniger den Veränderungen ausgesetzte Tatsachenmaterial, z.B. um Stoffeigenschaften, die sich selbstverständlich nicht wandeln.

Trotzdem ist es vorteilhaft, neueste Publikationen zu Rate zu ziehen. Hierfür bieten das **„Verzeichnis lieferbarer Bücher"**, abgekürzt VLB, und besonders der „Führer durch die technische Literatur" wertvolle Möglichkeiten, die aktuellen Lehrbücher und Monographien über einzelne Bereiche der Chemie zu finden. Das VLB wird jährlich von der Buchhändlervereinigung, Frankfurt/M., im Herbst neu herausgegeben; im Frühjahr erscheint zusätzlich ein Ergänzungsband; im VLB sind alle im deutschen Buchhandel erhältlichen Bücher aufgeführt. Das Verzeichnis lieferbarer Bücher kann auch über das Internet unter *www.buchhandel.de* abgerufen werden. Der „Führer durch die technische Literatur" erscheint jährlich jetzt als „Fachbuch-Gesamtverzeichnis Technik" bei: „Rossipaul Kommunikation", Menzinger Str. 37, München.

Viele Standard-Lehrbücher erscheinen immer wieder in neuen Auflagen und können daher auf eine langjährige Tradition und Erfahrung zurückgreifen. Von besonders häufig gebrauchten Lehrbüchern sollen hier nur einige genannt werden, welche auch für den Ingenieur gut lesbar sind. Die Auswahl erhebt keinen Anspruch auf Vollständigkeit.

14.2.1   Allgemeine und Anorganische Chemie

- P.W. Atkins, J.A. Beran: „Chemie - einfach alles", Wiley-VCH, Weinheim, 1996
- H.R. Christen, G. Baars: „Chemie", Diesterweg-Sauerländer, Frankfurt/M, 1997
- Ch.E. Mortimer: „Chemie", Thieme-Verlag, Stuttgart, 6.Auflage, 1996
- E. Riedel: „Allgemeine und Anorganische Chemie", Walter de Gruyter, Berlin, 7.Auflage, 1999
- D.F. Shriver, P.W.Atkins, C.H.Langford: „Anorganische Chemie", Wiley-VCH, Weinheim, 2.Auflage, 1997

Die Bücher von P.W. Atkins, H.R. Christen und Ch.E. Mortimer enthalten auch Grundlagen der organischen Chemie.

14.2.2   Organische Chemie

- H. Beyer, W. Walter: „Lehrbuch der organischen Chemie", S. Hirzel Verlag Stuttgart, 23.Auflage, 1998
- H.R. Christen, F. Vögtle: „Grundlagen der organischen Chemie", Salle und Sauerländer, 2.Auflage, 1998
- M. Hart: „Ein kurzes Lehrbuch der Organischen Chemie" , Wiley-VCH, Weinheim, 1989
- A. Streitwieser, C. Heathcock, E.M. Kosower: „Organische Chemie", Wiley-VCH, Weinheim, 2.Auflage, 1994
- K.P.C. Vollhardt, N.E. Schore: „Organische Chemie", Wiley-VCH, Weinheim, 2.Auflage, 1995

14.2.3   Biochemie, Biotechnologie und Toxikologie

a)   Biochemie

- A.L. Lehninger, D.L. Nelson, M.M. Cox: „Prinzipien der Biochemie", Spektrum-Verlag, Heidelberg, 2.Auflage, 1994
- P. Karlson, D. Doenecke, J. Koolman: „Ein kurzes Lehrbuch der Biochemie", Thieme-Verlag, Stuttgart, 14.Auflage, 1994
- D. Voet, J.G. Voet: „Biochemie", Wiley-VCH, Weinheim, 1994

b)   Biotechnologie

- B.R. Glick, J.J. Pasternak: „Molekulare Biotechnologie", Spektrum-Verlag, Heidelberg, 1995
- P. Präve et.al. (Hrsg.): „Handbuch der Biotechnologie", Oldenbourg-Verlag, München, 4.Auflage, 1994
- H.W. Dellweg: „Biotechnologie verständlich", Springer-Verlag, Berlin, 1994

c)   Toxikologie

- H. Greim, E. Demi (Hrsg.): „Toxikologie", Wiley-VCH, Weinheim, 1996
- K. Fent: „Ökotoxikologie", Thieme-Verlag, Stuttgart, 1998

14.2.4 Physikalische Chemie / Elektrochemie

- P.W. Atkins: „Physikalische Chemie", Wiley-VCH, Weinheim, 2.Auflage, 1996 (mit Arbeitsbuch)
- K.H. Näser, D. Lempe, O. Regen: „Physikalische Chemie für Techniker und Ingenieure", Dt.V.Grundstoffindustrie, 1990
- C.H. Hamann, W. Vielstich: „Elektrochemie", Wiley-VCH, Weinheim, 3.Auflage, 1998
- G. Wedler: „Lehrbuch der Physikalischen Chemie", Wiley-VCH, Weinheim, 4.Auflage, 1997

14.2.5 Umwelttechnik

- M. Bank: „Basiswissen Umwelttechnik", Vogel-Verlag, Würzburg, 3.Auflage, 1995
- C. Bliefert: „Umweltchemie", Wiley-VCH, Weinheim, 2.Auflage, 1997
- H. Brauer: „Handbuch des Umweltschutzes und der Umweltschutztechnik" (fünfbändig), Springer-Verlag, Berlin, 1996/97
  Band 1: Emissionen und ihre Wirkungen
  Band 2: Produktions- und produktintegrierter Umweltschutz
  Band 3: Behandlung von Abluft und Abgasen
  Band 4: Behandlung von Abwässern
  Band 5: Sanierender Umweltschutz
- U. Förstner: „Umweltschutztechnik", Springer-Verlag, Berlin-Heidelberg, 5.Auflage, 1995
- Aus der Reihe „Praxis des technischen Umweltschutzes", Wiley-VCH, Weinheim
  V. Neitzel, U. Iske: „Abwasser", 1998
  N. Ebeling: „Abluft und Abgas", 1999
  M. Nöthe: „Abfall", 1998
- L. Hartinger: „Handbuch der Abwasser- und Recycling-Technik", Hanser-Verlag, München, 2.Auflage, 1991
- G. Baumbach: „Luftreinhaltung", Springer-Verlag, Berlin-Heidelberg, 3.Auflage, 1993

14.2.6 Analytik und Meßtechnik

- T. Gübitz, G. Haubold, C. Stoll: „Analytisches Praktikum: Quantitative Analyse", Wiley-VCH, Weinheim, 2.Auflage, 1993
- V. Gundelach, L. Litz (Hrsg.): „Moderne Prozeßmeßtechnik", Springer-Verlag, Berlin, 1999
- F.J. Hahn, G. Haubold: „Analytisches Praktikum: Qualitative Analyse", Wiley-VCH, Weinheim, 2.Auflage, 1993
- M. Otto: „Analytische Chemie", Wiley-VCH, 3.Auflage, 1998

- H.H. Rump: „Laborhandbuch für die Untersuchung von Wasser, Abwasser und Boden", Wiley-VCH, Weinheim, 3.Auflage, 1998
- G. Schwedt: „Analytische Chemie", G.Thieme Verlag, Stuttgart, 1995

14.2.7   Chemische Technik

- Winnacker/Küchler: „Chemische Technologie" (umfangreiches, 7-bändiges Werk), Hanser-Verlag, München
- K.H. Büchel et.al: „Industrielle Anorganische Chemie", Wiley-VCH, Weinheim, 3.Auflage, 1999
- K. Weissermel, H.J. Arpe: „Industrielle Organische Chemie", Wiley-VCH, Weinheim, 5.Auflage, 1998

14.2.8   Korrosion und Korrosionsschutz

- H. Kaesche: „Die Korrosion der Metalle", Springer-Verlag, Berlin, 1990
- G. Wrangler: „Korrosion und Korrosionsschutz" aus der Reihe WFT-Werkstoff-Forschung und Technik, Springer-Verlag, Berlin, 1998
- W. Baeckmann, W. Schwenk: „Handbuch des Kathodischen Korrosionsschutzes", Wiley-VCH, Weinheim, 4.Auflage, 1999

14.2.9   Kunststoffe

- H. Domininghaus: „Die Kunststoffe und ihre Eigenschaften", Springer-Verlag, Berlin, 5.Auflage, 1998
- A. Franck: „Kunststoff-Kompendium", Vogel-Buchverlag, Würzburg, 4.Auflage, 1996
- G. Menges: „Werkstoffkunde der Kunststoffe", Hanser Verlag, München, 4.Auflage, 1998
- G.W. Ehrenstein: „Mit Kunststoffen konstruieren", Hanser Verlag, München, 1995
- G.W. Ehrenstein: „Polymer-Werkstoffe", Carl Hanser Verlag, München, 2.Auflage,1999

14.2.10   Arbeitsschutz und Sicherheitstechnik

- **MAK- und BAT-Werte-Liste**, Wiley-VCH, Weinheim. Diese Liste enthält über 600 gesundheitsschädliche Substanzen und wird jährlich aktualisiert.

- **Handbuch der gefährlichen Güter**, G. Hommel (Hrsg.), Springer-Verlag, Berlin,13.Auflage, 1998. Es gibt Informationen zu nationalen und internationalen Transportvorschriften und Notfallmaßnahmen.

* **Sicherheitsfibel Chemie** von L. Roth, Ecomed-Verlag, München, Loseblattwerk im Arbeitsordner mit laufender Aktualisierung.

14.2.11   Verfahrenstechnik (Grundlagen)

* W. Hemming: „Verfahrenstechnik", Vogel Verlag, Würzburg, 8.Auflage, 1999
* A. Hahn et.al.: „Betriebs- und verfahrenstechnische Grundoperationen", Wiley-VCH, Weinheim, 2.Auflage, 1993

14.3   Enzyklopädien und Tabellenwerke

14.3.1   Römpps „Chemie-Lexikon"

An erster Stelle muß das 1999 bereits in 10. Auflage erschienene sechsbändige „Chemie-Lexikon" begründet von Hermann Römpp (G. Thieme, Stuttgart) genannt werden (auch als CD-ROM-Version erhältlich). Es ist wohl das wichtigste lexikalische Werk im deutschen Sprachraum und enthält nicht nur jeweils eine kurze Darstellung von chemischen Begriffen und Verfahren, Stoffen und ihren physiologischen (= Wirkung auf den menschlichen Körper) Wirkungen, sondern es bringt auch Hinweise für Bezugsquellen und Verweise auf Originalliteratur oder wichtig weiterführende Sekundärliteratur. Wenn die Anschaffung eines lexikalischen Werke, erwogen wird, ist auf jeden Fall das „Chemie-Lexikon" anzuraten.

Zu Sondergebieten sind folgende weitere Werke erschienen:
* „Römpp Lexikon Biotechnologie und Gentechnik", 2.Auflage, 1999
* „Römpp Lexikon Biochemie und Molekularbiologie", 1999
* „Römpp Lexikon Umwelt", 2.Auflage, 2000 (auch als CD-ROM-Version)
* „Römpp Lexikon Lebensmittelchemie", 1995
* „Römpp Lexikon Lacke und Druckfarben", 1998

Das Römpp „Chemie-Lexikon" gibt es seit 1998 auch in einer vierbändigen Kompaktausgabe („Römpp Kompakt", Basislexikon Chemie). In diesem wurden die wichtigsten und aktuellsten Begriffe aus dem sechsbändigen Werk ausgewählt.

14.3.2   Enzyklopädien und Tabellenwerke

a) Kleinere Hand- und Taschenbücher

* D'Ans/Lax: „Taschenbuch für Chemiker und Physiker", Springer Verlag, Berlin. Dieses Werk bietet in drei Bänden die wesentlichen physikalisch-chemischen Daten von Stoffen.

- „Handbook of Chemistry and Physics", ed. by D.R. Lide , Bethesda, MD, USA, 79th ed. 1998. Eine sehr umfangreiche Sammlung von physikalisch-chemischen Stoffdaten (auch als CD-ROM erhältlich).

b) Großes Tabellen- und Datenwerk

- Landolt/Börnstein: Zahlenwerte und Funktionen aus Physik, Chemie, Astronomie, Geophysik, Technik, Springer Verlag, Berlin.

14.3.3   Enzyklopädien der Technischen Chemie

Der „**Ullmann**", die bis zur 4. Auflage in deutscher Sprache erschienene „Enzyklopädie der technischen Chemie", ist in den größeren, vor allem technisch orientierten Bibliotheken vorhanden. Fritz Ullmann, 1875–1939, Professor für Organische Chemie, begründete dieses wichtige Standardwerk der Technischen Chemie (1.Aufl. 1914–1922). Dieses 25-bändige Werk aus dem Wiley-VCH Verlag gibt nicht nur detailliertere Auskünfte über die wichtigsten chemisch-technischen Verfahren, über Stoffe, ihre Eigenschaften, Herstellung und Verwendung, sondern es enthält für jeden Themenkomplex Hinweise auf Originalliteratur oder weiterführende Inforrnationsmöglichkeiten.

Die Bände 1–6 sind allgemeinen Themen gewidmet, wie die Verfahrens- und Reaktortechnik, Verfahrensentwicklung, Dokumentation, Analysen- und Meßverfahren, Umweltschutz, während die Bände 7–24 in alphabetischer Reihenfolge die Stoffe und Verfahren enthalten; Band 25 ist der Registerband.

Seit 1984 erscheint der „Ullmann" in englischer Sprache als "**Ullmann's Encyclopedia of Industrial Chemistry**". Die 5.Auflage besteht aus 36 Bände (28 Bände alphabetischer Teil A und 8 Bände Grundlagen der chemischen Verfahrenstechnik = Teil B). Die 6.Auflage ist 1999 als CD-ROM-Version erschienen.

Der „Ullmann" ist zusammen mit Römpps Chemie-Lexikon wohl die wichtigste Informationsquelle zur Einarbeitung in einen konkreten Bereich aus dem Gebiet Chemie oder der chemischen Technik.

14.3.4   Große Nachschlagewerke zu Teilgebieten der Chemie

a) Gmelin

Der „Gmelin" (Leopold Gmelin, 1788–1853) ist das umfassende **Nachschlagewerk über anorganische Chemie** und enthält den modernen Erkenntnisstand in monographischer Form; die älteren Ergebnisse sind dabei kritisch mit dem heutigen Wissensstand verglichen. Die internationale Verwendung zeigt sich besonders deutlich darin, daß viele Kapitel in Englisch verfaßt sind. Inhaltsverzeichnisse und Überschriften sind zusätzlich auch in englischer Sprache. Dieses vom Gmelin-Institut herausgegebene, im Springer-Verlag erschienene, nach den chemischen Elementensymbolen geordnet Werk wird ständig ergänzt und erlaubt, über alle anorganischen Verbindungen vollständige (bis zum Literaturschlußtermin) Informationen zu erhalten. Diese kann man rasch durch die Chemical Abstracts (siehe Abschnitt 14.5.1) bis zum neuesten Stand ergänzen. Über das Internet hat man Zugang zur Datenbank „**Gmelin Online**", welche aus den Daten des Nachschlagewerks hervorgegangen ist und Informationen zu einer Million Verbindungen enthält (Zugang z.B. über FIZ-Karlsruhe, siehe Abschnitt 14.5.3).

b) Beilstein

Das von Beilstein (Friedrich Konrad Beilstein, 1838–1906) 1880 begründete, wichtigste Nachschlagewerk für **organische Verbindungen** enthält kritisch geprüfte Erkenntnisse über alle bekannten Kohlenstoffverbindungen. Wegen dieser kritischen Überprüfung liegt die dort verarbeitete Originalliteratur bereits weiter zurück. Der „Beilstein" besteht aus einem Hauptwerk (mit 27 Bänden) und den vier Ergänzungswerken in deutscher Sprache (das vierte Ergänzungswerk beschreibt die Zeit 1950–1959. Das 5. Ergänzungswerk (Literaturperiode 1960–1979) erscheint seit 1984 in englischer Sprache. Hat man eine Substanz im Hauptwerk nachgeschlagen, so kann man sie mit der betreffenden Systemnummer in den Ergänzungswerken auffinden. Das dem „Beilstein" zugrunde liegende System wird im ersten Band des Hauptwerks erklärt. Die Datenbank „**Beilstein Online**", welche laufend aktualisiert wird liefert mehr als 75 chemische und physikalische Eigenschaften für über sechs Millionen organische Verbindungen. Zugang zu dieser Datenbank kann man beispielsweise über das FIZ-Karlsruhe (siehe Abschnitt 14.5.3) erhalten. **Beilstein Abstracts** (abstract, engl. = Auszug, Abriß) können (kostenfrei) im Internet unter *www.chemieserver.de* recherchiert werden (siehe auch Abschnitt 14.7).

14.3.5   Kleinere Nachschlagewerke für spezielle Bereiche

a)   Kunststoffe

- Das im Hanser Verlag in immer wieder neuen Auflagen erscheinende „**Kunstofftaschenbuch**" von H. Saechtling enthält in gedrängter Form die wichtigsten Informationen über Kunststoffe, ihre Verarbeitung, Prüfung, ferner Handelsnamen und Bezugsquellen.
- Zum Nachschlagen von Fachausdrücken eignet sich das ebenfalls im Hanser Verlag erschienene „**Kunststoff-Lexikon**" von Stoeckert.
  Vielfältige Informationen über Kunststoffe (mechanische, thermische Eigenschaften etc.) meist in tabellarischer Form findet man auch in folgenden Büchern:
- B. Carlowitz: „**Kunststoff-Tabellen**", Carl Hanser Verlag, München, 1995
- H. Domininghaus: „**Die Kunststoffe und ihre Eigenschaften**", Springer-Verlag, Berlin, 5.Auflage, 1998
- A. Franck: „**Kunststoff-Kompendium**", Vogel-Buchverlag, Würzburg, 4.Auflage, 1996

b) Biochemie und Biotechnologie

- „Römpp Lexikon Biotechnologie und Gentechnik", G. Thieme, Stuttgart, 2.Auflage, 1999

- „Römpp Lexikon Biochemie und Molekularbiologie", G. Thieme, Stuttgart, 1999
  In diesen Lexika findet man eine Fülle wichtiger Informationen über diese in stürmischer Entwicklung begriffene Wissenschaftsdisziplinen.

c) Klinisches und Pharmazeutisches Wörterbuch

Viele Fachbegriffe entstammen der Medizin und Pharmazie. Ausgezeichnete Erklärungen solcher Fachwörter bietet das immer wieder in neuer Auflage erscheinende „Klinische Wörterbuch" von Pschyrembel aus dem W. de Gruyter Verlag und das „Pharmazeutische Wörterbuch" von Hunnius. Beide Wörterbücher gibt es auch zusammen als CD-ROM-Version.

d) Umweltschutz und Unfallverhütung

- „Römpp Lexikon Umwelt", 2.Auflage, G. Thieme, Stuttgart, 2000 (auch als CD-ROM-Version)
- Handbuch der gefährlichen Güter, G. Hommel (Hrsg.), Springer-Verlag, Berlin,13.Auflage, 1998.
- Sicherheitsfibel Chemie von L. Roth, Ecomed-Verlag, München, Loseblattwerk im Arbeitsordner mit laufender Aktualisierung.

e) Firmen- und Produktinformationen

- „Seibt-Industriekatalog", Seibt Verlag, München.
- „Wer liefert was?", WLW Verlag, Hamburg.
  Beide Verlage bieten über das Internet (kostenfreien) Zugang zu ihren Firmen- und Produktdatenbanken (siehe Abschnitt 14.7.2f).

14.4   Fachzeitschriften

Durch regelmäßiges Studium der einschlägigen Fachzeitschriften kann man sich über den neuesten Stand der Entwicklung in seinem speziellen Fachgebiet unterrichten. Außerdem ist eine Information auch über die angrenzenden Fachgebiete von großem Vorteil. Im folgenden werden hauptsächlich einige Übersichtszeitschriften erwähnt, aus denen man die entscheidenden Fortschritte in diesen Wissenschaftsbereichen durch leicht verständliche Zusammenfassungen verfolgen kann.

„**Chemie in unserer Zeit**" (6 Hefte pro Jahr), herausgegeben von der Gesellschaft Deutscher Chemiker (GDCh), Wiley-VCH, Weinheim. Diese Zeitschrift berichtet über Neuentwicklungen auf dem Gebiet der Chemie. Entsprechende Zeitschriften, ebenfalls in Weinheim erschienen, sind „Physik in unserer Zeit", „Biologie in unserer Zeit", „Pharmazie in unserer Zeit". Weitere Informationen können im Internet unter *www.wiley-vch.de* erhalten werden.

„**Chemie für Labor und Biotechnik**" (CLB). Diese monatlich erscheinende Zeitschrift referiert ebenfalls zusammenfassend, allgemeinverständlich über wichtige Entwicklungen der Chemie und Biotechnik. Umschau-Zeitschriftenverlag, Frankfurt/M.

„Chemie-Ingenieur-Technik", Zeitschrift für Verfahrenstechnik, Technische Chemie, Apparatewesen, Biotechnologie; herausgegeben von der GDCh der Dechema (Abkürzung für „Deutsche Gesellschaft für Apparatewesen e.V., Frankfurt/M") und der VDI-Gesellschaft Verfahrenstechnik und Chemie-Ingenieurwesen; Wiley-VCH. Diese monatlich erscheinende Fachzeitschrift berichtet über Neues aus allen Bereichen der chemischenTechnik.

„Chemietechnik", erscheint monatlich im Hüthig-Verlag und berichtet über Anlagen, Apparate, Verfahren, Meßtechnik und Umwelttechnik. Über das Internet sind unter *www.chemietechnik.de* weitere Informationen abrufbar.

„Nachrichten aus Chemie, Technik und Laboratorium", erscheint monatlich im Wiley-VCH Verlag, Weinheim und berichtet über neue Entwicklungen aus dem Bereich Chemie/Technische Chemie.

„Umweltmagazin", erscheint monatlich im Vogel-Verlag, Würzburg und bietet aktuelle Informationen aus allen Bereichen der Umwelttechnik. Informationen wie z.B. Inhaltsangaben der jeweiligen Ausgaben können auch über das Internet abgerufen werden (*www.umweltmagazin.de*).

14.5 Referateorgane

14.5.1 Chemical Abstracts

Wie kaum ein anderes Gebiet von Wissenschaft und Technik erfolgt gerade bei der Chemie eine lückenlose Erfassung aller auf der Erde erscheinenden Publikationen in einem umfassenden Referateorgan. In diesem, den „Chemical Abstracts" (abstract, engl. = Auszug, Abriß), abgekürzt CA, werden auch alle Bereiche der Technik erfaßt, die mit chemischen Problemen konfrontiert sind. Daher kann man in kürzester Zeit die wichtigsten Informationen über den jüngsten Stand der Entwicklung erhalten. Die Referate sind im allgemeinen 1/4 bis 1 Jahr nach Erscheinen der Originalpublikation in den Chemical Abstracts zu finden.

Vom Chemical Abstracts Service wird auch seit 1965 zur eindeutigen Kennzeichnung von chemischen Stoffen die sogenannte **CAS Registriernummer** verwendet. Mit Hilfe dieser international eindeutigen Nummern können in Datenbanken Informationen über den betreffenden Stoff abgefragt werden, ohne daß man eine chemische Formel oder einen Namen eingeben muß. Bis heute wurden mehr als 12 Millionen Stoffe registriert.

Den einfachsten Zugang zur CA-Datenbank (**„Chemical Abstracts Online"**) hat man über das Internet, z.B. via dem Fachinformationszentrum (FIZ) Karlsruhe (*www.fiz-karlsruhe.de*; siehe auch Abschnitt 14.5.3). Allerdings sind die Informationen nicht kostenfrei zugänglich.

Für den Ingenieur ist es beim Bearbeiten eines neuen Problems vorteilhaft, zunächst einmal die Grundtatsachen aus einem Lehrbuch, einer Monographie (wie z.B. in dem unter Abschnitt 14.2.5 erwähnten Handbuch der Abwasser- und Recyclingtechnik) oder einem Nachschlagewerk (insbesondere den „Ullmann") zu erarbeiten. Die Lücke vom

„Literaturschluß" des Lehrbuches bzw. des Nachschlagewerkes bis zur jüngsten Vergangenheit kann man rasch durch Nachschlagen in den Chemical Abstracts gewinnen. Wegen der aktuellen Bedeutung, die CA auch z.B. für die Anfertigung einer Diplomarbeit mit chemischen Problemen für den angehenden Ingenieur haben können, soll hier kurz die Handhabung erläutert werden:

Die Referatehefte der CA erscheinen wöchentlich; sie berichten aus ca. 14 000 Zeitschriften, Literatur- und Forschungsberichten aus über 150 Ländern und in mehr als 50 Sprachen, berücksichtigt werden auch Patentschriften aus 27 Ländern sowie Konferenzberichte, Dissertationen, Forschungsberichte und Bücher aus allen Ländern der Erde.

Die Referate enthalten in folgender Reihenfolge: Titel der Publikation (in Halbfettdruck), Autor und Arbeitsort (in Normalschrift), Quelle oder Zeitschrift (kursiv) und Sprache des Originals. Die Referate sind durch die umfangreichen Register leicht auffindbar; ein Jahrgang enthält jeweils zwei Registerserien (Januar bis Juni und Juli bis Dezember), und zwar gegliedert nach

1.) Autor-Index
2.) General Subject Index
3.) Formula Index (wichtig besonders für organische Verbindungen),
4.) Chemical Substance Index.

Für den Ingenieur am wichtigsten ist wohl Nr.2, nämlich das nach verschiedenen Stichworten geordnete Register. So findet man beispielsweise unter dem Stichwort „wastewater treatment" (Abwasserbehandlung) die verschiedensten Einzelprobleme, z.B. „chromate recovery" from, by anion exchange resins" (Chromat-Wiedergewinnung durch Anionenaustauscher) und schlägt die dort angegebene Referat-Nr. nach; z.B. findet man in Vol. 91 (1979) unter dem eben angegebenen Stichwort die Hinweisnummer P 7140 h, im betreffenden Referateband findet man unter dieser Nr. eine kurze Beschreibung. Der Buchstabe P vor der Zahl bedeutet, daß es sich bei dieser Publikation um ein Patent handelt. Im Falle, daß die Publikation eine Zeitschrift ist, findet man den vollständigen Namen der kursiv abgedruckten Abkürzung für die betreffende Zeitschrift in den CAS Source Index.

Für jeweils 5 Jahre werden Sammelregister herausgegeben (so z.B. Sammelregister für die CA-Bände 86–95, d. h. für die Jahre 1977–1981).

14.5.2   Andere Referateorgane

- **„Verfahrenstechnische Berichte",** herausgegeben von den Ingenieurwissenchaftlichen Abteilungen der Bayer AG Leverkusen und BASF AG, Ludwigshafen.
- **„Physics Abstracts",** herausgegeben von „The Institution of Electrical Engeneers", INSPEC, England.
- **„Metals Abstracts",** herausgegeben von „The Metal Society" und „Amercian Society for Metals", USA bzw. England.
- **„Food Science and Technology Abstracts",** von International Food Information-Service.

Die oben genannten Referatorgane sind als Datenbanken am einfachsten über das Internet zu erreichen, z.B. via dem Fachinformationszentrum (FIZ) in Karlsruhe (*www.fiz-karlsruhe.de*; siehe auch Abschnitt 14.5.3).

14.5.3   Fachinformationszentren

Die Fachinformationszentren sind sozusagen „Informationsbeschaffungszentralen". Hierbei gibt es in Deutschland mehrere Adressen beispielsweise:

- **FIZ** (= Fachinformationszentrum) Karlsruhe; STN Service–Zentrum (Scientific and Technical Information Network) für Europa in: D–76344 Eggenstein-Leopoldshafen. Der einfachste Zugang erfolgt via Internet: *www.fiz-karlsruhe.de*. Das FIZ bietet (gegen Gebühr) einen Online-Zugang zu mehr als 200 Datenbanken weltweit. In Berlin befindet sich der Sitz des Fachinformationszentrums Chemie FIZ (Berlin). Es bietet ebenfalls Informationen über das Internet an (teilweise kostenfrei) und ist unter *www.fiz-chemie.de* erreichbar.

14.6   Patentliteratur

Ein Patent[1] ist das von einem Staat garantierte, gesetzliche, amtlich beurkundete, alleinige **Nutzungsrecht zum Schutze einer Erfindung.** Patentfähig sind u. a. nicht nur technische Vorrichtungen, Geräte, sondern auch Herstellungsverfahren, außerdem in verschiedenen Ländern – so auch in Deutschland, in Großbritannien und in den USA – chemische Stoffe, Stoffgemische und Arzneimittel. Die Erfindungen werden beim zuständigen **Patentamt** schriftlich angemeldet. In einigen Ländern veröffentlicht das Patentamt 18 Monate nach der Patentanmeldung die Unterlagen in der „Offenlegungsschrift". Eine Prüfung auf Patentfähigkeit wird nur auf besonderen, gebührenpflichtigen Antrag vorgenommen. Wird ein solcher innerhalb von 7 Jahren nach der Anmeldung nicht gestellt, so gilt die Anmeldung als zurückgenommen. Führt die beantragte Prüfung zur Erteilung des Patents, dann veröffentlicht das Patentamt eine Patentschrift, die die gleiche Nummer wie die Offenlegungsschrift enthält. Ein Patent wird rückwirkend vom Anmeldungstag für die **Dauer von 20 Jahren** (früher 18 Jahren, in einigen Ländern 15 Jahre) erteilt. Für die Aufrechterhaltung des Patents werden Patentgebühren erhoben.

Da für das gesamte Patentwesen eingehende Grundkenntnisse und Erfahrungen erforderlich sind, wird die Hinzuziehung von Patentsachverständigen oder Patentanwälten unbedingt angeraten. Eine Berührung mit dem Patentwesen kann nicht nur beim Schutz eigener Erfindungen möglich sein, sie ergibt sich z. B. auch beim Literaturstudium oder bei der Realisation von Herstellungsverfahren. Für die Patentrecherchen können hauptsächlich die „Chemical Abstracts" herangezogen werden, es existieren jedoch auch besondere Patentinformationsdienste. Patentrecherchen können am einfachsten über das **Internet** durchgeführt werden. Über das Internet gibt es kostenpflichtige und teilweise auch kostenfreie Recherchemöglichkeiten in Datenbanken (siehe Abschnitt 14.7.2g).

Das Deutsche Patentamt befindet sich in München; dort ist auch das für das Gebiet der EU zuständige Europäische Patentamt.

---

[1] patens, (lat. = offen stehend, offen sein) für die "Offenbarung" einer für die Allgemeinheit wertvollen Erfindung garantiert der Staat dem Inhaber des Patents ein uneingeschränktes, durch Gesetze geregeltes Alleinverfügungsrecht.

14.7   Recherchen im Internet

Das Internet oder **World Wide Web** (WWW) bietet heute eine wahre Flut von Informationen und ist bereits ein fester Bestandteil in der Informationsbeschaffung geworden. Die Flut von Informationen erschwert aber auch eine schnelle Auswahl von benötigten Informationen. Im Internet existieren heute mehr als 350 000 000 Webseiten! Dieser Abschnitt kann damit lediglich einen kurzen Einblick in wichtige Adressen und Suchmaschinen aus dem Bereich der Chemie geben; er erhebt natürlich keinen Anspruch auf Vollständigkeit[2]. Zudem nimmt die Datenflut im Internet täglich zu. Typischerweise beginnt man Recherchen im Internet unter Verwendung sogenannter **Suchmaschinen**. Dies sind bestimmte Programme, die das gesamte World Wide Web nach Begriffen durchsuchen. Hierbei gibt es allgemeine Suchmaschinen (siehe Abschnitt 14.7.1) und spezialisierte Suchmaschinen und Serviceanbieter für spezielle Fachgebiete (z.B. Chemie, siehe Abschnitt 14.7.2).

14.7.1   Allgemeine Suchmaschinen

Bekannte und häufig benutzt Suchmaschinen, welche auch Informationen aus dem Bereich der Chemie anbieten sind:

- Alta Vista: *www.altavista.digital.com*
- Excite: *www.excite.com*
- Hotbot: *www.hotbot.com*
- Lycos: *www.lycos.com*
- Yahoo!   *www.yahoo.com*

Sie können zu Beginn einer Recherche verwendet werden. Der amerikanische Anbieter Yahoo hat eine spezielle Sammlung von Hyperlinks (= Verweise auf Quellen, die auf anderen Computer-Servern liegen; durch einfaches Anklicken wird das entsprechende Dokument geladen) aus dem Bereich der Chemie in seine Suchmaschine integriert (*www.yahoo.com/science/chemistry*).

14.7.2   Spezielle Suchmaschinen und Serviceanbieter im Bereich der Chemie

Für spezielle chemische Informationen stehen im Internet heute eine Reihe von Suchmaschinen und Serviceanbietern zur Verfügung. Häufig sind es Universitäten oder kommerzielle Anbieter.

Einer der bekanntesten Serviceanbieter ist das Projekt *www.chemie.de*, welches vom Fachbereich Chemie der Freien Universität Berlin initiiert und vom Deutschen For-

---

[2] Literatur zu Internetrecherchen:
- H.G. Bührer: ”Chemie-Informatik”, v/d/f-Hochschulverlag, Zürich,1997
- F. Ramm: "Recherchieren und Publizieren im World Wide Web", Vieweg, Braunschweig, 1995
- H. Schulz, U. Georgy: Von CA bis CAS online, Springer-Verlag, 1994

schungsnetz (DFN-Verein) mit Unterstützung des Bundesministeriums für Bildung, Forschung und Technologie (BMBF) gefördert wird. Es bietet eine Fülle von Fachinformationen aus dem gesamten Bereich der Chemie. Unter „Chemie-Werkzeugkasten" hat man z.B. Zugang zu einem Periodensystem, einem Wörterbuch Deutsch-Englisch, und zu einem Einheiten-Umrechnungsprogramm (Druck, Temperatur etc.). Bei diesem Serviceanbieter gibt es Hyperlinks zu weiteren Anbietern von Informationen im Bereich der Chemie.

Der **Fachbereich Chemie der Freien Universität Berlin** hat unter *www.chemie.fu-berlin.de/chemistry* ein eigenes Serviceangebot im Internet; beispielsweise **Chemikalien-Sicherheitsdaten** (*www.chemie.fu-berlin.de/chemistry/safety*). Auch hier gibt es Hyperlinks zu weiteren Anbietern von Informationen im Bereich der Chemie.

Die **University of Sheffield** bietet über ihre Webseiten (*www.shef.ac.uk/chemistry*) neben einem Periodensystem mit umfangreichen Daten (für jedes Element lassen sich eine Vielzahl von Eigenschaften anzeigen) einen chemischen Rechner und eine Liste von Chemie-Internet-Servern.

Ein kommerzielles Angebot mit vielfältigen Informationen und Hyperlinks bietet der „Chemieserver", *www.chemieserver.de*. So sind aus den „Beilstein Abstracts" Informationen aus dem Bereich der organischen Chemie (zum Nulltarif) zugänglich (siehe Abschnitt 14.3.4b).

Eine sehr umfangreiche Datensammlung mit vielen interessanten Hyperlinks findet man im kommerziell betriebenen „**Chemistry Index**" von Rolf Claessen (*www.claessen.net/chemistry/*). Hier hat man mit einer eigenen Suchmaschine Zugriff auf zahlreich wissenschaftliche Datenbanken . Interessant ist hier vor allem der Zugang zu **Patentdatenbanken** für Patentrecherchen. Außerdem hat man Zugang zu Informationen über Bücher, Publikationen und Software (teilweise zum „herunterladen").

Im englischsprachigen Raum ist der kommerzielle Service des „ChemFinder" der CambridgeSoft Corporation sehr bekannt (*www.chemfinder.camsoft.com/*). Hier findet man vor allem Zugang zu einem Auskunftssystem über wesentliche **chemische und physikalisch-chemische Angaben** zahlreicher Substanzen und viel weiterführende Hyperlinks.

a) Analytik

Die Firma Klinkner&Partner hat als kommerzieller Anbieter das Projekt *www.analytik.de* im Internet etabliert. Hier werden Hyperlinks zu vielen chemischen Informationen mit dem Schwerpunkt „Analytische Chemie" angeboten. Die Hyperlinks werden redaktionell bearbeitet und mit Sternen bewertet (ein bis vier).

Im Bereich der Analytik bietet die **Universität Umeå** (Schweden) unter dem Titel „The Analytical Chemistry Springboard" Informationen über verschiedene analytische Untersuchungsmethoden und Verweisen auf andere Webseiten (*www.anachem.umu.se/jumpstation.htm*).

Einen guten Überblick über die heute verfügbaren chemisch-analytischen Techniken (einschließlich der Theorie) findet man auch unter der Adresse: *www.scimedia.com/chem-ed/analytic/ac-meths.htm*

b) Chemikalien- und Sicherheitsdaten

Aktuelle Sicherheitsdaten und Sicherheitsvorschriften über Chemikalien findet man vor allem in folgenden Datenbanken:

In den (kostenfreien) Datenbanken des **Bundesinstituts für gesundheitlichen Verbraucherschutz und Veterinärmedizin** (BgVV, Berlin, *www.bgvv.de*) findet man zum einen das Informationssystem für verbraucherrelevante Stoffe (CIVS) mit Informationen über mehr als 3000 Substanzen (unter anderem physikalisch-chemische Eigenschaften, giftige Eigenschaften, MAK- und TRK-Werte, R-/S-Sätze). Zum anderen hat man Zugang zu internationalen chemischen Sicherheitsdatenblättern (ICSC).

Das **Berufsgenossenschaftliche Institut für Arbeitssicherheit BIA** (53754 Sankt Augustin) bietet über *www.hvbg.de* Zugang zu seiner GESTIS-Datenbank. Diese enthält Informationen für den sicheren Umgang mit chemischen Stoffen am Arbeitsplatz (z.B. Wirkung der Stoffe auf den Menschen) und die erforderlichen Schutzmaßnahmen. Der Datenbestand von etwa 7000 Stoffen kann zum Zwecke des Arbeitsschutzes (nicht kommerziell) gebührenfrei genutzt werden.

Physikalisch-chemische Eigenschaften, Formeln, Sicherheitsdaten und Herstellerfirmen von Chemikalien findet man auch in der Datenbank „**ChemExper**" unter *www.chemexper.de*

Eine weitere Quelle von Stoff- und Sicherheitsdaten sind die Datenbanken der Chemikalienherstellerfirmen Aldrich, Fluka und Sigma, welche unter *www.sigma-aldrich.com* zugänglich sind.

c) Physikalisch-chemische Stoffdaten

Neben dem „Chemfinder" (siehe Abschnitt 14.7.2) findet man Informationen über physikalisch-chemische Stoffdaten auch in der Datenbank des **National Institute of Standards and Technology** (NIST Chemistry WebBook, *webbook.nist.gov/chemistry*), beispielsweise thermochemische Daten von 4000 Verbindungen, Schmelz- und Verdampfungsenthalpien, Reaktionsenthalpien von 1300 Reaktionen und Ionisierungsenergien. Man findet hier auch IR-Spektren von mehr als 5000 Verbindungen und das Massenspektrum von mehr als 8000 Verbindungen. Auch UV-VIS-Spektren zahlreicher Substanzen sind zugänglich. Das NIST bietet auf seinen Webseiten auch die Möglichkeit Naturkonstanten nachzuschlagen (*physics.nist.gov/funcon.html*)

d) Kunststoffe

Beim Einsatz von Kunststoffwerkstoffen benötigt der Ingenieur zur Auswahl eines geeigneten Kunststoffs eine Fülle von Kenndaten. Man kann entsprechende Daten beispielsweise in Handbüchern nachschlagen (siehe Abschnitt 14.3.5a).

Unter dem Namen **CAMPUS** (Computer Aided Material Preselection by Uniform Standards = rechnergestützte Materialvorauswahl durch einheitliche Prüfverfahren) wurde von mehr als 30 Firmen eine gemeinsame Datenbank aufgebaut. Diese Datenbank ist nach den jeweiligen Kunststoffherstellern unterteilt (z.B. BASF, Bayer etc.), wobei alle Firmen denselben Aufbau verwenden. Es werden Daten über die mechanischen, thermischen, elektrischen, optischen und verarbeitungstechnischen Eigenschaften angeboten. Die Datenbank-Oberfläche und die Datensätze werden vom jeweiligen Hersteller für seine Produkte kostenfrei auf CD-ROM abgegeben. Teilweise können die Daten auch über das World Wide Web bei den Internetadressen der Firmen (z.B. *www.basf.com*, *www.bayer.com*) heruntergeladen werden. Mit CAMPUS können entweder Eigenschaftswerte eines bestimmten Kunststoffs, oder ein geeigneter Kunststoff für ein gegebenes Eigenschaftsprofil herausgesucht werden.

Die deutsch Kunststoffindustrie und der Hanser Verlag (München) bieten im „**KunststoffWeb**" (*www.kunststoffweb.de*) zahlreiche Informationen über Kunststoffe (Bezugsquellen, etc.). Etwas ähnliches gibt es auch in den USA (**Polymers DotCom** Home Page, *www.polymers.com/dotcom/home.html*).

e) Wasserstofftechnologie

Aufgrund der Bedeutung des Wasserstoffs als möglicher zukünftiger Sekundärenergieträger werden speziell für Wasserstoff im Internet unter *www.hyweb.de* ein eigener Informationsservice angeboten. Hier findet man unter anderem Berichte über aktuelle Projekte aus dem Bereich der Wasserstofftechnik (z.B. mit Brennstoffzellen), außerdem Adressen von Firmen oder Produktinformationen.

f) Firmen- und Produktinformationen

Über die beiden folgenden Anbieter hat man (kostenfreien) Zugang zu **Firmen und Produktdatenbanken**:
- Industriedatenbank („Seibt-Industriekatalog"), Seibt Verlag, München. Zugang zu dieser Datenbank via Internet unter *www.seibt.de*. In dieser Datenbank sind Recherchen über Produkte und Firmen in Deutschland möglich.
- „Wer liefert was?", WLW Verlag. Zugang über das Internet unter *www.wlw.de*. Hier sind auch internationale Recherchen möglich.

g) Patentrecherchen

Zugang zu entsprechenden Datenbanken erhält man z.B. via FIZ-Karlsruhe (siehe Abschnitt 14.5.3). In den Datenbanken der Chemical Abstracts kann man beispielsweise auch über Patente recherchieren (siehe Abschnitt 14.5.1). Kostenfrei kann man auch recherchieren über folgende Internet-Adressen:
- **Deutsches Patent- und Markenamt** (*www.dpma.de*): Hier hat man Zugang zum sogenannten DEPAnet mit dem Recherchen in Patentdaten des Deutschen Patentamts möglich sind. Außerdem hat man Zugang zu anderen europäischen Patenämtern. Über die Homepage des Deutschen Patentamts können auch Informationen und Formulare für Patentanmeldungen abgerufen werden.
- **Europäisches Patentamt** (*www.european-patent-office.org/*): Hier kann über das sogenannte „espacenet" recherchiert werden.
- **Amerikanische Patente**: Zugang zu Recherchemöglichkeiten in Datenbanken amerikanischer Patente findet man über folgende Internetadressen:
  www.uspto.gov/patft/index oder *www.patent.womplex.ibm.com/*
  Einen Zugang zu verschiedenen nationalen Patentämtern findet man unter *www.claessen.net./chemistry*.

Kontrollfragen zum 14. Kapitel

1) Was versteht man unter Primärliteratur? Was zählt zur Sekundärliteratur? Was gehört zur Tertiärliteratur?
2) Was sind Monographien, was Bibliographien?
3) Wie bekommt man einen raschen Überblick über die im deutschen Buchhandel erhältlichen Bücher technischer und chemischer Fachgebiete?
4) Wo findet man Angaben über Stoffeigenschaften und Stoffkonstanten?
5) Wie arbeitet man sich am besten in einen neuen Problembereich auf dem Gebiete der Chemie unter Berücksichtigung des neuesten Standes ein?
6) Warum muß man mit der Notwendigkeit rechnen, sich mit der Patentliteratur zu beschäftigen?

Anhang A1

Die Buchstaben des griechischen Alphabets

Name	Zeichen groß	klein	Umschrift
Alpha	A	α	a
Beta	B	β	b
Gamma	Γ	γ	g
Delta	Δ	δ	d
Epsilon	E	ε	e
Zeta	Z	ζ	z
Eta	H	η	e
Theta	Θ	θ	th
Jota	I	ι	i
Kappa	K	κ	k
Lambda	Λ	λ	l
My	M	μ	m
Ny	N	ν	n
Xi	Ξ	ξ	x
Omikron	O	o	o
Pi	Π	π	p
Rho	P	ρ	r
Sigma	Σ	σ	s
Tau	T	τ	t
Ypsilon	Y	υ	y
Phi	Φ	ϕ	ph
Chi	X	χ	ch
Psi	Ψ	ψ	ps
Omega	Ω	ω	o

Anhang A2

Vorsatzzeichen

Zehnerpotenz	Vorsatz	Vorsatzzeichen
10^{12}	Tera	T
10^{9}	Giga	G
10^{6}	Mega	M
10^{3}	Kilo	k
10^{2}	Hekto	h
10	Deka	da
10^{-1}	Dezi	d
10^{-2}	Zenti	c
10^{-3}	Milli	m
10^{-6}	Mikro	μ
10^{-9}	Nano	n
10^{-12}	Piko	p
10^{-15}	Femto	f
10^{-18}	Atto	a

Abkürzungen für Stoffmengengehalte

Abkürzung	Bedeutung	Gehalt
ppm	parts per million	$1 : 10^{6}$
ppb	parts per billion	$1 : 10^{9}$
ppt	parts per trillion	$1 : 10^{12}$

Anhang A3

Maßeinheitentabelle

Meßgröße	SI-Einheiten und gültige Einheiten		alte Einheiten		Umrechnungsfaktoren (alte Einheiten in Klammern)
	Name	Zeichen	Name	Zeichen	
Länge	Meter	m	Ångström	Å	$(1\ \text{Å}) = 10^{-10}$ m
Masse	Gramm	g			1 u = $1{,}66053 \cdot 10^{-24}$ g
	SI-Einheit ist das Kilogramm	kg			
	atomare Masseneinheit	u			
	metrisches Karat	Kt			1 Kt = 0,2 g , nur für Edelsteine
Zeit	Sekunde	s			
Frequenz	Hertz	Hz			1 Hz = 1/s
Druck	Newton durch Quadratmeter	N/m^2	physikalische Atmosphäre	atm	1 bar = 10^5 Pa = $10^5\ N/m^2$ (1 atm) = 1,01325 bar
	Pascal	Pa	technische Atmosphäre	at	(1 at) = 0,980665 bar
	Bar	bar	Torr	Torr	(1 Torr) = 1,333224 mbar
mechanische Spannung	Newton durch Quadratmillimeter Megapascal	N/mm^2 MPa	Kilopond pro Quadratmilli-meter	kp/mm^2	$1 N/mm^2 = 1 Mpa$ $(1 Kp/mm^2) =$ $9{,}80665\ N/mm^2$ = 9,80665 Mpa
Energie, Arbeit, Wärmemenge	Joule Kilowattstunde Elektronenvolt	J kWh eV	Erg Kalorie	erg cal	$1 J = 1 Nm = 1 Ws = 1 kg\ m^2/s^2$ 1 kWh = 3,6 MJ 1 eV = $1{,}60219 \cdot 10^{-19}$ J (1 erg) = 10^{-7} J (1 cal) = 4,1868 J
Leistung, Energiestrom, Wärmestrom	Watt Voltampere	W VA	Pferdestärke	PS	$1 W = 1 VA = 1 J/s = 1 Nm/s^2$ (1 PS) = 735,49875 W
Temperatur	Kelvin (T) Grad Celsius (t)	K °C	Grad Kelvin Grad Fahrenheit	°K °F	0°C = 273,15 K; $\Delta t = \Delta T$ 0°C = +32°F; 100°C = 212°F
el. Stromstärke	Ampere	A			
el. Spannung	Volt	V			1 V = 1 W/A
el. Leitwert	Siemens	S			$1 S = 1 A/V = 1/\Omega$
el. Widerstand	Ohm	Ω			$1 \Omega = 1/S$
Elektrizitäts-menge	Coulomb Amperestunde Amperesekunde	C Ah As			1 C = 1 As 1 Ah = 3600 As

SI bedeutet: Système International d'Unité, fr. = Internationales Einheitensystem. Dieses System leitet sich von den Basisgrößen Meter, Kilogramm, Sekunde, Ampere, Kelvin, Candela und Mol ab.

Verzeichnis der chemischen Elemente (Stand 1993)

Element	Symbol	Ordnungszahl	rel. Atommasse
Actinium	Ac	89	* 227,0278
Aluminium	Al	13	26,9811539(5)
Americium	Am	95	* 243,0614
Antimon	Sb	51	121,760(1)
Argon	Ar	18	39,948(1)
Arsen	As	33	74,92159(2)
Astat	At	85	* 209,9871
Barium	Ba	56	137,327(7)
Berkelium	Bk	97	* 247,0703
Beryllium	Be	4	9,012182(3)
Bismut	Bi	83	208,98037(3)
Blei	Pb	82	207,2(1)
Bor	B	5	10,811(5)
Brom	Br	35	79,904(1)
Cadmium	Cd	48	112,411(8)
Cäsium	Cs	55	132,90543(5)
Calcium	Ca	20	40,078(4)
Californium	Cf	98	* 251,0796
Cer	Ce	58	140,115(4)
Chlor	Cl	17	35,4527(9)
Chrom	Cr	24	51,9961(6)
Cobalt	Co	27	58,93320(1)
Curium	Cm	96	* 247,0703
Dysprosium	Dy	66	162,50(3)
Einsteinium	Es	99	* 252,083
Eisen	Fe	26	55,845(2)
Erbium	Er	68	167,26(3)
Europium	Eu	63	151,965(9)
Fermium	Fm	100	* 257,0915
Fluor	F	9	18,9984032(9)
Francium	Fr	87	* 223,0197
Gadolinium	Gd	64	157,25(3)
Gallium	Ga	31	69,723(1)
Germanium	Ge	32	72,61(2)
Gold	Au	79	196,96654(3)
Hafnium	Hf	72	178,49(2)
Helium	He	2	4,002602(2)
Holmium	Ho	67	164,93032(3)
Indium	In	49	114,818(3)
Iod	I	53	126,90447(3)
Iridium	Ir	77	192,217(3)
Kalium	K	19	39,0983(1)
Kohlenstoff	C	6	12,011(1)
Krypton	Kr	36	83,80(1)
Kupfer	Cu	29	63,546(3)
Lanthanium	La	57	138,9055(2)
Lawrencium	Lr	103	* 262,11
Lithium	Li	3	6,941(2)
Lutetium	Lu	71	174,967(1)

* Massenzahl des radioaktiven Isotops mit der längsten Halbwertszeit

Die Klammern beim der relativen Atommasse zeigen die Breite der Unsicherheit der letzten Stelle

Element	Symbol	Ordnungszahl	rel. Atommasse
Magnesium	Mg	12	24,3050(6)
Mangan	Mn	25	54,93805(1)
Mendelevium	Md	101	* 256,094
Molybdän	Mo	42	95,94(1)
Natrium	Na	11	22,989768(6)
Neodym	Nd	60	144,24(3)
Neon	Ne	10	20,1797(6)
Neptunium	Np	93	* 237,0482
Nickel	Ni	28	58,6934(2)
Niob	Nb	41	92,90638(2)
Nobelium	No	102	* 259,1009
Osmium	Os	76	190,23(3)
Palladium	Pd	46	106,42(1)
Phosphor	P	15	30,973762(4)
Platin	Pt	78	195,08(3)
Plutonium	Pu	94	* 244,0642
Polonium	Po	84	* 208,9824
Praseodym	Pr	59	140,90765(3)
Promethium	Pm	61	* 144,9127
Protactinium	Pa	91	* 231,03588(2)
Quecksilber	Hg	80	200,59(2)
Radium	Ra	88	* 226,0254
Radon	Rn	86	* 222,0176
Rhenium	Re	75	186,207(1)
Rhodium	Rh	45	102,90550(3)
Rubidium	Rb	37	85,4678(3)
Ruthenium	Ru	44	101,07(2)
Samarium	Sm	62	150,36(3)
Sauerstoff	O	8	15,9994(3)
Scandium	Sc	21	44,955910(9)
Schwefel	S	16	32,066(6)
Selen	Se	34	78,96(3)
Silber	Ag	47	107,8682(2)
Silicium	Si	14	28,0855(3)
Stickstoff	N	7	14,00674(7)
Strontium	Sr	38	87,62(1)
Tantal	Ta	73	180,9479(1)
Technetium	Tc	43	* 97,9072
Tellur	Te	52	127,60(3)
Terbium	Tb	65	158,92534(3)
Thallium	Tl	81	204,3833(2)
Thorium	Th	90	232,0381(1)
Thulium	Tm	69	168,9342(3)
Titan	Ti	22	47,867(1)
Uran	U	92	238,0289(1)
Vanadium	V	23	50,9415(1)
Wasserstoff	H	1	1,00794(7)
Wolfram	W	74	183,84(1)
Xenon	Xe	54	131,29(2)
Ytterbium	Yb	70	173,04(3)
Yttrium	Y	39	88,90585(2)
Zink	Zn	30	65,39(2)
Zinn	Sn	50	118,710(7)
Zirkonium	Zr	40	91,224(2)

Anhang A5

Löslichkeitsprodukte

Formel	Bezeichnung	Temperatur [°C]	Löslichkeitsprodukt L	
$AgBr$	Silberbromid	25	$6{,}3 \cdot 10^{-13}$	mol^2/l^2
Ag_2CO_3	Silbercarbonat	25	$6{,}15 \cdot 10^{-12}$	mol^3/l^3
$AgCl$	Silberchlorid	25	$1{,}7 \cdot 10^{-10}$	mol^2/l^2
AgI	Silberiodid	25	$1{,}5 \cdot 10^{-16}$	mol^2/l^2
$AgOH$	Silberhydroxid	18	$1{,}24 \cdot 10^{-8}$	mol^2/l^2
$Al(OH)_3$	Aluminiumhydroxid	25	$3{,}7 \cdot 10^{-15}$	mol^4/l^4
$AlPO_4$	Aluminiumphosphat	20	$1{,}0 \cdot 10^{-18}$	mol^2/l^2
$BaCO_3$	Bariumcarbonat	16	$7{,}0 \cdot 10^{-9}$	mol^2/l^2
$BaSO_4$	Bariumsulfat	25	$1{,}08 \cdot 10^{-10}$	mol^2/l^2
$CaCO_3$	Calciumcarbonat	25	$4{,}8 \cdot 10^{-9}$	mol^2/l^2
$Ca(OH)_2$	Calciumhydroxid	18	$5{,}47 \cdot 10^{-6}$	mol^3/l^3
$Ca_3(PO_4)_2$	Calciumphosphat	25	$1{,}0 \cdot 10^{-25}$	mol^5/l^5
$CaSO_4$	Calciumsulfat	10	$6{,}1 \cdot 10^{-5}$	mol^2/l^2
$Cd(OH)_2$	Cadmiumhydroxid	18	$1{,}2 \cdot 10^{-14}$	mol^3/l^3
CoS	Cobaltsulfid	20	$1{,}9 \cdot 10^{-27}$	mol^2/l^2
$Cr(OH)_3$	Chromhydroxid	25	$6{,}7 \cdot 10^{-31}$	mol^4/l^4
$CuCO_3$	Kupfercarbonat	25	$1{,}37 \cdot 10^{-10}$	mol^2/l^2
$Cu(OH)_2$	Kupferhydroxid	25	$2{,}0 \cdot 10^{-19}$	mol^3/l^3
CuS	Kupfersulfid	18	$8{,}0 \cdot 10^{-45}$	mol^2/l^2
$FeCO_3$	Eisencarbonat	20	$2{,}5 \cdot 10^{-11}$	mol^2/l^2
$Fe(OH)_2$	Eisen(II)hydroxid	18	$4{,}8 \cdot 10^{-16}$	mol^3/l^3
$Fe(OH)_3$	Eisen(III)hydroxid	18	$3{,}8 \cdot 10^{-38}$	mol^4/l^4
$FePO_4$	Eisenphosphat	20	$1{,}0 \cdot 10^{-22}$	mol^2/l^2
FeS	Eisensulfid	18	$3{,}7 \cdot 10^{-19}$	mol^2/l^2
HgS	Quecksilbersulfid	18	$3{,}0 \cdot 10^{-54}$	mol^2/l^2
$Mn(OH)_2$	Manganhydroxid	18	$4{,}0 \cdot 10^{-14}$	mol^3/l^3
$Ni(OH)_2$	Nickelhydroxid	25	$1{,}6 \cdot 10^{-14}$	mol^3/l^3
NiS	Nickelsulfid	20	$1{,}0 \cdot 10^{-26}$	mol^2/l^2
PbI_2	Bleiiodid	25	$1{,}4 \cdot 10^{-8}$	mol^2/l^2
$PbCO_3$	Bleicarbonat	18	$3{,}3 \cdot 10^{-14}$	mol^2/l^2
PbS	Bleisulfid	18	$3{,}4 \cdot 10^{-28}$	mol^2/l^2
$Sn(OH)_2$	Zinnhydroxid	25	$5{,}0 \cdot 10^{-26}$	mol^3/l^3
$ZnCO_3$	Zinkcarbonat	25	$6{,}0 \cdot 10^{-11}$	mol^2/l^2
$Zn(OH)_2$	Zinkhydroxid	25	$1{,}0 \cdot 10^{-17}$	mol^3/l^3

Bemerkung: Die Zahlenwerte von Löslichkeitsprodukten sind nur dann direkt vergleichbar, wenn diese die gleiche Einheit haben.

Anhang A6

Schadstoff-Höchstwerte am Arbeitsplatz und Wassergefährdungsklassen (WGK)

MAK-Werte (Auswahl)

Stoff	Formel	MAK ml/m³ (ppm)	MAK mg/m³	WGK[*]
Aceton	CH_3COCH_3	500	1200	1
Ammoniak	NH_3	50	35	2
Anilin	$C_6H_5NH_2$	2	8	2
Chlor	Cl_2	0,5	1,5	2
Chlorwasserstoff	HCl	5	8	1
Cyanwasserstoff	HCN	10	11	3
Cyclohexan	C_6H_{12}	200	700	1
Essigsäure	CH_3COOH	10	25	1
Ethanol	C_2H_5OH	1000	1900	1
Fluor	F_2	0,1	0,2	
Fluorwasserstoff	HF	3	2,5	1
Kohlendioxid	CO_2	5000	9000	N
Kohlenmonoxid	CO	30	33	1
Methanol	CH_3OH	200	260	1
Nitrobenzol	$C_6H_5NO_2$	1	5	2
Octan (n-)	$CH_3(CH_2)_6CH_3$	500	2350	1
Ozon	O_3	0,1	0,2	
Phenol	C_6H_5OH	5	19	2
Propanol(Iso-)	C_3H_7OH	200	500	1
Quecksilber	Hg	0,01	0,08	3
Schwefeldioxid	SO_2	2	5	1
Schwefelwasserstoff	H_2S	10	15	2
Stickstoffdioxid	NO2	5	9	1
Toluol	$C_6H_5CH_3$	50	190	2
Xylol(ortho-)	$C_6H_4(CH_3)_2$	100	440	2

[*] N: nicht wassergefährdend
WGK 1:   schwach wassergefährdend
WGK 2:   wassergefährdend
WGK 3:   stark wassergefährdend

TRK-Werte (Auswahl)

Arbeitsstoff	TRK ml/m³ (ppm)	TRK mg/m³	Bemerkungen
Arsensäure	-	0,1	
1,2 Benzo[a]pyren	-	0,005	
Benzol	5	16	
1,3-Butadien	15	34	
Chrom(III)-Chromat	-	0,1	berechnet als CrO_3 im Gesamtstaub
Hydrazin	0,1	0,13	
Kaliumdichromat	-	0,1	
Vinylchlorid	2	5	bestehende Anlagen 3 ppm

Anhang A7

Schadstoff-Höchstwerte im Abwasser (Auswahl)

Vor der Ableitung in die Vorfluter (als Vorfluter bezeichnet man das jeweils erste Abwasser aufnehmende öffentliche Gewässer) muß das Abwasser strengen gesetzlichen Anforderungen genügen. Diese sind im wesentlichen durch sogenannte herkunfts- und branchenbezogene Anhänge zur **Rahmen-Abwasser-Verwaltungsvorschrift** einheitlich für alle Bundesländer geregelt. In den beiden folgenden Tabellen ist auszugsweise aufgelistet, welchen Anforderungen z.B ein Abwasser den Gemeinden nach der kommunalen Kläranlage und ein industrielles Abwasser aus der Galvanik, der Leiterplattenherstellung oder aus mechanischen Werkstätten genügen muß („Allgemeine Verwaltungsvorschrift über Mindestanforderungen an das Einleiten von Abwasser in Gewässer" Anhang 1 und Anhang 40 vom 31.7.1996).

Auszug aus Rahmen-Abwasser-Verwaltungsvorschrift, Anhang 1 (Gemeinden)

Proben nach Größenklassen der Abwasserbehandlungs-anlagen in [mg/l]	$CSB^{1)}$	$BSB_5{}^{2)}$	Ammonium-stickstoff $(NH_4{}^+\text{-}N)$	Stickstoff, gesamt	Phosphor, gesamt
Größenklasse 1 Kleiner als 60 kg/d $BSB_5{}^{1)}$	150	40	-	-	-
Größenklasse 2 60 bis kleiner 300 kg/d BSB_5	110	25	-	-	-
Größenklasse 3 300 bis kleiner 1200 kg/d BSB_5	90	20	10	18	-
Größenklasse 4 1200 bis kleiner 6000 kg/d BSB_5	90	20	10	18	2
Größenklasse 5 6000 kg/d BSB_5 und größer	75	15	10	18	1

Auszug aus Rahmen-Abwasser-Verwaltungsvorschrift, Anhang 40 (Metallbearbeitung, Metallverarbeitung)

Abwasserinhaltsstoffe in [mg/l]	Galvanik	Leiterplatten-herstellung	Mechanische Werkstätte
$LHKW^{3)}$	0,1	0,1	0,1
N aus Ammoniumverbindungen	100	50	30
$CSB^{2)}$	400	600	400
Kohlenwasserstoffe	10	10	10
$AOX^{4)}$	1	1	1
Blei	0,5	0,5	0,5
Cadmium	0,2	-	0,1
Freies Chlor	0,5	-	0,5
Chrom	0,5	0,5	0,5
Chrom (Oxidationsstufe VI)	0,1	0,1	0,1
Cyanid, leicht freisetzbar	0,2	0,2	0,2
Kupfer	0,5	0,5	0,5
Nickel	0,5	0,5	0,5
Silber	0,1	0,1	-
Sulfid	1	1	-
Zinn	2	2	-
Zink	2	-	2

1) Chemischer Sauerstoffbedarf, siehe Abschnitt 13.2.2b
2) Biologischer Sauerstoffbedarf, siehe Abschnitt 13.2.2b
3) Leichtflüchtige halogenierte Kohlenwasserstoffe , Summe aus Tetrachlorethen, 1,1,1-Trichlorethan und andere, gerechnet als Chlor.
4) Adsorbierbare organische Halogenverbindungen, siehe Abschnitt 13.2.2b

Anhang A8

Schadstoff-Höchstwerte in der Luft

Immisionsgrenzwerte und Emissionsgrenzwerte in der Abluft werden durch das sogenannte **Bundesimmissionsschutzgesetz (BImSchG)** bzw. die **Technische Anleitung zur Reinhaltung der Luft** (TA Luft) festgelegt. In den folgenden Tabelle werden auszugsweise die Emissionsgrenzwerte für Großfeuerungsanlagen (Neuanlagen mit mehr als 300 MW Feuerungswärmeleistung) entsprechend der 13. BImSchG sowie die Emissionsgrenzwerte für Müllverbrennungsanlagenin nach der früheren Anforderung nach TA Luft und der verschärften Anforderung nach 17. BImSchG (nach Übergangsfrist ab 1996 gültig). Außerdem werden Beispiele für Immissionsgrenzwerte aufgeführt (Maximale Immissionskonzentration **MIK** nach VDI und **IW1 IW2**-Werte nach TA Luft; siehe auch Abschnitt 13.3.1).

Auszug aus 13. BImSchG (1983) für Neuanlagen mit mehr als 300 MW Feuerungswärmeleistung

Schadstoff [mg/m^3]	Festbrennstoffe	Flüssige Brennstoffe	Gasförmige Brennstoffe
Staub	50	50	5
Schwefeloxide (angegeben als SO_2)	400	400	35
Stickstoffoxide (angegeben als NO_2)	800	450	350

Auszug aus TA Luft (1986) und 17. BImSchG (1990) für Müllverbrennungsanlagen

Schadstoff [mg/m^3]	TA Luft	17. BImSchG
Staub	50	10
Anorganische Chlorverbindungen (angegeben als HCl)	30	10
Anorganische Fluorverbindungen (angegeben als HF)	5	1
Schwefeloxide (angegeben als SO_2)	500	50
Stickstoffoxide (angegeben als NO_2)	500	200
Dioxine (angegeben in [ng/m^3] Toxizitätsäquivalenten TCDD)	-	0,1

Beispiele für maximale Immissionskonzentrationen nach VDI 1974 (MIK-Wert) und TA Luft 1986 (IW 1, IW2)

Schadstoff [mg/m^3]	MIK (Halbstundenwert)	IW1 (Langzeitwert)	IW2 (Kurzzeitwert)
Staub	0,3	0,15	0,3
SO_2	1,0	0,14	0,4
NO_2	0,2	0,08	0,3
CO	50	10	30
HCl		0,1	0,2
Cl_2		0,1	0,3

Anhang A9

Gefahrensymbole

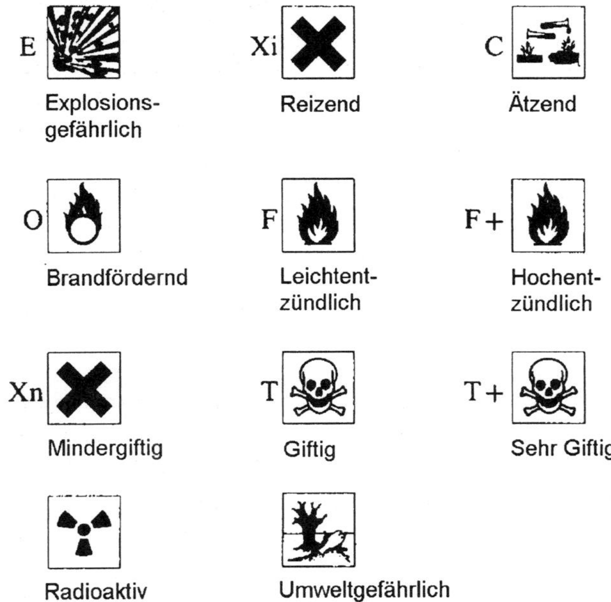

Anhang A10

Klärschlammverordnung

Schadstoffhöchstwert in der Schlamm-Trockenmasse (1992)

Schadstoff	Grenzwert [mg/kg]
Pb	900
Cd	10 (5)[*]
Cr	900
Cu	800
Ni	200
Hg	8
Zn	2500 (2000)[*]
PCB	0,2
AOX	500
Dioxine/Furane	100 ng TE/kg

[*] verschärfte Grenzwerte bei „leichten" Böden
bzw. pH-Werten 5-6

Klärschlamm darf nur dann ohne Genhemigung auf landwirtschaftliche Böden aufgerbracht werden, wenn die genannten Schadstoffgehalte in der Schlamm-Trockenmasse nicht überschritten werden.

ANTWORTEN ZU DEN KONTROLL- UND ÜBUNGSFRAGEN

Einleitung und 1. Kapitel

1) Die Chemie befaßt sich mit dem Aufbau, den Eigenschaften und Umsetzungen der Stoffe.
2) Stoffe sind einheitlich aufgebaute Materiearten mit gleichbleibenden charakteristischen Eigenschaften, unabhängig von der äußeren Form.
3) Homogene Stoffe sind einheitlich aufgebaut; sie bestehen nur aus einer einzigen Phase.
4) Heterogene Stoffe bestehen aus mehreren Phasen.
5) Phasen enthalten in sich einheitlich aufgebaute Materie, die durch scharfe Trennungsflächen von anderen Materiearten abgegrenzt sind, darum optisch unterscheidbar und oft auch mechanisch trennbar sind.
6) Substanzen sind Stoffe mit einheitlicher Zusammensetzung.
7) Man versteht darunter Stoffumwandlungen, d. h., die Stoffe werden verändert.
8) Es sind Veränderungen in der Elektronenhülle.
9) a) 10^{-10} m , b) 10^{-14} m
10) a) Elektronen (el.ektrisch negativ geladen), b) Nukleonen, und zwar Protonen (elektrisch positiv geladen) und Neutronen (elektrisch nicht geladen)
11) Stoffe, die nur aus einer einzigen Atomart mit jeweils gleicher Protonenzahl bestehen, sind „chemische Elemente", sie werden durch chemische Symbole (vgl. Frage 12) gekennzeichnet.
12) H,C,N,O,S,Cl,Na,K,Ca,Fe,Ag, Hg
13) Anzahl der Nukleonen (Protonen und Neutronen) im Kern, Kennzeichnung z. B.: ^{238}U oder U 238.
14) Anzahl der Protonen im Kern, Kennzeichnung z. B.: $_{92}$U; sie wird indirekt durch das Elementensymbol angezeigt, deshalb meistens nicht geschrieben.
15) Isotope haben gleiche Protonenzahl, aber unterschiedliche Neutronenzahl.
16) U 235 hat 143, U 238 hat 146 Neutronen.
17) a) normales Wasserstoffnuklid ^{1}H oder H 1, b) Deuterium D, ^{2}H oder H 2, c) Tritium T, ^{3}H oder H 3
18) Übereinstimmung in Protonenzahl *und* Neutronenzahl
19) zwei Elektronen
20) acht Elektronen
21) im Bohrschen Atommodell
22) Dualismus Welle-Korpuskel
23) Hauptquantenzahl = Elektronenschale (im Bohrschen Atommodell)
24) 1. Schale = K-Schale, 2. = L-Schale, 3. = M-Schale, 4. = N-Schale
25) Nebenquantenzahl = Bahnform (Orbitalart)
26) s-Orbitale= kugelförmig, p = hantelförmig, d = rosettenförmig, f = rosettenförmig
27) Hauptquantenzahl n, Nebenquantenzahl l, Richtungsquantenzahl m, Spinquantenzahl s
28) Alle Elektronen in einem Atom unterscheiden sich mindestens durch eine Quantenzahl (n, l, m, s) voneinander (siehe Abschnitt 1.3.2d)
29) Energetisch gleichwertige Orbitale in einem Atom werden zunächst einfach mit Elektronen besetzt, erst wenn dies geschehen ist, schließlich mit einem zweiten Elektron aufgefüllt (siehe Abschnitt 1.3.2e)
30) Dies bedeutet eine Elektronenanordnung wie bei einem Edelgas (insgesamt zwei Elektronen wie beim Helium oder sonst in der äußersten Schale acht Elektronen).
31) waagerechte Zeilen = Perioden; senkrechte Spalten = Gruppen
32) Metalle stehen links, Nichtmetalle rechts-oben, die Grenze zwischen Metallen und Nichtmetallen verläuft etwa vom Bor (B) zum Tellur (Te).
33) Hauptgruppenelemente unterscheiden sich voneinander durch s- oder p-Elektronen, Nebengruppenelemente durch d-Elektronen, Lanthanoide (die auf das Lanthan folgenden 14 Elemente) und Actinoide (die auf das Actinium folgenden 14 Elemente) durch f-Elektronen. Innere Übergangselemente sind die Lanthanoide und Actinoide, die äußeren Übergangselemente sind die Nebengruppenelemente.
34) 1. Hauptgruppe = Alkalimetalle, 2. Hauptgruppe = Erdalkalimetalle, 6. Hauptgruppe = Chalkogene, 7. Hauptgruppe = Halogene, 8. Hauptgruppe = Edelgase
35) Ionen = elektrisch geladene Teilchen, Kationen sind positiv, Anionen negativ elektrisch geladen
36) Elektronegativität ist eine Maßzahl für die Anziehungskraft, die ein neutrales Atom in einer chemischen Bindung auf Elektronen ausübt
37)

Im Periodensystem nimmt	von links nach rechts,	von oben nach unten
die Ionisierungsenergie:	zu	ab
die Elektronegativität:	zu	ab
der Atom- bzw. Ionendurchmesser:	ab	zu
der metallische Charakter:	ab	zu

2. Kapitel

1) chemische Bindungen:
   1. Atombindung (kovalente Bindung)
   2. Ionenbindung
   3. metallische Bindung
   zwischenmolekulare Wechselwirkungen:
   1. Ion-Dipol-Wechselwirkung und Dipol-Dipol-Wechselwirkung
   2. Van der Waals-Kräfte
   3. Wasserstoffbrücken
2) Moleküle oder Molekeln sind die kleinsten, durch kovalente Bindungen zusammengeschlossene Einheiten aus mehreren Atomen.
3) Punkt: ein Elektron, Strich: ein Elektronenpaar
4) Zahl vor einer chemischen Formel: Anzahl gleichartiger Reaktionspartner, Zahl unten rechts am Elementensymbol: Anzahl der in einem Molekül vorhandenen, gleichartigen Atome
5) Überlagerung von zwei Atomorbitalen zu einem Molekülorbital in der direkten Verbindungslinie zwischen zwei Atomen, σ-Bindungen sind möglich zwischen folgenden Orbitalen: s+s; s+p; p+p
   σ-Bindungen sind auch mit d-Elektronen möglich
6) Senkrecht zu einer bestehenden σ-Bindung ausgerichtete p-Orbitale zweier Atome überlappen sich zusätzlich zu einer π-Bindung, welche schwächer als die σ-Bindung ist.
7) Chemische Verbindungen sind homogene, reine Stoffe, in denen zwei oder mehrere chemische Elemente miteinander in chemischer Bindung verknüpft sind.
8) Doppelbindung: σ-Bindung + π-Bindung; Dreifachbindung: σ-Bindung + zwei π-Bindungen
9) Sie entstehen durch Elektronenübergänge zwischen den Atomen zweier chemischer Elemente: die Elektronen abgebenden Atome werden zu Kationen (positiv geladen), die Atome des anderen chemischen Elements (mit größerer Elektronegativität) durch Elektronenaufnahme zu negativ geladenen Anionen; Kationen und Anionen werden in Kristallgittern aneinander gebunden (z. B. Salze).
10) Salze sind Ionenverbindungen, die in Kristallgittern positiv geladene Kationen und negativ geladene Anionen enthalten; dabei muß mindestens eine von H^+-Ionen verschiedene Kationenart und eine von OH^-- oder O^{2-}-Ionen verschiedene Anionenart vorhanden sein.
11) Bei Kristallhydraten sind in das Ionengitter zusätzlich Wassermoleküle eingelagert (sog. Kristallwasser).
12) Alkalimetallionen = +1; Erdalkalimetallionen = +2; Halogenidionen = −1
13) Das Elektronengas hält die positiv geladenen Metallionen im Metallgitter zusammen (metallische Bindung) und ist über das Metallgitter leicht verschiebbar (elektrische Leitfähigkeit).
14) KCl: Ionenbindung; Ti: Metallbindung; HCl: polare Atombindung; N_2: unpolare Atombindung; H_2O: polare Atombindung; Ba: Metallbindung; $CaCl_2$: Ionenbindung; CO: polare Atombindung; Cl_2: unpolare Atombindung; MgO: Ionenbindung
15) Dipolmoleküle entstehen, wenn zwei Atome mit unterschiedlicher Elektronegativität kovalent miteinander verbunden sind. Beispiel und Kennzeichnung des Dipolcharakters (beispielweise):
    $\delta+$ $\delta-$
    H – Cl
16) a) Wechselwirkung zwischen Ion und Dipolmolekül, z.B. Na^+ und H_2O; b) Wechselwirkung zwischen Dipolmolekülen, z.B. HCl-Moleküle; c) Wechselwirkung zwischen unpolaren Molekülen, z.B. Cl_2-Moleküle; d) Wechselwirkung zwischen einem stark positiv polarisierten H und stark elektronegativen Atom eines benachbarten Moleküls (O, N, oder F), z.B. H_2O-Moleküle.
17) a) Ionenbindung, da Elektronegativitätsdifferenz (EN-Differenz) = 2,0; b) schwach polare Atombindung (EN-Differenz = 0,4); c) unpolare Atombindung (EN-Differenz = 0); d) polare Atombindung (EN-Differenz = 0,9); e) unpolare Atombindung (EN-Differenz = 0); f) polare Atombindung (EN-Differenz = 1,2)
18) zunehmende Polarität: a) C-N < C-O < C-F; Begründung steigende EN-Differenz zwischen den Atomen (negative Partialladung bei N, O bzw. F)
19) a) N-H; b) C-O; c) N-O; d) S-F; Begründung höhere EN-Differenz zwischen den Atomen
20) CS_2= unpolar, unpolare Bindungen, CF_4 = unpolar, polare Bindungen, aber symmetrisch; H_2S = polar, polare Bindungen + unsymmetrisch; PH_3 = unpolar, unpolare Bindungen; SCO = polar, C-O-Bindung ist polar
21) a) bei beiden nur van der Waals-Wechselwirkungen, diese sind bei Xenon stärker (mehr polarisierbare Elektronen)
    b) bei HF Wasserstoffbrücken, HCl und HBr besitzen nur „normale" Dipol-Dipol-Wechselwirkungen

   c) bei beiden nur van der Waals-Wechselwirkungne (unpolar), I_2 bei sind mehr Elektronen vorhanden
   d) alle drei Stoffe sind unpolar (Tetraeder-Symmetrie), Anzahl der polarisierbaren Elektronen nimmt zu
   in der Reihenfolge: $CH_4 < CCl_4 < CBr_4$

22) Wasserstoffbrücken treten auf bei: H_2O und HF; Begründung siehe Antwort 16d)

23) Siedepunkte steigen: $He < O_2 < HCl < HF < NaF$; bei He und O_2 nur van der Waals-Wechselwirkungen (O_2 hat mehr verschiebbare Elektronen), bei HCl Dipol-Dipol-Wechselwirkungen; bei HF Wasserstoff-brücken; bei NaF Ionenbindung

24) Aufgrund der stark zunehmenden Anzahl der verschiebbaren Elektronen werden die van der Waals-Wechselwirkungen deutlich stärker.

25) Ethylenglykol besitzt zwei OH-Gruppen; es können sich zwei Wasserstoffbrücken ausbilden.

26) *Gesetz der konstanten Proportionen*: Chemische Elemente verbinden sich immer in bestimmten, konstanten, genau definierten Gewichtsverhältnissen zu einer chemischen Verbindung. *Gesetz der multiplen Proportionen*: Bilden chemische Elemente mehrere verschiedenartige Verbindungen, so verhalten sich die Massen eines chemischen Elements, die sich mit einer gegebenen Masse des anderen Elements verbinden, zueinander im Verhältnis einfacher Zahlen.

27) Beides sind dimensionslose Maßzahlen und beziehen sich auf 1/12 des Nuklids C 12, dabei gibt an die *relative Atommasse*: wievielmal schwerer durchschnittlich (d. h. im natürlichen Isotopenverhältnis) ein Atom des betreffenden Elements ist, die *relative Molekülmasse*: wievielmal schwerer das Molekül eines chemischen Stoffes ist (es entspricht der Summe der relativen Atommassen in einem Molekül).

28) Dies beruht auf zwei Effekten: die meisten Elemente bestehen aus Isotopengemischen; sowie dem Einfluß des Massendefektes (siehe auch Abschnitt 2.6.2).

29) Ein Mol ist diejenige Stoffmenge in Gramm, die durch die relative Atommasse, relative Molekülmasse oder relative Formelmasse angegeben ist.

30) $M(CH_4) = 16$ g/mol; $M(SO_2) = 64{,}1$ g/mol; $M(CaCl_2) = 111{,}1$ g/mol; $M(CuSO_4) = 159{,}6$ g/mol

31) $6 \cdot 10^{23}$

32) Zahl der Atome $= (8{,}92/63{,}5)\, 6 \cdot 10^{23} = 8{,}43 \cdot 10^{22}$

3. Kapitel

1) Moleküle mit geringen zwischenmolekularen Wechselwirkungen (meist kleine und leichte Moleküle) sind gasförmig, Moleküle mit starken zwischenmolekularen Wechselwirkungen (meist große und schwere Moleküle) bilden feste Körper

2) Bei idealen Gasen sind die zwischenmolekularen Kräfte so gering, daß man sie vernachlässigen kann.

3) Druckverhältnis ergibt sich aus Verhältnis der Kelvin-Temperaturen (siehe Abschnitt 3.1.1) $T_2/T_1 = 308/293 = 1{,}051$; damit $p_2 = p_1 \cdot 1{,}051 = 210{,}2$ bar

4) Nach der Gleichung für ideale Gase gilt für $\cdot$ n: $n = (p \cdot V)/(R \cdot T)$; je Hochdruckbehälter $\rightarrow n = 1816$ mol mit $M(H_2) = 2$ g/mol $\rightarrow m = 3632$ g $= 3{,}632$ kg; bei sieben Hochdruckbehältern $m = 25{,}42$ kg

5) Bei gleichem Druck und gleicher Temperatur enthalten gleiche Volumina idealer Gase die gleiche Anzahl von Molekülen, unabhängig von der Art des Gases

6) Bei realen Gasen muß man die gegenseitigen Anziehungskräfte unter den Gasmolekülen und das Eigenvolumen der Gasmoleküle berücksichtigen.

7) Als Joule-Thomson-Effekt bezeichnet man die Abkühlung eines realen Gases beim Entspannen auf einen niederen Druck.

8) Oberhalb der kritischen Temperatur läßt sich ein Gas durch keinen noch so hohen Druck verflüssigen, der kritische Druck ist der Siededruck bei der kritischen Temperatur.

9) In Flüssigkeiten und Schmelzen besitzen die Bestandteile eine gewisse Translationsenergie.

10) Anisotropie liegt vor, wenn ein Körper nicht in allen Richtungen gleiche Eigenschaften aufweist

11) a) kubisch primitiv, b) kubisch flächenzentriert, c) kubisch innenzentriert

12) Die Gitterenergie gibt die Stärke der Anziehungskräfte zwischen den Ionen an.

13) Amorphe feste Stoffe sind im inneren Aufbau den Flüssigkeiten vergleichbar, besitzen jedoch keine Translationsenergie.

14) Homogene Mischungen bilden nur eine einzige Phase, heterogene Mischungen jedoch bilden zwei oder mehrere Phasen

15) Zur Beantwortung dieser Frage berechnet man zunächst die relativen Molmassen, diese sind für: $H_2 = 2$; $CH_4 = 16$; $Cl_2 = 71$; $CO_2 = 44$; $C_3H_8 = 44$; $C_4H_{10} = 58$. Da Luft die mittlere relative Molmasse von ca. 30 hat, steigen H_2 und CH_4 nach oben, deshalb ist die Raumentlüftung oben anzubringen; die übrigen Gase bzw. Dämpfe sinken nach unten und müssen dort abgesaugt werden.

16) Unter physikalischen Gemengen versteht man gewöhnlich die Mischung von zwei oder mehreren festen

(oft pulverförmigen) Stoffen.

17) Emulsionen sind milchig (trübe) aussehende, innige zweiphasige Flüssigkeitsmischungen, wobei die eine der beiden Flüssigkeiten in der anderen in Form von kleinen Tröpfchen eingebettet ist; bei Suspensionen sind unlösliche Feststoffteilchen (mit Durchmessern größer als 10^{-7} m) in einer Flüssigkeit fein verteilt.

18) Kolloide Lösungen oder Dispersionen enthalten unlösliche Feststoffteilchen von etwa zehn- bis tausendfachem Atomdurchmesser (10^{-9} bis 10^{-7} m) in einer Flüssigkeit fein verteilt.

19) Kolloide Lösungen kann man am sogenannten Tyndall-Effekt erkennen (siehe Abschnitt 3.4.2).

20) KCl, HCl und NH_3 sind polare Substanzen und sind deshalb besser in (polarem) Wasser löslich. Br_2, CH_4 und I_2 sind unpolar und deshalb besser in (unpolarem) Benzin löslich.

21) a) Beide Moleküle enthalten eine polare OH-Gruppe, der unpolare Kohlenwasserstoffrest ist jedoch beim Pentanol größer.
    b) Iod ist unpolar, Ethanol enthält noch eine polare OH-Gruppe.

22) Dies ist der Anteil des gelösten Stoffes in Mol, bezogen auf die Gesamtzahl der in der Lösung vorhandenen Mol, d.h. des Lösungsmittels und des gelösten Stoffes, beides in Mol ausgedrückt.

23) 1 ppm = 1 Teil auf 1 Million Teile (1 part per million)

24) Mit Hilfe der molaren Masse von $CuSO_4$ ergibt sich die Massenkonzentration = 159,6 g/l

25) Analog Übungsbeispiel 3.2 ergibt sich 687 mg/m^3.

26) Die Molalität gibt die Anzahl der Mole des gelösten Stoffes in 1000 g des Lösungsmittels an

27) Analog Übungsbeispiel 3.3 ergibt sich, daß man insgesamt 200 ml Wasser zugeben muß.

28) a) 38% $\rightarrow$ 380 g/ 1000 $_{Lösung}$; Massenkonzentration (Multiplikation mit Dichte) = (380g / 1000g) 1190 g/l = 452,2 g/l $\rightarrow$ mit molarer Masse von HCl = 36,5 g/mol $\rightarrow$ *Stoffmengenkonzentration* = 12,4 mol/l
    b) 380 g HCl in 1000 g Lösung mit 620 g Wasser; bei Molalität Bezug auf 1000 g Wasser $\rightarrow$ 1613 g Lösung enthalten 1000 g Wasser und 613 g HCl; mit molarer Masse von HCl = 36,5 g/mol $\rightarrow$ 16,8 molale Lösung

29) Diffusion ist die gleichmäßige Durchmischung von verschiedenen Stoffen durch die Wärmebewegung im atomaren Bereich; Osmose ist das Eindringen eines Lösungsmittels durch eine semipermeable Wand, hervorgerufen durch eine Verdünnungstendenz (Konzentrationsausgleich zwischen Lösung und Lösungsmittel); bei der umgekehrten Osmose wird das Lösungsmittel mittels hoher Drücke durch eine semipermeable Wand aus der Lösung hinausgedrückt.

30) Der osmotische Druck ist von der Anzahl der gelösten Teilchen, im idealen Fall nicht jedoch von deren Art und Größe abhängig.

31) Osmotischer Druck berechnet sich aus der van't Hoff-Gleichung (siehe Übungsbeispiel 3.4): $\pi = n/V \cdot R \cdot T$ = $\rho_{molar} \cdot R \cdot T$:
    a) 5 g/l mit Molmasse ($C_6H_{12}O_6$) = 180 g/mol $\rightarrow$ 0,0278 mol/l $\rightarrow$ Teilchendichte = 0,0278 mol/l (gelöste Einzelmoleküle) $\rightarrow$ π = 0,69 bar;
    b) 5 g/l mit Formelmasse (CaCl2) = 111,1 g/mol $\rightarrow$ 0,045 mol $\rightarrow$ Teilchendichte = 0,135 mol/l (in Lösung 1 mol Ca^{2+} und 2 mol Cl^-) $\rightarrow$ π = 3,35 bar

32) durch tiefgestelltes (aq), z.B.: Na^+ (aq) oder Cl^- (aq)

33) Die Lösungswärme ergibt sich aus dem Teilbetrag der freiwerdenden Hydrationsenergie und dem Teilbetrag der Verbrauch der Gitterenergie. Je nachdem ist die Lösungswärme exotherm oder endotherm. Wenn die Gitterenergie viel größer ist als die freiwerdende Hydrationsenergie, ist das Salz schwerlöslich.

34) Die Entropie ist ein Maß für den Unordnungsgrad, für eine (gleichmäßige) Verteilung von Materie (und Energie) im Raum.

35) Chemische Reaktionen laufen dann freiwillig ab, wenn dadurch ein Energieminimum oder ein Entropiemaximum erreicht werden kann (und keine Energiebarrieren vorhanden sind).

36) Die Änderung der freien Enthalpie ist derjenige Teilbetrag der Energie, der bei einer chemischen Reaktion Arbeit zu leisten vermag, der in andere Energieformen überführt werden kann. Die Gibbssche Gleichung für die freie Enthalpie lautet: $\Delta G = \Delta H - T \cdot \Delta S$

37) Bei exergonischen Vorgängen laufen die Reaktionen freiwillig ab, die freie Enthalpie ΔG ist negativ, bei endergonischen Vorgängen ist ΔG positiv, solche Vorgänge können nur durch Energieaufwand erzwungen werden.

38) Bei einem dynamischen Gleichgewicht halten sich zwei ständig ablaufende, entgegengesetzt gerichtete Teilreaktionen das Gleichgewicht, dabei ist ΔG = 0

39) Die Schmelzenthalpie ΔH_S ist die zum Schmelzen einer Substanz erforderliche Wärmeenergie (bei konstantem Druck), die Verdampfungsenthalpie ΔH_V gibt die zum Verdampfen einer Substanz (bei konstantem Druck) benötigte Wärmeenergie an.

40) Sublimation; Gefriertrocknung ist der Entzug von H_2O durch Sublimation
41) Gibbssche Phasenregel: $P + F = B + 2$ (Zahl der Phasen + Zahl der Freiheiten = Zahl der Bestandteile + 2)
42) a) Einstoffsystem: bei zwei Phasen = eine Freiheit, bei einer Phase = zwei Freiheiten, b) Zweistoffsystem: bei drei Phasen = eine Freiheit
43) höhere Siedetemperatur durch höheren Dampfdruck → schnellere Garzeit (siehe Abschnitt 3.6.2a3)
44) das Eis schmilzt
45) Eis – Kochsalz: ca. –21 °C; Eis – Calciumchlorid: ca. –55 °C
46) Dies ist das Verdampfen einer Flüssigkeit (durch Entspannen auf einen niederen Druck), ohne daß dabei von außen Wärme zugeführt wird.
47) Kältemittel für Großkältemaschinen: Ammoniak (NH_3), wegen der hohen Verdampfungswärme; für kleine und mittlere Kältemaschinen: Frigene
48) 1) Komprimieren, 2) Kühlen und damit Verflüssigen der Kältemitteldämpfe, 3) Entspannen (Erzeugung der tiefen Temperaturen), 4) Verdampfen (Kälteverbrauch, eigentliche „Kälteerzeugung")
49) Mit zweistufigen Kältemaschinen erreicht man besonders tiefe Temperaturen.
50) Wärmepumpen verwendet man, um Wärmeenergie von tiefen (= Abfallwärme) auf höhere (nutzbare) Temperaturen hinaufzupumpen; man nutzt im Prinzip bei einer Kältemaschine die Verdampfungswärme (= hineingesteckte Abfallwärme) und die zusätzlich aufzuwendende Kompressionsenergie als Wärmequellen.
51) Durch Destillieren kann man Flüssigkeiten reinigen; die Flüssigkeit wird durch Erhitzen in den dampfförmigen und der Dampf durch Abkühlen (Kondensation) wieder in den flüssigen Zustand überführt.
52) Die fraktionierte Destillation ermöglicht eine Auftrennung von Flüssigkeitsmischungen in verschiedene „Fraktionen" mit unterschiedlichen Siedebereichen. Dies erreicht man dadurch, daß man während der Destillation bei steigender Siedetemperatur die Vorlage, in welcher das Destillat aufgefangen wird, wechselt.
53) Rektifizierkolonnen dienen zur Auftrennung von Flüssigkeitsmischungen in die Einzelbestandteile oder wenigstens in einzelne Siedebereiche.
54) Glockenböden und Siebböden
55) durch „theoretische Böden"

4. Kapitel

1) Stöchiometrische Berechnungen sind mengenmäßige Kalkulationen bei chemischen Stoffumsetzungen.
2) Bei exothermen Prozessen wird Wärme frei, bei endothermen wird Wärme verbraucht.
3) Die Aktivierungsenergie wird verbraucht, um bestehende chemische Bindungen zu lösen, damit die so aktivierten Reaktionspartner neue Bindungen eingehen können.
4) Enthalpie ist der Wärmeinhalt (eines Stoffes) bei konstantem Druck, die innere Energie gibt den Wärmeinhalt bei konstantem Volumen an.
5) Katalysatoren setzen die Aktivierungsenergie herab – beschleunigen Reaktionen – und gehen unverändert aus der Reaktion hervor. Man unterscheidet zwischen homogener und heterogener Katalyse (siehe Antwort 8). Inhibitoren erhöhen die Aktivierungsenergie und verlangsamen somit eine Reaktion.
6) Katalysatorgifte zerstören irreversibel den Katalysator. So ist z.B. Blei ein Katalysatorgift für den Platinkatalysator im Bereich der Abgasreinigung (siehe Kapitel 13)
7) Stoffe, welche im metastabilen Zustand vorliegen, könnten durch eine chemische Reaktion in andere, energieärmere Stoffe (exotherme Reaktion!) überführt werden, jedoch fehlt hierzu die nötige Anregungsenergie. Deswegen bleiben diese Stoffe auf dem energetisch höheren Zwischenzustand.
8) Bei der *homogenen Katalyse* gehört der Katalysator der gleichen Phase an wie die Reaktionspartner. Der Katalysator bildet mit einem der reagierenden Stoffe eine labile Zwischenverbindung, die dann rasch mit dem zweiten Reaktionspartner weiter reagiert. Bei der *heterogenen Katalyse* liegen die Katalysatoren meist als feinverteilte feste Stoffe vor, an deren Oberfläche die Reaktionspartner adsorbieren und in eine aktivere, leichter reagierende Form gebracht werden, indem durch die Adsorption die Molekülbindungen geschwächt oder sogar aufgebrochen werden.
9) a) Aus Reaktionsgl. folgt mit molaren Massen / molarem Gasvolumen: 228 g Oktan benötgen 560,4 l O_2, 42 kg Oktan (60 l · 0,7 kg/l = 42 kg) benötigen $1,03 \cdot 10^5$ l O_2 = 103 m³ O_2. Luft enthält 21 Vol% O_2 → 490,5 m³ Luft; b) Bei 228 g Oktan werden 358,6 l CO_2 frei; bei 42 kg entsprechend $6,6 \cdot 10^4$ l = 66 m³ (siehe auch Übungsbeispiele 4.1 und 4.2)
10) Oxidation = Abspaltung von Elektronen, Reduktion = Aufnahme von Elektronen
11) Oxidationsmittel = Stoff, der Elektronen aufnimmt; Reduktionsmittel = Stoff, der Elektronen abgibt.
12) Ladungszahlen geben die tatsächlich meßbaren Ladungen von Ionen an; die Oxidationszahl ist nur eine

formale Ladungszahl; sie gibt also nicht die tatsächlichen Bindungsverhältnisse wieder.

13) z.B. Kohlenstoff, Wasserstoff, Aluminium, bei Elektrolysen die Kathode

14) Beim Thermit-Schweißen wird die hohe Temperatur durch die Reaktion von Al-Pulver mit Fe_2O_3-Pulver erzeugt (exotherme Reaktion). Sie wird technisch zum Schweißen von Schienen verwendet.

15) 0 +1+6−2 +2+6−2 +2−1 +1+7−2 +1−2 +3−2 +1+5−2 +1 +4−2
O_2 H_2SO_4 $BaCrO_4$ $CaCl_2$ $HClO_4$ H_2S Al_2O_3 H_3PO_4 Na_2CO_3

16) a) Reduktionsmittel: Al (0), Oxidationsmittel: Fe(+3); b) Reduktionsmittel: C (−4), Oxidationsmittel: O_2(0); c) Reduktionsmittel: Ca (0), Oxidationsmittel: Cl_2(0); das Oxidationsmittel wird jeweils reduziert, das Reduktionsmittel oxidiert (Oxidationszahlen in Klammern)

17) Durch stöchiometrische Berechnung ergibt sich: 54 g Al ergeben 104 g Cr $\to$ 5 to Cr benötigen 2,6 to Al.

18) S: +6,−2; Cl: +7,−1; Na: +1, 0; P: +5, −3; Ar: 0; F: 0, −1; Begründung: die Oxidationszahlen (formale Ladungen) unterliegen der Oktettregel.

19) a) $WO_3 + 3\ H_2 \to W + 3\ H_2O$; b) aus a) folgt: 231,9 g WO_3 ergeben 183,9 g W $\to$ 3,78 to WO_3 ergeben 3 to W; c) 183,9 g W benötigen 67,2 l H_2 $\to$ 3 to benötigen 1096 m^3 H_2

20) a) endotherme Reaktion; b) Durch stöchiometrische Berechnung ergibt sich: 60,1 g SiO_2 und 24 g C ergeben 28,1 g Si $\to$ 2,14 to SiO_2 und 0,85 to C ergeben 1 to Si; c) die Herstellung von 28,1 g benötigt 695 kJ $\to$ die Herstellung von 1 to benötigt $2,47 \cdot 10^7$ kJ $= 2,47 \cdot 10^4$ MJ $= 6861$ kWh

21) Nach Brönsted sind Säure Protonendonatoren, Basen sind Protonenakzeptoren.

22) pH $= 11 \to c_{H+} = 10^{-11}$ mol/l; aus $c_{H+} \cdot c_{OH-} = 10^{-14}$ $mol^2/l^2 \to c_{OH-} = 10^{-3}$ mol/l; in 1 m^3 sind somit 1 mol OH^- $\to$ 1 mol HCl wird zur Neutralisation benötigt $= 36,5$ g HCl $\to$ 365 g HCl mit Massengehalt 10%

23) $Mg(OH)_2 + 2\ HCl \to MgCl_2 + 2\ H_2O$; $Al(OH)_3 + 3\ HCl \to AlCl_3 + 3\ H_2O$

24) Dies sind Stoffe, die sowohl als Säure wie auch als Base fungieren können.

25) a) Neutralisation: Säure + Base $\to$ Salz + Wasser; b) Redoxreaktion: Oxidationszahlen von Reaktionspartnern ändern sich; c) Redoxreaktion: Oxidationszahlen von Reaktionspartnern ändern sich; d) Säure-Base-Reaktion: Proton wird von H_2O auf NH_3 verschoben; e) Säure-Base-Reaktion: Proton wird von H_2O auf O^{2-} verschoben; f) Neutralisation: Säure + Base $\to$ Salz + Wasser

5. Kapitel

1) Im Gleichgewichtszustand einer chemischen Reaktion besitzt der Quotient aus den „wirksamen Massen" der End- und der Ausgangsstoffe bei gegebener Temperatur einen bestimmten, konstanten, für die Reaktion charakteristischen Wert K.

2)

$$ \text{a)}\quad K_c = \frac{c_{H^+}^{\ 3} \cdot c_{PO_4^{3-}}}{c_{H_3PO_4}} \qquad \text{b)}\quad K_c = \frac{c_{Fe(OH)_3}}{c_{Fe_{3+}} \cdot c_{OH^-}^{\ 3}} \qquad \text{c)}\quad K_c = \frac{c_{Ca_3(PO_4)_2}}{c_{PO_4^{3-}}^{\ 2} \cdot c_{Ca^{2+}}^{\ 3}} $$

3) Übt man auf ein System, das sich im chemischen Gleichgewicht befindet, durch Änderung der äußeren Bedingungen einen Zwang aus, so verschiebt sich das chemische Gleichgewicht derart, daß dieser äußere Zwang vermindert wird.

4) $c_{H+} \cdot c_{OH-} = 10^{-14}$ mol^2/l^2

5) $H_3PO_4 + H_2O \to H_2PO_4^- + H_3O^+$; $H_2PO_4^- + H_2O \to HPO_4^{2-} + H_3O^+$; $HPO_4^{2-} + H_2O \to PO_4^{3-} + H_3O^+$

6) Dissoziationsgrad einer schwachen Säure: α = ca. 0,01, einer starken Säure: α = ca. 1

7) pH = neg.dek Logarithmus von c_{H+} $\to$ a) pH = 2; b) pH = 2,4; c) pH = 1,2; d) pH = 0,9

8) Dies ist die scheinbare, bei Bestimmungsmethoden gemessene, wirksame Wasserstoffionenkonzentration; sie stimmt mit der tatsächlichen, wahren Wasserstoffionenkonzentration nicht überein, wenn die Konzentration bei starken Elektrolyten größer als 0,001 mol/l, bei schwachen Elektrolyten größer als 0,1 mol/l ist, und zwar wegen der gegenseitigen Beeinflussung der elektrisch geladenen Ionen in der Lösung.

9) wegen des gelösten CO_2 (Kohlensäurebildung)

10) Pufferlösungen halten den pH-Wert konstant (auch bei Zugabe von Säuren oder Basen). Sie enthalten zwei Bestandteile: einen H^+-Ionenfänger und einen OH^- Ionenfänger; die entscheidende Rolle spielt dabei die Verwendung von schwachen Elektrolyten; mögliche Kombinationen von Pufferlösungen: a) schwache Säure und ein Salz dieser schwachen Säure mit einer starken Base, b) schwache Base und ein Salz dieser schwachen Base mit einer starken Säure.

11) Farbindikatoren sind schwache Säuren oder Basen, deren Ionen eine andere Farbe haben als die undissoziierten Moleküle. Sie zeigen durch ihre Färbung (pH-abhängige Gleichgewichtslage zwischen der dissoziierten und der undissoziierten Form) den pH-Wert an.

12) Maßanalyse oder Titration = Verfahren zur quantitativen Bestimmung der Konzentration von Lösungen durch Verbrauch von Reagenzlösungen bekannter Konzentrationen (gemessen wird das Volumen der verbrauchten Reagenzlösung = volumetrische Analyse) bis zum Äquivalenzpunkt; Neutralisationstitration = Säure-Sase-Titration; Oxidimetrie = Redox-Titration; Normallösungen = Lösungen mit gleicher Äquivalenzkonzentration in einem Liter. (siehe Abschnitt 5.2.7b).

13) Die KOH-Lösung hat eine Konzentration von 0,03 mol/l. Mit der molaren Masse von (56,1 g/mol) KOH beträgt die Massenkonzentration = 1,68 g/l

14) Die Essisäure-Lösung hat eine Konzentration von 0,762 mol/l. Mit der molaren Masse von (60 g/mol) Essigsäure beträgt die Massenkonzentration = 45,7 g/l → Massengehalt 4,57%

15) Beim Natriumcarbonat bewirkt das Carbonatanion als Anionbase eine alkalische, beim Aluminiumsulfat das hydratisierte Aluminiumion als Kationsäure eine saure Reaktion.

16) $L = c_{Sb3+} \cdot c_{OH-}^3$; $L = c_{Ca2+}^3 \cdot c_{PO43-}^2$; $L = c_{Hg22+} \cdot c_{Cl-}^2$

17) a) $x = (L)^{1/2}$ → $x = 0{,}078$ mol/l $= 1{,}064$ g/l; b) $x = (L/9)^{1/4} = 2{,}55 \cdot 10^{-10}$ mol/l $= 2{,}7 \cdot 10^{-8}$ g/l; c) $x = L/0{,}2 = 3{,}05 \cdot 10^{-4}$ mol/l $= 4{,}15 \cdot 10^{-2}$ mol/l (siehe Übungsbeispiel 5.4)

18) temporäre Härte = vorübergehende Härte, sie verschwindet beim Erhitzen durch Ausfallen von „Kesselstein"; sie wird verursacht durch Calcium- (bzw. Erdalkali-) Hydrogencarbonate; permanente Härte = bleibende Härte, sie wird verursacht durch Calcium-(bzw. Erdalkali-) Salze, die beim Erhitzen keine schwerlöslichen Niederschläge bilden.

19) 1 „deutscher Härtegrad" = 1°d = äquivalent 10 mg CaO im Liter

20) Sie erhöht sich, weil sich das Gleichgewicht: $HCO_3^- \rightleftharpoons H^+ + CO_3^{2-}$ mit abnehmender Wasserstoffionenkonzentration (= mit abnehmendem Kohlensäuregehalt) zugunsten der Carbonationen veschiebt.

21) Erhöhung des pH-Wertes (= Verminderung der Wasserstoffionenkonzentration) bewirkt ein Ansteigen der Carbonationenkonzentration (siehe Frage 20) und damit ein Ausfallen von Calciumcarbonat.

22) a) vorheriges Ausfällen (eventuell Abtrennen) von Calciumcarbonat, b) Zusätze, die Calciumionen komplex gebunden in der Lösung halten, c) selektiver Ionenaustausch: Calciumionen werden durch Ionenaustauscher aus der Lösung entfernt und durch Natriumionen ersetzt, d) Verwendung von vollentsalztem Wasser, das man mit Hilfe von Kationen- und Anion-Austauschern gewinnt

23) Ionenaustauscher sind wasserunlösliche, feste Stoffe, die bestimmte Ionen aus dem Wasser entfernen und an deren Stelle andere Ionen in das Wasser entlassen. Kationenaustauscher werden durch starke Säuren, Anionenaustauscher durch starke Ba regeneriert.

24) Sparbeizen sind meist Säuren, die Inhibitoren zum Schutz des Metalls enthalten; sie dienen dazu, Ablagerungen auf dem Metall (Kesselstein) abzulösen, ohne daß dabei das Metall angegriffen wird.

25) Die konzentrierte Schwefelsäure in dünnem Strahl unter ständigem Umrühren in ausreichende Mengen Wasser gießen, nie umgekehrt Wasser in die Säure: „Erst das Wasser, dann die Säure sonst geschieht das Ungeheure"; Schutzbrille tragen!

26) $K_4[Fe(CN)_6]$ = Kaliumhexacyanoferrat (II) = gelbes Blutlaugensalz; $K_3[Fe(CN)_6]$ = Kaliumhexacyanoferrat (III) = rotes Blutlaugensalz

27) a)

$$K_p = \frac{p_{CH_3OH}}{p_{H_2}^2 \cdot p_{CO}}$$

b) Dies ist eine exotherme Reaktion mit Molekülzahl-Verringerung, so verschiebt sich nach dem Prinzip des kleinsten Zwanges das Gleichgewicht mit steigender Temperatur nach links und mit steigendem Druck nach rechts → für hohe Ausbeute sollte T tief und p hoch sein!

28) $2\,CO + O_2 \rightarrow 2\,CO_2$; exotherme Reaktion mit Molekülzahl-Verringerung, Begründung: Prinzip des kleinsten Zwanges → a) kleiner; b) kleiner; c) kleiner

29) $H_2O + CO \rightleftharpoons H_2 + CO_2$

30) Es wird aus Wasserstoff und Stickstoff durch eine katalytische Hochdrucksynthese hergestellt: $3\,H_2 + N_2 \rightarrow 2\,NH_3$; sogenannte Haber-Bosch-Synthese, siehe Abschnitt 55.1a

31) Dampfreforming von Erdgas (oder anderen Kohlenwasserstoff-Verbindungen) und anschließende Wassergasreaktion (siehe Abschnitt 55.1b und c)

32) Die heißeste reduzierende Stelle: einige Millimeter oberhalb des blaugrün umsäumten Innenkegels; die heißeste oxidierende Stelle: seitlich, am äußeren Rand der Flamme.

33) Sie übersteigt diese Temperatur nicht wegen der sich einstellenden Gasgleichgewichte: dabei verbrauchen die endothermen Teilreaktionen einen erheblichen Teil der Reaktionsenergie.

34) $CO_2 + C \rightleftharpoons 2\,CO$

35) siehe Abschnitt 5.5.3
36) siehe Abb.5.19
37) Chromatographie = Verfahren, bei dem infolge unterschiedlicher Wechselwirkung (Adsorption durch eine stationäre Phase) gelöste oder gasförmige Stoffe von einem Schleppmittel unterschiedlicher Wanderungsgeschwindigkeit über das stationäre Trägermaterial bewegt werden. Die Chromatographie dient zur (analytischen) Auftrennung von Stoffgemischen. Man unterscheidet zwischen Flüssigkeitschromatographie (realisiert als Säulen-, Dünnschicht- oder Papierchromatographie), wobei das Schleppmittel eine Flüssigkeit ist, und Gaschromatographie, wobei das Schleppmittel ein Gas ist.

6. Kapitel

1) Wichtige *Metalle*: Eisen, Cobalt, Nickel, Kupfer, Silber, Aluminium, Natrium, Kalium, Magnesium, Calcium; *Nichtmetalle*: Kohlenstoff, Phosphor, Schwefel, Brom, Iod sowie alle gasförmigen Elemente; *Halbmetalle*: Silicium, Germanium, Selen
2) Sie unterscheiden sich durch die elektrische Leitfähigkeit (Metalle = hohe, Nichtmetalle = äußerst geringe, Halbmetalle = schwache elektrische Leitfähigkeit).
3) Dies sind Recycling und Substitution. Zu den drei Ordnungen von Ressourcen (Wissen, Infrastruktur, Rohstoffe) siehe Abschnitt 6.1.2.
4) Prinzipielle Möglichkeiten zur Elementumwandlung: 1) einfache Kernreaktionen, 2) Kernzersplitterung, 3) Kernspaltung, 4) Kernfusion
5) Nach der C 14-Methode (siehe Abschnitt 6.1.3a). Die Tritiumuhr ist eine Meßmöglichkeit (aufgrund des Tritiumgehalts von Wasser) dafür, wann sich Wasser vom atmosphärischen Wasser abgetrennt hat.
6) Berechnung der Energie durch Berechnung des Massendefekts und unter Verwendung der Einstein-Beziehung $E= m{\cdot}c^2$ (siehe Abschnitt 2.6.2): Massendefekt pro Atomkern = $3{,}2{\cdot}10^{-28}$ kg; mit $E= m{\cdot}c^2 \rightarrow$ freigesetzte Energie pro Atomkern = $2{,}88{\cdot}10^{-11}$ J; pro kg Uran = $7{,}38{\cdot}10^{13}$ J $= 2{,}05{\cdot}10^7$ kWh
7) Nur die Elemente der zweiten Periode können Doppelbindungen mit ihren p-Elektronen eingehen.
8) Diamagnetische Stoffe werden aus einem Magnetfeld hinausgedrängt, das Magnetfeld wird durch sie abgeschwächt. Paramagnetische Stoffe hingegen werden in ein Magnetfeld hineingezogen, das magnetische Feld wird durch sie verstärkt. Bei ferromagnetischen Stoffen ist dieser Effekt (Hineingezogenwerden in das Magnetfeld und Verstärkung der Feldlinien) besonders stark ausgeprägt. Paramagnetische und ferromagnetische Stoffe haben ungepaarte Elektronen, während bei den diamagnetischen Stoffen die Elektronen zu Paaren zusammengeschlossen sind, wodurch sich die (para)magnetischen Eigenschaften der Elektronen-Spinmomente gegenseitig aufheben
9) Bei bindenden Elektronen liegt das Energieniveau im Molekül tiefer als in den (isolierten) Atomen, die Elektronen wirken deshalb bindend. Bei den antibindenden Elektronen haben die Molekülorbitale höhere Energieniveaus als die Atomorbitale, die Elektronen drängen deshalb aus der Bindung hinaus und wirken „antibindend".
10) die paramagnetische Eigenschaft
11) Flüssiger und unter Druck stehender Sauerstoff darf nicht mit brennbaren Stoffen, mit Fetten, Ölen oder Glycerin (z. B. als Schmiermittel) in Berührung kommen.
12) O_3
13) Polymorphie bedeutet, daß ein Element (oder eine Verbindung) in mehreren kristallinen Modifikationen auftreten kann.
14) Die *Diamant-Modifikation* zeigt im Gitteraufbau starke kovalente Bindungen nach allen Richtungen (daher große Härte); die Bindungselektronen gehören jeweils immer nur zwei Atomen an und können nicht im Gitter verschoben werden (daher elektrischer Isolator). Bei der *Graphit-Modifikation* liegt pro Kohlenstoffatom jeweils ein in der Schichtebene frei bewegliches Elektron vor (sogenannte delokalisierte Elektronen), wodurch die elektrische Leitfähigkeit möglich ist; die einzelnen Schichtebenen sind miteinander nur durch schwache van der Waals-Kräfte verbunden, sie können also bei mechanischer Beanspruchung übereinander gleiten (weicher Stoff, Schmiereigenschaften des Graphits).
15) Fullerene sind C_{60}-Kohlenstoff-Moleküle mit Hohlkugelgestalt. Sie werden wegen ihrer Form auch als „Fußballmoleküle" bezeichnet.
16) Aktivkohle verwendet man zum Herausholen von giftigen oder störenden unpolaren Stoffen aus Flüssigkeiten oder Gasen (durch Bindung an der unpolaren Oberfläche der Aktivkohle).
17) Energiebänder statt scharf begrenzter Energieniveaus liegen dann vor, wenn unübersehbar viele Atome mit ihren Bindungselektronen in Wechselwirkung stehen.
18) Im Energiebereich der verbotenen Zone sind Elektronen nicht existenzfähig (können im Atom keine

Materiewelle ausbilden).

19) Isolatoren haben eine breite, Halbleiter eine schmale verbotene Zone, bei Metallen ist das oberste Energieband nicht vollständig mit Elektronen besetzt oder es überlappen sich Valenz- und Leitungsband (Metalle haben keine verbotene Zone).

20) Störstellenhalbleiter haben innerhalb der verbotenen Zone noch die diskreten Energieniveaus der Störstellen-Fremdatome, welche bei den Eigenhalbleitern nicht vorhanden sind.

21) a) Elektronenübergänge bei Energiezufuhr in Siliciumhalbleitern:
1) n-dotierte: vom Donatorniveau zum Leitungsband,
2) p-dotierte: vom Valenzband zum Akzeptorniveau.
b) Die Leitung der Elektronen erfolgt:
1) n-dotierte: im Leitungsband,
2) p-dotierte: im Valenzband

22) Dies kann durch das Mischungsverhältnis von Ga und As erreicht werden. Ga besitzt drei Außenelektronen (3.Hauptgruppe); As besitzt fünf Außenelektronen (5.Hauptgruppe) → viel As, wenig Ga: n-Leiter; viel Ga, wenig As p-Leiter.

23) Eine elektrische Leitfähigkeit von Metalloxiden (Halbleitereigenschaften) wird hervorgerufen oder begünstigt dadurch, daß
1) Metalle mit mehreren Oxidationszahlen auftreten können,
2) Störstellen im Gitterbau vorhanden sind,
3} Fremdatome im Gitter eingebaut sind.

24) Die elektrische. Leitfähigkeit nimmt mit zunehmender Temperatur bei Halbleitern zu (mehr Elektronen im Leitungsband), bei Metallen ab (stärkere Gitterschwingungen der Metallatome behindern Elektronenbewegung).

25) Infolge der Anlagerung der Gasmoleküle auf der Oberfläche der Halbleiter erhöht oder verringert sich die Oberflächenleitfähigkeit, je nachdem, ob dabei freie Elektronen erzeugt (reduzierend wirkende Gase) oder entfernt (oxidierend wirkende Gase) werden.

26) Wichtige metallische Eigenschaften: gute Leitfähigkeit für Elektrizität und Wärme, die elektrische Leitfähigkeit sinkt mit zunehmender Temperatur, Metallglanz und plastische Verformbarkeit

27) durch Verletzung der Oxidschicht oder durch Frittung

28) Supraleitfähigkeit = verlustlose Leitung von elektrischem Gleichstrom; unterhalb der Sprungtemperatur fällt der elektrische Widerstand bei supraleitenden Metallen sprunghaft auf Null ab

29) weil die Wärmeleitfähigkeit ebenso wie die elektrische Leitfähigkeit durch die sehr starke Beweglichkeit der Elektronen im Metallgitter verursacht wird

30) Man macht sich den äußeren Photoeffekt zunutze, d. h. das Herausschlagen von Elektronen aus der Metalloberfläche durch auftreffendes Licht von bestimmter Mindestenergie.

31) Bei Metallen werden während des Verformungsvorganges die Metallionen im Gitter durch das Elektronengas zusammengehalten, während bei den Salzen sich die gleichartig geladenen Ionen gegenseitig abstoßen und deswegen der Ionenkristall auseinanderbricht.

32) Möglichkeit zur Einteilung der Metalle:
nach der Dichte: Leichtmetalle < 4 – 5 g/cm^3 < Schwermetalle,
nach der Oxidierbarkeit: unedle Metalle (leicht oxidierbar) und edle Metalle (schwer oxidierbar)
nach den Gruppen im Periodensystem
in reine Metalle und Legierungen

33) a) eutektische Legierungen (zwei oder mehrere Metalle kristallisieren in eigenen, kleinsten Kristalliten mit verschiedenen Gittern),
b) Mischkristall-Legierungen (Metalle sind im festen Zustand unbegrenzt ineinander löslich und bilden ein gemeinsames Kristallgitter),
c) intermetallische Verbindungen (zwei Metalle bilden genau definierte, durch einfache Zahlenverhältnisse ausdrückbare Verbindungen, die sich in den Eigenschaften wie reine Metalle verhalten)

34) siehe Abb.6.18 und 6.19

35) a) Räume gut belüften, b) Quecksilber nicht verschütten (Auffangwanne verwenden), verschüttetes Quecksilber sorgfältigst einsammeln, c) Vorsicht bei der Berührung mit vielen anderen Metallen, insbesondere mit Edelmetallen, wegen Amalgambildung!

36) Messing = Kupfer-Zink-Legierung; Bronze = Kupfer-Zinn-Legierung

37) Sie haben nur geringe Neigung Elektronen an einen Reaktionspartner abzugeben, da die s-Orbital-Außenelektronen durch eine relativ hohe Kernladungszahl ziemlich fest an den Kern gebunden werden (sieh Abschnitt 6.5.10).

38) Oberhalb des Curie-Punktes verliert Eisen den Ferromagnetismus, es ist dann nur paramagnetisch.

39) Ferrit ist fast reines Eisen, es enthält sehr geringe Mengen Kohlenstoff (α-Mischkristalle); Zementit ist

Eisencarbid mit der Formel Fe_3C, aufzufassen als intermetallische Verbindung; Perlit ist ein Stahlgefüge aus Ferrit und Zementit.

40) Beim raschen Abkühlen von Stahl (z. B. Abschrecken in Wasser nach dem Glühen) kann nach Umklappen des kubisch-flächenzentrierten Gitters vom γ-Eisen in das kubisch-raumzentrierte Gitter des α-Eisens der im letzteren weniger lösliche Kohlenstoff nicht so schnell hinausdiffundieren. Er bleibt im kubisch-raumzentrierten Gitter des α-Eisens eingepfercht und verursacht dort innere Spannungen, eine geringfügige Aufweitung des Gitters und damit verbunden eine sehr große Härte und Sprödigkeit des (gehärteten) Stahls (= Martensit).

41) Uran und Thorium

42) zum Abbremsen (Verringern der Geschwindigkeit) von Neutronen

43) Die kritische Masse ist diejenige Menge an spaltbarem Material, wo (abhängig u. a. auch von der geometrischen Anordnung) der Neutronenstrom weder ab- noch zunimmt, sondern wo gerade soviele Neutronen durch Kernspaltungen neu entstehen, daß die Anzahl der (durch sie hervorgerufenen) Atomspaltungen konstant bleibt.

7. Kapitel

1) Metallhydride sind Wasserstoffverbindungen. Man unterscheidet salzartige Metallhydride und Einlagerungsmetallhydride. Einlagerungsmetallhydride werden als Speicher für Wasserstoffgas und in Nickel-Metallhydrid-Akkus verwendet.

2) H_2O ist gewinkelt; NH_3 ist pyramidal; CH_4 hat Tetraederstruktur

3) a) der abnorm hohe Schmelz- und Siedepunkt (die H_2O-Moleküle schließen sich durch Wasserstoffbrücken zu größeren Aggregaten zusammen und verursachen einen höheren Schmelz- und Siedepunkt); b) Ausdehnung des Wassers beim Gefrieren (das Eis bildet ein sehr voluminöses Kristallgitter); c) die hohe Dielektrizitätskonstante (durch Wasserstoffbrücken zusammengelagerte Wassermoleküle haben ein größeres Dipolmoment als einzelne Wassermoleküle); d) Wasser ist geringfügig in Ionen dissoziiert (in Oxoniumionen H_3O^+ und Hydroxidionen OH^-.

4) bei 4 °C

5) Hydroniumionen (Oxoniumionen): H_3O^+; Hydroxidionen: OH^-

6) Da es bei der Oxidation keine umweltkritischen Verbindungen bildet (wie beispielsweise bei der Oxidation mit Chlor).

7) Wasserstoffperoxid wird heute üblicherweise durch Reaktion mit Hilfe der organischen Substanz Anthrachinon hergestellt (siehe Abschnitt 7.1.3).

8) $HCl + H_2O \rightarrow H_3O^+ \, Cl^-$; HCl gibt an ein Wassermolekül ein Proton ab

9) Salzsäure ist eine wäßrige Lösung von Chlorwasserstoff.

10) Ammoniak wird von Wasser rasch absorbiert (technische Ausnützung zur Entfernung oder Niederschlagung von Ammoniakgas aus Luft); dabei dissoziiert es schwach in Ammoniumionen und Hydroxidionen: $NH_3 + H_2O \rightarrow NH_4^+ + OH^-$

11) mit Hydrazin: $N_2H_4 + O_2 \rightarrow N_2 + 2\,H_2O$

12) Calciumchlorid $CaCl_2$ und Calciumsulfid CaS

13) Kohlenmonoxid, CO, stark giftig; Kohlendioxid, CO_2, nur in großen Konzentrationen ein Atemgift

14) Stickstoffmonoxid NO farbloses, giftiges Gas; Stickstoffdioxid NO_2 braunes, giftiges Gas; Distickstoffmonoxid N_2O farbloses Gas, Narkosemittel.. NO und NO_2 tragen insbesondere im Sommer zur Smogbildung bei (siehe Frage 14)

15) Schwefeldioxid SO_2: Hauptgefahr im Herbst und Winter, nasse Jahreszeit $\rightarrow$ Bildung von saurem Regen / saurem Nebel („Wintersmog"); Stickoxide NO_x: Hauptgefahr im Sommer, starke Sonneneinstrahlung $\rightarrow$ Beitrag zur Ozonbildung („Los-Angeles-Smog").

16) CO_2 bildet kleine, dreiatomige Moleküle und ist deswegen ein Gas. SiO_2 (Quarz) bildet räumlich vernetzte Kristallgitter und ist ein fester, hochschmelzender Stoff. Begründung: Kohlenstoff bildet als Element der 2. Periode Doppelbindungen und darum kleine Moleküle. Silicium kann als Element der 3. Periode jedoch solche Doppelbindungen nicht bilden (Doppelbindungsregel).

17) Piezoelektrizität von Quarz: Bei Anwendung von Druck laden sich die Kristallflächen von Quarz elektrisch auf; umgekehrt lassen sich Quarzkristalle durch elektrische Wechselspannungen zu hochfrequenten, konstanten Resonanzschwingungen anregen.

18) Quarzglas = amorph (klar und durchsichtig) erstarrte Schmelze aus SiO_2; Quarzgut = milchig-trüb bis seidenglänzend aussehendes Sinterprodukt aus SiO_2.

19) Exsiccatoren sind (meist evakuierbare) Glasbehälter zum Trocknen von Substanzen. Sie werden mit Trocknungsmitteln wie Phosphorpentoxid, wasserfreies Calciumchlorid, Schwefelsäure oder Silicagel

(Blaugel) ausgestattet.

20) SO_2 (Schwefeldioxid) sowie NO und NO_2 (Stickoxide)

21) Die wichtigsten Säuren mit Formeln (und Salznamen in Klammern):
Schwefelsäure H_2SO_4 (Sulfat); schweflige Säure H_2SO_3 (Sulfit); Salpetersäure HNO_3 (Nitrat); salpetrige Säure HNO_2 (Nitrit); Kohlensäure H_2CO_3 (Carbonat)

22) a) Salptersäure: Herstellung von NO: $4 NH_3 + 5 O_2 \rightarrow 4 NO + 6 H_2O$; dann Umsetzung von NO mit O_2 und H_2O zu HNO_3; b) Schwefelsäure: Herstellung von SO_2 (Verbrennung von S), dann Oxidation: $2 SO_2 + O_2 \rightarrow 2 SO_3$, dann Umsetzung mit H_2O zu H_2SO_4.

23) wasserfreies Silicagel; Trocknungsmittel; Regeneration durch gelindes Erhitzen auf Temperaturen wenig über 100 °C

24) Natriumoxid, Kaliumoxid und Calciumoxid (bzw. deren Hydroxide) ergeben, in Wasser gelöst, die starken Basen Natronlauge, Kalilauge und Kalkwasser.

25) Amphotere Hydroxide können je nach pH-Wert die Funktion entweder einer Säure oder einer Base einnehmen.

26) Glas ist ein aus der Schmelze amorph erstarrtes Reaktionsprodukt aus sauren (hauptsächlich SiO_2) und basischen (häufig Na_2O und CaO) Oxiden.

27) a) Verbund- oder Mehrschichtengläser: Zwei oder mehrere Glasschichten werden durch elastische Zwischenschichten zusammengehalten; b) Einschichtsicherheitsgläser: Diese werden (durch rasches Abkühlen der Oberfläche) mit inneren Spannungen hergestellt, sie zerspringen beim Zerbrechen in eine Vielzahl kleiner, meist stumpfkantiger Splitter (geringere Verletzungsgefahr!)

28) Bei der sogenannten Glaskeramik wird eine Glasschmelze (Lithium-Alumosilicate) unter Zusatz von hochschmelzenden Keimbildnern (TiO_2, ZrO_2) gebildet und bei höherer Temperatur wärmebehandelt. Hierbei entstehen in eine Glasmatrix eingebettete Kristalle, wobei die Glasphase und die kristalline Phase ein feinkörniges Gefüge bilden. Glaskeramische Werkstoffe besitzen insbesondere einen sehr geringen Wärmeausdehnungskoeffizienten und haben deshalb eine hohe Temperaturwechselbeständigkeit.

29) Molekularsiebe besitzen Hohlräume mit genau definierten Öffnungen, sie nehmen nur Moleküle bestimmter Größe und Art auf; die so aus Stoffgemischen abgetrennten Molekülarten können anschließend aus den Molekularsieben herausgelöst und damit (rein) gewonnen werden.

30) Bei Al_2O_3 liegt eine Ionenbindung vor (Elektronegativitätsdifferenz zwischen Al und O = 2,0) $\rightarrow$ siehe Eigenschaften von Ionenbindungen (Abschnitt 2.2)!

31) $Ca(OH)_2 + CO_2 \rightarrow CaCO_3 + H_2O$

32) Unter Sintern versteht man die Formgebung und Verdichtung eines Feststoffpulvers bei etwa 2/3 bis ¾ der absoluten Schmelztemperatur, wodurch sie oberflächlich miteinander verkleben und nach dem Abkühlen eine feste Masse bilden.

33) *Zement* ist ein durch Brennen von Tonen und Kalkstein und anschließendes Zerkleinern gewonnenes Produkt, das nach Wasser-Zugabe unter Bildung von festen Calciumsilicat- und -aluminat-Hydraten aushärtet. *Beton* ist ein Baustoff, bei dem Zement vor dem Aushärten mit Kies vermischt wurde.

34) Gips ist Calciumsulfat, das durch (nicht allzu hohes) Erhitzen vom größten Teil seines Kristallwassers befreit wurde und nach Zugabe von Wasser unter Verfestigung wieder in das Hydrat der Formel $CaSO_4$ $2 H_2O$ übergeht (abbindet).

35) Carbide sind Verbindungen des Kohlenstoffs mit Metallen oder Halbmetallen. Es gibt salzartige Carbide (z.B. Calciumcarbid CaC_2), Einlagerungs-Carbide (z.B. Zementit Fe_3C) und Carbide mit kovalenten Bindungen (z.B. Carborund, SiC).

36) Nitride sind Verbindungen des Stickstoffs mit Metallen. Auch hier unterscheidet man salzartige Verbindungen, Einlagerungsverbindungen und solche mit kovalenten Bindungen (siehe Antwort 34).

37) keramische Werkstoffe: hart, spröde, leiten den elektrischen Strom nur in Schmelze oder wässriger Lösung; Metalle: zähelastisch, gute Leiter für elektrischen Strom, Metallglanz

38) Anorganische Verbindungen mit besonders hohen Schmelzpunkten und Fertigkeiten werden häufig im Gegensatz zu den „normalen" tonkeramischen Erzeugnisse (auch Silicatkeramik genannt, siehe Abschnitt 7.2.5) als oxidische Hochleistungskeramik bezeichnet. Diese Stoffe bestehen entweder aus Ionenbindungen, wenn eine hohe Elektronegativitätsdifferenz zwischen den Atomen vorhanden ist (siehe Abschnitt 2.2), oder es liegen kovalente Bindungen vor.

8. Kapitel

1) Sie befaßt sich mit den Kohlenstoffverbindungen.

2) Die *organischen Verbindungen* sind vorwiegend kovalent gebunden. Sie bestehen deshalb aus kleinen Moleküle, d.h. sie sind gasförmig, flüssig oder fest mit meist niederen Schmelzpunkten. und in Wasser

meist nicht löslich, hingegen löslich in organischen Lösungsmitteln. *Anorganische Verbindungen* sind der Bindungsart nach vorwiegend ionisch oder metallisch. Sie bilden große Gitterverbände, besitzen hohe Schmelzpunkte und sind unlöslich in organischen Lösungsmitteln. Wenn sie sich in Wasser lösen, dann unter elektrolytischer Dissoziation.

3) a) kettenförmige organische Verbindungen, b) ringförmige Verbindungen mit speziellen Elektronen-Resonanzstrukturen (wichtigster Vertreter: Benzol), c) ringförmige organische Verbindungen, die im Ring auch Nicht-Kohlenstoffatome enthalten, d) ringförmige organische Verbindungen, die weder aromatisch noch heterocyclisch sind

4) Gesättigte organische Verbindungen enthalten zwischen den Kohlenstoffatomen nur Einfachbindungen (σ-Bindungen), ungesättigte auch Doppel- und Dreifachbindungen (π-Bindungen)

5) Alkane sind gesättigte acyclische Kohlenwasserstoffe.

6) Dies sind Atomgruppen, die bei chemischen Reaktionen meist erhalten bleiben, jedoch für sich allein keine beständigen Stoffe bilden; Benennung durch Anhängen der Endung -yl an den Wortstamm, der die Anzahl der Kohlenstoffatome charakterisiert (Beispiel: Methyl für ·CH_3).

7} Siehe Tab.8.2 und 8.3

8) $C_{15}H_{32}$; $C_{10}H_{20}$

9) siehe Abschnitt 8.1.1c

10) Dies sind Verbindungen, deren Moleküle die gleiche Art und Anzahl von Atomen aufweisen, sich jedoch durch ihre unterschiedliche Anordnung (Struktur) voneinander unterscheiden.

11) ungesättigte Kohlenwasserstoffe, die eine Kohlenstoff-Kohlenstoff-Doppelbindung im Molekül enthalten

12) Olefine entfärben Bromwasser

13) Hydrieren = Anlagerung von Wasserstoff an Doppelbindungen; Dehydrieren = Abspaltung von Wasserstoff

14) Cracken = Aufspaltung größerer Moleküle in kleinere durch Anwendung von hohen Temperaturen. Durch Cracken von Paraffinen (Erdölprodukten) werden Olefine und andere kürzerkettige Kohlenwasserstoffe gewonnen.

15) Siehe Abschnitt 8.1.2c

16) Acetylen ist ein farbloses, fast geruchloses, leicht entflammbares Gas mit narkotisierenden Eigenschaften. Acetylen-Luftgemische mit Volumengehalten von 3 – 70% sind explosibel, bei Drücken über 2,5 bar und im verflüssigten Zustand kann ein einmal begonnener Acetylenzerfall infolge der einsetzenden Kettenreaktion zur Explosion führen. Das zur Stabilisierung des Acetylens in den Stahlflaschen befindliche Füllmaterial darf nicht durch unsachgemäße Entnahme von Acetylen (liegende Flasche oder zu große Entnahmegeschwindigkeit aus der Flasche entfernt werden, da sonst die Gefahr von Acetylenzerfall besteht. Acetylen darf nicht mit Kupfer oder mit nicht zugelassenen Kupferlegierungen zusammengebracht werden (Bildung des explosiblen Kupferacetylids).

17) Benzol; Wiedergabe entweder durch die Kekulé-Formel (wie Abb. 8.2a, stark vereinfacht auch wie eine der Grenzformeln der Abb. 8.3 geschrieben) oder durch Formel b der Abb. 8.3.

18) Die Resonanzstrukturen in aromatischen Verbindungen zeigen grundsätzlich andere Eigenschaften, als sie aufgrund der formal geschriebenen Doppelbindungen zu erwarten wären.

19) Vinylrest: $CH_2= CH -$; Styrol, Formel: siehe Abschnitt 8.1.5c

20) 1,2-Benzpyren

21) Perchlorethylen („Per") hat die Formel $CCl_2=CCl_2$ und wird noch als Fettlösungsmitte verwendet, meist zum Reinigen von Kleidungsstücken.

22) wegen der Gefahr, daß das giftige Phosgen $COCl_2$ entsteht und eingeatmet wird

23) Dies sind halogenierte, fluorhaltige niedere Kohlenwasserstoffe. Verwendung: noch als Kältemittel

24) Diese Verbindungen (PCB) leiten sich vom sogenannten Biphenyl ab, bei dem zwei Benzolringe über die C-Atome verknüpft sind. Hierbei ist mindestens ein oder meist mehrere H-Atome durch Chloratome ersetzt (siehe Abschnitt 8.2.2). PCB sind nicht akut toxisch, haben sich in Tierversuchen allerdings als krebserregend erwiesen.

25) Alkohole: R_{aliph}–OH; Phenole: R_{arom}–OH; Ketone: R1–CO–R2; Ether: R1–O–R2; Aldehyde: R–CHO; Carbonsäuren: R–COOH

26)

Ether   Aldehyd   prim. Alkohol   Carbonsäure

27) Glykol: $CH_2OH–CH_2OH$, giftig; Glycerin: $CH_2OH–CHOH–CH_2OH$, nicht giftig; beide werden u. a. als Frostschutzmittel verwendet

28) Eine organische Verbindung ist wasserlöslich, wenn in ihr die hydrophilen Gruppen (bei den Alkoholen sind es die – OH-Gruppen) überwiegen, sie ist wasserunlöslich oder nur begrenzt wasserlöslich, wenn in ihr die hydrophoben Molekülteile (z. B. lange Kohlenwassestoffketten) überwiegen.

29) wenn sie die Ebene des polarisierten Lichtes drehen; optisch aktive Verbindungen haben asymmetrische, d. h. mit vier verschiedenen Bindungspartnern verknüpfte (Kohlenstoff)-Atome

30) Dies sind Reaktionsprodukte (unter Wasserabspaltung = Kondensation) zwischen Alkoholen und Säuren.

31) Fette = Ester des Alkohols Glycerin mit höheren gesättigten Fettsäuren, fette Öle = mit höheren ungesättigten Fettsäuren

32) Man verwendet Seifen (= Alkalisalze höherer Fettsäuren) oder synthetische Waschmittel, sogenannte Detergentien (z. B. Alkylsulfate oder Alkylbenzolsulfonate); Waschwirkung: die Waschmittelmoleküle haben gleichzeitig hydrophobe und hydrophile Molekülteile und können deswegen die hydrophoben (lipophilen), fettigen Schmutzteile an das Wasser binden.

33) Amine (primäre): $R–NH_2$, Aminosäuren: $H_2N–CHR–COOH$; Säureamide: $R–CO–NH_2$; Nitrile: $R–CN$; Nitroverbindungen: $R–NO2$

34) Kohlenhydrate = organische Verbindungen aus den Elementen C, H und O, die H und O im Verhältnis 2: 1 enthalten

35) Cellulose

36) Wasserstoffbrücken

37) Es besteht aus Aminosäuren, die durch Säureamidbindung miteinander verknüpft sind.

38) Heizwert und Brennwert sind im wesentlichen die bei der Verbrennung freiwerdende Reaktionswärme. Der Heizwert berücksichtigt, daß das im Brennstoff vorhandene und beim Verbrennen entstehende Wasser bei Feuerungsanlagen dampfförmig entweicht, denn die zum Verdampfen des Wasser notwendige Verdampfungsenthalpie geht beim Verbrennungsvorgang ungenutzt verloren. Der Brennwert ist um den Betrag der Verdampfungsenthalpie des bei der Reaktion freigesetzten Wasser und der während der Abkühlung auf 25°C freiwerdenden Wärme (der Brennwert ist auf 25°C bezogen) *höher* als der Heizwert (siehe auch Abschnitt 4.2; Übungsbeispiel 4.3).

39) Octanzahl = Maßzahl für die Klopffestigkeit eines Ottomotor-Benzins; die Zahl gibt an, daß der betreffende Kraftstoff die gleichen Verbrennungseigenschaften in einem genormten Ottomotor hat, wie ein Prüfgemisch aus n-Heptan und soviel Massenprozent 2,2,4-Trimethylpentan (= Isooctan), wie die Octanzahl angibt.
Cetanzahl = Maßzahl für die Zündwilligkeit eines Dieselkraftstoffes; die Zahl zeigt an, daß sich ein Dieselkraftstoff hinsichtlich der Zündwilligkeit im Dieselmotor genauso verhält, ein Prüfgemisch aus α-Methylnaphthalin und soviel Massenprozent Cetan, wie es durch die Cetanzahl angegeben wird.

40) Methanol, Flüssiggas, Erdgas, Wasserstoff (Vor- und Nachteile siehe Tab. 8.16)

41) *Fettsäuren:* zur Verankerung eines zusammenhängenden Ölfilms auf der Metalloberfläche;
Hochdruckzusätze: sie tragen in einer gezielten Korrosion die Unebenheiten auf der Metalloberfläche ab und ebnen so die Gleitfläche ein;
Alterungsschutzmittel (Antioxidantien): sie verhindern eine rasche Alterung (Oxidation) durch chemische Bindung von oxidierenden Stoffen oder von Radikalen;
Emulgatoren (HD-Additives): sie halten Fremdteilchen in der Schwebe und verhindern eine Zusammenlagerung, ein Absetzen (als Kaltschlamm) von Metallabrieb oder Schmutzteilchen ;
Korrosionsinhibitoren: sie bilden durch chemische Reaktion mit dem Metall eine zusammenhängende Schutzschicht auf der Metalloberfläche;
Viskositätsverbesserer: sie sorgen für ein Gleichbleiben der Viskosität in weiten Temperaturbereichen

42) Mineralöl und Fettsäuresalze (Na-, Ca- oder Li-Seifen)

43) Graphit und Molybdänsulfid

44) Zur Vermeidung von elektrostatischer Aufladung Behälter ausreichend erden!

9. Kapitel

1) Thermoplaste sind langkettige Polymere, bei denen nur zwischenmolekulare Wechselwirkungen auftreten. Elastomere sind durch chemische Bindungen weitmaschig vernetzt, Duroplaste sind entsprechend engmaschig vernetzt. Fluidoplaste sind kurzkettige Polymere, bei denen nur zwischenmolekulare Wechselwirkungen auftreten.

2) Bei amorphen Thermoplasten weisen die Polymerketten eine unregelmässige, verknäulte Struktur auf. Bei teilkristallinen Thermoplasten liegen die Polymerketten teilweise in paralleler Struktur vor (siehe Abb. 9.2).

3) *Thermoplaste*: Abkühlung → spröde; Erwärmung → erst plastisches Fließen, dann Zersetzung; *Elastome-re*: Abkühlung → spröde; Erwärmung → Zersetzung; *Duroplaste*: Abkühlung → keine Änderung; Er-wärmung → Zersetzung; *Fluidoplaste*: Abkühlung → werden fest; Erwärmung → Zersetzung

4) Thermoplastische Elastomere sind im Gegensatz zu den „normalen" Elastomeren, welche über *chemische Bindungen* weitmaschig vernetzt sind, über starke *zwischenmolekulare Wechselwirkungen* vernetzt. In chemischer Hinsicht sind sie aus Block-Copolymeren aufgebaut.

5) Glasübergangstemperatur (Einfriertemperatur): unterhalb dieser Temperaturbereiche, werden Kunststoffe (glasig) spröde; Fließ3temperaturbereich: oberhalb dieser Temperaturbereiche schmelzen Thermoplaste; Zersetzungstemperaturbereich: Kunststoffe beginnen sich zu zersetzen; Stockpunkt: Fluidoplaste werden unterhalb dieser Temperatur fest

6) Gummielastizität oder Entropieelastizität: Die Molekülketten schnellen infolge der Wärmebewegung nach Fortfall äußerer Kräfte in die statistisch wahrscheinlichste, ungeordnete Ausgangslage zurück.

7) Der Einfluß der anziehenden zwischenmolekularen Wechselwirkungen schwächt sich deutlich ab

8) Thermoplaste lösen sich in vielen organischen Lösungsmitteln; Elastomere quellen nur mit bestimmten organischen Lösungsmitteln; Duroplaste sind beständig gegenüber organischen Lösungsmitteln.

9) Es sind niedermolekulare organische Substanzen (Quellmittel) mit relativ hohem Siedepunkt. Sie „legen" sich zwischen die Molekülketten und verringern die zwischenmolekularen Anziehungskräfte („Gleitmit-tel").

10) siehe Abb. 9.7

11) Cellulose und Naturkautschuk

12) CN: Cellulosenitrat, mit Salpetersäure veresterte Cellulose. Er ist der älteste formbare Kunststoff (1865). Er wird wegen der leichten Brennbarkeit aber nur noch sehr selten eingesetzt. CA: Celluloseacetat, mit Essigsäure veresterte Cellulose. Dies ist ein schlagfester, glasklarer, ölbeständiger, licht- und wetterbe-ständiger, elektrostatisch sich nicht aufladender Kunststoff.

13) Vulkanisieren: Vernetzung der Makromoleküle an den Doppelbindungen durch Schwefel

14) Gummi, welcher noch Doppelbindungen enthält wird durch Ozon, aber auch durch Einwirkung von Luftsauerstoff, vornehmlich bei gleichzeitiger Energiezufuhr (Wärme, Licht) zerstört (Versprödung). Werden die Doppelbindungen vorher abgesättigt (beim Chlorkautschuk oder Salzsäurekautschuk), so ist der Kautschuk beständig.

15) a) Startreaktion (Aktivierung, „Aufklappen" der Doppelbindung),
b) Kettenwachstum durch Anlagerung der monomeren Moleküle unter Aufspaltung ihrer π-Bindungen,
c) Kettenabbruchreaktion, die aktiven Enden der Polymerketten werden abgesättigt

16) Misch- oder Copolymerisat = Polymerisat aus zwei oder mehreren Monomer-Arten; Block-Copolymerisat = die Makromoleküle enthalten streckenweise polymerisierte Blöcke der einzelnen Kom-ponenten; Pfropf-Copolymerisat = auf eine bestehende Polymerkette werden andere Komponenten als Seitenverzweigungen aufpolymerisiert.

17) PE-HD wird durch katalytische Polymerisation mit Hilfe von Ziegler-Katalysatoren, PE-LD durch Hoch-druckpolymerisation hergestellt. PE-LD hat eine verzweigte Molekülstruktur, PE-HD besitzt weitgehend unverzweigte Molekülketten. Dadurch ergibt sich eine unterschiedliche Dichte sowie unterschiedliche Stoffeigenschaften (siehe Tab. 9.2 und Abb. 9.8).

18) *PE = Polyethylen* = [$-CH_2-CH_2-$]$_X$, wachsähnlich aussehender, flexibler, schlagfester Thermoplast; prinzipielle Unterscheidung zwischen PE-LD (niedere Dichte, Kristallinität, E-Modul, Zugfestigkeit, nie-derer Erweichungsbereich) und PE-HD (hohe Dichte, Kristallinität, E-Modul, Zugfestigkeit, hoher Er-weichungsbereich).
PP = Polypropylen = [$-CH(CH_3)-CH_2-$]$_X$, ist meist „isotaktisch polymerisiertes" PP. Es ist ein Kunst-stoff mit einer niedrigen Dichte in kompakter Form, gute Wärmebeständigkeit, hohe Schlagzähigkeit, glänzende, härtere Oberfläche als PE, läßt sich zum Unterschied von PE mit dem Fingernagel nicht ritzen.
PS = Polystyrol: (Formel siehe Abschnitt 9.3.8), glasklar, glänzende Oberfläche, schlagempfindlich, er-kennbar u. a. an einem klirrenden, blechernen Klang beim Anstoßen. Er wird geschäumt als Wärmeiso-lierstoff und leichtes Verpackungsmaterial verwendet.
ABS = Acrylnitril-Butadien-Styrol-Polymerisat = schlagfestes Polystyrol, ansonsten ähnliche Eigen-schaften wie das Reinpolymerisat, ABS-Pfropf-Polymerisate kann man mit einer fest haftenden galvani-schen Schutzschicht versehen.
PVC = Polyvinylchlorid = [$-CHCl-CH_2-$]$_X$; es ist als Reinpolymerisat (= Hart-PVC) hart, zäh, schwer entflammbar, mechanisch und chemisch sehr beständig. Es findet Verwendung z. B. für Apparateteile, Rohrleitungen, Fensterprofile. Mit Weichmachern (= Weich-PVC) wird es für Fußbodenbeläge, Polster-bezüge, Schläuche, Folien verwendet.
PTFE = Polytetrafluorethylen = [$-CF_2-CF_2-$]$_X$, chemisch und thermisch stabilster Kunststoff, starke

Zersetzung erst ab 400°C, niedrigster Reibungskoeffizient, geringe Affinität zu klebenden Stoffen, Kunststoff mit der größten Dichte (über 2 g/cm^3), versprödet selbst bei tiefsten Temperaturen nicht, kann nur durch Sintern, nicht jedoch durch Umschmelzen (z.B. Spritzgießen) verarbeitet werden, bekanntester Handelsname: Teflon.

PMMA = Polymethylmethacrylat = Polymethacrylsäuremethylester = Acrylglas, chemische Formel siehe Abschnitt 9.3.14, bekanntester Handelsname: Plexiglas, halb so schwer wie Glas, durchlässig für UV-Strahlen, glasklar, es lassen sich Formteile durch direkte Polymerisation aus den Monomeren (meist vermischt mit vorpolymerisiertem Pulver) herstellen.

POM = Polyoxymethylen = Acetalharz = [–CH$_2$–O–]$_x$, schlagzäher Kunststoff mit guter Oberflächenhärte (Verwendung für Zahnräder, Apparate, Pumpen) guter Lösungsmittel- und Chemikalienbeständigkeit (mit Ausnahme gegen Säuren).

19) PS ist ein unpolarer Kunststoff mit amorpher Struktur → unpolares Benzin kann leicht eindringen. PVC–U ist zwar unpolar, es ist aber aufgrund des Cl-Atoms polar. HD-PE ist zwar unpolar hat aber aufgrund seines relativ hohen Kristallinitätsgrades eine hohe Dichte, so daß Benzin schlecht eindringen kann.

20) Hier sind die Seitengruppen immer gleichsinnig an der Polymerkette angelagert.

21) Dies sind Reaktionen von Monomeren mit verschiedenartigen funktionellen Gruppen unter Abspaltung von Nebenprodukten (z. B. Wasser), dadurch lagern sich die Monomeren zu linearen oder räumlich vernetzten Makromolekülen zusammen.

22) Polyamide (PA) enthalten die Gruppierungen – CO–NH–; PA sind zähe und feste, weiße bis schwach gelblich gefärbte Thermoplaste mit guter Oberflächenhärte (geringer Reibungskoeffizient); Polyamide können beträchtliche Mengen Wasser aufnehmen (Weichmachereffekt). Sie finden Verwendung für Haushaltsgeräte, Zahnräder, Seile.

23) Weil die Amidgruppe durch Säureeinwirkung leicht wieder gespalten werden kann (Polykondensationen sind Gleichgewichtsreaktionen!).

24) Bei PA 66 ist das Verhältnis der unpolaren (CH$_2$)-Gruppen zu den polaren –CONH- Amidgruppen größer als bei PA 46. Aus diesem Grund sind die zwischenmolekularen Wechselwirkungen bei PA 46 größer, da die Amidgruppen durch starke Wasserstoffbrücken zusammengehalten werden, während zwischen den (CH$_2$)-Gruppen lediglich schwache van der Waals-Kräfte wirken (siehe Übungsbeispiel 9.1). PA 46 hat deshalb das höhere E-Modul und den höheren Schmelzpunkt. PA 46 hat aber eine geringere Maßgenauigkeit, weil es im Verhältnis mehr Wasserstoffbrücken aufweist und deshalb mehr Wasser einlagern kann.

25) Schichtpreßstoffe, Hartfaserplatten (Deckschicht von Tisch- und Dekorationsplatten meist aus Melamin-Formaldehyd-Harz), Harnstoff-Formaldehyd-Harze für Formteile der Elektrotechnik, Melamin-Formaldehyd-Harze für Gebrauchsgegenstände (z. B. EG- und Trinkgeschirr, da physiologisch unbedenklich)

26) Dies sind Polykondensationsprodukte aus zwei- oder mehrwertigen organischen Säuren und Alkoholen; Arten: lineare Polyester (Fasern, Folien, Magnetbänder), vernetzte Polyester (Alkydharze in Lacken), ungesättigte Polyester (= GUP), als glasfaserverstärkte Formteile

27) Der Glasfaseranteil verleiht dem Kunststoff eine erheblich höhere Festigkeit.

28) Polycarbonate enthalten die typische Atomgruppierung – O–CO–O– (= –CO$_3$–). Sie sind glasklar, hart, duktil, bis hinab zu etwa –100 °C schlagzäh und relativ hoch thermisch belastbar.

29) Sie finden Verwendung als Zweikomponentenkleber und für glasfaserverstärkte Formteile.

30) Die sind Kunststoffe, die in der Polymerenkette abwechselnd Silicium und Sauerstoffatome haben; Arten: Siliconöle, -fette, -kautschuk, -harze.

31) Die ist eine allmähliche Verformung unter gewöhnlicher Temperatur bei einer mechanischen Belastung durch „gebundene Diffusion".

32) UV-Strahlen lösen kovalente Bindungen; beim Abspalten von Atomen oder Atomgruppen entstehen Doppelbindungen, die zu einer Verfärbung (Vergilben) des Kunststoffs beitragen; der Kunststoff versprödet.

33) Zugspannungen (äußere Belastungen oder Eigenspannungen) und die gleichzeitige Anwesenheit bestimmter flüssiger oder gasförmiger Stoffe

34) durch Brandschutzmittel-Zusätze wie Phosphor-, Halogen- oder Antimonverbindungen

35) Bei der *Pyrolyse* werden die Kunststoffabfälle unter Ausschluß von Luft bzw. Sauerstoff auf etwa 500–800 °C erhitzt. Hierdurch erhält man niedermolekulare Stoffe (Pyrolysegas bzw.- öl), welche als Rohstoffe wieder eingesetzt werden können. Polykondensations- und Polyadditionskunststoffe können durch *Hydrolyse* (Erhitzen in wässrigen Säuren oder Basen) gespalten werden. Hierbei handelt es sich um eine Umkehrung der Gleichgewichts-Bildungsreaktion.

36) *UF*: Pyrolyse; *PA*: Umschmelzen, Hydrolyse, Pyrolyse; *PET*: Umschmelzen, Hydrolyse, Pyrolyse; *PE*:

Umschmelzen, Pyrolyse; *PP*: Umschmelzen, Pyrolyse, *PVC*: Umschmelzen, Pyrolyse (Vorsicht! HCl-Bildung, Möglichkeit von Dioxin-Bildung!), *MF*: Pyrolyse

37) Dies sind Kunststoffe, die durch Bakterien biologisch abgebaut werden können (im Idealfall zu CO_2 und H_2O). Sie lassen sich deshalb zusammen mit dem normalen Biomüll kompostieren.

10. Kapitel

1) Normal-Wasserstoffelektrode: bei 25°C wird in einer Säure mit der Wasserstoffionenaktivität von 1 mol/l ein Platinblech bei Atmosphärendruck von Wasserstoffgas umspült.

2) Dies ist das elektrochemische Potential, das ein Metall gegenüber der Normal-Wasserstoffelektrode hat, wenn es bei 25°C in eine Salzlösung taucht, in der die Ionenkonzentration von diesem betreffenden Metall 1 mol/l beträgt.

2) a) $Fe + Cu^{2+} \rightarrow Fe^{2+} + Cu$; b) keine Reaktion; c) $Cu + 2\,Fe^{3+} \rightarrow Cu^{2+} + 2\,Fe^{2+}$;
d) $2\,Al + 3\,Hg^{2+} \rightarrow 2\,Al^{3+} + 3\,Hg$; e) $Cl_2 + 2\,Br^- \rightarrow 2\,Cl^- + Br_2$, genereller Reaktionsverlauf: das Gleichgewicht mit dem negativeren elektrochemischen Potential geht von der reduzierten Form in die oxidierte Form über, das Gleichgewicht mit dem positiveren elektrochemischen Potential geht von der oxidierten in die reduzierte Form über.

4) a) Aus der Spannungsreihe ergibt sich: $E_o = 1{,}36{-}0{,}34 = 1{,}02$ Volt; + Pol: $2\,Cl^-/Cl_2$ b) Lösung mit Nernstscher Gleichung: Potential der Cu-Halbzelle: $E = 0{,}34{+}0{,}059/2{\cdot}lg10^{-2} = 0{,}281$ Volt $\rightarrow$ Potential zwischen den Halbzellen 1,08 Volt

5) In 1-normalen, nicht-oxidierenden Säuren lösen sich Metalle mit negativem Normalpotential. Von neutralem Wasser werden Metalle angegriffen, die ein negativeres elektrochemisches Potential als $-0{,}414$ Volt haben, sofern nicht eine zusammenhängende Schutzschicht das Metall vor dem Angriff schützt.

6) Kupfer hat ein Normalpotential von +0,34 Volt. Eine 1-normale HCl hat ein Normalpotential von 0 Volt und kann daher Kupfermetall nicht angreifen. Salpetersäure ist eine oxidierende Säure und hat ein Normalpotential von +0,96 Volt (siehe Tab. 10.4), es löst metallisches Kupfer unter Bildung von NO auf.

7) Edle Metalle haben ein positives elektrochemisches Potential; sie lassen sich nur durch oxidierende Säuren in Lösung bringen, deren Redox-Potential positiver als das der betreffenden edlen Metalle ist (siehe Antwort 6).

8) $Cu + 2\,FeCl_3 \rightarrow CuCl_2 + 2\,FeCl_2$; $Cu + H_2O_2 + H_2SO_4 \rightarrow CuSO_4 + 2\,H_2O$; $Cu + Cu^{2+} \rightarrow 2\,Cu^+$

9) um praxisnahe Bedingungen hinsichtlich der Metalle und der Elektrolyte zu realisieren

10) $E = 0 + (0{,}059/1){\cdot}lg10^{-6} = 0{,}059{\cdot}(-6) = -0{,}354$ Volt
$E = 0 + (0{,}059/1){\cdot}lg10^{-9} = 0{,}059{\cdot}(-9) = -0{,}531$ Volt

11) Lösung mit Nernstscher Gleichung: $E = Eo + 0{,}059/1{\cdot}lg\ c_{H+} \rightarrow -0{,}3 = 0{,}059{\cdot}lg\ c_{H+} \rightarrow c_{H+} = 10^{(-0{,}3/0{,}059)} = 10^{-5{,}08} \rightarrow pH = 5{,}08$

12) a) Silberchloridelektrode, mit den Bestandteilen: Silberelektrode, die in eine Kaliumchloridlösung bestimmter, genau definierter Konzentration (meist ist es eine gesättigte Kaliumchloridlösung) eintaucht, es muß außerdem noch etwas schwerlösliches Silberchlorid vorhanden sein;
b) Kalomelelektrode: Quecksilbermetall, das vom schwerlöslichen Quecksilbersalz Kalomel (Hg_2Cl_2) und einer KCl-Lösung genau definierter Konzentration umgeben ist.

13) Ja, die Kaliumchloridlösung mit ihren Chloridionen bestimmt bei der Silberchloridelektrode über das Löslichkeitsprodukt des AgCl die Konzentration der Silberionen, die Silberionen jedoch bedingen das Potential der Silberelektrode. Entsprechendes gilt für die Quecksilberchloridelektrode (Kalomelelektrode)

14) Elektrodenkombinationen zur pH-Messung:

Bezugselektroden	*pH-Meßelektroden (mit Meßbereich)*
entweder Kalomelelektrode	Glaselektrode (pH 0 – 10)
oder	Antimonelektrode (pH 2 – 10)
Silberchloridelektrode	Bismutelektrode (pH 2 – 14)

Silberchloridelektrode und Kalomelelektrode sind Vergleichselektroden, die ein konstantes Bezugspotential gewährleisten sollen (Autbau siehe Antwort 12). Wartung durch Erneuern der Kaliumchloridlösung (Nachfüllöffnung!), dann, wenn sich ihre Konzentration während des Gebrauchs verändert hat (Vorsicht beim Ausfüllen! Bei der Silberchloridelektrode muß das schwerlösliche Silberchlorid als Bodensatz im Elektrodengefäß verbleiben!).
Die pH-Meßelektroden (Glaselektrode, Antimonelektrode oder Bismutelektrode) müssen häufig mit Hilfe von Pufferlösungen (= konstanter pH-Wert!) geeicht werden;
Glaselektrode: Außenwandung einer dünnen Glaskugel lädt sich abhängig vom pH-Wert elektrisch auf, das elektrische Potential wird über die in der Glaskugel befindliche Pufferlösung durch einen Platindraht abgegriffen, Meßbereich: pH 0 – 10; Antimon- und Bismutelektroden sind Elektroden zweiter Art

15) Anode (–Pol): $Zn \rightarrow Zn^{2+} + 2\,e^-$
    Kathode (+Pol): $MnO_2 + H_2O + e^- \rightarrow MnOOH + OH^-$
    Die Stromkosten sind etwa tausendmal so hoch wie für gleiche Strommenge aus der Steckdose.

16) Elektrodenoberflächen von Bleiakkumulatoren im geladenen Zustand: Blei (grau) und Bleidioxid (schwarz bis braun); im ungeladenen Zustand: Bleisulfat (weiß); Elektrolyt: Schwefelsäure (H_2SO_4).

17) a) an der Farbe der Elektroden (siehe Antwort 31) und b) an der Dichte der Schwefelsäure

18) Wasserstoffgas (H_2), Entfernung durch Raumentlüftung (oben! da H_2 leichter als Luft ist).

19) ca. 2 Volt

20) Vorteile des Nickel-Cadmium-Akkus gegenüber dem Bleiakku: geringeres Gewicht, längere Lebensdauer und Lagerfähigkeit, keine Gasentwicklung, er kann daher gasdicht abgeschlossen werden; Nachteil: geringere Stromausbeute

21)
$$\text{Anode: } LiC \underset{\text{Laden}}{\overset{\text{Entladen}}{\rightleftarrows}} Li^+ + C + e^-$$

$$\text{Kathode: } 2\,Li_{0,5}CoO_2 + Li^+ + e^- \underset{\text{Laden}}{\overset{\text{Entladen}}{\rightleftarrows}} 2\,LiCoO_2$$

22) Brennstoffzellen sind galvanische Elemente, in denen brennbare Stoffe (meist H_2) durch elektrochemische, stromliefernde Reaktionen mit Luft oder Sauerstoff oxidiert werden.

23) Bei diesen Zellen wird anstatt eines flüssigen Elektrolyten eine protonenleitende Kunststofffolie (Nafion[®]-Folie, Fa. Du Pont) mit einer Stärke von lediglich 0,1 mm verwendet.. Zum Aufbau, siehe Abb.10.13!

24) EMK = „Elektromotorische Kraft" = maximale elektrochemische Spannung, die dann vorhanden ist, wenn kein elektrischer Strom fließt; Messung durch die Kompensationsmethode beim Anlegen einer gleich großen Gegenspannung.

25) an der Kathode: Metallabscheidung oder Wasserstoffgasentwicklung
    an der Anode: Metallauflösung oder Gasentwicklung (z. B. O_2 oder Halogene)

26) siehe Abschnitt 10.4.3

27) Leiter erster Klasse = Metalle; Leiter zweiter Klasse = Elektrolyte; die elektrischen Leitfähigkeiten von Metallen zu denen von Elektrolyten verhalten sich etwa wie 100 000: 1.

28) Lösung mit 2.Faradayschen Gesetz (Auflösung nach t, Z = 2, m = 15 kg): t = 651 s

29) Lösung mit 2.Faradayschen Gesetz (Auflösung nach I, Z = 6, m = 0,1152 kg): I = 1069 A

30) *Zersetzungsspannung* = niedrigste Spannung, bei der ein merklicher elektrochemischer Prozeß (insbesondere die Abscheidung eines Gases) abläuft; *Überspannung* = über die Zersetzungsspannung hinaus aufzuwendende Spannung, damit (abhängig hauptsächlich von der chemischen Zusammensetzung und der Oberflächenbeschaffenheit der Elektrode) ein merklicher elektrochemischer Prozeß abläuft.

31) bei sehr verdünnten Lösungen und relativ hohen Stromdichten

32)) Notwendig sind eine mechanische Vorbehandlung der Oberfläche sowie Entfettung, zuerst mit organischen Lösungsmitteln, dann (nach einer eventuellen Ultraschallbehandlung) elektrolytisch, es wird schließlich elektrolytisch poliert (entgratet); beim Elektroentgraten werden Spitzen und Grate anodisch aufgelöst, da sich an ihnen eine höhere Ladungs- und Stromdichte einstellt.

33) Kupfer zur „Unterkupferung"; Nickel als Metall für Hochglanzschichten; Chrom als beständigen Endüberzug und zur Hartverchromung; Zinn, Zink, Messing (bzw. Bronze) als Korrosionsschutz

34) Unter große *Makrostreufähigkeit* versteht man: abhängig von der Stromdichte, insbesondere auch vom Krümmungsgrad des Werkstücks entstehen verschieden dicke Metallabscheidungen: verdeckte Stellen erhalten geringere, hervorstehende Stellen (mit kleinem Krümmungsradius) dagegen dicke Metallschutzschichten;
    Unter große *Mikrostreufähigkeit* versteht man: Unebenheiten im Mikrobereich verursachen erhebliche Schwankungen im Schichtdickenwachstum von galvanischen Abscheidungen: es entstehen aus der Metalloberfläche herauswachsende Nadeln.

35) Sie zeigen geringe Mikrostreufähigkeit und liefern deswegen ein gleichmäßiges Schichtdickenwachstum.

36) Korrosion ist die Reaktion eines Werkstoffs durch elektrochemische, chemische oder metallphysikalische Reaktion mit der Umgebung, verbunden mit einer schädlichen Veränderung (ausführliche Definition siehe Abschnitt 10.6). Die Hauptursache für die elektrochemische Korrosion ist die Anwesenheit eines Elektrolyten und das Vorhandensein von unterschiedlichen elektrochemischen Potentialen (hervorgerufen durch unterschiedliche Normalpotentiale oder unterschiedliche Elektrolytkonzentrationen).

37) *Lochfraß*: es ist eine punktförmige Korrosion infolge entweder von Lokalelementbildung (zwei verschiedener Metalle!) oder unterschiedlicher Elektrolytzusammensetzung oder Verletzung von Oxidschutzschichten;

Untergrundkorrosion: sie entsteht bei Verletzung von Schutzschichten aus edleren Metallen;

Gefügezerfall: durch anodische Auflösung einzelner Gefügebestandteile wird der Zusammenhalt des gesamten Gefüges zerstört;

Spannungsrißkorrosion: sie entsteht durch Einwirkung von Zugspannungen und gleichzeitiger Anwesenheit eines Elektrolyten bei vorhandenen elektrochemischen Potentialunterschieden (hervorgerufen durch unterschiedliche Normalpotentiale oder unterschiedliche Elektrolytkonzentrationen);

Schwingungskorrosion: bei Schwingungsvorgängen können Versetzungen im Gitteraufbau an die Metalloberfläche wandern und bei Anwesenheit eines Elektrolyten als „Lokalanoden" korrodieren;

Erosionskorrosion: durch hohe Strömungsgeschwindigkeiten werden Schutzschichten abgetragen und das darunterliegende Metall rasch zerstört;

Kavitation: durch Zusammenbrechen von (Vakuum-) Blasen entstehen Flüssigkeitsschläge auf der Werkstoffoberfläche, sie führen zu einer Abtragung des Werkstoffs;

Heißkorrosion: chemische Veränderung bei höheren Temperaturen durch Eindiffundieren von korrodierenden Gasen in den Werkstoff;

Wasserstoffkrankheit des Kupfers: sie kann entstehen, wenn Wasserstoffgas bei Temperaturen über 500 °C in Kupferoxid-enthaltendes Kupfer eindringt, mit dem Cu_2O Wasser bildet; die größeren Wassermoleküle können dann nicht mehr hinausdiffundieren, sie führen zum Aufreißen des Kupfermetalls

38) Metallische Schutzschichten kann man auf Metalle aufbringen durch: Eintauchen in Metallschmelzen (Tauchverfahren), elektrolytische Metallabscheidung (Galvanisieren oder Elektroplattieren), Aufbringen von Metallfolien (Plattieren), Aufspritzen von geschmolzenem, zerstäubtem Metall (Metallspritzverfahren), Aufdampfen im Hochvakuum (Aufdampfverfahren), chemische Reduktion von Metallionen (stromlose Metallabscheidung), Eindiffundieren von Schutzmetallen (Diffusionsverfahren wie Sherardisieren, Alitieren, Kalorisieren, Inchromieren oder Silicieren)

39) $E = Eo + 0{,}059/1 \cdot \lg c_{H^+} \rightarrow E = -0{,}236$ Volt; Normalpotential von Sn/Sn^{2+} (siehe Spannungsreihe) = -0,14 Volt → müsste nach den Berechnungen beständig sein!

40) a) anodisches Oxidieren von Aluminium, b) Chromatieren

41) *Brünetten*: Herstellen einer zusammenhängenden Oxidschicht auf Stahl oder Eisen durch Eintauchen in Schmelzen oder Lösungen aus alkalischen Oxidationsbädern; *Phosphatieren* von Metallteilen dient dem Korrosionsschutz, ferner als Haftgrundlage für Lackanstriche und zur Verminderung des Reibungskoeffizienten

42) Flammspritzverfahren, Wirbelsinterverfahren, Pulver-Sprühverfahren, ferner durch Einbrennen von Kunststoffdispersionsanstrichen

43) Zn ist unedler als Eisen und löst sich auf („opfert" sich), Sn ist edler als Eisen (siehe Spannungsreihe).

44) kathodischer Korrosionsschutz entweder mit Opferanode oder durch Anlegen einer Freispannung

45) *Leitfähigkeitsmethode* (Konduktometrie): Änderung der elektrischen Leitfähigkeit bei der Titration infolge unterschiedlicher Ionenbeweglichkeit (Äquivalentleitfähigkeit) oder unterschiedlicher Dissoziation; *Potentiometrie*: Änderung der ionenspezifischen elektrochemischen Potentiale mit der Konzentration der betreffenden Ionen;
Amperometrie: Einstellung eines konstantes Elektrodenpotentials und Messung des dabei fließende Stroms; *Coulometrie*: (Anwendung der Faradayschen Gesetze) man mißt die Strommengen, die zur Regeneration des verbrauchten Reagenz notwendig sind und deswegen den Mengen des analysierten Stoffes proportional sind;
Polarographie: man bestimmt die Ionenarten durch die Abscheidungspotentiale an der Hg-Tropfelektrode, die Ionenkonzentrationen durch die Diffusionspolarisation (Konzentrationspolarisation)

46) Bei der Lambda-Sonde wird das Prinzip der Direktpotentiometrie zur Messung des Sauerstoffgehalts in Abgasen mittels einer Zirkondioxid-Sonde benutzt. Zirkondioxid dient als Feststoffelektrolyt zur Leitung von Sauerstoffionen (siehe auch Abschnitt 10.7.2).

47) weil SO_2 mit H_2O_2 Schwefelsäure ergibt, die eine hohe elektrische Leitfähigkeit hat

48) Dies ist eine Titration durch Messung der ionenspezifischen elektrochemischen Potentiale; die dabei registrierten Spannungswerte zeigen die betreffenden Ionenkonzentrationen an

11. Kapitel

1) Darunter versteht man die Anordnung oder Wiedergabe von elektromagnetischen Wellen oder von atomaren Massen in Abhängigkeit von z. B. der Wellenlänge oder der Massenzahl.

2) Ein *Absorptionsspektrum* zeigt in charakteristischen Wellenlängenbereichen eine verminderte Strahlung, weil dort aus einem kontinuierlichen Spektrum bestimmte Wellenlängenbereiche durch Materie, die sich zwischen der Strahlenquelle und dem Beobachter (dem Registriergerät) befindet, durch Energieaufnahme

(Absorption) herausgeholt worden ist, es zeigt also dunkle Spektrallinien vor einem hellen Hintergrund. Ein *Emissionsspektrum* zeigt im Gegensatz dazu helle Linien vor einem dunklen Hintergrund, es entsteht dadurch, daß Materie beim Übergang von einem energiereicheren, angeregten Zustand in eine energieärmere Lage oder in den Grundzustand (nach allen Seiten hin) bestimmte, charakteristische Strahlen aussendet.

3) Eine Fluoreszenz-(Emissions-)strahlung tritt dann auf, wenn Elektronen aus einem elektronischen Grundzustand, zunächst durch Absorption von Strahlung in einen angeregten elektronischen Zustand übergehen, dann strahlungslos auf einen unteren Schwingungszustand zurückfallen und von dort unter Emission von Fluoreszenzlicht in den elektronischen Grundzustand zurückkehren. Bei der Phosphoreszenz passiert prinzipiell dasselbe, nur erfolgt vor der Rückkehr der angeregten Elektronen zum Grundzustand zunächst eine Umwandlung zu einem anderen Elektronenzustand.

4) Optische Aufheller (Zusatz in Waschmitteln) absorbieren Strahlung im kurzwelligen UV-Bereich und emittieren Strahlung im langwelligeren, sichtbaren, *blauen* Bereich. Dadurch erhält die weiße Wäsche einen „Blaustich", welcher vom menschlichen Auge als Erhöhung des Weißgrades empfunden wird.

5) *Linienspektren*: durch einzelne, für sich isolierte Energieübergänge (z. B. in verdampften, chemisch nicht gebundenen Einzelatomen); *Bandenspektren* entstehen bei chemisch miteinander verbundenen Atomen (= Molekülen); Absorptions- oder Emissionsmaxima entstehen, wenn eine unübersehbar große Zahl von Banden ineinander verschmelzen, sie treten in Lösungen oder Flüssigkeiten auf.

6) Die Neutronenaktivierungsanalyse erlaubt die Erfassung geringster Spuren von chemischen Elementen: es werden die Proben mit Neutronen bestrahlt, die dabei entstehenden radioaktiven Isotope geben durch ihre spezifische γ-Strahlung Auskunft über Art und Menge der anwesenden chemischen Elemente

7) Die *Röntgen-Fluoreszenzanalyse* dient hauptsächlich zur Bestimmung von chemischen Elementen in Verbindungen oder Legierungen. Mit der *Röntgen-Strukturanalyse* kann man die Gitterabstände in Kristallen und die Kristallstruktur ermitteln.

8) Lösen von kovalenten Bindungen (σ- und π-Bindungen)

9) *Emissionsspektren*: Flammenspektren und Funkenspektren, *Absorptionsspektren*: Atomabsorptionsspektren und die Photometrie bzw. Kolorimetrie (Farbmessung)

10) Durch Hochfrequenzfelder wird aus einem leicht ionisierbaren Gas (wie z.B. Argon) ein Plasma mit sehr hoher Temperatur (etwa 10 000 K) erzeugt, welches zur Atomisierung und Anregung der zu untersuchenden Probe dient.

11) innermolekulare Schwingungen durch symmetrische und asymmetrische Streckung und durch Knickung

12) H_2 und N_2; keine Änderung des Dipolmoments bei der Schwingung

13) In Photometern kann man die Färbung und die Farbintensität von Lösungen zur quantitativen Erfassung von verschiedenen Stoffen heranziehen. Die zu bestimmenden Stoffe werden entweder selbst in wäßriger Lösung gemessen oder mit Hilfe von Reagenzien in farbige Verbindungen überführt. Die Farbintensität ist dann ein Maß für die Konzentration. Neben dem Bereich des sichtbaren Lichtes wird mit Photometern auch im Bereich des ultravioletten Lichts gemessen.

14) Es gibt im wesentliche den Zusammenhang zwischen Absorption und Konzentration in verdünnten Lösungen wieder ; es wird in Photometern zur Konzentrationsbestimmung ausgenutzt (siehe Abschnitt 11.5.1).

15) durch Infrarotabsorptionsmeßgeräte (z. B. Uras-Geräte)

16) Sie nutzt den Energieunterschied zwischen den unterschiedlichen Spineinstellungen von Protonen im Magnetfeld aus (parallel, antiparallel, siehe Abschnitt 11.4.6). Die NMR-Analyse wird in weitem Umfange heute zur Strukturaufklärung in der organischen Chemie verwendet. Außerdem dient sie zur Untersuchung von Beweglichkeiten in ganz- oder teilweise kristallinen Festkörpern, z.B. in Kunststoffen. Auch kann man mit ihr geringste Spuren von organischen Stoffen identifizieren.

17) Man kann verschiedene Stoffe durch Chemolumineszenzanalyse deswegen mengenmäßig erfassen, weil sie bei einer chemischen Reaktion Licht bestimmter Wellenlänge aussenden; häufigst gebrauchte Meßgeräte dieser Art dienen zur Bestimmung von Stickstoffoxiden und Ozon.

18) a) zur Bestimmung der Isotopenanteile in chemischen Elementen,
b) zur Identifizierung und mengenmäßigen Erfassung von organischen Verbindungen

19) mit Gaschromatographen

20) Es sind 1.) die unlöslichen Pigmente und 2.) die löslichen Farbstoffe.

21) Viele Verbindungen, die Ionen von Nebengruppenelementen enthalten, sind farbig, weil sie infolge von Elektronensprüngen Teilbereiche des sichtbaren Lichtes absorbieren

22) Sie weisen viele konjugierte Doppelbindungen auf.

23) Er absorbiert im roten Bereich, dies heißt dieser Anteil des Farbspektrums wird absorbiert, d.h. der Farbstoff erscheint in der entsprechenden Komplementärfarbe (siehe Abb. 11.22).

24) die Azogruppe $-N=N-$

25) Durch Änderung des pH-Wertes werden die sauren oder basischen Gruppen der Farbindikatoren (= organische Verbindungen mit konjugierten Doppelbindungen) verändert, dadurch wird das Absorptionsmaximum der konjugierten Doppelbindungen beeinflußt und zu anderen Wellenlängen verschoben: die Farbe ändert sich.

26) *Anorganische Farbmittel:* Vorteile: gute Licht- und Wärmebeständigkeit. Nachteile: 1) die in ihnen enthaltenen, auf der Erde in begrenztem Maße vorkommenden metallischen Rohstoffe können in der Regel nicht mehr zurückgewonnen werden; 2) Schwermetallverbindungen sind häufig toxisch und umweltschädigend.
Organische Farbmittel: Nachteile: ihre Beständigkeit ist meistens geringer als die der anorganischen Farbmittel; Vorteile: organische Farbmittel (soweit sie keine nichtregenerierbaren Rohstoffe, wie z. B. Kupferphthalocyanine, enthalten) bringen keine Verschwendung kostbarer Rohstoffe und tragen in der Regel nicht zu einer bleibenden Umweltvergiftung bei.

12. Kapitel

1) *lebende Organismen* — *tote Materie*
a) hoher, komplizierter Organisationsgrad — a) Zufallsmischungen
b) Bestandteile haben einen bestimmten Zweck in Hinblick auf den Gesamtorganismus — b) Frage nach Zweckzusammenhang sinnlos
c) Stoffwechsel für zweckgerichtete Arbeit und zur Aufrechterhaltung („Fließgleichgewicht") von hochdifferenzierten Strukturen — c) allgemeine Entropiezunahme bei chemischen Reaktionen
d) Reduplikation (Selbstnachbildung) — d) –

2) a) Prokaryonten = zellkernlose, einzellige Lebewesen (Bakterien und Blaualgen)
b) Eukaryonten = ein- und vielzellige Lebewesen, die Zellkerne haben (Algen, Pilze, Pflanzen, Tiere, der Mensch)

3) a) Zellkern (enthält die Erbinformationen)
b) Ribosomen (Produktionsstätten der Proteinsynthese)
c) Mitochondrien („Kraftwerke" der Zelle) bzw. Chloroplasten (Ort der „Photosynthese")

4) a) Mikromoleküle (für alle Lebewesen gleich)
b) Makromoleküle (von Art zu Art verschieden)

5) Das ATP (Adenosintriphosphat) dient als Energiespeichermolekül, welches durch Abspaltung meist einer Phosphatgruppe in ADP zerfällt und die freiwerdende Energie für Lebensvorgänge zur Verfügung stellt; durch weitere Energiezufuhr wird das ATP aus ADP und der Phosphatgruppe regeneriert.

6) Durch das Chlorophyll wird mit Hilfe des Sonnenlichtes aus dem Wasser Sauerstoff abgespalten; durch die dabei ebenfalls entstehenden Wasserstoffionen und Elektronen wird das Kohlendioxid gebunden und (in mehreren Stufen) in organische Verbindungen (z. B. Traubenzucker) umgewandelt.

7) Man nennt sie Enzyme (weniger häufig: Fermente). Sie bestehen aus Eiweiß (Apoenzym) und einem Coenzym (häufig ein Vitamin des B-Komplexes enthaltend). Kennzeichnung nach Substrat, Reaktionsart und Endsilbe – ase; Beeinträchtigung der Wirksamkeit außerhalb des Temperatur- und pH-Optimums, außerdem durch Giftstoffe (z. B. Schwermetallsalze).

8) Proteine (Eiweiße); Kohlenhydrate; Fette

9) Sie sind lebensnotwendig und durch andere Nahrungsmittel nicht ersetzbar.

10) Desoxyribonucleinsäure, sie enthält die Erbinformationen in der Basensequenz gespeichert.

11) Ein Enzym trennt den Doppelstrang der DNA in zwei Einzelstränge und lagert gleichzeitig an diese die komplementären Basen an; wegen der spezifischen Basenpaarung entstehen zwei identisch neue DNA-Stränge.

12) a) DNA: Erbinformationsträger
b) m-RNA = Boten-RNA: Kopie eines DNA-Stranges, überbringt den Code zu den Ribosomen;
c) r-RNA: wichtiger Bestandteil der Ribosomen (Produktionsstätten der Proteinsynthese);
d) t-RNA: fügt spezifische Aminosäuren gemäß dem Code der m-RNA zu Proteinketten zusammen

13) Mutationen sind Veränderungen der Erbinformationen, d.h. in der Basenreihenfolge der DNA. Man unterscheidet zwischen *Chromosomenmutationen* (Veränderung der Chromosomenstruktur), welche z.B. durch energiereiche Strahlen ausgelöst werden können, *Punktmutationen* (Veränderungen von einzelnen Basen in der DNA), welche insbesondere durch chemische Stoffe, teilweise auch durch energiereiche Strahlen entstehen können, und *Genommutationen* (Änderung der Chromosomenzahl), wahrscheinlich durch chemische Stoffe induziert.

14) Dies sind Mutationen von Körperzellen; sie werden nicht vererbt, da die Keimzellen nicht mutiert sind.

15) Bei der Mutagenese beschleunigt man die Mutationsrate, um schneller bestimmte Eigenschaften bei der Züchtung (z.B. von Hochleistungs-Bakterienstämmen) zu erzeugen. Hierzu kann man die unter Abschnitt 12.2.3a erwähnten Einflüsse, welche zu Mutationen führen gezielt nutzen.

16) Die Übertragung genetischer Information und besteht aus folgenden Schritten (siehe Abb. 12.10):
   - Isolation der DNA aus einem Spenderorganismus und enzymatische Spaltung in Fragmente verschiedener Größe.
   - Isolation der Plasmid-Moleküle und enzymatische Ringöffnung.
   - Kombination der DNA-Fragmente mit den geöffneten Plasmid-Molekülen
   - Einschleusung der neugebildeten DNA in eine Wirtszelle (Mikroorganismus); dieser Schritt wird auch als Transformation bezeichnet.
   - Identifizierung und Selektion des gesuchten Klons (d.h. die Wirtszellen mit dem gewünschten DNA-Fragment).
   - Herstellung des gewünschten Proteins durch die veränderten Mikroorganismen.
   Beispiel: Herstellung von Humaninsulin

17) a) Bei den *Submersreaktoren* sind die Mikroorganismen in der Nährlösung suspendiert sind (Mehrzahl der heutigen Verfahren); bei den *Festbettreaktoren* sind die Mikroorganismen auf einem Träger immobilisiert (d.h. fixiert). b) Submersreaktor: Vorteil → meist weniger Nebenproduktbildung, Nachteil → aufwendige Produktaufarbeitung; Festbettreaktor: Vorteil → vor allem einfachere Produktaufarbeitung Kosten!).

18) Abtrennung der Organismenzellen: Zentrifugieren, Filtration (häufig: Membranfiltration), Reinigung: Extraktion und Säulenchromatographie

19) siehe Abb. 12.13!

20) Technische Richtkonzentrationen, die bei krebserregenden Stoffen am Arbeitsplatz nicht überschritten werden dürfen. Die Höhe der TRK-Werte wird festgelegt nach der technischen Realisierbarkeit und der analytischen Nachweismöglichkeit.

21) *MAK-Wert* = Maximale Arbeitsplatzkonzentration, dies ist die höchstzulässige Schadstoffkonzentration, der ein gesunder Erwachsener bei Berücksichtigung von Achtstunden-Arbeitstagen maximal ausgesetzt sein darf. *BAT-Wert* = Biologische Arbeitsstoff-Toleranz-Wert ist die beim Menschen höchstzulässige Menge eines Arbeitsstoffes oder seines Umwandlungsprodukts im Körper oder die dadurch ausgelöste Abweichung eines biologischen Indikators (wie z.B. der Blutdruck) von der Norm, bei der keine Beeinträchtigung der Gesundheit eintritt.

22) Mit spezifischen Prüfröhrchen, durch die bestimmte Mengen Luft gesaugt werden. Die Giftstoffkonzentration wird durch Verfärbung angezeigt.

23) a) Unter akut toxischer Wirkung versteht man die Schadwirkung nach einmaliger Gabe und kurzer Einwirkdauer (Stunden oder Tage) einer Substanz; b) Lethale Dosis 50% (LD_{50}-Wert)

24) Mutagenität (Verdacht auf Kanzerogenität!)

25) a) Verätzungen b) Stoffwechselstörungen c) Entstehung von Krebs oder Mutationen d) Allergien

26) Durch Störungen des Stoffwechsels, indem sie Enzyme blockieren.

27) sofort mit Wasser abwaschen, bei Verschlucken: viel Wasser nachtrinken

28) Eine Überschwemmung der Lunge mit Flüssigkeit, hervorgerufen durch Verätzungen, z.B. mit sauren oder basischen Dämpfen. Sofortmaßnahmen: sofortige Einlieferung in stationäre Behandlung (Krankenhaus) um für eine evtl. Sauerstoffbeatmung in den kritischen Situationen zu sorgen.

29) a) Gift durch Erbrechen sofort aus dem Körper entfernen
   b) ärztliche Hilfe anfordern
   c) keine Milch oder Alkohol zu trinken geben

30) a) Nicotin: Verengung der Blutgefäße, Quellen der Adernwände → Herzinfarkt
   b) CO: Verringerung des Sauerstofftransports durch das Blut, Verminderung der Leistungsfähigkeit, zusammen mit dem Nicotin: Raucherbein
   c) kanzerogene Stoffe: Lungenkrebs, Krebs in der „Raucherstraße" (z. B. Kehlkopfkrebs)
   d) radioaktives Polonium: Lungenkrebs
   e) mutagene Stoffe: Erbschäden für Nachkommen
   f) Cadmium: Nierenschädigungen

31) a) Darunter versteht man die Auswirkungen von Stoffen auf das gesamte Ökosystem. b) Toxizität für Lebewesen, biologische Abbaubarkeit, Bioakkumulationsvermögen

32) Dies ist der sogenannte Verteilungskoeffizient 1–Octanol/Wasser. Mit diesemVerteilungskoeffizient wird die Anreicherung im Fettgewebe „nachgeahmt" und ist somit ein Test auf das Bioakkumulationsvermögen eines Stoffes.

33) Je stärker hydrophob (lipophil) ein Stoff ist, um so größer ist sein Pow-Wert, deshalb Anordnung nach steigender Hydrophobie (Formeln der Stoffe, siehe Kapitel 8): Ethylenglykol (zwei stark polare OH-Gruppen) $\rightarrow$ Ethanol (eine stark polare OH-Gruppe) $\rightarrow$ Anilin (polare NH_2-Gruppe) $\rightarrow$ Toluol (reiner Kohlenwasserstoff)

13. Kapitel

1) Die funktionelle Einheit von Lebewesen und ihrer Umwelt nennt man Ökosystem. Ein besteht aus einem örtlichen Lebensraum, auch Biotop genannt und der darauf heimischen örtlichen Lebensgemeinschaft der Lebewesen, die als Biozönose bezeichnet wird.
2) *Aerober* Abbau findet unter Sauerstoffzehrung statt, Hauptabbauprodukte CO_2 und H_2O. *Anaerober* Abbau findet unter Sauerstoffabschluß statt, Hauptabbauprodukte: CH_4 und CO_2.
3) NH_4^+(Stufe: -3), NO_2^- (Stufe:+3), NO_3^- (Stufe:+5), N_2 (Stufe: 0)
4) a) Eutrophierung: Überdüngung; Auswirkungen: zuviele Nährstoffe $\rightarrow$ viel Algenwachstum $\rightarrow$ hoher organischer Anteil $\rightarrow$ Sauerstoffzehrung zum Abbau $\rightarrow$ im schlimmsten Fall „Umkippen" des Gewässers (kein gelöster Sauerstoff im Gewässer). b) Phosphor- und Stickstoffverbindungen
5) Beides sind Summenparameter zur Charakterisierung von Abwasser, *CSB*: Chemischer Sauerstoffbedarf = Maß für alle chemisch oxidierbare Stoffe, *TOC*: Total Organic Carbon = Maß für den gesamten organischen Kohlenstoffgehalt. Vor- und Nachteile, siehe Tab.13.5!
6) a) durch stöchiometrische Berechnung ergibt sich (siehe Übungsbeispiel 13.2): 3600 mg/l
   b) es ergibt sich (siehe Übungsbeispiel 13.2): 900 mg/l
   c) der BSB_5-Wert ist ein biologischer Parameter und kann nur experimentell bestimmt werden.
7) a) Das Verhältnis BSB_5/CSB, welches auch als biologische oder biochemische Abbaubarkeit α bezeichnet wird, ist ein Maß dafür, wie gut die organischen Inhaltsstoffe biologisch abbaubar sind. b) α ist im Zulauf höher als im Ablauf der Kläranlage, da im Zulauf der Anteil gut abbaubarer organischer Stoff größer ist als im Ablauf (nach Durchlaufen der biologischen Reinigung).
8) siehe Abschnitt 13.2.3, insbesondere Abb. 13.6
9) a) es wirkt eutrophierend (siehe Antwort 4; b) Entfernung durch Nitrifikation und Denitrifikation, siehe Abschnitt 13.2.3c, Abb. 13.9
10) Klärschlammbehandlung: Faulung und Entwässerung (mechanisch, thermisch); Klärschlammentsorgung: Deponie, Landwirtschaft oder Verbrennung, siehe Abschnitt 13.2.3d
11) Im Gegensatz zur relativ flachen Beckenbauform in den kommunalen Kläranlagen, besitzen diese Reaktoren eine Bauhöhe von etwa 10 bis 30 Meter. Neben einer deutliche Verringerung des Flächenbedarfs, wird der Sauerstoff-Ausnutzungsgrad bei dieser Bauform auf etwa 80% des Gesamteintrags gesteigert (mehr gelöster Sauerstoff durch höheren hydrostatischen Druck, längere Verweilzeit der Luftblasen im Reaktor).
12) Vorteile: kein Absetzbecken notwendig, geringe Überschußschlammproduktion da durch die Feinfiltration auch Bakterien bzw. Viren zurückgehalten werden, ist das gereinigte Abwasser nahezu keimfrei. Es werden Mikro- oder Ultrafiltrationsmembranen verwendet.
13) Mit Hilfe des Löslichkeitsprodukts folgt $c_{PO43^-} = (L)^{1/2} = 3{,}16 \cdot 10^{-11}$ mol/l $= 3 \cdot 10^{-9}$ g/l $= 3 \cdot 10^{-6}$ mg/l
14) Durch die Aktivkohle werden auch biologisch schwer abbaubare organische Stoffe gebunden. Nachteil: Schlammzunahme, Entsorgungsproblem!
15) Siehe Tab. 13.6!
16) a) Tetrachlorethylen ist eine refraktäre, chlororganische Verbindung $\rightarrow$ Bestimmung des AOX-Werts; siehe Abschnitt 13.2.2b4, b) Mögliche Reinigungsverfahren, siehe Abschnitt 13.2.5, Tab.13.6; z.B. Aktivkohleadsorption oder chemische Oxidation.
17) Mögliche Verfahren: Abwasserverbrennung mit Luftsauerstoff, Naßoxidation mit Luftsauerstoff, Oxidation mit Wasserstoffperoxid (H_2O_2) und Ozon O_3 (siehe Abschnitt 13.2.5g). Diese Verfahren werden zur Entfernung biologisch schwer abbaubarer organischer Stoffe eingesetzt.
18) a) Chromat ist eine toxische schwermetallhaltige Verbindung; b) mögliche Verfahren, siehe Tab. 13.7, Abschnitt 13.2.5; z.B. Fällung als Cr (III)hydroxid nach vorheriger Reduktion oder Abtrennung mittels Nanofiltration oder Umkehrosmose.
19) a) Beschreibung, siehe Abschnitt 13.2.5b; Entfernung von Ionen aus Abwässern (meist Schwermetallkationen)
20) Diese Prinzip findet häufig bei Membranfiltrationen Anwendung. Der Flüssigkeitsstrom wird hierbei quer zur Membran geführt, um so eine Verblockung der Membran weitestgehend zu verhindern (siehe Abb. 13.15). Mögliches Verfahren z.B. Umkehrosmose.
21) Dies sind der Straßenverkehr und Tankstationen. Hauptgefahr: Beitrag zur Ozonbildung vorwiegend im Sommer.

22) a) $2\ CH_3OH + 3\ O_2 \rightarrow 2\ CO_2 + 4\ H_2O$; b) durch stöchiometrische Berechnung ergibt sich: 250 m^3 Luft pro Stunde (O_2-Gehalt 21 Vol%); c) durch die Verbrennung entsteht auch NO_X; eine katalytische Verbrennung läuft bei tieferen Temperaturen ab $\rightarrow$ weniger NO_X.

23) Es werden entfernt: CO, NO_X und flüchtige organische Verbindungen; $2\ CO + O_2 \rightarrow 2\ CO_2$; $2\ NO + 2\ CO \rightarrow N_2 + 2\ CO_2$; „C,H" $+ O_2 \rightarrow CO_2 + H_2O$. Die Lambda-Sonde misst den Sauerstoffgehalt im Abgas, entsprechend wird die Gemischbildung geregelt.

24) a) SO_2 ist toxisch und ist hauptverantwortlich für den sauren Regen. b) Verfahren zur Entfernung: Naßwäsche mit Kalkstein und Umsetzung zu Gips (siehe Abschnitt 13.3.3a)

25) durch stöchiometrische Berechnung ergibt sich: pro Stunde werden 0,714 to NH_3 benötigt

26) a) Zyklone, Naßwäscher, Elektrofilter; b) am gebräuchlichsten sind heute Elektrofilter, da sie hohe Abscheidegrade aufweisen. Verfahren: siehe Abb. 13.20!

27) Es gilt folgende Reihenfolge:
1.) Produktrecycling
   - Wiederverwertung
   - Weiterverwertung
2.) Materialrecycling
   - Wiederverwertung
   - Weiterverwertung
3.) Thermische Verwertung

28) Dies sind: Deponie, thermische Behandlung, mechanisch-biologische Behandlung; Vergleich, siehe Tab.13.14

29) Die „Philosophie" beim produktionsintegrierten Umweltschutz ist, daß bereits bei der Herstellung eines Produkts möglichst umweltschonend produziert werden soll, um den nachträglichen (aufwendigen und teuren) Reinigunsaufwand soweit wie möglich zu verringern. Es soll ressourcen- und energiesparend mit möglichst geringem Aufkommen an Abwasser, Abluft und Abfall produziert werden. . Die Prioritätenregeln hierbei lassen sich schlagwortartig in folgender Form zusammenfassen:
1.) Vermeiden 2.) Vermindern 3.) Verwerten 4.) Entsorgen

30) In einer Ökobilanz wird versucht die Beurteilung der Umweltauswirkungen durch eine wissenschaftlichen Analyse durchzuführen. Der Begriff „Ökobilanz" wird heute sehr häufig verwendet und steht als Überbegriff für die Untersuchung von einzelnen Produkten, Produktionsprozessen oder ganzer Betriebe. Ablaufschema, siehe Abb.13.34.

14. Kapitel

1) Primärliteratur: Veröffentlichungen über selbst durchgeführte Untersuchungen; sie werden meist in Fachzeitschriften publiziert, sie sind ferner auch in der Patentliteratur, manchmal auch in Monographien enthalten;
Sekundärliteratur: Referateblätter, Lehrbücher, Handbücher und Nachschlagewerke;
Tertiärliteratur: Bibliographien, Literaturführer, Buchkataloge

2) Monographien: Wissenschaftliche Abhandlungen über einen einzelnen Gegenstand, Einzeldarstellungen; Bibliographien: Bücherverzeichnisse

3) Nachschlagen im Stichwortverzeichnis des VLB (= Verzeichnis lieferbarer Bücher) oder im jährlich erscheinenden „Führer durch die technische Literatur" (auch im Internet, siehe Abschnitt 14.7).

4) Im einschlägigen Lehrbuch, im „D'Ans/Lax", im „Landolt/Börnstein", im „Römpp", im „Ullmann", eventuell im „Gmelin" oder „Beilstein" (siehe auch Internet, Abschnitt 14.7)

5) Zuerst Information in einem Lehrbuch, einer Monographie oder im „Ullmann" suchen , danach durch die „Chemical Abstracts" bis zum neuesten Stand ergänzen, auch von einem Fachinformationszentrum erhältlich (via Internet, siehe Abschnitt 14.7)

6) Um nicht durch Anwendung rechtlich geschützter Verfahren mit dem Gesetz in Konflikt zu kommen.

Register